水厂设计

污水厂设计

上海市政工程设计研究总院（集团）有限公司组织编写

张　辰　主编
羊寿生　主审

中国建筑工业出版社

图书在版编目（CIP）数据

污水厂设计/张辰主编. —北京：中国建筑工业出版社，
2010（2024.7重印）
（水厂设计）
ISBN 978-7-112-12035-2

Ⅰ. 污…　Ⅱ. 张…　Ⅲ. 污水处理厂-设计　Ⅳ. X505

中国版本图书馆 CIP 数据核字（2010）第 071526 号

《水厂设计》1 套 2 册，分别为《净水厂设计》和《污水厂设计》，是以工程设计实践为主题的专著。《污水厂设计》主要阐述污水厂设计的基本理论和实践经验。根据作者长期从事排水工程设计工作的理论、实践和经验，对污水处理中各阶段进行理论分析，提出各阶段设计计算方法和设计实例，系统介绍了污水处理厂工艺设计；主要设计参数的确定；就各处理构筑物的分类和选用、计算和设计进行了详细的介绍。本书还就污水厂厂址选择，总体布置，高程设计，科学运行等方面进行了分析。全书共分绪言、处理工艺选择、进水泵房和预处理、一级处理和一级强化处理、生物处理之活性污泥法、生物处理之生物膜法、消毒、污泥浓缩、污泥厌氧消化、污泥脱水、污泥输送和储存、配电和自控设计、机械设计、污水厂总体布置、污水厂科学运行控制方法和技术经济设计等 16 章，各章中均附有工程实例。

本书可供从事给水排水、环境工程和市政工程专业的工程决策人员、设计人员、运行管理人员和大专院校师生参考。

*　　*　　*

责任编辑：俞辉群
责任设计：李志立
责任校对：王金珠　关　健

水厂设计
污水厂设计

上海市政工程设计研究总院（集团）有限公司组织编写
张　辰　主编
羊寿生　主审

*

中国建筑工业出版社出版、发行（北京西郊百万庄）
各地新华书店、建筑书店经销
北京红光制版公司制版
北京盛通印刷股份有限公司印刷

*

开本：880×1230 毫米　1/16　印张：50¾　插页：2　字数：1430 千字
2011 年 9 月第一版　　2024 年 7 月第二次印刷
定价：120.00 元
ISBN 978-7-112-12035-2
（19282）

前　言

本书全面总结上海市政工程设计研究总院（集团）有限公司 50 多年排水工程的实践，是全体排水设计人员共同智慧和经验的结晶。参与编写的作者在污水厂设计过程中，深切感受到污水厂设计是一项综合性很强的工程技术工作，随着国际交流的日益广泛，污水厂设计技术日新月异，呈现较快的发展趋势，不仅仅是技术的发展，理论也在不断创新，更重要的是，在设计和生产运行实践中取得大量的宝贵经验，为此，必须不断总结、不断创新、不断发展。在我国，这几年涉及污水厂设计方面的书较多，也不断翻译出版了大量国外设计手册和参考文献，但密切结合我国工程实际，一方面自主创新，另一方面通过引进消化吸收，形成有中国特色的污水厂设计技术，正在起步，是我们这一代人的责任和使命。

上海市政工程设计研究总院（集团）有限公司自成立以来，完成排水工程规划设计项目遍及全国，共完成 830 项排水工程设计，获得省部级以上优秀设计奖 229 项，市级以上科技进步奖 64 项；其中完成污水处理厂设计 200 多座，包括上海石洞口污水处理厂、杭州市七格污水处理厂、广州大坦沙污水处理厂、重庆鸡冠石污水处理厂和上海白龙港污水处理厂等一系列大型和特大型污水处理厂的勘察设计；拥有已获授权或申请受理的专利 30 多项。

上海市政工程设计研究院总院（集团）有限公司在 20 世纪 60 年代初开展污水处理工艺的研究，通过技术革新，采用生物吸附法、阶段曝气法，替代传统活性污泥法，提高了处理能力，这些工程一直运行至今。20 世纪 70 年代，开始对工业废水处理进行研究，通过现场试验，获得设计资料，再进行工程设计，工程投产后取得较好效果。其中有食品废水、石油化工废水、含氰酚废水、印染废水、屠宰废水、炼油煤制气废水、钢铁废水、电镀废水、乳制品废水、制药废水等。20 世纪 80 年代后，率先在上海莘庄污水处理厂进行生物脱氮 A/O 工艺试验研究，随后应用于上海周浦、长桥、吴淞等城市污水处理厂；1983 年通过试验，在国内首次采用序批式污水处理工艺，用于上海吴淞肉联厂污水处理站，规模 2400m³/d，取得成效后用于上海青浦污水处理厂，规模 7500m³/d；1984 年投产运行的卡鲁塞尔氧化沟，处理上海龙华肉联厂废水，这是国内首次采用此工艺，类似此工艺的工程有福州洋里污水处理厂，规模 $20 \times 10^4 m^3/d$，上海青浦第二污水处理厂，规模 $5 \times 10^4 m^3/d$；1983 年投产运行的分流式氧化沟，处理上海乳品五厂废水，该工艺与三槽式氧化沟相似，其中一条氧化沟可交替作为二沉池用；三槽式氧化沟有深圳滨河污水处理厂，规模 $30 \times 10^4 m^3/d$，上海金山石化厂污水处理厂，规模 $14 \times 10^4 m^3/d$；1981 年通过试验研究采用 ABF 法处理上海梅林食品厂食品废水，建成投产后取得较好效果；上海嘉定污水处理厂改建中采用 A/B 法工艺，同样在淄博污水处理厂和深圳滨河污水处理厂中也采用 A/B 法工艺，均取得较好效果。

在自主开发先进污水处理工艺的同时，上海市政工程设计研究总院（集团）有限公司积极与国外公司合作，充分利用世界银行、亚洲开发银行和各国政府贷款，既学习了国外先进工艺技术，又建成了一大批较典型的城市污水处理厂，如第一批奥地利政府贷款项目的济南污水处理厂，规模 $22 \times 10^4 m^3/d$；淄博污水处理厂，规模 $14 \times 10^4 m^3/d$；徐州污水处理厂，规模 $10 \times 10^4 m^3/d$；南通经济技术开发区污水处理厂，规模 $5 \times 10^4 m^3/d$。同时，积极与国外工程公司合作，开展新工艺、新技术的开发应用。

上海市政工程设计研究总院（集团）有限公司对已建污水处理厂开展专题研究，使之达到脱氮除磷要求。上海龙华污水处理厂采用曝气生物滤池工艺进行改造，上海曲阳污水处理厂采用双污泥脱氮除磷工艺等，均具有地方特色。上海石洞口污水处理厂，采用一体化活性污泥工艺，处理规模 $40 \times 10^4 \mathrm{m^3/d}$，出水达到一级 B 标准后排放，污泥处理率先采用干化焚烧工艺，充分利用污泥的热资源，解决污泥处理处置问题，目前该污水厂处理运行正常，处理效果良好；上海白龙港污水处理厂，采用多模式 AAO 工艺，处理规模达 $200 \times 10^4 \mathrm{m^3/d}$，目前已投入运行。这两座污水处理厂规模在同类型处理工艺中堪称世界第一。

对城市污水处理厂的污泥处理，上海市政工程设计研究总院（集团）有限公司进行多项研究，应用实例有上海金山石化总厂污水处理厂污泥厌氧消化，消化污泥脱水干化处理；山东淄博污水处理厂污泥消化后沼气用于鼓风机；山东济南盖家沟污水处理厂在国内首次采用蛋形污泥厌氧消化池，沼气综合利用；厦门污水处理厂污泥厌氧消化，消化后污泥作为绿化肥料，沼气作燃料应用；上海石洞口污水处理厂污泥脱水、干化焚烧工艺，更是污泥处理处置的首例，具有开创性和先进性。

上海市政工程设计研究总院（集团）有限公司是国家工程建设标准化协会城市给水排水委员会主任委员单位，也是全国污水处理厂污泥处理处置分技术委员会秘书长单位，在研究和工程实践示范的同时，积极为国家编制技术政策和标准规范，承担了国家排水、污水、污泥标准的编制和管理工作，作为主编单位承担编制和修订《室外排水设计规范》（从 1974 年版到最新的 2006 年版共修订和编制了 4 次）和污泥处理处置系列标准等国家标准，并负责规范的管理与解释。此外，还主编《镇（乡）村排水工程技术规程》、《城市污水生物脱氮除磷处理设计规程》、《城市排水泵站设计规程》等多项行业和地方标准，为推动污水、污泥处理处置技术的发展作出了贡献。

在全体编写人员的支持和共同努力下，在前辈专家、学者的指导下，充分发挥上海市政工程设计研究总院（集团）有限公司的设计经验，将 50 多年来，特别是近 10 年设计的百余座污水厂的实践经验，按工艺流程进行系统整理，编辑成书。

本书由上海市政工程设计研究总院组织编写，由张辰（第 1 章、第 2 章第 1、2、3 节、第 14 章）、俞士静（第 4 章第 1 节）、曹晶（第 3 章第 2、3、4、5 节）、张亚勤（第 4 章第 2 节）、彭弘（第 3 章第 1 节）、卢峰、王锡清（第 5 章）、邹伟国（第 6 章）、李春光、张欣、徐晓宇（第 7 章）、查眉娉（第 8 章）、孙晓（第 2 章第 4 节、第 9 章、第 10 章）、钱勇（第 10 章）、胡维杰（第 11 章）、陆继诚、李滨（第 12 章）、毛鸿翔（第 13 章）、王国华、沈昌明、陈和谦（第 15 章）、王梅、陆勇雄、袁弘（第 16 章）等参加编写，总工程师张辰任主编，设计大师羊寿生主审。

由于作者水平有限，不足之处，尚请读者批评指正。

本书编写过程中，得到同济大学、上海市政工程设计研究总院（集团）有限公司众多老师、同事的悉心指导，在此表示衷心感谢。

主编：张辰

2010 年 11 月于上海

目　录

第1章 绪 言

到 2006 年底，全国共有城市污水处理厂 814 座，污水处理能力 $6310 \times 10^4 m^3$，城市污水处理率由 2000 年的 34% 提高到 57%，建设部关于"减排"工作的目标，到"十一五"期末，全国设市城市和县城所在的建制镇均应规划建设污水处理设施，全国设市城市的污水处理率不低于 70%，新增污水处理能力 $4500 \times 10^4 m^3$。因此，为改善环境，保护有限的水资源，污水厂的设计和建设任务十分繁重，同时配套管网建设不能滞后，应同步建设运行。

我国污水厂建设自 1921 年开始，就在上海建立污水收集系统和污水厂，上海北区污水厂日处理能力为 $3500 m^3/d$，占地 $0.84 hm^2$，采用活性污泥法工艺，1926 年建成上海东区污水厂，1927 年建成西区污水厂，处理能力分别为 $1.7 \times 10^4 m^3/d$ 和 $1.5 \times 10^4 m^3/d$，均采用活性污泥法工艺。这三座污水厂的建设，是活性污泥法处理工艺发明后，在远东最早的污水厂，为城市的水环境治理打下了坚实的基础。1949 年后，三座污水处理厂均得到进一步改建、扩建，提高处理能力，扩大服务范围。

20 世纪 50、60 年代，全国只有近 10 座污水处理厂，处理规模小，有的只有几千立方米，规模最大的也只有 $5 \times 10^4 m^3/d$，其中比较典型的是上海曹杨污水厂，一期规模 $2 \times 10^4 m^3/d$，该厂是我国自行设计建造的第一座城市污水厂。

规模性解决城市污水的处理问题始于 20 世纪 70 年代，这个时期，全国已建成各种类型的污水厂几十座，日处理城市污水约 $173 \times 10^4 m^3$，其中生活污水量占一半。当时城市污水厂项目仍很少，主要解决工业废水的污染，例如，石油化工、炼油、印染、化纤、屠宰、食品等，建有不同规模工业废水处理厂。斜板沉淀池、曝气叶轮反应池、塔式生物滤池和曝气沉淀池等技术在工业废水处理中得到应用。20 世纪 70 年代中后期，建设了一些城市污水处理厂，有上海闵行污水处理厂，规模 $2.2 \times 10^4 m^3/d$；上海松江污水处理厂，规模 $1.7 \times 10^4 m^3/d$；北京首都国际机场污水处理厂，规模 $0.96 \times 10^4 m^3/d$；桂林中南区污水处理厂，规模 $1.74 \times 10^4 m^3/d$。上述污水厂均采用活性污泥法工艺进行二级处理，工艺流程一般为进水泵房、沉砂池、初次沉淀池、曝气池、二次沉淀池、出水等。

20 世纪 70 年代到 80 年代，天津市纪庄子污水处理厂的设计、投产运行带动了污水处理厂的建设，国家在天津兴建纪庄子污水处理试验厂，70 年代末开始建设，处理规模为一级处理 $0.1 m^3/s$，二级处理 $0.025 m^3/s$；北京高碑店污水处理试验厂也开始运行。国家和地方都为筹备建设国内大型污水处理厂开展了大量前期工作，天津市纪庄子污水处理厂于 1982 年破土动工，1984 年 4 月 28 日竣工投产运行，处理规模 $26 \times 10^4 m^3/d$。在此成功经验的带动下，北京、上海、广东、辽宁、福建、江苏、浙江、湖北、湖南等省市根据各自的具体情况分别建设了不同规模的污水处理厂几十座。80 年代初期典型的城市污水处理厂如表 1-1-1 所示。

这些城市污水处理厂，也多采用活性污泥法工艺，工艺流程与 70 年代基本相同，改进之处主要是沉淀池采用刮泥或吸泥机。污水处理厂内全部采用国产设备。国产设备不足之处是效率低，能耗大，质量不稳定，维修工作量大。

1988 年，天津纪庄子污水厂引进了国外高效率鼓风机和微孔扩散曝气器，使能耗下降 50%。

20 世纪 80 年代初，国内对一些污水处理新工艺进行试验，并应用于工程设计。1981 年上海莘庄污水处理厂，规模 $0.5 \times 10^4 m^3/d$，采用 A/O 工艺；1982 年上海大观园污水处理厂，规模 $2100 m^3/d$，采用转刷型氧化沟，国产转刷直径 $\phi700$；1983 年上海吴淞肉联厂污水处理厂，规模

1

2400m³/d，采用序批式（SBR）工艺；1983 年，上海龙华肉联厂污水处理厂，规模 1400m³/d，采用垂直轴曝气叶轮氧化沟，国产倒伞形叶轮，直径 φ3600；1983 年上海乳品五厂，污水处理厂规模 500m³/d，采用分流式氧化沟；20 世纪 80 年代中后期，生物脱氮除磷工艺在城市污水处理厂中得到应用，80 年代中后期，典型的城市污水处理厂如表 1-1-2 所示。

80 年代初期典型城市污水处理厂   表 1-1-1

序　号	名　　称	规模（×10⁴m³/d）	建设年代
1	天津纪庄子污水处理厂	26	1982~1984
2	大连春柳河污水处理厂	6	1982~1984
3	厦门第一污水处理厂	一级 13.4，二级 3.7	1982~1984
4	苏州城东污水处理厂	一级 10.5，二级 2.5	1983~1985
5	长沙污水处理厂	一级 12.9，二级 6	1986
6	上海天山污水处理厂	7.5	1984~1987
7	深圳滨河污水处理厂	2.5	1985~1987
8	杭州四堡污水处理厂	一级 40	1984~1987
9	上海曲阳污水处理厂	7.5	1985~1988
10	上海龙华污水处理厂	10.5	1985~1988

80 年代中后期典型城市污水处理厂   表 1-1-2

序　号	名　　称	规模（×10⁴m³/d）	工艺	投产年份
1	上海吴淞污水处理厂	4	A/O	1989
2	广州大坦沙污水处理厂	15	AAO	1989
3	大连于家屯污水处理厂	3	AAO	1990
4	北京北小河污水处理厂	4	A/O	1990

进入 90 年代，国家加大环境保护政策的宣传力度，各级政府领导对水污染治理，建设城市污水厂必要性的认识普遍提高，充分利用世界银行、亚洲开发银行或外国政府贷款，解决部分建设资金，各地展开区域性污染治理，城市污水厂如雨后春笋般建设起来。通过国际竞争性招标，选择承包商，引进了一批先进污水处理工艺和处理厂设备，缩短了与国外污水处理厂的差距。20 世纪 90 年代建成的一批典型污水处理厂如表 1-1-3 所示。

20 世纪 90 年代以来典型大中型污水处理厂   表 1-1-3

序号	名　　称	规模（×10⁴m³/d）	工　艺	引进情况	投产年份
1	河北邯郸东郊污水处理厂	6.6	三槽氧化沟	引进技术与设备	1991
2	山东淄博污水处理厂	14	A/B 法工艺	引进技术与设备	1992
3	北京高碑店污水处理厂	100	普通活性污泥法	引进设备	1993
4	天津东郊污水处理厂	40	普通活性污泥法	引进设备	1993
5	石家庄桥西污水处理厂	16	普通活性污泥法	引进设备	1993
6	西安邓家村污水处理厂	16	AAO 法工艺	引进设备	1994
7	珠海香洲污水处理厂	6.6	氧化沟	引进技术与设备	1994
8	昆明第二污水处理厂	10	多格厌氧和同心圆 BOD/N 池，AAO 工艺，表面曝气	引进技术与设备	1995
9	唐山东郊污水处理厂	15	三槽氧化沟	引进设备	1995

序号	名　称	规模 （×10⁴m³/d）	工　艺	引进情况	投产年份
10	桂林第四污水处理厂	10	AAO 工艺	引进技术与设备	1996
11	南京秦淮河污水处理厂	晴天 26 雨天 54	一级处理	引进设备	1996
12	昆明第三污水处理厂	15	改良 SBR 工艺，ICEAS 池	引进技术与设备	1997
13	福州洋里污水处理厂	20	卡鲁塞尔氧化沟	引进设备	1997
14	天津经济技术开发区污水处理厂	10	SBR 工艺，DAT-1AT 池	引进技术与设备	1999
15	唐山南堡开发区污水处理厂	8	卡鲁塞尔氧化沟（2000 型）	引进技术与设备	1999
16	河南许昌污水处理厂	8	氧化沟	引进设备	2000
17	杭州七格污水处理厂	30	AAO 工艺	引进设备	2001
18	肇庆污水处理厂	5	A/O 法微孔曝气氧化沟	引进设备	2001
19	抚顺三宝屯污水处理厂	25	SBR 工艺，DAT-1AT 池	引进技术与设备	2002
20	上海石洞口污水处理厂	40	AAO 工艺曝气/沉淀一体化池	引进设备	2003

近年来，城市污水处理事业发展迅速，在水污染治理中发挥了越来越重要的作用。到 2004 年底，全国 661 个设市城市建有污水处理厂 708 座，处理能力为 $4912 \times 10^4 m^3/d$，是 2000 年的两倍多。全年城市污水处理量 162.8 亿 m^3，比 2000 年增加了 43%。据建设部统计，到 2005 年底，全国城市污水处理率由 2000 年的 34% 提高到 52%，全年城市污水处理量 187.1 亿 m^3。但是，各地发展很不平衡，截至 2005 年 6 月底，全国 31 个省（自治区、直辖市）中还有近 300 座城市没有建成污水处理厂，其中，地级以上城市 63 个，包括人口 50 万以上的大城市 8 个。位于重点流域、区域"十五"计划规划内的城市 54 个。

总体看，东部地区污水处理厂建设情况较好，东北和西部地区建设相对缓慢。2004 年，吉林省城市污水处理率为 23.6%，全省 28 个设市城市中有 22 个城市没有建成污水处理厂；贵州省城市污水处理率为 12%，全省 13 个城市中有 9 个城市没有建成污水处理厂。一些重点流域、区域城市的污水处理工程未能按"十五"计划建成。根据三峡库区及其上游地区水污染防治"十五"计划要求，四川省的 23 个城市在"十五"期间要建成污水处理厂，但截至 2005 年 6 月底，该省还有 11 个城市没有按计划建成；根据海河流域水污染防治"十五"计划要求，河北省的 24 个城市在"十五"期间要建成污水处理厂，但截至 2005 年 6 月底，该省还有 16 个城市没有按计划建成污水处理厂。

我国的污水处理工艺多采用生物处理。生物处理一般可分为活性污泥法和生物膜法，活性污泥法工艺是水体自净的人工强化方法，是一种依靠在生物反应池内呈悬浮、流动状态的微生物群体的凝聚、吸附、氧化、分解等作用来去除污水中有机物的方法；生物膜法工艺是土壤自净的人工强化方法，是一种使微生物群体附着于某些载体的表面上且呈膜状，通过与污水接触，生物膜上的微生物摄取污水中的有机物作为营养并加以代谢，从而使污水得到净化的方法。

活性污泥法于 1914 年在英国发明。该法出现的初期，由于受理论水平和运行管理等技术条件的限制，使其应用和推广工作进展缓慢。几十年来，人们对传统活性污泥法进行了许多工艺方面的改革和净化功能方面的研究。近 10 多年来，为了提高污水处理的效能，强化和扩大活性污泥法的净化功能，人们又开展了脱氮、除磷等方面的研究和实践；同时，对采用化学法和活性污泥法相结合的处理方法，净化含难降解有机物污水等方面进行了探索。目前，活性污泥法正在朝着快速、高效、低耗等多功能方面发展。

生物膜法是与活性污泥法并列的一种好氧生物处理技术。第一个生物膜法处理设施（生物滤池）1893 年在英国试验成功，1900 年后开始污水处理实践，并迅速在欧洲和北美得到广泛应用。

早期出现的普通生物滤池虽然处理污水效果较好，但其负荷低，占地面积大，易堵塞，其应用受到了限制，后来人们对其进行改进，提高水力负荷和 BOD 负荷，形成了高负荷生物滤池。

20 世纪 50 年代，建造了塔式生物滤池，这种滤池高度大，具有通风良好、净化效能高、占地面积小等优点。60 年代，出现了生物转盘，由于它具有净化功能好、效果稳定、能耗低等优点，因此得到了广泛应用。近年来，曝气生物滤池工艺得到进一步开发研究和应用，针对低碳源污水处理，形成了特有的技术，同时生物接触氧化法、投料活性污泥法，均是兼有活性污泥法和生物膜法特点的生物处理工艺，由于它们具有许多优点，因此也受到人们的重视。

厌氧生物处理法，是在无氧条件下由兼性厌氧菌和专性厌氧菌来降解有机污染物的处理方法。从 20 世纪 70 年代起，出现了世界性能源紧张，促使污水处理向节能和实现能源化方向发展，厌氧处理最大的特点是既节能又产能，对缓和污水处理厂运行的矛盾有较好的客观效果。因此，厌氧生物处理法引起了人们的注目，其理论研究和实际应用都取得了很大的进展。

传统的生物化学处理方法主要着眼于除去 BOD、COD 和 SS，而对 N、P 等营养物质的去除率很低。由于水体富营养化问题加剧，国外 20 世纪 60 年代以来，生物脱氮除磷工艺得到重视，先后开发了 SBR 和 ICEAS 序批法、AB 法、氧化沟、厌氧-好氧（A_p/O）和缺氧-好氧（A_N/O）组合工艺。在去除有机物的同时，厌氧-好氧（A_p/O）可去除废水中的磷，缺氧-好氧（A_N/O）可脱除废水中的氮，继而又将这两种工艺优化组合，构成可以同时脱氮除磷并处理有机物的 AAO 流程（或称 A^2/O），该工艺处理效率较高，经预处理的污水，依次经过厌氧、缺氧和好氧三段处理，可达到脱氮除磷的出水标准，且有较高的去除效果。我国从 20 世纪 80 年代初开始研究采用上述工艺，并在广州、桂林等地建成多个采用 AAO 工艺的污水处理厂，运行效果良好。上述新工艺中有一类技术属于曝气和沉淀一体化活性污泥法工艺，所谓曝气和沉淀一体化活性污泥工艺是指曝气和沉淀过程在同一反应器内完成的活性污泥工艺，比如 SBR 法、交替式氧化沟和一体化活性污泥工艺等。其中 SBR 法是通过时间上的安排，在一个水池内完成进水、反应、沉淀和排水等一系列工艺过程，构成了一个周期。而交替式氧化沟是以多组反应器通过空间上的调配，完成反应和沉淀这一循环过程。这些工艺近年来在我国的应用日益广泛，取得相当好的运行效果。

上海市政工程设计研究总院（集团）有限公司长期从事给水排水工程的设计工作，参与设计的城镇污水和工业废水处理厂达 200 余座，其中有 20 世纪 50 年代承担设计的国内首座自行设计建造的曹杨污水厂，20 世纪 80 年代，又承担了大量处理能力 $10 \times 10^4 \mathrm{m}^3/\mathrm{d}$ 以上的城市污水厂，如上海的曲阳、天山、龙华污水处理厂、深圳滨河污水处理厂、厦门第一污水处理厂、山东淄博污水处理厂、济南盖家沟污水处理厂等，最近又从事了一大批大型城市污水处理厂的设计和污水处理厂升级改造工程，不仅在规模上有所突破，而且在技术上也有所创新，承担的上海石洞口污水处理厂 $40 \times 10^4 \mathrm{m}^3/\mathrm{d}$，为世界上最大的一体化反应池工艺；上海白龙港污水处理厂 $120 \times 10^4 \mathrm{m}^3/\mathrm{d}$，为世界上最大的一级强化污水处理厂；深圳滨河污水处理厂三期 $25 \times 10^4 \mathrm{m}^3/\mathrm{d}$，为世界上最大的三槽交替式氧化沟；广州大坦沙污水处理厂三期工程 $22 \times 10^4 \mathrm{m}^3/\mathrm{d}$，采用自行研发的倒置 AAO 工艺；杭州七格污水处理厂 $30 \times 10^4 \mathrm{m}^3/\mathrm{d}$，采用全池加盖除臭工艺技术等。目前设计的上海白龙港污水处理厂升级改造和扩建工程将达到 $200 \times 10^4 \mathrm{m}^3/\mathrm{d}$，规划规模为 $350 \times 10^4 \mathrm{m}^3/\mathrm{d}$，工程已于 2008 年运行，从而在大型工程设计中积累了大量的设计经验。

近几年，又开展《室外排水设计规范》的修编，对近 20 年未修订的《室外排水设计规范》，结合我国污水处理的发展状况进行全面修订，于 2006 年颁布执行。

污水处理厂的污泥处理处置方面，上海市政工程设计研究总院（集团）有限公司进行了较多研究、探索和实践工作，有些研究成果已经在工程中得到应用。

20 世纪 60 年代，对城市污水处理厂污水污泥综合利用开展试验研究，有利用污泥制砖，有供建材原料使用，有利用污泥提炼塑料，有利用污泥提炼维生素，有利用污泥培养蚯蚓等等。这些在试验研究中均有成效，但由于各种条件所限，尚未能在工程中使用。

污泥机械脱水，曾对真空转鼓、带式压滤、板框、离心等形式进行调研和试验研究，经比较结果认为不同性质污泥，应选用各自合适的脱水方式。

污泥中温厌氧消化工艺，20 世纪 80 年代初，即在上海闵行污水厂、厦门污水厂、苏州城东污水厂和深圳滨河污水厂等工程中应用。采用池外加热、沼气搅拌方式，产生的沼气综合利用，消化污泥作为农肥利用。20 世纪 90 年代，山东济南盖家沟污水处理厂在国内首先采用蛋形厌氧消化池，机械搅拌池内加热方式，取得良好效果，沼气经沼气发动机带动鼓风机用作生物反应池的供氧。与此同时，上海桃浦污水厂，采用污泥直接焚烧，上海石洞口污水厂采用干化焚烧工艺获得成功，均为国内首次实践。石洞口污水处理厂污泥干化焚烧装置规模为 $225\mathrm{m^3/d}$，通过焚烧干化污泥产生热能，进行污泥干化，使得污泥中的有机物能量充分利用，运行正常，效果良好，为污泥热干化技术积累丰富经验。

目前，上海市政工程设计研究总院（集团）有限公司受住房和城乡建设部委托，编制城市污水处理厂污泥处理处置系列部分标准，供全国有关单位应用。

本书是以设计实践为主题的专著，主要阐述了污水处理厂设计的基本理论和工程实践经验，根据作者在大量工程设计中的体验，根据新编制的《室外排水设计规范》的要求，收集了大量国内外相关资料，系统地介绍了城镇污水处理厂的工艺设计，污水处理理论，各种处理构筑物的分类和选用，各种处理构筑物的计算、设计参数的选用和设计要点等。本书还就污水处理厂总体布置、供配电自控设计、技术经济等内容进行了介绍，全书共分绪言、处理工艺选择、进水泵房和预处理、一级处理和一级强化处理、生物处理之活性污泥法、生物处理之生物膜法、消毒、污泥浓缩、污泥厌氧消化、污泥脱水、污泥输送和储存、供配电和自控设计、机械设计、污水厂总体布置、污水厂科学运行控制方法和技术经济设计等 16 章，以期与同行共同交流技术，进一步提高我国污水处理厂设计水平。

由于我国的污水处理技术在不断发展，特别是污泥的处理处置技术，污泥的处理是污水处理不可缺少的一部分，我们将不断积累经验，不断完善技术方案，推进处理技术的发展。

第2章 处理工艺选择

2.1 污水组成和特性

2.1.1 污水组成

《室外排水设计规范》GB 50014—2006 术语中规定了城镇污水的定义,城镇污水系指排入城镇污水系统的污水的统称,它由综合生活污水、工业废水和入渗地下水三部分组成。在合流制排水系统中,还包括被截流的雨水。同时,该规范又对综合生活污水、工业废水和入渗地下水三部分分别进行了定义。综合生活污水由居民生活污水和公共建筑污水组成;综合生活污水系指人们日常生活中洗涤、冲厕和洗澡等产生的污水;工业废水系指工业生产过程中排出的废水;入渗地下水系指通过管渠和附属构筑物破损处进入排水管渠的地下水。因此,城镇污水的组成可由图2-1-1表示。

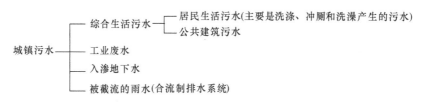

图 2-1-1 城镇污水的组成

2.1.2 污水特性

城镇污水的性质和居民的生活习惯、气候条件、生活污水与工业废水比例、排水体制等因素有关,污水特性一般可按物理性质、化学性质和生物性质分为三大类。

2.1.2.1 污水的物理性质和指标

表示污水物理性质的指标主要有温度、色度、臭味和固体物质。

(1)温度

污水的温度,对污水的物理性质、化学性质和生物性质有直接的影响,是污水的重要物理指标之一,但往往设计人员不注意温度指标。虽然我国幅员辽阔,跨越多种不同的气候条件,气温变化幅度很大,但由于污水是经过使用后产生的,使用过程往往会进行温度的调节,而且污水管道敷设于地面下一定的深度,因此污水的温度变化不大,根据统计资料表明,污水温度一般在 $10 \sim 20$℃之间,特别寒冷地区的污水温度有可能较低。工业企业排出的废水与生产工艺有关,有可能有较高的温度,引起水体的热污染。因此,对于设计人员而言,应该重视污水的温度。《室外排水设计规范》GB 50014—2006 也就污水的温度进行规定,第 3.4.2 条规定"污水厂内生物处理构筑物进水的水温宜为 $10 \sim 37$℃",微生物在生物处理过程中最适宜温度为 $20 \sim 35$℃,温度过低,会影响生物生存环境,抑制生物的活性;温度过高,也影响生物的生存环境,加速生物的耗氧反应。同时,氧气在水中的溶解氧随温度升高而减少,降低生物反应池的效率。

(2)色度

污水的色度是一项感官性指标,一般纯净的天然水清澈透明,即无色的,城镇生活污水常呈灰色，当污水中的溶解氧降低至零，污水所含的有机物腐烂，则水会转呈黑褐色并有臭味。工业废水的色度视工业企业的性质而异，差别极大，印染、造纸、农药、焦化、冶金和化工等的工业废水，都有各自的特殊颜色，色度往往给人以感观不悦。

色度可由悬浮固体、胶体或溶解物质形成。悬浮固体形成的色度称为表色，胶体或溶解物质形成的色度称为真色。一般设计人员对色度也不是很重视，《城镇污水处理厂污染物排放标准》GB 18918 对色度有严格的要求，属于基本控制项目，其最高允许排放浓度（日均值）根据不同的标准，要达到 30～50（稀释倍数），对以生活污水为主的污水处理厂而言，较容易达到，但对工业废水含量较高，特别是印染、化工等行业的工业废水进入城镇污水处理系统，则应充分重视色度的控制。

（3）臭味

污水的臭和味也是感官性指标，一般纯净的天然水无臭无味，当水体受到污染后会产生异样的臭味。

生活污水的臭味主要由有机物腐败产生的气体造成。工业废水的臭味主要由挥发性化合物造成。

臭味大致有鱼腥臭［胺类 CH_3NH_2，$(CH_3)_3N$］，氨臭（氨 NH_3），腐肉臭［二元胺类 NH_2 $(CH_2)_4NH_2$］，腐蛋臭（硫化氢 H_2S），腐甘蓝臭［有机硫化物 $(CH_3)_2S$］，粪臭（甲基吲哚 $C_8H_5NHCH_3$）以及某些生产废水的特殊臭味。

臭味首先给人以感觉不悦，甚至会危及人体生理，造成呼吸困难，倒胃胸闷，呕吐等。

不同的盐分会给水带来不同的异味，氯化钠带咸味，硫酸镁带苦味，铁盐带涩味，硫酸钙略带甜味等。

（4）固体物质

污水的固体物质系指污水中所有残渣的总和，称为总固体（TS）。固体物质按存在的形态可分为悬浮固体、胶体和溶解性固体，按性质可分为有机物、无机物和生物体三种。

固体含量用总固体作为指标（TS），系指一定量水样在 105～110℃烘箱中烘干至恒重所得的重量。总固体中的悬浮固体（SS）或称悬浮物，系指把水样用滤纸过滤后，被滤纸截留的滤渣，在 105～110℃烘箱中烘干至恒重所得重量。滤液中存在的固体即为胶体和溶解固体。悬浮固体中，有一部分可在沉淀池中沉淀，形成沉淀污泥，称为可沉淀固体。

悬浮固体也由有机物和无机物组成。故又可分为挥发性悬浮固体（VSS）和非挥发性悬浮固体（NVSS）。把悬浮固体，在温度为 600℃灼烧，所失去的重量称为挥发性悬浮固体；残留的重量称为非挥发性悬浮固体。生活污水中，挥发性悬浮固体约占 70%，非挥发性悬浮固体约占 30%。

胶体和溶解固体（DS）或称为溶解物也是由有机物和无机物组成。生活污水中的溶解性有机物包括尿素、淀粉、糖类、脂肪、蛋白质和洗涤剂等；溶解性无机物包括无机盐（如碳酸盐、硫酸盐、铵盐、磷酸盐），氯化物等。工业废水的溶解性固体成分极为复杂，视工业企业的性质而异，主要包括种类繁多的合成高分子有机物和重金属离子等。溶解固体的浓度与成分对污水处理方法的选择，采用生物处理法还是物理化学处理法等，及处理效果会产生直接的影响。

2.1.2.2　污水的化学性质和指标

表示污水化学性质的指标，可分为无机物指标和有机物指标。无机物指标有酸碱度、碱度、氮及其化合物、磷及其化合物、无机盐、非重金属无机物和重金属离子等。有机物指标比较复杂，在实际工作中一般采用生物化学需氧量（BOD）、化学需氧量（COD）、总需氧量（TOD）、总有机碳（TOC）等指标来衡量污水中需氧有机物的含量。

（1）无机物指标

1) 酸碱度（pH）

酸碱度用 pH 值表示。pH 值等于氢离子浓度的负对数。

pH＝7 时，污水呈中性；pH＜7 时，数值越小，酸性越强；pH＞7 时，数值越大，碱性越强。当 pH 值超出 6～9 的范围时，会对人、畜造成危害，并对污水的物理、化学和生物处理产生不利影响，尤其是当 pH 值低于 6 的酸性污水，对管渠、污水处理构筑物和设备会产生腐蚀作用。因此 pH 值是污水化学性质的重要指标，《室外排水设计规范》规定 pH 值宜为 6.5～9.5，就是防止酸性物质进入城镇污水处理系统，对处理设施产生的不利影响。

2) 碱度

碱度系指污水中含有的、能与强酸产生中和反应的物质，即 H^+ 离子的受体，主要包括氢氧化物碱度，即 OH^- 离子含量；碳酸盐碱度，即 CO_3^{2-} 离子含量；重碳酸盐碱度，即 HCO_3^- 离子含量。污水的碱度可用下式表达：

$$[碱度]=[OH^-]+[CO_3^{2-}]+[HCO_3^-]-[H^+] \tag{2-1-1}$$

式中　[　]——代表浓度，mg-N/L。

污水所含碱度，对于外加的酸、碱具有一定的缓冲作用，可使污水的 pH 值维持在适宜于好氧菌或厌氧菌生长繁殖的范围内。例如污泥厌氧消化处理时，要求碱度不低于 2000mg/L（以 $CaCO_3$ 计），以便缓冲有机物分解时产生的有机酸，避免 pH 值降低。

3) 氮及其化合物

氮、磷是植物的重要营养物质，也是污水进行生物处理时，微生物所必需的营养物质，主要来源于人类排泄物和某些工业废水。氮、磷是导致湖泊、水库、海湾等封闭、半封闭水体富营养化的主要原因。

污水中氮及其化合物有 4 种，即有机氮、氨氮（NH_3-N）、亚硝酸盐氮（NO_2-N）和硝酸盐氮（NO_3-N）。4 种含氮化合物的总量称为总氮 TN。有机氮很不稳定，容易在微生物的作用下，分解成其他 3 种氮化合物，在无氧的条件下，分解为氨氮；在有氧的条件下，氧化为氨氮，再氧化为亚硝酸盐氮和硝酸盐氮。

TKN 是有机氮与氨氮之和，称为总凯氏氮。总凯氏氮指标可以用来判断污水在进行生物法处理时，氮营养是否充足的依据。生活污水中凯氏氮含量约为 20～40mg/L（其中有机氮约占 38%，氨氮约占 62%）。

氨氮在污水中存在形式有游离氨（NH_3）和离子状态铵盐（NH_4^+）两种。污水进行生物处理时，氨氮不仅向微生物提供营养，而且对污水的 pH 值起缓冲作用。但氨氮过高时，对微生物的活动会产生抑制作用。

总氮与总凯氏氮之差值，约等于亚硝酸盐氮与硝酸盐氮；总凯氏氮与氨氮之差值，约等于有机氮。

4) 磷及其化合物

污水中磷及其化合物可分为有机磷和无机磷两类。有机磷的存在形式主要有：葡萄糖-6-磷酸、2-磷酸-甘油酸和磷肌酸等；无机磷都以磷酸盐形式存在，包括正磷酸盐（PO_4^{3-}）、偏磷酸盐（PO_3^-）、磷酸氢盐（HPO_4^{2-}）、磷酸二氢盐（$H_2PO_4^-$）等，污水中的总磷系指有机磷和无机磷的总和，生活污水中的总磷约为 4～8mg/L。

氮、磷是生物处理时微生物必需的营养物质，《室外排水设计规范》规定营养组合比（5 日生化需氧量：氮：磷）可为 100：5：1，当特殊工业废水进入时，有可能比例失调，应在工艺设计时充分考虑。

5) 无机盐

无机盐主要指氯化物和硫化物。氯化物主要来自人类排泄物，每人每日排出的氯化物约 5～

9g。工业废水以及沿海城市采用海水作为冷却水时，含有较高的氯化物。氯化物含量高时，对管道和设备有腐蚀作用，如灌溉农田，会引起土壤板结；氯化钠浓度超过 4000mg/L 时，对生物处理的微生物有抑制作用。

硫化物主要来源于工业废水（如硫化染料废水、人造纤维废水等）和生活污水。

硫化物的存在形式有硫化氢（H_2S）和硫氢化物（HS^-）。当污水 pH 值较低时（如低于6.5），则以 H_2S 为主（H_2S 约占硫化物总量的 98%）；pH 值较高时（如高于9），则以 S^{2-} 为主。硫化物属于还原性物质，要消耗污水中的溶解氧，并能与重金属离子反应，生成金属硫化物的黑色沉淀。

6）非重金属无机物

非重金属无机物主要是氰化物（CN）和砷化物（As）。

氰化物主要来自电镀、焦化、高炉煤气、制革、农药和化纤等工业废水。氰化物是剧毒物质，人体摄入致死量是 0.05～0.12g。

氰化物在污水中的存在形式是无机氰（如氢氰酸 HCN、氰酸盐 CN^-）和有机氰化物（如丙烯腈 C_2H_3CN）。

砷化物主要来自化工、有色冶金、焦化、火力发电、造纸和皮革等工业废水。砷会在人体内积累，属致癌物质（致皮肤癌）之一。

砷化物在污水中的存在形式是无机砷化物（如亚砷酸盐 AsO_2^-、砷酸盐 AsO_4^{3-}）和有机砷（如三甲基砷）。对人体的毒性排序为有机砷＞亚砷酸盐。

7）重金属离子

重金属离子指原子序数在 21～83 之间的金属或相对密度大于 4 的金属。污水中重金属主要有汞（Hg）、镉（Cd）、铅（Pb）、铬（Cr）、锌（Zn）、铜（Cu）、镍（Ni）、锡（Sn）、铁（Fe）和锰（Mn）等。生活污水中的重金属离子主要来源于人类排泄物，冶金、电镀、陶瓷、玻璃、氯碱、电池、制革、照相器材、造纸、塑料和颜料等工业废水，都含有不同的重金属离子。上述重金属离子，在微量浓度时，有益于微生物、动植物和人类；但当浓度超过一定值后，即会产生毒害作用，特别是汞、镉、铅、铬以及它们的化合物。

（2）有机物指标

生活污水所含有机物主要来源于人类排泄物和生活活动产生的废弃物、动植物残片等，主要成分是碳水化合物、蛋白质和脂肪等有机化合物，组成元素是碳、氢、氧、氮和少量的硫、磷、铁等。除此之外，尚有酚类、有机酸碱、表面活性剂、有机农药等有机污染物。这些有机污染物在微生物作用下可分解为简单的无机物质、二氧化碳和水等，但在分解过程中需要消耗大量的氧，故属耗氧污染物。耗氧有机污染物是使水体黑臭的重要因素之一，由于污水中有机污染物的组成复杂，分别测定各类有机物的含量也没有必要，在实际工作中，一般采用生物化学需氧量（BOD）、化学需氧量（COD）、总需氧量（TOD）、总有机碳（TOC）、阳离子表面活性剂、油类（包括动植物油类和石油类）等作为有机物指标。

1）生物化学需氧量（BOD）

在水温为 20℃ 的条件下，由于好氧微生物的生活活动，将有机污染物氧化成无机物所消耗的溶解氧量，称为生物化学需氧量。生物化学需氧量代表可生物降解有机物的数量。

在有氧的条件下，可生物降解有机物的降解过程，可分为两个阶段，第一阶段是碳氧化阶段，即在异养菌的作用下，含碳有机物被氧化（或称碳化）为 CO_2 和 H_2O，含氮有机物被氧化（或称氨化）为 NH_3。与此同时，合成新细胞（异养型）；第二阶段是硝化阶段，即在自养菌（亚硝化菌）的作用下，NH_3 被氧化为 NO_2^- 和 H_2O，再在自养菌（硝化菌）的作用下，NO_2^- 被氧化为 NO_3^-。与此同时合成新细胞（自养型）。两个阶段，都释放出供微生物生活活动所需要的能和合成的新细胞。在微生物生活活动中，进行着新陈代谢，即自身氧化的过程，产生 CO_2、H_2O 和 NH_3，并放出能量和氧化残渣，这种过程称为内源呼吸。

总碳氧化阶段的需氧量称为第一阶段生化需氧量（或称为总碳氧化需氧量、总生化需氧量、完全生化需氧量），硝化阶段的需氧量称为第二阶段生化需氧量（或称为氮氧化需氧量、硝化需氧量）。

由于有机物的生化过程延续时间很长，在 20℃ 水温下，完成两阶段约需 100d 以上，从实际情况显示，5d 的生物化学需氧量约占总碳氧化需氧量的 70%～80%，20d 以后的生化反应过程速度趋于平缓，因此常用 20d 的生物化学需氧量 BOD_{20} 作为总生物化学需氧量 BOD_u。在工程实用中，20d 时间太长，故用 5d 生物化学需氧量 BOD_5 作为可生物降解有机物的综合浓度指标。由于硝化菌的繁殖周期较长，一般要在碳氧化阶段开始后的 5～7d，甚至 10d 才能繁殖出一定数量的硝化菌，并开始氮氧化阶段，因此，硝化需氧量不对 BOD_5 产生干扰。

2) 化学需氧量（COD）

以 BOD_5 作为有机污染物的浓度指标，存在着测定时间长、不能反映难生物降解有机污染物浓度等问题。

化学需氧量是用化学氧化剂氧化水中有机污染物时所消耗的氧化剂量，常用的氧化剂是重铬酸钾和高锰酸钾，以重铬酸钾作氧化剂，测得的值称 COD_{cr}，或简称 COD；以高锰酸钾作氧化剂，测得的值称 COD_{Mn}，或简称 OC。

化学需氧量 COD 的优点是较精确地表示污水中有机物的含量，测定时间较短，且不受水质的限制，缺点是不能像 BOD 那样反映出微生物有机物的程度。此外，污水中存在的还原性无机物（如硫化物）被氧化也需消耗氧，所以 COD 值也存在一定误差。

COD 的数值大于 BOD_{20}，两者的差值大致为难生物降解有机物量，差值越大，难生物降解的有机物含量越多，越不宜采用生物处理工艺。因此 BOD_5/COD 的比值，可作为该污水是否适宜于采用生物处理的判别标准，故把 BOD_5/COD 的比值称为可生化性指标，比值越大，越容易生物处理。一般认为此比值大于 0.3 的污水，才适于采用生物处理。

3) 总需氧量（TOD）

由于有机物的主要组成元素是 C、H、O、N、S 等，被氧化后，分别产生 CO_2、H_2O、NO_2 和 SO_2 等，所消耗的氧量称为总需氧量 TOD。

4) 总有机碳（TOC）

总有机碳 TOC 是目前国内外使用的另一个表示有机物浓度的综合指标。

TOD 和 TOC 的测量原理相同，但有机物数量的表示方法不同，前者用消耗的氧量表示，后者用含碳量表示。

水质比较稳定的污水，BOD_5、COD、TOD 和 TOC 之间，有一定的相关关系，数值大小的排序为 $TOD > COD_{cr} > BOD_u > BOD_5 > TOC$。生活污水的 BOD_5/COD 比值约为 0.4～0.65，BOD_5/TOC 比值约为 1.0～1.6。工业废水的 BOD_5/COD 比值，取决于工业性质，变化极大，如果该比值 >0.3，可采用生化处理；如果 <0.3，则不宜采用生化处理。

5) 阴离子表面活性剂

生活污水和某些工业废水，含有大量的表面活性剂，表面活性剂包括硬性洗涤剂（ABS），含有磷并易产生大量泡沫，属于难生物降解有机污染物，目前已不大使用。另一种为软性洗涤剂，属于可生物降解有机污染物，泡沫大大减少，但仍含有磷，是致水体富营养化的主要元素之一。

6) 油类（包括动植物油和石油类）

主要成分是 C、H、O。生活污水中的脂肪和油类来源于人类排泄物和餐饮业的洗涤废水，

含油浓度可达 $400\sim600mg/L$，甚至 $1200mg/L$，包括动物油和植物油。脂肪酸甘油酯在常温时呈液态称为油，在低温时呈固态称为脂肪。脂肪比碳水化合物、蛋白质都稳定，属于难生物降解有机物，对微生物无毒害与抑制作用。炼油、石油化工、焦化、制气等工业废水中，含有矿物油即石油，具有异臭，属于难生物降解有机物，对微生物有毒害或抑制作用。

2.1.2.3　污水的生物性质和指标

表示污水生物性质的指标，主要有粪大肠菌群数、细菌总数和病毒等。

（1）粪大肠菌群数

粪大肠菌群数作为污水的生物性质指标，粪大肠菌群和病原菌都在人类肠道系统内，它们的生活习性和外界环境中的存活时间基本相同。每人每日排泄的粪便中含有粪大肠菌群数约 $1\times10^{11}\sim4\times10^{11}$ 个，数量大大多于病原菌，但对人体无害；由于粪大肠菌的数量多，且容易培养检验，病原菌的培养检验十分复杂和困难，因此，常采用粪大肠菌群数作为卫生指标。水中存在粪大肠菌，就表明受到粪便的污染，还可能存在病原菌。

（2）细菌总数

细菌总数是粪大肠菌群数、病原菌和其他细菌数的总和，以每毫升水样中的细菌总数表示。细菌总数愈多，表示病原菌和病毒存在的可能性愈大。

（3）病毒

污水中已被检出的病毒有 100 多种，检出粪大肠菌，可以表明肠道病原菌的存在，但不能表明是否存在病毒和其他病原菌，如炭疽杆菌等。因此还需要检验病毒指标。

用粪大肠菌群数、细菌总数和病毒等 3 种卫生指标来评价污水受生物污染的严重程度就比较全面。

2.1.3　污水处理主要污染物控制指标

根据城镇污水的特点，结合《城镇污水处理厂污染物排放标准》GB 18918—2002 的规定，确定污水处理的主要污染物控制指标有三类，即基本控制项目、部分一类污染物控制项目和选择性控制项目，基本控制项目有 12 项，包括物理指标、化学指标和生物指标，如表 2-1-1 所示。

基 本 控 制 项 目　　　　　　　　　　　　　　　　表 2-1-1

序号	基 本 控 制 项 目	指标特性	序号	基 本 控 制 项 目	指标特性
1	化学需氧量（COD）	化学	7	总氮（以 N 计）	化学
2	生物化学需氧量（BOD$_5$）	化学	8	氨氮（以 N 计）	化学
3	悬浮物（SS）	物理	9	总磷（以 P 计）	化学
4	动植物油	化学	10	色度（稀释倍数）	物理
5	石油类	化学	11	pH	化学
6	阴离子表面活性剂	化学	12	粪大肠菌群数/（个/L）	生物

部分一类污染物控制项目共 7 项，主要为重金属污染物，如表 2-1-2 所示。

部分一类污染物控制项目表　　　　　　　　　　　　表 2-1-2

序　号	项　目	序　号	项　目
1	总　汞	5	六价铬
2	烷基汞	6	总　砷
3	总　镉	7	总　铅
4	总　铬		

选择性控制项目共 43 项，主要为一般金属污染物和有机污染物，如表 2-1-3 所示。

选择性控制项目 表2-1-3

序　号	选择控制项目	序　号	选择控制项目
1	总镍	23	三氯乙烯
2	总铍	24	四氯乙烯
3	总银	25	苯
4	总铜	26	甲苯
5	总锌	27	邻-二甲苯
6	总锰	28	对-二甲苯
7	总硒	29	间-二甲苯
8	苯并（a）芘	30	乙苯
9	挥发酚	31	氯苯
10	硫化物	32	1，4-二氯苯
11	甲醛	33	1，2-二氯苯
12	苯胺类	34	对硝基氯苯
13	总硝基化合物	35	2，4-二硝基氯苯
14	有机磷农药（以P计）	36	苯酚
15	马拉硫磷	37	间-甲酚
16	乐果	38	2，4-二氯酚
17	对硫磷	39	2，4，6-三氯酚
18	甲基对硫磷	40	邻苯二甲酸二丁酯
19	五氯酚	41	邻苯二甲酸二辛酯
20	三氯甲烷	42	丙烯腈
21	四氯化碳	43	可吸附有机卤化物（AOX以Cl计）
22			

2.1.4 污水水质替代参数研究

描述污水水质参数有两类，一类仅表示水中一种成分浓度；另一类则表示一组成分浓度，称水质替代参数。替代参数是描述水处理过程的主要参数。长期以来，有专家认为水质替代参数不能精确描述水质，因而水处理过程也得不到精确描述。

污水水质常用 BOD_5 值，这是不精确替代参数的一个案例。BOD_5 是表示有机物在生物降解过程中氧的需要量作为有机物的当量代表，从概念上讲是正确的。BOD_5 不精确性源于测定方法，这是包括：（1）测定过程微生物生长环境与实际运行环境不同；（2）BOD_5 与总BOD无精确数量关系；（3）不考虑污水中各有机物物质和浓度所产生的生化过程差别；（4）不考虑接种所用的由不同物质、不同密度微生物所组成的生态系统的生化过程差别等。因此，有必要对这些替代参数的应用作出新的诠释或修正，或者创新更好的水质替代参数。

2.2 设计流量和设计水质

2.2.1 设计流量

城镇污水，由综合生活污水、工业废水、入渗地下水和被截流的雨水组成。综合生活污水由居民生活污水和公共建筑污水组成，居民生活污水指居民日常生活中洗涤、冲厕、洗澡等产生的污水；公共建筑污水指娱乐场所、宾馆、浴室、商业网点、学校和办公楼产生的污水。

各部分污水量均可分别计算，一般按照用水定额进行计算。

2.2.1.1 城镇旱流污水设计流量

城镇旱流污水设计流量按下式计算：

$$Q_{dr} = Q_d + Q_m \qquad (2-2-1)$$

式中　Q_{dr}——旱流污水设计流量，L/s；

Q_d——设计综合生活污水量，L/s；

Q_m——设计工业废水量，L/s。

在地下水位较高地区，应考虑入渗地下水量。

2.2.1.2 设计综合生活污水量

污水厂的设计规模一般按平均日污水量确定，设计流量一般按最大日最大时污水量确定。

设计旱流污水量（平均日）可按下式计算：

$$Q_{d1} = qN \times 1000 \tag{2-2-2}$$

式中 Q_{d1}——设计旱流污水量，m^3/d；

q——生活污水定额，$L/(人 \cdot d)$；

N——服务人口，人。

设计综合生活污水量（最大日最大时）可按下式计算：

$$Q_{dk} = Q_{d1} \times K_z / 86400 \tag{2-2-3}$$

式中 Q_{dk}——设计旱流污水量，m^3/s；

K_z——总变化系数。

（1）生活污水定额

设计综合生活污水量按综合生活污水定额和服务人口数量计算确定，综合生活污水定额和居民生活污水定额，根据当地采用的用水定额，结合建筑内部给排水设施水平，可按当地相关用水定额的80%～90%采用，同时，应按排水系统管网普及程度等因素确定综合生活污水量。

根据《室外给水设计规范》GB 50013—2006规定，居民生活用水定额和综合生活用水定额应根据当地国民经济和社会发展、水资源充沛程度、用水习惯，在现有用水基础上，结合城市总体规划和给水专业规划，本着节约用水的原则，综合分析确定。当缺乏实际用水资料情况下，可按表2-2-1和表2-2-2选用。

居民生活用水定额 $L/(人 \cdot d)$ 表2-2-1

城市规模 用水情况 分 区	特大城市		大城市		中、小城市	
	最高日	平均日	最高日	平均日	最高日	平均日
一	180～270	140～210	160～250	120～190	140～230	100～170
二	140～200	110～160	120～180	90～140	100～160	70～120
三	140～180	110～150	120～160	90～130	100～140	70～110

综合生活用水定额 $L/(人 \cdot d)$ 表2-2-2

城市规模 用水情况 分 区	特大城市		大城市		中、小城市	
	最高日	平均日	最高日	平均日	最高日	平均日
一	260～410	210～340	240～390	190～310	220～370	170～280
二	190～280	150～240	170～260	130～210	150～240	110～180
三	170～270	140～230	150～250	120～200	130～230	100～170

注：1 特大城市指：市区和近郊区非农业人口100万及以上的城市；

   大城市指：市区和近郊区非农业人口50万及以上，不满100万的城市；

   中、小城市指：市区和近郊区非农业人口不满50万的城市。

  2 一区包括：湖北、湖南、江西、浙江、福建、广东、广西、海南、上海、江苏、安徽、重庆；

   二区包括：四川、贵州、云南、黑龙江、吉林、辽宁、北京、天津、河北、河南、山东、宁夏、陕西、内蒙古河套以东和甘肃黄河以东的地区；

   三区包括：新疆、青海、西藏、内蒙古河套以西和甘肃黄河以西的地区。

  3 经济开发区和特区城市，根据用水实际情况，用水定额可酌情增加。

  4 当采用海水或污水再生水等作为冲厕用水时，用水定额相应减少。

（2）服务范围和服务人口

城镇污水排水系统设计期限终期的规划范围称为服务范围。城镇污水排水系统设计期限终期的规划人口数称为服务人口，是计算城镇综合生活污水量的基本数据。服务人口一般由城镇总体规划确定。由于城镇性质和规模不同，城镇工业、仓储、交通运输、生活居住用地分别占城镇总用地的比例和指标有所不同，因此，在计算污水排水系统服务人口时，常用人口密度与服务面积相乘得到。

人口密度表示人口分布的情况，是指住在单位面积上的人口数，以 cap/hm² 表示。

（3）生活污水量总变化系数

居住区生活污水定额是平均值，根据服务人口和生活污水定额计算所得的是污水平均流量。而实际上流入污水厂的污水量是变化的。一日中，日间和晚间的污水量不同，日间各小时的污水量也有很大差异。总变化系数可按当地实际综合生活污水量变化资料采用，没有资料时，可按我国《室外排水设计规范》GB 50014 采用的居住区生活污水量总变化系数值选用，该数值如表 2-2-3 所示。

生活污水量总变化系数   表 2-2-3

污水平均日流量（L/s）	5	15	40	70	100	200	500	≥1000
总变化系数（K_z）	2.3	2.0	1.8	1.7	1.6	1.5	1.4	1.3

注：当污水平均日流量为中间数值时，总变化系数用内插法求得。

生活污水量总变化系数值，也可按综合分析得出的总变化系数与平均流量间的关系式求得，如按下式计算：

$$K_z = \frac{2.7}{Q^{0.11}} \tag{2-2-4}$$

式中　K_z——总变化系数；

　　　Q——平均日平均时污水流量，L/s。当 $Q<5$L/s 时，$K_z=2.3$；当 $Q≥1000$L/s 时，$K_z=1.3$。

2.2.1.3　设计工业废水量

工业企业的工业废水量可按下式计算：

$$Q_m = \frac{m \cdot M \cdot K_z}{3600T} \tag{2-2-5}$$

式中　Q_m——工业废水设计流量，L/s；

　　　m——生产过程中每单位产品的废水量，L/单位产品；

　　　M——产品的平均日产量；

　　　T——每日生产时数，h；

　　　K_z——总变化系数。

生产单位产品或加工单位数量原料所排出的平均废水量，也称生产过程中单位产品的废水量定额。工业企业的工业废水量随行业类型、采用的原材料、生产工艺特点和管理水平等有很大差异。近年来，随着国家对水资源开发利用和保护的日益重视，有关部门制定各工业的工业用水量规定，排水工程设计流量应与之协调。

在不同的工业企业中，工业废水的排出情况很不一致。某些工厂的工业废水是均匀排出的，但很多工厂废水排出情况变化很大，甚至一些个别车间的废水也可能在短时间内一次排放，因而工业废水量的变化系数取决于工厂的性质和生产工艺过程。

2.2.1.4　入渗地下水量

受当地土质、地下水位、管道和接口材料以及施工质量、管道服务年限等因素的影响，当地下水位高于排水管渠时，排水系统设计应适当考虑入渗地下水量。入渗地下水量宜根据测定资料确定，一般按单位管长和管径的入渗地下水量计，也可按平均日综合生活污水和工业废水总量的 $10\%\sim15\%$ 计，还可按每天每单位服务面积入渗的地下水量计。中国市政工程中南设计研究院和广州市市政园林局测定过管径为 $1000\sim1350\mathrm{mm}$ 的新铺钢筋混凝土管入渗地下水量，结果为：地下水位高于管底 3.2m，入渗量为 $94\mathrm{m}^3/(\mathrm{km \cdot d})$；高于管底 4.2m，入渗量为 $196\mathrm{m}^3/(\mathrm{km \cdot d})$；高于管底 6m，入渗量为 $800\mathrm{m}^3/(\mathrm{km \cdot d})$；高于管底 6.9m，入渗量为 $1850\mathrm{m}^3/(\mathrm{km \cdot d})$。上海某泵站冬夏二次测定，冬季为 $3800\ \mathrm{m}^3/(\mathrm{km}^2 \cdot d)$，夏季为 $6300\mathrm{m}^3/(\mathrm{km}^2 \cdot d)$；[1] 日本《下水道设施指南与解说》规定采用经验数据，按每人每日最大污水量的 $10\%\sim20\%$ 计；[2] 英国排水规范建议按观测现有管道的夜间流量进行估算；德国 ATV 标准规定入渗水量不大于 $0.15\mathrm{L}/(\mathrm{s \cdot hm}^2)$，如大于则应采取措施减少入渗；美国标准按 $0.01\sim1.0\mathrm{m}^3/(\mathrm{d \cdot mm\text{-}km})$（mm 为管径，km 为管长）计，或按 $0.2\sim28\mathrm{m}^3/(\mathrm{hm}^2 \cdot \mathrm{d})$ 计。

在地下水位较高的地区，水力计算时，式(2-2-1)后应加入入渗地下水量 Q_u，即：

$$Q_\mathrm{dr} = Q_\mathrm{d} + Q_\mathrm{m} + Q_\mathrm{u} \tag{2-2-6}$$

式中　Q_dr——旱流污水设计流量，L/s；

Q_d——设计综合生活污水量，L/s；

Q_m——设计工业废水量，L/s；

Q_u——入渗地下水量，L/s。

2.2.2　设计水质

2.2.2.1　设计进水水质

城镇污水的设计水质应根据调查资料确定，按照邻近城镇、类似工业区和居住区的水质资料确定。

（1）参照相关资料确定

《给水排水设计手册》第 5 册城镇排水（第二版）认为，典型的生活污水水质，大体有一定的变化范围，如表 2-2-4 所示。

典型生活污水水质示例　　　　　　　　　　　　　　　　表 2-2-4

序　号	指　标	浓度（mg/L）		
		高	中	低
1	总固体 TS	1200	720	350
2	溶解性总固体 DTS	850	500	250
	其中　非挥发性	525	300	145
	挥发性	325	200	105
3	悬浮物 SS	350	200	100
	其中　非挥发性	75	55	20
	挥发性	275	165	80
4	5 日生化需氧量 BOD$_5$	400	220	110
	其中　溶解性	200	110	55
	悬浮性	200	110	55
5	总有机碳 TOC	290	160	80
6	化学需氧量 COD$_\mathrm{cr}$	1000	400	250

---

[1]　上海大型市政工程设计与施工丛书：《排水工程》上海科学技术出版社 1998 年。
[2]　《下水道设施设计指南与解说》日本下水道协会 2001 年。

序 号	指 标	浓度（mg/L）		
		高	中	低
	其中 溶解性	400	150	100
	悬浮性	600	250	150
	可生物降解部分	750	300	200
	其中 溶解性	375	150	100
	悬浮性	375	150	100
7	总氮 TN	85	40	20
8	有机氮	35	15	8
9	游离氮	50	25	12
10	亚硝酸盐	0	0	0
11	硝酸盐	0	0	0
12	总磷 TP	15	8	4
13	有机磷	5	3	1
14	无机磷	10	5	3
15	氯化物 Cl^-	200	100	60
16	硫酸盐 SO_4^-	50	30	20
17	碱度 $CaCO_3$	200	100	50
18	油脂	150	100	50
19	总大肠菌（个/100mL）	$10^8 \sim 10^9$	$10^7 \sim 10^8$	$10^6 \sim 10^7$
20	挥发性有机化合物 VOC_5（μg/L）	>400	100～400	<100

（2）根据污染物指标确定

根据 1990 年以来全国 37 座污水处理厂的设计资料，每人每日 5 日生化需氧量的范围为 20 ～67.5g/(cap·d)，集中在 25～50g/(cap·d)，占总数的 76%；每人每日悬浮固体的范围为 28.6～114g/(cap·d)，集中在 40～65g/(cap·d)，占总数的 73%；每人每日总氮的范围为 4.5 ～14.7g/(cap·d)，集中在 5～11g/(cap·d)，占总数的 88%；每人每日总磷的范围为 0.6～ 1.9g/(cap·d)，集中在 0.7～1.4g/(cap·d)，占总数的 81%。《室外排水设计规范》GBJ 14—87 (1997 年版)规定 5 日生化需氧量和悬浮固体的范围分别为 25～30g/(cap·d)和 35～50g/(cap· d)，由于污水浓度随生活水平提高而增大，同时我国幅员辽阔，各地发展不平衡，《室外排水设计规范》GB 50014—2006 参照相关资料将各种指标、数值相对调整，范围扩大。一些国家和我国设计规范的水质指标比较如表 2-2-5 所示。

一些国家的水质指标比较 （g/(cap·d)）　　　　表 2-2-5

序 号	国 家	5 日生化需氧量 BOD$_5$	悬浮固体 SS	总 氮 TN	总 磷 TP
1	埃 及	27～41	41～68	8～14	0.4～0.6
2	印 度	27～41	—	—	—
3	日 本	40～45	—	1～3	0.15～0.4
4	土耳其	27～50	41～68	8～14	0.4～2
5	美 国	50～120	60～150	9～22	2.7～4.5
6	德 国	55～68	82～96	11～16	1.2～1.6
7	室外排水设计规范 GBJ 14—87（1997 版）	25～30	35～50	无	无
8	室外排水设计规范 GB 50014—2006	25～50	40～65	5～11	0.7～1.4

根据水质指标和污水定额，可知生活污水水质。

当某一城市居民生活用水定额已知，则可知其生活污水定额，可计算其生活污水水质，参数如表 2-2-6 所示。

生活污水水质计算表　　　　　　　　表 2-2-6

序　号	项　　　目	水 质 指 标			
		BOD$_5$	SS	TN	TP
1	居民生活用水定额(平均日)(L/(cap·d))	180			
2	居民生活污水定额(L/(cap·d))	162			
3	水质指标(g/(cap·d))	25～50	40～65	5～11	0.7～1.4
4	水质参数(mg/L)	154～308	247～401	30.8～67.9	4.3～8.6

（3）工业废水水质

城市污水水质需根据生活污水水质、综合生活污水水质和工业废水水质的调查情况确定，工业废水水质根据不同原料、不同产品、不同工艺方法，产生的水质大不相同，随着清洁生产、循环利用理念的不断深入，工业废水水质也有较大的改善，而且工业废水应达到排入下水道水质标准，建设部发布的《污水排入城市下水道水质标准》CJ 3082 如表 2-2-7 所示。

污水排入城市下水道水质标准　　　　　　　　表 2-2-7

序　号	项 目 名 称	单　位	最高允许浓度
1	pH 值		6.0～9.0
2	悬浮物	mL/L	150（400）
3	易沉固体	mL/L·15min	10
4	油脂	mL/L	100
5	矿物油类	mL/L	20.0
6	苯系物	mL/L	2.5
7	氰化物	mL/L	0.5
8	硫化物	mL/L	1.0
9	挥发性酚	mL/L	1.0
10	温度	℃	35
11	生化需氧量（BOD$_5$）	mL/L	100（300）
12	化学需氧量（COD$_{cr}$）	mL/L	150（500）
13	溶解性固体	mL/L	2000
14	有机磷	mL/L	0.5
15	苯胺	mL/L	5.0
16	氟化物	mL/L	20.0
17	总汞	mL/L	0.05
18	总镉	mL/L	0.1
19	总铅	mL/L	1.0
20	总铜	mL/L	2.0
21	总锌	mL/L	5.0
22	总镍	mL/L	1.0
23	总锰	mL/L	2.0（5.0）
24	总铁	mL/L	10.0

序　号	项 目 名 称	单　位	最高允许浓度
25	总锑	mL/L	1.0
26	六价铬	mL/L	0.5
27	总铬	mL/L	1.5
28	总硒	mL/L	2.0
29	总砷	mL/L	0.5
30	硫酸盐	mL/L	600
31	硝基苯类	mL/L	5.0
32	阴离子表面活性剂（LAS）	mL/L	10.0（20.0）
33	氨氮	mL/L	25.0（35.0）
34	磷酸盐（以 P 计）	mL/L	1.0（8.0）
35	色度	倍	80

注：括号内数值适用于有城市污水处理厂的城市下水道系统。

（4）设计进水水质

根据生活污水量、工业废水量和相应的水质指标，可以确定城镇污水处理厂设计进水水质。国内 30 座污水处理厂的设计水质如表 2-2-8 所示。

国内 30 座城市污水处理厂设计水质和实际水质参数表　mg/L　　　　表 2-2-8

序号	厂　名	水 质 参 数				
		COD$_{cr}$	BOD$_5$	SS	NH$_3$-N	磷酸盐
1	北京高碑店污水处理厂	500 / 300～450	200 / 150～200	250 / 320～540	30 / 21～32	
2	北京酒仙桥污水处理厂	350	200	250	40	
3	天津纪庄子污水处理厂	/ 340	200 / 139	250 / 162	/ 21	/ 6.2
4	石家庄桥西污水处理厂	400 / 150～300	200 / 100～200	250 / 80～200		
5	河北邯郸污水处理厂	311 / 243	133 / 152	158 / 183	21.8 / 14.1	6.6 / 2.3
6	西安北石桥污水处理厂	400 / 263	180 / 165	255 / 295	32 / 22	/ 3.2
7	新疆阿克苏污水处理厂	300	150	200		
8	济南盖家沟污水处理厂	500	260 / 119	400 / 600		
9	山东淄博污水处理厂	600 / 613	225 / 253	280 / 702	60 / 24.5	/ 10.8
10	青岛李村河污水处理厂	900 / 2528	400 / 849	700 / 1666	60 / 51	5 / 7.3
11	青岛团岛污水处理厂	900 / 1362	450 / 702	650 / 1103	80 / 93	10 / 29.3

序号	厂　名	水　质　参　数				
		COD_cr	BOD_5	SS	NH_3-N	磷酸盐
12	上海石洞口污水处理厂	400 / 250	200 / 125	250 / 120	30 / 21.9	4.5 / 3.7
13	上海白龙港污水处理厂	320 / 300	130 /	170 / 148	30 /	5 / 4.1
14	上海松江污水处理厂	452 /	236 /	194 /	21 /	/
15	上海闵行污水处理厂	/	200 / 292	250 / 449	25 / 23.5	/
16	上海朱泾污水处理厂	300 / 409	200 / 216	200 / 154	50 / 51	/
17	上海青浦第二污水处理厂	400 / 511	200 / 246	250 / 291	40 / 34.8	/
18	杭州七格污水处理厂	400 / 540	200 / 198	250 / 330	40 / 35	4 / 5.5
19	嘉兴污水处理厂一期工程	400 /	161 /	147 /	36 /	/
20	福州洋里污水处理厂	300 / 186	150 / 69	200 / 110	25 / 16.6	4.0 / 3.5
21	成都三瓦窑污水处理厂	/	200 /	260 /	/	/
22	昆明第一污水处理厂	360 / 177	180 / 82	202 / 97	30 / 25（TN）	4.0 / 3.3
23	昆明第二污水处理厂	/	180 /	250 /	45 /	5.0 /
24	昆明第三污水处理厂	/ 171	100 / 79.7	200 / 88	30 / 27	4.0 / 2.9
25	昆明第五污水处理厂	393 /	176 /	200 /	40 /	3.9 /
26	桂林第四污水处理厂	/	120 / 125	220 / 200	25 / 25	8 / 15
27	深圳滨河污水处理厂	300 / 691	150 / 241	150 / 421	30 / 31	4 / 4.3
28	深圳罗芳污水处理厂	400 / 217	150 / 128	150 / 260	30 / 15	4 / 2.9
29	广州大坦沙污水处理厂	250 / 135	120 / 75	150 / 100	30 / 22.7	4.0 / 1.49
30	珠海香洲污水处理厂	200 / 155	100 / 75	150 / 198	25 / 12.7	3 / 3.2

注：表中水质参数斜线上的为设计进水水质，斜线下的为实际进水水质（年平均值）。

2.2.2.2 设计出水水质

（1）国家标准

设计出水水质应根据排放水体的水域环境功能和保护目标确定。根据污染物的来源和性质，将污染物控制项目分为基本控制项目和选择性控制项目两类，基本控制项目主要包括影响水环境和城镇污水处理厂一般处理工艺可以去除的常规污染物，以及部分一类污染物，共19项，选择性控制项目包括对环境有较长期影响或毒性较大的污染物，计43项。基本控制项目必须执行，选择性控制项目，由地方环境保护行政主管部门根据污水处理厂接纳工业污染物的类别和水环境质量要求选择控制。

基本控制项目的常规污染物标准值分为一级标准、二级标准、三级标准。一级标准分为 A 标准和 B 标准。部分一类污染物和选择性控制项目不分级。其标准值分别如表2-2-9、表2-2-10和表2-2-11所示。

基本控制项目最高允许排放浓度（日均值）(mg/L)　　　　　　表2-2-9

序号	基本控制项目		一级标准		二级标准	三级标准
			A 标准	B 标准		
1	化学需氧量（COD）		50	60	100	120①
2	生化需氧量（BOD$_5$）		10	20	30	60①
3	悬浮物（SS）		10	20	30	50
4	动植物油		1	3	5	20
5	石油类		1	3	5	15
6	阴离子表面活性剂		0.5	1	2	5
7	总氮（以 N 计）		15	20	—	—
8	氨氮（以 N 计）②		5（8）	8（15）	25（30）	—
9	总磷（以 P 计）	2005 年 12 月 31 日前建设的	1	1.5	3	5
		2006 年 1 月 1 日起建设的	0.5	1	3	5
10	色度（稀释倍数）		30	30	40	50
11	pH		6～9			
12	粪大肠菌群数/（个/L）		10^3	10^4	10^4	—

① 下列情况按去除率指标执行：当进水 COD 大于 350mg/L 时，去除率应大于 60%；BOD 大于 160mg/L 时，去除率应大于 50%。

② 括号外数值为水温＞12℃时的控制指标，括号内数值为水温≤12℃时的控制指标。

部分一类污染物最高允许排放浓度（日均值）(mg/L)　　　　　　表2-2-10

序　号	项　目	标　准　值	序　号	项　目	标　准　值
1	总 汞	0.001	5	六价铬	0.05
2	烷基汞	不得检出	6	总 砷	0.1
3	总 镉	0.01	7	总 铅	0.1
4	总 铬	0.1			

选择性控制项目最高允许排放浓度（日均值）（mg/L）　　表 2-2-11

序　号	选择控制项目	标准值	序　号	选择控制项目	标准值
1	总镍	0.05	23	三氯乙烯	0.3
2	总铍	0.002	24	四氯乙烯	0.1
3	总银	0.1	25	苯	0.1
4	总铜	0.5	26	甲苯	0.1
5	总锌	1.0	27	邻-二甲苯	0.4
6	总锰	2.0	28	对-二甲苯	0.4
7	总硒	0.1	29	间-二甲苯	0.4
8	苯并（a）芘	0.00003	30	乙苯	0.4
9	挥发酚	0.5	31	氯苯	0.3
10	总氰化物	0.5	32	1，4-二氯苯	0.4
11	硫化物	1.0	33	1，2-二氯苯	1.0
12	甲醛	1.0	34	对硝基氯苯	0.5
13	苯胺类	0.5	35	2，4-二硝基氯苯	0.5
14	总硝基化合物	2.0	36	苯酚	0.3
15	有机磷农药（以 P 计）	0.5	37	间-甲酚	0.1
16	马拉硫磷	1.0	38	2，4-二氯酚	0.6
17	乐果	0.5	39	2，4，6-三氯酚	0.6
18	对硫磷	0.05	40	邻苯二甲酸二丁酯	0.1
19	甲基对硫磷	0.2	41	邻苯二甲酸二辛酯	0.1
20	五氯酚	0.5	42	丙烯腈	2.0
21	三氯甲烷	0.3	43	可吸附有机卤化物	1.0
22	四氯化碳	0.03		（AOX 以 Cl 计）	

（2）各标准值的适用范围

1）一级标准的 A 标准是城镇污水处理厂出水作为回用水的基本要求。当污水处理厂出水引入稀释能力较小的河湖作为城镇景观用水和一般回用等用途时，执行一级标准的 A 标准。

2）城镇污水处理厂出水排入 GB 3838 地表水Ⅲ类功能水域（划定的饮用水水源保护区和游泳区除外）、GB 3097 海水二类功能水域和湖、水库等封闭或半封闭水域时，执行一级标准的 B 标准。

3）城镇污水处理厂出水排入 GB 3838 地表水Ⅳ、Ⅴ类功能水域或 GB 3097 海水Ⅲ、Ⅳ类功能海域，执行二级标准。

4）非重点控制流域和非水源保护区的建制镇污水处理厂，根据当地经济条件和水污染控制要求，采用一级强化处理工艺时，执行三级标准。但必须预留二级处理设施的位置，分期达到二级标准。

（3）地方标准值

各地根据当地的实际情况，可制订相应的污水综合排放标准，上海市就根据上海市地面水的特点，为保护水体水质，保障人体健康，维护生态平衡，促进经济和社会发展，结合上海市特点，制订相应标准，该标准根据黄浦江上游水源保护区域的特点，分别就水源保护区和准水源保护区规定标准值，如表 2-2-12 所示。

上海市第二类污染物最高允许排放浓度（1998年1月1日后建设）（mg/L）　表 2-2-12

序 号	污 染 物	一级标准	二级标准	三级标准	国 家 标 准		
					一级 A	一级 B	二级
1	pH	6～9	6～9	6～9	6～9	6～9	6～9
2	色度（稀释倍数）	50	50	—	30	30	40
3	悬浮物（SS）	70	150	350	—	—	—
	城镇二级污水处理厂	20	30	—	10	20	30
4	5 日生化需氧量（BOD$_5$）	20	30	150			
	城镇二级污水处理厂	20	30	—	10	20	30
5	化学需氧量（COD$_{cr}$）	100	100	300			
	城镇二级污水处理厂	60	120	—	50	60	100
6	石油类	5.0	10	20	1	3	5
7	动植物油	10	15	30	1	3	5
8	挥发酚	0.5	0.5	2.0	0.5		
9	总氰化物（按 CN$^-$ 计）	0.5	0.5	0.5	0.5		
10	硫化物（按 S 计）	1.0	1.0	1.0	1.0		
11	氨氮	10	15	25			
	城镇二级污水处理厂	10	10	—	5 (8)	8 (15)	25 (30)
12	氟化物（按 F 计）	10	10	20			
13	磷酸盐（排入蓄水性河流和封闭性水域的控制指标）	0.5	1.0	—	0.5 (TP)	1 (TP)	3 (TP)
14	甲醛	1.0	2.0	5.0	1.0		
15	苯胺类	1.0	2.0	5.0	0.5		
16	硝基苯类（按硝基苯计）	2.0	3.0	5.0	2.0		
17	阴离子表面活性剂（LAS）	5.0	10	15	0.5	1	2
18	总铜（按 Cu 计）	0.5	1.0	1.0	0.5		
19	总锌（按 Zn 计）	2.0	4.0	5.0	1.0		
20	总锰（按 Mn 计）	2.0	2.0	5.0	2.0		
21	彩色显影剂	1.0	2.0	3.0			
22	显影剂及氧化物总量	3.0	3.0	6.0			
23	元素磷（按 P$_4$ 计，黄磷工业）	0.1	0.1	0.1			
24	有机磷农药（按 P 计）	不得检出	0.5	0.5			
25	乐果	不得检出	1.0	2.0			
26	对硫磷	不得检出	1.0	2.0			
27	甲基对硫磷	不得检出	1.0	2.0	0.2		
28	马拉硫磷	不得检出	5.0	10			
29	五氯酚及五氯酚钠（按五氯酚计）	5.0	8.0	10			
30	可吸附有机卤化物（AOX）（按 Cl 计）	1.0	5.0	8.0	1.0		
31	三氯甲烷	0.3	0.6	1.0	0.3		
32	四氯化碳	0.03	0.06	0.50	0.03		
33	三氯乙烯	0.3	0.6	1.0	0.3		

续表

序 号	污 染 物	一级标准	二级标准	三级标准	国 家 标 准		
					一级 A	一级 B	二级
34	四氯乙烯	0.1	0.2	0.5	0.1		
35	苯	0.1	0.2	0.5	0.1		
36	甲苯	0.1	0.2	0.5	0.1		
37	乙苯	0.4	0.6	1.0	0.4		
38	邻二甲苯	0.4	0.6	1.0	0.4		
39	对二甲苯	0.4	0.6	1.0	0.4		
40	间二甲苯	0.4	0.6	1.0	0.4		
41	氯苯	0.2	0.4	1.0	0.3		
42	邻二氯苯	0.4	0.6	1.0	0.3		
43	对二氯苯	0.4	0.6	1.0	0.3		
44	对硝基氯苯	0.5	1.0	5.0	0.5		
45	2,4-二硝基氯苯	0.5	1.0	5.0	0.5		
46	苯酚	0.3	0.4	1.0	0.3		
47	间甲酚	0.1	0.2	0.5	0.1		
48	2,4-二氯酚	0.6	0.8	1.0	0.6		
49	2,4,6-三氯酚	0.6	0.8	1.0	0.6		
50	邻苯二甲酸二丁酯	0.2	0.4	2.0	0.1		
51	邻苯二甲酸二辛酯	0.3	0.6	2.0	0.1		
52	丙烯腈	2.0	5.0	5.0	2.0		
53	甲醇	8.0	10	15			
54	水合肼	2.0	2.0	5.0			
55	砒啶	2.0	2.0	5.0			
56	二硫化碳	4.0	8.0	10			
57	可溶性钡（按 Ba 计）	15	20	—			
58	乙腈	3.0	3.0	5.0			
59	丙烯醛	0.5	1.0	3.0			
60	硼	5.0	5.0	10			
61	大肠菌群数（个/L） 医院①、兽医院及医疗机构含病原体污水	500	1000	5000	10^3	10^4	10^4
	传染病、结核病医院污水	100	500	1000			
62	总余氯（采用氯化消毒的医院污水） 医院①、兽医院及医疗机构含病原体污水	<0.5②	>3（接触时间≥1h）	>2（接触时间≥1h）			
	传染病、结核病医院污水	<0.5②	>6.5（接触时间≥1.5h）	>5（接触时间≥1.5h）			
63	总有机碳（TOC）	20	30	—			

① 指 20 个床位以上的医院。

② 加氯消毒后须进行脱氯处理，达到本标准。

2.3 污水处理工艺选择

2.3.1 污水处理工艺

排放污水，必须达到国家和地方规定的排放标准，就需要进行污水处理。污水处理根据进水水质，采用物理的、化学的和生物化学的工艺和技术，将污水中的污染物质分离去除，将有害物质转化为无害物质，回归自然，最终使污水净化达到排放标准。

现代污水处理技术根据不同的角度，有不同的分类方法。

根据污水处理技术的原理，可分为物理处理法、化学或物理化学处理法和生物化学处理法三类。

物理处理法。利用物理作用分离污水中呈悬浮状态的固体物质（SS），去除的主要是 SS。处理方法有筛选法、沉淀法、气浮法、过滤法、离心法和膜分离法等。

化学或物理化学处理法。利用化学反应的作用，将污水中各种形态的污染物质包括悬浮的、溶解的和胶体的分离出来加以去除或回收。主要方法有混凝法、吸附法、离子交换法、电渗析、电解、中和、萃取、氧化还原等。化学处理法多用于处理工业废水。

生物化学处理法。利用微生物的新陈代谢作用，将污水中溶解的、胶体的有机污染物转化为无害物质或将其稳定化。主要方法可分为两大类，一类是好氧生物处理法，即好氧微生物在有氧环境中利用碳氧化或氮氧化作用将水中的碳、氮等转化，进行无害化处理或稳定化处理，主要工艺有活性污泥法和生物膜法两种。另一类是厌氧生物处理法，即厌氧微生物在厌氧环境中将水中的碳、氮、磷等物质进行无害化处理，多用于高浓度有机污水和污水处理过程中产生污泥的处理，随着对该方法研究的深入，现在也可以用于处理城市污水。

根据污水处理工艺流程，可分为预处理、一级处理、一级强化处理、二级处理和二级脱氮除磷处理。

预处理，通过物理处理法，去除污水中的漂浮物和较大的砂粒，主要处理设施有格栅和沉砂池。格栅是用以拦截污水中较大尺寸的漂浮物或其他杂物的装置。沉砂池是去除水中自重较大，能自然沉降的较大颗径砂粒或杂粒的水池。

一级处理，通过物理处理法，去除悬浮状态的固体污染物质，主要处理设施有初次沉淀池。沉淀是利用悬浮物和水的密度差，重力沉降作用去除水中悬浮物的过程，一般 SS 能去除 $40\%\sim55\%$，BOD_5 能去除 $20\%\sim30\%$。

一级强化处理，通过物理、化学、生物处理法，在一级处理的基础上，进一步提高悬浮固体和有机污染物的去除率。一级强化处理有化学一级强化和生物一级强化处理，其 SS 和 BOD_5 的去除率均比一级处理有所提高，但仍不能达到排放标准。

二级处理和二级脱氮除磷处理，通过生物化学处理法，去除污水中呈胶体和溶解状态的有机污染物质，包括碳源有机物和氮、磷等能导致水体富营养化的可溶性无机物质，去除率可达 90% 以上，使污水达到排放标准。

城市污水的典型工艺流程如图 2-3-1 所示。

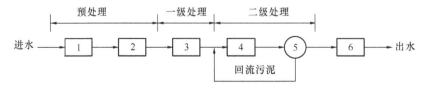

图 2-3-1 城市污水处理厂典型工艺流程
1—格栅；2—沉砂池；3—初次沉淀池；4—生物反应池（活性污泥法或生物膜法）；5—二次沉淀池；6—消毒池

2.3.2　预处理工艺选择

预处理工艺包括格栅和沉砂工艺。

2.3.2.1　格栅

格栅是用以拦截水中较大尺寸的漂浮物或其他杂物的装置，以便减轻水中漂浮物或其他杂物对后续处理构筑物的影响和保护水泵的正常运行，格栅按照栅条间隙宽度，可分为粗格栅和细格栅。10mm 以上的栅条间隙宽度称为粗格栅，10mm 以下为细格栅。分类如图 2-3-2 所示。

格栅的选择一般根据格栅所处位置和后续处理工艺确定。

粗格栅，一般设置于水泵提升之前，以保护水泵的正常运行。

细格栅，一般设置于水泵提升之后，防止水中的杂物对后续处理工艺的影响，设有初沉池的污水处理工艺前，细格栅

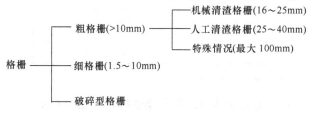

图 2-3-2　根据栅条间隙宽度分类

栅条间隙宽度可适当放宽，不设初沉池的污水处理工艺前，细格栅宽度应小一些。

破碎型格栅，对污水泵房有特殊要求的场所，如全地下泵站可设置破碎型格栅，对一些中小型泵站，也可设置破碎型格栅，将栅渣破碎后，由管道输送至污水处理厂统一收集处置。

机械清渣格栅，一般设置于栅渣量较大的泵站和污水处理厂，可改善劳动和卫生条件。

人工清渣格栅，适用于小型泵站和污水处理厂。

2.3.2.2　沉砂池

去除水中自重较大、能自然沉降的较大粒径砂砾或砂粒的水池，按去除相对密度 2.65，粒径 0.2mm 以上的砂粒设计。

一般情况下，由于在污水收集系统中有些井盖密封不严，有些支管连接不合理以及部分家庭院落和工业企业雨水进入污水管，在污水中会含有相当数量的砂粒等杂质。设置沉砂池可以避免后续处理构筑物和机械设备的磨损，减少管渠和处理构筑物内的沉积，避免重力排泥困难，防止对生物处理系统和污泥处理系统运行的干扰。

常用的沉砂池有平流沉砂池、曝气沉砂池和旋流沉砂池，也有部分新型沉砂池形式得到应用，如多尔沉砂池和水力旋流沉砂池等。

2.3.3　一级处理和一级强化处理工艺选择

一级处理和一级强化处理的各污染物去除效率如表 2-3-1 所示，其中一级强化处理包括物化一级强化处理和生化一级强化处理。

一级处理和一级强化处理各污染物去除效率表（%）　　　　　　表 2-3-1

处理级别		COD	BOD₅	SS	NH₃-N	TP
一级处理		20～35	20～30	40～55	0	5～10
一级强化处理	物化法	50～60	40～50	80～90	5～10	80 以上
	生化法	40～50	40～55	60～80	10～20	20～30

2.3.3.1　一级处理

一般为通过初次沉淀池处理，初次沉淀池的设计，应满足表 2-3-2 的设计数据。

初次沉淀池设计数据　　　　　　表 2-3-2

内　　容	沉淀时间（h）	表面水力负荷（m³/(m²·h)）
参　　数	0.5～2.0	1.5～4.5

25

这些参数的取得，主要是分析了实际运行经验和国外资料，日本指南、美国十州标准和德国 ATV 标准对沉淀时间和表面负荷有关规定，如表 2-3-3 所示。

部分国家初次沉淀池设计数据   表 2-3-3

资料来源	沉淀时间 (h)	表面水力负荷 [m³/(m²·d)]	说　明
日本指南	1.5	35～70	分流制初次沉淀池
	0.5～3.0	25～50	合流制初次沉淀池
美国十州标准	1.5～2.5	60～120	初次沉淀池
德国 ATV 标准	0.5～0.8	2.5～4.0①	化学沉淀池
	0.5～1.0	2.5～4.0①	初次沉淀池

① 单位为 m³/(m²·h)。

按《城镇污水处理厂污染物排放标准》GB 18918—2002 要求，对排放的污水应进行脱氮除磷处理，为保证较高的脱氮除磷效果，鉴于中国城镇污水 BOD_5 普遍较低的特点，初次沉淀池的处理效率不宜太高，以维持足够碳氮和碳磷的比例。因此，《室外排水设计规范》GB 50014—2006 修订时，建议适当缩短初次沉淀池的沉淀时间，当沉淀池的有效水深为 2.0～4.0m 时，初次沉淀池的沉淀时间为 0.5～2.0h，其相应的表面水力负荷为 1.5～4.5m³/(m²·h)。沉淀池一般可分为平流沉淀池、辐流沉淀池和竖流沉淀池，辐流沉淀池还可根据流态，分为中心进水，周边出水辐流沉淀池和周边进水，周边出水辐流沉淀池，当需要挖掘原有沉淀池潜力或建造沉淀池面积受限制时，可采用斜板或斜管沉淀池。

2.3.3.2　一级强化处理

一级强化处理工艺主要采用化学絮凝和生物絮凝的方法，强化一级处理功能，使污水中的有机污染物去除率有所提高，特别是投加化学絮凝剂，可使总磷的去除率大为提高，对改善水体的富营养化状态有一定作用。

（1）物化法一级强化处理工艺

物化法一级强化处理工艺主要是采用投加化学絮凝剂，包括无机絮凝剂和有机絮凝剂，无机絮凝剂主要有铝盐、铁盐和石灰等，有机絮凝剂主要有有机高分子絮凝剂。

使用絮凝剂可以大幅度提高悬浮物和胶体物质的去除率，从而使 SS 和 BOD 的去除率由一级处理的 40%～55% 和 20%～30%，提高到 60%～80% 和 40%～50%。同时，可以实现较好的去除总磷效果，一般可达 80% 以上，但由于在水处理过程中投加了化学药剂，投加量较大，污泥产量较多，从而加大了污泥处理的量和难度，也给污泥处置带来不利影响。

（2）生物法一级强化处理工艺

生物絮凝吸附法不同于化学絮凝沉淀，无需投加化学絮凝剂，环境效益较好。它是在污水的一级处理中引入大粒径的絮凝颗粒物，形成的微生物絮体具有很大的表面积，对细微颗粒物质有絮凝吸附作用，从而提高絮体的沉降速度。控制适当的环境条件，絮体通过接触絮凝原理，吸附水中的溶解性物质和悬浮固体，提高污染物的去除效果。

这种工艺的实质就是直接利用微生物细胞及其代谢产物作为吸附剂和絮凝剂，通过对污染物质的物理吸附、化学吸附、生物吸附和吸收作用，以及吸附架桥、电性中和、沉淀网捕等絮凝作用，将污水中较小的颗粒物质和一部分胶体物质转化为生物絮体的组成部分，并通过絮体沉降作用将其去除。

其主要工艺流程如图 2-3-3 所示。

原生生活污水与生物污泥进入絮凝吸附池并进行混合，在絮凝吸附池中污泥絮体可吸附大量污染物质，处理出水排入沉淀池，沉淀污泥进入污泥活化池进行短时间曝气活化，改善污泥性能，避免污泥发黑发臭，并且还可以代谢一部分吸附在污泥上的微生物，由于曝气时间短，其能耗远低于二级生物氧化反应。

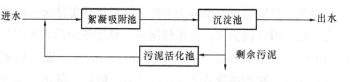

图 2-3-3　絮凝-沉淀-活化一级强化工艺流程

生物一级强化与化学一级强化相比，优点在于处理过程中不投加任何药剂，没有引入新的污泥形成物质，因而其产泥量比化学强化处理产泥量要少，而且生物絮凝吸附工艺产生的污泥有机物的含量高，易于厌氧消化。

水解酸化也是一种生物一级强化处理的技术。厌氧发酵包括水解、酸化、产乙酸、产甲烷 4 个阶段，水解酸化工艺就是将厌氧发酵过程控制在水解与酸化阶段。由于反应不进入第 3 个阶段，水解反应对有机物的降解在一定程度上只是一个预处理过程，水解反应过程中并未完成对有机物的降解，只是在水解产酸菌的作用下，污水中的非溶解有机物被水解为溶解性有机物，大分子物质被降解为小分子物质。因此经过水解酸化后，污水的可生化性得到较大提高。但水解酸化效果与基质性质有密切关系，对有些结构的难降解有机物，目前并不能通过水解酸化转化为易降解有机物，所以寻找能够降解这些有机物的菌种，提高水解酸化的应用范围和效果，是水解酸化处理工艺的研究方向。

对一些特殊工业废水和工业废水含量较高的城市污水，应对其水质进行必要的分析和预测，选择合适的预处理工艺，改善污水的生化性能。

2.3.4　二级处理和二级脱氮除磷处理工艺选择

二级处理和二级脱氮除磷处理一般指污水进行生物处理和沉淀的工艺，生物处理中又包含活性污泥法和生物膜法，活性污泥法于 1914 年在英国试验厂开创以来，得到广泛的应用和不断地改进，该法是在人工条件下，对污水中的各类微生物群体进行连续混合和培养，形成悬浮状态的活性污泥，利用活性污泥的生物作用，分解去除污水中的有机污染物，然后使污泥与水分离，大部分污泥回流到生物反应池，多余部分作为剩余污泥排出活性污泥系统。

生物膜法是与活性污泥法并列的一种污水生物处理工艺。该法采用各种不同的载体，通过污水与载体的不断接触，微生物细胞在载体表面生长和繁殖，由细胞内向外伸展的胞外多聚物使微生物细胞形成孔状结构，称之为生物膜。利用生物膜的生物吸附和氧化作用，分解去除污水中的有机污染物。

2.3.4.1　活性污泥法

活性污泥法自开创以来，历经近百年的发展和革新，现已拥有以传统活性污泥处理系统为基础的多种运行方式，如普通曝气法、阶段曝气法、吸附再生曝气法和合建式完全混合曝气法等，传统活性污泥法是以去除碳源污染物为主的污水处理工艺，其主要设计参数如表 2-3-4 所示。

传统活性污泥法去除碳源污染物的主要设计参数　　　　　表 2-3-4

序　号	类　　别	L_s (kg/(kg·d))	X (g/L)	L_v (kg/(m³·d))	污泥回流比 (%)	总处理效率 (%)
1	普通曝气	0.2~0.4	1.5~2.5	0.4~0.9	25~75	90~95
2	阶段曝气	0.2~0.4	1.5~3.0	0.4~1.2	25~75	85~95
3	吸附再生曝气	0.2~0.4	2.5~6.0	0.9~1.8	50~100	80~90
4	合建式完全混合曝气	0.25~0.5	2.0~4.0	0.5~1.8	100~400	80~90

经过以去除碳源污染物为主的传统活性污泥法处理后的出水，仍含有较多的有机污染物，其中尤以氮、磷物质为主，一般情况下，城市生活污水处理后的出水水质，其 BOD_5 为 $20\sim30mg/L$，COD 为 $60\sim100mg/L$，SS 为 $20\sim30mg/L$，氮和磷的去除率则较低，一般氮的去除率为 $20\%\sim30\%$，磷的去除率为 $5\%\sim15\%$，因此，其出水水质中 $NH_3\text{-}N$ 为 $15\sim25mg/L$，TP 为 $6\sim10mg/L$，这样的出水，如排放湖泊、水库等流动性较低的水体，会导致水体的富营养化，因此，必须进行脱氮除磷处理。一般脱氮采用生物脱氮，除磷可采用生物除磷或化学除磷，生物脱氮除磷的工艺有不同的组合，既有生物脱氮的缺氧好氧（A_NO）工艺，又有生物除磷的厌氧好氧（A_PO）工艺，还有生物脱氮除磷工艺的厌氧缺氧好氧（AAO）工艺，各脱氮除磷工艺的主要设计参数如表 2-3-5 所示。

脱氮除磷工艺的主要设计参数　　　　　　　　　　　　表 2-3-5

序　号	项　　目	单　　位	缺氧/好氧法 A_NO	厌氧/好氧法 A_PO	厌氧/缺氧/好氧法 AAO
1	BOD_5 污泥负荷 L_s	$kgBOD_5/(kgMLSS \cdot d)$	$0.05\sim0.15$	$0.4\sim0.7$	$0.1\sim0.2$
2	总氮负荷率	$kgTN/(kgMLSS \cdot d)$	$\leqslant0.05$		
3	污泥浓度 Q_x	g/L	$2.5\sim4.5$	$2.0\sim4.0$	$2.5\sim4.5$
4	污泥龄 θ_c	d	$11\sim23$	$3.5\sim7$	$10\sim20$
5	污泥产率系数 γ	$kgTP/kgBOD_5$	$0.3\sim0.6$	$0.4\sim0.8$	$0.3\sim0.6$
6	污泥含磷率	$kgTP/kgVSS$		$0.03\sim0.07$	
7	需氧量 O_2	$kgO_2/kgBOD_5$	$1.1\sim2.0$	$0.7\sim1.1$	$1.1\sim1.8$
8	水力停留时间 HRT	h	$8\sim16$ 其中缺氧段 $0.5\sim3.0$	$3\sim8$ 其中厌氧段 $1\sim2$ （A_p：$O=1$：$2\sim1.3$)	$7\sim14$ 其中厌氧段 $1\sim2$ 缺氧段 $0.5\sim3$
9	污泥回流比 R	$\%$	$50\sim100$	$40\sim100$	$20\sim100$
10	混合液回流比 R_i	$\%$	$100\sim400$		>200
11	总处理效率 η	$\%$	$90\sim95(BOD_5)$ $60\sim85(TN)$	$80\sim90(BOD_5)$ $75\sim85(TN)$	$85\sim95(BOD_5)$ $50\sim75(TP)$ $55\sim80(TN)$

从表中可知，脱氮和除磷需要不同的工作环境和设计参数。

（1）生物脱氮机理

污水中的氮主要以有机氮、氨氮、亚硝态氮和硝态氮的形式存在。一般用来表示氮含量的指标有：总氮（TN）、凯氏氮（TKN）、硝酸盐氮（$NO_3\text{-}N$）、亚硝酸盐氮（$NO_2\text{-}N$）和氨氮（$NH_3\text{-}N$）。

脱氮过程是各种形态的氮转化为氮气从水中脱除的过程，在好氧池中，氨化作用使污水中的有机氮被细菌分解成氨，硝化作用使氨进一步转化为硝态氮，然后在缺氧池中进行反硝化作用，硝态氮还原成氮气逸出。

1）氨化作用

有机氮化合物（蛋白质等）的降解首先是在细菌分泌的水解酶催化作用下，水解断开肽键，脱除羧基和氨基而形成氨的过程。

2）硝化作用

硝化过程分两步进行。在亚硝化菌的作用下，氨先氧化为亚硝酸盐氮，然后在硝化菌的作用下，氧化成硝酸盐氮。反应方程式为：

$$NH_4^+ + 1.5O_2 \xrightarrow{\text{亚硝化菌}} NO_2^- + 2H^+ + H_2O + (243 \sim 352)kJ \tag{2-3-1}$$

$$NO_2^- + 0.5O_2 \xrightarrow{\text{硝化菌}} NO_3^- + (64.5 \sim 86.3)kJ \tag{2-3-2}$$

$$NH_4^+ + 1.83O_2 + 1.98HCO_3^- \longrightarrow 0.98NO_3^- + 0.021C_5H_7NO_2 + 1.88H_2CO_3 + 1.04H_2O$$
$$\tag{2-3-3}$$

亚硝化菌和硝化菌都是化能自养菌，能利用氧化过程中产生的能量，使 CO_2 合成细胞有机质，这一过程需氧量较大。每去除 $1gNH_3$-N，约耗 $4.33gO_2$，生成 $0.15g$ 新细胞，减少 $7.14g$ 碱度（以 $CaCO_3$ 计），耗去 $0.08g$ 无机碳，该过程 pH 值控制在 $7 \sim 8$。

3) 反硝化作用

反硝化反应方程式为：

$$NO_3^- \xrightarrow{+2e^-} NO_2^- \xrightarrow{+e^-} NO \xrightarrow{+e^-} N_2O \xrightarrow{+e^-} N_2 \uparrow \tag{2-3-4}$$

$$NO_3^- + 1.08CH_3OH + 0.24H_2CO_3 \longrightarrow 0.06C_5H_7NO_2 + 0.47N_2 \uparrow +$$
$$1.68HO + HCO_3^- \ (6NO_3^- + 2CH_3OH \longrightarrow 6NO_2^- + 2CO_2 + 4H_2O,$$
$$6NO_2^- + 3CH_3OH \longrightarrow 3N_2 \uparrow + 3CO_2 \uparrow + 3H_2O + 6OH^-) \tag{2-3-5}$$

反硝化菌是兼性异养菌，能利用污水中各种有机质作为电子供体，以硝酸盐代替分子氧作为电子最终受体，进行"缺氧"呼吸，使有机质分解，同时将硝酸盐氮还原成气态氮。每 $1gNO_3$-N 被反硝化，约耗去 $2.47g$ 甲醇（约合 $3.7gCOD$），产生 $0.45g$ 新细胞，产生 $3.57g$ 碱度（以 $CaCO_3$ 计），该过程 pH 值控制在 $7 \sim 8$，$BOD_5/TN \geqslant 4 : 1$。

（2）生物除磷机理

污水中的磷主要来自粪便、洗涤剂、农药和含磷工业废水等，包括有机磷、正磷酸盐和聚磷酸盐，并以无机磷的形式直接参与生物反应。细菌、藻类等微生物在某种特定条件下，可以在它们的细胞内积储大大超过合成细胞质所需的磷，并在厌氧条件下释放出来。通过对微生物的这种过量摄取和释放磷的控制，排除系统中的剩余污泥，达到生物除磷的目的。生物除磷即是使水中的磷转移到活性污泥或生物膜上，而后通过排泥或旁路工艺加以去除。

除磷过程有厌氧和好氧阶段。

1) 厌氧阶段：使含磷化合物成溶解性磷，聚磷细菌释放出积储的磷酸盐。

2) 好氧阶段：聚磷细菌大量吸收并积储溶解性磷化物中的磷，合成 ATP 与聚磷酸盐。

聚磷细菌是好氧菌，它在活性污泥中并不是优势菌种，但能在厌氧环境中将聚磷酸水解。由于它在利用基质的竞争中比其他好氧菌占有优势，从而利于它的大量繁殖，经过厌氧与好氧的交替，进行放磷与吸磷的过程，生物处理后的出水在沉淀池与活性污泥分离，从而通过排除富磷的活性污泥而达到除磷目的。在 AAO 工艺中，由于不同环境条件、不同功能的微生物群落的有机配合，加之厌氧、缺氧条件下部分不可生物降解的有机物（COD_{NB}）能被开环或断链，使得氮、磷、有机碳被同时去除，提高了 COD_{NB} 的去除效果。

磷的去除不同于 BOD 被氧化成 H_2O 和 CO_2，也不同于 NH_3-N 转变为 N_2，它是通过磷的摄取与释放来实现的，所以，在除磷过程中应尽量减少污泥系统中磷的释放和污泥回流磷的数量。

（3）生物脱氮除磷工艺

根据活性污泥脱氮除磷的特点和进出水设计水质的要求，选择合适的工艺方案。目前常规的脱氮除磷工艺有缺氧-好氧工艺（A_NO）、厌氧-好氧工艺（A_PO）、厌氧-缺氧-好氧工艺（AAO）以及倒置 AAO 工艺等。

1) 缺氧-好氧工艺

缺氧-好氧工艺（Anoxic-Oxic，简称 A_NO）由缺氧池和好氧池串联组成，工艺流程简图如图

29

2-3-4 所示，作用是在去除有机物的同时取得良好的脱氮效果。

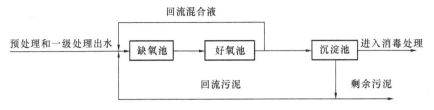

图 2-3-4　$A_N O$ 工艺流程简图

其最显著的工艺特征是将缺氧池设置在除碳过程的前部，先将污水引入缺氧池，回流污泥中的反硝化菌利用原污水中的有机物作为碳源，将回流混合液中的大量硝态氮（$NO_x^- -N$）还原成 N_2，从而达到脱氮的目的，然后进入后续的好氧池，进行有机物的生物氧化、有机氮的氨化和氨氮的硝化等生物反应。好氧池后设沉淀池，部分沉淀污泥回流至缺氧池，以提供充足的微生物。同时还需将好氧池内混合液回流至缺氧池，以保证缺氧池有足够的硝酸盐。

2）厌氧-好氧工艺

厌氧-好氧工艺（Anaerobic-Oxic，简称 $A_p O$）由厌氧池和好氧池串联组成，工艺流程简图如图2-3-5所示，作用是在去除有机物的同时取得较好的除磷效果。

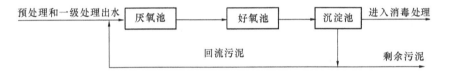

图 2-3-5　$A_p O$ 工艺流程简图

城市污水和回流污泥进入厌氧池，并借助水下搅拌器的作用使其混合，回流污泥中的聚磷菌在厌氧池可吸收去除一部分有机物，同时释放出大量磷，混合液流入后段好氧池，污水中的有机物在其中得到氧化分解，同时聚磷菌从污水中摄取更多的磷，通过排放富磷剩余污泥而使污水中的磷得到去除。

3）厌氧-缺氧-好氧工艺

厌氧-缺氧-好氧工艺（Anaerobic-Anoxic-Oxic，简称 AAO 或 $A^2 O$）由厌氧池、缺氧池、好氧池串联组成，其工艺流程简图如图 2-3-6 所示，是 $A_N O$ 与 $A_p O$ 流程的组合。该工艺同时具有脱氮除磷的功能。

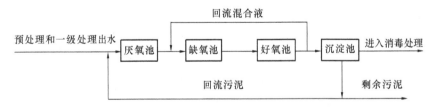

图 2-3-6　AAO 工艺流程简图

该工艺在厌氧-好氧除磷工艺中加入缺氧池，将好氧池流出的一部分混合液回流至缺氧池前端，以达到反硝化脱氮的目的。

在厌氧池中，主要是进行磷的释放，使污水中磷的浓度升高，溶解性的有机物被细胞吸收而使污水中的 BOD 浓度下降；另外部分 $NH_3 -N$ 因细胞的合成得以去除，使污水中的 $NH_3 -N$ 浓度下降。

在缺氧池中，反硝化菌利用污水中的有机物作碳源，将回流混合液中带入的大量 $NO_3 -N$ 和 $NO_2 -N$ 还原为 N_2 释放至空气，因 BOD 浓度继续下降，$NO_3 -N$ 浓度大幅度下降，而磷的变化很小。

在好氧池中，有机物被微生物生化氧化而继续下降；有机氮被氨化继而被硝化，使 NH_3-N 浓度显著下降，但随着硝化过程使 NO_3-N 浓度增加，而磷随着聚磷菌的过量摄取，也以较快速度下降。

所以，AAO 工艺可以同时完成有机物的去除、反硝化脱氮、过量摄取磷和去除磷等功能，脱氮的前提是 NH_3-N 应完全硝化，好氧池能完成这一功能，缺氧池则完成脱氮功能，厌氧池和好氧池联合完成除磷功能。

影响 AAO 工艺的因素很多，主要有下列一些：

a. 可生物降解有机物的影响。能快速生物降解的溶解性有机物对脱氮除磷的影响最大，厌氧段中聚磷菌吸收该类有机物，而使有机物浓度下降，同时使聚磷菌释放出磷，以便在好氧段更多地吸收磷，达到去除磷的目的。如果污水中能快速生物降解的溶解性有机物很少，则聚磷菌无法正常进行磷的释放，导致好氧段也不能更多地吸收磷。研究表明，厌氧段进水溶解性磷与溶解性 BOD_5 之比应小于 0.06，也即 BOD_5 与溶解性磷之比大于 17，才会有较好的除磷效果。

缺氧段中的 BOD_5 浓度较高，且为能快速生物降解的溶解性有机物时，即污水中 C/N 比较高，此时 NO_3-N 的反硝化速率最大，缺氧段的水力停留时间（HRT）为 0.5～1.0h 即可；如果 C/N 比低，则缺氧段 HRT 需 2～3h 甚至更长。由此可见，污水中的 C/N 比对脱氮除磷的效果影响很大，对于低 BOD_5 浓度的城市污水，当 C/N 比较低时，脱氮效率不高。一般来说，污水中 BOD_5/TKN 比大于 8 时，氮的总去除率可达 80%，《室外排水设计规范》也规定，脱氮时，污水中的 BOD_5/TKN 宜大于 4，除磷时，污水中的 BOD_5/TP 宜大于 17，同时脱氮除磷时，宜同时满足两款要求，且好氧区 BOD_5 浓度宜大于 70mg/L。

b. 污泥龄（SRT）的影响。AAO 工艺系统的 SRT 受两方面影响，一方面是受硝化菌世代时间的影响，使 SRT 比普通活性污泥法的污泥龄长一些，一般为 11～23d；另一方面，由于除磷主要是通过剩余污泥排出系统，要求 AAO 工艺中 SRT 又不宜过长，应为 3.5～7d；权衡两个方面，AAO 工艺中 SRT 一般为 10～20d。

c. 溶解氧（DO）的影响。硝化菌增殖对 DO 要求较高，DO 过低就会限制硝化菌的增殖，导致其从系统中淘汰，影响脱氮效果。为了得到较高的脱氮效率，首先要尽可能使进入好氧段污水中的 NH_3-N 完全氧化成 NO_3-N，进水中有机物同时也需氧化，并且聚磷菌也需耗氧，只有提供能满足三者要求的氧才能足以保证硝化反应的进行。然而 DO 并非越高越好，因为好氧区 DO 过高，则 DO 会随污泥回流和混合液回流至厌氧段与缺氧段，造成厌氧段厌氧不完全而影响聚磷菌的释放和缺氧段的 NO_3-N 的反硝化。一般 DO 维持在 1.5～2mg/L。现在，又有研究表明，可控制硝化反应，使之产生短程硝化或同步硝化，同样可以达到去除氮的目的。

在缺氧反硝化段，反硝化菌利用 NO_3^- 中的氧进行呼吸而使 NO_3-N 转化成 N_2，DO 过高会抑制该过程的进行。为了脱氮，控制反硝化段的 DO 是很有必要的。但若好氧段出流的 DO 太低，未被氧化的有机物因在二沉池中利用 NO_3^- 中的氧而使 NO_3^- 在污泥中进行反硝化产生 N_2，N_2 上升将影响泥水分离，所以 DO 要适当控制。另外，不恰当的入流方式和自由跌水等均将产生一定的充氧效果，导致池中溶解氧浓度上升而影响反硝化效果，一般应保证厌氧段 DO 小于 0.2mg/L，缺氧段 DO 小于 0.5mg/L。

d. 污泥负荷（L_s）的影响。需要硝化好氧池中的 L_s 应在 $0.15kgBOD_5$/（kgMLSS・d）之下，否则异养菌数量超过硝化菌，会抑制硝化反应的发生，而厌氧池中的 L_s 应大于 0.10kgBOD_5/（kgMLSS・d），否则除磷效果将急剧下降，所以在 AAO 工艺中 L_s 的范围较小。

e. 氮负荷率（TKN/MLSS）的影响。氮负荷率过高会对硝化菌产生抑制作用，一般氮负荷率应小于 0.05kgTN/（kgMLSS・d）。

f. 混合液回流比和污泥回流比的影响。混合液回流比和污泥回流比，即所有回流到缺氧池中的硝酸盐氮占通过硝化所产生的硝酸盐氮的比例，在系统达到允许的最大反硝化能力之前，通过提高回流比可以提高反硝化的效果。但回流量过大，大量曝气区的溶解氧将通过内回流进入反硝化区，破坏了反硝化的条件，且动力费用增大。故混合液回流的流量必须控制在一定的范围内，一般混合液回流比根据除氮要求在 $100\% \sim 400\%$ 左右波动。

污泥回流比一般为 $20\% \sim 100\%$，如果太高，污泥将溶解氧和硝酸态氧带入厌氧池太多，影响其厌氧状态，不利于磷的释放；如果太低，则反应池内维持不了正常的污泥浓度（$2500 \sim 4500\text{mg}/\text{L}$），影响生化反应速率。

g. 水温的影响。微生物酶系统对温度比较敏感。硝化菌生长的最适宜温度是 $30 \sim 35\text{℃}$，当温度下降到 10℃ 以下时，硝化反应速度及有机碳化合物的氧化速率将明显下降。对于缺氧段的反硝化过程，脱氮的最适宜温度是 $20 \sim 38\text{℃}$，当水温低于 15℃ 时，反硝化菌的生长速率明显下降，水温低于 3℃ 时反硝化菌的生长基本停止。

温度的变化对磷的去除影响不大，因为聚磷菌有高、中、低温 3 种，其中低温菌又有专性和兼性的，当水温低于 10℃ 时，低温兼性菌占优势，其增殖速度受温度影响很小。

h. 碱度的影响。硝化和反硝化分别消耗和产生碱度，从而导致污水 pH 值的变化。高硝化速率出现在 pH 值等于 $7.8 \sim 8.4$ 的范围，当 pH 值偏离此范围时，硝化反应就会受到抑制，当 pH 值低于 6 或 pH 值大于 9 时，硝化反应将停止。同样，当 pH 值偏离 $6.5 \sim 7.5$ 时，反硝化也会受到很大影响。对于工业废水或含大量工业废水的城市污水，pH 值过低还会导致污泥中的重金属重返污水中，毒害微生物，抑制硝化和反硝化的进行。

4）工艺中存在的问题和改进措施

AAO 工艺最大的问题就是难以同时取得良好的脱氮除磷效果，当脱氮效果好时，除磷效果则较差，反之亦然。其原因是脱氮和除磷对某些条件的要求往往不同，无法同时满足。一个很重要的因素是污泥龄（也称泥龄），硝化要求泥龄为 $11 \sim 23\text{d}$，而除磷则要求泥龄为 $3.5 \sim 7\text{d}$，以通过剩余污泥从系统中去除磷。此外，该工艺流程回流污泥全部进入厌氧段，为了使系统维持在较低的污泥负荷下运行，以确保硝化过程的完成，则要求回流比较高，这样系统硝化作用良好，但磷又必须在混合液中存在快速生物降解的溶解性有机物及在厌氧状态下，才能被聚磷菌释放出来，而回流污泥却将大量硝酸盐带回厌氧池，使得厌氧段硝酸盐浓度过高，反硝化菌会以有机物为碳源进行反硝化，待脱氮完全后才开始磷的厌氧释放，这就使得厌氧段进行磷的厌氧释放的有效容积大为减少，从而使除磷效果较差。反之，如果好氧段硝化作用不好，则随回流污泥进入厌氧段的硝酸盐减少，使磷能充分地厌氧释放，所以除磷的效果较好，但硝化不完全，脱氮效果不佳。所以 AAO 工艺在脱氮除磷方面不能同时取得较好的效果。

针对厌氧段的硝酸盐问题可以考虑将回流污泥分 2 点进入厌氧段和缺氧段，以减少进入到厌氧段的回流污泥量，从而减少进入到厌氧段的硝酸盐和溶解氧。该工艺流程简图如图 2-3-7 所示。

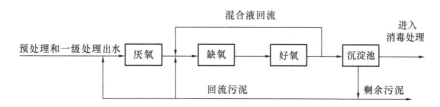

图 2-3-7　AAO 多点回流工艺流程简图

也可采用将厌氧段和缺氧段倒置，以减少硝酸盐对厌氧段的影响，其工艺流程简图如图2-3-8 所示。

（4）其他活性污泥法工艺

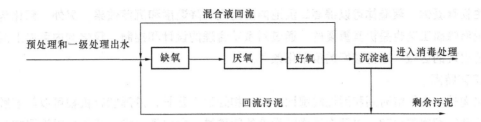

图 2-3-8 倒置 AAO 工艺流程简图

活性污泥处理系统，在当前生物处理领域，是应用最为广泛的处理工艺技术之一，它有效地用于城市污水和有机性工业废水的处理。活性污泥处理系统还存在某些问题，如生物反应池的池体比较庞大，占地面积较大等。

近几十年来，有关生物处理技术工作者为了解决活性污泥处理系统存在的这些问题，就活性污泥的反应机理、降解功能、运行方式、工艺系统等方面进行了大量的研究工作，使活性污泥处理系统取得了显著进展，其中氧化沟和序批式活性污泥法是新技术的较好体现。

1) 氧化沟

于 20 世纪 50 年代由荷兰开发的一种污水生物处理技术，属活性污泥法的一种。图 2-3-9 所示为氧化沟的平面示意图，图 2-3-10 所示则为以氧化沟为生物处理单元的污水处理流程图。

图 2-3-9 氧化沟平面图　　　　　　图 2-3-10 以氧化沟为生物处理
　　　　　　　　　　　　　　　　　　单元的污水处理流程图

从本质上讲，氧化沟属于活性污泥改良法的延时曝气法范畴。但与通常的延时曝气法有所不同，氧化沟中污泥的 SRT 长，尽可能使污泥在沟中保持较高浓度，以高 MLSS 运行。因此，那些比增殖速度小的微生物便能够生息，特别是硝化细菌占优势，使氧化沟中的硝化反应能显著进行。另外，长的 SRT 使剩余污泥量少且已基本好氧稳定，可不需要进行污泥的消化处理。

与传统的活性污泥法曝气池相比，氧化沟具有以下技术特点：

a. 工艺形式

氧化沟的基本构造形式呈封闭的渠道形，而渠道的形式和构造则多种多样。渠道可以呈圆形和椭圆形等，可以是单沟和多沟，多沟系统可以是互相平行的双沟或三沟式氧化沟，也可以是一组同心的互相连通的环形渠道；有与二沉池分建的氧化沟，也有合建的氧化沟。合建氧化沟又有体内式船形沉淀池和体外式侧沟沉淀池。多样的构造形式，赋予了氧化沟灵活机动的运行性能，使它可以按照任意一种活性污泥法的运行方式运行，并且组合其他工艺单元，以满足不同的出水水质要求。

b. 水流特征

在流态上，氧化沟介于完全混合和推流之间。如果就整个氧化沟而言，可以认为氧化沟是一个完全混合池，其中的污水水质几近一致，原因是原水一进入氧化沟，就会被几倍甚至几十倍的循环流量所稀释，因此氧化沟与其他完全混合式的活性污泥系统类似，适宜于处理高浓度有机污水，能够承受水量和水质的冲击负荷。

就氧化沟的某一段时，可以发现某些推流式的特征，如在曝气装置的下游，溶解氧浓度由高到低甚至可能出现缺氧段，带来的好处是经过曝气的污水，在流到出水堰的过程中会形成良好的混合液生物絮凝体，絮凝体可以提高二沉池内的污泥沉降速度和沉淀效果。另外，氧化沟的推流特性对脱氮除磷工艺也是极其重要的，通过对系统合理的设计和控制，氧化沟内可以形成缺氧和好氧交替出现的区域，取得较好的反硝化效果。

c. 工艺特点

氧化沟的水力停留时间和污泥龄都比一般生物处理工艺长，悬浮状有机物可以与溶解性有机物同时得到较彻底的稳定，以及由于供氧设施的特殊性，所以氧化沟一般不要求设置初沉池。由于氧化沟工艺的 SRT 长，负荷低，排出的剩余污泥已得到基本稳定，剩余污泥量也较少，因此不再需要进行厌氧消化，而只需进行浓缩与脱水。还有将曝气池和二沉池合在一起的一体式氧化沟，以及近年来发展的交替工作的氧化沟，可以不再采用二沉池，从而使处理工艺更为简化。

d. 主要技术参数

主要技术参数如表 2-3-6 所示。

延时曝气氧化沟主要设计参数　　　　　　　　　　　　　表 2-3-6

项　　目	单　　位	参　数　值
污泥浓度(MLSS)X	g/L	2.5～4.5
污泥负荷 L_s	kgBOD$_5$/(kgMLSS・d)	0.03～0.08
污泥龄 θ_c	d	＞15
污泥产率系数 Y	kgVSS/kgBOD$_5$	0.3～0.6
需氧量 O_2	kgO$_2$/kgBOD$_5$	1.5～2.0
水力停留时间 HRT	h	≥16
污泥回流比 R	％	75～150
总处理效率 η(BOD$_5$)	％	＞95

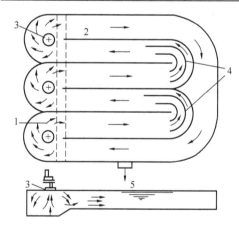

图 2-3-11　卡鲁塞尔氧化沟系统
1—来自经过预处理的污水（或不经预处理）；
2—氧化沟；3—表面机械曝气器；4—导向隔墙；
5—处理水去往二次沉淀池

● **卡鲁塞尔 2000 氧化沟**

e. 氧化沟工艺的发展

● 普通卡鲁塞尔氧化沟

在普通卡鲁塞尔系统（如图 2-3-11 所示）中，污水经过格栅和沉砂池后，不经过初次沉淀池，直接与回流污泥一起进入氧化沟系统。

表面曝气器使混合液中溶解氧的浓度增加到约 2～3mg/L，在这种好氧条件下，微生物得到足够的溶解氧来去除 BOD；同时，氨也被氧化成亚硝酸盐和硝酸盐，此时，混合液处于有氧状态，微生物的氧化过程消耗了水中溶解氧，在曝气机的下游，混合液呈缺氧状态，经过缺氧区的反硝化作用，混合液又进入好氧区，完成一次循环。

普通卡鲁塞尔氧化沟系统对 BOD 的去除率可达 95％。

卡鲁塞尔 2000 氧化沟系统是由美国公司开发的一种具有内部前置反硝化功能的氧化沟工艺（如图 2-3-12 所示）。该工艺在运行过程中，借助于安装在反硝化区的螺旋桨将混合液循环至前置反硝化区（不需循环泵），循环回流量可通过插式阀加以调节。前置反硝化区的容积一般占总容积的 10％左右。反硝化菌利用污水中的有机物和回流混合液中的硝酸盐和亚硝酸盐进行反硝化，由于混合液的大量回流混合，同时利用氧化沟内延时曝气所获得的良好硝化效果，该工艺使氧化沟的脱氮功能得到加强，聚磷菌的释磷和过量吸磷过程又可以实现污水中磷的去除。

卡鲁塞尔 2000 氧化沟系统对 BOD、COD 和 N 的去除率分别可达 98%、95% 和 95%，出水 P 可降到 1~2mg/L。可见为得到良好的出水水质，使氮、磷达标，表面曝气卡鲁塞尔 2000 型氧化沟工艺是较为合适的处理工艺。但是表面曝气的方式限制了氧化沟的有效水深只能在 4.5m 以内，因而其占地面积仍然较大，而且，该工艺充氧的动力效率不高，一般约为 1.8kgO₂/kWh，这意味着该工艺仍有较高的能耗。

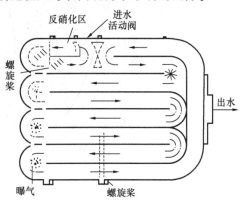

图 2-3-12　卡鲁塞尔 2000 氧化沟工艺

● 卡鲁塞尔 3000 氧化沟

卡鲁塞尔 3000 氧化沟又称深型卡鲁塞尔氧化沟，水深最深可达 7.5~8m。该系统除了比普通卡鲁塞尔氧化沟深外，其独特的圆形缠绕式设计还可降低建设成本和减少污水厂土地占用（如图 2-3-13 所示）。池中心被设计成活性污泥工艺的几个处理单元，从中心开始，包括几个环状连续工艺单元，包括用于分配进水和回流活性污泥的配水井；各自分为 4 段的选择池和厌氧池；有 3 个曝气器和一个预反硝化池的卡鲁塞尔 2000 主反应池。由于卡鲁塞尔主反应池只有两个端部，所以第 3 个曝气器及其通气管安装在反应池中间的分隔墙中。

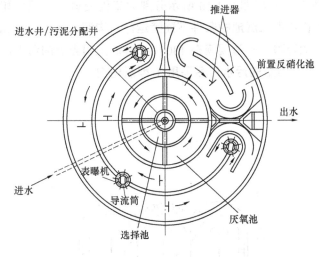

图 2-3-13　卡鲁塞尔 3000 氧化沟系统的原理

此工艺设计的一个重要特点是预反硝化池，这样在工艺开始可充分利用易生物降解有机物进行反硝化，并保证出水 TN 浓度在较低水温时仍能降到 10mg/L 以下，同时预反硝化和厌氧池结合还有利于除磷，持续低硝酸盐可增强对聚磷菌的选择，保证低温下完成除磷。另外，预反硝化的建立还可以促进反硝化条件下的生物吸磷，反硝化区的聚磷菌可以利用回流混合液中的硝酸盐和亚硝酸盐作为电子供体，完成吸磷反应，而不必依赖进水中的 BOD 作为基质，从而避免聚磷菌与反硝化菌对 BOD 的竞争。生物选择器的作用是利用同负荷筛选菌种，抑制丝状菌的增长，以提高各污染物的去除率。

● 射流曝气式氧化沟

1967 年，首次把淹没式曝气系统应用于氧化沟，用一套以回流混合液为动力的射流器和压缩空气配合使用，沿水流方向喷射，从而提供必要的充氧和推进作用。这种技术称为射流曝气氧化沟。射流曝气器如图 2-3-14 所示。

射流曝气器一般设置多个喷嘴，并沿沟宽方向均匀布置，射流曝气器形成的水流冲力形成了水流在水平方向的混合，然后由于气水混合液的上升作用形成垂直方向的混合，因为射流曝气器设置在池底，氧化沟的水深可以增加至 8m，仍然能得到良好的混合效果，同时由于射流曝气器所产生的气泡很细，因而氧的转移率也较高。射流曝气器可以使氧化沟内水流速度达到 0.3m/s 左右，因此足以保持其活性污泥处于良好的悬浮状态。

1973 年，第一个较有规模的射流曝气氧化沟被用来处理牛皮纸浆和中性硫酸盐纸浆组成的

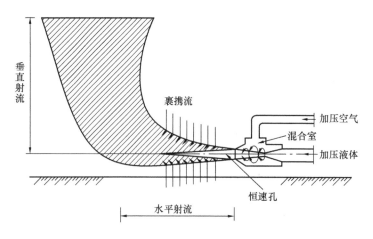

图 2-3-14　射流曝气器

黑液，以及办公纸制造厂的污水，北美最大的一个氧化沟是在美国威斯康星州的 Rothchild，该处理厂的处理能力为 73000kgBOD/d，最大的城市污水厂在奥地利的林茨，处理能力为 $17 \times 10^4 \mathrm{m}^3/\mathrm{d}$。

1992 年山东济南盖家沟污水处理厂曝气池采用氧化沟布置方式，规模 $22.5 \times 10^4 \mathrm{m}^3/\mathrm{d}$，采用射流曝气供氧，引进奥地利公司设备，投产后运行良好。

● 交替式氧化沟

这种类型的氧化沟是由丹麦首创的，图 2-3-15 和图 2-3-16 所示分别为二池交替（D 型）和三池交替（T 型）运行的氧化沟，它们可以在不设二沉池的条件下连续运行。沟深可在 2～3.5m 之间调整。根据国外 100 多座该类型污水厂的经验，一般规模在 1300～24000 人口当量的污水厂多采用 D 型氧化沟，规模在 5000～105000 人口当量的污水厂多采用 T 型氧化沟。

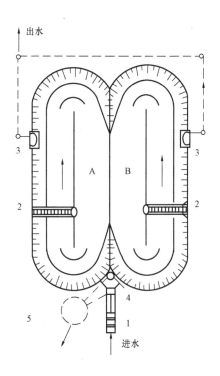

图 2-3-15　二池交替运行氧化沟
1—沉砂池；2—曝气转刷；3—出水堰；
4—排泥管；5—污泥井

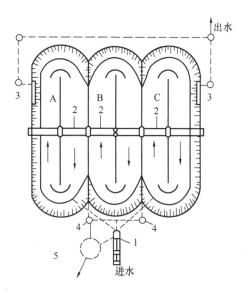

图 2-3-16　三池交替运行氧化沟
1—沉砂池；2—曝气转刷；3—出水堰；
4—排泥管；5—污泥井

　　D 型氧化沟两池体积相同，水流相同，以保证两池的水深相等，不设二次沉淀池。其操作流程见图 2-3-17 所示，每个周期由进水、曝气和沉淀组成。在 A 阶段，Ⅰ池进水，曝气，混合液进入不曝气的Ⅱ池后开始沉淀，澄清水排放，该阶段运行时间为 3h。在 B 阶段，Ⅰ池停止曝气，混合液开始沉淀，进水仍在Ⅰ池，Ⅰ池的出水流入Ⅱ池，经Ⅱ池处理后排放，这一阶段持续 1h。在 C 阶段和 D 阶段中，Ⅰ、Ⅱ两池的角色转换，改为Ⅱ池进水，Ⅰ池出水，因此整个循环周期为 8h。其缺点是曝气转刷利用率较低，只有 37.5%。

　　为实现硝化和反硝化，对 D 型氧化沟的运行方式进行了改进，Ⅰ、Ⅱ两池与二沉池相连，改进后的操作流程如图 2-3-18 所示。在 A 阶段，Ⅰ池进水，曝气转刷转速较低，主要起混合搅拌作用，在缺氧状态下发生反硝化。Ⅰ池流出的混合液进入Ⅱ池，Ⅱ池的转刷转速高，进行正常曝气。在 B 阶段，两池同时高速曝气，在好氧状态下同时进行硝化和去除有机物。在 C、D 阶段仍然将Ⅰ、Ⅱ两池调换，重复 A、B 阶段。在整个周期中，二沉池的污泥回流至配水渠。

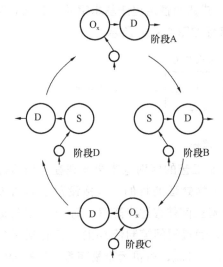

图 2-3-17　D 型氧化沟操作流程

O$_x$—氧化；S—沉淀；D—闲置

左池为Ⅰ池；右池为Ⅱ池

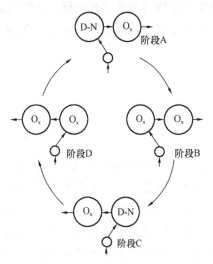

图 2-3-18　改进 D 型氧化沟操作流程

D-N—反硝化；O$_x$—氧化

左池为Ⅰ池；右池为Ⅱ池

　　T 型氧化沟的运行方式与 D 型氧化沟类似，中间一池连续曝气，另外两池交替进行氧化和沉淀，或者交替反硝化和沉淀，不需另设二沉池。该系统的优点是曝气转刷的利用率提高至 58.5%，同时既可以满足硝化，又可以实现脱氮，运行方式更加灵活。

　　● 奥贝尔型（Orbal）氧化沟

　　Orbal 氧化沟是一种多渠道氧化沟系统，最初是由南非国家水研究所开发，后来转让给美国并于 1970 年开始将它投放市场。

　　Orbal 氧化沟一般由 3 条同心圆形或椭圆形渠道组成，各渠道之间相通，进水先引入最外的渠道，在其中不断循环的同时，依次进入下一个渠道，相当于一系列完全混合反应池串联在一起，最后从中心渠道排出。渠内设导向阀，使进水口位于出水口的下游，以避免污水的短流，构造如图 2-3-19 所示。曝气设备多采用曝气转盘，转盘的数量取决于渠内所需的溶解氧量，水深可采用 2～3.6m，并保持沟底流速为 0.3～0.9m/s。

　　在 3 条渠道系统中，从外到内，第一渠的容积

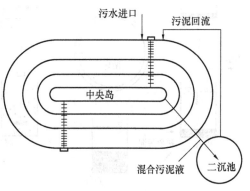

图 2-3-19　Orbal 氧化沟构造图

为总容积的 50％～55％，第二渠为 30％～35％，第三渠为 15％～20％，在运行时，应保持第一、二、三渠的溶解氧分别为 0、1mg/L、2mg/L，第一渠中可同时进行硝化和反硝化，其中硝化和 BOD 去除的程度取决于供氧量。由于第一条渠道中氧的吸收率通常很高，一次可在该段反应池中提供 90％的供氧量，仍可把溶解氧的含量保持在 0 的水平上。在以后的几条渠道中，氧的吸收率比较低，因此，尽管反应池中的供氧量比较低，溶解氧的含量却可以保持较高水平。这种供氧方式有以下几个优点：

● 第一渠的供氧既能满足降解 BOD 的需要，又能维持渠内的溶解氧为 0，这样既能节约能耗，又能满足反硝化的条件；

● 在第一渠缺氧的条件下，微生物可进行磷的释放，以便它们在好氧条件下吸收污水中的磷，达到除磷效果。

2）间隙式活性污泥法

间隙式活性污泥法工艺处理污水的机理与连续流入式的活性污泥法基本相同，其核心处理设备是一个序批式间歇反应器（SBR 反应器），其工艺流程如图 2-3-20 所示。

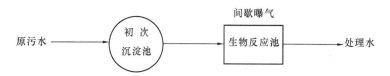

图 2-3-20　SBR 工艺流程

可见 SBR 工艺省去了许多处理构筑物，它与连续流工艺的区别也主要表现在操作运行方式上。连续流工艺是在空间上设置不同的构筑物，达到生物处理的目的，包括设置不同的厌氧池（段）、缺氧池（段）和好氧池（段），使有机污染物沿着空间转移逐步降解。而 SBR 工艺省去了一些构筑物，所有反应都是在一个 SBR 反应器中运行，通过时间控制使 SBR 反应器实现各阶段的操作目的，在流态上属于完全混合式，实现了时间上的推流，有机污染物随着时间的推移而逐步降解。

a. 工艺流程

SBR 工艺流程如图 2-3-21 所示，整个运行周期由进水、反应（搅拌、曝气）、沉淀、排水和闲置 5 个基本工序组成，5 个工序都在一个反应器内依次进行，所以省去了一般活性污泥法中的沉淀池和污泥回流设施。在处理过程中，周而复始地循环这种操作周期，以实现污水处理目的。

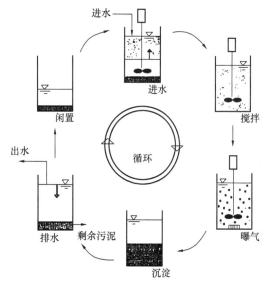

图 2-3-21　SBR 工艺的工艺流程

b. 工艺特点

SBR 工艺也是利用活性污泥来处理污水，只是由于 SBR 工艺可以将活性污泥法各段的处理组合在一个水池中进行，从而导致了系统中构筑物安排的不同。

（a）工艺流程简单，运转灵活，基建费用低

SBR 工艺中主体设备就是一个 SBR 反应器，集调节混合池、反应池（厌氧、缺氧和好氧）、沉淀池和部分浓缩池于一身，基本上所有的操作都在这样一个反应器中完成，在不同的时间内进行泥水混合、有机物的氧化、硝化、脱氮、磷的吸收与释放以及泥水分离等。它不需另设二沉池和污泥回流设备，一般情况下也不用设调节池和初沉池。所以，采用 SBR 工艺的污水处理系统大大

减少了构筑物的数量，节约了基建费用，而且往往具有布置紧凑、节省占地的优点。

（b）处理效果良好，出水可靠

从反应动力学角度分析，SBR 反应器有其独具的优越性。因为 SBR 反应器中的基质和微生物浓度是随时间变化的，而且反应过程不连续，其运行是典型的非稳态过程。在运行的曝气反应阶段，反应器内的混合液虽然处于完全混合状态，但其基质和微生物的浓度随时间而逐渐降低，相当于一种时间意义上的推流状态。所以 SBR 反应器实现了连续流中两种反应器的优势。有关研究表明，完全混合反应器所需的水力停留时间或有效容积一般要比 SBR 反应器相应的水力停留时间或有效容积大 3 倍，而且规模越小，使用 SBR 法越有利。

从微生物角度分析，SBR 反应器中存在着品种繁多的微生物种类，并呈现复杂的生物相，在运行周期内，对氧要求不同的微生物类群交替呈现优势，交替发挥作用，为好氧-缺氧的组合流程提供了条件，也使各种微生物的处理能力得以发挥，难降解有机物的可生化性也得到了提高。在 SBR 池中通过采取灵活控制曝气量、搅拌程度、沉淀、闲置时间、水位变化、污泥的排放与回流等措施，可以创造出生物反应的最适合条件，实现非常好的处理效率。

（c）污泥沉降性能良好

活性污泥膨胀是活性污泥法处理过程中常常发生的问题，污泥膨胀问题 90％以上是丝状菌性污泥膨胀，由于丝状菌过度繁殖，菌胶团的生长繁殖受到抑制，很多丝状菌伸出污泥表面，使得絮状体松散，沉淀性恶化。一般污水中碳水化合物较多，缺氮、磷、铁等养料，溶解氧不足，水温高或 pH 值低都会引起丝状菌大量繁殖，导致污泥膨胀。此外，超负荷、污泥龄过长或有机物浓度梯度小等原因，也会引起污泥膨胀。

相对于传统活性污泥法，SBR 法可以有效控制丝状菌的过度繁殖，污泥 SVI 较低，是一种污泥沉降性能较为良好的工艺。这主要取决于 SBR 工艺的以下特点。

● 反应器中基质浓度梯度大（F/M）。这是 SBR 法控制膨胀的重要因素。完全混合式基本没有浓度梯度，非常容易膨胀。推流式曝气池的梯度较大，不易膨胀，而 SBR 法反应器从时间概念上考虑，是理想推流状态，使基质浓度梯度也达到理想的最大，因此，它与普通推流式一样不易发生污染膨胀。

● 反应器中基质浓度较大。丝状菌比菌胶团形成的微生物具有更大的比表面积，对低浓度基质的摄取能力也更强，所以在低基质浓度的环境中往往占优势。

● 反应器中厌氧、缺氧、好氧状态并存。由于绝大多数丝状菌都是专性好氧菌，而活性污泥中的细菌大多是兼性菌。与传统活性污泥法不同的是，SBR 法中进水与反应阶段的缺氧（或厌氧）与好氧状态的交替，能抑制专性好氧丝状菌的过量繁殖，而对多数微生物不会产生不利影响。正因为如此，SBR 法中限制曝气比非限制曝气更不易膨胀。

● 污泥龄短，比增长速率大。由于丝状菌的比增长速度比其他细菌小，所以在污泥龄长的处理工艺中，丝状菌更易发挥其竞争优势。传统 SBR 法以去除有机物为主要目的，具有理想的推流式运行状态和快速降解有机污染物的特点，所以 SBR 法的污泥龄一般较短，剩余污泥的排放速率大于丝状菌的生长速率，致使丝状菌无法在反应器中大量生长繁殖。

● 对水质水量变化的适应性强

处理效果会受到水质水量的影响，主要是因为这会改变处理环境，而微生物对其生存环境条件的要求往往比较严格。所以，从理论上分析，完全混合式反应器比推流式反应器有更强的耐冲击负荷能力。

（d）SBR 工艺也有一定的局限性

主要表现在：

● 反应器容积利用率低。由于 SBR 反应器水位不恒定，反应器有效容积需要按照最高水位来设计，大多时间反应器内的水位均达不到此值，所以反应器容积利用率较低。

● 水头损失大。由于 SBR 池内水位不恒定，如果通过重力流入后续构筑物，则造成后续构筑物与 SBR 池的位差较大，特殊情况下还需要进行二次提升。

● 不连续的出水，要求后续构筑物容积较大，有足够的接受能力。而且不连续出水，使得 SBR 工艺串联其他连续处理工艺时较为困难。

● 峰值需氧量高。SBR 工艺属于时间上的推流，因此也具有推流工艺的这一缺点。开始时污染物浓度较高，需氧量也较高，按照此值来确定曝气量，但随后污染物浓度随时间下降，需氧量也随之下降，因此整个系统氧的利用率低。

● 设备利用率低。当几个 SBR 反应器并联运行时，每个反应器在不同的时间内分别充当进水调节池、曝气池和沉淀池，但每个反应器内均需设有一套曝气系统、滗水系统等相应设备，而各池是交替运行的，因此设备的利用率较低。

● 对管理人员技术素质要求较高。因为间歇运行的控制较为繁杂，要依赖于计算机控制，对设备、仪表和自控系统的可靠性要求较高，有时需使用进口设备，对管理操作人员的技术水平提出了较高的要求。

● 对小型污水厂而言，SBR 是一种系统简单，节省投资，处理效果好的工艺。但它用于大型污水处理厂时，就显得不是最合适了。

c. SBR 工艺的发展

（a）ICEAS 工艺（周期循环延时曝气工艺 Intermittent Cycle Extended Aeration System）

与传统的 SBR 法相比较，ICEAS 工艺有两项改变。一是在运行方式上，采用连续进水、间歇排水的运行方式，即使在沉淀期和排水期仍保持进水，使反应池没有进水阶段和闲置阶段。二是在反应器的构造上，在反应区的前端用隔墙增加了一个预反应区，将反应区分成了小体积的预反应区和大体积的主反应区两个区段，体积比约为 1∶30。ICEAS 反应池构造如图 2-3-22 所示，污水连续进入预反应区，然后通过隔墙下端的小孔以层流速度进入主反应区，沿主反应区池底扩散，对主反应区在沉淀期间混合液的分离基本上不造成搅动，因此主反应区即使连续进水，也可

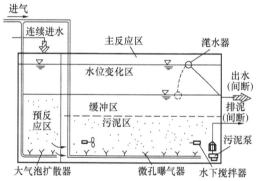

图 2-3-22　ICEAS 反应池构造图

以同时沉降、排水，不影响污水处理的进程，特别是在小水量的连续进水情况下，单池就能解决问题。

与传统 SBR 工艺相同，ICEAS 工艺是在一个单独的水池中完成生物氧化、硝化、反硝化和磷的去除，并完成固液分离和排水，而且，ICEAS 工艺也不进行污泥回流或混合液回流。与传统 SBR 工艺不同的是，由于连续进水，典型的 ICEAS 工艺的一个运行周期一般由反应、沉淀、排水 3 个基本过程组成。

（b）CASS 工艺（循环活性污泥工艺 Cyclic Activated Sludge System）

与 ICEAS 工艺相比，CASS 工艺主要有两项改进：一是将 ICEAS 工艺的两个反应区改成了 3 个反应区；二是在运行过程将主反应区的污泥分别或同时向生物选择区和兼氧区回流。

CASS 反应器构造如图 2-3-23 所示，每个 CASS 反应器由 3 个区域组成，即生物选择区 A、兼氧区 B 和主反应区 C，A 区可设为一个相对独立的区域，B 区和 C 区用挡板隔开，但两者水流连通。3 个区所占的体积百分比大约为 5%、10%、85%。在运行过程中，污水连续进入 A 区，A 区与 B 区之间设有水流控制阀门，或者也可以用泵来控制污水流入 B 区。C 区是主反应区，

其处理周期包括充水-曝气、充水-沉淀、滗水和充水-闲置 4 个阶段，在 C 区进行排水的阶段，A 区停止向 B 区进水，B 区是 C 区前的一个预反应区，A、B 两区通过吸附作用可以去除大部分有机物，使得 C 区的进水相当稳定，活性污泥通过在 C 区进行再生后，回流到 A、B 两区。

(c) DAT-IAT 工艺（连续和间歇曝气工艺 Demand Aeration Tank-Intermittent Aeration Tank）

DAT-IAT 工艺在某种程度上可以看作是传统活性污泥法与传统 SBR 工艺有机组合的一种形式。它的主体处理构筑物被隔板隔成两个大小相同的部分，形成两个串联的反应池，即连续曝气池（DAT 池）和间歇曝气池（IAT 池），如图 2-3-24 所示。DAT 池为预反应池，也称为需氧池，相当于传统活性污泥法中的曝气池，污水连续进入 DAT 池，在池中连续曝气，池中水流呈完全混合流态，绝大部分有机物在这个池中降解。然后通过隔板以层流速度进入 IAT 池，完成曝气、沉淀、排水、排出剩余污泥等工序，并周期循环，IAT 池相当于一个 SBR 池。

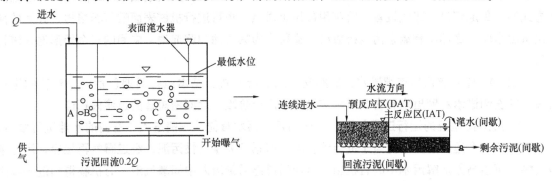

图 2-3-23　CASS 反应器构造图　　　　　　图 2-3-24　DAT-IAT 构造图
A—生物选择区；B—兼氧区；C—主反应区

(d) MSBR 工艺（改良型间歇活性污泥系统 Modified Sequencing Ratch Reactor）

由于传统的 SBR 工艺和一些早期变型工艺（如 ICEAS 工艺、CASS 工艺、DAT-IAT 工艺等）都难以克服 SBR 工艺的一个很大的问题，即反应池水面上下波动和不连续出水，造成后续串联工艺的水头损失很大，增加了污水处理厂的高程设计难度。为此，研究人员不断地研究开发更新的 SBR 工艺，使其具有 SBR 工艺优点的同时，更贴近连续流活性污泥技术。到目前为止，已有多种改良型 SBR 工艺问世，可以看做是由 AAO 工艺与传统 SBR 系统组合而成。

MSBR 的核心处理设备是 MSBR 反应器，由两个 SBR 反应器、曝气池、厌氧池和缺氧池组成，一般设计成矩形。如图 2-3-25 所示。

从图中可以很容易地看出该工艺的整个运行过程。池 1、池 2、池 3 分别为缺氧、厌氧、好氧池（相当于 AAO 工艺），污水由池 1 和池 2 连续地流入该处理系统，运行过程中，混合液不断地由池 1 流向池 3。池 4 和池 5 是两个 SBR 反应池，两者交替作为排水和反应、混合液回流的沉淀池，在作为反应池的时间里，要同时进行混合液回流、序批反应和静止沉淀 3 个步骤的操作。当池 4 作为排水池时，池 5 即为反应池，依次进行

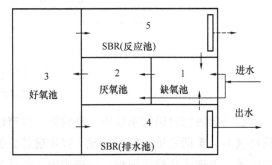

图 2-3-25　MSBR 工艺流程图

上述 3 个步骤的操作。首先是混合液回流阶段，打开池 5 中的回流泵、搅拌器和曝气设备，将池 5 中的活性污泥回流到池 1，池 5 中的混合液向池 1 流入的同时，池 3 中的混合液以同样的速率向池 5 中回流，在此阶段，池 5 中的曝气设备可随时关闭，创造出最有利于脱氮的环境。回流阶

段结束时，关闭池 5 中的回流泵，停止混合液流进流出，使该池保持相对独立，进行序批反应。在反应阶段结束的时候，关闭池 5 中的曝气及搅拌设备，使该池中的混合液进行静止沉淀，完成泥水分离。然后转换池 4、池 5 的功能，池 5 进行排水，池 4 中开始上述一系列的操作。运行过程中，整个系统的水面始终保持恒定。

(e) 一体化活性污泥法工艺

在 SBR 的发展中，20 世纪 90 年代推出了一种一体化活性污泥法系统，称为 UNITANK，该工艺推出后，世界各地已建有较多的成功应用该项技术的工程，几年前我国广东珠江啤酒厂采用了该项技术，建成投产后效果良好，新加坡、马来西亚、越南等均采用该技术，建成规模不等的工业废水或城市污水处理厂，我国澳门地区，两座城市污水厂均采用该项技术，处理效果良好。

UNITANK 系统的主体是一个被隔成数个单元的矩形反应池，典型的是三格池，三池之间水力连通，每池都设有曝气设备，既可用鼓风机供氧，也可进行机械表面曝气和搅拌，外侧的两池设有出水堰，底部设有剩余污泥排放口，交替作为曝气池和沉淀池，中间的一个矩形池只进行曝气。

UNITANK 系统采用连续进水、周期交替的运行方式。基本运行周期包括两个对称的运行阶段，即左侧进水右侧出水和右侧进水左侧出水两个阶段，之间由短暂的过渡段相连。

UNITANK 系统的运行过程如图 2-3-26 所示。污水首先从左侧进入，左侧的水池进行曝气，由于该池在上个运行阶段中充当了沉淀池，其中积累了大量活性污泥，经过曝气再生后，污泥恢复活性，可以高效降解污水中的有机物，水流通过连通管流入中间曝气池，有机物得到进一步降解，再由连通管进入右侧沉淀池，处理水由右侧池中的固定堰排出，也可在此排放剩余污泥，水流方向由左向右，推流过程中，活性污泥也由左侧池进入中间池，再进入右侧池，从而在各池内得到重新分配。一段时间后，关闭左侧池的进水闸，开启中间池的进水闸，并停止左侧池中的曝气，进入短暂过渡阶段，污水从中间池流入右侧池。过渡结束后，关闭中间池的进水闸，开始第二阶段的运行，改为右侧进水，此时右侧池曝气，水流方向由右向左，最终由左侧池中静止沉淀后出水，短暂过渡后，进入下一个运行周期。这样周而复始，即可实现污水净化。

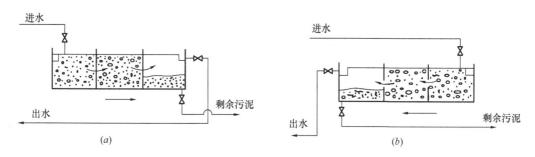

图 2-3-26 UNITANK 系统运行过程
(a) 由左至右；(b) 由右至左

在需要脱氮除磷的系统中，池内除了设有曝气设备外，还要有搅拌装置，根据需要开启曝气搅拌装置，灵活地进行时间控制，以实现较好的除磷脱氮效果。第一阶段污水交替进入左侧池和中间池，左侧进行缺氧搅拌，以污水中有机物为电子受体，使污水中的硝态氮进行反硝化作用而脱去，并释放污泥中的磷，污水从左向右推进，中间池间歇曝气或搅拌，曝气时，去除有机物，进行硝化并吸收磷；搅拌时，可以实现反硝化作用，右侧池进行沉淀，部分含磷的剩余污泥在此阶段排放。过渡阶段内，污水只从中间池进入系统，左侧池进行曝气，尽可能完成硝化反应。其后进入第二个运行阶段，左侧池停止曝气，作为沉淀池，污水流动方向由右向左，运行过程相同。

2.3.4.2　生物膜法

（1）生物膜的基本原理

污水的生物膜处理法是与活性污泥法并列的一种污水生物处理技术。这种处理工艺的实质是使细菌和菌类一类的微生物和原生动物、后生动物一类的微型动物附着在滤料或某些载体上生长繁育，并在其上形成膜状生物污泥，即生物膜，污水与生物膜接触，污水中的有机污染物，作为营养物质，为生物膜上的微生物所摄取，污水得到净化，微生物自身也得到繁衍增殖。

1）生物膜的构造和基本原理

污水与滤料或某种载体流动接触，在经过一段时间后，后者的表面将会为一种膜状污泥即生物膜所覆盖，生物膜逐渐成熟，其标志是生物膜沿水流方向的分布，在其上由细菌和各种微生物组成的生态系统以及其对有机物的降解功能都达到了平衡和稳定的状态。从开始形成到成熟，生物膜要经历潜伏和生长两个阶段，一般的城市污水，在 20℃ 左右的条件下大致需要 30d 左右的时间。

生物膜是高度亲水的物质，污水不断在其表面更新的条件下，在其外侧总是存在着一层附着水层。生物膜又是微生物高度密集的物质，在膜的表面和一定深度的内部生长繁殖着大量的各种类型的微生物和微型动物，并形成有机污染物—细菌—原生动物（后生动物）的食物链。

生物膜在其形成与成熟后，由于微生物不断增殖，生物膜的厚度会不断增加，在增厚到一定程度后，氧不能透入里侧深部时即将转变为厌氧状态，形成厌氧性膜。这样，生物膜便由好氧膜和厌氧膜两层组成。好氧层的厚度一般为 2mm 左右，有机物的降解主要是在好氧层内进行。

由图 2-3-27 可见，生物膜与水层之间进行着多种物质的传递过程。空气中的氧溶解于流动水层中，通过附着水层传递给生物膜，供微生物用于呼吸，污水中的有机污染物则由流动水层传递给附着水层，然后进入生物膜，并通过细菌的代谢活动而降解，使污水在其流动过程中逐步得到净化。微生物的代谢产物如 H_2O 等则通过附着水层进入流动水层，并随其排走，而 CO_2 和厌氧层分解产物如 H_2S、NH_3 和 CH_4 等气态代谢产物则从水层逸出进入空气中。

当厌氧层还不厚时，它与好氧层保持着一定的平衡与稳定关系，好氧层能够维持正常的净化功能，但当厌氧层逐渐加厚，并达到一定的程度后，其代谢产物也逐渐增多，这些产物向外侧逸出，必然要透过好氧层，使好氧层生态系统的稳定状态遭到破坏，从而推动了两种膜层之间的平衡关系，又因气态代谢产物的不断逸出，减弱了生物膜在滤料和填料上的固着

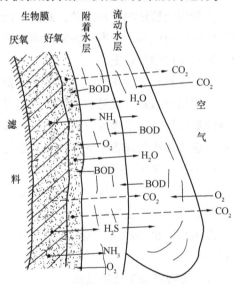

图 2-3-27　生物滤池滤料上的
生物膜的构造剖面图

力，处于这种状态的生物膜即为老化的生物膜，老化生物膜净化功能较差而且易于脱落，生物膜脱落后生成新的生物膜，新生生物膜必须在经过一段时间后才能充分发挥其净化功能。比较理想的情况是减缓生物膜的老化进程，不使厌氧层过分增长，加快好氧膜的更新，并且尽量使生物膜不集中脱落。

2）生物膜工艺的特点

a. 参与净化反应微生物的多样化

生物膜处理法的各种工艺，都具有适于微生物生长栖息、繁衍的稳定环境，生物膜上的微生

物不需活性污泥那样承受强烈的搅拌冲击。生物膜固着在滤料和填料上，其生物固体平衡停留时间即污泥龄较长，因此在生物膜上能够生长世代时间较长、比增殖速度很小的微生物，如硝化菌等，在生物膜上还可能大量出现丝状菌，基本不会产生污泥膨胀，线虫类、轮虫类和寡毛虫类等微型动物出现的频率也较高。

b. 生物的食物链长

在生物膜上生长繁育的生物中，动物性营养类所占比例较大，微型动物的存活率亦高，这就是说，在生物膜上能够栖息高营养水平的生物，在捕食性纤毛虫、轮虫类、线虫类之上还栖息着寡毛类和昆虫，因此，在生物膜上形成的食物链要长于活性污泥上的食物链。正是这个原因，在生物膜处理系统内产生的污泥量少于活性污泥处理系统。

c. 污泥产量低

生物膜处理法各种工艺的污泥产量低，一般说来，生物膜处理法产生的污泥量较活性污泥处理系统少 1/4 左右。

d. 能够存活世代时间较长的微生物

硝化菌和亚硝化菌的世代时间都比较长，比增殖速度较小，如亚硝化单胞菌属和硝化杆菌属的比增殖速度分别为 0.21/d 和 1.12/d。在一般生物固体平均停留时间较短的活性污泥法处理系统中，这类细菌是难以存活的。在生物膜处理法中，生物污泥的生物固体平均停留时间与污水的停留时间无关，硝化菌和亚硝化菌也得以繁衍、增殖。因此，生物膜处理法的各项处理工艺都具有一定的硝化功能，采取适当的运行方式，还可能具有反硝化脱氮的功能。

e. 水质、水量变动有较强的适应性

生物膜处理法的各种工艺，对流入污水水质、水量的变化具有较强的适应性，这种现象已为运行的实际所证实，当有一段时间中断进水，对生物膜的净化功能也不会造成致命的影响，通水后能够较快地得到恢复。

f. 污泥沉降性能良好，宜于固液分离

由滤料和填料上脱落下来的生物污泥，所含动物成分较多，比重较大，污泥颗粒个体较大，沉降性能良好，宜于固液分离，但是，如果生物膜内部形成的厌氧层过厚，在其脱落后，将有大量的非活性细小悬浮物分散于水中，使处理水的澄清度降低。

g. 能够处理低浓度污水

活性污泥法处理系统，不适宜处理低浓度的污水，如原污水的 BOD 低于 50～60mg/L 时，将影响活性污泥絮凝体的形成和增长，净化功能降低，处理水水质低下。但是，生物膜处理法对低浓度污水，也能够取得较好的处理效果，运行正常可将 BOD_5 为 20～30mg/L 的污水，降至 5～10mg/L。

（2）生物膜法工艺的选择

生物膜处理工艺既是传统污水处理工艺又是发展中的污水生物处理技术，《室外排水设计规范》经广泛调查分析研究，认为生物膜处理工艺主要有生物接触氧化、曝气生物滤池、生物转盘、生物滤池等，并对生物膜法的工艺选择提出了一些建议。

生物膜法目前国内用于中小规模的污水处理厂较多，根据《城市污水处理工程项目建设标准》的规定，一般适用于日处理污水量在Ⅲ类以下规模的二级污水厂。该工艺具有抗冲击负荷、易管理、处理效果稳定等特点。生物膜处理工艺包括浸没式生物膜法（生物接触氧化池、曝气生物滤池）、半浸没式生物膜法（生物转盘）和非浸没式生物膜法（高负荷生物滤池、低负荷生物滤池、塔式生物滤池）等。其中浸没式生物膜法具有占地面积小，BOD_5 容积负荷高，运行成本低，处理效率高等特点，近年来在污水二级处理中被较多采用。半浸没式、非浸没式生物膜处理工艺最大特点是运行费用低，约为传统活性污泥法的 1/3～1/2，但卫生条件较差，占地较大，可因地制宜采用。

生物膜法在污水二级处理中可以适应高浓度和低浓度污水，可以单独应用，也可以与其他生物处理工艺组合应用，上海某污水处理厂采用厌氧生物反应池、生物接触氧化池和生物滤池组合工艺处理污水。

国内外资料表明，污水进入生物膜处理构筑物前，应进行沉淀处理，以尽量减少进水的悬浮物质，防止填料堵塞，保证处理构筑物的正常运行。当进水水质或水量波动大时，还应设调节池，停留时间根据一天中水量或水质波动情况确定。

在冬季较寒冷的地区应采取防冻措施，如将生物转盘设在室内。

生物膜法处理构筑物的除臭一般采用生物滤池、湿式吸收氧化去除硫化氢等恶臭气体，塔式生物滤池可采用顶部喷淋，生物转盘可以从水槽底部进水的方法减少臭气的溢出。

生物滤池易孳生滤蝇，可定期关闭滤池出口阀门，让滤池填料淹水一段时间，杀死幼蝇。

（3）生物接触氧化工艺

1）工艺特点

生物接触氧化工艺是在生物反应池内充填填料，已经充氧的污水浸没填料，并以一定的流速流经填料。在填料上布满生物膜，污水与生物膜广泛接触，在生物膜上微生物的新陈代谢的作用下，污水中有机污染物得到去除，污水得到净化。

生物接触氧化工艺采用与生物反应池相同的曝气方法，向微生物提供所需要的氧，并起到搅拌和混合作用。

生物接触氧化工艺是一种综合活性污泥法和生物膜法的生物处理技术，既具有活性污泥法的特点，又有生物膜法的特点，且兼具两者的优点。

生物接触氧化工艺具有如下主要特点：

a. 使用多种形式的填料，在生物膜上能够形成稳定的生态系统和食物链。由于曝气，在池内形成液、固、气三相共存体系，有利于氧的转移，溶解氧充沛，适于微生物存活增殖。在生物膜上微生物是丰富的，除细菌和多种种属原生动物和后生动物外，还能够生长氧化能力较强的球衣菌属的丝状菌，而无污泥膨胀之虑。

b. 保持生物膜的活性，抑制厌氧膜的增殖。由于进行曝气，生物膜表面不断接受曝气吹脱，因此，能够保持较高浓度的活性生物量，实验资料表明，每平方米填料表面上的活性生物膜量可达 125g，如折算成 MLSS，则达 13g/L，正因为如此，生物接触氧化工艺能够承受较高的有机负荷率，处理效率较高，有利于缩小池容，减少占地面积。

c. 对冲击负荷有较强的适应能力，在间歇运行条件下，仍能够保持良好的处理效果，对排水变化幅度较大的企业，更具实际意义。

d. 操作简单、运行方便、易于维护管理，无需污泥回流，不产生污泥膨胀现象，也不产生滤蝇等。

e. 污泥量较少，污泥颗粒较大，易于沉淀。

2）工艺流程

生物接触氧化的工艺流程，一般可分为：一段（级）处理流程、二段（级）处理流程和多段（级）处理流程。这几种处理工艺流程各具特点和适用条件。

一段（级）处理流程如图 2-3-28 所示

如图所示，原污水经初次沉淀池处理后进入接触氧化池，经接触氧化池处理后进入二次沉淀池，在二次沉

图 2-3-28　生物接触氧化技术一段处理流程

45

淀池进行泥水分离，从填料上脱落的生物膜，在这里形成污泥排出系统，澄清水则作为处理水排放。

接触氧化池流态为完全混合型，微生物处于对数增长期和衰减增长期的前段，生物膜增长较快，有机物降解速率也较高。

一段处理流程的生物接触氧化处理工艺流程简单，易于维护运行，投资较低。

其他还有二段处理工艺和多段处理工艺，同时，经适当调整，除去除有机污染物外，还具有硝化脱氮功能。

（4）曝气生物滤池

曝气生物滤池（Biological Aerated Filter，简称 BAF）又称淹没式曝气生物滤池（Submerged Biological Aerated Filter，简称 SBAF），是在 20 世纪 70 年代末 80 年代初出现于欧洲的一种生物膜法处理工艺。当时，欧洲各国出台了更严格的出水排放标准，增加了控制出水中氮、磷的指标；而大城市中，越来越多的污水厂建在城区附近，甚至成为市区的一部分；这种出于经济考虑的新趋势，给污水处理工艺技术的选择带来了困难。在这种情况下，BAF 技术脱颖而出。该技术最初用在污水处理的二级处理以后，由于其良好的处理性能，应用范围不断扩大。与传统活性污泥法相比，BAF 中活性微生物的浓度要高得多，由于反应器体积小，且不需二沉池，其占地面积仅为传统活性污泥法的 1/3。此外，还具有臭气少、模块化结构和便于自动控制等优点。

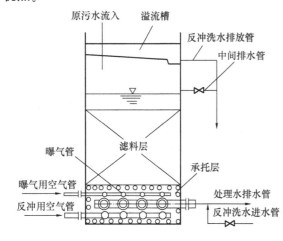

图 2-3-29 曝气生物滤池构造示意

1）工艺原理

曝气生物滤池分为上向流式和下向流式。如图 2-3-29 所示是下向流式工作原理。曝气生物滤池的主体可分为布水系统、布气系统、承托层、生物滤料层和反冲洗系统等 5 个部分。池底设承托层，其上部则是滤料层，一般为粒径较小的粒状滤料，在承托层设置曝气用的空气管和空气扩散装置，处理水集水管兼作反冲洗水管也设置在承托层内。

污水从池上部进入滤池，并通过由滤料组成的滤层，在滤料表面形成有微生物栖息的生物膜。在污水经过滤层的同时，空气从距滤料底部 30cm 处通入，并由滤料的间隙上升，与下流的污水相向接触，空气中的氧转移到污水中，向生物膜上的微生物提供充足的溶解氧和丰富的有机物。在微生物的新陈代谢作用下，有机污染物被降解，污水得到处理。

污水中的悬浮物和生物膜脱落形成的生物污泥，被滤料截留，因此，滤层具有二次沉淀池的功能。运行一定时间后，因水头损失增加，需对滤池进行反冲洗，以释放截留的悬浮物并更新生物膜，一般采用水气联合反冲，反冲水通过反冲水排放管排出后，回流至初次沉淀池。

2）工艺流程

a. 下向流式 BAF

早期开发的一种下向流式 BAF 有一定的缺点，就是负荷还不够高，且大量被截留的 SS 集中在滤池上端几十厘米处，此处水头损失占整个滤池水头损失的绝大部分，滤池纳污率不高，容易堵塞，运行周期短。

法国某污水厂采用该工艺技术。该厂位于法国南部一个小城，为利用城市原有的管线，由于受地理位置的限制，服务人口为 20 万人的二级污水处理厂只能建在一块著名海滩附近的狭窄地

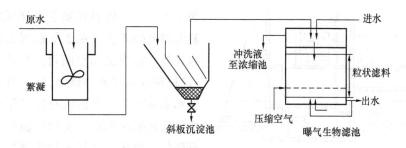

图 2-3-30　法国某污水厂工艺流程

段，且同时要达到较高的排放标准，BOD 和 SS 均为 30mg/L，该厂选用了斜板沉淀池和曝气生物滤池。其工艺流程如图 2-3-30 所示。

　　b. 上向流式 BAF（BIOFOR 滤池）

　　图 2-3-31 所示为典型的上向流式 BAF。其底部为气水混合室，之上为长柄滤头、曝气管、垫层和滤料。所用滤料密度大于水，自然堆积，滤层厚度一般为 2～4m。污水从底部进入气水混合室，经长柄滤头配水后通过垫层进入滤料，在此进行 BOD、COD、氨氮、SS 的去除，反冲洗时，气、水同时进入气水混合室，经长柄滤头进入滤料，反冲洗出水回流入初次沉淀池，与原污水合并处理。采用长柄滤头的优点是简化了管路系统，便于控制，缺点是增加了对滤头的强度要求，滤头的使用寿命会受影响。采用上向流（气水同向流）的主要原因有：

　　● 同向流可促使布气、布水均匀；

　　● 若采用下向流，则截留的 SS 主要集中在滤料的上部，运行时间一长，滤池内会出现负水头现象，进而引起沟流，采用上向流可避免这一缺点；

　　● 采用上向流，截留在底部的 SS 可在气泡的上升过程中被带入滤池中上部，加大滤料的纳污率，延长反冲洗间隔时间。

　　由图 2-3-31 可以看出，通过改变运行条件，该曝气生物滤池可以满足不同的工艺要求，当用于硝化和除碳时，向曝气管内通入空气，

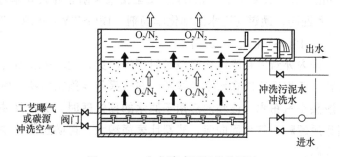

图 2-3-31　上向流式曝气生物滤池

用于反硝化时，则需加碳源，同时调整水力负荷等其他运行条件。

　　法国最大的污水厂就采用了活性污泥法与曝气生物滤池的组合工艺，处理水量达 216×10⁴m³/d，其运行数据如表 2-3-7 所示。

项　　目	SS	COD	BOD₅	NH₃-N
滤池进水（mg/L）	26	75	26	24
滤池出水（mg/L）	8	38	6	1.5
去除率（%）	65	51	68	94

法国最大污水厂运行数据　　　　　　　　　　　　　　　　　　表 2-3-7

　　由表中数据可知，BIOFOR 滤池具有较为彻底的硝化功能。

　　c. 上向流 BAF（BIOSTYR 滤池）

　　该曝气生物滤池的显著特点一是采用了新型轻质悬浮滤料，主要成分是聚苯乙烯，密度小于 1.0g/cm³，二是将滤床分为两部分，上部分为曝气的生化反应区，下部为非曝气区的过滤区。

　　该滤池的结构如图 2-3-32 所示，滤池底部设有进水和排泥管，中上部是滤料层，厚度一般

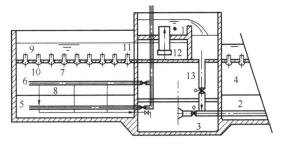

图 2-3-32 BIOSTYR 滤池结构

1—配水廊道；2—滤池进水和排泥管；3—反冲洗循环闸门；
4—滤料；5—反冲洗气管；6—工艺空气管；7—好氧区；
8—缺氧区；9—挡板；10—出水滤头；11—处理后水的
储存和排出；12—回流泵；13—进水管

为 2.5～3m，滤料顶部装有挡板或隔网，防止悬浮滤料的流失。在上部挡板上均匀安装有出水滤头。挡板上部空间用作反冲洗水的储水区（这样可以省去反冲储水池），其高度根据反冲洗水水头而定，该区设有回流泵用以将滤池出水泵送至配水廊道，继而回流到滤池底部实现反硝化。滤料底部与滤池底部的空间留作反冲洗再生时滤料膨胀之用。

经预处理的污水与经过硝化的滤池出水按照一定回流比混合后，通过滤池进水管进入滤池底部，并向上首先经滤料层的缺氧区，此时反冲洗空气管处于关闭状态。在缺氧区内，滤料上的微生物利用进水中有机物作为碳源将滤池进水中的硝酸盐氮转化为氮气，实现反硝化脱氮和部分 BOD 的降解，同时 SS 被生物膜吸附和截留。然后污水进入好氧区，实现硝化和 BOD 的进一步降解。流出滤料层的净化后污水通过滤池挡板上的出水滤头排出滤池，出水分为三部分，一部分流出系统外，一部分按回流比例与原污水混合后进入滤池，另一部分用作反冲洗水。反冲洗时可以采用气水交替反冲。在滤池顶部设格网或滤板以阻止滤料流出。

部分专家于 1992 年做了大量试验，检验 BIOSTYR 滤池的脱氮效果。试验条件为：滤池上流速度 2m/h，回流比低于 300%，好氧区的负荷 $1kgNH_3-N/(m^3 \cdot d)$，初次沉淀池出水 COD 为 500mg/L，TKN 大于 60mg/L。试验结果表明总氮去除率可达 70% 以上，出水 BOD 小于 20mg/L。还证明，通过在进水添加化学药剂，BIOSTYR 滤池可以同时具有脱氮除磷的效果。

d. BIOSMEDI 生物滤池

国内外对生物滤池均有较长时间的研究，BIOFOR 滤池，主要采用相对密度＞1 的单层生物滤料，正常运行时布水采用滤头，布气采用专用布气头，气水同向流，从下部进入，反冲洗时采用滤头布气布水，该滤池应用于原水的预处理时，必须解决滤层堵塞问题；BIOSTYR 采用悬浮型轻质滤料，气水同向流，滤料比表面积大，可防止原水中杂质堵塞，但需有效地解决滤池反冲洗问题。

在各种生物滤池中，滤料是影响其正常运行的关键。应用固定型滤料，容易导致滤层堵塞，反冲洗困难；软性滤料则容易导致滤料之间相互黏结，造成比表面积减少；颗粒状滤料具有比表面积大、生物量较大的特点，但颗粒状滤料相对密度＞1 时，若采用气水逆向流，则水流阻力较大，滤速难以提高，滤层阻力增大，且反冲洗时耗水量较大，若采用气水同向流，则容易造成滤池堵塞。

上海市政工程设计研究总院（集团）有限公司经过较长时间的研究，开发出一种新型生物滤池，首先对不同材质的滤料进行筛选，最后采用人工合成轻质颗粒滤料，粒径一般在 3～5mm，它具有来源广泛、滤料比表面积大、表面适宜微生物生长、价格较低、化学稳定性好、密度较小等一系列优点。

生物滤池的滤料和池型构造是整个滤池的核心，根据滤料密度小的特点，研究开发出与之相适应的池型，具体构造如图 2-3-33 所示。

滤池采用混凝土池壁或钢制，分 4 部分：上部采用钢筋混凝土盖板封顶，用于抵消滤料的浮力和运行时的阻力，在盖板上安装倒滤头，滤头可从顶部拆卸，便于清洗；滤池中部是滤料层，其厚度和滤料的

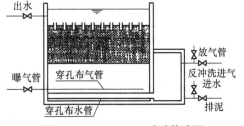

图 2-3-33 BIOSMEDI 滤池构造图

大小可根据实际情况计算确定；滤层下部是穿孔布水管和布气管；在滤池旁，也可在滤池下部，增加一气室，其底部通过连接通道与滤池主体相连，专门用于脉冲反冲洗。

BIOSMEDI 生物滤池为周期运行，从开始过滤到反冲洗结束为一个周期。正常运行时，原水通过进水分配槽进入滤池下部，在滤料阻力的作用下使滤池进水均匀；穿孔布气管安装在滤层下部，空气通过其进行布气，原水经过滤层后，滤层表面附着的大量微生物和滤料中的微生物利用进水中的溶解氧去除一部分有机物和氨氮，同时悬浮物质经过滤层过滤后明显减少，不会造成滤头堵塞，出水由上部清水区排出。随着过滤的进行，滤层中的生物膜增厚，过滤水头增大，此时需要对滤层进行反冲洗。由于滤料密度小，采用常规的水反冲、气水反冲等方法均难以奏效，所以使用脉冲冲洗，反冲洗水取自滤池出水。反冲洗过程为：当某格滤池需要反冲洗时，首先关闭进水阀和曝气管，打开滤池反冲洗气管，排除气室内的水以形成空气垫层，当空气垫层达到一定容积后，打开放气阀，滤池中的水迅速补充至气室中，此时滤池中从上到下的冲洗水流量瞬时加大，导致滤料层突然向下膨胀，可以对滤层进行有效的脉冲反冲洗，把附着在滤料上的悬浮物质洗脱。通过几次脉冲后，打开穿孔排泥阀，利用其他正在运行的生物滤池出水对滤层进行漂洗，可有效地达到清洁滤料的目的。

该滤池的特点有：

(a) 采用气水同向流，与气水异向流相比，在去除效果相同的条件下，滤速可有较大提高，同时水力负荷的增加，大大提高了滤池的传质效果和处理效率，减少了工程费用和占地面积，同时避免了气水逆向流时造成的能量浪费。滤层阻力小，因而能较好地与后续反应沉淀池衔接，适应于新厂和老水厂的改造。

(b) 滤池的阻力相对较低，布水、布气均匀。

(c) 由于滤池为上向流，对滤池的运行不会造成影响，因此对原水的悬浮物质要求相对较低。

(d) 滤料来源广泛、价格便宜、化学稳定性好。滤料比表面积大，单位体积内附着的生物量增大，生物滤池的容积负荷增加，使生物滤池的去除效率大大提高，有利于氧气的传质，提高了充氧效率。

(e) 采用独特的脉冲反冲洗形式，有利于增强反冲洗效果，同时耗水量、耗气量小。反冲洗过程漂洗水可采用滤池出水，气源则来自鼓风曝气，不需要专门的反冲洗水泵和鼓风机，可采用破坏虹吸的控制方式对滤池进行自动连续脉冲反冲洗。

(f) 滤层比常规生物滤池的厚，而滤层越厚，水力负荷越大，去除效果越佳。

e. 组合工艺流程

污水厂根据进水水质的不同和对出水水质的不同要求，可以选用 BAF 与其他处理设施的不同组合工艺，其组合工艺主要功能和适用范围如表 2-3-8 所示。

BAF 的多种组合工艺　　　　　　　　　　　　　　　　　表 2-3-8

组合工艺流程	主 要 功 能	适 用 范 围
初沉池-BAF(C)	去除含碳有机物，可满足二级处理要求	小型污水厂
活性污泥法-BAF(C)	进一步去除含碳有机物，改善活性污泥法出水水质	用于改建传统活性污泥法污水厂
滴滤池-BAF(C)	进一步去除含碳有机物，改善滴滤池出水水质	用于生物滤池工艺的改造
初沉池-BAF(C)-BAF(N)	去除有机物和硝化	氨氮浓度较高，有硝化要求的污水厂
初沉池-BAF(N)	去除有机物和硝化	氨氮浓度较高，有硝化要求的污水厂
初沉池-BAF(DN)/投加絮凝剂-BAF(N)-BAF(DN)	去除有机物，脱氮除磷	低浓度含氮废水，要求脱氮除磷
初沉池-BAF(N)/投加絮凝剂-BAF(DN)	去除有机物，脱氮除磷	低浓度含氮废水，要求脱氮除磷

注：表中 BAF(C) 表示具有去除碳源污染物的生物滤池，BAF(N) 表示具有去除氮污染物的生物滤池，BAF(DN) 表示具有反硝化作用的生物滤池。

f. PASF 工艺

PASF(remove Phosphorous by Active Sludge and Filter technology)**工艺是由上海市政工程设计研究总院(集团)有限公司开发的一种活性污泥和曝气生物滤池相结合的新型污水脱氮除磷工艺。工艺分为两个阶段,工艺流程如图 2-3-34 所示。**

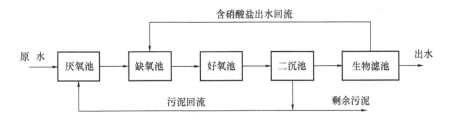

图 2-3-34　PASF 工艺流程图

由流程图可知:PASF 前阶段与 AAO 工艺相似,其主要区别在于:①好氧池水力停留时间较短,一般只有 3~5h,系统的污泥龄较短,使好氧池内达不到硝化,适合聚磷菌生长环境,除磷效果较好,由于污泥交替进入厌氧和好氧区,不宜严格好氧的丝状细菌生长,污泥沉降性好;②由于好氧池无硝化,好氧池无内回流至缺氧池,缺氧池回流水从后段曝气生物滤池出水进行回流,经过硝化的出水回流至缺氧池。

(a)厌氧池

厌氧池的主要作用是快速厌氧释磷,二沉池中回流污泥中残留的少量硝酸盐在厌氧池初期很快被反硝化完毕,由于进水中无硝酸盐,故不存在降解硝酸盐的问题。伴随着水中 COD 的去除,反应器中出现厌氧释磷现象,释磷速率与水中 COD 去除率相对应,厌氧池快速吸收有机物有以下特点:

● 由于进水中的有机物为聚磷菌提供了呈梯度的高浓度有机物(F/M 值),使有机物最大可能地被用于厌氧释磷和后续缺氧池的反硝化吸磷脱氮,提高了有机物在生物脱氮吸磷中的利用率。

● 部分 COD 直接以厌氧产物或经缺氧呼吸的形式被去除,降低了后续好氧池需氧化的有机物量,使得该工艺比传统活性污泥法大大节省了供氧量。

(b)缺氧池

反硝化段聚磷菌经过厌氧池充分有效地释磷并吸收快速降解有机物合成大量的 PHB 后进入缺氧池,同时后阶段的硝化出水回流至缺氧池,在反硝化菌的作用下,污水中的硝酸盐下降。

(c)好氧池

进入好氧池后反应器出现好氧吸磷现象,进水中的有机物大部分被去除,由于泥龄较短,不适宜硝化细菌的生长环境,因此无 NH_4^+ 的消耗,使后段的生物滤池反应器提供了低 COD/TKN 值的进水,为保证生物滤池高效的硝化反应奠定了基础,同时好氧反应器 SVI 较低,污泥沉降性能较好,使后续沉淀池可承受较高的负荷。

PASF 后阶段有机负荷低,为硝化提供了良好基础,二沉池出水后进入曝气生物滤池,可充分发挥生物滤池具有负荷高,占地面积小等特点,一方面可利用滤池的硝化作用,达到硝化的目的,硝化后出水一部分回流至前阶段缺氧池进行反硝化,由于回流会增加二沉池水力负荷,回流比需根据 TN 要求和二沉池的表面负荷综合确定;同时曝气生物滤池存在过滤作用,使二沉池出水中的 SS 进一步降低,可达到一级排放标准。

PASF 工艺与常规生物脱氮除磷工艺相比,其硝化、反硝化和好氧吸磷都处于较理想的反应条件，显示出非常稳定的硝化和脱氮除磷效果。其主要优点为：

（a）采用 2 个污泥系统，聚磷菌、反硝化菌共存于一个活性污泥系统，硝化菌存在于另一个生物滤池系统内，可分别控制异养菌（聚磷菌和反硝化菌）和硝化菌的泥龄，解决了异养菌和硝化菌的不同泥龄之争，有利于反硝化脱氮除磷和硝化的各自优化。

（b）异养菌在理想的厌氧、缺氧、好氧交替的环境下进行反硝化和除磷，同时自养型硝化菌可始终在曝气环境中进行好氧硝化，同时克服传统活性污泥法丝状菌膨胀等弊端，有利于污水处理厂的运行和管理。

（c）厌氧池内有机物被活性污泥快速吸附或降解并用于厌氧释磷，在缺氧状态下，聚磷菌可快速反硝化脱氮，提高了易降解有机物的利用率，改善了脱氮除磷效果，同时，硝化系统 COD 浓度较低，有利于提高硝化作用。

（d）充分利用活性污泥法和曝气生物滤池各自的优点，具有较高的处理效率，达到低能耗、处理效果好的目的，同时能减少占地面积，有效节约工程造价。

（5）生物转盘

生物转盘是于 20 世纪 60 年代在原联邦德国所开创的一种污水生物处理技术。原联邦德国斯图加特工业大学对生物转盘技术的实用化进行了大量的试验研究和理论探讨工作，并于 1964 年发表了《生物转盘的设计、计算与性能》的论文，奠定了生物转盘技术发展的基础。

生物转盘技术具有一系列的优点，在国际范围内得到广泛的应用，在其构造形式、系统组成、计算理论等各方面都得到了一定的发展。已被公认为是一种净化效果好、能量消耗低的生物处理技术。

生物转盘初期用于生活污水处理，后推广到城市污水处理和有机性工业废水处理。处理规模也从几百人口当量发展到数万人口当量，转盘构造和设备也日益完善。

我国从 20 世纪 70 年代初开始引进生物转盘技术，对其开展了广泛的科学研究工作，不仅在生活污水和城市污水处理方面得到应用，而且在化纤、石化、印染、制革、造纸、制气等行业的工业废水处理领域也得到了应用，并取得了良好的效果。

1）工艺原理

生物转盘处理系统中，除核心装置生物转盘外，还包括污水预处理装置和二次沉淀池，二次沉淀池的作用是去除经生物转盘处理后的污水所挟带的脱落生物膜。

生物转盘是由盘片、接触反应槽、转轴和驱动装置等组成，构造如图 2-3-35所示。盘片串联成组，中心贯以转轴，转轴两端安设在半圆形接触反应槽两端的支座上。转盘面积的 40% 左右浸没在槽内的污水中，转轴高出槽内水面 10～25cm。

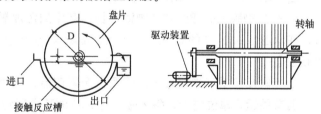

图 2-3-35　生物转盘构造图

由电机、变速器和传动链条等部件组成的驱动装置驱动转盘以较低的线速度在接触反应槽内转动。接触反应槽内充满污水，转盘交替地与空气和污水相接触。经过一段时间后，转盘上即能附着一层栖息着大量微生物的生物膜，微生物的种属组成逐渐稳定，其新陈代谢功能也逐步发挥，并达到稳定的程度，污水中的有机污染物为生物膜所吸附降解。

转盘转动离开污水与空气接触，生物膜上的固着水层从空气中吸收氧，固着水层中的氧是过饱和的，并将其传递到生物膜和污水中，使槽内污水的溶解氧含量达到一定的浓度，甚至可能达到饱和。

在转盘上附着的生物膜与污水和空气之间，除有机物与 O_2 外，还进行着其他物质，如

CO_2、NH_3 等的传递，物质传递如图 2-3-36 所示。

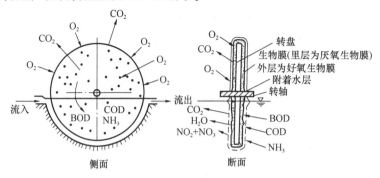

图 2-3-36　生物转盘净化反应过程与物质传递示意图

生物膜逐渐增厚，在其内部形成厌氧层，并开始老化。老化的生物膜在污水水流与盘面之间产生的剪切力作用下而剥落，剥落的破碎生物膜在二次沉淀池内被截留，生物膜脱落形成的污泥，密度较高，易于沉淀。

2) 工艺特点

作为一种污水生物处理技术，生物转盘之所以能够被认为是一种效果好、效率高、便于维护、运行费用低的工艺，是因为它在工艺和维护运行方面具有较多的特点：

a. 微生物浓度高，特别是最初几级的生物转盘，根据实际运行生物转盘的测定统计，转盘上的生物膜量如折算成曝气池的 MLVSS，可达 $40\sim60g/L$，F/M 比为 $0.05\sim0.1$，这是生物转盘高效率主要原因之一。

b. 生物相分级，在每级转盘生长着适应于流入该级污水性质的生物相，这种现象对微生物的生长繁育，有机污染物降解非常有利。

c. 污泥龄长，在转盘上能够增殖世代时间长的微生物，如硝化菌等，因此，生物转盘具有硝化、反硝化的功能。

采取适当措施，生物转盘还可以除磷，由于无需污泥回流，可向最后几级接触反应槽或直接向二次沉淀池投加混凝剂去除水中的磷。

d. 耐冲击负荷程度较高，从 BOD 值达 $10000mg/L$ 以上的超高浓度有机污水到 $10mg/L$ 以下的超低浓度污水都可以采用生物转盘进行处理，并能够得到较好的处理效果。

e. 在生物膜上的微生物食物链较长，产生的污泥量较少，约为活性污泥处理系统的 $1/2$ 左右，在水温 $5\sim20℃$ 的范围内，BOD 去除率为 90% 的条件下，去除 1kgBOD 的产泥量约为 0.25kg。

f. 接触反应槽不需要曝气，污泥也无需回流，动力消耗低，这是生物转盘最突出的特征之一，据有关运行单位统计，每去除 1kgBOD 的耗电量约为 0.7kWh，运行费用低。

g. 不需要经常调节生物污泥量，不存在污泥膨胀现象，复杂的机械设备也比较少，因此，便于维护管理。

h. 设计合理、运行正常的生物转盘，不产生滤池蝇、不出现泡沫也不产生噪声，不存在发生二次污染的现象。

i. 生物转盘的流态，从一个生物转盘单元来看是完全混合型的，在转盘不断转动的条件下，接触反应槽内的污水能够得到良好的混合，但多级生物转盘又为推流式，因此，生物转盘的流态，应按完全混合及推流来考虑。

（6）生物滤池（普通生物滤池）

1) 工艺特点

普通生物滤池，又名滴滤池，是生物滤池早期出现的类型，是第一代的生物滤池。

普通生物滤池由池体、滤料、布水装置和排水系统等 4 部分所组成。

a. 池体

普通生物滤池在平面上多呈方形或圆形，四周筑墙称之为池壁，池壁具有围护滤料的作用，能够承受滤料压力，一般多用砖石砌筑，池壁可筑成带孔洞的和不带孔洞的两种形式，有孔洞的池壁有利于滤料内部的通风，但在低温季节，易受低温的影响，使净化功能降低。为了防止风力对池表面均匀布水的影响，池壁一般应高出滤料表面 0.5～0.9m。

池体的底部为池底，它的作用是支撑滤料和排除处理后的污水。

b. 滤料

滤料是生物滤池的主体，它对生物滤池的净化功能有直接影响。

滤料必须：

（a）质地坚固、高强度、耐腐蚀、抗冰冻。

（b）较高的比表面积（单位容积滤料所具有的表面积），滤料表面是形成生物膜和固着生物膜的部位，较高的比表面积是保持较高生物量的必要条件。滤料表面既宜于生物膜固着，也应宜于使污水均匀流动。

（c）较大的孔隙率（单位容积滤料中所持有的空间所占有的百分率），滤料之间的空间是生物膜、污水和空气三相接触的部位，是供氧和氧传递的重要部位。

（d）普通生物滤池一般多采用实心滤料，如碎石、卵石、炉渣和焦炭等。一般分工作层和承托层两层充填，总厚度约为 1.5～2.0m。工作层厚 1.3～1.8m，粒径介于 25～40mm；承托层厚 0.2m，粒径介于 70～100mm。

c. 布水装置

生物滤池布水装置的首要任务是向滤池表面均匀布水。此外，还应具有：适应水量的变化、不易堵塞、易于清通和不受风雪的影响等特征。

普通生物滤池传统的布水装置是固定喷嘴式布水系统。

固定喷嘴式布水系统由投配池、布水管道和喷嘴等几部分所组成。

d. 排水系统

生物滤池的排水系统设于池的底部，它的作用有：一是排除处理后的污水；二为保证滤池的良好通风。排水系统包括渗水装置、汇水沟和总排水沟等。底部空间的高度不应小于 0.6m。

有多种形式的渗水装置，使用比较广泛的是混凝土板式渗水装置。

渗水装置的作用是支撑滤料，排出滤过的污水，进入空气。为了保证滤池通风良好，渗水装置排水孔隙的总面积不得低于滤池总表面积的 20%；渗水装置与池底之间的距离不得小于 0.4m。

池底以 1%～2% 的坡度坡向汇水沟，汇水沟宽 0.15m，间距 2.5～4.0m，并以 0.5%～10% 的坡度坡向总排水沟，总排水沟的坡度不应小于 0.5%，也是为了通风良好，总排水沟的过水断面积应小于其总断面的 50%，沟内流速应大于 0.7m/s，以免发生沉积和堵塞现象。

对小型的普通生物滤池，池底可不设汇水沟，而全部做成 1% 的坡度，坡向总排水沟。

在滤池底部四周设通风孔，其总面积不得小于滤池表面积的 1%。

2）工艺应用范围

处理生活污水和以生活污水为主的城镇污水时，水力负荷为 1～3m³/(m²·d)，BOD 容积负荷为 0.15～0.30kg/(m³·d)。

普通生物滤池一般适用于处理每日污水量不高于 1000m³ 的小城镇污水或有机性工业废水。其主要优点是：①处理效果良好，BOD_5 的去除率可达 95% 以上；②运行稳定、易于管理、节省能源。主要缺点是：①占地面积大、不适于处理量大的污水；②滤料易堵塞，当预处理不够充分，或生物膜季节性大规模脱落时，都可能使滤料堵塞；③产生滤蝇，恶化环境卫生，滤蝇是一种体型小于家蝇的苍蝇，它的产卵、幼虫、成蛹、成虫等生殖过程都在滤池内进行，它的飞行能力较弱，只在滤池周围飞行；④喷嘴喷洒行人，散发臭味。正是因为普通生物滤池具有以上这几项实际缺点，限制了生物滤池的发展。

（7）生物滤池（高负荷生物滤池）

1）工艺特点

高负荷生物滤池是生物滤池工艺的改进，它是在解决或改善普通生物滤池在净化功能和运行中存在实际问题的基础上开发的。

高负荷生物滤池大幅度提高了滤池的负荷率，其 BOD 容积负荷率高于普通生物滤池 6～8 倍，水力负荷率则高达 10 倍。

高负荷生物滤池的高水力负荷率是通过运行上采取处理水回流等技术措施而达到的。

进入高负荷生物滤池的 BOD_5 值必须低于 200mg/L，否则用处理水回流加以稀释。处理水回流可以产生以下效应：

a. 均化和稳定进水水质；

b. 加大水力负荷，及时冲刷过厚和老化的生物膜，加速生物膜更新，抑制厌氧层发育，使生物膜保持较高的活性；

c. 抑制滤池蝇的过度滋长；

d. 减轻散发的臭味。

2）工艺流程

采用处理水回流措施，使高负荷生物滤池具有多种多样的流程系统。图 2-3-37 所示为单池系统的几种具有代表性的流程。

系统（1）是应用比较广泛的高负荷生物滤池处理系统之一，生物滤池出水直接向滤池回流；由二次沉淀池向初次沉淀池回流生物污泥。这种系统有助于生物膜的接种，促进生物膜的更新。此外，初次沉淀池的沉淀效率由于生物污泥的注入而有所提高。

系统（2）也是应用较为广泛的高负荷生物滤池系统，处理水回流滤池前，可避免加大初次沉淀池的容积，生物污泥由二次沉淀池回流到初次沉淀池，以提高初次沉淀池的沉淀效率。

系统（3），处理水和生物污泥同步从二次沉淀池回流到初次沉淀池，这样，提高了初次沉淀池的沉淀效率，也加大了滤池的水力负荷，提高初次沉淀池的负荷是本系统的弊端。

系统（4），不设二次沉淀池为

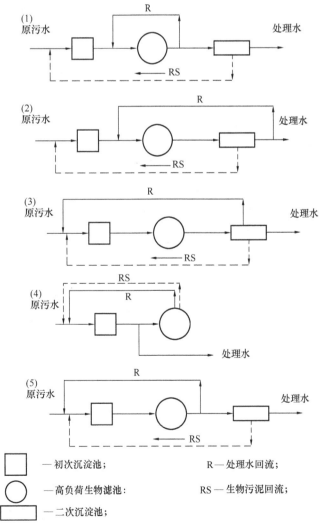

□ —初次沉淀池；　　　　　　R —处理水回流；

○ —高负荷生物滤池；　　　RS —生物污泥回流；

▭ —二次沉淀池；

图 2-3-37　高负荷生物滤池典型流程

本系统的主要特征，滤池出水（含生物污泥）直接回流初次沉淀池，这样能够提高初次沉淀池的效率，并使其兼行二次沉淀池的功能。

系统（5），处理水直接由滤池出水回流，生物污泥则从二次沉淀池回流，然后两者同步回流初次沉淀池。

当原生污水浓度较高，或对处理水质要求较高时，可以考虑二段（级）滤池处理系统。

3）工艺参数

在构造上，高负荷生物滤池与普通生物滤池基本相同，但也有不同之处，其中主要有下列各项。

a. 结构尺寸

高负荷生物滤池在平面上多为圆形。如使用粒状滤料，其粒径也较大，一般为 40～100mm，空隙率较高。滤料层高一般为 2.0m，滤料粒径和相应的层厚度为：

工作层：层厚 1.80m，滤料粒径 40～70mm；

承托层：层厚 0.2m，粒径 70～100mm。

当滤层厚度超过 2.0m 时，一般应采用人工通风措施。

b. 布水装置

高负荷生物滤池多使用旋转式的布水装置，即旋转布水器。

污水以一定的压力流入位于池中央处的固定竖管，再流入布水横管，横管可设 2 根或 4 根，横管中轴距滤池池面 0.15～0.25m，横管绕竖管旋转。在横管的同一侧开有一系列间距不等的孔口，中心较疏，周边较密，须经计算确定。污水从孔口喷出，产生反作用力，从而使横管按与喷水相反的方向旋转。

横管与固定竖管连接处是旋转布水器的重要部位，既应保证污水从竖管通畅地流入横管，又应使从横管在水流反作用力的作用下，顺利地进行旋转，而且应当封闭良好，污水不外溢，有多种结构形式，图 2-3-38 所示为其中较为广泛应用，而且构造简单的一种。

这种布水装置所需水头较小，一般介于 0.25～0.8m 之间，也可以使用电力驱动。

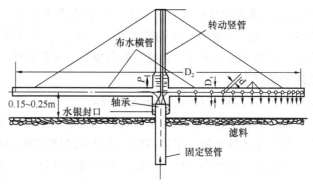

图 2-3-38　旋转布水器构造示意图

c. 生物膜量

生物滤池滤料表面生长的生物膜污泥，相当于活性污泥法曝气池中的活性污泥。单位容积滤料的生物膜重量，也相当于曝气池内混合液浓度，能够表示生物滤池内的生物量。

生物膜好氧层的厚度，多数专家认为是在 2mm 左右，含水率按 98% 考虑。

据实测，处理城镇污水的普通生物滤池的生物膜污泥量是 4.5～7kg/m³，高负荷生物滤池则为 3.5～6.5kg/m³。

粒状滤料的生物膜污泥量的计算则根据生产厂家提供的滤料比表面积和滤料表面上覆盖生物膜的厚度以及有关数据进行计算。

2.3.5　污水处理工艺选择研究

2.3.5.1　现有的污水处理工艺缺乏精确理论

长期以来，有专家认为污水采用物理、化学或生物处理工艺，均缺乏精确理论，这可能由于水质缺乏精确替代参数所致。一个水处理过程和它的每一阶段产生的处理效率的精确数据，必须通过中试厂进行模拟试验取得，无计算理论可循。水处理设计越复杂，各部尺寸确定越要依靠经验观测。例如沉淀池的长宽比或直径与水深比、曝气池深宽比等都由经验确定，理论计算与工程设计间反差特别明显。对某些处理工艺，一方面有复杂的数学方程式描述理论进行计算，另一方面工程设计仅需进行简单的计算按规范条文布置即可。就活性污泥法而言，其工艺参数采用原始的 6h 停留时间，6～10 倍供气率一直沿用至今，对去除碳源污染物仍十分有效。由于缺乏精确的理论，使污水处理技术停留在经验技术阶段。为此，对污水处理过程分析，应该寻求新的思路，开创学科之间的交流，研究新的理论。

2.3.5.2　污染物减排与节约能耗

污水处理目标是围绕去除污水中污染物展开的，当前水污染减排目标，按国家"十一五"规划，到 2010 年污染物减排达 10%，单位 GDP 能耗下降 20%。

目前，我国经济发展已从单纯的 GDP "崇拜"走向以科学发展观为战略布局，走可持续发展之路，而环境资源问题已成为经济发展的瓶颈。

从污水处理工艺选择角度看，常用的生物处理工艺不仅是一个耗能工艺，而且经过供氧获得生物氧化反应，使水中碳、氮、磷等有机污染物，变成 CO_2 和其他稳定物质，在这工艺过程中，放出的 CO_2 造成二次污染。CO_2 的排放是全球气候变暖温室效应的主要原因，为此，CO_2 排放已被各国列入控制排放的目录，这种状况，使我们对传统的生物处理理念提出挑战。处理城镇污水产生的 CO_2 排放量包括两部分：(1) 将污水中碳源转化成 CO_2，(2) 供氧时相应的动力消耗产生的 CO_2，据测算，每立方米城镇污水，经生物处理过程中产生 CO_2 为 0.29kg，规模为 $10 \times 10^4 m^3/d$ 污水处理厂，采用生物处理工艺，产生 CO_2 约 29t，一年产生 CO_2 为 10585t。相当于 3920 户家庭全年排放 CO_2 的量（每户家庭平均排出 CO_2 2.7t/a）或者相当于 2582 辆汽车全年排放 CO_2 量（一辆汽车平均排出 CO_2 4.1t/a）。从我国中长期发展战略看，污染物减排将被列为首位，高能耗污水处理工艺将失去竞争力，毫无疑问，节能降耗的污水处理工艺将成为我国长期发展的研究方向。

2.3.5.3　排放标准与污染物减排的博弈

在水的自然循环中，污水处理厂属于末端治理，对排入水体来说，污水厂尾水排放又是源头。为保证水体水质，不得不制订越来越严格的排放标准和水体水质指标，为达到排放标准，水处理工艺越来越复杂，投资与运行费用越来越高。当达到标准的要求，超过了投资与运行能力，就出现两种情况，或者认罚不认标准，或者对标准阳奉阴违，不能保证处理效果。实施结果并没有因为标准提高使水体污染程度下降，与此相反，水污染状况反而逐年加剧。基于这种现状，政府提出控制污染物总量减排，这是现阶段的正确方针。

为了达到污染物总量减排目标，在选择处理工艺时，值得研究两种情况：在排放标准和水体水质指标均不能突破情况下，一种方案是重点削减主要污染物，然后制订分期实施达标排放计划，另一种方案是不惜代价，全面达标。对具体项目来讲，后一种方案便于操作又完整，但对地区或流域讲，不过是杯水车薪。而前者看起来目前没完全达标，但能充分合理利用资金，有效削减污染物总量，改善水体水质，分期达标是具有竞争力的。排放标准与污染物削减总量的博弈各国都存在，实践中应按总量控制目标进行方案比选。

上海合流污水治理工程采用分期达标排放方案，规模为 170 万 m^3/d 的竹园污水处理厂，规模为 120 万 m^3/d 的白龙港污水处理厂，首期采用粗细格栅、沉砂等处理工艺，污水经去除漂浮物及砂粒后经深水扩散排放，二期采用一级加强处理工艺，去除污水中营养物磷，小于 1mg/L 后经深水扩散排放，因为从潜在的溶氧系数分析，磷的耗氧量是碳源污染物和氮源污染物的数十倍和几倍。三期采用生物处理完全达标排放。白龙港污水处理厂首期建成于 1993 年，二期建成于 2004 年，三期于 2008 年投入运行，前后经历 15 年，充分发挥工程投资效益。白龙港污水厂还利用一级强化处理构筑物为将来处理初期雨水创造条件，进一步削减污染物。（2）污染物减排目标应明确，污染物的名单中有 COD、BOD 和相关的 SS 等，去除此类物质是必要的，减排的目标就是这类物质。为解决水体富营养化问题，对水中含 C、N、P 比例进行多项研究，认为 3 个元素达到一定比例后，就会引起富营养化。因此，只要将其中的一个元素去除到临界值以下，就可以破坏平衡，控制富营养化。当前，使处理出水中 P$<$0.2mg/L 不再是难题，考虑是否还要除 N 的问题，特别是去除总氮的耗能远比除磷大，这个问题值得进一步研究探讨。

2.4　污泥处理处置工艺选择

2.4.1　污泥性质和数量

2.4.1.1　污泥来源

污水厂污泥（或称污水污泥，sewage sludge）是污水处理厂在污水净化处理过程中，产生的含水率不同的废弃物。其中工业废水处理污泥，由于污水本身的性质多变，相应的污水处理工艺也变化很大，因此其污水污泥在处理过程中具体产生（来源）环节较难定义；而城镇污水厂污泥，则因污水性质和工艺的相似性，其在污水处理过程中的产生环节相对确定，有关城镇污水厂污泥在污水处理厂中的产生环节与特征如表 2-4-1 所示。

传统城镇污水处理厂中污泥（包括固体）的来源　　　　　　　　表 2-4-1

来　　源	污泥类型	备　　注
格　栅	栅　渣	来自格栅或滤网，组成与生活垃圾类似，但浸水饱和
沉砂池	无机固体颗粒	沉砂池沉渣一般是比重较大的较稳定的无机固体颗粒
初次沉淀池	初次沉淀污泥和浮渣	进厂污水中所含有的可沉降性物质，污泥处理处置的主要对象
生物反应池	悬浮活性污泥	产生于 BOD 的去除过程，常使用浓缩法将其浓缩
二次沉淀池	剩余活性污泥和浮渣	生物反应池活性污泥的沉降物质，污泥处理处置的主要对象
化学沉淀池	化学污泥	混凝沉淀工艺过程中形成的污泥

城镇污水厂污泥可按不同的分类准则分类，其中常见的有：

（1）按污水的源头特征，可分为生活污水污泥和工业废水污泥。

（2）按污水的成分和某些性质，可分为有机污泥和无机污泥、亲水性污泥和疏水性污泥。

（3）按污泥处理的不同阶段，可分为生污泥、浓缩污泥、消化污泥、脱水污泥和干化污泥。

（4）按污泥来源，可分为初次沉淀污泥（初沉污泥）、剩余活性污泥（剩余污泥）、腐殖污泥和化学污泥，污水处理厂的栅渣、沉砂池沉渣（无机固体颗粒）、浮渣由于其性质更与垃圾接近，一般多与城市垃圾一并处理处置。

2.4.1.2　污泥性质

污水污泥含有大量有机质和氮磷等营养物质，有机质含量占其干基质量的 50％以上，使其具备了制造肥料和作为燃料的基本条件。

如果污水厂接纳工业废水，则污水污泥中含有一定比例的重金属离子和化学物质，还会含有一定量的有害化学物质，如可吸附性有机卤素（AOX）、阴离子合成洗涤剂（LAS）、多氯联苯（PCB）等，不仅导致污泥处置前预处理费用的增高，也极大限制了污泥利用和处置的途径。

初沉污泥和剩余污泥是产生于污水处理不同阶段的污水污泥，其成分有所不同。表 2-4-2 和表 2-4-3 分别为初沉污泥和剩余污泥的性质指标。

初沉污泥性质指标[①][②] 表 2-4-2		
项　目	浓度（干重）	
	美　国	中　国
总固体	2.0~8.0	3.2~7.8
总挥发固体，TS%	60~80	49.9~51.6
油脂，TS%	7~35	10
磷，TS%	0.8~2.8	1~3
蛋白质，TS%	20~30	13.8
纤维素，TS%	8~15	26
氮，TS%	1.5~4.0	3~5
pH	5.0~8.0	—

剩余污泥性质指标[①][②] 表 2-4-3		
项　目	浓度（干重）	
	美　国	中　国
总固体	0.8~1.2	1.4~2
总挥发固体，TS%	59~88	67.7~74
油脂，TS%	5~12	6.4
磷，TS%	2.8~11	1~3
蛋白质，TS%	32~41	32.8
氮，TS%	2.4~5	3~5
pH	5.0~8.0	—

① 秦裕珩译：废水工程处理与回用，化学工业出版社，2004 年 6 月。

② 赵庆祥编著：污泥资源化技术，化学工业出版社，2002 年 9 月。

2.4.1.3　污泥数量

（1）影响因素

当污水处理采用二级生物处理时，污水污泥产量的主要影响因素为污水水质、生物处理工艺系统和运行条件。污水水质对污泥产量的影响主要体现在进水有机物和进水悬浮固体浓度；工艺系统和运行条件有泥龄、负荷、溶解氧等，起关键作用的是泥龄，泥龄的长短将影响有机物的生物降解效果和微生物固体的内源衰减量，从而影响污泥的产量。

当污水处理采用化学一级强化工艺时，污水污泥产量影响因素除了进水水质外，还有絮凝剂投加量、絮凝剂种类等。

（2）计算公式

1）美国计算公式

多数污水处理厂采用初沉池，去除污水中可沉淀的固体。初次沉淀提供一种较有效的方法，减低进入二级处理程序的 BOD 负荷。初沉去除的固体量一般与表面溢流率或水力停留时间有关。与水力停留时间有关的初沉干污泥量可由下式计算。

$$S_P = Q \times TSS \times \eta \tag{2-4-1}$$

$$\eta = T(a + bT) \tag{2-4-2}$$

式中　S_P——初沉污泥产泥量，kg/d；

$\quad\quad Q$——污水厂的平均日流量，m³/d；

$\quad TSS$——进水总悬浮颗粒浓度，kg/m³；

$\quad\quad \eta$——去除率，%；

$\quad\quad T$——停留时间，min；

$\quad\quad a$——常数，取 0.406min；

$\quad\quad b$——常数，取 0.0152。

该公式由美国 18 个大型污水处理厂的曲线数据求出。

2）国内计算公式

$$S_p = Q(SS_1 - SS_2) \tag{2-4-3}$$

式中　S_p——初沉污泥产泥量，kg/d；

$\quad\quad Q$——污水厂的平均日流量，m³/d；

SS_1、SS_2——进水与出水悬浮固体，kg/m³，一般 SS 去除率为 40%~55%。

当进水 SS 浓度为 249.5mg/L，进水 BOD_5 浓度为 179.4mg/L，出水 BOD_5 浓度为 13mg/L，

SS 去除率为 55%，BOD$_5$ 去除率按 70%，用几种不同的污泥计算方法，其结果如表 2-4-4 所示。

由表 2-4-4 可看出，由于计算方法不同，污泥量有所差异，一般希望通过实测资料予以调整。

几种不同的污泥计算方法对污泥量计算的比较　表 2-4-4

	按照美国污泥产生量的计算方法	按照德国污泥产生量的计算方法	由上海排水处统计数据计算
初沉池干污泥产率	150kg (kg 干泥/km³ 污水)	45g/(人·d) (水量为 200L/(人·d))	—
二沉池干污泥产率	85kg (kg 干泥/km³ 污水)	80g/(人·d) (水量为 200L/(人·d))	0.5kg (kg 干泥/kgBOD$_5$)
初沉池的污泥量	2.94‰Q (含水率 95%)	4.5‰Q (含水率 95%)	3.4‰Q (含水率 96%)
二沉池的污泥量	11.33‰Q (含水率 99.25%)	—	5.63‰Q (含水率 99%)
污泥总量	7.83‰Q (含水率 97%)	10‰Q (含水率 96%)	6.47‰Q (含水率 97%)

2.4.2　污泥处理处置工艺

根据《城镇污水处理厂污染物排放标准》GB 18918—2002 的规定，污水污泥首先应达到减量化、稳定化和无害化，并进一步提高资源化水平。污泥按照最终处置的要求，可经过浓缩、稳定、调理、脱水、干化、焚烧等一个或多个工艺组合的过程。根据污泥的性质、类型和处置方式的不同，污泥的处理处置工艺可能有多种不同的选择，如图 2-4-1 所示。

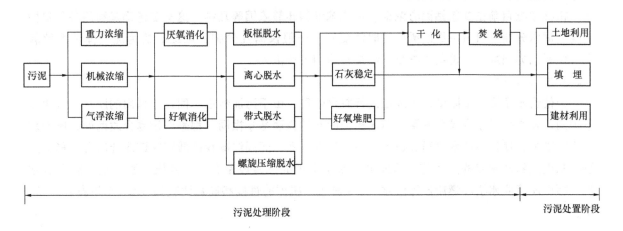

图 2-4-1　污泥处理处置的基本方法

2.4.3　污泥处理工艺选择

2.4.3.1　污泥浓缩

污泥浓缩去除对象是自由水和部分间隙水。污泥浓缩工艺主要有重力浓缩、气浮浓缩、离心浓缩、带式浓缩机浓缩和转鼓机械浓缩等，这 5 种浓缩工艺的优缺点比较如表 2-4-5 所示。

各种污泥浓缩方法的优缺点 表 2-4-5

浓缩方法	优 点	缺 点
重力浓缩	储存污泥能力强，操作要求不高，运行费用低，动力消耗小	占地面积大，污泥易发酵，产生臭气；对于某些污泥工作不稳定，浓缩效果不理想
气浮浓缩	浓缩效果较理想，出泥含水率较低，不受季节影响，运行效果稳定；所需池容积仅为重力法的 1/10 左右，占地面积较小；臭气问题小；能去除油脂和砂砾	运行费用高于重力浓缩法，但低于离心浓缩；操作要求高，污泥储存能力小，占地比离心浓缩大
离心浓缩	只需少量土地可取得较高的处理能力；几乎不存在臭气问题	要求专用的离心机，电耗大，对操作人员技术要求较高
带式浓缩机浓缩	空间要求省；工艺性能的控制能力强；资本投资和电力消耗相对较低；添加很少聚合物便可获得高固体收集率，可以提高浓缩固体浓度	会产生现场清洁问题；依赖于添加聚合物；操作水平要求较高；存在臭气和腐蚀问题
转鼓机械浓缩	空间要求省；资本投资和电力消耗较低；可以获得较高的固体浓度	会产生现场清洁问题；依赖于添加聚合物；操作水平要求较高；存在臭气问题和腐蚀问题

重力浓缩是应用最多的污泥浓缩工艺，利用污泥中的固体颗粒与水之间的相对密度差来实现泥水分离。重力浓缩一般需要 12~24h 的停留时间，浓缩池不仅体积大，污泥容易腐败发臭，在较长的厌氧条件下，特别是同时还存在营养物质时，经除磷富集的多聚磷酸盐会从聚磷菌体内分解释放到污泥水中，这部分水与浓缩污泥分离后将回流到污水处理流程中重复处理，增加了污水处理除磷的负荷与能耗。

气浮浓缩适用于活性污泥和生物滤池等颗粒相对密度较轻的污泥，该工艺是采用大量的微小气泡附着在污泥颗粒的表面，使污泥颗粒的相对密度降低而上浮，从而实现泥水分离。气浮浓缩需要的水力停留时间较短，一般为 30~120min，而且是好氧环境，避免了厌氧发酵和放磷的问题，因此污泥水中的含固率和磷的含量都比重力浓缩低。但该工艺运行费用比重力浓缩高，适合于人口密度高、土地稀缺的地区。

机械浓缩目前主要包括离心浓缩、带式浓缩和转鼓浓缩等几种，这些工艺都是利用各种机械力实现泥水分离。机械浓缩所需要的时间更短，一般仅需几分钟。浓缩后的污泥固体浓度比较高，但是动力消耗大，设备价格高，维护管理的工作量大。

2.4.3.2 污泥脱水

为使含水率进一步降低，污泥应进行脱水处理。由于污泥特性不同，所采用的脱水方式也各不相同，其中机械脱水较为常用。污泥机械脱水的原理基本相同，都是以过滤介质两面的压力差作为推动力，使污泥中水分通过过滤介质，形成滤液，而固体颗粒被截留在过滤介质上，形成滤饼，从而达到脱水目的。目前，污泥机械脱水常用的几种设备有：带式压滤脱水机、离心脱水机、板框压滤脱水机和螺旋压榨脱水机，4 种脱水机械的性能和能耗比较如表 2-4-6 和表 2-4-7 所示。

4 种脱水机械性能比较 表 2-4-6

序 号	比较项目	带式压滤脱水机	离心脱水机	板框压滤脱水机	螺旋压榨脱水机
1	脱水设备部分配置	进泥泵、带式压滤机、滤带清洗系统（包括泵）、卸料系统、控制系统	进泥泵、离心脱水机、卸料系统、控制系统	进泥泵、板框压滤机、冲洗水泵、空压系统、卸料系统、控制系统	进泥泵、螺旋压榨脱水机、冲洗水泵、空压系统、卸料系统、控制系统

续表

序 号	比较项目	带式压滤脱水机	离心脱水机	板框压滤脱水机	螺旋压榨脱水机
2	进泥含固率要求	3%～5%	2%～3%	1.5%～3%	0.8%～5%
3	脱水污泥含固浓度	20%	25%	30%	25%
4	运行状态	可连续运行	可连续运行	间歇式运行	可连续运行
5	操作环境	开放式	封闭式	开放式	封闭式
6	脱水设备布置占地	大	紧凑	大	紧凑
7	冲洗水量	大	少	大	少
8	实际设备运行需更换件	滤布	基本无	滤布	基本无
9	噪声	小	较大	较大	基本无
10	机械脱水设备部分设备费用	低	较贵	较贵	较贵

4 种脱水机的能耗比较　　　　　　　　　　　　　　表 2-4-7

序 号	脱水机类型	能耗（kWh/t 干固体）
1	带式压滤脱水机	5～20
2	离心脱水机	30～60
3	板框压滤脱水机	15～40
4	螺旋压榨脱水机	3～15

带式压滤脱水机的工作原理是：把压力施加在滤布上，用滤布的压力和张力使污泥脱水。带式压滤机的优点是动力消耗少，可以连续生产；缺点是必须正确选择高分子絮凝剂调理污泥，而且所得脱水泥饼的含水率较高。

离心脱水机的工作原理是：利用污泥颗粒和水之间存在的密度差，使得它们在相同的离心力作用下产生的离心加速度不同，从而导致污泥颗粒与水之间的分离，实现脱水的目的。离心脱水的优点是结构紧凑，附属设备少，臭味少，能长期自动连续运行；缺点是噪声大，脱水后污泥含水率较高，污泥中若含有砂砾，则易磨损设备。

板框压滤脱水机的工作原理是：板与框相间排列而成，在滤板的两侧覆有滤布，用压紧装置把板与框压紧，从而在板与框之间构成压滤室。污泥进入压滤室后，在压力作用下，滤液通过滤布排出滤机，使污泥完成脱水。板框压滤机的优点是构造较简单，过滤推动力大，脱水效果好，一般用于城镇污水厂混合污泥时，泥饼含水率可达 70% 以下；缺点是操作不能连续运行，脱水泥饼产率低。

螺旋压榨脱水机的工作原理是：圆锥状螺旋轴与圆筒形的外筒共同形成滤室，污泥利用螺旋轴上螺旋齿轮从入泥侧向排泥侧传送，在容积逐渐变小的滤室内，污泥受到的压力会逐渐上升，从而完成压榨脱水。螺旋压榨脱水机的优点是设备占地小，噪声小，电耗少；缺点是目前在工程上应用经验还较少。

2.4.3.3 污泥稳定

由于污水污泥中通常含有 50% 以上的有机物，极易腐败，并产生恶臭，因此需要进行稳定化处理。目前常用的稳定化工艺有：厌氧消化、好氧消化、好氧堆肥、碱法稳定和干化稳定等。

厌氧消化、好氧消化和好氧堆肥是 3 种生物稳定污泥的方式。厌氧消化，即污泥中的有机物质在无氧条件下被厌氧菌群分解成甲烷和二氧化碳的过程，它是目前国际上最为常用的污泥生物处理方法，同时也是大型污水处理厂最为经济的污泥处理方法。好氧消化，即在不投加其他底物的条件下，对污泥进行较长时间的曝气，使污泥中微生物处于内源呼吸阶段进行自身氧化的过程。由于好氧消化能耗大，因此多用于小型污水处理厂。好氧堆肥，就是在人工控制下，在一定的水分、C/N 比和通风条件下，通过好氧微生物的发酵作用，将有机物转变为腐殖质样残渣（肥料）的过程。

碱法稳定是通过添加化学药剂来稳定污泥，通常添加的化学药剂是石灰。碱法稳定的污泥，pH 值会逐渐下降，微生物逐渐恢复活性，最终使污泥再度失去稳定性。

干化稳定，则是通过高温杀死微生物，产物的低含水率也能抑制运输和储存过程中微生物恢复活性。干化稳定缺点是投资较大，产生的废气必须处理。

在选择污泥稳定的工艺时，重要的影响因素是污泥的处置方式，特别是污泥有否与大众接触，以及是否有农业或绿化的限制等。表 2-4-8 是几种污泥稳定工艺比较。

污泥稳定工艺比较

表 2-4-8

稳定工艺	优　　点	缺　　点
厌氧消化	良好的有机物降解率（40%～60%）；产生气体应综合利用，降低运行费用；应用性广，生物固体适合农用；病原体活性低；总污泥量减少，净能量消耗低	要求操作人员技术熟练；可能产生泡沫；可能出现"酸性消化池"；系统受扰动后恢复缓慢；上清液中富含 COD、BOD、SS 及氨；浮渣和粗砂清洁困难；可能产生令人厌恶的臭气；初期投资较高；有鸟粪石等矿物沉积形成
好氧消化	对小型污水厂来说初期投资低；同厌氧消化相比，上清液少；操作控制较简单；适用性广；不会产生令人厌恶的臭味；总污泥量有所减少	能耗较高；同厌氧消化相比，挥发性固体去除率低；碱度和 pH 值降低；处理后污泥较难使用机械方法脱水；低温严重影响运行；可能产生泡沫
好氧堆肥	高品质的产品可农用，可销售；可与其他工艺联用；（静态堆肥）初期投资低	要求脱水后的污泥含水率降低；要求填充剂；要求强力透风和人工翻动；投资随处理的完整性、全面性而增加；可能要求大量的土地面积；产臭气
石灰稳定	低投资成本，易操作，作为临时或应急方法良好	生物污泥不都适合土地利用；整体投资依现场而定；需处置的污泥量增加；处理后污泥不稳定，若 pH 下降，会导致臭味
干化稳定	大大减少体积，可与其他工艺联用，可快速启动，保留了营养成分。	投资较大，产生的废气必须处理

2.4.3.4　污泥热干化

热干化是进一步降低污泥含水率的一种方式，但该方式投资成本大、运行费用相对较高、管理比较复杂。20 世纪 80 年代末期，由于污泥填埋、投海和农用上的各种限制条件日趋严格，同时也由于污泥热干化技术的进步和成本的降低，使该技术在工业发达国家很快推广。污泥热干化技术的改进、应用和推广，大大加速了工业发达国家污泥处理处置手段的改变，这种改变主要体现在以下方面：污泥填埋处置前，对污泥含水率有了要求；污泥焚烧处置比例得到了较大提高；干污泥产品作为土地回用的肥源出售，产业规模不断扩大。

污泥热干化处理有很多优点，干化污泥可以省却一般处置要求所需的稳定、消毒处理等环节；干化过程较之于稳定、消毒处理环节，可以达到同样的甚至更好的消除污泥臭味及提高使用安全性的效果。污泥稳定、消毒处理的运行成本很高，仅稳定一项，其费用就可能高于污泥干化处理；而污泥干化后制成颗粒肥料出售，还具有平衡污泥处置费用的好处。因此，在目前严格的污泥处理处置标准下，污泥热干化处理得到包括发展中国家在内的环境工程界的重视。

污泥热干化按热介质与污泥的接触方式可分为两大类：一类是用燃烧烟气进行直接加热；另一类是用蒸汽或热油等热媒进行间接加热。用烟气进行直接加热时，由于温度较高，在干化的同时还使污泥中许多有机质分解。间接加热，温度一般低于 120℃，污泥中的有机物不易分解，能大大改善生产环境。

目前的污泥热干化设备类型有：

1）直接加热式。原理为对流加热，代表设备有转鼓、流化床等。

2）间接加热式。原理为传导或接触加热，代表设备有螺旋、圆盘、薄层、碟片、桨式等。

3）热辐射加热式。有带式、螺旋式等。

较常见的污泥干化设备有直接加热转鼓干化技术、直接加热流化床技术、间接加热转鼓干化技术、间接加热多盘干化技术等。

2.4.3.5　污泥焚烧

污泥焚烧后，化为灰烬，体积迅速减小，病原体得到彻底杀灭。

为降低污泥焚烧成本，人们做了很多努力，力求达到焚烧过程中能量的输入与输出平衡，然而，这种努力总是不能得到满意结果，因为焚烧处理并非是一个单一的过程，污泥脱水等预处理所采用机械的性能、污泥性质都会对焚烧过程产生重要影响。但总的来说，焚烧技术已获得了很大发展。污泥焚烧机械在使用形式上已从过去的多段焚烧炉转向使用具有较高热效能和更利于尾气排放控制的流化床技术；尾气排放控制技术已完全成熟，只是投资、运行成本仍然较高。由于污泥焚烧没有土地利用、填埋处置那么多的限制，对污泥中有毒有害物质含量要求不高，污泥焚烧后，灰烬中的重金属几乎是不可移动的，处理处置比较方便；另外，污泥焚烧过程中，可通过回收尾气中的热能用于污泥干化处理从而降低焚烧成本，因此，焚烧处置被认为是很有推广前景的技术。

但是，污泥焚烧设备投资较高，对污泥脱水要求也较高，因此，不仅要考虑投资费用问题，而且在运行上，还应考虑到目前脱水机械的效能，必须结合能源价格，综合考虑焚烧过程中的能量成本。此外，污泥中的一些不稳定金属，在焚烧过程中会通过烟气排放，影响到周边环境的大气质量，也应得到重视。

污泥焚烧设备主要有立式多膛焚烧炉、流化床焚烧炉和电动红外焚烧炉等。目前新建的污泥焚烧处理设施多采用循环流化床焚烧工艺。

循环流化床工艺的工作机理是：污泥和补燃煤一进入流化床层就被大量炽热的石英砂和底渣所容纳，污泥很快被干燥点燃并直至燃烬，大粒的灰、石沉积到炉底被排出，而小一些的灰粒随烟气带出炉膛经旋风分离器，将具有一定重量和粒度的、仍含有一定可燃成分的颗粒被收集返回料层继续焚烧，只有那些旋风分离器也无法收集的细小尘粒被烟气带走，经过余热锅炉各受热面之后进入烟气净化系统净化处理后达标排放。

2.4.4　污泥处置工艺选择

2.4.4.1　污泥土地利用

土地利用是一种传统的污泥处置方法，用该法处置污水处理厂的污泥，与其他方法相比，不仅能耗低，而且还可以回收利用污泥中大量的植物养分。据分析，与农用有机肥相比，城镇污水厂污泥中氮、磷、钾、有机质等肥分的含量都比较高。因此，可以增加土壤肥力、培植地力，防止土壤板结，增强土壤后续使用的功能。

但是，随着环保意识的增强，人们对污泥土地利用可能引起的病原体扩散和重金属等污染表现出不同程度的担忧，例如，有些地方污泥大量被弃置于土地上，实际上是将农田、林地作为一个污泥处置场地，而并非真正地关心其土地利用效果，为此，欧美各国政府先后出台了土地利用污泥重金属许可浓度标准和越来越严格的卫生无害化要求。针对污泥过量使用而引起土地污染的情况，欧美国家对单位面积污泥使用量作了限制。

尽管如此，由于污泥土地利用在处置成本和物质回用等方面存在显而易见的优越性，也由于多年来污泥土地利用安全性的有关经验积累，污泥土地处理将来还会是很多国家选用的一种处置手段。

污泥土地利用的途径主要有：农田利用、林地利用、园林绿化利用、废弃矿场的土地修复等。

2.4.4.2 污泥建筑材料利用

目前，污泥建筑材料利用已经被看作一种可持续发展的污泥处置方式，在日本和欧美各国都有许多成功实例。污泥建筑材料利用最终产物是在各种类型建筑工程中使用的材料制品，无需依赖土地作为其最终消纳的载体，同时它还可替代一部分用于制造建筑材料的原料，因此具有资源保护的意义。

从研究现状来看，污泥的建材利用处置方法，无论从工艺角度还是从保护环境角度考虑均是可行的；从经济效益考虑，日本已有成功运行的工厂，产生了良好的环境效益和一定的经济效益。污泥建材利用处置方法，是一种很有发展潜力的污泥处置方法，但仍存在诸多问题。污泥制作建材应用于人居环境，其环境影响评价有待于完善；对污泥制作建材的原料、工艺、成品等的控制，需要立法进行规范；污泥制作建材的工艺进行了大量研究，但大都处在进一步完善之中；公众对污泥制作建材的认可，市场前景等需要进一步探明。

目前污泥建材利用的几种基本形式，包括污泥制砖、水泥、陶粒、活性炭和生化纤维板等。

2.4.4.3 污泥填埋

填埋是一项已经沿用了多年的比较成熟的技术，应用较广，目前还是污泥处置的主要手段之一。但是，污泥填埋过程中由于对脱水污泥的土力学性质，以剪切强度要求较高、大面积选址困难、运输距离增加以及可能污染地下水、病原体扩散等原因，污泥脱水后直接填埋处置被认为不是一种可持续的处置方法。总的来说，污泥填埋的限制因素和其他不利因素不断凸显，已经成为一种夕阳技术。但是，污泥填埋是技术较为成熟的污泥处置技术之一，且是适应性较强的一种处置方法，在一定时期内，污泥填埋处置仍然会是污泥主要处置方法之一。

城镇污泥的填埋可分为传统填埋、卫生填埋和安全填埋等。污泥卫生填埋又可分为单独填埋和与城市生活垃圾混合填埋2种，污泥填埋方法的选择如表2-4-9所示。污泥在专用填埋场填埋又可分为3种类型：沟填（trench）、掩埋（area fill）和堤坝式填埋（diked containment）。

污泥填埋方法的选择 表 2-4-9

污 泥 种 类	单 独 填 埋		混 合 填 埋	
	可行性	理 由	可行性	理 由
重力浓缩生污泥				
初沉污泥	不可行	臭气与运行问题	不可行	臭气与运行问题
剩余活性污泥	不可行	臭气与运行问题	不可行	臭气与运行问题
初沉污泥＋剩余活性污泥	不可行	臭气与运行问题	不可行	臭气与运行问题
重力浓缩消化污泥				
初沉污泥	不可行	运行问题	不可行	运行问题
初沉污泥＋剩余活性污泥	不可行	运行问题	不可行	运行问题
气浮浓缩污泥				
初沉污泥＋剩余活性污泥（未消化）	不可行	臭气与运行问题	不可行	臭气与运行问题
剩余活性污泥（加混凝剂）	不可行	运行问题	不可行	臭气与运行问题
剩余活性污泥（未加混凝剂）	不可行	臭气与运行问题	不可行	臭气与运行问题
稳定处理后浓缩污泥				

续表

污泥种类	单独填埋		混合填埋	
	可行性	理由	可行性	理由
好氧消化初沉污泥	不可行	运行问题	勉强可行	运行问题
好氧消化初沉污泥＋剩余活性污泥	不可行	运行问题	勉强可行	运行问题
厌氧消化初沉污泥	不可行	运行问题	勉强可行	运行问题
厌氧消化初沉污泥＋剩余活性污泥				
石灰稳定的初沉污泥	不可行	运行问题	勉强可行	运行问题
石灰稳定的初沉污泥＋剩余活性污泥	不可行	运行问题		
脱水污泥	勉强可行	运行问题		
干化床 消化污泥	可行		可行	
石灰稳定污泥	可行		可行	
真空过滤（加石灰）				
初沉污泥	可行		可行	
消化污泥	可行		可行	
压滤（加石灰）消化污泥	可行		可行	
离心脱水消化污泥	可行		可行	
热干化消化污泥	可行		可行	

2.4.5 污泥处置标准研究

在我国标准规范体系中，涉及污水污泥处理处置方面的内容非常有限，仅有以下少数标准规范在参照执行。《农用污泥中污染物控制标准》GB 4284—84，为 1984 年制定颁布，距今已有 20多年，其中重金属指标需要重新研究，病原菌指标空白，已经不能满足使用要求，更起不到控制污染的作用。《城镇污水处理厂污染物排放标准》GB 18918—2002 是比较综合的城镇污水处理厂污染物排放标准，对污泥脱水、污泥稳定提出了控制指标，在污泥农用方面对 GB 4284—84 中的污染物控制标准做了局部修改，但对污泥土地利用方面没有涉及。

目前，住房和城乡建设部已经着手编制城镇污水处理厂污泥处置系列标准的工作。其中，《城镇污水处理厂污泥处置　分类》CJ/T 239—2007、《城镇污水处理厂污泥泥质》CJ 247—2007、《城镇污水处理厂污泥处置　园林绿化用泥质》CJ 248—2007、《城镇污水处理厂污泥处置　混合填埋泥质》CJ/T 249—2007 等 4 项标准已经发布，2007 年 10 月 1 日起正式实施。另外，《城镇污水处理厂污泥处置　单独焚烧用泥质》和《城镇污水处理厂污泥处置　污泥制砖》等标准已开始编制。

2.4.5.1 污泥园林绿化利用

住房和城乡建设部委托上海市政工程设计研究总院（集团）有限公司等国内几家单位编制的《城镇污水处理厂污泥处置　园林绿化用泥质》CJ 248—2007，已经正式发布实施。该标准规定了城镇污水处理厂污泥园林绿化利用的泥质指标、取样和监测等技术要求。其中泥质指标就相当于污泥进入该途径的准入条件。园林绿化用泥质指标包括外观和嗅觉；稳定化要求；理化指标和营养指标；污染物浓度限值和卫生学指标；种子发芽指数要求等。

（1）外观和嗅觉

比较疏松，无明显臭味。

（2）稳定化要求

在污泥园林绿化利用时，污泥需满足 GB 18918 中的相关规定。

（3）理化指标和营养指标

污泥园林绿化利用时，其理化指标应满足表 2-4-10 的要求。其营养指标应满足表 2-4-11 的要求。

理化指标	表 2-4-10		营养指标	表 2-4-11

控制项目	指　标
pH	6.5～8.5　在酸性土壤（pH＜6.5）上
	5.5～7.5　在中碱性土壤（pH≥6.5）上
含水率（％）	＜45

控制项目	指标
总养分［总氮（以 N 计）＋总磷（以 P₂O₅ 计）＋总钾（以 K₂O 计）］（％）	≥4
有机质含量（％）	≥20

（4）污染物浓度限值和卫生学指标

污泥园林绿化利用时，其污染物浓度限值应满足表 2-4-12 的要求。

污 染 物 浓 度 限 值　　　　　表 2-4-12

序　号	控 制 项 目	最高允许含量（mg/kg 干污泥）	
		在酸性土壤（pH＜6.5）上	在中碱性土壤（pH≥6.5）上
1	总镉	5	20
2	总汞	5	15
3	总铅	300	1000
4	总铬	600	1000
5	总砷	75	75
6	总镍	100	200
7	总锌	2000	4000
8	总铜	800	1500
9	硼	150	150
10	矿物油	3000	3000
11	苯并（a）芘	3	3
12	多氯代二苯并二恶英/多氯代二苯并呋喃（PCDD/PCDF 单位：ng 毒性单位/kg 干污泥）	100	100
13	可吸附有机卤化物（AOX）（以 Cl 计）	500	500
14	多氯联苯（PCB）	0.2	0.2

污泥园林绿化利用与人群接触场合时，其卫生学指标应满足表 2-4-13 的要求。同时，不得检测出传染性病原菌。

卫 生 学 指 标　　　　　表 2-4-13

控 制 项 目	指　标
粪大肠菌群数（个/kg 干污泥）	＜10⁵
蛔虫卵死亡率	＞95％

（5）种子发芽指数要求

污泥园林绿化利用时，种子发芽指数应大于 70％。

2.4.5.2　填埋或用作填埋场覆盖用土

污泥进入填埋场进行填埋前，必须进行改性，以提高其承载力，消除其膨润持水性，满足一定的准入标准。污泥填埋过程中的覆盖、渗滤液处理、封场等单元操作，可暂时参照《城市生活垃圾卫生填埋技术规范》CJJ 17—2001。必须定期对填埋场周边环境的大气、地下水体、地表水体等进行环境监测，监测的要求参照《生活垃圾填埋污染控制标准》GB 16889—1997。

目前，《城镇污水处理厂污泥处置　混合填埋泥质》CJ/T 249—2007，已经正式发布实施，确定了污泥进入填埋场的泥质标准。

（1）填埋污泥泥质准入标准

1）理化指标

污泥用于混合填埋时，其理化指标应满足表 2-4-14 的要求。

理　化　指　标　　　　　　　　　　　表 2-4-14

控制项目	指　　标
污泥含水率	≤60%
pH	5～10

注：表中 pH 指标不限定采用亲水性材料（如石灰等）与污泥混合以降低其含水率措施。

2）安全指标

污泥用于混合填埋时，其污染物浓度限值应满足表 2-4-15 的要求。

污泥用于与人群接触场合时，其卫生防疫安全指标应满足表 2-4-16 的要求。另外需满足各省市卫生防疫的要求，不能检测出传染性病原菌。

进入城市生活垃圾卫生填埋场的污泥与城市生活垃圾填埋场垃圾日处理量的比例应≤5%。

（2）用于覆盖土的污泥泥质准入标准

污泥用于垃圾填埋覆盖土进入填埋场时，必须符合表 2-4-17 的要求：

污染物浓度限值　　表 2-4-15

序　号	控制项目	最高允许含量（mg/kg 干污泥）
1	总镉	<20
2	总汞	<25
3	总铅	<1000
4	总铬	<1000
5	总砷	<75
6	总镍	<200
7	总锌	<4000
8	总铜	<1500
9	石油类	<3000
10	挥发酚	<40
11	总氰化物	<10

卫生防疫安全指标　　表 2-4-16

控制项目	指　　标
粪大肠菌菌群值	>0.01
蠕虫卵死亡率（%）	>95

污泥作为垃圾填埋场覆盖土的准入条件

表 2-4-17

项　　目	条　　件
含水率	<45%
臭度	<2 级（6 级臭度）
施用后蝇密度	<5 只/（笼·d）

注：含水率指标不适用于封场时的防渗覆盖层。

污泥用于垃圾填埋场覆盖土时必须首先对污泥进行改性，用以提高污泥的承载能力和消除其膨润持水性。

2.4.5.3　单独焚烧或在火力发电厂与煤混烧

进入焚烧装置的污泥必须满足一定的准入条件，污泥焚烧的烟气排放控制应参照《大气污染物综合排放标准》GB 16297—1996，二恶英控制暂时参照《生活垃圾焚烧污染控制标准》GB 18485—2000。污泥焚烧应对其炉渣与除尘设备收集的飞灰应分别收集、储存、运输，并妥善处置。污泥单独焚烧的恶臭厂界排放限值按《恶臭污染排放标准》GB 14554—93 执行。污泥焚烧厂的噪声控制限值按《工业企业厂界环境噪声排放标准》GB 12348—2008 执行。

2.4.5.4　污泥建筑材料利用

必须满足建材本身的产品质量和相关行业标准。在砖块制作上，可遵循《烧结普通砖》GB 5101—93；在陶粒制作上，可遵循《超轻陶粒和陶砂》JC 487—92；在水泥制作上，可遵循《通用硅酸盐水泥》GB 175—2007。

目前国内尚无污泥焚烧灰渣在建材利用中重金属限制的规范或标准。我国建材中重金属的控制一般依据《有色金属工业固体废弃物污染控制标准》GB 5085—85，因为该标准对重金属含量的限制过于宽松，不建议引用。重金属浸出率一般按《有色金属工业固体废物浸出毒性试验方法标准》GB 5086—85 进行测试。

表 2-4-18 中对污泥焚烧灰利用的重金属等有毒有害物质允许最高含量的控制值提出了建议，建材中浸出液最高允许浓度标准的执行应优先于灰渣中允许的最高含量建议值。

污泥建材利用重金属浸出限制标准及灰渣中限制建议值　　　　表 2-4-18

元　素	浸出液最高允许浓度（μg/L）			灰渣中允许的最高含量（mg/kg）	
	Z0	Z1	Z2	Z1	Z2
Hg	0.2	0.5	10	0.2	2.0
Cd	2.0	10	50	0.6	2.0
As	10	10	100	20	30
Cr	15	30	350	50	100
Pb	20	40	100	20	200
Cu	50	100	300	100	1000
Zn	50	100	300	300	1000
Ni	4	50	200	40	200
Be	0.5	1.0	20	—	—
F	50	100	300	—	—

注：Z0 建材应用于具有严格环境条件的场合，如地下水防护等。Z1 建材应用于特殊场合，如公园、工业区；Z2 建材可应用于一般无危险性影响的场合。

2.4.6　污泥处理处置工艺选择研究

2.4.6.1　我国污泥处理处置工艺选择的基本情况

我国污泥处理与处置尚处于起步阶段，在全国现有污水处理设施中有污泥稳定处理设施的还不到 1/2，处理工艺和配套设备较为完善的不到 1/10，能够正常运行的为数更少，随着我国城市化进程的加快和污水处理率的提高，污泥的处理处置已成为我国环境保护中面临的日益紧迫和严峻的问题。

目前，重力浓缩和机械脱水是我国污水处理厂最常用的污泥处理技术。我国常用的污泥稳定方法是厌氧消化、好氧消化和污泥堆肥，而碱法稳定和热干化稳定由于技术的原因或者是由于经济、能耗的原因而很少被采用。另外，污泥的干化和焚烧由于投资和运行费用比较大，在我国应用不多。自 1998 年起，上海石化总厂水质净化厂和上海桃浦污水厂分别建成了污泥干化和焚烧装置。2004 年上海石洞口污水处理厂建成了污泥干化焚烧装置，日处理污泥量 256m³/d（含水率 75%）。这几项污泥干化焚烧工艺均为上海市政工程设计研究总院（集团）有限公司承担设计，有些还参与了调试、运行，在这方面积累了大量的经验和体会。为此，主持编制了《城镇污水处理厂污泥处置　分类》CJ/T 239—2007 标准。

污泥的土地利用（land application）主要包括污泥农用、污泥园林绿化利用、废弃矿场等场地的改造以及专用污泥土地处置场等。根据对国内其他城市污泥土地利用的调研，已经有大连水质净化一厂、徐州污水处理厂、淄博市污水处理公司、北京北小河污水处理厂、秦皇岛东部污水处理厂和唐山西郊污水处理厂将污泥制成有机颗粒肥、有机复混肥和有机微生物肥料等，施用于农田或绿地。在《上海市污泥处理处置专项规划》中，也将污泥用于园林绿化作为中远期污水污泥消纳的主要途径。

污水污泥可单独填埋，也可与城市生活垃圾混合填埋。在我国一般采用与城市生活垃圾混合填埋，例如北京高碑店污水厂将脱水污泥运到生活填埋场与垃圾混合填埋，但由于污泥的含水率较高，给填埋作业带来很多困难。根据我们的调研情况，污泥单独填埋国内应用不多。1991 年上海在桃浦地区建成了第一座污泥卫生试验填埋场。2004 年上海白龙港污水处理厂建成污泥专用填埋场。

经过处理的污泥可以作为建筑材料的原料，例如做水泥原料、制砖或制轻骨料等。污泥用于制作建材在北京、重庆和上海等许多省市都曾进行过生产性研究。

据统计，用于污泥处理处置的投资约占污水处理厂总投资的 20%～50%，目前污泥处理处置仍处于严重滞后状态。

近年来，污泥的处理处置问题也日益受到国内各大城市的重视，2003 年开始，上海、北京、天津、重庆、广州、深圳、苏州等大城市都相继开始组织相应的城市污泥处理处置专项规划的编制工作，应结合自身的特点，确定处理处置原则：上海在具体处置方式上根据出路采用多元化的处置方式，"焚烧一点，填埋一点，利用一点"；北京将土地利用作为主要发展趋势，但污泥处理处置专项规划还未经审批；天津计划建设 3 座污泥处理场，采用污泥消化发电工艺，但最终的处置方法尚无定论；重庆针对人口多，以农业为主，经济欠发达以及环境保护的特点，计划在主城区建设 6 座污泥处理处置中心，对污泥进行干化处理，并对污泥产品进行土地利用；广州近期采取生污泥填埋，远期将用于农肥；深圳已完成专项规划，拟采取干化焚烧工艺；苏州利用浓缩脱水和干化（或半干化）减少污泥含水率，然后外运用作衍生能源，或用于园林绿化，或用作垃圾填埋场覆盖材料等。

2.4.6.2　日本污泥处理处置工艺选择的基本情况

日本地少人多，国土面积仅 377800km²，而人口达 1.2 亿。土地能源资源相当贫乏。因此，日本全国上下对综合利用、循环经济十分重视。同世界各国一样，日本的污水污泥量逐年增加，2000 年已达到 198×10⁴t（干重）。如何控制污泥的产生和有效利用污泥，一直是日本研究的一大课题。

表 2-4-19 为 2000 年度全日本污水污泥处理的基本状况。从表中可以看出：以填埋作为最终处理方式处置的污水污泥约为 52%，有效利用率达 48%左右。近年来，日本以填埋作为最终处置方式仍在不断减少，而有效利用的百分比还在稳步提高。

日本污泥处理处置工艺①　　　　　　表 2-4-19

	脱水污泥	堆肥	干化	灰渣	熔融污泥	所占比例（%）
填埋	120	1	11	757	10	51.7
水泥	3	0	2	406	7	24.1
农用	20	187	15	5	0	13.0
市政	0	0	0	33	43	4.4
玻璃体骨料	0	0	0	63	0	3.6
制砖	0	0	0	55	1	3.2

① 引自日本国土交通省 2000 年数据。

从细分情况来看，日本以前污水污泥的利用也是以农业为主，用于建筑材料的利用量小于农用。近年来，随着污泥焚烧灰生产水泥和污泥焚烧熔融技术的发展，污泥用于建筑材料利用方面正在扩大。从 1995 年起，用于建筑材料的利用量超过了农用的利用量。到 2000 年以后，这种趋势更明显，如图 2-4-2 所示。

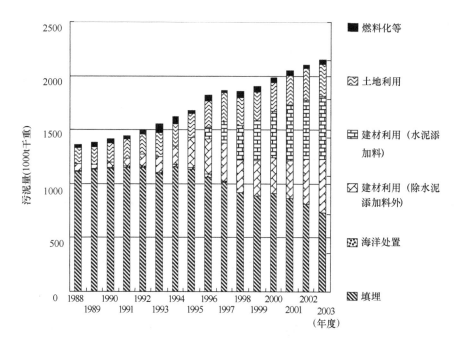

图 2-4-2 日本几种处置方法所占的比例

2.4.6.3 欧洲污泥处理处置工艺选择的基本情况

欧盟国家通常实施对废弃物（包括污泥）消纳的层次化管理原则，即循环利用优先于焚烧，焚烧又应优先于填埋等。其主要国家的污泥处理处置发展历程为我们提供了有价值的参考依据，表 2-4-20 为欧洲主要国家的污泥处理处置发展历程。

欧洲污泥处理处置工艺（1000t 干重/a）   表 2-4-20

年份	处置	比利时	丹麦	德国	希腊	法国	爱尔兰	卢森堡	荷兰	奥地利	葡萄牙	芬兰	瑞典	英国	合计
1992	水体消纳	—	—	—	—	14	—	—	—	—	—	—	—	282	296
	循环利用	17	110	1018	1	402	4	5	134	63	38	87	—	472	2351
	填埋	34	25	846	65	131	16	4	177	58	75	63	—	130	1624
	焚烧	—	40	274	—	110	—	—	12	66	—	—	—	90	592
	其他	8	—	70	—	—	3	—	1	3	13	—	—	24	122
	合计	59	175	2208	66	643	37	9	324	190	126	150	243	998	5228
1995	水体消纳	—	—	—	—	15	—	—	—	—	—	—	—	267	282
	循环利用	22	120	1151	1	489	7	7	95	63	44	86	120	648	2853
	填埋	39	25	857	65	114	14	3	192	58	88	72	106	114	1747
	焚烧	—	40	411	—	161	—	—	56	66	—	—	—	110	844
	其他	17	—	93	—	—	4	—	23	3	15	—	11	19	185
	合计	78	185	2512	66	764	40	10	366	190	147	158	236	1158	5910
1998	水体消纳	—	—	—	—	—	—	—	—	—	—	—	—	240	240
	循环利用	33	125	1270	4	572	25	9	100	68	74	85	—	672	3037

续表

年份	处置	比利时	丹麦	德国	希腊	法国	爱尔兰	卢森堡	荷兰	奥地利	葡萄牙	芬兰	瑞典	英国	合计
1998	填埋	37	25	744	82	92	17	1	108	58	147	65	—	118	1494
	焚烧	11	50	558	—	214	—	3	150	66	—	—	—	144	1196
	其他	32	—	89	—	1	—		23	4	25	—	—	19	193
	合计	113	200	2661	86	878	43	13	381	196	246	150	—	1193	6160
2000	水体消纳	—	—	—	—	—	—	—	—	—	—	—	—	—	0
	循环利用	40	125	1334	6	640	65	9	110	68	104	90	—	1014	3605
	填埋	43	25	608	90	71	35	1	68	58	209	60	—	111	1379
	焚烧	11	50	732	—	269	—	3	200	66	—	—	—	326	1657
	其他	37	—	62	—	—	—		23	4	35	—	—	19	180
	合计	131	200	2736	96	980	100	13	401	196	348	150	—	1470	6821
2005	水体消纳	—	—	—	—	—	—	—	—	—	—	—	—	—	0
	循环利用	47	125	1391	7	765	84	9	110	68	108	115	—	1118	3947
	填埋	40	25	500	92	—	29	1	68	58	215	45	—	114	1187
	焚烧	14	50	838	—	407	—	3	200	65	—	—	—	332	1910
	其他	58	—	58	—	—	—		23	4	36	—	—	19	198
	合计	159	200	2787	99	1172	113	14	401	195	359	160	—	1583	7242

2.4.6.4 美国污泥处理处置工艺选择的基本情况

表 2-4-21 和图 2-4-3 列出了 1998 年、2000 年、2005 年美国的污泥处理与利用情况及 2010 年的污泥处置策略,从表中可以看出,1998 年美国产生的 690 万 t 干污泥,其中的 60% 有效利用,包括直接土地施用、经堆肥等稳定化处理后施用和其他有效利用,包括垃圾填埋场的日覆土、最终覆土、建筑材料中的骨料等。在之后的 5 年内,污泥的有效利用部分均将逐年增加,至 2010 年达到 70%,同时,污泥填埋和焚烧的比例将逐年下降。

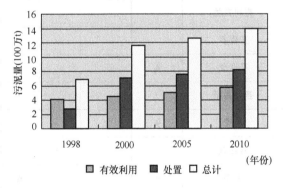

图 2-4-3 美国污泥产量及处理预测

表 2-4-22 则列举了美国 30 个主要城镇污泥处理处置工艺的基本情况

美国污泥产量及处理预测(单位:百万吨干重/a)　　　　　表 2-4-21

年　　份		1998	2000	2005	2010
有效利用	土地利用	2.8	3.1	3.4	3.9
	先进处理	0.8	0.9	1	1.1
	其他有益利用	0.5	0.5	0.6	0.7
	小　计	4.1	4.5	5	5.7
处　置	地表处置/陆地填埋	1.2	1	0.8	10
	焚　烧	1.5	1.6	1.5	1.5
	其　他	0.1	0.1	0.1	0.1
	小　计	2.8	7.1	7.6	8.2
总　　　计		6.9	11.6	12.6	13.9

污 水 厂 设 计

美国30个主要城镇污泥处理处置方式实例　　　　表2-4-22

城市名称	处理方式				热处理	再利用		处置		
	厌氧消化	好氧消化	石灰	干化	焚烧	土地	堆肥	填埋	专用地填置	污泥专埋场
纽约	★			★		★				
洛杉矶	★					★				
芝加哥	★								★	
华盛顿特区	★		★			★				
旧金山	★									
费城	★						★			
波士顿	★			★		★		★		
底特律					★					
达拉斯	★					★			★	★
休斯敦		★	★	★		★		★		
亚特兰大	★				★			★		
迈阿密	★			★		★	★			
西雅图	★					★				
凤凰城	★					★				
克利夫兰					★					
圣保罗			★		★	★				
圣迭戈	★					★		★		
圣路易斯					★					
丹佛	★					★				
匹兹堡					★					
坦帕	★			★		★				
波特兰	★					★				
辛辛那提					★					
堪萨斯城	★				★					
萨克拉门托	★					★		★		
密尔沃基	★			★		★				
汉普敦鲁兹	★				★	★	★			
圣安东尼奥	★					★	★			
印第安纳波利斯					★					
奥兰多		★				★				
小计	21	2	3	6	10	19	4	5	2	1

72

第3章 进水泵房和预处理

3.1 进水泵房

3.1.1 进水泵房分类和选用

3.1.1.1 进水泵房分类

进水泵房按水泵启动前能否自流充水分为自灌式泵房和非自灌式泵房；按泵房的平面形式，分为圆形泵房和矩形泵房；按集水池与机器间的组合情况，分为合建式泵房和分建式泵房；按水泵所处工作环境，分为干式泵房和潜水泵房；按照控制的方式，分为人工控制、自动控制和遥控三类泵房。

进水泵房的基本组成包括：机器间、集水池、格栅和辅助间等。机器间内放置水泵机组和有关的附属设备；集水池内安装格栅和吸水管。采用潜水泵时，机器间可与集水池合建。

3.1.1.2 进水泵房选用

决定进水泵房类型的因素有进水管渠的埋设深度、污水流量、水泵机组型号与台数、水文地质条件以及施工条件和方法等。选择进水泵房的类型应从造价、布置、施工、运行条件等方面综合考虑。

（1）干式进水泵房

干式进水泵房一般将集水池和机器间分隔而设，将格栅置于集水池内，有圆形和矩形不同的布置形式，称为合建式进水泵房，也有将集水池与机器间分别建设，称为分建式进水泵房。

图 3-1-1 为合建式圆形进水泵房，装设卧式水泵，自灌式工作。适合于中、小型规模，水泵一般不超过 4 台。圆形结构受力条件好，便于采用沉井法施工，可降低工程造价，水泵启动方便，易于根据吸水井中水位实现自动操作。缺点是机器间内机组与附属设备布置较困难，当泵房很深时，操作工人上下不便，且电动机容易受潮。由于电动机深入地下，需考虑通风设施，以降低机器间的温度。

若将此种类型泵房中的卧式泵改为立式离心泵，就可避免上述缺点。但是立式离心泵的安装，技术要求较高，特别是泵房较深、传动轴较长时，须设中间轴承及固定支架，以免水泵运行时传动轴发生振荡。由于这种类型能减少泵房面积，降低工程造价，并使电气设备运行条件和操作条件得到改善，故广泛采用。

图 3-1-2 为合建式矩形进水泵房，装设立式泵，自灌式工作。规模较大泵房用此种类型较合适。水泵台数为 4 台或更多时，采用矩形机器间，在机组、管道和附属设备的布置方面较为方

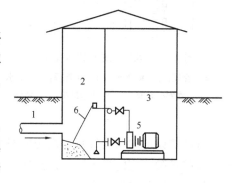
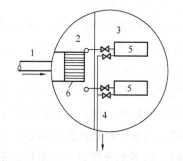

图 3-1-1 合建式圆形进水泵房
1—排水管渠；2—集水池；3—机器间；
4—压水管；5—卧式污水泵；6—格栅

便，启动操作简单，易于实现自动化。电气设备置于上层，不易受潮，工人操作管理条件良好。缺点是建造费用较高，且当土质差，地下水位高时，施工不便利。

图 3-1-3 为分建式进水泵房。当土质较差，地下水位较高时，为了减少施工困难和降低工程造价，将集水池与机器间分开建设是合理的。将一定深度的集水池单独修建，施工上相对容易些。为了减少机器间的地下部分深度，应尽量利用水泵的吸水能量，以提高机器间标高。但是，应注意水泵的允许吸上真空高度不要利用到极限，以免泵房投入运行后吸水发生困难。因为在设计当中对施工时可能发生的种种与设计不符情况和运行后管道积垢、水泵磨损、电源频率降低等情况都无法事先准确估计，所以适当留有余地是必要的。

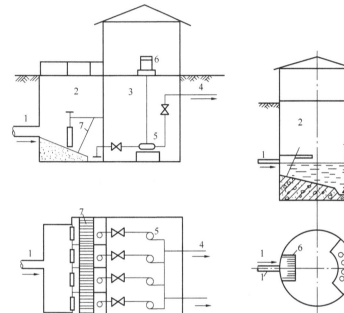

图 3-1-2　合建式矩形进水泵房
1—排水管渠；2—集水池；3—机器间；4—压水管；5—立式污水泵；6—立式电动机；7—格栅

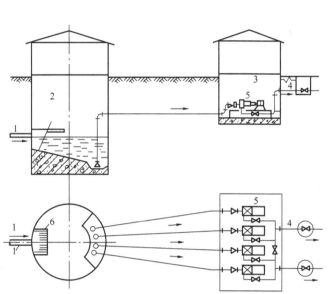

图 3-1-3　分建式进水泵房
1—排水管渠；2—集水池；3—机器间；4—压水管；5—水泵机组；6—格栅

分建式泵房的主要优点是结构处理比合建式简单，施工较方便，机器间没有污水渗透和被污水淹没的危险。它的最大缺点是要抽真空启动，为了满足排水泵房来水的不均匀，水泵启动较频繁，给运行操作带来困难。

合建式进水泵房当机器间中水泵轴线标高高于集水池中水位时，即机器间与集水池底板不在同一标高时，水泵也要采用抽真空启动。这种类型适应于土质坚硬，施工困难的情况，为了减少挖方量而不得不将机器间抬高。在运行方面，它的缺点同分建式一样，实际工程中较少采用。

根据设计和运行经验，凡水泵台数不多于 4 台的进水泵房或流量小于 $2m^3/s$ 时，其地下部分结构采用圆形较为经济，其地面以上构筑物的形式，必须与周围建筑物相适应，常选用下圆上方形泵房。当水泵台数或流量超过上述数量时，地下及地上部分都可以采用矩形或由矩形组合成的多边形；地下部分有时为了发挥圆形结构比较经济和便于沉井施工的优点，也可以采取将集水池和机器间分开为两个构筑物的布置方式，或者将水泵分设在两个地下的圆形构筑物内，地上部分可以处理为矩形或腰圆形。

（2）潜水泵房

潜水泵不同于干式水泵，潜水泵的电机防水密封，可以长期浸入水池中，不存在受潮问题，潜水泵电机机组整体安装，结构紧凑，运行稳定，便于就位和更换，所以潜水泵房无需上部建筑，也简化了地下结构，降低了工程造价。目前在国内的污水处理厂进水泵房中，潜水泵房由于其土建构造简单，安装方便，已得到广泛的应用。

潜水泵在水下运行，要有可靠的产品质量、自动控制和保护功能作技术依托，由于潜水泵的特点，决定了潜水泵设备造价较高。

潜水泵房为湿式泵房，采取自灌式启动，除集水池及水泵安装须符合潜水泵房要求外，其他部位设计均以有关规定为准。

来水进入集水池前，应通过格栅拦截污物，防止杂物堵塞集水窝，影响水泵进水条件，干扰水泵的正常运行；同时，集水池上留自来水龙头，以便潜水泵吊出时及时清洗，潜水泵的备用泵可以就位安装，也可以库存备用。

潜水泵房有许多特点，也有多种形式可以选择，应注意配水均匀、防止汽蚀。

a. 潜水泵房无地上建筑，环境影响较小，特别是布置形式灵活，适应性强，便于因地造型，得到广泛使用。不设地上建筑时，应留有吊泵孔、人孔、通风孔，潜水泵上方吊装孔盖板可视环境需要采取密封措施。

b. 为了管理方便和外形美观，有时也建设地上建筑，将起吊设备、启动设备及出水闸阀安置在建筑内，有时也在泵室上部设置罩棚，防雨、防晒，将起吊设备放在棚顶下，也能改善管理条件，装饰泵房环境。

c. 在中小型泵房的集水池中，应防止进水管的来水直接冲入泵室集水窝，将气泡带入水泵，发生汽蚀。设计中宜使来水先在配水室缓冲，再由挡水墙下部潜水进入泵室，保证进水的均匀、稳定。

d. 在泵房集水池的前端设备隔墙可将由于水下落时造成的空气吸入减至最小，并通过分隔墙底部狭长段向下流入潜水泵进口腔，使水流平均分配到所有泵的进水口。为了避免在泵腔内出现漩涡，在集水井上游处进水管道长度应满足至少 5 倍的管道直径。

1）潜水泵房基本布置形式

潜水泵房基本布置形式有矩形布置和圆形布置，一般在进水处设配水区。各种布置形式的布置尺寸如图 3-1-4 所示，其中 $a—f$ 为各布置尺寸，各种布置形式如图 3-1-5 的 $a—f$ 所示。

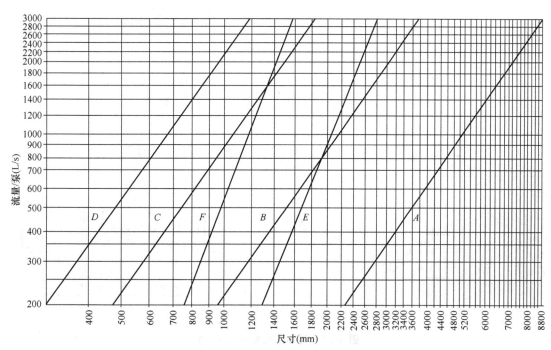

图 3-1-4　泵房布置尺寸计算图

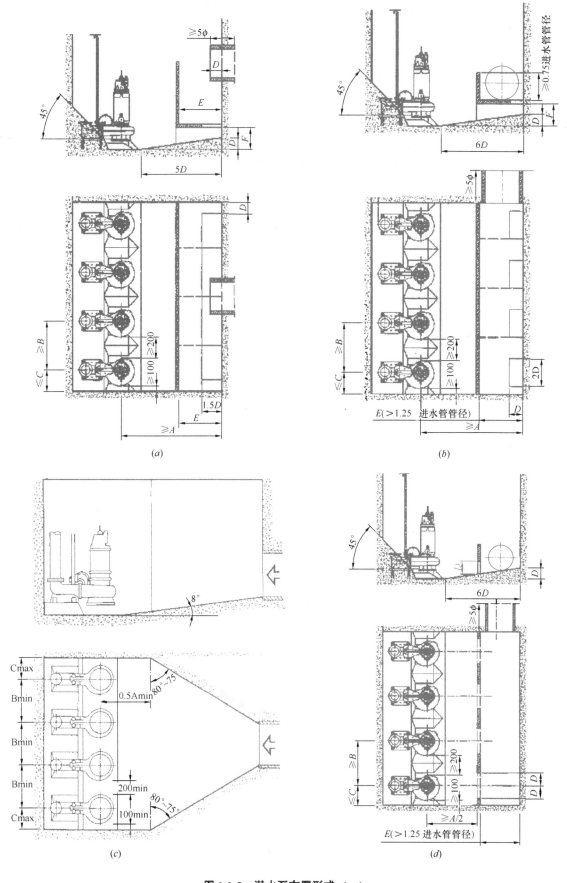

图 3-1-5　潜水泵布置形式（一）

（a）上部正面进水；（b）上部端部进水；（c）底部正面进水；（d）底部端部进水

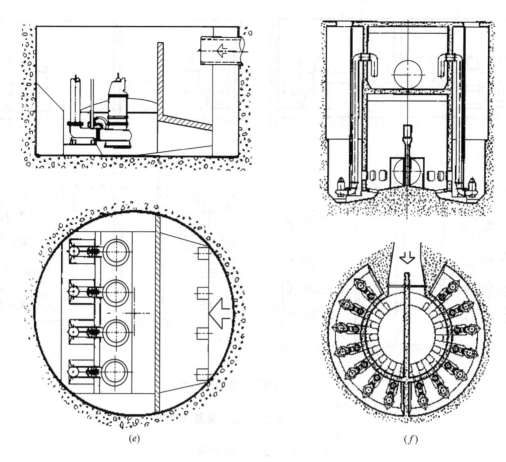

图 3-1-5　潜水泵布置形式（二）

(e) 普通圆形泵房；(f) 多水泵圆形泵房

a. 上部进水形式

图 3-1-5 (a) 为正面进水，进水管在配水区的中央，这种前进口的布置形式，可使水流不需要水平转弯，减少水流的漩涡。

图 3-1-5 (b) 为端部进水，进水管在配水区的端部，为保证良好的水力条件，来水经配水区的底部出口能将水流均匀分布潜流到集水坑，要求：

进水管伸入池壁的长度等于配水区底部入水口的长度，防止来水直接落到入水口中。

进水挡墙的中间高，防止来水直接冲到集水坑中；两侧低，可以溢流，以避免配水区产生浮渣结壳。

泵室内侧墙的下部及底板的坡度为 1∶6，使水中气体沿斜壁溢出。

b. 底部进水形式

图 3-1-5 (c) 为正面进水，进水水平扩散角应为 10°～15°。

图 3-1-5 (d) 为端部进水，为防止产生涡流，该布置形式带有一个垂直分隔墙，进水口低于集水井正常水面高度，由于在进水口处没有落差，不可能发生大量的空气进入，因此进水口腔大大被简化。

c. 组合布置形式

水泵台数多时，可按基本形式组合而成，如图 3-1-6 所示。

2）圆形布置形式

采用圆形泵房时，可将基本形式中的矩形改为圆形，图 3-1-5 (e) 为普通圆形泵房。

当水泵台数多时，圆形泵房可参考图 3-1-5 (f) 布置。

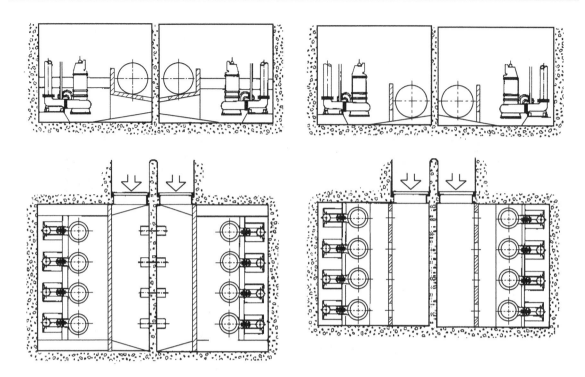

图 3-1-6　泵房组合布置形式图

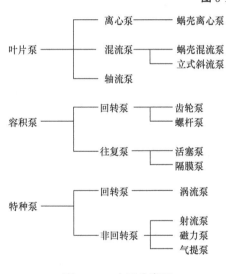

图 3-1-7　水泵分类图

卧式泵的适用范围如表 3-1-1 所示。

3.1.2　污水泵基本性能

3.1.2.1　泵分类

水泵是输送和提升液体的机器,它把电动机的机械能转化为被输送液体的能量,使液体获得动能或势能。水泵作为一种通用设备,种类很多,其分类如图 3-1-7 所示。

3.1.2.2　污水泵适用范围

在雨、污水泵房和污水处理系统中所使用的水泵,基本上属于叶片泵的范畴,对容积泵和特种泵来说,仅在一些加氯、加药或污泥处理装置的配套设备中应用。叶片泵按其安装形式,可分为卧式泵、立式泵和斜轴式泵。

卧式泵适用范围表　　　　　　　　　　表 3-1-1

泵 形 式	适 用 范 围		
	小 口 径	中 口 径	大 口 径
单吸蜗壳离心泵	★	★	×
单吸多级蜗壳离心泵	★	★	×
双吸蜗壳离心泵	★	★	★
双吸多级蜗壳离心泵	★	★	⊙
蜗壳混流泵	★	⊙	⊙
导叶混流泵	×	⊙	★
轴流泵	×	⊙	★

表中:×—不适用;⊙—可适用;★—适用

立式泵的适用范围如表 3-1-2 所示。

立式泵适用范围表

表 3-1-2

泵 形 式	适 用 范 围		
	小 口 径	中 口 径	大 口 径
单吸蜗壳离心泵	★	★	★
单吸多级蜗壳离心泵	★	★	×
双吸蜗壳离心泵	★	★	★
蜗壳混流泵	⊙	★	★
导叶斜流泵	★	★	★
轴流泵	×	★	★

表中：×—不适用 ⊙—可适用 ★—适用

斜轴式泵的适用范围如表 3-1-3 所示。

斜轴式泵适用范围表

表 3-1-3

泵 形 式	适 用 范 围		
	小 口 径	中 口 径	大 口 径
导叶斜流泵	×	⊙	★
轴流泵	×	⊙	★

表中：×—不适用 ⊙—可适用 ★—适用

3.1.2.3 叶片泵特点

叶片泵的特点如表 3-1-4 所示。

叶片泵的特点

表 3-1-4

项 目	形 式				
	卧 式	斜轴式	立 式	管道式	潜水泵
占地面积安装场地	较大	略大	小	小 不需要建房	小 不需要建房
汽蚀	受吸程限制进水水位降低产生汽蚀	与立式相同	叶轮在水下不产生汽蚀	叶轮在水下不产生汽蚀	叶轮在水下不产生汽蚀
引水操作	采用真空泵或引水罐引水	不需要引水	不需要引水	不需要引水	不需要引水
管路损失		较小		较小	
维护管理和装拆	起吊高度小保养容易装拆时无须拆电机	安装难度较大维护管理不便	叶轮和轴承等部位位于水位以下需关闸检修和吊开电机	起吊高度小主要部件位于水位以下维护不便	起吊高度小维修需整机吊上,机械密封需定期更换较不便
电机保护(防潮性)	要考虑洪水位的影响	比卧式泵有利	电机可在淹没水位以上		潜水电机的绝缘需监视和维护
基础荷载	荷载均布单位面积的受载小		集中荷载受载大	荷载均布单位面积的受载小	
噪声	较大	较大	叶轮在水下比卧式泵小	叶轮在水下比卧式泵小	叶轮在水下比卧式泵小
价格	电机及泵价格均较低	电机为特殊型价格略高	电机及泵价格均较高	潜水电机价较高	潜水电机价较高
其他		适用于低扬程轴流泵和斜流泵			

3.1.2.4 叶片泵主要参数

（1）比转速

比转速是叶片泵一个很重要的参数，一般用 n_s 表示，也是叶片流道形式的标志。当泵的比转速由小到大变化时，叶轮的形式逐渐发生改变，液体流过叶片通道的方向，从径向流过渡到斜向流再过渡到轴向流，也可以说，离心泵、混流泵或轴流泵的界面，基本上是根据泵的比转速划分的。

通常，两台泵即使是流量和扬程有所不同，叶轮大小不一，只要他们的比转速相同，这两台泵的叶轮形式基本是同一模式的，因此，泵比转速也可以说是泵的模数。

比转速计算公式为：

$$n_s = 3.65n\sqrt{Q}/H^{3/4} \tag{3-1-1}$$

式中　n_s——比转速，m·m³/(s·r/min)；

　　　n——泵转速，r/min；

　　　Q——流量，m³/s；

　　　H——扬程，m。

美国的比转速公式为：

$$N_s = n\sqrt{Q}/H^{3/4} \tag{3-1-2}$$

式中　N_s——比转速，ft·gal/(min·r/min)；

　　　n——泵转速，r/min；

　　　Q——流量，gal/min；

　　　H——扬程，ft。

日本的比转速公式为：

$$N_s = n\sqrt{Q}/H^{3/4} \tag{3-1-3}$$

式中　N_s——比转速，m·m³/(min·r/min)；

　　　n——泵转速，r/min；

　　　Q——流量，m³/min；

　　　H——扬程，m。

我国和美国、日本的比转速的换算关系为：

$$n_s = N_s(美)/14.5 \tag{3-1-4}$$

$$n_s = N_s(日)/2.12 \tag{3-1-5}$$

根据比转速，可以确定水泵的形式，表 3-1-5 为日本水泵手册的数据，说明离心泵、混流泵和轴流泵的比转速关系。

比转速与泵形式的关系表　　　　　　　　　　表 3-1-5

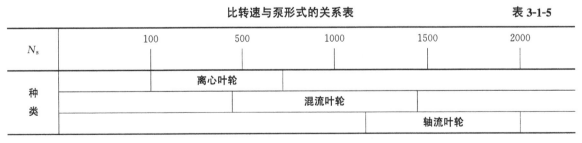

混流泵的形式有蜗壳式混流泵，也有导叶式混流泵，比转速靠近离心泵的，在外形上就制成蜗壳式，称为蜗壳式混流泵；比转速靠近轴流泵的，在外形上与轴流泵相似的，称为导叶式混流泵，也称为斜流泵。

混流泵的比转速不仅仅限于 $N_s = 650 \sim 1000$，有时候为了结构的要求，当 $N_s = 500 \sim 600$ 和

$N_s = 1100 \sim 1200$，本属于离心泵和轴流泵的一部分，也可以做成混流泵的结构形式。

为方便计算，比转速可从泵比转速算图查得，如图 3-1-8 所示（为日本数据），具体的查法（计量单位要注意）为：$Q(\text{m}^3/\text{min}) \rightarrow H(\text{m}) \rightarrow N(\text{r}/\text{min}) \rightarrow N_s(\text{m} \cdot \text{m}^3/(\text{min} \cdot \text{r}/\text{min}))$。

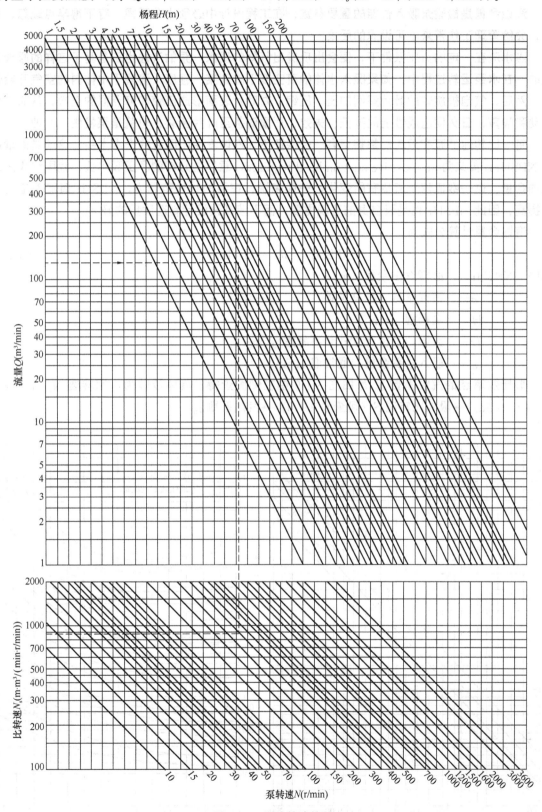

图 3-1-8 泵比转速算图

另外，比转速还可通过转速计算式解析，在转速给定时，增加流量或降低扬程，N_s 值将会提高，反之，减少流量或提高扬程，会使 N_s 减小，这就是通常说的低比转速泵（离心泵）适用于小流量高扬程，而高比转速泵（混流泵、轴流泵）适用于大流量、低扬程的原因。

（2）汽蚀余量

汽蚀余量是检验泵吸入性能的重要参数，在工程设计中必须十分重视，容不得半点疏忽，否则，会给管理工作带来不可设想的后果。

当水流在一定的负压条件下，便会出现逸出气体的现象，泵的汽蚀也正是基于这样的原理形成的。在水泵运转过程中，如果吸入水体的真空度下降到某一程度，溶解于水体内的空气开始逸出，然后，气泡被旋转的叶片瞬间加压、压缩，对叶片表面形成压痕和麻点似的空穴，从而产生振动和噪声，日久便造成性能的降低、失效，严重时甚至叶片断裂，也就是泵发生了汽蚀。

每一比转速的泵在运转时都需要有一个保证不让汽蚀发生所固有的进水水头，这就是通常说的 NPSHr，英文为 net positive suction head required，意思是必需的净正吸水头，我国称为必需汽蚀余量。这一数值随泵流量有所变化，一般来说，在泵的特性范围内，NPSHr 值随流量增大而提高，因此 NPSHr 也是泵自身的客观需要，而不涉及泵设计制造质量的好坏。

汽蚀余量计算公式为：

$$\text{NPSHr} = \sigma H + (D/2) + \alpha \tag{3-1-6}$$

式中　NPSHr——必需汽蚀余量，m；

σ——汽蚀系数（托马系数）；

H——全扬程，m；

D——泵吸口直径（立式泵不考虑），m；

α——吸入水头余量，通常取 0.5m。

最佳效率点的汽蚀系数 σ_n 可由图 3-1-9 中左侧图查得，具体步骤为：比转速 N_s(m·m³/(min·r/min))→吸入比转速 S（可查表 3-1-6）→汽蚀系数 σ_n。

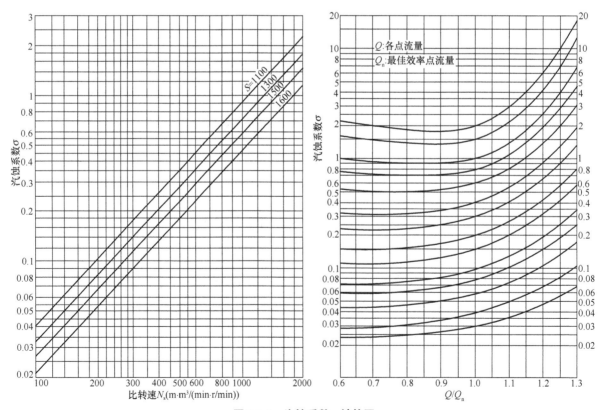

图 3-1-9　汽蚀系数 σ 计算图

泵 "吸入比转速 S" 表　　　　　　　　　　表 3-1-6

泵的形式	S 值	泵的形式	S 值
小型通用离心泵	1100～1300	混流泵	1200～1400
离心泵	1200～1500	轴流泵	1100～1300

部分流量的汽蚀系数 σ 可由图 3-1-9 中右侧图查得，具体步骤为：各点流量与最佳效率点流量之比 Q/Q_n →比转速 N_s(m·m³/(min·r/min))→汽蚀系数 σ。

为安全运行，必须满足泵必需汽蚀余量 NPSHr，这需要通过前池的设计水位加以解决，要使泵的可利用汽蚀余量 NPSHa 大于泵的必需汽蚀余量 NPSHr。

这里说的可利用汽蚀余量就是指 NPSHa，英文为 net positive suction head available 意思是有效的净正吸水头，我国称为可利用汽蚀余量。

NPSHa 的计算公式为：

$$NPSHa = P_a - P_v + h_s - h_l \tag{3-1-7}$$

式中　NPSHa——可利用汽蚀余量，m；

　　　P_a——大气压，mH_2O（如表 3-1-7 所示）；

　　　P_v——扬水温度的饱和蒸汽压，mH_2O（如表 3-1-8 所示）；

　　　h_s——吸程（自液面至叶轮基准面的高度），m，吸上（一）压入（+）；

　　　h_l——进水管水头损失，m。

标高与大气压　　　　　　　　　　表 3-1-7

标高（m）	0	50	100	150	200	300	400	500	600
大气压（mH_2O）	10.33	10.27	10.21	10.15	10.09	9.97	9.85	9.73	9.62

水温与饱和蒸汽压　　　　　　　　　　表 3-1-8

水温（℃）	0	5	10	15	20	25	30	35	40	50
饱和蒸汽压（mH_2O）	0.06	0.09	0.13	0.17	0.24	0.32	0.43	0.57	0.75	1.26

在泵的工况流量范围内，只要 NPSHa＞NPSHr，汽蚀就不会发生。

为此，在方案设计时，应按工艺的基本条件，对可利用的汽蚀余量 NPSHa 与泵的汽蚀余量 NPSHr 进行模拟计算，特别是通过泵典型特性曲线的绘制，预测泵的特性，为正确选泵和泵房工艺设计方案的经济合理性提供依据。

3.1.2.5　泵特性曲线

在进行污水泵选型设计前，必须进行水泵特性曲线的绘制。在绘制水泵特性曲线中，应充分了解水泵的规格、设计参数，进行必要的计算，然后绘制水泵的特性曲线。下面举例说明泵的特性曲线的绘制。

（1）泵规格

形式　　　　卧式混流泵

口径　　　　D＝1500mm

设计全扬程　H＝5m

设计流量　　Q_n＝300m³/min

泵转速　　　N_n＝175r/min

吸入比转速　S＝1300（查表 3-1-6）

比转速　　　N_s＝900（查图 3-1-8）

（2）设计参数

P_a 大气压（标高 0m，查表 3-1-7）＝10.33m

P_v 扬水温度的饱和蒸汽压（水温 25℃，查表 3-1-8）＝0.32m

h_s 吸程（压入）（自液面至叶轮基准面的高度）＝－3m

h_l 设计水量时进水管水头损失 0.1m

（3）计算实例

σ_n 最佳效率点的汽蚀系数（查图 3-1-9）＝0.61

根据式 3-1-7 计算：

$$NPSHa = P_a - P_v + h_s - h_l = 10.33 - 0.32 - 3 - h_l = 7.01 - h_l$$

（4）列表计算

计算如表 3-1-9 所示。

特性曲线计算表　　　　　　　　　　　　　　　表 3-1-9

Q/Q_n	0.8	0.9	1.0	1.1	1.2	1.3	计 算 式
Q	240	270	300	330	360	390	$Q = 300 \times Q/Q_n$
h_l	0.064	0.081	0.1	0.121	0.144	0.169	$h_l = (Q/Q_n)^2 \times h_{ln}$
NPSHa	6.946	6.929	6.910	6.889	6.886	6.841	$NPSHa = h_{sv} = 7.01 - h_l$
σ	0.52	0.54	0.61	0.86	1.50	3.50	查图 3-1-9
H	6.0	5.6	5.0	4.2	3.1	1.8	查图 3-1-10
H_{sv}	3.12	3.02	3.05	3.61	4.65	6.30	$Hsv = \sigma \times H$
NPSHr	4.37	4.27	4.30	4.86	5.90	7.55	$NPSHr = \sigma H + (D/2) + \alpha$

其中，$\alpha = 0.5m$

图 3-1-10 为不同流量下水泵扬程的变化图。

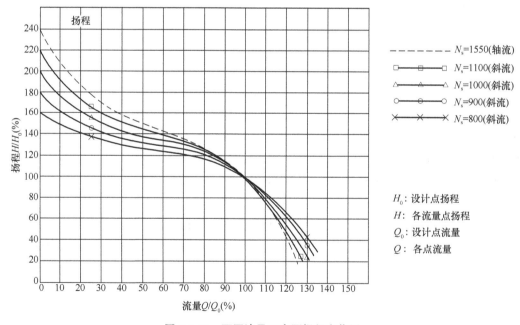

图 3-1-10　不同流量下水泵扬程变化图

（5）绘制泵的特性曲线

根据列表计算，可以绘制水泵的特性曲线，如图 3-1-11 所示。

3.1.2.6　水泵调速工况

叶片泵的另一个重要特性就是泵的转速与泵的性能具有一定的转换关系。

（1）降速后的流量与额定转速时的流量之比＝降速后转速与原额定转速之比；

（2）降速后的扬程与额定转速时的扬程之比＝降速后转速与原额定转速之比的平方；

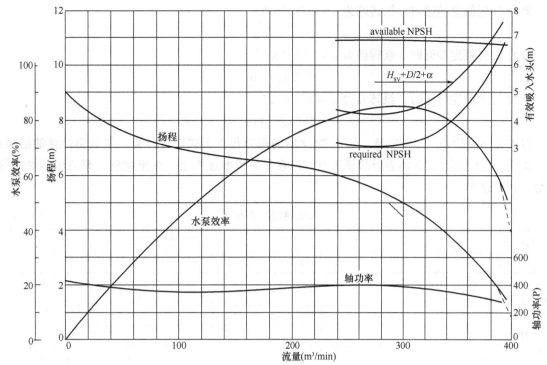

图 3-1-11　水泵的特性曲线图

（3）降速后的功率与额定转速时的功率之比＝降速后转速与原额定转速之比的立方。也可用下列的公式表示：

$$Q = Q_0 \times (n/n_0) \tag{3-1-8}$$

$$H = H_0 \times (n/n_0)^2 \tag{3-1-9}$$

$$N = N_0 \times (n/n_0)^3 \tag{3-1-10}$$

$$n = n_0 \tag{3-1-11}$$

式中　Q——降速后的流量，m^3/s；

　　　Q_0——额定转速时的流量，m^3/s；

　　　H——降速后的扬程，m；

　　　H_0——额定转速时的扬程，m；

　　　N——降速后的轴功率，kW；

　　　N_0——额定转速时的轴功率，kW；

　　　n——降速后实际转速，r/min；

　　　n_0——原额定转速，r/min。

以某泵房的水泵特性曲线作为依据，先从水泵特性曲线中，取流量 $1.0m^3/s$、$1.5m^3/s$、$2.0m^3/s$、$2.5m^3/s$、$3.0m^3/s$、$3.5m^3/s$、$4.0m^3/s$、$4.5m^3/s$、$5.0m^3/s$、$5.5m^3/s$ 等 10 个工作点，再根据流量、扬程、功率比与转速比呈幂方关系的规律变化，分别计算出泵在不同转速时的工作流量、扬程、功率值。

为简化计算，调速范围定为 $100\% \sim 50\%$，并按 10% 的下降比例进行降速，泵的额定转速为 371 r/min，并求出：

降为 90% 额定转速时，泵转速为 $n = 371 \times 0.9$

$$= 333.9 \text{r/min}$$

降为 80% 额定转速时，泵转速为 $n = 371 \times 0.8$

$$= 296.8 \text{r/min}$$

降为 70% 额定转速时，泵转速为 $n = 371 \times 0.7$
$$= 259.7 \text{r/min}$$
降为 60% 额定转速时，泵转速为 $n = 371 \times 0.6$
$$= 222.6 \text{r/min}$$
降为 50% 额定转速时，泵转速为 $n = 371 \times 0.5$
$$= 185.5 \text{r/min}$$

将各工作点的 Q、H、N 及 n 与 n_0 之比值的幂方代入上式进行计算，然后将计算的结果列表，如表 3-1-10 所示，再将各计算值逐点对应在泵特性曲线图上，作出相应的泵调速特性曲线，如图 3-1-12 所示。

调速特性计算表 表 3-1-10

计算公式	调速泵工作能力	单位	工 况 点									
			1	2	3	4	5	6	7	8	9	10
	$n_0 = 371 \text{r/min}$											
$Q = Q_0 \times (n/n_0)$	Q_0	m³/s	1	1.5	2	2.5	3	3.5	4	4.5	5	5.5
$H = H_0 \times (n/n_0)^2$	H_0	m	24.2	23.5	22.9	22.2	21.1	19.6	17.55	14.45	11.1	7
$N = N_0 \times (n/n_0)^3$	N_0	kW	622.1	649.5	681	708.2	736.4	763.6	763.6	722.7	627.3	500
$n = n_0$	n_0	%	39	55	72	76.8	84.5	88.2	90	88.2	84.1	76.8
	$n_1 = n_0 \times 90\%$ $= 333.9 \text{r/min}$											
	$Q_1 = Q_0 \times 0.9$	m³/s	0.9	1.35	1.8	2.25	2.7	3.15	3.6	4.05	4.5	4.95
	$H_1 = H_0 \times 0.81$	m	19.6	19.04	18.55	17.98	17.09	15.68	14.44	11.87	8.99	5.67
	$N_1 = N_0 \times 0.73$	kW	454.4	474.1	497.1	517	537.6	557.4	557.4	527.6	457.9	365
	$n_1 = n_0$	%	39	55	72	76.8	84.5	88.2	90	88.2	84.1	76.8
	$n_2 = n_0 \times 80\%$ $= 296.8 \text{r/min}$											
	$Q_2 = Q_0 \times 0.8$	m³/s	0.8	1.2	1.6	2	2.4	2.8	3.2	3.6	4	4.4
	$H_2 = H_0 \times 0.64$	m	15.5	15.04	14.66	14.21	13.51	12.58	11.23	9.38	7.1	4.48
	$N_2 = N_0 \times 0.512$	kW	318.7	332.5	348.7	362.6	377	391	391	370	321.2	256
	$n_2 = n_0$	%	39	55	72	76.8	84.5	88.2	90	88.2	84.1	76.8
	$n_3 = n_0 \times 70\% = 259.7 \text{r/min}$											
	$Q_3 = Q_0 \times 0.7$	m³/s	0.7	1.05	1.4	1.75	2.1	2.45	2.8	3.15	3.5	3.85
	$H_3 = H_0 \times 0.49$	m	11.06	11.52	11.22	10.88	10.34	9.63	8.6	7.18	5.44	3.43
	$N_3 = N_0 \times 0.343$	kW	213.4	222.8	233.6	242.9	252.6	261.9	261.9	247.9	215.2	171.5
	$n_3 = n_0$	%	39	55	72	76.8	84.5	88.2	90	88.2	84.1	76.8
	$n_4 = n_0 \times 60\% = 222.6 \text{r/min}$											
	$Q_4 = Q_0 \times 0.6$	m³/s	0.6	0.9	1.2	1.5	1.8	2.1	2.4	2.7	3	3.3
	$H_4 = H_0 \times 0.36$	m	8.71	8.46	8.24	7.99	7.6	7.07	6.32	5.27	4	2.52
	$N_4 = N_0 \times 0.216$	kW	134.5	140.3	147.1	153	159.1	159.1	159.1	156.1	135.5	108
	$n_4 = n_0$	%	39	55	72	76.8	84.5	88.2	90	88.2	84.1	76.8
	$n_5 = n_0 \times 50\% = 185.5 \text{r/min}$											
	$Q_5 = Q_0 \times 0.5$	m³/s	0.5	0.75	1	1.25	1.5	1.75	2	2.25	2.5	2.75
	$H_5 = H_0 \times 0.25$	m	6.05	5.88	5.73	5.55	5.28	4.91	4.39	3.66	2.78	1.75
	$N_5 = N_0 \times 0.125$	kW	77.8	81.2	85.1	88.53	92.05	95.45	95.45	90.34	78.41	62.5
	$n_5 = n_0$	%	39	55	72	76.8	84.5	88.2	90	88.2	84.1	76.8

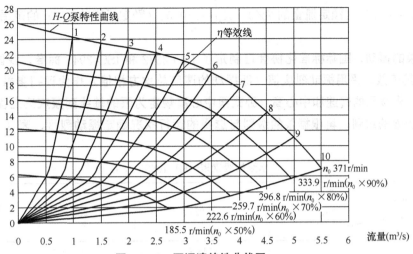

图 3-1-12　泵调速特性曲线图

3.1.2.7　性能试验

水泵出厂前，必须在试验台上进行性能试验，以测定是否符合要求。特别是招标项目，业主往往作为设备验收的一个重要环节。

国际标准化协会制定了回转动力泵－水力性能验收试验－1 级和 2 级的泵试验标准，代号为 ISO 9906，该标准涉及水泵的试验方法、允许偏差和振动、噪声等规定，我国的 GB/T 3216—1989 标准与其等效，在排水泵站和污水厂进水泵房中采用的泵，执行 ISO 9906 中的 2 级规定。

对于水泵特性偏差的主要规定有：

（1）扬程和流量允许偏差

泵的流量允许偏差 $\pm X_Q$，扬程允许偏差为 $\pm X_H$。对于 ISO 9906 中的 2 级标准，$X_Q = 0.07$，$X_H = 0.04$。水泵特性曲线中的扬程和流量应满足式（3-1-12）的要求：

$$(HG \cdot X_H / \Delta H)^2 + (QG \cdot X_Q / \Delta Q)^2 \geqslant 1 \qquad (3\text{-}1\text{-}12)$$

式中　　HG——为保证点全扬程；

　　　　QG——为保证点流量；

　　ΔH、ΔQ——保证点至特性曲线的水平和垂直距离（$\pm$）。

图 3-1-13 为检查保证点用的扬程和流量曲线图。

（2）效率允许偏差

图 3-1-14 中，测定点的效率须为规定效率的 95% 以上，当与电机组合在一起时，应为规定效率的 95.5% 以上。测定点为图中保证点和坐标原点连线与泵流量扬程曲线的交点。

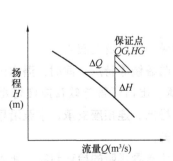

图 3-1-13　检查保证点用的
扬程和流量曲线图

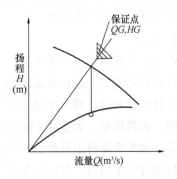

图 3-1-14　效率允许偏差图

（3）轴功率允许偏差

在 $X_Q = \pm 0.07$（额定流量的 7%），$X_H = \pm 0.04$（额定扬程的 4%）的范围内不超过泵输入功率。

关于泵的振动，国际标准化协会已制定了 ISO 2372 和 ISO 3945 标准，我国的 GB 10889—89 标准与其等效，采用振动烈度值（即振动的速度总均方根值）作为评判参数。为了评价泵的振动级别，先按泵的转速和中心高（卧式泵中心高规定为泵的轴线到泵底座上面间距），按表 3-1-11 查找所处的级别，再根据泵的级别与选择的运行状况确定振动烈度，表 3-1-12 为水泵振动烈度表。

水泵的级别表（GB 10889—89）　　　　表 3-1-11

转速（r/min）　中心高（mm）级别	≤225	225~550	>550
Ⅰ	≤1800	≤1000	—
Ⅱ	1800~4500	1000~1800	600~1500
Ⅲ	4500~12000	1800~4500	1500~3600
Ⅳ	—	4500~12000	3600~12000

水泵振动烈度表（GB 10889—89）　　　　表 3-1-12

振动标准		工况选择			
振动烈度等级	振动烈度范围（mm/s）	Ⅰ级	Ⅱ级	Ⅲ级	Ⅳ级
0.28	<0.28	A（良好）	A	A	A
0.45	0.28~0.45				
0.71	0.45~0.71				
1.12	0.71~1.12	B（允许）			
1.8	1.12~1.8		B		
2.8	1.8~2.8	C（较差）		B	
4.5	2.8~4.5		C		B
7.1	4.5~7.1	D（不允许）		C	
11.2	7.1~11.2				C
18	11.2~18				
28	18~28		D		
45	28~45			D	D
71	45~71				

通常，在选择泵的运行工况时，以 A 为标准。

3.1.2.8　潜水泵房

潜水泵作为污水泵房中采用的主要泵型，正越来越得到广泛的应用。

潜水泵具有排污性好、采用单双流道、无堵塞、防缠绕等特点。同时，潜水泵可以采用移动式、固定式两种安装方式，移动式安装用泵底座支承、出口弯管与软管或硬管相接，用链索吊装，简单方便，容易移动；固定式安装用固定的导杆导向，连接座支承，水泵沿导杆放下时与连接座自动锁紧，水泵沿导杆上升时，与连接座自动脱开。

潜水泵机组在水下运行，管理人员无法进行巡视和眼看耳听的检查判断，所以潜水泵房必须配备可靠、完整的自动控制系统和保护监测功能。

潜水泵的生产厂一般随机提供电控箱。

　　排水系统的潜水泵房一般采用灯泡形液位调节器，作为液位控制的一次计量仪表。电机启动方式根据电机容量和供电要求决定，一般采用直接启动的方式。控制过程按设定的程序进行，包括液位控制顺序开停泵、水泵的自动轮换、自动调节等。保护功能主要有过电流保护、短路保护和电机定子绕组的过热保护等。监测功能主要有轴承温度和泄漏监测、高水位警告、自动记录运行的电流、电压等参数。

3.1.3　进水泵房计算

（1）自灌式干式泵房

自灌式干式泵房如图 3-1-15 所示，已知：

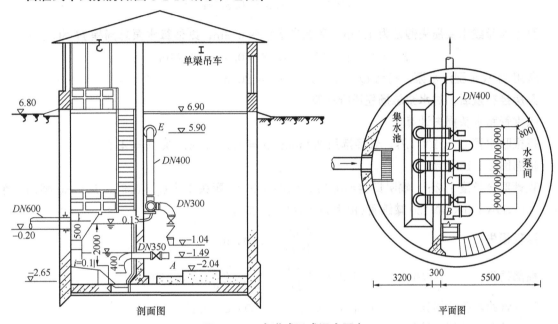

剖面图　　　　　　　　　平面图

图 3-1-15　自灌式干式污水泵房

1）设计污水量为 $10000 \mathrm{m}^3/\mathrm{d}$。

2）进水管管底高程为 $-0.20\mathrm{m}$，管径 $DN600$，充满度 $\dfrac{H}{DN}=0.70$。

3）出水管提升后的水面高程为 $16.80\mathrm{m}$，经 $30\mathrm{m}$ 管长至处理构筑物。

4）泵房选定位置不受附近河道洪水淹没和冲刷，地面高程为 $6.80\mathrm{m}$。

计算实例：

平均流量：

$$Q=\frac{10000\times 10^3}{86400}=116\mathrm{L/s}$$

最大流量：

$$Q_1=K_2Q=1.59\times 116=184\mathrm{L/s}$$

取 $200\mathrm{L/s}$。

选择集水池与机器间合建式的圆形泵房，考虑 3 台水泵（2 用 1 备），每台水泵的容量为 $\dfrac{200}{2}=100\mathrm{L/s}$。

集水池容积，根据设计规范，采用相当于 1 台水泵 6min 的容量：

$$W=\frac{100\times 60\times 6}{1000}=36\mathrm{m}^3$$

有效水深采用 $H=2\mathrm{m}$，则集水池面积 $F=18\mathrm{m}^2$。

选泵前总扬程估算：

经过格栅的水头损失 h_1 为 0.2m，

集水池正常工作水位与所需提升经常高水位之间的高差为：

$16.8-(-0.20+0.6\times0.7-0.2-1.0)=17.78$ m，集水池有效水深 2m，正常时按 $h_L=1$m 计。

出水管管线水头损失：

总出水管：$Q=200$ L/s，选用管径为 400mm 的铸铁管，

查表得：$v=1.59$ m/s，$1000i=8.93$，

当一台水泵运转时 $Q=100$ L/s，$v=0.8$ m/s >0.7 m/s，

设局部损失为沿程损失的 30%，则泵房外管线水头损失为

$$30\times\frac{8.93}{1000}\times1.3=0.35 \text{ m}$$

泵房内管线水头损失假设为 1.5m，考虑安全水头 0.3m，则估算水泵总扬程 H 为：

$$H=1.5+0.35+17.78+0.3=19.93\text{m}$$

选用 6PWA 型污水泵，每台 $Q=100$ L/s，$H=20$ m。

泵房经布置后，对水泵总扬程进行核算。

吸水管路水头损失计算：

每根吸水管 $Q=100$ L/s，管径选用 350mm，$v=1.04$ m/s，$1000i=4.62$

根据图 3-1-15 所示：

直管部分长度 1.2m，喇叭口（$\xi=0.1$），$DN350\times90°$ 弯头 1 个（$\xi=0.5$），$DN350$ 闸门一个（$\xi=0.1$），$DN350\times DN150$ 减缩管（由大到小）（$\xi=0.25$）：

沿程损失：$$1.2\times\frac{4.62}{1000}=0.0056\text{m}$$

局部损失：$$(0.1+0.5+0.1)\frac{1.04^2}{2g}+0.25\frac{5.7^2}{2g}=0.453 \text{ m}$$

吸水管路水头总损失：$$0.453+0.006=0.459\approx0.46\text{m}$$

出水管路水头损失计算：

每根出水管 $Q=100$ L/s，选用 300mm 的管径，$v=1.41$ m/s，$1000i=10.2$，以最不利点 A 为起点，沿 A、B、C、D、E 线顺序计算水头损失。

A—B 段：

$DN150\times DN300$ 渐扩管 1 个（$\xi=0.375$），$DN300$ 止回阀 1 个（$\xi=1.7$），$DN300\times90°$ 弯头 1 个（$\xi=0.50$），$DN300$ 阀门 1 个（$\xi=0.1$），

局部损失：$$0.375\times\frac{5.7^2}{19.62}+(1.7+0.5+0.1)\frac{1.41^2}{19.62}=0.85 \text{ m}$$

B—C 段（选 $DN400$ 管径，$v=0.8$ m/s，$1000i=2.37$），直管部分长度 0.78m，丁字管 1 个（$\xi=1.5$），

沿程损失：$$0.78\times\frac{2.73}{1000}=0.002\text{m}$$

局部损失：$$1.5\times\frac{1.41^2}{19.62}=0.152\text{m}$$

C—D 段（选 $DN400$ 管径，$Q=200$ L/s，$v=1.59$ m/s，$1000i=8.93$），直管部分长度 0.78m，丁字管 1 个（$\xi=0.1$），

沿程损失：$$0.78\times\frac{8.93}{1000}=0.007 \text{ m}$$

局部损失：$$0.1\times\frac{1.59^2}{19.62}=0.013 \text{ m}$$

D—E段：

直管部分长5.5m，丁字管1个（$\xi=0.1$），$DN400\text{mm}\times90°$弯头2个（$\xi=0.6$），

沿程损失：

$$5.5\times\frac{8.93}{1000}=0.049\,\text{m}$$

局部损失：

$$(0.1+0.6\times2)\frac{1.59^2}{19.62}=1.3\times0.129=0.168\,\text{m}$$

出水管路水头总损失：

$$0.35+0.85+0.002+0.152+0.007+0.013+0.049+0.168=1.591\,\text{m}$$

则水泵所需总扬程（不再加安全水头）：

$H=0.46+1.591+17.78+0.3=20.1\,\text{m}$，故选6PWA水泵是合适的。

（2）潜水泵房

潜水泵房如图3-1-16所示，已知：

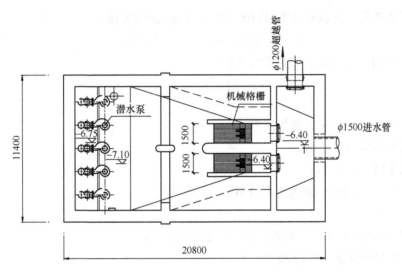

平面图

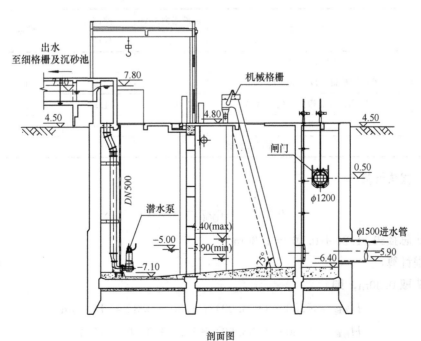

剖面图

图3-1-16　潜水泵房

1）设计污水量为 $100000\text{m}^3/\text{d}$，近期污水量 $50000\text{m}^3/\text{d}$。

2）进水管管径为 $\phi 1500$，管底标高为 -5.90m，充满度为 0.75。

3）泵房出水提升至水面高程为 7.80m，进入细格栅沉砂池处理。

计算实例：

远期平均流量：

$$Q = \frac{100000}{86400} = 1.157\text{m}^3/\text{s}$$

最大流量：

$$Q_{\max} = 1.3 \times 1.157 = 1.50\text{m}^3/\text{s}$$

考虑远期采用 5 台水泵（4 用 1 备），近期采用 3 台水泵（2 用 1 备），每台水泵的容量为 $\frac{1.50}{4} = 0.375\ \text{m}^3/\text{s}$。

采用潜水泵的形式，集水池容积相对于 1 台水泵 5min 的容量：

$$W = 0.375 \times 60 \times 5 = 112.5\text{m}^3$$

有效水深采用 $H = 1.5\text{m}$，则集水池面积：

$$F = \frac{112.5}{1.5} = 75\text{m}^2$$

实际面积为 $103\text{m}^2 > 75\text{m}^2$，满足要求。

经过格栅的水头损失取 0.2m，

集水池最高水位 -4.40m，

平均水位 -5.00m（按 0.60 充满度计算），

最低水位 -5.90m，

水泵出水口管径为 $DN350$，水泵出水管管径为 $DN500$。

泵房局部损失计算如表 3-1-13 所示。

泵房局部损失计算表

表 3-1-13

编　号	名　　称	局部阻力系数 ξ	流速 v (m/s)	数量	局部损失 (m)
1	90°$DN350$ 弯头	0.90	3.90	1	0.698
2	偏心渐放管（$DN500 \times DN350$）	0.26	3.90	1	0.202
3	22.5°$DN500$ 弯头（按 45°计）	0.30	1.91	2	0.112
4	出水口	1.00	1.91	1	0.186
局部损失合计（m）					1.20

泵房沿程损失计算：

$$h = 11 \times \frac{8.74}{1000} = 0.10\text{m}$$

管路水头总损失：$1.20 + 0.10 = 1.30\text{m}$

水泵扬程计算：

安全水头取 0.30m，则

$$H_{平均} = 7.80 - (-5.00) + 1.30 + 0.30 = 14.50\text{m}$$

$$H_{最高} = 7.80 - (-5.90) + 1.30 + 0.30 = 15.40\text{m}$$

$$H_{最低} = 7.80 - (-4.40) + 1.30 + 0.30 = 13.80\text{m}$$

3.1.4　进水泵房设计

3.1.4.1　进水泵房特点

进水泵房的工作特点是它所抽升的水是城镇污水，含有大量的杂质和污物，对周围环境的污染影响较大，而且来水的流量逐日逐时都在变化，具有连续进水、变化幅度大的特点。所以进水泵房的设计应该使用适合污水的水泵和清污量大的格栅除污机，集水池要有足够的调蓄容积，水泵的运行时间长，应设备用泵，包括现场备用或仓库备用，泵房的设计还应尽量减少臭气和噪声对周围环境的影响。

3.1.4.2　进水泵房设计一般规定

(1) 进水泵房应根据近、远期污水量，确定泵房的规模，一般土建按远期规模设计，水泵机组可按近期规模配置。

(2) 进水泵房宜设计为单独的建设物，并根据污水处理厂的总图布置及进水管道的接入点，确定泵房的位置。

(3) 泵房的附属设施宜采取防腐蚀措施。

(4) 泵房室内地坪应比室外地坪高 0.2～0.3m，其入口处设计地面标高应比设计洪水位高 0.5m 以上，当不能满足上述要求时，可在入口处设置闸槽等临时防洪措施。

(5) 泵房宜有两个出入口，其中一个应能满足最大设备或部件的进出。

(6) 周围有居民和重要建筑物的污水处理厂，其进水泵房应设置除臭装置。

(7) 进水泵房宜采用自灌式泵房。

(8) 自然通风条件差的地下式水泵间应设机械送排风系统。

3.1.4.3　集水池设计

(1) 集水池形式

1) 集水池与进水闸井、格栅井合建时，宜采用半封闭式。闸门及格栅处敞开，其余部分尽量加顶板封闭，以减少污染，敞开部分设栏杆及活盖板，确保安全。

2) 集水池单建或与机器间合建时，应做成封闭式，池内设通气管，通向池外，并将管口作成弯头或加罩，高出室外地面至少 0.5m，以防雨水及杂物入内。有条件时，可在通气管上采取防臭措施。

(2) 集水池组成

潜水泵房的水泵电机机组在集水池内，成为水下的泵室。水泵吸水口的底部有集水窝（或称泵坑），集水池的进水侧有时设配水区（或称沉降室）或前池。

(3) 集水池水位

水泵停止运行的最低水位应不低于泵蜗壳的顶部，水泵运行时必须控制泵的淹没深度，不得低于最低水位，以防止产生汽蚀现象。

(4) 集水池有效容积

1) 全日运行的污水泵房，集水池容积根据工作水泵机组停车时启动备用机组所需的时间计算，也就是由水泵开停次数决定。当水泵机组为人工管理时，每小时水泵开停次数不宜多于 3 次，当水泵机组为自动控制时，每小时开启次数由电机的性能决定。由于现阶段还不能排除人工管理，所以污水泵房的集水池有效容积一般按不小于一台泵的 5min 出水量计算。

2) 小型污水泵房，由于夜间流量很小，通常在夜间停止运行，这种情况下集水池的容积必须能容纳夜间的流量。

3) 集水池的容积在满足安装格栅吸水管的要求，保证水泵工作时的水力条件及能够及时将流入污水抽走的前提下，应尽量小些，以降低造价，减轻污染物的沉积和腐化。

4）采用潜水泵时集水池的有效容积，根据潜水泵房中各台水泵的开停，一般利用液位自动控制技术有序进行。随着水位的升高，水泵按顺序逐台启动，而随着水位的降低，水泵按相反的顺序逐台停止。备用泵同样参与运行，在运行中备用。因此，污水潜水泵房有效容积大小，应该因地制宜确定。

根据自控泵房有效容积的基本公式 $V_{min}=\dfrac{T_{min}Q}{4}$，最小有效容积 V_{min} 与水泵允许的最小工作周期 T_{min} 成正比。由于潜水泵每小时的启动次数可以达到 $10\sim15$ 次，工作周期为 $240\sim360s$，所以采用潜水泵的污水泵房，所需的最小有效容积比传统的干式泵小。

由于潜水泵房的水泵是按顺序轮换工作，各台泵的调节容积与水泵工作顺序相对应，因此集水池总调节容积为逐台水泵工作所需容积的总和。有的生产厂在水泵样本上给出了多台泵集水池有效容积的计算图表，供设计选用。当水泵并联工作时，出水量 Q 应按并联水量计算。

3.1.4.4 泵房设计

（1）设计水量、设计扬程

1）污水泵房设计水量按最高日、最高时流量计算，并应以进水管最大充满度的设计流量为准。

2）设计扬程 H

计算公式为：

$$H \geqslant H_1 + H_2 + h_1 + h_2 + h_3 \tag{3-1-13}$$

式中　H——设计扬程，m；

　　H_1——吸水地形高度，为集水池经常水位与水泵轴线标高之差，其中经常水位是集水池运行中经常保持的水位，在最高与最低水位之间，由泵房管理单位根据具体情况决定，一般可采用平均水位，m；

　　H_2——出水地形高度，为水泵轴线与经常提升水位之间高差，其中经常提升水位一般采用出水正常高水位，m；

　　h_1——吸水管水头损失，一般包括吸水喇叭口、90 度弯头、直线段、闸门、渐缩管等，m；

　　h_2——出水管头损失，一般包括渐扩管、止回阀、闸门、短管、90 度弯头（或三通）、直线段等，m；

　　h_3——安全水头，估算扬程时可按 $0.3\sim1.0m$ 计，详细计算时应慎用，以免工况点偏移，m。

h_1 和 h_2 的计算公式为：

$$h_1 = \varepsilon_1 \frac{v_1^2}{2g} \tag{3-1-14}$$

式中　h_1——吸水管水头损失，m；

　　ε_1——局部阻力系数；

　　v_1——吸水管流速，m/s；

　　g——重力加速度，为 $9.81m/s^2$。

$$h_2 = \varepsilon_2 \frac{v_2^2}{2g} \tag{3-1-15}$$

式中　h_2——出水管头损失，m；

　　ε_2——局部阻力系数；

　　v_2——出水管流速，m/s；

　　g——重力加速度，为 $9.81m/s^2$。

污水泵的设计扬程，应根据设计流量时的集水池水位与出水管渠水位差和水泵管路系统的水头损失以及安全水头确定，最高扬程、平均扬程、最低扬程的确定可参照表 3-1-14 所示。

污水泵的设计扬程 表 3-1-14

①集水池水位 （m）	②出水管渠水位 （m）	③水头损失 （m）	设　计　扬　程 （m）
设计最高水位	设计最小流量时出水管渠水位	管路系统	②－①＋③＋0.3＝最低扬程
设计平均水位	设计平均流量时出水管渠水位	管路系统	②－①＋③＋0.3＝平均扬程
设计最低水位	设计最大流量时出水管渠水位	管路系统	②－①＋③＋0.3＝最高扬程

污水泵房集水池的设计最高水位，应采用与进水管管顶相平，设计平均水位应采用设计平均流量时的进水管渠水位，设计最低水位应采用与泵房进水管渠底相平。

（2）水泵的选择

1）设计水量、设计扬程的工况点应靠近水泵的最高效率点。

2）由于水泵在运行过程中，集水池中的水位是变化的，所选水泵在这个变化范围内均应处于高效区。

3）当泵房内设有多台水泵时，选择水泵应当注意不但在联合运行时，而且在单泵运行时都应在高效区。

4）尽量选用同型号水泵，方便维护管理；水量变化较大、水泵台数较多时，采用大小水泵搭配较为合适。

5）远期污水量有较大增长的泵房，水泵要有足够的适应能力。

6）根据来水水质，采用不同的材质，以适应水质的要求。

常用污水泵有：

1）WL、WTL 型立式污水泵（又称无堵塞立式污水泵）；

2）MN、MF 型立、卧式污水泵；

3）PW、PWL 型卧、立式污水泵；

4）WQ 型潜污泵；

5）F 型耐腐蚀污水泵。

其中无堵塞污水泵和潜污泵均为无堵塞、防缠绕的，叶轮采用单流道、双流道结构，污物通过能力好；MN 及 MF 系列污水泵的优点是能输送含固体颗粒及含纤维材料的污水；PW 及 PWL 型是传统污水泵。各种水泵均有较宽的性能范围。

在污水泵房设计中，使用微机控制变速与定速水泵组合运行，可以保持进水水位稳定，降低能耗，提高自动化程度，是一项节能的有效办法。

在定速泵房，水泵按额定转速运行，工况点随着进出水水位的变化，只能沿着一条流量扬程曲线推移，流量调节的范围很窄，无法保证高效；水泵的变速运行是利用调节转速的手段，扩展水泵特性曲线，增加工况点，使一台定速水泵发挥出符合比例定律的一组大小不同水泵的作用。

调速电动机的数量可根据水泵的总台数，来水量变化曲线及水泵压力管路的特性曲线选用，一般常用一台调速电动机配一台水泵，与一台或多台常速电动机配备的水泵同时运转较宜。常速电动机所配水泵每台的容量应小于变速电动机多配水泵最高速率运转时的容量，两者配合运行比较稳定。

污水泵房工作泵及备用泵数量可按表 3-1-15 选用。

类 别	工作泵台数 （台）	备用泵台数 （台）	类 别	工作泵台数 （台）	备用泵台数 （台）
同一型号	1～4	1	两种型号	1～4	1
	≥5	2		≥6	2（各1）

（3）水泵启动方式

水泵启动方式有自灌式和非自灌式两种。

1）自灌式：污水泵房为常年运转，采用自灌式较多，启动及时，管理简便，尤其对开停比较频繁的泵房，使用自灌式较好。

2）非自灌式：在泵房深度大、地下水位高的情况下，可采用非自灌式污水泵房。大中型泵房可采用真空泵启动，为减少真空泵的开停次数，亦可采用真空罐的办法。中小型泵房可采用密闭水箱、泵前水柜引水，或鸭管式无底阀引水。

（4）工程设计实例

1）干式泵工程设计实例

某污水处理厂远期工程规模为 $14 \times 10^4 \text{m}^3/\text{d}$，近期为 $7 \times 10^4 \text{m}^3/\text{d}$，总变化系数 $K_z = 1.3$，进水泵房和粗格栅井合建，土建按远期规模建设，设备分期安装，其设计参数如下：

提升能力 $1.05\text{m}^3/\text{s}$

大泵数量 2 台（1 用 1 备），远期增加 2 台，共 4 台（2 用 2 备）

大泵单泵流量 542L/s

大泵单泵扬程 13m

小泵数量 2 台（远期）

小泵单泵流量 271L/s

小泵单泵扬程 13m

泵房尺寸 25m×21.4m

进水泵房和格栅井采用矩形钢筋混凝土结构，前端安装格栅，后半部安装水泵，沉井尺寸为 25m×21.4m。近期安装 2 台宽为 1.0m，栅距 20mm，安装角度为 75°的机械粗格栅，在粗格栅前设有进水闸门井，内设 2 套 DN1000 电动闸门，用于格栅的检修和切换使用。栅渣通过设在格栅后的螺旋输送压榨机输送至垃圾桶外运处置。

进水泵采用立式离心泵，近期安装 2 台（1 用 1 备），每台进水泵的流量为 542L/s，扬程为 13.0m，远期增设 4 台，其中 2 台与近期相同，则共 4 台（2 用 2 备），另 2 台为小泵，扬程为 13.0m。

设计平面图和剖面图如图 3-1-17 所示。

2）潜污泵工程设计实例

某污水处理厂近期工程规模为 $16 \times 10^4 \text{m}^3/\text{d}$，总变化系数 $K_z = 1.3$，进水管为 DN2200，管道标高为 -7.60m，污水经泵房提升后由细格栅沉砂池进行预处理，其设计参数如下：

提升能力 $2.4\text{m}^3/\text{s}$

水泵数量 5 台（4 用 1 备）

大泵单泵流量 800L/s（2 用 1 备）

扬程 14.4m（最高 16.3m，最低 14.3m）

小泵单泵流量 400L/s（2 用）

扬程 15.1m（最高 16.3m，最低 14.3m）

泵房尺寸 13.9m×24.4m

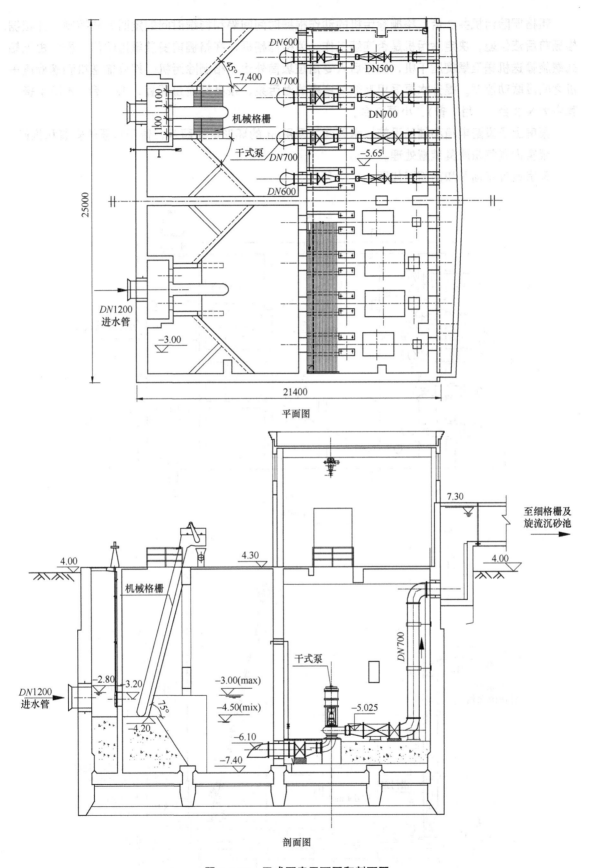

平面图

剖面图

图 3-1-17　干式泵房平面图和剖面图

　　泵房土建采用钢筋混凝土结构，尺寸为 13.9m×24.4m 矩形结构，下层安装粗格栅除污机和潜水泵，上层设置配电和辅助设备。

粗格栅除污机共 2 台，格栅除污机的动作根据时间间隔和持续时间的定时方式控制，并根据格栅前后液位差，决定除污机是否连续工作。为检修格栅，在格栅前安装渠道闸门。栅渣由无轴式螺旋输送机送至螺旋压干机，压干后入专用垃圾筒外运，格栅除污机、螺旋输送机和螺旋压干机之间设联动控制。提升水泵采用高效无堵塞的潜污泵，按高峰流量配置，共 5 台（4 用 1 备），其中大泵 3 台（2 用 1 备）、小泵 2 台。

泵房上层设配电箱和辅助设施，水泵起吊采用 5t 的环形电动葫芦，便于水泵的安装和维修。

泵房内臭气由脱臭装置处理。

泵房设计平面图和剖面图如图 3-1-18 所示。

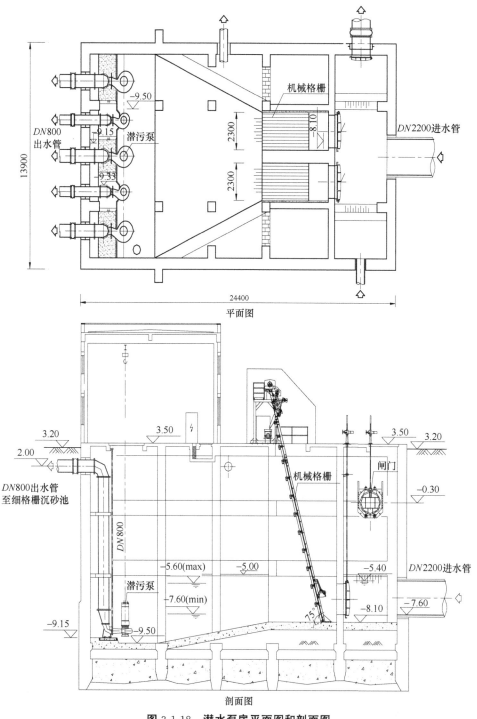

图 3-1-18　潜水泵房平面图和剖面图

3.2　预处理工艺

城镇污水主要包括生活污水和工业废水两部分，生活污水和工业废水中均含有大量的漂浮物和悬浮杂质，其中包括无机性和有机性两类。污水物理处理法的去除对象主要是漂浮物和悬浮杂质，采用的处理方法和设备主要有：

(1) 筛滤截留法——格栅、筛网、微滤机和滤池等；

(2) 重力分离法——沉砂池、沉淀池、隔油池和气浮池等；

(3) 离心分离法——旋流分离器和离心机等。

污水预处理是为城镇污水的后续处理（包括一级处理、二级处理和深度处理等）做好准备，它是城镇污水处理厂的第一道处理环节，主要是通过物理处理的方法，降低或去除污水中不利于后续处理的物质，保证后续污水处理工艺流程和机械设备的正常运行。

通过预处理降低或去除的物质主要有大块的固体、漂浮物、破布、絮体与毛发、油脂、磨蚀砂等。

污水预处理典型处理方法如表 3-2-1 所示。

<table>
<tr><td colspan="3" align="center">预处理典型处理方法</td><td align="right">表 3-2-1</td></tr>
<tr><td align="center">操　作</td><td colspan="2" align="center">用　途</td><td align="center">装　置</td></tr>
<tr><td align="center">粗筛滤</td><td colspan="2">通过截留（表面隔滤）去除污水中的粗固体，如条状物、破布和其他垃圾</td><td align="center">粗格栅</td></tr>
<tr><td align="center">细筛滤</td><td colspan="2" align="center">去除小颗粒物</td><td align="center">细格栅</td></tr>
<tr><td align="center">微筛滤</td><td colspan="2" align="center">去除细微固体、漂浮物和毛发等</td><td align="center">筛网</td></tr>
<tr><td align="center">粉碎</td><td colspan="2" align="center">对固体进行破碎，以减小颗粒尺寸</td><td align="center">粉碎机</td></tr>
<tr><td align="center">重力沉砂</td><td colspan="2" align="center">除砂</td><td align="center">沉砂池</td></tr>
<tr><td align="center">撇油</td><td colspan="2" align="center">去除污水中的油脂</td><td align="center">隔油设施</td></tr>
<tr><td align="center">撇渣</td><td colspan="2" align="center">去除污水中的浮渣（小颗粒）</td><td align="center">撇渣装置</td></tr>
</table>

3.3　格栅

3.3.1　格栅一般规定

污水中混有较大的悬浮物和漂浮物，为了防止水泵和处理构筑物的机械设备和管道被磨损或堵塞，使后续处理流程能顺利进行，在污水处理系统或水泵前，必须设置格栅。

格栅由一组平行的金属栅条或筛网制成，安装在污水渠道、泵房集水井的进口处或污水处理厂的前端，用以拦截较大的悬浮物或漂浮物，如纤维、木材、纸张、塑料制品和其他杂物等，减轻后续处理单元和处理构筑物的处理负荷，并使之正常、稳定运行，有条件时应设格栅间，减少对周围环境的污染。

清捞格栅上拦截的污物，可以用人工，也可以用格栅除污机，并配以传送带、脱水机、粉碎机和自控设备。新建的城镇污水设施，普遍使用格栅除污机，达到减轻管理劳动强度和改善劳动条件的效果。

(1) 栅条断面

栅条断面应根据跨度、格栅前后水位差和拦污量等计算确定。栅条一般可采用 $10\text{mm} \times 50\text{mm} \sim 10\text{mm} \times 100\text{mm}$ 的扁钢或 20mm 的圆钢等制成，后面使用槽钢相间作为横向支撑，通常预先加工成 500mm 左右宽度的格栅组合片。

格栅的栅条断面形状，可按表 3-3-1 选用。

栅条断面形状和尺寸 表 3-3-1

栅条断面形状	一般采用尺寸（mm）	栅条断面形状	一般采用尺寸（mm）
正方形		迎水面为半圆形的矩形	
圆 形		迎水、背水面均为半圆形的矩形	
锐边矩形			

(2) 栅条间隙

栅条间隙是指格栅栅条间隙宽度，根据间隙宽度可分为粗格栅、细格栅、超细格栅等。

1) 粗格栅：机械清除时宜为 16～25mm，人工清除时宜为 25～40mm，特殊情况下，最大间隙可为 100mm。

工程设计中也有将上述粗格栅分成 2 类，即粗格栅（50～100mm）、中格栅（10～40mm）。

2) 细格栅：栅条间隙宽度为 1.5～10mm。

3) 超细格栅：栅条间隙宽度为 0.2～1.5mm，也可称为筛网。

4) 水泵前，应根据水泵口径确定栅条间隙宽度。栅条间隙应小于水泵叶片间隙，一般轴流泵 $<\dfrac{D}{20}$，混流泵和离心泵 $<\dfrac{D}{30}$，一般在污水处理厂的泵房进水端，可根据表 3-3-2 选用格栅除污机的栅条间隙宽度。

水泵口径和栅条间隙的选用 表 3-3-2

水泵口径（mm）	<200	250～450	500～900	1000～3500
栅条间隙（mm）	15～20	30～40	40～80	80～100（规范条文）
	15～20	20～40	40～50	50～75（给水排水设计手册第 9 册）

阶梯式格栅除污机、回转式固液分离机和转鼓式格栅除污机的栅条间隙或栅孔可按需要确定。

如泵站较深，泵前格栅机械清除或人工清除比较复杂，可在泵前设置仅为保护水泵正常运转的、空隙宽度较大的粗格栅，以减少栅渣量，并在处理构筑物前设置间隙宽度较小的细格栅，保证后续工序的顺利进行，这样既保证污水处理工艺流程，又便于维修养护。

(3) 格栅的设置

污水处理厂中一般设置有粗、细两道格栅，大型污水处理厂和有特殊要求的污水处理厂亦有设置"粗、中、细"或"粗、细、超细"三道格栅的情况。

机械格栅不宜少于 2 台，如为 1 台时，应设超越用的人工清除格栅。

(4) 栅渣量

栅渣量与地区的特点、格栅的栅条间隙、污水流量和排水系统的体制等因素有关。在无当地运行资料时，可采用：

1）栅条间隙 16～25mm 时：0.10～0.05m³ 栅渣/10³m³ 污水；

2）栅条间隙 30～50mm 时：0.03～0.01m³ 栅渣/10³m³ 污水。

栅渣的含水率一般为 80%，密度约为 960mg/m³。

大型污水处理厂或泵站前的大型格栅，当每日栅渣量大于 0.2m³ 时，应采用机械清渣，小型污水处理厂也宜采用机械清渣。

（5）过栅流速

污水过栅流速宜采用 0.6～1.0m/s。

格栅前渠道内的水流速度，一般采用 0.4～0.9m/s。

过栅流速相关资料数据如表 3-3-3 所示。

过栅流速相关资料数据　　　　　　　　　　　　　　　　表 3-3-3

资 料 来 源	过栅流速设计取值（m/s）
国内污水处理厂（《规范和给水排水设计手册》）	0.6～1.0
前苏联规范	0.8～1.0
日本污水设计指南	0.45
美国《污水处理厂设计手册》（1998 年）	0.6～1.2
德国《水处理手册》（1978 年）	0.6～1.0

（6）格栅安装角度

除转鼓式和阶梯式等特殊形式的格栅除污机外，机械清除格栅的安装角度宜为 60°～90°，人工清除格栅的安装角度宜为 30°～60°。

格栅安装角度相关数据资料如表 3-3-4 所示。

格栅安装角度相关数据　　　　　　　　　　　　　　　　表 3-3-4

资 料 来 源	格 栅 倾 角	
	人 工 清 除	机 械 清 除
国内污水处理厂	一般为 45°～75°	
日本污水设计指南	45°～60°	70°左右
美国《污水处理厂设计手册》（1998 年）	30°～45°	40°～90°
室外排水设计规范	30°～60°	60°～90°

（7）过栅损失

1）通过格栅的水头损失，一般采用 0.15～0.30m；

2）无堵塞时过栅的水头损失，一般采用 0.05～0.15m；

3）随着栅条间隙的减小，一般过栅的水头损失会逐步增加。

（8）工程设计要点

1）格栅除污机，底部前端距井壁尺寸，钢丝绳牵引除污机或移动悬吊葫芦抓斗式除污机应大于 1.5m；链动刮板除污机或回转式固液分离机应大于 1.0m。

2）格栅上部必须设置工作平台，其高度应高出格栅前最高设计水位 0.5m，工作平台上应有安全和冲洗设施。

3）格栅工作平台通道宽度宜采用 0.7～1.0m，工作平台正面过道宽度，采用机械清除时不应小于 1.5m，采用人工清除时不应小于 1.2m。

4）粗格栅栅渣宜采用带式输送机输送；细格栅栅渣宜采用螺旋输送机输送。对输送距离大于 8.0m 宜采用带式输送机，对距离较短的宜采用螺旋输送机。污水中有较大的杂质时，不管输送距离长短，均以采用带式输送机为宜。

5）格栅除污机、输送机和压榨脱水机的进出料口宜采用密封形式，根据周围环境情况，可设置臭气处理装置。

6）格栅间应设置通风设施和有毒有害气体的检测和报警装置。

7）格栅栅条的间隙应根据水泵的口径确定，设计时应注意格栅除污机齿耙间距和栅条的配合，当不分粗、细格栅时，可选用较小的栅条间隙。

8）格栅的安装角度一般为 $60°\sim75°$，特殊类型可达 $90°$。角度偏大时占地面积较小，但卸污不便。

9）格栅的有效进水面积一般按流速 $0.6\sim1.0m/s$ 计算，根据栅前水深的不同，一般格栅总宽度与 $1.2\sim2.0$ 倍的进水管渠有效断面宽度相当。

10）格栅除污机的单台工作宽度一般不超过 $4m$，超过时，宜采用多台或移动式格栅除污机。

11）格栅高度一般应使其顶部高出栅前最高水位 $0.3m$ 以上，当格栅井较深时，格栅的上部可采用混凝土胸墙或钢挡板满封，以减小格栅的高度。

12）综合考虑截留下来污物的输送方式，注意卸污动作与后续工序的衔接。

13）栅渣的表观密度约 $960kg/m^3$，含水率 80%，一般有机质高达 85% 左右，极易腐烂，污染环境。

（9）机械格栅

1）格栅宽度不大于 $3m$ 时，采用固定式除污机，大于 $3m$ 时，宜采用移动式或多台固定式除污机；格栅高度不大于 $2m$ 宜采用弧形格栅除污机，大于 $7m$，宜采用钢丝绳除污机。在使用机械除污的同时，也要尽量考虑人工除污的可能性，以便在除污机械故障时，维持泵站运行。

2）格栅除污机应配有自动控制和保护装置，控制水泵同步运行、定时或由格栅前后水位差控制开停；并应具备符合电气安全要求和超载时自动保护功能。各种常用格栅除污机的主要性能如表 3-3-5 所示。

常用格栅除污机主要性能
表 3-3-5

机　型	池深	栅条间隙（mm）	格栅宽度（mm）	安装角度（°）	备注
ZF 型自动固液筛分机	较浅	1～20	500～2000	50～80	由齿耙组成格栅
CH 型正耙回转格栅	中等深度	10～50	800～2000	60～90	
XWB 型背耙式除污机	中等深度	8～100	500～3000	75～80	
ZZG 型链条式格栅除污机（高链式）	中等深度	20～25	1200～2800	60～75	
CGC 型垂直格栅自动除污机	较深	25～60	800～3000	90±1	栅条高 0.8～3.0m
SYGJ-01 型伸缩臂除污机（移动式）	较深	＞50		60～70	齿耙宽 0.8～1.2m
YCB 垂直耙斗除污机（移动式）	较深	25～150	1500～5000	90	提升高度 12m
BLQ-Y 型台车式除污机（移动式）	较深	10～100	1000～3000	60～90	提升高度 4～12m

3.3.2 格栅分类

格栅分类方法较多，一般可按形状、栅条间隙、清渣方式、构造总成分类。

3.3.2.1 按形状分类

格栅按形状可分为平面格栅和曲面格栅 2 类。

（1）平面格栅

平面格栅由栅条和框架组成，基本形式如图 3-3-1 所示，图中 A 型是栅条布置在框架的外侧，适用于机械清渣或人工清渣；B 型是栅条布置在框架的内侧，在格栅的顶部设有起吊架，可将格栅吊起，进行人工清洁。

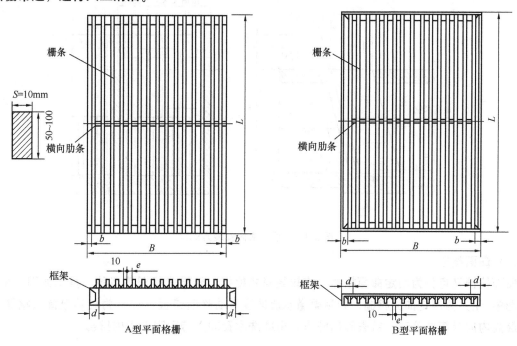

图 3-3-1　平面格栅

平面格栅的基本参数和尺寸包括宽度 B、长度 L、间隙净空隙 e、栅条至外边框的距离 b 和框架宽度 d。可根据污水渠道、泵房集水井进口管大小选用不同数值。平面格栅的基本参数和尺寸如表 3-3-6 所示。

平面格栅的基本参数和尺寸（mm） 表 3-3-6

名　　称	数　　值
格栅宽度 B	600，800，1000，1200，1400，1600，1800，2000，2200，2400，2600，2800，3000，3200，3400，3600，3800，4000，用移动除渣机时，$B>4000$
格栅长度 L	600，800，1000，1200…，以 200 为一级增长，上限值决定于水深
间隙净宽 e	10，15，20，25，30，40，50，60，80，100
栅条至外边框距离 b	b 值按下式计算： $$b = \frac{B - 10n - (n-1)e}{2}; b \leqslant d$$ 式中　B——格栅宽度； 　　　n——栅条根数； 　　　e——间隙净宽； 　　　d——框架周边宽度

平面格栅的框架用型钢焊接。当平面格栅的长度 $L>1000\text{mm}$ 时，框架应增加横向肋条。机械清除栅渣时，栅条的直线度偏差不应超过长度的 1/1000，且不大于 2mm。

A 型平面格栅的安装方式如图 3-3-2 所示，安装尺寸如表 3-3-7 所示。

A 型平面格栅安装尺寸（mm） 表 3-3-7

池深 H	800，1000，1200，1400，1600，1800，2000，2400，2800，3200，3600，4000，4400，4800，5200，5600，6000							
格栅角度 α	65°　75°　90°							
清除高度 a	0		800	1000		1200	1600　2000　2400	
运输装置	水槽		容器、传送带、运输车			汽车		
开口尺寸 C	≥1600							

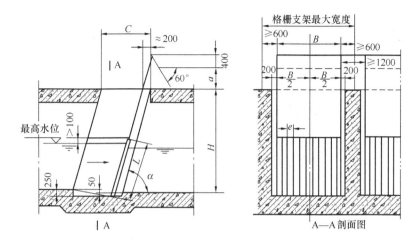

图 3-3-2　平面格栅安装方式

（2）曲面格栅

曲面格栅又可分为固定曲面格栅、旋转鼓筒式格栅、转锥式格栅等多种，具体如图 3-3-3 所示。图中（a）为固定曲面格栅，利用渠道水流速度推动除渣桨板；（b）为旋转鼓筒式格栅，污水从鼓筒内向鼓筒外流动，被去除的栅渣，由冲洗水管冲入带网眼渣槽内排出。

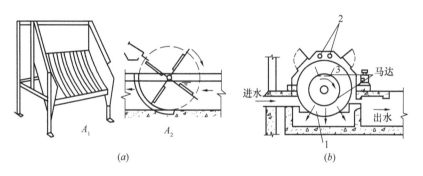

图 3-3-3　曲面格栅
（a）固定曲面格栅，A_1 为格栅，A_2 为清渣桨板；（b）旋转鼓筒式格栅
1—鼓筒；2—冲洗水管；3—渣槽

3.3.2.2　按栅条间隙分类

按格栅栅条间隙，一般可分为粗格栅（50～100mm）、中格栅（10～40mm）、细格栅（1.5～10mm）3 种。上述平板格栅与曲面格栅，都可做成粗、中、细格栅。由于格栅是物理处理的重要构筑物，故污水处理厂一般采用粗、细 2 道格栅，甚至采用粗、中、细 3 道格栅。

3.3.2.3　按清渣方式分类

按清渣方式，可分为人工清渣和机械清渣 2 种。

人工清渣格栅适用于小型污水处理厂。为了使工人易于清渣作业，避免清渣过程中的栅渣掉回水中，格栅安装角度以 30°～60°为宜。一般人工清渣格栅的间隙控制在 25～100mm。

当栅渣量大于 0.2m³/d，为改善劳动和卫生条件，都应采用机械清渣格栅。

机械格栅的清渣方式已研制多年，其目的在于减少操作和维修问题，并改善出渣能力。多种较新的设计涉及抗腐蚀材料的广泛应用，这些材料包括不锈钢和塑料，一般机械格栅的清渣方式分为 4 种基本类型：（1）链条驱动；（2）往复耙刮；（3）悬链；（4）连续带。不同类型机械格栅的清渣机理如图 3-3-4 所示，不同类型机械格栅的优缺点比较如表 3-3-8 所示。

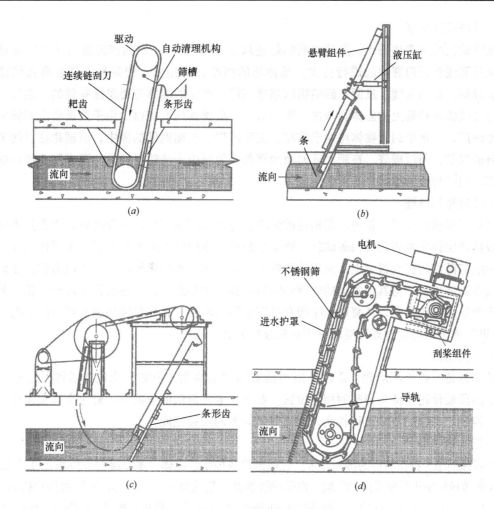

图 3-3-4　不同类型机械格栅的清渣机理

(*a*) 正面清理、正面返回的链条驱动；(*b*) 往复耙刮；(*c*) 悬链；(*d*) 连续带

不同类型机械格栅的优缺点比较表　　　　　　　　表 3-3-8

清渣方式	优点	缺点
1. 链条驱动		
正面清理/反面返回	多个清理元件，清理周期短，用于重污染场合	单元具有淹没式活动部件，要求通道脱水维修栅渣去除率较低，有残余栅渣带入后续构筑物
正面清理/正面返回	多个清理元件，清理周期短，栅渣载带很少	单元具有淹没式活动部件，要求通道脱水维修淹没式活动部件（链、链轮和轴）受到污染重的物体使齿轮卡塞
反面清理/反面返回	多个清理元件，清理周期短，淹没式活动部件（链、链轮和轴）用齿轮条保护	单元具有淹没式活动部件，要求通道脱水维修长齿易受损伤
2. 往复耙刮	无淹没式活动部件，维修和检修可在上面的操作平台进行，可处理大件物体（砖、轮胎等），高效耙刮栅渣，高效卸除栅渣操作和维修费用低，不锈钢结构减少腐蚀，高的流动能力	栅渣易被载带，未考虑通道内高水位时可淹没耙的电机，并会使电机烧毁，比其他格栅要求有更大的净空高度，循环周期长，耙刮能力有限，砂在条正面的积累可能阻碍耙的活动，不锈钢结构带来较高的费用
3. 悬链	链轮不淹没，多种维护可在上面的操作平台进行，空间高度要求较低，多个清理元件（清理周期短）；可处理大的物体栅渣，载带很少	由于设计立足于链的质量，取决于耙和条啮合的状态，使得链很重，并且操作困难，由于筛的倾斜角（45°~70°），筛的占地面积较大，耙卡住时可能发生轴的偏心和变形，由于是敞开式设计，可能散发臭味
4. 连续带	多数维修可在高于操作平台进行，单元不易卡住	大修或更换筛元件是一种耗时而昂贵的操作

（1）链条驱动格栅

链条驱动机械清理格栅可按清理格栅的耙是从正面（上游）、侧面或反面（下游）运动，以及耙是从正面或者返回栅底部进行分类。虽然总的操作方式相似，但每种类型各有其优点和缺点。一般说来，正面清理、反面返回的机械格栅在留住截留的固体方面是最有效的，但它们不很坚固，易被收集在耙基上的固体物卡住。正面清理、反面返回的栅很少用于处理合流制排水系统的污水处理厂，污水中的大物体可能卡住耙。正面清理、反面返回的栅中，清理耙在栅的下游侧返回栅条的底部，通过栅底，在耙上升时清理栅条。为减少卡住的可能性，要求采用铰接板封住栅下的槽，但铰接板同样可能被卡住。

（2）往复耙刮格栅

往复耙刮型机械格栅，模仿人耙格栅的运动。耙运动到格栅底，与条啮合，渣栅拉到栅顶卸出。多数格栅设计采用齿轮机构驱动耙。驱动机是可防水的电气型或水力型。主要优点在于，要求维修的所有部件皆在水线之上，无需使通道脱水即能容易地检查和维护。正面清理、正面返回的方案减少固体携带。与其他类型的格栅通常采用多个耙相反，此类格栅只采用一个耙。其结果是，在渣栅量较多的场合，往复耙刮格栅只具有有限的能力，尤其是深通道需要一条长的"直流段"。耙机构要求的高架清理可能限制了它在改型方面的应用。

（3）悬链格栅

悬链格栅是一种正面清理、正面返回的链条驱动型格栅，但它无淹没式链轮。在悬链格栅中，链条的质量使耙保持与齿条的相对位置。在重物卡住链条的情况下，耙可在其上面通过而不会卡住。但是，格栅的占地面积较大，因而需要较大的安装空间。

（4）连续带格栅

连续带格栅是一种自清理的格栅滤带，它能去除各种粗细固体。多个栅耙元件附接在驱动链上，栅耙元件的数量取决于格栅通道的深度。由于栅隙的变化范围为 0.5～30mm，它可用作粗格栅或细格栅。连续带元件上装有渗出的钩，它能捕获大的固体，如罐头盒、棍和破布等，此栅无淹没式链轮。

3.3.2.4 按构造总成分类

人工清渣格栅非常简单，而机械清渣格栅相对复杂，机械格栅除污机的种类很多，按机械格栅除污机的构造总成分类，如表 3-3-9 所示。

机械格栅除污机构造总成分类表

表 3-3-9

分　类	传动方式	牵引部件工况	格栅形状	除污机安装形式		代表性格栅
前清式（前置式）	液压	旋臂式	弧形	固定式		液压传动伸缩臂式弧形格栅除污机
	臂式	摆臂式				摆臂式弧形格栅除污机
		回转臂				旋臂式弧形格栅除污机
		伸缩臂	平面格栅	移动式	台车式	移动式伸缩臂格栅除污机
	钢丝绳	三索式				钢丝绳牵引移动式格栅除污机
					悬挂式	葫芦抓斗式格栅除污机
				固定式		三索式格栅除污机
		二索式				滑块式格栅除污机
	链式	干式				高链式格栅除污机
						爬式格栅除污机
后清式（后置式）						回转式多耙格栅除污机
		湿式				背耙式格栅除污机
						回转式固液分离机
自清式（栅片移动式）	曲柄式		阶梯形			阶梯式格栅除污机

分类	传动方式	牵引部件工况	格栅形状	除污机安装形式	代表性格栅
一体式 (拦污、传输、压榨)	旋转式	旋转式	曲面鼓形	固定式	转鼓式格栅除污机（耙转型） 转鼓式格栅除污机（鼓转型） 转锥式格栅除污机 卧式转鼓式格栅除污机 旋转滤网格栅除污机

（1）除污齿耙设在格栅前（迎水面）清除渣栅的为前清式或前置式。市场上该种形式居多，如三索式、高链式等。

（2）除污齿耙设在格栅后面，耙齿向格栅前伸出清除渣栅的为后清式或后置式，如背耙式、阶梯式等。

（3）无除污齿耙，格栅的栅面携带截面的栅渣一起上行，至卸料段时，栅片之间相互差动和变位，自行将污物卸除，同时辅以橡胶刷或压力清水冲洗，干净的栅面回转至底部，自下不断上行，替换已截污的栅面，周而复始。该种格栅称自清式，如网算式除污机、犁形耙齿固液分离机等。

（4）格栅除污机集拦污、传输、压榨三位一体的构造总成称为一体式。如转鼓式、转锥式等。

3.3.3 格栅选用

人工清渣格栅非常简单，且仅适用于标准低、栅渣量少、格栅规格小的场合。机械除渣格栅相对复杂，种类多，适用于标准较高、栅渣量较大的场合。鉴于不同类型的机械格栅除污机具有不同的特点，适用于不同的场合，因此需合理选用机械格栅除污机。

3.3.3.1 机械格栅除污机的特点比较

常用的各种类型格栅除污机都有其独特的优点，但也各有不足，应根据工况条件，扬长避短地设计或择用。各种常用格栅除污机的特点比较和分析如表3-3-10所示。

各种常用格栅除污机的特点比较和分析　　　　　表3-3-10

名　称	适　用　范　围	优　点	缺　点
链条回转式多耙格栅除污机	深度不大的中小型格栅，主要清除长纤维、带状物等生活污水中的杂物	1. 构造简单，制造方便 2. 占地面积小	1. 杂物易进入链条和链轮之间，容易卡住 2. 套筒滚子链造价较高
高链式格栅除污机	深度较浅的中小型格栅，主要清除生活污水中的杂物、纤维、塑料制品等杂物	1. 链条链轮均在水面上工作，易养护检修 2. 使用寿命长	1. 只适应浅水渠道，不适用超越耙臂长度的水位 2. 耙臂超长啮合力差，结构复杂
背耙式格栅除污机	深度较浅的中小型格栅，主要清除生活污水中的杂物	耙齿从格栅后面插入，除污干净	栅条在整个高度之间不能有固定的连接，由耙齿夹持力维持栅距，刚性较差，适用于浅水渠道
三索式格栅除污机	固定式，适用于各种宽度、深度的格栅，移动式适用于宽大的格栅，可逐格清除	1. 无水下运动部件，养护检修方便 2. 可应用于各种宽度、深度的格栅，范围广泛	1. 钢丝绳在干湿交替处易腐蚀，需采用不锈钢丝绳 2. 钢丝绳易延伸，温差变化时敏感性强，需经常调整

名　称	适 用 范 围	优　点	缺　点
回转式固液分离机	适用于后道格栅，去除纤维和细小的生活污水的杂物，栅距自 1～25mm，适用于深度不深的小型格栅	1. 有自清能力 2. 动作可靠 3. 污水中杂物去除率高	1. ABS 的犁形齿耙老化快 2. 当绕缠上棉丝，易损坏 3. 个别清理不当的杂物返入栅内 4. 格栅宽度较小，池深较浅
移动式伸缩臂格栅除污机	中等深度的宽大格栅，主要清除生活污水中的杂物	1. 不除污时，设备全部在水面上，养护检修方便 2. 可不停水养护检修 3. 寿命较长	1. 需三套电动机，减速器，构造较复杂 2. 移动时耙齿与栅条间隙的对位较困难
弧形格栅除污机	适用于水浅的渠道，主要去除头道格栅清除不了的污水中杂物	1. 构造简单，制作方便 2. 动作可靠，容易养护检修	1. 占地面积较大 2. 除回转式外，动作较为复杂 3. 弧栅制作较难
转鼓式格栅除污机	适用于水浅的渠道中对污水中细小栅渣和杂物的清除	1. 集拦截、提升、运输、压榨功能于一体； 2. 格栅除污自动化程度高 3. 对细小栅渣的拦截效果好 4. 经压榨后的栅渣便于后续处置	1. 结构相对复杂 2. 过栅损失相对较大 3. 造价相对较高

3.3.3.2　机械格栅除污机的选用

机械格栅除污机按栅隙和使用场合分粗格栅除污机和细格栅除污机 2 大类。工程设计中，为有效去除栅渣，有效筛选栅渣，一般采用 2 道以上格栅对栅渣进行拦截和清除。

（1）粗、细格栅除污机的常用类型

格栅的有效拦污十分重要，它能保证后续污水设备和后续处理工艺的正常运行。根据设备特点和工程经验，粗格栅除污机一般采用悬挂移动抓斗式、地面轨道行走移动式、钢丝绳牵引式、链传动多刮板式和高链式等。细格栅除污机一般有链传动多刮板格栅除污机、阶梯式格栅除污机、回转式固液分离机、旋转滤网、转鼓式格栅除污机等机型。

（2）粗格栅除污机的形式和选用

粗格栅除污机主要设置在雨污水泵站、污水处理厂进口，目的是拦截进水中的粗大垃圾，避免塑料袋、纤维状垃圾进入进水泵房，防止水泵叶轮堵塞。

1）悬挂移动抓斗式格栅除污机

悬挂移动抓斗式格栅除污机适用于多仓并列布置的格栅井，栅条和框架固定在井下，通过悬挂移动抓斗完成格栅井的截污，具有投资低、设备利用率高等优点。

格栅有效间隙一般为 20～100mm，井深不受限制，安装角 70°～85°，耙斗宽度一般为 1～1.5m，耙斗过宽可能出现稳定性差的现象，因此当单仓格栅井宽大于 2m 时，可采用二次除污方式。

该设备的缺点是在截污后移动至卸渣点时沿程污水滴漏现象较严重，格栅间的操作环境较差，需人工经常对地面进行冲洗，因此在水厂取水口等原水构筑物处采用的较多。

2）地面轨道行走移动式格栅除污机

地面轨道行走移动式格栅除污机是目前在城镇雨污水泵站或大型污水处理厂应用较多的一种

移动式格栅除污机，由一台移动设备进行多仓位的格栅除污工作，具有设备投资低、利用率高等优点，同时采用了重载型挖掘式耙斗，因此可有效地清理格栅前的沉积砂石，使用效果较好，已逐渐在工程中得以推广使用。

格栅有效间隙一般为 20～100mm，安装角采用较多的为 75°，耙斗宽度不大于 2m，当单仓井宽尺寸较大时，可通过机架位移完成二次除污。

3）钢丝绳牵引格栅除污机

钢丝绳牵引格栅除污机中最常用的是三索式格栅除污机，与地面轨道行走移动格栅除污机不同，每台格栅均独立设置一套耙斗升降开合装置、水下轨道和栅条等，由于采用了重载型挖掘式耙斗，可有效地截取栅前井底的砂石和漂浮垃圾，截污效果较好。南方地区如广东等地在粗格栅的选型上基本采用钢丝绳牵引格栅除污机。

格栅有效间隙一般为 20～80mm，井宽不大于 3m，井深不受限制，安装角多采用 75°～85°，垂直 90°安装的进口设备使用效果较好，国产的由于上部轨道结构设计不尽合理，因此在栅渣卸污时仍有部分垃圾回落现象。

钢丝绳牵引格栅除污机在雨水泵站使用时，应对耙斗结构形式提出要求，耙斗需采用空腹腔灌浇混凝土结构形式，以增加耙斗的自重和合耙力，尤其重要的是当开泵水流较激时，可避免由于耙斗过轻而出现漂浮不能顺利下降现象，以防止松绳和乱绳事故发生，确保设备安全可靠运行。

4）链传动多刮板格栅除污机

链传动多刮板格栅除污机，又称多刮板回转式格栅除污机，主要由传动装置带动两侧链传动系统做回转工作，传动链间隔一定距离连接一块截污耙板（一般 2m 左右设置一块耙板），通过传动系统耙板插入栅条自下而上将垃圾捞上，至上部链轮转弯处，截取的污物靠自重自动卸渣。该形式的机械格栅除污机结构简单，造价低，因此目前在工程中使用较多。

格栅有效间隙一般为 20～40mm，栅隙不宜过小，原因是耙齿的强度与刚度满足不了使用要求，宜造成耙齿断裂或变形。安装角为 70°～80°，耙板宽度 1～3m，但井深不宜过深，一般建议不超过 8m，否则一旦链条松弛将拥堵在下部链轮部位，影响传动和使用效果。

从调查的使用情况分析，由于耙板采用在管材上焊接耙齿的结构形式，耙板面积较小，一般只能对黏附在栅条上的部分垃圾进行清理，无法截取沉积在井底的砂石，截污效果较差。同时耙板截取的栅渣至上部转弯时靠自重进行卸渣，无任何外加的除污刮板将截取的垃圾刮除干净，因此仍有大部分垃圾被带回至出水渠道，截污效率较低，据国外有关资料介绍，其除污效率大约只有 40% 左右。

链传动多刮板格栅除污机只适合进水中垃圾成分较简单的场合，如只对进水中的漂浮树叶、树枝等进行拦截，对于污水处理厂或污水泵站进口，应慎重选用。

5）高链式格栅除污机

高链式格栅除污机采用双侧链传动结构形式，其链传动部分设置在水面以上部位，避免进水中的垃圾拉阻链条而影响运行，防止链传动部分长期浸泡在污水中加剧锈蚀，因此也可称干式链传动格栅除污机。

格栅有效间隙一般为 10～50mm，常用的宽度一般在 2m 以下，安装角一般为 70°～75°。

高链式格栅除污机的耙斗采用悬臂结构形式，因此只适用水深较浅的场合，当水深超过 1.5m 时，悬臂耙的稳定性较差，应慎重选用。

（3）细格栅除污机的形式和选用

细格栅除污机的间隙一般为 5～10mm 左右，目的是拦截颗粒直径小于上述规定栅隙的所有漂浮和沉积垃圾，减轻后续处理工艺的处理负荷，确保后续设备的正常运行。

除旋转滤网和转鼓式格栅等楔形栅条或多孔链板的格栅除污机外，其他形式的细格栅除污机基本采用栅条拦污结构形式（固液分离机为齿耙相互串接成环形格栅网面），栅隙宽度决定处理能力，在超过峰值流量时，栅条的高度方向也可通过超过栅隙的污物，因此拦截效果与设计要求存在较大差异，造成有大量塑料袋或纤维垃圾通过栅隙流入出水渠，给后续处理工艺和设备带来较大隐患。

目前国内常用的细格栅除污机除进口的鼓形栅框格栅除污机使用效果较好外，其他形式细格栅除污机的实际除污效果只能达到 $40\%\sim50\%$。因此对细格栅除污机的选型应慎重考虑。

除旋转滤网和转鼓式、转锥式格栅外，其余机型均为前置式格栅除污机。由于细格栅除污机耙齿较短、耙板面积较小，一般较难截取栅前沉积的砂石，较多的沉积砂易造成设备的损坏，影响设备正常运行。因此在实际工程使用中需经常对栅前沉砂进行人工清理，这既影响污水厂的正常运行，又增加了工人劳动强度。

1）阶梯式格栅除污机

阶梯式格栅除污机由驱动机构、曲柄连杆机构、阶梯形动/定栅片和机架等主要部件组成，定栅片与动栅片间隔设置，定片与机架制成一整体结构，动片在驱动机构和曲柄连杆机构的带动下作上下步进式运动，动片上下幅度略大于定片台阶高度，以使定片上的垃圾通过动片向上往复运动搁置在上一台阶的定片上，依此类推将污物送至栅片的最高处卸渣。

格栅间隙一般为 $3\sim10mm$，设备宽度不大于 2m，安装角一般采用 $45°$，不宜超过 $60°$，否则将影响截污效果。

阶梯式格栅除污机的主要缺点是栅前积砂易造成动片向下运动时受阻变形，因此一般进口设备均设置了栅底冲刷装置，及时冲刷堆积在栅前的沉积砂，避免影响动片的上下动作。同时由于动定栅片间的间隙为片状通道，对于塑料、布片、树叶等垃圾仍能由间隙通过，大部分宽度小于间隙的片状垃圾仍能进入后续处理构筑物。

选用阶梯式格栅除污机时一定要带有冲洗装置，同时设计过栅流速不宜过大，避免流速过快将垃圾由栅条间隙处随水流带走。

2）回转式固液分离机

回转式固液分离机主要由犁型齿耙串接形成一个覆盖迎水面的格栅面，在驱动机构的带动下通过双侧链传动进行回转，栅面携水中杂物沿轨道上行带至上部，通过弯轨和链轮的导向作用，使耙齿间产生互相错位推移，把附着在齿耙上的大部分污物外推，至链轮半径以下位置时，靠自重自动卸污，另一部分未能卸下的污物由清洗刷或刮板刮下。

回转式固液分离机的齿耙一般采用尼龙或聚碳酸酯材料注塑成型，由于耙齿易老化断裂，因此目前也有采用不锈钢板材冲压成型的齿耙。

回转式固液分离机间隙一般采用 $5\sim10mm$，安装角 $60°\sim75°$，由于受传动链串接轴直径的限制，格栅宽度一般不大于 1.2m，当宽度尺寸较大时，可采用并联结构形式。

在实际使用中，进水中的毛发、纤维状垃圾均缠绕在齿耙和除污刮板上，自动卸污困难，齿耙返程向下时，仍将相当数量的垃圾带至出水渠，同时齿耙高度方向仍能使片状垃圾通过，因此截污效果较低。

3）旋转滤网格栅除污机

旋转滤网格栅除污机也是一种通过双侧链带动网板进行回转运动的除污设备，与固液分离机和链传动多刮板格栅除污机不同，一般较多采用的是侧向进水、滤网两侧出水方式，进水中的污物可全部进入滤室内部，通过滤网的旋转带至上部由压力水冲下，因此旋转滤网的拦污效果较好，出水可带出的污物颗粒直径必然小于滤网孔径，可通过固体颗粒直径与设计的栅隙要求较相符。

传统旋转滤网的网板由不锈钢钢丝网组成，由于毛发、纤维等易缠绕在钢丝网上，不易被压力水冲下，一旦网面堵塞，极易造成格栅井溢水，目前推出了由工程塑料注塑成型的板框式旋转滤网，通过压力水可彻底冲下滤板上的污物，具有较高的拦污截污效果，据有关资料介绍，该设备的截污效率可达 85％左右，因此作为细格栅除污设备可以大量推广使用。

板框式旋转滤网的孔径一般可加工至 2～10mm，滤网进水室宽度 500～3000mm，井深最大可达 6m，设备为 90°垂直整体安装。

板框式旋转滤网的水头损失约为 200～400mm，因此在设计中应加以考虑。同时应配置压力水源，滤网工作时压力冲洗系统应同步启动。

4）转鼓式格栅除污机

转鼓式格栅除污机集细格栅除污机、螺旋提升和压榨脱水为一体，从进水到栅渣外运为全封闭运行，操作环境较好，无臭味。同时进水携带栅渣全部进入鼓形栅框内部进行截污处理，因此污物的拦截和去除效果较好，是目前使用效果较理想的一种细格栅除污机。

转鼓式格栅除污机包括有耙转型转鼓式、鼓转型转鼓式和卧式转鼓型格栅除污机等多种，目前在国内工程中运用最多的是耙转型转鼓式格栅除污机。

耙转型转鼓式格栅除污机主要由鼓型栅筛框、旋转耙、螺旋输送、脱水压榨、冲洗、驱动等装置组成。工作时，污水携带污物由栅框前进入，栅渣被栅网截留，当栅内外水位差达到一定值时，安装在中心轴上的旋转齿耙进行回转除污，将污物扒集至上部，靠自重卸污至栅渣槽，旋转耙随即倒转一定角度并通过清齿刮板将耙齿上黏附的栅渣梳理卸下，由斜置的螺旋输送机将污物向上提升，通过上部变螺距段进行压榨脱水，最后以较干的栅渣输出。

耙转型转鼓式格栅除污机的栅框间隙 5～12mm，常用间隙 6～10mm，栅框直径 600～3000mm，10mm 间隙时最大通水能力可达 $Q=2750L/s$（$D=3000mm$），设备为整体 35°倾角安装。

转鼓式格栅除污机应设置压力冲洗水源，作栅渣槽网板和螺旋体的清洗用，压力水源的流量 $Q≈10m^3/h$，压力 $P=0.5～0.7MPa$。

3.3.4　格栅截除污物搬运和处置

3.3.4.1　工艺流程

格栅除污机扒捞上来的污物卸入污物槽中，污物槽的开口长度应略大于耙齿板的长度，容积约等于 1～2 个工作班次中所扒捞上来的污物体积。污物槽可用厚 2mm 左右的钢板焊制，其底面安装高度视运输污物的工具或槽下是否安装其他设备（如破碎机等）而定。

有的地方直接将污物用手推车或皮带运输机运出，也有将污物注入槽后用水力输送。

格栅除污机常与后续处理工序联成一条格栅除污流水线，其工艺流程如图 3-3-5 所示。

清污→卸污→集污 装袋 焚烧
　　　　　　压榨脱水 运输
　　　　　　装箱 弃置

图 3-3-5　格栅除污工艺流程示意图

清污和卸污由格栅除污机完成；集污用料斗、小车或皮带输送机、水力输送至储存仓。

污物经过压榨含水率为 50％～65％，体积可缩小 $\frac{1}{3}$ 以上。破碎压榨设备一般处理量为 0.7～6.5m³/h，有 3 种基本类型：

（1）柱塞式压榨机：利用液压原理，靠柱塞的压力挤压污物而脱水，处理量 2.5m³/h 左右。

（2）辊式压榨机：污物通过两个相对转动的辊筒完成压缩和脱水动作，处理量 3m³/h 左右。

（3）锤式破碎机：根据锤击和剪切的原理设计，与矿山机械锤式破碎机不同的是锤头呈扁平状，工作面做成刀刃，锤头在回转运动中完成对污物的锤击和剪切作用，污物经破碎后返回污水中。

3.3.4.2 工程实例

我国深圳污水处理厂设有引进的格栅除污流水线，如图 3-3-6 所示，包括除污机组 2 套、格栅污物压榨机、皮带运输机和污物装袋机。格栅除污机的齿耙由链条牵引垂直升降，上升时耙齿与栅条啮合，下降时则通过连杆机构将齿耙与格栅脱开，如图 3-3-7 所示，设有拉力保护设施和自动运转设置，捞上的污物通过带式输送机送入压榨机，用 γ 射线控制压榨量。压榨后的污物自动装袋。

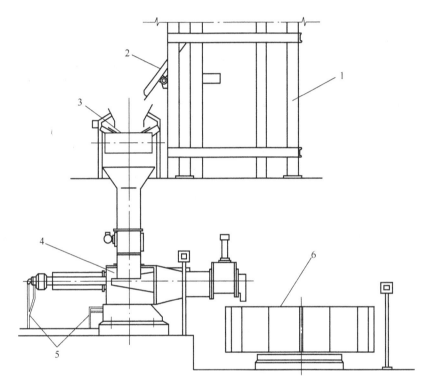

图 3-3-6　格栅截留污物处理装置流水线

1—格栅除污机机架；2—摆动斜槽；3—皮带运输机；4—污物压榨机；5—输水管；6—污物装袋机

该除污机的工作宽度 1400mm，格栅高 2500mm，栅条间隙 20mm，最大清除量 1m³/h，有 3 种控制方式：

（1）人工启动，自动停车。

（2）由时间继电器控制定时运行。

（3）按液位差控制。

配用皮带输送机长 4m，带宽 0.8m，带速 12.5m/min，运输能力 1.75m³/h。

污物压榨机压榨能力为 1m³/h，压榨前污物平均含水 85％～95％，压榨后降为 55％～65％。压榨机采用液压操作，液压系统的最大压力达 20MPa，压榨时间 1～30s，并根据需要调节，当压榨时间终了时，卸压液压阀打开，让被压榨的污物排出。机组采用上台式排渣，与装袋机连接作业。

污物装袋机，如图 3-3-8 所示，每机可同时配 10 个包装袋，每袋容量 90L，可装污物 50～90kg。袋装重量由测重装置调节，袋子用聚乙烯或衬聚乙烯纸制造。当所有袋子都装满时，有音响报警信号发出。

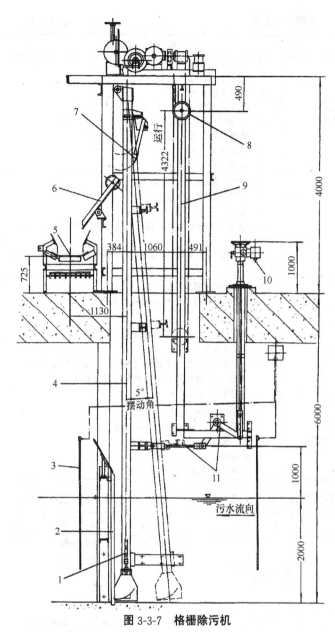

图 3-3-7　格栅除污机

1—可锻铸铁和钢制组合链条；2—格栅和支架；3—沉管测量水位；
4—耙子导槽（摆动）；5—皮带运输机；6—摆动斜槽；7—耙子刮板；
8—平衡轴和支持链轮；9—平衡轴导柱；10—导入电缆；11—曲柄
传动轴操纵杆和推杆

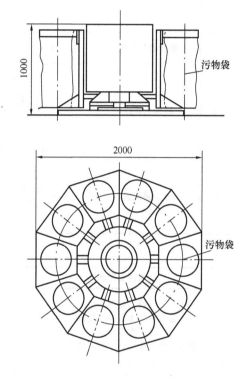

图 3-3-8　装袋机示意图

3.3.5　格栅计算和设计

一般格栅的计算理论主要是以平面格栅为研究对象，对于曲面格栅应考虑折减和换算。在进行工程设计和格栅选型时，应在格栅理论计算的基础上，结合工程设计实际和选型格栅特点统筹考虑。对于特种格栅，应通过水力试验等确定具体的设计参数，并根据特种格栅的构造特点和外形尺寸等开展具体的工程设计。

3.3.5.1　一般格栅的理论计算

(1)　计算公式

格栅的计算公式如表 3-3-11 所示。

格栅计算公式 表 3-3-11

序号	名 称	公 式	符 号 说 明
1	栅槽宽度	$B = S(n-1) + bn$ $n = \dfrac{Q_{max}\sqrt{\sin \alpha}}{bhv}$	B—栅槽宽度，m； S—栅条宽度，m； b—栅条间隙，m； n—栅条间隙数，个； Q_{max}—最大设计流量，m^3/s； α—格栅倾角，度； h—栅前水深，m； v—过栅流速，m/s
2	通过格栅的水头损失	$h_1 = h_0 k$ $h_0 = \xi \dfrac{v^2}{2g} \sin \alpha$	h_1—通过格栅的水头损失，m； h_0—计算水头损失，m； g—重力加速度，m/s^2； k—系数，格栅受污物堵塞时水头损失增大倍数，一般采用 3； ξ—阻力系数，其值与栅条断面形状有关，可按表 3-3-12 计算
3	栅后槽总高度	$H = h + h_1 + h_2$	H—栅后槽总高度，m； h_2—栅前渠道超高，一般采用 0.3m
4	栅槽总长度	$L = l_1 + l_2 + 1.0 + 0.5 + \dfrac{H_1}{tg\alpha_1}$ $l_1 = \dfrac{B - B_1}{2tg\alpha_1}$ $l_2 = \dfrac{l_1}{2}$ $H_1 = h + h_2$	L—栅槽总长度，m； l_1—进水渠道渐宽部分的长度，m； B_1—进水渠宽，m； α_1—进水渠道渐宽部分的展开角度，一般可采用 20°； l_2—栅渣与出水渠道连接处的渐窄部分长度，m； H_1—栅前渠道深，m
5	每日栅渣量	$W = \dfrac{Q_{max}W_1 \times 86400}{K_Z \times 1000}$	W—每日栅渣量，m^3/d； W_1—单位栅渣量，$m^3/10^3 m^3$ 污水； 格栅间隙为 16～25mm 时，$W_1 = 0.10～0.05$； 格栅间隙为 30～50mm 时，$W_1 = 0.03～0.01$； K_Z—生活污水流量总变化系数

阻力系数 ξ 计算公式 表 3-3-12

栅条断面形状	公 式	说 明
锐边矩形 迎水面为半圆形的矩形 圆形 迎水、背水面均为半圆形的矩形	$\xi = \beta\left(\dfrac{S}{b}\right)^{\frac{4}{3}}$	形状系数 $\beta = 2.42$ $\beta = 1.83$ $\beta = 1.79$ $\beta = 1.67$
正方形	$\xi = \left(\dfrac{b+S}{\varepsilon b} - 1\right)^2$	ε—收缩系数，一般采用 0.64

（2）计算实例

某城市污水处理厂的最大设计污水量 $Q_{max} = 0.2 m^3/s$，计算格栅各部分尺寸。

格栅计算如图 3-3-9 所示。

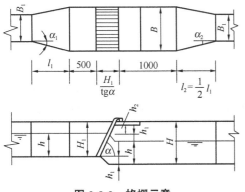

图 3-3-9 格栅示意

1）栅条的间隙数：设栅前水深 $h = 0.4m$，过栅流速 $v = 0.9m/s$，栅条间隙宽度 $b = 0.021m$，格栅倾角 $\alpha = 60°$，则

$$n = \frac{Q_{max}\sqrt{\sin \alpha}}{bhv} = \frac{0.2\sqrt{\sin 60°}}{0.021 \times 0.4 \times 0.9} \approx 26 \ 个$$

2）栅槽宽度：设栅条宽度 $S = 0.01m$，则

$$B = S(n-1) + bn = 0.01 \times (26-1) + 0.021 \times 26 = 0.8m$$

3）进水渠道渐宽部分的长度：设进水渠道宽 $B_1 = 0.65m$，其渐宽部分展开角度 $\alpha_1 = 20°$，进水渠

道内的流速为 0.77m/s，则

$$l_1 = \frac{B - B_1}{2\text{tg}\alpha_1} = \frac{0.8 - 0.65}{2\text{tg}20°} \approx 0.22\text{m}$$

4）栅槽与出水渠道连接处的渐窄部分长度为

$$l_2 = \frac{l_1}{2} = \frac{0.22}{2} = 0.11\text{m}$$

5）通过格栅的水头损失：设栅条断面为锐边矩形断面，其阻力系数查表 3-3-12，则

$$h_1 = \beta \left(\frac{S}{b}\right)^{\frac{4}{3}} \frac{v^2}{2g} \sin\alpha K$$

$$= 2.42 \left(\frac{0.01}{0.021}\right)^{\frac{4}{3}} \times \frac{0.9^2}{19.6} \sin 60° \times 3$$

$$= 0.097\text{m}$$

6）栅后槽总高度：设栅前渠道超高 $h_2 = 0.3\text{m}$，则

$$H = h + h_1 + h_2 = 0.4 + 0.097 + 0.3 \approx 0.8\text{m}$$

7）栅槽总长度为

$$L = l_1 + l_2 + 0.5 + 1.0 + \frac{H_1}{\text{tg}\alpha}$$

$$= 0.22 + 0.11 + 0.5 + 1.0 + \frac{0.4 + 0.3}{\text{tg}60°} = 2.24\text{m}$$

8）每日栅渣量：在格栅间隙 21mm 的情况下，设栅渣量为每 1000m^3 污水产 0.07m^3，则

$$W = \frac{Q_{\max} W_1 \times 86400}{K_Z \times 1000} = \frac{0.2 \times 0.07 \times 86400}{1.5 \times 1000} = 0.8\text{m}^3/\text{d} > 0.2\text{m}^3/\text{d}$$

宜采用机械清渣。

3.3.5.2 特种格栅的设计

（1）自清式格栅除污机

自清式格栅除污机又称固液分离机，由于其过水断面是由犁形耙齿互相叠合和带接组成的环形格栅链，它的实际过水流量与理论计算会存在一定差距，图 3-3-10 为自清式格栅除污机示意

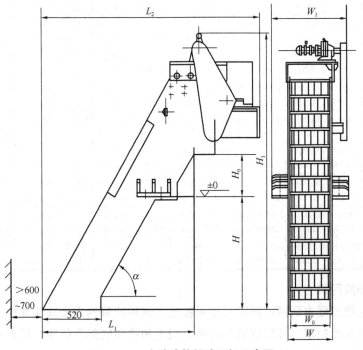

图 3-3-10　自清式格栅除污机示意图

图，表 3-3-13 为自清式格栅除污机规格性能参数表，表 3-3-14 为各规格自清式格栅除污机过水流量参考值。

自清式格栅除污机规格性能参数 表 3-3-13

型 号	HF 300	HF 400	HF 500	HF 600	HF 700	HF 800	HF 900	HF 1000	HF 1100	HF 1200	HF 1250	HF 1500
安装角度 α	60°～80°											
电动机功率（kW）	0.4～0.75			0.55～1.1			0.75～1.5		1.1～2.2		1.5～3	
筛网运动速度（m/min）	约2	约2	约2	约2	约2	约2	约2	约2	约2	约2	约2	约2
设备宽 W_0（mm）	300	400	500	600	700	800	900	1000	1100	1200	1250	1500
设备总高 H_1（mm）	3153～13620											
设备总宽 W_1（mm）	650	750	850	950	1050	1150	1250	1350	1450	1550	1600	1850
沟宽 W（mm）	380	480	580	680	780	880	980	1080	1180	1280	1330	1580
沟深 H（mm）	1535～12000 用户自选											
导流槽长度 L_1（mm）	1500～8300											
设备安装长度 L_2（mm）	2320～8300											
介质最高温度（℃）	≤80											
地脚至卸料上口高 H_0（mm）	400～1000 用户自定											

自清式格栅除污机过水流量参考值 表 3-3-14

型 号		HF 300	HF 400	HF 500	HF 600	HF 700	HF 800	HF 900	HF 1000	HF 1100	HF 1200	HF 1250	HF 1500
栅前水深（m）		1.0	1.0	1.0	1.0	1.0	1.0	1.0	1.0	1.0	1.0	1.0	1.0
液体流速（m/s）		0.5～1.0	0.5～1.0	0.5～1.0	0.5～1.0	0.5～1.0	0.5～1.0	0.5～1.0	0.5～1.0	0.5～1.0	0.5～1.0	0.5～1.0	0.5～1.0
耙齿间隙（mm） 1	过水流量（m³/d）	1850～3700	2080～4160	2900～5800	3700～7400	4500～9000	5300～10600	6000～12000	7000～14000	7800～15600	9600～17200	9000～18000	11000～22000
3		3700～7400	4100～8200	5700～14400	7500～15000	9000～18000	10600～21200	12300～24600	14000～28000	15500～31200	17200～34400	18000～36000	22000～44000
5		4500～9000	5200～10400	7100～14200	9200～18400	11200～22400	13000～26000	15000～30000	17400～34800	19400～38800	21000～42000	22500～45000	24000～48000
10		5300～10600	6200～12300	8800～17600	11000～22000	13500～27000	16000～32000	17400～34800	21100～42200	24000～48000	25000～50000	26000～52000	27000～54000
20		5500～11000	6650～13000	9000～18000	11500～23000	14000～28000	17000～34000	19000～38000	22000～44000	25000～50000	27000～54000	28000～56000	29000～58000
30		7100～14200	8600～17200	11700～23400	14900～29800	18200～36400	22100～44200	24700～49400	28600～57200	32500～65000	35100～70200	36400～72800	37700～75400
40		7800～15500	10200～20500	14500～29000	18800～37500	23000～46000	27000～54000	31500～63000	36000～72000	40000～80800	44000～89000	46000～93000	57000～115000
50		10200～20400	13250～26500	18850～37700	24450～48900	29900～59800	35100～70200	40950～81900	46800～93600	52000～104000	57200～114400	59800～119600	74100～148200

（2）阶梯格栅除污机

阶梯格栅在处理过程中利用已截留固体颗粒层，这种独特的方法提供比单一依靠栅条间隙所获得的具有更高的过滤效率。在阶梯的薄片中，固定和移动的部件每隔一层就相互连接，固体颗粒在此形成堆积层，起到一过滤层作用，提高了筛分效率。

根据不同的处理和分离要求，可选择各种标准规格的阶梯格栅。工程中较常采用的栅格间隙为 3mm 或 6mm，表 3-3-15、表 3-3-16 和图 3-3-11、图 3-3-12 为 A 型和 B 型阶梯式格栅除污机规格性能参数资料和示意图。

A 型阶梯式格栅规格性能参数表（mm）　　　　　　　　表 3-3-15

规 格	M3000	M2200	M1800	M1200	M900
A（长度）	2000	1590	1350	1010	683
B（高度）	2590	2155	1900	1565	1221
C（宽度）	500～1600	500～1600	400～1600	400～1100	390～490
栅间隙	3、6	3、6	3、6	3、6	3、6
最大流量（L/s）栅前水位 F 最高时，且 $\Delta H=200mm$，栅间隙宽 3mm	2205	1755	1455	800	225
排放高度	1950	1490	1250	880	595
有效宽度	400～1500	400～1500	300～1500	300～1000	300～400
格栅前的最高水位（D）	1500	1200	1000	850	570

B 型阶梯式格栅规格性能参数表（mm）　　　　　　　　表 3-3-16

规格	L600	L1000	L1500	L2000	L2500	L3000	L3500	L4900
A（长度）	1150	1400	2130	2500	2810	3180	3780	4430
B（高度）	1170	1420	2050	2420	2740	3100	3700	4350
C（宽度）	300～700	300～700	300～1200	300～1750	500～1750	500～1750	500～1750	500～1750
栅间隙	3、6	3、6	3、6	3、6	3、6	3、6	3、6	3、6
最大流量（L/s）栅前水位 F 最高时，且 $\Delta H=200mm$，栅间隙宽 3mm	155	350	1200	1520	1985	2195（2765）	2410（3300）	2975（4200）
排放高度	470	700	900	1270	1580	1950	2540	3220
有效宽度	165～565	165～565	165～1065	165～1565	365～1565	365～1565	365～1565	365～1565
格栅前的最高水位（D）	350	650	800	1000	1270	1430（1800）	1570（2170）	2000（2800）

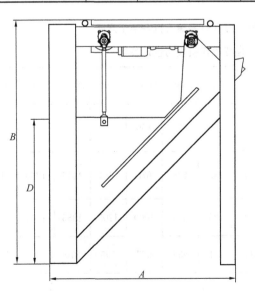
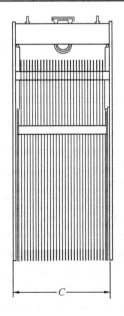

图 3-3-11　A 型阶梯式格栅示意图

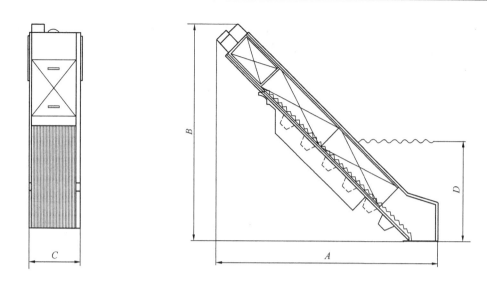

图 3-3-12　B型阶梯式格栅示意图

（3）耙转型转鼓式格栅除污机

耙转型转鼓式格栅除污机的示意如图 3-3-13 所示，规格性能和安装尺寸参数如表 3-3-17、表 3-3-18 所示。

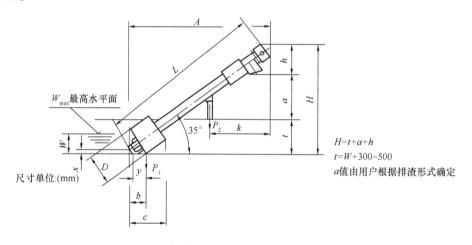

$$H=t+a+h$$
$$t=W+300\sim500$$
a值由用户根据排渣形式确定

图 3-3-13　耙转型转鼓式格栅除污机安装示意图

耙转型转鼓式格栅除污机规格性能参数　　　　　　　　　　　　表 3-3-17

型　　　号	D600	D780	D1000	D1200	D1400	D1600	D1800	D2000	D2200	D2400	D2600	D3000
$e=6$； Q_{max}（L/s）	83	130	200	300	419	630	850					
$e=10$； Q_{max}（L/s）	91	151	241	346	482	638	878	1061	1315	1750	2150	2750
m（mm）	335	414	525	622	725	850	1000	1205	1355	1505	2603	2929
n（mm）	153	218	308	387	451	553	677	795	870	945	1924	2120
电机功率（kW）		1.1			1.5				2.2			3

耙转型转鼓式格栅除污机安装尺寸参数（mm）　　　　　　　表 3-3-18

D	沟渠宽度	b ($e=6$)	b ($e=10$)	c ($e=6$)	c ($e=10$)	W	x	y	h	k	最大荷载（kgf）	
											P_1	P_2
600	620	435	465	821	950	300	50	500	700	1235	716	358
780	800	546	548	1013	1012	350	50	650	740	1420	830	415
1000	1020	625	630	1190	1190	480	70	700	740	1420	1040	520
1200	1220	741	749	1401	1402	590	80	800	740	1310	1166	583
1400	1440	842	846	1658	1657	750	80	900	804	1595	1950	975
1600	1640	902	953	1874	1875	850	80	1000	804	1595	2200	1100
1800	1840	1263	1263	2280	2277	950	80	1100	804	1595	2450	1225
2000	2040	1300	1300	2490	2490	1150	100	1200	959	1525	3750	1875
2200	2240	1340	1340	2670	2670	1250	100	1300	959	1525	4080	2040
2400	2440	1375	1375	2990	2990	1400	100	1400	959	1525	4580	2290
2600	2640	1490	1490	3050	3050	1490	100	1600	959	1525	5580	2790
3000	3040	1707	1707	3657	3657	1700	150	1600	2040	1635	6124	3062

图 3-3-13 中 "L" 和 "A" 的计算方法如下式所示。

$$L = H \times 1.74345 - m \tag{3-3-1}$$

$$A = H \times 1.42815 - n \tag{3-3-2}$$

式中　L——格栅除污机长度，mm；

　　　A——格栅除污机安装水平尺寸，mm；

　　　H——格栅除污机安装总高度，mm；

　m，n——计算参数，查表 3-3-17，mm。

耙转型转鼓式格栅除污机布置时可多台并联，该装置处理水量大、规格多、能耗低、自动化程度高，从进水到栅渣外运，可全封闭运行，卫生且无臭味。

（4）鼓转型转鼓式格栅除污机

鼓转型转鼓式格栅除污机的示意如图 3-3-14 所示，规格性能和安装尺寸参数如表 3-3-19 和表 3-3-20 所示。

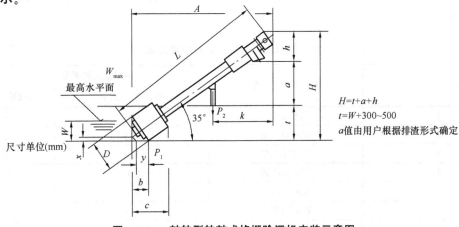

图 3-3-14　鼓转型转鼓式格栅除污机安装示意图

鼓转型转鼓式格栅除污机规格性能参数

表 3-3-19

型号：R02/D	D600	D780	D1000	D1200	D1400	D1600	D1800	D2000	D2200	D2400	D2600	D3000
$e=0.5$；Q_{max} （L/s）	21	36	61	83	119	156	198	245	296	353	560	650
$e=1$；Q_{max} （L/s）	35	61	103	141	201	265	336	415	501	597	903	1110
$e=2$；Q_{max} （L/s）	53	92	155	213	305	401	509	628	759	904	1250	1530
$e=3$；Q_{max} （L/s）	64	112	190	260	372	489	621	766	926	1103	1510	1870
$e=4$；Q_{max} （L/s）	66	120	200	281	400	570	750	928	1120	1300	1700	2080
$e=5$；Q_{max} （L/s）	70	130	221	308	438	612	815	1000	1210	1450	1840	2260
m （mm）	335	495	635	767	1070	1169	1296	1510	1632	1742	1887	3265
n （mm）	196	293	349	408	450	481	553	766	811	835	895	2085
电机功率（kW）		1.1			1.5				2.2			3

鼓转型转鼓式格栅除污机安装尺寸参数 （mm）

表 3-3-20

D	沟渠宽度	b	c	W	x	y	h	k	最大荷载（kgf） P_1	最大荷载（kgf） P_2
600	620	335	863	405	70	125	700	1235	660	330
780	800	447	1104	520	70	125	740	1420	768	384
1000	1000	560	1339	675	70	125	740	1420	976	488
1200	1200	659	1584	800	70	125	740	1310	1100	550
1400	1400	782	1812	930	70	125	804	1595	1866	934
1600	1600	908	2042	1110	70	125	804	1595	2100	1050
1800	1800	1004	2283	1235	70	125	804	1595	2342	1171
2000	2000	1118	2670	1300	120	125	959	1525	2612	1306
2200	2200	1233	2700	1500	120	125	959	1525	3660	1830
2400	2400	1348	3083	1680	120	125	959	1525	4040	2020
2600	2600	1462	3413	1750	120	125	959	1525	4500	2225
3000	3000	1692	4150	2050	150	375	2040	1635	6200	3100

图 3-3-14 中 "L" 和 "A" 的计算方法同图 3-3-13 中的计算。

（5）卧式转鼓型格栅除污机

卧式转鼓型格栅除污机的示意如图 3-3-15 所示，过流能力和安装尺寸参数如表 3-3-21 和表 3-3-22 所示。

卧式转鼓型格栅除污机过流能力表

表 3-3-21

序 号	格 栅 型 号	单机最高处理量（m³/s） 栅间隙：3mm	单机最高处理量（m³/s） 栅间隙：4.5mm
1	WS90/90	0.4	0.5
2	WS150/150	1.2	1.33
3	WS175/175	1.8	1.9
4	WS200/200	2.0	2.17
5	WS200/250	2.6	2.8
6	WS250/250	2.7	2.92
7	WS250/300	3.4	3.6

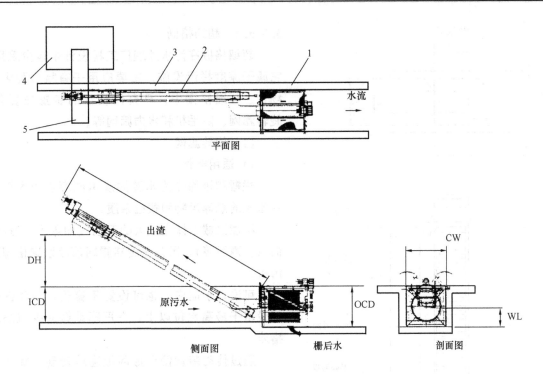

图 3-3-15　卧式转鼓型格栅除污机安装示意图

1—卧式转鼓型格栅；2—螺旋输送压榨一体机；3—格栅渠道；4—渣斗；5—螺旋输送机

卧式转鼓型格栅除污机安装尺寸参数　　　　表 3-3-22

格栅型号	CW (mm)	ICD (mm)	OCD (mm)	WL (mm)	DH (mm)	重量 (kg)
WS90/90	1220	1035	1183	536	1500	800
WS150/150	1896	1682	1856	1068	1500	1850
WS175/175	2140	1975	2000	1200	1500	2500
WS200/200	2440	2210	2400	1438	1800	3350
WS200/250	2440	2210	2400	1438	1800	3750
WS250/250	3020	2675	2900	1940	1500	4000
WS250/300	3020	2675	2900	1940	1500	4500

（6）旋转滤网格栅除污机

旋转滤网格栅除污机的示意如图 3-3-16 所示，规格性能参数如表 3-3-23 所示。

旋转滤网格栅除污机规格性能参数　　　　表 3-3-23

水流深度（m）	流量（L/s）					
1.0	240	560	840	1170	—	—
1.5	360	790	1180	1700	2300	2750
2.0	470	1020	1530	2170	2880	3450
2.5	590	1250	1880	2630	3450	4150
3.0	700	1480	2230	3100	4040	4850
3.5	820	1720	2580	3560	4620	5540
4.0	930	1960	2950	4060	5200	6250
A（m）	0.9	1.4	1.9m	2.4	2.9	3.4
B（m）	0.9	1.4	1.4	1.9	2.4	2.4
C（m）	1.5	2.0	2.5	3.4	4.1	4.6
D（m）	1.2	2.0	2.0	3.0	4.0	4.2

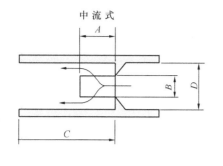

中流式

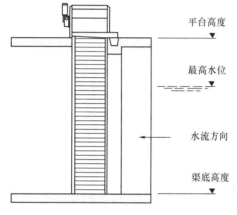

平台高度

最高水位

水流方向

渠底高度

图 3-3-16 旋转滤网格栅除污机安装示意图

3.3.5.3 超细格栅

超细格栅在污水处理厂工程设计中较少采用，它属于深度拦污设施，主要应用于有特殊要求的场合。超细格栅中，具有代表性的装置主要有：旋转滤网、除毛机和水力筛网等。

（1）旋转滤网

1）适用条件

拦截和排除作为水源的淡水或海水中大于网孔直径的悬浮污物和颗粒杂质。

不能拦截水体中较大的杂物（如漂木、浮冰、树权、芦苇等），因此在旋转滤网前应设置格栅除污机。

可设置于室内，也可设置于露天，传动部分应设置于最高水位以上，在严寒地区应采取防冻措施。

通过传动装置使链形网板连续转动排除水中杂物，网板和链条等部分长期在水下运行，因而防腐要求较高。

2）类型和特点

常用的旋转滤网大致分为 3 种类型：板框型旋转滤网、圆筒型旋转滤网和连续传送带型旋转滤网。

滤网可设置在渠道内或取水构筑物内，滤网可用不锈钢丝、尼龙丝、铜丝或镀锌钢丝编织而成。网孔孔眼大小根据拦截对象选用，一般为 0.1～10mm。由于旋转滤网截留的污物颗粒较小，一般可顺排水沟内排出。

旋转滤网的宽度一般为 1.0～4.0m，深度大部分在 10m 左右，最深可达 30m。网板运动速度 3m/min 左右。旋转滤网均采用喷嘴喷出的高压水冲洗清除附着在滤网上的污物。

水下不设传动部件，靠滤网或链条的自重自由下垂，以便检修和养护。

旋转滤网的启动控制同格栅除污机类似，有手动和自动（水位差自动控制或按时间间隔启动）2 种方式。

当流速和污物量变化大时，可用无级变速电机改变滤网的旋转速度，国内大多采用普通电动机驱动。

附着在滤网上的污物增多，将增大滤网前、后的水位差，设计计算的水头损失一般控制在30cm 以下，在滤网的实际运行中控制在 10～20cm 左右。

3）板框型旋转滤网的设计

板框型旋转滤网的构造如图 3-3-17 所示，由电动机、链传动副驱动、牵引轮、链板、板框、滤网、座架、冲洗喷嘴、冲洗水管和排渣槽等组成。国内过去大都采用普通电动机通过减速器和大、小齿轮传动副驱动牵引链轮，目前已改为采用行星摆线针轮减速机通过一级链传动副驱动牵引链轮，后者已作为今后的定型设计。

当用变速电动机时，旋转滤网的速度可根据流速和水中含有杂质的多少进行手动或自动控制。被旋转滤网拦截上来的污物由冲洗管上的喷嘴喷出的压力水冲洗排入排渣槽带走，也有将污物冲入垃圾袋，待水滤出后，再把污物运走。

4）板框型旋转滤网计算

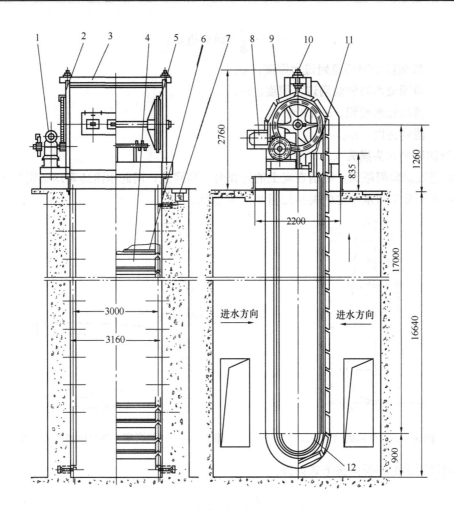

图 3-3-17　普通电动机传动的板框型旋转滤网

1—蜗轮蜗杆减速器；2—齿轮传动副驱动；3—座架；4—滤网；5—传动大链轮；6—板框；

7—排渣槽；8—电动机；9—链板；10—调节杆；11—冲洗水管；12—导轨

a. 旋转滤网需要的过水面积按下式计算

$$A = \frac{Q}{v \varepsilon k_1 k_2 k_3}$$

(3-3-3)

式中　A——滤网过水面积，m^2；

$\quad\quad Q$——设计流量，m^3/s；

$\quad\quad v$——流速，一般采用 $0.5 \sim 1.0 m/s$；

$\quad\quad k_1$——滤网阻塞系数，一般采用 $0.75 \sim 0.90$；

$\quad\quad k_2$——网格引起的面积减小系数；

$\quad\quad k_3$——由于框架等引起的面积减小系数，一般采用 $0.75 \sim 0.90$；

$\quad\quad \varepsilon$——由于名义尺寸和实际过水断面的不同而产生的骨架面积系数，一般采用 $0.70 \sim 0.85$。

其中，k_2 可由下式计算

$$k_2 \approx \frac{b^2}{(b+d)^2}$$

(3-3-4)

式中　b——网丝间距，mm；

$\quad\quad d$——网丝直径，mm。

b. 滤网的过水深度，如图 3-3-18 所示，按下式计算

$$H_1 = \frac{A}{2B} \text{（双向进水）}$$

(3-3-5)

$$H_2 = \frac{A}{B} \text{（单向进水）} \tag{3-3-6}$$

式中　H_1——双面进水时的滤网过水深度，m；

　　　H_2——单面进水时的滤网过水深度，m；

　　　A——滤网过水面积，m^2；

　　　B——滤网宽度，m。

c. 通过滤网的水头损失

当水流通过滤网网眼时，截留在网上的污物会堵塞网眼，同时水流转弯均能引起水头损失。滤网孔眼堵塞率和水位差的关系如图 3-3-19 所示。

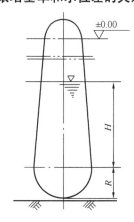

图 3-3-18　滤网的过水深度

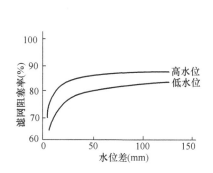

图 3-3-19　滤网阻塞率与水位差关系曲线

水流转弯所造成的损失按下式计算：

$$h = C_D \frac{v_n^2}{2g} \tag{3-3-7}$$

$$v_n = 100Q/A_1 H (100 - n_1) \tag{3-3-8}$$

式中　h——通过滤网的水头损失，m；

　　　C_D——滤网的阻力系数，一般采用 0.4；

　　　v_n——堵塞率 $n\%$ 时的平均流速，m/s；

　　　H——水深，m；

　　　A_1——每单位宽度的滤网有效面积，m^2/m；

　　　Q——通过滤网的流量，m^3/s。

d. 喷嘴流速和耗水量计算

喷嘴流量按下式计算

$$Q = C_d A \sqrt{2gH} \tag{3-3-9}$$

式中　Q——喷嘴流量，m^3/s；

　　　C_d——孔口流量系数，一般采用 0.54～0.71，通常采用 0.62；

　　　A——孔口面积，m^2；

　　　H——喷口处的水头，m。

喷嘴流速按下式计算

$$v = C_v \sqrt{2gH'} \tag{3-3-10}$$

式中　v——喷嘴流速，m/s；

　　　C_v——流速系数，一般采用 0.97～0.98。

喷嘴的结构如图 3-3-20 所示。

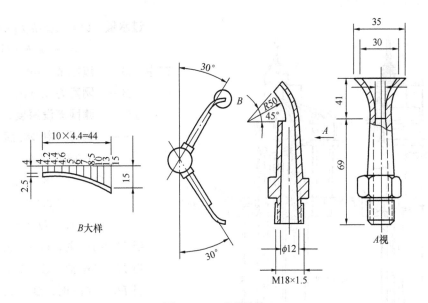

图 3-3-20　喷嘴结构

一定条件下，单只喷嘴水量与水压关系曲线，如图 3-3-21 所示。

5）计算实例

以 Zh-4000 型为例单面正向进水，滤网宽度
$B_1 = 4000\text{mm}$。

网室尺寸：4160mm（宽）× 30000mm（高）。

网板宽度：4000mm。

网板节距：600mm。

网板运动速度：4.0m/min。

网板浸没深度：29m。

网板前、后的水位差：不大于 30cm。

每个滤网的冲洗水量：30～33L/s。

喷嘴前的水压力：0.2～0.25MPa。

网室横断面如图 3-3-22 所示。

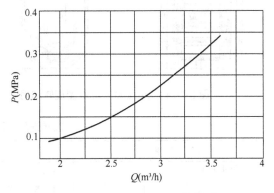

图 3-3-21　单只喷嘴水量
与水压关系曲线

滤网过水量的计算：由于外框尺寸和实际过水断面的不同，如图 3-3-23 所示，而产生的骨架面积系数 ε：

$$\varepsilon = \frac{4 \times 0.6 - 2 \times 3.9 \times 0.05 - 2 \times 0.6 \times 0.05 - 4 \times 1.166 \times 0.012 - 3 \times 0.5 \times 0.01}{4 \times 0.6} = 0.783$$

$$k_2 = \left(\frac{9.4}{12}\right)^2 = 0.61$$

$$k_1 k_3 = 0.9 \times 0.9 = 0.81$$

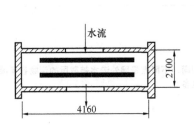

图 3-3-22　网室横断面

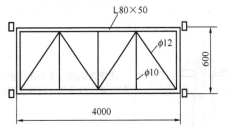

图 3-3-23　骨架面积系数计算图

125

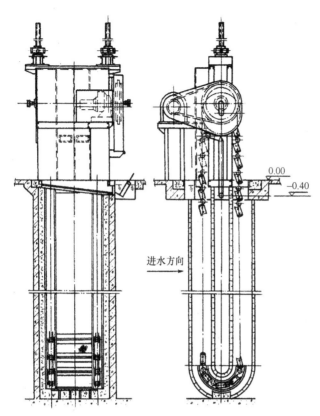

图 3-3-24 Zh-3000~4000 型旋转滤网

过水量 $Q = (\varepsilon k_1 k_2 k_3) A v$

$$= \varepsilon k_1 k_2 k_3 B H_2 v \quad (3\text{-}3\text{-}11)$$

式中 Q——过水量，m^3/s；

B——网宽为 4.0m；

H_2——滤网淹没深度，m；

v——网 孔 中 水 流 流 速，取 0.9m/s代入。

$$Q = (0.783 \times 0.61 \times 0.81) \times 4 \times 0.9 \times H_2$$

$$= 1.39 H_2 (m^3/s)$$

当 $H_2 = 1m$ 时，$Q = 1.39 m^3/s$。

当 $H_2 = 5m$ 时，$Q = 6.96 m^3/s$。

当 $H_2 = 10m$ 时，$Q = 13.9 m^3/s$。

当 $H_2 = 29m$ 时，$Q = 40.39 m^3/s$。

旋转滤网立面图如图 3-3-24 所示。

6）旋转滤网室的布置形式

旋转滤网室的布置形式应根据工艺要求和工作现场的具体情况而定。可分成正面进水、网内侧向进水和网外侧向进水 3 种形式，分别如表 3-3-24 所示。

旋转滤网 3 种布置形式比较   表 3-3-24

示 意 图	主 要 优 缺 点
（1）正面进水	优点： 1. 水流条件良好，滤网上水流分布均匀 2. 便于人工清洗污物，占地面积较少 3. 施工简单，施工费用低 4. 水流流向不变，水头损失少 缺点： 1. 滤网工作面积利用率较低，过水量小 2. 吸附在网上的污物，当未被压力水冲走时，易带入吸水室 3. 塑料等轻质物体，在镶板啮合时易被嵌入
（2）网内侧向进水	优点： 1. 滤网工作面积利用率较高，过水量大 2. 被截留在滤网上的污物不会掉入吸入室 3. 下部间隙处易密封 缺点： 1. 由于水流方向与滤网平行，故水流条件较差，水头损失较大，且滤网上流速不易做到均匀分布 2. 污物积存在网内，不易清除和检查 3. 占地面积较大
（3）网外侧向进水	滤网形式基本上与网内进水相同，不同点是网外进水被截留的污物容易清除和检查。故采用此种布置形式较多

（2）除毛机

1）适用条件

纺织、印染、皮革加工和屠宰场等工业废水中夹带着大量长约 4～200mm 的纤维类杂物；普通的格栅、滤网不易截留。进入排水系统易造成堵塞格栅等设备的过水孔隙，甚至会损坏水泵叶轮。同时短纤维进入后续污水处理构筑物后，亦将增加处理负担。应用除毛机可以去除羊毛、化学纤维等杂物。该机占地面积少，不加药剂，运用费低，操作简单。

a. 圆筒形除毛机的进水深度一般不得超过 1.5m，否则筒形直径过大，功率消耗增大，结构也较复杂。

b. 进水井深度超过 1.5m 时，宜采用链板框式除毛机。

c. 由于除毛机在具有腐蚀性很强的污水中工作，要求选用耐腐蚀性能良好的材料。

d. 除毛机的滤网规格和孔径由试验确定。

e. 进水中含有油污时，除毛机之前必须设置撇油装置，先撇去油污。

f. 为防止纤维堵塞网孔，造成事故，可在滤网前后安装水位差信号装置，一旦网孔堵塞，可自动发出报警信号。

g. 设计中要使电器部分尽量高于水面，以防电器受潮和腐蚀。

2）类型和特点

a. 圆筒型除毛机

该机安装于毛纺厂或地毯厂排水管道出口处，当含有长短纤维的污水流入筒形筛网后，纤维被截留在筛网上，随着筒形筛网的旋转，纤维被带至筒形筛网上部，经冲洗水冲洗后落下掉在安装于筒形筛网中心的小型皮带运输机皮带上，输送到外部落入小车或地上，再由人工清理。图 3-3-25 所示为毛纺厂除毛机，该机筒形筛网直径为 2200mm，网宽为 800mm。旋转的筒形筛网由一台普通电动机经三角皮带轮装置、蜗轮蜗杆减速器和一对齿轮驱动。

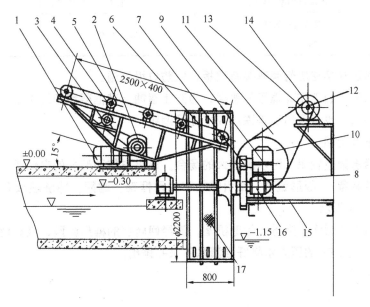

图 3-3-25　圆筒型除毛机（一）

1—皮带运输机驱动电机；2—蜗轮蜗杆减速箱；3—轴承座；4—小轴承座；5—平皮带；6—圆筒形筛网框架；7—传动小齿轮；8—传动大齿轮；9—传动部分蜗轮蜗杆减速器；10—大三角皮带轮；11—三角皮带；12—小三角皮带轮；13—传动筛网电动机；14—电动机支架；15—减速机构支架；16—大轴承座；17—筛网

近年来，对筒形筛网的减速机构进行了改进，如图 3-3-26，传动系统直接由一台行星摆线针轮减速机通过带有安全销保护的联轴器来驱动筒形筛网的主轴。

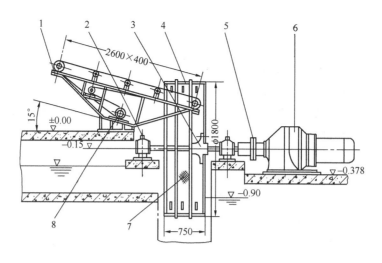

图 3-3-26　圆筒型除毛机（二）

1—皮带运输机构；2—筒形筛网轴承座；3—连接轮；4—筒形筛网框架；5—联轴器；6—行星摆
线针轮减速机；7—筛网；8—皮带运输机行星摆线针轮减速机

两种传动方式的主要技术性能比较如表 3-3-25 所示。

圆筒型除毛机两种传动方式的主要技术性能　　　　　　　表 3-3-25

项　　目		圆筒型除毛机（一）	圆筒型除毛机（二）
筛网转速（r/min）		2～5	2.5
驱动功率（kW）		2.2	0.8
筛网（目/m）		16	24
平皮带输送机	传动速度（m/min）	0.3～0.5	0.368
	电动机功率（kW）	1.1	0.8
	有效运输工作面 长×宽（mm）	2500×400	2600×400

皮带运输机通过支架在皮带两侧装有挡板，以防垃圾外溢。

由于圆筒型除毛机的工作环境极为恶劣，为防止腐蚀，其框架和回转主轴用不锈钢制作，筛网宜用不锈钢丝编织，也有采用镀锌铁丝或尼龙丝编织。

（B）链板框式除毛机

通常适用于污水管道较深、污水量较大的场合。该机由传动部分的电动机、链传动装置（或减速器、传动皮带装置）、板形链节、牵引链轮和滤网框架、滤网、冲洗喷嘴和机座等组成，如图 3-3-27 和图 3-3-28 所示。

含有纤维的污水从污水管道进入除毛机室，流经回转着的框形滤网，被截留下来的纤维被带到上部，用 0.1～0.2MPa 的压力水将纤维清除下来并排出。

（3）水力筛网

1）适用条件

水力筛网适用于从低浓度悬浮液中去除固体杂质，是一种简单、高效、维护方便的筛网装置。

用于污水处理时，BOD 的去除效果相当于初次沉淀。当处理生活污水时，水力筛网每米宽度的流量通过能力约为 2000m³/d，单台水力筛网处理量可达 4000m³/d。其作用与一座约 180m² 的沉淀池相近，而一个水力筛网占地面积不到 5m²。

水力筛网一般用于处理水量不太大的条件下，目前国内已应用的水力筛网其进水宽度在 1m

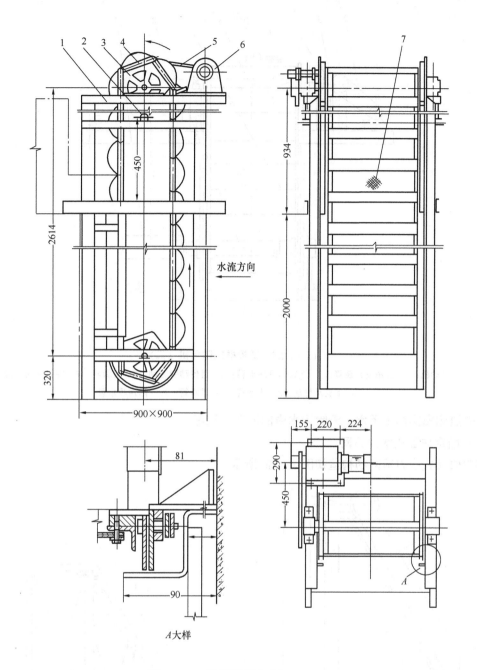

图 3-3-27 链板框式除毛机（一）

1—旋转滤网座架；2—冲洗喷嘴；3—牵引链轮；4—板形链节；5—链传动装置；6—行星摆
线针轮减速机；7—滤网装置

左右，国外有的达 2m。使用中筛网应定期冲洗，以保证正常运行。

这种设备在国外已用于工业废水处理、城镇污水处理和回收有用固体杂物等，在国内已用于
印染废水、禽类加工等工业废水处理。

2）类型和特点

（A）固定平面式水力筛网

固定平面式水力筛网的构造如图 3-3-29 所示。

污水从进水管进入布水管，使流速减缓，并使进水沿筛网宽度均匀分布，水经筛网垂直落
下，水中杂物沿筛网斜面落到污物箱或小车内。上海某厂安装的这种水力筛网其上口宽
1000mm，下口宽 700mm，筛网倾斜 55°安装，尼龙筛网为 80 目，处理污水量为 1000m³/d。此

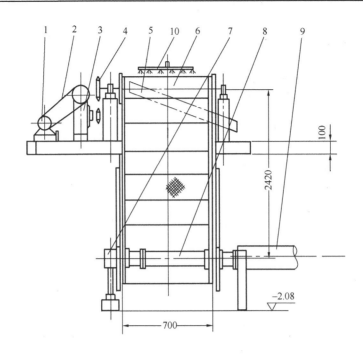

图 3-3-28　链板框式除毛机（二）

1—电动机；2—三角皮带装置；3—涡轮蜗杆减速箱；4—链传动副驱动；5—垃圾斗；6—旋转筛网装置；

7—水下支承轴承；8—出水管；9—进水管；10—除污喷水管

筛网用来过滤禽类加工污水，清除污水中的羽毛、绒毛。

（B）固定曲面式水力筛网

固定曲面式水力筛网的构造如图 3-3-30 所示。

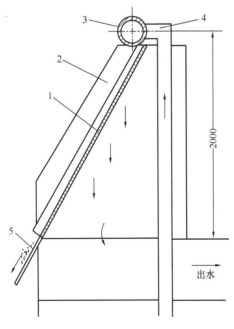

图 3-3-29　固定平面式水力筛网

1—筛网；2—筛网架；3—布水管；4—进水管；
5—截留污物

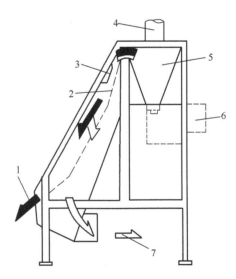

图 3-3-30　固定曲面式水力筛网

1—去除或回收固体；2—不锈钢筛网；3—导流板；4—进水
管；5—分配箱；6—另一进水管；7—出水

污水从进水管进入分配箱，另有一进水管是从分配箱下部接入的，流速减缓的污水经分配箱沿筛网宽度分配到筛网上。导流板可防止污水飞溅，使污水沿筛网的表面顺利过滤。筛网用不锈钢丝网制作，曲面的形状和筛网的孔径根据污水的不同种类而异，其规格一般为 16～100 目。出水有直接流入渠道和用法兰连接出水管两种形式。

（C）水力旋转筛网

水力旋转筛网的构造如图 3-3-31 所示。筛体呈锥柱形，污水从小端进入，在从小端到大端的流动中过滤，污物从大端落入污物收集器。筛体的旋转靠进水水流作为动力，进水以一定的流速流进斗中，由于水的冲击力和重力作用产生圆周力，从而使筛体旋转。

这种水力旋转筛网在国内已使用于印染废水中的毛、水分离处理。

3）国外水力筛网的性能和规格

我国内蒙古自治区某羊毛衫厂污水处理站安装一种从国外引进的水力筛网。

在国外，水力筛网有不同结构形式和规格的产品可供选择使用，其结构形式如图 3-3-32 所示，其主要规格性能如表 3-3-26 所示。

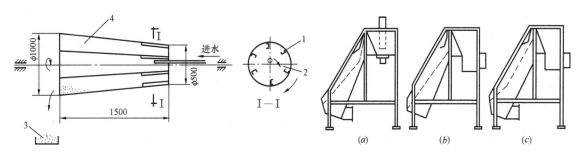

图 3-3-31　水力旋转筛网

1—水斗；2—进水方向；3—污物收集器；4—尼龙筛网

图 3-3-32　国外几种水力筛网结构形式

（a）552 标准型（标准流料箱）法兰出水口；（b）552-1 型深分配箱、无法兰出水口；（c）552-2 型深分配箱、法兰出水口

几种国外水力筛网的规格性能　　　　　　表 3-3-26

型　　号	552—18″	552—36″	552—48″	552—60″	552—72″
宽（in）	22	42	54	66	78
高（in）	57	60.5	84	84	84
深（in）	42	44.5	61	61	61
进水断面（in）	16×16	16×36	18×48	20×60	22×72
出流管（直径）（in）	8	10	10	12	14
重量（lb）	350	550	650	800	1000
污水种类和筛网规格	通过能力（美加仑/min）（近似值）				
雨水（0.06″筛网）	150	350	600	800	1000
生活污水 0.05% 浓度（0.06″筛网）	150	300	500	650	800
食品废水（0.04″筛网）	70	150	280	420	550
罐头厂废水（0.06″筛网）	120	200	350	500	650
牛皮纸浆厂出流水（0.02″筛网）	100	200	300	450	600
平均标准能力（以 0.04″筛网计算）	100	200	300	450	600

4）水力筛网的常用材料

水力筛网的网布材质通常用不生锈的金属丝网和合成纤维丝网制造，金属丝网的机械强度大，便于过滤后清扫污物，使用寿命长，但价格贵。

这些材料的规格如表 3-3-27、表 3-3-28、表 3-3-29 和表 3-3-30 所示。

筛网材料的规格   表 3-3-27

网号	净孔径 (mm)	丝径 (mm)	参考孔数		理论质量 (kg/m²)
			每英寸	每厘米	
12.8	1.28	0.31	16	6.3	0.81
11	1.10	0.31	18	7.1	0.92
10.2	1.00	0.27	20	8.0	0.77
078	0.78	0.27	24	9.5	0.94
062—2	0.62	0.23	30	11.8	0.84
049	0.49	0.21	36	14.2	0.84
046—2	0.46	0.17	40	15.7	0.61
036—3	0.36	0.15	50	19.7	0.60
030—4	0.30	0.12	60	23.6	0.46
022	0.22	0.10	80	31.5	0.61
017	0.17	0.08	100	40	0.32

尼龙和涤纶网规格   表 3-3-28

型号	幅宽 (cm)	密度 (根/cm)	孔径 (mm)	有效筛滤面积 (%)
16 目		6.3	1.147	52.2
18 目		7.09	1.025	52.87
20 目		7.87	0.892	48.78
30 目		11.87	0.516	37.21
40 目		15.74	0.36	32
50 目	100±2	19.68	0.288	32.13
60 目		23.62	0.253	37.2
70 目		27.56	0.198	29.74
80 目		31.5	0.208	42.79
90 目		35.43	0.172	37.2
100 目		39.37	0.144	32.14

铜 网 规 格   表 3-3-29

型号	幅宽 (cm)	丝径 (mm)	组织	孔径 (mm)	有效筛滤面积 (%)
40 目		0.173		0.462	52.92
50 目		0.152		0.356	49.09
60 目		0.122		0.301	50.5
70 目	100±1	0.112	平纹	0.251	47.79
80 目		0.091		0.227	46.8
90 目		0.091		0.191	45.88
100 目		0.081		0.173	46.39

不锈钢丝网规格				表 3-3-30	
规格（目/in）	20	30	40	60	80
丝径（mm）	$\phi0.3$	$\phi0.26$	$\phi0.22$	$\phi0.16$	$\phi0.12$

3.3.6 破碎

3.3.6.1 破碎工艺

应用在排水工程中的粉碎机、破碎机和磨碎机等统称为破碎设备。作为粗格栅和细格栅的一种替代和补充方案，破碎工艺是把污水中较大的悬浮固体破碎成较小的、较均匀的碎块，随水流至后续污水处理构筑物进行处理。

破碎工艺在理论上能回避栅渣操作和处置中肮脏和恶劣的工作环境。破碎设备应用在泵站特别有利，它能防止水泵被破布和较大物体堵塞，而且无需清除和处置栅渣。在冬季，栅渣会受到冰冻的地方尤其适宜采用破碎设备。

但是对于污水处理厂使用破碎工艺和破碎设备的适用性存在着较大的分歧；一种观点认为一旦粗固体已经从废水去除，无论以任何形式它们都不应返回；另一种观点认为一旦破碎，固体更容易在下游的处理过程中去除。即使是破碎的固体也常常给下游带来问题，尤其是破布和塑料袋，因为它们能生成绳状绞合物。破布和塑料袋具有多种负面影响，如堵塞泵的叶轮、堵塞管道和换热器、累积在空气扩散器和澄清池机械上。塑料和其他非生物降解物质还可能对要利用的生物固体产生负面作用。

污水泵站中采用破碎工艺能有效破碎栅渣，避免栅渣清涝、外运和一系列环境问题，有利于泵站的结构优化，实行操作自动化，并为排水泵站的地下化建造创造条件。

目前，国外的污水工程中普遍使用破碎工艺和破碎设备并取得了显著效果，有成套定型和配套设备可供选用。我国的污水工程中使用较少，主要运用在进水管较深、出渣困难、地下式和环境要求严格、建设标准高的污水泵房中。

3.3.6.2 破碎设备分类和构造

破碎设备根据其构造、转速和安装形式等可分为粉碎机、破碎机和磨碎机。其中粉碎机和破碎机主要运用于污水预处理，磨碎机经常运用于污泥和粪便等物料的破碎处理。目前国内应用相对较多的破碎设备是破碎机。

（1）粉碎机

粉碎机在小型污水处理厂中的应用最为广泛，这类处理厂的能力小于 $0.2m^3/s$。粉碎机安装在水流通道内，固体经过筛滤和破碎后，其大小为 6~10mm，并保留在水流中，典型的粉碎机利用一个固定的水平筛截留固体，利用一个转动的或振荡的臂，该臂带有切齿与筛咬合。切齿和剪棒用于切割粗物件，切割后的小颗粒穿过筛进入下游通道，如图 3-3-33 所示。粉碎机可能产生

图 3-3-33 用于减小固体颗粒尺寸的典型粉碎机

绳状物，即破布类，它们能积在下游的设备上。由于粉碎机的操作问题和需要经常维修，较新的装置通常采用筛或破碎机。

（2）破碎机

破碎机是低速磨碎机，该机通常由两组带刀片的逆向旋转组件构成，如图 3-3-34 中（a）所示。组件垂直安装在通道中。旋转组件上的刀片或齿有狭窄的允许公差，它在固体通过单元时能有效地切削固体。切削作用降低了产生破布或塑料绞合在一起的可能性，否则这类绞合物可能堆积在下游设备上。破碎机可在管道中破碎固体，尤其是在污水和污泥泵之前，或者用在较小型的污水处理厂通道中。典型的管道直径为 100～400mm。

用在通道中的破碎机的另一形式是一种活动的铰链连接筛，它容许污水通过筛同时将栅渣分流到位于通道一侧的磨碎机，如图 3-3-34 中（b）所示。这种装置用在大通道中，通道的尺寸范围为宽 70～1800mm，深 750～2500mm，其水头损失低于图 3-3-34（a）所示的带逆向旋转刀片的装置。

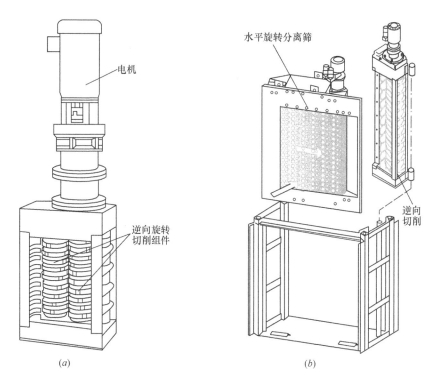

电机

逆向旋转切削组件

水平旋转分离筛

逆向切削

（a）   （b）

图 3-3-34　典型的破碎机
（a）通道型低速磨碎机/破碎机；（b）铰接筛破碎机

目前，国内预处理工艺应用较多的破碎设备是破碎机，破碎机主要用于污水泵房的栅前或泵前预处理，由于它能避免栅渣的清捞、外运和一系列环境问题，因此尤其适用于地下式或半地下式污水工程。

工程设计中，破碎处理单元一般由格栅、破碎机和辅助格栅组成，格栅将来水中的大块固体物拦截，引导至破碎机将其破碎进入后续部分，辅助格栅则在超高水位运行时，进行辅助性截污。

在破碎机系列中，不同的厂家，其拦污方式与破碎机的组合和驱动上各有特点，目前进入我国市场主要有三种形式：

1）A 型破碎机（加拿大）

A 型破碎机主要部分是转动式过水格栅、破碎机控制系统。

A 型破碎机的进水格栅采用无轴进水转鼓，转鼓不断旋转，将截流的栅渣送至相向转动破碎机中破碎。根据水流大小，可采用单个或两个栅鼓，栅鼓的栅间距一般为 6mm，当流量很小时，也可直接进破碎机。

破碎机为双轴设计，能在干/湿条件下连续运行，两组独立的切割刀片和垫片安装在两个平行的轴上，交替重叠，实现螺旋形切割。

旋转式进水格栅与破碎机由同一电机驱动。

切割刀片和垫片采用合金钢，为单片叠加设计，硬度不小于 45～50HRC。刀片和垫片的内孔呈六角形，和轴之间水平间隙不超过 0.38mm，用于市政污水的刀片一般为 11 齿，使切割后颗粒粒径在 6～12mm。

A 型破碎机有独立的控制系统，当发生堵塞时，能自动反转清除堵塞物，当反转自动执行三次后，报警维修。A 型破碎机结构图如图 3-3-35 所示。

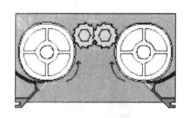

2）B 型破碎机（日本）

B 型破碎机是由一轴拨耙回转格栅、双轴差动型破碎机和控制系统组成，格栅和破碎机分别安装在各自安装架内，有不同的电机分别驱动。

图 3-3-35　A 型破碎机结构图

格栅部分由水平方向设置的圆形条状格栅和偏芯回转的耙所组成，格栅是固定的，格栅捕捉到的异物通过耙的拨取，然后导入破碎机，驱动装置独立设置，由摆线减速机和潜水型电动机直接连接组成。

破碎部分采用双轴差动形式，铰刀被交替编入平行排列的两根轴（驱动轴、从动轴）上，从破碎机的流入侧看，双轴上的铰刀各自从内侧对抗回转，破碎流入的夹杂物，铰刀和垫片为一体，刀厚 8mm，材质铬钼钢，硬度 46HRC 以上。

B 型破碎机由专门的 PLC 控制，当发生故障时，全自动逆转，吐出异物，当发生故障后 30s 内 3 次逆转，则报警维修。

B 型破碎机的示意如图 3-3-36 所示。

3）C 型破碎机（英国）

C 型破碎机由转动式格栅、破碎机、防溢流辅助格栅和控制系统组成，格栅和破碎机分别由一个独立的减速系统驱动，格栅为过流体旋转，将截留的固体导入双轴破碎机，格栅由若干垂直安装的转动轴（通常 3～10 根）组成，每根轴上都有交替安装的圆形碟片和隔垫，两轴上的碟片相应交叉，形成不同的间隙（可通过隔垫厚度调整），使得大部分物质可通过。转轴由安装在顶部的电机用减速齿轮驱动，每根轴转速相同，碟片随轴转动，格栅表面形成平缓的传动运动，将截留在表面的固体物传输到格栅边框的梳状耙子处，处于第一根和最后一根轴上的每个碟片都在旋转时，经过梳状耙的齿间，耙子对碟片进行梳理清洁，从而形成碟片的自我清洁，将截留物质有效地导入粉碎机中进行粉碎。格栅正转一段时间后会

图 3-3-36　B 型破碎机

定期反转，以防止污物黏附、沉积或缠绕。

破碎机为双轴结构，两根相同转动的驱动轴，由高强度的合金钢组成，截面为六角形。每根转轴上都交替安装刀片和垫片，刀片和垫片由铬钼合金制造，表面硬度 46～50HRC。

破碎机的运行由 PLC 的控制系统控制，能定时进行格栅反转和破碎机堵塞时的反转和报警。

C 型破碎机的示意如图 3-3-37 所示。

（3）磨碎机

高速磨碎机，典型的称为锤式磨碎机，经筛选的固体物料通过该装置旋转组件切割，并进一

步磨碎。通常用洗涤水保持装置的清洁，并将固体物料送回污水中。

磨碎机经常运用于污泥和粪便等物料的破碎处理，其中污泥粉碎是将污泥中大的和纤维质物料切割成小颗粒以防止堵塞或缠绕转动设备，典型的污泥粉碎磨碎机如图 3-3-38 所示。污泥粉碎磨碎机的设置条件和粉碎目的如表 3-3-31 所示，粉碎机需要高度维护，但较新的设计采用慢速粉碎机比较耐用而可靠。这些设计包括改进轴承和密封，增加钢质切刀的硬度，加强元件的过载能力和设置切刀反转机械以清除堵塞物，在不能清除时停止运转。

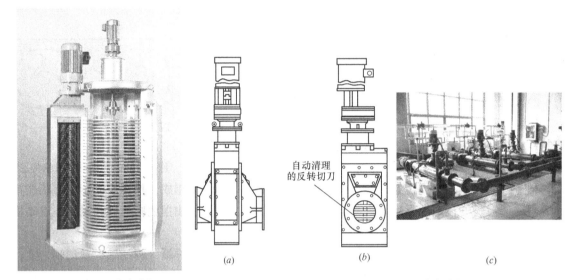

图 3-3-37　C 型破碎机　　　　　　　　图 3-3-38　典型的污泥粉碎磨碎机

(a) 侧视图；(b) 端视图；(c) 典型的多台粉碎机配置图

污泥粉碎磨碎操作的条件和目的　　　　　　　　　　　表 3-3-31

操作或过程	粉 碎 的 目 的
用多腔泵提升	防止堵塞和降低磨损
螺旋卸料离心机	防止堵塞，大型螺旋卸料装置通常可处理较大的颗粒，而不需要将污泥粉碎
带式压滤机	防止堵塞污泥分配系统，防止缠绕辊子，降低对滤带的磨损，使脱水比较均匀

3.3.6.3　破碎工艺特点和工程应用

(1) 破碎效果

各类破碎机基本上采用双轴结构，坚硬的刀片耦合转动，将物体破碎。这类破碎机对柔性物质和一般硬的固体物有较好的破碎效果。泵站较为头痛的缠绕物质一般都能轻易破碎，如：布条、塑料袋、绳索和纤维物质等，对于较硬的木块、竹片、饮料罐、小石子和短钢筋等也能破碎。

破碎机对物体的破碎，与物体的大小硬度有关，也与进入破碎机的角度有关，粉碎型格栅设计时，均应有一定的考虑。

表 3-3-32 和表 3-3-33 为某破碎机破碎固体的效果。

某破碎机对木片的破碎效果　　　　　　　　　　　表 3-3-32

断 面 尺 寸		纵尺寸（mm）			
		50	75	100	150
横尺寸（mm）	10	良	良	可	可
	20	可	可	不可	不可
	30	可	不可	不可	不可
	40	不可	不可	不可	不可

某破碎机对其他杂物的破碎效果   表 3-3-33

名　称	形　状	评　定	名　称	形　状	评　定
玻璃瓶	小气水瓶	良	罐	350mL	良
玻璃瓶	啤酒瓶（中）	良	罐	500mL	可
玻璃瓶	啤酒瓶（大）	不可	绳索	直径 10mm	可
罐	250mL	良	软钢	直径 2mm	不可

（2）破碎工艺工程特点

1）破碎工艺的工程优势

（A）占地少，土建量小

根据不同的进水量，在设计进水渠道的宽度和深度时都应考虑破碎机的工作特点。与传统的机械格栅相比，破碎机具有较小的水头损失，相同流量下所需的进水渠道宽度和深度都较小。另外，传统机械设备设置于渠道的上部，对空间的要求较大，而破碎机高度小，可以不露出渠道，降低了空间要求。随着土地资源的日趋紧张，在一些寸土寸金的城市，破碎机更适应于地下式泵站。

（B）无栅渣分离

格栅在泵房中的作用主要是将大颗粒固体从污水中分离出来，防止这些物体对提升泵产生不利影响。机械格栅产生的栅渣在运行和外运时会带来一定的环境问题。破碎机则直接将大颗粒固体粉碎成小颗粒，随污水流向下游，不产生栅渣。

（C）可无人值守

目前机械格栅的栅渣处理依然依靠人工定时清理。而破碎机无栅渣分离，较易实现中央集中控制，实行无人值守，在泵站运行中方便管理。

（D）无恶臭，噪声小

无人值守全地下式泵站可以全部掩埋在地下，上面可覆土种植草坪花卉，大大美化周围环境。同时，由于整个泵房位于地下，降低了泵站运行时的噪声，埋地后形成全封闭的空间也便于进行除臭处理。

2）存在问题和注意事项

（A）避免高水位运行

目前我国排水泵站运行时，为了节电往往采用高水位运行。

从投资和破碎效果方面考虑，破碎机高度一般与进水管管径和处理的水量相关，不会像机械格栅那样，简单通过增加栅条高度适应泵站的高水位运行。

当泵房长期高水位运行时，大量固体物质往往会漂浮在水面上，而得不到有效去除，长久这样运行，将难以发挥破碎机的作用。

（B）增加防护格栅

从前面分析来看，大的石块、玻璃瓶和硬金属对破碎机有影响，按正常情况，排水管道中应较少这类物质，但从我国目前的实际情况看，特别是泵站运行初期这类杂物的出现较难避免，因此建议采用破碎机时，在其前面增加防护性的粗格栅。

（C）破碎机与磨损

破碎设备设置于沉砂池后，可减缓破碎设备切割表面的磨损和延长破碎设备的使用寿命，破碎设备设置于沉砂池前，切割齿经常受到较大的磨损，需要经常更换。

（D）旁路的设置

破碎设备应设置旁路，这样在流量超过破碎机处理能力，或者在断电和机械故障时亦可使用旁路和相关格栅进行栅渣的拦截和清除，同时，旁路要考虑闸门和通道排水等措施，以便于维修。

（E）适用条件

由于破碎工艺没有将粗固体从污水中去除，因此会增加后续污水设施的负荷。一般破碎工艺多用于污水中途泵站，而污水处理厂的预处理采用破碎工艺需谨慎，一般很少采用。

(F) 设备造价较高。

(3) 工程应用

破碎设备在北美、欧洲、日本已有十多年的应用实践，我国在杭州、上海、北京、宁波、广州、天津等城市也开始使用。尽管破碎设备需要一定的初期投入，但由于其一些固有的优点，对环境和自动化要求较高的泵站，会有一定的应用前景。

1) 布置和安装

(A) 粉碎机

粉碎机的主要部件是半圆柱形固定滤网和同心的圆柱形转动切割盘。图 3-3-39 为粉碎机典型布置和安装图。污水流过时，半圆柱形固定滤网截留悬浮固体，然后被不断旋转的圆柱形转动

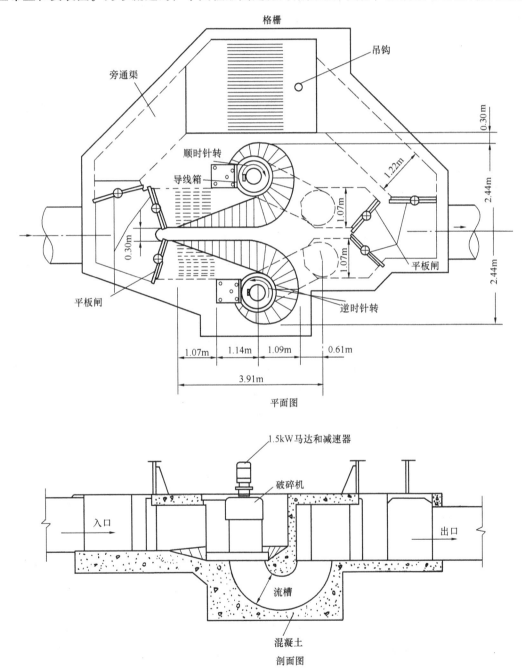

图 3-3-39　破碎机典型布置和安装图

切割盘切碎，随水流走。为了维修方便，在破碎机前、后的渠道上，安装平板闸门，并设置旁通渠和格栅。在停电、两台破碎机同时发生机械故障或污水流量超负荷时，停止使用粉碎机，污水可从旁通渠流入后续处理构筑物。

（B）破碎机

破碎机的共同特点是结构小巧紧凑，自身带有安装架，在新建和已建的泵站中，较易安装，可直接安装在渠道或泵站前池，或直接安装在隔墙上。直接安装于进水渠道并设高位溢流格栅的破碎机如图 3-3-40 所示。

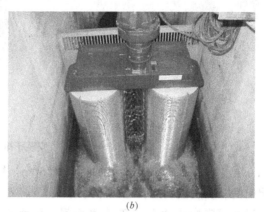

（a）　　　　　　　　　　　　　　（b）

图 3-3-40　直接安装于进水渠道并设高位溢流格栅的破碎机

安装于隔墙上的破碎机如图 3-3-41 所示。

（a）　　　　　　　　　　　　　　（b）

图 3-3-41　安装于隔墙的破碎机

安装于排水泵房前池的破碎机如图 3-3-42 所示。

2）选型和计算

由于破碎设备都是成套定型产品，故无需详细设计。从这类设备的生产厂家提供的数据和额定性能表中可以查出推荐的选型设备、通道尺寸、能力范围、水头损失、上游和下游的淹没深度和功率要求。一般厂家的额定能力通常立足于清水，考虑到筛网会被部分堵塞，故选型时性能参数约为额定能力的 70%～80%。

通过破碎设备的水头损失通常为 0.1～0.3m，在大装置中最大通过流速可以达到 0.9m/s。

3）工程实例

（A）实例一

上海市海港新城某污水 A# 中途泵站，设计规模 $7 \times 10^4 \mathrm{m^3/d}$，总变化系数 $K=1.34$，配泵流

(a)   (b)

图 3-3-42 安装于排水泵房前池的破碎机

量 1.09m³/s。污水泵站设计地面标高 4.50m，用地面积约 1575m²，由进水闸门井、污水泵房、变配电间、值班控制室和电业环网站组成。

污水泵房由进水井、破碎格栅间、集水池和出水井等组成，平面外框尺寸为 19.95m×9.5m。水泵采用潜水离心泵，考虑到海港新城的污水量有一逐步增长的过程，污水泵站土建按远期规模一次实施，设备分期安装，近期按远期规模的一半配置水泵。

栅渣拦截采用破碎机（粉碎型格栅），近期 1 台，远期增加 1 台。单台破碎机性能参数为：处理能力 1960m³/h，功率 3.7kW。近期采用 1 台人工格栅备用，单台人工格栅性能参数为：处理能力 1960m³/h，渠宽 1300mm，有效格栅宽 1200mm，栅条间隙 20mm，安装角度 65°。

污水泵房进水管管径 $DN1200$，管内底标高 −4.10m，管材为玻璃钢夹砂管。

污水泵房的主要机械设备如表 3-3-34 所示，污水泵房的工程布置图如图 3-3-43 所示。

A[#] 泵站污水泵房主要机械设备表   表 3-3-34

序号	名称	规　格	数量	单位	备　　注
Ⓐ	电动铸铁闸门	1000×1000mm，$P=2.2$kW	2	台	
Ⓑ	破碎机	CDD6016-AD，$P=3.7$kW，处理能力 1960m³/h	1	台	JWC 粉碎型格栅，远期增加 1 台
Ⓒ	人工格栅	渠宽 1200mm，栅条间隙 20mm，安装角度 65°	1	台	旁通用
Ⓓ	潜污泵	$Q=272$L/s，$H=8.4$m，$P=30$kW，配冷却装置	2	台	1用1备，远期增加至 5 台，4 用 1 备
Ⓔ	除臭装置	$P=250$W	1	套	

（B）实例二

上海市海港新城某污水 B[#] 中途泵站，设计规模 $15.34×10^4$m³/d，总变化系数 $K=1.30$，配泵流量 2.31m³/s。污水泵站设计地面标高 4.50m，用地面积约 2067m²，由进水闸门井、污水泵房、变配电间、值班控制室和电业环网站组成。

污水泵房由进水井、破碎格栅间、集水池和出水井等组成，平面外框尺寸为 28.6m×13.2m。水泵采用潜水离心泵，4 用 1 备，单泵性能参数：$Q=578$L/s，$H=8.5$m，$P=75$kW，并配冷却装置。

栅渣拦截采用破碎机 2 台（粉碎型格栅），破碎机性能参数为：处理能力 4200m³/h，功率 5.9kW。

污水泵房进水管管径 $DN1500$，管内底标高 −2.95m，管材为玻璃钢夹砂管。

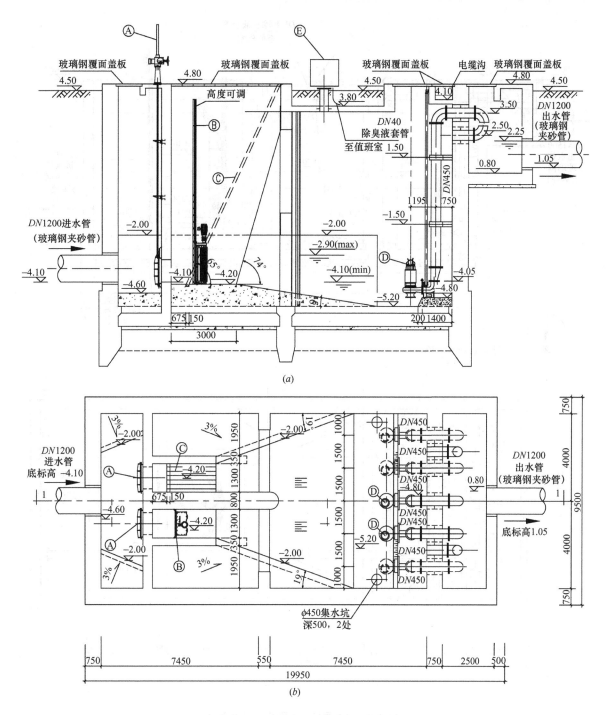

图 3-3-43　A# 泵站污水泵房工程布置图

(a) 剖面图；(b) 下层平面图

污水泵房的主要机械设备如表 3-3-35 **所示，污水泵房的工程布置图如图** 3-3-44 **所示。**

B# 泵站污水泵房主要机械设备表　　　　　　　　　　　　　表 3-3-35

序号	名　称	规　　格	数量	单位	备注
Ⓐ	电动铸铁闸门	1400×1400mm，$P=3.0$kW	2	台	
Ⓑ	破碎机	处理能力 4200m³/h，$P=5.9$kW	2	台	不需预埋件
Ⓒ	潜污泵	$Q=578$L/s，$H=8.5$m，$P=75$kW，配冷却装置	5	台	4 用 1 备
Ⓓ	除臭装置	$P=0.25$kW	1	套	

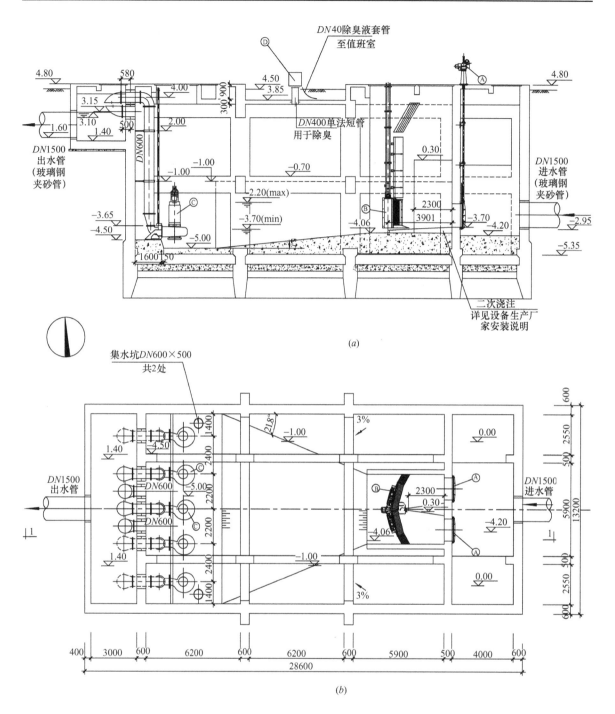

图 3-3-44　B# 泵站污水泵房工程布置图

(a) 剖面图；(b) 下层平面图

3.4　沉砂

3.4.1　沉砂理论

3.4.1.1　重力沉淀理论

沉砂的目的是去除密度较大的无机颗粒，相对密度约为 2.65，如泥砂、煤渣等。污水中的悬浮物质，包括泥砂等，可在重力的作用下沉淀去除。重力分离是一种物理过程，简单易行，效果良好，是污水处理中最广泛采用的技术之一，它不仅能去除污水中的悬浮物质，还能去除污水中的胶体物质。沉淀是通过重力沉降分离重于水的悬浮颗粒,加速重力沉降则是在加速流动场中用重力沉降去除悬浮的颗粒。

在沉砂池和初次沉淀池中,通过沉淀主要去除砂砾和 TSS,在活性污泥法的二次沉淀池中,通过沉淀主要去除生物絮体,在采用化学混凝的沉淀池中,通过沉淀主要去除化学絮凝体。沉淀亦用于污泥浓缩池中浓缩固体。

3.4.1.2 除砂作用

城镇污水的除砂一般在沉砂池中实现,但也有考虑用离心分离固体颗粒的。沉砂池的作用是除砂,砂的组成包括砂粒、砾石、炉渣和其他较重的固体物质,它们的沉降速度和相对密度明显大于污水中易腐烂的有机固体。

除砂的作用主要有:(1)避免后续处理构筑物和机械设备的磨损;(2)减少管渠和处理构筑物内的沉积;(3)避免重力排泥困难;(4)防止对生物处理系统的干扰;(5)防止对污泥处理系统正常运行的影响。

也有沉砂池设置于泵站、倒虹管前,以便减轻无机颗粒对水泵、管道的磨损和沉积;在污水处理厂内,一般设置于初次沉淀池前,减轻沉淀池负荷,改善污泥处理构筑物的处理条件,清除无机颗粒对污泥厌氧消化处理的影响。

将沉砂池置于污水泵之前从理论上分析是较为合理的,但这需要将沉砂池放置在相当深的地方并由此会增加相应的工程费用和运行费用。通常认为,将含砂污水抽至污水处理厂,并在合适位置设置沉砂池比较经济合理。

污水处理厂运行经验表明输送的污水砂石较多,特别在合流制排水系统中,如果砂石没有在预处理单元去除,就会在初次沉淀池中沉淀。如果污水厂未设初次沉淀池,那么砂石就会在生物反应池和二次沉淀池中沉淀。除砂措施是任何处理厂通用的办法,否则砂石将损坏机械设备和影响污泥处理过程。作为污水处理中重要的预处理工艺,沉砂池有效防止机械设备不必要的损耗和磨损,防止管线和渠道中的砂石沉淀,也可防止生物反应池和厌氧消化池中的砂石堆积。

根据除砂形式,砂砾在旋流分离器中进一步浓缩、分类、冲洗,冲洗过的砂石比未冲洗的砂石含有机成分少,更容易储存和处置。

最早使用的除砂系统用于合流制排水系统中的污水处理。在以后的使用中,排水系统无论是分流制还是合流制、大型还是小型,处理设施的运行都能从去除进水沉砂中得到好处。除砂对保护离心脱水机、高压隔膜式污泥泵等十分必要,因为这些设备极容易被砂砾损坏。

3.4.1.3 沉砂特性

砂粒包括砂、砾石、碎渣或其他相对密度或沉淀速度明显大于有机颗粒的重物质,还包括鸡蛋壳、碎骨屑、芦苇、咖啡末和大的有机颗粒等。

通常,作为砂粒去除的物质主要是惰性和较干的物质。但是,砂粒的组成可能变化很大,其含水量范围为 13%~65%,挥发物含量为 1%~56%。惰性清洁砂粒的相对密度可达 2.7,但是在大量有机物质和惰性物质聚集时,也可低到 1.3。一般污水砂粒的含水率为 60%,密度为 1500kg/m²。砂粒中常常存在相当多的有机物,如果与污水分离之后不作恰当的处理,会很快腐败。0.2mm 和更大的砂粒被认为是造成污水厂后续处理设施故障的最大原因。

由于集水系统的特性不同,以及除砂效率的变化,被截留下来砂粒的实际尺寸分布显示出很大变化。通常,多数砂粒截留在 0.15mm(100 目)筛上,某些情况下截留率可达 100%,但是工程中也会遇到细砂,在某些情况下,砂粒在 0.15mm(100 目)筛上的截留率会小于 60%。

通常在沉砂池中收集的砂粒和从水力旋流除砂器来的砂粒特点差别很大,清洁的砂粒有别于含有大量腐败有机物的砂粒,未洗过的砂可能含有 50% 或更多的有机物,有明显的异味,如果不及时处置，则可造成砂粒腐败或吸引昆虫和啮齿动物，产生臭气，影响环境。

3.4.1.4 砂粒数量

一个地方和另一个地方的砂量变化很大，取决于排水系统的类型、排水分区的特点、排水管的状况、城镇污水的类型、服务区的土质情况等。据不完全统计，分流制和合流制系统中除砂量的比较如表 3-4-1 所示。

分流制和合流制系统中除砂量的比较表　　　　　　　　　　　　　　　表 3-4-1

系统类型	最大日和平均日的比值	平均除砂量（$m^3/1000m^3$）
分流制	1.5～3：1	0.004～0.037
合流制	3～15：1	0.004～0.18

因为砂本身很难特性化，而且几乎不存在相对去除效率，有关特性的资料是从砂粒去除的物质推导出的，对沉砂池进水和出水通常不作筛分分析。由于这些原因，除砂系统的效率不能进行相互比较。

表 3-4-2 是各国设计规范或手册对沉砂量的设计取值情况。我国城镇污水的沉砂量，根据北京、上海、青岛等城市的实际数据，分别为 $0.02L/m^3$、$0.02L/m^3$、$0.11L/m^3$。我国室外排水设计规范规定的设计沉砂量为 $0.03L/m^3$。

各国沉砂量设计取值情况　　　　　　　　　　　　　　　表 3-4-2

资料来源	单　位	数　　值	说　　明
日本污水设计指南	L/m^3（污水）	0.0005～0.05	分流制污水
		0.005～0.05	分流制雨水
		0.005～0.05	合流制污水
		0.001～0.05	合流制雨水
美国污水厂手册	L/m^3（污水）	0.004～0.037	分流制
		0.004～0.18	合流制
前苏联规范	$L/(人 \cdot d)$（污水）	0.02	相当于 $0.05～0.09L/m^3$（污水）
德国 ATV	L/m^3（污水）	0.02～0.2	年平均 0.06
中国规范	L/m^3（污水）	0.03	

3.4.1.5 除砂过程

（1）砂粒分离和洗涤

砂粒分离器和洗砂器可去除砂粒中所含的大部分有机物。如果较重的有机物与砂粒一起沉淀，通常用洗砂器提供第二级固体分离。砂水分离和洗涤装置如图 3-4-1 所示。目前有两种基本类型的洗砂器，一种类型依靠倾斜淹没式齿耙，提供砂粒和有机物的分离，同时将洗过的砂粒提高到水面以上的出砂点。另一种类型的洗砂器利用倾斜螺旋使砂移动到坡道上。两种类型都可装水喷淋设备以辅助清洗作用。水力旋流分离器常常装在洗砂器的进口，改善砂的分离和有机物的去除。

（2）排砂方法

沉砂池常用的排砂方法与装置主要有重力排砂和机械排砂 2 类。

沉砂池的排砂可以采用不同的方法，但一般均采用机械排砂方式。一些小型污水厂也可考虑采用人工重力排砂方式。人工重力排砂要求至少设置一个备用池用于砂的人工铲除。采用人工重

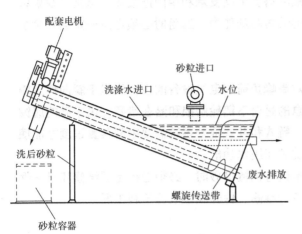

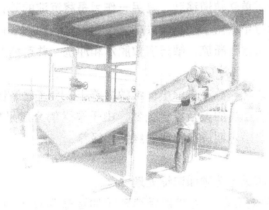

图 3-4-1 砂水分离和洗涤装置示意图和实例

力排砂方式的沉砂池各组池应周期性轮换运行,并能保证在进行其中一池隔离、排水和除砂时,其他池子仍能处理峰值设计流量。

大型污水处理厂和接收合流污水的污水厂必须采用机械排砂,机械排砂主要有以下几种方法:

1) 斜向螺旋或管式输送机排砂;

2) 链式和斗式提升机排砂;

3) 蛤壳式抓斗排砂;

4) 泵送排砂(包括普通砂泵、叶轮泵和气提泵等)。

机械排砂有时分两步进行:先将槽或渠中的砂横向输送到砂斗里,然后将砂提升出砂斗。许多曝气沉砂池有一个池底,该池底斜向一边,由于空气滚动形式,气水的吹扫作用将砂沿池底去除到砂斗里,该砂斗在池的低处。对于许多设计,砂斗里的收集机械是一台横向螺旋输送机,其将沉淀砂引入安装在池前端的砂斗。在许多较长水池里,有 2 台输送机将砂引入安装在中点的砂斗里。目前,越来越多的链和链板机械代替螺旋输送机进行运作,特别是平流沉砂池。任何一种将砂输送到砂斗里,再提升出砂斗的方法必须安全可靠,能有效移动颗粒。机械排砂对除砂设备的安全运行和设备材质的磨损要求很高。

(3) 除砂设备

1) 斜向螺旋或管式输送机

斜向螺旋或管式输送机不仅将砂提升出水池,而且作为辅助设施进行洗砂和脱水。这种洗砂和脱水可以满足砂外运到处置场所需的处置要求。受斜坡的限制,斜向螺旋输送机的工程设计需要有充分的设备安装空间，对于螺旋输送机，长螺杆需要中间支承和中间连接器。当选择螺旋输送机系统时，应确认在电机满负荷运行时有足够的动力驱动能力，选用时必须考虑一定的安全余量以承受瞬时、高峰负荷的冲击。

2）链式和斗式提升机

链式和斗式提升机主要使用于矩形沉砂池。对高峰负荷和电机设备的设计类似于斜向螺旋输送机械装置的设计。链式和斗式系统另外应该注意的是对下链轮磨损和潜在堵塞。由于砂的磨蚀特性，一般链传动均采用耐磨的金属或复合材料。链式和斗式提升系统需要中间装置过度才能使沉砂外运装车，而且中间过渡装置应具备有效的洗砂和脱水功能。

当使用螺旋输送机、链式和斗式提升机等设备进行机械排砂时，必须进行定期维修和日常保养。工程设计中应该对沉砂池进行合理分组，以应对维修、保养和事故等不利工况。

3）蛤壳式抓斗

蛤壳式抓斗装置是依靠架空式单轨轨道移动，其另一作用是将沉淀的砂粒移出沉砂池。这种方法在国外一些大型污水厂的运行中取得了一定的成功经验。但是这种方法也存在一些缺点，表现在除砂量不均匀，除砂时，要求水池断流，缺乏有效脱水和冲洗，并可能产生异味。

4）泵送

以砂浆的形式将沉砂泵送出砂斗，具有占地小、维护简单、安全可靠等优点。另外，采用泵送排砂对于工程设计布局而言具有相当的灵活性。当然，由于泵送的介质是砂浆，其磨蚀性强，因此对砂泵的材质要求高，而且必须定期进行彻底的维护和保养。

（4）洗砂

砂粒从收集的砂斗中分离，再进行洗砂和浓缩处理。

去除砂粒中的水分，减少砂粒容量，能节省后续砂粒的运输和处置费用，去除砂中的有机物，能防止因有机物腐烂所发出的臭味，减小后续砂粒处置过程中臭气和蚊蝇等的不良影响。

水力旋流分离器是一种有效的砂粒浓缩脱水装置，它主要是通过离心作用对砂粒进行处理。一般排砂是间隙循环运行的，循环周期一般控制在 $5\sim8min$。高峰流量时的排砂一般要求连续运行。频繁地排砂有助于缓解砂斗中砂的沉积和砂粒的压实与阻塞，并适当稀释砂浆，但过度频繁地排砂则会使砂浆过度稀释，降低除砂系统效率，增加运行管理能耗。

水力旋流分离器的大小应根据循环的进料流量和砂浆固体的浓度确定。当进料固体浓度低于 1% 时，水力旋流分离器的运行工况最好，水力旋流分离器产生的离心作用可以将砂浆固体含量提高到 $5\%\sim15\%$。

工程中水力旋流分离器一般与后续的砂水分离器一并使用，前者侧重于砂浓缩，后者侧重于洗砂和砂分离。砂水分离器主要有斜向螺旋型或往复耙式型，砂水分离器的作用是将腐败的有机物从砂中分离出来，其大小根据沉淀颗粒的沉淀速度、进料流量和耙砂能力而定，较平缓的坡度能去除较细的砂颗粒，砂水分离器的横向坡度一般为 $15°\sim30°$，除坡度以外，合适的链板末端速度（r/min）和齿节（标准是半个或双齿节）有助于颗粒的去除。

水力旋流分离器需要砂泵加压产生动能，满足设备所需的压力和流量。水力旋流分离器和砂水分离器的设置能有效减小砂粒体积，提高砂粒品质，有利砂粒的后续运输和处置。

（5）砂粒处置

最常用的砂粒处置方式是外运至填埋场填埋。在某些大型污水处理厂中也有将砂粒与固体物一起焚烧的实例。当砂粒和栅渣一起处置时，某些国家要求砂粒在送填埋场处置之前用石灰稳定。无论如何，砂粒的处置应符合相关环境保护的要求。

污水处理厂主要采用卡车进行外运。大型污水处理厂为避免卡车始终保持装料状态，会设置高位储砂设施，高位储砂设施应加盖，并装置底卸阀门。为防止储存和运输时的气味外溢，经常会使用密闭的输送器将砂粒从处理设施运输到储砂设施中。储砂设施应有足够的能力处理每日高峰砂负荷，因为恶劣的天气或其他因素可能组织运送卡车到达或组织装料卡车离去。储砂设施应不少于 2 个，以防机械故障，高位储砂设施要防止砂粒在砂斗中架桥。

工程中也有利用气动输送器进行短距离输送砂的实例，气动输送的优点是无须提高储仓，并且避免与储存相关的气味问题，其主要缺点是输送距离有限，弯管处磨损较大。

3.4.2　沉砂池分类和选用

3.4.2.1　沉砂池分类

沉砂池按池内水流方式的不同，可分为平流式、竖流式和旋流式 3 种；按池型的不同，可分为矩形、圆形和方形 3 种；按池体构造和除砂工艺的不同，可分为平流沉砂池、竖流沉砂池、曝气沉砂池、多尔沉砂池和旋流沉砂池等。

沉砂池的分类汇总如表 3-4-3 所示。

沉砂池分类汇总表　　　　　　　　　　　　　　　表 3-4-3

池型	沉砂池名称		水流方式		除砂方式				旋流源	作　用　场
			平面	竖向	刮砂	泵吸	气提	重力		
矩形	平流沉砂池		平流	—	√	√		√	—	恒定加速重力场
	曝气沉砂池		平流	旋流	√	√		√	曝气	外力诱导，恒定加速场
	水力旋流沉砂池		平流	旋流	√	√		√	射流	外力诱导，恒定加速场
方形	多尔沉砂池		旋流		√				导流	恒定加速重力场
圆形	竖流沉砂池		—	竖流		√		√	—	恒定加速重力场
	旋流沉砂池	Ⅰ型比氏沉砂池	旋流	旋流		√	√		导流搅拌	外力诱导，恒定加速场
		Ⅱ型钟氏沉砂池	旋流	旋流		√	√		导流搅拌	外力诱导，恒定加速场

3.4.2.2　沉砂池选用

（1）平流沉砂池

1）工艺原理

平流沉砂池通常又称矩形平流沉砂池，是较早的沉砂设施。平流沉砂池属平流式、速度控制型沉砂池。这类沉砂池设计是控制平流速度在 0.3m/s 左右，并为砂粒沉降到水流通道底部提供足够的时间。运行经验表明，该流速允许较重砂粒沉淀，而使较轻的有机颗粒悬浮，并被带出水渠。

矩形平流沉砂池的设计基础在于，在大多数不利条件下，最轻的砂粒将在其出口端之前达到水流通道底部。正常情况下，沉砂池设计成能去除在孔径 0.21mm（65 目）筛上滞留的全部砂粒，很多沉砂池已经设计成能去除在孔径 0.15mm（100 目）筛上滞留的砂粒。水流通道的长度将由沉淀速度和控制截面控制，而截面面积将由流速和水流通道数控制。入口和出口有可能产生湍流，在确定水渠的实际长度时，必须考虑进出口湍流的长度，在确定水渠深度时，应包括砂储存和去除设备的容许量。

平流沉砂池的除砂一般用带刮板、铲斗或犁的输送机实现，但也可考虑泵吸除砂。污水处理厂的沉砂池，使用链条和链板，将砂刮入水池进口端的砂斗里，螺旋输送机或铲斗提升器用以提升去除的砂粒进行洗涤和处置。在小型处理厂中，砂粒有时人工清理。

2）沉砂池构造

平流沉砂池由入流渠、出流渠、闸板、水流部分和沉砂斗组成。其工艺如图 3-4-2 所示。它具有截留无机颗粒效果较好、工作稳定、构造简单、排沉砂较方便等优点。

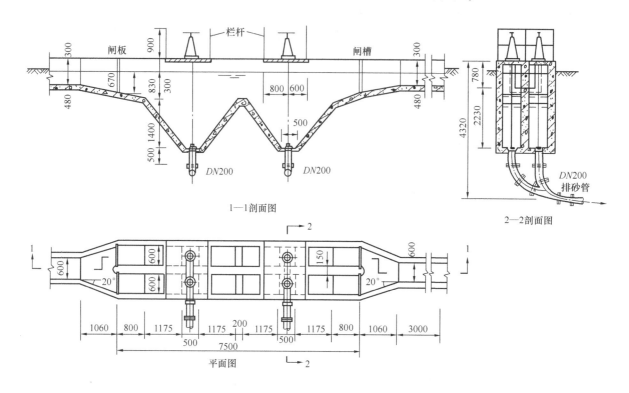

1—1剖面图

2—2剖面图

图 3-4-2　平流沉砂池工艺图

3）排砂装置

平流沉砂池常用的排砂方法和装置主要有重力排砂和机械排砂 2 类。图 3-4-2 所示为砂斗加底闸，进行重力排砂，排砂管直径 200mm。图 3-4-3 为砂斗加储砂罐和底闸，进行重力排砂。这种排砂方法的优点是排砂含水率低，排砂量容易计算，缺点是沉砂池需要高架或挖小车通道。

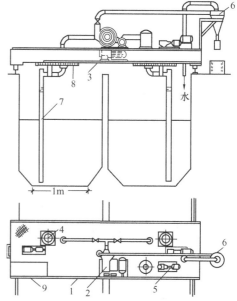

图 3-4-4 所示为机械排砂法的一种单口泵吸式排砂机。沉砂池为平底，砂泵、真空泵、吸砂

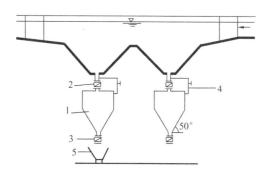

图 3-4-3　平流式沉砂池重力排砂法

1—储砂罐；2、3—手动或电动蝶阀；4—旁通水管，将储砂罐的上清液挤回沉砂池；5—运砂小车

图 3-4-4　单口泵吸式排砂机

1—桁架；2—砂泵；3—桁架行走装置；4—回转装置；5—真空泵；6—旋流分离器；7—吸砂管；8—齿轮；9—操作台

管和旋流分离器均安装在行走桁架上，桁架沿池长方向往返行走排砂。经旋流分离器分离的水分回流到沉砂池，沉砂可用小车或皮带输送器等运至晒砂场或储砂池。这种排砂方法自动化程度高，排砂含水率低，工作条件好。机械排砂法还有链板刮砂法、抓斗排砂法等。中、大型污水处理厂应采用机械排砂法。

4）工程特点分析

平流沉砂池工程特点分析如表 3-4-4 所示。

平流沉砂池工程特点分析表　　　　　　　　　　　　表 3-4-4

优　　点	缺　　点	适用场合
1. 较早采用的沉砂池型，具有丰富的运行管理经验 2. 沉砂池构造相对简单 3. 调节出口流量控制设施可以改变池中污水运行性能 4. 具有去除浮渣设施	1. 在较大流量时，要保持 0.3m/s 左右的全断面过流，流速一般较难控制 2. 水下链、链板设备和轴承极易磨损 3. 当达不到流量有效控制时，水渠会去除大量的有机物，需要洗砂和分离 4. 流量控制堰特别要求自由出流，因此水头损失相对较高 5. 出水端堰流出水可能引起池底较高流速，影响除砂效果 6. 沉砂质量一般，通常会夹杂有 15％ 的有机物，增加沉砂的后续处理难度	1. 中小型污水厂 2. 建设标准不高 3. 除砂要求不高

（2）曝气沉砂池

1）工艺原理

污水流入曝气沉砂池时，砂粒将沉淀到池底，这取决于颗粒的尺寸和比重以及水池中水流流动速度、空气扩散和池形，所以，一定比重的颗粒去除、空气的扩散实际上是一种速度控制法。

在曝气沉砂池中，空气沿矩形槽的一侧引入，形成与通过水池的水流垂直的螺旋流，具有较快沉降速度的较重砂粒沉降到池底；较轻的、主要是有机颗粒呈悬浮状态流过水池。旋转和搅拌速度控制取决于去除的一定比重的颗粒尺寸，如果速度过大，砂粒将被带出沉砂池；如果速度太小，有机物将与砂粒一道去除。曝气沉砂池的除砂主要是通过空气量调节，经过空气量的合理调整，几乎可以使一定的去除颗粒 100％ 的去除，而且砂又能被很好地洗净。曝气沉砂池的设计是去除粒径 0.2mm 以上相对密度 2.65 的砂粒，其停留时间在峰值小时流量下一般为 2min 以上，建议有条件的场合，可以适当延长其停留时间，有些污水处理厂设计停留时间达到 8min。曝气沉砂池的截面较小，类似活性污泥生物反应池的旋转循环，纵向池底带有砂斗，还带倾斜度较大的侧边，池单侧布置有空气扩散器，如图 3-4-5 所示，经过空气提升，污水在池内作螺旋途径运动，如图 3-4-6 所示，并将在最大流量下 2～3 次经过池底，在较低流量下更多次经过池底。污水进水应引入旋转方向。为了确定经过沉砂池的水头损失，应充分考虑空气引起的体积膨胀。

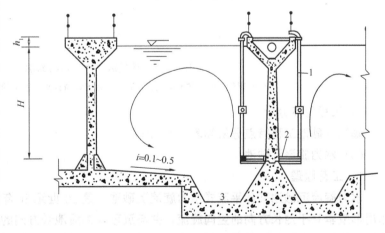

图 3-4-5　曝气沉砂池剖面图

1—压缩空气管；2—空气扩散板；3—集砂槽

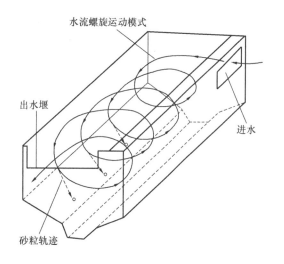

图 3-4-6 曝气沉砂池中水流螺旋运动模式

曝气沉砂池中颗粒沉降轨迹情况如图 3-4-7 所示。

2) 沉砂池构造

曝气沉砂池呈矩形，池底一侧有 $i=0.1\sim0.5$ 的坡度，坡向另一侧的集砂槽。曝气装置

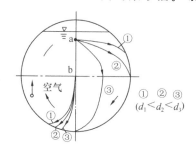

图 3-4-7 颗粒沉降轨迹情况图

设在集砂槽侧，空气扩散器距池底 $0.6\sim0.9$m，使池内水流作旋流运动，无机颗粒之间的互相碰撞和摩擦机会增加，把表面附着的有机物剥落。此外，由于旋流产生的离心力，把相对密度较大的无机物颗粒甩向外层并下沉，相对密度较轻的有机物旋至水流的中心部位随水带走，可使沉砂中的有机物含量低于 10%。集砂槽中的砂可采用机械刮砂、空气提升器或泵吸式排砂机排除。曝气沉砂池断面如图 3-4-8 所示。

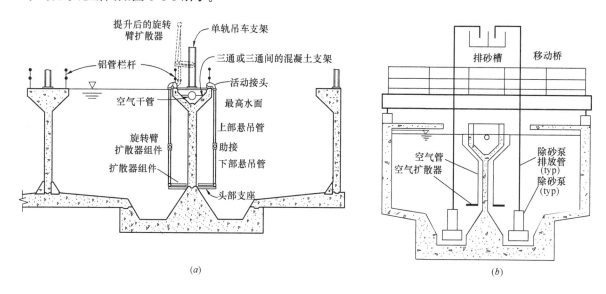

(a)

(b)

图 3-4-8 曝气沉砂池工程断面图

(a) 曝气沉砂池的典型剖面图；(b) 带移动桥式除砂系统的曝气沉砂池

3) 工程特点分析

曝气沉砂池工程特点分析如表 3-4-5 所示。

(3) 水力旋流沉砂池

1) 工艺原理

水力旋流沉砂池又称平流式水力旋流沉砂池，是 20 世纪 80 年代发展的新技术，它利用射流作用形成垂直于池长方向的竖向旋流，并与沉砂池内沿池长方向的水平流叠加形成螺旋流。在螺旋流作用下，与曝气沉砂池一样，污水中的无机砂粒增加了互相碰撞和摩擦的机会，砂粒表面附着的有机物被剥落，清洁的砂粒沉入池底的集砂槽。通过控制射流所形成的旋流速度可达到沉砂与附着有机物分离的目的，其水平流速（0.1m/s）和旋流速度（0.25～0.30m/s）的设计值与曝

气沉砂池相同。由于操作管理方便、沉砂效果好、不受水量负荷的限制，因此在大型污水处理厂有着广阔的应用前景，在采用 AO、AAO 等前段需要厌氧缺氧条件的污水处理工艺中更有其独特的优势。

曝气沉砂池工程特点分析表　　　　　　　　　　　　　　表 3-4-5

优　点	缺　点	适用场合
1. 流量变化、沉砂效果均能保证 2. 沉砂池的水头损失最小 3. 控制曝气速率，能有效去除含有机物的砂 4. 沉砂质量较高，沉砂中有机物含量低于 10% 5. 预曝气可以缓解进水中的腐化情况，提高下游处理设备的性能 6. 除砂能灵活地适合于现场条件的变化 7. 曝气沉砂池也能适用于化学添加、混合、预曝气和预处理前的絮凝 8. 具有去除浮渣设施	1. 能源消耗量比其他除砂过程大 2. 曝气系统的维修保养和控制需要增加工作量 3. 一定数量的有害挥发性有机物和气味可能从含有这些成分的污水中释放出来 4. 预曝气环境从理论上分析可能会对后续厌氧生化环境产生影响，但实际影响不大 5. 构筑物相对较大	1. 中小型污水厂 2. 除砂要求高 3. 后续处理工艺没有强化厌氧要求

2）沉砂池构造

平流式水力旋流沉砂池的池型构造和曝气沉砂池相似，沿池长方向在池底一侧布置一根水力扩散管，扩散管上按一定间距安装若干个射流喷嘴，安装在沉砂池末端出水处的潜水泵按一定的回流量将已分离掉砂粒的污水压入扩散管，从各喷嘴以射流状态喷出，喷出的射流卷吸夹带周围的流体，在形状接近圆形的沉砂池横断面内形成旋流，并与池长方向的水平流叠加形成螺旋流。旋流沉砂池的构造原理如图 3-4-9 所示。

从螺旋流中分离出来的沉砂落入池底的集砂槽中，由行车式吸砂泵吸出后，流入设置在池外的水力旋流分离器，将多余的污水分离掉，就得到有机物含量低于 10% 的清洁砂。

分离掉无机砂粒的污水流出旋流沉砂池时，一部分回流被潜水泵压入扩散管通过喷嘴在池内形成射流，其余部分流到后续处理构筑物进一步处理。

3）工程特点分析

水力旋流沉砂池工程特点分析如表 3-4-6 所示。

水力旋流沉砂池工程特点分析表　　　　　　　　　　　　表 3-4-6

优　点	缺　点	适用场合
1. 流量变化、沉砂效果均能保证 2. 沉砂池的水头损失最小 3. 控制射流速率，能有效去除含有机物的砂 4. 沉砂质量较高，沉砂中有机物含量低于 10% 5. 对后续污水脱氮除磷处理工艺没有预曝气干扰 6. 除砂能灵活地适合于现场条件的变化 7. 水力旋流沉砂池也能适用于化学添加、混合和预处理前的絮凝 8. 具有去除浮渣设施	1. 能源消耗量比其他除砂过程大 2. 射流系统的维修保养和控制需要增加工作量 3. 构筑物占地相对较大 4. 工程实例不多，运行管理经验相对较少	1. 大中型污水厂 2. 除砂要求高

（4）多尔（Dorr）沉砂池

1）工艺原理

多尔沉砂池又称方形平流沉砂池，是较早应用于实践的沉砂池型，至今已应用 60 多年，装

151

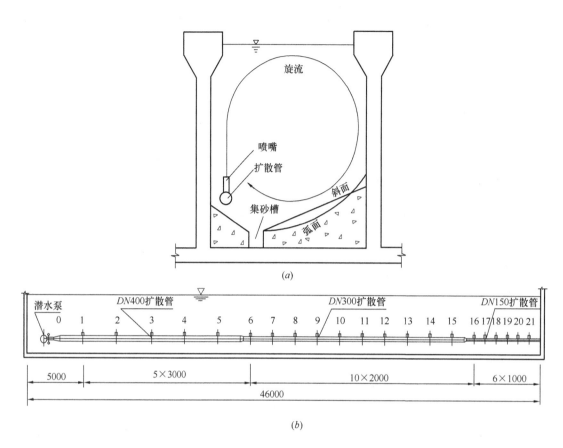

图 3-4-9　水力旋流沉砂池构造原理图

(a) 横剖面图；(b) 纵剖面图 (水平流方向由右向左)

置的进水用一系列的叶片或闸门分布在槽的截面上，分布的水流呈直线流经槽并经溢流堰进入自由出口。采用多尔沉砂池的场合，通常建议至少采用两个单体。这种沉砂池的设计基础是溢流速率，而溢流速率与颗粒尺寸和污水温度有关。它们的设计额定值是在高峰流量下去除 95% 的直径为 0.15～0.20mm 的颗粒，一组典型的设计曲线如图 3-4-10 所示。

2) 多尔沉砂池构造

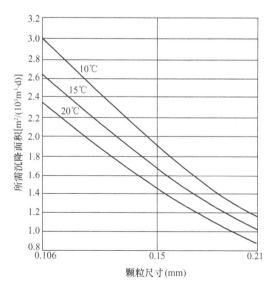

图 3-4-10　污水中相对密度为 2.65 的砂粒在
特定温度下沉降所需的面积

多尔沉砂池由污水入口和整流器、沉砂池、出水溢流堰、刮砂机、排砂坑、洗砂机、有机物回流机和回流管以及排砂机组成。工艺构造如图 3-4-11 所示。

在多尔沉砂池中，固体砂粒由旋转刮砂机刮到池边的坑内。沉淀的砂粒可通过螺旋输送机作倾斜运动，砂粒可用泵从池内排出，并经过旋流除砂器分离剩下的有机物质和浓缩砂粒，浓缩的砂粒可以再次在分级机中利用淹没式往复刮板或倾斜螺旋输送机洗涤。在此过程中，把吸附在砂粒上的有机物洗掉，洗下来的有机物经有机物回流机和回流管随污水一起回流至沉砂池，沉砂中的有机物含量低于 10%，达到清洁沉砂标准。

3) 工程特点分析

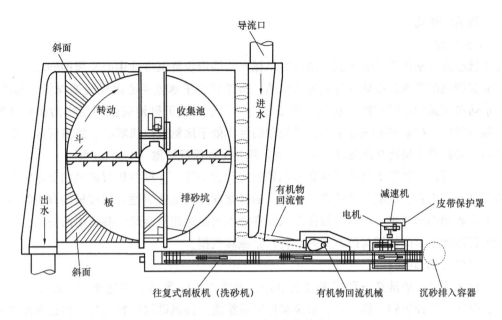

图 3-4-11　多尔沉砂池工艺构造图

多尔沉砂池的工程特点分析如表 3-4-7 所示。

多尔沉砂池工程特点分析表　　　　表 3-4-7

优　点	缺　点	适用场合
1. 不要求流量控制 2. 轴承和移动机械部件安装在水位线上 3. 设备的尺寸按照面积，因此所有砂粒进行去除、冲洗和分类，合乎设计流量 4. 通过设备的水头损失较小	1. 除砂效果一般，容易受干扰 2. 进口挡板不能调节，在大流量时，达不到统一配水的效果 3. 在低流量时，沉砂池会去除相当数量的有机物，需要进行沉砂和分类 4. 在浅水池里（＜0.9m），由于栅臂引起的搅拌，会造成砂粒损失 5. 机械和电气传动装置相对复杂 6. 工程应用较少	1. 中小型污水厂 2. 除砂要求不高

（5）竖流沉砂池

1）工艺原理

竖流沉砂池污水由中心管进入池内后自下而上流动，无机物颗粒借重力沉于池底。这种沉砂池由于处理效果较差，一般较少采用。

2）沉砂池构造

竖流沉砂池的表面多呈圆形，也有采用方形和多角形的。直径或边长一般为 3～6m，一般沉砂池上部呈圆柱状的部分为沉砂区，下部呈截头圆锥状的部分为积砂区，在二区之间应考虑缓冲层，工艺如图 3-4-12 所示。

3）工程特点分析

竖流沉砂工程特点分析如表 3-4-8 所示。

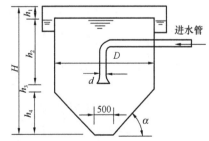

图 3-4-12　竖流沉砂池工艺图

竖流沉砂池工程特点分析表　　　　表 3-4-8

优　点	缺　点	适用场合
1. 构筑物占地相对较小 2. 管理简单，排泥较为方便	1. 沉砂处理效果较差 2. 水池深度较大，施工相对困难 3. 池径不宜过大，否则布水不均 4. 工程应用很少	特殊要求场合

153

（6）旋流沉砂池

1）工艺原理

旋流沉砂池属于涡流除砂系统，是依靠机械产生涡流收集沉砂池中心斗里的砂粒。

旋流沉砂池的进水是以切线方向进入水池，再通过位于水池中心叶轮慢速搅拌，形成旋流，砂粒与水通过比重的不同在旋流状况下得到分离。由于旋流沉砂池完全利用水力和机械形成旋流，无曝气设施，故能完全保证进入后续处理的污水处于厌氧或缺氧状态。旋流沉砂池的主要形式分两种，分别是Ⅰ型比氏沉砂池（Pista型）和Ⅱ型钟氏沉砂池（Teacup型）。

Ⅰ型比氏沉砂池的基本特征是平底水池和收集砂的小孔；Ⅱ型钟氏沉砂池的基本特征是坡底水池和连砂斗的大孔。旋流将砂粒推到中部，回转浆搅拌器加快流速，将较轻的有机物提升，使它们回到沉砂池的水流中。所有砂粒在落入储存池以前应经回转浆进行有机物的去除。

旋流沉砂池主要的机械排砂方式有2种：泵吸和气提。

2）Ⅰ型比氏沉砂池构造

Ⅰ型比氏旋流沉砂池是一种涡流式沉砂池，如图3-4-13所示，由进水口、出水口、沉砂分选区、集砂区、砂抽吸管、排砂管、砂泵和电动机组成。该沉砂池的特点是：在进水渠末端设有能产生池壁效应的斜坡，令砂粒下沉，沿斜坡流入池底，并设有阻流板，以防止絮流。轴向螺旋浆将水流带向池心，然后向上，由此形成了一个涡形水流，平底的沉砂分选区能有效地保持涡流形态，较重的砂粒在靠近池中心的一个环形孔口落入集砂区，而较轻的有机物由于螺旋浆的作用与砂粒分离，最终引向出水渠。沉砂用的砂泵经砂抽吸管、排砂管清洗后排除，清洗水回流至沉砂区。

3）Ⅱ型钟氏沉砂池构造

Ⅱ型钟氏旋流沉砂池为又一种涡流式沉砂池，如图3-4-14所示，由进水口、出水口、沉砂分选区、集砂区、砂提升管、排砂管、电动机和变速箱组成。污水由流入口沿切线方向流入沉砂区，利用电动机和传动装置带动转盘和斜坡式叶片旋转，在离心力作用下，污水中密度较大的砂粒被甩向池壁，掉入砂斗，有机物则被留在污水中。调整转速，可达到最佳沉砂效果。沉砂用压缩空气经砂提升管、排砂管清洗后排除，清洗水回流至沉砂区。

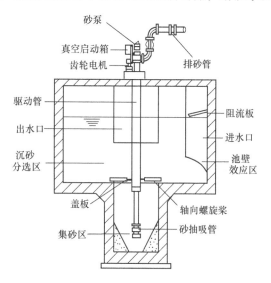

图3-4-13　Ⅰ型比氏旋流式沉砂池

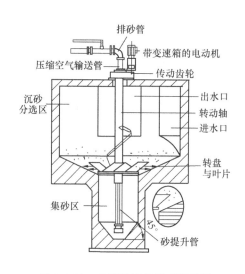

图3-4-14　Ⅱ型钟氏旋流式沉砂池

4）Ⅰ型和Ⅱ型旋流沉砂池比较

Ⅰ型和Ⅱ型旋流沉砂池的特点比较如表3-4-9所示。

Ⅰ型和Ⅱ型旋流沉砂池的特点比较　　　　　表 3-4-9

项　目		Ⅰ型比氏沉砂池	Ⅱ型钟氏沉砂池
基本原理		旋流（涡流）原理	
池内沉砂流态	水平向旋流	有	有
	竖直向旋流	有，相对较强	有，相对较弱
	流态评价	好	较好
土建结构	结构特征	平底池和收集砂的小孔	坡底池和连砂斗的大孔
	土建尺寸	小	较小
主要机械设备	排砂装置	泵提、气提	
	排砂设备能力	强	较强
池径 $D=5.5$m	最大处理能力	1.313m³/s	1.313m³/s
	总池深	4.12m	5.05m
	最小有效水面面积	40.6m²	39.9m²
	最小有效容积	78.89m³	91.60m³
	总电机功率	7.75kW	6.63kW
除砂效率	$d \geqslant 0.297$mm	$\geqslant 95\%$	95%
	$d \geqslant 0.211$mm	$\geqslant 85\%$	85%
	$d \geqslant 0.119$mm	$\geqslant 65\%$	65%
有机物分离率		$\geqslant 95\%$	$50\% \sim 70\%$
工程实例	国外	多	多
	国内	较多	较少

5）工程特点分析

旋流沉砂池工程特点分析如表 3-4-10 所示。

旋流沉砂池工程特点分析　　　　　表 3-4-10

优　点	缺　点	适用场合
1. 在处理流量的有效范围内除砂效率较高 2. 没有需要维修的水下轴承和部件 3. 占地和要求空间最小，土建投资省 4. 构筑物水头损失小（标准值控制在 6mm 水头损失左右） 5. 细砂去除比率高，颗粒（$\geqslant 0.11$mm 直径）的去除率为 $70\% \sim 75\%$ 6. 现阶段国内工程应用普遍 7. 沉砂质量较高，有机物含量低于 10%	1. 涉及专利设计 2. 桨板可能挡住破布 3. 集砂池沉砂易被压实和阻塞，需注意排砂周期 4. 机械和电气传动装置相对复杂 5. 没有去除浮渣设施	1. 大、中、小型污水厂 2. 除砂要求较高 3. 污水厂用地紧 4. 后续处理有去除浮渣设施

3.4.3　沉砂池设计和计算

在除砂设计中，除砂颗粒的尺寸是指粒径大于 0.21mm 的颗粒，且比重为 2.65。95% 这些颗粒的去除一般说已达到了除砂的目的。目前，现代除砂设计的去除能力为高达 0.15mm（粒径）颗粒的去除率达 75%，因为最新的工程研究表明，污水厂需要去除小颗粒，以避免对下游处理设施的不利影响。

除砂以前，一般应采用格栅或粉碎等工艺进行预处理，防止大颗粒干扰除砂设备。沉砂池应设置于初沉池之前，在不设初沉池的二级处理厂中，沉砂池设置于生物反应池之前，极少污水厂允许砂粒沉淀在初沉池里，从初沉污泥中去除。为保护进水泵房的污水泵，需要除砂设施设置于进水泵房前，但是由于一般污水厂的进水管均为重力流，这样往往需要将除砂设施设置在地下深处，导致相关土建投资、工程施工以及运行和维修费用的增高，工程效益较差，所以一般较为经济的方法是将沉砂池设置于粗格栅和进水泵房之后，允许原生污水夹带砂粒一起泵送，这样尽管水泵设备本体的磨损会增加，但是通过采用改良水泵设备材质，加强运行维护等工程措施，能较大程度地降低其所引起的负面影响。

沉砂池的有效分组是工程设计重要的组成部分，应保证在维护、检修和事故工况，沉砂池仍有处理峰值流量 70% 以上的能力。一般污水厂设计中，沉砂池至少 2 组以上，对于一些小型污水厂也可考虑采用单一沉砂设施另加一旁通渠，但其污水厂的下游处理工艺中应允许少量含砂污水进入。对于大型合流制的污水厂或后续处理设施配有砂敏感性的机械设备时，如离心脱水机、循环流化床污泥干化焚烧设施时，必须合理选择沉砂池池型，进行定期清洗、维修和保养。

沉砂池设计时必须了解污水流量的限值，以便能有效地去除所有流量工况的砂粒，一般污水系统的收集管在冲洗流速最大时，管内砂的移运率也最高，因此高峰流量时进入污水处理厂的砂量一般是最高的。沉砂池的选型与设计不仅需要在高峰流量时有效地除砂，同时还需要避免在最小流量时去除过量的有机物。

一般情况下，现阶段旋流沉砂池和曝气沉砂池应用最为广泛，水力旋流沉砂池技术正在不断推广，平流沉砂池和多尔沉砂池亦有应用，但竖流沉砂池则很少采用。

3.4.3.1 一般规定

(1) 污水处理厂应设置沉砂池，沉砂池应按去除相对密度 2.65、粒径 0.21mm 以上的砂粒设计。

(2) 砂量、砂的性质和沉砂方式可能对下游处理工艺和处理构筑物的不利影响是选用除砂工艺的重要因素，其他还应考虑的因素有沉砂池占地、工程投资、运行费用、水头损失、除砂效果和有机物含量等。

(3) 沉砂池设计流量应按分期建设考虑：

1) 当污水为自流进入时，应按每期的最大设计流量计算；当污水为提升进入时，应按每期工作水泵的最大组合流量计算。

2) 在合流制处理系统中，应按降雨时的设计流量计算。

(4) 沉砂池个数或分格数不应少于 2 个，并宜按并联系列设计；当污水量较少时，可考虑一格工作、一格备用。

(5) 城镇污水的沉砂量可按每立方米污水 0.03L 计算，其含水率为 60%，密度约为 1500kg/m³；合流制污水的沉砂量应根据实际情况确定。

(6) 砂斗容积应按不大于 2d 的沉砂量计算，斗壁与水平面的倾角不应小于 55°。

(7) 沉砂池的除砂一般宜采用泵吸式或气提式等机械方法排砂。沉砂经砂水分离后，干砂在储砂池或晒砂场储存或直接装车外运。由于排砂的不连续性，重力或机械排砂方法均会发生排砂管堵塞现象，在设计中应考虑水力冲洗等防堵塞措施。考虑到排砂管易堵，规定人工排砂时，排砂管直径不应小于 200mm。

(8) 当采用重力排砂时，沉砂池和储砂池应尽量靠近，以缩短排砂管长度，并设排砂闸门于管的首端，使排砂管畅通和易于养护管理。

(9) 沉砂池的超高不宜小于 0.3m。

(10) 沉砂可以直接泵送到洗砂和脱水设备，但是由于是砂介质，因此工程设计中对砂泵和其管路的布置必须遵循以下原则：

1) 尽可能减少横向和竖向管道的弯管数量，降低砂粒、碎布、枝杆等的阻塞；

2) 在弯管上设置清理口，方便对管道系统进行清理和疏通；

3) 考虑设置备用泵和备用管道系统，为泵送系统的维护和保养创造条件；

4) 将泵送流速控制在 1～2m/s，合理确定管径，在保证管道系统不阻塞的前提下，尽量减小砂和其他固体介质对管道系统的磨蚀影响；

5) 沉砂泵送管道的最小管径不应小于 100mm。

砂泵的主要形式有涡流叶轮泵和气提泵，这两种泵型均能泵送砂浆，而且磨损程度比离心泵小，虽然涡流式叶轮泵的泵效率低于气提泵，但是当泵送压力较高时，涡流泵比气提泵更加安全可靠。在泵送砂时，由于砂斗中的沉砂较易压实，因此宜配置喷射器或压缩空气等砂粒冲松装置。

3.4.3.2　平流沉砂池

(1) 设计数据

1) 最大流速为 0.3m/s，最小流速为 0.15m/s。

2) 最大流量时停留时间不小于 30s，一般采用 30～60s。

3) 有效水深不应大于 1.2m，一般采用 0.25～1m，每格宽度不宜小于 0.6m。

4) 进水头部应采取消能和整流措施。

5) 池底坡度一般为 0.01～0.02。当设置除砂设备时，可根据设备要求考虑池底形状。

(2) 计算公式

当无砂粒沉降资料时，平流沉砂池计算公式如表 3-4-11 所示。

平流沉砂池计算公式表（无砂粒沉降资料）　　　　　　表 3-4-11

名　　称	公　　式	符 号 说 明
1. 长度	$L = vt$	L—平流沉砂池长度，m； v—最大设计流量时的流速，m/s； t—最大设计流量时的流行时间，s
2. 水流断面面积	$A = \dfrac{Q_{max}}{v}$	A—水流断面面积，m^2； Q_{max}—最大设计流量，m^3/s
3. 池总宽度	$B = \dfrac{A}{h_2}$	B—池总宽度，m； h_2—设计有效水深，m
4. 沉淀室所需容积	$V = \dfrac{Q_{max}XT86400}{K_Z 10^6}$	V—沉淀室所需容积，m^3； X—城镇污水沉砂量，一般采用 $30m^3/10^6 m^3$ 污水； T—清除沉砂的间隔时间，d； K_Z—生活污水流量总变化系数
5. 池总高度	$H = h_1 + h_2 + h_3$	H—池总高度，m； h_1—超高，m； h_3—沉砂室高度，m
6. 验算最小流速	$v_{min} = \dfrac{Q_{min}}{n_1 w_{min}}$	v_{min}—最小流速，m/s； Q_{min}—最小流量，m^3/s； n_1—最小流量时工作的沉砂池数目，个； w_{min}—最小流量时沉砂池中的水流断面面积，m^2

当有砂粒沉降资料时，可按砂粒平均沉降速度计算，计算公式如表 3-4-12 所示。

平流沉砂池计算公式（有砂粒沉降资料）　　　　表 3-4-12

名　称	公　式	符 号 说 明
1. 水面面积	$F = \dfrac{Q_{max}}{u} \times 1000$ $u = \sqrt{u_0^2 - w^2}$ $w = 0.05v$	F—水面面积，m^2； Q_{max}—最大设计流量，m^3/s； u—砂粒平均沉降速度，m/s； u_0—水温 15℃ 时砂粒在静水压力下的沉降速度，
2. 水流断面面积	$A = \dfrac{Q_{max}}{v} \times 1000$	mm/s，可按表 3-4-13 所列值采用； w—水流垂直分速度，mm/s；
3. 池总宽度	$B = \dfrac{A}{h_2}$	v—水平流速，mm/s； A—水流断面面积，m^2；
4. 设计有效水深	$h_2 = \dfrac{uL}{v}$	B—池总宽度，m； h_2—设计有效水深，m；
5. 池的长度	$L = \dfrac{F}{B}$	L—平流沉砂池长度，m； β—每个沉砂池（或分格）宽度，m；
6. 每个沉砂池（或分格）宽度	$\beta = \dfrac{B}{n}$	n—沉砂池个数（或分格数）

u_0 值表　　　　表 3-4-13

砂粒径（mm）	u_0（mm/s）	砂粒径（mm）	u_0（mm/s）
0.20	18.7	0.35	35.1
0.25	24.2	0.40	40.7
0.30	29.7	0.50	51.6

（3）计算实例

某城市污水处理厂的最大设计流量为 $0.2m^3/s$，最小设计流量为 $0.1m^3/s$，计算沉砂池各部分尺寸。

1）按第一种方法计算，平流沉砂池布置如图 3-4-15 所示。

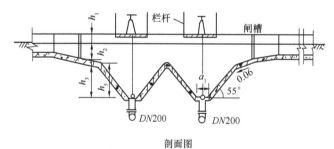

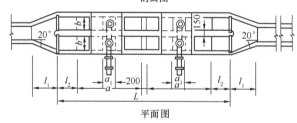

图 3-4-15　平流沉砂池布置图

（A）长度：

设 $v=0.25m/s$，$t=30s$，则

$$L = vt = 0.25 \times 30 = 7.5m$$

（B）水流断面面积：

$$A = \frac{Q_{max}}{v} = \frac{0.2}{0.25} = 0.8m^2$$

（C）**池总宽度：**

设 $n=2$ 格，每格宽 $b=0.6\mathrm{m}$，则

$$B=nb=2\times0.6=1.2\mathrm{m}$$

（D）**有效水深：**

$$h_2=\frac{A}{B}=\frac{0.8}{1.2}=0.67\mathrm{m}$$

（E）**沉砂室所需容积：**

设 $T=2d$，则

$$V=\frac{Q_{\max}XT86400}{K_Z10^6}=\frac{0.2\times30\times2\times86400}{1.50\times10^6}=0.69\mathrm{m}^3$$

（F）**每个沉砂斗容积：**

设每一分格有两个沉砂斗，则

$$V_0=\frac{0.69}{2\times2}=0.17\mathrm{m}^3$$

（G）**沉砂斗各部分尺寸：**

设斗底宽 $\alpha_1=0.5\mathrm{m}$，斗壁与水平面的倾角为 $55°$，斗高 $h_3'=0.35\mathrm{m}$，则沉砂斗上口宽为

$$\alpha=\frac{2h_3'}{\mathrm{tg}55°}+\alpha_1=\frac{2\times0.35}{\mathrm{tg}55°}+0.5=1.0\mathrm{m}$$

沉砂斗容积为

$$V_0=\frac{h_3'}{6}(2\alpha^2+2\alpha\alpha_1+2\alpha_1^2)=\frac{0.35}{6}(2\times1^2+2\times1\times0.5+2\times0.5^2)$$

$$=0.2\mathrm{m}^3(\approx0.17\mathrm{m}^3)$$

（H）**沉砂室高度：**

采用重力排砂，设池底坡度为 0.06，坡向砂斗，沉砂室高度为

$$h_3=h_3'+0.06l_2=0.35+0.06\times2.65=0.51\mathrm{m}$$

（ I ）**池总高度：**

设超高 $h_1=0.3\mathrm{m}$，则

$$H=h_1+h_2+h_3=0.3+0.67+0.51=1.48\mathrm{m}$$

（ J ）**验算最小流速：**

在最小流量时，只用一格工作（$n_1=1$），则

$$v_{\min}=\frac{Q_{\min}}{n_1w_{\min}}=\frac{0.1}{1\times0.6\times0.67}=0.25\mathrm{m/s}>0.15\mathrm{m/s}$$

2）**按第二种方法计算：**

在沉砂池中去除砂粒的最小粒径采用 $0.2\mathrm{mm}$，其 $u_0=18.7\mathrm{mm/s}$

水流垂直分速度：设 $v=0.25\mathrm{m/s}$，则

$$w=0.05v=0.05\times250=12.5\mathrm{mm/s}$$

（A）**砂粒平均沉降速度：**

$$u=\sqrt{u_0^2-w^2}=\sqrt{18.7^2-12.5^2}=13.9\mathrm{mm/s}$$

（B）**水面面积：**

$$F=\frac{Q_{\max}}{u}\times1000=\frac{0.2}{13.9}\times1000=14.4\mathrm{m}^2$$

（C）**水流断面面积：**

$$A=\frac{Q_{\max}}{v}=\frac{0.2}{0.25}=0.8\mathrm{m}^2$$

（D）池总宽度：

设 $n=2$，每格宽 $b=0.6$m，则

$$B = nb = 2 \times 0.6 = 1.2\text{m}$$

（E）有效水深：

$$\frac{A}{B} = \frac{0.8}{1.2} = 0.67\text{m}$$

（F）池的长度：

$$L = \frac{F}{B} = \frac{14.4}{1.2} = 12\text{m}$$

（G）最大设计流量时的流行时间：

$$t = \frac{h_2}{u} = \frac{0.67}{0.0139} = 48\text{s} > 30\text{s}$$

沉砂室计算同前。

3.4.3.3 曝气沉砂池

（1）设计数据

1）旋流速度应保持 $0.25 \sim 0.3$m/s；

2）水平流速宜为 0.1m/s；

3）最高时流量的停留时间应大于 2min，建议设计停留时间宜为 $3 \sim 8$min；

4）有效水深宜为 $2 \sim 3$m，宽深比宜为 $1 \sim 1.5$；

5）长宽比可达 5，当池长比池宽大得多时，应考虑设计横向挡板；

6）处理每立方米污水的曝气量宜为 $0.1 \sim 0.2$m³ 空气，或 $3 \sim 5$m³/（m²·h），也可按表 3-4-14所列值采用；

单位池长所需空气量　　　　　　　　　　表 3-4-14

曝气管水下浸没深度（m）	最低空气用量（m³/（m·h））	达到良好除砂效果最大空气量（m³/（m·h））
1.5	12.5～15.0	30
2.0	11.0～14.5	29
2.5	10.5～14.0	28
3.0	10.5～14.0	28
4.0	10.0～13.5	25

7）空气扩散装置设在池的一侧，如图 3-4-16 所示，距池底约 $0.6 \sim 0.9$m，送气管应设置调节气量的闸门；

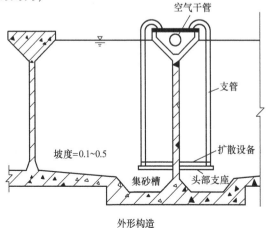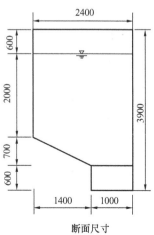

外形构造　　　　　　　　　　　　　　　　断面尺寸

图 3-4-16　曝气沉砂池空气扩散装置示意图

8）水池的形状应尽可能不产生偏流或死角，在集砂槽附近可安装纵向挡板；

9）水池的进口和出口布置，应防止发生短流，进水方向应与池中旋流方向一致，出水方向应与进水方向垂直，并宜考虑设置挡板；

10）池内应考虑设消泡装置。

（2）计算公式

计算公式如表 3-4-15 所示。

曝气沉砂池计算公式　　表 3-4-15

序 号	名　称	公　式	符 号 说 明
1	水池总有效容积	$V = Q_{max} t \times 60$	V—水池总有效容积，m^3； Q_{max}—最大设计流量，m^3/s； t—最大设计流量时的流行时间，min
2	水流断面积	$A = \dfrac{Q_{max}}{v_1}$	A—水流断面积，m^2； v_1—最大设计流量时的水平流速，m/s，一般采用 0.06～0.12m/s
3	池总宽度	$B = \dfrac{A}{h_2}$	B—池总宽度，m； h_2—设计有效水深，m
4	池长	$L = \dfrac{V}{A}$	L—池长，m
5	每小时所需空气量	$q = d Q_{max} \times 3600$	q—每小时所需空气量，m^3/h； d—每立方米污水所需空气量（m^3/m^3）

（3）计算实例

某城市污水处理厂的最大设计流量为 1.2m^3/s，计算曝气沉砂池的各部分尺寸。

1）水池总有效容积：

设 $t = 2min$，则

$$V = Q_{max} t \times 60 = 1.2 \times 2 \times 60 = 144 m^3$$

2）水流断面积：

设 $v_1 = 0.1 m/s$，则

$$A = \frac{Q_{max}}{v_1} = \frac{1.2}{0.1} = 12 m^2$$

3）沉砂池设两格，池宽 2.4m，有效水深 2.5m，池底坡度 0.5，超高 0.6m，全池总高 3.9m。

4）每格沉砂池实际进水断面面积：

$$A' = 2.4 \times 2.0 + \left(\frac{2.4 + 1.0}{2} \right) \times 0.7 = 6 m^2$$

5）池长：

$$L = \frac{V}{A} = \frac{144}{12} = 12 m$$

6）每格沉砂池沉砂斗容量：

$$V_0 = 0.6 \times 1.0 \times 12 = 7.2 m^3$$

7）每格沉砂池实际沉砂量：设含砂量为 20$m^3/10^6 m^3$ 污水，每两天排砂一次。

$$V'_0 = \frac{20 \times 0.6}{10^6} \times 86400 \times 2 = 2.1 m^3 < 7.2 m^3$$

8）每小时所需空气量：设曝气管浸水深度为 2.5m，查表 3-4-14 可得单位池长所需空气量为 28$m^3/(m \cdot h)$。

$$q = 28 \times 12(1 + 15\%) \times 2 = 772.8 m^3/h$$

161

式中 （1＋15％）—考虑到进出口条件而增加的池长。

3.4.3.4 水力旋流沉砂池

（1）设计数据

1）旋流速度应保持 0.25～0.3m/s；

2）水平流速宜为 0.1m/s；

3）最高时流量的停留时间应大于 2min，建议设计停留时间宜为 3～8min；

4）有效水深宜为 2.0～3.0m，宽深比宜为 1～1.5；

5）处理每立方米污水的喷嘴射流量宜为 0.1～0.2m³水；

6）喷嘴流速宜为 5.0～7.0m/s；

7）进水方向应与池中旋流方向一致，出水方向应与进水方向垂直，并宜设置挡板。

（2）计算公式

计算公式如表 3-4-16 所示。

水力旋流沉砂池计算公式 表 3-4-16

序 号	名 称	公 式	符 号 说 明
1	水池总有效容积	$V=Q_{max}t\times60$	V—水池总有效容积，m³； Q_{max}—最大设计流量，m³/s； t—最大设计流量时的流行时间，min
2	水流断面积	$A=\dfrac{Q_{max}}{v_1}$	A—水流断面积，m²； v_1—最大设计流量时的水平流，m/s，一般采用 0.06～0.12m/s
3	池总宽度	$B=\dfrac{A}{h_2}$	B—池总宽度，m； h_2—设计有效水深，m
4	池长	$L=\dfrac{V}{A}$	L—池长，m
5	每小时所需射流量	$q=dQ_{max}\times3600$	q—每小时所需射流量，m³； d—每立方米污水所需射流量，m³/m³

（3）计算实例

某城市污水处理厂的最大设计流量为 1.2m³/s，计算水力旋流沉砂池的各部分尺寸。

1）池子总有效容积：

设 $t=2$min，则

$$V=Q_{max}t\times60=1.2\times2\times60=144\text{m}^3$$

2）水流断面积：

设 $v_1=0.1$m/s，则

$$A=\frac{Q_{max}}{v_1}=\frac{1.2}{0.1}=12\text{m}^2$$

3）沉砂池设两格，池宽 2.4m，有效水深 2.5m，池底坡度 0.5，超高 0.6m，全池总高 3.9m。

4）每格沉砂池实际进水断面面积：

$$A'=2.4\times2.0+\left(\frac{2.4+1.0}{2}\right)\times0.7=6\text{m}^2$$

5）池长：

$$L=\frac{V}{A}=\frac{144}{12}=12\text{m}$$

6）每格沉砂池沉砂斗容量：

$$V_0=0.6\times1.0\times12=7.2\text{m}^3$$

7）每格沉砂池实际沉砂量：

设含砂量为 $20m^3/10^6m^3$ 污水，每两天排砂一次，则

$$V_0' = \frac{20 \times 0.6}{10^6} \times 86400 \times 2 = 2.1m^3 < 7.2m^3$$

8）每小时所需射流量：

$$q = 0.2 \times (1.2 \times 60 \times 60) \times (1+15\%) = 993.6m^3/h$$

式中　$(1+15\%)$——考虑到进出口条件而增加的池长。

3.4.3.5　多尔（Dorr）沉砂池

（1）设计数据

在使用多尔沉砂池时，采用两套装置较为合理。设计这类沉砂池是以溢流率为基础，溢流率与砂粒的大小和污水温度有关。

1）沉砂池面积

多尔沉砂池的面积根据要求去除的砂粒直径和污水温度确定。图 3-4-17 是在指定温度下，沉降每 $1000m^3$ 污水中比重为 2.65 的砂粒所需的多尔沉砂池的面积。

2）沉砂池最大设计流速

最大设计流速为 0.3m/s。

3）主要设计参数

主要设计参数如表 3-4-17 所示。

多尔沉砂池设计参数表　　　　　　　　　　　　　表 3-4-17

沉砂池直径（m）	3.0	6.0	9.0	12.0
最大流量（m^3/s）： 要求去除砂粒直径为 0.21mm 要求去除砂粒直径为 0.15mm	0.17 0.11	0.70 0.45	1.58 1.02	2.80 1.81
沉砂池深度（m）	1.1	1.2	1.4	1.5
最大设计流量时的水深（m）	0.5	0.6	0.9	1.1
洗砂机宽度（m）	0.4	0.4	0.7	0.7
洗砂机斜面长度（m）	8.0	9.0	10.0	12.0

（2）布置形式

多尔沉砂池单套装置布置形式如图 3-4-18 所示，两套装置布置形式如图 3-4-19 所示。

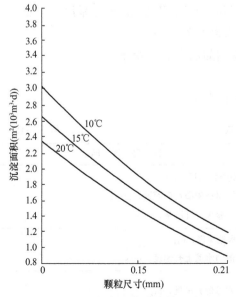

图 3-4-17　多尔沉砂池颗粒尺寸
与沉淀面积关系图

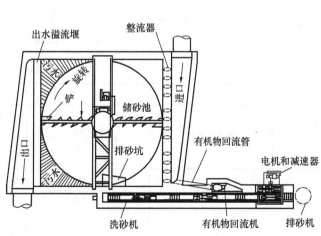

图 3-4-18　多尔沉砂池单套装置布置示意图

163

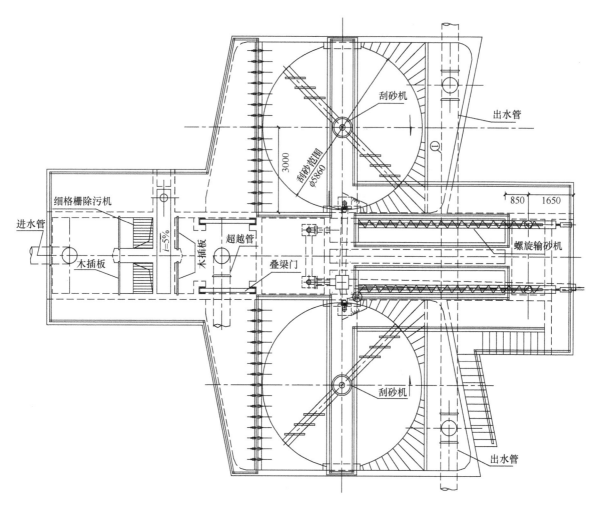

图 3-4-19　多尔沉砂池两套装置布置示意图

3.4.3.6　竖流沉砂池

（1）设计数据

1）最大流速为 0.1m/s，最小流速为 0.02m/s。

2）最大流量时停留时间不小于 20s，一般采用 30～60s。

3）进水中心管最大流速为 0.3m/s。

竖流式沉砂池示意图如图 3-4-20 所示。

（2）计算公式

计算公式如表 3-4-18 所示。

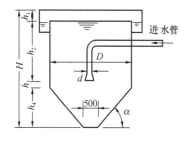

图 3-4-20　竖流式沉砂池示意图

竖流沉砂池计算公式　　　　　　　　　　　　　　　　表 3-4-18

序号	名　称	公　式	符号说明
1	中心管直径	$d = \sqrt{\dfrac{4Q_{\max}}{\pi v_1}}$	d—中心管直径，m； v_1—污水在中心管内流速，m/s； $Q_{\max}$—最大设计流量，m^3/s
2	水池直径	$D = \sqrt{\dfrac{4Q_{\max}(v_1 + v_2)}{\pi v_1 v_2}}$	D—水池直径，m； v_2—池内水流上升速度，m/s
3	水流部分高度	$h_2 = v_2 t$	h_2—水流部分高度，m； t—最大流量时的流行时间，s

续表

序　号	名　　称	公　式	符　号　说　明
4	沉砂部分所需容积	$V=\dfrac{Q_{max}XT\times86400}{K_Z\times10^6}$	V—沉砂部分所需容积，m^3； X—城镇污水沉砂量，一般采用 $30m^3/10^6m^3$ 污水； T—两次清除沉砂相隔时间，d； K_Z—生活污水流量总变化系数
5	沉砂部分高度	$h_4=(R-r)\text{tg}\alpha$	h_4—沉砂部分高度，m； R—水池半径，m； r—圆截锥部分下底半径，m； α—圆截锥部分倾角，°
6	圆截流部分实际容积	$V_1=\dfrac{\pi h_4}{3}(R^2+Rr+r^2)$	V_1—圆截流部分实际容积，m^3；
7	池总高度	$H=h_1+h_2+h_3+h_4$	H—池总高度，m； h_1—超高，m； h_3—中心管底至沉砂砂面的距离，一般采用 $0.25m$

（3）计算实例

某城市污水处理厂的最大设计流量为 $0.2m^3/s$，竖流沉砂池中心管流速 $v_1=0.3m/s$，池内水流上升速度 $v_2=0.05m/s$，最大设计流量时的流行时间 $t=20s$，沉砂池每两日清除一次，计算沉砂池各部分尺寸。

1）中心管直径：

设 $n=2$，每格最大设计流量为

$$q_{max}=\frac{Q_{max}}{n}=\frac{0.2}{2}=0.1m^3/s$$

中心管直径为

$$d=\sqrt{\frac{4Q_{max}}{\pi v_1}}=\sqrt{\frac{4\times0.1}{\pi\times0.3}}=0.65m$$

2）水池直径：

$$D=\sqrt{\frac{4Q_{max}(v_1+v_2)}{\pi v_1v_2}}=\frac{4\times0.1(0.3+0.05)}{\pi\times0.3\times0.05}=1.72m$$

3）水流部分高度：

$$h_2=v_2t=0.05\times20=1m$$

4）沉砂部分所需容积：

$$V=\frac{Q_{max}XT\times86400}{K_Z\times10^6}=\frac{0.2\times30\times2\times86400}{1.50\times10^6}=0.69m^3$$

5）每个沉砂斗容积：

$$V_0=\frac{0.69}{2}=0.35m^3$$

6）沉砂部分高度：

设沉砂室锥底直径为 $0.5m$，则

$$h_4=(R-r)\text{tg}\alpha=(0.86-0.25)\text{tg}55°=0.87m$$

7）圆截锥部分实际容积：

$$V_1=\frac{\pi h_4}{3}(R^2+Rr+r^2)=\frac{\pi\times0.87}{3}(0.86^2+0.86\times0.25+0.25^2)$$

$$=0.92m^3 > 0.35m^3$$

8）池总高度：

$$H=h_1+h_2+h_3+h_4=0.3+1+0.25+0.87=2.42m$$

9）排砂方法：

采用重力排砂或水射器排砂。

3.4.3.7 旋流沉砂池

（1）设计数据

1）沉砂池水力表面负荷约为 $200m^3/(m^2 \cdot h)$，水力停留时间约为 $20\sim30s$。

2）进水渠道直段长度应为渠道宽的 7 倍，并且不小于 4.5m，以创造平稳的进水条件。

3）进水渠道流速，在最大流量的 $40\%\sim80\%$ 情况下为 $0.6\sim0.9m/s$，在最小流量时大于 0.15m/s，但最大流量时不宜大于 1.2m/s。

4）出水渠道与进水渠道的夹角大于 $270°$，以最大限度地延长水流在沉砂池内的停留时间，达到有效除砂目的。两种渠道均设在沉砂池上部以防扰动砂粒。

5）出水渠道宽度为进水渠道的 2 倍，出水渠道的直线段应不小于出水渠道的宽度。

6）旋流沉砂池前应设格栅，沉砂池下游设堰板，以便保持沉砂池内所需的水位。

（2）布置形式

旋流沉砂池的主要形式有 2 种，分别是 I 型比氏沉砂池和 II 型钟氏沉砂池。其中 I 型比氏沉砂池的旋流夹角又分为 $270°$ 和 $360°$。旋流沉砂池的布置形式包括单池布置、2 池布置、4 池布置和多池布置等。

1）单池布置形式

旋流沉砂池 $270°$ 单池布置形式如图 3-4-21 所示，$360°$ 单池布置形式如图 3-4-22 所示。

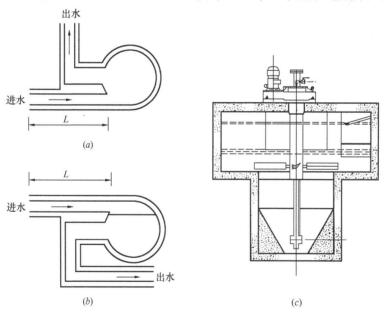

图 3-4-21　旋流沉砂池单池布置图（$270°$）

（a）平面布置图一；（b）平面布置图二；（c）剖面图

2）2 池布置形式

旋流沉砂池 $270°$2 池布置形式如图 3-4-23 所示，$360°$2 池布置形式如图 3-4-24 所示。

3）4 池布置形式

旋流沉砂池 $270°$4 池布置形式如图 3-4-25 所示，$360°$4 池布置形式如图 3-4-26 所示。

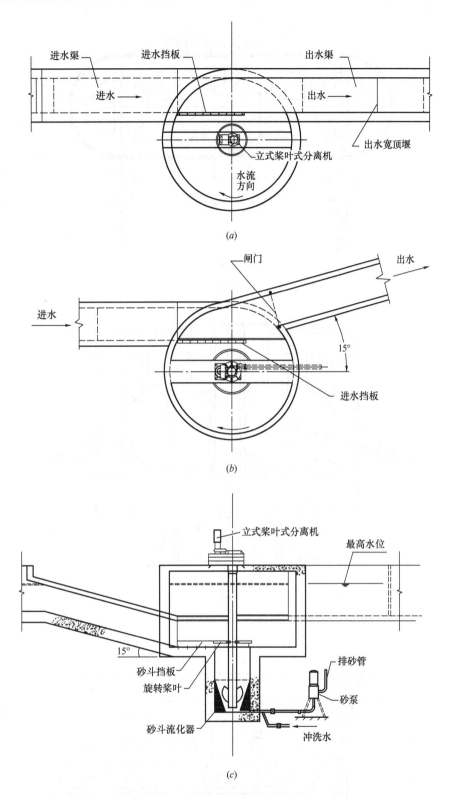

图 3-4-22　旋流沉砂池单池布置图（360°）

（a）平面布置图一；（b）平面布置图二；（c）剖面图

4）多池布置形式

旋流沉砂池 270°多池布置形式如图 3-4-27 所示，360°多池布置形式如图 3-4-28 所示。

（3）Ⅰ型比氏沉砂池（Pista）

根据处理污水量的不同，Ⅰ型比氏旋流沉砂池分为不同规格系列的池型。每一规格的旋流沉

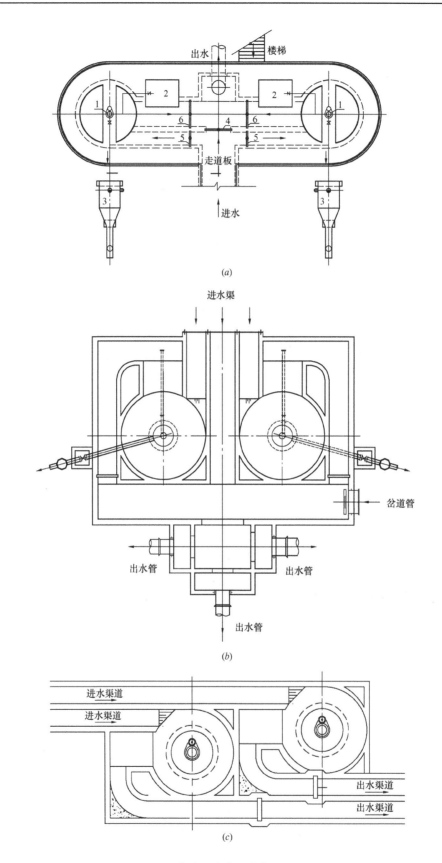

图 3-4-23　旋流沉砂池 2 池布置图（270°）

（a）平面布置图一；（b）平面布置图二；（c）平面布置图三

1—搅拌机；2—鼓风机；3—砂水分离器；4—渠道闸门；5—进水渠道闸门；6—出水渠道闸门

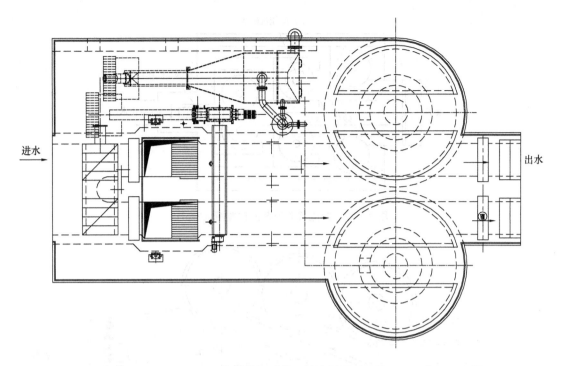

图 3-4-24　旋流沉砂池 2 池布置图（360°）

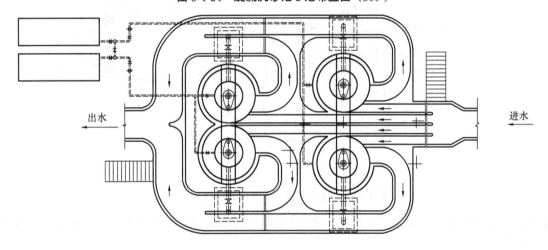

图 3-4-25　旋流沉砂池 4 池布置图（270°）

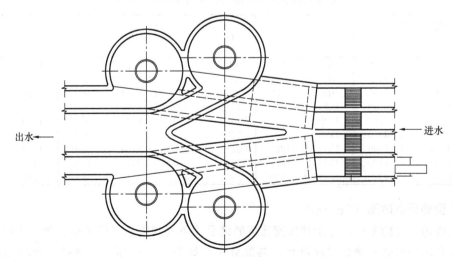

图 3-4-26　旋流沉砂池 4 池布置图（360°）

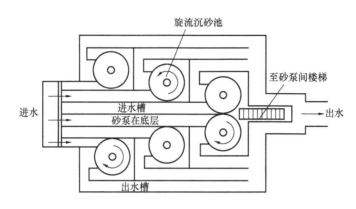

图 3-4-27　旋流沉砂池多池布置图（270°）

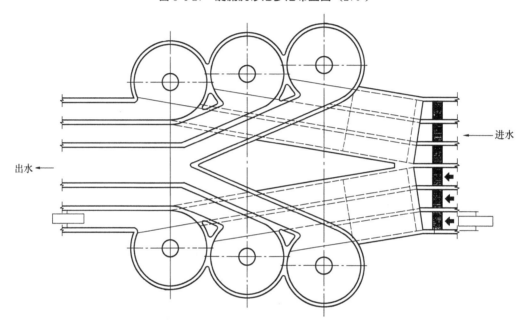

图 3-4-28　旋流沉砂池多池布置图（360°）

砂池均对应有不同的处理量和工程尺寸，各部分尺寸如图 3-4-29 所示，型号、规格和尺寸如表 3-4-19 所示。

Ⅰ型比氏旋流沉砂池型号、规格和尺寸（mm）　　　　　　　　　　表 3-4-19

型号	流量 (×10⁴m³/d)	A	B	C	D	E	F	J	L	P
1	0.40	1830	910	310	610	310	1520	430	1120	610
2.5	1.00	2130	910	380	760	310	1520	580	1120	760
4	1.50	2440	910	460	910	310	1520	660	1220	910
7	2.70	3050	1520	610	1220	460	1680	760	1450	1220
12	4.50	3660	1520	720	1520	460	2030	940	1520	1520
20	7.50	4880	1520	1070	2130	460	2080	1070	1680	1830
30	11.40	5490	1520	1220	2440	550	2130	1300	1980	2130
50	19.00	6100	1520	1370	2740	460	2440	1780	2130	2740
70	26.50	7320	1830	1680	3350	460	2440	1800	2130	3050

（4）Ⅱ型钟氏沉砂池（Teacup）

根据处理污水量的不同，Ⅱ型钟氏旋流沉砂池分为不同规格系列的池型。每一规格的旋流沉砂池均对应有不同的处理量和工程尺寸，各部分尺寸如图 3-4-30 所示，型号、规格和尺寸如表 3-4-20 所示。

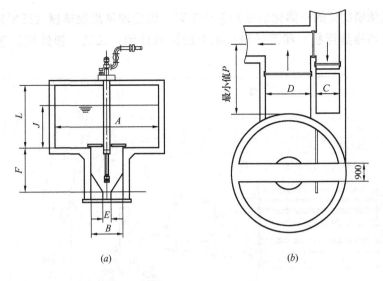

(a)　　　　　　　　　　　　(b)

图 3-4-29　Ⅰ型比氏旋流沉砂池各部分尺寸

(a) 剖面图；(b) 平面图

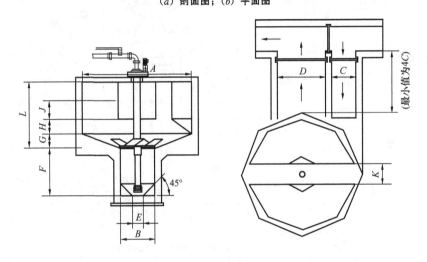

图 3-4-30　Ⅱ型钟氏旋流沉砂池各部分尺寸

Ⅱ型钟氏旋流沉砂池型号、规格和尺寸（mm）　　　　　　　　表 3-4-20

型号	流量 (L/s)	A	B	C	D	E	F	G	H	J	K	L
50	50	1830	1000	305	610	300	1400	300	300	200	800	1100
100	110	2130	1000	380	760	300	1400	300	300	300	800	1100
200	180	2430	1000	450	900	300	1350	400	300	400	800	1150
300	310	3050	1000	610	1200	300	1550	450	300	450	800	1350
550	530	3650	1500	750	1500	400	1700	600	510	580	800	1450
900	880	4870	1500	1000	2000	400	2200	1000	510	600	800	1850
1300	1320	5480	1500	1100	2200	400	2200	1000	610	630	800	1850
1750	1750	5800	1500	1200	2400	400	2500	1300	750	700	800	1950
2000	2200	6100	1500	1200	2400	400	2500	1300	890	750	800	1950

3.5　工程设计实例

3.5.1　工程设计实例一

上海石洞口城市污水处理厂设计规模为 $40 \times 10^4 \mathrm{m}^3/\mathrm{d}$，总变化系数 $K_z = 1.30$。污水处理采

用具有生物脱氮除磷功能的一体化活性污泥法工艺，预处理采用粗格栅（三索式格栅除污机）、细格栅（阶梯式格栅除污机）和沉砂池（水力旋流沉砂池）工艺。预处理工艺总体布置如图3-5-1所示。

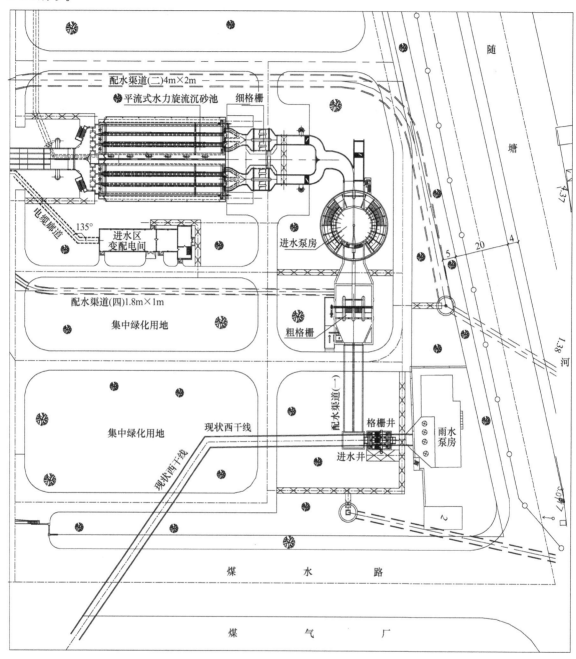

图 3-5-1　预处理工艺总体布置图

预处理构筑物工程详细设计如下。

（1）粗格栅和进水泵房

污水处理厂一期处理规模 $40 \times 10^4 \mathrm{m}^3/\mathrm{d}$，二期处理规模扩容至 $80 \times 10^4 \mathrm{m}^3/\mathrm{d}$。

从城市西干线接入的污水，通过进水箱涵进入粗格栅和进水泵房，收集系统收集的污水中的较大杂质通过粗格栅去除，保护水泵的正常运行，污水由潜水泵提升后进入水处理系统。

粗格栅和进水泵房由于是地下构筑物，土建一次建成，设备按一期规模安装。

设计规模：　　　　　$Q = 80 \times 10^4 \mathrm{m}^3/\mathrm{d}$

变化系数：　　　　　　　$k=1.3$

设计流量：　　　　　　　$Q_{max}=12.04\text{m}^3/\text{s}$

一期规模：　　　　　　　$Q=40\times10^4\text{m}^3/\text{d}$

变化系数：　　　　　　　$k=1.3$

设计流量：　　　　　　　$Q_{max}=6.02\text{m}^3/\text{s}$

集水井设计水位：　　　　$h_d=1.50\text{m}$（绝对标高）

最低水位：　　　　　　　$h_L=0.00\text{m}$

最高水位：　　　　　　　$h_H=2.50\text{m}$

选用钢丝绳式粗格栅除污机（三索式）2 台

栅前设计水深：　　　　　$h=3.0\text{m}$

安装角度：　　　　　　　$75°$

过栅流速：　　　　　　　$V=0.97\text{m}/\text{s}$

栅渣量为 $2\text{t}/\text{d}$，粗格栅产生的栅渣由皮带输送机输送至螺旋压榨机压榨。

进水泵房采用中心进水中心出水形式，内径 24.0m，出水井内径 13.2m，集水池底标高 -1.50m，出水井顶标高 9.5m，出水井后设两条出水渠进入细格栅，由于设计规模为 $80\times10^4\text{m}^3/\text{d}$，一条渠道暂时封堵，出水渠宽 3.4m，高 2.4m。

进水泵房一期配置潜水泵 6 台（5 用 1 备），为检修粗格栅和水泵设置若干电动渠道闸门，为起吊水泵，配置电动葫芦 1 台。

粗格栅和进水泵房的主要机械设备如表 3-5-1 所示，粗格栅的工程设计如图 3-5-2 所示，进水泵房的工程设计如图 3-5-3 所示。

粗格栅和进水泵房主要机械设备表　　　　　　　　　　表 3-5-1

序号	名　称	规　格	数量	单位	备　注
1	粗格栅除污机	$B=2500\text{mm}$，$b=25\text{mm}$，$P=2.2\text{kW}$	2	套	
2	带式输送机	$B=500\text{mm}$，$L=9.0\text{m}$，$P=2.2\text{kW}$	1	台	
3	螺旋压榨机	压榨能力 $6\text{m}^3/\text{h}$，$P=5.5\text{kW}$	1	台	
4	电动渠道闸门	$B=2500\text{mm}$，$H=5900\text{mm}$，$P=3\text{kW}$	6	套	
5	电动渠道闸门	$B=2500\text{mm}$，$H=5900\text{mm}$，$P=1.5\text{kW}$	1	套	双向受压
6	潜水泵	$Q=1.25\sim1.15\text{m}^3/\text{s}$，$H=7.5\sim8.5\text{m}$，$P=140\text{kW}$	6	套	5 用 1 备
7	电动渠道闸门	$B=3000\text{mm}$，$H=2400\text{mm}$，$P=1.5\text{kW}$	2	套	
8	电动葫芦	CD：5-9D 起重量 5t，起升高度 9m，$P=7.5+0.8\text{kW}$	2	套	
9	垃圾筒		2	只	其中 1 只备用

（2）细格栅

经水泵提升后的污水，经渠道流至细格栅渠，细格栅渠共设置 2 座，每座配置阶梯式细格栅除污机，每座细格栅渠尺寸 $10.37\times6.20\text{m}$，渠道高度 1.65m，有效水深 1.25m。

共配置 8 台阶梯式细格栅除污机。主要参数如下：

栅前水深：$h=1.25\text{m}$；

安装角度：$45°$；

过栅流速：$v=0.87\text{m}/\text{s}$；

配置 2 套无轴螺旋输送机，1 套服务于 4 台细格栅除污机，为便于细格栅检修，配置渠道闸门 8 套；

设计栅渣量：$6\text{t}/\text{d}$；

栅渣含水率：60%。

细格栅的主要机械设备如表 3-5-2 所示，工程设计如图 3-5-4 所示。

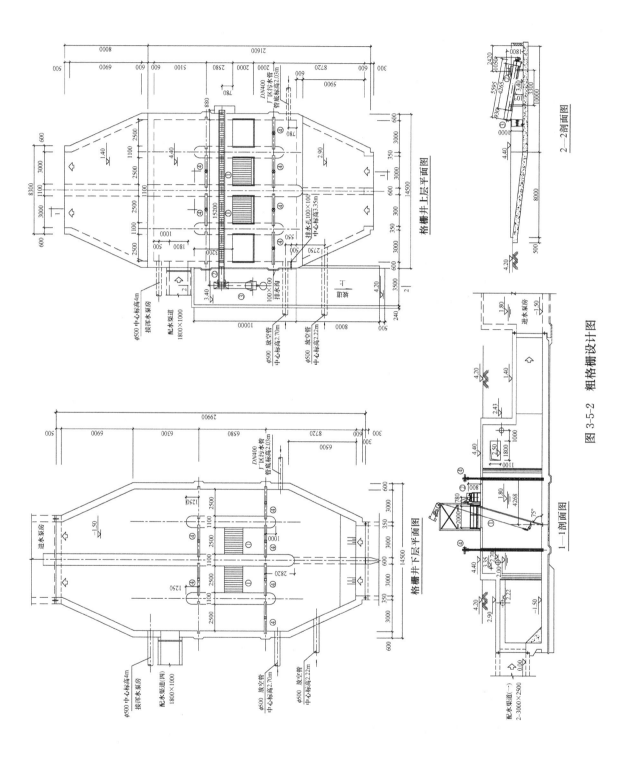

图 3-5-2　粗格栅设计图

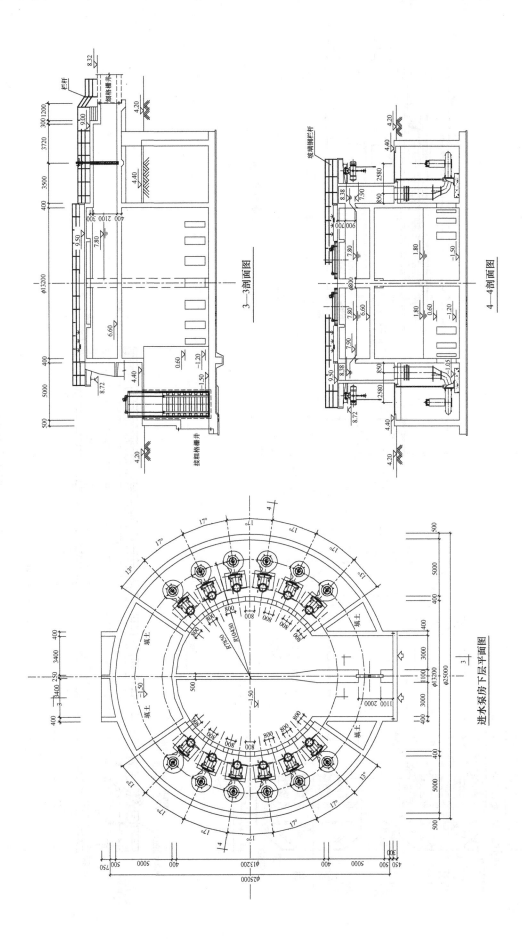

图 3-5-3 进水泵房设计图

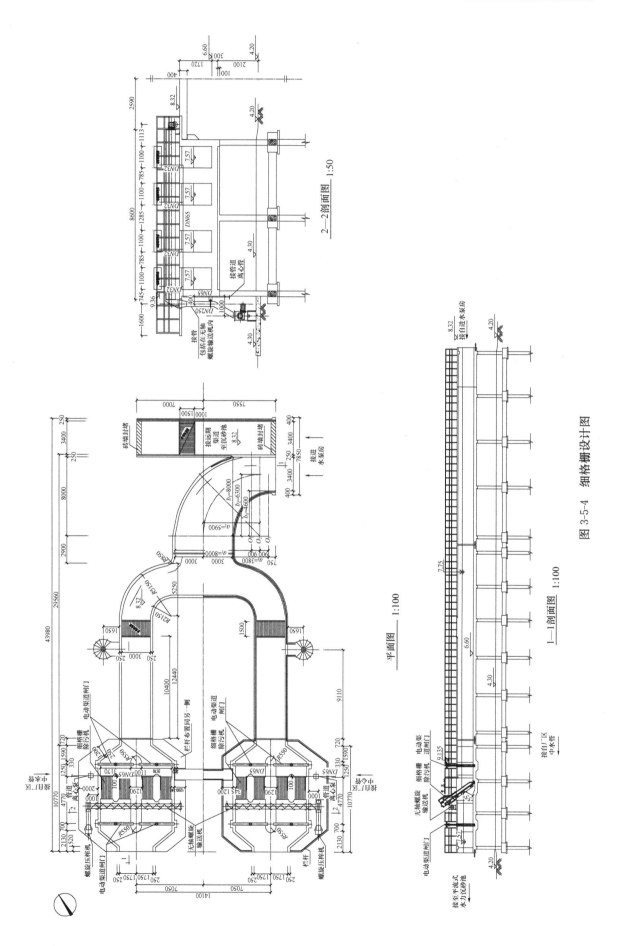

平面图 1:100

2—2剖面图 1:50

1—1剖面图 1:100

图 3-5-4 细格栅设计图

细格栅主要机械设备表　　　　　　表 3-5-2

序号	名　称	规　格	数量	单位	备　注
①	细格栅除污机	栅宽 $B=1010mm$，栅条净距 $b=8mm$，$P=2.2kW$	8	套	
②	螺旋压榨机	压榨能力 $6.0m^3/h$，$P=5.5kW$	2	台	
③	无轴螺旋输送机	$B=500mm$，栅宽 $360mm$，$P=3.0kW$，长度 $=8.60m$	2	套	包括接管
④	电动渠道闸门	$B=3170mm$，$H=1250mm$，$P=0.75kW$	8	套	
⑤	垃圾筒	$600×600×1000mm$	2	只	
⑥	管道离心泵	$Q=25m^3/h$，$H=50m$，$P=7.5kW$	2	套	户外型

（3）平流式水力旋流沉砂池

经细格栅处理后的污水进入平流式水力旋流沉砂池，去除污水中的无机砂粒和浮渣油脂等污染物。

平流式水力旋流沉砂池的设计参数为：

水平流速：$v=0.09m/s$；

设计停留时间：$t=8min$。

主要考虑到污水处理工艺采用一体化活性污泥法，不设初沉池，采用国外规范和经验数据，将停留时间适当延长。

沉砂池共 2 座，与 2 座细格栅渠相配套，每座沉砂池共 3 廊，每廊宽度 3.2m，长 46.0m，有效水深 3.5m，每座沉砂池尺寸为 46.0m×11.65m，池高 4.35m。

沉砂池是污水处理中的预处理构筑物，是产生臭气的主要构筑物，由于大面积的敞开式水池，将影响操作环境，因此，考虑沉砂池和其流程前的渠道均采用加盖（或加盖板）的形式，将臭气集中收集处理。

沉砂池加盖内净高度 2.8m。

每座沉砂池配置移动式吸砂机 1 台，主要参数如下：

吸砂量：12t/d；

砂含水率：60%。

每台吸砂机配置 4 台吸砂泵，3 台安装于吸砂桥上，1 台仓库备用。为产生水力旋流效果，每座沉砂池配置水力旋流泵 3 台，每台水泵附 $DN400\sim DN150$ 的水力扩散管。

为控制沉砂池的液位，保证水力除砂效果，每廊出口处设置 $B=2.7m$ 的可调式出水堰门，调节高度 0.5m，为检修可调堰门，设置 $B=3.2m$ 插板闸门槽和插板闸门。

为检修沉砂池和调节水量分布，设置渠道闸门 6 套。

经砂泵提升的砂，由砂槽收集流入砂水分离器。浮渣由刮砂机刮至沉砂池端部浮渣槽，由闸门控制，定时排放，沉砂池外设置浮渣管和浮渣井，井上接一集砂袋，细砂入袋中，而污水流入污水管。为检修水力旋流泵，配置电动葫芦 2 套。

平流式水力旋流沉砂池的主要机械设备如表 3-5-3 所示，工程设计如图 3-5-5 所示。

平流式水力旋流沉砂池主要机械设备表　　　　　　表 3-5-3

序号	名　称	规　格	数量	单位	备　注
1	桥式吸砂机	$L_k=10200mm$	2	台	
	吸砂泵	$Q=30m^3/h$，$H=3.5m$，$P=1.5kW$	8	台	6 用 2 仓库备用，与桥式吸砂泵配套
	快开撇渣阀门	$300mm×350mm$	2	台	
2	水力旋流泵	$Q=800m^3/h$，$H=7m$，$P=22kW$	6	台	
	水力扩散管		6	套	与水力旋流泵配套，带支座，喷口，柔性接头
3	电动渠道闸门	渠宽 1.0m，渠深 1.78m，$P=1.5kW$	6	台	
4	电动葫芦	CD: 2-90 型，起重量 2t，起升高度 9m，$P=3kW+0.4kW$	1	套	
5	砂水分离器	$Q=90m^3/h$	2	套	
6	立式可调堰门	$B=2.7m$，可调高度 0.5m，$P=1.5kW$	6	套	
7	插板闸门	渠宽 1.0m，渠深 1.5m	6	套	门框 6 套，只能 1 套闸板，带起吊架
8	垃圾筒		2	只	

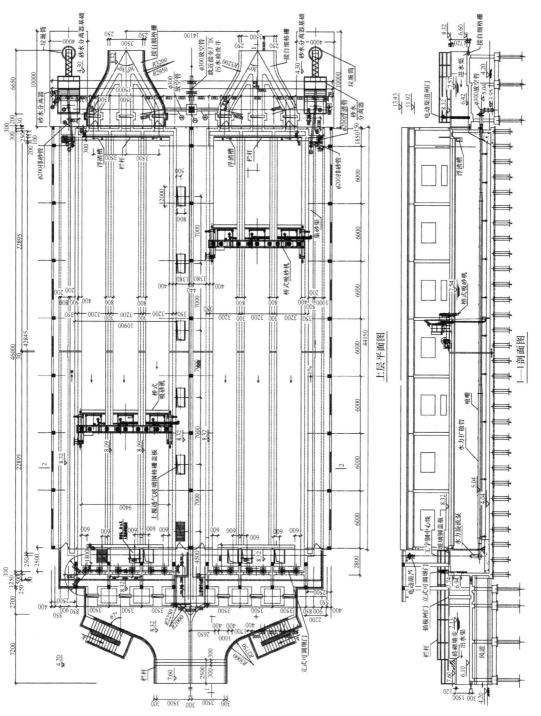

图 3-5-5 平流式水力旋流沉砂池工程设计图

上层平面图

1—1剖面图

3.5.2　工程设计实例二

广州大坦沙污水处理厂设计规模为 $22 \times 10^4 m^3/d$，总变化系数 $K_z = 1.30$。该污水处理厂是通过污水处理系统中途提升泵站压力泵送进水，因此不设粗格栅和进水泵房。污水处理采用具有生物脱氮除磷功能的多点进水倒置 AAO 工艺。预处理采用细格栅（鼓转型转鼓式格栅除污机）和旋流沉砂池（Ⅰ型比氏沉砂池）工艺。

预处理构筑物工程设计详述如下：

细格栅和旋流沉砂池 1 座，分 4 组，每组处理能力 $5.5 \times 10^4 m^3/d$，每 2 组合建，形成 $22 \times 10^4 m^3/d$ 的处理规模。

细格栅和旋流沉砂池土建平面尺寸为 $21.06 \times 16.14m + 18.12m \times 21.99m$。

细格栅和旋流沉砂池进行加罩通风除臭处理，单独设置 1 组除臭处理装置。具体设计参数如下：

设计流量：	平均流量 $Q = 2.54 m^3/s$，高峰流量 $Q_{max} = 3.31 m^3/s$
栅前水深：	$h = 1m$
过栅流速：	$v = 0.9 m/s$
安装角度：	$35°$
旋流沉砂池池型：	比氏 20 型，直径 5m
水力停留时间：	$t = 25.8s$
有效水深	$h = 1.09m$
旋转角度	$360°$

细格栅和旋流沉砂池的主要机械设备如表 3-5-4 所示，工程设计如图 3-5-6 所示。

细格栅和旋流沉砂池主要机械设备表　　　　　表 3-5-4

合同号	序号	名　　称	规　　格	数量	单位	备　注
细格栅成套设备	1	螺旋细格栅除污机	$D = 2000mm$，$b = 5mm$	4	套	成套设备
	2	螺旋输送机	$\phi 300$，$L = 6000mm$	2	套	
	3	冲洗水增压泵	$Q = 17.5 m^3/h$，$H = 52m$，$P = 7.5kW$	2	套	
	4	垃圾筒	$600mm \times 600mm \times 1000mm$	8	套	
旋流沉砂池成套设备	5	旋流池搅拌机	$D = 5m$，$P = 1.5kW$	4	套	成套设备旋流角度 360°
	6	吸砂泵	$Q = 16L/s$，$H = 5.5m$	4	套	
	7	水力旋流浓缩器	$D = 150mm$，$Q = 16L/s$	4	套	
	8	砂水分离器	$Q = 2.8 \sim 4.5 m^3/h$，$P = 0.75kW$	4	套	
阀门、堰门	9	电动渠道闸门	$B = 2000mm$，$H = 1900mm$	4	套	三边止水
	10	电动渠道闸门	$B = 1500mm$，$H = 1900mm$	2	套	三边止水
	11	垂直式可调堰门	$B = 1200mm$，调节范围 800mm，$H = 3600mm$	2	套	
	12	垂直式可调堰门	$B = 2500mm$，调节范围 1000mm，$H = 1300mm$	4	套	
	13	旋转式堰门	$B = 5000mm$，调节范围 500mm	4	套	
	14	电动方闸门	$B \times H = 1400mm \times 1400mm$，$H = 12100$	2	套	
	15	电磁流量计	$DN900$，$L = 900$	1	套	
	16	手动葫芦	起重量 2t，起吊高度 6m	2	套	配手动单轨小车

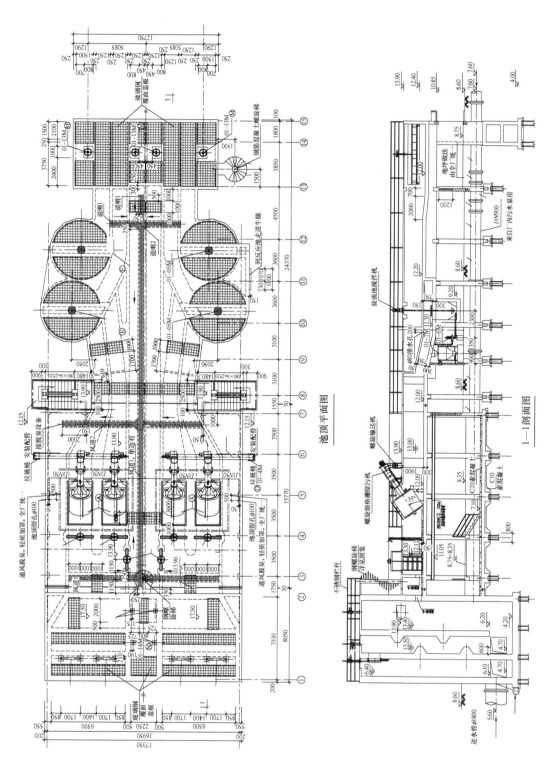

池顶平面图

1—1剖面图

图 3-5-6　细格栅和旋流沉砂池工程设计图

3.5.3　工程设计实例三

深圳滨河污水处理厂三期工程，污水处理厂设计规模为 $25 \times 10^4 \mathrm{m}^3/\mathrm{d}$，总变化系数 $K_z = 1.30$。污水处理采用 AB 法工艺，其中 B 段采用具有生物脱氮除磷功能的三槽式氧化沟。预处理采用粗格栅（高链式格栅除污机）、细格栅（回转式固液分离机）和沉砂池（曝气沉砂池）工艺。

预处理工艺总体布置如图 3-5-7 所示，具体预处理构筑物详细设计如下：

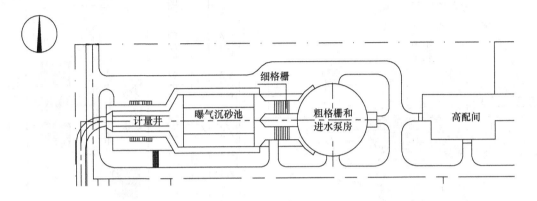

图 3-5-7　预处理工艺总体布置图

（1）粗格栅和进水泵房

进水泵房为圆形钢筋混凝土结构 $D = 20\mathrm{m}$，内设 6 台无堵塞型潜水泵（5 用 1 备），单泵流量 760L/s，扬程 10.5m，配置电动机功率 110kW/台。为使配水均匀呈扇形布置，泵房前设有矩形进水井，井内装有 $2\mathrm{m} \times 2\mathrm{m}$ 电动进水总闸门和 $DN1400\mathrm{mm}$ 的电动旁通闸门，当发生事故时污水可不经污水处理构筑物，直接排放。泵房上层设有变配电间和低压配电间。

泵房集水井内设置 2 台宽 2.5m 栅条间隙 25mm 的机械格栅，采用格栅前后液位差启动，栅渣用皮带输送机送入压干机，压干后装筒外运；另设 1 台人工格栅，栅条间隙为 40mm，当机械格栅维修时备用。为便于维修，格栅前后设置检修用插板和起吊设施。

粗机械格栅设计参数如下：

栅宽：	$B = 2.5\mathrm{m}$；
栅间隙：	$b = 25\mathrm{mm}$；
栅前水深：	$h = 1.7\mathrm{m}$；
过栅流速：	$v = 0.6\mathrm{m/s}$；
栅渣量：	$17.5\mathrm{m}^3/\mathrm{d}$。

粗格栅和进水泵房的主要机械设备如表 3-5-5 所示，工程设计如图 3-5-8 所示。

（2）预处理四联体

预处理四联体主要包括细格栅、曝气沉砂池、计量槽和罗茨鼓风机房等。曝气沉砂池为矩形钢筋混凝土结构，前段为细格栅渠，设有 2 台宽 3.0m，栅间隙为 10mm 弧形机械格栅，采用格栅前后水位差启动，格栅前后设置检修用插板，栅渣用螺旋输送机输出外运。当格栅维修时，污水可经岔道入沉砂池，旁通道前后设插板 3 套，便于切换。后段为曝气沉砂池，共分 4 槽，每槽宽 3m，长 19m，有效水深 3m，最大流量时停留时间为 3min，池上设置移动桥式吸砂机 2 台，跨距 7m，驱动电动机功率为 0.55kW/台，砂粒用砂泵吸出，并经砂水分离后装车外运，每日砂量约 7.5m³。

181

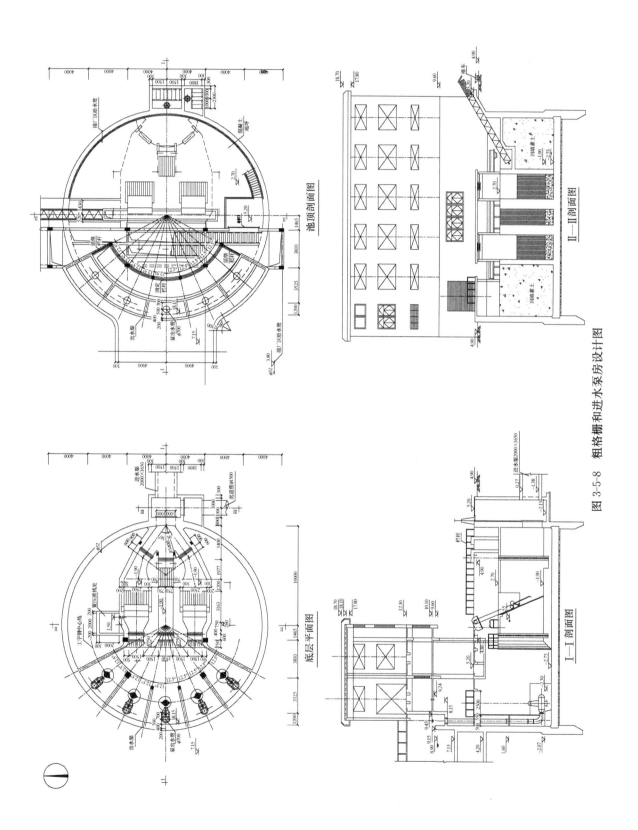

图 3-5-8 粗格栅和进水泵房设计图

粗格栅和进水泵房主要机械设备表　　　　　　表 3-5-5

序号	设备名称	型号和规格	数量	单位	备　注
1	CP3500-1030 潜水泵	$Q=950l/s$，$H=10.5m$，$P=140kW$	5	台	4 用 1 备
2	机械格栅	渠宽 2.5m，栅间隙 25mm，$P=2.2kW$	2	台	安装角度 75°
3	人工格栅	渠宽 1.5m，栅间隙 40mm	1	台	安装角度 65°
4	皮带输送机	带宽 600mm，$P=2.2kW$	1	台	
5	电动闸门	2000mm×2000mm，$P=3kW$	1	套	
6	电动闸门	$DN1400mm$，$P=3kW$	1	套	
7	栅渣压渣机	$P=2.2kW$	1	套	
8	电动单轨吊车	起重量 5t，提升高度 9m	1	套	
9	手动单轨吊车	起重量 1t，提升高度 7m	2	套	
10	插板闸门	宽 1500	6	套	

计量槽为钢筋混凝土结构的高架槽，宽 4.5m，有效长度 12m，分 3 槽，每槽宽 1.5m，有效水深 1.8m，槽内装有明渠式超声波流量计，进行污水计量。细格栅渠的下层为半地下室鼓风机房和值班室，鼓风机房内设置 2 台罗茨鼓风机，无备用，供曝气沉砂池用，鼓风机房内墙和顶棚均采用吸声材料隔声。

1）细格栅

栅宽：	3.0m；
栅间隙：	10mm；
栅前水深：	1.7m；
过栅流速：	0.72m/s；
栅渣量：	9m³/d。

2）曝气沉砂池

停留时间：	3min；
有效容积：	677m³；
数量：	4 座；
有效尺寸：	3×3×19m；
沉砂量：	7.5m³/d。

预处理四联体的主要机械设备如表 3-5-6 所示，工程设计如图 3-5-9 所示。

预处理四联体主要机械设备表　　　　　　表 3-5-6

序号	设备名称	型号和规格	数量	单位	备　注
1	细格栅除污机	$B=3000mm$，$b=10mm$，$P=2.2kW$，安装角度 75°	2	套	
2	螺旋输砂机	最大提升量 3t/h，$H=2.0m$，安装角度 20°	2	套	$R=300mm$，$r=170mm$
3	皮带输砂机	$B=650mm$，$V=0.8m/min$，$P=3.0kW$	1	套	
4	叠渠门插板闸门	渠宽 3000mm，手吊启闭	3	套	用于细格栅前
5	叠渠门插板闸门	渠宽 3000mm，手吊启闭	2	套	用于细格栅后
6	堰门	渠宽 3000mm，$H=800mm$，人工启闭	4	套	
7	起吊架	$H=2870mm$，$L=10940mm$	1	套	配栅前插板闸门
8	起吊架	$H=2870mm$，$L=11440mm$	1	套	配栅后插板闸门
9	超声波液位仪		3	套	另附吊架和显示屏
10	塑料插入式流量管	10F1060 型，$DN250$	1	套	
11	计量槽		3	套	
12	移动式吸砂机	$Q=15\sim20m^3/h$，$H=4.5m$，$P=2.2kW$	2	套	

序号	设备名称	型号和规格	数量	单位	备注
13	罗茨鼓风机	$Q=30.6m^3/min$, $H=3.5mmH_2O$, $P=30kW$	2	套	
14	消声器	CKM-200, $L=1800mm$	2	套	用于出风口,罗茨鼓风机附件
15	进气消声器	KSS-200	2	只	罗茨鼓风机附件
16	减震器	JG3-4	12	只	每台6只,罗茨鼓风机附件
17	手动单轨吊车	起重量1t,起升高度3~12m	3	套	用于叠架门起吊
18	环链手拉葫芦	起重量1t	3	套	用于叠架门起吊
19	环链手拉葫芦	起重量2t,起升高度3~2m	1	套	用于鼓风机房
20	起吊架	可绕转,最大起重量0.47t,最大起重跨度1.28m	1	套	
21	手动单轨吊车	HS2型,起重量2t	1	套	用于鼓风机房
22	叠渠门插板闸门	$B=1200mm$,手吊启闭	3	套	
23	细格栅除污机液位控制仪		2	套	

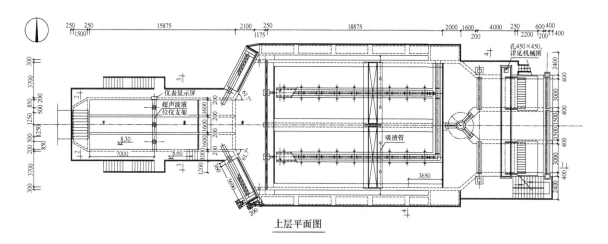

上层平面图

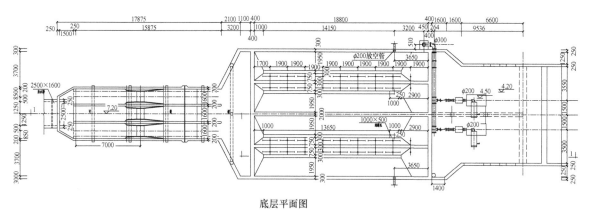

底层平面图

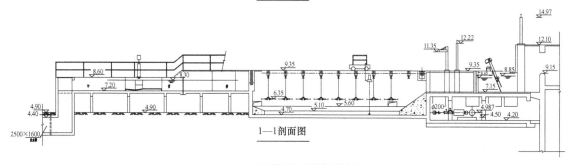

1—1剖面图

3-5-9　预处理四联体设计图

3.5.4　工程设计实例四

污水处理厂设计规模为 $20 \times 10^4 m^3/d$，总变化系数 $K_z = 1.30$。污水处理厂地处城市中心区域，因环境和用地等要求采用全封闭、集约化、半地下式的布置形式。由于污水进水中有毛发和油脂，因此预处理工艺的选择必须要考虑针对性的工程措施。污水处理采用具有脱氮除磷功能的生物滤池组合工艺，即高效沉淀池和二级生物滤池（NDN+DN）。预处理采用粗格栅（背耙式格栅除污机）、细格栅（阶梯式格栅除污机）、超细格栅（旋转滤网格栅除污机）和除油沉砂池（曝气沉砂池的一种，利用中、小气泡预曝气对油脂进行气浮顶托）。

预处理工艺总体布置如图 3-5-10 所示。

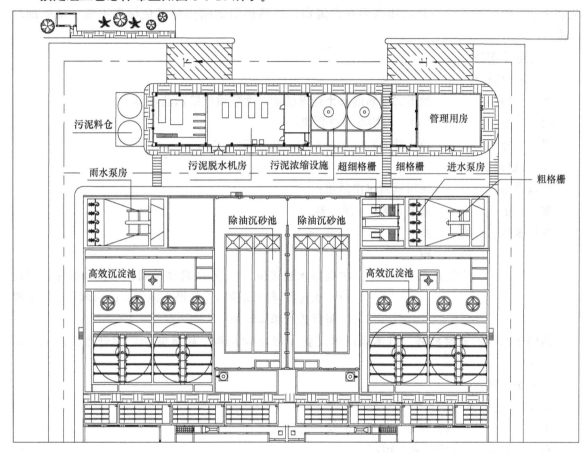

图 3-5-10　预处理工艺总体布置图

（1）粗格栅

1）构筑物：

类　　型：　　　地下式钢筋混凝土结构；

尺　　寸：　　　30.3×11.5m，深 7.8m；

数　　量：　　　1 座，与进水泵房、细格栅合建。

2）主要设备

设备类型：　　　背耙式格栅除污机；

数　　量：　　　2 台；

设计参数：　　　单台过栅流量：　　　$Q_{max} = 1.5 m^3/s$；

　　　　　　　　栅条间隙：　　　　　$b = 20mm$；

　　　　　　　　过栅流速：　　　　　$v = 0.6m/s$；

格 栅 宽：	$B=2.0\mathrm{m}$；
安 装 角 度：	75°；
过 栅 损 失：	$H_{\max}=200\mathrm{mm}$；
控 制 方 式：	按时间定时和设定的水位差运行，与无轴螺旋输送机、螺旋压榨机联动，由 PLC 自动控制，也可以现场控制。

机械粗格栅配备皮带输送机 1 台，供输送栅渣之用，无轴螺旋输送机有效长度为 7000mm，功率为 1.5kW。

为检修粗格栅除污机，在每套除污机前各设置 1 台 2000mm 电动铸铁闸门，功率为 2.2kW。为防止全厂停电时污水不致从粗格栅井内溢出，粗格栅前的闸门井平台标高不低于室外地坪标高。

（2）进水泵房

1）构、建筑物

类 型：	地下式钢筋混凝土矩形结构，上部设建筑加盖除臭；
数 量：	1 座，与粗格栅井合建；
尺 寸：	净尺寸 $L\times B=30.3\times10.5\mathrm{m}$，深 9.2m。

2）主要设备

设备类型：	无堵塞潜水排污泵；
数 量：	配泵 5 套，4 用 1 备；
性能参数： 流 量：	750L/s；
扬 程：	15m；
控制方式：	根据集水池液位，由 PLC 自动控制，水泵按顺序轮值运行，也可现场手动控制。在潜水排污泵的出水管上设电磁流量计进行单泵计量。

为便于水泵的安装检修，进水泵房内配置 1 套电动葫芦，起重量 5t，起升高度 18m，功率 9.1kW。

（3）细格栅

1）构、建筑物

类 型：	钢筋混凝土渠道，与旋转滤网合建；
数 量：	1 座，分 2 组；
设计参数： 栅条间隙：	$b=6\mathrm{mm}$；
过栅流速：	$v=0.6\mathrm{m/s}$；
格 栅 宽：	$B=2500\mathrm{mm}$；
安 装 角 度：	45°；
过 栅 损 失：	$H_{\max}=200\mathrm{mm}$。

2）主要设备

设备类型：	全封闭阶梯式细格栅除污机；
数 量：	4 套；
配套功率：	2.2kW；
控制方式：	根据格栅前后液位差，由 PLC 自动控制，也可按时间定时控制，与无轴螺旋输送机联动。

细格栅设计规模为 $20\times10^4\mathrm{m^3/d}$，细格栅配备 $DN350\mathrm{mm}$ 无轴螺旋输送机 1 台，供输送栅渣

之用，无轴螺旋输送机有效长度为 8000mm，功率为 1.5kW，无轴螺旋输送机后接无轴螺旋压榨机 1 台，功率为 2.2kW。

为检修细格栅除污机，在每套除污机前分别设置 1 台电动渠道闸门，每台电动渠道闸门渠宽为 2600mm，闸板高为 2500mm，功率为 2.2kW。

细格栅渠同时设置超越细格栅和旋转滤网的超越渠道，在细格栅前电动渠道闸门边设超越电动渠道闸门，渠宽为 1800mm，闸板高为 2500mm，功率为 1.5kW。

细格栅敞开渠道上方采用轻质材料加盖，下部设风管至除臭装置。

（4）超细格栅（旋转滤网）

1）构、建筑物

类　　　型：　钢筋混凝土渠道，与细格栅渠合建；

数　　　量：　1 座，分 2 组；

设计参数：　　栅条间隙：　　　　$b=2mm$；

　　　　　　　过栅流速：　　　　$v=0.6\sim0.8m/s$；

　　　　　　　安装角度：　　　　90°；

　　　　　　　过栅损失：　　　　$H_{max}=200mm$。

2）主要设备

设备类型：　全封闭旋转滤网格栅除污机；

数　　　量：　2 套；

配套功率：　7.5kW；

控制方式：　根据格栅前后液位差，由 PLC 自动控制，也可按时间定时控制，与无轴螺旋输送机联动。

旋转滤网设计规模为 $20\times10^4m^3/d$，配 $DN350mm$ 无轴螺旋输送机 1 台，供输送栅渣之用，无轴螺旋输送机有效长度为 8000mm，功率为 1.5kW。无轴螺旋输送机后接无轴螺旋压榨机 1 台，功率为 2.2kW。为检修旋转滤网，在每套旋转滤网后分别设置 1 台电动渠道闸门，每台电动渠道闸门渠宽为 2600mm，闸板高为 2500mm，功率为 2.2kW。为了除臭，在旋转滤网渠道下部设风管至除臭装置。

（5）除油沉砂池

除油沉砂池是曝气沉砂池的一种，为强化污水进水中油脂的去除工程设计，对常规曝气沉砂池进行了一定改进，包括将原大气泡预曝气改为中、小气泡预曝气并酌情适当延长了沉砂时间。

根据国内各污水处理厂的实践，沉砂池停留时间在 3min 内时，对砂的去除率较低，会有大量小无机颗粒和油性杂质带入后续处理工艺，影响设备的运行，除油沉砂池停留时间适当延长至 10min。

类型：　　　　矩形钢筋混凝土构筑物；

数量：　　　　2 池，每池 2 座，共 4 座；

单池设计流量：　$Q_{max}=1.5m^3/s$；

有效水深：　　$h=3.0m$；

水力停留时间：　$t=10min$；

单座净尺寸：　$L\times B\times H=26.2m\times6m\times3.0m$。

每座除油沉砂池配备 1 套吸砂泵 $Q=10m^3/h$，$H=20m$，$P=2.2kW$，桥式吸砂机 1 台，$L=26.2m$，$P=1.8kW$，潜水曝气器 4 套，每套曝气量为 $35m^3/h$，$P=2.2kW$。

每座沉砂池采用平流式矩形池，沉砂池有效水深 3.0m，池宽为 6m。污水中所含的砂由吸砂泵抽出，经砂水分离器分离后外运处置。

沉砂池内浮油和浮渣由浮油管收集至浮渣和油脂储存池处置。

（6）主要机械设备表

格栅和进水泵房主要机械设备如表 3-5-7 所示，除油沉砂池主要机械设备如表 3-5-8 所示。

格栅和进水泵房主要机械设备表 表 3-5-7

序号	名称	规　格	单位	数量	备　注
1	潜水离心泵	$Q=750l/s$，$H=15.0m$，$P=150kW$	台	5	4 用 1 备，其中 2 台变频
2	粗格栅除污机	$B=2000mm$，栅条间隙 20mm，安装角度 75°，$P=2.2kW$	台	2	全封闭格栅，与螺旋输送机、压榨机流水线连接
3	无轴螺旋输送机	$DN350mm$，$L=7.0m$，$P=1.5kW$	台	1	全封闭输送机
4	无轴螺旋压榨机	$DN300mm$，$P=2.2kW$	台	1	
5	电磁流量计	$DN800mm$	套	5	
6	电动铸铁闸门	$DN2000mm$，$P=2.2kW$	台	2	
7	电动铸铁闸门	$DN1400mm$，$P=1.5kW$	台	1	
8	电动葫芦	$W=5t$，$H=18m$，$P=9.1kW$	台	1	
9	阶梯细格栅	$B=2500mm$，$b=6mm$，渠宽 2600mm，安装角度 53°，$P=2.2kW$	套	2	
10	无轴螺旋输送机	$DN350mm$，$P=2.2kW$	台	2	
11	滤网格栅	$A=2000mm$，$B=1000mm$，孔径 2mm，$P=7.5kW$	套	2	包括冲洗泵系统
12	无轴螺旋压榨机	$DN300mm$，$P=2.2kW$	套	2	
13	电动渠道闸门	$B×H=2600mm×2500mm$，$P=2.2kW$	套	4	
14	电动渠道闸门	$B×H=1800mm×2500mm$，$P=1.5kW$	套	1	

除油沉砂池主要机械设备表 表 3-5-8

序号	名　称	规　格	单位	数量	备　注
1	吸砂泵	$Q=10m^3/h$，$H=20m$，$P=2.2kW$	台	8	干式，2 用 2 备
2	砂水分离器	$Q=50m^3/h$，$P=0.37kW$	套	2	
3	手动铸铁方闸门	$B×H=600mm×600mm$	套	8	
4	潜水曝气器	$Q=35m^3/h$，$P=2.2kW$	套	16	
5	刮砂机	$B=6m$，$P=1.8kW$	套	4	
6	手动铸铁方闸门	$B×H=300mm×300mm$	套	2	
7	不锈钢调节堰板	$B×H=2200mm×500mm$	套	2	附垫圈、螺栓和螺母等
8	砂斗		套	2	

（7）工程设计图

格栅和进水泵房工程设计如图 3-5-11 所示，除油沉砂池工程设计如图 3-5-12 所示。

3.5.5 工程设计实例五

污水处理厂设计规模为 $15×10^4m^3/d$，总变化系数 $K_Z=1.30$。污水处理采用具有生物脱氮功能的三槽式氧化沟工艺。预处理采用粗格栅（背耙式间歇耙式格栅除污机）、细格栅（背耙式连续耙式格栅除污机）和沉砂池（平流沉砂池）工艺。

本工程预处理单元采用集约化组合式的布置形式，预处理单元工程设计图如图 3-5-13 所示。具体构筑物详细设计如下。

（1）粗格栅井

设 1 座粗格栅井，其平面尺寸为 9.3m×4.9m，井深为 4.75m。井内安装 2 台机械粗格栅，每台格栅宽为 1.8m，栅条间隙为 40mm，格栅为 75°倾角安装，过栅流速为 0.5m/s。

在 2 台机械格栅的前后均设置宽 1.5m 的电动渠道闸门，以备检修之用。机械格栅清捞起来的栅渣由皮带输送机传送至垃圾筒，然后集中外运。

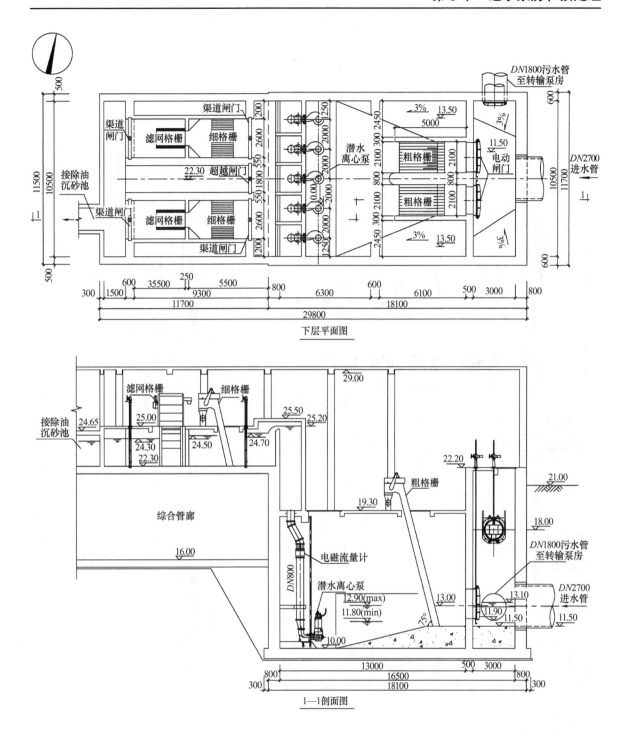

图 3-5-11　格栅和进水泵房设计图

（2）进水泵房

泵房平面尺寸为 9.74m×11.54m，地下部分深 5.8m。泵房下部为集水井，井内安装 4 台潜污泵（其中 1 台备用），每台泵流量为 2880m³/h，扬程为 8m，功率为 85kW，每台水泵可根据集水井水位自动启停。

为便于安装维修，水泵将配置自动耦合装置，并在泵房上部设有 1 台 5t 电动葫芦。

水泵的控制设备将布置在泵房的上部建筑内，泵房外设有高位井和细格栅房连接，水泵出水采用堰口自由出流。

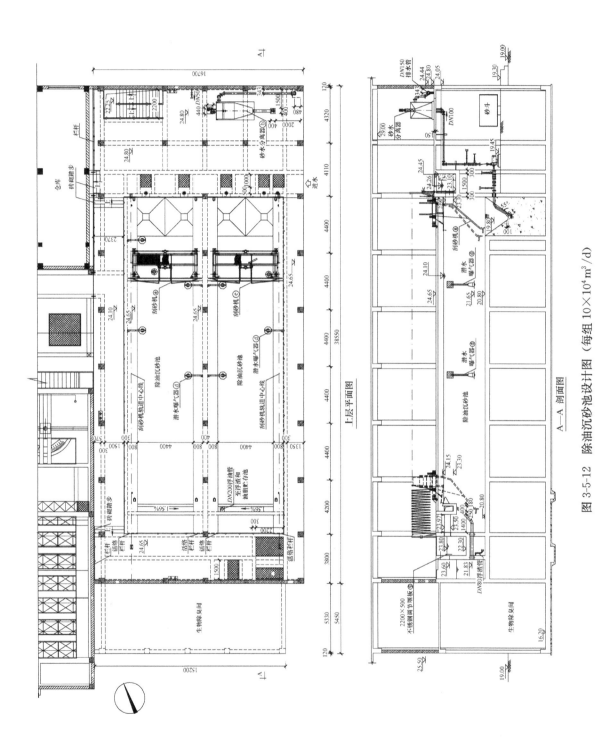

上层平面图

A—A 剖面图

图 3-5-12 除油沉砂池设计图（每组 10×10⁴ m³/d）

190

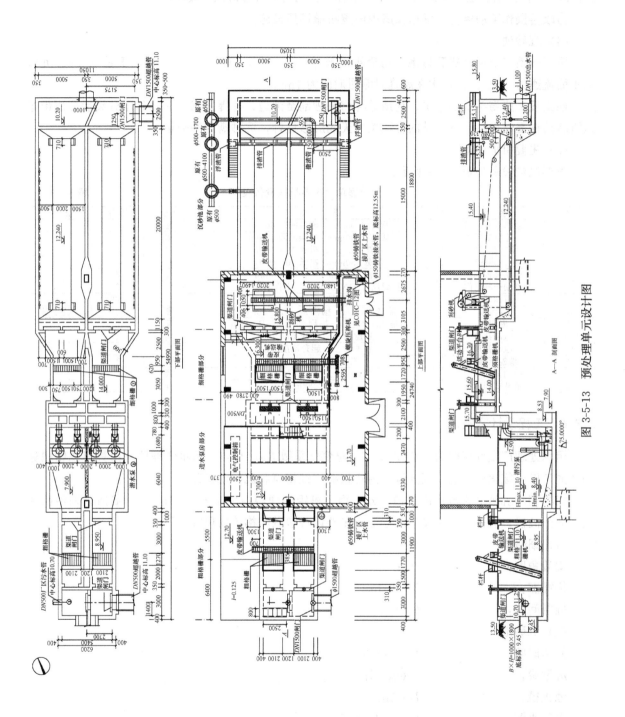

图 3-5-13　预处理单元设计图

（3）细格栅房

细格栅房平面尺寸为 9.88m×13.79m，内设 2 台机械格栅，每台格栅宽 2.0m，渠深 2.0m，水深 1.2m，栅条间隙 15mm，格栅呈 75°安装，过栅流速 0.75m/s。机械格栅工作由格栅前后水位差和时间自动控制。为便于检修，在 2 台格栅前后设有渠道闸门。机械格栅清捞起来的栅渣由皮带输送机传至压榨机，压榨机采用螺旋挤压式，容积为 1.4m³/h，压干后栅渣装入垃圾筒外运。

为改善操作劳动条件，细格栅房内设置机械通风设施。

（4）沉砂池

采用一池二槽平流式沉砂池，每槽平面尺寸 3m×20m，有效水深 1.2m，干弦 0.5m，沉砂池水面流速为 0.3m/s，污水在高峰时停留时间为 1min。

池上设 2 座链斗式刮砂机，利用链斗将沉砂刮至池边，并提升出水面，砂水分离后由皮带输送机将砂送至储砂斗，储砂斗的容积按一天的沉砂量计，沉砂需定期外运。

（5）主要机械设备

主要机械设备如表 3-5-9 所示。

预处理单元主要机械设备表　　　　　　表 3-5-9

序号	名　称	规　格	单位	数量	备　注
1	粗格栅除污机	渠宽 2000mm，栅条间隙 40mm	套	2	
2	细格栅除污机	渠宽 2300mm，栅条间隙 15mm	套	2	
3	带式输送机	带宽 650mm，机长 12000mm	台	2	
4	带式输送机	带宽 650mm，机长 10000mm	台	2	
5	电动渠道闸门	闸门尺寸 1500mm×3850mm	套	4	
6	电动升杆闸门	孔口尺寸 $DN1500mm$，工作水头 2m	套	3	
7	可调堰门	门宽 5000mm	套	69	
8	潜污泵	流量 800L/s，扬程 8m，$P=85kW$	套	4	3 用 1 备
9	潜污泵	流量 35~45L/s，扬程 5~3m，$P=5kW$	套	3	
10	电动葫芦	起重量 5t，起升高度 9m	套	1	
11	电动葫芦	起重量 2t，起升高度 6m	套	1	
12	螺旋压榨机	工作能力 1.4m³/h	套	1	
13	手动渠道闸门	闸门尺寸 1500mm×1400mm	套	4	
14	链斗式刮砂机	链斗宽 2000mm	套	2	

3.5.6　工程设计实例六

污水处理厂设计规模为 $3×10^4 m^3/d$，总变化系数 $K_Z=1.45$，污水处理厂采用具有生物脱氮功能的三槽式氧化沟工艺，预处理采用粗格栅、细格栅和沉砂池工艺。

细格栅和沉砂池为合建构筑物，分 2 组，每组处理规模为 $1.5×10^4 m^3/d$，细格栅采用回转式固液分离机，沉砂池采用多尔沉砂池，主要设计参数和构筑物尺寸如下：

（1）细格栅

安装角度：　　　　　70°；

格栅宽：　　　　　　$B=1.4m$；

栅条间隙：　　　　　$b=12mm$。

（2）沉砂池

停留时间：　　　　　$t=30s~60s$；

沉砂量：　　　　　　0.6m³/d；

池直径：　　　　　　$D=5m$；

有效水深：　　　　　$h_1=0.4~0.6m$；

砂层高：　　　　　　$h_2=0.03~0.05m$；

刮板深和缓和层高：　$h_3=0.47~0.45m$；

池总深：　　　　　　$h=1.4m$。

主要机械设备如表 3-5-10 所示，工程设计图如图 3-5-14 所示。

主要机械设备表　　　　　　　　　　　　表 3-5-10

序号	名　　称	规　　格	单位	数量	备　　注
1	细格栅除污机	渠宽 $B=1400$mm，栅条间隙 $b=12$mm，$P=1.5$kW	台	2	栅条宽度 10mm
2	刮砂机	$DN5000$mm，$P=1.5$kW	台	2	附导流板
3	螺旋输砂机	$DN300$mm，$P=1.5$kW	台	2	安装角<20°
4	叠梁门	$H×B=1000×1600$mm （门槽高度×渠宽）	套	2	
5	出水堰板（不锈钢）	$B=6000$mm，螺孔间距 400，厚度 5mm	块	2	
6	木插板	$1150×1400$mm	块	2	

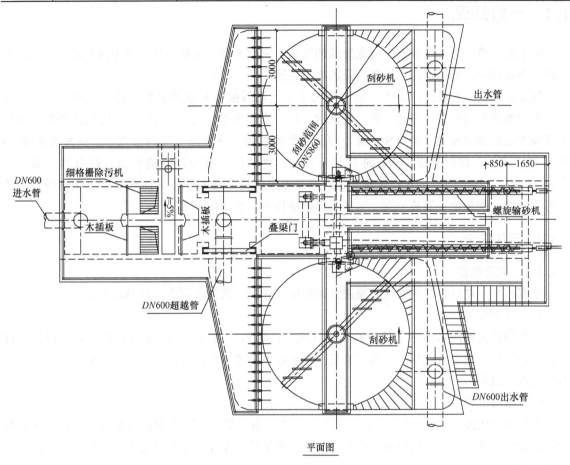

平面图

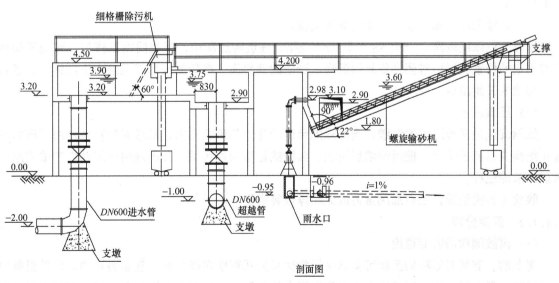

剖面图

图 3-5-14　细格栅和沉砂池工程设计图

第4章 一级处理和一级强化处理

4.1 一级处理

污水的一级处理是指只进行沉淀处理的工艺，它的主要任务是去除污水中呈悬浮或漂浮状态的固体污染物质，可作为污水二级处理的初级处理。

沉淀处理是指在重力作用下，将密度大于水的悬浮固体从水里分离出来。按照工艺布置不同，沉淀池可分为初次沉淀池（简称初沉池）和二次沉淀池（简称二沉池）。初沉池是位于生物处理构筑物前的沉淀池，是污水一级处理的重要构筑物，在自然沉淀的情况下，一般可去除 SS 约 $40\% \sim 55\%$，同时去除 BOD_5 约 $20\% \sim 30\%$，可改善生物处理构筑物的运行条件并降低其 BOD_5 负荷。二次沉淀池是生物处理系统的重要组成部分，它的作用是泥水分离，同时满足澄清和污泥浓缩，使混合液固液分离，可提高回流活性污泥的含固率。

4.1.1 沉淀理论

4.1.1.1 沉淀类型

根据污水中悬浮颗粒的特性、凝聚性能和相互作用，沉淀主要有 4 种基本类型。

（1）自由沉淀

主要指低浓度污水中悬浮颗粒的重力沉淀，颗粒为单独沉淀，与附近颗粒无明显的相互作用，颗粒沉淀轨迹呈直线状态。典型的是指砂粒在沉砂池中的沉淀和悬浮物浓度较低的污水在初沉池的沉淀过程。

（2）絮凝沉淀

悬浮颗粒浓度不高，一般 SS 在 $50 \sim 500mg/L$，悬浮颗粒在沉淀中通过聚合、絮凝，使颗粒质量增加而加速沉降，沉淀的轨迹呈曲线状态。典型的是指化学混凝沉淀和活性污泥在二沉池中的上部沉淀。

（3）区域沉淀（或称拥挤沉淀或成层沉淀）

悬浮颗粒浓度较高，一般 SS 大于 $500mg/L$，在沉降过程中，颗粒间相互作用，倾向于保持相对固定的位置，以颗粒团为单元的沉降，形成固液界面。典型的是指二沉池中下部的沉淀过程及浓缩池的开始阶段。

（4）压缩沉淀

压缩沉淀是区域沉淀的继续，当沉降的污泥承受上部污泥压力，颗粒间的孔隙水由于压力增加和结构变形而被挤出，使污泥浓度增加。典型的是指活性污泥在二沉池的污泥斗中和浓缩池中污泥的浓缩过程。

除此 4 种类型外，还有加速重力沉淀和浮选等类型。

4.1.1.2 沉淀分析

（1）离散颗粒的沉淀理论

离散的、非絮凝颗粒的沉淀可依据牛顿定律和斯托克斯定律分析。在重力场中，颗粒受重力作用下降，同时颗粒也受到液体浮力和摩擦阻力的作用，当这些作用达到平衡后，颗粒将以等速下沉，当颗粒为球形时，其沉速按下式计算：

$$u_g = \sqrt{\frac{4}{3} \frac{g}{C_d} \left(\frac{\rho_g - \rho_y}{\rho_y}\right) d_g} \tag{4-1-1}$$

式中　u_g——颗粒沉速，m/s；

$\quad\quad d_g$——颗粒直径，m；

$\quad\quad g$——重力加速度，9.81m/s^2；

$\quad\quad \rho_g$、ρ_y——颗粒、液体密度，kg/m^3；

$\quad\quad C_d$——阻力系数。

C_d 值取决于颗粒周围的流态，与雷诺数 Re 有关（层流区 $Re<1$；过渡区 Re 为 $1\sim2000$；湍流区 $Re>2000$），对近似球形的颗粒，当 $Re<10^4$ 时，可用近似公式计算：

$$C_d = \frac{24}{Re} + \frac{3}{\sqrt{Re}} + 0.34 \tag{4-1-2}$$

颗粒的雷诺数为：

$$Re = \frac{u_g \cdot d_g \cdot \rho_y}{u} = \frac{u_g \cdot d_g}{\nu} \tag{4-1-3}$$

式中　u——动力黏度，$\text{N} \cdot \text{s/m}^2$；

$\quad\quad \nu$——运动黏度，m^2/s。

对于非球形颗粒，其沉速小于球性颗粒的沉速，对式（4-1-1），须进行一定的修正。

$$u_g \approx \sqrt{\frac{4}{3} \frac{g}{C_d \phi} \left(\frac{\rho_g - \rho_y}{\rho_y}\right) d_g} \tag{4-1-4}$$

式中　u_g——颗粒的沉速，m/s；

$\quad\quad d_g$——颗粒直径，m；

$\quad\quad g$——重力加速度，9.81m/s^2；

$\quad\quad \rho_g$、ρ_y——颗粒、液体的密度，kg/m^3；

$\quad\quad C_d$——阻力系数；

$\quad\quad \phi$——修正系数。

对于球形，ϕ 为 1，砂粒为 2.0，不规则碎片絮体要提高到 20。

1）层流区的沉降（$Re<1$ 时）

层流区中黏度占主导作用，

$$C_d \approx \frac{24}{Re} \tag{4-1-5}$$

则：

$$u_g = \frac{\rho_g - \rho_y}{18u} g d_g^2 \tag{4-1-6}$$

2）过渡区的沉降（Re 为 $1\sim2000$ 时）

过渡区的沉降可利用式（4-1-1）、式（4-1-2）、式（4-1-3）求解 u_g，由于式中都包含 u_g，需要一个多次试算过程。

3）湍流区的沉降（$Re>2000$ 时）

在湍流区，惯性力占主导地位，式（4-1-2）前两次影响比较小，阻力系数可采用 0.4，将 0.4 代入式（4-1-2），可得

$$u_g = \sqrt{3.33g \left(\frac{\rho_g - \rho_y}{\rho_y}\right) d_g} \tag{4-1-7}$$

（2）颗粒的自由沉淀

污水处理中悬浮物是大小不同的颗粒物质，为了确定一定时间下的去除效率，必须考虑系统中存在不同沉降速度的颗粒。

颗粒的沉降速度，一般可通过沉降柱试验获得。

只有速度大于 u_c 的那些颗粒才会完全去除，其余颗粒去除的比例为 u_g/u_c。对于连续分布的颗粒总去除百分率由式（4-1-8）计算。

$$去除百分率 = (1-X_c) + \int_0^{X_c} \frac{u_g}{u_c} \mathrm{d}x \tag{4-1-8}$$

式中　$(1-X_c)$——速度 U_g 大于 U_c 的颗粒所占的百分率；

$\int_0^{X_c} \frac{u_g}{u_c} \mathrm{d}x$——速度 U_g 小于 U_c 的颗粒所占的百分率。

对于给定沉降速度范围的离散颗粒，可采用式（4-1-9）计算总去除百分率。

$$总去除百分率 = \frac{\sum_{i=1}^{n} \frac{u_{n_i}}{u_c} n_i}{\sum_{i=1}^{n} n_i} \tag{4-1-9}$$

式中　u_{n_i}——颗粒在第 i 个速度范围内的平均速度；

n_i——颗粒在第 i 个速度范围内的数量。

举例说明式（4-1-9）的用法。

污水所含颗粒的沉降速度分布如表 4-1-1 所示，计算溢流速度为 $2\mathrm{m^3/(m^2 \cdot h)}$ 的颗粒去除率。

颗粒沉降速度表 表 4-1-1

沉降速度[$\mathrm{m^3/(m^2 \cdot h)}$]	每升水中的颗粒数 $\times 10^{-5}$	沉降速度[$\mathrm{m^3/(m^2 \cdot h)}$]	每升水中的颗粒数 $\times 10^{-5}$
0～0.5	30	2.5～3.0	70
0.5～1.0	50	3.0～3.5	30
1.0～1.5	90	3.5～4.0	20
1.5～2.0	110	总计	500
2.0～2.5	100		

通过制表计算的方法进行。

1) 计算各种颗粒尺寸的去除百分数，将颗粒沉降速度范围列入表 4-1-2 的第（1）栏。

2) 各速度范围取上下限的平均值，计算平均沉降速度，并将该值记入表 4-1-2 的第（2）栏，对于第一速度范围，平均沉降速度为 $(0+0.5)/2=0.25\mathrm{m/h}$。

3) 将每个速度范围的进水颗粒数记入表 4-1-2 的第（3）栏。

4) 每个速度范围计算去除份额，用平均沉降速度除以临界溢流速度[$2.0\mathrm{m^3/(m^2 \cdot h)}$]，并将结果记入表 4-1-2 的第（4）栏。对于第一速度范围，去除份额 $= \dfrac{u_{n_i}}{u_c} = \dfrac{0.25}{2.0} = 0.125$，在结果大于 1.0 的情况下，记入 1.0，因为这些颗粒将被全部去除。

5) 确定去除颗粒数，即进水颗粒数乘以去除份额（第（3）栏×第（4）栏），将该值记入表 4-1-2 的第 5 栏。

6) 计算出水剩余颗粒数，从进水颗粒数减去去除颗粒数（第（3）栏－第（5）栏），将结果记入表 4-1-2 的第 6 栏。

去除效率计算表 表 4-1-2

沉降速度 (m/h)	平均沉降速度 (m/h)	进水颗粒数 $\times 10^{-5}$	颗粒去除份额	去除颗粒数 $\times 10^{-5}$	出水剩余颗粒数 $\times 10^{-5}$
(1)	(2)	(3)	(4)	(5)	(6)
0～0.5	0.25	30	0.125	3.75	26.25

沉降速度 (m/h)	平均沉降速度 (m/h)	进水颗粒数 $\times 10^{-5}$	颗粒去除份额	去除颗粒数 $\times 10^{-5}$	出水剩余颗粒数 $\times 10^{-5}$
(1)	(2)	(3)	(4)	(5)	(6)
0.5~1.0	0.75	50	0.375	18.75	31.25
1.0~1.5	1.25	90	0.625	56.25	33.75
1.5~2.0	1.75	110	0.875	96.0	14.0
2.0~2.5	2.25	100	1.000	100.0	0.0
2.5~3.0	2.75	70	1.000	70.0	0.0
3.0~3.5	3.25	30	1.000	30.0	0.0
3.5~4.0	3.75	20	1.000	20.0	0.0
总计		500		394.75	105.25

7）计算去除效率，计算去除颗粒的总和并除以进水颗粒的总数。

$$
总去除百分率 = \frac{\sum\limits_{i=1}^{n} \dfrac{u_{n_i}}{u_c} n_i}{\sum\limits_{i=1}^{n} n_i} \times 100
$$

$$
= \frac{394.75 \times 10^{-5}}{500 \times 10^{-5}} \times 100
$$

$$
= 78.95\%
$$

8）绘制进水出水的颗粒柱状图，进、出水的颗粒柱状图如图 4-1-1 所示。

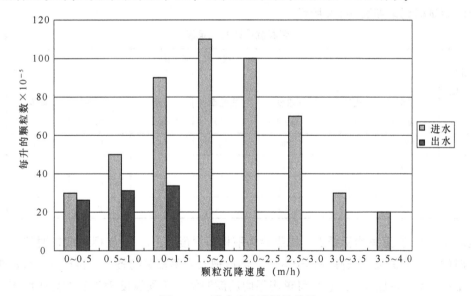

图 4-1-1　进水出水颗粒柱状图

（3）颗粒絮凝沉淀

悬浮颗粒浓度较低的污水中颗粒的沉淀与离散颗粒不同，它在沉淀过程中会凝聚，一旦发生絮凝，颗粒的质量增大，沉降加快。絮凝发生的程度与接触机会有关，而后者随溢流率、池深、系统中的速度梯度、颗粒浓度和颗粒尺寸范围而变化，这些变量的影响只能通过沉淀试验确定。

絮状颗粒悬浮物的沉降特性可利用沉降柱试验得到。

絮凝沉淀试验是在一个直径为 $150 \sim 200$mm，高度为 $2000 \sim 2500$mm，在高度方向每隔 500mm 设取样口的沉淀筒内进行，如图 4-1-2（a）所示。将已知悬浮物浓度为 C_0 和水温的水样注满沉淀筒，搅拌均匀后开始计时，每隔一定时间间隔，如 10，20，30，…120min，同时在各

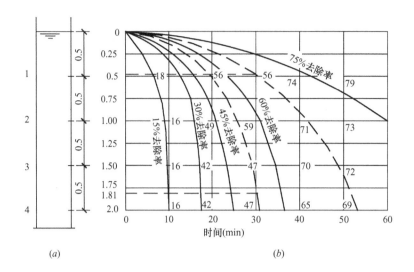

图 4-1-2 絮凝沉淀试验分析

(a) 沉淀筒；(b) 去除率曲线

取样口取水样 50~100mL，分析各水样的悬浮物浓度并计算各自的去除率 η。

$$\eta = \frac{C_0 - C_i}{C_0} \times 100\% \qquad (4\text{-}1\text{-}10)$$

式中　η——去除率，%；

　　　C_0——原始悬浮物浓度，mg/L；

　　　C_i——i 时间的悬浮物浓度，mg/L。

絮凝沉淀试验记录如表 4-1-3 所示。

絮凝沉淀试验记录表　　　　　　　　　　表 4-1-3

取样口编号	取样深度(m)	取 样 时 间							
		0		10		20		…	
		浓度(mg/L)	去除率(%)	浓度(mg/L)	去除率(%)	浓度(mg/L)	去除率(%)	浓度(mg/L)	去除率(%)
1	0.5	200	0	180	10	160	19	…	…
2	1.0	200	0	184	8	170	15	…	…
3	1.5	200	0	188	6	178	11	…	…
4	2.0	200	0	190	5	182	9	…	…

　　根据表 4-1-3，在直角坐标纸上，纵坐标为取样口深度（m），横坐标为取样时间（min），将同一沉淀时间、不同深度的去除率标于其上，然后把去除率相等的各点连接成等去除率曲线，如图 4-1-2（b）所示。从图 4-1-2（b）可求出不同沉淀时间、不同深度相对应的总去除率。求解方法通过实例说明。

　　图 4-1-2（b）是某城市污水的絮凝沉淀试验得到的去除率曲线，求解沉淀时间 30min，深度 2m 处的总去除率。

　　1）先计算沉淀时间 $t=30$min，深度 $H=2$m 处的沉速 u_c

$$u_c = \frac{H}{t} = \frac{2\text{m}}{30} = 0.067\text{m/min} = 1.11\text{mm/s}$$

　　2）**计算 $u_t \geqslant u_c$ 的去除率**

　　凡 $u_t \geqslant u_c = 0.067$m/min 的颗粒都可被去除，由图 4-1-2（b）可知，这部分颗粒的去除率 η_1 为 45%。

3) 计算 $u_t < u_c$ 的去除率

$u_t < u_c = 0.067\text{m/min}$ 的颗粒去除率可用图解法求得。

图解法的步骤如下：

a. 在等去除率曲线 45% 与 60% 之间作中间曲线，如图 4-1-2 (b) 上的虚线，该曲线与 $t = 30\text{min}$ 的垂直线交点对应的深度为 1.81m，得颗粒的平均沉速

$$u_1 = \frac{1.81}{30} = 0.06\text{m/min} = 1.0\text{mm/s}$$

b. 用同样的方法，在 60% 与 75% 两条曲线之间，作中间曲线，中间曲线与 $t = 30\text{min}$ 的垂直线交点对应深度为 0.5m，得这部分颗粒的平均沉速

$$u_2 = \frac{0.5}{30} = 0.017\text{m/min} = 0.28\text{mm/s}$$

c. 去除率

沉速更小的颗粒可略去不计。故沉淀时间 $t = 30\text{min}$，$H = 2\text{m}$ 深度处 $u_t < u_c$ 的去除率

$$\begin{aligned}
\eta_2 &= \frac{u_1}{u_0}(60-45) + \frac{u_2}{u_0}(75-60) + \cdots \\
&= \frac{1.0}{1.11} \times 15 + \frac{0.28}{1.11} \times 15 + \cdots \\
&= 17.5\%
\end{aligned}$$

4) 总去除率 $\eta_{总}$

$$\begin{aligned}
\eta_{总} &= \eta_1 + \eta_2 \\
&= 45\% + 17.5\% \\
&= 62.3\%
\end{aligned}$$

（4）颗粒区域沉淀

区域沉淀与压缩沉淀试验，可在直径为 $100 \sim 150\text{mm}$，高度为 $1000 \sim 2000\text{mm}$ 的沉淀筒内进行。将已知悬浮物浓度 C_0（$C_0 > 500\text{mg/L}$，否则不会形成区域沉淀）的污水，装入沉淀筒内，深度为 H_0，搅拌均匀后开始计时，水样会很快形成上清液与污泥层之间的清晰界面。污泥层内的颗粒之间相对位置稳定，沉淀表现为界面的下沉，而不是单颗粒下沉，沉速用界面沉速表达。

界面下沉的初始阶段，由于浓度较稀，沉速是悬浮物浓度的函数 $u = f(C)$，呈等速沉淀，如图 4-1-3 所示，其中 A 段为等速沉淀区，随着界面继续下沉，悬浮物浓度不断增加，界面沉速逐渐缓慢，出现过渡区，如图 4-1-3 中的 B 区，此时，颗粒之间的水分被挤出并穿过颗粒上升，成为上清液，界面继续下沉，浓度更浓，污泥层内的下层颗粒能够机械地承托上层颗粒，因而产生压缩区，如图 4-1-3 所示中的 C 区。区域沉淀与压缩沉淀试验结果，在直角坐标纸上，以纵坐标为界面高度，横坐标为沉淀时间，作界面高度与沉淀时间关系图，如图 4-1-3 所示。

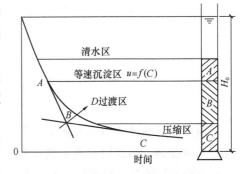

图 4-1-3　区域沉淀曲线和装置

通过图 4-1-3 线任一点，作曲线的切线，切线的斜率即为该点相对应界面的界面沉速，分别作等速沉淀的切线和压缩区的切线，两切线交角的角平分线交沉淀曲线于 D 点，D 点就是等速沉淀区与压缩区的分界点，与 D 点相对应的时间即压缩开始时间。这种静态试验方法可用来表述动态二次沉淀池与浓缩池的工况，亦可作为二次沉淀池和浓缩池的设计依据。

（5）颗粒压缩沉淀

压缩区中污泥需要的容积同样可由沉降试验确定。曾经发现，压实速度与时间 t 时的深度和污泥在长期沉降之后的深度之差成比例。长期压实可模拟为一级衰变函数，如式（4-1-11）所示。

$$H_t - H_\infty = (H_2 - H_\infty) e^{-i(t-t_2)} \tag{4-1-11}$$

式中 H_t——时间 t 时的污泥高度，m；

       H_∞——长期沉降（约 24h）之后的污泥高度，m；

       H_2——时间 t_2 时的污泥高度，m；

       i——给定悬浮物的常数。

搅动能打破絮体，使压缩区中的固体紧密并且使间隙水逸出。污泥浓缩池中浓缩刮泥机一般都带有齿耙用于扰动污泥，从而产生更紧密的压缩污泥。

4.1.1.3　理想沉淀池

实际沉淀池中颗粒运动规律和工程应用，与理论沉淀还有一定的差距，为了分析悬浮颗粒在实际沉淀池内的运动规律和沉淀效果，首先应研究理想沉淀池。

理想沉淀池的条件是：

1）污水在池内沿水平方向作等速流动，水平流速为 v，从入口到出口的流动时间为 t；

2）流入区颗粒沿截面 AB 均匀分布并处于自由沉淀状态，颗粒的水平分速等于水平流速 v；

3）颗粒沉到池底即认为被去除。

（1）平流理想沉淀池

平流理想沉淀池示意图如图 4-1-4 所示。

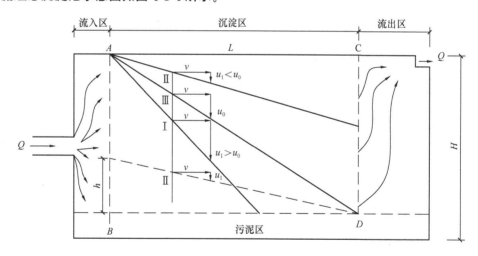

图 4-1-4　平流理想沉淀池示意图

平流理想沉淀池分为流入区、沉淀区、流出区和污泥区。从点 A 进入的颗粒，它们的运动轨迹是水平流速 v 和颗粒沉速 u 的矢量和，这些颗粒中，必存在着某一粒径的颗粒，其沉速为 u_0，刚巧能沉至池底，故可得关系式为：

$$\frac{u_0}{v} = \frac{H}{L} \quad 即 \quad u_0 = v \frac{H}{L} \tag{4-1-12}$$

式中 u_0——颗粒沉速，m/s；

       v——污水的水平流速，即颗粒的水平分速，m/s；

       H——沉淀区水深，m；

       L——沉淀区长度，m。

从图 4-1-4 可以看到，沉速 $u_1 \geqslant u_0$ 的颗粒，都可在 D 点前沉淀，即轨迹 I 所代表的颗粒；沉速 $u_1 < u_0$ 的颗粒，视其在流入区所处的位置而定，若处在靠近水面处，则不能被去除，即轨迹

Ⅱ实线所代表的颗粒；同样的颗粒若处在靠近池底的位置，就能被去除，即轨迹Ⅱ虚线所代表的颗粒；若沉速 $u_t < u_0$ 的颗粒重量占全部颗粒重量的 $dP\%$，可被沉淀去除的量应为 $\dfrac{h}{H}dP\%$，因 $h = u_t t$，$H = u_0 t$，即 $\dfrac{h}{u_t} = \dfrac{H}{u_0}$，$\dfrac{u_t}{u_0}dP = \dfrac{h}{H}dP$，积分得 $\displaystyle\int_0^{P_0} \dfrac{u_t}{u_0}dP = \dfrac{1}{u_0}\int_0^{P_0} u_t dP$。可见，沉速小于 u_0 的颗粒被沉淀去除的量为 $\dfrac{1}{u_0}\displaystyle\int_0^{P_0} u_t dP$。理想沉淀池总去除量为：$(1-P_0) + \dfrac{1}{u_0}\displaystyle\int_0^{P_0} u_t dP$，$P_0$ 为沉速小于 u_0 的颗粒占全部悬浮颗粒的比值（即剩余量）。用去除率 η 表示，可用下式表示：

$$\eta = (100 - P_0) + \frac{100}{u_0}\int_0^{P_0} u_t dP \tag{4-1-13}$$

可见式（4-1-13）与式（4-1-8）相同，式中 P_0 用百分数代入。

根据理想沉淀池的原理，可说明表面负荷率和表面负荷率与去除率的关系。

如处理水量为 $Q(\mathrm{m}^3/\mathrm{s})$，沉淀池的宽度为 B，沉淀池长度为 L，水面面积为 $A = B \cdot L(\mathrm{m}^2)$，则颗粒在池内的沉淀时间为：

$$t = \frac{L}{v} = \frac{H}{u_0} \tag{4-1-14}$$

沉淀池的容积 V 为

$$\begin{aligned} V &= Qt \\ &= HBL \end{aligned} \tag{4-1-15}$$

因

$$A = \frac{V}{t} = \frac{HBL}{t} = Au_0,$$

所以

$$\frac{Q}{A} = u_0 = q \tag{4-1-16}$$

$\dfrac{Q}{A}$ 是在单位时间内通过沉淀池单位表面积的流量，称为表面负荷或溢流率，用符号 q 表示。表面负荷或溢流率 q 的量纲是：$\mathrm{m}^3/(\mathrm{m}^2 \cdot \mathrm{s})$ 或 $\mathrm{m}^3/(\mathrm{m}^2 \cdot \mathrm{h})$，也可简化为 $\mathrm{m/s}$ 或 $\mathrm{m/h}$。表面负荷的数值等于颗粒沉速 u_0，若需要去除颗粒的沉速 u_0 确定后，则沉淀池的表面负荷 q 值同时确定。

根据图 4-1-4，在水深 h 以下入流的颗粒，可全部沉淀去除，因 $\dfrac{h}{u_t} = \dfrac{L}{v}$，所以 $h = \dfrac{u_t}{v}L$，则沉速为 u_t 的颗粒去除率 η 为：

$$\eta = \frac{h}{H} = \frac{\frac{u_t}{v}L}{H} = \frac{\frac{u_t}{v}}{L} = \frac{\frac{u_t}{vHB}}{LB} = \frac{\frac{u_t}{Q}}{A} = \frac{u_t}{q} \tag{4-1-17}$$

从式（4-1-17）可知，平流理想沉淀池的去除率仅决定于表面负荷 q 和颗粒沉速 u_t，而与沉淀时间无关。

（2）圆形理想沉淀池

圆形理想沉淀池有辐流式和竖流式两种，如图 4-1-5 所示，图中 (a) 为辐流式理想沉淀池，(b) 为竖流式理想沉淀池。

沉淀池半径为 R，中心筒半径为 r_1，沉淀区高度为 H。

辐流理想沉淀池中取半径 r 处的任一点，有沉速为 u_t 的颗粒，该颗粒沉淀轨迹是颗粒沉速 u_t 和 r 处的水平流速的矢量和，即：

$$dr = v dt \tag{4-1-18}$$

$$dH = u_t dt \tag{4-1-19}$$

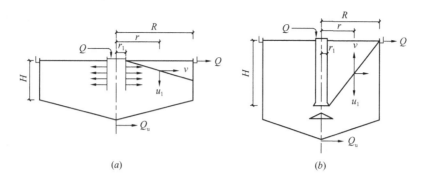

图 4-1-5 圆形理想沉淀池

(a) 辐流式理想沉淀池；(b) 竖流式理想沉淀池

式中 v——半径 r 处的水平流速，m/s；

u_t——某颗粒的沉速，m/s；

t——沉淀时间，s。

该颗粒被沉淀去除的条件为：

$$\int_0^H \frac{\mathrm{d}H}{u_t} \leqslant \int_{r_1}^R \frac{\mathrm{d}r}{v} \tag{4-1-20}$$

在辐流理想沉淀池中，水平流速随半径的增加而减少，即

$$v = \frac{Q}{2\pi r H} \tag{4-1-21}$$

式中 v——水平流速，m/s；

Q——流量，m³/s；

r——中心筒半径，m；

H——沉淀高度，m。

代入式 4-1-20 并积分整理后，可得：

$$u_t \geqslant \frac{Q}{\pi(R^2 - r_1^2)} = \frac{Q}{A} = u_0 = q \tag{4-1-22}$$

式中 u_t——某颗粒的沉速，m/s；

Q——流量，m³/s；

A——沉淀区表面积，m²；

q——表面负荷，m³/(m²·s)；

R——沉淀区半径，m；

r——中心筒半径，m。

可见式（4-1-22）与式（4-1-16）相同。由于辐流理想沉淀池的流态与平流理想沉淀池基本相同，故辐流理想沉淀池的去除率也可采用式（4-1-13）表示，即：

$$\eta = (100 - P_0) + \frac{100}{u_0} \int_0^{P_0} u_t \mathrm{d}P$$

竖流理想沉淀池在半径 r 处的任一点，水流速度的垂直分速为 v，

$$v = \frac{H}{t} \tag{4-1-23}$$

式中 v——垂直流速，m/s；

H——沉淀区高度，m；

t——沉淀时间，s。

凡是沉速 $u_t \geqslant v$ 的那些颗粒，即 $u_t \geqslant -\dfrac{H}{t}$（因颗粒下沉，方向与水流的垂直分速相反，故用 "—"），$H = vt = -u_t t$ 的那些颗粒才能被沉淀去除；而 $u_t < v$ 的所有颗粒，都不可能被沉淀去除，若这部分颗粒的重量与全部颗粒的重量之比值为 P_0（即剩余量），因此竖流理想沉淀池的去除率仅为 $\eta = (100 - P_0)$，而没有 $\dfrac{100}{u_0}\displaystyle\int_0^{P_0} u_t\,dP$ 项。

4.1.1.4　实际沉淀池和理想沉淀池的差距

由于实际沉淀池在池深与池宽方向都存在着水流分布不均匀的问题，以及由于污水温差、风力、水流与池壁之间的摩擦阻力等原因造成紊流，使实际沉淀池的去除率低于理想沉淀池。主要影响因素有：（1）进口布水不均匀和进水惯性引起的紊流；（2）未加盖的池中风带动的小循环区；（3）热对流；（4）冷水或热水形成密度流；（5）干热气候下的热层流。

图 4-1-6 为实际平流沉淀池的典型流态。

（1）深度方向水流速度分布不均匀的影响

实际沉淀池中，水平流速沿深度方向分布不均匀，如图 4-1-7 所示，水平流速 v 表示为水深的函数，即 $v = f(h)$，沉速为 u_0 的颗粒，沉淀轨迹为：$dl = v\,dt$，$dh = u_0\,dt$，可得下式：

$$\frac{dl}{v} = \frac{dh}{u_0}, \quad u_0\,dl = v\,dh \tag{4-1-24}$$

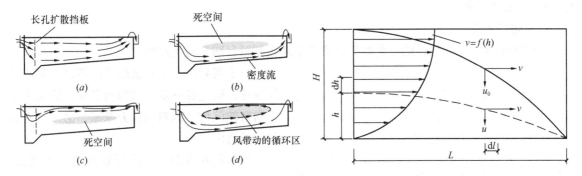

图 4-1-6　平流沉淀池的典型流态　　　　图 4-1-7　池深方向水平流速分布不均匀的影响

由于水平流速沿深度不断减慢，所以颗粒的沉淀轨迹是下垂的曲线，如图 4-1-7 中的下垂曲线，式（4-1-24）积分得下式：

$$u_0\int_0^L dl = \int_0^H v\,dh, \quad u_0 L = \int_0^H v\,dh \tag{4-1-25}$$

凡 $u_t < u_0$ 的那部分颗粒去除率，决定于入流速度，即等于在深度 h 间入流的数量占总量的比例，得下式：

$$\eta = \frac{\displaystyle\int_0^h v\,dh}{\displaystyle\int_0^H v\,dh} = \frac{u_t L}{u_0 L} = \frac{u_t}{u_0} = \frac{u_t}{q} \tag{4-1-26}$$

式（4-1-26）与式（4-1-17）完全相同，可见沉淀池深度方向的水平流速分布不均匀，对去除率没有影响。

（2）宽度方向水流速度分布不均匀的影响

水平流速在宽度方向分布不均匀如图 4-1-8 所示，水平流速 v 表示为池宽 B 的函数，即 $v = f(b)$。设宽度 b 和 $b+db$ 之间的微分面积上的水

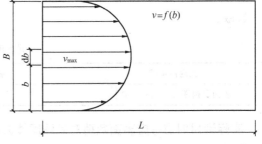

图 4-1-8　池宽方向水平流速分布不均匀的影响

平流速是均匀的，相对应的水面积为 $A'=L\cdot \mathrm{d}b$，$Q'=vH\mathrm{d}b$。根据式（4-1-16）、式（4-1-17）以及 $\eta=\dfrac{u}{q}$，$q=\dfrac{Q'}{A'}$ 等关系，可得出沉速为 u_t 的颗粒的去除率为：

$$\eta_b=\frac{u_t}{\dfrac{Q'}{A'}}=\frac{u_t}{\dfrac{vH\mathrm{d}b}{L\mathrm{d}b}}=\frac{u_t L\mathrm{d}b}{vH\mathrm{d}b}=\frac{u_t L}{vH}\times 100\%\tag{4-1-27}$$

如果具有相同沉速 u_t 的颗粒处于沉淀池中心线附近，则该颗粒的去除率 η_0 为：

$$\eta_0=\frac{u_t L}{v_{\max}H}\times 100\%\tag{4-1-28}$$

显然，$\eta_0<\eta_b$，可见，沉淀池宽度方向的水平流速分布不均匀，是降低沉淀池去除率的主要原因。

（3）其他的影响

由于紊流的存在，使颗粒不能均速下沉，在沉淀池三维不规则运动中，使颗粒沉速变化，影响去除率。

据有关研究，沉淀池进水和本身池水的温度差达到 $1℃$，就会形成密度差，会影响沉淀效果，如图 4-1-6 中（b）（c）所示，温度对沉淀的影响与去除物质的性质有关。

敞开的沉淀池会受到风的影响，形成短流，从而降低沉淀效果，如图 4-1-6（d）所示。

4.1.1.5 设计参数

（1）停留时间

停留时间是沉淀池设计的重要参数，应考虑颗粒絮凝且防止污泥腐败。

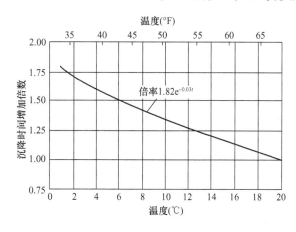

图 4-1-9 增加停留时间曲线（比较 20℃）

由于实际污水中所含的物质不是理想的离散颗粒，而是在一定的范围内变化，因此为了达到有效沉淀，提高颗粒去除率，必须有充足的停留时间。

当气候寒冷时，低温导致水的黏度增加，会影响颗粒的沉淀，污水温度低于 20℃ 以下时沉淀性能会降低。图 4-1-9 表示为了维持同 20℃ 同样的沉淀效果，应增加沉淀时间，增加的系数 M 可用下式计算：

$$M=1.82e^{-0.03T}\tag{4-1-29}$$

式中　M——停留时间增加的系数；

　　　T——水温，℃。

过长的停留时间会引起污泥腐败，不利于沉淀，在污泥没有连续排泥的情况下，超过 1.5h 的停留时间会引起沉淀污泥的再溶解。

（2）表面负荷率

表面负荷率是沉淀池最主要的设计参数，也称溢流率，以 $\mathrm{m^3/(m^2\cdot h)}$ 表示，一般可按表 4-1-4 选取。

沉淀池表面负荷　　　　　　　　　　　　　　　　　　　　　　表 4-1-4

沉淀池类型	初次沉淀池	二次沉淀池（活性污泥法后）
表面负荷率[$\mathrm{m^3/(m^2\cdot h)}$]	1.5～4.5	0.6～1.5

实际运用时应考虑表面负荷对悬浮固体去除率的影响，随污水特性、可沉淀固体比例、固体浓度和其他因素而有较大变化。

表面负荷率取值应考虑高峰流量的沉淀性能。

当初沉池作为二级处理工艺的预处理时，可以选取较高的表面负荷率。

（3）出水堰负荷率

过高的出水堰负荷会使已沉淀的污泥被出水带出，一般说来，出水堰负荷率对二沉池影响大，而对初沉池的影响较小，特别是边水深超过 3.7m 时，室外排水设计规范规定了城镇污水厂出水堰负荷率的控制参数。

（4）冲刷速度

为了避免已沉淀颗粒的再悬浮，应控制沉淀池的水平速度，参考研究结果，导出临界速度的方程式为：

$$v_H = \left[\frac{8k(s-l)gd}{f} \right]^{1/2} \tag{4-1-30}$$

式中 v_H——即将产生悬浮的水平速度，m/s；

k——与悬浮物质类型有关的常数；

s——颗粒相对密度；

g——重力加速度，$9.81m/s^2$；

d——颗粒直径，m；

f——阻力系数。

对于不规则的颗粒，典型的 k 值为 0.04，对于较为黏滞的可连动的颗粒 k 值为 0。阻力系数 f 与其上面有流动的表面和雷诺数有关，f 的典型值为 0.02～0.03。

（5）进水口条件

沉淀池进水应能够消除进水能量，在沉淀池的横断面上应均匀分布流量，减轻密度流，减少对污泥层的扰动。

进水渠宜保持一定的流速防止污泥沉淀，在 50% 设计进水流量时，进水渠的允许设计最小流速为 0.3m/s，或采取进水渠曝气等方法防止污泥沉淀，也可增加刮泥排泥设备。

4.1.2 沉淀池分类和选用

4.1.2.1 沉淀池分类

（1）按沉淀目的分类

依据沉淀池在污水处理和污泥处理流程中的位置，可分为初次沉淀池、二次沉淀池和污泥浓缩池，三种沉淀池的目的和作用如表 4-1-5 所示。

按沉淀目的分类的沉淀池类型 表 4-1-5

类型	位置	目的和作用
初次沉淀池	一级污水处理厂的主要构筑物；二级污水处理厂设在生物处理构筑物前面的初级处理构筑物	主要去除污水中以无机物为主的悬浮固体。 一般可去除悬浮固体 SS 40%～55%，同时去除部分 BOD$_5$（主要是非溶解性 BOD$_5$，约占污水中 BOD$_5$20%～30%），可改善生物处理构筑物的运行条件，降低 BOD$_5$ 负荷
二次沉淀池	设在生物处理构筑物（活性污泥法或生物膜法）的后面，是生物处理系统的重要组成部分	主要是沉淀污水中以微生物为主的固体悬浮物，包括活性污泥或腐殖污泥（指生物膜法脱落的生物膜），其作用是提供澄清的出水和浓缩的活性污泥。 初沉池、生物膜法工艺后的二沉池 SS 总的去除率为 60%～90%，BOD$_5$ 的去除率为 65%～90%，初沉池、活性污泥法后的二沉池 SS 总的去除率为 70%～90%，BOD$_5$ 的去除率为 65%～95%

类 型	位 置	目 的 和 作 用
污泥浓缩池	对污泥包括初沉污泥和剩余污泥的沉淀和浓缩	主要使污泥进一步压密,降低含水率,为进一步处理创造条件。由活性污泥法生物反应池后的二次沉淀池进入污泥浓缩池的剩余污泥含水率为99.2%～99.6%,浓缩后污泥含水率为97%～98%

(2) 按投加化学药剂分类

按是否加注化学药剂可分为自然沉淀和化学沉淀两类。

不加化学药剂的沉淀为自然沉淀。自然沉淀完全依靠颗粒本身的沉降性能进行沉淀分离,污水处理过程中大部分采取的是自然沉淀。

添加化学药剂的沉淀为化学沉淀。由于加入化学药剂改变污水中溶解和悬浮固体的固有形态,可使其容易沉降而被去除。化学沉淀可以提高 SS 的去除率,也用于去除污水中有机化合物和营养物,特别是磷等污染物。

化学沉淀可改善初次沉淀池的性能,是一级强化处理的主要措施,同时可达到磷或其他物质的去除。

(3) 按水流分类

按沉淀池的水流分类,可分为平流式沉淀池、辐流式沉淀池、竖流式沉淀池、斜流式沉淀池等形式。

平流式的水流为水平方向,与颗粒的沉降方向垂直;辐流式的水流也为水平方向,其流速随水流从中心到周边,或从周边到中心再到周边,属于变流速形式;竖流式为水流向上,颗粒沉降向下;斜流式沉淀中,水流是倾斜方向的。

沉淀池的主要形式可按表 4-1-6 分类。

沉淀池的分类   表 4-1-6

沉淀池	平流式沉淀池	单层沉淀池
		双层沉淀池
		多层沉淀池
	辐流式沉淀池	
	竖流式沉淀池	
	斜流式沉淀池	
	其他沉淀池	高效沉淀池、气浮池等

4.1.2.2 沉淀池选用

选用沉淀池涉及因素很多,主要有水量规模、场地条件和运行经验等。一般污水厂应设置 2 座或 2 座以上沉淀池,当一座沉淀池维修时,另一座能保持继续运行。大型污水厂沉淀池的数量由单池的尺寸限制决定,各种沉淀池的主要特点和适用条件如表 4-1-7 所示。

各种沉淀池主要特点和适用条件   表 4-1-7

池型	优 点	缺 点	适用条件
平流式沉淀池	(1) 沉淀效果好 (2) 对冲击负荷和温度变化的适应能力较强 (3) 施工简易 (4) 平面布置紧凑 (5) 排泥设备已趋定型	(1) 配水不易均匀 (2) 采用多斗排泥时,每个泥斗需单独设排泥管各自排泥,操作量大 (3) 采用机械排泥时,设备复杂,对施工质量要求高	(1) 适用于大、中、小型污水处理厂 (2) 适用各类地质条件

池型	优　点	缺　点	适用条件
辐流式	(1) 多为机械排泥，运行可靠管理较简单 (2) 排泥设备已定型化	(1) 机械排泥设备较复杂 (2) 对施工质量要求高	(1) 适用于大、中型污水处理厂 (2) 适用各类地质条件
竖流式	(1) 排泥方便，管理简单 (2) 占地面积较小	(1) 水池深度大，施工困难 (2) 对冲击负荷和温度变化的适应能力较差 (3) 池径不宜过大	(1) 适用于小型污水处理厂 (2) 常用于地下水位较低条件
斜流式	(1) 沉淀效率高 (2) 池容积小占地面积小	(1) 斜管（板）耗用材料多，且价格较高 (2) 排泥较困难 (3) 易滋长藻类	(1) 适用于旧沉淀池的改建、扩建和挖潜 (2) 用地紧张，需要压缩沉淀池面积时 (3) 较适用于初沉池

4.1.3　沉淀池设计

沉淀池设计，根据其池型不同，计算方式也不尽相同，室外排水设计规范提出了相应的规定。

4.1.3.1　设计流量规定

(1) 当污水为自流进入时，应按每期的最大设计流量计算。

(2) 当污水为提升进入时，应按每期工作水泵的最大组合流量计算。

(3) 在合流制处理系统中，应按降雨时的设计流量校核，校核的沉淀时间不宜小于 30min。

4.1.3.2　一般规定

(1) 沉淀池的座数或分格数不应少于 2 座，宜按并联系列设计。

(2) 沉淀池的设计参数，宜按表 4-1-8 选取。

城市污水沉淀池设计参数　　　　　　　　　　　　　　表 4-1-8

类别	沉淀池位置	沉淀时间 (h)	表面负荷 [m³/(m²·h)]	污泥量 (干物质) [g/(人·d)]	污泥含水率 (%)	固体负荷 [kg/(m²·d)]	堰口负荷 [L/(s·m)]
初次 沉淀池	一般	0.5～2.0	1.5～4.5	16～36	95～97		≤2.9
	单独沉淀池	1.5～2.0	1.5～2.5	16～27	95～97		≤2.9
	二级处理前	1.0～2.0	2.0～4.5	16～25	95～97		≤2.9
二次 沉淀池	活性污泥法后	1.5～4.0	0.6～1.5	12～32	99.2～99.6	≤150	≤1.7
	生物膜法后	1.5～4.0	1.0～2.0	10～26	96～98	≤150	≤1.7

工业废水沉淀池的设计数据应按实际水质试验确定，或参照类似工业废水的运行或试验资料采用。

(3) 沉淀池一般包含五个区，即进水区、沉淀区、缓冲区、污泥区和出水区。

(4) 沉淀池超高不应小于 0.3m。

(5) 沉淀池有效水深宜采用 2.0～4.0m。

沉淀池的有效水深 h_2、沉淀时间 t 与表面负荷 q' 的关系如表 4-1-9 所示。当表面负荷一定时，有效水深与沉淀时间之比亦为定值，即 $h_2/t=q'$。一般沉淀时间不小于 1.0h，有效水深多采用 2~4m。

有效水深、沉淀时间与表面负荷的关系   表 4-1-9

表面负荷 q' $(m^3/(m^2 \cdot h))$	沉淀时间 t(h)				
	$h_2=2.0$(m)	$h_2=2.5$(m)	$h_2=3.0$(m)	$h_2=3.5$(m)	$h_2=4.0$(m)
3			1.0	1.17	1.33
2.5		1.0	1.2	1.4	1.6
2.0	1.0	1.3	1.5	1.8	2.0
1.5	1.3	1.7	2.0	2.3	2.7
1.2	1.7	2.1	2.5	2.9	3.3
1.0	2.0	2.5	3.0	3.5	4.0
0.6	3.3	4.2	5.0		

（6）当采用污泥斗排泥时，每个污泥斗均应设单独的闸阀和排泥管。污泥斗的斜壁与水平面的倾角，方斗不宜小于 60°，圆斗不宜小于 55°。

（7）初沉池的污泥区容积，除设机械排泥的宜按 4h 的污泥量计算外，宜按不大于 2d 的污泥量计算。活性污泥法处理后的二沉池污泥区容积，宜按不大于 2h 的污泥量计算，并应有连续排泥措施；生物膜法处理后的二沉池污泥区容积，宜按 4h 的污泥量计算。

（8）排泥管的直径不应小于 200mm。

（9）当采用静水压力排泥时，初沉池的静水头不应小于 1.5m；二沉池的静水头，生物膜法处理后不应小于 1.2m，活性污泥法处理后不应小于 0.9m。

（10）当采用重力排泥时，污泥斗的排泥管其下端伸入斗内，顶端敞口，伸出水面，以便于疏通，在水面以下 1.5~2.0m 处，由排泥管接出水平排出管，污泥藉静水压力排至池外。

（11）初沉池的出口堰最大负荷不宜大于 2.9L/(s.m)；二沉池的出水堰负荷不宜大于 1.7L/(s.m)。为减轻堰的负荷，改善出水水质，可采用多槽出水布置。

（12）沉淀池应设置浮渣的撇除、输送和处置设施。

（13）沉淀池的入口和出口均应采取整流措施。

（14）当每组沉淀池有 2 座池以上时，为使每座池的入流量相等，应在入流口设置调节闸门，以调整流量。

4.1.4 平流式沉淀池设计

平流式沉淀池（亦称平流沉淀池）平面为矩形形状，占地紧凑，污水在沉淀池内流速稳定，水流平稳，沉淀效果比较好。平流沉淀池池体主要由进水区、沉淀区、出水区、缓冲区和污泥区组成，沉淀池的设计计算主要确定沉淀区、污泥区的容积和几何尺寸，计算和布置进出口和排泥设施等。图 4-1-10 是常规平流沉淀池的示意图，图 4-1-11 是典型双层沉淀池的剖面图。

图 4-1-11 中（a）为串流型，污水先进入下层沉淀池，再流到上层沉淀池出水，图 4-1-11 中（b）为并流型，污水分别进入上下两层沉淀池。

4.1.4.1 主要设计参数

（1）沉淀池每池或每格长度与宽度之比不宜小于 4，以 4~5 为宜，当长宽比过小时，池内水流的均匀性差，影响沉降效果，大型沉淀池可考虑设置导流墙。

（2）每池或每格的长度与有效水深之比不宜小于 8，以 8~12 为宜。

（3）沉淀池的长度不宜大于 60m。

（4）采用机械排泥，排泥机械的行进速度为 0.3~1.2m/min，一般采用 0.6~0.9m/min。

（5）采用机械排泥时，沉淀池宽度一般根据排泥设备确定。

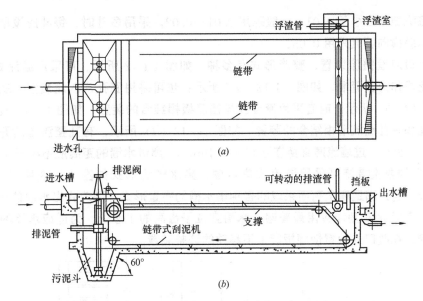

图 4-1-10　常规平流沉淀池的示意图

(a) 平面图；(b) 剖面图

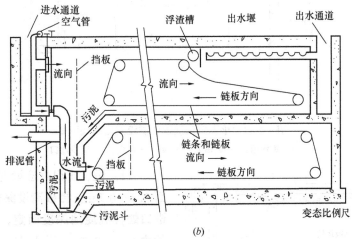

图 4-1-11　典型双层沉淀池的剖面图

(a) 串流型；(b) 并流型

（6）超高不宜小于 0.3m。

（7）缓冲层高度，非机械排泥时为 0.5m；机械排泥时，应根据刮泥板高度确定，且缓冲层上缘宜高出刮泥板 0.3m。

（8）池底纵坡不宜小于 0.01，一般采用 0.01～0.02，采用多斗时，每斗应设单独排泥管和排泥闸阀，池底横向坡度采用 0.05。

（9）进水口应设整流装置，整流形式有多种，如图 4-1-12 所示。可采用溢流式入流装置，并设置多孔花墙作为整流墙，如图 4-1-12（a）所示；也可采用底孔式入流装置，底部设有挡流板，如图 4-1-12（b）所示；或者采用淹没孔与挡流板相结合的装置，如图 4-1-12（c）所示；也可采用淹没孔和有孔整流墙相结合的装置，如图 4-1-12（d）所示，有孔整流墙的开孔面积为过水断面的 6%～20%，过墙流速维持在 0.05～0.15m/s，离进水墙的距离应不小于 1～2m。

（10）出口的整流措施可采用溢流式集水槽，集水槽的形式如图 4-1-13 所示，图中（a）、（b）、（c）、（d）是为满足堰负荷而采取的各种集水槽的布置形式。溢流式出水堰的形式如图 4-1-14 所示，其中锯齿形三角堰应用最普遍，水面宜位于齿高的 1/2 处。为适应水流的变化或构筑物的不同沉降，在堰口处设置使堰板能上下移动的调整装置。

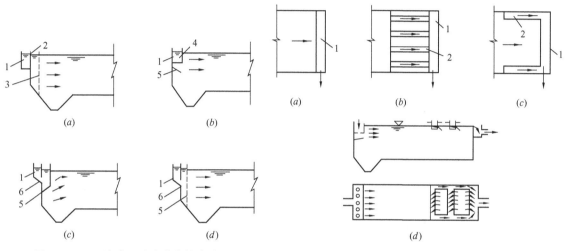

图 4-1-12　平流式沉淀池进水整流装置

1—进水槽；2—溢流堰；3—多孔花墙；

4—底孔；5—挡流板；6—淹没孔

图 4-1-13　平流式沉淀池集水槽形式

1—集水槽；2—集水支渠

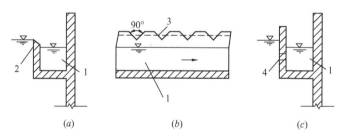

图 4-1-14　平流式沉淀池的溢流式出水堰形式

1—集水槽；2—自由堰；3—锯齿三角堰；4—淹没堰口

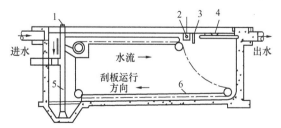

图 4-1-15　链板式刮泥机平流式沉淀池剖面图

1—集渣器驱动装置；2—浮渣板；3—挡板；

4—可调节的出水堰；5—排泥管；6—刮板

（11）进、出口处应设挡板，挡板高出水面 0.1～0.5m。挡板淹没深度进出口各不相同，进口处视沉淀池深度而定，不小于 0.25m，一般为 0.5～1.0m，出口处一般为 0.3～0.4m。距进出口的挡板前后位置，进口处为 0.5～1.0m，出口为 0.25～0.5m。

（12）常用的机械刮泥设备有链板式刮泥机、行车式刮泥机、虹吸式吸泥机和泵吸式吸泥机等。机械设备的宽度：行车式为 $2\sim30m$；链板式$\leqslant12m$，均以 0.2m 为级数，图 4-1-15 为链板式刮泥机平流式沉淀池剖面图，图 4-1-16 为行车式刮泥机平流沉淀池剖面图。

（13）在出水堰前应设置收集和排除浮渣的设施，一般采用可转动的排渣管、浮渣槽等，当采用机械排泥时，可结合刮泥机一并考虑。

（14）当沉淀池采用多斗排泥时，污泥斗平面呈方形或近于方形的矩形，排数一般不宜多于两排，多斗式平流沉淀池如图 4-1-17 所示。

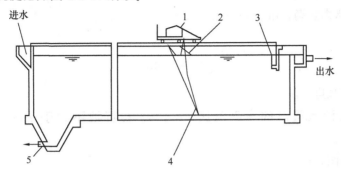

图 4-1-16　行车式刮泥机平流式沉淀池剖面图

1—驱动装置；2—刮渣板；3—浮渣槽；4—刮泥板；5—排泥管

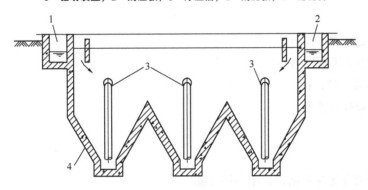

图 4-1-17　多斗式平流沉淀池

1—进水槽；2—出水槽；3—排泥管；4—污泥斗

4.1.4.2　平流式沉淀池计算

（1）沉淀区计算

沉淀区的计算方法有 3 种。

第一种方法——按沉淀时间和水平流速或表面负荷计算。

当无污水悬浮物沉淀试验资料时，可按沉淀时间计算，这也是最常用的一项方法。

1）沉淀区有效水深 h_2

$$h_2 = qt \tag{4-1-31}$$

式中　h_2——有效水深，m；

$\quad q$——表面水力负荷，即要求去除的颗粒沉速，如无试验资料，可按表 4-1-8 选用，$m^3/(m^2 \cdot h)$；

$\quad t$——沉淀时间，可按表 4-1-8 选用，h。

沉淀区有效水深 h_2，一般采用 2.0～4.0m。

2）沉淀区有效容积 V_1

$$V_1 = Ah_2 \tag{4-1-32}$$

或

$$V_1 = Q_{max}t \tag{4-1-33}$$

式中 V_1——有效容积，m^3；

$\quad\quad A$——沉淀区水面积，$A = \dfrac{Q_{max}}{q}$，m^2；

$\quad\quad h_2$——沉淀区有效水深，m；

$\quad\quad Q_{max}$——最大设计流量，m^3/h；

$\quad\quad t$——沉淀时间，h；

$\quad\quad q$——表面水力负荷，$m^3/(m^2 \cdot h)$。

3）沉淀区长度

$$L = 3.6vt \tag{4-1-34}$$

式中 L——沉淀区长度，m；

$\quad\quad v$——最大设计流量时的水平流速，mm/s，初沉池不大于 7mm/s，二沉池不大于 5mm/s；

$\quad\quad t$——沉淀时间，h。

4）沉淀区总宽度

$$B = \frac{A}{L} \tag{4-1-35}$$

式中 B——沉淀区总宽度，m；

$\quad\quad A$——沉淀区水面积，m^2；

$\quad\quad L$——沉淀区长度，m。

5）沉淀池座数或分格数

$$n = \frac{B}{b} \tag{4-1-36}$$

式中 n——沉淀池座数或分格数，不少于 2 座；

$\quad\quad B$——沉淀区总宽度，m；

$\quad\quad b$——每座或每格宽度，m，与刮泥机有关，一般采用 5～10m。

为了使水流均匀分布，沉淀区长度一般采用 30～50m，沉淀池的总长度等于沉淀区长度加前后挡板至池壁的距离。

第二种方法——当有污水悬浮物沉降资料时，可按表 4-1-10 计算。

有污水悬浮物沉降资料时的计算表 表 4-1-10

序号	名 称	公 式	说 明
1	池长	$L_1 = \dfrac{v}{u-w}h_2$ (m)	u——与所需沉淀效率相应的最小沉降速度，mm/s，一般采用 0.33mm/s；
2	池总宽度	$B = \dfrac{Q_{max}}{vh_2} \times 1000$ (m)	w——垂直分速度，mm/s，当 v 在 5～10mm/s 时，采用 0.05mm/s； h_2——沉淀区有效水深，m；
3	沉淀时间	$t = \dfrac{L}{v \times 3.6}$ (h)	Q_{max}——最大设计流量，m^3/s

第三种方法——当有污水悬浮物最小沉降速度和脉动垂直分速度资料时，可按表 4-1-11 计算。

有污水悬浮物最小沉降速度和脉动垂直分速度资料时的计算表　　　　表 4-1-11

序号	名　称	公　式	说　明
1	沉淀池流动水层平均速度	$h_m=0.465h_2+0.10$ （m）	h_2——沉淀区有效水深，一般采用 2.0～4.0m
2	池长	$L=1.15\sqrt{\dfrac{2.15}{K_0}(h_m-h_0)}+\dfrac{h_2}{\text{tg}a}$ （m）	K_0——比例系数，与流速有关，当 $v=1\sim10$mm/s 时，$K_0=$ 0.10～0.17； h_0——沉淀池入口处流动水层深度，与沉淀池进水设备有关，如进水设备为一般溢水槽时，$h_0=0.25$m
2	沉淀时间	$t=\dfrac{1000h_m}{u_0-w}$（s）	u_0——污水中应去除的悬浮物最小沉降速度，根据污水沉淀曲线决定，mm/s； w——脉动垂直分速度，当 $v=5\sim10$mm/s 时，$w=0.05$mm/s；当 $v<5$mm/s 时，取 $w=0$
3	池总宽度	$B=\dfrac{Q_{\max}}{vh_m}$（m）	$Q_{\max}$——最大设计流量，m³/s； v——设计流速，m/s

（2）污泥区计算

污泥区的计算一般按每日污泥量和排泥的时间间隔计算。

按设计人口计算，所需污泥区总容积按式（4-1-37）计算：

$$W=\frac{SNt}{1000} \tag{4-1-37}$$

式中　W——每日污泥量，m³/d；

　　　S——每人每日产生的污泥量，L/(p·d)；

　　　N——设计人口数；

　　　t——两次排泥的时间间隔，d。

如已知污水悬浮物浓度和去除率，污泥区总容积可按式（4-1-38）计算：

$$W=\frac{Q_a\times(C_0-C_1)100}{r(100-p_0)}\times t \tag{4-1-38}$$

式中　W——污泥量，m³/d；

　C_0、C_1——分别是沉淀池进水和出水的悬浮物浓度，kg/m³，如有浓缩池、消化池和污泥脱水机的上清液回流至初次沉淀池，则式中的 C_0 应取 $1.3C_0$，C_1 应取 $1.3C_0$ 的 50%～60%；

　　　p_0——污泥含水率，可按表 4-1-8 选用，%；

　　　r——污泥容重，kg/m³，因污泥的主要成分是有机物，含水率在 95% 以上，r 可取为 1000kg/m³；

　　　t——两次排泥的时间间隔，d；

　　　Q_a——平均流量，m³/d。

（3）沉淀池的总高度

$$H=h_1+h_2+h_3+h_4 \tag{4-1-39}$$

式中　H——总高度，m；

　　　h_1——超高，m；

　　　h_2——沉淀区高度，m；

　　　h_3——缓冲区高度，m；

　　　h_4——污泥区高度，m，根据污泥量、池底坡度、污泥斗高度和是否采用刮泥机决定，一般规定池底纵坡不小于 0.01，污泥斗倾角方斗宜为 60°，圆斗宜为 55°。

(4) 污泥斗容积

$$V_1 = \frac{1}{3}h_4''(f_1 + f_2 + \sqrt{f_1 f_2})\qquad(4\text{-}1\text{-}40)$$

式中 V_1——污泥斗体积，m^3；

f_1——斗上口面积，m^2；

f_2——斗下口面积，m^2；

h_4''——泥斗高度，m。

污泥斗以上梯形部分污泥容积

$$V_2 = \left(\frac{l_1 + l_2}{2}\right)h_4'b\qquad(4\text{-}1\text{-}41)$$

式中 V_2——污泥斗以上梯形部分污泥容积，m^3；

l_1、l_2——梯形上、下底边长，m；

h_4'——梯形的高度，m。

(5) 出水堰计算

1) 水平堰

无侧收缩、自由出流的水平堰单宽流量为：

$$q = 18.6h^{3/2}\qquad(4\text{-}1\text{-}42)$$

式中 q——水平堰的单宽流量，$m^3/(s\cdot m)$；

h——堰上水头，m。

2) 三角堰

堰口角度 90° 的自由出流三角堰流量，

当 $h = 0.021 \sim 0.200$ 时，$q = 1.40h^{2.5}$ (4-1-43)

当 $h = 0.301 \sim 0.35$ 时，$q = 1.343h^{2.47}$ (4-1-44)

式中 q——三角堰流量，$m^3/s\cdot m$；

h——堰上水头，m。

当 $h = 0.201 \sim 0.3$ 时，q 取两者的平均值。

(6) 集水槽计算

为方便施工，沉淀池集水槽一般设计为平底，为非均匀稳定流。

当沿槽长均匀入流，且为自由出流时，出口处水深称为临界水深 h_k，临界水深 h_k 的计算公式为：

$$h_k = \sqrt[3]{\frac{Q^2}{gB^2}}\qquad(4\text{-}1\text{-}45)$$

式中 h_k——临界水深，m；

Q——槽出流处的流量，m^3/s，为了确保安全，对流量乘以 1.2～1.5 的安全系数；

g——重力加速度，m/s^2；

B——槽宽，m；$B = 0.9Q^{0.4}$。   (4-1-46)

集水槽起端水深

$$h_0 = 1.73h_k\qquad(4\text{-}1\text{-}47)$$

式中 h_0——起端水深，m；

h_k——临界水深，m。

4.1.4.3 计算实例

某污水厂设计规模 $30 \times 10^4 m^3/d(3.47 m^3/s)$，高峰流量 $16250 m^3/h$，进水 SS 为 250mg/L，

采用平流式初次沉淀池，链板式刮泥机，计算初沉池各部分尺寸，计算示意图如图 4-1-18 所示。

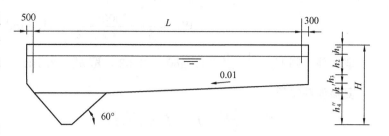

图 4-1-18　平流式沉淀池计算示意图

（1）平面尺寸

取初次池的表面负荷为 $1.9\text{m}^3/(\text{m}^2\cdot\text{h})$，则水池的表面积 A 为

$$A=\frac{Q_{\max}}{q}=\frac{16250}{1.9}=8552.6\text{m}^2$$

沉淀池共分 2 座，每座分为 2 组，则每组表面积 A_1 为

$$A_1=\frac{8552.6}{2\times2}=2138\text{m}^2$$

一般平流沉淀池长比宽大于 4，长度小于 60m，宽度 5～10m，根据链板式刮泥机的规格取宽度 8m，每组 6 廊，则长度 L 为

$$L=\frac{A_1}{b\times n}=\frac{2138}{8\times6}=44.5\text{m，取长度为 }45\text{m}。$$

复核：

$$q=\frac{Q_{\max}}{A}=\frac{16250}{45\times8\times6\times2\times2}=1.88\text{m}^3/(\text{m}^2\cdot\text{h})<2\text{m}^3/(\text{m}^2\cdot\text{h})$$

$$\frac{L}{b}=\frac{45}{8}=5.6>4$$

符合规范规定的要求。

（2）有效水深 h_2

取停留时间 $t=2\text{h}$；

有效水深为

$$h_2=qt=1.88\times2=3.76\text{m，取 }h_2=4\text{m}；$$

实际停留时间 t 为

$$t=\frac{4}{1.88}=2.12\text{h}；$$

复核：

水平流速为

$$v=\frac{Q_{\max}}{B\times h_2\times n}=\frac{4.51}{48\times4\times4}=5\text{mm/s}<7\text{mm/s}$$

长深比 $\dfrac{L}{h_2}=\dfrac{45}{4}=11.25>8$

符合规范规定的要求。

（3）污泥斗容积

初沉池 SS 去除率为 40%～55%，取 SS 去除率为 40%；排出污泥含水率为 97%，排泥间隔为 2d，则所需污泥斗总容积 W 为：

$$W=\frac{Q_a\times(C_0-C_1)100}{r(100-p_0)}\times t$$

$$=\frac{300000\times0.25\times40\%\times100\times2}{1000\times(100-97)}$$

$$=2000\text{m}^3$$

为了避免污泥斗过深，每池设 2 个污泥斗，则污泥斗体积 W_1 为：

$$W_1 = \frac{2000}{6 \times 2 \times 2 \times 2} = 41.65 \text{m}^3$$

取 2 斗，则 $h''_4 = \frac{4-0.5}{2} \times \text{tg}60 = 3.03$ ，取 $h''_4 = 3.1\text{m}$ 。

复核泥斗体积

$$V_1 = \frac{1}{3} h''_4 (f_1 + f_2 + \sqrt{f_1 f_2})$$
$$= \frac{1}{3} \times 3.1 \times (4 \times 4 + 0.5 \times 0.5 + \sqrt{4 \times 4 + 0.5 \times 0.5})$$
$$= 18.85 \times 2 = 37.7\text{m}^3$$
$$V_2 = \left(\frac{l_1 + l_2}{2}\right) h'_4 b$$
$$= \frac{45 + 4}{2} \times (45 - 4) \times 1\% \times 8 = 80\text{m}^3$$
$$V_1 + V_2/2 = 37.8 + 40 = 77.8\text{m}^3 > 41.65\text{m}^3$$

满足污泥量的要求。

（4）沉淀池总高度 H

设缓冲层 $h_3 = 0.5\text{m}$，超高 $h_1 = 0.5\text{m}$，则

沉淀区边水深 $= h_1 + h_2 + h_3 = 0.5 + 4 + 0.5 = 5\text{m}$

$$h_4 = h'_4 + h''_4 = 3.1 + 0.41 = 3.51\text{m}$$

总高度为

$$H = h_1 + h_2 + h_3 + h_4 = 5 + 3.51 = 8.51\text{m}$$

（5）进水系统

进水采用多孔整流墙进水，每格流量为：

$$Q_1 = \frac{390000}{86400 \times 6 \times 2 \times 2} = 0.188\text{m}^3/\text{s}$$

孔眼形式为半砖孔洞，尺寸 $125\text{mm} \times 63\text{mm}$，孔眼流速 0.15m/s，孔眼总面积为：

$$A = \frac{Q_1}{V} = \frac{0.188}{0.15} = 1.25\text{m}^2 ;$$

孔眼数 $n = \frac{1.25}{0.125 \times 0.063} = 158.7$ ，取 160 个，

分 4 排，每排 40 孔。

（6）出水系统

一般采用 90° 三角出水堰，取出水堰负荷 $q' = 2.9\text{L}/(\text{m} \cdot \text{s})$，

堰长为：

$$L = \frac{0.188 \times 1000}{2.90} = 64.8\text{ m} ，取 70\text{m}，分 5 条槽，堰长 7\text{m};$$

校核堰负荷为：

$$q = \frac{0.188}{10 \times 7} = 2.68\text{ L}/(\text{m} \cdot \text{s}) < 2.9\text{L}(\text{m} \cdot \text{s})，满足要求;$$

每米堰板设 5 个堰口，每个堰口流量为：

$$q = \frac{q'}{5} = \frac{2.68}{5} = 0.536\text{ L/s};$$

堰上水头 h_1，因为 $q = 1.4 h_1^{5/2}$，

所以 $h_1 = \sqrt[5]{\left(\frac{0.000536}{1.4}\right)^2} = 0.042\text{ m}$ 。

集水槽宽度：

集水槽为：
$$B = 0.9Q^{0.4} = 0.9 \times (1.4 \times 0.188)^{0.4} = 0.53\text{m}，取 B = 0.55\text{m}。$$

集水支槽为：
$$b_1 = 0.9Q_1^{0.4} = 0.9 \times (1.4 \times 0.188/5)^{0.4} = 0.27\text{m}，取 b_1 = 0.30\text{m}。$$

槽深为：
$$h_k = \sqrt[3]{\frac{Q^2}{gB^2}} = \sqrt[3]{\frac{(1.4 \times 0.188)^2}{9.8 \times 0.55^2}} = 0.29\text{m}$$

$$h_0 = 1.73 \times 0.29 = 0.50\text{m}$$

设跌落水头为 0.1m，

则总槽深为：
$$H = 0.5 + 0.1 + 0.042 = 0.642\text{m}$$

平流式沉淀池设计示意图如图 4-1-19 所示，进水口和出水集水槽的布置如 4-1-20 和图 4-1-21 所示。

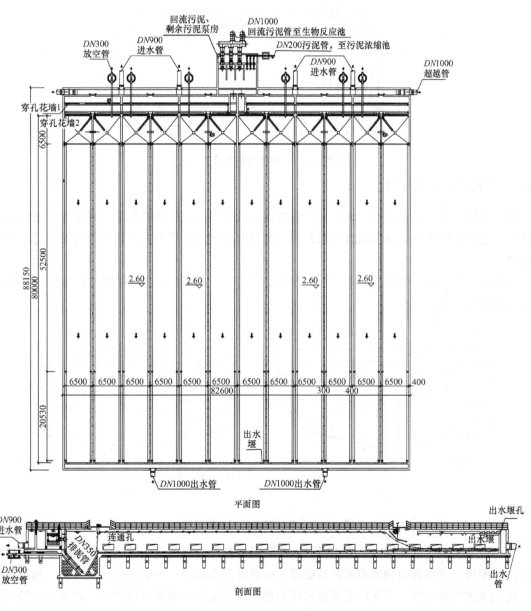

图 4-1-19　平流式沉淀池设计示意图

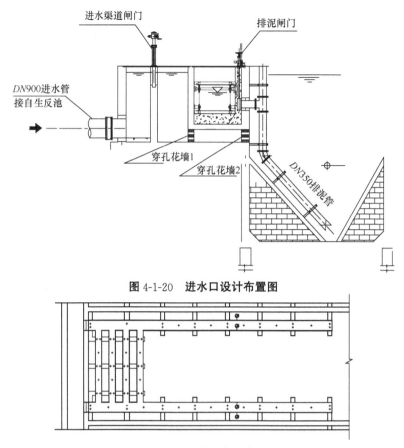

图 4-1-20　进水口设计布置图

图 4-1-21　出水集水槽布置图

4.1.5　辐流式沉淀池设计

辐流式沉淀池一般为圆形，也有正方形的辐流式沉淀池。辐流式沉淀池内水流由池中心的中心管引入池内的称为中心进水辐流式沉淀池；水流由池壁进水槽进入池内的称为周边进水辐流式沉淀池。

典型辐流式沉淀池的流态如图 4-1-22 所示，图中（a）为中心进水辐流式沉淀池，图中（b）为周边进水辐流式沉淀池。

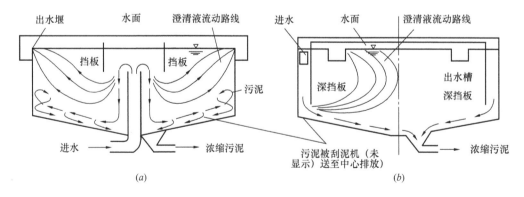

图 4-1-22　典型辐流沉淀池的流态图

中心进水辐流式沉淀池内设整流板，以保证污水在池内得以均匀流动。中心进水、周边出水的形式，使污水平稳均匀地流向沉淀池四周，最后溢入出水槽。一般采用机械排泥，刮泥板在沉淀池内均匀缓慢地旋转，污泥可用真空或压力排泥设备排出，排泥可以定时、定量，保证沉淀池内污泥含量和污泥含水率。

辐流式沉淀池还可采用周边进水、中心出水的形式和周边进水、周边出水的形式。选用进出水形式一般要根据污水处理工程当地的地形条件和工程投资等情况确定。周边进水、周边出水的辐流式沉淀池占地较小，效率较高，可提高负荷，但进出水处理不当时，容易造成水流流态不稳定，出现素流和布水不均，降低沉淀效果。

4.1.5.1 主要设计参数

(1) 辐流式沉淀池直径（或正方形的一边）与有效水深的比值，宜为 6～12。

(2) 辐流式沉淀池直径不宜大于 50m，也不宜小于 16m。

(3) 进出水的布置方式可分为：

1) 中心进水周边出水，如图 4-1-23 所示；

2) 周边进水中心出水，如图 4-1-24 所示；

3) 周边进水周边出水，如图 4-1-25 所示。

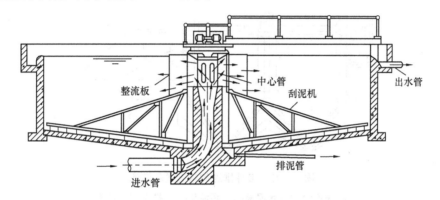

图 4-1-23　中心进水周边出水辐流式沉淀池

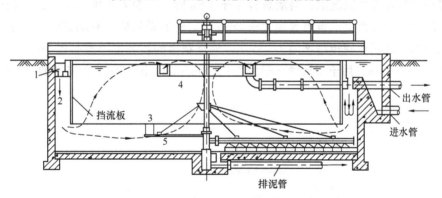

图 4-1-24　周边进水中心出水辐流式沉淀池
1—流入槽；2—导流絮凝区；3—沉淀池；4—流出槽；5—污泥区

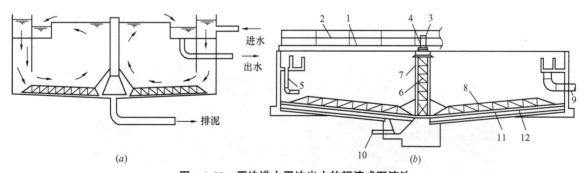

图 4-1-25　周边进水周边出水的辐流式沉淀池
(a) 水流状态图；(b) 工程示意图
1—过桥；2—栏杆；3—传动装置；4—转盘；5—进水下降管；6—中心支架；
7—传动器罩；8—行架式耙架；9—出水管；10—排泥管；11—刮泥板；12—可调节的橡皮刮板

（4）宜采用机械刮泥，也可附有空气提升或静水头排泥设施，如图 4-1-26 所示，当池径（或正方形一边）较小时，一般指小于 20m，可采用多斗排泥，如图 4-1-27 所示。

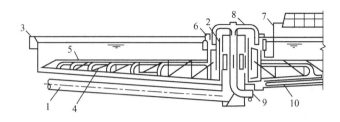

图 4-1-26　带有中央驱动装置的吸泥型辐流式沉淀池

1—进水管；2—挡板；3—堰；4—刮板；5—吸泥管；6—冲洗管的空气升液器；

7—压缩空气入口；8—排泥虹吸管；9—污泥出口；10—放空管

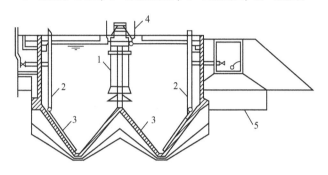

图 4-1-27　多斗排泥的辐流式沉淀池

1—中心管；2—污泥管；3—污泥斗；4—栏杆；5—砂垫

（5）对于圆形辐流式沉淀池，当池直径小于 20m 时，一般采用中心驱动式的刮泥机，驱动装置设在水池中心走道板上；当池直径大于 20m 时，一般采用周边驱动式的刮泥机，驱动装置设在桁架的外缘。刮泥板旋转速度为 1～3r/h，外周刮板的线速度不宜超过 3m/min，用于初沉池的一般为 1～3m/min，用于二沉池一般为 1～1.8m/min。图 4-1-28 为典型的刮泥机实例图。

(a)　　　　　　　　　　　　　　(b)

(c)　　　　　　　　　　　　　　(d)

图 4-1-28　刮泥机实例图

（6）坡向泥斗的底坡不宜小于 0.05，一般为(1∶12)～(1∶20)，污泥被刮至靠近池中心的污泥斗内，污泥斗坡度为(1∶6)～(1∶8)。

（7）缓冲层高度，非机械排泥时，宜为 0.5m；机械排泥时，应根据刮泥板高度确定，且缓冲层上缘宜高出刮泥板 0.3m。

（8）进水口的周围应设置稳流筒，稳流筒的开孔面积为池断面积的 10%～20%，高峰流量时 $v \leqslant 0.75$m/s，平均流量时为 0.3～0.45m/s。稳流筒的典型直径是沉淀池直径的 15%～20%，筒中流速 0.03～0.02m/s，深度范围为 1～2.5m，为池深的 30%～75%，筒底低于进水立管布水槽孔口 0.5m 以上，约 1m 处。二沉池中心筒设计时应包括回流污泥量。图 4-1-29 为不同进水口的布置示意图。

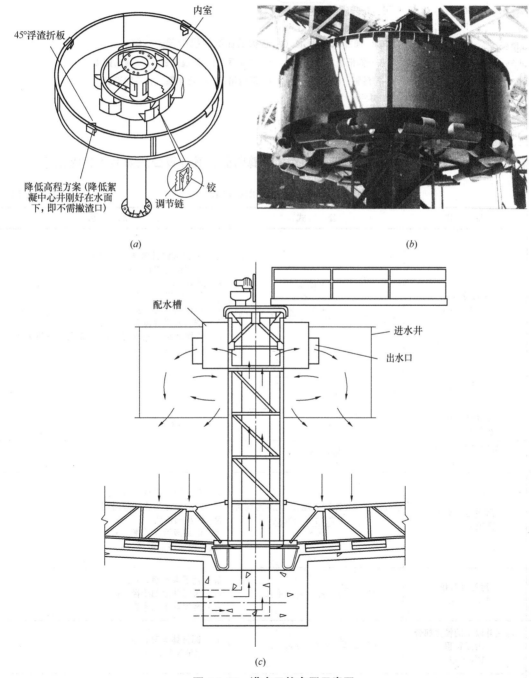

图 4-1-29　进水口的布置示意图

(a) 中心柱式消能进口和絮凝进水井；(b) 消能进水井；(c) 中心进水沉淀池典型消能和水流分布入口

221

（9）浮渣用浮渣刮板收集，刮渣板装在刮泥机桁架的一侧，在出水堰前设置浮渣挡板，如图 4-1-30 所示。

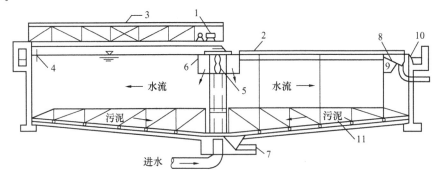

图 4-1-30　辐流式沉淀池（刮渣板装在刮泥机桁架的一侧）
1—驱动；2—装在一侧桁架上的刮渣板；3—工作桥；4—浮渣挡板；5—转动挡板；
6—转筒；7—排泥管；8—浮渣刮板；9—浮渣箱；10—出水堰；11—刮泥板

4.1.5.2　辐流式沉淀池计算

（1）普通辐流式沉淀池

辐流式沉淀池取半径 1/2 处的水流断面作为计算断面，其计算公式如表 4-1-12 所示。

普通辐流式沉淀池计算表　　　　表 4-1-12

序号	名　　称	公　　式	说　　明
1	沉淀区水面 面积 A　（m²）	$A = \dfrac{Q_{\max}}{nq}$ $A = \dfrac{24 \times (Q_{\max} + RQ) \times X}{G}$（二沉池）	$Q_{\max}$—最大设计流量，m³/h； Q—平均设计流量，m³/h； n—池数，座； q—表面负荷，m³/(m²·h)； R—污泥回流比，%； X—混合液污泥浓度，g/L； G—固体通量，kg/(m²·d)，二沉池一般为 140～ 160kg/(m²·d)
2	水池直径 D　（m）	$D = \sqrt{\dfrac{4A}{\pi}}$	
3	沉淀区有效 水深 h_2　（m）	$h_2 = qt$	t—沉淀时间，h
4	沉淀区有效容积 V'　（m³）	$V' = \dfrac{Q_{\max}}{n}t$ 或 $V' = Ah_2$	
5	污泥区所需的 容积 V　（m³）	初沉污泥同平流沉淀池，二沉池污泥为： $V = \dfrac{2T(1+R)QX}{X + X_R}$	Q—平均设计流量，m³/h； T—两次清除污泥间隔时间，h； R—污泥回流比，%； X—混合液污泥浓度，g/L； X_R—回流污泥浓度，g/L
6	污泥斗容积 V_1　（m³）	$V_1 = \dfrac{\pi h_5}{3}(r_1^2 + r_1 r_2 + r_2^2)$	h_5—污泥斗高度，m； r_1—污泥斗上部半径，m； r_2—污泥斗下部半径，m
7	污泥斗以上圆锥体部分 污泥容积 V'_1　（m³）	$V'_1 = \dfrac{\pi h_4}{3}(R^2 + R r_1 + r_1^2)$	h_4—圆锥体高度，m； R—水池半径，m
8	沉淀池总高度 H　（m）	$H = h_1 + h_2 + h_3 + h_4 + h_5$	h_1—超高，m； h_3—缓冲层高度，m

（2）周边进水周边出水辐流式沉淀池

周进周出辐流式沉淀池较多用于二沉池的设计，其计算公式如表 4-1-13 所示。

周边进水周边出水辐流式沉淀池计算表

表 4-1-13

序号	名　称	公　式	说　明
1	沉淀区水面面积 $A(\mathrm{m^2})$	$A = \dfrac{Q_{\max}}{nq}$	$Q_{\max}$—最大设计流量，$\mathrm{m^3/h}$； n—池数，座； q—表面负荷，$\mathrm{m^3/(m^2 \cdot h)}$
2	水池直径 $D(\mathrm{m})$	$D = \sqrt{\dfrac{4A}{\pi}}$	
3	校核堰口负荷 $q_1'(\mathrm{L/(s \cdot m)})$	$q_1' = \dfrac{Q_1}{3.6\pi D}$	Q_1—单池设计流量，$\mathrm{m^3/h}$，$Q_1 = Q_{\max}/n$，一般 $q_1' \leqslant$ 　　$4.34(\mathrm{L/s \cdot m})$
4	校核固体通量 $G(\mathrm{kg/(m^2 \cdot d)})$	$G = \dfrac{24(k+R)QX}{A}$	Q—平均流量，$\mathrm{m^3/h}$； X—混合液污泥浓度，$\mathrm{g/L}$； R—污泥回流比； k—变化系数； G 一般可达 $140 \sim 160\mathrm{kg/(m^2 \cdot d)}$
5	沉淀区有效水深 $h_2'(\mathrm{m})$	$h_2' = qt$	t—沉淀时间，h，一般采用 $1 \sim 1.5\mathrm{h}$
6	污泥区高度 $h_2''(\mathrm{m})$	$h_2'' = \dfrac{2 \times (1+R)QXt'}{(X+X_R)A}$	t'—污泥停留时间，h； X_R—回流污泥浓度，$\mathrm{g/L}$
7	池边水深 h_2　(m)	$h_2 = h_2' + h_2'' + h_3$	h_3—缓冲层高度，m
8	沉淀池总高度 H　(m)	$H = h_1 + h_2 + h_3 + h_4$	h_1—超高，m； h_3—缓冲层高度，m； h_4—污泥层高度，m

4.1.5.3　计算实例一（中心进水周边出水的辐流式二沉池）

某污水厂设计规模 $22 \times 10^4 \mathrm{m^3/d}$，高峰流量 $11917\mathrm{m^3/h}$，生物反应池混合液污泥浓度 $X = 2\mathrm{g/L}$，回流污泥浓度 $X_r = 6\mathrm{g/L}$，污泥回流比为 50%，采用辐流式二次沉淀池，周边传动刮泥机，计算二沉池各部分尺寸。

计算示意图如图 4-1-31 所示。

（1）平面尺寸

取二沉池的表面负荷为 $1.0\mathrm{m^3/(m^2 \cdot}$ h）$，设 8 池，

则每座二沉池的通过流量为：

$$Q_1 = \frac{Q_{\max}}{n} = \frac{11917}{8} = 1489\mathrm{m^3/h}$$

每座二沉池所需面积为：

$$A_1 = \frac{Q_1}{q} = \frac{1489}{1} = 1489\mathrm{m^2}$$

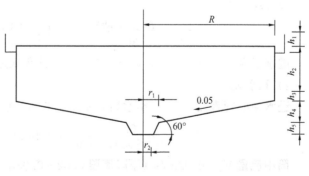

图 4-1-31　辐流式沉淀池计算示意图

每座水池的直径为：

$$D = \sqrt{\frac{4A_1}{\pi}} = \sqrt{\frac{4 \times 1489}{\pi}} = 43.55\mathrm{m}$$

取直径为 45m，则实际 $A_1 = 3.14 \times 45 \times 45/4 = 1590\mathrm{m^2}$

复核表面负荷为：

$$q = \frac{Q_1}{A_1} = \frac{1489}{1590} = 0.936 \text{m}^3/(\text{m}^2 \cdot \text{h})$$

复核固体通量为：

$$G = \frac{24 \times (Q_{\max} + RQ) \times X}{A_1} = \frac{24 \times (1489 + 0.5 \times 1146) \times 2}{1590}$$

$$= 62 \text{kg}/(\text{m}^2 \cdot \text{d}) < 140 \text{kg}/(\text{m}^2 \cdot \text{d})$$

符合规范要求。

（2）有效水深 h_2

取停留时间 $t = 4$h，

$$h_2 = qt = 0.936 \times 4 = 3.74 \text{m}，取 h_2 = 4 \text{m}$$

则实际停留时间：$t = \frac{4}{0.936} = 4.27$h

复核：$\frac{D}{H} = \frac{45}{4} = 11.25$

符合规范要求。

（3）水池总高度

设超高 $h_1 = 0.5$m，缓冲层高度 $h_3 = 0.5$m，

边水深 $= h_2 + h_3 = 4 + 0.5 = 4.5$m，

设池底的径向坡度为 1/12，污泥斗底部直径为 2m，上部直径为 4m，倾角为 60°，则

$$h_4 = \frac{45 - 4}{2 \times 12} = 1.7 \text{m}$$

$$h_5 = \frac{4 - 2}{2} \times \text{tg}60 = 1.73 \text{m}$$

总高度为：

$$H = h_1 + h_2 + h_3 + h_4 + h_5$$
$$= 0.5 + 4 + 0.5 + 1.7 + 1.73$$
$$= 8.43 \text{m}$$

（4）进水部分

1）进水管

设计流量为：

$$Q_{进} = \frac{Q_{\max} + RQ}{3600} = \frac{11917 + 9167 \times 0.5}{8 \times 3600} = 0.573 \text{m}^3/\text{s}$$

进水管径 $D_1 = 1000$mm，$V_1 = 0.79$m/s，符合规范要求。

2）稳流筒

进水中心管直径 1.5m，出水口 0.45×1.5m，共 6 个，沿井壁分布，

$$V_2 = \frac{0.573}{0.45 \times 1.5 \times 6} = 0.14 \text{ m/s}，(\leqslant 0.15 \sim 0.2\text{m/s})，$$

筒中流量 $V_3 = 0.03$m/s（下降流速 0.02～0.03m/s，取 0.03m/s），

稳流筒过流面积为：

$$A_2 = \frac{Q_{进}}{V_3} = \frac{0.573}{0.03} = 19.1 \text{m}^2$$

稳流筒直径为：

$$D_3 = \sqrt{\frac{4A_2}{\pi} + D_2^2} = \sqrt{\frac{4 \times 19.1}{3.14} + 1.5^2} = 5.16 \text{m}，取 D_3 = 5.2\text{m}。$$

(5) 出水部分

采用周边集水槽，双侧集水，每座水池1个总出水口。

1) 堰负荷

$$堰长 = 2 \times \pi D = 2 \times \pi (45-3) = 2 \times 3.14 \times 42 = 263m$$

$$堰负荷 = \frac{1489 \times 1000}{3600 \times 263} = 1.57 \text{ L/(m·s)} < 1.7 \text{ L/(m·s)}，符合规范要求。$$

2) 出水槽设计

(A) 集水槽宽度

$$池流量 = \frac{1489}{3600} = 0.414 \text{m}^3/\text{s}$$

$$集水槽流量 = \frac{0.414}{2} = 0.21 \text{m}^3/\text{s}$$

$$B = 0.9(QK)^{0.4}$$

式中 K 为安全系数，采用 $1.2 \sim 1.5$。

$$B = 0.9(0.21 \times 1.5)^{0.4} = 0.57m$$

取 $B = 0.55$m。

(B) 集水槽出口处临界水深

$$h_k = \sqrt[3]{\frac{(KQ)^2}{gB^2}} = \sqrt[3]{\frac{(1.5 \times 0.21)^2}{9.81 \times 0.55^2}} = 0.32m$$

集水槽起端深度为：

$$h_0 = 1.73 h_k = 1.73 \times 0.32 = 0.554m$$

(C) 出水堰

出水堰采用 90°三角堰，堰口 150mm，

每个堰口流量为：

$$q' = q \times 0.15 = 1.57 \times 0.15 = 0.235 \text{L/s} = 0.000235 (\text{m}^3/\text{s})$$

计算堰上水头 h_1，每个三角堰出流量 $q = 1.4 h_1$，

$$h_1 = \sqrt[5]{\left(\frac{q}{1.4}\right)^2} = \sqrt[5]{\left(\frac{0.000235}{1.4}\right)^2} = 0.031m$$

(D) 集水槽深度

设自由水头 $h_2 = 0.1$m，

$$h = h_1 + h_2 + h_0 = 0.031 + 0.1 + 0.554 = 0.685m$$

取 $h = 0.7$m。

中心进水、周边出水辐流式二沉池设计如图 4-1-32 所示。

4.1.5.4 计算实例二（周边进水、周边出水辐流式二沉池）

某污水厂设计规模为 $14 \times 10^4 \text{m}^3/\text{d}$，总变化系数为 1.3，采用活性污泥生物处理工艺，生物反应池混合液污泥浓度为 2.5g/L，污泥回流比为 62.5%，要求二沉池底流浓度达到 6.5g/L，采用周边进水、周边出水二沉池，计算二沉池各部分尺寸。

(1) 沉淀池部分水面面积 A

$$最大设计流量 Q_{max} = 1.30 \times \frac{140000}{24} = 7583 \text{m}^3/\text{h}$$

采用 4 座周边进水、周边出水辐流沉淀池，每池高峰流量 $= \frac{7583}{4} = 1896 \text{m}^3/\text{h}$，每池平均流量 $= 1458 \text{m}^3/\text{h}$，表面负荷取 $1.40 \text{m}^3/(\text{m}^2 \cdot \text{h})$，则

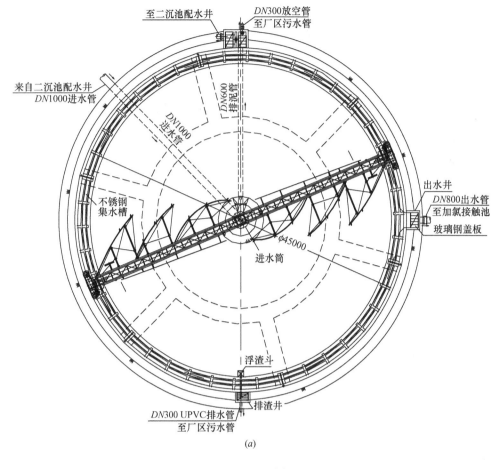

(a)

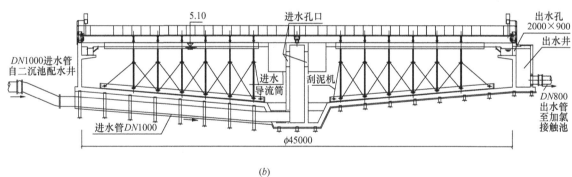

(b)

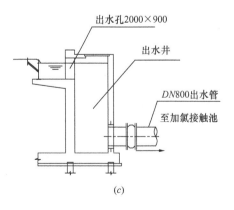

(c)

图 4-1-32　中心进水、周边出水辐流式二沉池设计图

(a) 平面图；(b) 剖面图；(c) 出水细部设计

$$A = \frac{Q}{q} = \frac{1896}{1.40} = 1354 \mathrm{m}^2$$

（2）水池直径 D

$$D = \sqrt{\frac{4A}{\pi}} = \sqrt{\frac{4 \times 1354}{\pi}} = 41.5 \mathrm{m}，取\ D = 42 \mathrm{m}$$

实际面积 $A = \dfrac{\pi \times 42 \times 42}{4} = 1385\ \mathrm{m}^2$。

（3）校核堰口负荷 q'

$$q' = \frac{Q_0}{3.6\pi D} = \frac{1896}{3.6\pi \times 42} = 3.994 \mathrm{L/(s \cdot m)} < 4.34 \mathrm{L/(s \cdot m)}$$

（4）校核固体负荷 G

$$G = \frac{24 \times (k+R)Q_0 X}{A} = \frac{24 \times (1.3 + 0.625) \times 1458 \times 2.5}{4 \times 1385} = 122 \mathrm{kg/(m^2 \cdot d)}$$

（5）澄清区高度 h_2'

设沉淀池沉淀时间 $t = 2.0h$

$$h_2' = \frac{Q_1 t}{A} = qt = \frac{1896 \times 2.0}{1385} = 2.73 \mathrm{m}$$

（6）污泥区高度 h_2''

设污泥停留时间 $2h$

$$h_2'' = \frac{2T(k+R)QX}{(X+X_r)A} = \frac{2 \times 2.0 \times (1.3 + 0.625) \times 1458 \times 2.5}{(2.5 + 6.5) \times 1385} = 2.25 \mathrm{m}$$

（7）池边水深 h_2

$$h_2 = h_2' + h_2'' + 0.3 = 2.73 + 2.25 + 0.3 = 5.28 \mathrm{m}$$

（8）污泥斗高 h_4

设污泥斗底直径 $D_2 = 1.0 \mathrm{m}$，上口直径 $D_1 = 2.0 \mathrm{m}$，斗壁与水平夹角 $60°$，则

$$h_4 = \left(\frac{D_2}{2} - \frac{D_1}{2}\right) \times \tan 60° = \left(\frac{2}{2} - \frac{1}{2}\right) \times \tan 60° = 0.87 \mathrm{m}$$

（9）池总高 H

二沉池采用单管吸泥机排泥，池底坡度取 0.01，排泥设备中心立柱的直径为 $1.5\mathrm{m}$，池中心与池边落差为

$$h_3 = \frac{40 - 2.0}{2} \times 0.01 = 0.19\ \mathrm{m}$$

超高 $h_1 = 0.3 \mathrm{m}$

故池总高为

$$H = h_1 + h_2 + h_3 + h_4 = 0.3 + 5.28 + 0.19 + 0.87 = 6.64 \mathrm{m}$$

（10）流入槽设计

采用环行平底槽，等距设布水孔，孔径 $100\mathrm{mm}$。

1）流入槽

设流入槽宽 $B = 0.90 \mathrm{m}$，槽中流速取 $v = 1.2 \mathrm{m/s}$，

槽中水深为：

$$h = \frac{Q(k+R)}{3600vB} = \frac{1458 \times (1.3 + 0.625)}{3600 \times 1.2 \times 0.90} = 0.72 \mathrm{m}$$

2）布水孔数 n

布水孔平均流速计算式为：

$$v_n = \sqrt{2tv}G_m \tag{4-1-48}$$

式中　v_n——配水孔平均流速，$0.3\sim0.8\mathrm{m/s}$；

　　　t——导流絮凝区平均停留时间，s，池周有效水深为 $2\sim4\mathrm{m}$ 时，取 $360\sim720\mathrm{s}$；

　　　v——污水的运动黏度，与水温有关；

　　　G_m——导流絮凝区的平均速度梯度，一般可取 $10\sim30\mathrm{s}^{-1}$。

取 $t=650\mathrm{s}$，$G_m=20\mathrm{s}^{-1}$，水温为 $20\,^\circ\!\mathrm{C}$ 时，$v=1.06\times10^{-6}\mathrm{m^2/s}$，故

$$v_n = \sqrt{2tv}G_m = \sqrt{2\times650\times1.06\times10^{-6}}\times20 = 0.74\mathrm{m/s}$$

布水孔数为：

$$n = \frac{Q(k+R)}{3600v_n S} = \frac{1458\times(1.3+0.625)}{3600\times0.74\times\frac{\pi}{4}\times0.1^2} = 134\ \text{个}$$

3）孔距 l

$$l = \frac{\pi(D+B)}{n} = \frac{\pi(42-0.15)}{134} = 0.98\mathrm{m}$$

4）校核 G_m

$$G_m = \left(\frac{v_1^2 - v_2^2}{2tv}\right)^{1/2} \tag{4-1-49}$$

式中　G_m——导流絮凝区的平均速度梯度，s^{-1}；

　　　v_1——配水孔水流收缩断面的流速，$\mathrm{m/s}$，$v_1=\dfrac{v_n}{\varepsilon}$，因没有短管，取 $\varepsilon=1$；

　　　v_2——导流絮凝区平均向下流速，$\mathrm{m/s}$，$v_2=\dfrac{Q}{f}$；

　　　f——导流絮凝区环形面积，$\mathrm{m^2}$。

设导流絮凝区的宽度 $400\sim900\mathrm{mm}$，则

$$v_2 = \frac{Q_0(1+R)}{3600\pi(D+B)B} = \frac{1458\times(1.3+0.625)}{3600\pi\times42\times0.5(0.4+0.9)} = 0.009\mathrm{m/s}$$

$$G_m = \left(\frac{v_1^2 - v_2^2}{2tv}\right)^{1/2} = \left(\frac{0.74^2 - 0.009^2}{2\times650\times1.06\times10^{-6}}\right)^{1/2} = 19.9\mathrm{s}^{-1},$$

G_m 在 $10\sim30$ 之间，符合要求。

周边进水周边出水辐流沉淀池设计如图 4-1-33 所示。

4.1.6　竖流式沉淀池

竖流式沉淀池的池型可以是圆形也可以是正方形。为了使池内水流分布均匀，池径不宜太大，一般采用 $4\sim7\mathrm{m}$，不大于 $10\mathrm{m}$。沉淀区呈柱形，污泥斗呈截头倒锥体。图 4-1-34 为圆形竖流式沉淀池。污水从中心管自上而下，经反射板折向上流，沉淀水经设在池周的锯齿溢流堰，溢入集水槽。如果池径大于 $7\mathrm{m}$，为使池内水流分布均匀，可增设辐射方向的集水槽。集水槽前设有挡板，隔除浮渣。污泥斗的倾角一般为 $55^\circ\sim60^\circ$。污泥依靠水压力从排泥管排出，排泥管径一般不小于 $200\mathrm{mm}$，对静水压力的要求与平流式沉淀池相同。

竖流式沉淀池的水流流速 v 是向上的，而颗粒沉速 u 是向下的，颗粒的实际沉速是 u 与 v 的矢量和，只有 $u\geqslant v$ 的颗粒才能被沉淀去除，因此与平流式和辐流式沉淀池相比，竖流式沉淀池的去除率较低，但若颗粒具有絮凝性能，则由于水流向上，带着微颗粒在上升的过程中，互相碰撞，促进絮凝，颗粒变大，沉速随之增大，增加颗粒去除的可能，故竖流式沉淀池作为二次沉淀池是可行的。

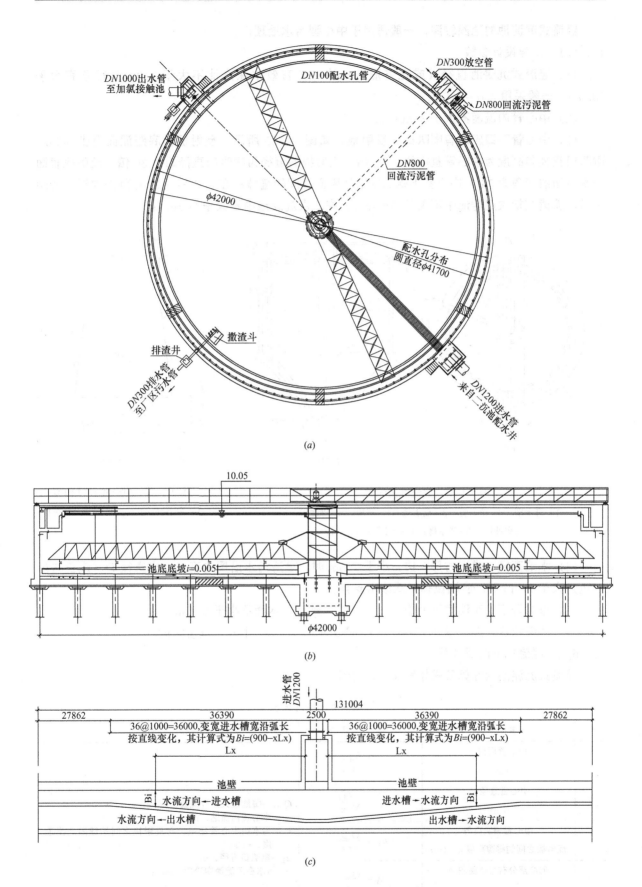

图 4-1-33　周边进水周边出水二沉池设计图

(a) 平面图；(b) 剖面图；(c) 出水槽的展开图

竖流式沉淀池的池深较深，一般适用于中小型污水处理厂。

4.1.6.1 主要设计参数

（1）竖流式沉淀池直径（或正方形的一边）与有效水深之比不大于 3.0。直径不宜大于 10.0m，一般采用 4.0～7.0m。

（2）中心管内流速不大于 30mm/s。

（3）中心管下口应设有喇叭口和反射板，如图 4-1-35 所示。反射板板底距泥面至少 0.3m；喇叭口直径和高度为中心管直径的 1.35 倍；反射板的直径为喇叭口直径的 1.30 倍，反射板表面与水平面的倾角为 16°；中心管下端至反射板表面之间的缝隙高在 0.25～0.50m 范围内时，缝隙中污水流速在初次沉淀池中不大于 30mm/s，在二次沉淀池中不大于 20mm/s。

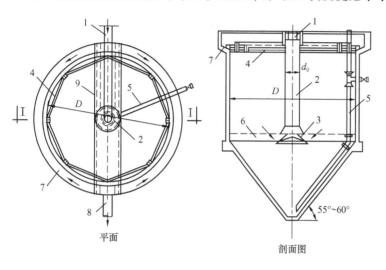

图 4-1-34　竖流式沉淀池
1—进水槽；2—中心管；3—反射板；4—挡板；5—排泥管；
6—缓冲层；7—集水槽；8—出水管；9—过桥

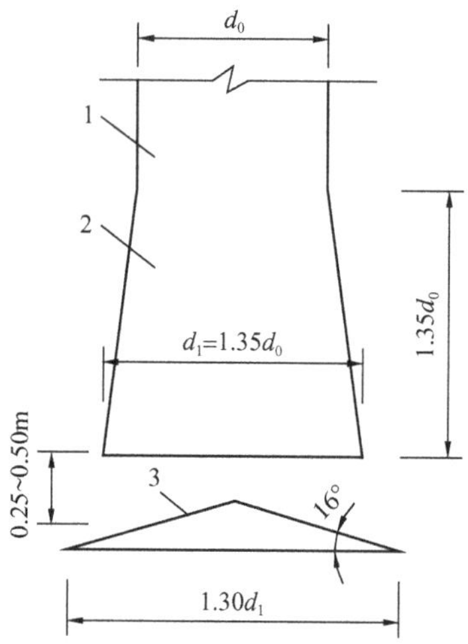

图 4-1-35　中心管尺寸构造
1—中心管；2—喇叭口；3—反射板

（4）水池直径（或正方形一边）小于 7.0m 时，澄清污水沿周边流出；当直径 D（或正方形一边）大于 7.0m 时，应增设辐射式集水支渠。

（5）排泥管下端距池底不大于 0.20m，管上端超出水面不小于 0.40m。

（6）浮渣挡板距集水槽 0.25～0.5m，高出水面 0.1～0.15m，淹没深度 0.3～0.40m。

4.1.6.2 竖流式沉淀池计算

竖流式沉淀池的计算公式如表 4-1-14 所示。

竖流式沉淀池计算表　　　　　　　　　　　　　　　表 4-1-14

序号	名　称	公　式	说　明
1	中心管面积 f （m²）	$f = \dfrac{Q_{max}}{v_0}$	
2	中心管直径 d_0 （m）	$d_0 = \sqrt{\dfrac{4f}{\pi}}$	Q_{max}—每池最大设计流量，m³/s； v_0—中心管内流速，m/s；
3	中心管喇叭口与 反射板之间的缝隙高度 h_3（m）	$h_3 = \dfrac{Q_{max}}{v_1 \pi d_1}$	v_1—污水由中心管喇叭口与反射板之间的缝隙流出速度，m/s； d_1—喇叭口直径，m；
4	沉淀部分有效断面积 A （m²）	$A = \dfrac{Q_{max}}{v}$	v—污水在沉淀池中流速，m/s；
5	沉淀池直径 D（m）	$D = \sqrt{\dfrac{4(A+f)}{\pi}}$	

续表

序号	名　称	公　式	说　明
6	沉淀部分有效水深 h_2（m）	$h_2 = vt3600$	t—沉淀时间，h； h_1—超高，m； h_4—缓冲层高，m； h_5—污泥室圆截锥部分的高度，m； R—圆锥截上部半径，m； r—圆锥截下部半径，m
7	沉淀部分所需总容积 V（m³）	同表 4-1-12	
8	圆截锥部分容积 V_1（m³）	$V_1 = \dfrac{\pi h_5}{3}(R^2 + Rr + r^2)$	
9	沉淀池总高度 H（m）	$H = h_1 + h_2 + h_3 + h_4 + h_5$	

4.1.6.3　计算实例

某污水厂设计流量 6000m³/d，变化系数 1.7，高峰流量 425m³/h，进水 SS 为 250mg/L，采用竖流式初沉池，计算沉淀池各部分尺寸。

竖流式沉淀池计算示意图如图 4-1-36 所示。

（1）中心管内流速

设中心管内流速 $v_0 = 0.03$m/s，采用池数 $n = 4$，则每池最大设计流量 Q_{max} 为

$$Q_{max} = \frac{425}{4} = 106.3\text{m}^3/\text{h}$$

$$f = \frac{Q_{max}}{v_0} = \frac{106.3}{0.03 \times 3600} = 1\text{m}$$

$$d_0 = \sqrt{\frac{4f}{\pi}}$$
$$= \sqrt{\frac{4 \times 1}{\pi}}$$
$$= 1.12\text{m}$$

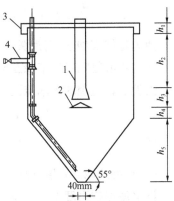

图 4-1-36　竖流式沉淀池计算示意图
1—中心管；2—反射板；
3—集水槽；4—排泥管

取 $d_0 = 1.15$m，

校核 $f = \dfrac{\pi}{4} \times 1.15^2 = 1.04\text{m}^2$

$$v_0 = \frac{0.03}{1.04} = 0.029 \text{ m/s} < 0.03\text{m/s}$$

（2）沉淀部分有效断面积（A）

设表面负荷 $q' = 2.5$m³/(m²·h)，上升流速 $v = 2.50$m/h = 0.0007m/s，有效断面积 A 为：

$$A = \frac{Q_{max}}{v} = \frac{0.03}{0.0007} = 43\text{m}^2$$

（3）沉淀池直径（D）

$$D = \sqrt{\frac{4(A+f)}{\pi}} = \sqrt{\frac{4(43+1.04)}{\pi}} = 7.5\text{m}$$

（4）沉淀池有效水深（h_2）

设沉淀时间 $t = 1.5$h，则

$$h_2 = vt \times 3600 = 0.0007 \times 1.5 \times 3600 = 3.78\text{m}，取 h_2 = 3.8\text{m}$$

（5）校核池径水深比

$D/h_2 = 7.5/3.80 = 2 < 3$，符合要求。

(6) 校核集水槽每米出水堰的过水负荷 (q_0)

$$q_0 = \frac{Q_{max}}{\pi D}$$
$$= \frac{0.03}{\pi \times 7.5} \times 1000$$
$$= 1.3 \text{L/(s} \cdot \text{m)} < 2.9 \text{L/(s} \cdot \text{m)}, 符合规范要求。$$

(7) 污泥体积 (V)

设污泥清除间隔时间 T 为 2d，SS 去除率 50%，排泥含水率为 97%，每池污泥所需体积为：

$$V = \frac{6000 \times 0.25 \times 0.5 \times 100 \times 2}{4 \times (100 - 97) \times 1000} = 12.5 \text{ m}^3$$

(8) 水池圆截锥部分实有容积 (V_1)

设圆锥底部直径 d' 为 0.4m，截锥高度为 h_5，截锥侧壁倾角 α 为 55°，则

$$h_5 = \left(\frac{7.5 - 0.4}{2}\right) \text{tg}55° = 5.06 \text{m}$$

$$V_1 = \frac{\pi h_5}{3}(R^2 + r^2 + Rr) = \frac{\pi \times 5.06}{3} \times (3.75^2 + 0.2^2 + 3.75 \times 0.2) = 59 \text{m}^3$$

池内足够容纳 2d 污泥量。

(9) 中心管喇叭口下缘至反射板的垂直距离 (h_3)

设流过该缝隙的污水流速 v_1 为 0.02m/s，喇叭口直径为：

$$d_1 = 1.35 d_0 = 1.35 \times 1.15 = 1.55 \text{m}$$

则

$$h_3 = \frac{Q_{max}}{v_1 \pi d_1} = \frac{0.03}{0.02 \times \pi \times 1.55} = 0.31 \text{m}$$

(10) 沉淀池总高度 (H)

设水池保护高度 $h_1 = 0.3$m，缓冲层高 $h_4 = 0.3$m，则

$$H = h_1 + h_2 + h_3 + h_4 + h_5 = 0.3 + 3.75 + 0.31 + 0.3 + 5.06 \approx 10 \text{m}$$

4.1.7 斜板（管）沉淀池

斜板（管）沉淀池是利用"浅层理论"，在普通沉淀池中加设斜板或蜂窝斜管，以提高沉淀效率的沉淀池。具有去除率高，停留时间短，占地面积小等优点。在污水处理厂中主要应用于旧厂挖潜、扩大处理能力和占地面积受到限制时使用。斜板（管）沉淀池应用于二次沉淀池时，其固体负荷不能过大，否则处理效果不稳定，易造成污泥上浮。

按水流方向与颗粒的沉淀方向之间的相对关系，斜板（管）沉淀池根据流态可分为 3 种，即侧向流、同向流、异向流斜板（管）沉淀池。在污水处理中，常采用升流式异向流斜板（管）沉淀池。图 4-1-37 为 3 种流态斜板（管）沉淀池示意图，图中 (a) 为侧向流，(b) 为同向流，(c) 为异向流。

4.1.7.1 主要设计参数

(1) 斜板（管）沉淀池一般为矩形或圆形。

(2) 进水方式一般采用穿孔花墙整流布水，出水一般采用多条出水堰和集水槽出水。

(3) 斜板（管）的倾角采用 50°～60°，一般为 60°。

(4) 斜板之间的垂直净距一般采用 80～100mm，斜管孔径一般采用 50～80mm。

(5) 斜板上缘宜向水池进水端后倾安装。在池壁与斜板的间隙处应装设阻流板，以防止水流短路。

(6) 排泥方式一般为机械排泥和重力排泥 2 种，机械排泥有泵吸式和虹吸式，重力排泥多采

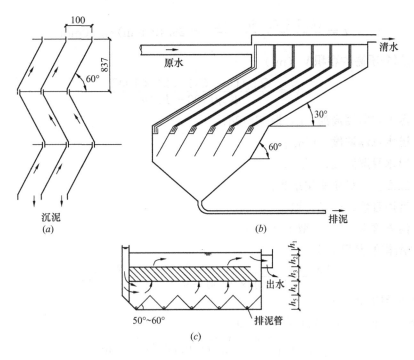

图 4-1-37 斜板（管）沉淀池示意图

(a) 侧向流；(b) 同向流；(c) 异向流

用穿孔管排泥和多斗式排泥。

（7）为防止藻类等微生物生长，清通堵塞污泥，斜板（管）沉淀池应设冲洗设施。

（8）升流式异向流斜板（管）沉淀池的设计表面负荷，一般为普通沉淀池设计表面负荷的 2 倍。可按表 4-1-8 中数值的 2 倍选取。作为二次沉淀池，应以固体负荷计算，一般为 $190kg/(m^2 \cdot d)$；设计停留时间，初沉池不超过 30min，二沉池不超过 60min。

（9）斜板（管）区上部清水层高度，一般采用 $0.7 \sim 1.0m$。

（10）斜板（管）区底部缓冲层高度，一般采用 $0.5 \sim 1.0m$。

（11）斜板（管）区斜长一般采用 $1 \sim 1.2m$。

4.1.7.2 计算实例

某城市污水处理厂的设计规模 $Q=13000m^3/d$，总变化系数 $K_z=1.49$，高峰设计流量 $Q_{max}=807m^3/h$；初次沉淀池采用方型升流式异向流斜板（管）沉淀池，进水悬浮物浓度 SS 为 250mg/L，去除率为 50%，计算斜板（管）沉淀池各部分尺寸。

（1）沉淀池水面面积 A

分 4 池，表面负荷 q 取 $4m^3/(m^2 \cdot h)$；斜板（管）区面积利用系数为 0.91，则

$$A = \frac{Q_{max}}{nq \times 0.91} = \frac{807}{4 \times 4 \times 0.91} = 55m^2$$

（2）沉淀池边长 a

$$a = \sqrt{A} = \sqrt{55} = 7.4m$$

（3）池内停留时间 t

斜板（管）区上部水深 h_2 取 0.70m，斜管管长为 1m，则斜板（管）高度 h_3 为

$$h_3 = 1 \times \sin 60° = 0.866m;$$

停留时间 t 为：

$$t = \frac{(h_2 + h_3) \times 60}{q'}$$

$$t = \frac{(0.7 + 0.866) \times 60}{4} = 23.49(\text{min}) \leqslant 30\text{min}$$

（4）污泥部分所需的容积 V（m^3）

$$V = \frac{Q_{\max}(C_1 - C_2) \times 24 \times 100T}{K_z \gamma (100 - P_0)n} \tag{4-1-50}$$

式中　T——污泥室储泥周期，d，取 $T = 2\text{d}$；

C_1——进水悬浮浓度，t/m^3；

C_2——出水悬浮浓度，t/m^3；

K_z——生活污水量总变化系数；

γ——污泥容量，t/m^3，取 $\gamma = 1.0$；

P_0——污泥含水率，%，取 $P_0 = 96\%$。

污泥部分所需的容积 V 为：

$$V = \frac{800 \times 0.00024 \times 0.5 \times 24 \times 100 \times 2}{1.49 \times 1 \times (100 - 96) \times 4} = 19.33\text{m}^3$$

（5）污泥斗容积 V_1（m^3）

取泥斗下部边长 0.8m，则泥斗高 h_5 为

$$h_5 = \left(\frac{7.4}{2} - \frac{0.8}{2} \right) \times \tan 60° = 5.72\text{m}；$$

污泥斗容积 V_1 为：

$$V_1 = \frac{\pi h_5}{3}(\alpha_2 + \alpha\alpha_1 + \alpha_1^2) = \frac{\pi \times 5.72}{3} \times (7.4^2 + 7.4 \times 0.8 + 0.8^2)$$
$$= 116.9\text{m}^3 > 19.33\text{m}^3$$

（6）沉淀池总高度 H（m）

$$H = h_1 + h_2 + h_3 + h_4 + h_5 \tag{4-1-51}$$

式中　H——沉淀池总高度，m；

h_1——超高，m，取 0.30m；

h_2——斜板（管）区上部水深 h_2，m；

h_3——斜板（管）高度 h_3，m；

h_4——斜板（管）区底部缓冲层高度，m，取 1.0m；

h_5——泥斗高，m。

$$H = 0.30 + 0.70 + 0.866 + 1.0 + 5.72 = 8.58\text{m}$$

4.2　一级强化处理

4.2.1　一级强化处理技术

4.2.1.1　一级强化处理技术提出

污水厂设计中一般将去除污水中呈悬浮状态固体污染物质的过程称为预处理和一级处理系统。污水的预处理一般由粗、细格栅和沉砂池等构筑物组成；污水的一级处理一般由初次沉淀池组成。经过一级处理后的污水，其 SS 可去除 $40\% \sim 55\%$，BOD_5 可去除 $20\% \sim 30\%$，远达不到排放标准。污水二级处理系统主要为生物处理系统，以生物处理构筑物为主体，二级处理系统可以大幅度去除污水中呈胶体和溶解状态的有机污染物，BOD_5 去除率达 $90\% \sim 95\%$。

从我国城镇污水处理现状来看，存在的一个较大问题是处理率太低，普及污水处理是当务之急，由于二级处理厂的基建和运行费用都较高，对急需提高污水处理普及率的城镇而言，在一级处理的基础上，通过增加较少的投资增建强化处理设施，从而较大程度地提高污染物的去除率，

削减污染物排放总量，降低去除单位污染物的费用，可采用一级强化处理系统。

一级强化处理工艺的选用与处理污水的水质和处理后排入的受纳水体的环境容量有相当密切的关系。由于一级强化处理的有机物去除率相比二级处理要低得多，且处理后污水中的溶解性有机物含量仍较高，因此，对于有机物浓度较高的、且悬浮性有机物含量偏低的城镇污水，一般不宜采用一级强化处理工艺，对于具有容量大、良好自净功能的受纳水体，可利于一级强化处理工艺的出水进一步稳定，一级强化处理往往是选择的工艺之一。

我国一些沿海城市，污水处理厂尾水一般都是排入大海，工程设计可以充分利用这类大水体的环境容量净化有机污染物，因此，污水处理厂排放的尾水 COD、BOD_5 值可以高一些，但由于近些年来赤潮现象时有发生，对排江、排海的污水中易导致水体富营养化的磷酸盐的排放量日益严格，在这种情况下，化学絮凝一级强化处理工艺就显示出优越性，对城市污水处理厂来说，近期建设采用该工艺，可大大节约工程投资费和运行管理费。

一级强化处理城市污水的理念在国际上一些沿海城市都有工程实例，我国香港地区的昂船洲污水处理厂就是采用化学絮凝一级强化处理工艺，处理后出水通过深海扩散管扩散排放。在通过混凝沉淀去除磷的同时，也去除了部分有机污染物，COD_{Cr}、BOD_5 的去除率达到 50% 以上。

一级强化处理工艺的选择，必须充分考虑排放尾水对周围环境和水体的影响，应根据区域特点选择适宜的工艺，且必须经过环境影响评价。

4.2.1.2 一级强化处理分类

城镇污水一级强化处理主要通过向污水中投药进行混凝沉淀，利用化学絮凝作用去除污染物质，也可以向污水中加入一部分回流活性污泥，利用微生物的絮凝吸附作用去除污染物质。前者称为化学絮凝一级强化，后者称为生物一级强化。

生物一级强化又分为生物絮凝一级强化处理和水解酸化一级强化处理，高浓度有机废水、难降解工业废水中都有较广泛的应用，相对而言，城镇污水处理中的一级强化处理工艺一般指化学絮凝一级强化处理。

4.2.1.3 化学絮凝一级强化处理工艺

化学絮凝强化一级处理工艺流程如图 4-2-1 所示。化学药剂投加到混合池和原污水快速混合，并发生反应，然后进入反应池，发生化学絮凝反应，然后在沉淀池进行固液分离，上清液即为一级强化处理后的尾水，沉淀污泥即为富含有机污染物和化学药剂的化学污泥。

化学絮凝反应主要是污水中溶解性正磷酸盐和投加的金属盐发生的置换反应，生成低溶解度的固

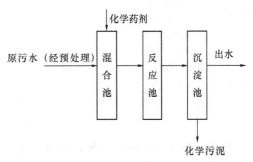

图 4-2-1 化学絮凝一级强化处理工艺流程

体，迅速沉淀，工程中常采用的化学药剂主要有铁盐、铝盐、钙盐和复合盐、聚合盐等，如无水 $FeCl_3$、$FeCl_3 \cdot 6H_2O$、$Fe(SO_4) \cdot 7H_2O$、$Al_2(SO_4)_3 \cdot 18H_2O$、聚合硫酸铝、$Ca(OH)_2$ 和 CaO等；絮凝过程中，通过胶体间的架桥、捕捉与网捕以及因粒子双电层厚度减少而导致粒子间排斥力降低等的作用，胶体聚结为较大的颗粒。化学絮凝过程主要发生在反应池中，通过水力或机械搅拌，在水中形成速度梯度，使得颗粒互相碰撞，然后在一定条件下结合在一起，从而形成絮体。为了增强絮凝效果，有时也在混合反应池中投加高分子聚合物。在反应池中控制速度梯度非常重要，可以借鉴净水厂设计中的成功经验，不能采用空气搅拌形式进行混合反应，有一座特大型污水处理厂提出采用空气搅拌混合，成为失败的教训。

化学絮凝一级强化处理对悬浮固体、胶体物质的去除均有明显的强化效果，SS 去除率可达90% 以上，BOD_5 去除率为 50%~70%，COD_{cr} 去除率为 50%~60%，除磷效果较好，一般都在

235

80%以上，当接后续生物处理时，可降低生物反应器运行的负荷和能耗。

4.2.1.4 絮凝剂选择

工程中常用的絮凝剂有2种：即无机絮凝剂和有机絮凝剂。

（1）无机絮凝剂

城镇污水化学絮凝一级强化处理中，采用的无机絮凝剂主要有铝盐、铁盐和石灰等。

铁盐和铝盐投入水中，三价的金属离子会与水中的磷酸盐以及氢氧根离子发生反应，与磷酸根（PO_4）结合会产生难溶的化合物 $AlPO_4$ 或 $FePO_4$。通过沉淀的方法就可以去除磷，与氢氧根反应生成金属氢氧化物 $Fe(OH)_3$ 和 $Al(OH)_3$，通过凝聚作用、絮凝作用、沉淀分离，可以去除污水中的胶体性的物质和细小的悬浮物，由于进水磷酸盐的溶解性受 pH 值的影响，所以不同的絮凝剂各有其最佳的 pH 值范围，铁盐的最佳 pH 值范围是 6~7，铝盐的范围是 5~5.5。金属絮凝剂对磷的去除率很高，一般情况下，出水总磷含量可满足低于 1.0mg/L 的排放要求。金属离子（铁盐和铝盐）虽然除磷效果好，但由于降低了污水碱度，所以会对后续处理中的硝化带来一定影响。

采用 $Ca(OH)_2$（熟石灰）作为絮凝剂时，会与硫酸根离子反应生成羟磷灰石沉淀，由于随着 pH 值的升高，羟磷灰石的溶解性降低，所以 $Ca(OH)_2$ 为絮凝剂时 pH 值要求高于 8.5。

（2）有机絮凝剂

有机絮凝剂主要是指合成的有机高分子絮凝剂，如聚丙烯酰胺（PAM）等，具有用量少、絮凝速度快、形成的絮体密实等优点，但价格普遍较高，一般用于辅助絮凝。据有关试验研究，采用不同的絮凝剂，其投加量和一级强化处理效果如表 4-2-1 所示。

化学絮凝一级强化处理效果表

表 4-2-1

絮凝剂		最佳投加量（mg/L）	COD 去除率（%）			浊度去除率（%）		
			自然沉降去除率	强化去除率	总去除率	自然沉降去除率	强化去除率	总去除率
无机絮凝剂	硫酸铁	60	7.3	43.9	49.3	11.4	65.7	71.2
	三氯化铁	60	6.1	48.5	54.3	25.6	58.2	73.1
	硫酸铝	60	31.1	40.1	58.7	14.3	55.8	62.8
	聚合硫酸铁	50	16.4	28.4	44.2	13.5	54.2	61.4
	聚合氯化铝	30	19.4	32.9	48.2	11.4	58.9	65.4
有机絮凝剂	阳离子型聚丙烯酰胺	2	15.2	36.8	48.6	27.9	55.5	70.0
	壳聚糖	2	12.3	50.5	59.9	28.6	58.5	72.0
	PA331	2	17.4	55.5	63.4	28.1	58.0	71.7
	PA362	2	11.2	47.0	59.7	27.4	49.2	65.7

正确选择絮凝剂和投加量，对污水处理工艺的有效运行、污泥产量的减少和运行成本的降低起到重要作用。化学一级强化处理工艺絮凝剂的选择主要达到以除磷（但也有 BOD_5、COD 和 SS）为主的目标，从有关文献中可知，典型的金属盐（如铁、钙、铝）投加量的变化范围是 1.0~2.0mol 金属盐/mol 磷去除，若同时配合使用聚丙烯酰胺 PAM 作为助凝剂，产生的污泥比单独采用混凝剂生成的污泥结构更紧密，沉降性能更好，一般聚丙烯酰胺 PAM 投加量为 0.5mg/L，可减少混凝剂 10mg/L 的投加量。

工程设计中对絮凝剂的选择和加注量，应通过实验室试验和生产性试验确定，也应在实际运行中不断研究，不断优化，取得最佳的去除效果和较低的运行成本。

4.2.2 化学絮凝一级强化处理设计

4.2.2.1 高效沉淀池设计

（1）工程实例

某污水厂处理规模为旱季平均流量为 $170 \times 10^4 \, m^3/d$，雨季高峰流量为 $12.1 \times 10^4 \, m^3/h$；近

期规模为旱季平均流量为 $120 \times 10^4 \mathrm{m}^3/\mathrm{d}$,雨季高峰流量为 $7.87 \times 10^4 \mathrm{m}^3/\mathrm{h}$。工程出水水质以除磷为主,远期达到国家二级排放标准,近期采用化学强化一级处理工艺,远期增加二级生物处理。工程采用效率高、占地小的高效沉淀池为主要处理构筑物,进行化学絮凝一级强化处理,投加药剂为液态 $\mathrm{Al}_2(\mathrm{SO}_4)_3 \cdot 18\mathrm{H}_2\mathrm{O}$,$\mathrm{Al/P}$ 投加摩尔比为 1.6。

(2) 设计进出水水质

该污水厂设计进出水水质如表 4-2-2 所示。

设计进出水水质和去除率表　　　　　　表 4-2-2

	$\mathrm{COD_{Cr}}$	$\mathrm{BOD_5}$	SS	$\mathrm{NH_3\text{-}N}$	$\mathrm{PO_4\text{-}P}$
进水(mg/L)	300	150	200	30	5
近期出水(mg/L)	180	70	40	30	1
近期去除率(%)	40	53	80	0	80
远期出水(mg/L)	120	30	30	25	1
远期去除率(%)	60	80	85	17	80

(3) 设计参数

高效沉淀池(共 3 组,单组参数如下)

分格数	6 格
单格处理量	$7 \times 10^4 \mathrm{m}^3/\mathrm{d}$(考虑一定的变化系数)
混合区尺寸	6m×3.2m×2.7m
混合区体积	52m³
混合区停留时间	64s
反应区尺寸	9m×8.4m×8.7m
反应区体积	658m³
反应区停留时间	14min
沉淀区尺寸	17m×17m×8.6m
沉淀区有效体积	2407m³
沉淀区停留时间	50min
斜板沉淀区尺寸	17m×11.33m
有效沉淀面积	168.8m²
表面负荷	17m³/(m²·h)
污泥回流比	4%
排泥量	208t/d
污泥含水率	>97%
污泥流量	6930m³/d
配置混合搅拌机	18 套(12 用 6 备)
搅拌机直径	$\phi500\mathrm{mm}$
单机功率	3kW
浓缩刮泥机	18 套
刮泥机直径	$\phi17\mathrm{m}$
单机功率	2.2kW
剩余污泥泵	18 用 6 备
单泵流量	16m³/h
扬程	6m

回流污泥泵	18 用 6 备
单泵流量	$120m^3/h$
扬程	4m

化学絮凝一级强化处理工艺是由混合、絮凝、沉淀三部分组成。工程中将混合、絮凝、沉淀三个基本工艺组成加以改进优化，开发一种新型高效沉淀池，这种设施实际上把混合、絮凝、沉淀更好地重新组合，混合、絮凝用机械方式，在以往工程中亦经常应用；增加回流装置，使混合絮凝效果更加突出；沉淀采用斜板（管）装置，斜板（管）沉淀技术早在 80 年代已在污水处理中得到应用，而且 20 年来一直正常工作。由于混合、絮凝、斜管沉淀合理组合，使新的高效沉淀池具有如下优点：

1）水力负荷高，沉淀区表面负荷约为 $20\sim25m^3/(m^2 \cdot h)$，大大超过常规沉淀池的表面负荷。

2）污染物去除率高，CODcr、BOD_5、和 SS 的去除率分别可达到 60％、60％和 85％，磷的去除率可高至 90％。

3）由于采用小比例的回流，回流比为 4％，加强了反应池内部循环并增加了外部污泥循环，提高了分子间相互接触的几率，使絮凝剂在循环中得到充分利用，减少了药剂投加量，降低了运行成本。

4）在沉淀区分离出的污泥在浓缩区进行浓缩，提高了污泥的含水率，使污泥含水率达到 95％以上。

图 4-2-2 为高效沉淀池的工艺流程示意图。

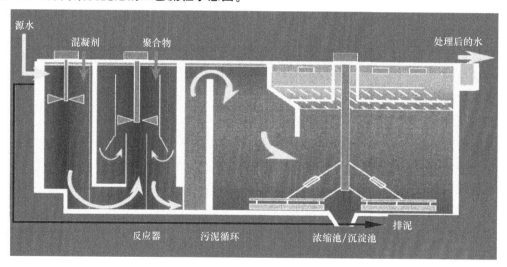

图 4-2-2　高效沉淀池工艺流程示意图

4.2.2.2　加药混凝装置设计

混凝剂的投加分干投法和湿投法两种。干投法是将经过破碎易于溶解的固体药剂直接投放到被处理的水中，其优点是占地面积小，但对药剂的粒度要求较高，投配量控制较难，机械设备要求较高，而且劳动条件也较差，故这种方法现在使用较少。目前用得较多的是湿投法，即将药剂溶解并配成一定浓度的溶液后，投放到被处理水中，采用湿投法时，混凝处理的工艺流程示意如图 4-2-3 所示。

由图可见，整个混凝工艺流程系统包括混凝剂配制、投加、混凝沉淀（亦称混合反应沉淀）三部分。

湿投法系统中，混凝剂配制和投加过程相当重要。配制必须具有溶解和配成投加浓度的装置，首先通过溶解池将块状或粒状固体药剂溶解成药液，然后通过耐腐蚀泵或射流泵将浓药液送入溶液池，并用水稀释到所需浓度。

混凝剂的配制可分为两种，自动配制和人工配制。

自动配制是在溶解池的上部设一料斗，化学药剂和水按一定比例同时注入溶解池，然后进入溶液池。制备的药液浓度一般较高，投加时需要稀释装置，该方法适用于中小型污水处理厂，可选用成套设备。

人工配制适用于大规模的污水处理厂，首先将块状或粒状的固体药剂在溶解池内溶解，形成浓度高的化学药剂，然后通过耐腐蚀泵将浓药液送入溶液池，并稀释至所需浓度。若投加液态药剂，可不设溶解池，直接将原液加水稀释至所需浓度。

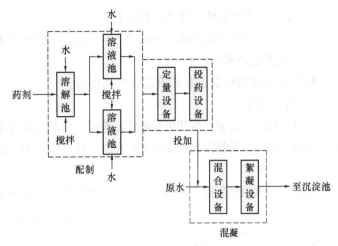

图 4-2-3　湿投法混凝处理工艺流程示意图

药剂溶液投加到原水中需要适当的设备，包括定量设备和投药设备。常用的有螺杆泵和隔膜计量泵，投药设备需要按原水中应投的药剂剂量准确控制药剂流量，并能根据原水水量和水质的变化随时调节。

(1) 溶解池设计

1) 溶解池数量一般不少于 2 个，以便交替使用，容积为溶液池的 20%～30%。

2) 溶解池设有搅拌装置，目的是加速药剂溶解速度和保持浓度的均匀。搅拌可采用水力、机械或压缩空气等方式，具体由用药量大小和药剂性质决定，一般用药量大时采用机械搅拌，用药量小时采用水力搅拌。

3) 为便于投置药剂，溶解池一般为地下式，通常设置在加药间的底层，池顶高出地面0.2m。投药量少采用水力淋溶时，池顶宜高出地面 1m 左右，以减轻劳动强度，改善操作条件。

4) 溶解池的底坡不小于 0.02，池底应有直径不小于 100mm 的排渣管，池壁必须设超高，防止搅拌溶液时溢出。

5) 溶解池一般采用钢筋混凝土池体，若其容量较小，可用耐酸陶土缸做溶解池，当投药量较小时，也可在溶解池上部设置淋溶斗以代替溶解池。

6) 凡与混凝剂接触的池壁、设备、管道等，应根据药剂的腐蚀性采取相应的防腐措施或采用防腐材料，使用 $FeCl_3$ 时尤需注意。

(2) 溶液池设计

1) 溶液池一般为高架式或加药间的楼层上，以便能重力投加药剂。池周围应有宽度为 1.0～1.5m 的工作台，池底坡度不小于 0.02，底部应设置放空管。必要时设溢流装置，将多余溶液回流到溶解池。

2) 混凝剂溶液浓度低时易于水解，造成加药管管壁结垢和堵塞，溶液浓度高时则投加量较难准确，一般以 10%～15%（按固体质量计）较合适。

3) 溶液池的数量一般不少于 2 个，以便交替使用，其容积可按下式计算：

$$W_1 = \frac{24 \times 100aQ}{1000 \times 1000cn} = \frac{aQ}{417cn} \tag{4-2-1}$$

式中　W_1——溶液池容积，m^3；

　　　Q——处理的水量，m^3/h；

　　　a——混凝剂最大投加量，mg/L；

c——溶液浓度（按固体质量计），%；

n——每日调制次数，一般为 2～6 次，手工一般不多于 3 次。

（3）投药设备设计

投药设备包括计量设备和投加设备两部分。

1）计量设备

计量设备种类较多，应根据具体情况选用。目前常用的计量设备有转子流量计、电磁流量计、苗嘴、计量泵等。采用苗嘴计量仅适用于人工控制，其他计量设备既可人工控制，也可自动控制。

2）投加方式

根据溶液池液面高低，一般有重力投加和压力投加两种方式，其优缺点比较如表 4-2-3 所示。

投加方式优缺点比较表   表 4-2-3

投加方式		作用原理	优 缺 点	适用情况
重力投加		建造高位溶液池，利用重力作用将药液投入水内	优点：操作较简单，投加安全可靠 缺点：必须建造高位溶液池，增加加药间层高	中小型污水厂，考虑到输液管线的沿程水头损失，输液管线不宜过长
压力投加	水射器	利用高压水在水射器喷嘴处形成的负压，将药液吸入并将药液射入压力水管	优点：设备简单，使用方便，不受溶液池高程所限 缺点：效率较低，如溶液浓度不当，可能引起堵塞	各种污水处理厂规模均可适用
	加药泵	泵在药液池内直接吸取药液，加入压力管内	优点：可以定量投加，不受压力管力所限 缺点：价格较贵，泵易引起堵塞，养护麻烦	适用于大、中型污水厂

（4）加药间设计

1）工程实例一

某污水处理厂，设计污水量 $5 \times 10^4 \, m^3/d$，变化系数 K_z 为 1.38，经生物处理后，TP 为 4mg/L，出水水质要求 TP 为 1mg/L，设计采用投加化学药剂除磷。混凝剂采用有效浓度为 8%（以 Al_2O_3 计）的液态 $Al_2(SO_4)_3 \cdot 18H_2O$ 溶液，投加浓度为 10%；助凝剂采用聚丙烯酰胺 PAM，投加量为 0.5mg/L。

（A）混凝剂投加量计算

化学除磷量＝50000×(4－1)/1000＝150kg/d，需 Al^{3+}＝27×3/31＝2.613mg/L，摩尔比取 2.0，实际需 Al^{3+}＝2.613×2＝5.226mg/L，折算成 8%浓度液态 $Al_2(SO_4)_3 \cdot 18H_2O$＝123.4mg/L。

（B）混凝剂溶液池和计量泵计算

污水厂每天投加 8%浓度液态 $Al_2(SO_4)_3 \cdot 18H_2O$ 量＝123.4×50000/1000＝6170kg/d，投加浓度 10%，稀释后溶液容积＝6170/0.1/1000＝61.7m^3/d。

一天投配 2 次，溶液池体积为 61.7/2＝30.9m^3，设计采用平面尺寸 2.8m×2.8m 溶液池 2 座，有效水深 2.0m。

加药泵选用 6 台，4 用 2 备，单泵流量＝61.7×1.38/1000/24/4＝888L/h，设计采用流量为 925L/h 螺杆泵。

（C）助凝剂溶解池计算

助凝剂 PAM 投加量为 0.5mg/L，每天用量＝50000×0.5/1000＝25kg/d。

溶解池配药浓度1％，溶解池理论体积＝25/0.01＝2500L。每天配药一次，设2座溶解池，单池平面尺寸为1.8m×1.2m，有效水深0.8m。

(D) 助凝剂溶液池和计量泵计算

助凝剂PAM投加浓度为0.1％，溶液池所需有效容积＝25×10⁻³/0.001＝25m³，每天配药2次，工程设计采用2座溶液池，平面尺寸为1.8m×1.8m，有效水深2.1m。

计量泵4台，2用2备，单泵流量＝25×10⁻³/2/24＝520L/h，变化系数K_z＝1.38，设计单泵流量＝520×1.38＝720L/h。

图4-2-4为工程实例一的加药间平面布置图。

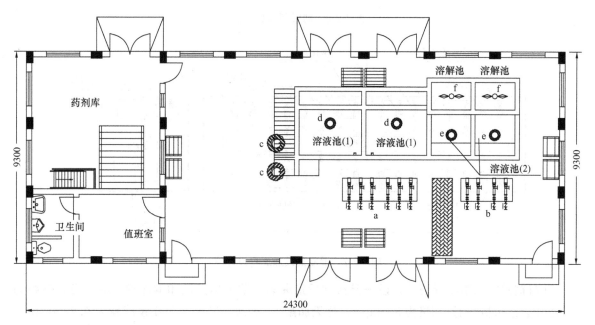

图4-2-4 加药间平面布置图

a—螺杆泵6套（4用2备，用于混凝剂投加），流量为925L/h，扬程为15m，电机功率为0.25kW；b—螺杆量泵4套（2用2备，用于助凝剂投加），流量为720L/h，扬程为15m，电机功率为0.25kW；c—耐腐蚀液下离心泵2台（用于将商品液体混凝剂从地下药库提升至溶液池），流量为7.2m³/h，扬程为15m，电机功率为2.2kW；d—溶液池（1）搅拌机2台，电机功率为1.5kW（混凝剂溶液池）；e—溶液池（2）搅拌机2台，电机功率为0.75kW（助凝剂溶液池）；f—溶解池搅拌机2台，电机功率为0.37kW（助凝剂溶解池）

2) 工程实例二

本实例与高效沉淀池设计实例相同，近期处理规模为120×10⁴m³/d，进水总磷浓度为4.5mg/L，出水以除磷为主，要求总磷浓度低于1mg/L。

根据本工程除磷要求，混凝剂加药量为86mg/L，助凝剂PAM加药量为0.5mg/L。

混凝剂采用液态Al₂(SO₄)₃·18H₂O溶液，浓度为35％，溶液由船运输，从码头至混凝剂储液罐设两根DN200PVC输液管，在码头上预留柔性船用泵接口，液态药剂经船用泵送至加药间的储液池，通过混凝剂进料泵泵入8个直径7m高为15m的储液罐。

混凝剂投加流程如图4-2-5所示。

助凝剂投加流程如图4-2-6所示。

其中混凝剂加注泵流量为0.6～1.2m³/h，扬程为50m，电机功率为7.5kW，近期24套，18用6备，远期增加8台，6用2备；稀释泵流量为40m³/h，扬程为50m，电机功率为11kW；混凝剂进料泵流量为50m³/h，扬程为20m，电机功率为5.5kW，近期共8套。其工程设计如图4-2-7所示。

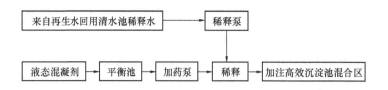

图 4-2-5 混凝剂投加流程

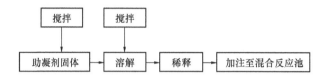

图 4-2-6 助凝剂投加流程

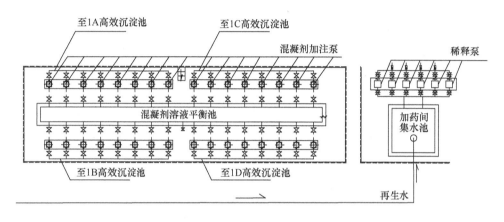

图 4-2-7 混凝剂投加工程设计图

助凝剂投加采用成套设备，设干粉自动投加装置、溶解搅拌池和溶液池，共 2 套，规格为 10～20kg/h，助凝剂投加量为 860kg/d，每天调配 2～3 次，助凝剂加注泵流量为 0.2～0.4m³/h，扬程为 50m，单机功率为 4kW，近期共 9 套，6 用 3 备。其工程设计如图 4-2-8 所示。

加药间按 172×10⁴m³/d 规模一次建成，平面尺寸 87m×17m，远期另建 42m³/d 加药间。加药间设计如图 4-2-9 所示。

加药管分混凝剂投加系统和助凝剂投加系统。混凝剂投加系统采用可调冲程的计量泵，采用 1 对 1 方式投加控制，每格高效沉淀池对应 1 台泵，每 3 格备用 1 套，每池共 6 用 2 备 8 根独立管道。

投加采用前馈和反馈联合控制系统的模糊投加方式。PLC 根据前馈流量，P、SS 浓度预定加药量，然后根据反馈的出水控制指标修正投加量，实现投加量最少、效果最好的目标。

助凝剂投加采用 1 对 6 的比例投加模式，每 1 根加药管对应 6 格高效沉淀池，另加 1 根备用。每个出口设电磁阀，根据该格动、停信号开启和关闭。

工程的加药系统示意图如图 4-2-10 所示。

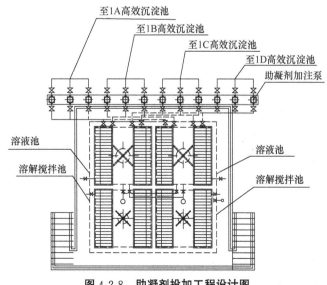

图 4-2-8 助凝剂投加工程设计图

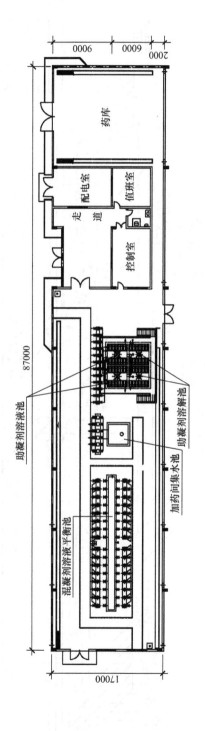

图 4-2-9　加药间设计图

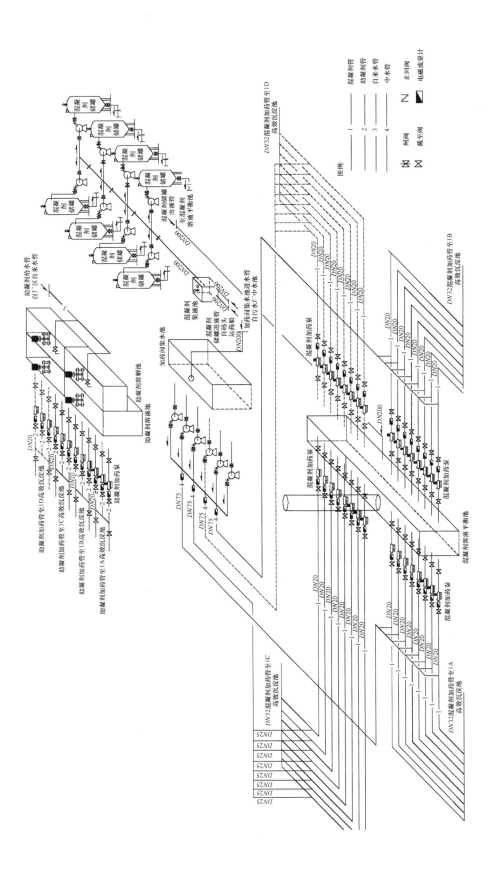

图 4-2-10 加药系统示意图

第 5 章　生物处理之活性污泥法

5.1　活性污泥法基础理论

5.1.1　历史和发展

活性污泥法是一种模拟自然界生物降解和生态循环的污水处理方法。1912 年英国科学家发现对污水进行长时间曝气后，会生成一种絮凝状菌胶团，易于沉淀分离，使污水得到澄清；接着又发现用微生物处理污水的反应瓶瓶壁未洗净留下的残垢有利于提高处理效果，从而发现活性微生物菌胶团，称之为活性污泥（activated sludge），并于 1914 年 4 月 3 日在化工学会会议上予以公布。1914 年活性污泥法在英国曼彻斯特的污水处理厂进行试验，同年建成的污水处理厂是第一家间歇运行的生产性活性污泥法污水处理厂，设计规模为 80000gal/d（约 364m³/d）；1916 年建成的第一家采用鼓风曝气连续流活性污泥法污水处理厂，1920 年采用机械曝气机的污水处理厂投入使用。中国最早也是远东最早的城市污水处理厂是上海北区污水处理厂，采用的就是活性污泥法处理工艺，该厂建成于 1921 年，占地 0.84hm²，日处理能力为 500m³/d。接着，1926 年上海又陆续建设了西区和东区污水处理厂，处理规模均为 1.5×10⁴m³/d。上海成为最早采用活性污泥法的城市之一，也是远东最早采用活性污泥法的城市。目前，活性污泥法已成为污水处理中使用最广泛的一种主流技术。

近百年来，随着活性污泥法的不断应用与完善，在理论上和工艺技术应用上都取得了很大的发展。活性污泥法工艺过程的数学模型工作，自 1982 年国际水污染研究与控制协会（IAWPRC）组织专家成立课题组开展研究以来，已先后于 1987 年发表了活性污泥过程 1 号模型（ASM1），1995 年发表了活性污泥过程 2 号模型（ASM2），并继而于 1999 年拓展为延伸模型 ASM2D，1999 年发表了活性污泥过程 3 号模型（ASM3）及其调整版本 ASM3C。20 多年来，活性污泥法工艺过程的数学模型对象由个别组分发展到具有交互作用的群体组分，数学模型由单个方程发展到多个方程或方程组，模型的形式由代数方程发展为微分方程或偏微分方程，过程内变量与时间的关系由稳态发展到动态，模型内参数与空间的关系由集总型发展到分布型，模型求解的方法由解析法发展到数值法，求解的工具由计算器发展到计算机编程。

对传统活性污泥法工艺进行各种改进，使工艺处理功能增强，工艺运行更加稳定，工艺运行简便而费用大为降低。这些改进包括池形的改进、运行方式的改进、曝气方式的改进、生物学方面的改进等许多方面。活性污泥法工艺从普通推流式曝气法发展为完全混合式曝气法、阶段曝气法、渐减曝气法、改良曝气法、高速曝气法、生物吸附再生法、延时曝气法、两段法、AB 法、序批式活性污泥法（SBR）及其改进型、多种形式的氧化沟等各种形式；开展了生物脱氮除磷等方面的研究与实践。目前，活性污泥法正在朝着快速、高效、低耗等多功能方向发展。

5.1.2　活性污泥性质和工艺流程

5.1.2.1　活性污泥性质

（1）活性污泥中微生物构成

微生物是所有形体微小单细胞或个体结构较为简单的多细胞生物，甚至没有细胞核的低等生物的统称，包括不具细胞结构的病毒、单细胞的立克氏体、细菌、放线菌、属于真菌的酵母菌与霉菌、单细胞藻类、原生动物等。微生物具有种类多、分布广、代谢类型多样、繁殖快、代谢强度大、数量多、易变异等特点。活性污泥是由微生物组成的生态系统，其外观为呈黄褐色的絮绒颗粒状，其颗粒尺寸取决于微生物的组成、数量、污染物质的特征和某些外部环境因素。活性污泥絮体一般介于 $0.02 \sim 0.2$mm 之间，表面积 $20 \sim 100$cm^2/mL，含水率 99% 以上，其比重则因含水率不同而异，通常介于 $1.002 \sim 1.006$ 之间。

活性污泥微生物中的细菌以异养型的原核细菌为主，数量约为 $10^7 \sim 10^8$ 个/mL 活性污泥，占污泥中微生物总重量的 90%～95% 左右。在活性污泥上形成优势的细菌，主要有各种杆菌、球菌、单胞菌属等，构成活性污泥细菌的主要种类如表 5-1-1 所示。在环境适宜的条件下，它们的世代时间仅为 $20 \sim 30$min。构成活性污泥细菌的特征应具有较强的分解有机物并将其转化为无机物质的功能，同时具有良好的凝聚性和沉降性。活性污泥中的细菌大多由多糖类的胶状物质黏集在一起形成团块以菌胶团的形式存在，只有少数以游离状存在。菌胶团形状有分支状、垂丝状、球形、椭圆形、蘑菇形、片状等多种。菌胶团主要有 4 类作用：1) 构成活性污泥的主要成分；2) 有很强的吸附、氧化分解有机物的能力；3) 由于菌体包埋在胶质中，可避免被微型动物吞噬；4) 沉降性能良好。

构成活性污泥细菌的主要种类　　　　　　　　　　表 5-1-1

序号	细菌名称	学　名	序号	细菌名称	学　名
1	动胶菌属	*Zoogloea*	12	螺菌属	*Spirillum*
2	假单胞菌属	*Pseudomonas*	13	酵母菌属	*Yeasts*
3	黄杆菌属	*Flavobacterium*	14	气单胞菌属	*Aeromonas*
4	无色杆菌属	*Achromobacter*	15	弧菌属	*Commamonas*
5	芽孢杆菌属	*Bacillus*	16	放线菌属	*Actinomycetes*
6	气杆菌属	*Aerobacter*	17	诺卡氏菌属	*Nocardia*
7	大肠产气杆菌属	*Coli-aerogenes*	18	硝化菌	*Nitrobacter*
8	产碱杆菌属	*Alcaligenes*	19	亚硝化菌	*Nitrosomonas*
9	棒杆菌属	*Corynebacterium*	20	不动杆菌	*Acinebacter*
10	微球菌属	*Micrococcus*	21	浮游球衣菌	*Sphaerotilus natans*
11	副球菌属	*Paracoccus*			

除了菌胶团外，成熟的活性污泥中还常常存在丝状细菌，其主要代表是球衣细菌 (*Sphaerotilus*)、白硫细菌 (*Beggiatoa*)，它们往往附着在菌胶团上或与菌胶团交织在一起，成为活性污泥的骨架。

真菌的细胞构造较为复杂，而且种类繁多，与活性污泥处理系统有关的真菌是微小腐生或寄生的丝状菌，分属酵母菌和霉菌 2 大类。这种真菌具有分解碳水化合物、脂肪、蛋白质和其他含氮化合物的功能。丝状细菌往往附着在菌胶团上或与菌胶团交织在一起，成为活性污泥的骨架。丝状细菌一般在有机物含量较低的污水中出现，有很强的分解氧化有机物的能力，过多异常增殖则会引发活性污泥膨胀，影响沉降性能。

原生动物是单细胞的微型动物，由原生质和一个或多个细胞核组成。活性污泥中的原生动物有纤毛虫 (*Ciliophora*)、鞭毛虫 (*Mastigophora*)、肉足虫 (*Sarcodina*) 和吸管虫 (*Suctoria*) 4 类。原生动物是活性污泥系统中的最主要捕食者，通过捕食活性污泥中的游离细菌，防止其种群老化，提高细菌的活力，而原生动物活动产生溶解性有机物质可被细菌再利用，促进细菌的生长，而游离的细菌个体小、密度小，较难沉淀，易被出水带出而影响水质。通过捕食游离细菌可增强污水的净化效能。此外，原生动物分泌的黏液对悬浮颗粒和细菌均有吸附能力，起到促进菌胶团形成的作用。原生动物受活性污泥系统中的理化因子影响，其种群动态客观地反映出系统的水质状况，因此被广泛用作活性污泥的特征指示生物。

后生动物在活性污泥系统中出现是水质非常稳定的标志，常见的有轮虫（*Rotifers*）、线虫（*Rhabdolaimus*）和瓢体虫（*Tubifex*）。轮虫以细菌、小型原生动物和有机颗粒为食料，线虫能同化其他微生物所不易降解的固体有机物，瓢体虫以活性污泥碎屑、有机物颗粒为食料。

活性污泥中许多原生动物和所有的轮虫都是以细菌为食物的食肉动物，它们以分散的有机物和有机生物为食物，可以增加絮状物并澄清污水。原生动物和轮虫约占微生物总重量的5%。

藻类是单细胞或多细胞的微小植物，在活性污泥中藻类数量和种类较少，大多为单细胞种类。常见的有蓝绿藻（*Cyanophyta*）（如席藻、颤藻、黏球藻、隐球藻、蓝球藻、节旋藻、林氏藻、分须藻、扁藻、微囊藻等）、绿藻（*Chlorophyta*）（如衣藻、绿球藻、小球藻、栅列藻、盘星藻、原球藻、月牙藻、十字藻、毛枝藻等）和金藻（*Chrysophyta*）等。藻类细胞内的叶绿素能进行光合作用，利用光能将从空气中吸收的 CO_2 合成细胞物质并放出氧气，增加水中溶解氧，有利于有机物质的分解氧化。

在活性污泥处理系统中，细菌是净化污水的第一承担着，也是主要承担者，而原生动物则是摄食处理水中游离细菌，使污水进一步净化的第二承担者。原生动物摄取细菌，是活性污泥生态系统的首次捕食者，后生动物摄食原生动物，则是生态系统的二次捕食者。活性污泥系统中微生物数量和相互关系如图 5-1-1 所示。

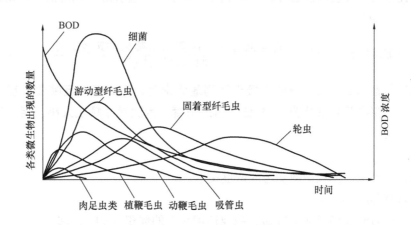

图 5-1-1　活性污泥系统中微生物数量和相互关系

（2）活性污泥性能指标

活性污泥的性能决定净化效果。活性污泥的性能主要表现在絮凝性和沉淀性上。絮凝性良好的活性污泥具有较大的吸附表面，污水的处理效率较高；沉淀性能好的污泥能很好地进行固液分离，出水挟带的污泥量少。衡量活性污泥数量和性能的指标主要有污泥浓度、污泥沉降比、污泥指数等。

1）污泥浓度

污泥浓度指标有混合液悬浮固体和混合液挥发性悬浮固体两种表示方法。

a. 混合液悬浮固体（MLSS）

混合液悬浮固体指生物反应池中污水和活性污泥的混合液的悬浮固体浓度，以MLSS（mg/L）表示。工程上往往以 MLSS 作为间接计量活性污泥微生物量的指标，单位为

mg/L或 g/m^3，包括活性污泥组成的各种物质，即：

$$MLSS = M_a + M_e + M_i + M_{ii} \tag{5-1-1}$$

式中 $MLSS$——混合液悬浮固体，mg/L；

   M_a——活性污泥中具有活性的细胞部分，mg VSS/L；

   M_e——微生物内源代谢的残留物，mg VSS/L，这部分物质无活性，且难于生物降解；

   M_i——吸附在活性污泥表面的、惰性的、难于降解的原污水中有机物，mg VSS/L；

   M_{ii}——附着在活性污泥表面的、惰性的原污水中无机物，mg NVSS/L。

 b. 混合液挥发性悬浮固体（MLVSS）

混合液悬浮固体中的有机物量称为混合液挥发性悬浮固体，以 MLVSS（mg/L）表示。它表示有机悬浮固体浓度，单位为 mg/L 或 g/m^3，即：

$$MLVSS = M_a + M_e + M_i \tag{5-1-2}$$

式中 $MLVSS$——混合液挥发性悬浮固体，mg/L；

   M_a——活性污泥中具有活性的细胞部分，mg VSS/L；

   M_e——微生物内源代谢的残留物，mg VSS/L，这部分物质无活性，且难于生物降解；

   M_i——吸附在活性污泥表面的、惰性的、难于降解的原污水中有机物，mg VSS/L。

用 MLVSS 表示活性污泥微生物可避免污泥中惰性物质的影响，比用 MLSS 更能反映污泥的活性。

2）污泥沉降比（SV）

污泥沉降比指生物反应池混合液在 1000mL 量筒中，静置沉降 30min 后，沉降污泥与原混合液的体积比（％），即：

$$污泥沉降比（SV）= \frac{混合液经 30min 静置沉降后的污泥体积}{原混合液体积} \times 100\% \tag{5-1-3}$$

活性污泥在静置 30min 后，一般可接近达到最大密度，因此可以反映生物反应池正常运行的污泥数量、污泥膨胀等异常情况。SV 值与污泥浓度、污泥絮体颗粒大小、污泥絮粒性状等因素有关。

3）污泥指数

污泥指数可分为污泥体积指数和污泥密度指数。

a. 污泥体积指数（SVI）

生物反应池混合液在静置 30min 后，每克污泥所占的体积（mL），即：

$$SVI = \frac{10^6 SV}{X} \tag{5-1-4}$$

式中 SVI——污泥体积指数，mL/g；

   SV——污泥沉降比；

   X——MLSS 浓度，mg/L。

SVI 值能够较好地评价污泥的絮凝性能和沉降性能，如 SVI 较高，表示 SV 值较大，沉降性能较差；如 SVI 较小，污泥颗粒密实，污泥无机化程度高，沉降性好。但是，如果 SVI 过低，则污泥矿化程度高，活性和吸附性能都较差。一般认为，$SVI < 100$，污泥沉降性能好，吸附性能差，泥水分离好；$100 < SVI < 200$，污泥沉降性能一般，吸附性能一般，泥水分离一般；$SVI > 200$，污泥沉降性能不好，吸附性能好，泥水分离差，可以判定活性污泥结构松散，有发生污泥膨胀的迹象；当 $SVI < 50$ 时，可以判定活性污泥出现污泥老化的可能性比较大。

在计算活性污泥容积指数时有一点需要特别注意，就是当物化处理段处理效果较差，有较多无机颗粒流入生化处理系统，由于无机颗粒比重较大，检测到的活性污泥浓度会相对偏高。另一方面，无机颗粒的存在不仅加快了活性污泥的沉降速率，还大大加强了活性污泥的压缩性。因此，当活性污泥混入大量无机颗粒时，计算 SVI 用的活性污泥沉降比值变小了，而活性污泥浓度因为无机颗粒的存在其数值就相对变大了。SVI 计算公式中的分子变小了，而分母却变大了，所以 SVI 值就会明显变小，此时虽然 SVI 值可能低于 50，但不能将它判定为活性污泥老化。

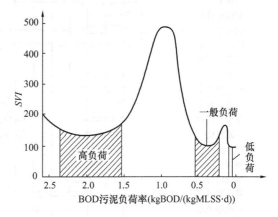

图 5-1-2　BOD 污泥负荷和 SVI 值之间的关系

SVI 大小和水质有关，当污水中溶解性有机物含量高时，正常的 SVI 值偏高，而当无机物含量高时，正常的 SVI 值可能偏低。影响 SVI 的因素还有温度、污泥负荷等。

在工程上具有重要实际意义的是 SVI 和 BOD 污泥负荷之间的关系，图 5-1-2 所示为城镇污水采用活性污泥法处理的 BOD 污泥负荷和 SVI 值之间的关系。

b. 污泥密度指数（SDI）

生物反应池混合液在静置 30min 后，沉降污泥中活性污泥悬浮固体的克数，它和 SVI 的关系为：

$$SDI = \frac{X}{SV} = \frac{10^6}{SVI} \tag{5-1-5}$$

式中　SDI——污泥密度指数，mg/L；

　　　X——MLSS 浓度，mg/L；

　　　SV——污泥沉降比；

　　　SVI——污泥体积指数，mL/g。

4）其他指标

通过镜检，一方面观察污泥絮体颗粒的大小，另一方面观察污泥中生物的组成。

a. 污泥絮体颗粒等级

按污泥絮体颗粒平均直径的大小将污泥分成 3 个等级：絮体颗粒平均直径大于 500μm 为大粒污泥；絮体颗粒平均直径在 150~500μm 之间为中粒污泥；絮体颗粒平均直径小于 150μm 为小粒污泥。絮体颗粒大小不一的 3 种污泥，最初沉降速率差异较大，絮体颗粒大的污泥沉降较快，絮体颗粒小的污泥沉降慢，但因为在污泥沉降过程中絮体颗粒不断地凝聚和压缩，小颗粒污泥互相碰撞，凝聚成大颗粒污泥，最终压缩相连成大的绒团、成层下降，因此，对其他性状和条件相同但絮体颗粒大小不一的污泥，其最终沉降体积 SV 应趋于相同。

b. 污泥絮体颗粒性状

指污泥絮体颗粒的形状、结构、紧密度和污泥中丝状菌的数量。

把近似圆形的絮体颗粒称为圆形絮体颗粒，与圆形截然不同的称为不规则形状絮体颗粒，无开放空隙的称为封闭结构絮体颗粒，絮体颗粒中的细菌排列致密，絮体颗粒边缘与外部悬液界限清晰的称为紧密的絮体颗粒，边缘界线不清的称为疏松的絮体颗粒。

c. 污泥生物组成

活性污泥中的生物组成，与污泥负荷、处理效果密切关系，通过镜检，可以了解和掌握活性污泥系统的运行状况。

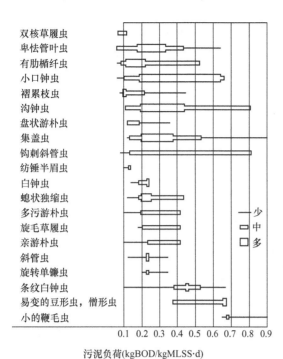

纵轴（自上而下）：
双核草履虫
卑怯管叶虫
有肋楯纤虫
小口钟虫
褶累枝虫
沟钟虫
盘状游朴虫
集盖虫
钩刺斜管虫
纺锤半眉虫
白钟虫
螅状独缩虫
多污游朴虫
旋毛草履虫
亲游朴虫
斜管虫
旋转单镰虫
条纹白钟虫
易变的豆形虫, 僧形虫
小的鞭毛虫

图例：少 中 多

污泥负荷(kgBOD/kgMLSS·d)

图 5-1-3 活性污泥中出现的原生动物和负荷关系

曾报道英国 56 个活性污泥处理厂运行中，处理出水水质和原生物关系。一致认为纤毛虫类有 67 种，属缘毛类居多。当有机质负荷高，可看到灰色鞭毛虫，此时出水 SS 和 BOD 升高。活性污泥法中认为重要的原生动物有楯纤虫、钟虫、管页虫和莙盖虫等。决定活性污泥中原生动物群体重要因素是系统的 BOD 负荷量，当负荷在 0.2～0.3kgBOD/(kgMLSS·d) 时，原生动物种类多，负荷提高；负荷在 0.6kgBOD/(kgMLSS·d) 以上，不会出现全毛类品种，缘毛类在所调查负荷中占很大比例。

活性污泥中出现的原生动物和负荷关系如图5-1-3所示。

表 5-1-2 是活性污泥中出现的鞭毛虫种类表，处理出水 BOD 分 4 档，原生动物在 10 次镜检中出现的频率。

活性污泥中出现的鞭毛虫种类水质分类表　　　　　　　　　　　　表 5-1-2

种　类	出水 BODmg/L				种　类	出水 BODmg/L			
	0～10	11～20	21～30	＞30		0～10	11～20	21～30	＞30
1. 全毛亚纲					2. 缘毛亚纲				
※毛板壳纤虫	10	0	0	0	领钟虫	2	2	3	3
颈叶纤虫	3	3	3	1	白钟虫	3	3	3	1
※裂口科	10	0	0	0	钟形钟虫	8	2	0	0
※壳氏裂口纤虫	10	0	0	0	※普钟虫	10	0	0	0
※龙骨漫游虫	10	0	0	0	沟钟虫	3	4	2	1
片状漫游虫	0	10	0	0	长钟虫	10	0	0	0
※纺锤半眉虫	3	4	3	0	法帽钟虫	5	4	1	0
肋状半眉虫	10	0	0	0	弯钟虫	7	2	1	0
※刀刀口虫	5	5	0	0	小口钟虫	2	4	2	2
小轮毛虫	0	10	0	0	云星钟虫易变成似钟虫	5	5	0	0
僧帽唇齿纤虫	4	4	1	1	条纹钟虫易变成八钟虫	3	3	2	2
钩唇齿纤虫	3	6	1	0	聚缩虫	10	0	0	0
旋转单镰虫	1	4	5	0	侏儒聚缩虫	10	0	0	0
尾丝纤虫	2	4	4	0	螅形独缩虫	3	5	2	0
梨形四鞭毛虫	1	3	3	3	褶累枝虫				
卵形嗜污虫	10	0	0	0	浮游累枝虫				
闪瞬目虫	2	2	3	3	集盖虫				
弯豆形虫	2	2	2	4	※海氏后环虫				
肾豆形虫	0	0	4	6					
双小核草履虫	10	0	0	0					
旋毛草履虫	4	3	2	1					
尾草履虫	2	5	3	0					
珍珠映毛虫	7	3	0	0					

种　类	出水 BODmg/L				种　类	出水 BODmg/L			
	0～10	11～20	21～30	>30		0～10	11～20	21～30	>30
3. 旋唇亚纲					4. 吸管亚纲				
喇叭纤虫	10	0	0	0	※壳吸管虫	10	0	0	0
※柱旋口纤虫	0	10	0	0	大吸管虫	10	0	0	0
有肋楯纤虫	3	3	2	2	粗壮壳吸管虫	0	0	10	0
锐利楯纤虫	5	5	0	0	固足吸管虫	0	2	7	1
塔形楯纤虫	10	0	0	0	碗形吸管虫	2	2	3	3
似后毛虫	5	5	0	0	胶衣足吸管虫	0	10	0	0
膜状急纤虫	0	10	0	0	软锤吸管虫	0	5	5	0
※锥状下毛纤虫	0	0	10	0	四分锤吸管虫	4	3	3	0
似织毛虫	10	0	0	0	伸长盘吸管虫	0	10	0	0
亲游朴虫	6	4	0	0	大球管虫	0	2	7	1
龙骨游朴虫	2	4	4	0	鞭毛绿藻	0	0	4	6
阔口游朴虫	2	4	0	0	缺少纤毛的原生动物	0	0	0	10
多污游朴虫	3	3	3	1					
盘状游朴虫	4	3	3	0					

注：1. 表中出水 BOD 一项，观察次数为 10 次，各种原生动物出现的频率数；

　　2. ※观察次数少。

（3）影响活性污泥生长因素

影响活性污泥生长的因素较多，主要有溶解氧、水温、营养物质、pH 值、氧化还原电位、有毒物质等。

1）溶解氧（DO）

活性污泥法是生物处理技术。在用活性污泥法好氧处理污水过程中应保持一定浓度的溶解氧，当溶解氧高于 0.3mg/L 时，兼性菌和好氧菌都进行好氧呼吸；当供氧不足，溶解氧低于 0.2～0.3mg/L 且接近于零时，兼性菌转入厌氧呼吸，绝大部分好氧菌基本停止呼吸，而部分好氧丝状菌还可能生长良好，在系统中占据优势，引起污泥膨胀；若溶解氧过高，会导致有机污染物分解过快，从而使微生物缺乏营养，活性污泥结构松散、破碎、易于老化；此外，溶解氧过高，氧的传质效率降低，增大了所需动力费用。一般而言，以生物反应池出口处混合液中的溶解氧浓度不低于 2mg/L 为宜。

2）水温

温度对微生物的影响是很广泛的，随着温度在一定范围内升高，细胞中的生化反应速度加快，生理活动强劲、旺盛，增殖速度快，世代时间短；如温度突然大幅度增高并超过一定限度，可使细胞组织遭受不可逆的破坏。不同微生物所适应的温度范围和最适宜温度是不同的，通常区分为嗜冷菌（Psychrophile）、嗜温菌（Mesophile）和嗜热菌（Thermophile）3 大类。活性污泥中的微生物多属嗜温菌，其适宜温度介于 10～37℃ 之间，在此范围内温度每升高 10～15℃，微生物的活性提高一倍。一般将活性污泥处理系统的温度值控制在 20～35℃ 范围内，低于 5℃ 微生物生长缓慢，对 BOD 降解的影响极大。

温度对反应速率的影响可用下式表示：

$$\gamma_T = \gamma_{20} \theta^{(T-20)} \tag{5-1-6}$$

式中　γ_T——T℃ 时的反应速率；

γ_{20}——20℃时的反应速率；

θ——温度活性系数；

T——反应温度，℃。

温度不仅影响生物反应速率常数、生物群的代谢活性，而且也对氧转移速率和污泥的沉降性能等有重要影响。

3）营养物质

微生物需要营养才能生长，这些营养必须包含细胞物质成分中所含的元素，由这些元素组成微生物细胞中的各种有机物质和有机成分。活性污泥微生物所含 10 种主要生物元素如表 5-1-3 所示。

活性污泥微生物所含 10 种主要生物元素　　　　　　　表 5-1-3

C	O	H	N	S	P	K	Mg	Ca	Fe	其他
50%	20%	8%	14%	1%	3%	1%	0.5%	0.5%	0.2%	1.8%

活性污泥分子式通常以 $C_5H_7NO_2$ 或 $C_5H_7NO_2P_{0.09}$ 表示，细菌的化学式为 $C_5H_7NO_2$，霉菌的化学式为 $C_{10}H_{17}NO_6$，原生动物的化学式为 $C_7H_{14}NO_3$，所以在培养微生物时，可按菌体的主要成分比例供给营养。微生物细胞的大分子成分如表 5-1-4 所示。

微生物细胞的大分子成分　　　　　　　表 5-1-4

蛋白质	多糖	类脂	RNA	DNA	其他
52.4%	16.6%	9.4%	15.7%	3.2%	2.7%

碳源的主要作用是构成细胞物质和供给微生物生长发育所需要的能量，异氧菌利用有机碳为碳源，自氧菌利用无机碳为碳源。氮主要是提供合成原生质和细胞其他结构的原料，有机氮源包括尿素，氨基酸，蛋白质等，无机氮源包括 NH_3 及 NH_4^+。

微生物对无机盐类的需求量很少，但却又是不可缺少的。其主要功能是构成细胞的组成成分，作为酶的组成成分，维持酶的作用，调节细胞渗透压、氢离子浓度、氧化还原电位等。无机盐类可分为主要的和微量的两类。主要的无机盐类首推磷和钾、镁、钙、铁、硫等，它们参与细胞结构的组成、能量的转移、控制原生质的胶态等；微量的无机盐类则有铜、锌、钴、锰、钼等，它们是酶辅基的组成部分，或是酶的活化剂，需求量很少。

还有某些微生物需要但本身不能合成的生长因素，如某些氨基酸、维生素、嘌呤、嘧啶碱等，其功能是主要辅酶的组成成分，其需要量极少。许多微生物在没有维生素等生长因素时也能生长繁殖。

许多学者研究了污水处理中微生物对基质（BOD）与氮、磷的要求，得出了有参考价值的比例关系，如表 5-1-5 所示，可作为生物处理中重要的控制条件之一。

营养物比例关系　　　　　　　表 5-1-5

研究者	BOD：N：P	研究者	BOD：N：P
Sawyer	100：4.3：1	McKinney	80：5.0：1
Simpson	90：5.3：1	Eckenfelder	100：5.0：1

4）pH 值

活性污泥系统微生物最适宜的 pH 值介于 6.5～8.5 之间，酸性或碱性过强的环境均不利于微生物的生存和生长。如 pH 值降到 4.5 以下，原生动物全部消失，真菌将占优势，易于产生污泥膨胀现象；当 pH 值超过 9.0 时，微生物的代谢速率将受到影响。

微生物的代谢活动能够改变环境的 pH 值，如微生物对含氮化合物的利用，由于脱氨作用而产酸，从而使环境 pH 值下降；由于脱羧作用而产生碱性胺，又使 pH 值上升。

5）氧化还原电位

自然环境中，氧化还原电位的上限是 +0.82V，这是在环境中存在高浓度 O_2，没有利用 O_2 系统时的情况；下限是 −0.42V，则是富于 H_2 的环境。一般好氧微生物在氧化还原电位为 +0.1V 以上时可正常生长，以 +0.3～+0.4V 为最宜；厌氧微生物只能在氧化还原电位低于 +0.1V 条件下生长；兼性微生物在 +0.1V 以上时进行好氧呼吸，在 +0.1V 以下时进行发酵。

6）有毒物质

对微生物有毒害作用或抑制作用的物质较多，主要毒物有重金属离子（如汞、银、锌、铜、镍、铅、铬、铋、锑等）和一些非金属物（如酚、醇、醛、氰化物和硫化物、卤属元素及其化合物等）。重金属及其盐类都是蛋白质的沉淀剂，其离子易与细胞蛋白质结合，使之变性，或与酶的 −SH 基结合而使酶失活。酚、醇、醛等化合物能使活性污泥中生物蛋白质变性或使蛋白质脱水，损害细胞质而使微生物致死。图 5-1-4 为 4 类有机物的氧吸收率特性曲线。图中曲线 a 表示污水可以生物降解，曲线 b 表示污水难以生物降解，曲线 c 表示污水可以生物降解，但受毒物影响，曲线 d 表示污水不能生物降解，又受毒物毒害影响。

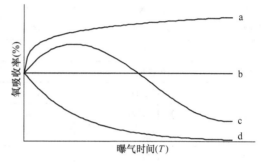

图 5-1-4　氧吸收特性曲线

有毒物质的毒性作用还与 pH 值、水温、溶解氧、有无另外共存的有毒物质以及微生物的数量等因素有关。表 5-1-6 列举了污水中抑制生物处理的有毒物质的容许浓度。

污水中抑制生物处理的有毒物质的容许浓度　单位：mg/L　　　表 5-1-6

序　号	有毒物质	最高容许浓度	序　号	有毒物质	最高容许浓度
1	铜化合物（以 Cu 计）	0.5～1	20	镉化合物（以 Cd 计）	1～5
2	锌化合物（以 Zn 计）	5～13	21	汞化合物（以 Hg 计）	0.5
3	银化合物（以 Ag 计）	0.25	22	钒化合物（以 V 计）	5
4	镍	2	23	硝酸铈	1.0
5	铅化合物（以 Pb 计）	1	24	氰（以 CN− 计）	2
6	锑化合物（以 Sb 计）	0.2	25	乙腈	600
7	砷化合物（以 As^{3+} 计）	0.7～2.0	26	三聚氰酰胺	50
8	石油和焦油	50	27	苯胺	100～250
9	烷基苯磺酸盐	15（7～9.5）	28	水杨酸	500
10	拉开粉（二丁基萘磺酸钠盐）	100	29	二甲胺	200
11	硫化物（以 S^{2-} 计）	5～25	30	二乙胺	100
12	硫化物（以 H_2S 计）	20	31	三乙胺	85
13	氯化钠	10000	32	苯	100
14	亚硫酸钠	300	33	氯苯	10
15	铬化合物（以 Cr 计）	2～5	34	甘油	5
16	铬化合物（以 Cr^{3+} 计）	2.7	35	二甲苯	7
17	铬化合物（以 Cr^{6+} 计）	0.5	36	苯乙烯	65
18	硫酸镁	10000	37	己内酰胺	200
19	铁化合物（以 Fe 计）	5～100	38	甲基丙烯酰胺	300

序 号	有毒物质	最高容许浓度	序 号	有毒物质	最高容许浓度
39	苯酸	150	65	亚硝基环己基氯	12.5
40	丁酸	500	66	酚	100
41	戊酸	3	67	甲醛	160（1000）
42	柠檬酸	2500	68	乙醛	1000
43	草酸	1000	69	巴豆醛	250
44	月桂酸	340	70	硫氰酸铵	500
45	间甲苯甲酸	120	71	氰化钾	8～9
46	丙烯酸	100	72	醋酸胺	500
47	苯甲酸钠	250	73	吡啶	400
48	乙酸铵	500	74	硬脂酸	300
49	乳腈酸	160	75	氯乙酸	100
50	二甲基肼	1.0	76	氯乙烯	5
51	氮川三乙酸	320	77	二氯甲烷	1000
52	甲醇	200	78	四氯化碳	50
53	乙醇	15000	79	氢醌	600
54	戊醇	3	80	TNT	12
55	乙二醇	1000	81	烷基苯磺酸钠	7～9.5
56	丙二醇	1000	82	苯酚	250～1000
57	二乙醇胺	300	83	间苯二酚	450
58	三乙醇胺	890	84	邻苯二酚	100
59	二甲替二酰胺	200	85	对苯二酚	15
60	丙酮	800	86	间苯三酚	100
61	甘油	500	87	邻苯三酚	100
62	二甘醇	300	88	脂烃替磺酰胺	10
63	甲苯	7	89	敌百虫	100
64	二硝基甲苯	12			

注：1. 表中浓度一般按日平均浓度考虑；

　　2. 污水中含有两种或两种以上毒物时，单项物质容许浓度应低于表列数字，重金属容许浓度则为表列数字的50%～70%；

　　3. 表内数字一般是指排入城镇污水处理厂的抑制浓度，对于专门的工业废水处理，微生物经驯化后，可提高浓度。

需要指出的是，污水中这些有毒物质的含量仅为抑制微生物的容许浓度，污水处理排放的出水中有毒有害物质含量需满足《城镇污水处理厂污染物排放标准》GB 18918—2002 的有关规定，如表 5-1-7 和表 5-1-8 所示。

部分一类污染物最高允许排放浓度（日均值）　　单位：mg/L　　　表 5-1-7

序 号	项 目	标准值	序 号	项 目	标准值
1	总汞	0.001	5	六价铬	0.05
2	烷基汞	不得检出	6	总砷	0.1
3	总镉	0.01	7	总铅	0.1
4	总铬	0.1			

选择控制项目最高允许排放浓度（日均值）　　单位：mg/L　　表 5-1-8

序号	选择控制项目	标准值	序号	选择控制项目	标准值
1	总镍	0.05	23	三氯乙烯	0.3
2	总铍	0.002	24	四氯乙烯	0.1
3	总银	0.1	25	苯	0.1
4	总铜	0.5	26	甲苯	0.1
5	总锌	1.0	27	邻-二甲苯	0.4
6	总锰	2.0	28	对-二甲苯	0.4
7	总硒	0.1	29	间-二甲苯	0.4
8	苯并(a)芘	0.00003	30	乙苯	0.4
9	挥发酚	0.5	31	氯苯	0.3
10	总氰化物	0.5	32	1,4-二氯苯	0.4
11	硫化物	1.0	33	1,2-二氯苯	1.0
12	甲醛	1.0	34	对硝基氯苯	0.5
13	苯胺类	0.5	35	2,4-二硝基氯苯	0.5
14	总硝基化合物	2.0	36	苯酚	0.3
15	有机磷农药(以 P 计)	0.5	37	间-甲酚	0.1
16	马拉硫磷	1.0	38	2,4-二氯酚	0.6
17	乐果	0.5	39	2,4,6-三氯酚	0.6
18	对硫磷	0.05	40	邻苯二甲酸二丁酯	0.1
19	甲基对硫磷	0.2	41	邻苯二甲酸二辛酯	0.1
20	五氯酚	0.5	42	丙烯腈	2.0
21	三氯甲烷	0.3	43	可吸附有机卤化物(AOX 以 Cl 计)	1.0
22	四氯化碳	0.03			

5.1.2.2　活性污泥工艺流程

（1）活性污泥系统基本组成

活性污泥系统由活性污泥生物反应池、气源、二次沉淀池、污泥回流设备和剩余污泥排放设备 5 个部分组成，基本流程如图 5-1-5 所示。

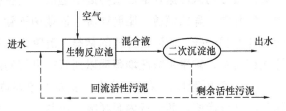

图 5-1-5　活性污泥系统的基本流程

污水进入生物反应池，向反应池内输入空气，提供微生物生长的好氧环境，使污水和活性污泥充分混合并处于悬浮状态。气源可以是纯氧，也可以是压缩空气或机械曝气机。污水中的悬浮固体和胶体物质在很短时间内即被活性污泥所吸附，污泥中的溶解性有机物被活性污泥中的好氧微生物利用和代谢，然后混合液进入二次沉淀池进行泥水分离。二次沉淀池上层澄清水溢流排放，分离沉降的活性污泥通过污泥回流设备回流到活性污泥反应池以维持活性污泥浓度。由于在处理过程中活性污泥不断增长，部分剩余污泥必须从系统中排出，以维持反应池食料与生物比例的平衡。

（2）活性污泥增长曲线

在活性污泥系统中，污水中有机物的去除是由活性污泥微生物完成的。在有机污染物去除的同时，伴随着微生物的生长和繁殖，反映在活性污泥系统中，就是活性污泥的增长。在活性污泥系统运转中，活性污泥增长的量和速度，有着特殊的规律。

纯种微生物的生长繁殖规律已经有大量的研究，通常以模式生长曲线反映其一般规律。参与

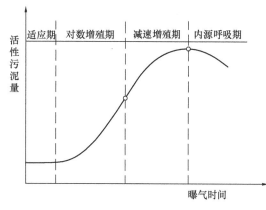

图 5-1-6　活性污泥增长曲线

污水活性污泥处理过程的是多种属微生物群体，其生长繁殖规律比较复杂，但其增殖规律的总趋势，仍与纯种微生物相同，也可用增长曲线反映一般规律，如图 5-1-6 所示。

活性污泥的整个增长曲线可分为 4 个阶段。

1）适应期，亦称延迟期或调整期。本阶段为微生物适应新的物理环境而调整代谢的时期。在初期微生物需要新合成必需的酶、辅酶或某些中间代谢产物，世代时间长，细胞不裂殖，比生长速率为零，但在质的方面却开始出现变化，细胞体积增长较快，代谢活力强、细胞中 RNA 含量高、嗜碱性强、对不良环境较敏感。在后期，细胞内各种酶系统对新环境已基本适应，微生物个体发育也达到了一定的程度，细胞开始分裂，微生物开始增殖。

2）对数增殖期，又称增殖旺盛期。此时养料（F）与活性污泥（M）之间的比值较高，微生物的增殖量只受自身数量的制约而不受基质浓度的限制。世代时间短且为恒值，微生物代谢活跃，高速增殖，微生物细胞数按几何级数增加，微生物比生长速率达到最大且为恒值，基质利用率最大，细胞体积最小，群体中的细胞化学组成及形态、生理特征比较一致。在营养丰富和能量水平高的情况下，活性污泥具有巨大的活动能力，活性污泥较松散，絮凝、沉降性能差，吸附能力也较差。为了使活性污泥微生物生长处在对数期，需要有充足的养料，即入流污水中有机物含量应较高。在这种情况下，处理出水有机物含量也相对多一些。所以，采用对数期进行污水生物处理，虽然有机物去除速率高，但实际上难以得到稳定的、较好的出水水质。

3）减速增殖期，又称稳定期和平衡期。经对数增殖期，微生物大量繁衍、增殖，污水中的营养物质被大量耗用，营养物质开始成为微生物增殖的限制因素，细胞世代时间变长，生长速率下降，微生物浓度达到最高值并趋于恒值，有害代谢产物逐渐积累并增多。细胞开始积累储存物质，如肝糖、异染颗粒、脂肪粒等。该期由于营养不够丰富，能量水平较低，活性污泥微生物的活动能力弱一些，而活性污泥的絮凝、沉降性能就好一些，吸附能力也较好。为此，在污水生物处理过程中，常采用减速增殖期以期获得良好的活性污泥及稳定、优质的出水。

4）内源呼吸期，又称衰亡期。受基质不足限制，微生物开始利用自身体内储存的物质或衰死菌体进行代谢，即进行内源呼吸，内源呼吸率与微生物呈正比。多数细菌进行自身代谢而逐步衰亡，只有少数微生物细胞继续裂殖，微生物浓度降低，比生长速率为负值，细胞死亡伴随着自溶。在细菌形态方面，出现多形态，包括畸形或衰退型。

由此可见，决定污水中微生物活体数量和增殖曲线上升、下降走向的主要因素是其周围环境中营养物质量的多少。通过对污水中有机污染物浓度的控制，就能够控制活性污泥增长的走向和生长曲线各期的延续时间。为了得到性能良好的活性污泥，使活性污泥系统运行稳定和出水水质优良，通常活性污泥增长过程的终点不会处在对数增殖期，而处在减速增殖期的后期或内源呼吸期的初期。

（3）活性污泥法净化过程

活性污泥法净化污水包括初期吸附、微生物代谢和固液分离 3 个主要过程。

1）初期吸附

在活性污泥系统内，污水与活性污泥最初接触的短暂时间（5～10min）内，污水中的污染物被比表面积巨大且表面上含有多糖类黏质层的微生物吸附和黏联。呈胶态的大分子有机物被吸附后，首先被水解酶作用，分解为小分子物质，然后这些小分子与溶解性有机物一起在透膜酶的作用下或在浓度梯度推动下选择性地渗入微生物细胞体内，使污水中的有机污染物降解。初期吸附过程进行得十分迅速，是由物理吸附和生物吸附的综合作用产生的，被吸附在微生物细胞表面的有机物，在经过数小时的曝气后，才能相继摄入微生物体内，因而被初期吸附去除的有机污染物是有限的，也有人发现胶体状和溶解性的有机物被活性污泥吸附后，又再扩散到活性污泥混合液中的现象。

活性污泥初期吸附能力受微生物活性程度的影响，处于饥饿状态的微生物具有最强的吸附能力。此外反应期内水力扩散程度与水动力学流态也会影响活性污泥初期吸附能力。

2）微生物代谢

活性污泥微生物利用被摄入细胞体内的各种有机污染物为基质进行合成代谢和分解代谢，这种代谢分为有氧代谢、无氧代谢和兼氧代谢。

a. 有氧代谢

在有氧条件下，微生物通过各种胞内酶如脱氢酶、氧化酶等的催化作用进行代谢反应。一部分有机污染物氧化分解后最终形成 CO_2 和 H_2O 等稳定的无机物质，并从中获取合成新细胞物质所需的能量，这一过程可用下列化学方程式表示：

$$C_xH_yO_z + \left(x + \frac{y}{4} - \frac{z}{2}\right)O_2 \xrightarrow{\text{酶}} xCO_2 + \frac{y}{2}H_2O - \Delta H \tag{5-1-7}$$

式中　$C_xH_yO_z$——有机污染物。

另一部分有机污染物用于合成新细胞即合成代谢，所需能量取自分解代谢，这一反应过程可用下列方程式表示：

$$nC_xH_yO_z + nNH_3 + n\left(x + \frac{y}{4} - \frac{z}{2} - 5\right)O_2 \xrightarrow{\text{酶}} (C_5H_7NO_2)_n + n(x-5)CO_2 + \frac{n}{2}(y-4)H_2O - \Delta H$$

$$\tag{5-1-8}$$

式中　$C_xH_yO_z$——有机污染物；

　　　$C_5H_7NO_2$——微生物细胞组织的化学式。

污水中营养物质匮乏时，微生物可能进入内源代谢反应，对其自身的细胞物质进行代谢反应，其过程可用下列化学方程式表示：

$$(C_5H_7NO_2)_n + 5nO_2 \xrightarrow{\text{酶}} 5nCO_2 + 2nH_2O + nNH_3 + \Delta H \tag{5-1-9}$$

式中　$C_5H_7NO_2$——微生物细胞组织的化学式。

无论是分解代谢还是合成代谢，都能够去除污水中的有机污染物，但代谢产物却有所不同，分解的代谢产物是 CO_2 和 H_2O，可排入自然环境，而合成的代谢产物是新生的微生物细胞，并以剩余污泥的方式排出活性污泥处理系统。

不同的微生物对有机物的代谢途径各不相同，对同一种有机物也可能有几条代谢途径。活性污泥法是多底物多菌种的混合培养系统，其中存在错综复杂的代谢方式和途径，它们相互联系，相互影响。

b. 无氧代谢

在无氧条件下有多种代谢反应，根据能量释放量依次进行。无氧代谢以 NO_2^-，NO_3^-，SO_4^{2-} 等作为最终电子受体，在反应过程中，氧化 $NADH_2$ 的电子传递至 NO_2^-，NO_3^-，SO_4^{2-} 等电子受体。无氧代谢的基质为葡萄糖、乳酸或乙酸等有机物，在基质被氧化为 CO_2 的同时，形成 ATP，并使 NO_2^- 或 NO_3^- 还原为 N_2。

c. 兼氧代谢

微生物在这种代谢过程中对有无溶解氧是无关紧要的。在兼氧微生物参与下的代谢反应有时是好氧代谢，有时又转化为厌氧代谢，视条件改变而转换。

3）固液分离

固液分离是混合液中固相活性污泥颗粒同处理水分离的过程。固液分离的好坏，直接影响出水水质。絮凝体是活性污泥的基本结构，它能够防止微型动物对游离细菌的吞噬，并承受曝气等外界不利因素的影响，更有利于处理水分离。水中能形成絮凝体的微生物很多，动胶菌属（Zoogloea）、埃希氏大肠杆菌（E.Coli）、产碱杆菌属（Alcaligenes）、假单胞菌属（Pseudomonas）、芽孢杆菌属（Bacillus）、黄杆菌属（Flavobacterium）等，都具有凝聚性能，可形成大块菌胶团。凝聚的原因主要是：细菌体内积累的聚β羟丁酸释放到液相，促使细菌间相互凝聚，形成絮凝团；微生物摄食过程释放的黏性物质促进凝聚；在不同条件下，细菌内部的能量不同，当外界营养不足时，细菌内部能量降低，表面电荷减少，细菌颗粒间的结合力大于排斥力，形成绒粒；而当营养充足（污水与活性污泥混合初期）时，细菌内部能量大，表面电荷增大，形成的絮凝团重新分散。

5.1.2.3 活性污泥法基本参数

活性污泥法的基本参数有 BOD 负荷、污泥平均停留时间等。

（1）BOD 负荷

BOD 负荷分 2 种，一种是污泥负荷，一种是容积负荷。

1）污泥负荷 L_S

指单位重量活性污泥在单位时间内去除的有机污染物量，单位是 $kgBOD_5/(kgMLSS \cdot d)$。

$$L_S = \frac{24Q(S_0 - S_e)}{1000VX} \tag{5-1-10}$$

式中　L_S——生物反应池 5 日生化需氧量污泥负荷，$kgBOD_5/(kgMLSS \cdot d)$；

　　　Q——生物反应池设计流量，m^3/h；

　　　S_0——生物反应池进水 5 日生化需氧量，mg/L；

　　　S_e——生物反应池出水 5 日生化需氧量，mg/L，当去除率大于 90% 时可不计入；

　　　V——生物反应池容积，m^3；

　　　X——生物反应池混合液悬浮固体平均浓度，$gMLSS/L$。

污泥负荷也可表示为 F/M，当 F/M $\geqslant 2.2$ $kgBOD_5/(kgMLSS \cdot d)$ 时，活性污泥微生物处于对数增殖期，丰富的营养以最大的速率降解有机物；当 F/M ≈ 0.5 $kgBOD_5/(kgMLSS \cdot d)$ 时，微生物处在减速增殖期，细菌活力小，污泥处于成熟期，易形成絮体。当 F/M $\leqslant 0.2$ $kgBOD_5/(kgMLSS \cdot d)$ 时，微生物进入内源呼吸期，活性低，形成絮凝体的速率剧增，溶解氧浓度增大，出现原生动物，水质好转。所以 BOD 污泥负荷是活性污泥系统设计运行的重要参数。

在完全混合生物反应池中，S_e 很小，$S_0 - S_e \approx S_0$，L_S 与去除率 η、曝气时间 t 和处理出水浓度 S_e 的关系为：

$$L_S = \frac{24}{1000(1-\eta)} \cdot \frac{Q}{V} \cdot \frac{S_e}{X} = \frac{24}{1000(1-\eta)} \cdot \frac{1}{t} \cdot \frac{S_e}{X} \tag{5-1-11}$$

式中　L_S——生物反应池 5 日生化需氧量污泥负荷，$kgBOD_5/(kgMLSS \cdot d)$；

　　　η——BOD 去除率，%，$\eta = \frac{S_0 - S_e}{S_0} \times 100\%$；

　　　Q——生物反应池设计流量，m^3/h；

　　　V——生物反应池容积，m^3；

　　　S_e——处理出水 BOD 浓度，mg/L；

　　　X——生物反应池混合液悬浮固体平均浓度，$gMLSS/L$；

　　　t——曝气时间，h。

2）容积负荷 L_V

指单位生物反应池有效容积在单位时间内去除的有机污染物量，单位是 $\mathrm{kgBOD_5/(m^3 \cdot d)}$，可用下式表示：

$$L_V = \frac{Q(S_0 - S_e)}{V} \qquad (5\text{-}1\text{-}12)$$

式中　L_V——生物反应池 5 日生化需氧量容积负荷，$\mathrm{kgBOD_5/(m^3 \cdot d)}$；

$\qquad Q$——生物反应池设计流量，$\mathrm{m^3/h}$；

$\qquad S_0$——生物反应池进水 5 日生化需氧量，$\mathrm{mg/L}$；

$\qquad S_e$——生物反应池出水 5 日生化需氧量，$\mathrm{mg/L}$，当去除率大于 90% 时可不计入；

$\qquad V$——生物反应池容积，$\mathrm{m^3}$。

L_S 值与 L_V 之间的关系为：

$$L_V = L_S X \qquad (5\text{-}1\text{-}13)$$

式中　L_V——生物反应池 5 日生化需氧量容积负荷，$\mathrm{kgBOD_5/(m^3 \cdot d)}$；

$\qquad L_S$——生物反应池 5 日生化需氧量污泥负荷，$\mathrm{kgBOD_5/(kgMLSS \cdot d)}$；

$\qquad X$——生物反应池混合液悬浮固体平均浓度，$\mathrm{gMLSS/L}$。

（2）污泥平均停留时间——污泥泥龄，θ_c

污泥平均停留时间 θ_c 也称污泥泥龄，表示活性污泥在生物反应池中的平均停留时间。

若污泥从生物反应池排出，则污泥停留时间可用下式表示：

$$\theta_c = \frac{VX}{(Q - Q_w)X_e + Q_w X} \qquad (5\text{-}1\text{-}14)$$

式中　θ_c——污泥泥龄，d；

$\qquad V$——生物反应池容积，$\mathrm{m^3}$；

$\qquad X$——生物反应池污泥浓度，$\mathrm{mg/L}$；

$\qquad Q$——生物反应池设计流量，$\mathrm{m^3/d}$；

$\qquad Q_w$——从生物反应池排出的剩余污泥量，$\mathrm{m^3/d}$；

$\qquad X_e$——二沉池出水挟带的污泥浓度，$\mathrm{mg/L}$。

若污泥从二沉池底部排出，则污泥停留时间可用下式表示：

$$\theta_c = \frac{VX}{(Q - Q'_w)X_e + Q'_w X_r} \qquad (5\text{-}1\text{-}15)$$

式中　θ_c——污泥泥龄，d；

$\qquad V$——生物反应池容积，$\mathrm{m^3}$；

$\qquad X$——生物反应池污泥浓度，$\mathrm{mg/L}$；

$\qquad Q$——生物反应池设计流量，$\mathrm{m^3/d}$；

$\qquad Q'_w$——从回流污泥管排出的剩余污泥流量，$\mathrm{m^3/d}$；

$\qquad X_e$——二沉池出水挟带的污泥浓度，$\mathrm{mg/L}$；

$\qquad X_r$——回流污泥浓度，$\mathrm{mg/L}$。

由于 X_e 很小，所以：$\theta_c = \dfrac{VX}{Q_w X} = \dfrac{VX}{Q'_w X_r}$，由此可见，通过控制每日从系统排出的污泥量，即可控制污泥平均停留时间。

通过对生物反应系统和沉淀系统生物量作物料平衡计算，可推出污泥平均停留时间 θ_c 与污泥负荷 L_S 的关系可用下式表示：

$$\text{累积} = \text{进入} - \text{出流} + \text{净增长} \qquad (5\text{-}1\text{-}16)$$

所以有下式：

$$V\frac{dX}{dt} = QX_0 - [Q_w X + (Q - Q_w)X_e] + V\left(-Y\frac{dS}{dt} - K_d X\right) \qquad (5\text{-}1\text{-}17)$$

式中 V——生物反应池容积，m^3；

$\dfrac{dX}{dt}$——累积的微生物增长速率，$mg/(L \cdot d)$；

Q——生物反应池设计流量，m^3/d；

X_0——入流微生物浓度，mg/L；

Q_w——从生物反应池排出的剩余污泥量，m^3/d；

X——生物反应池污泥浓度，mg/L；

X_e——二沉池出水挟带的污泥浓度，mg/L；

Y——产率系数，$kgMLVSS/kgBOD$；

$\dfrac{dS}{dt}$——活性污泥微生物对有机物的利用（降解）速率；

K_d——活性污泥微生物的自身氧化率，d^{-1}。

在稳态条件下，系统的生物量保持平稳，即 $\dfrac{dX}{dt}=0$，若假定进水中微生物流入量 $X_0=0$，则上式变为：

$$\frac{Q_w X + (Q-Q_w) X_e}{VX} = Y \frac{Q(S_0-S_e)}{VX} - K_d \tag{5-1-18}$$

式中 Q_w——从生物反应池排出的剩余污泥量，m^3/d；

X——生物反应池污泥浓度，mg/L；

X_e——二沉池出水挟带的污泥浓度，mg/L；

V——生物反应池容积，m^3；

Y——产率系数，$kgMLVSS/kgBOD$；

Q——生物反应池设计流量，m^3/d；

S_0——生物反应池进水 5 日生化需氧量，mg/L；

S_e——生物反应池出水 5 日生化需氧量，mg/L；

K_d——活性污泥微生物的自身氧化率，d^{-1}。

从上式可以推知：

$$\frac{1}{\theta_c} = Y \frac{Q(S_0-S_e)}{VX} - K_d = YL_S \eta S_0 - K_d \tag{5-1-19}$$

式中 θ_c——污泥泥龄，d；

Y——产率系数，$kgMLVSS/kgBOD$；

Q——生物反应池设计流量，m^3/d；

S_0——生物反应池进水 5 日生化需氧量，mg/L；

S_e——生物反应池出水 5 日生化需氧量，mg/L；

V——生物反应池容积，m^3；

X——生物反应池污泥浓度，mg/L；

K_d——活性污泥微生物的自身氧化率，d^{-1}；

L_S——生物反应池 5 日生化需氧量污泥负荷，$kgBOD_5/(kgMLSS \cdot d)$；

η——BOD 去除率，%，$\eta = \dfrac{S_0-S_e}{S_0} \times 100\%$。

在活性污泥法设计中，既可采用污泥负荷，也可采用泥龄作设计参数。但在实际运行时，控制污泥负荷比较困难，需要测定有机物量和污泥量。而用泥龄作为运转控制参数，只要求调节每日的排泥量，过程控制比较简单。

5.1.3　活性污泥反应动力学

活性污泥反应动力学是通过数学式定量或半定量揭示活性污泥系统内有机物降解、污泥增长、耗氧的规律及其与各项设计参数、运行参数和环境因素之间的关系，为工程设计和优化运行管理提供指导性意见。但是，应该注意活性污泥反应动力学模型均是在理想条件下建立的，在应用时还需根据具体条件加以修正。一般建立活性污泥反应动力学模型的假设条件如下：(1) 活性污泥系统运行处于稳定状态；(2) 活性污泥在二次沉淀池内不产生微生物代谢活动；(3) 系统中不含有毒性物质和抑制物质。

5.1.3.1　莫诺（Monod）方程式

法国学者莫诺于 1942 年采用纯菌种在单一底物的培养基上进行了微生物增殖速率与底物浓度之间关系的实验，试验结果如图 5-1-7 所示。这个结果和米凯利斯-门坦（Michaelis-Menten）于 1913 年通过试验取得的酶促反应速度和底物之间的关系曲线相似，如图 5-1-8 所示。

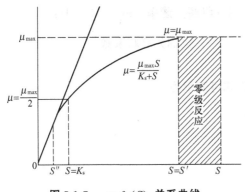

图 5-1-7　$\mu = f(S)$ 关系曲线

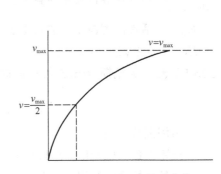

图 5-1-8　$v = f(S)$ 关系曲线

经典的米-门方程式如下式表示：

$$v = v_{\max} \frac{S}{K_{\mathrm{m}} + S} \tag{5-1-20}$$

式中　v——酶促反应中产物生成反应速率，d^{-1}；

$v_{\max}$——产物生成最大反应速率，d^{-1}；

K_{m}——米氏常数，$\mathrm{mg/L}$；

S——基质浓度，$\mathrm{mg/L}$。

莫诺进一步提出了与米-门方程式类似的表达微生物比增殖速率和底物浓度之间的动力学关系式，即莫诺方程式，如下式表示：

$$\mu = \mu_{\max} \frac{S}{K_{\mathrm{s}} + S} \tag{5-1-21}$$

式中　μ——微生物比增殖速率，即单位生物量的增殖速率，d^{-1}；

$\mu_{\max}$——微生物最大比增殖速率，d^{-1}；

K_{s}——饱和常数，为 $\mu = 1/2\mu_{\max}$ 时的底物浓度，故又称之为半速度常数，$\mathrm{mg/L}$；

S——底物浓度，$\mathrm{mg/L}$。

与微生物比增殖速率相对应的底物比降解速率，也可以用莫诺方程式加以描述，如下式表示：

$$v = v_{\max} \frac{S}{K_{\mathrm{s}} + S} \tag{5-1-22}$$

式中　v——底物比降解速率，d^{-1}；

$v_{\max}$——底物最大比降解速率，d^{-1}；

K_s——饱和常数，为 $\mu = 1/2\mu_{max}$ 时的底物浓度，故又称之为半速度常数，mg/L；

S——底物浓度，mg/L。

5.1.3.2 劳伦斯-麦卡蒂（Lawrence-Mc Carty）方程式

劳伦斯-麦卡蒂以微生物增殖和对有机底物的利用为基础，于 1970 年建立了活性污泥反应动力学方程式。劳伦斯-麦卡蒂方程式是以污泥泥龄（θ_c）和单位底物利用率（q）作为基本参数，并以第一、第二两个基本方程式表达的。

劳伦斯-麦卡蒂第一基本方程式是在表示微生物净增殖速率与有机底物被微生物利用速率之间关系式的基础上建立的，如下式表示：

$$\left(\frac{\mathrm{d}X}{\mathrm{d}t}\right)_g = Y\left(\frac{\mathrm{d}X}{\mathrm{d}t}\right)_u - K_d X_V \tag{5-1-23}$$

式中 $\left(\dfrac{\mathrm{d}X}{\mathrm{d}t}\right)_g$——活性污泥微生物净增殖速率，mg/（L·d）；

Y——产率系数，kgMLVSS/kgBOD；

$\left(\dfrac{\mathrm{d}X}{\mathrm{d}t}\right)_u$——活性污泥微生物对有机物的利用（降解）速率，mg/（L·d）；

K_d——活性污泥微生物的自身氧化率，d^{-1}，也称为衰减系数；

X_V——MLVSS，mg/L。

经过归纳整理，劳伦斯-麦卡蒂第一基本方程式可表示为：

$$\frac{1}{\theta_c} = Yq - K_d \tag{5-1-24}$$

式中 θ_c——污泥泥龄，d；

Y——产率系数，kgMLVSS/kgBOD；

q——单位有机底物利用率，d^{-1}；

K_d——活性污泥微生物的自身氧化率，d^{-1}，也称为衰减系数。

劳伦斯-麦卡蒂第一基本方程式所表示的是污泥泥龄（θ_c）和产率系数（Y）、单位底物利用率（q）以及微生物衰减系数（K_d）之间的关系。

劳伦斯-麦卡蒂第二方程式是在莫诺方程式的基础上建立的，其在概念上的基础是有机底物的降解速率等于其被微生物利用的速率，即：

$$v = q \tag{5-1-25}$$

式中 v——单位有机底物的降解速率，d^{-1}；

q——单位有机底物利用率，d^{-1}。

经过归纳整理，劳伦斯-麦卡蒂第二基本方程式可表示为：

$$\left(\frac{\mathrm{d}S}{\mathrm{d}t}\right)_u = \frac{K X_V S}{K_s + S} \tag{5-1-26}$$

式中 $\left(\dfrac{\mathrm{d}S}{\mathrm{d}t}\right)_u$——有机底物被微生物利用速率（降解速率），mg/（L·d）；

K——单位微生物量的最高底物利用速率，即莫诺方程式中的 v_{max}，d^{-1}；

X_V——反应池内微生物浓度，即活性污泥浓度，mg/L；

S——底物浓度，mg/L；

K_s——系数，其值等于 $q = \dfrac{1}{2}K$ 时的有机底物浓度，因而又称为半速率系数，mg/L。

劳伦斯-麦卡蒂第一基本方程式所表示的是有机底物的利用率（降解率）与反应池内微生物浓度和微生物周围有机底物浓度之间的关系。

5.1.3.3　劳伦斯-麦卡蒂方程式的推论和应用

劳伦斯-麦卡蒂以自己提出的反应动力学方程式为基础，通过对活性污泥处理系统的物料平衡计算，导出了具有一定应用意义的各项关系式。

（1）确立处理水有机底物浓度（S_e）与污泥泥龄（θ_c）之间的关系

$$S_e = \frac{K_s \left(\frac{1}{\theta_c} + K_d \right)}{Y v_{max} - \left(\frac{1}{\theta_c} + K_d \right)} \tag{5-1-27}$$

式中　S_e——处理水有机底物浓度，mg/L；

K_s——半速率系数，mg/L；

θ_c——污泥泥龄，d；

K_d——活性污泥微生物的自身氧化率，d^{-1}，也称为衰减系数；

Y——产率系数，kgMLVSS/kgBOD；

v_{max}——底物最大比降解速率，d^{-1}。

（2）确立活性污泥浓度（X_v）与污泥泥龄（θ_c）间的关系

$$X_v = \frac{\theta_c Y (S_0 - S_e)}{t (1 + K_d \theta_c)} \tag{5-1-28}$$

式中　X_v——反应池内活性污泥浓度，mg/L；

θ_c——污泥泥龄，d；

Y——产率系数，kgMLVSS/kgBOD；

S_0——生物反应池进水 5 日生化需氧量，mg/L；

S_e——生物反应池出水 5 日生化需氧量，mg/L；

t——污水在反应池内的反应时间，d；

K_d——活性污泥微生物的自身氧化率，d^{-1}，也称为衰减系数。

（3）确立了污泥回流比（R）与污泥泥龄（θ_c）的关系

$$\frac{1}{\theta_c} = \frac{Q}{V} \left(1 + R - R \frac{X_r}{X_V} \right) \tag{5-1-29}$$

式中　θ_c——污泥泥龄，d；

Q——污水量，m^3/d；

V——生物反应池容积，m^3；

R——污泥回流比；

X_r——回流污泥浓度，mg/L；

X_V——反应池内活性污泥浓度，mg/L。

（4）确立了总产率系数（Y）、表观产率系数（Y_{obs}）和污泥泥龄（θ_c）的关系

总产率系数 Y 所表示的是微生物增殖总量，没有去除由于微生物内源呼吸作用而使其本身质量消亡的那一部分，所以这个产率系数也称为合成产率。实测的微生物增殖量实际上没有包括由于内源呼吸作用而减少的那部分微生物质量，也就是微生物的净增殖量，这一产率称为表观产率。总产率系数（Y）、表观产率系数（Y_{obs}）和污泥泥龄（θ_c）的关系如下式表示：

$$Y_{obs} = \frac{Y}{1 + K_d \theta_c} \tag{5-1-30}$$

式中　Y_{obs}——表观产率，kgMLVSS/kgBOD；

Y——产率系数，kgMLVSS/kgBOD；

K_d——活性污泥微生物的自身氧化率，d^{-1}，也称为衰减系数；

θ_c——污泥泥龄，d。

在工程实践中，Y_{obs}是一项重要的参数，它对设计、运行管理都有较重要的意义，也有一定的理论价值。

（5）低浓度有机底物条件下对莫诺方程式的推论

在低浓度有机底物条件下，$K_s \gg S$，则：

$$v = v_{max}\frac{S}{K_s} = K_2 S \tag{5-1-31}$$

式中　v——底物比降解速率，d^{-1}；

v_{max}——底物最大比降解速率，d^{-1}；

S——底物浓度，mg/L；

K_s——饱和常数，为 $\mu = 1/2\mu_{max}$ 时的底物浓度，故又称之为半速度常数，mg/L；

K_2——系数，$K_2 = \dfrac{v_{max}}{K_s}$。

又因为

$$q = v \tag{5-1-32}$$

式中　q——单位有机底物利用率，d^{-1}；

v——单位有机底物的降解速率，d^{-1}。

则：

$$\frac{\left(\dfrac{dS}{dt}\right)_u}{X_V} = K_2 S \tag{5-1-33}$$

式中

$\left(\dfrac{dS}{dt}\right)_u$——有机底物被微生物利用速率（降解速率），mg/(L·d)；

X_V——反应池内微生物浓度，即活性污泥浓度，mg/L；

K_2——系数，$K_2 = \dfrac{v_{max}}{K_s}$；

S——底物浓度，mg/L。

在稳定条件下，下式成立：

$$\left(\frac{dS}{dt}\right)_u = \frac{S_0 - S_e}{t} = \frac{Q(S_0 - S_e)}{V} \tag{5-1-34}$$

式中　$\left(\dfrac{dS}{dt}\right)_u$——有机底物被微生物利用速率（降解速率），mg/(L·d)；

S_0——生物反应池进水 5 日生化需氧量，mg/L；

S_e——生物反应池出水 5 日生化需氧量，mg/L；

t——污水在反应池内的反应时间，d；

Q——污水量，m^3/d；

V——生物反应池容积，m^3。

则对于完全混合生物反应池，则可以用下式表示：

$$\frac{Q(S_0 - S_e)}{V} = K_2 S_e X_V = q X_V \tag{5-1-35}$$

式中　Q——污水量，m^3/d；

S_0——生物反应池进水 5 日生化需氧量，mg/L；

S_e——生物反应池出水 5 日生化需氧量，mg/L；

V——生物反应池容积，m^3。

K_2——系数，$K_2=\dfrac{v_{max}}{K_s}$；

X_V——反应池内微生物浓度，即活性污泥浓度，mg/L；

q——单位有机底物利用率，d^{-1}。

经整理后可用下式表示：

$$V=\frac{Q(S_0-S_e)}{qX_V} \tag{5-1-36}$$

由此可以求得生物反应池体积，式中各符号表示意义同式 5-1-35。

5.1.4　活性污泥法脱氮除磷

5.1.4.1　生物脱氮

污水中存在着有机氮、NH_3-N、NO_x^--N 等形式的氮，生物脱氮是在微生物的作用下，将有机氮和 NH_3-N 转化为 N_2 气体的过程，分为氨化—硝化—反硝化三个步骤，有机氮通过氨化作用转化为 NH_3-N，而后经硝化作用转化为 NO_x^--N，通过反硝化作用使 NO_x^--N 转化为 N_2 排入大气。

（1）氨化作用

氨化作用是指将有机氮化合物转化为 NH_3-N 的过程。参与氨化作用的细菌称为氨化细菌。在自然界中，它们的种类很多，主要有好氧性的荧光假单胞菌和灵杆菌，兼性的变形杆菌和厌氧的腐败梭菌等。在好氧条件下，主要有两种降解方式，一是氧化酶催化下的氧化脱氨，例如氨基酸生成酮酸和氨，其反应式为：

$$\underset{\text{丙氨酸}}{CH_3CH(NH_3)COOH}\longrightarrow\underset{\text{亚氨基丙酸}}{CH_3C(NH_2)COOH}\longrightarrow\underset{\text{丙酮酸}}{CH_3COCOOH}+NH_3 \tag{5-1-37}$$

另一是某些好氧菌，在水解酶的催化作用下的水解脱氨反应，例如尿素能被许多细菌水解产生氨，分解尿素的细菌有尿八联球菌和尿素芽孢杆菌等，它们是好氧菌，其反应式为：

$$(NH_2)_2CO+2H_2O\longrightarrow 2NH_3+CO_2+H_2O \tag{5-1-38}$$

在厌氧或缺氧的条件下，厌氧微生物和兼性厌氧微生物对有机氮化合物进行还原脱氨、水解脱氨和脱水脱氨三种途径的氨化反应，其反应式为：

$$RCH(NH_2)COOH\xrightarrow{+2H}RCH_2COOH+NH_3 \tag{5-1-39}$$

$$CH_3CH(NH_2)COOH\xrightarrow{+H_2O}CH_3CH(OH)COOH+NH_3 \tag{5-1-40}$$

$$CH_2(OH)CH(NH_2)COOH\xrightarrow{-H_2O}CH_3COCOOH+NH_3 \tag{5-1-41}$$

（2）硝化作用

1）硝化反应

硝化作用是指将 NH_3-N 氧化为 NO_x^--N 的生物化学反应，这个过程由亚硝化菌和硝化菌共同完成，包括亚硝化反应和硝化反应两个步骤。

亚硝化反应的反应式为：

$$NH_4^++\frac{3}{2}O_2\xrightarrow{\text{亚硝化菌}}NO_2^-+H_2O+2H^+\qquad \Delta G_0'=-278.42\ kJ/mol\ NH_4^+-N \tag{5-1-42}$$

硝化反应的反应式为：

$$NO_2^-+\frac{1}{2}O_2\xrightarrow{\text{硝化菌}}NO_3^-\qquad \Delta G_0'=-72.27\ kJ/mol\ NO_2^--N \tag{5-1-43}$$

总反应式为：

$$NH_4^+ + 2O_2 \xrightarrow{\text{硝化菌}} NO_3^- + H_2O + 2H^+ \qquad \Delta G_0' = -351kJ \tag{5-1-44}$$

亚硝化菌有亚硝化单胞菌属、亚硝化螺杆菌属和亚硝化球菌属。硝化菌有硝化杆菌属、硝化球菌属。亚硝化菌和硝化菌统称为硝化菌。发生硝化反应时细菌分别从氧化 NH_3-N 和 NO_2^--N 的过程中获得能量，碳源来自无机碳化合物，如 CO_3^{2-}、HCO^-、CO_2 等。假定细胞的组成为 $C_5H_7NO_2$，则硝化菌合成的反应式可分别表示为亚硝化反应和硝化反应。

亚硝化反应的反应式为：

$$15CO_2 + 13NH_4^+ \longrightarrow 10NO_2^- + 3C_5H_7NO_2 + 23H^+ + 4H_2O \tag{5-1-45}$$

硝化反应的反应式为：

$$5CO_2 + NH_4^+ + 10NO_2^- + 2H_2O \longrightarrow 10NO_3^- + C_5H_7NO_2 + H^+ \tag{5-1-46}$$

在综合考虑了氧化合成后，实际应用中的硝化反应总方程式为：

$$NH_4^+ + 1.86O_2 + 1.98HCO_3^- \longrightarrow 0.02C_5H_7NO_2 + 1.04H_2O + 0.98NO_3^- + 1.88H_2CO_3 \tag{5-1-47}$$

由上式可以看出硝化过程的 3 个重要特征：

a. NH_3 的生物氧化需要大量的氧，大约每去除 1g 的 NH_3-N 需要 $4.2gO_2$；

b. 硝化过程细胞产率非常低，难以维持较高物质浓度，特别是在低温的冬季；

c. 硝化过程中产生大量的质子（H^+），为了使反应能顺利进行，需要大量的碱中和，理论上大约为每氧化 1g 的 NH_3-N 需要碱度 7.14g（以 $CaCO_3$ 计）。

2）硝化反应影响因素

a. 温度

在生物硝化系统中，硝化细菌对温度的变化非常敏感，在 10～37℃ 的范围内，硝化菌能进行正常的生理代谢活动。当污水温度低于 15℃ 时，硝化速率会明显下降，当温度低于 10℃ 时已启动的硝化系统可以勉强维持，硝化速率只有 30℃ 时的硝化速率的 25％。在 30～35℃ 范围内，生长速率恒定，在 35～40℃ 范围内，增加速率开始递减，直至到达高温段（50～60℃）不发生硝化。

硝化细菌的生长速率和温度的关系式为：

$$\mu_N = (\mu_{N,15})[10^{0.098(T-15)}] \tag{5-1-48}$$

式中　　μ_N——$T℃$ 时硝化细菌的比生长速率，d^{-1}；

　　$\mu_{N,15}$——15℃ 时硝化细菌的最大比生长速率，d^{-1}，取 0.47；

　　T——运行温度，℃。

b. pH 值

在硝化作用中，硝化菌对 pH 值变化非常敏感。在一定温度下，为了达到最大的比生长速率，有一最佳的 pH 值，一般为 8.0～8.4。在这一最佳 pH 值条件下，硝化速度、硝化菌最大的比增殖速度可达最大值。当 pH 超出这一范围时，硝化速率将降低。有科学家提出，pH 为非最佳值时，硝化菌的最大比生长速率和最佳 pH 值时的最大比生长速率之间的关系式为：

$$\mu_N = \frac{(\mu_{N,pH})}{1 + 0.04[10^{(pH'-pH)} - 1]} \tag{5-1-49}$$

式中　　μ_N——运行 pH 值时硝化细菌的比生长速率，d^{-1}；

　　$(\mu_{N,pH})$——最佳 pH 值时的硝化菌生长速率，d^{-1}；

　　pH'——最佳 pH 值，对亚硝化菌为 8.0～8.4；

　　pH——运行 pH 值。

c. 溶解氧

氧是硝化反应过程中的电子受体，反应器内溶解氧高低，必将影响硝化反应的进程。溶解氧浓度 DO 和硝化菌比生长速率之间的关系可用下式表示：

$$\mu_N = (\mu_{N,max}) \frac{DO}{K_0 + DO} \tag{5-1-50}$$

式中　μ_N——运行条件下硝化细菌的比生长速率，d^{-1}；

$(\mu_{N,max})$——最佳溶解氧值时的硝化细菌比生长速率，d^{-1}；

　　DO——溶解氧浓度，mg/L；

　　K_0——半速率常数，mg/L，$K_0 = 0.1 \sim 2.0\ mgO_2/L$，通常为 $0.2 \sim 0.4\ mgO_2/L$。

在活性污泥法系统中，一般认为溶解氧浓度至少保持不低于 2.0mg/L 的水平。在这种情况下，若在生物反应池中考虑进行硝化过程，则溶解氧浓度对硝化过程的影响可不必再加以考虑。若溶解氧低于 0.5mg/L，则硝化作用趋于停止。硝化可在高溶解氧状态下运行，溶解氧浓度高达 60mg/L 时硝化过程也不会受到抑制。

d. 污泥平均停留时间（污泥泥龄）

为了使硝化菌群能够在连续流反应器系统存活，微生物在反应器内的停留时间 $(\theta_c)_N$ 必须大于自养型硝化菌最小的世代时间 $(\theta_c)_{N,min}$，否则硝化菌的流失率将大于净增率，将使硝化菌从系统中流失殆尽。一般对 $(\theta_c)_N$ 的取值，至少应为硝化菌最小世代时间的 2 倍以上，即安全系数应大于 2。

e. 重金属和有毒物质

重金属对硝化反应具有较大的影响，其各自的浓度范围如表 5-1-9 所示。

污水中重金属对硝化反应的抑制作用　　　　　　　　　　表 5-1-9

金　属	浓度（mg/L）	作　用
Cu	$0.05 \sim 0.56$	抑制亚硝化菌的活性（纯培养）
Cu	5	在活性污泥中无实质性的抑制
Cu	150	活性污泥受到 75% 的抑制
Ni	> 0.25	抑制亚硝化菌生长（纯培养）
Cr^{3+}	> 0.25	抑制亚硝化菌生长（纯培养）
Cr^{3+}	118	活性污泥受到 75% 的抑制
Zn	$0.08 \sim 0.5$	抑制亚硝化菌（纯培养）
Co	$0.08 \sim 0.5$	抑制亚硝化菌（纯培养）

除了重金属外，对硝化反应产生抑制作用的物质还有高浓度氨氮、高浓度硝酸盐有机物和络合阳离子等，它们对硝化反应的抑制作用如表 5-1-10 所示。

污水中除重金属外的一些物质对硝化反应的抑制作用　　　　表 5-1-10

化合物	分　子　式	分子量	对氨氧化产生 75% 抑制所需的浓度 mg/L	对氨氧化产生 75% 抑制所需的浓度 摩尔浓度
硫脲	$(NH_2)_2CS$	76	0.076	$\times 10^{-6}$
硫代乙酰胺	$CH_3 \cdot CS \cdot NH_2$	75		
氨基硫脲	$NH(NH_2)CSNH_2$	90	0.53	7×10^{-6}
甲基异硫氰酸盐	$CH_3 \cdot NCS$	73	0.8	1.1×10^{-5}
烯丙基异硫氰酸盐	$CH_2 : CH \cdot CH_2 \cdot NCS$	99	0.9	1.9×10^{-5}

化合物	分 子 式	分子量	对氨氧化产生75%抑制所需的浓度	
			mg/L	摩尔浓度
二硫代草酸铵	$NH_2 \cdot CS \cdot CS \cdot NH_2$	120	1.1	9.2×10^{-6}
硫化氰化钾	KCNS	97	300①	3.1×10^{-3}①
甲基二硫代碳酸钠	$CH_3 \cdot NH \cdot CS \cdot SNa$	129	0.9	7×10^{-6}
二甲基二硫代碳酸钠	$(CH_3)_2 \cdot N \cdot CS \cdot SNa$	143	13.6	9.5×10^{-5}
二甲基二硫代二甲碳酸铵	$(CH_3)_2 \cdot N \cdot CS \cdot S \cdot NH_2(CH_3)_2$	166	19.3	11.6×10^{-5}
环戊二硫代氨基甲酸钠	$C_5H_9 \cdot NH \cdot CS \cdot SNa \cdot 2H_2O$	219	23	10.5×10^{-5}
环戊二硫代氨基哌啶鎓	$C_5H_9 \cdot NH \cdot CS \cdot SNH_2C_5H_{10}$	246	57	2.3×10^{-4}
甲基硫酸硫脲鎓盐	$[NH_2 \cdot C(:NH) \cdot S \cdot CH_3]_2H_2SO_4$	278	6.5	2.3×10^{-5}
苯基盐酸硫脲鎓盐	$[NH_2 \cdot C(:NH) \cdot S \cdot CH_2(C_6H_5)]HCl$	203	49	2.4×10^{-4}
单硫化四甲基秋蓝姆	$(CH_3)_2 \cdot N \cdot CS \cdot S \cdot CS \cdot N(CH_3)_2$	208	16	7.5×10^{-5}
二硫化四甲基秋蓝姆	$(CH_3)_2 \cdot N \cdot CS \cdot S \cdot S \cdot CS \cdot N(CH_3)_2$	240	30	1.2×10^{-4}
巯基苯并噻唑	$C_6H_4 \cdot SC(SH):N$	167	3	1.8×10^{-5}
二硫化苯并噻唑	$C_{14}H_8N_2S_4$	332	38	1.2×10^{-4}
酚	$C_6H_5 \cdot OH$	94	5.6	6×10^{-5}
邻甲苯酚	$CH_3 \cdot C_6H_4 \cdot OH$	107	12.8	1.2×10^{-4}
间甲苯酚	$CH_3 \cdot C_6H_4 \cdot OH$	107	11.4	1.06×10^{-4}
对甲苯酚	$CH_3 \cdot C_6H_4 \cdot OH$	107	16.5	1.53×10^{-4}
苯胺	$C_6H_5 \cdot NH_2$	93	7.7	8.3×10^{-5}
2,4-二硝基苯	$C_6H_4(NO_2)_2$	184	460	2.5×10^{-3}
烯丙醇	$CH_2:CH \cdot CH_2OH$	58	19.5	3.4×10^{-4}
烯甲基氯	$CH_2:CH \cdot CH_2Cl$	76.5	180	2.4×10^{-3}
烯丙基醚	$(CH_2:CH \cdot CH_2)_2O$	98	100	1×10^{-3}
氰化钠	NaCN	27	0.65	2.4×10^{-5}
二甲基对亚硝基苯胺	$(CH_3)_2N \cdot C_6H_4 \cdot NO$	150	19	1.3×10^{-4}
碳酸缩二胍	$[(NH_2)_2 \cdot C:NH]H_2CO_3$	180	16.5	9.2×10^{-4}
二苯基缩二胍	$(NHC_6H_5)_2 \cdot C:NH$	211	50①	2.5×10^{-4}①
缩二胍	$NH_2 \cdot C(:NH)NH \cdot C(:NH)NH_2$	101	50	5×10^{-4}
二氰胺	$NH_2 \cdot C(:NH)NH \cdot CN$	84	250	3×10^{-3}
3-甲基吲哚	$C_6H_4NHCH:CCH_3$	131	7.0	5.3×10^{-5}
盐酸盐马钱子碱	$C_{21}H_{22}O_2N_2 \cdot HCl \cdot 2H_2O$	407	175	4.3×10^{-4}
2-氯代-6-三氯甲基吡啶	$C_5H_3NCl(CCl_3)$	231	100	0.43×10^{-3}
氨基甲酸乙酯	$NH_2 \cdot CO \cdot OC_2H_5$	89	1780	2×10^{-2}
乙二胺四乙酸（EDTA）	$[(COOH \cdot CH_2)_2 \cdot N \cdot CH_2]_2$	292	350①	1.2×10^{-3}①
联氨	$NH_2 \cdot NH_2$	32	58	1.8×10^{-3}
盐酸甲基胺	$CH_3 \cdot NH_2 \cdot HCl$	67.5	1550	2.3×10^{-2}
三甲基胺	$N(CH_3)_3$	59	118	2×10^{-3}

化合物	分 子 式	分子量	对氨氧化产生 75% 抑制所需的浓度	
			mg/L	摩尔浓度
叠氮化钠	NaN_3	65	23	3.6×10^{-4}
亚甲基蓝	$C_{16}H_{18}N_3 \cdot SCl \cdot 3H_2O$	373.5	100①	3×10^{-4}①
二硫化碳	CS_2	76	35	0.46×10^{-3}
乙醇	C_2H_5OH	46	2400	5×10^{-2}
丙酮	$CH_3 \cdot CO \cdot CH_3$	58	2000	3.5×10^{-2}
氯仿	$CHCl_3$	119.4	18	1.5×10^{-4}
8-羟基喹啉	$C_9H_6N \cdot OH$	145	72.5	5×10^{-4}
链霉素	$C_{21}H_{39}N_7O_{12}$	581.6	400①	6.9×10^{-4}①

① 最高试验浓度，但并不有效。

（3）反硝化作用

1）反硝化反应

反硝化反应是指在厌氧或缺氧（DO<0.3～0.5mg/L）条件下，$NO_x^- \text{-N}$ 及其他氮氧化物被用作电子受体还原为氮气或氮的其他气态氧化物的生物学反应，这个过程由反硝化菌完成，反应式为：

$$NO_3^- \longrightarrow NO_2^- \longrightarrow NO \longrightarrow N_2O \longrightarrow N_2 \tag{5-1-51}$$

根据氧化还原反应，可确定利用硝酸盐或亚硝酸盐作为电子受体的氧当量。转移每摩尔电子的反应如下：

对于氧气其反应式为：

$$e^- + \frac{1}{4}O_2 + H^+ \longrightarrow \frac{1}{2}H_2O \tag{5-1-52}$$

对于硝酸盐其反应式为：

$$e^- + \frac{1}{5}NO_3^- + \frac{6}{5}H^+ \longrightarrow \frac{1}{10}N_2 + \frac{3}{5}H_2O \tag{5-1-53}$$

对于亚硝酸盐其反应式为：

$$e^- + \frac{1}{3}NO_2^- + \frac{4}{5}H^+ \longrightarrow \frac{1}{6}N_2 + H_2O \tag{5-1-54}$$

H^+ 可以是任何能提供电子且能还原 $NO_x^- \text{-N}$ 为氮气的物质，包括有机物、硫化物、H^+ 等。进行这类反应的细菌主要有变形杆菌属、微球菌属、假单胞菌属、芽孢杆菌属、产碱杆菌属、黄杆菌属等兼性细菌，它们在自然界中广泛存在。有分子氧存在时，利用 O_2 作为最终电子受体，氧化有机物，进行呼吸；无分子氧存在时，利用 $NO_x^- \text{-N}$ 进行呼吸。研究表明，这种利用分子氧和 $NO_x^- \text{-N}$ 之间的转换很容易进行，即使频繁交换也不会抑制反硝化的进行。

大多数反硝化菌在进行反硝化的同时将 $NO_x^- \text{-N}$ 同化为 $NH_3 \text{-N}$ 而供给细胞合成之用，这也就是所谓同化反硝化。只有当 $NO_x^- \text{-N}$ 作为反硝化菌唯一可利用的氮源时 $NO_x^- \text{-N}$ 同化代谢才可能发生。如果污水中同时存在 $NH_3 \text{-N}$，反硝化菌有限地利用 $NH_3 \text{-N}$ 进行合成。

2）反硝化反应影响因素

a. 温度

反硝化细菌对温度变化虽不如硝化细菌那样敏感，但反硝化效果也会随温度变化而变化，最适宜的运行温度是 15～35℃。温度越高，反硝化速率也越高，在 30～35℃时增至最大。当低于

15℃时，反硝化速率将明显降低；至 5℃以下时，反硝化将趋于停止。

温度对反硝化的影响如下式表示：

$$K_{de(T)} = K_{de(20)} 1.08^{(T-20)} \tag{5-1-55}$$

式中　$K_{de(T)}$——T℃时反硝化细菌的比生长速率，d^{-1}；

　　　$K_{de(20)}$——20℃时反硝化细菌的比生长速率，d^{-1}，无试验资料时，可采用 0.03～0.06，kgNO$_3$-N/（kgMLSS·d）；

　　　T——反应温度，℃。

b. pH 值

pH 值是反硝化反应的重要影响因素，反硝化最适宜的 pH 值为 7.0～7.5，在这个范围内，反硝化速率最高，当 pH 值高于 8 或低于 6 时，反硝化反应受到抑制。

pH 与反硝化速率之间的关系如下式表示：

$$K_{de} = \frac{K_{de,max}}{1 + K_1 \cdot I} \tag{5-1-56}$$

式中　K_{de}——运行 pH 时反硝化细菌的比生长速率，d^{-1}；

　　　$K_{de,max}$——最佳 pH 时反硝化细菌的比生长速率，d^{-1}；

　　　K_1——常数；

　　　I——抑制浓度，$I = 10^{(pH_{max}-pH)} - 1$，$pH_{max}$ 为最佳 pH 值，pH 为实际运行的 pH 值。

环境的 pH 不仅影响反硝化速率，而且也影响反硝化的最终产物。当 pH 低于 6.0～6.9 时，最终产物以 N$_2$O 占优势，当 pH 大于 8.0 时，会出现 NO$_2^-$ 的积累。

c. 碳源

反硝化细菌是属于异养型兼性厌氧菌，在缺氧的条件下以 NO$_x$-N 为电子受体，以有机物（有机碳）为电子供体。由此可见，碳源是反硝化过程中不可缺少的一种物质，进水的 C/N 比是影响生物脱氮效果的重要因素。当污水中 BOD/TKN＝3～5 时，有机物越充分，反应速度越快；当 BOD/TKN 小于 3 时，需要外加碳源才能达到理想的脱氮目的。因此碳源对反硝化效果影响很大。反硝化的碳源来源主要分 3 类：一是污水本身的组成物，如各种有机酸、淀粉、碳水化合物等；二是污水处理过程中添加碳源，一般可以添加一些工业副产物，如乙酸、丙酸和甲醇等；三是活性污泥自身死亡自溶释放的碳源，称为内源碳。

d. 溶解氧

反硝化细菌是异养兼性厌氧菌，只有在无分子氧而同时存在硝酸根离子和亚硝酸根离子的条件下，它们才能利用这些离子中的氧进行呼吸，使硝酸盐还原。如反应器内溶解氧较高，将使反硝化菌利用氧进行呼吸，抑制反硝化菌体内硝酸盐还原酶的合成，或者氧成为电子受体，阻碍硝酸盐的还原。虽然氧对反硝化脱氮有抑制作用，但它对反硝化菌本身并无抑制作用，因为反硝化菌为兼性厌氧菌，故菌体内某些特殊的酶系组分只有在有氧条件下才能合成。因此反硝化菌以在厌氧、好氧交替环境中生活为宜。一般来说，在悬浮污泥法反硝化系统中，缺氧段（反硝化反应器）的溶解氧应控制在 0.5mg/L 以下，否则会影响反硝化的正常进行。

e. 有毒物质

对反硝化有毒害影响的因子有氨、亚硝酸盐、pH 和氧等。NO$_2^-$-N 浓度超过 30mg/L 时可抑制反硝化作用；钙和氨分子的浓度过高会影响并抑制反硝化作用；盐度高于 0.63％ 会影响反硝化作用；镍浓度大于 0.5mg/L 会抑制反硝化作用。

（4）同化作用

在生物脱氮过程中，污水中的一部分氮（NH$_3$-N 或有机氮）被同化为异养生物细胞的组成部分。微生物细胞采用 C$_{60}$H$_{87}$O$_{23}$N$_{12}$P 来表示，按细胞的干重量计算，微生物细胞中氮含量约为

12.5%。虽然微生物的内源呼吸和溶胞作用会使一部分细胞的氮又以有机氮和 $NH_3\text{-}N$ 形式回到污水中，但仍存在于微生物细胞及内源呼吸残留物中的氮可以在二沉池中得以去除。

（5）生物脱氮新工艺

近年来，国内外学者对污水生物脱氮工程实践中暴露出来的问题和现象进行了大量理论和试验研究，先后提出了一些突破传统理论的新认识和新发现。在此基础上，污水生物脱氮新技术也取得了快速的发展，具有代表性的主要有以下几种工艺。

短程硝化反硝化生物脱氮（Shortcut Nitrification Denitrification）是由荷兰某技术大学开发的脱氮新工艺。其基本原理是将 $NH_3\text{-}N$ 氧化控制在亚硝化阶段，然后进行反硝化。短程硝化反硝化的生物脱氮途径与传统硝化反硝化相比，在处理高浓度有机氮污水中具有潜在的优势：1）短程硝化反硝化生物脱氮比传统硝化反硝化生物脱氮节省了 25% 的耗氧量；2）在反硝化过程中是以有机碳源作为电子供体，短程硝化反硝化仅需传统硝化反硝化 60% 的有机碳源，节省了 40% 的碳源。理论上计算，传统硝化反硝化 C/N 为 2.86:1，短程硝化反硝化 C/N 为 1.71:1，即较低的 C/N 下就可以实现短程硝化反硝化反应；3）缩短了反应历程，提高了脱氮效率。在好氧过程中短程硝化反硝化生物脱氮比传统硝化反硝化生物脱氮减少了由 $NO_2^-\text{-}N$ 氧化为 $NO_3^-\text{-}N$ 的过程，缩短了总的反应历程。另外，在短程硝化反硝化过程中由于省去了由 $NO_3^-\text{-}N$ 到 $NO_2^-\text{-}N$ 这一转化过程，反硝化碳源不再为硝酸盐还原菌优先利用，也不存在硝酸盐还原酶对亚硝酸盐还原酶的竞争性抑制，加速了脱氮效率。

同时硝化反硝化（Simultaneous Nitrification Denitrification）工艺，简单地说，是在同一个反应器中同时实现硝化和反硝化。试验研究结果表明：处理系统中的氧化还原电位在 120~180mV 范围内（此时 DO 浓度均在 1.5mg/L 以下）同时硝化反硝化的处理效果最好，总氮去除率可达到 60%~70%。根据试验研究可知，同时硝化反硝化现象确实存在于多种污水处理工艺中。目前大多数学者认为其机理的探讨主要从微环境理论、微生物学和生物化学的角度来研究：1）从微环境角度来看，由于微生物个体形态非常微小，一般属 μm 级，影响生物的生存环境也是微小的。由于微生物种群结构、基质分布、代谢活动和生物化学反应的不均匀性，以及物质传递的变化等因素的相互作用，在活性污泥菌胶团和生物膜内部会存在多种多样的微环境类型。即使在好氧性微环境占主导地位的活性污泥系统中，也常常同时存在少量的微氧、缺氧、厌氧等状态的微环境。2）从生物学和生物化学角度来看，主要有 2 种观点存在：一种提出的好氧反硝化的概念，认为好氧反硝化菌和好氧反硝化酶系的存在导致了这种现象。目前已知的好氧反硝化菌有 Pseudoonas. spp、Alcaligensfaecalis、Thiosphaera、Pantotropha 等，这些菌种为好氧反硝化的解释提供了生物学依据。另一种提出的好氧反氨化的概念，即在有氧气限制的情况下，$NH_3\text{-}N$ 直接转化为氮气。同时硝化反硝化有以下优点：1）硝化过程中消耗碱度，反硝化过程中产生碱度，这样同时硝化反硝化能有效地保持反应器中 pH 值稳定，而且无需添加外碳源，考虑到硝化菌最适 pH 值范围很窄，仅为 7.15~8.16，因此这一点很重要。2）同时硝化反硝化意味着在同一反应器、相同的操作条件下，硝化和反硝化能同时进行，如果能够保证在好氧池中一定效率的反硝化和硝化反应同时进行，那么对于连续运行的同时硝化反硝化工艺污水处理厂，可以省去缺氧池的费用，或至少可以减少反应池容积。对于仅由一个反应池组成的序批式反应器来讲，同时硝化反硝化能够降低实现完全硝化反硝化所需的时间。同时硝化反硝化系统提供了今后降低投资并简化生物脱氮技术的可能性。然而，对于同时硝化反硝化的机理还缺乏深入的认识与了解，要使该项技术实用化还有大量研究工作有待完成。

SHARON（Single reactor High activity Ammonia Removal Over Nitrite，亚硝化反应器）工艺是由荷兰某技术大学开发的脱氮新工艺。该工艺的核心是利用亚硝化菌要求的最小 SRT 小于硝化菌及在高温（30℃~35℃）下亚硝化菌的生长速率明显高于硝化菌的生长速率的特性来控制

系统的 SRT 在硝化菌和亚硝化菌的最小 SRT 之间，从而使亚硝化菌具有较高的浓度而硝化菌被自然淘汰，同时对系统内的温度和 pH 进行严格控制，维持稳定的亚硝化菌积累。SHARON 工艺主要用于处理城市污水二级处理系统中污泥厌氧消化的上清液和垃圾滤出液等污水。荷兰已建成 2 座利用该工艺的污水生物脱氮处理厂，证明了亚硝化型生物脱氮的可行性。由于这些污水本身温度较高，属高氨高温水，有利于进行短程硝化反硝化，可使硝化系统中亚硝化菌的积累达到 100%。但大量的城市污水，一般都属于低氨低温水，要使水温升高并保持在 30~35℃ 很难实现。

OLAND（Oxygen-Limited Autotrophic Nitrification Denitrification，氧限制自氧硝化反硝化）工艺是由比利时某微生物生态实验室开发的。该工艺的技术关键是控制溶解氧浓度，使硝化过程仅进行到 $NO_2^- $-N 阶段。由于亚硝化菌对溶解氧的亲和力较硝化菌强，亚硝化菌氧饱和常数则比硝化菌低，OLAND 工艺就利用了这两类菌动力学特性的差异，实现了在低溶解氧状态下淘汰硝化菌，积累大量亚硝化菌的目的。但对于悬浮系统来说，低氧状态下活性污泥易解体和发生丝状膨胀。目前该工艺还停留在实验室探索阶段，面临的主要问题是自养型亚硝化菌的活性较低，污泥氨氧化速率只有 $2mg/ (g \cdot d)$。

1999 年，有科学家提出了一种新型生物脱氮工艺——CANON（Completely Autotrophic Nitrogen Removal Over Nitrite，生物膜内自养脱氮工艺）。该工艺在单个反应器或生物膜内，通过控制溶解氧实现亚硝化和厌氧氨氧化，从而达到脱氮的目的。在污水处理系统中，CANON 工艺是一种既经济又高效的选择，特别是对那些含高氨氮、低有机碳的污水的处理。目前该工艺在世界范围内仍处于研发阶段，没有真正的工程应用实例，但它必将会给污水脱氮技术带来革命性的变革。

1990 年，荷兰某技术大学的生物技术实验室开发出 Sharon-Anammox（亚硝化－厌氧氨氧化）工艺，即在厌氧条件下，微生物直接以 NH_4^+ 做电子供体，以 NO_2^- 为电子受体，将 NH_4^+ 或 NO_2^- 转变成 N_2 的生物氧化过程。由于厌氧氨氧化过程是自养的，因此不需要另加碳源支持反硝化作用，与常规脱氮工艺相比可节约 100% 的碳源。而且，如果把厌氧氨氧化过程与一个前置的硝化过程结合在一起，那么硝化过程只需要将部分 NH_4^+ 氧化为 $NO_2^- $-N，这样的短程硝化可比全程硝化节省 62.5% 的供氧量和 50% 的耗碱量。Sharon-Anammox 工艺被用于处理厌氧硝化污泥上清液并首次应用于荷兰鹿特丹的污水处理厂。由于剩余污泥浓缩后再进行厌氧消化，污泥分离液中的氨浓度很高，达 1200~2000mg/L，因此，该污水处理厂采用了 Sharon-Anammox 工艺，并取得了良好的氨氮去除效果。

5.1.4.2 生物除磷

（1）传统生物除磷

1）生物除磷反应

在厌氧条件下，聚磷菌将体内储藏的聚磷分解，产生的磷酸盐进入液体中（放磷），同时产生的能量可供聚磷菌在厌氧压抑条件下生理活动之需，还可用于主动吸收外界环境中的可溶性脂肪酸，在菌体内以聚-β-羟基丁酸酯（PHB）的形式储存。细胞外的乙酸转移到细胞内生成乙酰 CoA 的过程需要耗能，这部分能量来自菌体内聚磷的分解，聚磷分解导致了可溶性磷酸盐从菌体内的释放和金属阳离子转移到细胞外，其反应式为：

$$2C_2H_4O_2 + (HPO_3) + H_2O \longrightarrow (C_2H_4O_2)_2 + PO_4^{3-} + 3H^+$$

聚磷　　　　　　　　　　　储存的有机物

(5-1-57)

在好氧条件下，聚磷菌体内的 PHB 分解成乙酰 CoA，一部分用于细胞合成，大部分进入三羧酸循环和乙醛酸循环，产生氢离子和电子；从 PHB 分解过程中也产生氢离子和电子，这两部分氢离子和电子经过电子传递产生能量，同时消耗氧。产生的能量一部分供聚磷菌正常的生长繁殖，另一部分供其主动吸收环境中的磷，并合成聚磷，使能量储存在聚磷的高能磷酸键中，这就导致菌体从外界吸收可溶性的磷酸盐和金属阳离子进入体内。

好氧条件下的反应式为：

$$C_2H_4O_2+0.16NH_4^++1.2O_2+0.2PO_4^{3-}\longrightarrow 0.16C_5H_7NO_2+1.2CO_2+0.2(HPO_3)+0.44OH^-+1.44H_2O$$

$\qquad$储存的有机物 $\qquad\qquad\qquad\qquad\qquad\qquad\qquad\qquad\qquad$聚磷 $\qquad\qquad\qquad\qquad$(5-1-58)

缺氧条件下的反应式为：

$$C_2H_4O_2+0.16NH_4^++0.96NO_3^-+0.2PO_4^{3-}\longrightarrow 0.16C_5H_7NO_2+1.2CO_2+0.2(HPO_3)+1.4OH^-+0.48N_2+0.96H_2O$$

$\qquad$储存的有机物 $\qquad\qquad\qquad\qquad\qquad\qquad\qquad\qquad\qquad$聚磷 $\qquad\qquad\qquad\qquad$(5-1-59)

聚磷菌是一类生长较慢的细菌，它之所以能在厌氧和好氧系统中占优势，与其能够进行聚磷和储存与分解 PHB 有关。在厌氧条件下，聚磷菌不能分解外界的有机物来获得能量，可以分解体内的聚磷获得能量而生长繁殖；在好氧条件下，聚磷菌在外界可获得的营养基质很少的情况下，分解体内的 PHB 获得能量而生长繁殖。因此，聚磷菌与其他微生物相比，更能适应厌氧和好氧交替的环境而成为优势菌群。

随着认识的不断加深，发现有许多种细菌能够大量地吸收磷。主要分为 2 类：

a. 聚磷微生物（*Poly-Porganisms*）：这种菌能够以聚磷酸盐的形式储存磷以满足生长需要，如不动杆菌（*Acinetobacter*）和放线菌属（*Microthrix Parvicella*）；

b. 聚磷菌（Phosphate accumulating organisms，PAO）：这种微生物在厌氧条件下储存有机物，而在缺氧或好氧条件下储存聚磷酸盐。这种菌才是真正的除磷菌。

对于污水生物除磷工艺中的聚磷菌，早期的研究认为主要是不动杆菌（*Acinetobacter*），而目前较多的研究则认为，微生物除磷过程中起主要作用的是假单胞菌属（*Pseu-domonas*）和气单胞菌属（*Aeromonas*），而不是不动杆菌。有研究认为，不动杆菌仅占总聚磷菌的 1%～10%，而假单胞菌和气单胞菌可占 15%～20%。此外，他们还发现诺卡氏菌（*Nocardia*）体内具有聚磷颗粒。

在污水生物除磷工艺中，除聚磷菌外，还有发酵产酸菌和异养好氧菌。异养好氧菌属非聚磷菌，对微生物除磷贡献不大，而发酵产酸菌和聚磷菌在除磷方面是互不可分密切相关的，因此我们关心的主要是聚磷菌和发酵产酸菌。聚磷菌一般只能利用低级的脂肪酸（如乙酸等），而不能直接利用大分子有机基质，这就需要发酵产酸菌的作用将大分子物质分解为小分子物质。因此，如果没有发酵产酸菌的作用或这种作用受到抑制（如硝酸盐存在时），则聚磷菌便难以利用放磷中产生的能量来合成 PHB，因而也难以在好氧阶段通过分解 PHB 来获得足够的能量过量摄磷和吸磷，从而影响系统的处理效果。在除磷工艺中，气单胞菌除具有聚磷作用外，其主要功能是发酵产酸，为其他聚磷菌提供可利用的基质，而假单胞菌和不动杆菌则主要起聚磷的作用。

2）生物除磷影响因素

在生物除磷系统中，许多因素都对除磷效率有很大影响，在各种工艺的运行过程中，都必须注意对这些因子的控制。

a. 碳源的浓度和种类

碳源的浓度是影响生物除磷效果的一个重要因素。有机物浓度越高，污泥放磷越早越快。这是由于有机物浓度提高后诱发了反硝化作用，并迅速消耗硝酸盐。其次可为发酵产酸菌提供足够的养料，从而为聚磷菌提供放磷所需的溶解性基质。在无硝酸盐回流到厌氧区的生物除磷系统中，BOD：P 的值至少为 15～20。

磷的释放与厌氧区内溶解性可快速生物降解有机基质密切相关。磷的释放基本上取决于进水中碳源的性质，而不是厌氧状态本身。诱导放磷的有机基质可划分成 3 类，它们都属于溶解性可快速生物降解有机基质：

A类：乙酸、甲酸和丙酸等低分子有机酸；

B类：乙醇、甲醇、柠檬酸和葡萄糖等；

C类：丁酸、乳酸和琥珀酸等。

A类基质存在时放磷速率较大，污泥初始线性放磷系由A类基质诱导所致，放磷速度与A类基质浓度无关，仅与活性污泥的浓度和微生物组成有关，可以认为A类基质诱导的厌氧放磷呈零级动力学反应。

B类基质必须在厌氧条件下转化成A类基质后才能被聚磷菌利用，从而诱发磷的释放。因此诱导的放磷速率主要取决于B类基质转化成A类基质的速率。B类基质诱导的厌氧放磷曲线可以近似地用莫诺方程表示。

C类基质能否引发放磷则与污泥的微生物组成有关。在用该基质驯化后，其诱发的厌氧放磷速率与A类基质相近。

混合碳源基质或污水中的有机基质对厌氧放磷的影响情况较为复杂。大分子有机物基质必须先在发酵产酸菌的作用下转化为小分子的发酵产物后，才能被聚磷菌吸收利用并诱导放磷。因此，大分子有机物基质和溶解性、可快速生物降解有机物中不能被聚磷菌直接吸收利用的基质，其诱导放磷的速率取决于非聚磷菌对它们的转化效率。

b. 溶解氧

溶解氧是影响微生物除磷的重要因子之一。厌氧区溶解氧的存在对污泥的放磷不利，因为微生物的好氧呼吸消耗了一部分可生物降解的有机基质，使产酸菌可利用的有机基质减少，结果聚磷菌所需的溶解性可快速生物降解的有机基质大大减少。厌氧放磷池的溶解氧应小于0.2mg/L。

另一方面，好氧池中的溶解氧应大于2mg/L，以保证聚磷菌利用好氧代谢中释放出来的大量能量充分地吸磷。如果有可能的话，好氧池的溶解氧可控制在2mg/L以上。

c. 硝酸盐

厌氧区中存在硝酸盐时，反硝化细菌以它们为最终电子受体而氧化有机基质，使厌氧区中厌氧发酵受到抑制而不产生挥发性脂肪酸。硝酸盐对厌氧放磷有干扰，存在硝酸盐时，磷浓度缓慢地减少（吸磷），只有当硝酸盐经反硝化全部耗完后才开始放磷。

生活污水中通常不含硝酸盐，只有某些特殊的新鲜工业废水可能含有硝酸盐，因此厌氧区中的硝酸盐和亚硝酸盐主要由回流的混合液或回流污泥带来。在高负荷系统中，泥龄短，不会发生硝化，因此也不会引起硝酸盐的问题。通常污水厂要同时脱氮除磷，要求污水硝化和反硝化，这时须精心设计以减少和避免硝酸盐对氧化还原电位、NO_3^--N和P的变化环境的干扰。

d. 温度

温度是生物除磷过程中的一个复杂影响因素。温度的升高或降低对除磷过程的影响还未被人们非常清楚地认识，这是因为温度影响活性污泥工艺的各个层面。温度的变化有时会促进生物除磷过程和提高生物处理效率，有时则相反。例如，在一个负荷非常低、任何情况下均能完成完全硝化的活性污泥工艺中温度降低对除磷效率的影响，要比高负荷运行、不进行硝化反应的活性污泥工艺小得多。一般情况下，聚磷菌吸磷和释磷速率均随温度的升高而增大。

e. pH

生物除磷系统合适的pH范围与常规生物处理相同，为中性和弱碱性，生活污水的pH通常在此范围内。对pH不合适的工业废水，处理前须先行调节并设置监测和旁流装置，以避免污泥中毒。

（2）生物除磷新技术

近年来，研究者发现了一种"兼性厌氧反硝化除磷细菌"（DPB），它可以在缺氧条件下利用NO_3^-作为电子受体氧化细胞内储存的PHA，并从环境中摄磷，实现同时反硝化和过度吸磷。兼性反硝化菌生物吸磷放磷作用的确认，不仅拓宽了除磷的途径，而且更重要的是这种细菌的吸磷放磷作用将反硝化脱氮与生物除磷有机地合二为一。该工艺具有处理过程中 COD 和 O_2 消耗量较少、剩余污泥量小等特点，并且利用 DPB 实现生物除磷，能使碳源得到有效利用，使该工艺在 COD/N 和 COD/P 值相对较低的情况下仍能保持良好的运行状态。

5.1.4.3 同时脱氮除磷

同时脱氮除磷是在一个处理系统中同时完成生物脱氮和生物除磷两个过程，其基本原理与单独脱氮、除磷是相同的。处理系统一般都包括厌氧池（区）、缺氧池（区）和好氧池（区）3 部分，根据污水水质的不同 3 部分有着多种组合方式，相应的产生了许多的同步脱氮除磷工艺。目前常见的脱氮除磷工艺有 AAO、SBR、卡鲁塞尔氧化沟和它们的改进形式，如倒置 AAO、CAST、MSBR 和卡鲁塞尔 2000、卡鲁塞尔 3000 等。

在常规的生物脱氮除磷工艺中，污泥在厌氧、缺氧和好氧之间往复循环。该污泥由硝化菌、反硝化菌、聚磷菌和其他多种微生物组成，由于不同菌的最佳生长环境不同，脱氮和除磷之间存在着矛盾。实际应用中经常出现脱氮效果好时除磷效果较差，而除磷效果好时脱氮效果不佳。因此，常规生物脱氮除磷工艺流程存在着影响该工艺有效运行的相互影响和制约的因素，主要表现为：

（1）厌氧和缺氧区污泥量的分配比影响磷释放或硝态氮反硝化的效果，厌氧区污泥量比例大则磷释放效果好，但反硝化效果差；反之，则反硝化效果好，而磷释放效果差；

（2）原污水经厌氧区进入缺氧区，磷释放与硝态氮反硝化争夺碳源，当原水中碳源不足时，磷释放或反硝化不完全；

（3）硝化菌世代繁殖时间长，要求较长的污泥龄，但磷从系统中被去除主要是通过剩余污泥的排放，因此要提高除磷效率则要求污泥龄短。对于某些含高浓度氨氮的工业废水，由于碳源不足，总氮的去除率较低。

鉴于除聚菌和硝化菌存在泥龄上的矛盾、聚磷菌和反硝化菌存在碳源上的矛盾，近年来国内外研究人员在某些改良的 UCT 脱氮除磷处理系统中和试验中发现具有反硝化功能的聚磷菌，这类细菌不仅能够以氧气作为电子受体聚磷，而且在缺氧条件下能够以硝酸盐代替溶解氧作为电子受体进行聚磷，同时将硝酸盐还原成 N_2 或氮化物和超量聚磷，即以前需要通过聚磷菌和反硝化菌完成的工作，如今只需要这一类细菌就能够完成，将反硝化与除磷这两个需碳源的过程合二为一，这样就可以最大限度地减少碳源需求量，避免了反硝化菌与聚磷菌对碳源的争夺。人们将这类细菌称为反硝化聚磷菌。

与传统的好氧吸磷相比，在保证硝化效果的同时，反硝化聚磷系统对碳源需求可减少 50%，氧的消耗和污泥产量可分别下降 30% 和 50%。碳源消耗的减少，一方面为解决处理含高氮磷工业废水存在碳源不足的问题提供了实际应用的途径，另一方面剩余的碳源可用于产生甲烷。

反硝化除磷的发现是生物除磷的最新研究成果，目前，该项技术已从基础性研究发展到工程应用阶段，典型的有 BCFS 工艺、双污泥系统生物反硝化除磷脱氮工艺和 PASF 工艺等。BCFS 工艺由荷兰大学开发，实际上是 UCT 工艺的一种变形，在工程实践中，比普通的 UCT 增加了 2 座反应池和 2 次内循环，最大限度地从工艺角度创造 DPB 的富集条件，目前已在 10 余座升级或新建污水处理厂实际应用；在双污泥系统生物反硝化除磷脱氮工艺中，硝化菌和 DPB 分别在 2 个反应器内，该工艺通常由两个不同功能的 SBR 反应器（AAO-SBR 反应器和 N-SBR 发应器）组成，AAO-SBR 反应器的主要功能是去除 COD 和反硝化除磷脱氮，N-SBR 反应器主要起硝化作用。这两个反应器的活性污泥是完全分开的，只将各自沉淀后的上清液相互交换。聚磷菌、反硝化菌共存于一个活性污泥系统中，硝化菌存在于另一个污泥系统中，成功地解决了硝化菌和聚磷菌的泥龄之争、反硝化和聚磷菌厌氧释磷的矛盾等难题；该工艺运行稳定且处理效果良好，特别适合于处理 BOD/P 值低的污水。PASF 工艺是由上海市政工程设计研究总院（集团）有限公司开发的工艺，工艺分为前后两个阶段，前阶段采用活性污泥法，主要由厌氧池、缺氧池、短泥龄好氧池、沉淀池等构筑物组成，后阶段为生物膜法，主要采用BIOSMEDI曝气生物滤池，污水顺序流经活性污泥阶段和生物膜阶段。系统包括硝化液回流和污泥回流，硝化液实际上是生物滤池出水，出水部分回流至活性污泥阶段缺氧池，以保证脱氮效果；污泥回流是沉淀池污泥部分回流到活性污泥阶段厌氧池，富含磷的剩余污泥从沉淀池排出，达到除磷的目的。

此外，同时硝化反硝化（SND）的发现，有可能为同时脱氮除磷技术开辟新的研究领域。传统的脱氮理论认为，硝化应在好氧条件下进行，而反硝化只能在厌氧环境下进行，因此在要求同时脱氮除磷时，人们往往面临两者在工艺上的矛盾。SND 机理一方面认为好氧条件下存在缺氧甚至厌氧的微环境，另一方面从微生物学的角度认为好氧条件下同时存在好氧反硝化菌和异氧硝化菌，并且一些 SND 工艺在除氮的同时，系统的除磷能力也有很大的提高。同时硝化反硝化过程的除磷特性有待深化研究。

5.2 活性污泥法分类和选用

5.2.1 活性污泥法分类和选用

活性污泥系统自 20 世纪初于英国开创以来，历经近百年的发展和不断革新，现在已拥有以传统活性污泥法为基础的多种运行方式。根据生物反应池池型可分为推流式、完全混合式和封闭环流式；根据曝气的方式可分为鼓风曝气和机械曝气；根据曝气的气源可分为空气曝气和氧气曝气；根据曝气时间长短可分为短时曝气、普通曝气和延时曝气；根据进水布置可分为一点进水和多点进水；根据二沉池位置可分为分建式和合建式；根据进水时间可分为连续流式、间歇流式和交替流式。此外还有进气布置随着污水进程而减少的渐减曝气等运行方式。

这些运行方式有的已经趋于淘汰，有的还在广泛应用，还有一些新出现的处理工艺在市场上接收实践的考验。由于不同的运行方式有着不同的适用条件，而且即使同一种运行方式在设计参数的选择上也可能存在着很大差别，在实践中需因地制宜地加以选用。

5.2.1.1 普通活性污泥法

又称为传统活性污泥法，其工艺流程如图 5-2-1 所示。

可采用鼓风扩散曝气或机械曝气。一般呈推流式，污水和回流污泥从生物反应池起始端流入，推流至池末端流出，停留时间一般为 4～8h，污泥回流比一般为 25%～100%，池

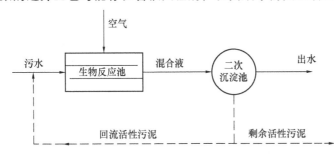

图 5-2-1　普通活性污泥法工艺流程图

内 MLSS 浓度一般为 2000～3000mg/L。入口处有机物浓度高，沿池长逐渐降低，推流式处理效率较高。运行时根据负荷变动调节 MLSS，避免负荷过小使活性污泥处于内源呼吸期的终端。BOD 负荷增大时，相应提高回流污泥率。主要特点为：

（1）一般呈推流式，池起始端易进入对数生长期，末端微生物进入内源呼吸，处理效率高。

（2）曝气时间长，吸附量大，BOD 去除率可达 85%～95%。

（3）污泥颗粒大，易沉降。

主要缺点有：

（1）对冲击负荷敏感，承受能力差，易受毒物冲击，进水水质变化对活性污泥的影响大，不适于水质变化大的场合。

（2）沿池长供氧均匀，于实际需氧有矛盾，池的首端求过于供，后端供过于求，动力消耗增高，费用增大，容积负荷低。

5.2.1.2 完全混合活性污泥法

完全混合活性污泥法工艺流程如图 5-2-2 所示。

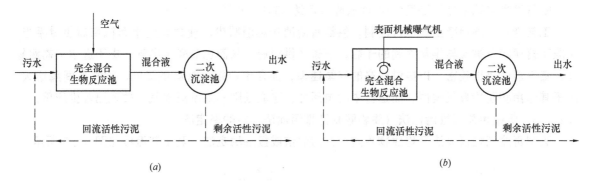

图 5-2-2 完全混合活性污泥法工艺流程图
（a）鼓风曝气；（b）机械曝气

曝气类型可采用鼓风曝气和机械曝气，BOD 去除率可达 85%～95%。

工艺特点、适用范围和运行控制：入流污水与池内混合液充分混合而稀释，浓度降低。进水在较短时间内混合均匀，忍受冲击负荷能力较强，可处理高浓度有机污水。池内各点 F/M 几乎相等，微生物群体的性质和数量基本相同。池内各部分工作情况基本一致，可控制 F/M 值，以求预期的出水水质。污泥循环量短时间减少时，去除率有所降低，注意维持曝气区污泥浓度。应严格控制充氧，确保充氧需要。

合建式生物反应池中，由于曝气区到澄清区的水头损失较高，故可获得较高的回流比。其回流比比推流式生物反应池大 2～5 倍。

缺点和问题：连续进水和出水可能产生短流，出水水质不如普通推流式活性污泥法好，管理复杂。如进水 F/M 控制不好，水温变化，排泥等掌握不好，易引起污泥膨胀。反应池机理涉及问题也复杂，对构造各部有不同要求。

5.2.1.3 阶段曝气活性污泥法（分段进水活性污泥法、多段进水活性污泥法）

阶段曝气活性污泥法又称为分段进水活性污泥法或多段进水活性污泥法，其工艺流程如图5-2-3所示。

曝气类型可采用鼓风扩散曝气，BOD去除率可达 85%～95%。

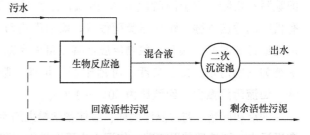

图 5-2-3 阶段曝气活性污泥法工艺流程图

工艺特点、适用范围和运行控制：污水沿池长多点进水，有机负荷分布均匀，使需氧量均化，克服前端供氧不足，后端过剩的弊病。在阶段进水段内，既降低了污泥负荷，又提高了活性污泥浓度。沿池长 F/M 分布均匀，充分发挥其降解有机物的能力。污泥浓度沿池长逐渐降低，对二沉池运行有利。本工艺能提高空气利用率、提高反应池工作能力，减轻二沉池负荷，适用各种范围水质，回流污泥为平均污水量的 25%～50%。反应池尺寸比普通曝气法小、占地少、基建省、运行一般。

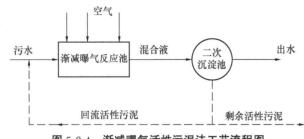

图 5-2-4 渐减曝气活性污泥法工艺流程图

曝气类型可采用鼓风曝气，BOD 去除率可达 85%～95%。

工艺特点、适用范围和运行控制：供氧量沿池长逐渐减少，使之与进水有机物需氧量相当，克服了普通曝气需氧与供氧之间的矛盾，节省了供氧量，从而也节省了电耗。由于进水端需氧量高，曝气器就排得较密，以提供较高的充氧速率，而在出口端，需氧量降低，曝气器间隔增大，由于其作用和阶段曝气类似，而运行中的灵活性、可靠性则不如阶段曝气，故现已较少应用。

缺点和问题：若入池污水得不到充分搅拌混合，会引起处理效果的下降。此外，最后一段由于曝气时间短，污泥浓度低而引起处理效果下降。

5.2.1.4 渐减曝气活性污泥法

渐减曝气活性污泥法工艺流程如图 5-2-4所示。

5.2.1.5 吸附再生活性污泥法（生物吸附活性污泥法，接触稳定法）

吸附再生活性污泥法又称生物吸附活性污泥法或接触稳定法，其工艺流程如图 5-2-5 所示。

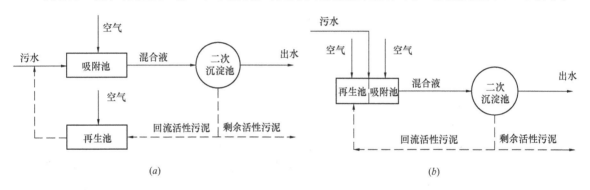

(a) (b)

图 5-2-5 吸附再生活性污泥法工艺流程图
(a) 分建式吸附再生活性污泥法系统；(b) 合建式吸附再生活性污泥法系统

曝气类型可采用鼓风曝气或机械曝气，BOD 去除率可达 80%～90%。

工艺特点、适用范围和运行控制：污水和活性污泥在吸附池内混合接触 15～60min，使污泥吸附大部分悬浮状、胶体状有机物和部分溶解性有机物，在二沉池进行固液分离，污泥在再生池将有机物进行代谢，恢复活性后引入吸附池。由于从再生池出来的污泥处于"饥饿"状态，可立即吸附有机物。在吸附阶段 F/M 值低，活性污泥浓度高，微生物处在衰减期，对水量、毒物、有机物的适应性强，耐冲击负荷性好，需氧率均匀，耗用空气量省，容积负荷高。由于只对回流污泥进行长时间的曝气，生物反应池容积可大大减少，节省基建费。本工艺主要适用于以悬浮态形态为主的污水，工艺灵活，可用于老厂扩建。吸附段和再生段可建在一个池内，也可分建 2 池，回流污泥量大，回流比为 50%～100%。

缺点和问题：对含悬浮固体、胶体物含量大的污水处理效率显著，但对以溶解性有机物为主的有机污水，则处理效果较差。如污水中溶解性物质和悬浮、胶体状物质含量经常变化，也会影响处理出水水质。

本工艺的机理是吸附沉淀氧化，因此不宜采用过长的曝气时间，否则机理可能转变为合成沉淀好氧硝化。

5.2.1.6 延时曝气活性污泥法

延时曝气活性污泥法又称为完全氧化活性污泥法，其工艺流程和传统法基本相同，如图5-2-6所示。

曝气类型可采用鼓风曝气机械曝气或 BOD 去除率可达 75%～98%。

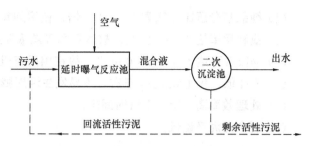

图 5-2-6　延时曝气活性污泥法工艺流程图

工艺特点、适用范围和运行控制：进池污水和活性污泥混合液的 F/M 值低，池容大，生物反应池停留时间长，微生物处于内源呼吸阶段，对有机物、合成的细胞物质均能氧化去除。由于污泥发生了氧化，故污泥量极少，主要是少量非生物降解的有机残渣和无机残渣，容易脱水。生物反应池中 MLSS 浓度较高，出水水质良好。运行时对氮磷要求低，对进水水质水量适应性好，对水温影响忍受性好，容易管理，污泥沉降性好，但需要供氧量高，适宜处理少量污水。

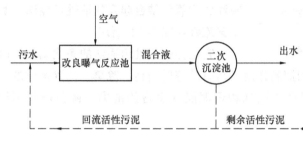

图 5-2-7　改良曝气活性污泥法工艺流程图

缺点和问题：生物反应池容积大，污泥龄长，耗氧量较高，出水中往往有微絮体不易沉降，基建费和动力费高。

5.2.1.7　改良曝气活性污泥法

改良曝气活性污泥法是一种高负荷的活性污泥法，其工艺流程如图 5-2-7 所示。

曝气类型可采用鼓风曝气，BOD 去除率可达 60%～75%。

工艺特点、适用范围和运行控制：是一种低混合液浓度的工艺方法，一般 MLSS 为 200～600mg/L，泥龄短，F/M 很高，曝气时间 0.5～3h，污泥处于对数增长期，不能把有机物全部降解，出水含有较高的 VSS。本工艺可用于中等处理程度、中间处理或预处理，只需设置格栅和沉砂池作为预处理，而不需初沉池，污泥回流率小，仅 5%～15%，回流污泥动力消耗减小。也可采用分阶段多级曝气以提高 BOD 的去除率，并使含氮有机物硝化。

缺点和问题：处理后出水水质欠佳，污泥处于对数增殖期，故生物对环境敏感，易受温度影响，易受有毒物质冲击。

5.2.1.8　高速曝气活性污泥法

高速曝气活性污泥法和上述的改良曝气活性污泥法都是短时曝气，主要的不同在于混合液浓度，前者浓度特高，后者浓度特低。高速曝气法工艺流程与改良曝气法流程基本相同，如图 5-2-8 所示。

曝气类型可采用机械曝气，BOD 去除率可达 75%～95%。

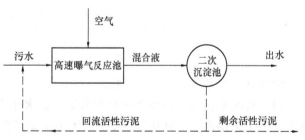

图 5-2-8　高速曝气活性污泥法工艺流程图

工艺特点、适用范围和运行控制：通过加大回流污泥量提高池内 MLSS 浓度，缩短曝气时间，使反应池在 MLSS 高、F/M 小、曝气时间短的情况下运行，微生物处于衰减期，对负荷变动的稳定性好，氧吸收率高。

5.2.1.9　纯氧曝气活性污泥法

纯氧曝气活性污泥法又称为富氧曝气活性污泥法，它采用纯氧代替鼓风曝气活性污泥法中的空气向生物反应池供氧。纯氧曝气生物反应池一般为有盖密闭，防止氧气外溢和可燃性气体进入。池内气压应略高于池外以防池外空气渗入，同时池内产生的废气如 CO_2 等得以排出。与空气曝气相比，它具有以下特点：

（1）纯氧氧分压比空气高 4.5～4.7 倍，使得纯氧曝气能大大提高氧在混合液中的扩散能力；

（2）氧利用率达 80%～90%，故达到同等氧浓度所需的供气量可大大减少；

（3）MLSS 可达 4000～7000mg/L，故在相同有机负荷时，容积负荷可大大提高；

（4）SVI 低，仅 100mL/g 左右，不易发生污泥膨胀；

（5）处理效率高，所需曝气时间短；

（6）剩余污泥产量低。

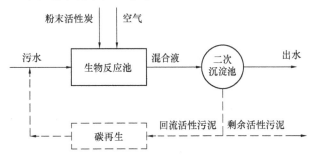

图 5-2-9 粉末活性炭活性污泥法工艺流程图

5.2.1.10 粉末活性炭活性污泥法

粉末活性炭活性污泥法又称 PACT 法（Powdered Activated Carbon Treatment Process），是一种向生物反应池内投加一定浓度的粉末活性炭，将活性炭吸附和生物氧化结合起来的活性污泥法，其工艺流程如图 5-2-9 所示。

它能强化活性污泥法的净化功能，改善出水水质，减少有毒有害物质对生物氧化的抑制作用，具有较好的脱色、除臭、消除泡沫的效果，能够改善污泥的凝聚沉淀性能，可以提高二沉池和污泥脱水设备的能力，避免产生污泥膨胀。

5.2.1.11 序批式活性污泥法

序批式活性污泥法的主要构筑物为序批反应池（Sequencing Batch Reactor），简称 SBR，故序批式活性污泥法又简称为 SBR 法。SBR 法是一种兼调节、初沉、生物降解、终沉等功能于一池的污水生化处理法，无污泥回流系统。运行时，污水进入池中，在活性污泥的作用下得到净化，经泥水分离后，净化水排出池外。根据 SBR 的运行功能，可把整个运行过程分为进水期、反应期、沉淀期、排水期和闲置期 5 个阶段，如图 5-2-10 所示。

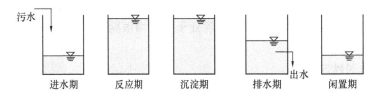

图 5-2-10 序批式活性污泥法运行周期

SBR 污水处理工艺具有以下特点：

（1）SBR 反应池可视作为一个调节池，进水水质、水量的时间变化在运行中被平均化，因此与其他工艺相比，SBR 更具承受高峰流量和有机负荷冲击的能力，BOD₅ 等各项污染指标的去除率较为稳定。

（2）在污水量低时，可将操作水位控制在较低的位置上，利用 SBR 反应池的部分容积进行运行，另外，当进水 BOD₅ 浓度低时，可通过减少曝气反应时间降低能耗。

（3）没有了调节池、二次沉淀池，没有了污泥回流设备，整个污水处理设备的构造也更简单、紧凑、占地小、工程投资省，便于维护管理。

（4）根据反应动力学理论，生物作用于有机基质的反应速率与基质浓度呈一级动力学反应，SBR 是按时间作推流的，即随着污水在池内反应时间的延长，基质浓度由高到低，是一种典型的推流型反应器。从选择器理论可知，其扩散系数最小，不存在浓度返混作用。在每个运行周期的进水阶段，SBR 反应池内的污水浓度高，生物反应速率也大，因此反应池的单位容积处理效率高于 CFS 系统中的完全混合型反应池和带返混的旋流型反应池（或称阶式完全混合型反应池）。

（5）由于 SBR 反应池内的活性污泥交替处于厌氧、缺氧和好氧状态，因此，具有脱氮除磷的功效。

（6）SBR 法的运行效果稳定，既无完全混合型反应池中的跨越流，也无接触氧化法中的沟流。

（7）SBR 反应池在运行初期，池内 BOD_5 浓度高，而 DO 浓度较低，即存在着较大的氧传递推动力，因此，在相同的曝气设备条件下，SBR 可以获得更高的氧传递效率。

（8）SBR 反应池中 BOD_5 浓度梯度的存在有利于抑制丝状菌的生长，能克服传统活性污泥法常见的污泥膨胀问题，而且污泥指数大多低于 $100mL/g$，其剩余污泥具有良好的脱水性能。

（9）在 SBR 法运行初期，反应池内剩余 DO 浓度很低，根据动力学方程式，利用游离氧作为最终电子受体的污泥产率与剩余 DO 浓度有关，当 DO 小于 $0.5mg/L$ 时，污泥产率比 DO 大于 $2.0mg/L$ 时至少要低 25%，另外，当 SBR 中硝酸盐还原菌利用 NO_3^- 作为最终电子受体进行无氧呼吸时，由于 NO_2^-/NO_3^- 的氧化还原电位较 $H_2O/_{1/2}O_2$ 的氧化还原电位高，因此电子通过电子传递链时产生的 ATP 数少，污泥产率低。

（10）按照水力学的观点，活性污泥的沉降，以在完全静止状态下沉降为佳，与连续流系统在流动中沉降不同，SBR 几乎是在静止状态下沉降，因此，沉降的时间短，效率高。

5.2.1.12　两段曝气活性污泥法（AB 法，吸附生物降解法）

两段曝气活性污泥法通常称为 AB 法，也称为吸附生物降解法（Adsorption Bio-degradation），是德国亚琛大学的教授于 20 世纪 70 年代中期所发明，80 年代初开始用于工程实践，其工艺流程如图 5-2-11 所示。

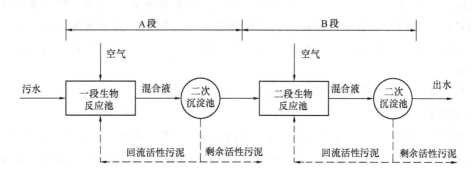

图 5-2-11　两段曝气活性污泥法工艺流程图

两段曝气活性污泥法工艺具有以下特点：

（1）污水与活性污泥在吸附池内接触时间较短（30～60min），因此吸附池的容积一般较小；而再生池接纳的是需回流的污泥（不含剩余污泥），所以再生池容积也较小。

（2）它是一种超高负荷的新型活性污泥法，其突出优点是 A 段负荷高，抗冲击负荷能力强，对 pH 和有毒物质具有很大的缓冲作用，特别适用于处理含菌量高、水量变化较大的污水。

（3）工艺的处理效果低于传统活性污泥法，且不宜处理溶解性有机污染物含量较多的污水。

5.2.1.13　一体化活性污泥法

（1）**基本构造**

一体化生物反应池基本单元由三个矩形池组成（A 池，B 池，C 池），相邻池通过公共墙开洞或池底渠连通。三个池中都安装有曝气系统，可以是微孔曝气头、表曝机或潜水曝气机；外侧两个池（A 池和 C 池）设有固定式出水堰和剩余污泥排放装置，交替作为生物反应池和沉淀池，中间的水池（B池）只能作为生物反应池。另外，污水通过闸门控制可以进入任意一个水池，采用连续进水，周期交替运行。一体化生物反应池示意如图5-2-12所示。

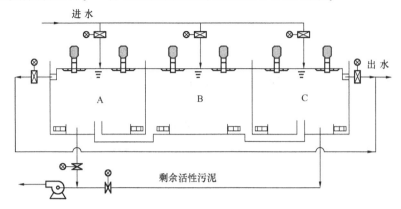

图 5-2-12　一体化生物反应池示意图

（2）运行方式

一体化生物反应池按周期运行，一个周期包括两个主阶段和两个中间阶段，一般单个周期时间为6h，主阶段2×2.5h，中间阶段2×30min。

1）主阶段

第一主阶段，污水首先进入A池，该池处于曝气状态，因上个阶段进行沉淀操作，积累了大量活性污泥，且浓度较高。进水和活性污泥混合，有机物被吸附，部分被降解。混合液继续流入B池，该池通常连续曝气，有机物得到进一步的降解，同时在推流过程中，A池的活性污泥进入中间池，再进入C池，实现污泥在各池的重新分配。最后，混合液进入处于沉淀状态的C池，进行泥水分离，处理后的清水通过溢流堰排放，剩余污泥在此排放。为了防止A、B池的污泥被全部转移至C池，过量积累，每120～180min改变水流方向，即进入下一个主阶段。

第二主阶段，污水和混合液的流动方向与第一阶段相反。

2）中间阶段

中间阶段的作用是完成生物反应池到沉淀池的转换。在第一中间阶段，污水进入B池，C池仍处于沉淀出水状态，A池开始进入沉淀状态，为出水作准备。在第二中间阶段，除水流方向相反，其他操作相同。

因沉淀池最初的出水含有混合液，不能直接排放，需用清水冲洗出水槽，然后排入处理系统，待出水澄清后，方可外排。

（3）工艺优缺点

一体化活性污泥法工艺有自己独特的优点：第一，与传统活性污泥法相比，它省去了回流污泥系统和沉淀设备，投资减低，又因设备种类减少，方便维修，降低日常检修费用；第二，运转周期和运行时序可根据进水水质情况和出水要求进行调整，运转灵活，例如要求脱氮时，可在沉淀末期和曝气中间加入非曝气搅拌期，创造缺氧条件，完成脱氮功能；第三，由于采用矩形池结构，生物池可紧靠着布置，池与池之间采用公用墙，所以可节省土建费用和工程建设用地；第四，整个系统是连续运行，出水采用固定堰，不设浮动式的滗水器，水面基本恒定，另外池中通常有2/3的设备同时运行，因此比SBR工艺的容积和设备利用率都高。

一体化活性污泥法工艺虽有许多优点，但是它也有一定的适用范围。根据我们的设计经验，在选择该工艺时应考虑以下几方面的内容：

第一，进水BOD浓度较高时，应考虑采用两级一体化活性污泥法工艺。我们前面所介绍的是单级一体化活性污泥法工艺，即进水只经过一级单元池处理，当进水水质较高时，如 BOD 高于 500mg/L 时，单级工艺已不适用，可采用两级一体化活性污泥法工艺，即用两级单元池处理高浓度污水，第一级生物池按高负荷厌氧或好氧方式运行，第二级按低负荷好氧方式运行。

第二，出水水质有除磷要求时，应慎重考虑是否选用该工艺。该工艺除磷脱氮过程的原理是：通过在沉淀末期和曝气期中间加入非曝气搅拌期，形成缺氧和厌氧状态，完成脱氮和生物除磷功能。但是，从实际运行看，很难形成生物除磷的理想状态。因为在非曝气搅拌期，水中大量的硝酸盐会消耗溶解性 BOD，降低有效 BOD/P 比值；同时，进水的溶解性 BOD 被大比例稀释，与活性污泥的比例很低，聚磷菌摄取 BOD 量少，在厌氧阶段释放磷不彻底，生物除磷功能很难保证。

第三，处理水量过大时，应充分考虑该工艺的复杂性。由于工艺运行、结构设沉降缝和抗浮等原因的限制，处理池每格的尺寸应控制在 40m×40m 范围内，因此处理水量较大时，处理单元数也会成倍增加。每个单元的 3 个水池都需配水，两侧池均需排放处理后的出水、冲洗水和剩余污泥，随着单元数增加，其复杂程度会大幅度的增加。从控制量来看，$10×10^4 m^3/d$ 处理规模的污水厂，该工艺的 I/O 数量为 3000 点以上，而氧化沟工艺只需 1200 点；随着处理单元数增加，其控制量将成倍增加。所以，该工艺在大水量处理厂应用时，其复杂性会大幅度增加，选择工艺时应全面考虑。

综上所述，一体化活性污泥法工艺有其独特的优点，在一定范围内可以替代其他活性污泥法，并具有较强的竞争力。

5.2.1.14　氧化沟

(1) 氧化沟工艺基本原理和主要设计参数

氧化沟又名氧化渠，因其构筑物呈封闭的环形沟渠而得名。它是活性污泥法的一种变型，因为污水和活性污泥在曝气渠道中不断循环流动，因此也称为"循环曝气池"、"无终端曝气池"。氧化沟的水力停留时间长，有机负荷低，本质上属于延时曝气系统。一般氧化沟法的主要设计参数为：

水力停留时间：10～40h；

污泥龄：一般大于 20d；

有机负荷：0.05～0.15kgBOD$_5$/(kgMLSS·d)；

容积负荷：0.2～0.4kgBOD$_5$/(m^3·d)；

污泥浓度：2000～6000mg/L；

沟内平均流速：0.3～0.5m/s。

(2) 氧化沟的技术特点

氧化沟利用连续环式反应池(Continuous Loop Reactor，简称 CLR)作生物反应池，混合液在该反应池中一条闭合曝气渠道进行连续循环，氧化沟通常在延时曝气条件下使用。氧化沟使用一种带方向控制的曝气和搅动装置，向反应池中的物质传递水平速度，从而使被搅动的液体在闭合式渠道中循环。

氧化沟一般由沟体、曝气设备、进出水装置、导流和混合设备组成，沟体的平面形状一般呈环形，也可以是长方形、L 形、圆形或其他形状，沟端面形状多为圆形和梯形。

氧化沟由于具有较长的水力停留时间、较低的有机负荷和较长的污泥龄，与传统活性污泥法相比可以省略调节池、初沉池、污泥消化池，有的还可以省略二沉池。氧化沟能保证较好的处理效果，这主要是因为结合了 CLR 形式和曝气装置特定的定位布置，使得氧化沟具有独特水力学特征和工作特性：

1）氧化沟结合推流和完全混合流的特点，有利于克服短流和提高缓冲能力，通常在氧化沟曝气区上游安排入流，在入流点的再上游安排出流。入流通过曝气区在循环中被混合和分散，混合液再次围绕 CLR 继续循环。这样，氧化沟在短期内（如一个循环）呈推流状态，而在长期内（如多次循环）又呈混合状态。这两者的结合，既使入流至少经历一个循环而杜绝短流，又可以提供很大的稀释倍数而提高缓冲能力。同时为了防止污泥沉积，必须保证沟内足够的流速（一般平均流速大于 0.3m/s），而污水在沟内的停留时间又较长，这就要求沟内有较大的循环流量（一般是污水进水流量的数倍乃至数十倍），使得进入沟内的污水立即被大量的循环液所混合稀释。因此氧化沟系统具有很强的耐冲击负荷能力，对不易降解的有机物也有较好的处理能力。

2）氧化沟具有明显的溶解氧浓度梯度，特别适用于硝化反硝化生物处理工艺。氧化沟从整体上说又是完全混合的，而液体流动却保持着推流前进，其曝气装置是定位的，因此混合液在曝气区内溶解氧浓度是上游高，然后沿沟长逐步下降，出现明显的浓度梯度，到下游区溶解氧浓度就很低，基本上处于缺氧状态。氧化沟设计可按要求安排好氧区和缺氧区实现硝化反硝化，不仅可以利用硝酸盐中的氧满足一定的需氧量，而且可以通过反硝化补充硝化过程中消耗的碱度。这些有利于节省能耗和减少甚至免去硝化过程中需要投加的化学药品数量。

3）氧化沟沟内功率密度的不均匀配备，有利于氧的传质、液体混合和污泥絮凝。传统曝气的功率密度一般仅为 $20\sim30W/m^3$，平均速度梯度 G 大于 $100s^{-1}$，这不仅有利于氧的传递和液体混合，而且有利于充分切割絮凝的污泥颗粒。当混合液经平稳的输送区到达好氧区后期，平均速度梯度 G 小于 $30s^{-1}$，污泥仍有再絮凝的机会，因而也能改善污泥的絮凝性能。

4）氧化沟的整体功率密度较低，可节约能源。氧化沟的混合液一旦被加速到沟中的平均流速，对于维持循环仅需克服沿程和弯道的水头损失，因而氧化沟可比其他系统以低得多的整体功率密度来维持混合液流动和活性污泥悬浮状态。据国外的一些报道，氧化沟比同样污泥负荷的活性污泥法能耗降低 20%～30%。

另外，据国内外统计资料表明，与其他污水生物处理方法相比，氧化沟具有处理流程简单，操作管理方便，出水水质好，工艺可靠性强，基建投资省，运行费用低等特点。

（3）氧化沟技术的发展

自 1920 年英国谢菲尔德建立的污水厂成为氧化沟技术先驱以来，氧化沟技术一直在不断的发展和完善，其技术方面的提高是在 2 个方面同时展开的，一是工艺的改良，二是曝气设备的革新。

1）工艺的改良

工艺的改良大致可分为 4 个阶段，如表 5-2-1 所示。

氧化沟工艺改良的发展阶段　　　　　　　　　　　　表 5-2-1

阶　段	形　式
初期氧化沟	1954 年，Pasveer 教授建造的 Voorshopen 氧化沟，间歇运行，分进水、曝气净化、沉淀和排水 4 个基本工序
规模型氧化沟	增加沉淀池，使曝气和沉淀分别在两个区域进行，可以连续进水
多样型氧化沟	考虑脱氮除磷等要求，著名的有 D 型氧化沟、卡鲁塞尔氧化沟和奥贝尔氧化沟等
一体化氧化沟	时空调配型（D 型、VR 型、T 型等）和合建式（BMTS 式、侧沟式、中心岛式等）

2）曝气设备的革新

曝气设备对氧化沟的处理效率、能耗和处理稳定性有关键性影响，其作用主要表现在以下 4

个方面：向水中供氧；推进水流前进，使水流在池内作循环流动；保证池内活性污泥处于悬浮状态；使氧、有机物、微生物充分混合。针对以上几个要求，曝气设备也一直在改进和完善。常规的氧化沟曝气设备有横轴曝气装置和竖轴曝气装置，其他各种曝气设备也在工程中得到应用并经受着实践的检验。

a. 横轴曝气装置有转刷和转盘，其中更为常见的是转刷。转刷单独使用通常只能满足水深较浅的氧化沟，有效水深不大于 $2.0\sim3.5m$。从而造成传统氧化沟较浅，占地面积大的弊端。近几年开发了水下推进器配合转刷，解决了这个问题，如山东高密污水厂，有效水深为 $4.5m$，保证池内平均流速大于 $0.3m/s$，这样氧化沟占地大大减少。转刷技术运用已相当成熟，但因其供氧率低，能耗大，故逐渐被另外先进的曝气技术所取代。

b. 竖轴式表面曝气机。各种类型的表面曝气机均可用于氧化沟，一般安装在沟渠的转弯处，这种曝气装置有较大的提升能力，氧化沟水深可达 $4\sim4.5m$，如 1968 年荷兰 DHV 开发的著名卡鲁塞尔氧化沟在一端的中心设置垂直轴低速表曝叶轮，叶轮转动时除向污水供氧外，还能使池中水体沿一定方向循环流动。表曝设备价格较便宜，但能耗大、易出故障，且维修困难。

c. 射流曝气。1969 年建造了第一座试验性射流曝气氧化沟（JAC），国外的射流曝气多为压力供气式，而国内通常是自吸空气式。JAC 的优点是氧化沟的宽度和水的深度不受限制，可以用于深水曝气，且氧的利用率高，目前最大的 JAC 在奥地利的林茨，处理流量为 $17.2\times10^4 m^3/d$，水深 $7.5m$。

d. 微孔曝气。现在应用较多的微孔曝气装置，采用多孔性空气扩散装置克服了以往装置气压损失大，易堵塞的毛病，且氧利用率较高，在氧化沟技术中运用越来越广泛。目前，我国广东省某污水厂已成功运用此种曝气系统。

e. 其他曝气设备。包括一些新型的曝气推动设备，如浙江某公司开发的复叶节流新型曝气器，氧利用率较高，浮于水面，易检修，充氧能力可达水下 $7m$，推动能力相当强，满足氧化沟的曝气推动一体化要求，同时能够满足氧化沟底部的充氧和推动。

氧化沟在国内外发展都很快，欧洲的氧化沟污水厂已有上千座，国内从 20 世纪 80 年代末开始在城镇污水和工业废水处理中引进国外先进的氧化沟技术，目前采用该技术的污水处理厂较多，日处理量从 $3000m^3$ 到 $100000m^3$ 以上不等。氧化沟工艺已成为我国城镇污水处理的主要工艺之一。

（4）氧化沟脱氮除磷工艺

1）传统氧化沟的脱氮除磷

传统氧化沟的脱氮，主要是利用池内溶解氧分布的不均匀性，通过合理的设计，使池中产生交替循环的好氧区和缺氧区，从而达到脱氮的目的。其最大的优点是在不外加碳源的情况下在同一池中实现有机物和总氮的去除，因此是非常经济的。但在同一池中好氧区与缺氧区各自的体积和溶解氧浓度很难准确地加以控制，因此对除氮的效果是有限的，而对除磷几乎不起作用。另外，在传统的单沟式氧化沟中，微生物在好氧缺氧好氧短暂的经常性的环境变化中使硝化菌和反硝化菌群并非总是处于最佳的生长代谢环境中，由此也影响单位体积构筑物的处理能力。

随着氧化沟工艺的发展，目前，在工程应用中比较有代表性的有形式有：多沟交替式氧化沟（如三沟式，五沟式）及其改进型、卡鲁塞尔氧化沟及其改进型、奥贝尔（Orbal）氧化沟及其改进型、一体化氧化沟等，他们都具有一定的脱氮除磷能力。

2）PI 型氧化沟的脱氮除磷

PI（Phase Isolation）型氧化沟，即交替式和半交替式氧化沟，是 20 世纪 70 年代在丹麦发展起来的，其中包括 D 型、T 型和 VR 型氧化沟。随着各国对污水处理厂出水氮、磷含量要求越来越严，因而开发出了功能加强的 PI 型氧化沟，主要由克鲁格公司和丹麦技术学院合作开发，称为 Bio-Denitro 和 Bio-Denipho 工艺，这两种工艺都是根据 A/O 和 AAO 生物脱氮除磷原理，创造缺氧好氧，厌氧缺氧好氧的工艺环境，达到生物脱氮除磷的目的。

a. D 型、T 型氧化沟脱氮工艺

D 型氧化沟为双沟系统，T 型氧化沟为三沟系统，其运行方式比较相似，都是通过配水井对水流流向的切换、堰门的起闭和曝气转刷的调速，在沟中创造交替的硝化、反硝化条件，以达到脱氮的目的。其不同之处在于 D 型氧化沟系统是二沉池与氧化沟分建，有独立的污泥回流系统，而 T 型氧化沟的两侧沟轮流作为沉淀池。

b. VR 型氧化沟脱氮工艺

VR 型氧化沟沟形宛如通常的环形跑道，中央有一小岛的直壁结构，氧化沟分为 2 个容积相当的部分，其水平形式如反向的英文字母 C，污水处理通过 2 道拍门和 2 道出流堰交替启闭进行连续和恒水位运行。

c. PI 型氧化沟同时脱氮除磷工艺

交替式氧化沟在脱氮方面效果良好，但除磷效果非常有限。为了达到除磷的目的，通常在氧化沟前设置相应的厌氧区或独立构筑物以及改变其运行方式。据国内外实际运行经验表明，这种同时脱氮除磷工艺只要运行时控制得当，可以取得良好的脱氮除磷效果。

西安北石桥污水厂采用具有脱氮除磷功能的 D 型氧化沟系统，前置厌氧池，一期工程处理能力为 $15 \times 10^4 m^3/d$，对各阶段处理效果实测结果表明，D 型氧化沟处理城镇污水效果显著，COD、TN、TP 的总去除效率分别达到 $87.5\% \sim 91.6\%$、$63.6\% \sim 66.9\%$、$85.0\% \sim 93.4\%$，出水 TN 为 $9.0 \sim 10.1mg/L$，TP 为 $0.42 \sim 0.45mg/L$，出水水质优于国家二级出水排放标准。

上述三种 PI 型氧化沟脱氮除磷工艺都有转刷的调速，活门、出水堰的启闭切换频繁的特点，对自动化要求较高，此外转刷的效率较低，故在经济欠发达地区该工艺的应用受到很大的限制。

3）奥贝尔氧化沟脱氮除磷工艺

奥贝尔氧化沟简称同心圆式，它也是分建式，有单独二沉池，采用转碟曝气，沟深较大，脱氮效果很好，但除磷效率不够高，要求除磷时还需前加厌氧池。应用上多为椭圆形的三环道组成，三个环道采用不同的 DO（如外环为 0mg/L、中环为 1mg/L、内环为 2mg/L），有利于脱氮除磷，采用转碟曝气，水深一般在 $4.0 \sim 4.5m$，动力效率与转刷接近，现已在山东潍坊、北京黄村和合肥王小郢等污水处理厂应用。

4）卡鲁塞尔氧化沟脱氮除磷工艺

a. 传统的卡鲁塞尔氧化沟工艺

卡鲁塞尔氧化沟是 1967 年由荷兰的 DHV 公司开发研制的。它的研制目的是为满足在较深的氧化沟沟渠中使混合液充分混合，并能维持较高的传质效率，以克服小型氧化沟沟深较浅，混合效果差等缺陷。至今世界上已有 850 多座卡鲁塞尔氧化沟系统正在运行，实践证明该工艺具有投资省、处理效率高、可靠性好、管理方便和运行维护费用低等优点。卡鲁塞尔氧化沟使用立式曝气机，曝气机安装在沟的一端，因此形成了靠近曝气机下游的富氧区和上游的缺氧区，有利于生物絮凝，使活性污泥易于沉降，设计有效水深为 $4.0 \sim 4.5m$，沟中的流速为 $0.3m/s$。BOD_5 的去除率为 $95\% \sim 99\%$，脱氮效率约为 90%，除磷效率约为 50%，如投加铁盐，除磷效率可达 95%。

b. 单级卡鲁塞尔氧化沟脱氮除磷工艺

单级卡鲁塞尔氧化沟有 2 种形式：一是有缺氧段的卡鲁塞尔氧化沟，可在单一池内实现部分反硝化作用，用于有部分反硝化要求、但要求不高的场合。另一种是卡鲁塞尔氧化沟上游加设厌氧池，可提高活性污泥的沉降性能，有效控制活性污泥膨胀，出水磷的含量通常在 1.0mg/L 以下。以上两种工艺一般用于现有氧化沟的改造，与标准的卡鲁塞尔氧化沟工艺相比变动不大，相当于传统活性污泥工艺的 A/O 和 AAO 工艺。

c. 合建式卡鲁塞尔氧化沟

缺氧区与好氧区合建式氧化沟是美国 EIMCO 公司专为卡鲁塞尔系统设计的一种生物脱氮除磷工艺（卡鲁塞尔 2000 型）。它构造上的主要改进是在氧化沟内设置了一个独立的缺氧区，缺氧区回流渠的端口处装有一个可调节活门，根据出水含氮量的要求，调节活门张开程度，可控制进入缺氧区的流量。缺氧和好氧区合建式氧化沟的关键在于对曝气设备充氧量的控制，必须保证进入回流渠处的混合液处于缺氧状态，为反硝化创造良好环境。缺氧区内有潜水搅拌器，具有混合和维持污泥悬浮的作用。

在卡鲁塞尔 2000 型基础上增加前置厌氧区，可以达到脱氮除磷的目的，被称为 A^2/C 卡鲁塞尔氧化沟。

四阶段卡鲁塞尔系统在卡鲁塞尔 2000 型系统下游增加了第二缺氧池和再曝气池，实现更高程度的脱氮。五阶段卡鲁塞尔系统在 A^2/C 卡鲁塞尔系统的下游增加了第二缺氧池和再曝气池，实现更高程度的脱氮和除磷。

综上所述，厌氧、缺氧和好氧合建的氧化沟系统可以分为三阶段 AAO 系统以及四、五阶段卡鲁塞尔系统，这几个系统均是 A/O 系统的强化和反复，因此这种工艺的脱氮除磷效果很好，脱氮率达 90%～95%。

另外，卡鲁塞尔 3000 型氧化沟也有较好的脱氮除磷效果。卡鲁塞尔 3000 系统是在卡鲁塞尔 2000 系统前再加上一个生物选择区，该生物选择区是利用高有机负荷筛选菌种，抑制丝状菌的增长，提高各污染物的去除率，其后的工艺原理同卡鲁塞尔 2000 系统。

卡鲁塞尔 3000 系统的较大提高表现在：一是增加了池深，可达 7.5～8m，同心圆式，池壁共用，减少了占地面积，降低造价同时提高了耐低温能力（可达 7℃）；二是曝气设备的巧妙设计，曝气机下安装导流筒，抽吸缺氧的混合液，采用水下推进器解决流速问题；三是使用了先进的曝气控制器 QUTE（它采用一种多变量控制模式）；四是采用一体化设计，从中心开始，包括进水井和用于回流活性污泥的分水器，分别由 4 部分组成的选择池和厌氧池，这之外是有 3 个曝气器和 1 个预反硝化池的卡鲁塞尔 2000 系统；五是圆形一体化的设计使得氧化沟不需额外的管线，即可实现回流污泥在不同工艺单元间的分配。

d. 合建式一体化氧化沟

是指集曝气、沉淀、泥水分离和污泥回流功能为一体，无需建造单独二沉池的氧化沟，这种氧化沟设有专门的固液分离装置和措施，它既是连续进出水，又是合建式，且不用倒换功能，从理论上讲最经济合理，且具有很好的脱氮除磷效果。

一体化氧化沟除一般氧化沟所具有的优点外，还有以下独特的优点：

● 工艺流程短，构筑物和设备少，不设初沉池、调节池和单独的二沉池；

● 污泥自动回流，投资少、能耗低、占地少、管理简便；

● 造价低，建造快，设备事故率低，运行管理工作量少；

● 固液分离效果比一般二次沉淀池高，使系统在较大的流量浓度范围内稳定运行。

一体化氧化沟的工艺示意如图 5-2-13 所示。

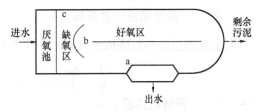

图 5-2-13　合建式一体化氧化沟工艺示意图

a—无泵污泥自动回流；b—水力内回流；c—混合液机械回流

5.2.2 曝气和曝气设备

5.2.2.1 曝气作用

曝气的作用一是产生并维持有效的气水接触作用，促进氧从气相向液相转移，在活性污泥不断消耗氧气的情况下，供应池内微生物在代谢过程中所需的氧量；二是在曝气区产生足够的混合作用和水的循环；三是使活性污泥混合液保持悬浮状态，防止沉降。曝气的目的是使混合液与空气接触的表面不断更新，使空气中的氧转移到混合液中去。

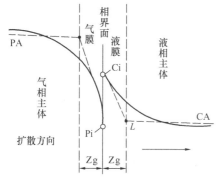

图 5-2-14 双膜理论模型图

5.2.2.2 氧的转移理论

（1）双膜理论

关于气体传递到液体的机理，污水处理界普遍接受的是刘易斯和怀特曼的双膜理论。双膜理论基于双膜模型，它把复杂的对流传质过程描述为溶质以分子扩散形式通过两个串联的有效膜，认为扩散所遇到的阻力等于实际存在的对流传质阻力。其模型如图 5-2-14 所示。

双膜模型的基本假设如下：

1）相互接触的气液两相存在一个稳定的相界面，界面两侧分别存在着稳定的气膜和液膜。膜内流体流动状态为层流，溶质 A 以分子扩散方式通过气膜和液膜，由气相主体传递到液相主体。

2）相界面处，气液两相达到相平衡，界面处无扩散阻力。

3）在气膜和液膜以外的气液主体中，由于流体的充分湍动，溶质 A 的浓度均匀，溶质主要以涡流扩散的形式传质。

在气膜中，氧分子的传递动力很小，气相主体与界面之间的氧分压差值 $PA-Pi$ 很低，一般可以认为 $PA \approx Pi$，这样，界面处的溶解氧浓度值 Ci 是在氧分压为 PA 条件下的溶解氧的饱和浓度值。如果气相主体中的气压为一个大气压，则 PA 就是一个大气压中的氧分压（约为一个大气压的 $1/5$）。

（2）氧的转移理论

氧是难溶气体，其阻力主要来自膜内，其转移速度为：

$$\frac{\mathrm{d}m}{\mathrm{d}t}=D_{\mathrm{L}}A\frac{C_{\mathrm{s}}-C}{\delta_{\mathrm{L}}}=K_{\mathrm{L}}A(C_{\mathrm{s}}-C) \tag{5-2-1}$$

式中　$\dfrac{\mathrm{d}m}{\mathrm{d}t}$——转移速度，$kgO_2/h$；

D_{L}——液膜中氧分子的扩散系数，m^2/h；

A——气液界面接触面积，m^2；

C_{s}——液相内氧的饱和浓度，kg/m^3；

C——液相内氧的实际浓度，kg/m^3；

δ_{L}——液膜厚度，m；

K_{L}——液膜氧总传递系数，m/h。

在上式两边同除以液体的体积 V，并令 $K_{\mathrm{La}}=K_{\mathrm{L}}\dfrac{A}{V}$，则：

$$\frac{1}{V}\times\frac{\mathrm{d}m}{\mathrm{d}t}=\frac{\mathrm{d}c}{\mathrm{d}t}=K_{\mathrm{L}}\frac{A}{V}(C_{\mathrm{s}}-C)=K_{\mathrm{La}}(C_{\mathrm{s}}-C) \tag{5-2-2}$$

式中　V——液体的体积，m^3；

$\dfrac{\mathrm{d}m}{\mathrm{d}t}$——转移速度，$kgO_2/h$；

$\dfrac{\mathrm{d}c}{\mathrm{d}t}$——单位体积的氧转移速率，kg/（m³·h）；

K_{L}——液膜氧总传递系数，m/h；

A——气液界面接触面积，m²；

C_{s}——液相内氧的饱和浓度，kg/m³；

C——液相内氧的实际浓度，kg/m³；

K_{La}——液相中以浓度差为动力的氧总转移系数，h⁻¹。

对一定气体而言，混合越强，紊动越剧烈，则气体传递速率越大。气液的接触面积越大，即气泡的表面积越大，则会提高氧气的转移效率，液膜厚度越大，传质阻力越大，速度越低；液膜两侧浓度差值越大，传质速度越快，氧的浓度为零时，具有最大的推动力。

对上式进行积分得：

$$K_{\mathrm{La}}=\frac{1}{t_1-t_0}\cdot\ln\left(\frac{C_{\mathrm{s}}-C_0}{C_{\mathrm{s}}-C_{\mathrm{L}}}\right)\qquad(5\text{-}2\text{-}3)$$

式中 K_{La}——液相中以浓度差为动力的氧总转移系数，h⁻¹；

t_1——连续曝气终点时刻，h；

t_0——曝气起始时刻，h；

C_{s}——液相内氧的饱和浓度，kg/m³；

C_0——起始溶解氧浓度，kg/m³；

C_{L}——连续曝气时间达到 t_1 时的溶解氧浓度，kg/m³。

（3）氧转移的影响因素

1）污水水质

K_{La} 和 C_{s} 值受污水水质影响，K_{La} 和 C_{s} 通常在净水中实验确定，当其用于污水时应予修正，引入修正系数 α、β，修正系数 α 按下式计算：

$$\alpha=\frac{K_{\mathrm{La(w)}}}{K_{\mathrm{La}}}\qquad(5\text{-}2\text{-}4)$$

式中 α——因污水性质而降低传递系数的修正值；

$K_{\mathrm{La(w)}}$——污水中氧得总转移系数；

K_{La}——净水中氧得总转移系数。

修正系数 β 按下式计算：

$$\beta=\frac{C_{\mathrm{sw}}}{C_{\mathrm{s}}}\qquad(5\text{-}2\text{-}5)$$

式中 β——污水饱和溶解氧的修正值；

C_{sw}——污水中氧得饱和溶解度；

C_{s}——净水中氧的饱和溶解度。

氧转移速率按下式计算：

$$\frac{\mathrm{d}c}{\mathrm{d}t}=\alpha K_{\mathrm{La}}(\beta C_{\mathrm{s}}-C)\qquad(5\text{-}2\text{-}6)$$

式中 $\dfrac{\mathrm{d}c}{\mathrm{d}t}$——单位体积的氧转移速率，kg/（m³·h）；

α——因污水性质而降低传递系数的修正值；

K_{La}——净水中氧得总转移系数；

β——污水饱和溶解氧的修正值；

C_{s}——净水中氧的饱和溶解度，kg/m³；

C——液相内氧的实际浓度，kg/m³。

2）水温

水温对氧的转移影响较大，水温上升，水的黏滞性降低，扩散系数提高，液膜厚度随之降低，K_{La} 值增高；反之，K_{La} 值降低。其间的关系按下式计算：

$$K_{La(T)} = K_{La(20)} \theta^{(T-20)}$$ (5-2-7)

式中　$K_{La(T)}$——水温为 T℃时氧总传递系数；

　　　$K_{La(20)}$——水温为 20℃时氧总传递系数；

　　　θ——温度特性系数，一般为 1.006～1.047 之间，通常取 1.024；

　　　T——设计温度（℃）。

3）氧分压

C_s 值受氧分压或气压的影响，气压降低，C_s 值随之降低；反之则提高。因此在气压不是 1.013×10^5 Pa 的地区，C 值应乘以压力修正系数，压力修正系数按下式计算：

$$\rho = \frac{\text{所在地区实际气压（Pa）}}{1.013 \times 10^5}$$ (5-2-8)

上述各项因素基本上是自然形成的，不宜用人力加以改变，只能通过计算上的修正去适应，并降低其所造成的影响。此外氧的转移还与气泡的大小、液体的紊流程度和气泡与液体的接触时间等有关，可以通过创造一定的条件强化氧的转移速率。

5.2.2.3　曝气设备

污水处理中所用的曝气设备实际上是为了充氧，也称为充氧设备。曝气设备主要分为鼓风曝气和机械曝气。采用哪种曝气系统取决于应完成的功能、反应器的类型和几何形状，以及安装和运行该系统的费用。

（1）鼓风曝气

鼓风曝气系统是由空气净化器、鼓风机、空气输配管系统和浸没于混合液中的扩散器组成。鼓风机供应一定的风量，风量要满足生化反应所需的氧量和能保持混合液悬浮固体呈悬浮状态；风压则要满足克服管道系统和扩散器的摩阻损耗以及扩散器上部的静水压；空气净化器的目的是改善整个曝气系统的运行状态和防止扩散器阻塞。

鼓风曝气用鼓风机供应压缩空气，常用罗茨鼓风机和离心式鼓风机。罗茨鼓风机适用于中小型污水厂，噪声大，必须采取消声、隔声措施；离心式鼓风机噪声小，且效率高，适用于大中型污水厂，但国内产品规格还不多。

扩散器是整个鼓风曝气系统的关键部件，它的作用是将空气分散成空气泡，增大空气和混合液之间的接触界面，把空气中的氧溶解于水中。根据分散气泡的大小，扩散器可分成几种类型：

1）大气泡扩散器：常用竖管并在端部安装扩散器，气泡直径为 15mm 左右。

2）中气泡扩散器：常用穿孔管和纱绫管，穿孔管的孔径为 2～3mm，孔口的气体流速不小于 10m/s，以防堵塞。国外用纱绫管，纱绫是一种合成纤维，纱绫管以多孔金属管为骨架，管外缠绕纱绫绳，金属管上开了许多小孔，压缩空气从小孔逸出后，从绳缝中以气泡的形式挤入混合液。空气之所以能从绳缝中挤出，是由于纱绫富有弹性。

3）小气泡扩散器：典型的是由微孔材料（陶瓷、砂砾，塑料）制成的扩散板或扩散管，气泡直径可达 1.5mm 以下。

4）微气泡扩散器：这是近几年新发展的扩散器，气泡直径在 $100\mu m$ 左右。射流曝气器属于微气泡曝气器，它通过混合液的高速射流，将鼓风机引入的空气切割粉碎为微气泡，使混合液和微气泡充分混合和接触，促进氧的传递，提高反应速率。也可设计成负压自吸式的射流器，这样可以省掉鼓风机，避免鼓风机引起的噪声。此外还有盘式微孔曝气器和管式微孔曝气器等形式的扩散器，几种扩散器简图如图 5-2-15 所示。

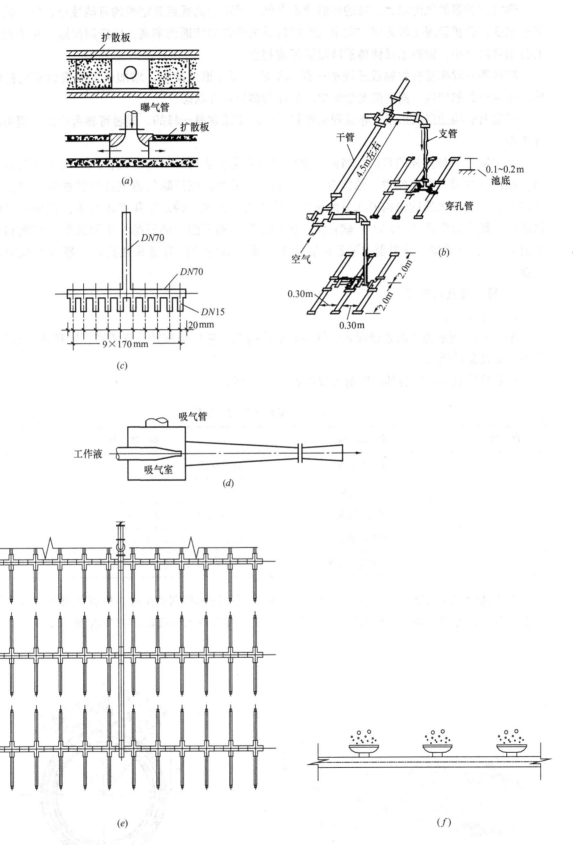

图 5-2-15　几种扩散器简图

(*a*) 扩散板曝气；(*b*) 穿孔曝气；(*c*) 竖管曝气；

(*d*) 射流曝气；(*e*) 管式微孔曝气；(*f*) 盘式微孔曝气

通常扩散器的气泡愈大，氧的传递速率愈低，然而它的优点是堵塞的可能性小，空气的净化要求也低，养护管理比较方便。微小气泡扩散器由于氧的传递速率高，反应时间短，生物反应池的容积可以缩小。因而选择何种扩散器要因地制宜。

扩散器一般布置在生物反应池的一侧和池底，以便形成旋流，增加气泡和混合液的接触时间，有利于氧的传递，同时使混合液中的悬浮固体呈悬浮状态。

扩散器的构造形式很多，布置形式多样，但基本原理是一样的，读者可参考产品说明书和设计手册。

为了实现节能降耗的目的，当前污水处理中生化反应构筑物曝气设备通常选用微气泡扩散器。根据曝气器气孔的特性、结构形式、材质进行分类；根据曝气器气孔的特性分为可张孔和固定孔；根据曝气器的结构形式分为管式、软管式、盘式、钟罩式和平板式等；根据曝气器的材质分为增强聚氯乙烯（PVC）软管型、橡胶膜型、陶瓷型、刚玉型、半刚玉型（硅质和刚玉的混合型）、硅质型、钛质型、聚乙烯管型等。目前较常用的有管式微孔曝气器和盘式微孔曝气器。

a. 管式微孔曝气器

（a）基本构造

图 5-2-16 所示为某聚乙烯管式曝气器的基本构造，它由输气管、支承管、管接头、通气孔、布气层等几部分组成。

聚乙烯管式曝气器各部的构造参数如表 5-2-2 所示。

聚乙烯管式曝气器构造参数 表 5-2-2

序 号	参 数 项	参 数 值（mm）
1	曝气器外径	120±4
2	支承管内径	80±4
3	通气孔直径	4±0.5；6±0.5；8±0.5
4	通气孔间距	200±10；400±10；500±10
5	曝气器标准长度	1000±20；1500±20；2000±20

聚乙烯管式曝气器管状的布气层允许空气从其圆形断面的四周扩散。刚开始曝气时，由于水位差的存在，空气只通过 α 角度的扩散层进行曝气，即只有部分面积的布气层参与曝气，如图 5-2-17 所示。

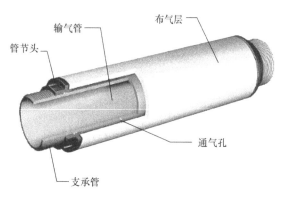

图 5-2-16　某管式曝气器的基本构造图

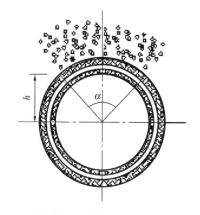

图 5-2-17　管式聚乙烯微孔曝气器曝气示意图

其布气层有富裕，这正是管式曝气器的一个非常重要的优点。因为具有独特结构的该种管式曝气器是一个自我调节系统，随着运行时间的增加，布气层阻力损失的增加，它可依靠曝气带宽度的变化（即 α 角变大）进行曝气，从而保证曝气器空气阻力损失的稳定，使风机能耗最低。同时，当风机停机重新启动，曝气器内部的积水可通过下面部分的布气层被空气挤出去。因此采用管式曝气器的曝气系统不需设置专门的泄水管和泄水阀。

（b）氧利用率和单位服务面积

在 4m 水深的脱氧清水中聚乙烯管式曝气器和橡胶膜或刚玉盘式曝气器的氧利用率相差不多，但需指出，盘式曝气器扩散出来的气泡直径随着通气量增加而增大，由此，氧利用率随着通气量的增加而下降，如图 5-2-18 所示。

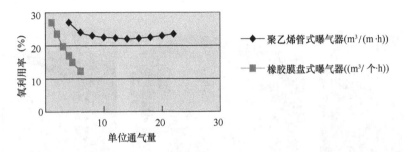

图 5-2-18　氧利用率与单位通气量的关系

因此一般盘式曝气器通过限制通气量维持较高的氧利用率，一般它们的单位通气量为 $2\sim3\text{m}^3/$（个·h）。而聚乙烯管式曝气器与盘式曝气器完全不同，气泡直径并不受通气量变化的影响，其氧利用率不随通气量的增大而下降，而是保持在一个较高水平，因此聚乙烯管式曝气器可以在一个很宽泛的通气量范围内正常工作，如图 5-2-18 所示。从节能角度考虑其最佳单位通气量为 $14\sim20\text{m}^3/$（m·h）。这种特性尤为适合水量水质波动较大的情况，通过风量的自动调节，使生物处理系统始终处于最佳工作状态，节约能耗，降低日常运行费用。

从单位服务面积来看，聚乙烯管式曝气器是盘式曝气器的 6 倍左右，这是因为聚乙烯管式曝气器扩散的气泡直径一般在 $2.8\sim3.1\text{mm}$ 之间，这种大小的气泡既能增大气液的接触界面，有利于氧的转移，又能形成较强的紊流并带动混合液循环，提高液膜更新的速度，即增加液膜两侧的氧浓度差，有效提高传质速度，从而有利于氧的转移。聚乙烯管式曝气器能保证活性污泥处于悬浮状态，使气水泥三相充分接触，布气均匀，避免生物池内曝气死水区的产生，从而有效利用溶解氧，提高曝气效率，保证整个生物处理系统的处理效果，其主要性能参数如表 5-2-3 所示。

聚乙烯管式曝气器的主要性能参数　　　　　　　表 5-2-3

序　号	参　数　项	单　位	参　数　值
1	单位通气量	$\text{m}^3/$（m·h）	$5\sim25$
	设计单位通气量	$\text{m}^3/$（m·h）	$10\sim20$
2	脱氧清水中的 氧转移率（SOTE）	%	$22\sim25$（4m 水深时） $28\sim32$（5m 水深时）
3	压力损失	mmH_2O	$150\sim300$
4	工作压力	mH_2O	$1\sim10$
5	气泡直径	mm	$1.8\sim3.1$①（约80%）
6	服务面积	m^2/m	3

①　直径为 $1.8\sim3.1\text{mm}$ 的气泡约占气泡总数量的 80%。

（c）工程应用

由于聚乙烯管式曝气器在材料、构造、技术性能等一系列方面的优越性能，所以其应用的范围极其广泛，它可应用于：

传统活性污泥法生物反应池；

生物接触氧化池；

生物稳定塘（稳定塘）；

间歇式活性污泥法及其改良形式（SBR等）；

天然河道、水体长期或短期的曝气复氧。

曝气器的布置形式及其在工程应用中的曝气效果如图5-2-19、图5-2-20、图5-2-21所示。

图5-2-19　管式曝气器布置形式　　图5-2-20　管式曝气器的调试　　图5-2-21　生物反应池运行效果

b.盘式微孔曝气器

（a）基本构造

图5-2-22所示为某橡胶膜盘式曝气器的基本构造。

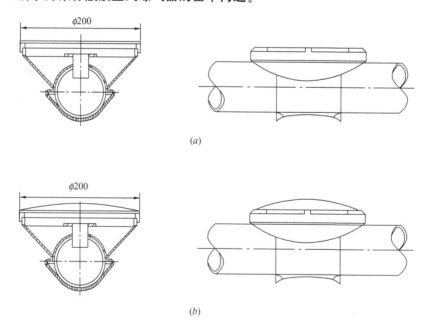

（a）

（b）

图5-2-22　盘式微孔曝气器结构图
（a）平面盘式；（b）球面盘式

平面盘式曝气器的主要性能参数如表5-2-4所示，球面盘式曝气器的主要性能与平面盘式曝气器基本相同。

（b）阻力损失和氧转移率

平面盘式曝气器阻力损失如图 5-2-23 所示，氧转移率如图 5-2-24 所示，测试条件为水温 20℃，气温 0℃，1 个标准大气压。

平面盘式曝气器主要性能参数 表 5-2-4

项 目		技 术 数 据		
清水中的供气范围		0~5m³/h		
设计空气流量		2.5m³/h		
压力损失（1Nm³ 运行速率下膜片开启能力）		≤200mm（5m 水深）		
外径		φ230mm		
膜片厚度		1.8mm		
曝气头布置密度		2~2.5 个/m³		
气泡直径		0.8~2.0mm 微孔 细孔		
膜片材质	EPDM	比重 1.1g/cm³	温度范围 0~100℃	延伸能力＞500%
	硅橡胶	比重 1.2g/cm³	温度范围 0~200℃	延伸能力＞650%
	氨基加酸酯	比重 1.1g/cm³	温度范围 0~250℃	延伸能力＞420%
清水中的氧利用率		细孔 SOTE：32%，$H=6m$		
		微孔 SOTE：37%，$H=6m$		

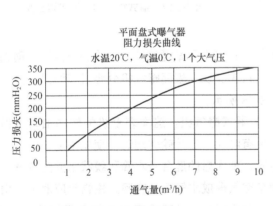

图 5-2-23 平面盘式曝气器阻力损失曲线

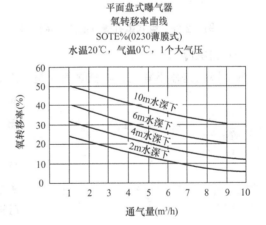

图 5-2-24 平面盘式曝气器氧转移率曲线

（c）工程应用

由于橡胶膜盘式曝气器在材料、构造、技术性能等方面的优越性能，其应用的范围非常广泛，它可应用于传统活性污泥法生物反应池、生物接触氧化池、间歇式活性污泥法反应池等场所。

盘式微孔曝气器平面布置形式如图 5-2-25 所示，盘式微孔曝气器安装方式如图 5-2-26 所示，图 5-2-27 为盘式微孔曝气器工程应用。

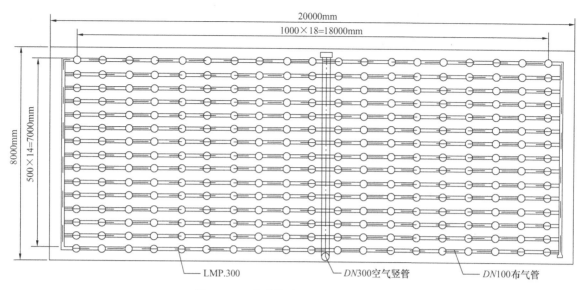

图 5-2-25　盘式微孔曝气器平面布置图

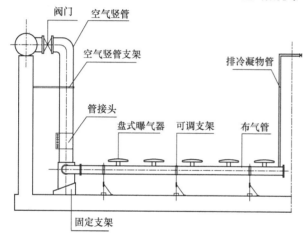

图 5-2-26　盘式微孔曝气器安装示意图

图 5-2-27　盘式微孔曝气器工程应用

（2）机械曝气

鼓风曝气是水下曝气，机械曝气则是表面曝气。机械曝气是通过安装于生物反应池表面的表面曝气机来实现。表面曝气机分竖式和卧式 2 类，如图 5-2-28 所示。

1）竖式曝气机：这类表曝机的转动轴与水面垂直，装有叶轮，当叶轮转动时，使生物反应池表面产生水跃，把大量的混合液水滴和膜状水抛向空气，然后挟带空气形成水气混合物回到生物反应池中，由于气水接触界面大，从而使空气中的氧很快溶入水中。随着曝气机的不断转动，表面水层不断更新，氧气不断溶入，同时池底含氧量小的混合液向上环流和表面充氧区发生交换，从而提高了整个生物反应池混合液的溶解氧含量。因为池液的流动状态同池形有密切的关系，故曝气的效率不仅决定于曝气机的性能，还同生物反应池的池形有密切关系。

表曝机叶轮的淹没深度一般在 10～100mm，可

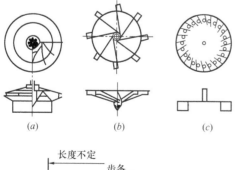

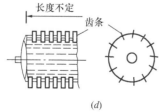

图 5-2-28　机械曝气器简图

（a）泵形；（b）倒伞形；（c）平板形；（d）卧式曝气机

296

以调节。淹没深度大时提升水量大，但所需功率亦会增大，叶轮转速一般为 $20\sim100\mathrm{r/min}$，因而电机需通过齿轮箱变速，同时可以进行二挡和三挡调速，以适应进水水量和水质的变化。我国目前应用的这类表曝机有泵形、倒伞形和平板形，其中泵型表曝机已有系列产品。

2）卧式曝气刷：这类曝气机的转动轴与水面平行，主要用于氧化沟。在垂直于转动轴的方向装有不锈钢丝（转刷）或板条，用电机带动，转速在 $50\sim70\mathrm{r/min}$，淹没深度为（1/3～1/4）转刷直径。转动时，钢丝或板条把大量液滴抛向空中，并使液面剧烈波动，促进氧的溶解，同时推动混合液在池内回流，促进溶解氧的扩散。

（3）曝气设备性能指标

比较各种曝气设备性能的主要指标有：一是氧转移率，单位为 $\mathrm{mg/(L\cdot h)}$；二是充氧能力（或动力效率），即每消耗 1kWh 动力能传递到水中的氧量，单位为 $\mathrm{kgO_2/kWh}$；三是氧利用率，通过鼓风曝气系统转移到混合液中的氧量占总供氧的百分比，单位为％，机械曝气无法计量总供氧量，因而不能计算氧利用率。

5.3　活性污泥法工艺计算

5.3.1　AAO 工艺设计

5.3.1.1　AAO 工艺设计计算

（1）水量计算

根据室外排水设计规范，综合生活污水量总变化系数 K_z 按表 5-3-1 确定，当污水平均日流量为中间数值时，总变化系数可用内插法求得。

综合生化污水量总变化系数　　　　　　　　表 5-3-1

平均日流量（L/s）	5	15	40	70	100	200	500	≥1000
总变化系数	2.3	2.0	1.8	1.7	1.6	1.5	1.4	1.3

若进水采用带变频电机水泵和进水流量计控制时，设计最大流量按计算值确定，否则按最大进水泵组合流量为设计最大流量，最大设计流量为：

$$q_{\max}=K_z\frac{Q}{24} \tag{5-3-1}$$

式中　$q_{\max}$——最大设计流量，$\mathrm{m^3/h}$；

$\quad\quad K_z$——综合生活污水量总变化系数；

$\quad\quad Q$——进水水量，$\mathrm{m^3/d}$。

（2）污泥泥龄计算

硝化菌比生长速率为：

$$\mu=\mu_{\max}\frac{N_a}{K_n+N_a} \tag{5-3-2}$$

式中　μ——硝化菌比生长速率，$\mathrm{d^{-1}}$；

$\quad\quad \mu_{\max}$——硝化菌最大比生长速率，$\mathrm{d^{-1}}$，$\mu_{\max}=\mu_{\max(20)}\mathrm{e}^{0.098(T-15)}$，$\mu_{\max(20)}$ 一般取 0.47；

$\quad\quad N_a$——反应池内 NH_3-N 浓度，$\mathrm{mg/L}$，计算时假定 $N_a=N_{ae}$，N_{ae} 为出水 NH_3-N 浓度，$\mathrm{mg/L}$；

$\quad\quad K_n$——硝化作用中氮的半速率常数，$\mathrm{mg/L}$，$K_n=K_{n(15)}\mathrm{e}^{0.118(T-15)}$，$K_{n(15)}$ 取 0.4 $\mathrm{mg/L}$；

$\quad\quad T$——反应温度，℃。

硝化污泥泥龄理论值为：

$$\theta_{co}^{M} = \frac{1}{\mu - K_{nd}}$$

(5-3-3)

式中　θ_{co}^{M}——硝化污泥泥龄理论值，d；

　　　　μ——硝化菌比生长速率；

　　　K_{nd}——硝化菌裂解系数，d^{-1}，$K_{nd} = K_{nd(20)} \cdot 1.029^{(T-20)}$，$K_{nd(20)}$ 取 0.045。

硝化污泥泥龄设计值为：

$$\theta_{co} = F \cdot \theta_{co}^{M}$$

(5-3-4)

式中　θ_{co}——硝化污泥泥龄设计值，d；

　　　F——硝化安全系数假定值，$F \geqslant \dfrac{N_k^m}{N_k}$，$N_k^m$ 为允许进水 TKN 峰值，N_k 为进水 TKN 浓

　　　　度，mg/L，通常 F 值在 $2.0 \sim 3.0$ 之间，取 2.5；

　　　θ_{co}^{M}——硝化污泥泥龄理论值，(d)。

污泥泥龄为：

$$\theta_c = \frac{\theta_{co}}{AF}$$

(5-3-5)

式中　θ_c——污泥泥龄，d；

　　　θ_{co}——硝化污泥泥龄设计值，d；

　　　AF——曝气分数，取值在 $0.5 \sim 0.8$ 之间。

计算时先设一个假定值，以后根据计算值反复迭代，直至计算值与假定值相等。

（3）反硝化安全因子计算

异养菌污泥表观产率系数为：

$$Y_h = \frac{Y_g}{1 + K_d \theta_c}$$

(5-3-6)

式中　Y_h——异养菌污泥表观产率系数，$kgVSS/kgCOD_{cr}$；

　　　Y_g——异养菌污泥产率系数，$kgVSS/kgCOD_{cr}$，通常为 $0.1 \sim 0.6$，取 0.4；

　　　K_d——异养菌裂解系数，d^{-1}，$K_d = K_{d(20)} \cdot 1.023^{(T-20)}$，$K_{d(20)}$ 取 0.055；

　　　θ_c——污泥泥龄，d。

每去除单位 COD 可反硝化 NO_3-N 的量为：

$$P_S^N = \frac{1 - 1.42 Y_h}{2.86} = 0.35 \ (1 - 1.42 Y_h)$$

(5-3-7)

式中　P_S^N——去除单位 COD 可反硝化 NO_3-N 的量；

　　　Y_h——异养菌污泥表观产率系数，$kgVSS/kgCOD_{cr}$；

　　　2.86——硝酸盐的氧当量。

可用于反硝化的 COD_{cr} 量为：

$$\Delta S_{AN} = \frac{(1 - AF) F_{DN}}{(1 - AF) F_{DN} + AF} (S_0 - S_e)$$

(5-3-8)

　　　ΔS_{AN}——可用于反硝化的 COD_{cr} 量，mg/L；

　　　AF——曝气分数，取值在 $0.5 \sim 0.8$ 之间；

　　　F_{DN}——因反硝化产率减少分数，通常取 0.8；

　　　S_0——进水 COD_{cr} 浓度，mg/L；

　　　S_e——出水 COD_{cr} 浓度，mg/L。

反硝化安全因子的计算为：

$$SF_{DN} = \frac{P_S^N \Delta S_{AN}}{N_{dn}} \tag{5-3-9}$$

式中　SF_{DN}——反硝化安全因子；

P_S^N——去除单位 COD 可反硝化 NO_3^--N 的量；

ΔS_{AN}——可用于反硝化的 COD_{cr} 量，mg/L；

N_{dn}——需反硝化的 N 量，mg/L，$N_{dn} = N_n - N_{oe}$，N_{oe} 为出水 NO_3-N 浓度（mg/L），N_n 为需硝化的 N 量，mg/L，$N_n = N_k - N_{ae} - N_{ore} - N_s$，$N_k$ 为进水中的总凯氏氮（mg/L），N_{ae} 为出水 NH_3-N 浓度（mg/L），N_{ore} 为出水有机氮浓度（mg/L），N_s 为污泥合成 N 量（mg/L），$N_s = 0.124 Y_h (S_0 - S_e)$。

若反硝化安全因子 $SF_{DN} < 1$，说明可用于反硝化的 COD 量（碳源）不够，此时可调低曝气分数假定值 AF，如果 $AF = 0.5$ 时反硝化安全因子 SF_{DN} 仍小于 1，则说明仅采用生物法不能满足脱氮除磷的出水标准。

出水 NO_3-N 计算值为：

$$N_{oe}^d = N_n - N_{dn}^M \tag{5-3-10}$$

式中　N_{oe}^d——出水 NO_3-N 计算值，mg/L，要求 $N_{oe}^d \leqslant 10$ mg/L；

N_n——需硝化的 N 量，mg/L；

N_{dn}^M——可反硝化 N 量，mg/L，$N_{dn}^M = P_S^N \Delta S_{AN}$，$P_S^N$ 为去除单位 COD 可反硝化 NO_3-N 的量，ΔS_{AN} 为可用于反硝化的 COD_{cr} 量，mg/L。

（4）AAO 反应池水力停留时间和有效容积计算

反应池水力停留时间为：

$$HRT = 24 \left[\frac{Y_g \theta_c}{X_V (1 + 0.1 X_d \theta_c)} (S_0 - S_e) \right] \tag{5-3-11}$$

式中　HRT——AAO 反应池水力停留时间，h；

Y_g——异养菌污泥产率系数，0.1～0.6 kgVSS/kgCOD$_{cr}$，取 0.4；

θ_c——污泥泥龄，d；

X_V——生物反应池平均 MLVSS 浓度，mg/L，$X_v = fX$，f 为悬浮固体的污泥转换率，通常为 0.55～0.75，取 0.67，X 为生物反应池内 MLSS 浓度，mg/L；

X_d——生物反应池 MLVSS 的可降解分数，$X_d = \dfrac{F_{DN}}{1 + 0.02 \theta_c}$；

S_0——进水 COD_{cr} 浓度，mg/L；

S_e——出水 COD_{cr} 浓度，mg/L。

厌氧池有效容积为：

$$V_P = \frac{t_P}{24} Q \tag{5-3-12}$$

式中　V_P——厌氧池有效容积，m³；

t_p——厌氧停留时间，h，通常为 1～2；

Q——设计流量，m³/d。

缺氧池有效容积为：

$$V_n = \frac{t_n}{24} Q \tag{5-3-13}$$

式中　V_n——缺氧池有效容积，m³；

t_n——缺氧停留时间，h，$t_n = (1 - AF) \times HRT - t_P$，$AF$ 为曝气分数，取值在 0.5～0.8 之间；HRT 为 AAO 反应池水力停留时间，h，t_p 为厌氧停留时间，h；

Q——设计流量，m³/d。

好氧池有效容积为：

$$V_o = \frac{t_o}{24} Q \tag{5-3-14}$$

式中 V_o ——好氧池有效容积，m^3；

t_o ——好氧曝气停留时间，h，$t_o = AF \times HRT$，AF 为曝气分数，HRT 为水力停留时间；

Q ——设计流量，m^3/d。

AAO 反应池有效容积为：

$$V = V_P + V_n + V_o \tag{5-3-15}$$

式中 V ——AAO 反应池有效容积，m^3；

V_P ——厌氧池有效容积，m^3；

V_n ——缺氧池有效容积，m^3；

V_o ——好氧池有效容积，m^3。

BOD$_5$ 污泥负荷为：

$$L_S = \frac{24Q \ (S_0 - S_e)}{1000VX} \tag{5-3-16}$$

式中 L_S ——生物反应池 5 日生化需氧量污泥负荷，$kgBOD_5/(kgMLSS \cdot d)$；

Q ——生物反应池设计流量，m^3/h；

S_0 ——生物反应池进水 5 日生化需氧量，mg/L；

S_e ——生物反应池出水 5 日生化需氧量，mg/L；

V ——生物反应池容积，m^3；

X ——生物反应池混合液悬浮固体平均浓度，gMLSS/L。

对于 AAO 工艺，经常采用污泥负荷直接计算生物反应池容积。

出水 TP 计算为： $$P_e^d = P_t - P_s \tag{5-3-17}$$

式中 P_e^d ——出水 TP 计算值，mg/L；

P_t ——进水 TP 量，mg/L；

P_s ——污泥合成 P 量，mg/L，$P_s = P_v Y_h (S_0 - S_e)$，$P_v$ 为污泥中 P 含量，取 $P_V = 0.06kgP/kgMLVSS$，Y_h 为异养菌污泥表观产率系数，$kgVSS/(kgCOD_{cr}$，S_0 为生物反应池进水 5 日生化需氧量（mg/L），S_e 为生物反应池出水 5 日生化需氧量，（mg/L）。

（5）硝化速率和反硝化速率核算

硝化菌产率系数为：

$$Y_n = \frac{Y_{ng}}{1 + K_{nd}\theta_c} \tag{5-3-18}$$

式中 Y_n ——硝化菌产率系数，$kgVSS/kgNH_3\text{-}N$；

Y_{ng} ——硝化菌生长产率系数，$kgVSS/kgNH_3\text{-}N$，通常为 0.1～0.3，取 0.15；

K_{nd} ——硝化菌裂解系数，d^{-1}，$K_{nd} = K_{nd(20)} \cdot 1.029^{(T-20)}$，$K_{nd(20)}$ 取 0.045；

θ_c ——污泥泥龄，d。

最大比硝化速率为：

$$q_N = \frac{\mu}{Y_n} \tag{5-3-19}$$

式中 q_N ——最大比硝化速率，$kgNH_3\text{-}N/(kgVSS \cdot d)$；

μ ——硝化菌比生长速率，d^{-1}；

Y_n ——硝化菌产率系数，$kgVSS/kgNH_3\text{-}N$。

硝化污泥浓度为：

$$X_n = S_n X_V \tag{5-3-20}$$

式中　X_n——硝化污泥浓度，mg/L；

　　　S_n——硝化菌比例，该比例与进水 BOD_5/TKN 比值有关，如表 5-3-2 所示；

　　　X_V——生物反应池平均 MLVSS 浓度，mg/L。

不同 BOD_5/TKN 比值时活性污泥中硝化菌所占比例　　　　表 5-3-2

BOD_5/TKN	硝化菌比例	BOD_5/TKN	硝化菌比例
0.5	0.35	5	0.054
1	0.21	6	0.043
2	0.12	7	0.037
3	0.083	8	0.033
4	0.064	9	0.029

BOD_5/TKN 比值与硝化菌比例之间关系可拟合成幂指数回归曲线，相关系数 $R = 0.9983$，如图 5-3-1 所示。

硝化菌比例关系式为：

$$S_n = 0.2065 \left(\frac{BOD_5}{N_k} \right)^{-0.8677} \tag{5-3-21}$$

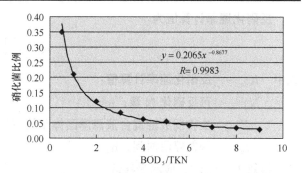

图 5-3-1　BOD_5/TKN 比值与硝化菌比例的关系曲线

式中　S_n——硝化菌比例；

　　　BOD_5——5 日生化需氧量，mg/L；

　　　N_k——总凯氏氮，mg/L。

硝化速率为：

$$R_n = q_N X_n \tag{5-3-22}$$

式中　R_n——硝化速率，mg/（L·d）；

　　　q_N——最大比硝化速率，$kgNH_3\text{-}N/（kgVSS·d）$；

　　　X_n——硝化污泥浓度，mg/L。

比硝化速率为：

$$U_N = \frac{\dfrac{1}{\theta_C} + K_{nd}}{Y_{ng}} \tag{5-3-23}$$

式中　U_N——比硝化速率，$kgNH_3\text{-}N/（kgVSS·d）$；

　　　θ_C——污泥泥龄，d；

　　　K_{nd}——硝化菌裂解系数，d^{-1}，$K_{nd} = K_{nd(20)} \cdot 1.029^{(T-20)}$，$K_{nd(20)}$ 取 0.045；

　　　Y_{ng}——硝化菌生长产率系数，$kgVSS/（kgNH_3\text{-}N）$，通常为 0.1～0.3，取 0.15。

出水 $NH_3\text{-}N$ 浓度为：

$$N_{ae}^d = \frac{K_n}{\dfrac{q_N}{U_N} - 1} \tag{5-3-24}$$

式中　N_{ae}^d——出水 $NH_3\text{-}N$ 浓度计算值，mg/L；

　　　K_n——硝化作用中氮的半速率常数，mg/L，$K_n = K_{n(15)} e^{0.118(T-15)}$，$K_{n(15)}$ 取 0.4 mg/L；

　　　q_N——最大比硝化速率，$kgNH_3\text{-}N/（kgVSS·d）$；

　　　U_N——比硝化速率，$kgNH_3\text{-}N/（kgVSS·d）$。

允许进水 TKN 峰值为：

$$N_k^m = R_n \frac{t_o}{24} + N_{ae}^d \qquad (5-3-25)$$

式中　N_k^m——允许进水 TKN 峰值，mg/L；

R_n——硝化速率，mg/(L·d)；

t_o——好氧曝气停留时间，h；

N_{ae}^d——出水 NH_3-N 浓度计算值，mg/L。

校核 $F \geqslant \dfrac{N_k^m}{N_k}$，否则应调整 F 取值。

反硝化速率推荐值为：

$$K_{de}^M = K_{de(20)} 1.08^{(T-20)} \qquad (5-3-26)$$

式中　K_{de}^M——反硝化速率推荐值，$kgNO_3$-N/(kgMLSS·d)；

$K_{de(20)}$——20℃时反硝化速率，$kgNO_3$-N/(kgMLSS·d)。

反硝化速率计算值为：

$$K_{de}^d = \frac{24 N_{dn}^M}{X t_n} \qquad (5-3-27)$$

式中　K_{de}^d——反硝化速率计算值；

N_{dn}^M——可反硝化 N 量，mg/L；

X——生物反应池混合液悬浮固体平均浓度，gMLSS/L；

t_n——缺氧停留时间，h。

核算 $K_{de}^d \leqslant K_{de}^M$，应尽量接近。

(6) 回流比计算

设计外回流比(污泥回流比)为：

$$R = 100 \frac{X}{X_r - X} \qquad (5-3-28)$$

式中　R——设计外回流比，%，通常为 20%～100%；

X——生物反应池混合液悬浮固体平均浓度，mgMLSS/L；

X_r——回流污泥浓度，mgMLSS/L。

设计最小回流比(%)为：

$$R_i + R = 100 \left(\frac{N_n}{N_{oe}^d} - 1 \right) \qquad (5-3-29)$$

式中　R_i——设计内回流比，%；

R——设计外回流比，%；

N_n——需硝化的 N 量，mg/L；

N_{oe}^d——出水 NO_3-N 计算值，mg/L。

设计内回流比(混合液回流比)为：

$$R_i = 100 \left(\frac{N_n}{N_{oe}^d} - 1 \right) - R \qquad (5-3-30)$$

式中各符号意义同式 5-3-29。

(7) 其他设计参数

每天排出系统的微生物量为：

$$\Delta X_V = Y_h Q \frac{(S_0 - S_e)}{1000} \qquad (5-3-31)$$

式中　ΔX_{V}——排出系统的微生物量，kg/d；

　　　Y_{h}——异养菌污泥表观产率系数，kgVSS/kgCOD$_{\mathrm{cr}}$；

　　　Q——生物反应池设计流量，m^3/h；

　　　S_0——生物反应池进水 5 日生化需氧量，mg/L；

　　　S_{e}——生物反应池出水 5 日生化需氧量，mg/L。

剩余污泥排放量为：

$$\Delta X = \frac{\Delta X_{\mathrm{V}}}{f} + Q\frac{(X_0 - X_{\mathrm{V0}} - X_{\mathrm{e}})}{1000} \tag{5-3-32}$$

式中　ΔX——剩余污泥排放量，kg/d；

　　　ΔX_{V}——排出系统的微生物量，kg/d；

　　　f——悬浮固体的污泥转换率，通常为 0.55～0.75；

　　　Q——生物反应池设计流量，m^3/d；

　　　X_0——进水 SS 浓度，mg/L；

　　　X_{V0}——进水 VSS 浓度，mg/L；

　　　X_{e}——出水 SS 浓度，mg/L。

污水需氧量为：

$$O_2 = 0.001aQ(S_0 - S_{\mathrm{e}}) + b\left[0.001Q(N_{\mathrm{k}} - N_{\mathrm{ke}}) - 0.12\Delta X_{\mathrm{V}}\right]$$
$$-c\Delta X_{\mathrm{V}} - 0.62b\left[0.001Q(N_{\mathrm{t}} - N_{\mathrm{ke}} - N_{\mathrm{oe}}) - 0.12\Delta X_{\mathrm{V}}\right] \tag{5-3-33}$$

式中　O_2——污水需氧量，kgO$_2$/d；

　　　Q——生物反应池的进水流量，m^3/d；

　　　S_0——生物反应池进水 5 日生化需氧量浓度，mg/L；

　　　S_{e}——生物反应池出水 5 日生化需氧量浓度，mg/L；

　　　ΔX_{V}——排出生物反应池系统的微生物量，kg/d；

　　　N_{k}——生物反应池进水总凯氏氮浓度，mg/L；

　　　N_{ke}——生物反应池出水总凯氏氮浓度，mg/L；

　　　N_{t}——生物反应池进水总氮浓度，mg/L；

　　　N_{oe}——生物反应池出水硝态氮浓度，mg/L；

$0.12\Delta X_{\mathrm{V}}$——排出生物反应池系统的微生物中含氮量，kg/d；

　　　a——碳的氧当量，当含碳物质以 BOD$_5$ 计时，取 1.47；

　　　b——常数，氧化每公斤氨氮所需氧量，kgO$_2$/kgN，取 4.57；

　　　c——常数，细菌细胞的氧当量，取 1.42。

标准状态下生物反应池污水需氧量为：

$$O_{\mathrm{s}} = \frac{O_2 \cdot C_{\mathrm{s}}}{\alpha\,(\beta C_{\mathrm{sm}} - C_0)}1.024^{(20-T)} \tag{5-3-34}$$

式中　O_{s}——标准状态下生物反应池污水需氧量，kg O$_2$/h；

　　　O_2——污水需氧量，kgO$_2$/h；

　　　C_{s}——标况下清水中饱和溶解氧浓度，20℃；

　　　α——因污水性质而降低传递系数的修正值；

　　　β——污水饱和溶解氧的修正值；

　　　C_{sm}——设计水温下清水表面处饱和溶解氧浓度，mg/L；

　　　C_0——起始溶解氧浓度，kg/m^3；

　　　T——设计水温，℃。

标准状态下的供气量为：

$$G_s = \frac{O_s}{0.28 E_A} \qquad (5\text{-}3\text{-}35)$$

式中 G_s——标准状态（0.1MPa，20℃）下供气量，m^3/h；

$\quad\quad O_s$——标准状态下生物反应池污水需氧量，$kg\,O_2/h$；

$\quad\quad 0.28$——标准状态下每 m^3 空气中含氧量，$kg\,O_2/m^3$；

$\quad\quad E_A$——曝气器氧的利用率，$\%$。

厌氧池和缺氧池应采用机械搅拌，混合功率按 $5\sim 8W/m^3$ 池容计。

厌氧池搅拌功率为：

$$N_w^P = \frac{(5\sim 8)}{1000}V_P \qquad (5\text{-}3\text{-}36)$$

式中 N_w^P——厌氧池搅拌机的配置功率，kW；

$\quad\quad V_P$——厌氧池有效容积，m^3。

缺氧池搅拌功率为：

$$N_w^n = \frac{(5\sim 8)}{1000}V_n \qquad (5\text{-}3\text{-}37)$$

式中 N_w^n——缺氧池搅拌机的配置功率，kW；

$\quad\quad V_n$——缺氧池有效容积，m^3。

5.3.1.2 设计步骤

(1) 确定总变化系数 K_Z，根据式（5-3-1）计算最大设计流量 q_{max}；

(2) 选定 15℃时硝化作用中氮的半速率常数 $K_{n(15)}$、反应池平均最低运行温度 T，根据 $K_n = K_{n(15)}\,e^{0.118(T-15)}$ 计算平均最低运行温度时硝化作用中氮的半速率常数 K_n；

(3) 确定反应池内 $NH_3\text{-}N$ 浓度 N_a，根据式（5-3-2）计算硝化菌比生长速率 μ；

(4) 选定 20℃时硝化菌裂解系数 $K_{nd(20)}$，根据 $K_{nd} = K_{nd(20)} \cdot 1.029^{(T-20)}$ 计算平均最低运行温度时硝化菌裂解系数 K_{nd}；

(5) 根据式（5-3-3）计算硝化污泥泥龄理论值 θ_{co}^M；

(6) 选定硝化安全系数假定值 F，根据式（5-3-4）计算硝化污泥泥龄设计值 θ_{co}；

(7) 设曝气分数 AF 假定值，根据式（5-3-5）计算污泥泥龄 θ_c；

(8) 选定 20℃时异养菌裂解系数 $K_{d(20)}$，根据 $K_d = K_{d(20)} \cdot 1.023^{(T-20)}$ 计算平均最低运行温度时异养菌裂解系数 K_d；

(9) 选定异养菌污泥产率系数 Y_g，根据式（5-3-6）计算异养菌污泥表观产率系数 Y_h；

(10) 根据式（5-3-7）计算去除单位 BOD 可反硝化 $NO_3\text{-}N$ 的量 P_S^N；

(11) 选定因反硝化产率减少分数 F_{DN}，根据式（5-3-8）计算可用于反硝化的 COD 量 ΔS_{AN}；

(12) 根据 $N_s = 0.124 Y_h (S_0 - S_e)$ 计算污泥合成 N 量 N_s；

(13) 根据 $N_n = N_k - N_{ae} - N_{ore} - N_s$ 计算需硝化 N 量 N_n；

(14) 根据 $N_{dn} = N_n - N_{oe}$ 计算需反硝化 N 量 N_{dn}；

(15) 根据式（5-3-9）计算反硝化安全因子 SF_{DN}；

(16) 若 $SF_{DN} < 1$，根据 $N_{dn}^M = P_S^N \Delta S_{AN}$ 计算可反硝化 N 量 N_{dn}^M，否则 $N_{dn}^M = N_{dn}$；

(17) 根据式（5-3-10）计算出水 $NO_3\text{-}N$ 计算值，要求 $N_{oe}^d \leqslant 10mg/L$，否则应重新选取 AF 值，若 $AF < 0.5$ 时尚不能满足 $N_{oe}^d \leqslant 10mg/L$，则应考虑放弃采用 AAO 工艺；

(18) 选定生物反应池平均 MLSS 浓度 X，选定悬浮固体的污泥转换率 f，根据 $X_v = fX$ 计算生物反应池平均 MLVSS 浓度；

(19) 根据 $X_d = \dfrac{F_{DN}}{1+0.02\theta_c}$ 计算生物反应池 MLVSS 的可降解分数 X_d；

(20) 根据式（5-3-11）计算 AAO 反应池水力停留时间 HRT；

(21) 根据 $t_0 = AF \times HRT$ 计算好氧曝气停留时间 t_o；

(22) 选定厌氧停留时间 t_P，根据 $t_n = (1-AF) \times HRT - t_P$ 计算缺氧停留时间 t_n；

(23) 根据式（5-3-12）计算厌氧池有效容积 V_P；

(24) 根据式（5-3-13）计算缺氧池有效容积 V_n；

(25) 根据式（5-3-14）计算好氧池有效容积 V_o；

(26) 根据式（5-3-15）计算 AAO 反应池有效容积 V；

(27) 根据式（5-3-16）计算 BOD-SS 运行负荷 L_S；

(28) 选定污泥中 P 含量 P_V，根据 $P_s = P_V Y_h (S_0 - S_e)$ 计算污泥合成 P 量 P_s；

(29) 根据式（5-3-17）计算出水 TP 计算值 P_e^d；

(30) 选定硝化菌生长产率系数 Y_{ng}，根据式（5-3-18）计算硝化菌产率系数 Y_n；

(31) 根据式（5-3-19）计算最大比硝化速率 q_N；

(32) 根据式（5-3-20）计算硝化污泥浓度 X_n；

(33) 根据式（5-3-21）计算硝化菌比例 S_n；

(34) 根据式（5-3-22）计算硝化速率 R_n；

(35) 根据式（5-3-25）计算允许进水 TKN 峰值 N_k^m；

(36) 根据 $F \geqslant \dfrac{N_k^m}{N_k}$ 校核硝化安全系数是否小于假定值，若不是，则应调整 F 取值；

(37) 根据式（5-3-26）计算反硝化速率推荐值 K_{de}^M；

(38) 根据式（5-3-27）计算反硝化速率计算值 K_{de}^M；

(39) 判断 $K_{de}^d \leqslant K_{de}^M$ 是否成立；

(40) 根据式（5-3-28）计算设计外回流比 R；

(41) 根据式（5-3-29）计算设计最小回流比 $R + R_i$；

(42) 根据式（5-3-30）计算设计内回流比 R_i；

(43) 当 $R_i \geqslant 400\%$ 时，实际设计内回流比 $R_i = 400\%$；

(44) 根据式（5-3-31）计算排出系统的微生物量 ΔX_V；

(45) 根据式（5-3-32）计算剩余污泥排放量 ΔX；

(46) 根据式（5-3-33）计算实际需氧量 O_2；

(47) 选定反应池混合液中 K_{La} 值与清水中 K_{La} 值之比 α、反应池混合液的饱和溶解氧浓度值与清水中饱和溶解氧浓度值之比 β、反应池混合液中剩余溶解氧浓度 C_0、反应池平均最高运行温度和平均最低运行温度，根据式（5-3-34）计算反应池平均最高运行温度和平均最低运行温度时的标准需氧量 O_s，以 O_s 值较高者作为设计 O_s 值；

(48) 选定曝气装置充氧效率 E_A，根据式（5-3-35）计算平均供气量 G_s；

(49) 选定厌氧池单位池容搅拌功率，根据式（5-3-36）计算厌氧池搅拌机的配置功率 N_w^P；

(50) 选定缺氧池单位池容搅拌功率，根据式（5-3-37）计算缺氧池搅拌机的配置功率 N_w^n。

5.3.1.3　设计实例

上海某城市污水处理厂采用 AAO 法设计。

(1) 设计基础资料

设计水量：$Q = 50000\text{m}^3/\text{d}$

设计水质：$\text{BOD}_5 = 220\text{mg/L}$

$$COD_{cr} = 400mg/L$$

$$SS = 220mg/L$$

$$NH_3\text{-}N = 30mg/L$$

$$TKN = 50mg/L$$

$$TP = 5mg/L$$

要求出水水质：

$$BOD_5 \leqslant 20mg/L$$

$$COD_{cr} \leqslant 60mg/L$$

$$SS \leqslant 20mg/L$$

$$NH_3\text{-}N \leqslant 8mg/L$$

$$TN \leqslant 20mg/L$$

$$TP \leqslant 1.5mg/L$$

(2) 设计计算

1) 确定总变化系数 K_Z

$$Q = 50000m^3/d$$

平均日流量

$$q_{ave} = \frac{Q}{24} = \frac{50000}{24} = 2083m^3/h = 578.7 \, l/s$$

总变化系数

$$K_Z = 1.4 - (1.4 - 1.3) \times \frac{578.7 - 500}{1000 - 500} = 1.384，取 K_Z = 1.39$$

设计最大流量

$$q_{max} = K_Z \frac{Q}{24} = 1.39 \times \frac{50000}{24} = 2896m^3/h$$

2) 假定 $K_{n(15)} = 0.4$ mg/L，AAO 平均最低运行温度 $T = 12℃$

$$K_n = K_{n(15)} e^{0.118(T-15)} = 0.4 \times e^{0.118(12-15)} = 0.281mg/L$$

3) 假定 $\mu_{max} = 0.47d^{-1}$，$N_a = N_{ae} = 8mg/L$

$$\mu = \mu_{max} \frac{N_a}{K_n + N_a} = 0.47 \times \frac{8}{0.281 + 8} \times e^{0.098(12-15)} = 0.338d^{-1}$$

4) 假定 $K_{nd(20)} = 0.045 \, d^{-1}$

$$K_{nd} = K_{nd(20)} \cdot 1.029^{(T-20)} = 0.045 \times 1.029^{(12-20)} = 0.036d^{-1}$$

5) $\theta_{co}^M = \dfrac{1}{\mu - K_{nd}} = \dfrac{1}{0.324 - 0.036} = 3.30d$

6) 取硝化安全系数 $F = 2.5$

$$\theta_{co} = F \cdot \theta_{co}^M = 2.5 \times 3.47 = 8.26d$$

7) 假定 $AF = 0.70$

$$\theta_c = \frac{\theta_{co}}{AF} = \frac{8.67}{0.7} = 11.8d$$

8) 假定 $K_{d(20)} = 0.055 \, d^{-1}$

$$K_d = K_{d(20)} \cdot 1.023^{(T-20)} = 0.055 \times 1.023^{(12-20)} = 0.046d^{-1}$$

9) 假定 $Y_g = 0.4 \, kgVSS/kgCOD_{cr}$

$$Y_h = \frac{Y_g}{1 + K_d \theta_c} = \frac{0.4}{1 + 0.046 \times 12.4} = 0.26kgVSS/kgCOD_{cr}$$

10) $P_S^N = 0.35(1 - 1.42Y_h) = 0.35 \times (1 - 1.42 \times 0.26) = 0.221$

11) 假定 $F_{DN} = 0.8$

$$\Delta S_{AN} = \frac{(1-AF)F_{DN}}{(1-AF)F_{DN}+AF}(S_0-S_e) = \frac{0.8\times(1-0.7)}{0.8\times(1-0.7)+0.7}\times(400-60) = 86.81 \text{mg/L}$$

12) $N_s = 0.124 Y_h(S_0-S_e) = 0.124\times0.26\times(400-60) = 10.96 \text{mg/L}$

13) 假定 $N_k = 50 \text{mg/L}$，$N_{ae} = 8 \text{mg/L}$，$N_{ore} = 5 \text{mg/L}$，$N_{oe} = 7 \text{mg/L}$

$$N_n = N_k - N_{ae} - N_{ore} - N_s = 50 - 8 - 5 - 10.96 = 24.06 \text{mg/L}$$

14) $N_{dn} = N_n - N_{oe} = 24.06 - 7 = 17.06 \text{mg/L}$

15) $SF_{DN} = \dfrac{P_S^N \Delta S_{AN}}{N_{dn}} = \dfrac{0.223\times86.81}{17.06} = 1.12$

16) $N_{dn}^M = P_S^N \Delta S_{AN} = 0.221\times86.81 = 19.19 \text{mg/L}$

17) $N_{oe}^d = N_n - N_{dn}^M = 24.06 - 19.19 = 48.17 \text{mg/L}$

18) 假定生物反应池平均 MLSS 浓度 $X = 2500 \text{ mg/L}$，假定悬浮固体的污泥转换率 $f = 0.67$

$$X_V = fX = 0.67\times2500 = 1675 \text{mg/L}$$

19) $X_d = \dfrac{F_{DN}}{1+0.02\theta_c} = \dfrac{0.8}{1+0.02\times11.8} = 0.65$

20) $HRT = 24\times\left[\dfrac{Y_g\theta_c}{X_V(1+0.1X_d\theta_c)}(S_0-S_e)\right]$

$$= 24\times\left[\dfrac{0.4\times11.8}{1675\times(1+0.1\times0.64\times11.8)}\times(400-60)\right] = 13.04 \text{h}$$

21) $t_o = AF\times HRT = 0.7\times13.04 = 9.13 \text{h}$

22) 取厌氧停留时间 $t_P = 1.1 \text{h}$

$$t_n = (1-AF)\times HRT - t_p = (1-0.7)\times13.04 - 1.1 = 2.81 \text{h}$$

23) $V_P = \dfrac{t_P}{24}Q = \dfrac{1.1}{24}\times50000 = 2083 \text{m}^3$

24) $V_n = \dfrac{t_n}{24}Q = \dfrac{2.81}{24}\times50000 = 6066 \text{m}^3$

25) $V_o = \dfrac{t_o}{24}Q = \dfrac{9.13}{24}\times50000 = 19015 \text{m}^3$

26) $V = V_P + V_n + V_O = 2083 + 6066 + 19015 = 27164 \text{m}^3$

27) $S_0 = 220 \text{mg/L}$，$S_e = 20 \text{mg/L}$

$$L_S = \dfrac{Q(S_0-S_e)}{XV} = \dfrac{50000\times(220-20)}{2500\times27164} = 0.16 \text{kgBOD}_5/(\text{kgMLSS}\cdot\text{d})$$

28) 假定 $P_V = 0.06 \text{kgP/kgMLVSS}$

$$P_s = P_V Y_h(S_0-S_e) = 0.06\times0.26\times(400-60) = 5.30 \text{mg/L}$$

29) $P_t - P_s = 5.0 - 5.30 < 0$

$$P_e^d = fP_V X_e = 0.67\times0.06\times20 = 0.80 \text{mg/L}$$

30) 假定 $Y_{ng} = 0.15 \text{ kgNVSS/kgNH}_3\text{-N}$

$$Y_n = \dfrac{Y_{ng}}{1+K_{nd}\theta_c} = \dfrac{0.15}{1+0.036\times11.8} = 0.105 \text{kgNVSS/kgNH}_3\text{-N}$$

31) $q_N = \dfrac{\mu}{Y_n} = \dfrac{0.338}{0.105} = 3.209 \text{kgNH}_3\text{-N}/(\text{kgNVSS}\cdot\text{d})$

32) $S_n = 0.2065\left(\dfrac{S_0}{N_k}\right)^{-0.8677} = 0.2065\times\left(\dfrac{220}{50}\right)^{-0.8677} = 0.057$

33) $X_n = S_n X_V = 0.057\times1675 = 96 \text{mg/L}$

34) $R_n = q_N X_n = 3.209\times96 = 307 \text{mg}/(\text{l}\cdot\text{d})$

35) $N_k^m = R_n \dfrac{t_O}{24} + N_{ae}^d = 307 \times \dfrac{9.13}{24} + 8 = 125 \text{mg/L}$

36) $\dfrac{N_k^m}{N_k} = \dfrac{125}{50} = 2.5$，**假定的硝化安全系数合适**

37) **假定** $K_{de(20)} = 0.1 \text{kgNO}_3\text{-N(kgMLSS} \cdot \text{d)}$

$K_{de}^M = K_{de(20)} 1.08^{(T-20)} = 0.1 \times 1.08^{(12-20)} = 0.063 \text{ kgNO}_3\text{-N/(kgMLSS} \cdot \text{d)}$

38) $K_{de}^d = \dfrac{24 N_{dn}^M}{X t_n} = \dfrac{24 \times 19.19}{2500 \times 2.91} = 0.063 \text{kgNO}_3\text{-N/(kgMLSS} \cdot \text{d)}$

39) $K_{de}^d \leqslant K_{de}^M$，**满足要求**

40) **假定** $X_r = 5000 \text{mg/L}$

$$R = 100 \dfrac{X}{X_r - X} = 100 \times \dfrac{2500}{5000 - 2500} = 100\%$$

41) $R_i = 100 \left(\dfrac{N_n}{N_{oe}^d} - 1 \right) - R = 100 \times \left(\dfrac{24.06}{4.87} - 1 \right) - 100\% = 294\%$

42) $\Delta X_V = Y_h Q \dfrac{(S_0 - S_e)}{1000} = 0.26 \times 50000 \times \dfrac{(400 - 60)}{1000} = 4420 \text{kgVSS/d}$

43) **假定** $X_0 = 220 \text{mg/L}$，$X_{V0} = 130 \text{mg/L}$，$X_e = 20 \text{mg/L}$

$$\Delta X = \dfrac{\Delta X_V}{f} + Q \dfrac{(X_0 - X_{V0} - X_e)}{1000} = \dfrac{4420}{0.67} + 50000 \times \dfrac{(220 - 130 - 20)}{1000} = 10085 \text{kgTSS/d}$$

44) **假定** $a = 1.47$，$b = 4.57$，$c = 1.42$，$N_t = N_k = 50 \text{mg/L}$，$N_{ke} = 13 \text{mg/L}$，$N_{oe} = 7 \text{mg/L}$

$$O_2 = aQ \dfrac{(S_0 - S_e)}{1000} + b \left[Q \dfrac{(N_k - N_{ke})}{1000} - 0.12 \Delta X_V \right] - c \Delta X_V$$

$$- 0.62b \left[Q \dfrac{(N_t - N_{ke} - N_{oe})}{1000} - 0.12 \Delta X_V \right]$$

$$= 1.47 \times 50000 \times \dfrac{(220 - 20)}{1000} + 4.57 \times \left[5000 \times \dfrac{(50 - 13)}{1000} - 0.12 \times 4336 \right]$$

$$- 1.42 \times 4336 - 0.62 \times 4.57 \times \left[50000 \times \dfrac{(50 - 13 - 7)}{1000} - 0.12 \times 4336 \right]$$

$$= 11720 \text{kgO}_2\text{/d}$$

45) **假定** $\alpha = 0.80$，$\beta = 0.90$，$C_s = 9.17 \text{mg/L}$，$C_{sm(12)} = 10.83 \text{mg/L}$，$C_{sm(30)} = 7.63 \text{mg/L}$，$C_0 = 2.0 \text{mg/L}$

12℃时，

$$O_s = \dfrac{O_2 \cdot C_s}{\alpha (\beta C_{sm} - C_0)} 1.024^{(20-T)} = 11720 \times \dfrac{9.17}{0.80 \times (0.90 \times 10.83 - 2)} \times 1.024^{(20-12)}$$

$$= 20964 \text{ kg O}_2\text{/d}$$

30℃时，

$$O_s = \dfrac{O_2 \cdot C_s}{\alpha (\beta C_{sm} - C_0)} 1.024^{(20-T)} = 11720 \times \dfrac{9.17}{0.80 \times (0.90 \times 7.63 - 2)} \times 1.024^{(20-30)}$$

$$= 21774 \text{ kg O}_2\text{/d}$$

以 30℃**时的** O_s **值** 21774kg O₂/d **作为设计控制值。**

46) **取** $E_A = 20\%$

$$G_s = \dfrac{O_s}{0.28 E_A} = \dfrac{21774}{0.28 \times 20\%} = 388821 \text{m}^3\text{/d} = 270 \text{m}^3\text{/min}$$

47) **气：水比**

$$G_s : Q = \dfrac{388821}{50000} = 7.8$$

48）厌氧池和缺氧池搅拌功率按 $5W/m^3$ 池容计

$$N_w^P = \frac{5}{1000}V_P = \frac{5}{1000} \times 2292 = 11.5kW$$

$$N_w^A = \frac{5}{1000}V_A = \frac{5}{1000} \times 6119 = 30.6kW$$

（3）设计汇总

1）设计水量

平均日流量 $Q_{ave} = 2083m^3/h(578.7L/s)$

总变化系数 $K_Z = 1.39$

设计最大流量 $q_{max} = 2896m^3/h$

2）反应池有效容积

反应池有效容积 = $27164m^3$

厌氧段有效容积 = $2083m^3$

缺氧段有效容积 = $6066m^3$

好氧段有效容积 = $19015m^3$

3）运行参数

反应池平均污泥浓度：MLSS = $2500mg/L$，MLVSS = $1675mg/L$

BOD_5-SS 负荷：$0.16\ kgBOD_5/(kgMLSS \cdot d)$

反应池水力停留时间 HRT = 13.04h

厌氧停留时间 $t_P = 1.1h$

缺氧停留时间 $t_A = 2.81h$

好氧停留时间 $t_O = 9.13h$

污泥泥龄：11.8d

污泥外回流比：100%

污泥内回流比：294%

4）排泥量

每日污泥排放量：10085kg/d

5）需氧量（供气量）

设计需氧量：$21774kgO_2/d$

采用鼓风曝气，弹性膜微孔曝气管充氧效率 20%，平均供气量为 $270m^3/min$，气水比为 7.8。

6）搅拌功率

厌氧池搅拌功率：11.5kW

缺氧池搅拌功率：30.6kW

5.3.2　一体化活性污泥法工艺设计

5.3.2.1　工艺设计计算

（1）工艺流程

一体化活性污泥法工艺流程如图 5-3-2所示。

（2）一个运行周期运行程序

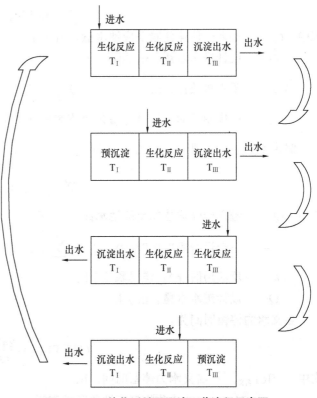

图 5-3-2　一体化活性污泥法工艺流程示意图

T_I—左边池　　T_{II}—中间池　　T_{III}—右边池

在一个运行周期内，工艺运行程序如表5-3-3所示。

（3）水量计算

根据室外排水设计规范，综合生活污水量总变化系数 K_z 按表 5-3-1 确定，当污水平均日流量为中间数值时，总变化系数可用内插法求得。

一个运行周期运行程序表 表 5-3-3

时间段	左边池 T_I	中间池 T_{II}	右边池 T_{III}	历时	单位	参考值	典型值
1	进水，搅拌	曝气	出浑水	t_1	min	10～20	15
2	进水，搅拌	曝气	出清水	t_2	min		
3	进水，曝气	曝气	出清水	t_3	min		
4	预沉	进水，曝气	出清水	t_4	min	30～90	45
5	出浑水	曝气	进水，搅拌	t_1	min	10～20	15
6	出清水	曝气	进水，搅拌	t_2	min		
7	出清水	曝气	进水，曝气	t_3	min		
8	出清水	进水，曝气	预沉	t_4	min	30～90	45

若进水采用变频电机水泵和进水流量计控制时，设计最大流量按计算值确定；否则按最大进水泵组合流量为设计最大流量，可按下式计算：

$$q_{max} = K_z \frac{Q}{24} \tag{5-3-38}$$

式中　q_{max}——最大设计流量，m^3/h；

　　　K_z——综合生活污水量总变化系数；

　　　Q——设计进水水量，m^3/d。

一体化生物反应池水量按下式计算：

$$Q' = Q + V_{浑} \tag{5-3-39}$$

式中　Q'——进入一体化生物反应池水量，m^3/d；

　　　Q——设计进水水量，m^3/d；

　　　$V_{浑}$——浑水排放量，m^3/d，$V_{浑} = 2Q'\frac{t_1}{t} + V_{出水渠}$，$t_1$ 为反应历时，见表 5-3-3，t 为一个运行周期历时，h，$V_{出水渠}$ 为出水渠中的水量，m^3/d。

假定 $V_{出水渠} = 0$，则 $V_{浑} = 2Q'\frac{t_1}{t}$，则：

$$Q' = \frac{t}{t - 2t_1} Q \tag{5-3-40}$$

式中　Q'——进入一体化生物反应池水量，m^3/d；

　　　t——一个运行周期历时(h)，$T = 2\sum\limits_{i=1}^{4} t_i$；

　　　t_1——反应历时(h)，详见表 5-3-3；

　　　Q——设计进水水量，m^3/d。

名义水力停留时间为：

$$(HRT)_{名义} = \frac{24V}{Q} \tag{5-3-41}$$

式中　$HRT_{名义}$——名义水力停留时间，h；

　　　V——一体化生物反应池总有效容积，m^3；

　　　Q——设计进水水量，m^3/d。

水力停留时间为:

$$\text{HRT}=\frac{24V}{Q'} \tag{5-3-42}$$

式中 HRT——水力停留时间,h;

V——一体化生物反应池总有效容积,m^3;

Q'——进入一体化生物反应池水量,m^3/d。

假定边池预沉时为非反应时间(h),则非反应时间为:

$$t_N=\frac{24V_1}{Q'}\left(1+\frac{2t_4}{t}\right) \tag{5-3-43}$$

式中 t_N——非反应时间,h;

V_1——边池有效容积,m^3;

Q'——进入一体化生物反应池水量,m^3/d;

t_4——反应历时,h,见表5-3-3;

t——一个运行周期历时(h),$t=2\sum\limits_{i=1}^{4}t_i$。

则反应停留时间为:

$$t_R=\text{HRT}-t_N=\frac{24V}{Q'}-\frac{24V_1}{Q'}\left(1+\frac{2t_4}{t}\right) \tag{5-3-44}$$

式中 t_R——反应停留时间,h;

HRT——水力停留时间,h;

t_N——非反应时间,h;

V——一体化生物反应池总有效容积,m^3;

Q'——进入一体化生物反应池水量,m^3/d;

V_1——边池有效容积,m^3;

t_4——反应历时,h,见表5-3-3;

t——一个运行周期历时,h,$t=2\sum\limits_{i=1}^{4}t_i$。

非好氧反应时间为:

$$t_a=24\frac{2V_1}{Q'}\frac{t_1+t_2}{t} \tag{5-3-45}$$

式中 t_a——非好氧反应时间,h,包括缺氧反应时间和厌氧反应时间;

V_1——边池有效容积,m^3;

Q'——进入一体化生物反应池水量,m^3/d;

t_1、t_2——反应历时,h,见表5-3-3;

t——一个运行周期历时,h,$t=2\sum\limits_{i=1}^{4}t_i$。

上式经整理得:

$$t_2=\frac{t_a}{24}\frac{Q'}{2V_1}t-t_1 \tag{5-3-46}$$

式中各符号意义同式(5-3-45)。

好氧反应时间为:

$$t_o=24\frac{2V_1}{Q'}\frac{t_3}{t}+\frac{24V_2}{Q'}=24\left[\frac{V}{Q'}-\frac{2V_1(t-t_3)}{Q't}\right] \tag{5-3-47}$$

式中 t_o——曝气停留时间,h;

V_1——边池有效容积，m^3；

V_2——中间池有效容积，m^3；

V——一体化生物反应池总有效容积，m^3；

Q'——进入一体化生物反应池水量，m^3/d；

t_3——反应历时，h，见表 5-3-3；

t——一个运行周期历时，h，$t = 2\sum\limits_{i=1}^{4} t_i$。

上式经整理得：

$$t_3 = t - \left(\frac{V}{Q'} - \frac{t_o}{24}\right)\frac{Q't}{2V_1} \tag{5-3-48}$$

式中各符号意义同式 (5-3-47)。

（4）确定硝化和反硝化停留时间

硝化菌比生长速率为：

$$\mu = \mu_{\max}\frac{N_a}{K_n + N_a} \tag{5-3-49}$$

式中　μ——硝化菌比生长速率，(d^{-1})；

$\mu_{\max}$——硝化菌最大比生长速率，(d^{-1})，$\mu_{\max} = 0.47e^{0.098(T-15)}$；

N_a——反应池内 NH_3-N 浓度 (mg/L)，计算时假定 $N_a = N_{ae}$；

K_n——硝化作用中氮的半速率常数 (mg/L)，$K_n = K_{n(15)}e^{0.118(T-15)}$，$K_{n(15)}$ 取 0.4；

T——反应温度，℃。

则硝化污泥泥龄理论值为：

$$\theta_{co}^M = \frac{1}{\mu - K_{nd}} \tag{5-3-50}$$

式中　θ_{co}^M——硝化污泥泥龄理论值，d；

μ——硝化菌比生长速率，d^{-1}；

K_{nd}——硝化菌裂解系数，d^{-1}，$K_{nd} = K_{nd(20)} \cdot 1.029^{(T-20)}$（式 5-3-90），$K_{nd(20)}$ 取 0.05。

硝化污泥泥龄设计值为：

$$\theta_{co} = F \cdot \theta_{co}^M \tag{5-3-51}$$

θ_{co}——硝化污泥泥龄设计值，d；

F——硝化安全系数假定值，通常为 2.0～3.0，取 2.5；

θ_{co}^M——硝化污泥泥龄理论值，d。

污泥泥龄为：

$$\theta_c = \frac{\theta_{co}}{AF} \tag{5-3-52}$$

式中　θ_c——污泥泥龄，d；

θ_{co}——硝化污泥泥龄设计值，d；

AF——曝气分数，取值在 0.5～1.0 之间。

曝气分数计算为：

$$AF = \frac{2V_1 t_3 + V_2 t}{V_1 t + V_2 t - 2V_1 t_4} \tag{5-3-53}$$

式中　AF——曝气分数；

V_1——边池有效容积，m^3；

V_2——中间池有效容积，m^3；

t_3、t_4——反应历时，h，见表 5-3-3；

t——一个运行周期历时，h，$t = 2\sum\limits_{i=1}^{4} t_i$。

计算时先设一个假定值，以后根据计算值反复迭代，直至计算值与假定值相等。

当 $V_1 = V_2 = \dfrac{1}{3}V$ 时，$AF = \dfrac{2t_3 + t}{2t - 2t_4}$。

异养菌污泥表观产率系数为：

$$Y_h = \frac{Y_g}{1 + K_d \theta_c} \tag{5-3-54}$$

式中 Y_h——异养菌污泥表观产率系数，$kgVSS/kgCOD_{Cr}$；

Y_g——异养菌污泥产率系数，$kgVSS/kgCOD_{Cr}$，$0.1 \sim 0.6$；

K_d——异养菌裂解系数，d^{-1}，$K_d = K_{d(20)} \cdot 1.023^{(T-20)}$，$K_{d(20)}$ 取 0.05；

θ_c——污泥泥龄，d。

则去除单位 COD 可反硝化 NO_3-N 的量为：

$$P_S^N = \frac{1 - 1.42Y_h}{2.86} = 0.35(1 - 1.42Y_h) \tag{5-3-55}$$

式中 P_S^N——去除单位 COD 可反硝化 NO_3-N 的量；

Y_h——异养菌污泥表观产率系数，$kgVSS/kgCOD_{Cr}$；

2.86——硝酸盐的氧当量。

可用于反硝化的 COD_{cr} 量为：

$$\Delta S_{AN} = \frac{(1-AF)F_{DN}}{(1-AF)F_{DN} + AF}(S_0 - S_e) \tag{5-3-56}$$

式中 ΔS_{AN}——可用于反硝化的 COD_{cr} 量，mg/L；

AF——曝气分数，取值在 $0.5 \sim 1.0$ 之间；

F_{DN}——因反硝化产率减少分数，通常取 0.8；

S_0——进水 COD_{cr} 浓度，mg/L；

S_e——出水 COD_{cr} 浓度，mg/L。

反硝化安全因子计算为：

$$SF_{DN} = \frac{P_S^N \Delta S_{AN}}{N_{dn}} \tag{5-3-57}$$

式中 SF_{DN}——反硝化安全因子；

P_S^N——去除单位 COD 可反硝化 NO_3-N 的量；

ΔS_{AN}——可用于反硝化的 COD_{cr} 量，mg/L；

N_{dn}——需反硝化的 N 量，mg/L，$N_{dn} = N_n - N_{oe}$，N_{oe} 为出水 NO_3-N 浓度，mg/L，N_n 为需硝化的 N 量，mg/L，$N_n = N_k - N_{ae} - N_{ore} - N_s$，$N_k$ 为进水中的总凯氏氮（mg/L），N_{ae} 为出水 NH_3-N 浓度，mg/L，N_{ore} 为出水有机氮浓度，mg/L，N_s 为污泥合成 N 量，mg/L，$N_s = 0.124Y_h(S_0 - S_e)$。

若反硝化安全因子 $SF_{DN} < 1$，说明可用于反硝化的 COD 量（碳源）不够，此时可调低曝气分数假定值 AF，如果 $AF = 0.5$ 时反硝化安全因子 SF_{DN} 仍小于 1，则说明仅采用生物法不能满足脱氮除磷的出水标准。

出水 NO_3-N 计算值为：

$$N_{oe}^d = N_n - N_{dn}^M \tag{5-3-58}$$

式中 N_{oe}^d——出水 NO_3-N 计算值，mg/L，要求 $N_{oe}^d \leqslant 10mg/L$；

N_{dn}^M——可反硝化 N 量，mg/L，$N_{dn}^M = P_S^N \Delta S_{AN}$，$P_S^N$ 为去除单位 COD 可反硝化 NO_3-N 的

量，ΔS_{AN} 为可用于反硝化的 COD_{Cr} 量，mg/L。

（5）反应停留时间计算

生物反应池 MLVSS 的可降解分数为：

$$X_d = \frac{F_{DN}}{1+0.02\theta_c} \qquad (5\text{-}3\text{-}59)$$

式中　X_d——生物反应池 MLVSS 的可降解分数，取 $X_d = 0.6$；

　　　F_{DN}——因反硝化产率减少分数，通常取 0.8；

　　　θ_c——污泥泥龄，d。

则反应停留时间为：

$$t_r = 24\left[\frac{Y_g\theta_c}{X_V(1+0.1X_d\theta_c)}(S_0-S_e)\right] \qquad (5\text{-}3\text{-}60)$$

式中　t_r——反应停留时间，h；

　　　X_V——生物反应池平均 MLVSS 浓度，mg/L，$X_V = fX$，f 为悬浮固体的污泥转换率，通常为 0.55~0.75，取 0.70，X 为生物反应池内 MLSS 浓度，mg/L；

　　　Y_g——异养菌污泥产率系数，kgVSS/kgCODcr，通常为 0.1~0.6；

　　　θ_c——污泥泥龄，d；

　　　X_d——生物反应池 MLVSS 的可降解分数，取 $X_d = 0.6$；

　　　S_0——进水 COD_{cr} 浓度，mg/L；

　　　S_e——出水 COD_{cr} 浓度，mg/L。

好氧曝气停留时间为：

$$t_o = AF \times t_r \qquad (5\text{-}3\text{-}61)$$

式中　t_o——好氧曝气停留时间，h；

　　　AF——曝气分数，取值在 0.5~1.0 之间；

　　　t_r——反应停留时间，h。

缺氧停留时间为：

$$t_n = (1-AF) \times t_r - t_p \qquad (5\text{-}3\text{-}62)$$

式中　t_n——缺氧停留时间，h；

　　　AF——曝气分数，取值在 0.5~1.0 之间；

　　　t_r——反应停留时间，h；

　　　t_p——厌氧停留时间，h，通常为 1~2，取 1。

污泥合成 P 量为：

$$P_s = P_V Y_h (S_0 - S_e) \qquad (5\text{-}3\text{-}63)$$

式中　P_s——污泥合成 P 量，mg/L；

　　　P_V——污泥中 P 含量，取 $P_V = 0.06$kgP/kgMLVSS；

　　　Y_h——异养菌污泥表观产率系数，kgVSS/kgCOD$_{cr}$；

　　　S_0——进水 COD_{cr} 浓度，mg/L；

　　　S_e——出水 COD_{cr} 浓度，mg/L。

当 $P_t - P_s > 0$ 时，

$$P_e^d = P_t - P_s + fP_V X_e \qquad (5\text{-}3\text{-}64)$$

式中　P_e^d——出水 TP 计算值，mg/L；

　　　P_t——进水 TP 量，mg/L；

　　　P_s——污泥合成 P 量，mg/L；

P_V——污泥中 P 含量，取 $P_V=0.06\text{kgP/kgMLVSS}$；

f——悬浮固体的污泥转换率，通常为 $0.55\sim0.75$，取 0.70；

X_e——出水 SS 浓度，mg/L。

当 $P_t-P_s<0$ 时，

$$P_e^d=fP_VX_e \tag{5-3-65}$$

式中　P_e^d——出水 TP 计算值，mg/L；

P_V——污泥中 P 含量，取 $P_V=0.05\text{kgP/kgMLVSS}$；

f——悬浮固体的污泥转换率，通常为 $0.55\sim0.75$，取 0.70；

X_e——出水 SS 浓度，mg/L。

(6)确定反应池尺寸

先确定边池尺寸：

$$S_1=\frac{Q'}{24nq'} \tag{5-3-66}$$

式中　S_1——单组边池表面积，m^2；

Q'——进入一体化生物反应池水量，m^3/d；

q'——表面负荷，不装斜管 $q'=0.6\sim1.0\text{m}^2/(\text{m}^3\cdot\text{h})$，安装斜管 $q'=1.0\sim1.5\text{m}^2/(\text{m}^3\cdot\text{h})$；

n——一体化生物反应池分组数，$n\geqslant2$。

边池边长为：

$$L_1=\sqrt{\left(\frac{S_1}{n_1}\right)} \tag{5-3-67}$$

式中　L_1——边池边长，m，此处假定为正方形；

S_1——单组边池表面积，m^2；

n_1——单组廊道数。

边池的有效容积为：

$$V_1=nS_1H_0^d \tag{5-3-68}$$

式中　V_1——边池有效容积，m^3；

n——一体化生物反应池分组数，$n\geqslant2$；

S_1——单组边池表面积，m^2；

H_0^d——有效池深，假定值取值在 $3.5\sim7.0\text{m}$ 之间。

由(5-3-44)推导出

$$V=\frac{Q't_R}{24}+V_1\left(1+\frac{2t_4}{t}\right) \tag{5-3-69}$$

式中各符号意义同式(5-3-44)。

中池有效容积为：

$$V_2=V-2V_1 \tag{5-3-70}$$

式中　V_2——中池有效容积，m^3；

V——一体化生物反应池总有效容积，m^3；

V_1——边池有效容积，m^3。

(7) 运行负荷核算

BOD-VSS 运行负荷为：

$$L_b=\frac{QS_0}{X_VV} \tag{5-3-71}$$

式中　L_b——BOD-VSS 运行负荷，$\text{kgBOD}_5/(\text{kgMLVSS}\cdot\text{d})$；

Q——设计流量，m^3/d；

S_0——进水 BOD_5 浓度，mg/L；

X_V——生物反应池平均 MLVSS 浓度，mg/L，$X_V = fX$，f 为悬浮固体的污泥转换率，通常为 $0.55 \sim 0.75$，取 0.70，X 为生物反应池内 MLSS 浓度，mg/L；

V——一体化生物反应池总有效容积，m^3。

COD-SS 运行负荷为：

$$L_c = \frac{QS_0}{XV} \tag{5-3-72}$$

式中 L_c——COD-SS 运行负荷，$kgCOD_{cr}/(kgMLSS \cdot d)$；

Q——设计流量，m^3/d；

S_0——进水 COD 浓度，mg/L；

X——生物反应池内 MLSS 浓度，mg/L；

V——一体化生物反应池总有效容积，m^3。

（8）其他设计参数

排泥量为：

$$\Delta X_V = Y_h Q \frac{(S_0 - S_e)}{1000} \tag{5-3-73}$$

式中 ΔX_V——排出系统的微生物量，kg/d；

Y_h——异养菌污泥表观产率系数，$kgVSS/kgCOD_{cr}$；

Q——生物反应池设计流量，m^3/h；

S_0——进水 COD_{cr} 浓度，mg/L；

S_e——出水 COD_{cr} 浓度（mg/L）。

$$\Delta X = \frac{\Delta X_V}{f} + Q \frac{(X_0 - X_{V0} - X_e)}{1000} \tag{5-3-74}$$

式中 ΔX——剩余污泥排放量，kg/d；

ΔX_V——排出系统的微生物量，kg/d；

f——悬浮固体的污泥转换率，通常为 $0.55 \sim 0.75$；

Q——生物反应池设计流量，m^3/d；

X_0——进水 SS 浓度，mg/L；

X_{V0}——进水 VSS 浓度，mg/L；

X_e——出水 SS 浓度，mg/L。

供氧量计算为：

$$O_2 = 0.001aQ(S_0 - S_e) + b[0.001Q(N_k - N_{ke}) - 0.12\Delta X_V] - c\Delta X_V$$
$$- 0.62b[0.001Q(N_t - N_{ke} - N_{oe}) - 0.12\Delta X_V] \tag{5-3-75}$$

式中 O_2——污水需氧量，kgO_2/d；

Q——生物反应池的进水流量，m^3/d；

S_0——生物反应池进水 5 日生化需氧量浓度，mg/L；

S_e——生物反应池出水 5 日生化需氧量浓度，mg/L；

ΔX_V——排出生物反应池系统的微生物量，kg/d；

N_k——生物反应池进水总凯氏氮浓度，mg/L；

N_{ke}——生物反应池出水总凯氏氮浓度，mg/L；

N_t——生物反应池进水总氮浓度，mg/L；

N_{oe}——生物反应池出水硝态氮浓度，mg/L；

$0.12\Delta X_V$——排出生物反应池系统的微生物中含氮量，kg/d；

a——碳的氧当量，当含碳物质以 BOD_5 计时，取 1.47；

b——常数，氧化每公斤氨氮所需氧量，kgO_2/kgN，取 4.57；

c——常数，细菌细胞的氧当量，取 1.42。

标准状态下生物反应池污水需氧量为：

$$O_s = \frac{O_2 \cdot C_s}{\alpha(\beta C_{sm} - C_0)} 1.024^{(20-T)}$$ (5-3-76)

式中 O_s——标准状态下生物反应池污水需氧量，$kg\ O_2/h$；

O_2——污水需氧量，kgO_2/h；

C_s——标况下清水中饱和溶解氧浓度，20℃；

α——因污水性质而降低传递系数的修正值；

β——污水饱和溶解氧的修正值；

C_{sm}——设计水温下清水表面处饱和溶解氧浓度，mg/L；

C_0——起始溶解氧浓度，kg/m^3；

T——设计水温，℃。

标准状态下的供气量为：

$$G_s = \frac{O_s}{0.28E_A}$$ (5-3-77)

式中 G_s——标准状态，（0.1MPa，20℃）下供气量，m^3/h；

O_s——标准状态下生物反应池污水需氧量，$kg\ O_2/h$；

0.28——标准状态下每 m^3 空气中含氧量，$kg\ O_2/m^3$；

E_A——曝气器氧的利用率，%。

边池应采用机械搅拌，混合功率按 $2\sim8W/m^3$ 池容计，则每小格边池搅拌机功率为：

$$N_w^1 = (2\sim8)\frac{L_1 H_0^d}{1000}$$ (5-3-78)

式中 N_w^1——每小格边池设置搅拌机的配置功率，kW；

L_1——单边池边长，m，此处假定为正方形；

H_0^d——有效池深，假定值取值在 $3.5\sim7.0m$ 之间。

5.3.2.2 设计步骤

(1) 确定一个运行周期运行程序；

(2) 确定一个运行周期历时 t、时间段 1 历时 t_1 和时间段 4 历时 t_4；

(3) 选定总变化系数 K_z，根据式(5-3-38)计算最大设计流量 q_{max}；

(4) 根据式(5-3-40)计算进入一体化生物反应池水量 Q'；

(5) 根据 $V_浑 = 2Q'\frac{t_1}{t} + V_{出水渠}$ 计算浑水排放量 $V_浑$；

(6) 选定 15℃时硝化作用中氮的半速率常数 $K_{n(15)}$、一体化生物反应池平均最低运行温度 T，根据 $K_n = K_{n(15)} e^{0.118(T-15)}$ 计算平均最低运行温度时硝化作用中氮的半速率常数 K_n；

(7) 确定反应池内 NH_3-N 浓度 N_a，根据式(5-3-49)计算硝化菌比生长速率 μ；

(8) 选定 20℃时硝化菌裂解系数 $K_{nd(20)}$，根据 $K_{nd} = K_{nd(20)} \cdot 1.029^{(T-20)}$ 计算平均最低运行温度时硝化菌裂解系数 K_{nd}；

(9) 根据式(5-3-50)计算硝化污泥泥龄理论值 θ_{∞}^M；

(10) 选定硝化安全系数假定值 F，根据式(5-3-51)计算硝化污泥泥龄设计值 θ_{∞}；

(11) 设曝气分数 AF 假定值，根据式(5-3-52)计算污泥泥龄 θ_c；

（12）选定 20℃时异养菌裂解系数 $K_{d(20)}$，根据 $K_d = K_{d(20)} \cdot 1.023^{(T-20)}$ 计算平均最低运行温度时异养菌裂解系数 K_d；

（13）选定异养菌污泥产率系数 Y_g，根据式(5-3-54)计算异养菌污泥表观产率系数 Y_h；

（14）根据式(5-3-55)计算去除单位 COD 可反硝化 NO_3-N 的量 P_S^N；

（15）选定因反硝化产率减少分数 F_{DN}，根据式(5-3-56)计算可用于反硝化的 COD 量 ΔS_{AN}；

（16）根据式 $N_s = 0.124 Y_h (S_0 - S_e)$ 计算污泥合成 N 量 N_s；

（17）根据式 $N_n = N_k - N_{ac} - N_{ore} - N_s$ 计算需硝化 N 量 N_n；

（18）根据式 $N_{dn} = N_n - N_{oe}$ 计算需反硝化 N 量 N_{dn}；

（19）根据式(5-3-57)计算反硝化安全因子 SF_{DN}；

（20）若 $SF_{DN} < 1$，根据 $N_{dn}^M = P_S^N \Delta S_{AN}$ 计算可反硝化 N 量 N_{dn}^M，否则 $N_{dn}^M = N_{dn}$；

（21）根据式(5-3-58) 计算出水 NO_3-N 计算值，要求 $N_{oe}^d \leqslant 10 mg/L$，否则应重新选取 AF 值，若 $AF < 0.5$ 时尚不能满足 $N_{oe}^d \leqslant 10 mg/L$，则应考虑采用其他工艺；

（22）根据式(5-3-59)计算生物反应池 MLVSS 的可降解分数 X_d；

（23）选定生物反应池平均 MLSS 浓度 X，选定悬浮固体的污泥转换率 f，根据 $X_V = fX$ 计算生物反应池平均 MLVSS 浓度 X_V；

（24）根据式(5-3-60)计算反应停留时间 t_r；

（25）根据式(5-3-61)计算好氧曝气停留时间 t_o；

（26）选定厌氧停留时间 t_p，根据式(5-3-62)计算缺氧停留时间 t_n；

（27）选定污泥中 P 含量 P_V，根据式(5-3-63) 计算污泥合成 P 量 P_s；

（28）判断 $P_t - P_s$，若 $P_t - P_s > 0$，根据式(5-3-64) 计算出水 TP 计算值 P_e^d；若 $P_t - P_s < 0$，根据式(5-3-65)计算出水 TP 计算值 P_e^d；

（29）选定边池表面负荷 q'、一体化生物反应池分组数 n、单组廊道数 n_1，根据式(5-3-66)计算单组边池表面积 S_1；

（30）根据式(5-3-67)计算单边池边长(正方形)L_1；

（31）选定有效池深 H_0^d，根据式(5-3-68)计算边池有效容积 V_1；

（32）根据式(5-3-69) 计算反应池总有效容积 V；

（33）根据式(5-3-70) 计算中间池有效容积 V_2；

（34）根据式(5-3-41) 计算名义水力停留时间 $HRT_{名义}$；

（35）根据式(5-3-42) 计算总停留时间 HRT；

（36）根据式(5-3-43) 计算非反应时间 t_N；

（37）根据式(5-3-46) 计算时间段 2 历时 t_2，t_2 应满足 $t_2 \leqslant t - t_1 - t_4$，否则需调整 t、t_1、t_4 或 AF 值，重复计算；

（38）根据式(5-3-48) 计算时间段 3 历时 t_3；

（39）根据式(5-3-53) 复核 AF 值；

（40）根据式(5-3-71) 计算 BOD-VSS 运行负荷；

（41）根据式(5-3-72) 计算 COD-SS 运行负荷；

（42）根据式(5-3-73) 计算排出系统的微生物量 ΔX_V；

（43）根据式(5-3-74) 计算剩余污泥排放量 ΔX；

（44）根据式(5-3-75) 计算实际需氧量 O_2；

（45）选定反应池混合液中 K_{La} 值与清水中 K_{La} 值之比 α、反应池混合液的饱和溶解氧浓度值与清水中饱和溶解氧浓度值之比 β、反应池混合液中剩余溶解氧浓度 C_0、反应池平均最高运行温度和平均最低运行温度，根据式(5-3-76) 计算反应池平均最高运行温度和平均最低运行温度时的

标准需氧量 O_s，以 O_s 值较高者作为设计 O_s 值；

(46) 选定曝气装置充氧效率 E_A，根据式(5-3-77)计算平均供气量 G_s；

(47) 计算气：水比 $G_s：Q = \dfrac{G_S}{Q}$；

(48) 选定边池单位池容搅拌功率，根据式(5-3-78)计算每小格边池搅拌机的配置功率 N_w^1。

5.3.2.3　设计实例

上海某城市污水处理厂采用一体化活性污泥法设计。

(1) 设计基础资料：

设计水量：$Q = 400000 \text{m}^3/\text{d}$，分为 4 组，每组水量：$Q = 100000 \text{m}^3/\text{d}$。

设计水质：

$$BOD_5 = 200 \text{mg/L}$$
$$COD_{cr} = 400 \text{mg/L}$$
$$SS = 250 \text{mg/L}$$
$$NH_3\text{-}N = 30 \text{mg/L}$$
$$TKN = 50 \text{mg/L}$$
$$TP = 4.5 \text{mg/L}$$

要求出水水质：

$$BOD_5 \leqslant 20 \text{mg/L}$$
$$COD_{cr} \leqslant 60 \text{mg/L}$$
$$SS \leqslant 20 \text{mg/L}$$
$$NH_3\text{-}N \leqslant 10 \text{mg/L}$$
$$TN \leqslant 20 \text{mg/L}$$
$$TP \leqslant 1 \text{mg/L}$$

(2) 设计计算

1) 确定一个运行周期的运行程序，如表 5-3-4 所示。

一个运行周期的运行程序表　　　　　　　　　　　　表 5-3-4

时间段	左边池 T_I	中间池 T_{II}	右边池 T_{III}	历时	单位	假定值
1	进水，搅拌	曝气	出浑水	t_1	min	15
2	进水，搅拌	曝气	出清水	t_2	min	
3	进水，曝气	曝气	出清水	t_3	min	
4	预沉	进水，曝气	出清水	t_4	min	45
5	出浑水	曝气	进水，搅拌	t_1	min	15
6	出清水	曝气	进水，搅拌	t_2	min	
7	出清水	曝气	进水，曝气	t_3	min	
8	出清水	进水，曝气	预沉	t_4	min	45

2) 确定一个运行周期历时 t 为 480min，时间段 1 历时 t_1 为 15min，时间段 4 历时 t_4 为 45min

3) $K_Z = 1.3$，

$$q_{max} = K_Z \frac{Q}{24} = 1.3 \times \frac{400000}{24} = 21667 \text{m}^3/\text{h}$$

4) $Q' = \dfrac{t}{t - 2t_1} Q = \dfrac{480}{480 - 2 \times 15} \times 400000 = 426667 \text{m}^3/\text{d}$

5) $V_{浑} = 2Q' \dfrac{t_1}{t} = 2 \times 426667 \times \dfrac{15}{480} = 26667 \text{m}^3$

6) **假定 $K_{n(15)}=0.4mg/L$，一体化生物反应池平均最低运行温度 $T=12℃$**
$$K_n=K_{n(15)}e^{0.118(T-15)}=0.4\times e^{0.118(12-15)}=0.281mg/L$$

7) **假定 $N_a=N_{ae}=10mg/L$**
$$\mu=0.47e^{0.098(T-15)}\frac{N_a}{K_n+N_a}=0.47e^{0.098(12-15)}\times\frac{10}{0.281+10}=0.341d^{-1}$$

8) **假定 $K_{nd(20)}=0.05d^{-1}$**
$$K_{nd}=K_{nd(20)}\cdot 1.029^{(T-20)}=0.05\times 1.029^{(12-20)}=0.040d^{-1}$$

9) $\theta_{co}^M=\dfrac{1}{\mu-K_{nd}}=\dfrac{1}{0.341-0.04}=3.32d$

10) **取硝化安全系数 $F=2.5$**
$$\theta_{co}=F\cdot\theta_{co}^M=2.5\times 3.32=8.31d$$

11) **假定 $AF=0.70$**
$$\theta_c=\frac{\theta_{co}}{AF}=\frac{8.31}{0.7}=11.9d$$

12) **假定 $K_{d(20)}=0.06\ d^{-1}$**
$$K_d=K_{d(20)}\cdot 1.023^{(T-20)}=0.06\times 1.023^{(12-20)}=0.05d^{-1}$$

13) **假定 $Y_g=0.35kgVSS/kgCOD_{cr}$**
$$Y_h=\frac{Y_g}{1+K_d\theta_c}=\frac{0.35}{1+0.05\times 11.9}=0.22kgVSS/kgCOD_{cr}$$

14) $P_S^N=0.35(1-1.42Y_h)=0.35\times(1-1.42\times 0.22)=0.241$

15) **假定 $F_{DN}=0.8$，$S_0=400mg/L$，$S_e=60mg/L$**
$$\Delta S_{AN}=\frac{(1-AF)F_{DN}}{(1-AF)F_{DN}+AF}(S_0-S_e)=\frac{0.8\times(1-0.7)}{0.8\times(1-0.7)+0.7}\times(400-60)=86.81mg/L$$

16) $N_s=0.124Y_h(S_0-S_e)=0.124\times 0.22\times(400-60)=9.28mg/L$

17) **假定 $N_k=50mg/L$，$N_{ae}=10mg/L$，$N_{oe}=7mg/L$，$N_{ore}=3mg/L$**
$$N_n=N_k-N_{ae}-N_{ore}-N_s=50-10-3-9.28=23.72mg/L$$

18) $N_{dn}=N_n-N_{oe}=23.72-7=16.72mg/L$

19) $SF_{DN}=\dfrac{P_S^N\Delta S_{AN}}{N_{dn}}=\dfrac{0.241\times 86.81}{16.72}=1.25$

20) $N_{dn}^M=N_{dn}=16.72mg/L$

21) $N_{oe}^d=N_n-N_{dn}^M=23.72-16.72=7mg/L$

22) $X_d=\dfrac{F_{DN}}{1+0.02\theta_c}=\dfrac{0.8}{1+0.02\times 11.9}=0.6$

23) **假定生物反应池平均 MLSS 浓度 $X=3200mg/L$，假定悬浮固体的污泥转换率 $f=0.70$**
$$X_V=fX=0.70\times 3200=2240mg/L$$

24) $t_r=24\times\left[\dfrac{Y_g\theta_c}{X_V(1+0.1X_d\theta_c)}(S_0-S_e)\right]$
$$=24\times\left[\frac{0.35\times 11.9}{2240\times(1+0.1\times 0.6\times 11.9)}\times(400-60)\right]=8.56h$$

25) $t_o=AF\times t_r=0.70\times 8.56=5.99h$

26) **取厌氧停留时间 $t_P=1.0h$**
$$t_n=(1-AF)\times t_r-t_P=(1-0.70)\times 8.56-1=1.57h$$

27) 假定 $P_V = 0.06$ kgP/kgMLVSS

$$P_s = P_V Y_h (S_0 - S_e) = 0.06 \times 0.22 \times (400 - 60) = 4.49 \text{mg/L}$$

28) $P_t - P_s = 4.5 - 4.49 > 0$

$$P_e^d = P_t - P_s + f P_V X_e = 4.5 - 4.49 + 0.70 \times 0.06 \times 20 = 0.86 \text{mg/L}$$

29) 假定边池表面负荷 $q' = 1.2 \text{m}^2/(\text{m}^3 \cdot \text{h})$(安装斜管),**一体化生物反应池分组数** $n = 4$

$$S_1 = \frac{Q'}{24nq'} = \frac{426667}{24 \times 4 \times 1.2} = 3704 \text{m}^2$$

30) 假定单组廊道数 $n_1 = 3$

$$L_1 = \sqrt{\left(\frac{S_1}{n_1}\right)} = \sqrt{\left(\frac{3704}{3}\right)} = 35.1 \text{m}$$

31) 取有效池深 $H_0^d = 6\text{m}$

$$V_1 = n S_1 H_0^d = 4 \times 3704 \times 6 = 88888 \text{m}^3$$

32) $V = \dfrac{Q' t_R}{24} + V_1 \left(1 + \dfrac{2t_4}{t}\right) = \dfrac{426667 \times 8.56}{24} + 88888 \times \left(1 + \dfrac{2 \times 45}{480}\right) = 257732 \text{m}^3$

33) $V_2 = V - 2V_1 = 257732 - 2 \times 88888 = 79956 \text{m}^3$

34) $\text{HRT}_{名义} = \dfrac{24V}{Q} = \dfrac{24 \times 262706}{400000} = 15.47 \text{h}$

35) $\text{HRT} = \dfrac{24V}{Q'} = \dfrac{24 \times 262706}{426667} = 14.50 \text{h}$

36) $t_N = \dfrac{24V_1}{Q'}\left(1 + \dfrac{2t_4}{t}\right) = \dfrac{24 \times 88888}{426667} \times \left(1 + \dfrac{2 \times 45}{480}\right) = 5.94 \text{h}$

37) $t_2 = \dfrac{t_n + t_P}{24} \dfrac{Q'}{2V_1} t - t_1 = \dfrac{1.57 + 1.0}{24} \times \dfrac{426667}{2 \times 88888} \times 480 - 15 = 108 \text{min}$

38) $t_3 = t - \left(\dfrac{V}{Q'} - \dfrac{t_O}{24}\right) \dfrac{Q' t}{2V_1} = 480 - \left(\dfrac{257732}{426667} - \dfrac{5.99}{24}\right) \times \dfrac{426667 \times 480}{2 \times 88888} = 72 \text{min}$

39) $AF = \dfrac{2V_1 t_3 + V_2 t}{V_1 t + V_2 t - 2V_1 t_4} = \dfrac{2 \times 88888 \times 72 + 79956 \times 480}{88888 \times 480 + 79956 \times 480 - 2 \times 88888 \times 45} = 0.7$,**与假定值**

相等

40) $L_b = \dfrac{Q S_0}{X_V V} = \dfrac{400000 \times 200}{2240 \times 257732} = 0.14 \text{kgBOD}_5/(\text{kgMLVSS} \cdot \text{d})$

41) $L_C = \dfrac{Q S_0}{X V} = \dfrac{400000 \times 400}{3200 \times 257732} = 0.19 \text{kgBOD}_{cr}/(\text{kgMLSS} \cdot \text{d})$

42) $\Delta X_V = Y_h Q \dfrac{(S_0 - S_e)}{1000} = 0.22 \times 400000 \times \dfrac{(400 - 60)}{1000} = 29920 \text{kg/d}$

43) 假定 $X_0 = 250\text{mg/L}$,$X_{V0} = 175\text{mg/L}$,$X_e = 20\text{mg/L}$

$$\Delta X = \dfrac{\Delta X_V}{f} + Q \dfrac{(X_0 - X_{V0} - X_e)}{1000} = \dfrac{29920}{0.70} + 400000 \times \dfrac{(250 - 175 - 20)}{1000} = 64670 \text{kg/d}$$

44) 假定 $a = 1.47$,$b = 4.57$,$c = 1.42$,$N_t = N_k = 50\text{mg/L}$,$N_{ke} = 13\text{mg/L}$,$N_{oe} = 7\text{mg/L}$

$$O_2 = a Q \dfrac{(S_0 - S_e)}{1000} + b\left[Q \dfrac{(N_k - N_{ke})}{1000} - 0.12 \Delta X_V\right] - c \Delta X_V$$

$$-0.62b\left[Q\frac{(N_t-N_{ke}-N_{oe})}{1000}-0.12\Delta X_V\right]$$

$$=1.47\times400000\times\frac{(200-20)}{1000}+4.57\times\left[400000\times\frac{(50-17)}{1000}-0.12\times29316\right]$$

$$-1.42\times29316-0.62\times4.57\times\left[400000\times\frac{(50-13-7)}{1000}-0.12\times29316\right]$$

$$=90837kgO_2/d$$

45）假定 $\alpha=0.80$，$\beta=0.90$，$C_s=9.17mg/L$，$C_{sm(12)}=10.83\ mg/L$，$C_{sm(30)}=7.63mg/L$，$C_0=2.0mg/L$

12℃时，

$$O_s=\frac{O_2\cdot C_s}{\alpha(\beta C_{sm}-C_0)}1.024^{(20-T)}=88081\times\frac{9.17}{0.80\times(0.90\times10.83-2)}\times1.024^{(20-12)}=162483kgO_2/d$$

30℃时，

$$O_s=\frac{O_2\cdot C_s}{\alpha(\beta C_{sm}-C_0)}1.024^{(20-T)}=88081\times\frac{9.17}{0.80\times(0.90\times7.63-2)}\times1.024^{(20-30)}=168765kgO_2/d$$

以 30℃时的 O_s 值 168765kgO_2/d 作为设计控制值。

46）取 $E_A=20\%$

$$G_s=\frac{O_s}{0.28E_A}=\frac{168765}{0.28\times20\%}=3013661m^3/d=2093m^3/min$$

47）气：水比

$$G_s:Q=\frac{3013661}{400000}=7.5$$

48）假定单小格边池单位池容搅拌功率为 $3W/m^3$

$$N_w^1=3\times\frac{L_1^2H_0^d}{1000}=3\times\frac{35.1^2\times6}{1000}=22.2kW$$

边池总搅拌功率

$$N_w=2n_1nN_w^1=2\times4\times3\times22.2=532.8kW。$$

（3）设计汇总

1）一个运行周期的运行程序

根据表 5-3-4，经计算得一个完整运行周期内的运行程序如表 5-3-5 所示。

一个运行周期的运行程序表　　　　　　　　　　　　　　表 5-3-5

时间段	左边池 T_I	中间池 T_{II}	右边池 T_{III}	历时	单位	数值
1	进水，搅拌	曝气	出浑水	t_1	min	15
2	进水，搅拌	曝气	出清水	t_2	min	108
3	进水，曝气	曝气	出清水	t_3	min	72
4	预沉	进水，曝气	出清水	t_4	min	45
5	出浑水	曝气	进水，搅拌	t_1	min	15
6	出清水	曝气	进水，搅拌	t_2	min	108
7	出清水	曝气	进水，曝气	t_3	min	72
8	出清水	进水，曝气	预沉	t_4	min	45

2）反应池数量、有效容积和尺寸

一体化生物反应池分 4 组，每组 3 廊道，边池 24 小格，中间池 12 小格，总有效容积 257732 m^3。其中边池为正方形，每小格边池单边长 35.1m，设斜管，$q'=1.2\ m^2/(m^3 \cdot h)$；中间池为矩形，每小格中间池长 31.6m，宽 35.1m。有效池深为 6m。

3）运行参数

反应池平均污泥浓度：MLSS＝3200mg/L，MLVSS＝2240mg/L

BOD_5-VSS 负荷：0.14 $kgBOD_5/(kgMLVSS \cdot d)$

COD_{cr}-SS 负荷：0.19 $kgCOD_{cr}/(kgMLSS \cdot d)$

总水力停留时间：14.50h

污泥泥龄：11.9d

4）排泥量

每日污泥排放量为 64670kg/d。

5）需氧量（供气量）

设计需氧量为 168765 kgO_2/d。采用鼓风曝气，弹性膜微孔曝气管充氧效率 20%，日平均供气量为 3013661 m^3/d。

6）搅拌功率

边池每小格搅拌功率为 22.2 kW。

5.3.3　SBR 工艺设计

5.3.3.1　SBR 工艺设计计算

（1）水量计算

根据室外排水设计规范，综合生活污水量总变化系数 K_Z 按表 5-3-1 确定，当污水平均日流量为中间数值时，总变化系数可用内插法求得。

若进水采用变频电机水泵和进水流量计控制时，设计最大流量按计算值确定；否则按最大进水泵组合流量为设计最大流量。

（2）SBR 反应池容积计算

每个运行周期进水量为：

$$Q_1=\frac{Q}{C_y} \tag{5-3-79}$$

式中　Q_1——每个运行周期进水量，m^3/d；

$\quad\quad Q$——污水日处理量，m^3/d；

$\quad\quad C_y$——每天运行周期数，宜取整数。

反应时间可按下式计算：

$$t_r=\frac{24S_0 m}{1000L_s X} \tag{5-3-80}$$

式中　t_r——反应时间，h；

$\quad\quad S_0$——进水 BOD_5 浓度，mg/L；

$\quad\quad m$——SBR 充水比，高负荷运行时宜取 0.25～0.5，低负荷运行时宜取 0.15～0.3；

$\quad\quad X$——SBR 反应池最大液位时 MLSS 浓度，g/L；

$\quad\quad L_s$——污泥负荷，$kgBOD_5/(kgMLSS \cdot d)$，以脱氮为主要目标时宜采用 0.05～0.15，以除磷为主要目标时宜采用 0.4～0.7，同时脱氮除磷时宜采用 0.1～0.2。

SBR 反应池容积可按下式计算：

$$V = \frac{24Q_1 S_0}{1000 X L_s t_r} \qquad (5\text{-}3\text{-}81)$$

式中 V——SBR 反应池容积，m^3；

Q_1——每个运行周期进水量，m^3/d；

S_0——进水 BOD_5 浓度，mg/L；

X——SBR 反应池最大液位时 MLSS 浓度，g/L；

L_s——污泥负荷，$kgBOD_5/(kgMLSS \cdot d)$；

t_r——反应时间，h。

SBR 反应池数量不宜少于 2 组，每组反应池有效容积为：

$$V_1 = \frac{V}{n} \qquad (5\text{-}3\text{-}82)$$

式中 V_1——单组 SBR 反应池有效容积，m^3；

V——SBR 反应池容积，m^3；

n——反应池数量。

(3) 运行周期

一个运行周期历时为：

$$t = \frac{24}{C_y} \qquad (5\text{-}3\text{-}83)$$

式中 t——一个运行周期历时，h；

C_y——每天运行周期数，宜取整数。

进水时间为：

$$t_F = \frac{t}{n} \qquad (5\text{-}3\text{-}84)$$

式中 t_F——每池每周期需要的进水时间，h；

t——一个运行周期历时，h；

n——反应池数量。

非好氧反应时间可按下式计算：

$$t_a = 24 \frac{0.001Q(N_t - N_{te}) - 0.12\Delta X_V}{VXK_{de}} \qquad (5\text{-}3\text{-}85)$$

式中 t_a——非好氧反应时间，h；

N_t——进水总氮浓度，mg/L；

N_{te}——出水总氮浓度，mg/L；

ΔX_V——排出系统的微生物量，kg/d；

V——SBR 反应池容积，m^3；

X——SBR 反应池最大液位时 MLSS 浓度，g/L；

K_{de}——反硝化速率($kgNO_3\text{-}N/(kgMLSS \cdot d)$)，$K_{de} = K_{de(20)} 1.08^{(T-20)}$。

排出系统的微生物量为：

$$\Delta X_V = \frac{Q(S_0 - S_e)}{1000} \cdot f\left[Y_h - \frac{0.9 b_h Y_h f_t}{\frac{1}{\theta_c} + b_h f_t}\right] \qquad (5\text{-}3\text{-}86)$$

式中 ΔX_V——排出系统的微生物量，kg/d；

Q——污水日处理量，m^3/d；

S_0——出水 BOD_5 浓度，mg/L；

S_e——出水 BOD_5 浓度，mg/L；

f——污泥产率修正系数，取 $f=0.85$；

Y_h——异养菌产率系数，$kgSS/kgBOD_5$，取 0.6；

b_h——异养菌内源衰减系数，d^{-1}，取 0.08；

f_t——温度修正系数，取 $1.072^{(t-15)}$；

θ_c——反应池设计泥龄值，d。

好氧反应时间为：

$$t_o = t_r - t_a \tag{5-3-87}$$

式中　t_o——好氧反应时间，h；

t_r——反应时间，h；

t_a——非好氧反应时间，h。

闲置时间为：

$$t_b = t - t_r - t_s - t_d \tag{5-3-88}$$

式中　t_b——闲置时间，h，应大于 0，通常以 $0 \leqslant t_b \leqslant 0.5$ 为宜，否则应适当调整 L_s 值或 m 值；

t——一个运行周期历时，h；

t_s——沉淀时间，h，宜采用 $0.5 \sim 1$；

t_d——排水时间，h，宜采用 $1.0 \sim 1.5$。

（4）排泥量计算

硝化菌比生长速率为：

$$\mu = \mu_{max} \frac{N_a}{K_n + N_a} \tag{5-3-89}$$

式中　μ——硝化菌比生长速率，d^{-1}；

μ_{max}——硝化菌最大比生长速率，d^{-1}，$\mu_{max} = \mu_{max(20)} e^{0.098(T-15)}$，$\mu_{max(20)}$ 取 0.47；

N_a——反应池内 NH_3-N 浓度，mg/L，在 SBR 反应池内 NH_3-N 浓度随时间变化，计算时假定 $N_a = N_{ae}$，N_{ae} 为出水 NH_3-N 浓度，mg/L；

K_n——硝化作用中氮的半速率常数，mg/L；

T——反应温度，$℃$。

硝化污泥泥龄理论值为：

$$\theta_{co}^M = \frac{1}{\mu - K_{nd}} \tag{5-3-90}$$

式中　θ_{co}^M——硝化污泥泥龄理论值，d；

μ——硝化菌比生长速率，d^{-1}；

K_{nd}——硝化菌裂解系数，d^{-1}，$K_{nd} = K_{nd(20)} \cdot 1.029^{(T-20)}$。

硝化污泥泥龄设计值为：

$$\theta_{co} = F \cdot \theta_{co}^M \tag{5-3-91}$$

式中　θ_{co}——硝化污泥泥龄设计值，d；

F——硝化安全系数，通常取 $2.0 \sim 3.0$；

θ_{co}^M——硝化污泥泥龄理论值，d。

污泥泥龄为：

$$\theta_c = \frac{\theta_{co}}{AF} \tag{5-3-92}$$

式中　θ_c——污泥泥龄，d；

θ_{co}——硝化污泥泥龄设计值，d；

AF——曝气分数，$AF = \dfrac{t_0}{t_r}$，t_0 为好氧反应时间，h，t_r 为反应时间，h；计算时先设一个假定值，以后根据计算值反复迭代，直至计算值与假定值相等。

污泥产率为：

$$Y = f\left[Y_h - \frac{0.9 b_h Y_h f_t}{\frac{1}{\theta_c} + b_h f_t} + \psi \frac{SS_0}{S_0} \right] \tag{5-3-93}$$

式中　Y——污泥产率，$kgSS/kgBOD_5$；

f——污泥产率修正系数，取 $f = 0.85$；

Y_h——异养菌产率系数，$kgSS/kgBOD_5$；

b_h——异养菌内源衰减系数，d^{-1}；

f_t——温度修正系数，取 $1.072^{(t-15)}$；

θ_c——反应池设计泥龄值，d；

ψ——反应池进水悬浮固体中不可水解/降解的悬浮固体比例，$\psi = 1 - \dfrac{VSS_0}{SS_0}$，无 VSS_0 资料时，取 $\psi = 0.6$，VSS_0 为进水挥发性悬浮固体浓度，mg/L，SS_0 为进水悬浮固体浓度，mg/L；

S_0——进水 BOD_5 浓度，mg/L。

每天的排泥量为：

$$\Delta X = \frac{YQ(S_0 - S_e)}{1000} \tag{5-3-94}$$

式中　ΔX——排泥量，kg/d；

Y——污泥产率，$kgSS/kgBOD_5$；

Q——污水日处理量，m^3/d；

S_0——进水 BOD_5 浓度，mg/L；

S_e——出水 BOD_5 浓度，mg/L。

(5) 供气量计算

污水的需氧量为：

$$O_2 = 0.001 aQ(S_0 - S_e) + b[0.001Q(N_k - N_{ke}) - 0.12\Delta X_v] - c\Delta X_v$$
$$- 0.62b[0.001Q(N_t - N_{ke} - N_{oe}) - 0.12\Delta X_v] \tag{5-3-95}$$

式中　O_2——污水需氧量，kgO_2/d；

Q——生物反应池的进水流量，m^3/d；

S_0——生物反应池进水 5 日生化需氧量浓度，mg/L；

S_e——生物反应池出水 5 日生化需氧量浓度，mg/L；

ΔX_V——排出生物反应池系统的微生物量，kg/d；

N_k——生物反应池进水总凯氏氮浓度，mg/L；

N_{ke}——生物反应池出水总凯氏氮浓度，mg/L；

N_t——生物反应池进水总氮浓度，mg/L；

N_{oe}——生物反应池出水硝态氮浓度，mg/L；

$0.12\Delta X_V$——排出生物反应池系统的微生物中含氮量，kg/d；

a——碳的氧当量，当含碳物质以 BOD_5 计时，取 1.47；

b——常数，氧化每公斤氨氮所需氧量（kgO_2/kgN），取 4.57；

c——常数，细菌细胞的氧当量，取 1.42。

标准状态下生物反应池污水需氧量为：

$$O_s = \frac{O_2 \cdot C_s}{\alpha(\beta C_{sm} - C_0)} 1.024^{(20-T)} \tag{5-3-96}$$

式中　O_s——标准状态下生物反应池污水需氧量，kgO_2/h；

　　　O_2——污水需氧量，kgO_2/h；

　　　C_s——标况下清水中饱和溶解氧浓度，20℃，9.07mg/L；

　　　α——因污水性质而降低传递系数的修正值；

　　　β——污水饱和溶解氧的修正值；

　　　C_{sm}——设计水温下清水表面处饱和溶解氧浓度，mg/L；

　　　C_0——起始溶解氧浓度，kg/m^3；

　　　T——设计水温，℃。

标准状态下的供气量为：

$$G_s = \frac{O_s}{0.28 E_A} \tag{5-3-97}$$

式中　G_s——标准状态（0.1MPa，20℃）下供气量，m^3/h；

　　　O_s——标准状态下生物反应池污水需氧量，kgO_2/h；

　　　0.28——标准状态下每 m^3 空气中含氧量，kgO_2/m^3；

　　　E_A——充氧效率，%。

由于 SBR 系统中非曝气时间占总运行周期的比例较高，因此实际供气量比平均供气量要大。

若每组 SBR 池采用独立的供气系统，则单组供气系统的供气量为：

$$G_1 = \frac{t}{t_o} \times \frac{G_s}{n} \tag{5-3-98}$$

式中　G_1——单组供气系统的供气量，m^3/h；

　　　t——一个运行周期历时，h；

　　　t_o——好氧反应时间，h；

　　　G_s——标准状态（0.1MPa，20℃）下供气量，m^3/h；

　　　n——反应池数量。

5.3.3.2　设计步骤

(1) 确定总变化系数 K_Z；

(2) 计算设计最大流量 q_{max}；

(3) 选定每天运行周期数 C_y，根据式（5-3-79）计算每个运行周期进水量 Q_1；

(4) 选定 SBR 充水比 m、SBR 反应池最大液位时 MLSS 浓度 X、SBR 污泥负荷 L_s，根据式（5-3-80）计算反应时间 t_r；

(5) 根据式（5-3-81）计算 SBR 反应池容积 V；

(6) 选定反应池数量 n，根据式（5-3-82）计算单组 SBR 反应池有效容积 V_1；

(7) 根据式（5-3-83）计算一个运行周期历时 t；

(8) 根据式（5-3-84）计算进水时间 t_F；

(9) 确定反应池内 NH_3-N 浓度 N_a，选定硝化作用中氮的半速率常数 K_n、SBR 平均最低运行温度 T，根据式（5-3-89）计算硝化菌比生长速率 μ；

(10) 选定 20℃时硝化菌裂解系数 $K_{nd(20)}$，根据 $K_{nd} = K_{nd(20)} \cdot 1.029^{(T-20)}$ 计算平均最低运行温度时硝化菌裂解系数 K_{nd}；

(11) 根据式（5-3-90）计算硝化污泥泥龄理论值 θ_{co}^M；

（12）选定硝化安全系数 F，根据式（5-3-91）计算硝化污泥泥龄设计值 θ_{co}；

（13）设曝气分数 AF 假定值，根据式（5-3-92）计算污泥泥龄 θ_c；

（14）选定 15℃时异养菌内源衰减系数 $b_{h(15)}$，根据 $b_h = b_{h(15)} \cdot 1.072^{(T-15)}$ 计算设计最低运行温度时异养菌内源衰减系数 b_h；

（15）选定污泥产率修正系数 f、异养菌产率系数 Y_h，根据式（5-3-86）计算排出系统的微生物量 $\triangle X_V$；

（16）选定 20℃时反硝化速率 K_{de}，根据 $K_{de} = K_{de(20)} 1.08^{(T-20)}$ 计算设计最低运行温度时反硝化速率；

（17）根据式（5-3-85）计算非好氧反应时间 t_a；

（18）根据式（5-3-87）计算好氧反应时间 t_o；

（19）选定沉淀时间 t_s、排水时间 t_d，根据式（5-3-88）计算闲置时间 t_b；

（20）校核闲置时间是否在 $0 \leqslant t_b \leqslant 0.5$ 范围内，否则适当调整 L_s 值或 m 值，重复上述计算；

（21）根据 $AF = \dfrac{t_o}{t_r}$ 校核 AF 计算值是否与假定值相等，根据计算值反复迭代假定值，重复计算；

（22）确定反应池进水悬浮固体中不可降解的悬浮固体比例 ψ，根据式（5-3-93）计算污泥产率 Y；

（23）根据式（5-3-94）计算排泥量 $\triangle X$；

（24）根据式（5-3-95）计算实际需氧量 O_2；

（25）选定反应池混合液中 K_{La} 值与清水中 K_{La} 值之比 α、反应池混合液的饱和溶解氧浓度值与清水中饱和溶解氧浓度值之比 β、反应池混合液中剩余溶解氧浓度 C_0、反应池平均最高运行温度和平均最低运行温度，根据式（5-3-96）计算反应池平均最高运行温度和平均最低运行温度时的标准需氧量 O_s，以 O_s 值较高者作为设计 O_s 值；

（26）选定曝气装置充氧效率 E_A，根据式（5-3-97）计算平均供气量 G_s；

（27）若每组 SBR 池采用独立的供气系统，则可根据式（5-3-98）计算单组供气系统的供气量 G_1。

5.3.3.3 设计实例

上海某污水处理厂采用 SBR 法设计。

（1）设计基础资料

设计水量：$Q = 7500 \text{m}^3/\text{d}$

设计进水水质：$BOD_5 = 200 \text{mg/L}$

$\qquad\qquad\quad COD_{cr} = 400 \text{mg/L}$

$\qquad\qquad\quad SS = 250 \text{mg/L}$

$\qquad\qquad\quad NH_3\text{-}N = 30 \text{mg/L}$

$\qquad\qquad\quad TKN = 45 \text{mg/L}$

$\qquad\qquad\quad TP = 4.5 \text{mg/L}$

设计出水水质：$BOD_5 \leqslant 30 \text{mg/L}$

$\qquad\qquad\quad COD_{cr} \leqslant 100 \text{mg/L}$

$\qquad\qquad\quad SS \leqslant 30 \text{mg/L}$

$\qquad\qquad\quad NH_3 - N \leqslant 15 \text{mg/L}$

（2）设计计算

1）确定总变化系数 K_Z

$$Q = 7500 \text{m}^3/\text{d}$$

平均日流量

$$q_{ave} = \frac{Q}{86.4} = \frac{7500}{86.4} = 86.8 \text{L/s}$$

总变化系数

$$K_z = 1.7 - (1.7 - 1.6) \times \frac{86.8 - 70}{100 - 70} = 1.644, \text{取 } K_z = 1.65$$

2) **设计最大流量**

$$q_{max} = 3.6 \times K_z \times q_{ave} = 515.6 \text{m}^3/\text{h}$$

3) **假定 $C_y = 3$**

每个运行周期进水量 $Q_1 = \dfrac{Q}{C_y} = \dfrac{7500}{3} = 2500 \text{m}^3$

4) **假定 $m = 0.33$，$X = 3.3 \text{g/L}$，$L_s = 0.08 \text{kgBOD}_5 / (\text{kgMLSS} \cdot \text{d})$，$S_0 = 200 \text{mg/L}$**

$$t_r = \frac{24 S_0 m}{1000 L_s X} = \frac{24 \times 200 \times 0.33}{1000 \times 0.08 \times 3.3} = 6\text{h}$$

5) **SBR 反应池容积**

$$V = \frac{24 Q_1 S_0}{1000 X L_s t_R} = \frac{24 \times 2500 \times 200}{1000 \times 3.3 \times 0.08 \times 6} = 7576 \text{m}^3$$

6) **假定 $n = 4$**

$$V_1 = \frac{V}{n} = \frac{7576}{4} = 1894 \text{m}^3$$

7) $t = \dfrac{24}{C_y} = \dfrac{24}{3} = 8\text{h}$

8) $t_F = \dfrac{t}{n} = \dfrac{8}{4} = 2\text{h}$

9) **假定 $N_a = N_{ae} = 15 \text{mg/L}$，$K_n = 1.0 \text{mg/L}$，SBR 平均最低运行温度 $= 12℃$**

$$\mu = 0.47 \frac{N_a}{K_n + N_a} e^{0.098(T-15)} = 0.47 \times \frac{15}{1+15} e^{0.098(12-15)} = 0.328 \text{d}^{-1}$$

10) $K_{nd(20)}$ **取 0.05d^{-1}**

$$K_{nd} = K_{nd(20)} \cdot 1.029^{(T-20)} = 0.05 \times 1.029^{(12-20)} = 0.040 \text{d}^{-1}$$

11) $\theta_{co}^M = \dfrac{1}{\mu - K_{nd}} = \dfrac{1}{0.328 - 0.040} = 3.46\text{d}$

12) **取 $F = 2.5$**

$$\theta_{co} = F \cdot \theta_{co}^M = 2.5 \times 3.46 = 8.65\text{d}$$

13) **假定 $AF = 0.62$**

$$\theta_c = \frac{\theta_{co}}{AF} = \frac{8.65}{0.62} = 14.0\text{d}$$

14) **取 $15℃$ 时 $b_h = 0.08 \text{d}^{-1}$**

$$b_h f_t = b_h \cdot 1.072^{(T-15)} = 0.08 \times 1.072^{(12-15)} = 0.065 \text{d}^{-1}$$

15) $S_0 = 200 \text{mg/L}$，$S_e = 30 \text{mg/L}$，**取 $f = 0.85$，$Y_h = 0.6 \text{kgSS/kgBOD}_5$**

$$\Delta X_v = \frac{Q(S_0 - S_e)}{1000} \cdot f \left[Y_h - \frac{0.9 b_h Y_h f_t}{\dfrac{1}{\theta_c} + b_h f_t} \right]$$

$$= \frac{7500 \times (200 - 30)}{1000} \times 0.85 \times \left(0.6 - \frac{0.9 \times 0.065 \times 0.6}{\dfrac{1}{14.0} + 0.065} \right) = 371.9 \text{kg/d}$$

16) **假定 $20℃$ 时 $K_{de(20)} = 0.06 \text{kg NO}_3\text{-N/} (\text{kgMLSS} \cdot \text{d})$**

$$k_{de} = k_{de(20)} 1.08^{(T-20)} = 0.06 \times 1.08^{(12-20)} = 0.0324 \text{kgNO}_3\text{-N/(kgMLSS} \cdot \text{d})$$

17) **假定 $N_t = N_k = 45 \text{mg/L}$，$N_{te} = 20 \text{mg/L}$**

$$t_a = 24 \frac{0.001Q(N_t - N_{te}) - 0.12\Delta X_V}{VXK_{de}} = 24 \times \frac{0.001 \times 7500 \times (45-20) - 0.12 \times 371.9}{7576 \times 3.3 \times 0.06 \times 1.08^{(12-20)}}$$

$$= 2.29h$$

18) $t_o = t_r - t_a = 6 - 2.29 = 3.71h$

19) 假定 $t_s = 0.5h$，$t_d = 1.5h$

$$t_b = t - t_r - t_s - t_d = 8 - 6 - 0.5 - 1.5 = 0h$$

20) 闲置时间在 $0 \leqslant t_b \leqslant 0.5$ 范围内

21) $AF = \dfrac{t_o}{t_r} = \dfrac{3.71}{6} = 0.62$，与假定值相等

22) $SS_0 = 250mg/L$，取 $\psi = 0.6$

$$Y = f\left[Y_h - \frac{0.9b_hY_hf_t}{\frac{1}{\theta_c} + b_hf_t} + \psi\frac{SS_0}{S_0}\right] = 0.85 \times \left[0.6 - \frac{0.9 \times 0.065 \times 0.6}{\frac{1}{14.0} + 0.065} + 0.6 \times \frac{250}{200}\right]$$

$$= 0.93kgSS/kgBOD_5$$

23) $\Delta X = \dfrac{YQ(S_0 - S_e)}{1000} = 0.93 \times \dfrac{7500 \times (200-30)}{1000} = 1185kg/d$

24) $a = 1.47$，$b = 4.57$，$c = 1.42$，$N_k = 45mg/L$，$N_{ke} = 17mg/L$，$N_{oe} = 3mg/L$

$$O_2 = aQ\frac{(S_0 - S_e)}{1000} + b\left[Q\frac{(N_k - N_{ke})}{1000} - 0.12\Delta X_V\right] - c\Delta X_V$$

$$- 0.62b\left[Q\frac{(N_t - N_{ke} - N_{oe})}{1000} - 0.12\Delta X_V\right]$$

$$= 1.47 \times 7500 \times \frac{(200-30)}{1000} + 4.57 \times \left[7500 \times \frac{(45-17)}{1000} - 0.12 \times 371.9\right]$$

$$- 1.42 \times 371.9 - 0.62 \times 4.57 \times \left[7500 \times \frac{(45-17-3)}{1000} - 0.12 \times 371.9\right]$$

$$= 1697kgO_2/d$$

25) 假定 $\alpha = 0.80$，$\beta = 0.90$，$C_s = 9.17mg/L$，$C_{sm(12)} = 10.83mg/L$，$C_{sm(30)} = 7.63mg/L$，$C_0 = 2.0mg/L$ 12℃时，

$$O_s = \frac{O_2 \cdot C_s}{\alpha(\beta C_{sm} - C_0)}1.024^{(20-T)} = 1697 \times \frac{9.17}{0.80 \times (0.90 \times 10.83 - 2.0)} \times 1.024^{(20-12)}$$

$$= 3036 \ kgO_2/d$$

30℃时，

$$O_s = \frac{O_2 \cdot C_s}{\alpha(\beta C_{sm} - C_0)}1.024^{(20-T)} = 1697 \times \frac{9.17}{0.80 \times (0.90 \times 7.63 - 2.0)} \times 1.024^{(20-30)}$$

$$= 3153kgO_2/d$$

以 30℃时的 O_s 值 $3153kgO_2/d$ 作为设计控制值。

26) 取 $E_A = 20\%$

$$G_s = \frac{O_s}{0.28E_A} = \frac{3153}{0.28 \times 20\%} = 54214m^3/d$$

27) $G_1 = \dfrac{t}{t_o} \times \dfrac{G_s}{n} = \dfrac{8}{3.71} \times \dfrac{54214}{4} = 29226m^3/d = 20.30m^3/min$

(3) 设计汇总

1) 运行周期

每天运行周期数：3

一个运行周期历时：8h

其中进水时间：2h

反应时间：6h（非好氧反应时间 2.29h，好氧反应时间 3.71h）

沉淀时间：0.5h

排水时间：1.5h

闲置时间 0h

2）反应池数量与反应池容积

反应池数量：4

SBR 反应池总有效容积：7576m³

单座 SBR 反应池有效容积：1894m³

3）运行参数

污泥负荷：0.08kgBOD₅/（kgMLSS·d）

污泥泥龄：14.0d

4）排泥量

每日污泥排放量：1185kg/d

5）需氧量（供气量）

设计需氧量：3153kgO₂/d

采用鼓风曝气，弹性膜微孔曝气管充氧效率 20%，日平均供气量为 54214m³/d；若每组 SBR 池采用独立的供气系统，单组供气系统的供气量为 20.30m³/min。

5.4　活性污泥法设计

5.4.1　常规活性污泥法设计

1. 水量水质和排放要求

（1）设计规模

某污水处理厂的设计规模为：

日平均设计流量 Q_d：$7.5 \times 10^4 m^3/d$

变化系数 K_z：1.33

最大时流量 Q_{max}：4156.3m³/h

平均时流量 Q_{ave}：3125m³/h

（2）设计进水水质

设计进水水质为：

COD_{cr}：360mg/L

BOD_5：180mg/L

SS：180mg/L

（3）设计出水水质

设计出水水质为：

COD_{cr}：100mg/L

BOD_5：30mg/L

SS：30mg/L

2. 污水处理厂工艺流程

根据进水水质和出水要求，采用常规活性污泥法处理工艺，工艺流程如图 5-4-1 所示。

3. 生物反应池设计

331

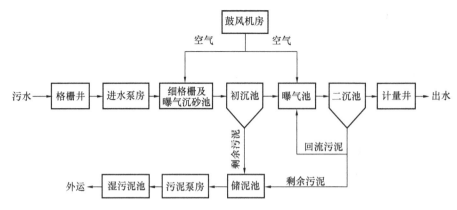

图 5-4-1 常规活性污泥法处理工艺流程简图

（1）主要设计参数

设计流量：$Q=3125m^3/h$

池数：3 座

平面净尺寸：$45m \times 24m$

有效水深：6m

有效池容：$6480m^3$

混合液浓度：2.5 g/L

污泥负荷：$0.22kgBOD_5 / (kgMLSS \cdot d)$

污泥产率：0.7kgDS/去除 $kgBOD_5$

剩余污泥量：7875kgDS/d

污泥龄：6.4d

穿孔曝气器充氧效率：6%

最大供气量：$750m^3/min$

气水比：14.4

污泥回流比：100%

（2）生物反应池设计图

生物反应池共 3 座，每座处理水量为 $2.5 \times 10^4 m^3/d$，每座生物反应池分为 4 格，生物反应池设计成可 4 点进水的方式，进水点分别为前 2 格的起端和第 3 格的起端及末端，进水点均设置闸门或插板，可根据进水水质的变化调整各进水点的流量比例或关闭某进水点。生物反应池为推流式，根据进水点的水量调配，可按常规曝气、生物吸附再生和阶段曝气池 3 种形式运行。生物反应池设计图如 5-4-2 所示。

5.4.2 脱氮工艺设计

1. 水量水质和排放要求

（1）设计规模

某污水处理厂的设计规模为：

日平均设计流量 Q_d：$12 \times 10^4 m^3/d$

变化系数 K_z：1.3

最大时流量 Q_{max}：$6500m^3/h$

平均时流量 Q_{ave}：$5000m^3/h$

（2）设计进水水质

设计进水水质为：

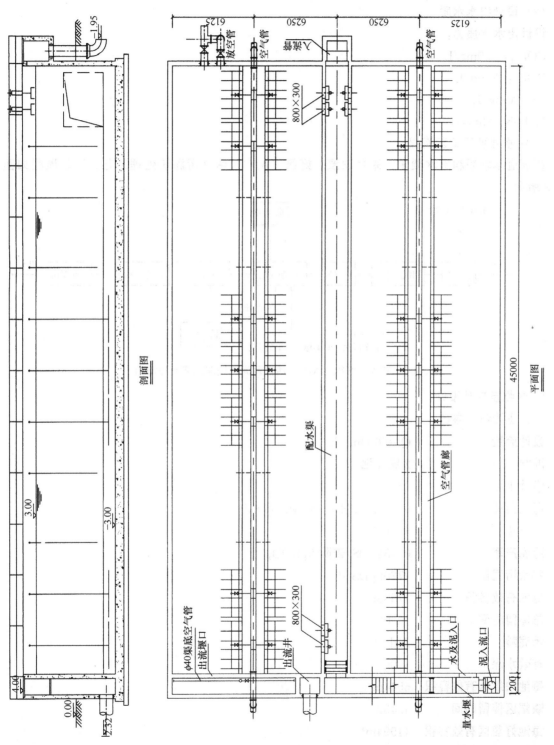

图 5-4-2 常规活性污泥法生物反应池设计图

CODcr：550mg/L

BOD₅：200mg/L

SS：240mg/L

NH₃-N：30mg/L

（3）设计出水水质

设计出水水质为：

CODcr：100mg/L

BOD₅：20mg/L

SS：20mg/L

NH₃-N：15mg/L

2. 污水处理厂工艺流程

根据进水水质和出水要求，采用缺氧、好氧（A/O）活性污泥法处理工艺，工艺流程如图5-4-3 所示。

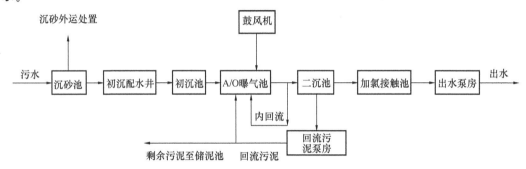

图 5-4-3　缺氧、好氧（A/O）活性污泥法处理工艺流程简图

3. 生物反应池设计

（1）主要设计参数

设计流量	$Q=5000 \text{m}^3/\text{h}$
池数	2座4池
设计水温	12℃
污泥负荷	0.091kgBOD₅/（kgMLSS·d）
MLSS	3.0g/L
污泥产率	0.45kgDS/去除 kgBOD₅
剩余污泥量	9720kgDS/d
每池有效容积	17538m³
总停留时间	14.0h
污泥龄	24d
有效水深	6.0m
每池缺氧区有效容积	5544m³
缺氧区停留时间	4.43h
每池好氧区有效容积	11994m³
好氧区停留时间	9.59h
设计气水比	8.64：1
外回流比	50%～100%
内回流比	100%～150%

（2）生物反应池设计

A/O 反应池为矩形钢筋混凝土结构，共 4 座，每座 2 池，每池由缺氧区和好氧区组成，其中缺氧区共分为 5 格，每格平面尺寸为 13.2m×14.0m，为使池内污泥保持悬浮状态，并且与进水充分混合，每格设 1 套浮筒立式搅拌器，共 5 套/池。好氧区采用微孔曝气器，共 8976 套/座。

在每座 A/O 反应池的末端设置内回流污泥泵，每池设 3 台回流污泥泵（2 用 1 备，$Q=937m^3/h$，$H=2.0m$，$N=15kW$），内回流混合液通过内回流泵提升后，与来自二沉池的回流污泥和进水一起进入缺氧区。生物反应池设计图如 5-4-4 所示。

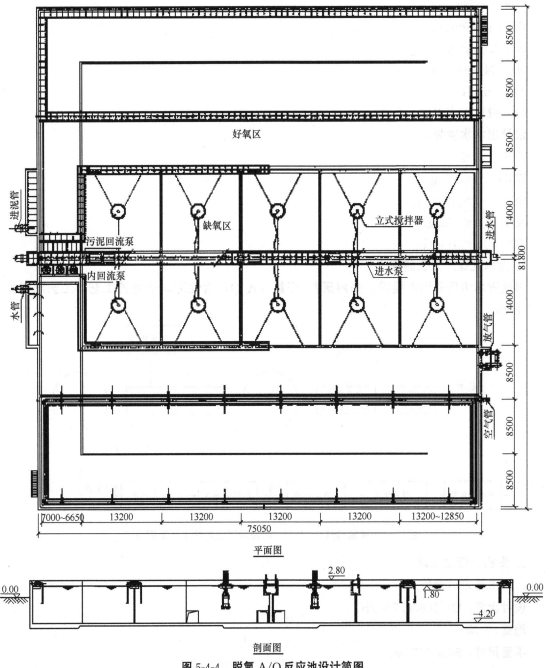

平面图

剖面图

图 5-4-4　脱氮 A/O 反应池设计简图

5.4.3　除磷工艺设计

1. 水量水质和排放要求

（1）设计规模

某污水处理厂的设计规模为：

日平均设计流量 Q_d：$40 \times 10^4 m^3/d$

变化系数 K_z：1.3

最大时流量 Q_{max}：21666.7 m^3/h

平均时流量 Q_{ave}：16666.7 m^3/h

（2）设计进水水质

设计进水水质为：

COD_{cr}：350mg/L

BOD_5：150mg/L

SS：220mg/L

NH_3-N：30mg/L

TP：4mg/L

（3）设计出水水质

设计出水水质为：

COD	$\leqslant$80mg/L
BOD	$\leqslant$20mg/L
SS	$\leqslant$30mg/L
NH_3-N	$\leqslant$25mg/L
TP	$\leqslant$1mg/L

2. 污水处理厂工艺流程

根据进水水质和出水要求，采用厌氧/好氧（A/O）活性污泥法处理工艺，工艺流程如图 5-4-5 所示。

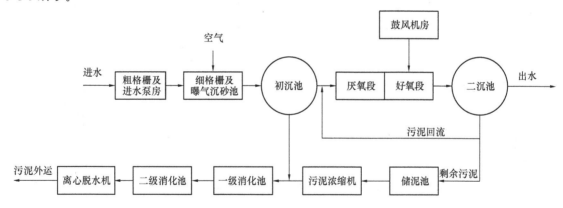

图 5-4-5 厌氧/好氧（A/O）活性污泥法处理工艺流程简图

3. 生物反应池设计

（1）主要设计参数

设计流量：$Q=16666.7 m^3/h$

池数：4 座

平面尺寸：86m×65.8m

有效水深：6m

总有效池容：130032m^3

厌氧区池容：28896m^3

好氧区池容：101136m^3

混合液浓度：2.33 g/L

污泥负荷：0.21kgBOD$_5$/(kgMLSS·d)

污泥产率：0.41kgDS/去除 kgBOD$_5$

剩余污泥量：21320kgDS/d

污泥龄：13.6d

穿孔曝气器充氧效率：20%

最大供气量：1200m³/min

气水比：4.32

污泥回流比：100%

（2）生物反应池设计

厌氧/好氧（A/O）除磷工艺生物反应池每池分为 9 个廊道，每个廊道有效宽度为 7m。全池可分为 3 部分，位于池首的厌氧区占 2 个廊道，第 3 廊道为厌氧/好氧交替区，从第 4 廊道到第 9 廊道为好氧区。

每一廊道的厌氧区又分隔为 3 格，串联运行，每格内水流呈完全混合流，经初沉处理后的污水在第 1 廊道与从二沉池回流的活性污泥充分混合，池内污水处于厌氧状态，保持水质均匀，又不使污泥沉淀，厌氧区内采用潜水搅拌，搅拌器的运转由 PLC 控制。经过 2 个廊道厌氧反应的污水进入第 3 廊道，在第 3 廊道内既设置了潜水搅拌器又设置了微孔曝气器，其运行状态可根据实际情况进行调整，可以作为厌氧状态的延续，满足磷在厌氧状态下磷的释放，也可以做为好氧段的开始，最后混合液进入好氧区，进行渐减式好氧除磷工艺。生物反应池厌氧区每个廊道设置 6 台水下搅拌器，每台电机功率 3.3kW，使活性污泥与污水均匀混合不致沉淀并推动水流。

在第 3 廊道内设置了 3 排膜式微孔曝气器共 984 个，在需好氧条件时进行曝气，在该段还设置了潜水搅拌器共 6 个，以便继续维持厌氧状态。

后 6 个廊道为好氧区，在好氧区进行鼓风曝气，共装设膜式微孔曝气器 7877 个，曝气器采用渐减布置以适应微生物对氧的需要，第 4、5 廊道内设 6 排曝气器，每个廊道曝气器各为 1968 个；第 6 廊道设 4 排曝气器，曝气器为 1317 个；第 7 和第 8 廊道内设 3 排曝气器，每个廊道曝气器为 984 个；第 9 廊道设 2 排曝气器，曝气器为 656 个。在好氧状态下，磷被充分吸收，水中的磷转移到污泥里，通过后续的泥水分离设施达到除磷目的。

曝气气源由鼓风机房提供，每池有 1 根总进气管，管上设有调节阀，可根据池中溶解氧浓度由现场 PLC 自动调节气量，并装有空气流量计可随时了解供气情况。

生物反应池设计如图 5-4-6 所示。

5.4.4　脱氮除磷工艺设计

1. 水量水质和排放要求

（1）设计规模

某污水处理厂设计规模为：

日平均设计流量 Q_d：5.0×10⁴m³/d

变化系数 K：1.38

最大时设计流量 Q_{max}：2875m³/h

平均时流量 Q_{ave}：2083m³/h

（2）设计进水水质

设计进水水质为：

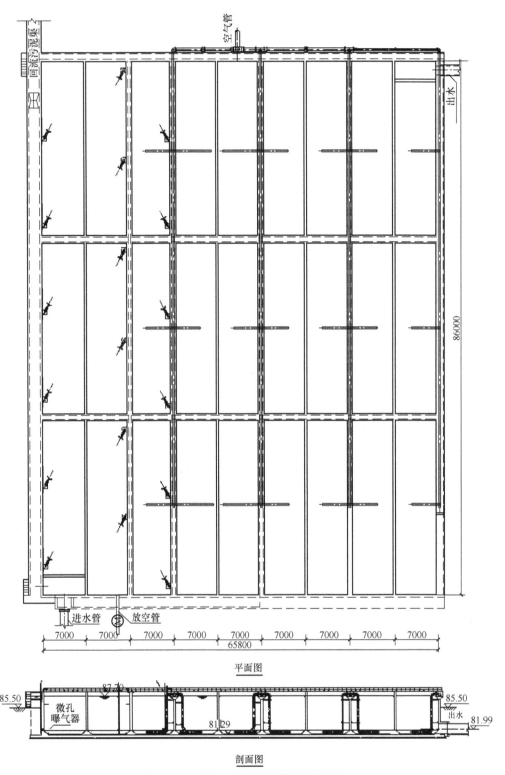

平面图

剖面图

图 5-4-6　除磷（A/O）反应池设计简图

COD_{cr}：380mg/L

BOD_5：220mg/L

SS：200mg/L

NH_3-N：30mg/L

TP：4mg/L

其中生活污水占 60%，**工业废水占** 40%。

（3）设计出水水质

设计出水水质为：

COD_{cr}   ≤100mg/L

BOD₅   ≤30mg/L

SS   ≤30mg/L

NH₃-N ≤10mg/L

TP   ≤1.0mg/L

2. 污水处理厂工艺流程

污水处理厂采用 AAO 处理工艺，污水处理工艺流程如图 5-4-7 所示。

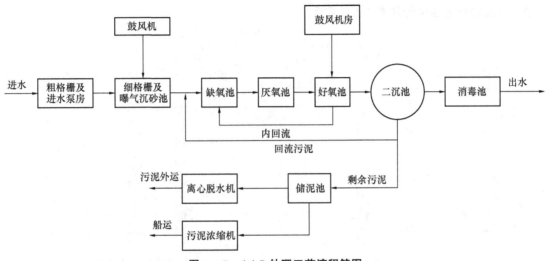

图 5-4-7　AAO 处理工艺流程简图

3. 生物反应池设计

（1）主要设计参数

设计流量： $Q=2083m^3/h$

池数： 1 座 2 池

平面净尺寸： 80.4×62.5m

有效水深： 6m

总有效池容： 30150m³

厌氧区池容： 4500m³

缺氧区池容： 6750m³

好氧区池容： 18900m³

混合液浓度： 4.0g/L

污泥负荷： 0.091kgBOD₅/(kgMLSS·d)

污泥产率： 0.85kgDS/去除 kgBOD₅

剩余污泥量： 8075kgDS/d

污泥龄： 12.9d

微孔曝气器充氧效率： 20%

最大供气量： 260m³/min

气水比： 7.49

污泥回流比： 100%

（2）生物反应池设计

AAO 生物反应池为 1 座 2 池合建，来自细格栅及曝气沉砂池的污水首先进入配水渠，均匀分布至 2 池中，该配水渠设有可调堰 6 套，可分别控制 1 池单独运行或同时运行。

生物反应池采用倒置 AAO 方式运行，也可以普通 AAO 方式运行，每池共设有 3 个不同功能区。

生物反应池在缺氧和厌氧区设有水下搅拌器，每格 2 台，共 20 台。

好氧区曝气器按流程分不同密度布置。

来自沉砂池的污水由配水渠设置的两套电动调节堰门分配成两股，一股从缺氧池进入，与回流污泥充分混合，利用进水中的碳源反硝化回流污泥中带入的硝酸盐，另一股从厌氧区进入，为厌氧池中的聚磷菌提供碳源。从缺氧区进入的污水通过反硝化回收了部分碱度进入厌氧区，经厌氧释磷后的污水进入好氧区，进一步去除有机物并将 NH_3-N 氧化成 NO_2^- 和 NO_3^-，经硝化的污水用内回流泵进入缺氧区，在此利用优质碳源进行反硝化脱氮。

AAO 生物反应池设计如图 5-4-8 所示。

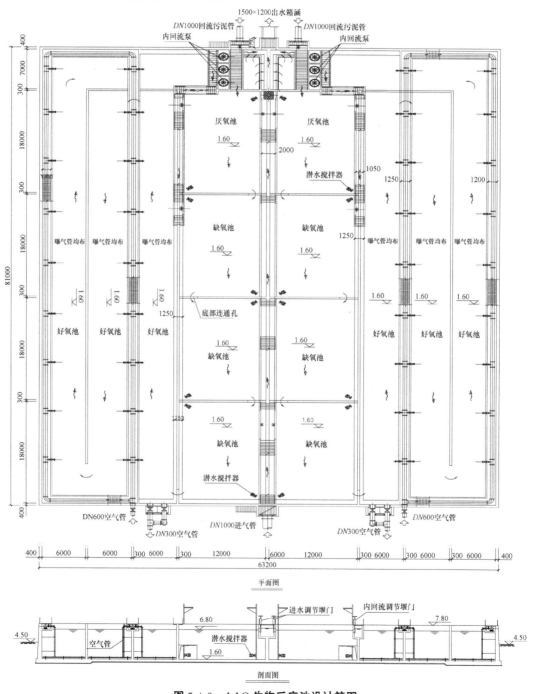

图 5-4-8 AAO 生物反应池设计简图

5.4.5 氧化沟设计

1. 水量水质和排放要求

(1) 设计规模

某污水处理厂设计规模为：

日平均设计流量 Q_d：$6.0 \times 10^4 \mathrm{m^3/d}$

变化系数 K_z：1.36

最大时设计流量：$3400 \mathrm{m^3/h}$

最大时设计流量：$2500 \mathrm{m^3/h}$

(2) 设计进水水质

设计进水水质为：

COD_{cr}：$600 \mathrm{mg/L}$

BOD_5：$220 \mathrm{mg/L}$

SS：$250 \mathrm{mg/L}$

$NH_3\text{-}N$：$40 \mathrm{mg/L}$

TP：$6 \mathrm{mg/L}$

其中生活污水占 40%，工业废水占 60%

(3) 设计出水水质

设计出水水质为：

COD_{cr}　$\leqslant 100 \mathrm{mg/L}$

BOD_5　$\leqslant 30 \mathrm{mg/L}$

SS　$\leqslant 30 \mathrm{mg/L}$

$NH_3\text{-}N$　$\leqslant 25 \mathrm{mg/L}$

TP　$\leqslant 3.0 \mathrm{mg/L}$

2. 污水处理厂工艺流程

污水处理厂采用 AAC 氧化沟处理工艺，工艺流程如图 5-4-9 所示。

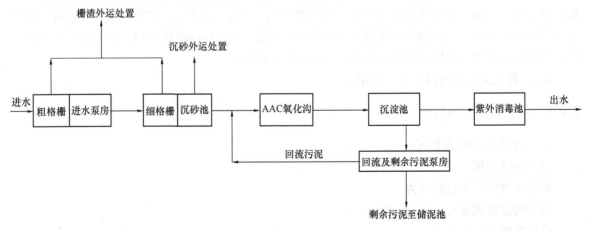

图 5-4-9　AAC 氧化沟工艺流程图

3. 氧化沟设计

(1) 主要设计参数

设计流量：$Q = 2500 \mathrm{m^3/h}$

池数：2 座

平面净尺寸：$104.2 \mathrm{m} \times 33.5 \mathrm{m}$

有效水深：4.5~6m

总有效池容：30855m³

厌氧区池容：3216m³

缺氧区池容：6432m³

好氧区池容：21207m³

混合液浓度：4.0g/L

污泥负荷：0.107kgBOD₅/（kgMLSS·d）

污泥产率：0.85kgDS/去除 kgBOD₅

剩余污泥量：9690kgDS/d

污泥龄：12.5d

最大供氧量：1452kgO₂/h

污泥回流比：100%

（2）AAC 氧化沟设计

经配水井分配后的污水进入氧化沟前端的厌氧区，与来自回流和剩余污泥泵房的回流污泥混合，在厌氧条件下，除磷菌可将储存在菌体内的聚磷分解，将磷酸盐释放到水中。经厌氧释磷后的污水进入缺氧区进行反硝化脱氮，缺氧区设计成环流形式，强化脱氮效果，反硝化后的污水通过设置在一侧的渠道进入好氧区，进一步去除有机物并将 NH_3-N 氧化成 NO_2^- 和 NO_3^-，同时除磷菌在好氧条件下过量摄取污水中的磷，强化出水水质。而且在好氧区末端设置内回流渠，经过好氧硝化后的污水进入厌氧区，由于末端的溶解氧减少到最低程度，有效地防止缺氧区氧过量的问题，可以取得较好的反硝化效果。

AAC 氧化沟是污水处理厂的主体构筑物，集厌氧、缺氧、好氧反应于一体，为钢筋混凝土结构，共 2 座，每池按 $3×10^4 m^3/d$ 规模单独运行。

每座 AAC 氧化沟由厌氧区、缺氧区和好氧区组成，其中厌氧区平面尺寸为 37m×8m，有效水深为 6.0m，设置 3 台水下搅拌机，单台功率为 4kW；缺氧区平面尺寸为 37m×16m，有效水深为 6.0m，设置水下搅拌机 4 台，单台功率为 4kW。

好氧区长度为 80m，设计 4 条廊道，每廊宽 9m，有效水深为 4.5m，共设置 3 台表面曝气机，直径为 3.75m，单台功率为 110kW，动力效率为 2.2kgO₂/kWh。在每条廊道槽的转弯处设置导流墙稳定水流，防止因内圈外圈流速不同产生涡流，造成局部底泥沉积，同时控制叶轮缘与中隔墙的缝隙尺寸，将竖向流改变为水平流，增加混合效果。

AAC 氧化沟设计如图 5-4-10 所示。

5.4.6 序批式活性污泥法设计

1. 水量水质和排放要求

（1）设计规模

某污水处理厂设计规模为：

日平均设计流量 Q_d：$4.0×10^4 m^3/d$

变化系数 K：1.41

最大时设计流量 Q_{max}：2350m³/h

平均时设计流量 Q_{ave}：1667m³/h

（2）设计进水水质

设计进水水质为：

COD_{cr}：350mg/L

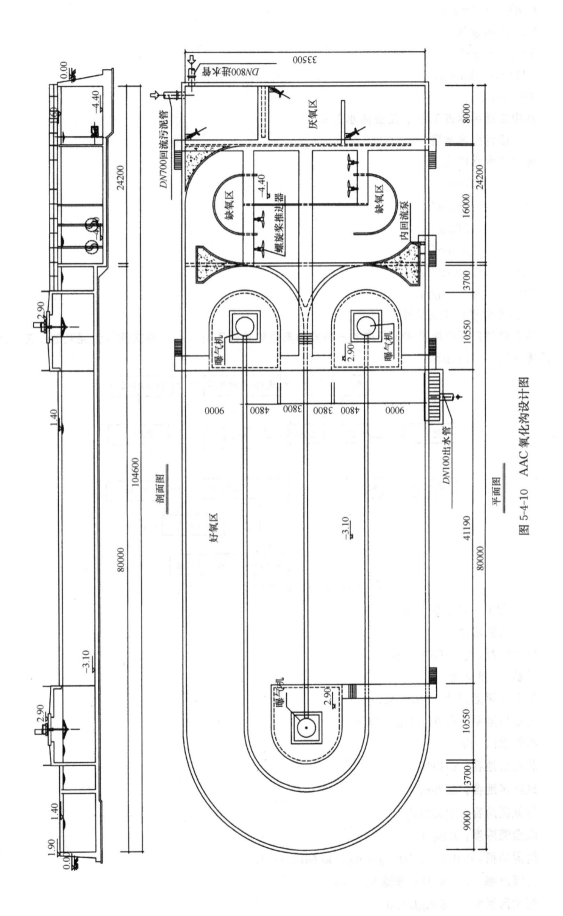

图 5-4-10　AAC 氧化沟设计图

BOD$_5$：150mg/L

SS：200mg/L

TN：50mg/L

NH$_3$-N：35mg/L

TP：6mg/L

其中生活污水占 40%，**工业废水占** 60%。

（3）**设计出水水质**

设计出水水质为：

COD$_{cr}$ ≤60mg/L

BOD$_5$ ≤20mg/L

SS   ≤20mg/L

TN   ≤20mg/L

NH$_3$-N ≤15mg/L

TP   ≤1.5mg/L

2. 污水处理厂工艺流程

污水处理厂采用序批式工艺中的一种较为典型的处理工艺——循环式活性污泥处理工艺，工艺流程如图 5-4-11 所示。

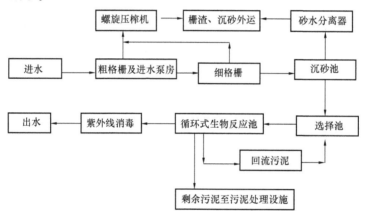

图 5-4-11 序批式活性污泥法工艺流程图

3. 序批式生物反应池设计

（1）**主要设计参数**

设计流量：$Q=1667m^3/h$

池数：2 座 4 池

选择池平面尺寸：24m×6.3m

主反应池平面尺寸：24m×55m

有效水深：6m

总有效池容：35309m^3

选择区池容：3629m^3

好氧区池容：31680m^3

混合液浓度：4.0g/L

污泥负荷：0.077~0.090kgBOD$_5$/（kgMLSS·d）

污泥产率：0.90kgDS/去除 kgBOD$_5$

剩余污泥量：4680kgDS/d

污泥龄：12.5d

标准需氧量：$635kgO_2/h$

最大需气量：$176m^3/min$

气水比：7.92∶1

污泥回流比：20%

每周期反应时间：4.0~4.8h

设计充水比：1/3.5~1/4.0

生物选择池搅拌功率：$3~5W/m^3$

(2) 序批式生物反应池设计

序批式生物反应池共设 2 座，每座 2 池，共 4 池并联运行，每池净平面尺寸为 24.0m×55.0m，有效容积为 $7920m^3$，正常有效水深 6.0m。在每个生物反应池前设置独立的生物选择池，选择池有效容积为 $907.2m^3$，有效水深 6.0m。序批式生物反应池可根据进水水质变化，采用不同的运行模式。每组序批式反应池进水处设 DN800 电动蝶阀 2 套，主反应池前的选择池内设潜水搅拌机 4 套，单台功率 2.2kW，主反应池运行采用 PLC 自动控制。

每 2 组池设 1 根供气管，设 DN400 电动阀门 1 套。

选择区与主反应区之间设回流污泥泵，以保持选择池的污泥浓度，污泥回流比为 20%。选择区的进水与主反应区一样，为非连续进水，在进水阶段，开启回流污泥泵，其余时间关闭。

污水处理过程中的剩余污泥通过剩余污泥泵定期排入储泥池。

生物选择池具有除磷功能，在进水阶段通过污泥回流，增加池内污泥浓度，利用污泥耗氧速率高，使选择池内呈脱硝状态，降低了回流污泥内硝酸盐浓度；回流污泥在选择池内完成放磷过程后，进入主反应池进行过量吸磷，从而达到生物除磷的目的，同时又完成了反硝化脱氮，使出水达到国家规定的排放标准。

每组池设置 1 台滗水器，滗水器采用机械旋转式滗水器，每台滗水量为 $1200~1500m^3/h$，当好氧池需要排水时，滗水器通过机械驱动装置以一定的速度下降至预设高度滗水。完成排水过程后，滗水器上升，回到待机状态，直到下一个排水周期。生物反应池的工序需要根据实际进水的水质情况调整。序批式生物反应池设计如图 5-4-12 所示。

5.4.7　二次沉淀池设计

通常把生物处理后的沉淀池称为二次沉淀池或最终沉淀池，简称为二沉池。二沉池和生物反应池是一个反应体系中两个不可分割的组合体，它们构成了活性污泥法整个系统的重要组成内容，二沉池的运行正常与否，直接关系到生物反应池，乃至整个系统的正常运行。因此，二沉池的工艺设计和生物反应池的设计一样，都是至关重要的，不能掉以轻心。

1. 二次沉淀池的特点

二次沉淀池的作用是泥水分离，使混合液澄清、浓缩和回流活性污泥。其工作效果直接影响回流污泥的浓度和活性污泥处理系统的出水水质。

(1) 二次沉淀池与初次沉淀池的区别

初沉池的有关规定，一般也适用于二次沉淀池，二次沉淀池与初次沉淀池还是有区别。

二次沉淀池区别于初次沉淀池主要在于处理对象和所起的作用不同。二次沉淀池的处理对象是活性污泥混合液，它具有浓度高（2000~4000mg/L）、有絮凝性、质轻、沉速较慢等特点，沉淀时泥水之间有清晰的界面，絮凝体结成整体共同下沉，属于成层沉淀。

二沉池除了进行泥水分离外，还进行污泥浓缩。在水质水量变化的情况下，二沉池还起着暂时储存污泥的作用。二沉池中同时进行两种沉淀，即成层沉淀和压缩沉淀。成层沉淀满足澄清的

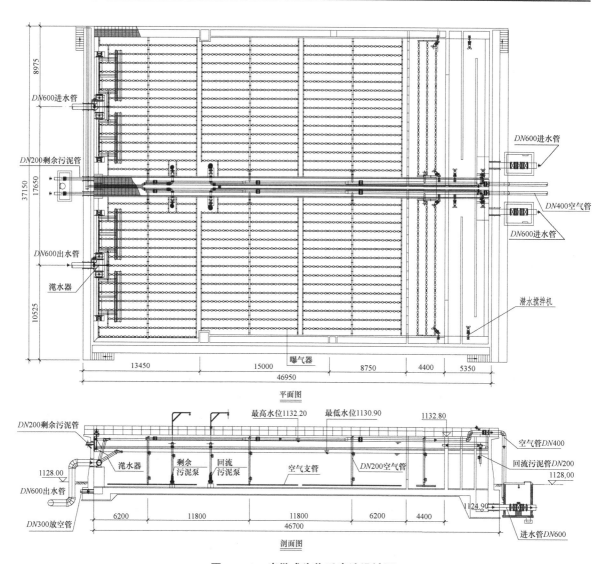

图 5-4-12　序批式生物反应池设计图

要求，压缩沉淀完成污泥浓缩的功能。污泥质轻的特点使得它容易被出水带走，并容易产生二次流和异重流现象，使实际的过水断面远远小于设计的过水断面，所以与初沉池相比所需要的面积较大。与初沉池一样，二沉池的设计也采用表面水力负荷，以保证出水水质良好；但另外还引入了固体负荷，保证污泥在二沉池中得到足够的浓缩，以便供给生物反应池所需回流污泥。二沉池与初沉池的主要区别如表 5-4-1 所示。

初沉池和二沉池的主要区别

表 5-4-1

性　能	初沉池	二沉池
处理对象	原水中的悬浮物	活性污泥絮体
沉淀类型	主要为自由沉淀	主要为成层沉淀
表面水力负荷/(m³/(m²·h))	1.5～4.5	1.0～2.0[①] 0.6～1.5[②]
沉淀时间(h)	0.5～2.0	1.5～4.0
污泥量/(g/(人·d))	16～36	10～26[①] 12～32[②]
污泥含水率(%)	95～97	96～98[①] 99.2～99.6[②]
固体负荷/(kg/(m²·d))	—	≤150
污泥区容积	≤2d 污泥量	≤2h 污泥量
出水堰负荷/(L/(s·m))	≤2.9	≤1.7
静水压力排泥所需静水压头(m)	≥1.5	≥0.9

①为生物膜法后二沉池设计参数；②为活性污泥法后二沉池设计参数。

（2）池型选择

在原则上，用于初次沉淀池的平流式沉淀池、辐流式沉淀池、竖流式沉淀池和斜管（板）沉淀池都可以作为二次沉淀池使用。一般来说大、中型污水处理厂多采用机械吸泥的圆形辐流式沉淀池和平流式沉淀池；中型污水处理厂也有采用多斗式平流沉淀池；小型污水处理厂则比较普遍采用竖流式沉淀池；当需要挖掘原有沉淀池潜力或建造沉淀池面积受限制时，通过技术经济比较，可采用斜管（板）沉淀池。斜管（板）沉淀池用作二次沉淀池应慎重，因为活性污泥黏度较大，容易黏附在斜管（板）上，不仅影响沉淀效果，还可能堵塞斜管（板）引起泛泥。各种池型的适用条件如表 5-4-2 所示。

各类沉淀池适用条件　　　　　　　　　　　表 5-4-2

类型	优点	缺点	适用条件
平流式	1. 处理水量大小不限，沉淀效果好 2. 水量和温度变化的适应能力强 3. 平面布置紧凑，施工方便	1. 进、出配水不易均匀 2. 多斗排泥时，每个斗均需设置排泥管（阀），手动操作，工作繁杂。采用机械刮泥时，易锈蚀	1. 适用于地下水位高、地质条件较差的地区 2. 大、中、小型污水工程均可采用
竖流式	1. 占地面积较小 2. 排泥方便，管理简单 3. 适用于絮凝性胶体沉淀	1. 池深度大，施工困难，造价高 2. 对水量冲击负荷和水温度变化适应能力不强 3. 池径不宜过大	适用于小型污水处理厂
辐流式	1. 对大型污水厂较为经济 2. 机械排泥设备已定型系列化	1. 排泥设备复杂，操作管理技术要求较高 2. 施工质量要求高	1. 适用于地下水位较高的地区 2. 适用于大中型污水处理厂
斜流式	1. 生产能力大，处理效率高 2. 停留时间短，占地面积小	1. 构造复杂，斜板、斜管造价高，须定期更换，易堵塞 2. 固体负荷不宜过大，耐冲击负荷能力较差	1. 适用于中小型污水厂的二次沉淀池 2. 可用于已有平流沉淀池的挖潜改造

（3）设计计算方法

平流式沉淀池可按沉淀时间和水平流速或表面水力负荷进行设计计算，也可仅按表面水力负荷进行计算；辐流式沉淀池可按表面水力负荷或固体负荷进行计算；竖流式沉淀池按中心管内流速和污水在沉淀区的上升流速进行计算。

1）表面水力负荷法

a. 沉淀池表面面积

$$A = \frac{Q_{max}}{q} = \frac{Q_{max}}{3.6u} \tag{5-4-1}$$

式中　A——沉淀池表面面积，m^2；

　　　Q_{max}——最大时污水流量，m^3/h；

　　　q——表面水力负荷，$m^3/(m^2 \cdot h)$；

　　　u——活性污泥成层沉淀的沉速，mm/s。

u 值随污水水质和混合液浓度而异，变化范围为 0.2～0.5mm/s 之间。生活污水中含有一定的无机物，可采用稍高的 u 值；含有工业废水的城镇污水，溶解性有机物质较多，活性污泥质轻，SVI 值较高，因此 u 值宜低点。混合液污泥浓度对 u 值有较大的影响，浓度高时 u 值则偏小，反之，则偏大。表 5-4-3 为 u 值与混合液浓度之间关系的实测资料，可供设计时参考。

u 值与混合液浓度对应关系　　　　　　　　表 5-4-3

混合液污泥浓度 MLSS（mg/L）	上升流速 u（mm/s）	混合液污泥浓度 MLSS（mg/L）	上升流速 u（mm/s）
2000	≤0.5	5000	0.22
3000	0.35	6000	0.18
4000	0.28	7000	0.14

计算沉淀池面积时，设计流量应为污水的最大时流量，而不包括回流污泥量。这是因为一般沉淀池的污泥出口常在水池底部，混合液进水池后基本上分为方向不同的两路流出，一路通过澄清区从沉淀池上部的出水槽流出，另一路通过污泥区从下部排泥管流出。前一路流量相当于污水流量，后一路流量相当于回流污泥量和剩余污泥量，所以采用污水最大时流量作为沉淀池设计流量能够满足要求。但是，在中心管的设计时则应包括回流污泥量，否则将会增大中心管的流速，不利于气水分离。

b. 沉淀池直径

$$D = \sqrt{\frac{4A}{\pi}} \tag{5-4-2}$$

式中　D——沉淀池直径，m；

$\quad\quad A$——沉淀池表面面积，m^2；

$\quad\quad \pi$——常数。

c. 澄清区水深

澄清区要保持一定的水深，以维持水流的稳定。按沉淀时间的水深计算为：

$$H = \frac{Q_{max}t}{A} = qt \tag{5-4-3}$$

式中　H——沉淀部分有效水深，m，一般为 2.5～4.0；

$\quad\quad Q_{max}$——最大时污水流量，m^3/h；

$\quad\quad t$——水力停留时间，h；

$\quad\quad A$——沉淀池表面面积，m^2；

$\quad\quad q$——表面水力负荷，$m^3/(m^2 \cdot h)$。

d. 污泥区容积

二次沉淀池污泥区应保持一定的容积，使污泥在污泥区中保持一定的浓缩时间，以提高回流污泥浓度，减少回流量。但是污泥区容积也不能过大，以免污泥在污泥区停留时间过大而缺氧腐化。对于分建式沉淀池，一般规定污泥区的储泥时间为 2h。对于合建式沉淀池，一般无需计算污泥区的容积。污泥区容积为：

$$V = \frac{4(1+R)QR}{1+2R} \tag{5-4-4}$$

式中　V——污泥区容积，m^3；

$\quad\quad R$——回流比；

$\quad\quad Q$——生物反应池设计流量，m^3/h。

2) 固体通量法

固体通量理论是确定二次沉淀池浓缩容量的理论基础，因此二沉池在原则上也可以用固体通量法计算。对于二沉池来说，固体通量法设计需要有混合液（MLSS）的沉淀试验资料，这对于大多数工程来说都是比较困难的，因此设计时常采用经验数据。

沉淀池表面面积计算为：

$$A = \frac{24(1+R)Q_{max}X}{G_L} \tag{5-4-5}$$

式中　A——沉淀池表面面积，m^2；

$\quad\quad Q_{max}$——最大时污水流量，m^3/h；

$\quad\quad X$——生物反应池中污泥浓度，kg/m^3；

$\quad\quad G_L$——极限固体通量，$kg/(m^2 \cdot d)$，设计取值小于等于 150。

其他设计参数计算同表面水力负荷法。

由式（5-4-5）整理得：

$$G_L = \frac{24(1+R)Q_{max}X}{A} \quad\quad (5\text{-}4\text{-}6)$$

式中　G_L——固体负荷，$kg/(m^2 \cdot d)$；

　　　Q_{max}——最大时污水流量，m^3/h；

　　　X——生物反应池中污泥浓度，kg/m^3；

　　　A——沉淀池表面面积，m^2。

在采用表面水力负荷法的设计中，常用式（5-4-6）计算固体负荷并校核是否满足小于等于 $150kg/(m^2 \cdot d)$ 的要求，如不符合要求则需对表面水力负荷进行调整重新计算。

2. 设计计算

（1）平流式二次沉淀池设计

平流式沉淀池由流入装置、流出装置、沉淀区、缓冲层、污泥区和排泥装置等组成。实际沉淀池存在着水流在池宽和深度方向不均匀和紊流，流态与理想沉淀池大不相同。因此，不能完全按沉淀理论进行设计，还需以沉淀试验为依据并参考同类沉淀池的运行资料进行设计。平流式沉淀池每格长度和宽度之比不宜小于 4，长度与有效水深之比不宜小于 8，池长不宜大于 60m。

1）沉淀区尺寸计算

沉淀区尺寸的计算方法有 2 种。

第一种方法——按沉淀时间和水平流速或表面负荷计算，当无污水悬浮物沉淀试验资料时，可用本法计算。

沉淀区有效水深为：

$$h_2 = qt \quad\quad (5\text{-}4\text{-}7)$$

式中　h_2——有效水深，m；

　　　q——表面水力负荷，$m^3/(m^2 \cdot h)$，即要求去除的颗粒沉速，如无试验资料，可参考表 5-4-1 选用；

　　　t——污水沉淀时间，h，可参考表 5-4-1 选用。

沉淀区有效水深 h_2，一般采用 $2.0 \sim 4.0m$，超高不应小于 0.3m。

沉淀区有效体积为：

$$V_1 = Ah_2 \quad\quad (5\text{-}4\text{-}8)$$

或

$$V_1 = Q_{max}t \quad\quad (5\text{-}4\text{-}9)$$

式中　V_1——有效体积，m^3；

　　　A——沉淀区水面积，m^2，$A = Q_{max}/q$；

　　　h_2——有效水深，m；

　　　Q_{max}——最大设计流量，m^3/h。

沉淀区长度为：

$$L = 3.6vt \quad\quad (5\text{-}4\text{-}10)$$

式中　L——沉淀区长度，m；

　　　v——最大设计流量时的水平流速，mm/s，一般不大于 5；

　　　t——污水沉淀时间，h。

沉淀区总宽度为：

$$B = \frac{A}{L} \quad\quad (5\text{-}4\text{-}11)$$

式中 B——沉淀区总宽度，m；

A——沉淀区水面积，m²；

L——沉淀区长度，m。

沉淀池座数或分格数为：

$$n = \frac{B}{b} \tag{5-4-12}$$

式中 n——沉淀池座数或分格数；

B——沉淀区总宽度，m；

b——每座或每格宽度，m，与刮泥机有关，一般采用 $5 \sim 10$m。

为了使水流均匀分布，沉淀区长度一般采用 $30 \sim 50$m，长宽比不小于 4，长深比不小于 8，沉淀池的总长度等于沉淀区长度加前后挡板至池壁的距离。

第二种方法——按表面水力负荷计算，当已有沉淀试验数据时采用。

沉淀区水面积为：

$$A = \frac{Q_{max}}{q} \tag{5-4-13}$$

式中 A——沉淀区水面积，m²；

Q_{max}——最大设计流量，m³/h；

q——表面水力负荷，m³/（m²·h），通过试验取得或参考表 5-4-1 选用，$q = u_0$，u_0 为要求去除的颗粒的最小沉速，m/h。

沉淀池有效水深为：

$$h_2 = \frac{Q_{max} t}{A} = u_0 t \tag{5-4-14}$$

式中 h_2——有效水深，m；

Q_{max}——最大设计流量，m³/h；

t——污水沉淀时间，h

A——沉淀区水面积，m²；

u_0——要求去除的颗粒的最小沉速，m/h。

2）污泥区计算

按每日污泥量和排泥时间间隔设计。

每日产生的污泥量为：

$$W = \frac{SNt}{1000} \tag{5-4-15}$$

式中 W——每日污泥量，m³/d；

S——每人每日产生的污泥量，（g/（人·d）），活性污泥法后生活污水的污泥量取 $10 \sim 21$；

N——设计人口数；

t——两次排泥的时间间隔，d，按 2h 考虑。

如已知污水悬浮物浓度与去除率，污泥量计算为：

$$W = \frac{Q_{max} \cdot 24(C_0 - C_1)100}{\gamma(100 - p_0)} \cdot t \tag{5-4-16}$$

式中 W——每日污泥量，m³/d；

Q_{max}——最大设计流量，m³/h；

C_0，C_1——进水与沉淀出水的悬浮物浓度，kg/m³；

γ——污泥容重，kg/m³，因污泥的主要成分是有机物，含水率在 99% 以上，故 γ 可取为

$1000kg/m^3$；

p_0——污泥含水率%，取 99.2%～99.6%；

t——两次排泥的时间之隔，d，按 2h 考虑。

3）沉淀池的总高度

$$H = h_1 + h_2 + h_3 + h_4 \tag{5-4-17}$$

式中　H——总高度，m；

h_1——超高，m，采用 0.3m；

h_2——沉淀区高度，m；

h_3——缓冲区高度，m，当无刮泥机时，取 0.5m，有刮泥机时，缓冲层的上缘应高出刮板 0.3m，一般采用机械刮泥，排泥机械的行进速度为 0.3～1.2m/min；

h_4——污泥区高度，m，根据污泥量、池底坡度、污泥斗高度及是否采用刮泥机决定。一般规定池底纵坡不小于 0.01，机械刮泥时，纵坡为 0；污泥斗排泥时倾角 α：方斗宜为 60℃，圆半宜为 55℃。

4）沉淀池数量

沉淀池数量不少于两座，并应考虑一座发生故障时，其他几座能负担全部流量的可能性。

5）沉淀池出水堰最大负荷

二次沉淀池出水堰最大负荷不宜大于 1.7L/(s·m)。

6）撇渣设施

沉淀池应设置撇渣设施。

（2）中心进水周边出水辐流式二次沉淀池设计

中心进水周边出水辐流式沉淀池进水管设在池中心，出水槽设在水池四周，通常呈圆形或正方形，直径（或边长）与有效水深之比宜为 6～12，水池直径不宜大于 60m。一般采用机械排泥，排泥机械旋转速度宜为 1～3r/h，刮泥板的外缘线速度不宜大于 3m/min。当水池直径（或边长）较小时也可采用多斗排泥。非机械排泥时缓冲层高度宜为 0.5m，机械排泥时应根据刮泥板高度确定，且缓冲层上缘宜高出刮泥板 0.3m。坡向泥斗的底坡不宜小于 0.05。

中心进水周边出水辐流式沉淀池因中心导流筒内的流速较大（可达到 100mm/s），作为二沉池时污泥在中心导流筒内难以絮凝，且水流向下流动的动能较大，易冲击池底沉泥。故设计时常根据具体条件采取一定的改进措施，以改善混合液的分离效果。

1）每座沉淀池表面积

$$A_1 = \frac{Q_{max}}{nq_0} \tag{5-4-18}$$

式中　A_1——每池表面积，m^2；

Q_{max}——最大设计流量，m^3/h；

n——池数；

q_0——表面水力负荷，$m^3/(m^2 \cdot h)$。

2）每座沉淀池池径

$$D = \sqrt{\frac{4A_1}{\pi}} \tag{5-4-19}$$

式中　D——每池直径，m；

A_1——每池表面积，m^2。

3) 沉淀池有效水深

$$h_2 = q_0 t \qquad (5\text{-}4\text{-}20)$$

式中　h_2——有效水深，m；

　　　t——沉淀时间，h。

池径与水深比宜用 6～12。

4) 沉淀池总高度

$$H = h_1 + h_2 + h_3 + h_4 + h_5 \qquad (5\text{-}4\text{-}21)$$

式中　H——总高度，m；

　　　h_1——保护高度，m，采用 0.3；

　　　h_2——有效水深，m；

　　　h_3——缓冲层高度，m，非机械排泥时为 0.5m，机械排泥时，缓冲层的上缘宜高出刮板 0.3m；

　　　h_4——污泥池底坡落差，m；

　　　h_5——污泥斗高度，m。

(3) 周边进水周边出水辐流式二次沉淀池设计

周边进水周边出水辐流式沉淀池流入区设在池周边，出水槽设在沉淀池中心部位的 $\frac{1}{4}R$、$\frac{1}{3}R$、$\frac{1}{2}R$ 或设在沉淀池的周边，又称为周边进水中心出水辐流式沉淀池或周边进水周边出水辐流式沉淀池。周边进水周边出水辐流式沉淀池可分为 5 个功能区，即流入槽、导流絮凝区、沉淀区、出水槽和污泥区。流入槽沿周边设置，槽底均匀开设布水孔和短管，供布水用。导流絮凝区使进水导向沉淀区，还可促使污泥絮凝，加速沉淀区沉淀。沉淀区的功能主要是沉淀作用，出水槽收集澄清出水集中排放。

1) 流入槽

采用环形平底槽，等距设布水孔，孔径一般采用 50～100mm，并加 50～100mm 长度的短管，管内流速 0.3～0.8m/s。

$$v_\mathrm{n} = \sqrt{2tv}\, G_\mathrm{m} \qquad (5\text{-}4\text{-}22)$$

$$G_\mathrm{m} = \left(\frac{v_1^2 - v_2^2}{2tv} \right)^2 \qquad (5\text{-}4\text{-}23)$$

式中　v_n——布水孔平均流速，m/s，取 0.3～0.8m/s；

　　　t——导流絮凝区平均停留时间，s，池周有效水深为 2～4m 时，t 取 360～720s；

　　　v——污水的运动黏度，$\mathrm{m^2/s}$，与水温有关；

　　　G_m——导流絮凝区的平均流速梯度，$\mathrm{s^{-1}}$，一般可取 10～30$\mathrm{s^{-1}}$；

　　　v_1——布水孔水流收缩断面的流速，m/s，$v_1 = \dfrac{v_\mathrm{n}}{\varepsilon}$，$\varepsilon$ 为收缩系数，因设有短管，所以取 $\varepsilon = 1$；

　　　v_2——导流絮凝区平均向下流速，m/s，$v_2 = \dfrac{Q_1}{f}$，Q_1 为每池的最大设计流量，$\mathrm{m^3/s}$，f 为导流絮凝区环形面积，$\mathrm{m^2}$。

为了施工安装方便，导流絮凝区的宽度 $B \geqslant 0.4\mathrm{m}$，与配水槽等宽，采用式（5-4-23）验算 G_m 值。若 G_m 值在 10～30$\mathrm{s^{-1}}$ 之间为合格，否则需调整 B 值重新计算。

2) 沉淀区

周边进水周边出水辐流式沉淀池的表面负荷可高于中心进水周边出水辐流式沉淀池。

3）出水槽

可用锯齿堰出水，使每齿的出水流速均较大，不易在齿角处积泥或滋生藻类。

其他设计同中心进水周边出水辐流式沉淀池。

（4）竖流式沉淀池设计

竖流式沉淀池可用圆形或正方形。为了池内水流分布均匀，池径不宜过大，水池直径（或边长）与有效水深之比不宜大于 3，中心管内流速不宜大于 30mm/s，中心管下口应设有喇叭口和反射板，板底面距泥面不宜小于 0.3m。

1）中心管面积

$$f_1 = \frac{q_{max}}{v_0} \tag{5-4-24}$$

式中　f_1——中心管面积，m^2；

　　　q_{max}——每一座池的最大设计流量，m^3/s；

　　　v_0——中心管内的流速，m/s。

2）中心管直径

$$d_0 = \sqrt{\frac{4f_1}{\pi}} \tag{5-4-25}$$

　　　d_0——中心管直径，m；

　　　f_1——中心管面积，m^2。

3）沉淀池的有效沉淀高度（即中心管的高度）

$$h_2 = 3600vt \tag{5-4-26}$$

式中　h_2——有效沉淀高度，m；

　　　v——污水的沉淀区的上升流速，mm/s，如有沉淀试验资料，v 等于拟去除的最小颗粒的沉速 u，若无则 v 用 $0.5\sim1.0mm/s$，即 $0.0005\sim0.001m/s$；

　　　t——沉淀时间，h，一般取 $1.5\sim4.0$。

4）中心管喇叭口到反射板之间的间隙高度

$$h_3 = \frac{q_{max}}{v_1 \pi d_1} \tag{5-4-27}$$

式中　h_3——间隙高度，m；

　　　v_1——间隙流出速度，mm/s，一般不大于 40；

　　　d_1——喇叭口直径，m。

5）沉淀池总面积和池径

$$f_2 = \frac{q_{max}}{v} \tag{5-4-28}$$

式中　f_2——沉淀区面积，m^2；

　　　q_{max}——每一个池的最大设计流量，m^3/s；

　　　v——污水在沉淀区的上升流速，mm/s。

$$A = f_1 + f_2 \tag{5-4-29}$$

式中　A——沉淀池面积（含中心管面积），m^2；

f_1——中心管截面积，m^2；

f_2——沉淀区面积，m^2。

$$D = \sqrt{\frac{4A}{\pi}} \qquad (5\text{-}4\text{-}30)$$

式中　D——沉淀池直径，m；

A——沉淀池面积（含中心管面积），m^2。

6）缓冲层高度

缓冲层高度 h_4 一般取 0.3m。

7）污泥斗和污泥斗高度

污泥斗的高度与污泥量有关，污泥量可根据式（5-4-15）、式（5-4-16）计算。污泥斗的高度 h_5 用截头圆锥公式计算。

8）沉淀池总高度

$$H = h_1 + h_2 + h_3 + h_4 + h_5 \qquad (5\text{-}4\text{-}31)$$

式中　H——池总高度，m；

h_1——超高，采用 0.3m；

h_2——有效沉淀高度，m；

h_3——间隙高度，m；

h_4——缓冲层高度，m；

h_5——污泥斗高度，m。

3. 工程实例

（1）平流式二次沉淀池设计

1）已知条件

日平均设计流量 Q_d：$20 \times 10^4 m^3/d$

变化系数 K：1.3

最大时流量 Q_{max}：$10833 m^3/h$

2）设计参数

选用平流式沉淀池，设置链板式刮泥机，采用堰门控制污泥排出量和控制污泥浓度，并设置浮渣撇除装置。主要设计参数如下：

沉淀池数量：2 座

每座设计流量：$5416.5 m^3/h$

设计表面水力负荷：$0.87 m^3/(m^2 \cdot h)$

停留时间：3.0h

3）设计计算

沉淀池表面积：

$$A = 5416.5/0.87 = 6226 m^2$$

沉淀池体积：

$$V = 6226 \times 3.0 = 18678 m^3$$

每廊道宽 6.5m，廊道总长 $L = 18678/6.5/3.0 = 958m$，分成 12 个廊道，每廊道长 79.8m，取 80m。

校核沉淀时间为 $80 \times 6.5 \times 12 \times 3/5416.5 = 3.46h$

校核表面水力负荷为 $5416.5/(80×6.5×12)=0.87m^3/(m^2·h)$

固体负荷验算:

生物反应池 $MLSS=3.2g/L$,**回流比** $R=100\%$,**则**

$G=24(1+100\%)×5416.5×3.2/(80×6.5×12)=133kg/(m^2·d)<150kg/(m^2·d)$,**符合要求。**

出水堰负荷:

堰长 $L=1114m$

出水堰负荷为 $Q_{max}/L=1000×5416.5/60/60/1114=1.35L/(s·m)<1.70L/(s·m)$,**符合要求。**

平流式沉淀池设计如图5-4-13、图5-4-14、图5-4-15所示;出水堰和出水槽详图如图5-4-16、图5-4-17和图5-4-18所示。

(2)中心进水周边出水辐流式沉淀池设计

1)已知条件

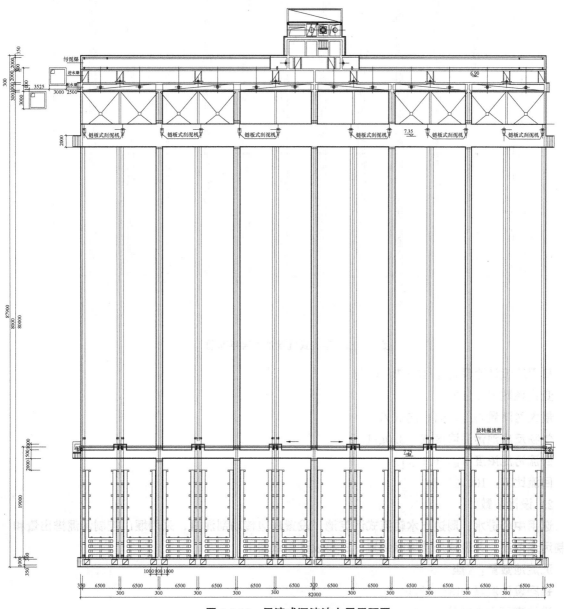

图5-4-13 平流式沉淀池上层平面图

355

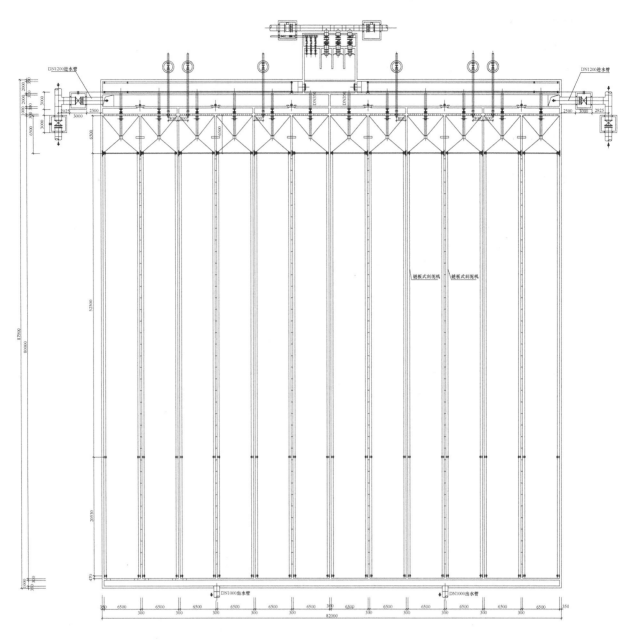

图 5-4-14　平流式沉淀池下层平面图

日平均设计流量 Q_d：$10 \times 10^4 \mathrm{m}^3/\mathrm{d}$

变化系数 K：1.3

最大时流量 Q_{max}：5417.5 m^3/h

生物反应池污泥浓度 X：3.0g/L

回流污泥浓度 X_R：6.0g/L

回流比 R：100%

2）设计参数

选用中心进水、周边出水辐流式沉淀池，设置周边传动刮泥机，采用堰门控制污泥排出量和控制污泥浓度，并设置浮渣撇除装置。主要设计参数如下：

沉淀池数量：4座

每座设计流量：1354 m^3/h

设计表面水力负荷：0.85 $\mathrm{m}^3/(\mathrm{m}^2 \cdot \mathrm{h})$

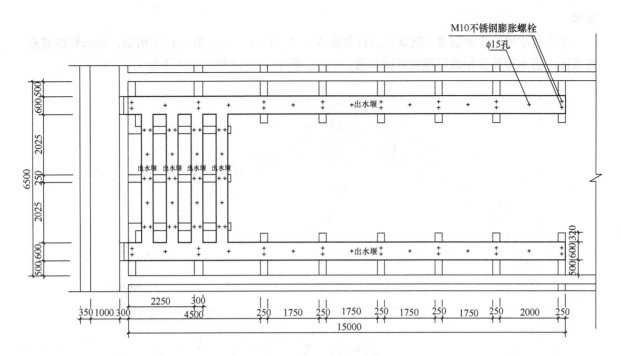

图 5-4-16　出水堰布置详图

停留时间：4.7h

3)设计计算

沉淀池表面积：

$$A = 1354/0.85 = 1593\text{m}^2$$

沉淀池直径：

$$D = \sqrt{\frac{4 \times 1593}{\pi}} = 45\text{m}$$

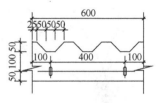

图 5-4-17　梯形堰详图

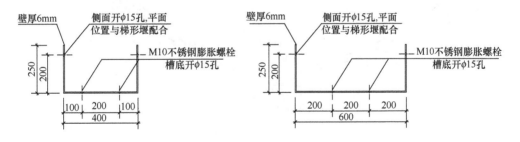

图 5-4-18　出水槽详图

池边水深：

$$H = \frac{1354 \times 4.7}{1593} = 3.99\text{m，取 } 4\text{m}$$

固体负荷验算：

生物反应池 MLSS=3.0g/L，回流比 R=100%，则

$G = 24(1+100\%) \times 1354 \times 3.0/1593 = 127\text{kg/(m}^2 \cdot \text{d)} < 150\text{kg/(m}^2 \cdot \text{d)}$，**符合要求**。

出水堰负荷：

出水槽中心距池壁距离 0.9m，则出水槽半径为 21.6m，出水槽周长(双槽)为 271.30m，出水堰负荷为 $Q_{\text{max}}/L = 1000 \times 1354/60/60/271.30 = 1.391/(\text{s} \cdot \text{m}) < 1.701/(\text{s} \cdot \text{m})$，**符合**

357

要求。

中心进水周边出水辐流式沉淀池设计如图 5-4-19、图 5-4-20、图 5-4-21 所示；出水和排渣系统简图、出水槽详图和齿形堰板详图如图 5-4-22、图 5-4-23 和图 5-4-24 所示。

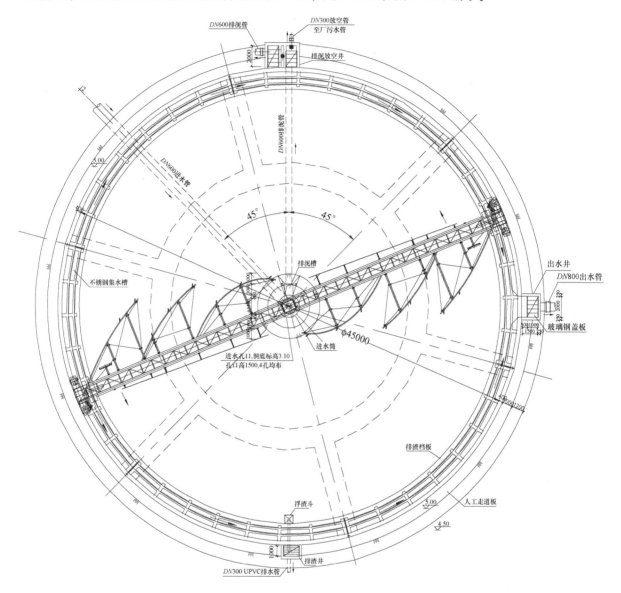

图 5-4-19　中心进水、周边出水辐流式沉淀池平面图

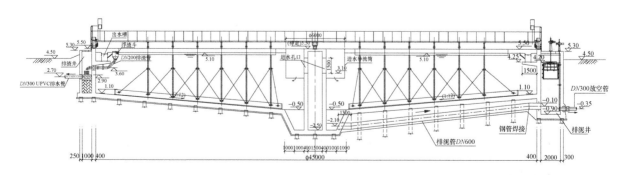

图 5-4-20　剖面图

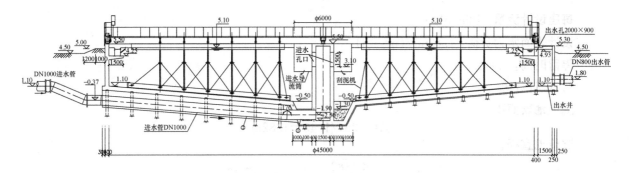

图 5-4-21　剖面图

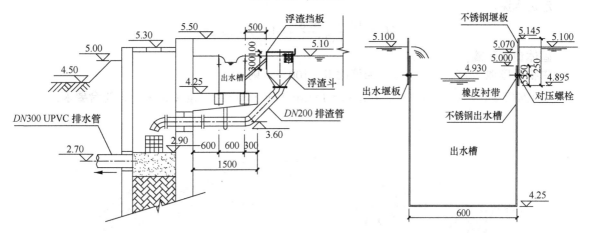

图 5-4-22　出水和排渣系统简图　　　　　　图 5-4-23　出水槽详图

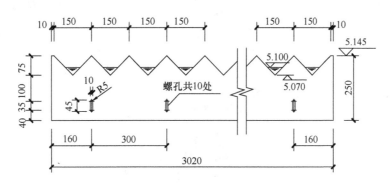

图 5-4-24　齿形堰板详图

（3）周边进水周边出水辐流式沉淀池设计

1）已知条件

日平均设计流量 Q_d：$20 \times 10^4 \text{m}^3/\text{d}$

变化系数 K：1.3

最大时流量 Q_{max}：$10833 \text{m}^3/\text{h}$

生物反应池污泥浓度 X：3.0g/L

回流污泥浓度 X_R：6.0g/L

回流比 R：100%

2）设计参数

选用周边进水、周边出水辐流式沉淀池，设置中心传动刮泥机，采用堰门控制污泥排出量和控制污泥浓度，并设置浮渣撇除装置。主要设计参数如下：

沉淀池数量：8 座

每座设计流量：1354m³/h

设计表面水力负荷：1.43m³/(m²·h)

停留时间：4.80h

3) 设计计算

沉淀池表面积：

$$A=1354/1.43=1382m^2$$

沉淀池直径：

$$D=\sqrt{\frac{4\times1382}{\pi}}=41.96m，取42m$$

池边水深：

$$H=\frac{1354\times4.8}{1382}=4.70m，取5m$$

固体负荷验算：

生物反应池 MLSS=3.0g/L，回流比 R=100%，则

$G=24(1+100\%)\times1354\times3.0/1385=141kg/(m^2·d)<150kg/(m^2·d)$，符合要求。

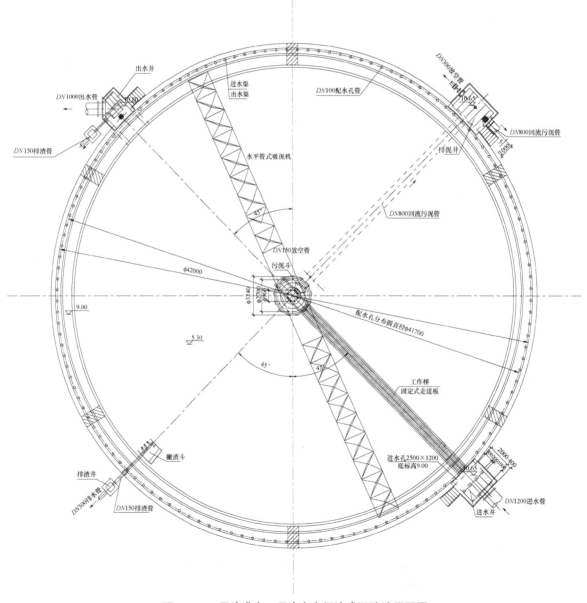

图 5-4-25　周边进水、周边出水辐流式沉淀池平面图

　　周边进水周边出水辐流式沉淀池设计如图 5-4-25 和图 5-4-26 所示；进出水和排渣系统简图如图 5-4-27 所示；出水槽和出水堰详图如图 5-4-28、图 5-4-29 所示。

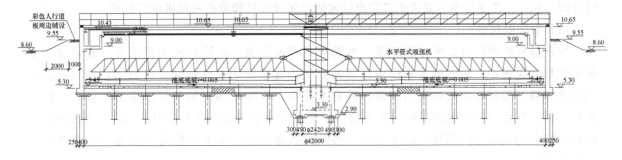

图 5-4-26　剖面图

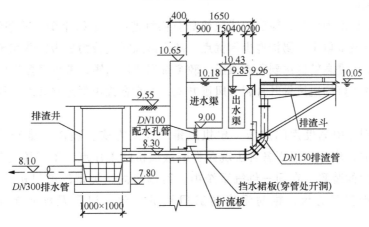

图 5-4-27　进出水和排渣系统简图

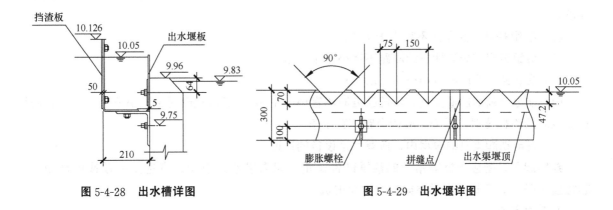

图 5-4-28　出水槽详图　　　　　　　图 5-4-29　出水堰详图

5.4.8　鼓风机房设计

　　活性污泥法生物反应池中好氧区的供氧宜采用鼓风曝气或表面曝气等方法。当采用鼓风曝气时，宜设置单独的鼓风机房。鼓风机房可设置值班室、控制室、配电室和工具室，必要时还可以设置鼓风机冷却系统和隔声的维修场所。

1. 风机选型

　　目前，国内的二级生物处理污水厂大多数采用鼓风曝气工艺，而鼓风机是此工艺中最为关键的设备，鼓风机的能耗有时占污水厂总能耗的 60% 左右，因此污水处理厂选用何种形式的风机是一个非常重要的问题。风机选择正确与否与投资大小和运行管理费用密切相关，涉及投资、长期效益等问题。

风机的种类主要有罗茨鼓风机、多级离心鼓风机和单级离心鼓风机，近年又出现了磁悬浮和气悬浮鼓风机。下面针对目前污水厂应用较多的罗茨鼓风机和离心鼓风机进行说明。

(1) 罗茨鼓风机

罗茨鼓风机是容积式气体压缩机，其特点是强制流量，在设计压力范围内，管网阻力变化时流量变化很小；在流量要求稳定而阻力变化幅度较大的工作场合，可自动调节，故工作适应性较强。与离心风机相比价格低，而它的噪声大，存在润滑油向气缸渗漏的缺点，同时其风量调节只能采用变频调速和出风管放气，变频调速设备本身的价格比鼓风机价格还要高，出风管放气则造成能量浪费，因此适用于曝气沉砂池的供气和中小型污水处理厂的生物反应池鼓风机房。

(2) 离心鼓风机

离心鼓风机是速度型风机，较容积式风机具有供气连续、运行平衡、效率较高、结构简单、噪声低、外形尺寸及重量小、易损件少等优点。离心鼓风机又分为多级低速和单级高速 2 种，单级高速离心鼓风机以提高转速达到所需风压，较多级风机流道短，减少了多级间的流道损失，特别是可采用节能效果好的进风导叶片调节风量方式，适宜在大中型污水处理厂的生物反应池鼓风机房采用。

鼓风机的选型应根据使用的风压、单机风量、控制方式、噪声和维修管理等条件确定。选用离心鼓风机时，应详细核算各种工况条件时鼓风机的工作点，不得接近鼓风机的喘振区，并宜设有调节风量的装置。在同一供气系统中，可选用同一类型的鼓风机。应根据当地海拔高度，最高、最低空气温度，相对湿度对鼓风机的风量、风压及配置的电动机功率进行校核。

2. 风机布置

风机机组的布置和通道宽度，应满足机电设备安装、运行和操作的要求，一般应符合下列要求：

(1) 机组基础间的净距不宜小于 1.0m；

(2) 机组突出部分与墙壁的净距不宜小于 1.2m；

(3) 主要通道宽度不宜小于 1.5m；

(4) 配电箱前面通道宽度，低压配电时不宜小于 1.5m，高压配电时不宜小于 2.0m，当采用在配电箱后面检修时，后面距墙的净距不宜小于 1.0m；

(5) 有电动起重机的泵房内，应有吊运设备的通道。

泵房起重设备应根据需吊运的最重部件确定。起重量不大于 3t，宜选用手动或电动葫芦；起重量大于 3t，宜选用电动单梁或双梁起重机。

3. 空气过滤

为节省能耗、提高氧的利用率，污水处理厂生物反应池大多采用微孔曝气器，这种曝气器的微孔布气孔径为 $160\mu m$ 左右，所以进气必须经过过滤，以免堵塞微孔，一般要求通过的灰尘粒径小于 $2\mu m$。

污水处理厂空气过滤设备的主要形式有静电除尘器和过滤式除尘器。

(1) 静电除尘器

静电除尘器是一种利用电场产生的静电力使尘粒从气流中分离的装置。静电除尘器内设置高压电场，在电场作用下，空气中的自由离子向两极移动，当电压升高到一定数值后，会出现空气电离，尘粒向集尘极移动并沉积下来。静电除尘器对粒径 $1\sim2\mu m$ 的尘粒除尘效率可达 $98\%\sim99\%$，与其他高效过滤器相比，静电除尘器的阻力比较低，但其结构复杂，设备庞大，一次性投资较大。

（2）过滤式除尘器

过滤式除尘器是一种通过纤维或织物滤料使尘、气分离的装置。灰尘在过滤器中的分离是依靠筛滤、惯性碰撞、接触阻留、扩散、静电等机理的综合作用，它具有除尘效率高、结构简单、投资省、运行稳定可靠等优点。

按空气过滤的效率，过滤式除尘器可分为以下 3 种：

初效过滤器：对于 $>5\mu m$ 灰尘，除尘效率 $70\%\sim96\%$；

中效过滤器：对于 $>1\mu m$ 灰尘，除尘效率 $90\%\sim96\%$；

高效过滤器：对于 $>1\mu m$ 灰尘，除尘效率 99%。

在静电除尘器或袋式过滤器等高效过滤器前应设置低阻力的初效过滤器以去除粗大尘粒，有利于更好地发挥高效过滤器的作用。

4. 噪声控制

鼓风机是污水处理厂产生噪声污染的主要来源之一，它影响着操作工人和附近居民的身体健康和正常生活，因此必须采取一定的措施对噪声进行控制。噪声的辐射主要通过风机本体、进、出风管和连接风道。国外有的鼓风机房为减小噪声将鼓风机设在地下，而地上式鼓风机房室内设有吸音板，门、窗采用双层隔声玻璃且全部是密封的，造价可观。结合我国实际情况，针对风机组产生的各种噪声源，通常采取的措施有隔声、消声、吸声和隔振。

（1）隔声

把鼓风机用隔声罩封闭起来，是降低噪声的有效措施。隔声罩 A 声级隔声量可达 $15\sim25dB$（A）。为避免罩壁因受强噪声源激发而共振，内壁面与风机间应留有较大空间，通常应留风机所占空间的 $1/3$ 以上，且不得小于 $10cm$。为了满足维修保养和生产工艺要求，隔声罩不能过分沉重，以便移动起吊。

另外常用的隔声方法是在鼓风机房设置隔声门窗，使机房内的噪声传播强度相应减弱。

（2）消声

鼓风机房消声常用的装置是消声器和消声百叶。消声器是一种既能允许气流通过，又能有效衰减噪声的装置。它主要用于控制和降低各类空气动力设备进、出气口辐射或沿管道传递的噪声。在工程设计中，在风机的进、出口端尽可能靠近风机的管段上设置消声器，以使噪声能在靠近声源处降低，防止通风噪声激发管道振动辐射噪声的干扰。消声器按原理可分为阻性、抗性、复合式和变频消声器。阻性消声器具有良好的中高频消声性能，而抗性消声器具有良好的低频或低中频消声性能。消声百叶包括消声百叶进风口和消声百叶窗，其消声量可达 $5\sim10dB$（A）。

（3）吸声

机房隔声的结果虽然防止了噪声外传，但由于室内墙面平均吸声系数很低，反而加剧了声波在室内的反射混响。在条件允许的情况下，可以在室内壁和天棚衬贴多孔性吸声材料，减弱机组产生的噪声。

（4）隔振

振动是噪声的主要起源，风机组的振动会产生低频噪声，故减轻机器振动是控制噪声的治本办法。为此，风机的外壳材料宜选用铸铁，以增加设备自重和外壳厚度，减小自振。在风机进、出口处设置柔性波纹管减振接头，降低风机振动传递到风道上产生的辐射噪声，对于小型鼓风机可在机组的基础下加设减振器。

通过综合控制会使整个鼓风系统噪声减弱，达到规范的要求。

5. 风机冷却

为改善鼓风机房运行管理环境，在选择鼓风机时需考虑鼓风机的冷却形式。目前常采用的冷却方式有水冷和风冷。这2种方式各有其优缺点，在工程设计中需根据当地的气候条件、设备装机功率和工程实际要求等情况综合考虑。

水冷方式的鼓风机配有冷却水系统，为了保证系统稳定运行，冷却水温度一般不超过25℃。该冷却方式运行环境良好，不产生噪声污染，受室内外温度影响较小。冷却水通过冷却塔循环利用，但仍需要补充水，消耗的冷却水量较多，不但增加了运行成本，还浪费了宝贵的水资源，在工程设计时需考虑当地的实际情况选用。

风冷方式通过在风机房增加排风设施将鼓风机产生的热量直接排至室外，可以有效改善鼓风机房的环境。很多鼓风机房的通风设计参照脱水机房和提升泵站的通风要求进行，一般每小时换气次数为6~8次。由于鼓风机房产生大量的热量，仅仅按照这样的选型方式不是很妥当，需要根据计算通风量的大小选择通风机的型号。鼓风机房产生的热量主要是鼓风机产生的，一般鼓风机在正常运转情况下轴功率是电机功率的90%左右，因此有近10%的电能转换为热能，这是室内温度升高的主要原因。当置换通风系统运行达到稳定状态时，室内热量增加值是确定的，室外空气温度低于室内空气的温度T由每单位体积的空气热量差确定，因此置换通风系统所需要的新风量为：

$$V = \frac{Q}{\Delta Q} \tag{5-4-32}$$

式中　V——每单位时间置换通风量，m^3/h；

　　　Q——每单位时间鼓风机运转产生的热量，J/h；

　　　ΔQ——每单位体积的空气温差产生的热值，J/m^3。

Q 值可以根据选用风机的电机功率与轴功率的差值与运行时间进行计算。

单位时间排至室外的空气体积（温度 T_1）等于补充进室内的空气体积（温度 T_2），在进行值计算时，可以将单位体积的空气热值变化近似等同于理想气体状态下的值变化，则：

$$\Delta Q = nC_{V,m}(T_2 - T_1) \tag{5-4-33}$$

式中　ΔQ——每单位体积的空气温差产生的热值，J/m^3；

　　　n——气体摩尔数；

　　$C_{V,m}$——单位体积空气摩尔热容，$J/(mol \cdot ℃)$；

　　　T_2——室内空气温度，℃；

　　　T_1——室外空气温度，℃。

根据计算得出的每小时置换气体的体积数进行通风机的选型。

6. 鼓风机房设计

（1）罗茨鼓风机房设计

1）设计规模

某城镇污水处理厂分二期实施，近期设计规模为 $1.5 \times 10^4 m^3/d$，远期设计规模为 $3 \times 10^4 m^3/d$。

2）进水水质

COD：350mg/L

BOD_5：180mg/L

SS：250mg/L

TN：50mg/l

NH_3-N：25mg/L

TP：2.5mg/L

3）出水水质

　　COD≤120mg/L

　　BOD$_5$≤30mg/L

　　　SS≤30mg/L

　　　TN≤25mg/L

NH$_3$-N≤15mg/L

　　　TP≤1.0mg/L

4）供氧量

生物反应池计算标准状况供氧量为 89.3m^3/min（按 1.5×10^{4}m^3/d 规模计）。

5）鼓风机选型

鼓风机房为生物反应池提供氧气，为保证生物处理系统正常运行，在鼓风机进口设置过滤网，去除空气中的杂质，防止反应池内的曝气管堵塞。

选用罗茨鼓风机 3 台，2 用 1 备，远期再安装 3 台，共 6 台，4 用 2 备，每台风机性能参数为：Q=46m^3/min，H=7.0mH$_2$O，N=75kW。

鼓风机设置隔声罩，进口设进气消声器（含过滤器），出口设出风消声器，旁通管设 ϕ260mm 的回风消声器，降低室内外噪声，改善操作工人的工作条件，减小对周边环境的影响。

鼓风机房内另设电动单梁悬挂式起重机 1 台，起重量 3T，起升高度 9m，方便鼓风机的安装和维修。

6）鼓风机房设计

鼓风机房土建按远期规模（3×10^{4}m^3/d）一次建成，设备分期安装，近期安装 3 台，2 用 1 备，远期再安装 3 台，4 用 2 备。鼓风机房平面尺寸为 26.10m×9.68m，层高为 6.5m。鼓风机房平面布置图如图 5-4-30 所示，剖面图如图 5-4-31 所示。

（2）离心鼓风机房设计

1）设计规模

某城镇污水处理厂设计规模为 5×10^{4}m^3/d。

2）进水水质

COD：450mg/L

BOD$_5$：200mg/L

SS：250mg/L

NH$_3$-N：30mg/L

TP：5mg/L

3）出水水质

　　COD≤100mg/L

　　BOD$_5$≤30mg/L

　　　SS≤30mg/L

NH$_3$-N≤10mg/L

　　　TP≤3.0mg/L

4）供氧量

生物反应池计算标准供氧量为 223.8m^3/min。

5）鼓风机选型

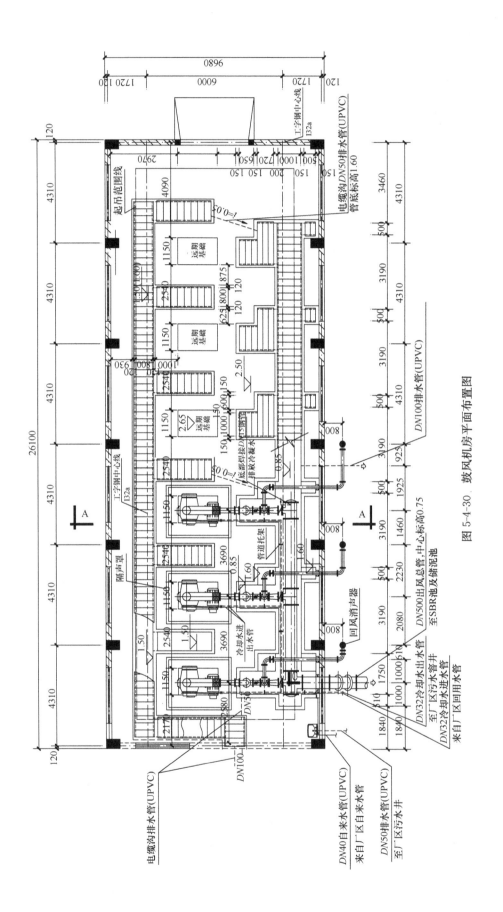

图 5-4-30. 鼓风机房平面布置图

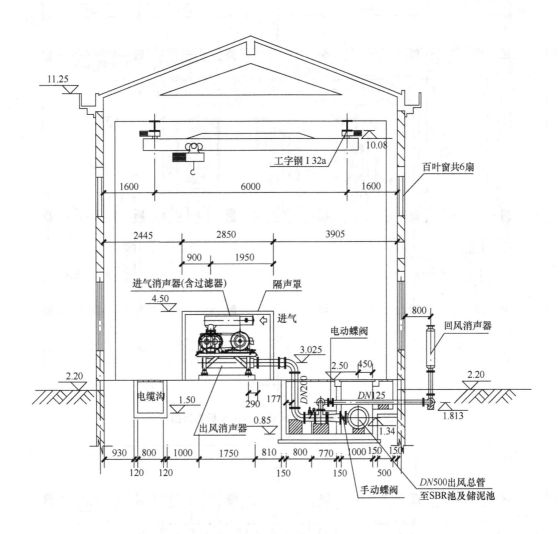

图 5-4-31 A-A 剖面图

鼓风机房为生物反应池提供氧气，保证生物处理系统正常运行。鼓风机采用 $Q=20000\mathrm{m}^3/\mathrm{h}$ 的自动卷绕式空气过滤器，去除空气中的杂质，防止反应池内的曝气管堵塞。

鼓风机采用可调叶片调节风量型，在溶解氧较高或处理量较小时可减少风量，降低风机能耗。

风机为单级离心风机，装有前导流叶和后风量调节叶片，可根据 PLC 指令自动调节开度控制流量达到节能目的。风量调节范围为 $45\%\sim100\%$，风机共 3 套，2 用 1 备，单机参数为 $Q=115\mathrm{m}^3/\mathrm{min}$，$H=7\mathrm{m}$，$N=140\mathrm{kW}$。

旁通管设 $DN100\mathrm{mm}$ 排放阀和消声器。

为方便鼓风机的安装和维修，在鼓风机房内安装 1 套电动单梁悬挂式起重机，$T=5\mathrm{t}$，$H=6\mathrm{m}$，$Lk=5\mathrm{m}$，$N=7.5+2\times0.8\mathrm{kW}$。

6）鼓风机房设计

鼓风机房与控制室、进风廊道合建。鼓风机房平面尺寸为 21.40m×11.8m，层高为 7.5m。鼓风机房平面布置图如图 5-4-32 和 5-4-33 所示，剖面图如图 5-4-34 所示。

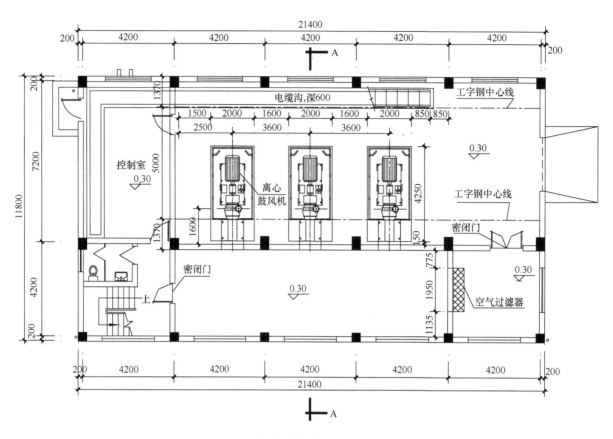

图 5-4-32　鼓风机房标高 0.30m 平面布置图

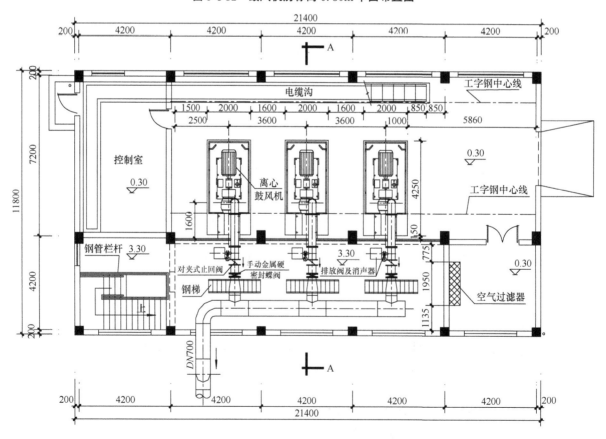

图 5-4-33　鼓风机房标高 3.30m 平面布置图

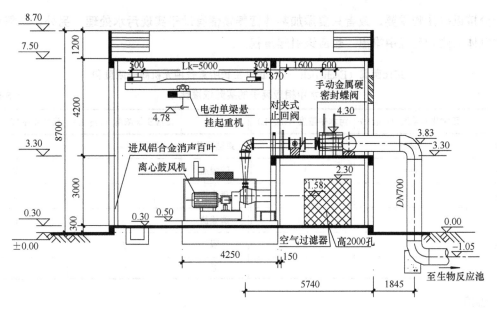

图 5-4-34　A-A 剖面图

5.5　活性污泥法尚待研究和开发的问题

5.5.1　从生物学角度看

如前所述，活性污泥法是把自然界净化污水的作用，用人工方法促进其生化过程，提高处理效率。人们把生物活动反应槽称为生物反应池，菌液分离装置称为沉淀池，接种微生物的办法是依赖回流污泥提升系统，再设置向生物反应池供氧设备，故活性污泥系统有生物反应、二次沉淀池、回流污泥泵和供氧设备组成。

经过改革，有些系统省掉回流污泥泵，在同一反应槽内完成上述过程，有些系统在反应槽内增添填料，增加接触面，增加生物量，尽管有各种改进，但其基本原理还是相同，所以有人认为，与 90 多年前相比，活性污泥法几乎没有什么变化，1916 年建设 6h 曝气，气水比为 6～10 倍左右的供气量关键参数，几乎仍沿用至今。随着社会的进步和工业发展，人口集中，土地高度开发，带来环境恶化，水污染问题突出，对活性污泥法提出了有待改进的问题。早在 20 世纪 80、90 年代，有专家从生物学角度提出了活性污泥法存在的一些明显问题，有待研究解决，这些问题颇有启发性。

1. 基质

从生物学角度看，微生物主要功能是固化和降解污水中有机成分。微生物通过对有机质的代谢氧化传递，代谢与合成新细胞所需能量，新细胞又继续氧化其他基质。一般城镇污水基质浓度大约为同一类微生物群的细菌培养配方浓度的 1‰，因此，除非不断添加养料，或将污水中养分浓缩到合适浓度，否则，微生物不能最佳生长，添加基质会增加消耗基质总量，出水 BOD 值会超过添加基质前的数值，但只要污水中有效浓度达到一定水平，微生物活性增加，去除系统中 BOD 总值会增加，出水 BOD 值会降低。

2. 无机营养的浓度

表 5-5-1 中列举了微生物所需各种无机营养浓度和污水中无机成分的分析报告，比较后发现，污水中每一种无机成分对微生物的最佳生长几乎都是不定的，属于此范围的包括镁、钠、钙、铁、磷和氮。在某些场合，对微生物有效的组成形态应当研究。某些污水中营养物质浓度据

369

分析十分接近微生物需要，或者只要添加某些营养物便有助于实现污水处理。另外，二氧化碳随同其他气体从生物反应中排出，也应该引起重视。

艾氏菌属（Escherichiacai）正常生长所需各种无机离子浓度和
污水中相应离子的实际浓度比较

表 5-5-1

	正常生长浓度（mg/L）	污水中浓度（mg/L）		正常生长浓度（mg/L）	污水中浓度（mg/L）
钠	2300	125	重碳酸盐	—	200
钾	3900	10	硫酸盐	—	50
铵	—	20	氯化物	—	50
钙	400	25	磷酸盐	300	5
镁	240	5	磷	7	—
铁（Fe^{3+}）	2	<1	锰	6	—

3. 温度

污水温度几乎大大低于大多数微生物最佳生长所需的温度，这无疑是污水处理中一个主要因素。由于从整体上提高污水温度费用昂贵，比较可行的办法将微生物和基质在热潜伏期浓缩到相对小的体积，或从另外一方面调整其他环境参数，以选择低温性生物群。

4. 氧

据调查，大多数污水好氧处理过程中所采用的曝气速率是有限的，氧的缺乏会抑制微生物对BOD的降低和氮磷的去除，通过科学试验和工程学文献比较，发现普通活性污泥法处理系统在供氧方面，可能缺少 1~2 个数量级。说明通过最初高速曝气充氧，接着采用生产上普通速率，缩短污水处理时间似乎可能的。

5. 表面积

生物反应池与生物滤池相比，所能提供的为微生物接触的表面积是很小的。有效的表面积对微生物生长和繁殖十分重要，在生物反应混合液中微生物可能由于缺少接触表面而受到压抑，在污水稀介质中有效表面对微生物生长影响占有特殊地位。从收集到污水处理厂 90 个工作年资料表明，只有增加表面积就能获得最大处理效率。生物反应池几何形状和曝气过程中应当尽可能改变以增大它们的表面积。

6. 可扩散的中间产物

微生物培养过程中的中间代谢产物，可用于缩短缓慢期。可扩散的中间产物或许是氨基酸或其他由氨基酸迅速形成的生物化学产物。当活性污泥经二次沉淀池浓缩后回流至生物反应池，大多数的中间产物残留在污水的澄清液中。因此，生物反应池中缓慢期，一直到微生物生成必要的中间产物时才为止。对这些中间产物进行鉴定和测量，可确定中间产物在生物反应池所需的水平和实用价值，同时，可以弄清活性污泥泥龄对中间产物形成的影响。

7. 渗透压

习惯于肠道的生物和进入污水的微生物，无疑是在新的低溶质环境中遭受渗透压冲击，微生物受到损害程度以及对污水处理的影响，在文献中尚未加以确定。虽然低渗透压或许会延长生物反应池中缓慢期以及有选择性地对大量微生物的品种发生不良影响，但增加渗透压抵消这种影响在经济上是否合理还值得怀疑。不过，通过在污水处理过程中控制其他环境参数，以间接地减少渗透压对微生物的冲击还是可能的。

8. 生物学周期

有报导污水处理效率的变化似乎与一日的时间有关，而与污水的质和量无关。因此，生物学家强烈地提出"生物钟"的作用，它们的机理，在不同程度上，几乎控制所有生物体代谢和活性。代谢速率明显地随着这些生物学周期而变化。究竟生物学周期是生物体内部存在的还是受到外界环境中某些条件的制约作用有待深入探索。不管如何，微生物固化与降解污水的能力和一日的时间有关，不同时间的变化很大。如果这个事实确对污水处理产生重要影响，则在污水系统的设计，生物反应池的容量以及污水厂的规划等方面都应充分考虑到要利用微生物最有效时期。活性污泥系统中一般以测定污泥浓度和污泥量作为控制参数之一，但应测定有生命机体特性而不是悬浮固体本身，这样可大大提高活性污泥控制水平。

综上各点，从生物学角度分析，污水处理系统中微生物工作效应测定结果，若用生物学数据外推法与之比较，污水厂处理基质的效率，大致相当于最佳培养条件下的 $3\%\sim14\%$，这仅是对被研究的限制因素在数量上的某些初步概念。由此可见，通过测试技术的提高和生物学原理的应用，活性污泥法将会有重要进展。

5.5.2　从工程学角度看

从工程学角度看，活性污泥法尚待解决问题可以归纳如下：

1. 由于生物反应池中微生物浓度低，反应速度慢，水池容积大，如果提高微生物浓度，供氧速率又跟不上，影响处理效果，因此，水、泥、氧如何平衡有待研究，希望减小容积，降低造价。

2. 泥水分离采用重力沉淀池，受生物污泥沉降性能影响，不得不按最不利条件设计，而大部分处于低负荷状态，既增加投资而且没发挥最佳效果。

3. 易受到有机负荷或有毒有害物质冲击，增加操作管理麻烦，系统破坏后恢复时间长。

4. 系统供氧量大，运行能耗大，当采用生物脱氮后，排放出二氧化碳和氮气污染大气。

5. 不可避免会产生污泥膨胀现象，增加运行管理的难度。

6. 产生大量生物剩余污泥、处理与处置费用高。

5.5.3　展望

在活性污泥系统中提高生物反应池中生物体浓度，始终是一个努力方向。例如，当增加生物反应池内生物接触面后，可提高生物体量，减小停留时间，据此而形成接触氧化法、生物转盘法等，此外，还有在生物反应池内直接放置生物填料，同样可以减少停留时间，提高处理效率。上述做法在工程中已得到应用。

随着生物工程学技术惊人发展，在污水处理中必将获得应用。例如采用分子育种技术，变换遗传因子，细胞的融合与结合，可以培育出具有快速增殖的特殊机能菌种，并且育种的细胞与固定化技术结合，进行大量生产，适应不同需要。如活性污泥系统中，采用此项育种技术，在反应池内保存大量有用的微生物量，包括硝化菌、反硝化菌、凝聚生成菌以及难分解物质分解菌等。这些具有特殊机能微生物群体，用固化技术可置于生物反应池内。这方面工作已展开研究，如若获得成功，则生物反应池体积可大大减小，对改造现有污水处理厂亦有极大的帮助。

另外，育种技术，可以培养出一批专用微生物，在污水处理中投加这种微生物制品，可以获得较高处理效果，在制药废水等难分解有毒工业废水处理中已得到应用。

对二次沉淀池的改进措施，采用膜分离化技术，完全替代重力式泥水分离方法，目前在工程中已有应用实例。

综上所述，为了提高活性污泥处理效率，采用先进生物学手段，育种技术及人工固化技术似乎是一个发展方向，可以用固化载体，实现人工控制，同时，也能解决固液分离难题。

第6章 生物处理之生物膜法

6.1 生物膜法处理理论

按微生物在污水中生长的方式不同，污水生物处理可分为附着生长法（生物膜法）和悬浮生长法（活性污泥法）两种，前者微生物固定在某种介质或滤料的表面上，形成生物膜，该种处理工艺称为生物膜法，后者的微生物悬浮生长在水中，形成被称为活性污泥的絮体，该种处理工艺称为活性污泥法。

污水的生物膜处理工艺是与活性污泥法并列的一种污水处理技术，这种处理法的实质是使微生物附着在滤料或载体上生长繁殖，并在其上形成膜状的生物污泥—生物膜，污水与生物膜接触，污水中的营养物质为生物膜上的微生物所摄取，使污水得到净化。生物膜处理工艺从运行开始到显示出稳定的处理效果，这个过程为生物膜法污水处理的启动阶段，或称为挂膜阶段，根据不同的生物膜工艺、污水性质和水温等不同状况，挂膜阶段约需要 15～30d。

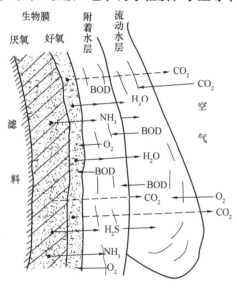

图 6-1-1 滤料上生物膜的构造图

6.1.1 生物膜形成和特点

生物膜是高度亲水的物质，污水不断在其表面更新，生物膜外侧总是存在着一层附着水层，生物膜又是微生物高度密集的物质，在膜的表面和一定深度内部生长繁殖大量的各种类型的微生物和微型动物，并形成营养物质—细菌—原生动物（后生动物）的食物链，图 6-1-1 所示是附着在生物滤料上的生物膜构造图。

生物膜在其形成与成熟后，表层为好氧性膜，由于微生物不断增殖，生物膜的厚度不断增加，增厚到一定程度后，氧不能透入的里侧深部即转变为厌氧状态，形成厌氧性膜。有机物的降解主要依靠好氧性膜的作用，在生物膜内外，生物膜与水层之间进行多种物质的传递过程，空气中的氧溶解于流动水层中，再通过附着水层传递给生物膜，供微生物用于呼吸，污水中的污染物则由流动水层传递给附着水层，然后进入生物膜，并通过细菌的代谢活动被降解或转化，微生物代谢产物如水、二氧化碳、氨和其他无机盐则经过水膜进入流动水层或空气中。

6.1.2 生物膜法主要特征

6.1.2.1 微生物相的特征

（1）微生物具有种类多的特征

生物膜法的各种工艺，都具有适合于微生物生长栖息、繁衍的安静稳定环境，生物膜上的微生物不会像活性污泥那样承受强烈的搅拌冲击，宜于生长增殖。生物膜固着在滤料或填料上，其生物固体平均停留时间较长，因此在生物膜上能够生长世代时间较长、比增殖速度很小的微生物，如硝化菌等，在生物膜上还可能大量出现丝状菌，但没有污泥膨胀，线虫类、轮虫类和寡毛虫类的微型动物出现的频率也较高，在日光照射到的部位能够出现藻类，由此可见，在生物膜上生长繁育的生物类型广泛，种属繁多，食物链长且较为复杂。

（2）微生物具有食物链长的特征

在生物膜上生长繁育的生物中，动物性营养所占比例较大，微型动物存活率亦较高。在生物膜上能够栖息高层次营养水平的生物，在捕食性纤毛虫、轮虫类、线虫类之上还栖息着寡毛类和昆虫，在生物膜上形成的食物链要长于活性污泥上的食物链，因此，一般来说，生物膜处理系统内产生的污泥量少于活性污泥处理系统。

（3）微生物具有存活世代时间长的特征

硝化菌和亚硝化菌的世代时间都比较长，比增殖速度较小，在生物固体平均停留时间较短的活性污泥法处理系统中，这类细菌是难以存活的，而在生物膜处理法中，生物污泥的生物固体平均停留时间与污水的停留时间无关，硝化菌和亚硝化菌也得以繁衍、增殖，因此，生物膜处理法的各项处理工艺都具有一定的硝化功能，采取适当的运行方式，还具有反硝化脱氮的功能。

（4）微生物具有分段运行和优势种属的特征

生物膜处理法可分段进行，在正常运行的条件下，每段都繁衍与进入本段污水水质相适应的微生物，并形成优势种属，这种现象非常有利于微生物新陈代谢功能的充分发挥和有机污染物的降解。

6.1.2.2　处理工艺特征

（1）具有适应水质、水量较大变化的特征

生物膜处理对流入污水水质、水量的变化都具有较强的适应性，即使有一段时间中断进水，对生物膜的净化功能也不会造成致命的影响，通水后能够较快得到恢复。

（2）具有沉降性能良好、易于固液分离的特征

从生物膜上脱落下来的生物污泥，所含污泥颗粒个体较大，沉降性能良好，宜于固液分离。

（3）具有处理低浓度污水的特征

低浓度的污水将影响活性污泥絮体的形成和增长，净化功能降低，处理水水质低下，但生物膜处理法对低浓度污水能够取得较好的处理效果。

（4）具有易于维护、动力费用低的特征

生物膜处理法中的各种工艺都是比较易于维护管理的，而且动力费用较低，去除单位重量BOD 的耗电量较少。

综上所述，生物膜法与活性污泥法比较，其优点是耗能少，运行管理简单，无混合液总量控制和剩余污泥排除问题，无污泥膨胀问题，污泥沉降性能好，设备维护工作少，受有毒冲击负荷后恢复时间短等。缺点是出水 BOD 和 SS 浓度比活性污泥法差，对低温很敏感，产生气味，无法控制膜脱落事故。为此，有些场合已把生物滤池与活性污泥法联合使用，利用两种工艺在节能与提高出水水质方面各自的长处。

6.2　生物膜法发展过程和分类

6.2.1　生物膜法发展过程

生物膜法即附着生长生物处理，它的发展过程大致分三个类别，（1）非淹没式附着生长工艺；（2）有固定膜填料悬浮生长工艺；（3）淹没式附着生长工艺。

6.2.1.1　非淹没式附着生长工艺

从 20 世纪初以来，生物滤池是一种非淹没固定膜生物处理工艺，以碎石或塑料为滤料，污水被连续地洒布在滤料上，随着液体流过附着的生物膜进行处理。生物滤池由 19 世纪 90 年代末在英国使用的接触滤池演变而来。最初滤池采用碎石充填不透水水池，以循环方式运行，滤床被污水注满，污水与滤料短时间接触后，将滤池排空，让滤池静置，再次注入污水。典型循环周期约 12h，6h 运行 6h 静置。其缺点是易堵塞，水头损失大，静置时间长，负荷低。为解决堵塞问题，碎石直径达 50～100mm。20 世纪 50 年代，美国用塑料替代碎石，塑料滤料允许采用高的负荷和使滤池高度增大（塔式滤池），使用面积减小，工艺效率改善和堵塞减少。20 世纪 60 年代，开始用生物转盘装置，是一种交替式附着生长工艺，生物滤池与生物转盘都作为好氧附着生长工艺，供单独去除 BOD 或去除 BOD 和硝化相结合之用，有些场合，在二级处理之后再硝化之用。

6.2.1.2　有固定膜填料悬浮生长工艺

在本书活性污泥展望一章节中，已叙述在曝气池中增加微生物接触面，将会提高污水处理效率，基于上述认识，20 世纪 40 年代，在活性污泥工艺曝气池中放置填充料，包括在曝气池中使用悬浮填充料以及淹没式生物转盘，均能提高处理能力，增加处理工艺稳定性。

6.2.1.3　淹没式附着生长工艺

自 20 世纪 70 年代开始，一种新的好氧附着生长工艺被确认为可供污水处理采用的方法，这类新的好氧附着生长工艺是升流式填充床反应器、降流式填充床反应器和流化床反应器，这些反应器均不使用二次沉淀池，它的优点是用地少，所需面积仅为活性污泥法用地的 1/3～1/5，但其基建费用仍高于活性污泥法。淹没式附着生长工艺可用于去除 BOD，也可用于硝化和悬浮生长工艺或附着生长工艺硝化后的脱氮。

降流式、升流式、流化床反应器以及淹没式生物转盘，都可供缺氧脱氮，生物滤池和升流式反应器还可用于预缺氧的脱氮。

6.2.2　生物膜法分类

按照上述分类和工程实际运行业绩，生物膜法工艺一般有生物滤池、生物转盘、生物接触氧化、移动床生物膜反应器和复合式生物膜反应器等。

6.2.2.1　生物滤池

生物滤池是一种非浸没式的固定膜生物反应器，以碎石或塑料作滤料，污水连续洒在滤料上，随着原水流过附着的生物膜而得到处理。生物滤池是以土壤自净原理为依据，在污水灌溉的实践基础上，经较原始的间歇砂滤池和接触滤池而发展起来的人工生物处理技术，随着研究的不断深入和实际运行经验日渐丰富，生物滤池由原来的低负荷生物滤池发展到高负荷生物滤池、塔式生物滤池等。

污水长时间滴状喷洒在块状滤料层的表面，污水流经的表面就会形成生物膜，待生物膜成熟后，栖息在生物膜上的微生物摄取水中的有机物作为营养，使污水得到净化，滤料上的生物膜不断脱落更新，脱落的生物膜随处理出水流出，在普通生物滤池后应设沉淀池予以截留。

近年来，一种新型的生物滤池—曝气生物滤池工艺逐步在污水处理中得到应用，其突出特点是将生物氧化和过滤结合在一起，滤池后可不设沉淀池，通过反冲洗再生实现滤池的周期运行，由于它集生物降解、固液分离于一体的优点，逐步得到推广和应用。

6.2.2.2　生物转盘

生物转盘或旋转生物接触（RBCs）是由一系列平行的旋转聚苯乙烯或聚氯乙烯圆盘、转动横轴、动力和减速装置以及氧化槽等部分组成，较大规模的圆盘直径可达 3.5m，长 7.5m，标准转盘的表面积为 9300m²，也有表面积更高的转盘，生物转盘部分浸没，一般面积的 40% 浸没于污水，转盘以每分钟 1~1.6 转的转速缓慢旋转，与生物滤池相似，生物转盘系统需要细筛网和初次沉淀池等预处理措施和二次沉淀池进行固液分离。

6.2.2.3　生物接触氧化

生物接触氧化处理是在生物反应池内放置填料，污水浸没填料，一般采用固定式填料，在填料上布满生物膜，污水与生物膜广泛接触，生物膜上微生物的新陈代谢作用使污水中有机物得到去除，污水得以净化，因此生物接触氧化又称为"淹没式生物滤池"，生物接触氧化是一种介于活性污泥法与生物膜法两者之间的生物处理技术，具有耐冲击负荷强、操作简单、运行方便、易于维护、污泥生成量少等一系列优点。

6.2.2.4　移动床生物膜反应器

移动床生物膜反应器是近年来颇受重视的新型生物膜反应器，它是为解决固定反应器需定期反冲洗、流化床需载体流化等问题而发展起来的，在移动床生物膜反应器中，填料在曝气的作用下，随反应器内混合液的翻转而自由移动，该反应器能成功用于污水的硝化处理，适用于小型污水处理厂或已有污水处理厂的改造。

6.2.2.5　复合式生物膜反应器

复合式生物膜反应器是近年来发展较快的污水处理工艺，这些反应器将各种单一操作的优点复合在一起，使反应器的净化功能有较大的提高，具有代表性的复合式工艺有：

（1）生物膜法和活性污泥法联合处理工艺，又称投料活性污泥工艺，这些填料或悬于活性污泥混合液中，或被固定安装在生物反应池内，这些反应器可通过提高生物反应池中的生物体浓度强化活性污泥处理工艺，并减少对池体体积的需要和促进营养物质的去除，如用来增进硝化速率和借助生物膜深处存在的缺氧区达到生物反应池中的脱氮。

（2）曝气生物滤池和活性污泥法联合处理工艺，又称双污泥脱氮除磷处理 PASF 工艺。该工艺为适应污水厂脱氮除磷需要，通过在短泥龄的活性污泥法后增加一段曝气生物滤池，使不同菌种各自在最佳环境中生长，可克服聚磷菌和硝化菌不同泥龄的矛盾，减少不同菌种之间的相互干扰，消除回流污泥中的硝酸盐对聚磷菌释磷的影响，从而使系统的效率得到提高，在出水水质、基建投资、运行费用和运行管理方面均有较大的优势。

生物膜反应器类型众多，有的已经具有多年应用经验，有的还处于研究阶段，相对于活性污泥法工艺，生物膜法应用规模相对较小，特别是在城市污水处理中，随着生物膜有关特征的认识和研究逐渐加深，出现了将生物膜引入活性污泥系统组合的处理工艺，使得生物膜的应用进一步得到推广。

6.3　生物滤池

6.3.1　概述

生物滤池是一种稳定、可靠、经济的污水处理工艺，能耗比活性污泥低，工艺操作简单，但普通生物滤池由于占地面积大、会产生滤蝇、散发臭味等缺点，近年来较少采用。高负荷生物滤池采用处理出水回流措施，提高水力负荷，及时冲刷过厚和老化的生物膜，加速生物膜更新，使生物膜保持较高的活性，同时进水回流有利于均化和稳定进水水质、抑制滤蝇的过度孳生，缓解臭味等作用，占地大、易于堵塞的问题也得到一定程度的解决。

6.3.2 普通生物滤池

6.3.2.1 工艺流程

普通生物滤池又称滴滤池,基本工艺流程如图 6-3-1 所示,进入生物滤池的污水,必须通过预处理,以去除不能降解的颗粒物,这类物质会堵塞滤料,导致布水不均匀,使滤池性能下降,处理城镇污水的生物滤池前一般设初次沉淀池,由于滤料上的生物膜不断脱落,脱落的生物膜随处理水流出,因此在生物滤池后还应设二次沉淀池予以截留。普通生物滤池的供氧,通常采用自然通风的方式进行。

图 6-3-1 普通生物滤池基本工艺流程

6.3.2.2 生物滤池构造

普通生物滤池由池体、滤料、布水装置和排水通风系统等 4 部分组成,如图 6-3-2 所示。

(1)池体

普通生物滤池池体用于固定滤料、接纳污水,并控制风的影响,在平面上多呈圆形或方形。四周筑墙称之为池壁,池壁具有围护滤料的作用,能够承受滤料压力。池壁可筑成带孔洞的和不带孔洞的两种形式,有孔洞的池壁有利于滤料内部的通风,但在低温季节,易受低温的影响,使净化功能降低。为了防止风力对池表面均匀布水的影响,池壁一般应高出滤料表面 0.5~1.0m。

池体的底部为池底,它的作用是支撑滤料和排除处理后的污水。

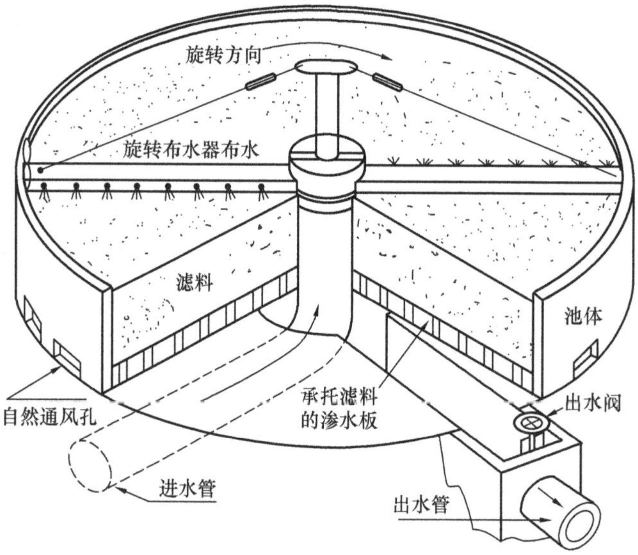

图 6-3-2 普通生物滤池构造示意图

(2)滤料

滤料是生物滤池的主体,对生物滤池的净化功能有直接的影响。

滤料应具有的条件是:

1)质坚、高强、耐腐蚀、抗冰冻。

2)较高的比表面积(单位容积滤料所具有的表面积),滤料表面是生物膜形成、固着的部位,较高的表面积是保持高额生物量的必要条件,而生物量则是控制生物处理净化功能的重要参数之一。

3)较大的空隙率(单位容积滤料中所持有的空间所占有的百分率)。滤料之间的空间是生物膜、污水和空气三相接触的部位,是供氧和氧传递的重要因素。

滤料的比表面积与空隙率是互相矛盾的两个方面,比表面积高,空隙率则低,提高空隙率,滤料的表面积必然减少。空隙率不宜过高或过低,而以适度为好。

空隙率为 45% 左右时,滤料的比表面积约为 65~100m²。

4)就地取材,便于加工、运输。

普通生物滤池一般多采用碎石、卵石、炉渣和焦炭等作为滤料。一般分工作层和承托层两层充填,总厚度约为 1.5~2.0m。工作层厚 1.3~1.8m,粒径介于 25~40mm;承托层厚 0.2m,粒径介于 70~100mm。

滤料在充填前应加以筛分、洗净，各层中的滤料及其粒径应均匀一致，以保证具有较高的空隙率。

（3）布水装置

生物滤池布水装置的首要任务是向滤池表面均匀布洒污水，此外还应具有适应水量变化，不易堵塞，易于清通和不受风、雪的影响等特征。

普通生物滤池传统的布水装置有固定喷嘴布水装置和旋转布水装置系统，如图 6-3-3 所示。旋转布水器比固定喷嘴布水器具有更好的性能，一方面旋转布水器流量分布均匀；另一方面旋转布水器通过滤池的某一区域产生的瞬时水力负荷速率明显高于平均水力负荷，从而产生一个冲洗作用，可以去除滤池中过量的微生物，维持较薄的生物膜。

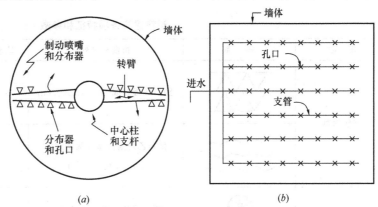

图 6-3-3　旋转布水器和固定喷嘴布水器
（a）旋转布水器；（b）固定喷嘴布水器

大多数旋转布水器使用水力推进，进水水流的能量在水平方向释放，推动臂向相反方向转动，最新的发展也采用电动布水器。

（4）排水通风系统

生物滤池的排水系统设于池的底部，它的作用有二：一是排除处理后的污水；二为保证滤池良好的通风。排水系统包括渗水装置、集水沟和总排水沟等。底部空间的高度不应小于 0.6m。池壁四周下部设置通风孔，通风孔面积不应小于池表面积的 1%，生物滤池的池底应设 1%～2% 的坡度坡向集水沟，集水沟以 0.5%～2% 的坡度坡向总排水沟，并有冲洗底部排水沟的措施。

通风系统可通过自然气流或机械方法实现，在自然气流系统中，由于滤池内部空气很快被水蒸气所饱和，达到处理污水的温度，与池外空气形成密度差，从而引起滤池内部空气上升或下降，提供微生物代谢所需要的氧气，密度差的大小取决于周围空气的温度和湿度，在自然通风系统情况下会出现滤池内缺乏空气流动形成厌氧状态，而在强制通风系统中，空气通过机械方法作用于滤池，能保证滤池微生物代谢所需的供氧。

（5）普通生物滤池的选用范围和特点

普通生物滤池一般适用于处理水量较小的城镇污水处理厂。其主要优点是：1）处理效果良好，BOD_5 的去除率可以达到 95% 以上；2）运行稳定、节省能源。主要缺点是：1）占地面积大、不适于处理量大的污水；2）填料易堵塞，当预处理不够充分，生物膜季节性大规模脱落时，都可能使填料堵塞；3）产生滤蝇，恶化环境卫生；4）喷嘴喷洒污水，散发臭味。正是因为普通生物滤池具有这些实际缺点，它在应用上受到不利影响，近年来已很少新建。

6.3.3　高负荷生物滤池

6.3.3.1　高负荷生物滤池特征

高负荷生物滤池是在解决、改善普通生物滤池在净化功能和运行中存在的实际问题的基础上开发的生物滤池。

高负荷生物滤池大幅度提高了滤池的负荷，其 BOD 容积负荷高于普通生物滤池的 6～8 倍，水力负荷高达 10 倍。

高负荷生物滤池是通过在运行上进行出水回流和限制进水 BOD 等技术实现，一般进入高负荷生物滤池的 BOD 不宜超过 200mg/L，否则应采用出水回流措施，降低进水 BOD 浓度。

现在高负荷生物滤池广泛使用由聚氯乙烯、聚苯乙烯和聚酰胺等材料制成的呈波纹板状、列管状和蜂窝状等人工滤料，这种滤料质轻、高强、耐腐蚀，比表面积可达 200m²/m³，空隙率可高达 90％以上，滤料的各项特征和参数如表 6-3-1 所示。

塑料滤料各项特征和参数 表 6-3-1

形　状	种　类	特性和排列	比表面积（m²/m³）	空隙率（％）
波纹板状		塑料薄板制成 1m×1m×0.6m	85	98
		聚苯乙烯薄片做成紧密装填 1m×1m×0.55m	187	94
列管状		塑料管状连接，长度方向 与水平成直角排列	220	94
蜂窝状		聚苯乙烯薄片 1m×1m×0.55m	82	94

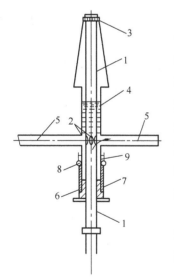

图 6-3-4 旋转布水器的构造
1—固定竖管；2—溢水孔口；3—轴承；4—旋转套管；5—横管；6—固定嵌套；7—水封；8—球体；9—封闭油脂

高负荷生物滤池多使用旋转布水器，污水以一定的压力流入位于池中央的固定竖管，再流入布水横管，横管中轴距滤池池面 0.15～0.25m，横管绕竖管旋转，在横管的同一侧开有一系列间距不等的孔口，中心较疏，周边较密，污水从孔口喷出，产生反作用力，从而推动横管按与喷水相反的方向旋转。横管与固定竖管连接处是旋转布水器的重要部位，既应保证污水从竖管通畅流入横管，又应使横管在水流反作用力的作用下，顺利地进行旋转，图 6-3-4 所示是较为广泛应用且构造简单的一种旋转布水器。

6.3.3.2　工艺流程

高负荷生物滤池采取处理水回流措施，可降低进水浓度，加大水力负荷，使滤料不断受到冲刷，生物膜连续脱落不断更新。污水回流的方式有多种，回流水可直接从生物滤池出水进行回流，也可从二次沉淀池进行回流，回流水可进入初次沉淀池，也可与进水混合后直接进入生物滤池。在各种回流方式中，由于生物滤池出水直接回流至生物滤池的进水端不增加沉淀池的容积，相对较为经济。高负荷生物滤池的一般流程如图 6-3-5 所示。

系统（a）是应用比较广泛的高负荷生物滤池处理系统，生物滤池出水直接向滤池回流；由二次沉淀池向初次沉淀池回流生物污泥。这种系统有助于生物膜的接种，促进生物膜的更新。此外，初次沉淀池的沉淀效果由于生物污泥的注入而有所提高。

系统（b）也是应用比较广泛的高负荷生物滤池系统，处理水回流滤池前，可避免加大初次沉淀池的容积，生物污泥由二次沉淀池回流初次沉淀池，以提高初次沉淀池的沉淀效果。

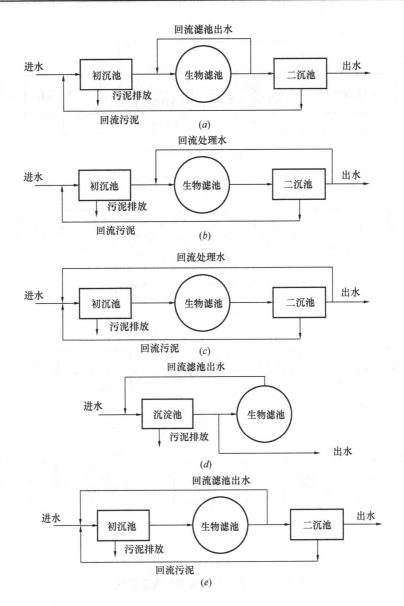

图 6-3-5　高负荷生物滤池典型流程

　　系统（*c*）处理水和生物污泥同步从二次沉淀池回流初次沉淀池，提高了初次沉淀池的沉淀效果，也加大了滤池的水力负荷。提高初次沉淀池的水力负荷是本系统的缺点。

　　系统（*d*）不设二次沉淀池为本系统的主要特征，滤池出水（含生物污泥）直接回流初次沉淀池，这样能够提高初次沉淀池的效果，并使其兼行二次沉淀池的功能。

　　系统（*e*）处理水直接由滤池出水回流，生物污泥则从二次沉淀池回流，然后两者同步回流初次沉淀池。

　　当原污水浓度较高，或对处理水质要求较高时，可以考虑二级滤池处理系统。二级滤池有多种组合方式，图 6-3-6 所示为其中主要的几种。

　　设中间沉淀池的目的是减轻二级滤池的负荷，避免堵塞，但也可以不设。

　　负荷率不均是二级生物滤池系统的主要问题，一级滤池负荷率高，生物膜生长快，脱落生物膜易于积存并产生堵塞现象，二级滤池往往负荷率低，生物膜生长不佳，滤池容积未能得到充分利用，为解决这一问题，可以考虑采用交替配水的二级生物滤池系统，如图 6-3-7 所示。

　　含有机物和氨氮的污水按生物滤池处理程度可分为：粗滤、碳氧化、碳氧化和硝化组合工艺进行处理，主要区别在于生物滤池的有机负荷不同，在粗滤池中可采用较高的有机负荷，作为生

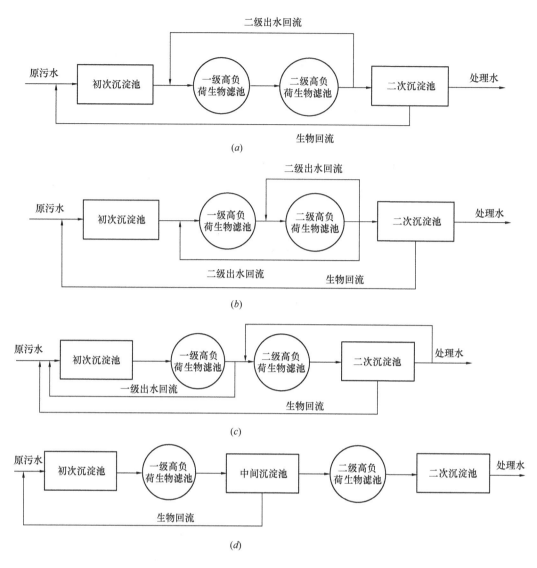

图 6-3-6　4种二级高负荷生物滤池系统

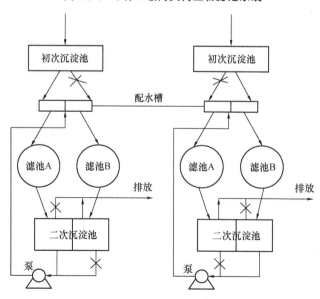

图 6-3-7　交替配水二级生物滤池系统

物处理前的预处理，用于降低有机物浓度；碳氧化处理采用较低的有机负荷，使有机物的去除较为彻底，达到排放标准；当有机负荷进一步降低时，硝化细菌能够在滤池中充分生长，达到同时碳氧化和硝化的目的。

为提高生物滤池的出水水质，在生物滤池出水后接活性污泥池，组成生物滤池和活性污泥相结合的组合处理工艺，在组合处理工艺中，生物滤池负荷低，则后续的活性污泥阶段主要是用来凝聚和捕集滤池出水中所含的细小悬浮固体，促进悬浮固体在二次沉淀池更好的去除；如果生物滤池负荷较高，有机物在生物滤池去除不完全，则后续活性污泥阶段除起生物絮凝作用外，还可进一步去除剩余的有机物。

6.3.4　生物滤池影响因素

生物滤池运行过程中，需要考虑污水成分、工艺负荷、污水回流、温度、通风、出水悬浮物、气味和大生物控制对生物滤池的影响，同时需要考虑排放标准、污水的可处理性、预处理措施等因素。

6.3.4.1　污水成分

污水成分影响生物滤池的性能，对特定污水的处理能力部分取决于悬浮体、胶状体与可溶性物质的浓度比，生物滤池工艺通过将生物絮凝、吸附和酶的复杂作用，不仅仅生物氧化和合成可以很容易地将悬浮物和凝胶去除，而且可溶性小分子有机物如单糖、有机酸、乙醇等在很短停留时间也能够很容易地从污水中去除。

6.3.4.2　工艺负荷

高负荷生物滤池必须同时满足有机负荷和水力负荷的要求，有机负荷是单位时间单位体积滤料所接受的有机物量 $kgBOD_5/(m^3 \cdot d)$，一般不大于 $1.8kgBOD_5/(m^3 \cdot d)$。除有机负荷外，对于硝化作用的生物滤池负荷以氮表示 $kgNH_4\text{-}N/(m^3 \cdot d)$，工艺负荷的大小与所处理的出水水质和处理要求有关，处理出水要求高和需要达到硝化时，有机负荷低。

水力负荷影响到滤池的性能，在有机负荷一定的情况下，生物滤池有一个最小水力负荷，一旦超过该最小水力负荷，则水力负荷进一步增加对生物滤池的性能改善不明显，因为滤料介质已全润湿并具有活性，此时水力负荷的影响因素较小，一般处理城镇污水时，正常气温条件下，水力负荷宜为 $10\sim36m^3/(m^2 \cdot d)$，高负荷生物滤池的典型负荷如表 6-3-2 所示。

生物滤池典型负荷　　　　　　　　　　　　　　　　　　表 6-3-2

处理要求	工艺类型	滤料的比表面积 (m^2/m^3)	容积负荷		水力负荷 ($m^3/(m^2 \cdot h)$)
			$kgBOD_5/(m^3 \cdot d)$	$kgNH_4\text{-}N/(m^3 \cdot d)$	
部分处理	高负荷	40～100	0.5～5	—	0.2～2
碳氧化/硝化	低负荷	80～200	0.05～5	0.01～0.05	0.03～0.1
硝化	低负荷	150～200	进水<40mgBOD/L	0.04～0.2	0.2～1

6.3.4.3　污水回流

回流是生物滤池出水后回流至进水，回流方法有生物滤池出水直接回流和生物滤池出水经沉淀处理后再回流，后者会导致沉淀池负荷增加，常用的方法是生物滤池出水直接回流，回流主要目的是解决水力负荷和有机负荷之间的相互影响，一般首先选择合适的有机负荷，然后在固定面积的情况下，采用回流达到最小水力负荷以上；回流的另一目的是与进水混合，当进水有机物浓度 BOD_5 超过 $200mg/L$ 时，生物滤池会出现氧气限制，导致厌氧状态，臭气增加，稀释进水有利于缓解这一问题，另外回流可在低流量时保持布水器正常工作，保证布水均匀，在大多数情况下，增加回流会导致运行成本的增加。

6.3.4.4　温度

温度是影响生物滤池运行的重要因素，生物滤池对温度比较敏感，在空气和污水温度几乎相等时，滤池效率将受到严重影响，空气停滞是可能的原因。冬天情况下，由于生物滤池的构造等原因，如冬季内外温差大，导致滤池内部和外部的空气密度差增加，滤池通过的空气量增加，滤池内水温随周围空气温度下降的作用越明显，对于自然通风的滤池，虽然 3～5℃ 的空气、污水温度差异对自然通风已经足够，但是在冬天环境下，20～40℃ 的空气、污水温度差异能产生的气流比是去除 BOD_5 所要求的气流比 10 倍以上。与其他提到的因素一起，这些因素严重降低了液体温度，造成效率降低。为此，可在入口外装可调节阀门控制温差增加所产生的影响，通过控制空气流量减少冷却作用，对于强制通风的生物滤池，可减少空气温度差的影响。另外，进入生物滤池的水温不宜低于 5～8℃。

6.3.4.5　通风

滤池的通风对保持滤池有效运行的需氧环境非常重要。如果提供足够的出入口，空气温度和污水温度的差异、环境空气湿度和滤池内空气湿度的差异形成自然气流，能够提供足够的通风。池内污水与外部空气的温度差是影响通风的主要因素，滤池内污水温度高于池外空气的温度，空气自下而上通过滤层，当池内污水温度低于池外空气温度，空气自上而下通过滤层，但是，在很多情况下，当两者温度相近时，没有动力驱动空气流动，导致风量不足。这种情况出现在早晨和晚上，特别是春天和秋天的早晚。这样在早晚和温度差异很小的较暖天气时滤池就会产生气味。通风条件差，对滤池的处理产生不利影响。

目前仍有认为生物滤池强制通风没有必要，但是如果在负荷高峰期，因为气候条件导致空气每天有两次、每次持续几个小时停滞，则不能使生物滤池的性能达到最优，很明显对运行是不合适的，基于同样的原因，生物滤池每天应该有足够的氧气供应，避免造成缺氧。

6.3.4.6　气味和大生物控制

气味问题对普通生物滤池一直是严重的不利条件，气味在流入的污水中产生，进水中挥发性成分被升流气体带走，或在介质内产生。气味在介质内产生是由于缺乏足够通风以及过量生物群在介质内聚集，当在介质内有过量的生物群出现时，即使有足够的通风，腐烂物中也会产生气味。防止产生气味可以通过设计足够的水力负荷，包括日常冲洗介质，确保足够和连续通风来达到。

硝化滤池里的生物群特别吸引食肉动物如蜗牛、飞蛾幼虫和蚯蚓，给一些生物滤池污水处理厂造成严重的问题，会消耗很多的生物群，这些生物消耗硝化作用物质，使得滤池缺乏硝化能力，损害生物滤池的性能。控制这些生物生长对扩大滤池的可靠硝化能力是必要的。有人认为使用高强度的冲洗能有效地控制飞蛾幼虫，因为蜗牛把卵产在污泥沉积物上，高强度的冲洗对清除多余生物群和改善氧化作用是有效的。爱威莱特等人（1995 年）和怀特劳法（1992 年）报道了在旋转生物接触器上控制蚯蚓的各种方法，使用的方法包括盐水，pH 值调整到 10.0，氯化处理和增加铜硫酸盐（0.1g/m³）等方法，在有氨氮的场所 pH 值调整到接近 10，将出现自由氨（NH_3），它对蚯蚓有毒，是一种简单无毒的控制蚯蚓的方法。

6.3.5　生物滤池设计计算

6.3.5.1　滤池池体计算

普通生物滤池的设计公式由多位科学家在 20 世纪 60 年代提出，但是使用这些公式的任何一个都只是经验公式，国内使用较为广泛的是采用负荷方法进行计算，常用的负荷方法有：

（1）BOD 容积负荷

单位时间单位体积滤料所能接受的 BOD 值，以 kgBOD/(m^3滤料·d)表示，此值一般不宜高于 1.8kgBOD/(m^3滤料·d)，生物滤池的滤料体积 V 为：

$$V = \frac{Q(n+1)S_a}{N_v} \qquad (6\text{-}3\text{-}1)$$

式中　V——滤料体积，m^3；

　　　Q——进水流量，m^3/d；

　　　n——回流稀释倍数；

　　　S_a——向滤池喷洒污水的 BOD 值，mg/L；

　　　N_v——BOD 容积负荷，gBOD/(m^3滤料·d)。

（2）BOD 表面负荷

单位时间单位滤料比表面积生物膜所能接受的 BOD，以 kgBOD/(m^2滤料表面·d)表示，滤料的表面积 A 为：

$$A = \frac{Q(n+1)S_a}{N_A} \qquad (6\text{-}3\text{-}2)$$

式中　A——滤料表面积，m^2；

　　　Q——进水流量，m^3/d；

　　　n——回流稀释倍数；

　　　S_a——向滤池喷洒污水的 BOD 值，mg/L；

　　　N_A——滤料介质 BOD 表面负荷，g BOD/(m^2滤料·d)。

另外，高负荷生物滤池还需要满足水力负荷要求，水力负荷以滤池面积计，宜为 $10 \sim 36 m^3/$（m^2·d）。

在进行工艺计算前，首先应当确定进入滤池的污水经回流稀释后的 BOD 值和回流稀释倍数。

经处理水稀释后，进入滤池污水的 BOD 值为：

$$S_a = \alpha S_0 \qquad (6\text{-}3\text{-}3)$$

式中　S_a——向滤池喷洒污水的 BOD 值，mg/L；

　　　α——系数，按表 6-3-3 所列数据选用；

　　　S_0——原污水的 BOD 值，mg/L。

系 数 α 表　　　　　　　　　　　　　　　　　　　　　　表 6-3-3

污水冬季平均温度（℃）	年平均气温（℃）	滤料层高度（m）				
		2.0	2.5	3.0	3.5	4.0
8~10	<3	2.5	3.3	4.4	5.7	7.5
10~14	3~6	3.3	4.4	5.7	7.5	9.6
>14	>6	4.4	5.7	7.5	9.6	12.0

回流稀释倍数（n）：

$$n = \frac{S_0 - S_a}{S_a - S_e} \qquad (6\text{-}3\text{-}4)$$

式中　n——回流稀释倍数；

　　　S_0——原污水的 BOD 值，mg/L；

S_a——向滤池喷洒污水的 BOD 值，mg/L；

S_e——滤池处理水的 BOD 值，mg/L。

6.3.5.2 生物滤池的需氧和供氧

（1）生物膜量

生物滤池滤料表面生成的生物膜，相当于活性污泥生物反应池中的活性污泥，生物膜量较难精确计算，生物膜量与原污水的水质、负荷等因素有关，在滤池的不同深度生物膜的分布也不相同，一般生物膜量的数据是沿滤池深度，按滤池上层、下层分别测定，取其平均值作为设计和运行依据。

生物膜好氧层的厚度，多数认为在 2mm 左右，含水率按 98% 考虑，据休凯莱基安实测，处理城市污水的生物膜量为 $4.5\sim7kg/m^3$，高负荷生物滤池为 $3.5\sim6.5kg/m^3$。

（2）生物滤池的需氧量

生物滤池单位容积滤料的需氧量按下式计算：

$$R_c = a' \cdot \Delta C_{BOD} + b' \cdot P \tag{6-3-5}$$

式中　R_c——曝气生物滤池去除有机物的供氧量，kgO_2/d；

a'——每公斤 BOD 完全降解所需要的氧量，kg/kg，对于城镇污水，此值约为 1.46 左右；

ΔC_{BOD}——每天去除 BOD 量，kg/d；

b'——单位重量活性生物膜需氧量，此值约为 0.18kg/kg·d 左右；

P——滤池中滤料上的活性生物膜量，kg。

（3）生物滤池的供氧

生物滤池的氧气是在自然条件下，通过池内外空气的流通转移到污水中，并通过污水而扩散传递到生物膜内部。

影响生物滤池通风状况的因素很多，主要有滤池内外温度差、风力、滤料类型和污水的布水量等，一般池内外温差与空气流速的关系按下式计算：

$$v = 0.075 \times \Delta T - 0.15 \tag{6-3-6}$$

式中　v——空气流速，m/min；

ΔT——滤池内外温度差。

生物滤池底部空间的高度不应小于 0.6m，采用自然通风时，四周下部应设自然通风孔，通风孔的总面积不应小于滤池表面积的 1%。

6.3.5.3 设计计算实例

已知某城镇设计人口 $N = 80000$ 人，污水量标准 $q = 100L/(人·d)$，BOD 含量 $S_a' = 20g/(人·d)$，镇内有一座化纤厂，污水量为 $2000m^3/d$，污水 BOD 浓度为 600mg/L，混合污水冬季平均温度为 14℃，年平均气温为 8℃，采用高负荷生物滤池处理，滤料层厚度为 2m，处理后出水 $BOD_5 \leqslant 25mg/L$，设计高负荷生物滤池。

计算（1）污水水量

$$Q = \frac{80000 \times 100}{1000} + 2000 = 10000m^3/d$$

（2）混合污水的 BOD_5 浓度

$$S_0 = (80000 \times 20 + 600 \times 2000) \times \frac{1}{10000} = 280mg/L$$

（3）因 $S_0 > 200mg/L$，原污水必须用处理水回流稀释，滤层厚度为 2m，混合污水冬季平均

温度为 $14℃$，年平均气温为 $8℃$，查表 6-3-3 的 α 值得 $\alpha = 4.4$，稀释后的进入滤池污水浓度为：

$$S_a = 4.4 \times 25 = 110 \mathrm{mg/L}$$

（4）回流稀释倍数：

$$n = \frac{S_0 - S_a}{S_a - S_e} = \frac{280 - 110}{110 - 25} = 2$$

（5）滤池总面积：取滤池面积负荷为 $2000 \mathrm{gBOD_5/(m^2 \cdot d)}$，

$$A = \frac{10000 \times (2+1) \times 110}{2000} = 1650 \mathrm{m^2}$$

（6）滤池滤料体积：

$$V = 1650 \times 2 = 3300 \mathrm{m^3}$$

（7）每座滤池面积 F_1 和直径 D：

采用 4 座滤池，每座滤池面积为：

$A_1 = 413 \mathrm{m^2}$

$$D = \sqrt{\frac{4A_1}{\pi}} = 23 \mathrm{m}$$

（8）校核水力负荷：

$$q = \frac{(2+1) \times 10000}{1650} = 18.2 \mathrm{m^3/(m^2 \cdot d)}$$

$q > 10 \mathrm{m^3/(m^2 \cdot d)}$，满足要求。

图 6-3-8 是该高负荷生物滤池的设计图。

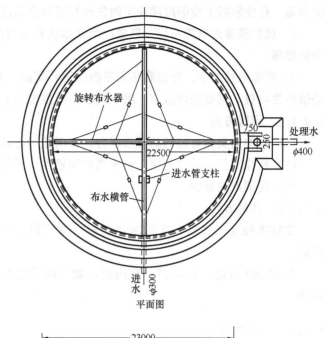
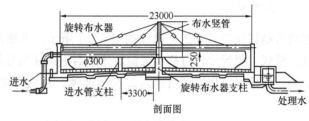

图 6-3-8　高负荷生物滤池设计图

6.4　生物接触氧化法

6.4.1　概述

生物接触氧法是一种 20 世纪 70 年代初开创的污水处理技术，近 $10 \sim 20$ 年来，在一些国家特别是日本、美国得到迅速发展和应用，广泛应用于处理生活污水和食品加工等工业废水，还可用于地表微污染源水的生物预处理，生物接触氧化法在我国也得到较为广泛的应用，除生活污水外，还应用于石油化工、农药、印染、纺织、轻工造纸、食品加工等工业废水处理，都取得了良好的处理效果。生物接触氧化法处理技术可以分为两种：一是在池内填充填料，已经充氧的污水浸没全部填料，并以一定的流速流经填料，污水与填料上布满的生物膜广泛接触，在生物膜上微生物的新陈代谢功能作用下，污水中有机物得到去除，因此又称为"淹没式生物滤池"；二是采用与曝气池相同的曝气方法，向微生物提供所需的氧气，并起到混合搅拌的作用，这种方式相当于在曝气池内填充微生物栖息的填料，因此又称为"接触曝气法"。

生物接触氧化法处理技术是一种介于活性污泥法与生物滤池两者之间的生物处理技术，在工艺、功能和运行方面具有以下特点：

6.4.1.1　工艺方面

1）该工艺使用多种形式的填料，填料存在利于提高氧的利用效率，同时填料上的微生物种类丰富，在生物膜上能够形成稳定的生态系统和食物链。

2）填料表面生物膜布满，形成一个立体状的生物网，污水在其中通过类似过滤，能够提高净化效果。

3）在曝气作用下，生物膜表面不断脱落和更新，有利于保持生物膜的活性，保持较高浓度的活性生物量，提高处理效率，缩小池容，减少占地面积。

6.4.1.2 运行方面

（1）对冲击负荷有较强的适应能力，在间歇运行条件下，仍能保持良好的处理效果。

（2）操作简便，运行方便，易于维护和管理，无须污泥回流，不产生污泥膨胀。

（3）污泥产生量少。

6.4.1.3 功能方面

生物接触氧化法具有多种净化功能，除有效去除有机物外，由于污泥泥龄长，硝化效果较好。

生物接触氧化法也存在一些问题，如填料可能堵塞，布水曝气不均匀，可能局部出现死角等。

6.4.2 工艺流程

生物接触氧化法基本工艺流程如图 6-4-1 所示，可根据原水进水水质和处理程度确定采用一段式或二段式，原污水经过初次沉淀池处理后进入生物接触氧化池，生物接触氧化池的流态为完全混合型，经接触氧化处理后进入二次沉淀池，从填料上脱落的生物膜在二次沉淀池进行泥水分离。

图 6-4-1 生物接触氧化法基本流程示意图

6.4.3 生物接触氧化池构造和形式

6.4.3.1 生物接触氧化池的构造

生物接触氧化池主要由池体、填料、支架、曝气装置、进出水装置和排泥管等部件组成，如图 6-4-2 所示。

池体在平面上多呈圆形、矩形或方形，用钢板焊接制成或用钢筋混凝土浇灌砌成。池体总高度约为 4.5～5.0m，其中填料高度为 3.0～3.5m，底部布气层高度为 0.6～0.7m，顶部稳定水层高度为 0.5～0.6m。

填料是生物接触氧化处理工艺的关键，它直接影响处理效果，同时它的费用在接触氧化池中占的比例较大，所以选定合适的填料具有经济和技术意义，填料的选择要求如下：

（1）在水力特性方面，比表面积大空隙率高，水流通畅，性能良好，阻力小。

（2）在生物膜附着方面，应当有一定的附着性，填料的外观形状应当是形状规则、尺寸均一、表面粗糙等。生物膜附着性还与微生物和填料表面的静电作用有关，微生物多带静电，填料表面电位

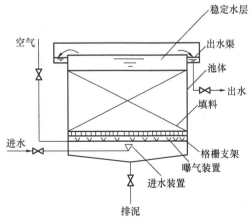

图 6-4-2 接触氧化池基本构造图

愈高,附着性愈强;此外,微生物为亲水性极强的物质,因此,在亲水性填料表面也易于附着生物膜。

(3)化学与生物稳定性较强,经久耐用。

(4)价格便宜,便于运输和安装。

填料按性质分有硬性、软性填料、半软性等,目前各种常用的填料有:

(1)硬性填料

硬性填料有蜂窝状、波纹板状填料和不规则形状等,如图 6-4-3 所示,材质多为玻璃钢和塑料,该种填料主要特征是空隙率高,质量轻,强度高,防腐性能好,管壁光滑无死角,衰老生物膜易于脱落等;其主要缺点是填料易于堵塞,蜂窝管内的流速不均等,因此在填料布置时宜分层布置;

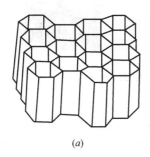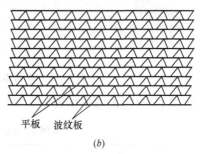

平板 波纹板

(a) (b)

图 6-4-3 蜂窝状填料和波纹板状填料示意图
(a) 蜂窝状填料;(b) 波纹板状填料

(2)软性和半软性填料

软性填料一般采用尼龙、维纶、涤纶、腈纶等化纤编结成束并用中心绳连接而成,软性填料的特点是比表面积大、重量轻、高强度、物理化学性能稳定、运输方便等,软性填料示意图如6-4-4 所示,但应用中发现,这种填料的纤维束易于结块,并在结块中心形成厌氧状态,导致运行开始时效果较好,运行时间较长时,处理效果变差,为了防止纤维束结块,在国内采用盾形纤维填料,如图 6-4-5 所示,纤维束不直接结在中心绳上,纤维束采用纤维和支架组成,支架固定在中心绳上,支架采用塑料制成,中留孔,可通水、气,纤维固定在支架上,形成生物载体,可使纤维束保持相对松散状态,但还不能彻底防止填料黏接现象,运行一段时间后,填料出现黏接;半软性填料是变性聚乙烯塑料制成,它既有一定的刚性和一定柔性,保持一定的形状,同时又有一定的变形能力;

(3)弹性立体填料

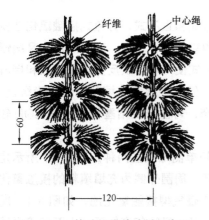

纤维 中心绳

60

120

图 6-4-4 软性纤维状填料示意图

栓接绳

支架

纤维束

支撑管

栓接绳

(a) (b)

图 6-4-5 盾形填料示意图
(a) 盾形填料;(b) 长时间运行后图

弹性立体填料是近年来在国内应用相对较多的一种生物接触氧化填料，它是在以往软性填料基础上开发的，由中心绳和以聚烯烃塑料制成的弹性丝条组成，丝条以绳索为中心在水中呈均匀辐射伸展状，如图 6-4-6 所示。弹性丝填料是一种悬挂式填料，具有比表面积大，微生物附着空间大等特点。

图 6-4-6 某污水厂弹性填料实景图

各种常见填料的技术性能指标如表 6-4-1 所示。

常用填料的技术性能指标   表 6-4-1

项 目 \ 填料名称		蜂窝直管	立体网状	软性和半软性填料	弹性立体填料
比表面积（m²/m³）		74～100	50～110	80～120	116～133
空隙率（%）		99～98	95～99	＞96	—
成品重量（kg/m³）		45～38	20	3.6～6.7kg/m	2.7～4.99kg/m
挂膜重量（kg/m³）		—	190～316		
填充率		50～70	30～40	100	100
填料容积负荷（kgCOD/(m³·d))	正常负荷	—	4.4	2～3	2～2.5
	冲击负荷	—	5.7	5	—
安装条件		整体	整体	吊装	吊装
支架形式		平格栅	平格栅	框架或上下固定	框架或上下固定

6.4.3.2 生物接触氧化池的形式

生物接触氧化池在形式上，按曝气装置的位置，分为分流式和直流式，分流式接触氧化池就是使污水在单独的间隔内进行充氧，在这里进行激烈的曝气和氧的转移过程，充氧后污水又缓慢流经充填着填料的另一间隔，污水与生物膜充分接触，这种方式使污水多次反复通过充氧和接触两个过程，溶解氧充足，营养条件好，有利于微生物的生长，但这种装置在填料中间水流缓慢，冲刷力小，生物膜更新缓慢，而且逐渐增厚易于形成厌氧状态，可能产生堵塞现象，在 BOD 较高的情况下不宜采用，同时需要注意污泥在填料下部的沉积。

分流式接触曝气池根据曝气装置的位置分为中心曝气型和单侧曝气型两种。图 6-4-7 所示是表面机械曝气装置的中心曝气型接触氧化池，其中心为曝气区，周围外侧为充填填料的接触氧化区，处理水在其最外侧的间隙上升，从池顶部溢流排走；单侧曝气型接触氧化池，如图 6-4-8 所示，填料设在池的一侧，另一侧为曝气区，原污水先进入曝气区，经曝气充氧后从上至下流经填料，并反复在填料区和曝气区循环往复。

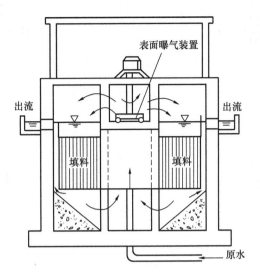

图 6-4-7　设表面机械曝气装置的
中心曝气型接触氧化池

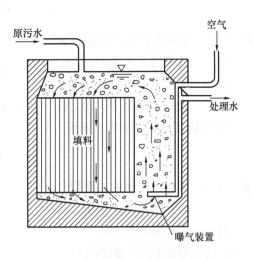

图 6-4-8　鼓风曝气单侧曝气式
接触氧化池

国内一般多采用直流式接触氧池化，这种氧化池直接在填料底曝气，生物膜受到气流的冲击、搅动，加速脱落、更新，使生物膜经常保持较高的活性，而且能够避免堵塞现象。此外由于上升气流不断与填料碰撞，使气泡反复切割，粒径减少，增加气泡和污水的接触面积，提高氧的利用率。

6.4.4　生物接触氧化池设计计算

6.4.4.1　生物接触氧化池设计和计算时应考虑的因素

（1）生物接触氧化池应根据进水水质和处理程度确定采用一段式或二段式；

（2）生物接触氧化池中的填料可全池布置（底部进水，进气）、两侧布置（中心进气，底部进水）或单侧布置（侧部进气，上部进水），生物接触氧化池平面形状宜为矩形，有效水深宜为 $3\sim5m$，当采用蜂窝填料时，应分层装填，每层层高为 $1\sim1.5m$，为防止堵塞，蜂窝内切孔径不宜小于 $25mm$；

（3）生物接触氧化池不宜少于 2 座，并按同时工作考虑；

（4）生物接触氧化池宜根据填料布置形式布置曝气装置，全池曝气时，气水比宜不小于 $8:1$；

（5）生物接触氧化池底部应设排泥管和放空设施；

（6）生物接触氧化池的填料体积可按 BOD 容积负荷计算，填料的容积负荷宜根据试验资料确定，生物接触氧化池典型负荷如表 6-4-2 所示，出水 BOD 要求高时，应采取更低的负荷。

生物接触氧化池的典型负荷　　　　　　　　　　　　　表 6-4-2

处理要求	工艺要求	容 积 负 荷	
		kg BOD_5/(m³·d)	kg NH_4^+-N/(m³·d)
碳氧化	高负荷	2~5	—
碳氧化/硝化	高负荷	0.5~2	0.1~0.4
三级硝化	高负荷	进水 BOD_5<20mg/L	0.2~1.0

6.4.4.2　生物接触氧化池的设计计算

（1）生物接触氧化填料容积

$$V = \frac{QS_0}{N_V} \qquad (6\text{-}4\text{-}1)$$

式中　V——填料的总有效容积，m^3；

　　　Q——日平均污水量，m^3/d；

　　　S_0——原污水 BOD 值，mg/L；

　　　N_V——BOD 容积负荷，$gBOD/(m^3 \cdot d)$。

（2）生物接触氧化池的总面积

$$A = \frac{V}{H} \qquad (6\text{-}4\text{-}2)$$

式中　A——接触氧化池的总面积，m^2；

　　　V——填料的总有效容积，m^3；

　　　H——填料层高度，m。

（3）生物接触氧化池的总高度

$$H_0 = H + h_1 + h_2 + (m-1)h_3 + h_4 \qquad (6\text{-}4\text{-}3)$$

式　H_0——接触氧化池的总高度，m；

　　　H——填料高度，m；

　　　h_1——超高，一般为 $0.5\sim1.0m$；

　　　h_2——填料上部的稳定水层深，一般为 $0.4\sim0.5m$；

　　　m——填料层数；

　　　h_3——填料层间隙高度，一般为 $0.2\sim0.3m$；

　　　h_4——配水区高度，当考虑检修时，一般为 $1.5m$，不需要检修时为 $0.5m$。

6.4.4.3　生物接触氧化池设计实例

已知某居民区平均日污水量为 $500m^3/d$，污水 BOD 浓度为 $150mg/L$，采用生物接触氧化池处理，出水 BOD 浓度小于 $20mg/L$，设计生物接触氧化池。

（1）有效填料体积：

填料容积负荷：$N_V = 800g\,BOD/(m^3 \cdot d)$

$$V = \frac{QS_0}{N_V} = \frac{500 \times 150}{800} = 93.75m^3$$

（2）氧化池总面积：设填料高 $2m$，分 2 层，每层高 $1m$；

$$A = \frac{W}{H} = \frac{93.75}{2} = 46.9m^2$$

（3）每格氧化池面积：设氧化池格数为 3 格；

$$A_1 = \frac{46.9}{3} = 15.6m^2 < 25m^2$$

（4）氧化池总高度：

取超高 h_1 为 $0.5m$，稳定区水深 h_2 为 $0.5m$，填料层间隙 h_3 为 $0.3m$，配水区高度 h_4 为 $0.5m$；

则：$H_0 = H + h_1 + h_2 + (m-1)h_3 + h_4 = 2 + 0.5 + 0.5 + (2-1) \times 0.3 + 0.5 = 3.8m$

（5）池内实际停留时间：

$$T_1 = \frac{46.9 \times 3.3 \times 24}{500} = 7.4h$$

图 6-4-9 是该接触氧化池的设计图。

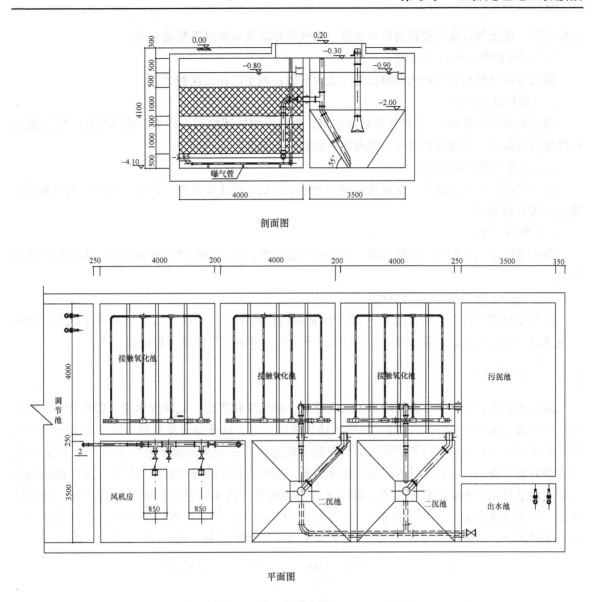

剖面图

平面图

图 6-4-9　生物接触氧化池设计图

6.5　曝气生物滤池

6.5.1　概述

曝气生物滤池（Biological Aerated Filter，BAF）是 20 世纪 80 年代末在普通生物滤池的基础上，借鉴给水滤池工艺而开发的污水处理新工艺，最初应用于污水的深度处理，后发展直接用于二级处理，从单一的工艺逐渐发展成曝气生物滤池为基础的多种组合处理工艺，实现有机物的降解、硝化、反硝化，达到去除 SS、COD、BOD、NH_3-N、PO_4-P，满足脱氮除磷的目的，已经广泛应用污水处理领域。

曝气生物滤池是普通生物滤池的一种变形形式，采用人工强制曝气，代替自然通风；采用粒径小、比表面积大的滤料，显著提高生物浓度；采用生物处理和过滤处理联合方式，省去了二次沉淀池；采用反冲洗方式，避免了堵塞的可能，同时提高了生物膜的活性；采用生化反应和物理过滤联合处理方式，同时发挥生物膜法和活性污泥法的优点。由于它具有生物氧化降解和过滤的双重作用，因而可以获得较好的出水水质。曝气生物滤池具有以下显著特点：

(1) 较小的池容和占地面积

曝气生物滤池具有较高的容积负荷，大大节省占地面积和土建费用。

(2) 简化处理流程

由于曝气生物滤池对 SS 的生物截留作用，使出水中的活性污泥很少，故不需要二次沉淀池和污泥回流泵房，处理流程简化，使占地面积进一步减少。

(3) 基建运转费用节省

由于池容积小和占地省，使基建费用大大低于常规二级生物处理，同时粒状滤料使充氧效率提高，可节省能源。

(4) 管理简单

曝气生物滤池没有污泥膨胀问题，微生物不会流失，能保持较高的生物浓度，因此日常管理简单。

(5) 抗冲击负荷能力强，耐低温

曝气生物滤池可在正常负荷 2～3 倍的短期冲击负荷下运行，而其出水水质变化很小。曝气生物滤池一旦挂膜成功，可以在 6～10℃水温下运行，并具有较好的运行效果。

6.5.2　工艺流程

曝气生物滤池的一般工艺流程由初次沉淀池、曝气生物滤池、反冲洗水泵、反冲储水池和鼓风机等组成，如图 6-5-1 所示。曝气生物滤池为周期运行，从开始过滤至反冲洗完毕为一完整周期，具体过程为：经预处理和初次沉淀池处理后的污水，主要是去除颗粒物质和 SS，避免滤池堵塞和频繁反冲洗，由滤池进水管进入滤池底部，空气经过穿孔曝气管同时进入，水流经滤料的同时，使填料表面附着大量微生物，填料上微生物利用气泡中转移到水中的溶解氧进一步降解 BOD，滤床继续去除 SS，污水中的 NH_3-N 转化为 NO_3-N。处理后水经由滤池出水区流出，随着过滤的进行，滤层中的生物膜增厚，过滤损失增大，此时需要对滤层进行反冲洗。

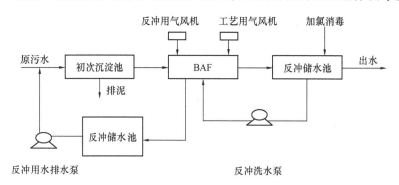

图 6-5-1　曝气生物滤池处理系统工艺流程图

6.5.2.1　除碳和硝化

对于去除氨氮，可采用两段曝气生物滤池，两段法可经在两座滤池中驯化不同功能的优势菌种，提高生化处理效率。

第一段生物滤池以去除污水中有机物为主，在该滤池中，优势生长的微生物为异氧菌，沿滤池高度方向从进水端到出水端有机物浓度处于递减，其降解速率也呈递减趋势，由于有机物降解速度较快，此时自氧微生物处于抑制状态。

第二段生物滤池主要对污水中的氨氮进行硝化，在该段生物滤池中，由于进水中有机物浓度较低，异养微生物较少，而优势生长的微生物为自养性硝化菌，将污水中的氨氮硝化成硝酸盐或亚硝酸盐。

两段也可合并在一个曝气生物滤池中，采用曝气生物滤池同步除碳和硝化时，必须降低有机负荷，此时，氨氮的去除一定程度上取决于有机负荷，当 BOD 有机负荷高于 $3.0kg/(m^3 \cdot d)$ 时，氨氮的去除明显受到抑制，因此在采用曝气生物滤池工艺去除有机物时，首先必须根据同类污水处理出水的数据选择适当的容积负荷，并在设计时留有一定的余量。同时除碳和硝化时，必须降低有机负荷，最好控制在 $2kg/(m^3 \cdot d)$ 以下，根据试验研究提出硝化生物滤池的适宜的氨氮表面负荷为 $0.4gNH_3\text{-}N/(m^2 \cdot d)$。

典型硝化工艺流程如图 6-5-2 所示，图中 C 表示去除有机物，N 表示氨氮硝化。

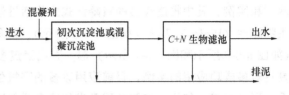

图 6-5-2 硝化滤池工艺流程图

6.5.2.2 反硝化

对于需要脱氮的污水，曝气生物滤池的反硝化通常有前置反硝化和后置反硝化两种。前置反硝化的前提是满足系统反硝化的碳源要求，污水首先经过反硝化滤池或滤池的反硝化段，把反硝化和硝化组合在一个滤池中，通过对不同滤料中的组合达到硝化和反硝化的目的；然后经过好氧滤池或滤池的好氧段，好氧池出水回流到反硝化滤池，硝化滤池的出水 $NO_3^-\text{—}N$ 回流到反硝化滤池，反硝化菌利用进水中的有机物作为电子供体，$NO_3^-\text{—}N$ 作为电子受体，进行电子转移，最终转化为氮气转移至空气中，达到污水脱氮的目的。

后置反硝化指污水首先经过硝化滤池或滤池的硝化段，出水进入反硝化滤池或滤池的反硝化段，后置脱氮技术不利的一面是需要外加碳源，运行成本相对较高，如何投加适当剂量的碳，需要可靠的控制和稳定的进水浓度，同时出水需要进行曝气去除过量的碳。

典型反硝化流程如图 6-5-3、图 6-5-4 所示，图中 C 表示去除有机物，N 表示氨氮硝化，DN 表示反硝化。

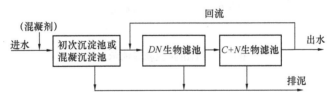

图 6-5-3 前置反硝化生物滤池工艺流程图

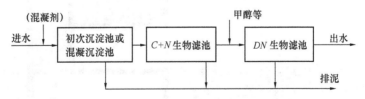

图 6-5-4 后置反硝化生物滤池工艺流程图

6.5.2.3 生物滤池除磷工艺

对于城镇污水处理厂，一般需要同时脱氮和除磷工艺，常用的磷去除技术有化学除磷和生物除磷两种方法。目前曝气生物滤池工艺需要借助铁盐、铝盐等混凝剂，对污水进行化学除磷，也有采用活性污泥和曝气生物滤池相结合的生物脱氮除磷技术。

曝气生物滤池的化学除磷药剂投加点有两种选择，一种是混凝沉淀处理，使磷积聚并分离到沉淀池中，达到污水除磷的目的。该工艺优点是工艺流程简单，控制方便；缺点是药剂耗量较大，剩余污泥较多，同时由于混凝沉淀去除一部分有机物，有可能引起后续反硝化碳源不足。

另外一种是同步沉淀和絮凝过滤，即在曝气生物滤池中投加化学药剂，沉淀物积聚在填料中，通过周期性反冲洗，将磷排出系统外，达到除磷的目的。该工艺药剂量相对较小，但是污泥被截留在曝气生物滤池内，会缩短生物滤池的运行周期，增加反冲洗的频率。

6.5.3 曝气生物滤池形式和构造

6.5.3.1 曝气生物滤池的形式

曝气生物滤池种类较多，其基本构造和形式也各不相同，国外在此方面具有很多成功应用的池型和实例，其中报道较多的有降流式生物活性炭（Biocarbone）工艺、法国公司开发的升流式生物滤池（Biofor）工艺（如图 6-5-5 所示）、法国公司开发的升流式生物滤池（biostyr）工艺（如图 6-5-6 所示和图 6-5-7 所示）等。国内经过多年的研究和工程实践，使曝气生物滤池在国内具有较多成功应用的实例，目前应用较多的曝气生物滤池的工艺有生物陶料滤池和上海市政工程设计研究总院（集团）有限公司开发的轻质滤料滤池（BIOSMEDI）工艺，如图 6-5-8 所示。

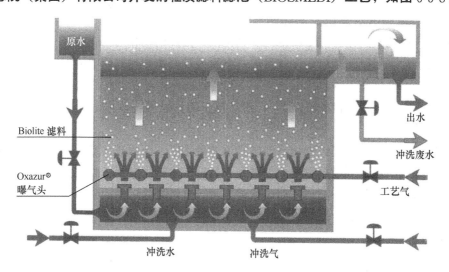

图 6-5-5　Biofor 生物滤池示意图

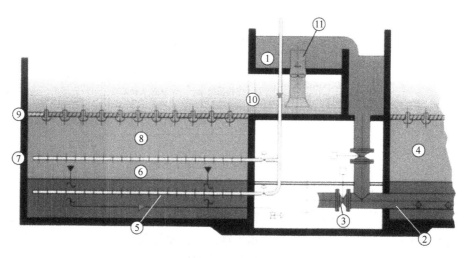

图 6-5-6　Biostyr 生物滤池的基本构造

①——配水廊道；②——滤池进水和排泥；③——反冲洗循环阀门；④——滤料；⑤——反冲洗气管；⑥——非曝气区；⑦——工艺空气管；⑧——曝气区；⑨——预制滤板；⑩——处理后水的储存和排出；⑪——回流泵

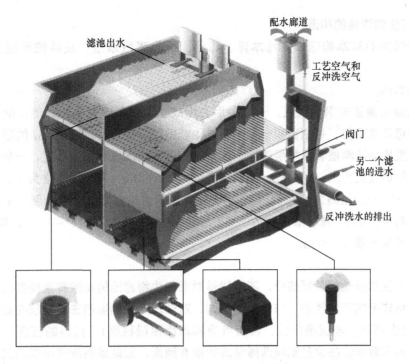

图 6-5-7 Biostyr 生物滤池示意图

曝气生物滤池一般有两种运行方式，一种是同向流，即池底进水与空气同向运行；另一种是逆向流，即从池上进水，水流与空气逆向运行。同向流由于气水流向相同，过滤阻力相对较小，但滤池配水系统需要防止堵塞；而逆向流气水流向相反，过滤阻力相对较大，滤速受到限制，滤层不易堵塞。

曝气生物滤池的滤料分为两种，密度大于 1 的滤料，如陶粒填料；密度小于 1

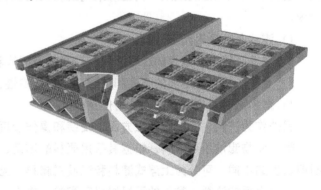

图 6-5-8 BIOSMEDI 生物滤池透视图

的滤料，如轻质悬浮填料，两种均能起到过滤和生物降解作用。其构造示意图如图 6-5-9、图 6-5-10所示。

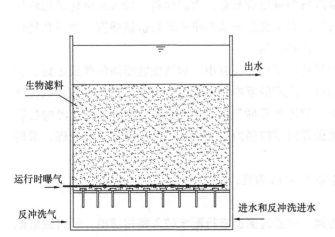

图 6-5-9 滤料密度大于 1 的滤池构造示意图
（气水同向流）

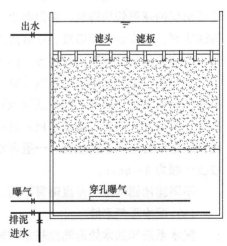

图 6-5-10 滤料密度小于 1 的滤池
构造示意图（气水同向流）

395

6.5.3.2 曝气生物滤池的构造

曝气生物滤池的基本构造由滤池本体、滤料、配水曝气系统、反冲洗系统、自控系统等组成。

（1）滤池本体

可采用混凝土池壁或钢制组成，一般采用 2 组或 2 组以上曝气生物滤池，便于 1 组反冲洗时，其余滤池可正常运行，每组面积一般不超过 $100m^2$，目前也有超过 $100m^2$ 的曝气生物滤池在运行。滤池高度根据滤料层和承托层厚度、配水布气区、清水区等综合确定，一般对于陶粒滤料滤池，配水布气区高度为 $1.0\sim1.2m$，滤料层高度为 $2.5\sim3m$，承托层高度为 $0.2\sim0.3m$，清水区高度为 $1.0\sim1.2m$，超高为 $0.3\sim0.5m$；对于轻质滤料滤池，不需要承托层，下部需设反冲洗区和排泥区，高度为 $2m$，滤料层高度为 $2\sim2.5m$，清水区高度为 $0.6\sim0.8m$，兼作反冲洗水，所以滤池总体高度一般为 $5\sim7m$。

（2）滤料

滤料是曝气生物滤池的关键部分，不同滤料对曝气生物滤池的功效有直接关系，同时也对曝气生物滤池的结构形式产生影响。作为生物载体，对处理效果的影响主要反映在滤料的表面性质（包括滤料的比表面积、表面亲水性、表面电荷和表面粗糙程度）、滤料的密度、空隙率、强度等，滤料原材料来源和价格也是滤料选择考虑的重要因素，因此滤料形式不仅决定了可供生物膜生长的比表面积和处理效果，而且影响构筑物的池型和工程造价，作为生物滤料，必须满足以下要求：

1）滤料必须采用无毒材料；

2）滤料必须具有较大的比表面积，较高的空隙率和表面适合微生物生长；

3）滤料必须具有足够的强度和化学、生物稳定性；

4）滤料原材料来源广泛，价格便宜。

另外作为滤料，还需要加工方便，安装和操作管理方便等要求。

曝气生物滤池所用滤料，根据其采用原料的不同，可分为无机滤料、有机高分子滤料；根据滤料密度的不同，可分为上浮式滤料和沉没式滤料。无机滤料一般为沉没式滤料，有机高分子滤料一般为上浮式滤料。常见的无机滤料有陶粒、焦炭、石英砂、活性炭、膨胀硅铝酸盐等，有机高分子滤料有聚苯乙烯、聚氯乙烯、聚丙烯等。

我国曝气生物滤池滤料的研究以无机滤料中的陶粒为最多，这是因为陶粒作为滤料的一种，材料低廉易得，早期的陶粒大多采用页岩直接烧制、破碎、筛分而成，为不规则状（片状居多）。最近出现的球形轻质陶粒，采用黏土（主要成分为偏铝硅酸盐）为原材料，加入适当化工原料作为膨胀剂，经高温烧制而成。在轻质滤料方面，有机高分子滤料由于滤料价格便宜、滤料粒径均匀，比表面积和空隙率大等优点，逐渐得到推广和应用。

滤料的粒径主要取决于曝气生物滤池的功能，滤料粒径越小，曝气生物滤池的效果越好，但小粒径会使其工作周期变短，滤料也不易清洗，相应的反冲洗水量也会增加，而大颗粒滤料虽然改善了滤池操作条件，减少了反冲洗的次数，但不利于脱氮和 SS 的去除，因此应综合考虑各种因素以选定合适的滤料粒径，一般污水二级处理采用粒径为 $4\sim6mm$，对于污水深度处理，采用粒径一般为 $3\sim5mm$。

不同滤池滤料层的高度略有不同，一般以 $2\sim3m$ 为宜。

（3）配水曝气系统

配水系统和给水处理滤池基本相同，滤池一般通过廊道进行配水进入每格滤池，通过跌落配水以达到每格滤池进水均匀的目的。

对于陶粒等密度大于 1 的滤料滤池，一般有 2 种滤池底部配水形式，一种是类似 V 形滤池，采用滤头和滤板用于支撑，滤头布置在水平承重板上，每 m² 布置 50～60 个，滤池进水首先进入滤池底部，通过滤头缝隙配水进入滤层；另外一种类似普通快滤池，采用大阻力配水系统，通过穿孔管布水；由于滤头缝隙和穿孔配水管出水孔径较小，此时要求进水进行预处理，确保无颗粒性物质和杂质，否则会堵塞滤头，影响滤池使用。所以为防止滤池配水系统堵塞，进入生物滤池的污水需要严格的预处理，以去除悬浮物质和垃圾。为防止滤料堵塞，国内陶粒滤料滤池进水多采用下向流。

曝气生物滤池最简单常用的曝气装置为穿孔曝气管，同时由于不同格滤池运行工况不同，当每格滤池运行阻力相差较大时，陶粒滤料滤池每格宜采用单独的风机供气。在实际应用中，由于反冲洗曝气和充氧曝气供气量相差较大，采用同一套布气系统会导致供氧布气不均匀，因此一般曝气和反冲洗布气系统分开设置，曝气布气多采用穿孔管布气，穿孔管采用塑料或不锈钢材质，穿孔孔径一般为 3～5mm，空气通过孔口宜有一定的阻力，同时孔口设置时应防止曝气时管道断面存有积水，以达到滤池布气均匀的目的。

对于密度小于 1 的轻质滤料，滤料通过多孔滤板支撑，防止滤料流失，进水直接进入滤料下层，通过滤层阻力达到均匀配水，然后通过滤板出水，由于进水首先经过滤料过滤再通过滤板，相对滤池堵塞的可能性较小，同时由于轻质滤料滤径较均匀，过滤阻力较小，不同格滤池可以共用一套曝气供气系统，配气管需要一定的阻力，以确保曝气均匀。

（4）反冲洗系统

随着过滤的进行，由于滤料层内生物膜逐渐增厚，SS 不断积累，过滤水头损失逐步加大，在一定进水压力下，设计流量将得不到保证，此时即应进入反冲洗阶段，以去除滤料内过量的生物膜和 SS，恢复滤池的处理能力。滤池需要定期或根据水头损失进行冲洗，依据不同的处理情况，也可通过自控系统作为反冲洗的控制条件。反冲洗频率一般与进水水质等因素有关，一般进水中有机物浓度和颗粒物质越高，反冲洗越频繁。滤池反冲洗后，应在滤层中保持一定的生物量，既要恢复过滤能力，又要保证滤料表面仍附着有足够的生物体，使滤池能满足下一周期净化处理要求。

目前大多数滤池反冲洗与给水处理中的 V 形滤池相似，一般采用气水联合反冲洗方式，根据规范要求，反冲洗空气强度宜为 10～15L/(m²·s)，反冲洗水强度不应超过 8L/(m²·s)，反冲洗一般分 3 个阶段进行：

1）单独压缩空气反冲洗，使黏附在滤料表面的大量生物膜剥落下来，反冲洗时间为 3～5min。

2）气水联合反冲洗，在压缩空气和水的作用下，滤料产生松动，并略有膨胀，同时反冲洗水可将剥落的生物膜带出，反冲洗时间为 2～3min。

3）单独用水漂洗，反冲洗时间为 5～6min。

对于密度小于 1 的 BIOSMEDI 轻质滤料滤池，反冲洗采用脉冲冲洗专利技术，该反冲洗需要与特定的滤池结构形式相匹配，冲洗原理是在反冲洗时，通过在滤层下部形成一段气垫层，当气垫层达到一定高度后，瞬时排空气垫层中的空气，导致滤料层突然向下膨胀，从而把附着在滤料上的悬浮物质脱落，经反冲洗脱落的污泥进入滤池底部，然后打开排泥阀，排除底部污泥，同时对滤料进行漂洗，达到清洁滤料的目的。

冲洗过程分为 3 个阶段：

1）短暂打开排泥阀，时间约为 0.5～1min，以排除上一阶段底部沉积的污泥；

2）脉冲洗阶段，通过在气垫层内充气和放气，在滤池下部充入空气，后短时放气，使滤池内水突然向下，形成对滤料的反冲洗，约 2～3 次；

3）水漂洗，脉冲洗结束后，排泥阀保持全开，利用滤池出水对滤料进行漂洗。

脉冲反冲洗方式不需要专门的反冲洗水泵和鼓风机，直接利用滤池的出水进行反冲洗，不需要反冲洗储水池，具有反冲洗时耗水量、耗气量小的特点，是一种高效低能耗的反冲洗形式。

6.5.4 曝气生物滤池影响因素

6.5.4.1 滤料

滤料作为曝气生物滤池的核心组成部分，影响着曝气生物滤池的发展。事实上，BAF 性能的优劣很大程度上取决于滤料的特性，滤料的研究和开发在 BAF 工艺中至关重要，目前，滤料多为专利产品或处于保密状态，常用的滤料有石英砂、陶粒和塑料制品，包括合成纤维、聚苯乙烯小球、波纹板等。

我国曝气生物滤池的滤料以陶粒和轻质滤料为最多，陶粒用黏土（主要成分为偏铝硅酸盐）为原材料，经高温烧制而成；轻质塑料滤料采用人工合成材料制造，材料低廉易得，具有较高比表面积、高空隙率、低成本等特点。

滤料的粒径主要取决于曝气生物滤池的功能。一般滤料粒径越小曝气生物滤池的效果越好，但小粒径会使其工作周期变短，滤料也不易清洗，相应的反冲洗水量也会增加，因此应综合考虑各种因素确定合适的滤料粒径。目前，曝气生物滤池普遍采用的滤料粒径为 $3 \sim 6mm$，滤层厚度为 $2 \sim 4m$。

6.5.4.2 负荷

曝气生物滤池一般采用两种负荷：容积负荷（$kg/(m^3 \cdot d)$）和水力负荷（$m^3/(m^2 \cdot h)$），水力负荷也称滤速。根据滤池的功能和要求不同，滤池的滤速也不同。一般认为，在滤料停留时间一定的情况下，增大水力负荷，有利于提高去除效果，因此在处理污水的进水有机物和氨氮浓度较高时，一般对曝气生物滤池增加回流措施，提高水力负荷，从而提高滤池的容积负荷，提高曝气生物滤池的处理效率。

6.5.4.3 反冲洗

普遍采用的反冲洗方式是气水联合反冲洗，即先用气冲，再用气、水联合冲洗，最后再用水漂洗。不同形式、不同滤料的曝气生物滤池，其反冲洗强度、历时、周期各不相同，用水量和用气量也存在较大差异，但常规采用强制气水反冲曝气生物滤池耗水量一般较高。

针对特定的轻质滤料滤池，脉冲反冲洗由于反冲洗设备和构筑物少，冲洗效果好，冲洗过程中耗水、耗气量少，是一种较为先进的冲洗方式。

6.5.4.4 水温

水温是影响生物处理的重要因素，温度提高有利于传质和微生物的代谢，微生物的代谢主要由酶完成，酶的催化作用与温度密切相关，当温度很低时，微生物的代谢能力较低，处理效果将明显下降，随着温度的升高，微生物的代谢能力明显增强。试验证明：水温从 $10℃$ 上升到 $35℃$，微生物的活性增加一倍。因此，温度在微生物活动中起非常重要的作用，严重影响处理效果，一般由于硝化、反硝化反应机理受进水水温影响较大，温度高，微生物活动能力强，新陈代谢旺盛，氧化和呼吸作用强，处理效果好。但温度过高或过低，微生物的生命活动都受到抑制，处理效果受到影响。

6.5.4.5 pH 值

pH 值对微生物的影响因素主要表现在以下几个方面：

1）引起微生物表面电荷的改变，影响基质的吸收；

2）引起酶活性的改变；

3）影响基质的带电状态从而影响基质向微生物细胞的渗入，多数非离子状态化合物比离子状态化合物更易进入细胞，不同的微生物其适宜的 pH 值是不同的。

6.5.5　曝气生物滤池设计计算

6.5.5.1　曝气生物滤池的设计原则

(1) 曝气生物滤池的池型可采取上向流或下向流形式，在曝气生物滤池前应设置沉砂、初次沉淀池或混凝沉淀池等处理措施，进入生物滤池的悬浮物不宜大于 60mg/L。

(2) 曝气生物滤池池体不应少于 2 座，一座滤池反冲洗时，其余滤池能通过全部流量。

(3) 曝气生物滤池池体高度宜为 5～7m。

(4) 曝气生物滤池应定期反冲洗，反冲洗可采用气水反冲洗，也可采用其他反冲洗方式，反冲洗的目的是脱落老化生物膜，同时需要在滤池中保持一定量的生物膜，采用气水反冲洗时，曝气充氧系统与反冲洗宜分开设置，应设置反冲洗补充水源和反冲洗排泥水储泥池等设施。

(5) 曝气生物滤池后不设二次沉淀池。

(6) 曝气生物滤池滤料应具有强度大、不易磨损、空隙率高、粒径均匀、比表面积大、化学物理稳定性好、易挂膜、生物附着性强等特性，滤料颗粒的粒径应根据进水水质确定。

6.5.5.2　曝气生物滤池的负荷

(1) BOD 容积负荷

曝气生物滤池的 BOD 容积负荷是指每立方米滤料每天所能接受并降解 BOD 的量，以 kgBOD/(m³ 滤料·d) 表示。此值的选定取决于所处理污水的类型和对处理水水质中 BOD 的要求。由于曝气生物滤池在我国的应用尚处于起步阶段，所借鉴的工程实际资料和数据不多，建议在进行污水二级处理时，当要求出水 BOD 分别为 30mg/L 和 10mg/L 时，BOD 容积负荷的取值分别为 4kg BOD/(m³ 滤料·d) 和 ≤2kgBOD/(m³ 滤料·d)，而当曝气生物滤池除了对 BOD 降解外，还对氨氮硝化有要求时，BOD 容积负荷的取值一般 ≤2kgBOD/(m³ 滤料·d)；当进行深度处理时 BOD 容积负荷取值为 0.12～0.18kgBOD/(m³ 滤料·d)。

(2) 氨氮负荷

对于硝化曝气生物滤池，其计算方法一般有两种，按滤料表面负荷计算法和容积负荷计算法。

滤料表面负荷计算法：硝化曝气生物滤池的滤料氨氮表面负荷是指每平方米滤料每天所能接受并降解的氨氮的量，以 gNH₃-N/(m² 滤料·d) 表示，该值取决于所处理污水中 NH₃-N 的浓度，并与处理水的温度、供氧量和滤池的水力负荷有关。对于完全硝化的生物滤池，滤料适宜的表面负荷为 $0.4gNH_3-N/(m^2 \cdot d)$（出水 $NH_3-N<2mg/L$，$T=10℃$）。在一般滤料（如塑料滤料）中，当温度为 10～20℃ 时，适宜的负荷为 $0.5～1.0g\ NH_3-N/(m^2 \cdot d)$，图 6-5-11 表示氨氮负荷对硝化作用效率的影响。

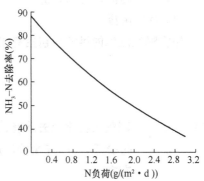

图 6-5-11　氨氮负荷对硝化作用
去除效率图

在进行硝化曝气生物滤池的计算时，首先需计算滤池内滤料的体积，然后再计算其他部分尺寸。滤料体积的确定可先计算出所需滤料的总面积，然后再除以单位体积滤料的比表面积而得出滤料总体积。所需滤料的总表面积计算为：

$$A = \frac{Q\Delta C}{q_{NH_3-N}} \tag{6-5-1}$$

式中　A——所需滤料的总表面积，m²；

　　　Q——进入滤池的日平均污水量，m³/d；

　　　ΔC——进出滤池 NH₃-N 浓度的差值，mg/L；

q_{NH3-N}——滤料的 NH_3-N 表面负荷，gNH_3-N/($m^2 \cdot d$)。

6.5.5.3 曝气生物滤池的设计计算

在进行曝气生物滤池的计算时，首先需计算滤池内滤料的体积，然后再计算其他部分尺寸。

（1）滤料层体积

$$V = \frac{QS_0}{1000N_V} \tag{6-5-2}$$

式中　V——滤料体积，m^3；

　　　Q——进水流量，m^3/d；

　　　S_0——进水 BOD_5 或氨氮浓度，mg/L；

　　　N_V——相应于 S_0 的 BOD_5 或氨氮容积负荷，$kgBOD_5/(m^3 \cdot d)$或 $kgNH_3$-N/($m^3 \cdot d$)。

（2）单格滤池的面积

$$A_1 = \frac{V}{nH_1} \tag{6-5-3}$$

式中　A_1——每格滤池的平面面积，m^2；

　　　V——滤料体积，m^3；

　　　n——分格数；

　　　H_1——滤料层高度，m。

曝气生物滤池的分格数一般不应少于 3 格，每格的最大平面尺寸一般不大于 $100m^2$。

（3）滤池的高度

$$H = H_1 + H_2 + H_3 + H_4 \tag{6-5-4}$$

式中　H——滤池的总高度，m；

　　　H_2——底部布气布水区高度，m；

　　　H_3——滤层上部最低水位，m；

　　　H_4——超高，约 0.5m。

（4）空气用量

生物曝气滤池的供气量包括有机物去除所需氧量和硝化所需氧量之和，计算方式为：

$$R_c = a' \cdot \Delta C_{BOD5} + b'P \tag{6-5-5}$$

$$R_N = 4.57\Delta C_{NH3-N} \tag{6-5-6}$$

式中　R_c——曝气生物滤池去除有机物的供氧量，kgO_2/d；

　　　a'——每公斤 BOD_5 完全降解所需要的氧量，$kgO_2/kgBOD_5$，对于城镇污水，此值为 1.46 左右；

　　ΔC_{BOD5}——每天去除 BOD_5 量，kg/d；

　　　b'——单位重量活性生物膜的需氧量，此值约为 0.18kg/kg 活性生物膜；

　　　P——滤料上覆盖的活性生物膜量（kg），根据休凯莱基安的实测，处理城镇污水的普通生物滤池生物膜污泥量为 $4.5\sim7kg/m^3$，高负荷生物滤池则为 $3.5\sim6.5kg/m^3$；

　　　R_N——曝气生物滤池硝化的供氧量，kgO_2/d；

　　ΔC_{NH3-N}——每天硝化的氨氮量，kg/d。

（5）污泥产量

污泥产量是污泥产率系数与去除的 BOD 量的乘积，污泥产率系数计算为：

$$Y = \frac{0.6 \times \Delta SBOD_5 + 0.8 \times X_0}{\Delta BOD_5} \tag{6-5-7}$$

式中　　Y——污泥产率系数，$kgVSS/kgBOD_5$；

　　$\Delta SBOD_5$——滤池进出水中可溶解性的 BOD_5 浓度之差，mg/L；

X_0 ——滤池进水悬浮物质浓度，mg/L；

ΔBOD_5 ——滤池进、出水 BOD 浓度之差，mg/L。

由此可见，污泥产率系数与进水中的可溶解性的 BOD 和进水中悬浮物浓度相关。

污泥产率系数除按式(6-5-7)计算外，也可按 0.75kgVSS/kgBOD$_5$ 估算；

（6）反冲洗水池和反冲洗储泥池

反冲洗水池和反冲洗储泥池的有效容积不得小于反冲洗一格滤池所需的最大水量，实际应用过程中，一般反冲洗水池按一格滤池冲洗水量的 1.5 倍计算。

6.5.5.4　计算实例

某污水处理厂，设计规模为 30000m^3/d，总变化系数为 1.6，冬季水温为 12℃，进水水质：BOD$_5$ = 150mg/L，NH$_3$-N = 25mg/L，SS = 180mg/L，TP = 3.5mg/L，出水水质：BOD$_5$ ≤ 20mg/L，NH$_3$-N ≤ 8mg/L，SS ≤ 20mg/L，TP ≤ 0.5mg/L

从进出水水质指标可以看出，污水处理有脱氧除磷要求，因此，生物滤池的设计应以脱氮除磷为主要目标。

由于生物滤池除生物反应去除有机污染物外，部分污染物靠滤料截流去除，因此，要求进入滤池的 SS 尽可能低，以减少滤池的反冲洗周期。采用混凝沉淀处理，假定混凝沉淀处理去除 50% 的 BOD$_5$ 和 70% 的 SS，则进入曝气生物滤池的 BOD$_5$ 和 SS 分别为 75mg/L 和 54mg/L。

（a）滤池尺寸计算

滤料的比表面积为 1000m^2/m^3。

取滤池滤料的面积负荷 0.35g NH$_3$-N/(m^2·d)

假如有机氮的转化导致氨氮的增加和有机物合成导致氨氮的减少相互抵消，则需硝化的 NH$_3$-N 量为：30000 × (25 - 8) = 510000gNH$_3$-N/d

滤料总表面积为 510000/0.35 = 1457140m^2

滤料体积为 1457140/1000 = 1457m^3

取滤料高度 h_1 = 2.5m，配水室高度 h_2 = 2.0m，清水区高度 h_3 = 0.8m，超高 h_5 = 0.5m，则滤池总高度为：

$$H = h_1 + h_2 + h_3 + h_4 = 2.5 + 2.0 + 0.8 + 0.5 = 5.8m$$

曝气生物滤池分为 10 格，则每格滤池面积为 1457/2.5/10 = 58m^2

每格取有效平面尺寸为 7.0m × 9.0m = 63m^2。

复核容积负荷：

BOD$_5$ 容积负荷：N_V = 30000 × (0.075 - 0.02)/(7.0 × 9.0 × 10 × 2.5) = 1.05kg BOD$_5$/(m^3 滤料·d)，BOD$_5$ 容积负荷小于 2kgBOD$_5$ (m^3 滤料·d)

（b）剩余污泥量计算

污泥产率按 0.75kgVSS/kgBOD$_5$ 计，则

$$\Delta S = 0.75 × \Delta BOD_5 = 0.75 × 30000 × (0.075 - 0.02) = 1237.5kgVSS/d$$

假设 VSS/SS = 0.7，则产生的污泥量为 1768kgTS/d。

（c）需氧量计算

$$N = 1.46 × \Delta BOD_5 + 0.18P + 4.57 × \Delta N$$
$$= 30000 × 1.46 × (0.075 - 0.02) + 0.18 × 7.0 × 9.0 × 2.5 × 4.0$$
$$+ 30000 × 4.57 × (0.025 - 0.008)$$
$$= 4853kg O_2/d$$

（d）滤池布置

曝气生物滤池的布置如图 6-5-12 和图 6-5-13 所示。

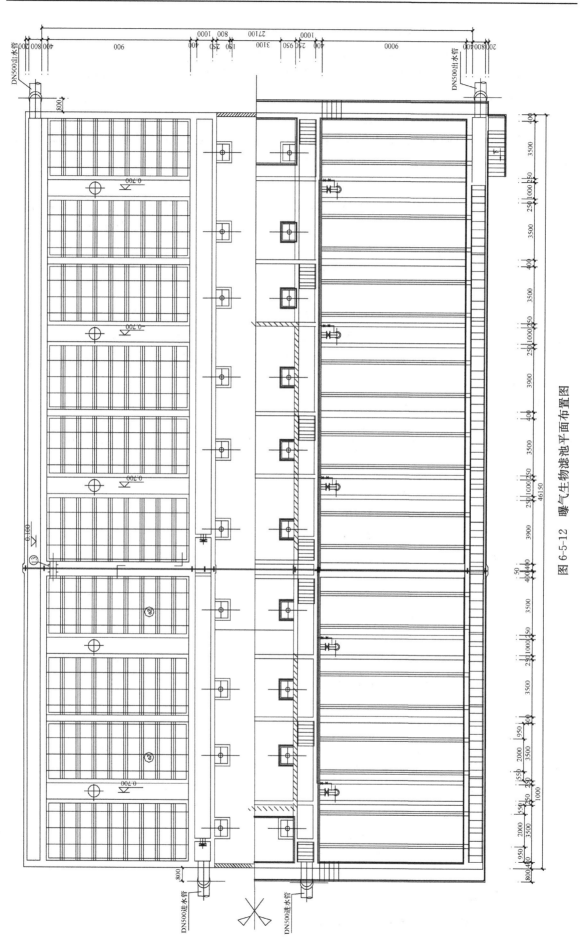

图 6-5-12 曝气生物滤池平面布置图

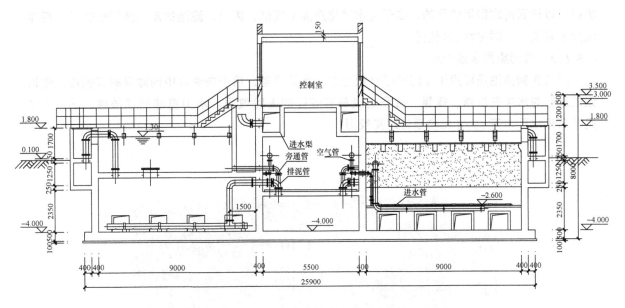

图 6-5-13　曝气生物滤池剖面布置图

6.5.6　曝气生物滤池应用

6.5.6.1　城镇污水处理

曝气生物滤池用于城镇污水处理中，一般前面设置混凝沉淀池和初次沉淀池，去除悬浮物质，然后进入曝气生物滤池进行生物处理，去除水中的有机物和一部分氨氮，图 6-5-14 为某厂 3 万 m^3/d 规模的曝气生物滤池实景图。

图 6-5-14　曝气生物滤池实景图

该厂在曝气生物滤池处理前采用混凝沉淀处理，经曝气生物滤池处理后出水达到二级排放标准，实际运用过程中，应注意加强混凝沉淀处理的运行和管理，确保混凝沉淀处理达到预期的处理效果，否则如大量的悬浮物质和有机物进入曝气生物滤池，会增加滤池的负荷，影响滤池的处理效果和增加滤池的反冲洗频率。

6.5.6.2　再生水回用

曝气生物滤池还可用于污水二级处理后的深度处理，用于进一步去除污水中的氨氮和部分有机物，以达到污水回用的目的，由于污水硝化产泥率较低，因此，滤池的反冲洗周期较长，反冲洗频率较低，同时出水 SS 较好。

6.5.6.3 微污染原水预处理

曝气生物滤池还可用于微污染原水预处理、水体修复，用于去除水中的微量的有机物，生物预处理能对水中有机物、氨氮、锰和色度等有较好的去除效果，水中臭味明显改善，图 6-5-15 是某自来水厂 7 万 m^3/d 生物预处理实景图。

图 6-5-15　某自来水厂 7 万 m^3/d 曝气生物滤池预处理实景图

6.6　复合式生物膜反应器

6.6.1　投料活性污泥工艺

投料活性污泥工艺又称活性污泥和生物膜的组合工艺，该技术近年来在欧美等国家得到较为广泛的研究和应用，并开发出很多高效的载体，形成一种新型污水处理工艺，工艺流程如图 6-6-1 所示，其目的是通过投加载体提高活性污泥反应池内的生物量，一般通过以下两种途径实现。

6.6.1.1 通过投加载体的方法增加附着态微生物，其量随载体种类和投加数量的不同变化较大。

6.6.1.2 附着态和悬浮态微生物共存，能够改善后者的沉降性能，从而提高生物反应池内悬浮污泥浓度。污泥沉降性能改善的原因有：第一，填料降低了曝气对活性污泥絮凝体的剪切力，使其絮凝性更强；第二，丝状菌在载体上附着生长，使其在悬浮态污泥中不占优势，可抑制因丝状菌引起的污泥膨胀；第三，填料上附着大量原生动物能够抑制丝状菌的增殖。

根据填料形式和在反应器中固定方式不同，投料活性污泥工艺有两种典型的工程应用形式：固定载体和悬浮载体复合式工艺。在固定载体工艺中，填料是被固定在框架中，其优点是填料不会随水漂移，无堆积之忧，但填料会出现流速分布不均而造成短流现象；悬浮载体是采用密度接近于水，轻微搅拌下易于随水自由运动的生物填料，其优点是具有较好的混合效果，能够保证高效的传质过程，避免了短流和由微生物生长和悬浮固体造成的填料堵塞现象，但悬浮填料会随水流向出水口处聚集，生物反应池出口需设有拦截筛网，两种不同填料形式的反应器如图 6-6-2 所示。

投料式悬浮活性污泥浓度和有机负荷的关系式为：

$$X = \frac{Y(S_0 - S_e) - \alpha t Y J K_d / b_t}{t(1/\theta_c + K_d)}$$

$$(6-6-1)$$

式中　X——悬浮态污泥浓度，mg/L；

　　　Y——产率系数，kgVSS/kgBOD$_5$；

　　　S_0——进水有机物浓度，mg/L；

　　　S_e——出水有机物浓度，mg/L；

　　　t——水力停留时间，h；

　　　α——反应池填料的比表面积，m^2；

　　　J——生物膜的基质传递速率；

　　　b_t——衰减系数和比剪切损失率的加和（$bt = Kd + b_s$）；

　　　b_s——比剪切损失率；

　　　θ_c——悬浮态污泥的泥龄（SRT），d；

　　　K_d——衰减系数。

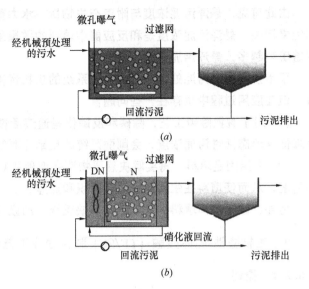

图 6-6-1　投料活性污泥工艺流程图
（a）无反硝化内回流；（b）有反硝化内回流

（a）

（b）

图 6-6-2　投料活性污泥生物反应池效果图
（a）固定载体；（b）悬浮载体

由此可见，悬浮污泥浓度与附着态生物量、水力剪切力的强度、基质在生物膜内的传递速率等因素相关，悬浮污泥浓度是和反应器中填料的数量呈负相关的，也就是说，反应器中的生物可附着填料越多，悬浮污泥量越少。

采用投料活性污泥处理工艺，由于系统的生物量得到提高，因此多用于传统污水处理厂的改造，但在应用过程中也存在一些问题：

（1）对于脱氮除磷工艺，除磷和反硝化是通过活性污泥完成，投加填料能提高硝化效果，但会降低悬浮态活性污泥浓度，会削弱系统的反硝化脱氮和除磷效果。

（2）采用固定填料，需要解决悬浮物堵塞现象和短流现象，对于悬浮性填料，需要保证填料的密度，从而使填料在生物反应池不沉积和漂浮。

另外，由于不同填料的性能不同，缺乏统一的设计参数。

6.6.2 生物滤池-固体接触（TF/SC）联合处理工艺

6.6.2.1 概述

生物滤池具有造价和运转费用低，而且运转稳定，管理简单等特点，但应用过程中，生物滤池出水的 BOD_5 和悬浮物一般在 $20\sim40mg/L$，大多数高于 $30mg/L$，不能适应新的水质标准，为提高生物滤池出水水质，在 20 世纪 70 年代末，美国提出生物滤池/固体接触（TF/SC）新工艺，由于应用生物絮凝技术，提高固液分离效果，其出水水质中 BOD_5 和悬浮物可控制在 $10mg/L$ 以下。

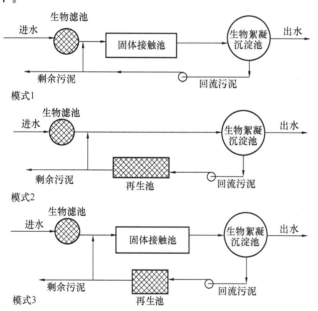

图 6-6-3　生物滤池－固体接触（TF/SC）联合处理工艺流程

6.6.2.2 工艺流程和构造

生物滤池－固体接触（TF/SC）联合处理工艺流程的主要模式有 3 种，分别适应不同特点的水质，如图 6-6-3 所示，其中模式 1 为常用的一种模式。

高负荷生物滤池/固体接触法由 4 个处理过程组成：高负荷生物滤池、固体接触、生物絮凝、二次沉淀，另外需在流程的前面设置如初次沉淀池等的一级处理，以满足生物滤池对进水水质的要求。

（1）高负荷生物滤池

高负荷生物滤池在流程中的作用是降解污水中的溶解性 BOD_5。污水经高负荷生物滤池后，溶解性的 BOD_5 得到一定的去除，并使剩余的溶解性有机物变得更容易生物降解，提高后续固体接触进一步去除 BOD_5 的速率。

（2）固体接触

固体接触在固体接触池中进行，固体接触池的构造类似活性污泥法中的生物反应池，高负荷生物滤池出水 BOD_5 较高的一个重要原因是出水中含有较多的难沉降的生物膜细粒，固体接触池的作用是使高负荷生物滤池出水中细小的固体物质与来自二次沉淀的回流污泥充分接触，在好氧条件下，产生生物絮凝作用，使那些细小的固体被吸附或黏附在活性污泥上，形成易沉降的絮体。同时，污水中剩余的溶解性 BOD_5 通过生物化学作用，进一步被氧化除去。

由于进入固体接触池的溶解性有机物已通过高负荷生物滤池降解，在固体接触池中溶解性 BOD_5 的去除速率要比活性污泥法曝气池中快，要达到同样的去除效果，固体接触池的水力停留时间要小很多。

(3) 生物絮凝

从固体接触池流出的混合液进入生物絮凝反应器，做进一步的絮凝反应。生物处理要取得良好的效果，除了需要有充分的生物化学反应外，还必须有良好的固液分离。生物处理出水的 BOD_5 或 COD 值与出水中的 SS 浓度存在着密切的相关性。若固液分离的效果差，出水 SS 浓度高，则出水 BOD_5 和 COD 值必然也高，不能取得满意的出水水质。固液分离的效果除了与二次沉淀池的设计和运行有关外，很大程度上还取决于活性污泥絮体的性质。活性污泥是一种很脆弱的絮体，在生物反应池或固体接触池中，由于人工曝气作用，水中形成强烈的紊动，由此而产生水中的巨大剪力，使活性污泥的絮凝反应难以完全，从而生成相当一部分未能絮凝好的微小粒子。在絮凝反应器中，控制好适合活性污泥絮凝反应的条件，可使混合液中的固体物质再凝聚成沉降性能良好的絮体。研究表明，活性污泥通过絮凝反应，水中的那些微小的胶体颗粒也可进一步絮凝，使沉淀出水 SS 更低。生物絮凝反应器应建立在二次沉淀池之中，使已絮凝好的混合液直接进入沉淀池的沉淀区，以免混合液在输送过程中再发生絮体破碎现象，影响二次沉淀池的固液分离效果。

(4) 二次沉淀池

高负荷生物滤池/固体接触法中的二次沉淀池设有絮凝反应器，这种沉淀池称为生物絮凝沉淀池，其特点是沉淀效果好，负荷高。

6.6.2.3 工艺适用性

高负荷生物滤池/固体接触法出水水质中 BOD 和 SS 均较低，同时由于固体接触池中的活性污泥与传统的活性污泥不同，其中含有大量的生物膜碎片，该工艺能够很好地控制丝状微生物的生长，不会发生污泥膨胀，污泥量相对常规活性污泥法略少。

固体接触池的设计要求同时考虑可生物降解有机物和良好的絮凝条件的建立，生物滤池与固体接触池作为一个系统进行设计，一般生物滤池负荷越低，有机物的降解程度彻底且絮凝程度越好，降低了固体接触池对有机物的降解和絮凝要求，反之，生物滤池负荷越高，则对固体絮凝池有机物的稳定化程度越大且要求絮凝作用越强。

根据有关资料，生物滤池/固体接触法达到良好絮凝效果所需的生物滤池负荷和悬浮生长生物反应器的污泥泥龄之间关系的一般参数如表 6-6-1 所示。

生物滤池负荷和污泥泥龄的一般参数 表 6-6-1

生物滤池负荷 $(kgBOD_5/(m^3 \cdot d))$	固体接触池泥龄 (SRT)	生物滤池负荷 $(kgBOD_5/(m^3 \cdot d))$	固体接触池泥龄 (SRT)
3~4	3.0	0.6~1.0	1.0
2~2.5	2.0	<0.6	<1.0

由于生物滤池增长的微生物会脱落进入悬浮生长生物反应器，这样的增长必须以整个工艺过程中的废固体产量计算，通常以污泥产率估算固体的产生量。污泥产率受生物滤池污泥负荷的影响，且随污泥负荷减少而降低，一般污泥产率在 $0.7\sim0.9kgTSS/kgBOD_5$ 的范围内。

该工艺由于采用高负荷生物滤池，污水提升能耗较高，同时处理流程较长，对氮、磷要求较高的场合需要进一步深度处理。

6.6.3　活性污泥-曝气生物滤池联合双污泥处理工艺

6.6.3.1　工艺流程

传统生物脱氮除磷工艺中多采用活性污泥法，聚磷菌、反硝化菌、硝化菌等共存于同一活性污泥系统，生物法除磷是通过污泥过量吸磷后富含磷污泥排除而去除，要求污泥泥龄较短，而达到硝化则所需污泥泥龄较长，因此在传统工艺运行过程中，必然存在硝化菌与聚磷菌的不同泥龄之间的矛盾，使除磷和硝化相互干扰。

为了克服以上矛盾，近年来出现了采用活性污泥法和曝气生物滤池联合的污水处理工艺，目前较为典型的是双污泥脱氮除磷处理（PASF）工艺，该工艺能适应新的污染物排放标准，是较新的脱氮除磷处理技术，其工艺流程如图 6-6-4 所示。

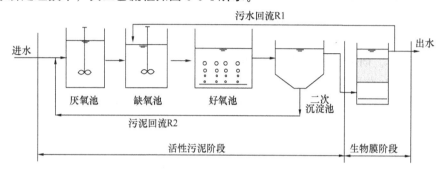

图 6-6-4　双污泥系统工艺流程图

在双污泥脱氮除磷处理系统中，污水处理工艺分为前后两个阶段，前阶段采用厌氧池、缺氧池、短泥龄好氧池、沉淀池相结合的短泥龄的活性污泥法，污泥负荷较高，泥龄较短，满足有机物去除、除磷和反硝化要求；后阶段为生物膜法，采用曝气生物滤池进行硝化，污水顺序流经活性污泥法阶段和生物膜法阶段。系统有污水回流和污泥回流，污水回流是生物滤池出水部分回流至活性污泥阶段缺氧池，以进行反硝化进行部分脱氮，污泥回流是沉淀池污泥部分回流到活性污泥阶段厌氧池，富含磷剩余污泥从沉淀池排出。

6.6.3.2　工艺特点

（1）解决了硝化细菌和聚磷菌的泥龄矛盾

不同菌种在最佳环境中生长，与常规工艺相比，PASF 工艺采用两个污泥系统，双污泥系统（聚磷菌、反硝化菌共存于活性污泥系统，硝化菌存在于生物膜系统）可分别控制硝化菌和异养菌（聚磷菌和反硝化菌）的泥龄，解决了异养菌与硝化菌的不同泥龄之争，聚磷菌和硝化菌不再相互干扰，有利于反硝化脱氮除磷与硝化的各自优化，也可防止不利条件下硝化细菌流失。

（2）消除了回流污泥中含有硝酸盐对聚磷菌放磷的影响

在 AAO 工艺中，回流污泥中存在硝酸盐，厌氧区内的反硝化作用对聚磷菌厌氧放磷产生竞争性抑制，而双污泥系统中，同时通过控制硝化滤池出水硝酸盐的回流量，使在缺氧段不存在硝酸盐的积累，从而防止硝酸盐通过污泥回流到厌氧段，与聚磷菌产生竞争性抑制，从而解决了厌氧段反硝化与聚磷菌释磷的矛盾，确保磷的去除效果。

（3）采用生物同时硝化和反硝化脱氮新技术

在传统的处理工艺中，为达到稳定硝化效果，活性污泥的负荷相对较低，而该工艺中，由于前阶段活性污泥负荷较高，由于氧传递梯度的原因，在好氧池内污泥絮体内部容易形成好氧和缺氧的微环境，因此在好氧池内出现同时硝化反硝化现象。在后阶段曝气生物滤池生物膜内部也存在同时硝化和反硝化现象。

（4）提高污泥的沉降性能，改善出水质量

双污泥系统活性污泥段的污泥沉降性能较好，泥龄短也可抑制丝状菌的生长，避免污泥膨胀，污泥沉降性能好；在硝化段采用生物膜法，也避免了硝化污泥的流失，同时二次沉淀池后续采用生物滤池，对二次沉淀池出水有进一步的过滤作用，使出水 SS 明显降低，可达到回用水标准。

6.6.3.3　工艺设计

该工艺主要由活性污泥系统和曝气生物滤池两段组成，活性污泥系统主要以去除有机物和磷为主，采用高负荷、短泥龄的厌氧好氧活性污泥法，可参照活性污泥法进行设计；后续生物滤池以硝化为主，可参照硝化滤池进行设计。

6.6.3.4　工程应用

该工艺针对污水处理厂改造具有明显的优越性，如在某厂达标改造中，把原来曝气池改成厌氧、缺氧、好氧的生物反应池，有效停留时间为 7h，同时各区时间可根据进水水质情况进行适当调整，改造后活性污泥段的泥龄根据温度不同为 5～10d，达到对有机物和磷的去除；在二次沉淀池末端增加曝气生物滤池，有效水力停留时间为 1.5h，达到对氨氮的去除，在改造方案中充分利用现有的处理构筑物，有效达到脱氮除磷的目的，图 6-6-5 为采用该工艺的曝气生物滤池实景图。

图 6-6-5　采用双污泥脱氮除磷工艺的曝气生物滤池实景图

第7章 消 毒

7.1 消毒标准和机理

消毒指的是污水经杀灭或清除病原微生物，使其达到无害化的处理。消毒有别于灭菌，在消毒过程中，细菌不是全部被杀灭，它仅要求杀灭致病菌；而灭菌则是指杀灭全部细菌。污水中的病原体主要有3类：病原性细菌、肠道病毒和蠕虫卵。

7.1.1 消毒标准

为了保护人类的生命健康，保护好水环境，世界许多国家和地区都要求对城镇污水在排放前进行消毒处理。2002年某些国家和地区爆发了非典型性肺炎，这一疫情的元凶冠状病毒的广泛传播和其顽强的存活能力，使人们意识到消毒的重要性，而污水处理厂的尾水消毒，也是防止疫情扩散的重要防线。

世界上许多国家和地区已经根据实际情况制定了不同的消毒标准。美国的污水排放标准一般是由国家环保总局制定指导性原则，再由各州制定自己的排放标准，向本州的污水处理厂发放国家污染物清除系统排放许可证，规定各个污水处理厂的详细排放指标。目前美国大部分州对经过二级生化处理后的污水出水的消毒指标为粪大肠菌群不超过200个/100mL，极个别州的标准为粪大肠菌群不超过400个/100mL或1000个/100mL。在污水再生处理方面，美国大部分州采用了美国加州的消毒标准，即加利福尼亚第22号条例，该标准对非限制性使用的回用水的消毒标准为总大肠菌群不超过2.2个/100mL。欧盟国家的污水排放标准受浴场水指导准则约束，现行标准为受纳水体中的总大肠菌群不超过10000个/100mL，且粪大肠菌群不超过2000个/100mL。

我国国家环境保护总局和国家质量监督检验检疫总局于2002年12月24日联合颁布的《城镇污水处理厂污染物排放标准》GB 18918—2002中首次将微生物指标列为基本控制指标。该标准规定执行二级标准和一级B类标准的污水处理厂排放要求是粪大肠菌群不超过10000个/L（即1000个/100mL），执行一级A类标准的污水处理厂排放要求为不超过1000个/L（即100个/100mL）。2003年5月4日，国家环境保护总局要求城镇污水处理厂出水应结合实际，采取加氯或紫外线等消毒灭菌处理，出水水质粪大肠菌群数小于10000个/L。另外，为提倡城镇污水的再生利用，2002年以来，国家还颁布了《城市污水再生利用　城市杂用水水质》、《城市污水再生利用　景观环境用水水质》、《城市污水再生利用　地下水回灌水质》和《城市污水再生利用　工业用水水质》等标准，各标准中对出水的粪大肠菌群数均有明确的规定。各国家和地区污水处理排放尾水和污水再生利用的消毒指标归纳如表7-1-1所示。

各国家和地区污水处理排放尾水和污水再生利用的消毒指标 　　　　表 7-1-1

国家或地区	粪大肠菌群数	标　　准
美国国家环保局（EPA）	200个/100mL	二级生化处理后的出水
美国加州 （加利福尼亚第22号条例）	总大肠菌群数2.2个/100mL	非限制性使用的回用水
欧盟	2000个/100mL	浴场水指导准则

国家或地区		粪大肠菌群数	标　准
中国	污水综合排放标准 GB 8978—1996	500 个/100mL	医院、兽医院及医疗机构含病原体污水 三级标准
		100 个/100mL	医院、兽医院及医疗机构含病原体污水 二级标准
		50 个/100mL	医院、兽医院及医疗机构含病原体污水 一级标准
		100 个/100mL	传染病、结合病医院 三级标准
		50 个/100mL	传染病、结合病医院 二级标准
		10 个/100mL	传染病、结合病医院 一级标准
	城镇污水处理厂污染 物排放标准 GB 18918—2002	10000 个/L	二级标准
		10000 个/L	一级标准 B 类
		1000 个/L	一级标准 A 类
	上海市污水综合排放标准 DB 31/199—1997	10000 个/L	黄浦江上游准水源保护区
		3000 个/L	黄浦江上游水源保护区
	城市污水再生利用　城市 杂用水水质 GB/T 18920—2002	3 个/L	冲厕、道路清扫、消防、绿化、车辆 冲洗、建筑施工等城市杂用水
	城市污水再生利用　景观 环境用水水质 GB/T 18921—2002	10000 个/L	观赏类景观环境用水 （河道、湖泊类）
		2000 个/L	观赏类景观环境用水 （水景类）
		500 个/L	娱乐性景观环境用水 （河道、湖泊类）
		不得检出	娱乐性景观环境用水 （水景类）
	城市污水再生利用　地下 水回灌水质 GB/T 19772—2005	1000 个/L	地表回灌
		3 个/L	井灌
	城市污水再生利用　工业 用水水质 GB/T 19923—2005	2000 个/L	冷却用水、洗涤用水、 锅炉补给水、工艺与产品用水

7.1.2　消毒机理

消毒剂产生作用的主要机理有：（1）破坏细胞壁；（2）改变细胞的渗透性；（3）改变原生质的胶体性质；（4）改变有机体的 DNA 和 RNA；（5）抑制酶的活性。

破坏细胞壁可以导致细胞的溶解和死亡，如青霉素，可以抑制细胞壁的合成作用，从而破坏细胞体。

改变细胞的渗透性可以破坏膜的选择性渗透能力，例如酚类化合物和洗涤剂，可以改变原生质膜的渗透性，使胞内的营养元素如氮和磷流失。

改变原生质的胶体性质可以采用热、照射、强酸或强碱药剂等方法。热会使细胞蛋白质混凝，而酸碱会使蛋白质变性，产生致死效应。

改变有机体的DNA和RNA可以采用紫外照射的方法。当细菌和原生动物的DNA和病毒的RNA吸收了UV光子时，由相邻DNA的胸腺嘧啶或RNA的尿嘧啶可能会形成共价的双键，从而破坏DNA或RNA的复制过程，使生物体不再繁殖，以致灭活。

抑制酶的活性可以达到消毒的效果。以氯为例的氧化剂，能改变酶的化学排列，使酶失效，从而杀灭细菌。

根据上述消毒机理，经常采用的消毒方式主要有氯、臭氧和紫外线消毒等，其消毒机理对比如表7-1-2所示。

氯、臭氧、紫外线的消毒机理　　　　　　　　　表 7-1-2

氯	臭 氧	紫 外 线
1. 氯化 2. 与有效氯作用 3. 蛋白质沉淀 4. 改变细胞壁的渗透能力 5. 水解和机械破裂	1. 直接氧化，破坏细胞壁使细胞组分泄出胞外 2. 与臭氧分解的自由基副产物作用 3. 破坏核酸组分（嘌呤和嘧啶） 4. 破坏碳氮键导致解聚	1. 在生物体的细胞内，以光化学作用破坏RNA和DNA（如形成双键） 2. 在波长240～280nm范围内微生物的核酸是光能最重要的吸收剂 3. 由于DNA和RNA带有再造的遗传信息，破坏这些物质能有效地灭活细胞

7.2 消毒分类和选用

7.2.1 消毒分类

常见的消毒技术有化学消毒、物理消毒和机械消毒。

7.2.1.1 化学消毒

化学消毒所用的药剂有：（1）氯及其化合物；（2）溴；（3）碘；（4）臭氧；（5）酚及酚类化合物；（6）醇类；（7）重金属及其化合物；（8）染料；（9）肥皂及合成洗涤剂；（10）季胺化合物；（11）过氧化氢；（12）过乙酸；（13）各种碱类；（14）各种酸类。其中，最常用的消毒剂是氧化剂，而氯是最普通应用的一种氧化剂。臭氧是一种高效消毒氧化剂，尽管它没有余量，但应用还是日益增加。高酸性和高碱性也能用以破坏致病菌，pH值大于11和小于3的水溶液对大多数细菌都有消毒作用。

7.2.1.2 物理消毒

物理消毒可采用加热和光照。例如，将水加热至沸点，可破坏大多数致病的无孢子细菌。饮料和奶制品工业普遍采用加热消毒，但由于费用太高，不适于污水的消毒。但在欧洲，巴氏消毒法也已应用于污泥消毒。

光照也是一种很好的消毒方法，主要是利用电磁光谱中的紫外线（UV）照射作用。在氧化塘中观察到的微生物衰减现象，部分是由于日光中UV成分的照射。发射紫外线的特制灯已经成功应用于水和污水的消毒，紫外光源和水之间接触的几何尺寸特别重要，因为除了微生物之外，还有悬浮物、溶解有机分子以及水本身都吸收紫外线的照射。

7.2.1.3 机械消毒

细菌通过其他有机物在机械处理过程中也会去除，各种处理过程典型细菌去除效率比较如表

7-2-1 所示，表中列举了各种处理方式典型细菌去除率，表列的前 4 种处理方式可认为是机械的方法。

各种处理过程典型细菌去除效率比较　　　　　表 7-2-1

过　程	去除率（%）	过　程	去除率（%）
粗格栅	0～5	化学沉淀	40～80
细格栅	10～20	生物滤池	90～95
沉砂池	10～25	活性污泥法	90～98
自然沉淀	25～75	处理出水加氯处理	98～99.999

7.2.2　常见消毒方法

目前应用较为广泛的城镇污水消毒方法有氯消毒、二氧化氯消毒、臭氧消毒和紫外线消毒等，其各有优缺点，几种常用消毒方法的运行成本和优缺点比较如表 7-2-2 所示，在实际工程中应正确选择使用。

几种常用消毒方法的比较　　　　　表 7-2-2

项目	氯	臭　氧	二氧化氯	紫 外 线
运行成本	0.02 元/m³	0.10 元/m³	0.03 元/m³	0.016 元/m³
优点	便宜，技术成熟，氯瓶来源广，加氯系统可靠，有持续消毒作用	现场发生，反应速度快，消毒后臭氧立即分解，基本消除了对生物群的毒效，使水的溶解氧增加，无毒	不受 pH 影响，易溶于水，投加量少，残留量少；投资少、产率高且在水中滞留时间长，能杀菌和抑制细菌，在一定的范围内，杀菌能力随着温度升高而升高	不投加化学药剂，无二次污染，使用简便、安全、快速，易实现自动化
缺点	对某些病毒、芽孢无效，残留毒性，产生臭味有强烈刺激性、有毒，在运输和使用中易发生泄漏和爆炸	生产臭氧效率低，运行和维护费用高，臭氧必须边生产边使用，工艺没有剩余臭氧	易爆，只能现场发生使用，设备复杂操作管理要求高，仅有 20% 二氧化氯在消毒过程中发挥实效	电耗大，紫外灯管和石英套管需定期更换清除，对处理出水 SS 要求高，无持续作用
消毒效果	能有效杀菌，杀灭病毒、芽孢的作用差	杀菌和杀灭病毒、芽孢的效果都很好；灭活微生物的效果优于氯、氯胺、二氧化氯等消毒剂，除色、除臭效果好	对水中微生物或有机生物的消毒与去除能力优于氯；明显改善消毒水体的味觉和嗅觉	杀菌范围宽，效果好
消毒副产物	三卤甲烷（THMs），卤乙酸（HAAs），卤代酚，卤乙腈（HANs），卤代酮（HKs），卤代醛，卤代硝基甲烷	基本上不含有 THMs；主要是醛、芳香族羧酸等有机物；当水中含有溴离子时可能生成溴化物	有机副产物为酮、醛或羟基类的物质；无机副产物主要包括亚氯酸根和氯酸根	不产生有害物质，安全可靠

7.2.2.1　氯消毒技术

自从 20 世纪初，氯就广泛应用于水的消毒工艺。目前，氯消毒仍是应用最广的化学消毒方法。其主要特点是：（1）处理水量较大时，单位水体的处理费用较低；（2）水体氯消毒后能长时间保持一定数量的余氯，从而具有持续消毒能力；（3）氯消毒历史较长，经验较多，是一种比较成熟的消毒方法。

氯消毒的原理如下：

$$Cl_2 + H_2O \longrightarrow HClO + H^+ + Cl^- \qquad (7\text{-}2\text{-}1)$$

$$HClO \longrightarrow H^+ + ClO^- \qquad (7\text{-}2\text{-}2)$$

氯分子与水发生反应生成次氯酸，次氯酸分子很小，呈电中性，可以扩散到带负电荷的细菌细胞表面，渗入细胞内并利用氯原子的氧化作用破坏细胞的酶系统，使其生理活动停止，导致死亡。水中存在的 HClO 和 ClO$^-$ 总量称为游离有效氯，其中 HClO 的杀灭效率大约是 ClO$^-$ 的 40～80 倍。

虽然氯对饮用水和污水处理后尾水的消毒非常重要，但对使用氯的安全和公共卫生的担忧也引起了人们的严重关注。主要包括：

(1) 氯是剧毒物质，在运输过程中容易发生事故泄漏；

(2) 氯对处理厂的操作人员有潜在的卫生危险，如果发生事故泄漏，对公众也有危险；

(3) 液氯的容器有严格的要求，且现场必须设置防泄漏中和装置；

(4) 氯和污水中的有机组分反应会产生异臭化合物和副产物，其中很多已知是致癌致突变物质；

(5) 污水处理后的尾水中余氯对水生生物有毒。

为消除对液氯在运输、储存、投加和操作使用安全的担忧，可以采用投加次氯酸盐的方式替代液氯，次氯酸钙和次氯酸钠均可水解形成次氯酸（HClO），形成游离有效氯，反应原理如下：

$$Ca(ClO)_2 + 2H_2O \longrightarrow 2HClO + Ca(OH)_2 \qquad (7\text{-}2\text{-}3)$$

$$NaClO + H_2O \longrightarrow HClO + NaOH \qquad (7\text{-}2\text{-}4)$$

氯消毒的效果与水温、pH、接触时间、混合程度、污水浊度、所含干扰物质以及有效氯浓度有关。二级处理出水的加氯量应根据试验资料或类似运行经验确定，无试验资料时，一般可采用 6～15mg/L，再生水的加氯量按卫生学指标和余氯量确定。

加氯消毒系统包括加氯机、混合设备、氯瓶和接触池等部分，在设计过程中根据实际情况进行计算和选型。

7.2.2.2 二氧化氯消毒技术

二氧化氯（ClO$_2$）是另一种杀菌剂，灭活病毒的有效性超过氯，二氧化氯有强烈的氧化作用，在水中几乎 100% 以分子状态存在，所以易穿透细胞膜。二氧化氯的消毒能力可以用有效氯表示，其有效氯是氯的 2.6 倍。二氧化氯与氯很大的不同是二氧化氯是一种强氧化剂，而不是氯化剂，不产生氯化反应，因此，二氧化氯与酚反应不产生异味很大的氯苯酚。二氧化氯与腐殖质及有机物反应几乎不产生挥发性有机卤化物，不生成并抑制生成有致癌作用的三卤甲烷（THMs）。

二氧化氯对水中的致病菌和非致病菌均具有良好的灭菌效果。例如，二氧化氯对水中大肠杆菌、金黄色葡萄球菌、滕黄八迭球菌、绿脓杆菌、枯草芽孢杆菌、痢疾杆菌、沙门氏菌和志贺氏菌等致病菌具有优良的灭菌效果；同时二氧化氯对水中无色杆菌属、假单孢杆菌、微杆菌属、链霉菌属、梭状芽孢杆菌属、短杆菌属、芽孢杆菌属、孢器放射菌属、八迭球菌属、葡萄球菌属和微球菌属等非致病菌（属）均具有有效的杀灭效果。二氧化氯对细菌的杀灭效果明显好于氯，并可在 pH 值为 3～9 范围内有效杀灭细菌；而氯只有在近中性条件（pH 为 6.5～8.5）下可有效杀灭细菌；相对于氯而言，二氧化氯所需投加量较少，杀菌速率快，而且效果持久。二氧化氯作为一种强氧化剂，它还能有效破坏水体中的微量有机污染物，如苯并芘、蒽醌、氯仿、四氯化碳、酚、氯酚、氰化物、硫化氢和有机硫化物等。

二氧化氯发生方法主要有化学法和电解法两种，其中化学法发生二氧化氯的技术已趋于成熟，电解法正在发展中。化学法生产二氧化氯的发生器按其生产工艺不同，主要分为复合型二氧化氯发生器和高纯型二氧化氯发生器。

复合型二氧化氯发生器的原理如下：

$$2NaClO_3 + 4HCl \longrightarrow 2ClO_2 + Cl_2 + 2NaCl + 2H_2O \qquad (7-2-5)$$

高纯型二氧化氯发生器的原理如下：

$$5NaClO_2 + 4HCl \longrightarrow 4ClO_2 + 5NaCl + 2H_2O \qquad (7-2-6)$$

从国外资料和国内试验情况看，复合型发生器的消毒灭菌效果更好，二氧化氯与氯气协同作用可较好地抑制处理后水中三卤甲烷等氯化致癌物的生成。这主要是因为二氧化氯较氯气活泼，可优先于氯气与有机物发生氧化反应，然后由氯气保证处理后水中的余氯，抑制水中微生物的繁殖再生。

7.2.2.3 臭氧消毒技术

20 世纪初期臭氧首先在法国用于给水消毒，随着应用的日益广泛，扩展到西欧和北美地区，现在世界上臭氧消毒设施超过 1000 处，多用于给水处理，在这些设施中通常先用臭氧控制异臭、异味及产生颜色的介质。虽然历史上主要是用于给水消毒，但近年来臭氧发生技术的进展已经使臭氧用于污水消毒并日益在经济上具有可行性，臭氧还可用于污水处理除臭和深度处理，去除溶解的难降解有机物。

臭氧分子由 3 个氧原子组成，在常温常压下为一种具有刺激性气味的不稳定性气体，极易分解成氧气，臭氧在水中发生的分解反应如下：

$$O_3 + H_2O \longrightarrow HO_3^+ + OH^- \qquad (7-2-7)$$

$$HO_3^+ + OH^- \longrightarrow 2HO_2 \qquad (7-2-8)$$

$$O_3 + HO_2 \longrightarrow HO + 2O_2 \qquad (7-2-9)$$

$$HO + HO_2 \longrightarrow H_2O + O_2 \qquad (7-2-10)$$

分解形成的自由基 HO_2 及 HO 具有很强的氧化能力，对具有顽强抵抗力的微生物如病毒、芽孢等都有强大的杀伤力，还能渗入细胞壁，从而破坏细菌有机体链状结构致细菌死亡。

臭氧可采用电解作用、光化学作用、放射化学作用和电荷放电产生。目前最有效的生产臭氧的方法是放电法。在相距很近的两个电极间施加高电压，使空气或纯氧成为臭氧，发生装置如图 7-2-1 所示。这项装置中产生的高能量电晕使一个分子氧离解，而与另两个分子氧再生成两个分子臭氧，此种过程用空气时所产气流含臭氧约 1%～3%（质量比），用纯氧时含量可提高到约 3 倍，最新的臭氧发生器所产气流可含 3%～10% 臭氧（质量比）。

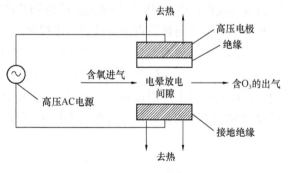

图 7-2-1 臭氧发生装置示意图

臭氧消毒系统由以下部分组成：(1) 电源；(2) 空压机或纯氧；(3) 臭氧发生装置；(4) 接触反应装置；(5) 尾气消除装置。臭氧消毒的一般工艺流程如图 7-2-2 所示，由于无论采用空气或纯氧发生的臭氧浓度都很低，且臭氧常温下在水中的溶解浓度仅 10mg/L 左右，从经济上讲，其进入液相的传输效率是极重要的考虑因素。因此，接触反应池最好建成水深为 5～6m 的深水池或封闭的几格串联的接触池。一般接触反应系统可以传输 90% 的臭氧。由于臭氧是一种特别刺激而又有毒的气体，因此接触池排出的尾气必须处理，以消除残余臭氧。如采用纯氧发生臭氧，破坏残余臭氧所得产物是纯氧，可以回用。

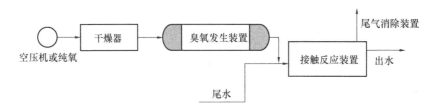

图 7-2-2　臭氧消毒工艺流程

7.2.2.4　紫外线消毒技术

紫外线用于水的消毒，具有消毒快捷，不污染水质等优点，因此近年来越来越受到人们的关注。目前在欧洲已有两千多座给水处理厂采用紫外线进行消毒。同时，紫外线消毒技术在污水处理领域也得到了非常广泛的应用，目前世界各地已经有三千多座城市污水处理厂和再生水处理厂采用紫外线消毒系统，最大处理规模达 $136 \times 10^4 \mathrm{m}^3/\mathrm{d}$。

紫外线是波长在 $200 \sim 400 \mathrm{nm}$ 的电磁波，其中具有杀菌消毒功能的紫外波段为 $200 \sim 300 \mathrm{nm}$，即紫外 C 和紫外 B 中的部分，通常人们较关注微生物对紫外线的吸收频谱，认为 $253.7 \mathrm{nm}$ 是紫外消毒的最佳波段，并把紫外消毒技术称为紫外 C 消毒。

紫外线消毒是一种物理消毒方法，它并不是杀死微生物，而是破坏其繁殖能力进行消毒。其原理主要是用紫外光摧毁微生物的遗传物质——核酸（DNA 或 RNA），使其不能分裂复制，除此之外，紫外线还可引起微生物其他结构的破坏。微生物在人体内不能复制繁殖，就会自然死亡或被人体免疫功能消灭，不会对人体造成危害。

紫外消毒系统的主要组成有：(1) UV 消毒灯；(2) UV 灯的石英套管；(3) UV 灯和石英套管的支撑结构；(4) 为 UV 灯提供稳定电源的镇流器；(5) 电源。UV 消毒灯有低压低强灯、低压高强灯和中压高强灯 3 种。在设计时应考虑紫外灯光强、穿透力、光电转换率、基建费用、灯具使用寿命等因素，根据实际情况进行技术经济比较。镇流器用于限制入灯电流，主要类型分为：(1) 标准型（芯线圈）；(2) 节电型（芯线圈）；(3) 电子型（实体）。由于 UV 灯为电弧放电装置，电弧的电流越多，电阻就越低，没有镇流器限制电流，UV 灯会容易损坏。因此，在 UV 消毒系统设计中，UV 灯与镇流器的协调是极其重要的。

根据消毒装置与被消毒介质是否直接接触，可将紫外线消毒系统分为接触式和非接触式两大类。现在的污水紫外消毒系统基本为接触式，即紫外灯（外包石英套管）直接与水接触；非接触式系统因不适用于污水处理或较大水量的处理，已被淘汰。接触式紫外消毒系统从消毒器结构上可分为封闭管道式紫外消毒系统（如图 7-2-3 所示）和明渠式紫外消毒系统（如图 7-2-4 所示）。目前全球安装使用的紫外污水消毒系统有 95% 以上为明渠式紫外消毒系统。

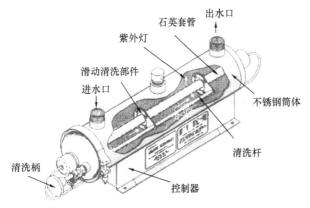

图 7-2-3　封闭管道式紫外消毒系统

图 7-2-4　明渠式紫外消毒系统

影响紫外消毒系统性能的主要因素有：水体的紫外穿透率、TSS、固体颗粒尺寸分布，水中的有机物和无机物成分以及污水的处理工艺等。

紫外线消毒法具有不投加化学药剂、不增加水的嗅和味、不产生有毒有害副产物、不受水温和 pH 值影响、占地极小、消毒速度快、效率高、设备操作简单、便于运行管理和实现自动化等特点，近 20 年来逐渐得到广泛应用。展望未来，紫外线消毒技术在 21 世纪仍将是人们所关注的消毒技术之一，它将会成为消毒的主流技术。

7.2.3　综合消毒技术

根据近年的研究成果，证明按程序加几种消毒剂，比单一消毒剂的效果更好。当使用两种（或多种）消毒剂同时或按程序投加产生协同效应时，可以取得更有效的病原体灭活，这种过程称为交互作用消毒。国内已有学者研究了用二氧化氯和氯联合消毒，由于二氧化氯较氯活泼，优先于氯和污水中有机物发生氧化反应，因此减少了氯和有机物反应生成消毒副产物三卤甲烷（THMs）和其他有机氯（DBPs）；而污水中的余氯通过氧化 ClO_2^- 生成二氧化氯，减少了二氧化氯消毒副产物 ClO_2^- 量，增加了残余的二氧化氯量。复合二氧化氯用于污水消毒，保持了二氧化氯和氯各自的优点，而减少了各自的缺点，增强了污水的环境安全性。

多种消毒剂的交互式消毒技术目前处于研究阶段，其应用的适宜性和有效性，还必须参阅当前的文献加以评估。

7.3　消毒计算

7.3.1　氯消毒计算

氯消毒所需的剂量由以下因素决定：（1）污水的初始需氯量；（2）氯接触时间内衰减所需的氯量；（3）灭活污水中有机体（细菌、病毒、或原生动物的卵囊虫和胞囊）所需余氯浓度。按接触时间 30min 计，对不同污水进行消毒，典型的加氯量如表 7-3-1 所示，可用于指导初步估算。

不同污水在 30min 接触时间出水达到消毒标准所需加氯量　　　　表 7-3-1

污水类型	初始大肠菌计数（MPN/100mL）	加氯量（mg/L）			
		出水标准[1]（MPN/100mL）			
		1000	200	23	≤2.2
原污水	$10^7 \sim 10^9$	15～40			
化粪池出水	$10^7 \sim 10^9$	20～40	40～60		
一级出水	$10^7 \sim 10^9$	10～30	20～40		
生物滤池出水	$10^5 \sim 10^6$	3～10	5～20	10～40	
活性污泥法出水	$10^5 \sim 10^6$	2～10	5～15	10～30	
滤过的活性污泥法出水	$10^4 \sim 10^6$	4～8	5～15	6～20	8～30
硝化出水	$10^4 \sim 10^6$	4～12	6～16	8～18	8～20
滤过的硝化出水	$10^4 \sim 10^6$	4～10	6～12	8～14	8～16
间歇砂滤出水	$10^2 \sim 10^4$	1～5	2～8	5～10	8～18
微滤出水	$10^1 \sim 10^3$	1～3	2～4	2～6	4～10
反渗透出水	0	0	0	0	0～2

①部分参照美国环境保护署和地方标准。

工程设计中，二级处理出水的加氯量应根据试验资料或类似运行经验确定，根据《室外排水设计规范》GB 50014—2006 关于消毒的规定，在无试验资料时，二级处理出水可采用 6～15mg/L，再生水的加氯量按卫生学指标和余氯量确定；二氧化氯或氯消毒后应进行混合和接触，接触时间不应小于 30min。

7.3.2 紫外消毒计算

紫外线剂量是紫外线消毒系统重要的指标，紫外线剂量的确定是紫外线系统设计的关键，其大小直接关系到紫外线消毒系统设计的成败和投资的多少。

微生物在消毒器中通过时接收到的紫外线剂量定义如下：

$$Dose = \int_0^T I \cdot dt \qquad (7\text{-}3\text{-}1)$$

式中　$Dose$——紫外线剂量（mJ/cm²）；

　　　　I——微生物在其运动轨迹上某一点接收到的紫外照射光强（mW/cm²）；

　　　　T——曝光时间或滞留时间（s）。

紫外线剂量的计算有 3 种方法，平均紫外线剂量法、水动力学模型法和紫外线生物验定剂量法。平均紫外线剂量法使用较早，是一种理论计算方法，其基础是理想消毒器模型，但这一理想模型在实际污水消毒器内难以实现，而且一般会高估消毒器的实际剂量，因此计算结果必须进行修正，由于不同紫外线消毒系统差异较大，设计人员难以把握修正的尺度；水动力学模型法由于受不同消毒系统、构造以及水力条件的制约应用较少，因为用此方法得出的系统通用性较差；紫外线生物验定剂量法是目前运用最多的一种方法，这一方法是将紫外消毒系统直接放在污水中通过检测对比指示微生物通过消毒器后的灭活效果和该微生物的紫外剂量作用曲线，得到设备准确实际的有效剂量，通过改变流过消毒器的流量得到紫外消毒系统的有效剂量曲线，横坐标为平均每根灯管的水力负荷（即通过紫外消毒器的流量÷消毒器内的紫外灯管数，单位常用：L/min·灯管），纵坐标为实验检测出的紫外系统的有效紫外剂量，图 7-3-1 为典型的紫外生物验定法测算的有效剂量曲线，此曲线是设计紫外消毒工艺的理论依据，在方案阶段，设计可参照已知的指示微生物紫外剂量作用曲线，得到紫外系统需要达到的最小目标紫外剂量，然后根据紫外系统通过生物验定剂量法实验检测出的有效剂量曲线得到每根灯管的水力负荷进行初步计算。在考虑其他各种因素和必要的安全系数后，可求得紫外线消毒系统所需的有效紫外剂量。

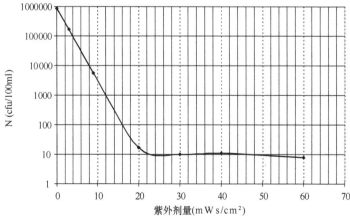

图 7-3-1　典型的紫外剂量作用曲线

7.4　消毒设计

7.4.1　氯消毒设计工程实例

1. 萧山污水处理厂扩建工程

以萧山污水处理厂扩建工程为例，该扩建工程是在已建 $12\times10^4 m^3/d$ 规模的基础上进行扩建，扩建规模为 $24\times10^4 m^3/d$，并分期实施，首期扩建规模为 $12\times10^4 m^3/d$，采用 AAO 污水处理工艺，污水处理后水质达到《污水综合排放标准》GB 8978—1996 中的一级标准，污水处理厂处理尾水排入钱塘江（杭州段）。

扩建工程主要处理工业废水，污水处理厂设计进出水水质指标如表 7-4-1 所示。

萧山污水处理厂扩建工程设计进出水水质　　　　　　　　　　表 7-4-1

项　目	进水指标（mg/L）	出水指标（mg/L）
COD_{cr}	550	≤100
BOD_5	200	≤20
SS	240	≤20
NH_3-N	30	≤15
TP	3.5	≤0.5

工程采用氯消毒，加氯量约 5mg/L。加氯接触池和加氯间按 $24\times10^4 m^3/d$ 规模设计，为节约工程投资，加氯接触池的设计考虑尾水在尾水输送管道内的接触时间，接触时间为 30min，加氯接触池为折流式接触反应池，钢筋混凝土结构，共分 5 格，每格平面净尺寸为 $51m\times6.4m$，有效水深 2m，接触池的平面布置和剖面图如图 7-4-1 和图 7-4-2 所示。

另设氯库、加氯间、加药间及值班室。氯库内存有 1t 液氯钢瓶 12 只（液氯储存量为第一阶段 15d，第二阶段 7.5d），为便于搬运，氯库内设置 2t 电动葫芦 1 台。加氯间内设自动加氯机 1 台，第二阶段增设 1 台，加氯量为 5~45kg/h，加药间内设搅拌器、加药泵等加药设备。加氯间的平面布置如图 7-4-3 所示。

2. 上海市石洞口污水处理厂

上海市石洞口污水处理厂工程是上海市苏州河综合整治一期工程的一个重要子项，该污水厂位于上海市宝山区原西区污水总管出口处，处理规模为 $40\times10^4 m^3/d$，综合变化系数 $K=1.3$，设计高峰流量为 21666m³/h。设计进水水质指标如表 7-4-2 所示。

石洞口污水处理厂设计进水水质表　　　　　　　　　　表 7-4-2

项　目	CODcr	BOD_5	SS	NH_3-N	PO_4-P
指标（mg/L）	400	200	250	30	4.5

上海市石洞口污水处理厂的设计出水水质指标如表 7-4-3 所示。

石洞口污水处理厂设计出水水质表　　　　　　　　　　表 7-4-3

项　目	CODcr	BOD_5	SS	NH_3-N	PO_4-P
指标（mg/L）	60	20	20	10	1.0

该工程采用液氯消毒，加氯系统按 $40\times10^4 m^3/d$ 污水量设计，最大时流量为 21666m³/h，投加量为 5~10mg/L，加氯点由设在加氯间通过管道伸至加氯接触池内。加氯接触池水力停留时间 $t=30min$，共分 2 座，每座 2 组，每组 3 廊，每廊宽 4m，长 74.3m，有效水深 3.5m，接触池的平面布置和剖面图如图 7-4-4 和图 7-4-5 所示。

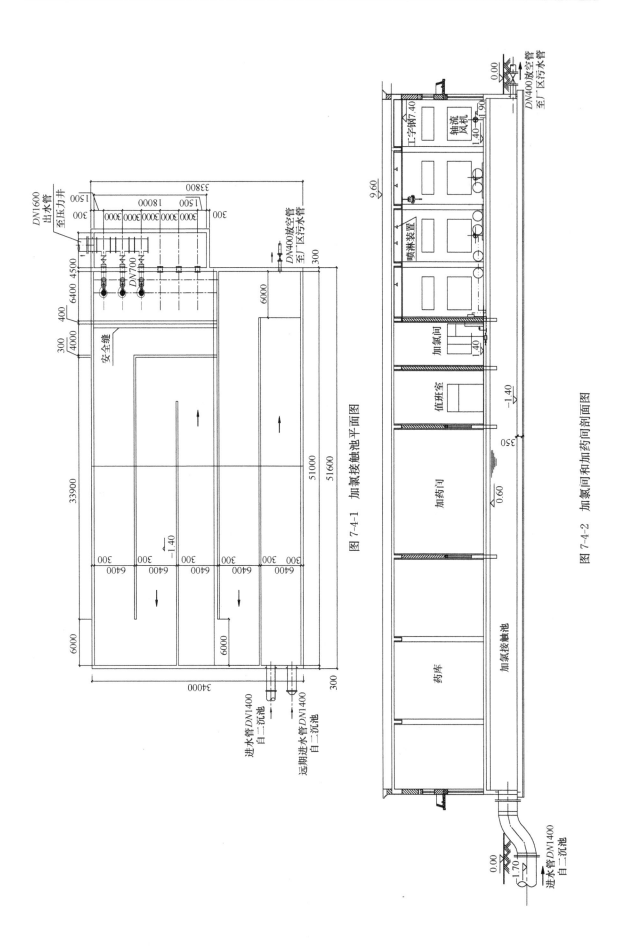

图 7-4-1 加氯接触池平面图

图 7-4-2 加氯间和加药间剖面图

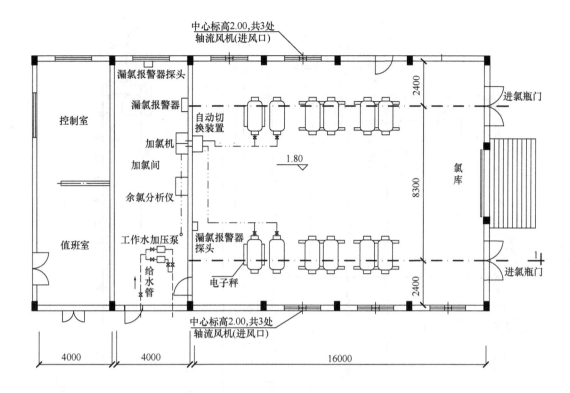

图 7-4-3　加氯间平面布置图

　　加氯间和氯库合建，平面布置如图 7-4-6 所示，并配有 2 套加氯能力为 100kg/h 的加氯机、容量为 1t 液氯的氯瓶 20 只、1 套吸收能力 1000kg/h 的氯吸收装置以及 1 套玻璃钢混流风机事故排风系统等。加氯管连接每组 2 个 1t 的液氯氯瓶，两组氯瓶分别供应现用备用氯源，通过压力可调开关及电动球阀自动切换作用，保证连续供氯。液氯通过蒸发后再减压，经过真空调节器以低于大气压力方式传送至投加点。加氯机采用的是容量为 100kg/h 的转子流量计，加氯机外壳采用玻璃钢材料，加氯机精度为 ±4% F·S。氯吸收装置包括中和吸收塔、填料、碱液槽、碱液泵及电机、离心风机及电机、控制柜、漏氯报警装置、设备间连接管道及管配件、阀类等设备，氯吸收装置安装如图 7-4-7 所示。当氯库和加氯间发生氯气泄露时，抽气机可以将泄氯引入氯吸收装置和氢氧化钠溶液接触并完成中和反应，使排放尾气达到国家规定的指标。氯吸收装置的基本参数如下：

　　氯吸收能力 ≥1000kg/h；

　　引风机风量 ≥3600m³/h；

　　碱泵流量 ≥50m³/h。

　　中和后，向塔外排放的氯气浓度低于 10ppm。

7.4.2　二氧化氯消毒设计工程实例

　　1. 上海松江东北部污水处理厂工程

　　上海松江东北部污水处理厂工程设计规模为 $14 \times 10^4 m^3/d$，近期 $7 \times 10^4 m^3/d$，污水处理工艺采用倒置 AAO 工艺，污水厂处理后出水水质达到上海市污水综合排放二级标准，处理后尾水经 1.8km 管道排放。

　　松江东北部污水处理厂的设计进出水水质指标如表 7-4-4 所示。

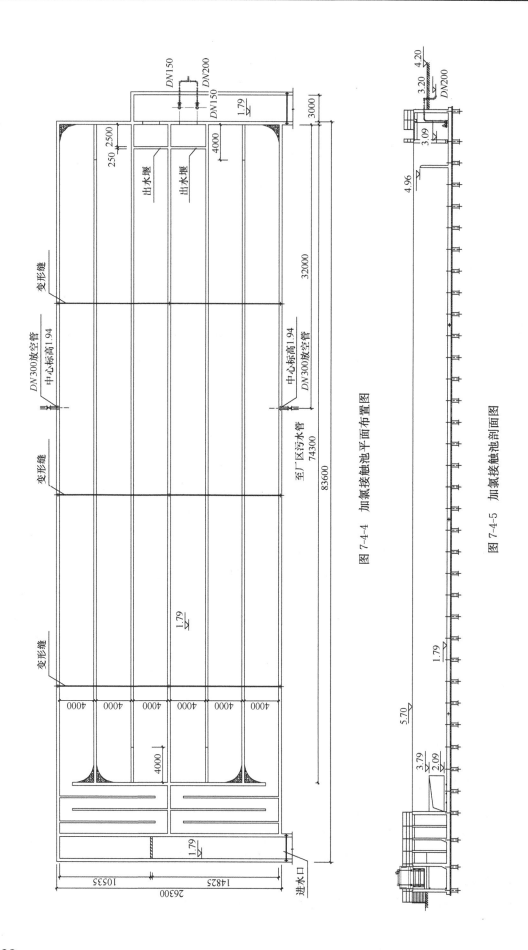

图 7-4-4　加氯接触池平面布置图

图 7-4-5　加氯接触池剖面图

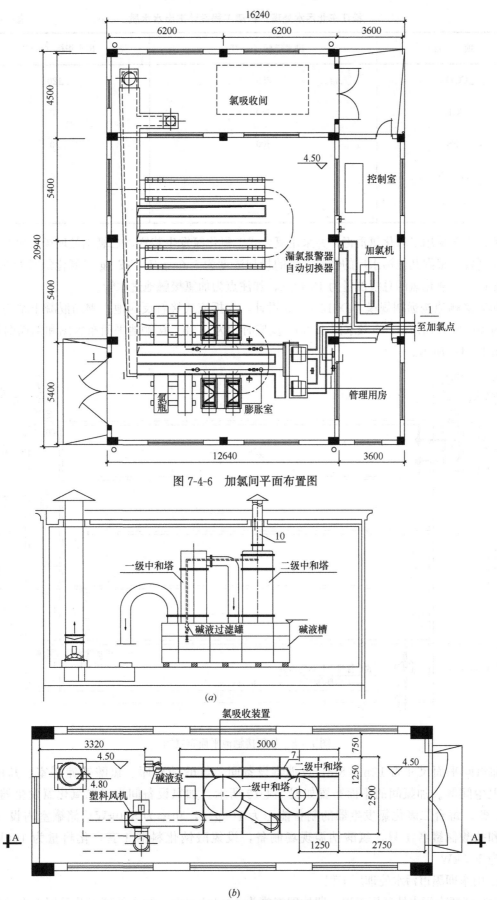

图 7-4-6 加氯间平面布置图

图 7-4-7 氯吸收装置安装图
(a) 剖面图；(b) 平面图

松江东北污水处理厂扩建工程设计进出水水质　　　　表 7-4-4

项　目	进水指标（mg/L）	出水指标（mg/L）
COD_{Cr}	350	120
BOD_5	180	30
SS	300	30
$NH_3\text{-}N$	25	10
$PO_4\text{-}P$	4	1

消毒工艺采用二氧化氯消毒，并采用复合式二氧化氯发生装置，二氧化氯现场由氯酸钠和盐酸反应制备。根据其他污水厂的经验，氯的投加浓度为 5.0mg/L，按 1g 二氧化氯折合为 2.63g 有效氯计，二氧化氯的总投加量为 12.0t/a，加注点为加氯接触池进水管。

加氯接触池按远期规模 $14×10^4 m^3/d$ 设计，为折流式接触反应池，钢筋混凝土结构。平面尺寸为 40.8m×21.7m，有效水深 4.0m，反应时间为 0.5h。接触池平面布置图和剖面图如图 7-4-8 和图 7-4-9 所示。

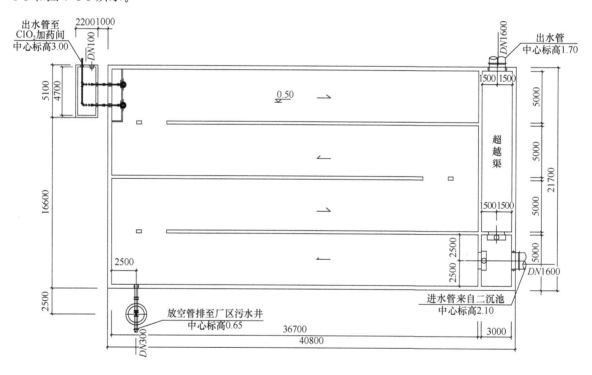

图 7-4-8　加氯接触池平面布置图

加氯间平面尺寸为 12m×8m，设消毒设备间、氯酸钠药库、氯酸钠储罐室、盐酸储罐室、卫生间等。加氯间的平面布置如图 7-4-10 所示。加氯设备间内设二氧化氯发生器 3 台，2 用 1 备，每台二氧化氯发生器的制备能力为 10kg/h，功率为 5.0kW。储罐室内设 $5m^3$ 氯酸钠和盐酸储罐各 1 只，氯酸钠需现场制备，设氯酸钠化料器 1 套，化料量为 100kg/次，功率为 1.5kW。

2. 山东即墨市污水处理厂工程

山东即墨市污水处理厂工程一期处理规模为 $6×10^4 m^3/d$，污水处理工艺采用垂直叶轮曝气

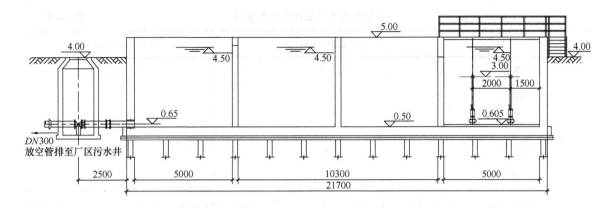

图 7-4-9　加氯接触池剖面图

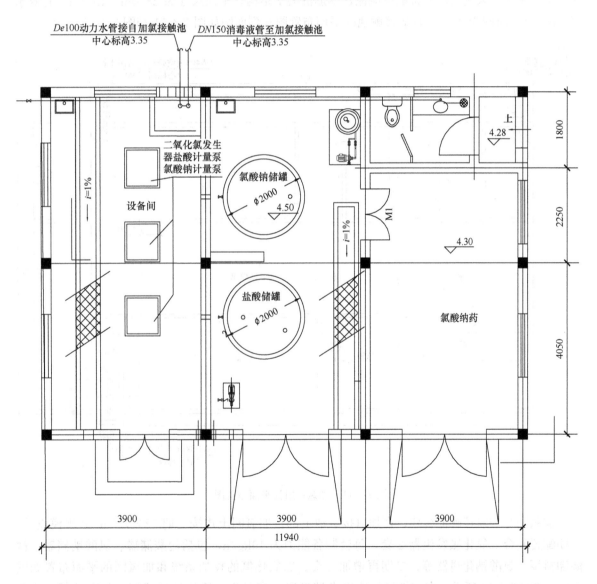

图 7-4-10　加氯间平面布置图

环流氧化沟（AAC 氧化沟）工艺。污水处理后水质达到《城镇污水处理厂污染物排放标准》GB 18918—2002 中的二级标准。

污水组成中工业废水占较大比例，污水处理厂设计进出水水质指标如表 7-4-5 所示。

项　目	进水指标（mg/L）	出水指标（mg/L）
COD_{Cr}	600	≤100
BOD_5	220	≤30
SS	5	≤30
NH_3-N	40	≤25
TP	6	≤3

即墨市污水厂设计进出水水质　　　　表 7-4-5

消毒采用复合二氧化氯消毒，有效氯为 7.5mg/L。加氯接触池按一期 $6×10^4 m^3/d$ 规模设计，建造 1 座。采用折流式接触反应池，钢筋混凝土结构，平面尺寸为 28.0m×19.1m，有效水深 3m，反应时间为 0.5h，加氯接触池的平面布置图和剖面图如图 7-4-11 和图 7-4-12 所示。

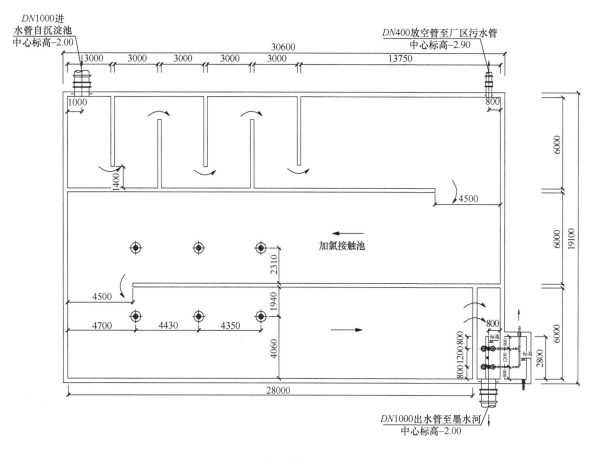

图 7-4-11　加氯接触池平面布置图

加氯间与加氯接触池合建，在加氯接触池上部，加氯间土建按二期 $12×10^4 m^3/d$ 规模设计，一期配置复合二氧化氯发生器 2 套，每套制备能力为 10kg/h，包括盐酸储罐、氯酸钠储罐、盐酸卸料泵、氯酸钠化料器等，二期再增加 2 套。二氧化氯的投加系统和加氯间的平面布置如图 7-4-13 和图 7-4-14 所示。在加氯接触池出水端设置 2 套再生水回用砂过滤器，每套处理能力为 7.5m³/h，建设清水池一座，与加氯接触池合建，平面尺寸为 6.0m×3.0m。设置再生水提升泵将处理后出水提升至砂过滤器进行处理，处理后出水进入清水池，再通过再生水回用泵提升后向全厂的再生水用户供水。

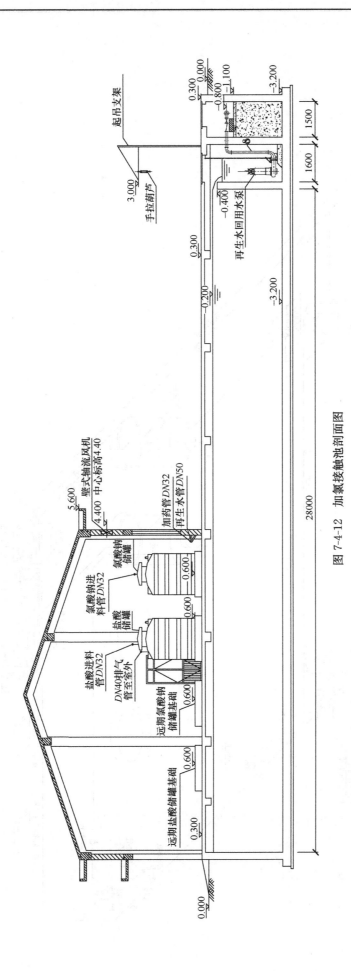

图 7-4-12　加氯接触池剖面图

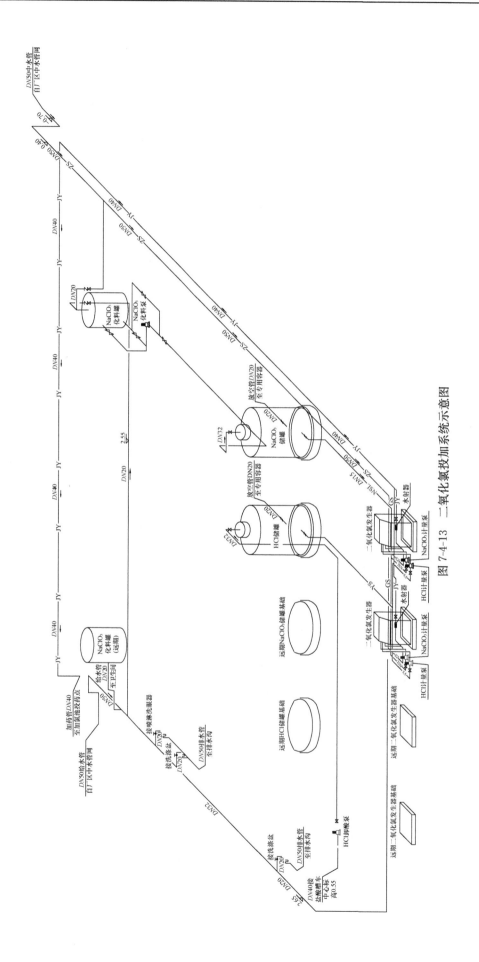

图 7-4-13　二氧化氯投加系统示意图

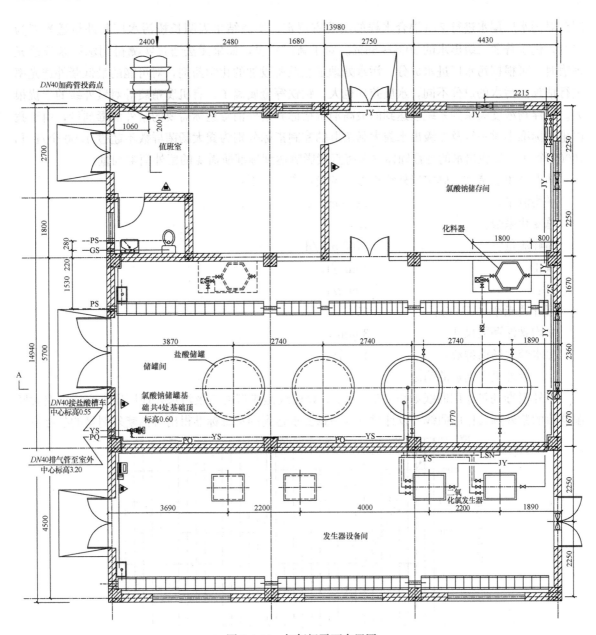

图 7-4-14　加氯间平面布置图

7.5　紫外消毒设计

1. 上海市长桥污水处理厂改造工程

（1）设计参数确定

紫外消毒系统的设计参数主要有处理水量、总变化系数、污水成分、悬浮物浓度和污水紫外透光率等。长桥污水处理厂处理水量为 $2.2 \times 10^4 \mathrm{m^3/d}$，总变化系数为 1.41。设计出水水质为：

$BOD_5 \leqslant 20\mathrm{mg/L}$，

$SS \leqslant 30\mathrm{mg/L}$，

氨氮 $\leqslant 15\mathrm{mg/L}$。

对比污水厂多年运行实测水质，实际出水水质可以达到 $BOD_5 \leqslant 15\mathrm{mg/L}$，$SS \leqslant 15\mathrm{mg/L}$，完全达到设计出水水质要求，因此以原设计出水水质作为消毒系统的设计进水水质指标。

通常国内的污水处理厂没有紫外透光率测定项目，而这一参数对消毒系统的设计比较重要，因此对污水厂尾水进行24h混合水样的实验室测定，实测结果表明长桥污水厂紫外线透光率为70%，优于普通二级出水的50%～65%。对于新厂建设，如果无法通过实测得到水体紫外透光率值时，可根据污水厂进水成分、污水处理工艺及所投加的化学药剂，对可能的最低紫外透光率进行估算。污水的成分不同，水质差异也大，钙铁等金属离子、有机腐殖质等对紫外线的干扰很大。悬浮物浓度关系到系统能达到的最高消毒指标和紫外消毒达标需要的紫外消毒剂量，由于我国排放标准中对一级及二级出水粪大肠菌群的控制指标分别为粪大肠菌群数不超过1000个/L和10000个/L，二级出水的悬浮固体含量将直接影响达到标准所需要的紫外消毒剂量。

从安全角度考虑，确定紫外线消毒系统设计参数如下：

平均流量：	22000m³/d
总变化系数：	1.41
高峰流量：	31000m³/d
BOD_5：	20mg/L
SS：	30mg/L
紫外透光率（UVT）：	65%
平均悬浮颗粒尺寸：	30μm
出水粪大肠菌群数：	10^4 个/L

（2）紫外消毒剂量的确定

紫外消毒剂量作用曲线如图7-5-1所示，该曲线是典型的二级污水处理厂出水水样中粪大肠菌群数的紫外剂量作用曲线，设计时可以根据要求达到的消毒标准得出目标紫外剂量的参考值。

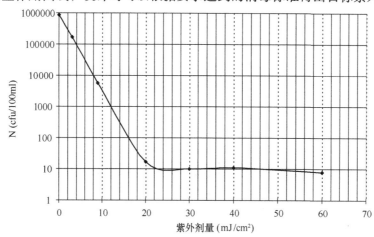

图7-5-1 出水水样中粪大肠菌群数紫外剂量作用曲线

上海市长桥污水厂要求的消毒指标为粪大肠菌群数不超过10000个/L（即1000cfu/100mL），从图7-5-1可知，此时所需的紫外线剂量约为12mJ/cm²，由于该曲线没有计入紫外灯管性能、灯管排布、水质、水流状态等因素，实际消毒系统常常偏离理想条件，按理论紫外剂量设计的消毒器往往不能保证设计效果，还必须将指示微生物通过实际选用的消毒器，测定不同工况条件下的实际灭活程度，并与平行光束紫外剂量作用曲线比较，推算消毒器实际传递的有效紫外线剂量。由于方案设计时没有实验条件，可以用独立第三方所做的同类紫外消毒系统由生物验定剂量实验测得的有效剂量曲线找到目标剂量下灯管的平均水力负荷，计算灯管数量。

（3）紫外消毒装置的选择

紫外消毒装置的选择包括消毒器的形式、紫外线灯管的类型、灯管的寿命、灯管的排布方式、模块数量、清洗方式等。

对于污水消毒，卫生条件不必如饮用水那样严格，考虑系统堵塞、清洗和成本等因素，多采用开放式明渠；灯管的排布方式也逐步演变为以平行排布的顺流式为主，使消毒器内的水流流态更稳定，系统水头损失更小。灯管的类型较多，一般根据不同条件正确选用，如表 7-5-1 所示。

紫外线灯管适用表

表 7-5-1

项目	低压灯	低压高强灯	中压灯	备注
流量范围($10^4 \text{m}^3/\text{d}$)	<5	2～20	>10	
水质条件	二级处理以上	二级处理以上	一级处理以上、低质、合流	
清洗方式	人工化学/机械/化学	人工化学/机械/机械+化学	机械+化学	
用地条件	占地不限	占地不限	占地最少	
水力高程条件	富裕	富裕	较高	
电耗	低	低	较高	有效光转换率不同，中压灯灯管数最少
水力负荷($\text{m}^3/(\text{d} \cdot \text{根})$)	100～200	250～500	1000～2000	紫外输出 10～20mJ/cm^2

紫外灯管是紫外消毒系统的重要组件，除考虑产品制造商样本所描述的电能输入、紫外能量输出、光电转换效率等参数外，还必须计入灯管的老化系数和结垢系数。不同厂家的老化系数在50％～80％之间，一般可按紫外系统协议规定的 50％默认值估算，灯管的结垢系数与水质和清洗方式有关，常用清洗方式的结垢系数如表 7-5-2 所示，也可按紫外系统协议规定的结垢系数0.8 默认值估算。

上海市长桥污水厂消毒系统采用开放式明渠，灯管的排布为顺流式平行排布。系统尺寸的确定取决于模块组数，灯管数量，灯架数量、尺寸，灯管间距等。

清洗方式与结垢系数表　　表 7-5-2

清洗方式	结垢系数
人工清洗	0.7
纯机械清洗	0.8
机械加化学清洗	1.0

1）灯管数量

紫外灯选用低压高强灯，单根灯管的水力负荷根据不同设备厂商的产品参数来确定，计算时取平均值为 360。

所需灯管数量＝处理量/单根灯管的水力负荷＝31000/360＝86 根。

通常污水紫外线消毒系统由若干个灯组组成，每个灯组又含有若干个灯架模块，每个灯架上的灯管数量为 2、4、6、8、16 不等，灯管间距为 76～100mm，低压灯灯管直径为 15～20mm 不等，石英套管直径为 28mm，灯管长度 1.5m，紫外线弧长 147cm。

每个灯架模块灯管数量取 8，则

灯架模块数量＝灯管数量÷8＝86÷8＝10.75，实取 11；

实际灯管数量＝11×8＝88 根。

2）有效水深

本例灯管间距采用 76mm，

有效水深＝(每个灯架模块灯管数量＋1)×灯管间距＝(8＋1)×76＝684mm

3）渠道宽度

渠道宽度＝灯架模块数/灯组×灯管间距＝11×76＝836mm

本例 11 个紫外灯架模块组成一个紫外灯组，灯管采用顺流式平行排布，灯管水平间距与垂直间距相等，均为 76mm，考虑土建施工进度渠道宽度实取 840mm。

4）渠道长度

渠道长度＝渠道前段稳流段尺寸＋模块组尺寸×模块数＋渠道后段稳流段尺寸

渠道前段及后段稳流段尺寸可以参照计量设备前 5 倍后 3 倍原则确定，所以

渠道前段稳流段尺寸＝5×渠道宽度＝5×840＝4200mm

渠道后段稳流段尺寸＝3×渠道宽度＝3×840＝2520mm

每个模块组尺寸约为 2500mm，所以

渠道长度＝4200＋2500＋2520＝9220mm。

5）过流面积

$$过流面积＝N_X×S_X×N_Y×S_Y－N_X×N_Y×A$$
$$＝8×0.076×11×0.076－8×11×3.14×0.028^2÷4 \qquad (7-5-1)$$
$$＝0.45m^2$$

式中　N_X——垂直方向灯管数量；

　　　N_Y——水平方向灯管数量；

　　　S_X——垂直方向灯管间距，m；

　　　S_Y——水平方向灯管间距，m；

　　　A——石英套管横截面积，m^2。

6）平均曝光时间

$$T＝过流面积×灯管弧长÷高峰流量 \qquad (7-5-2)$$
$$＝0.45×1.47÷0.36＝1.8s$$

7）系统水头损失计算

系统水头损失计算可按局部水头损失计算，ξ 可取 1.8

$$h＝\xi×V^2/2g \qquad (7-5-3)$$
$$＝1.8×(0.7)^2/(2×9.81)＝0.04m$$

（4）紫外线消毒渠设计

在紫外线消毒系统尺寸设计的基础上，进行紫外线消毒渠道的设计。由于上海市长桥污水处理厂已有一条长 15m，宽 2.5m，深 2.4m 的出水廊道，适当改造后可作为紫外消毒渠。

根据上海市长桥污水处理厂原设计高程，至紫外线消毒渠处水位为 0.23m（相对地面标高 0.00m），渠底标高为－1.50m。为了符合设计的紫外消毒系统断面，需将渠底填高。从上述计算知，经过紫外线消毒器的水头损失为 0.04m，为了避免紫外线消毒器末端灯管露出水面，需计入该部分水头损失，按 1/2 计则渠底标高为：

$$渠底标高＝设计水位－有效水深－水头损失/2 \qquad (7-5-4)$$
$$＝0.23－0.684－(0.04/2)＝－0.47m$$

同样，为防止小流量时水位降低使灯管露出水面，需在水流末端加设水位控制阀，靠水流的动能调节阀门开启，维持水位的恒定。

由于渠宽仅需 840mm，设计在 2.5m 宽渠道内设置隔墙，布置 1100mm 宽的旁通廊道，可供紫外线设备检修时用。

设计后的紫外线消毒渠道示意如图 7-5-2 所示。

2003 年，上海市长桥污水处理厂紫外线消毒系统安装完成。为了检验紫外线消毒系统的效果，2004 年 3 月请上海市徐汇区疾病预防控制中心对污水厂紫外线消毒系统出水进行了连续 1 个月的水质检测，检验结果表明除了有 1d 由于厂内出水水质异常造成出水粪大肠菌群超标达到 1600 个/100mL 外，其余时间均达到设计标准。

2. 宁波市江东南区污水处理厂

宁波市江东南区污水处理厂处理规模 $16×10^4 m^3/d$，采用多模式 AAO 工艺，处理尾水排入奉化江，出水水质采用《城镇污水处理厂污染物排放标准》GB 18918—2002 一级 B 标准，大肠杆菌群数 $≤10^4$ 个/L，设计参数如下：

$Q_{max}＝8667m^3/h$

$BOD_5≤20mg/L$

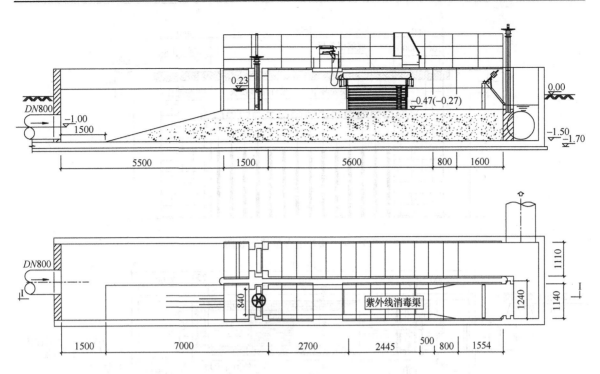

图 7-5-2 长桥污水处理厂紫外线消毒渠道示意图

SS≤20mg/L

出水粪大肠菌群数≤10⁴ 个/L。

污水消毒采用紫外线消毒，为开放渠道式。紫外线消毒系统设计半地下式构筑物 1 座，尺寸：$L×B=16m×8.9m$，系统采用低压高强灯管 1 套，灯管以水平顺流布置，灯管数量 252 根，单根输出功率 360W，设计接触时间 6s，穿透率 65%～70%，灯管寿命＞12000h，采用机械加化学的清洗方式。紫外灯应置于石英套管内，石英套管由抗紫外线的材质制成，穿透率不小于 92%，紫外装置的灯架采用不锈钢 316 制造，整体插入渠道内无需固定，灯架上部设置安全可靠的屏蔽护罩，做到紫外线向渠道外的泄漏量为 0，保证紫外线消毒系统的安全性。紫外消毒系统的剖面图、模块安装图和平面图如图 7-5-3、图 7-5-4 和图 7-5-5 所示。

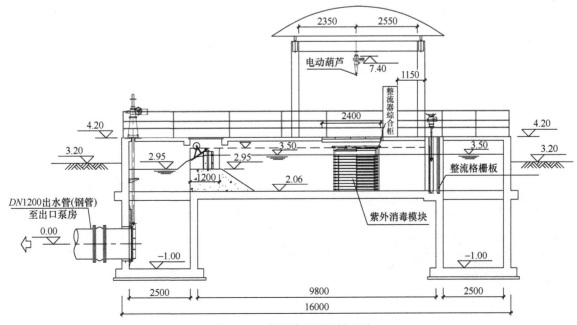

图 7-5-3 紫外消毒系统剖面图

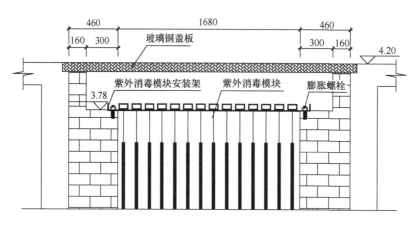

图 7-5-4 紫外消毒模块安装图

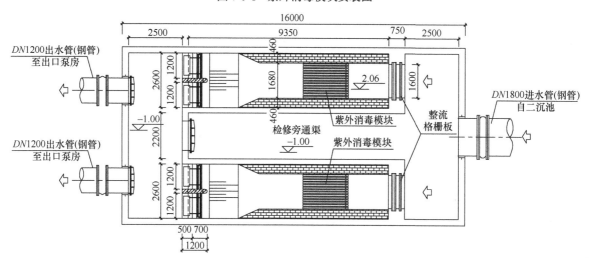

图 7-5-5 紫外消毒系统平面图

第8章 污泥浓缩

城镇污水和工业废水处理过程中会产生各种垃圾和污泥，主要有经格栅拦截的栅渣，由沉砂池排出的砂粒，由初次沉淀池排出的初沉污泥和由生物处理系统排出的生物污泥，生物污泥包括活性污泥法处理系统排出的剩余污泥和生物膜法处理系统排出的腐殖污泥。栅渣呈垃圾状，砂粒无机颗粒含量较高，栅渣和砂粒含水率低，流动性差，一般作垃圾处理。初沉污泥和剩余污泥含水率高，呈流态状，是污泥浓缩的主要对象。

8.1 污泥浓缩理论

8.1.1 污泥浓缩目的

污泥浓缩是污泥处理和处置的第一阶段，污泥浓缩的主要目的是使污泥缩小体积，减小污泥后续处理构筑物的规模和处理设备的容量。

污泥浓缩可采用重力浓缩、气浮浓缩和机械浓缩等方式。

污泥浓缩一般不添加化学药剂。

污水处理过程中产生的污泥含水率很高，一般情况下初沉污泥含水率为95%～97%，剩余污泥含水率为99.2%～99.6%，初沉污泥与剩余污泥混合后的含水率为99%～99.4%，体积非常大。污泥经浓缩处理后体积将大大减小，含水率为97%～98%。如将含水率为99.5%的污泥浓缩致含水率98%，体积就是原来的1/4，可大大减小后续污泥处理构筑物的规模和减少污泥处理设备的数量。浓缩后的污泥仍保持流动状态。

8.1.2 污泥水分和去除方式

污泥中水分的存在形式有3种：1）游离水：存在于污泥颗粒间隙中的水，又称为间隙水，约占污泥水分的70%左右。这部分水一般借助外力可以与泥粒分离。2）毛细水：存在于污泥颗粒间的毛细管中，约占污泥中水分的20%左右。也有可能用物理方法分离出来。3）内部水：黏附于污泥颗粒表面的附着水和存在于其内部的内部水，约占污泥中水分的10%左右。只有干化才能分离，但也不完全。污泥含水率与污泥状态的关系如图8-1-1所示。

通常，污泥浓缩只能去除游离水的一部分。

8.1.3 重力浓缩原理

重力浓缩是污泥浓缩的一种重要方式，是依靠污泥中固体物质的重力作用对污泥颗粒进行沉降和压密，也是一种沉淀过程。

根据污水中悬浮物质的性质、凝聚性能的强弱和浓度的高低，沉淀可分为4种类型，污泥在二次沉淀池和污泥浓缩池的沉淀浓缩过程中，实际上都存在着自由沉淀、絮凝沉淀、区域沉淀、压缩沉淀的沉淀过程，如图8-1-2所示。

自由沉淀：其特征为污水中悬浮物质浓度不高，在沉淀过程中，固体颗粒呈单颗粒状态，并保持其原有的性状和尺寸，颗粒之间互不碰撞，也不黏合，各自独立完成沉淀过程。固体颗粒在沉砂池和初次沉淀池的初期属这种类型。

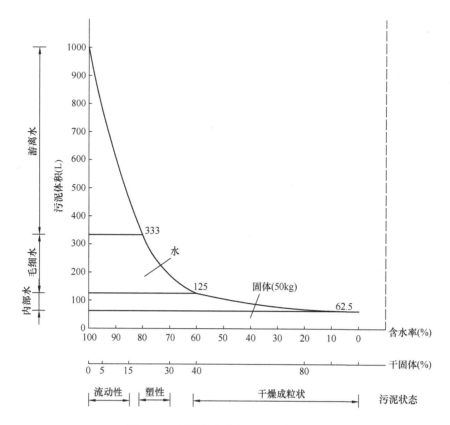

图 8-1-1　污泥含水率与污泥状态的关系

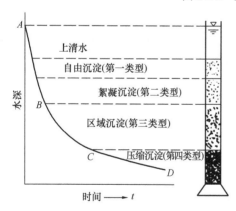

图 8-1-2　污泥在二次沉淀池中的沉淀过程

絮凝沉淀：其特征为在沉淀过程中颗粒之间相互碰撞相互黏合形成较大的絮凝体，使颗粒的直径和质量逐渐增大，沉降速度加快。固体颗粒在初次沉淀池的后期和二次沉淀池的初期属这种类型。

区域沉淀（又称成层沉淀或拥挤沉淀）：其特征为随着浓度提高，颗粒间的碰撞机会大大增加，形成了颗粒间的相互干扰和牵制，沉速大的颗粒无法超越沉速小的颗粒，在聚合力的作用下，颗粒群结合成一个整体，各自保持相对不变的位置，整体下沉，液体和颗粒群之间形成清晰的固液界面，沉淀显示为界面下沉，二次沉淀池下部的沉淀过程和重力浓缩池开始阶段属这种类型。

压缩沉淀：其特征为颗粒间互相接触，互相支承，上层颗粒的重力作用将下层颗粒中的间隙水挤出界面，剩余污泥在二次沉淀池泥斗中和重力浓缩池的浓缩属这种类型。

悬浮物质在重力浓缩池中沉淀形态基本上经历了这 4 种类型的沉淀，只是自由沉淀和絮凝沉淀比较短暂，以区域沉淀和压缩沉淀为主。

连续式重力浓缩池的工艺如图 8-1-3 所示，污泥经浓缩池中心管流入，入流污泥量和固体浓度分别用 Q_0、C_0 表示，上清液从溢流堰溢出，上清液的流量和固体浓度分别用 Q_e、C_e 表示，浓缩污泥从池底排出，排出的污泥量和固体浓度分别用

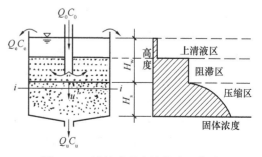

图 8-1-3　连续式重力浓缩池工艺图

Q_u、C_u 表示，当浓缩池运行正常时，池中的固体量处于平衡状态，即单位时间内进入浓缩池的固体量和排出浓缩池的固体量相等，上清液带出的固体量可忽略不计。

浓缩池中存在 3 个区域，即上部上清液区、中间阻滞区和下部压缩区。当污泥连续输入时，阻滞区固体浓度基本稳定，该区不起压缩作用，但其高度将影响下部压缩区污泥的压缩程度，污泥的压缩主要在压缩区完成。

1969 年迪克在污泥浓缩试验中，引入了固体通量的概念，固体通量即单位时间内通过单位面积的固体重量，单位为 $kg/(m^2 \cdot h)$。固体通量是污泥重力浓缩池设计的重要参数。迪克认为，通过污泥浓缩池任何一个断面的固体通量，由两部分组成，一部分是浓缩池底部连续排泥所造成的向下流固体通量；另一部分是污泥自重压密所造成的固体通量，固体通量计算为：

$$G = G_u + G_n \tag{8-1-1}$$

式中　G——任一断面的总固体通量，$kg/(m^2 \cdot h)$；

G_u——向下流固体通量，$kg/(m^2 \cdot h)$；

G_n——污泥自重压密所造成的固体通量，$kg/(m^2 \cdot h)$。

如图 8-1-3 所示，断面 i-i 处的固体其固体浓度为 C_i，通过该断面处的向下流固体通量为：

$$G_u = uC_i \tag{8-1-2}$$

式中　u——向下流流速，m/h。

C_i——断面 i-i 处的固体，固体浓度，kg/m^3。

浓缩池底部连续排泥所造成的界面下降流速（u）。若污泥浓缩池的面积为 A（m^2），池底排泥流量为 Q_u（m^3/h），则 $u = Q_u/A$。

通过断面 i-i 处污泥自重压密所造成的固体通量为：

$$G_n = v_iC_i \tag{8-1-3}$$

式中　v_i——污泥固体浓度为 C_i 时的界面沉速，m/h。

则式（8-1-1）也可写成下式：

$$G = G_u + G_n = uC_i + v_iC_i = C_i(u + v_i) \tag{8-1-4}$$

当入流污泥量 Q_0 和入流固体浓度 C_0 一定时，存在一个控制断面，这个断面的固体通量最小，称为极限固体通量 G_L，浓缩池的设计表面积应该为：

$$A \geqslant Q_0C_0/G_L \tag{8-1-5}$$

式中　A——浓缩池设计表面积，m^2；

Q_0——入流污泥量，m^3/h；

C_0——入流污泥固体浓度，kg/m^3；

G_L——极限固体通量，$kg/(m^2 \cdot h)$。

在污泥浓缩池正常运行时，极限固体通量也是池中处于平衡状态的固体通量，运行中的固体通量若大于极限固体通量，意味着浓缩池超负荷运行。

固体通量是污泥浓缩池设计的重要参数，又称为固体过流率或污泥固体负荷。G_L 值可通过试验或参考同类性质污泥浓缩池的运行数据确定。

8.1.4　气浮浓缩原理

气浮浓缩是将污泥中的固体颗粒与液体分离的又一种方法。气浮浓缩与重力浓缩所不同的是改变了污泥中固体颗粒的移动方向，以固体颗粒向上浮起代替了向下沉降，以浮渣代替了浓缩污泥。

气浮浓缩主要采用溶气气浮法。在一定温度下，空气在液体中的溶解度与空气受到的压力成正比，即服从亨利定理。液体在溶气罐中加压并压入压缩空气，使空气大量溶解在水中，当压力恢复到常压，所溶空气即变成细小的气泡从液体中释放，大量的细小气泡附着在固体颗粒的周围，形成密度小于水的气浮体，在浮力作用下使颗粒强制上浮，在水面形成浮渣，达到气浮浓缩的目的。

气浮浓缩的效率和液体中固体颗粒的表面性质与密度有直接关系。表面性质为疏水性的颗粒与空气气泡的润湿接触角大，气粒两相接触面积大，相对容易与空气气泡结合，颗粒与气泡组成的气浮结合体比较牢固，颗粒不易脱落，气浮的效率相对较高；而表面性质亲水性的颗粒与空气气泡的润湿接触角小，气粒两相接触面积小，相对不易与空气气泡结合，颗粒与气泡组成的气浮结合体不牢固，颗粒容易脱落，气浮的效率相对较差。在污泥浓缩中，气浮法比较适用于颗粒易于上浮的疏水性污泥或颗粒难以沉降易于聚合的场合，如含油污泥、密度接近1的剩余污泥等。

8.1.5 机械浓缩原理

机械浓缩是通过机械设备对污泥混合液施加外力，辅以滤网等设施进行固液分离，使污泥得到浓缩。

离心浓缩法的原理是利用污泥中固体和液体的密度差，在高速旋转的离心机中，固体和液体所受到的离心力不同而被分离。由于离心力是重力的500～3000倍，在很大的重力浓缩池需要几小时甚至十几小时才能达到的浓缩效果，在很小的离心浓缩机内十几分钟就能完成。

重力带式浓缩机和离心筛网浓缩器的原理是将污泥通过运动的网状结构的多孔介质，排放出液体并把固体留在介质上而实现浓缩。

虹吸式污泥过滤浓缩设备是利用虹吸原理，采用虹吸低压过滤方式达到污泥浓缩的目的。

8.2　污泥浓缩分类和选用

8.2.1　污泥浓缩分类

污泥浓缩分为3大类：重力浓缩、气浮浓缩和机械浓缩。

8.2.1.1　重力浓缩

重力浓缩是一种重力沉降过程，污泥中的颗粒在重力作用下向下沉降聚集，从互相接触支撑，到上层颗粒挤压下层颗粒，压出下层颗粒的间隙水，通过重力的挤压使污泥压密而实现污泥浓缩。

进行重力浓缩的构筑物称为重力污泥浓缩池。污泥浓缩池按其运转方式可分为连续流和间歇流，按其池型可分为圆形和矩形，其中圆形的污泥浓缩池又有竖向流式和辐流式。

8.2.1.2　气浮浓缩

气浮浓缩是借助微小气泡与污泥颗粒之间的黏附作用，污泥颗粒在气泡的作用下上浮而实现污泥浓缩。

污泥气浮浓缩最常用的方法是压力溶气气浮法。气浮浓缩可分为无回流加压溶气气浮和有回流加压溶气气浮两种方式。用全部污泥加压溶气气浮称为无回流加压溶气气浮；用回流水加压溶气气浮称为有回流加压溶气气浮。

气浮池的池型可分为圆形和矩形。

8.2.1.3　机械浓缩

机械浓缩是通过机械设备的作用实现污泥浓缩的方式。

用于污泥浓缩的机械设备种类很多，根据机械设备的性质和运行方式可分为离心浓缩机、重力带式浓缩机、离心筛网浓缩器和虹吸式污泥过滤浓缩设备等。

8.2.2 污泥浓缩选用

污泥浓缩的选用应综合分析污水处理工艺、污泥性质、工程造价、运行费用和建设场地等各种因素后作出选择。

8.2.2.1 重力浓缩工艺和适用条件

重力浓缩是常用的污泥浓缩方法，重力浓缩构筑物构造简单，需用设备较少，工程造价较低，运行过程中一般不需要加药，耗电最省，运行成本最低，是城镇污水处理中使用最为普遍的污泥浓缩方式。针对密度较大能快速沉降的污泥是最理想的选择，比较适合于一般城镇污水处理厂的初沉污泥、初沉污泥与剩余污泥混合污泥和消化污泥的浓缩。由于重力式污泥浓缩池停留时间较长，不宜用于具有脱氮除磷污水处理工艺产生的污泥浓缩，避免磷从污泥中释放，造成除磷效果降低。腐殖污泥经长时间浓缩后，比阻将增加，上清液 BOD_5 浓度升高，不利于机械脱水，也不宜采用重力污泥浓缩池。

间歇式重力污泥浓缩池可采用圆形或方形水池，设有进泥管和分层设置的上清液排出管，底部设泥斗及排泥管，工作时先将污泥充满水池，然后静置沉淀，让污泥浓缩压密，定期分层排出上清液，浓缩后的污泥从泥斗的排泥管排出。图 8-2-1 为间歇式重力污泥浓缩池示意图。

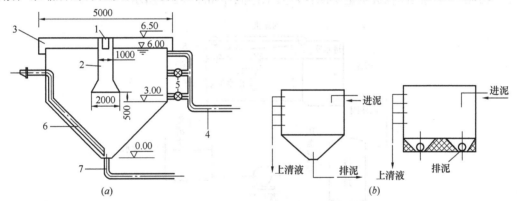

图 8-2-1 间歇式重力污泥浓缩池示意图
(a) 带中心管间歇式浓缩池；(b) 不带中心管间歇式浓缩池
1—污泥入流槽；2—中心筒；3—溢流堰；4—上清液排出管；5—闸阀；6—吸泥管；7—排泥管

间歇式重力污泥浓缩池主要适用于小型污水处理厂，污泥量较小的处理系统，一般不少于两个，一个进泥，另一个浓缩，交替使用。

连续流式重力污泥浓缩池可采用圆形或矩形水池，为方便排泥，通常采用圆形水池，分为竖流式和辐流式两种，其构造与沉淀池类似，连续流式重力污泥浓缩池适用于大多数城镇污水处理厂的污泥浓缩，水量较小的可采用竖流式污泥浓缩池。竖流式污泥浓缩池一般由中心管进水，上清液通过溢流堰排出，下部设污泥斗，浓缩污泥通过泥斗下的排泥管排出，一般不用机械刮泥设备。图 8-2-2 为多斗连续式浓缩池。水量较大的污水处理厂一般采用辐流式污泥浓缩池，并配置机械刮泥设备。图 8-2-3 为带刮泥机与搅动装置的连续式浓缩池，污泥由中心进泥管连续进泥，上清液通过溢流堰排出，浓缩污泥用刮泥机缓缓刮至池中心污泥斗，由排泥管排出。

8.2.2.2 气浮浓缩工艺和适用条件

气浮浓缩工艺适用于颗粒密度接近于1，易于上浮的疏水性污泥和颗粒难以沉降易于聚合的污泥。如好氧消化污泥、接触氧化法工艺产生的污泥、延时曝气活性污泥和含油量较高的污泥等。气浮浓缩由于在好氧状态下进行，而且持续时间较短，也适用于脱氮除磷工艺系统的剩余污泥浓缩。初沉污泥、腐殖污泥、厌氧消化污泥等，污泥密度较大、絮凝性能差、沉降效果好，不适合采用气浮浓缩法。

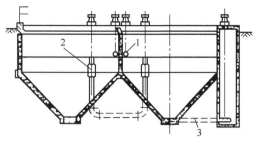
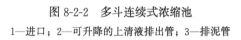
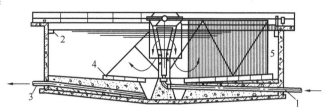

图 8-2-2　多斗连续式浓缩池　　　　　图 8-2-3　带刮泥机与搅动装置的连续式浓缩池

1—进口；2—可升降的上清液排出管；3—排泥管　　　1—中心进泥管；2—上清液溢流堰；3—排泥管；4—刮泥机；5—搅泥栅

气浮浓缩工艺主要由加压泵、溶气罐、减压阀、进水室和气浮池组成，污泥或澄清水与压缩空气压入溶气罐，在高压下，大量空气在溶气罐内溶入液体，溶入大量空气的液体经过减压阀在进水室中恢复常压，所溶空气即变成微细气泡从液体中释放，大量微细气泡附着在颗粒周围，在气浮池中，微细气泡携带着颗粒上浮，在池面形成浮渣使污泥得到浓缩，浮渣通过刮泥设备撇除，澄清水在气浮池下部排出。无回流工艺是全部污泥加压气浮；有回流工艺是对部分澄清水加压气浮，污泥与溶气液体在进水室中混合，其工艺流程如图 8-2-4 所示。

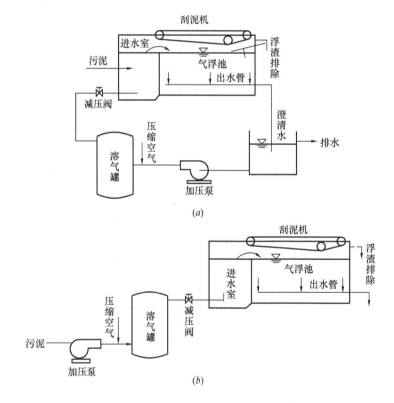

图 8-2-4　气浮浓缩系统工艺流程图

(a) 有回流；(b) 无回流

气浮浓缩池可采用矩形或圆形，每座处理能力小于 $100m^3/h$ 多采用矩形池，大于 $100m^3/h$ 一般采用圆形辐流式气浮池。图 8-2-5 为气浮浓缩池的基本池形。

8.2.2.3　机械浓缩的适用条件

机械浓缩对污泥的适用范围较广，其主要特点是污泥浓缩时间短、效率高、设备构造紧凑、需用场地较小、卫生条件好，但能耗较大，运行和维修费用较高，适用于建设用地紧张，需要在较短时间进行污泥浓缩，如脱氮除磷工艺系统的污泥浓缩。

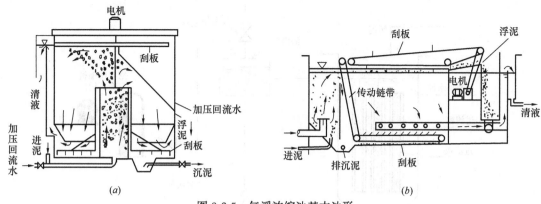

图 8-2-5　气浮浓缩池基本池形
（a）圆形气浮池；（b）矩形气浮池

离心浓缩机是最早用于污泥浓缩的机械设备，经过几代的更换发展，现在普遍采用卧螺式离心浓缩机。离心浓缩机也是污水处理厂常用的污泥机械浓缩设备，其原理和形式与离心脱水机基本相同，差别在于用于污泥浓缩一般不需加入絮凝剂，而用于脱水必须加入絮凝剂。离心浓缩机适用于不同性质的污泥，不同规模的污水处理厂均可使用。图 8-2-6 为离心浓缩机示意图。

重力带式浓缩机（如图 8-2-7 所示）和离心筛网浓缩器（如图 8-2-8 所示）的适用条件与离心浓缩机基本相似，但卫生条件较离心浓缩机差。带式浓缩机主要用于浓缩脱水一体化设备的浓缩段。

虹吸式污泥过滤浓缩设备是日本最新研制的污泥浓缩设备，其最大的特点是利用了虹吸原理，大大节约了能源。工艺流程如图 8-2-9 所示。

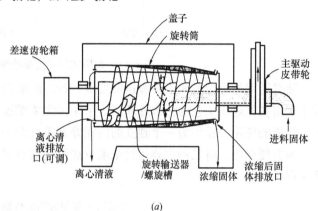

(a)

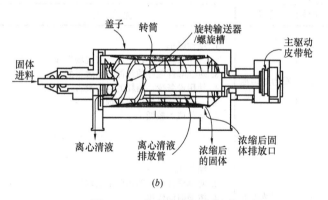

(b)

图 8-2-6　离心浓缩机示意图
（a）进出料相同；（b）进出料两端

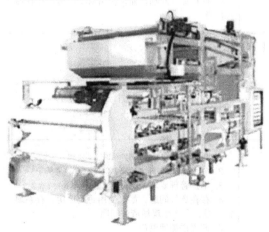

图 8-2-7　重力带式浓缩机

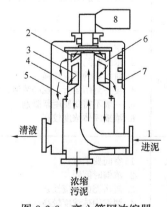

图 8-2-8　离心筛网浓缩器
1—中心分配管；2—进水布水器；3—排出器；4—旋转筛网笼；
5—出水集水室；6—调节流量转向器；7—反冲洗系统；8—电机

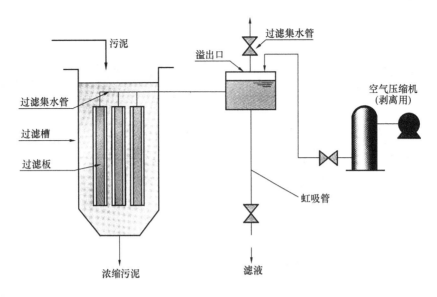

图 8-2-9　虹吸式污泥过滤浓缩设备工艺流程

　　随着污泥处理设备的不断改进和发展，污泥浓缩脱水一体机已被一些污水处理厂采用，尤其对于采用脱氮除磷工艺的污水处理厂，采用污泥浓缩脱水一体机是比较恰当的选择，污泥浓缩脱水一体机的使用，使作为一个独立的污泥处理阶段的污泥浓缩成为污泥脱水的一部分。

　　为方便选用，将几种主要污泥浓缩方法的优缺点进行比较，表 8-2-1 为主要污泥浓缩方法的优缺点比较。

主要污泥浓缩方法的优缺点比较表　　　　　　　　　　　　表 8-2-1

序号	方法	优　点	缺　点
1	重力浓缩池	1. 结构简单 2. 操作管理方便，不需经常现场操作 3. 对沉降性能好的污泥浓缩效果好 4. 使用设备少，消耗的电力最省 5. 一般不需要使用絮凝剂 6. 运行成本较低	1. 占地面积最大 2. 对污泥性能要求较高，不适合沉降性能差的污泥浓缩，也不能用于脱氮除磷工艺的污泥浓缩 3. 浓缩时间较长 4. 浓缩后固体的浓度有一定限度 5. 存在臭气问题
2	气浮浓缩池	1. 结构相对简单 2. 对沉降性能差的污泥浓缩效果好 3. 浓缩时间较短 4. 一般不需要使用絮凝剂 5. 可用于脱氮除磷工艺的污泥浓缩	1. 占地面积较大 2. 运行管理相对复杂 3. 电力消耗较高 4. 不适合沉降性能好的污泥浓缩 5. 浓缩后固体的浓度有一定限度 6. 存在臭气问题，如果使用封闭厂房，存在腐蚀问题
3	离心浓缩机	1. 空间要求省 2. 浓缩时间短 3. 对污泥的适应性强 4. 设备封闭运行，现场清洁，气味很少 5. 一般不需要使用絮凝剂 6. 浓缩固体浓度较高	1. 造价较高 2. 电力消耗最高，运行成本高 3. 维护管理要求较高 4. 最适合于连续运行
4	重力带式浓缩机	1. 空间要求省 2. 浓缩时间短 3. 对污泥的适应性强 4. 浓缩固体浓度较高 5. 运行成本略低于离心机	1. 造价较高 2. 电力消耗较高，运行成本较高 3. 维护管理要求较高 4. 存在臭气问题，如果使用封闭厂房，存在腐蚀问题，会产生现场清洁问题 5. 需要添加絮凝剂

序号	方法	优 点	缺 点
5	离心筛网浓缩器	1. 空间要求省 2. 浓缩时间短 3. 对污泥的适应性强 4. 浓缩固体浓度较高 5. 运行成本略低于离心机	1. 造价较高 2. 电力消耗较高，运行成本较高 3. 维护管理要求较高 4. 需要添加絮凝剂
6	虹吸式污泥过滤浓缩设备	1. 空间要求较省，可室外安装 2. 浓缩时间短 3. 对污泥的适应性强 4. 浓缩固体浓度较高 5. 能耗省，运行成本低	1. 造价稍高 2. 固体浓度有一定限制 3. 需要添加絮凝剂

8.3 污泥浓缩计算

污泥浓缩计算主要是对污泥浓缩系统所承担的污泥量（包括污泥干重，污泥设计流量）和污泥浓缩后体积的计算。

无论采用何种污泥浓缩方法，污泥量是污泥浓缩最重要的设计参数，污泥量与污水的水质水量和采用的处理工艺有着密切关系，不同污水的水质水量和污水处理工艺产生的污泥量都不一样，城镇污水处理厂产生的污泥主要为初沉污泥和剩余活性污泥。初沉污泥是指初次沉淀池沉淀后排出的污泥，剩余活性污泥是指活性污泥法生物处理系统排出的污泥。在污水深度处理中，当采用混凝沉淀时，还会产生化学污泥，当采用生物滤池时，还会产生腐殖污泥。

计算污泥量时应先计算污泥的干重，再根据污泥浓缩承担的污泥含水率计算污泥容量即污泥设计流量，污泥浓缩后的体积可根据污泥浓缩后的含水率进行计算。

8.3.1 污泥干重

初沉污泥量主要由悬浮物沉淀产生，可根据污水进水悬浮物去除率进行计算，初沉池悬浮物去除率为 $40\%\sim55\%$，初沉污泥干重可用下式计算：

$$w_1 = \frac{QSS\eta}{1000} \qquad (8\text{-}3\text{-}1)$$

式中　w_1——初沉池污泥干重，kg/d；

　　　Q——设计平均日污水流量，m^3/d；

　　　SS——初沉池进水悬浮物浓度，mg/L；

　　　η——悬浮物去除率，%。

剩余污泥干重可用以下两种方法计算：

8.3.1.1 按污泥泥龄计算

$$w_2 = \frac{V \cdot X}{\theta_c} \qquad (8\text{-}3\text{-}2)$$

8.3.1.2 按污泥产率系数、衰减系数、不可生物降解和惰性悬浮物计算：

$$w_2 = YQ(S_0 - S_e) - K_d V X_v + fQ(SS_0 - SS_e) \qquad (8\text{-}3\text{-}3)$$

式中　w_2——剩余污泥干重，kg/d；

　　　V——生物反应池容积，m^3；

　　　X——生物反应池内混合液悬浮固体浓度，gMLSS/L；

θ_c——污泥龄，d；

Y——污泥产率系数，kgMLVSS/kgBOD₅，不同的处理工艺，Y 值不同，可根据表 8-3-1选用；

S_0——生物反应池进水 5 日生化需氧量，kg/m³；

S_e——生物反应池出水 5 日生化需氧量，kg/m³；

K_d——衰减系数，d^{-1}，20℃时为 0.04～0.075；

X_V——生物反应池混合液挥发性悬浮液平均浓度，kg MLVSS/m³；

f——SS 的污泥转换率，宜根据试验资料确定，无试验资料时可取 0.5～0.7gMLSS/gSS；

SS_0——生物反应池进水悬浮液浓度，kg/m³；

SS_e——生物反应池出水悬浮液浓度，kg/m³。

不同污水处理工艺的污泥产率系数 Y　　　　表 8-3-1

污水处理工艺	污泥产率系数 Y（kgMLVSS/kgBOD₅）
传统活性污泥法	0.4～0.8
缺氧/好氧法（A$_N$O法）生物脱氮	0.3～0.6
厌氧/好氧法（A$_P$O法）生物除磷	0.4～0.8
厌氧/缺氧/好氧法（AAO法又称 A²O法）生物脱氮除磷	0.3～0.6
延时曝气氧化沟	0.3～0.6

8.3.2 污泥设计流量

污泥浓缩的设计流量可根据污泥干重和含水率计算，一般初沉污泥含水率为 95％～97％，剩余污泥含水率为 99.2％～99.6％，混合污泥含水率为 99％～99.4％。污泥设计流量可按下式计算：

$$Q_0 = w \frac{100}{(1-p)\rho} \qquad (8\text{-}3\text{-}4)$$

式中　Q_0——污泥流量，m³/d；

w——污泥干重，kg/d；

p——污泥含水率，％；

ρ——污泥容重以 1000kg/m³ 计。

用以上公式计算初沉污泥流量时，w 以初沉污泥干重 w_1 代入，p 为初沉污泥含水率，计算剩余污泥流量时，w 以剩余污泥干重 w_2 代入，p 为剩余污泥含水率。计算混合污泥流量时，可以把 $w_1 + w_2$ 代入 w，也可将初沉污泥量与剩余污泥量分别计算后相加。

8.3.3 浓缩后污泥体积

污泥的浓缩效果与污泥性质和采用的污泥浓缩的工艺有关，重力式污泥浓缩池一般可将 99.2％～99.6％的剩余污泥浓缩到 97％～98％，气浮浓缩可将含水率 99.2％～99.6％的剩余污泥浓缩到 94％～96％，机械浓缩设备浓缩后污泥浓度还可有所提高，但在污泥浓缩阶段，不希望浓缩后的污泥浓度含水率低于 94％，以免管道输送困难。

污泥浓缩后的体积可按下式计算：

$$V_2 = V_1 \frac{100 - p_1}{100 - p_2} \qquad (8\text{-}3\text{-}5)$$

式中　V_1——污泥浓缩前体积；

V_2——污泥浓缩后体积；

p_1——污泥浓缩前的含水率；

p_2——污泥浓缩后的含水率。

8.4 污泥浓缩池设计

8.4.1 污泥浓缩池的主要设计参数

8.4.1.1 污泥固体负荷（又称固体通量）

污泥固体负荷是计算重力式污泥浓缩池的重要设计参数，可通过污泥沉降试验得到，当无污泥沉降试验资料时，可参照同类型污水处理厂污泥浓缩池的运行数据或参考表 8-4-1 重力浓缩池固体通量经验值选取。

重力浓缩池固体通量经验值表　　　　　　表 8-4-1

序号	污泥类型	污泥含水率（%）	污泥固体通量（kg/(m²·d)）	浓缩污泥含水率（%）
1	初沉污泥	95～97	80～120	92～94
2	剩余污泥	99.2～99.6	20～30	97～98
3	腐殖污泥	98～99	40～50	96～97
4	混合污泥	99～99.4	30～50	97～98

8.4.1.2 污泥浓缩停留时间

污泥浓缩停留时间可通过试验得到，无试验数据时，污泥浓缩时间不小于 12h，也不应大于 24h，污泥浓缩时间不宜过长，否则会产生厌氧分解或反硝化。

8.4.1.3 有效水深

有效水深宜为 4m，最低不低于 3m。

8.4.1.4 污泥室容积和排泥时间

污泥室容积应根据排泥方式和两次排泥间隔时间确定，当采用定期排泥时，两次排泥间隔时间可采用 8h，并以此复核污泥室容积。

8.4.1.5 集泥设施和设备的设计

1）辐流式污泥浓缩池

采用吸泥机时，底坡可采用 0.003，吸泥机回转速度为 1r/h。

采用刮泥机时，底坡不宜小于 0.05，刮泥机回转速度为 0.75～4r/h，采用栅条浓缩机时，外缘线速一般宜为 1～2m/min。

不用吸、刮泥设备时，池底设泥斗，泥斗与水平面的倾角应不小于 50°。

2）竖流式污泥浓缩池：

浓缩池较小时可采用竖流式污泥浓缩池，一般不设吸、刮泥设备，池底设泥斗，泥斗与水平面的倾角应不小于 50°。中心管按污泥流量计算，沉淀区按浓缩分离出来的污水流量设计。

8.4.1.6 重力浓缩池设计要点

重力式污泥浓缩池的进泥管设计，应配水均匀并避免短流，对于垂直向下流的进水系统，管道采用通过 T 形结构的反切线进水。

刮板通常由一定角度的板或管道排列而成，间距约 150～460mm，高度约 0.6～2.0m，刮板能在污泥层中运转，在较薄的污泥区中，刮泥机也能起到有效的搅拌作用，在单管或类似结构的吸泥机中，采用刮板可以收到很好的效果。

通常重力浓缩池要有撇渣设备和挡板，用于去除浮渣和其他漂浮物，然而撇渣设备、刮泥机有震动问题，会溅起污泥，要考虑周到。

对于刮泥设备的结构和驱动设备的传动装置，以及电机的功率都必须满足足够的扭矩，用于克服阻力。

矩形浓缩池的设计可参照圆形浓缩池的原理、标准和参数。但必须考虑两个因素，即排泥点位置和排泥机长度，矩形浓缩池运行最常见的问题就是易积泥和设备损坏，因此浓缩池通常都采用圆形设计。

重力浓缩池的排泥管应设置两根，对于含石灰的污泥，排泥管宜考虑清洗措施。

重力浓缩池一般会散发臭气，要考虑防臭除臭措施。

8.4.2 计算公式

8.4.2.1 浓缩池面积 A

$$A = Q_0 C_0 / G \tag{8-4-1}$$

式中 A——浓缩池设计表面积，m^2；

Q_0——入流污泥量，m^3/d；

C_0——入流污泥固体浓度，kg/m^3；

G——固体通量，$kg/(m^2 \cdot d)$。

8.4.2.2 单池面积 A_1

$$A_1 = A/n \tag{8-4-2}$$

式中 A_1——单个浓缩池设计表面积，m^2；

n——浓缩池个数，个。

8.4.2.3 浓缩池直径 D

$$D = (4A_1/\pi)^{1/2} \tag{8-4-3}$$

式中 D——沉淀池直径，m。

8.4.2.4 浓缩池工作部分高度 h_2

$$h_2 = TQ_0/24A \tag{8-4-4}$$

式中 h_2——浓缩池工作部分高度，m；

T——设计浓缩时间，h。

8.4.2.5 池底坡产生的高度 h_4

$$h_4 = (D/2 - D_2/2) \times i \tag{8-4-5}$$

式中 h_4——池底坡产生的高度，m；

D_2——泥斗上口直径，m；

i——底坡坡度。

8.4.2.6 泥斗部分高度 h_5

$$h_5 = (D_2/2 - D_1/2) \times \tan\theta \tag{8-4-6}$$

式中 h_5——泥斗部分高度；

D_1——泥斗下口直径，m；

θ——泥斗与水平面的夹角。

8.4.2.7 浓缩池设计高度 H

$$H = h_1 + h_2 + h_3 + h_4 + h_5 \tag{8-4-7}$$

式中 H——浓缩池总高度，m；

h_1——超高，m，一般为0.3m；

h_3——缓冲层高度，m。

8.4.2.8 浓缩后污泥体积 v_n

$$v_n = Q_0(1-P_0)/(1-P_u) \qquad\qquad (8\text{-}4\text{-}8)$$

式中 v_n——浓缩后污泥体积，m^3；

P_0——进泥浓度；

P_u——出泥浓度。

8.4.3 工程实例

8.4.3.1 已知条件

某污水处理厂设计剩余污泥量 $2000m^3/d$，含水率 99.4%（即固体浓度 $6kg/m^3$），浓缩后含水率 97%（即固体浓度 $30kg/m^3$），设计重力式污泥浓缩池。

8.4.3.2 设计计算

(1) 浓缩池面积 A，浓缩污泥为剩余污泥，根据表 8-4-1 重力浓缩池污泥固体通量采用 $30kg/(m^2 \cdot d)$。

$$A = Q_0 C_0/G = 2000 \times 6/30 = 400m^2$$

(2) 单池面积 A_1

设计 $n=2$ 个圆形辐流式浓缩池，

$$A_1 = A/n = 400/2 = 200m^2$$

(3) 浓缩池直径 D

$$D = (4A_1/\pi)^{1/2} = (4\times200/\pi)^{1/2} = 15.96m$$

取 $D=16m$。

(4) 浓缩池高度（m）

图 8-4-1 为重力式污泥浓缩池计算简图。

超高 $h_1 = 0.30m$，

浓缩池工作部分高度 h_2，浓缩时间取 $T=15h$，

$$\begin{aligned} h_2 &= TQ_0/24A \\ &= 15\times2000/24\times400 \\ &= 3.13m \end{aligned}$$

缓冲层高度 $h_3 = 0.30m$，

池底坡产生的高度 h_4，$i=0.05$，

$$h_4 = (D/2-D_2/2)\times i = (16/2-2.4/2)\times0.05 = 0.34m，$$

泥斗部分高度 h_5，

$$h_5 = (D_2/2-D_1/2)\times\tan60° = (2.4/2-1.0/2)\times\tan60° = 1.21m，$$

$$H = h_1+h_2+h_3+h_4+h_5 = 0.30+3.13+0.30+0.34+1.21 = 5.28m。$$

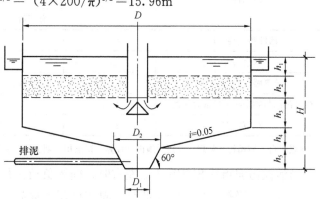

图 8-4-1 重力式污泥浓缩池计算简图

8.5 气浮浓缩池设计

8.5.1 气浮浓缩池主要设计参数

8.5.1.1 溶气比 $\dfrac{A_a}{S}$

即单位质量固体所需空气量，应通过气浮试验确定，无试验资料时，一般采用 $0.005\sim$

0.04，入流污泥浓度高时取下限，浓度低时取上限。$\dfrac{A_a}{S}$ 是影响污泥气浮池浓缩效果的重要因素，一般 $\dfrac{A_a}{S}$ 越大排泥浓度越高，浓缩效果越好，然而排泥浓度又与污泥性质有关，当活性污泥的 SVI 在 100 时，污泥浓缩效果最好，当活性污泥的 SVI 值大于 350 时，即使 $\dfrac{A_a}{S}$ >0.06，也不能使污泥含固率超过 2%。不同溶气比 $\dfrac{A_a}{S}$ 对应的排泥浓度如表 8-5-1 所示。

不同溶气比 $\dfrac{A_a}{S}$ 对应的排泥浓度（SVI=100）　　　　　　　　　　表 8-5-1

溶气比	0.010	0.015	0.020	0.025	0.030	0.040
排泥浓度（%）	1.5	2.0	2.8	3.3	3.8	4.5

8.5.1.2　表面水力负荷和固体负荷

气浮浓缩池表面水力负荷、固体负荷是设计气浮浓缩池的重要参数，表 8-5-2 选用所列参数可供设计选用。

气浮浓缩池表面水力负荷、固体负荷表　　　　　　　　　　表 8-5-2

污泥种类	原污泥固体浓度（%）	表面水力负荷（m³/(m²·h)）		表面固体负荷（kg/(m²·h)）	气浮污泥固体浓度（%）
		有回流	无回流		
活性污泥混合液	<0.5			1.04~3.12	
剩余污泥	<0.5			2.08~4.17	
纯氧曝气剩余污泥	<0.5	1.0~3.6	0.5~1.8	2.50~6.25	3~6
初沉污泥与剩余污泥的混合污泥	1~3			4.17~8.34	
初沉污泥	2~4			<10.8	

本表引自《城镇污水处理厂处理设施设计计算》崔玉川　刘振江　张绍怡等编。

当活性污泥指数 SVI 在 100 左右时，固体负荷采用 5.0kg/(m²·h)，气浮后含水率一般为 95%~97%，当投加化学混凝剂时，固体负荷可提高 50%~100%，浮渣浓度可提高 1% 左右。投加聚合电解质或无机混凝剂时，其投加量一般为干污泥量的 2%~3%，混凝反应时间一般为 5~10min。

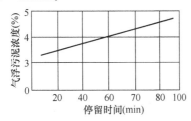

图 8-5-1　停留时间与污泥浓度的关系图

8.5.1.3　气浮浓缩池的停留时间

停留时间与气浮浓缩后要求达到的浓度呈线性关系，要求达到的浓度越高，所需的停留时间越长，图 8-5-1 是停留时间与污泥浓度的关系图。

8.5.1.4　气浮浓缩池的其他设计参数

矩形气浮浓缩池长宽比为 3~4，深度与宽度之比应不小于 0.3，有效水深一般为 3~4m，辐流式气浮浓缩池深度不小于 3m。

气浮池应设置可调出水堰，控制浮渣厚度为 0.15~0.3m，刮渣机刮板的速度一般为 0.5m/min。

8.5.1.5　气浮溶气罐设计参数

溶气罐停留时间为 1~3min，溶气效率一般为 50%~80%，罐内绝对压力为 2~4kg/cm²，溶气罐高度与直径之比为 2~4。

回流比为加压溶气水的流量与入流污泥量之比，一般为 1.0～3.0。空气在水中的溶解度与空气容重关系如表 8-5-3 所示。

气温（℃）	溶解度（L/L）	空气容重（mg/L）	气温（℃）	溶解度（L/L）	空气容重（mg/L）
0	0.0292	1252	30	0.0157	1127
10	0.0228	1206	40	0.0142	1092
20	0.0189	1164			

8.5.2　计算公式

8.5.2.1　溶气比 $\dfrac{A_a}{S}$

无回流时：
$$\frac{A_a}{S} = \frac{S_a\,(fP-1)}{C_0} \tag{8-5-1}$$

有回流时：
$$\frac{A_a}{S} = \frac{S_a R\,(fP-1)}{C_0} \tag{8-5-2}$$

式中　$\dfrac{A_a}{S}$——溶气比，气浮时有效空气总重量与入流污泥中固体物总重量之比；

S_a——在一个大气压下，水中空气饱和溶解度，mg/L。S_a 为空气在水中的溶解度（L/L）与空气容重的乘积，在一个大气压下（0.1MPa）不同温度时空气在水中的溶解度与空气容重如表 8-5-3 所示；

f——溶气效率，一般为 50%～80%；

P——溶气罐压力，kg/cm^2；

C_0——入流污泥浓度，mg/L；

R——回流比，$R = \dfrac{Q_r}{Q_0}$；

Q_r——加压水回流量，m^3/d；

Q_0——入流污泥流量，m^3/d。

以上等式右侧分子是空气的重量 mg/L，分母是固体物重量 mg/L，"-1"是由于气浮是在一个大气压下操作。

8.5.2.2　总流量 Q_T
$$Q_T = Q_0(1+R) \tag{8-5-3}$$
式中　Q_T——总流量，m^3/d；

Q_0——入流污泥流量，m^3/d；

R——回流比。

8.5.2.3　气浮池表面积 A
$$A = \frac{Q_T}{24q} \tag{8-5-4}$$
式中　A——气浮池表面积，m^2；

Q_T——总流量，m^3/d；

q——水量负荷，kg/(m^2·h)。

8.5.2.4　表面固体负荷 G
$$G = \frac{Q_0 C_0}{A} \tag{8-5-5}$$
式中　G——表面固体负荷，kg/m^2·h；

Q_0——入流污泥流量，m^3/d；

C_0——入流污泥浓度，mg/L；

A——气浮池表面积，m^2。

8.5.2.5 气浮池高度 H

$$H = h_1 + h_2 + h_3 \tag{8-5-6}$$

式中　H——气浮池总高度，m；

h_1——气浮池超高，m，一般为 0.3m。

$$h_2 = \frac{Q_T T}{24A}$$

式中　T——气浮停留时间，h，根据需要达到的污泥浓度从图 8-5-1 中查取；

h_2——气浮池有效水深，m；

h_3——刮泥机工作高度，m。

8.5.2.6 溶气罐容积 V

$$V = \frac{t Q_r}{24 \times 60} \tag{8-5-7}$$

式中　V——溶气罐体积，m^3；

t——溶气停留时间，min；

Q_r——加压水回流量，m^3/d。

8.5.2.7 溶气罐高度 Hr

$$H_r = \frac{4v}{\pi D^2} \tag{8-5-8}$$

式中　H_r——溶气罐高度，m；

v——溶气罐体积，m^3；

D——溶气罐直径，m。

8.5.3　工程实例

8.5.3.1　已知条件

某城镇污水处理厂剩余污泥量为 $1000m^3/d$，含水率 99.6%，水温 20℃，采用气浮浓缩，不加絮凝剂，要求污泥浓度达到 4%，设计气浮浓缩池。

8.5.3.2　设计计算

可采用无回流全部污泥加压溶气气浮或有回流出水部分加压溶气气浮的工艺流程。

（1）无回流全部污泥加压溶气气浮工艺流程

1）确定溶气比

全部污泥加压溶气时溶气比为 $\frac{A_a}{S} = \frac{S_a(fP-1)}{C_0}$，由于入流污泥浓度 C_0 较低，取溶气比 $\frac{A_a}{S} = 0.02$，查表 8-5-3，气温 8℃，水温 20℃时，$S_a = 0.0189 \times 1164 = 22.00\ mg/L$，$f$ 值取 0.8，入流污泥浓度 C_0 为 $4000mg/L$。

故 $0.02 = \dfrac{22.00 \times (0.8p-1)}{4000}$

得 $p = 5.84kg/cm^2$，压力太大，再取 $\dfrac{A_a}{S} = 0.01$

$0.01 = \dfrac{22.00 \times (0.8p-1)}{4000}$，得 $p = 3.55kg/cm^2$，合适。

2）气浮池表面积，用表面水力负荷计算，查表 8-5-2，表面水力负荷 0.5m³/(m²·h)，则气浮池的面积为：

$$A = \frac{Q_0}{24 \times q} = \frac{1000}{24 \times 0.5} = 83 \text{m}^2$$

3）用表面固体负荷校核

$$G = \frac{Q_0 C_0}{A} = \frac{1000 \times 4000}{24 \times 1000 \times 83} = 2.01 \text{kg/(m}^2 \cdot \text{h)}$$

（2）有回流部分加压溶气气浮工艺流程

1）确定溶气比

部分加压溶气时溶气比为 $\frac{A_a}{S} = \frac{S_a R (fP-1)}{C_0}$，由于入流污泥浓度 C_0 较低，取溶气比 $\frac{A_a}{S} = 0.03$。

2）计算回流比

查表 8-5-3，气温 8℃，水温 20℃时，$S_a = 0.0189 \times 1164 = 22.00$ mg/L，f 值取 0.8，所加压力 $p = 4$kg/cm²，入流污泥浓度 C_0 为 4000mg/L。

$$R = \frac{\frac{A_a}{S} C_0}{S_a (fP-1)} = \frac{0.03 \times 4000}{22.00 \times (0.8 \times 4.0 - 1)} = 2.5$$

3）气浮池表面积，用表面水力负荷计算，查表 8-5-2，表面水力负荷按 1.8m³/(m²·h)，则气浮池的面积为：

$$A = \frac{Q_T}{24 \times q} = \frac{Q_0(R+1)}{24 \times q} = \frac{1000(2.5+1)}{24 \times 1.8} = 81 \text{m}^2$$

4）用表面固体负荷校核

$$G = \frac{Q_0 C_0}{A} = \frac{1000 \times 4000}{24 \times 1000 \times 81} = 2.06 \text{ kg/(m}^2 \cdot \text{h)} \quad 符合设计要求$$

5）气浮池平面尺寸

采用矩形池，设计长为 16.5m，宽为 5m，面积 $A = 16.6 \times 5 = 82.5$m²，长宽比 $= 16.5 : 5 = 3.3$，在 3～4 范围，符合设计要求。

6）气浮池有效水深

根据图 8-5-1 气浮停留时间与气浮浓度的关系，当要求污泥浓度达到 4％时，污泥停留时间为 60min，考虑 1.5 安全系数，$T = 90$min $= 1.5$h，则气浮池有效水深为：

$$h_2 = \frac{(1+R)Q_0 T}{24A} = \frac{(1+2.5) \times 1000 \times 1.5}{24 \times 82.5} = 2.65 \text{ m}$$

7）气浮池总高度

采用超高 $h_1 = 0.30$m；

刮泥机工作高度 $h_3 = 0.30$m，

则气浮池总高度为：

$$H = h_1 + h_2 + h_3 = 0.3 + 2.65 + 0.3 = 3.25 \text{m}$$

8）溶气罐容积

加压水停留时间为 1～3min，采用 3min，则溶气罐容积为：

$$V = \frac{tQ_r}{24 \times 60} = \frac{3 \times 2.5 \times 1000}{24 \times 60} = 5.2 \text{m}^3$$

9）溶气罐高度与直径

溶气罐高度：直径一般为 $1:2\sim4$，取直径为 1.4m，则高度为 3.4m，高度与直径之比为 $3.4:1.4=2.42$ 符合设计要求。

8.6 机械浓缩机设计

8.6.1 离心浓缩机

离心浓缩机呈全封闭式，可连续工作。离心浓缩机有转筒式、转盘式、篮式等，离心浓缩机和离心脱水机的工作原理和形式基本相同，其差别在于污泥浓缩一般不添加絮凝剂，而污泥脱水则必须添加絮凝剂。当要求浓缩污泥含固率大于 6％时，可适量添加少量絮凝剂，不能过量，以免造成污泥输送困难。离心浓缩的主要设计参数有入流污泥浓度、排出污泥浓度、固体回收率、高分子絮凝剂的投加量等。随着污水处理技术的发展，生产离心浓缩机的厂家越来越多，有国内生产的，也有国外进口的设备，虽然浓缩脱水原理基本相同，但设备的性能有差别，因此在进行离心浓缩设计时必须提供可靠的设备参数，选择合适的设备。表 8-6-1 为污泥浓缩离心机的运行参数，可供参考。

污泥浓缩离心机运行参数　　　　　　　　　　　　　　　　　　表 8-6-1

污泥种类	入流污泥含固率 （％）	排泥含固量 （％）	高分子聚合物投加量 （g/kg 干污泥）	固体物质回收率 （％）	离心机类型
剩余活性污泥	0.5～1.5	8～10	0 0.5～1.5	85～90 90～95	转筒式
厌氧消化污泥	1～3	8～10	0 0.5～1.5	80～90 90～95	
普通生物滤池污泥	2～3	9～10	0 0.75～1.5	90～95 95～97	
厌氧消化的初沉污泥		8～9	0	84～97	
生物滤池混合污泥	2～3	7～9	0.75～1.5	94～97	
剩余活性污泥	0.75～1.0	5.0～5.5	0	90	转盘式
剩余活性污泥		4.0	0	80	
剩余活性污泥（经粗滤后）	0.7	5.0～7.0	0	93～87	
剩余活性污泥	0.7	9～10	0	90～70	篮式

注：本表引自《污水处理厂工艺设计手册》（化学工业出版社）（高俊发　王社平主编）。

8.6.2 离心筛网浓缩器

离心筛网浓缩器如图 8-2-8 所示，污泥从中心分配管进入旋转网笼，通过筛网排出清液，经筛网拦截的浓缩污泥从底部排出，筛网需定期反冲洗，筛网材料可用金属丝网、涤纶织物或聚酯纤维制成。如用于曝气混合液的浓缩可以减少二次沉淀池的负荷，浓缩后污泥可直接回流到曝气池，上清液悬浮物含量较高，应送往二次沉淀池沉淀处理。

主要设计参数为：

浓缩器工作压力	0.3MPa；
反冲洗水压力	0～1MPa；
筛网网孔	165～400 目；
转速	350r/min；
水力负荷	1755m³/(m² · d)；
固体回收率	54％～79％；
浓缩系数	2.06～7.44。

8.6.3 其他污泥浓缩设备

污泥浓缩机械设备种类很多，还有重力带式浓缩机、微孔滤机、虹吸式污泥过滤浓缩设备等，应根据设备商提供的有关试验数据、设计参数和质量保证书等，参照相似的工程实例进行设计和选择。

8.7 工程设计图

8.7.1 污泥浓缩池设计图

ϕ18m 重力式污泥浓缩池设计如图 8-7-1 和图 8-7-2 所示，主要设备如表 8-7-1 所示。

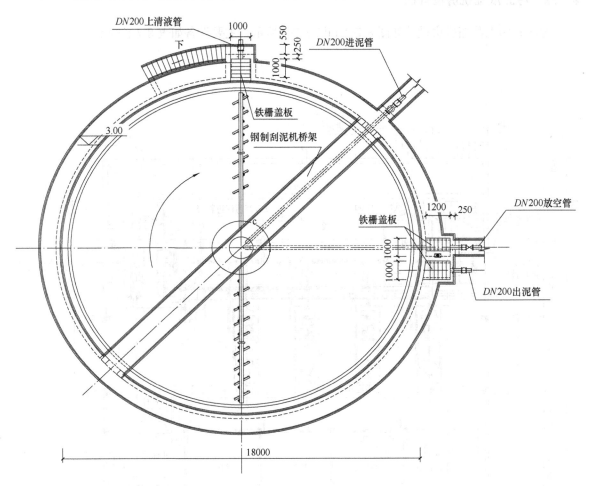

图 8-7-1 污泥浓缩池平面图

污泥浓缩池主要设备表 　　　　表 8-7-1

设备编号	名　称	规　格	单位	数量	备注
1	污泥浓缩机	直径 18m，功率 0.75kW，中心传动	台	1	
2	手动调节堰门	500×400	台	1	

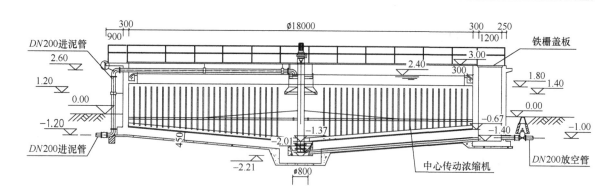

图 8-7-2 污泥浓缩池剖面图

8.7.2 污泥浓缩机房设计图

螺压式污泥浓缩机房设计如图 8-7-3 和图 8-7-4 所示，主要设备如表 8-7-2 所示。

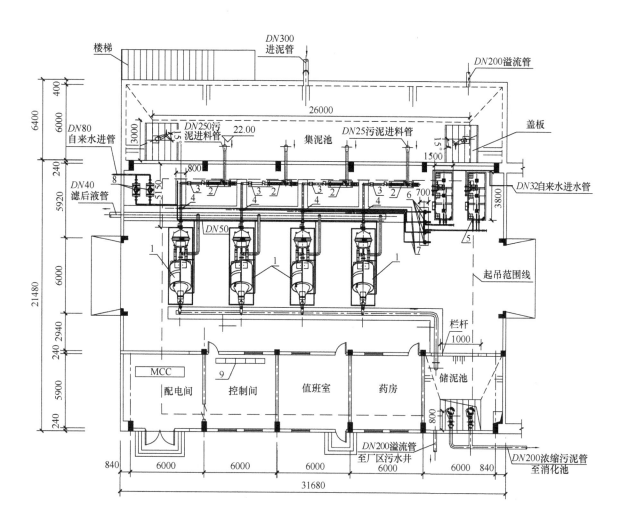

图 8-7-3 污泥浓缩机房平面图

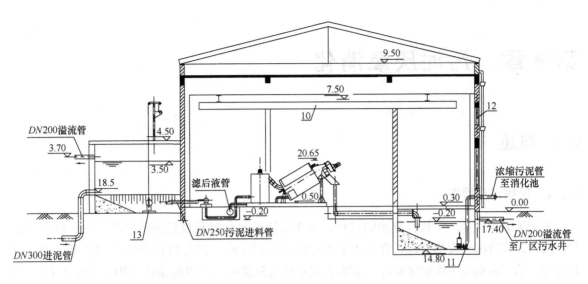

图 8-7-4　污泥浓缩机房剖面图

污泥浓缩机房主要设备表　　　　　　　　　　　　　　表 8-7-2

序 号	名 称	规 格	单位	数量	备 注
1	螺压浓缩机	$Q=100m^3/h$　$N=4.4kW$	套	4	3用1备
2	污泥进料泵	$Q=100m^3/h$　$N=3kW$	台	4	3用1备
3	电磁流量计	$DN150$	台	4	3用1备
4	管道混合装置	$DN150$	套	4	3用1备
5	絮凝药液制备装置	$Q=6000L/h$　$N=3.3kW$	套	2	
6	加药泵	$Q=3500L/h$　$N=0.75kW$	台	4	3用1备
7	电磁流量计	$DN40$	台	4	3用1备
8	增压泵	$Q=25m^3/h$，$H=50m$，$N=7.5kW$	台	2	
9	电控柜		套	1	
10	单梁悬挂起重机	$W=3t$　$N=4.9kW$	套	1	
11	潜水污泥泵	$Q=50m^3/h$　$N=3.1kW$	套	2	1用1备
12	轴流风机	$Q=7724m^3/h$　$H=83Pa$，$N=0.37kW$	台	5	
13	潜水搅拌器	$N=6.5kW$	台	2	

第9章 污泥厌氧消化

9.1 概述

9.1.1 厌氧消化原理

污泥厌氧消化是一个极其复杂的过程，多年来厌氧消化过程概括为两阶段，第一阶段为水解、酸化，简称酸性发酵阶段，有机物在产酸细菌的作用下，分解成脂肪酸及其他产物，并合成新细胞；第二阶段为甲烷发酵阶段，脂肪酸在专性厌氧菌——产甲烷菌的作用下转化为 CH_4 和 CO_2。但是，事实上第一阶段的最终产物不仅仅是酸，发酵产生的气体也并不都是从第二阶段产生的，因此，两阶段过程更为恰当的提法为不产甲烷阶段和产甲烷阶段。

随着对厌氧消化微生物研究的不断深入，厌氧消化中不产甲烷细菌和产甲烷细菌之间的相互关系更加明确。1979 年伯力特等人根据微生物种群的生理分类特点，提出了厌氧消化三阶段理论，这是当前较为公认的理论模式。

第一阶段，有机物在水解和发酵细菌的作用下，使碳水化合物、蛋白质和脂肪，经水解和发酵转化为单糖、氨基酸、脂肪酸、甘油、二氧化碳和氢等；

第二阶段，在产氢产乙酸菌的作用下，把第一阶段的产物转化成氢、二氧化碳和乙酸，戊酸的转化化学反应式，如式（9-1-1）所示：

$$CH_3CH_2CH_2CH_2COOH + 2H_2O \longrightarrow CH_3CH_2COOH + CH_3COOH + 2H_2 \qquad (9-1-1)$$

丙酸的转化化学反应式，如式（9-1-2）所示：

$$CH_3CH_2COOH + 2H_2O \longrightarrow CH_3COOH + 3H_2 + CO_2 \qquad (9-1-2)$$

乙醇的转化化学反应式，如式（9-1-3）所示：

$$CH_3CH_2OH + H_2O \longrightarrow CH_3COOH + 2H_2 \qquad (9-1-3)$$

第三阶段，通过两组生理特性不同的产甲烷菌作用，将氢和二氧化碳转化为甲烷或对乙酸脱羧产生甲烷。产甲烷阶段产生的能量绝大部分用于维持细菌生存，只有很少能量用于合成新细菌，故细胞的增值很少。在厌氧消化过程中，由乙酸形成的 CH_4 约占总量的 2/3，由 CO_2 还原形成的 CH_4 约占总量的 1/3，如式（9-1-4）和式（9-1-5）所示：

$$4H_2 + CO_2 \longrightarrow CH_4 + 2H_2O \qquad (9-1-4)$$

$$CH_3COOH \longrightarrow CH_4 + CO_2 \qquad (9-1-5)$$

由上可知，产氢产乙酸细菌在厌氧消化中具有极为重要的作用，它在水解和发酵细菌及产甲烷细菌之间的共生关系中，起到了联系作用，通过不断提供大量的 H_2，作为产甲烷细菌的能源，以及还原 CO_2 生成 CH_4 的电子供体。

三阶段厌氧消化的模式如图 9-1-1 所示：

总之，厌氧消化过程中产生 CH_4、CO_2 和 NH_3 等的计量化学反应方程式为：

$$C_nH_aO_bN_d + \left[n - \frac{a}{4} - \frac{b}{2} + \frac{3}{4}d\right]H_2O \longrightarrow \left[\frac{n}{2} + \frac{a}{8} - \frac{b}{4} - \frac{3}{8}d\right]CH_4 + dNH_3$$

$$+ \left[\frac{n}{2} - \frac{a}{8} + \frac{b}{4} + \frac{3}{8}d\right]CO_2 + 能量 \qquad (9-1-6)$$

456

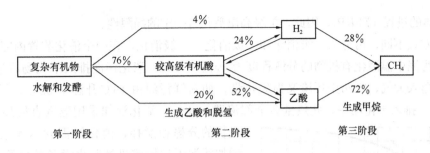

图 9-1-1 有机物厌氧消化模式图

当 $d=0$ 时，为不含氮有机物的厌氧反应通式，即伯兹伟尔和莫拉通式：

$$C_nH_aO_b+\left[n-\frac{a}{4}-\frac{b}{2}\right]H_2O\longrightarrow\left[\frac{n}{2}+\frac{a}{8}-\frac{b}{4}\right]CH_4+\left[\frac{n}{2}-\frac{a}{8}+\frac{b}{4}\right]CO_2+能量 \quad (9\text{-}1\text{-}7)$$

又有科学家在 1963 年用原子跟踪法研究了污泥消化过程中 CH_4 的形成，其形成的百分率如图 9-1-2 所示。

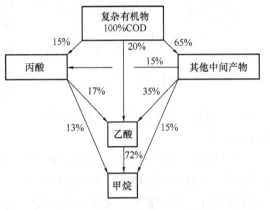

图 9-1-2 甲烷形成过程

存在于动植物界的有机物大致可分为 3 大类：碳水化合物、脂肪和蛋白质，现将这 3 类有机基质厌氧消化过程分述如下。

9.1.1.1 碳水化合物的厌氧分解

碳水化合物指的是纤维素、淀粉和葡萄糖等糖类。在消化过程第一阶段，多糖等碳水化合物首先在胞外酶的作用下水解成单糖，然后渗入细胞，在胞内酶的作用下转化为乙醇等醇类和醋酸等酸类。这些醇类和酸类物质在第二阶段进一步被分解成甲烷和二氧化碳。每 1g 碳水化合物的平均产气量约为 790mL，其组成为 50%CH_4 和 50%CO_2。

9.1.1.2 脂肪的厌氧分解

脂肪在其分解的第一阶段通过解脂菌或脂酶的作用，使脂肪水解，成为脂肪酸和甘油。脂肪酸和甘油在酸化细菌的作用下，进一步转化为醇类和酸类。在第二阶段两者进而分解成甲烷和二氧化碳。每 1g 有机脂肪的平均产气量为 1250mL，其组成为 68%CH_4 和 32%CO_2。

9.1.1.3 蛋白质的厌氧分解

消化过程第一阶段具有能分泌出酶使蛋白质水解的解朊菌，使蛋白质的大分子分解成简单的组分。这时将形成各种氨基酸、二氧化碳、尿素、氨、硫化氢、硫醇等。尿素则在尿素酶的作用下迅速全部分解成二氧化碳和氨。第二阶段氨基酸进一步分解成甲烷、二氧化碳和氨。每 1g 蛋白质的平均产气量为 704mL，其组成为 71%CH_4 和 29%CO_2。

9.1.2 厌氧消化工艺分类

厌氧消化工艺种类较多，按消化温度的不同，可分为中温消化（最佳温度范围为 30～38℃）和高温消化（最佳温度范围为 50～57℃）。在一定温度范围内，生化反应的速率随温度的升高而加快，温度每升高 10℃，速率就加倍。高温消化的生化反应速率比中温消化要快得多，因此效率也高得多。高温消化的优点包括可提高有机物降解率，改善污泥脱水性能等。高温消化的缺点在于加热需要的能量较高，上清液含有大量的溶解固体，质量较差，有气味产生和消化过程不太稳定，单级高温消化池仅在有限的范围内应用。对于城镇污泥处理，主要用于温度分阶段厌氧消化过程的第一级，虽然高温消化比中温消化对病原体要多减少一些，但美国 EPA 条例中，控制生物污泥土地利用并没有将高温消化作为显著减少病原体的过程（PSRP），中温消化和高温消化两者都被列为进一步减少病原体的过程（PFRP），因此，单级高温消化有一定的局限性。

按运行方式不同，可分为一级消化和二级消化。一级消化，在一个消化装置内完成全过程的消化。由于污泥中温消化有机物的分解程度为40％～50％，消化污泥排入干化场后将继续分解，使污泥气体逸入大气，既污染环境又损失热量，如新鲜污泥由16℃升温至33℃，每 m³ 污泥耗热71MJ/m³，排入干化场中，此热量会全部浪费。此外，消化池如采用蒸汽直接加热，由于有机物的分解和搅拌，消化污泥含水率会逐步提高，增加污泥干化场或机械脱水设备的负荷和困难。二级消化，根据中温消化的消化时间和产气率的关系，如图9-1-3所示，在消化的前8d里，产生的沼气量约占全部产气量的80％，据此将消化池一分为二，污泥先在一级消化池中进行消化，设有加温、搅拌装置，并有集气罩收集沼气，经过约7～12d消化反应后，将污泥送入二级消化池。二级消化池中不设加温和搅拌装置，依靠来自一级消化池污泥的余热继续消化污泥，消化温度约为20～26℃，产气量约占20％，可收集或不收集，由于不搅拌，二级消化池兼具有浓缩的功能，在可能条件下设排除上清液设施。

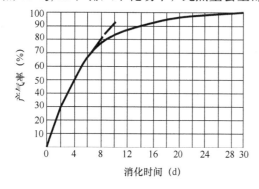

图 9-1-3　消化时间与产气率的关系

按消化阶段不同，污泥处理还可进行两相消化，目的是使各相消化池具有更适合于消化过程3个阶段各自特定菌种群的生长繁殖环境条件。厌氧消化可分为3个阶段即水解发酵阶段、产氢产乙酸阶段和产甲烷阶段。各阶段的菌种、消化速度、对环境的要求和消化产物都各不相同，造成运行控制方面的诸多不便，故把消化的第一、第二和第三阶段分别在两个消化池中进行，使各阶段都能在各自的最佳环境条件下完成。两相消化法所需的消化池容积小，加温和搅拌能耗少，运行管理方便，消化彻底。两相消化池中，第一相消化池容积按投配率为100％计算，停留时间为1d，第二相消化池容积按投配率为15％～17％计算，停留时间为6～6.5d，第二相消化池有加热、搅拌设备和集气装置，产气量约为1.0～1.3m³/m³，每去除1kg有机物的产气率为0.75～1.0m³/kg。

中温/高温两相厌氧消化（APAD）工艺特点是在污泥中温厌氧消化前设置高温厌氧消化阶段。污泥进泥的预热温度为50～60℃，前置高温段中的污泥停留时间约为1～3d，后续厌氧中温消化时间可从20d左右减少至12d左右，总的停留时间为15d左右。这种工艺同时增加了总有机物的去除率和产气率，并可完全杀灭污泥中的病原菌。

9.1.3　影响污泥消化效率因素

9.1.3.1　温度

温度是影响消化的主要因素，温度适宜时，细菌活力高，有机物分解完全，产气量大。消化温度的范围按所利用的厌氧菌最适宜的温度，可分为中温消化（最佳温度范围为30～38℃）和高温消化（最佳温度范围为50～57℃）。中温消化条件下，挥发性有机负荷为0.6～1.5kg/(m³·d)，产气量约1.0～1.3m³/(m³·d)；高温消化条件下，挥发性有机负荷为2.0～2.8kg/(m³·d)，产气量约3.0～4.0m³/(m³·d)。消化温度和消化时间及产气量的关系，如图9-1-4所示。消化温度和消化时间（指产气量达到可产气总量的90％所需时间）关系如图9-1-5所示。由图中可见，中温消化的消化时间约为20～30d，高温消化约为10～15d。

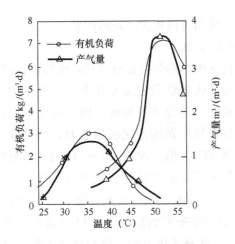

图 9-1-4　消化温度和产气量的关系

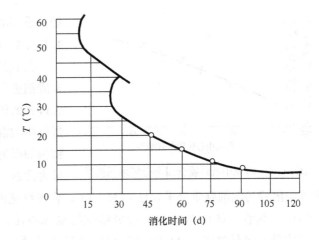

图 9-1-5　消化温度和消化时间的关系

大多数厌氧消化系统设计在中温范围内，因为温度在 35℃ 左右消化，有机物的产气速率比较快、产气量也比较大，生成的浮渣则较少，并且消化液和污泥分离较容易。但也有少数系统设计在高温范围内，高温消化的优点包括改善污泥脱水性能，增加病原微生物的杀灭率，增加浮渣的消化等。不过这些优点的实现较为困难，并且由于高温操作费用高，过程稳定性差，对设备结构要求高，所以高温消化系统比较少。

选择消化温度是重要的，但维持消化池内稳定的操作温度更为重要。这是因为相关细菌（特别是甲烷菌）对温度变化非常敏感，温度变化大于 1℃/d 就会对消化过程产生严重影响。温度变化必须控制在 1℃/d 以下。

中温消化的温度与人的体温接近，故对寄生虫卵和大肠菌的杀灭率较低；高温消化对寄生虫卵的杀灭率可达 99%，但都能满足卫生无害化要求。

9.1.3.2　pH 值

污泥中所含的碳水化合物、脂肪和蛋白质在厌氧消化过程中，经过酸性发酵和碱性发酵，产生甲烷和二氧化碳，并转化为新细胞成为消化污泥。酸性发酵和碱性发酵最合适的 pH 值各自不同。厌氧细菌，特别是甲烷菌，对 pH 值非常敏感。酸性发酵最合适的 pH 值为 5.8，而甲烷发酵最合适的 pH 值为 7.8。酸生成菌在低 pH 值范围，增殖比较活跃，自身分泌物的影响比较小。而甲烷菌只在弱碱性环境中生长，最合适的 pH 值范围在 7.3～8.0。酸生成菌和甲烷菌共存时，pH 值在 7.0～7.6 最合适。

消化过程中连续产酸，会使 pH 值降低，甲烷化过程产生碱度，主要是二氧化碳和氨形式的碱度，这些物质通过和氢离子结合，可以缓冲 pH 值的变化。消化池中 pH 值的降低将抑制甲烷的形成。合理的搅拌、加热和进料，对于减少不正常操作的扰动是很重要的。设计时还应当考虑提供外加化学物质中和不正常消化中过量的酸。

9.1.3.3　污泥浓度

在实施气体发电的欧洲污水处理厂，投入消化池的污泥浓度一般为 4%～6%。在日本，多数污泥浓度在 3% 左右，特别是污泥中有机物的含量增加以后，污泥浓度下降到 2.5%，与欧洲相比要低，这是气体发生率小的原因之一。提高污泥浓度使消化池有机负荷保持在适当的范围，有助于气体发生量的增加。

9.1.3.4　有机物含量

在污泥厌氧消化过程中常用有机物的分解率作为消化过程的性能和气体发生量的指标。图 9-1-6 表示在中温消化过程中污泥的有机物含量和有机物分解率的关系。在消化温度、有机物负荷正常的情况下，有机物分解率受污泥中有机物含量的影响，所以，要增加消化时的气体发生

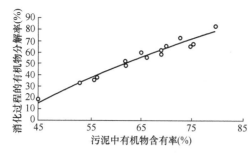

图 9-1-6　污泥中有机物含量和分解率的关系

量，重要的是使用有机物含量高的污泥。

9.1.3.5　碳氮比（C/N）

厌氧消化池中，细菌生长所需营养由污泥提供。合成细胞所需的碳源担负着双重任务，一是作为反应过程的能源，二是合成新细胞。用含有葡萄糖和蛋白胨的混合水样所做的消化试验表明，当被分解物质的碳氮比（C/N 值）大约为 12～16 时，厌氧菌最为活跃，单位质量的有机物产气量也最多。麦卡蒂等提出的污泥细胞质分子式是 $C_5H_7NO_3$，合成细胞的 C/N 约为 5：1，因此要求 C/N 达到（10～20）：1 为宜。如 C/N 太高，合成细胞的氮源不足，消化液的缓冲能力低，pH 值容易降低；C/N 太低，氮量过多，pH 值可能上升，铵盐容易积累，会抑制消化过程。根据勃别尔的研究，各种污泥的 C/N 如表 9-1-1 所示。

各种污泥生物可降解底物含量和 C/N　　　　　　　　　　表 9-1-1

底物名称	污泥种类		
	初沉污泥	活性污泥	混合污泥
碳水化合物（%）	32.0	16.5	26.3
脂肪、脂肪酸（%）	35.0	17.5	28.5
蛋白质（%）	39.0	66.0	45.2
C/N	（9.40～10.35）：1	（4.60～5.04）：1	（6.80～7.50）：1

可见，从 C/N 看，初沉污泥比较合适，混合污泥次之，剩余污泥单独厌氧消化效果较差。

根据实际观察，蛋白质含量多的污泥和碳水化合物含量多的菜屑、落叶等混合一起消化时，比它们分开单独消化的产气量显著增加，这可能是因为 C/N 值低的污泥与 C/N 值高的有机物混合后，使厌氧菌获得了最佳 C/N 值的缘故。

生物处理过程中产生的污泥，尤其是剩余污泥，单独进行消化比较困难。这种消化通常只能得到初沉污泥一半的产气量。难于消化的原因是这些污泥已经受过一次好氧微生物的分解，其 C/N 值大约只有 4.8，这个数值大大低于最佳值。但是，将这些污泥和初沉污泥混合在一起则易于消化，就是因为 C/N 值上升的缘故。

9.1.3.6　污泥种类

污水处理厂所产生的污泥，有初沉污泥和剩余污泥。初沉污泥是污水进入曝气池前通过沉淀池时，非凝聚性粒子和相对密度较大的物体沉降、浓缩而形成的。同生物处理的剩余污泥有很大的区别。初沉污泥浓度通常高达 4%～7%，浓缩性好，C/N 比在 10 左右，是一种营养成分丰富，容易被厌氧菌消化的基质，气体发生量也较大。剩余污泥是以好氧细菌菌体为主，作为厌氧菌营养物的 C/N 比在 4.8 左右，所以有机物分解率低，分解速度慢，气体发生量较少。

9.1.3.7　有毒物质

污泥中含有毒物质时，根据种类和浓度的不同，会影响污泥消化、堆肥等各种处理过程。由于处理厂的污泥数量和成分经常变化，为了及时发现有毒物质的危险含量，必须进行长期的观察。对于有毒物质的容许限度有很多不同看法，如有毒物质的容许限度是指一种物质，还是同时存在几种毒物、或是这些毒物混入的频度来决定。

生活污水污泥特殊的有毒物质含量一般不会超过危险限度，但是，由于汽车数量的急剧增加和采暖设备用油等因素，致使一般生活污水中的含油量或含油物质增加，消化池中含油分的物质会产生浮渣、泡沫，使运行操作出现问题。通常，流入处理厂污水中的合成洗涤剂约有 10% 和污泥一起进入消化池，不仅会产生泡沫，而且还会妨碍污泥的消化反应。

污泥中存在有毒物质时，消化反应将受到很大的影响。有毒物质会抑制甲烷的形成，导致挥发性酸的积累和 pH 值的下降，严重时会使消化池无法正常操作。所谓"有毒"是相对的，事实上任何一种物质对甲烷消化都有两方面的作用，即有促进甲烷细菌生长的作用和抑制甲烷细菌生长的作用。关键在于它们的浓度界限。表 9-1-2 列出了常见无机物对厌氧消化的抑制浓度，表 9-1-3 则列出了使厌氧消化活性下降 50％的一些有毒有机物浓度。低于抑制浓度下限，对甲烷细菌生长有促进作用；在抑制浓度范围内，有中等抑制作用，如果浓度是逐渐增加的，则甲烷细菌还可被驯化；超过抑制浓度上限，对甲烷细菌有强烈的抑制作用。

污泥厌氧消化时无机物质的抑制浓度（单位：mg/L）　　　　表 9-1-2

基质	中等抑制浓度	强烈抑制浓度	基质	中等抑制浓度	强烈抑制浓度
Na^+	3500～5500	8000	Cu	—	0.5（可溶） 50～70（总量）
K^+	2500～4500	12000	Cr^{6+}	—	3.0（可溶） 200～250（总量）
Ca^{2+}	2500～4500	8000	Cr^{3+}	—	180～420（总量）
Mg^{2+}	1000～1500	3000	Ni	—	2.0（可溶） 30.0（总量）
氨氮	1500～3000	3000	Zn	—	1.0（可溶）
硫化物	200	200			

污泥厌氧消化时有机物质的抑制浓度　　　　表 9-1-3

化合物	50％活性浓度（mmol/L）	化合物	50％活性浓度（mmol/L）
1-氯丙烯	0.1	2-氯丙酸	8
硝基苯	0.1	乙烯基醋酸纤维	8
丙烯醛	0.2	乙醛	10
1-氯丙烷	1.9	乙烷基醋酸纤维	11
甲醛	2.4	丙烯酸	12
月桂酸	2.6	儿茶酚	24
乙基苯	3.2	酚	26
丙烯腈	4	苯胺	26
3-氯1,2丙二醇	6	间苯二酚	29
亚巴豆醛	6.5	丙酮	90

9.1.3.8　污泥接种

消化池启动时，将另一消化池中含有大量微生物的成熟污泥加入其中和生污泥充分混合，称为污泥接种。接种污泥应尽可能含有消化过程所需的兼性厌氧菌和专性厌氧菌，而且以有害代谢产物少的消化污泥为最好，活性低的消化污泥，比活性高的新污泥更能促进消化作用。好的接种污泥大多存在于消化池的底部。

消化池中消化污泥的数量越多，有机物的分解过程就越活跃，单位质量有机物的产气量就越多。消化污泥与生污泥质量之比为 0.5∶1（以有机物计）时，消化时间要 26d，随着混合比增加，气体发生量和甲烷气含量增多，混合比达到 1∶1 以上，10d 左右即可得到较高的消化率。

污泥间歇消化过程中，产气量曲线和微生物的理想生长繁殖曲线相似，呈 S 形曲线。在消化作用刚开始的几天，产气量随消化时间的增加而缓慢增加，说明污泥的消化存在延滞期。如果把活性高的消化污泥和生污泥先充分混合再投入到消化池中进行接种，在投入的过程中就发生消化作用，从而使延滞期消失，消化时间缩短。由此可见，污泥接种可以促进消化，接种污泥的数量一般以生污泥量的 1～3 倍最为经济。

9.1.3.9 生物污泥停留时间 (污泥龄)

厌氧消化效果的好坏和污泥龄有直接关系,泥龄的计算如式 (9-1-8) 所示:

$$\theta_c = \frac{M_t}{\phi_e} \tag{9-1-8}$$

式中 θ_c——污泥龄, d, SRT;

M_t——消化池内的总生物量, kg;

ϕ_e——消化池每日排出的生物量, $\phi_e = \dfrac{M_e}{\Delta t}$;

M_e——排出消化池的总生物量 (包括上清液带出的), kg;

Δt——排泥时间, d。

有机物降解程度是污泥泥龄的函数,而不是进水有机物的函数。消化池的容积设计应按有机负荷、污泥泥龄和消化时间设计。所以只要提高进泥的有机物浓度,就可以更充分地利用消化池的容积。由于甲烷菌的增殖较慢,对环境条件的变化十分敏感,因此,要获得稳定的处理效果需要保持较长的污泥泥龄。

消化池的有效容积计算如式 (9-1-9) 所示:

$$V = \frac{S_v}{S} \tag{9-1-9}$$

式中 V——消化池的有效容积, m³;

S_v——新鲜污泥中挥发性有机物质量, kg/d;

S——挥发性有机物负荷, kg/(m³·d), 中温消化 0.6~1.5kg/(m³·d), 高温消化 2~2.8kg/(m³·d)。

消化池的投配率是每日投加新鲜污泥体积占消化池有效容积的百分比。投配率是消化池设计的重要参数,投配率过高,消化池内脂肪酸可能积累,pH 下降,污泥消化不完全,产气率降低;投配率过低,污泥消化较完全,产气率较高,消化池容积大,基建费用增高。根据我国污水处理厂的运行经验,污水处理厂中温消化的投配率以 5%~8% 为宜,相应的消化时间为 15~20d。

9.1.3.10 搅拌

厌氧消化的搅拌不仅能使投入的污泥和消化污泥均匀接触,加速热传导,把生化反应产生的甲烷和硫化氢等阻碍厌氧菌活性的气体释放,也起到粉碎污泥块和消化池液面浮渣层的作用。充分均匀的搅拌是污泥消化池稳定运行的关键因素之一,搅拌比不搅拌,产气量约增加 30%。

搅拌方法有机械搅拌、泵循环和沼气压缩机循环搅拌。

9.2 厌氧消化计算和设计

9.2.1 设计参数确定

设计厌氧消化池的资料包括待消化污泥的数量、性质、总固体量、有机物含量和初沉污泥与剩余污泥的比例等。TS 产率可以运用固体平衡进行理论计算,也可以从实际污水厂的运行数据中推测得到。总固体含量和有机物比例既可估计,也可以由试验分析决定。粗砂含量也值得注意,一旦它在消化池内积累将减小消化池的有效容积。

湿污泥密度计算如式 (9-2-1) 所示。

$$S_g = 1.0 + 0.005TS \tag{9-2-1}$$

式中 S_g——密度, t/m³;

TS——总固体百分含量,%。

　　厌氧消化池的设计由污泥停留时间 SRT、有机负荷等确定，低负荷和高负荷消化池的典型设计参数如表 9-2-1 所示。在没有操作数据的情况下估算污水处理厂的进料体积，可利用人均体积指标。低负荷消化池有机负荷一般为 $0.64\sim1.6kgVSS/(m^3 \cdot d)$；带有搅拌和加热的高负荷消化池有机负荷为 $1.6\sim3.2kg\ VSS/(m^3 \cdot d)$。中温消化的 SRT 典型值，低负荷消化为 $30\sim60d$，高负荷消化为 $15\sim20d$。SRT 为总污泥质量与每天排出的污泥质量之比，对两相消化而言，SRT 是指第一反应器的污泥停留时间，没有内循环的厌氧消化池，其 SRT 和 HRT 相等；在回流污泥的情况下，SRT 会高于 HRT，这一循环特征也是两相消化工艺的特点。

低负荷和高负荷消化池典型设计参数　　　　　　　　　　表 9-2-1

参　　数	低　负　荷	高　负　荷
污泥停留时间（d）	30～60	15～20
有机物负荷 kg/（m³·d）	0.64～1.6	1.6～3.2
体积指标（m³/cap）		
初沉污泥	0.06～0.08	0.03～0.06
初沉污泥＋滴滤池污泥	0.11～0.14	0.07～0.09
初沉污泥＋剩余活性污泥	0.11～0.17	0.07～0.11
混合初沉＋剩余生物污泥 进料浓度以干污泥百分比表示	2～4	4～6
消化池下向流期望值 浓度，干污泥（%）	4～6	4～6

　　为确保必需的微生物增长速率同每日消耗速率相同，厌氧消化过程必须保证最小 SRT，这一临界 SRT 又因不同成分而不同。对于脂肪代谢的细菌增长最慢，因而需要较长的 SRT，而对于纤维代谢的细菌却要求较短的 SRT，如图 9-2-1 所示。

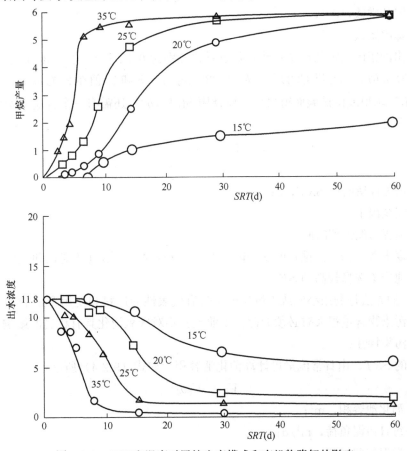

图 9-2-1　SRT 和温度对甲烷生产模式和有机物降解的影响

当 SRT 在临界时间以下时，系统控制将失败，最小 SRT 值如表 9-2-2 所示，它是温度的函数，对氢来说还不到 1d，而对污水污泥来说是 4.2d。升高温度会使最佳运行的必要 SRT 缩短，会使产气量增加，一般高负荷中温消化池至少 10d。然而为了运行稳定和控制，防止浮渣和粗砂积累，防止产生搅拌不良等原因，大多数消化池的运行停留时间在 15d 以上。

不同基质厌氧消化污泥停留最小时间（单位：d）　　　　　　表 9-2-2

基质	35℃	30℃	25℃	20℃
乙酸	3.1	4.2	4.2	
丙酸	3.2	—	2.8	
乳酸	2.7			
长链脂肪酸	4.0	—	5.8	7.2
氢	0.95①	—		
污水污泥	4.2②		7.5②	10

① 为 37℃；

② 为计算值。

本尼菲尔德和兰德尔 1980 年发表了无循环完全混合反应动力学模型，由此模型可以估算临界 SRT，如式（9-2-2）所示：

$$1/\theta_c^m = (Y_t k S_o/k_s + S_o) - K_d \tag{9-2-2}$$

式中　θ_c^m——临界 SRT，d；

　　　Y_t——产率系数；

　　　k——给定底物最大消耗速率，d^{-1}；

　　　S_o——进料底物浓度，单位体积质量；

　　　k_s——饱和常数，d^{-1}；

　　　K_d——降解系数，d^{-1}。

劳伦斯给出的市政污泥的产率系数和降解系数分别为 0.04 和 0.015，欧拉克 1968 年给出的值分别是：k 为 6.67，35℃以 COD 计，k_s 为 2224mg/L，k 和 k_s 值在 35℃以下必须加以校正。

当临界 SRT 求得或由试验而得之后，设计用 SRT（θ_d^m）还需有一个合适的安全因子（SF），如式（9-2-3）所示：

$$SRT(\theta_d^m) = SF \times SRT \tag{9-2-3}$$

或　　　　　　　　　　　$\theta_d^m = SF \times \theta_c^m$

式中　θ_d^m——污泥停留时间 SRT，d；

　　　SF——安全因子；

　　　θ_c^m——临界污泥停留时间，d。

劳伦斯和麦卡蒂（1974）推荐的安全因子 SF 为 2~10，根据负荷变化和粗砂浮渣积累而变化，小的消化池应该选择较高的 SF。

设计 SRT 的方法是利用小试或中试研究考察有代表性的进料和使用合适的动力学方程求算常数。在工业污染物含量很大时必须如此，工业废弃物对厌氧消化具有相当的影响，因而须预先测定污染物的污染特性。

根据合适的 SRT，由日常流量可计算消化池容积，如式（9-2-4）所示：

$$V_R = V_S \theta_d^m \tag{9-2-4}$$

式中　V_R——消化池容积，m^3；

　　　V_S——每日污泥负荷，m^3/d；

　　　θ_d^m——污泥停留时间，d。

对于循环消化池，侧面水深可达 8～12m，横断面面积和直径可由此计算。

9.2.2　厌氧消化设计

9.2.2.1　消化池尺寸

确定消化池尺寸的关键是 SRT，对于无循环的消化系统，SRT 和 HRT 相同。也常用有机物负荷率，有机物负荷率直接和 SRT 或 HRT 相关。消化池尺寸的确定还应该兼顾污泥产率变化和浮渣、粗砂积累等影响。

9.2.2.2　污泥停留时间

污泥停留时间的选择一般根据经验确定，典型值是低负荷消化池 30～60d，高负荷消化池 10～20d，设计者在确定合适的污泥停留时间时必须考虑污泥生产过程的变化范围。

帕金和欧文提出了一个更为合理设计 SRT 的方法，尽管它使用的数据很有限。这种方法是以安全系数 SF 去修正 SRT 从而得出设计 SRT。如果以给定的消化效率为依据并假定消化池以完全混合方式运行，则这一修正 SRT 如式（9-2-5）所示：

$$SRT_{min} = \{[YkS_{eff}/(K_c + S_{eff})] - b\}^{-1} \tag{9-2-5}$$

式中　　SRT_{min}——消化池运行要求的修正 SRT；

Y——厌氧微生物的产率，gVSS/gCOD；

k——给定基质最大消耗速率，gCOD/gVSS・d；

S_{eff}——消化池内消化污泥中可生化降解基质的浓度，gCOD/L；$S_{eff} = S_0(1-e)$，S_0 是进料污泥中可生化降解基质浓度，gCOD/L；e 是消化效率，部分降解；

K_c——进料污泥中可生化降解基质的半饱和浓度；

b——内源衰减系数，d^{-1}。

式 9-2-5 中的常数针对市政初沉污泥在温度 25～35℃时，下列建议值可以参照：

$$k = 6.67 gCOD/gVSS \cdot d \ (1.035^{T-35})；$$

$$K_c = 1.8 gCOD/L \ (1.112^{35-T})；$$

$$b = 0.03 d^{-1} \ (1.035^{T-35})；$$

$$Y = 0.04 gVSS/gCOD；$$

$$T—温度（℃）。$$

消化池运行使用修正 SRT 来计算，其厌氧消化过程的安全系数 SF 可按式（9-2-6）计算，

$$SF = SRT \text{ 实测值} /SRT_{min} \tag{9-2-6}$$

表 9-2-3 总结厌氧消化设施的调查数据，SRT 的平均值大约为 20d。运用式（9-2-5），给定进料污泥可生化降解 COD 浓度为 19.6g/L，消化效率为 90%，设计温度为 35℃，得出最小 SRT 为 9.2d。20d 的设计 SRT 安全系数为 2.2。意味着短期负荷增加导致实际消化池 SRT 减少至低于设计 20d 的 50%，会产生消化池效率下降，会造成消化池的扰动。

对于含有大量难降解物质的污泥，尤其是脂肪，常数值不一定适用。在这些情况下，需要持续保持较高有机物降解率有一定困难，表 9-2-3 中更长的设计 SRT 是合适的，对于不含生物污泥的初沉污泥，稍低的设计 SRT 值可能更合适。

厌氧消化污泥停留时间的污水处理厂数量（单位：个）　　　　表 9-2-3

SRT (d)	每一范围设施百分比	
	仅有初沉污泥	初沉污泥+剩余污泥
0～5	0	9
6～10	0	15
11～15	0	9

SRT (d)	每一范围设施百分比	
	仅有初沉污泥	初沉污泥＋剩余污泥
16～20	11	12
21～25	45	25
26～30	11	3
31～35	11	15
36～40	0	6
41～45	0	0
46～50	22	0
超过 50	0	6
污水处理厂数量	12	132

注：数据来源于美国土木工程协会，1983，厌氧消化运行调查，纽约。

为将消化池扰动的可能性降至最小，应当考虑不利运行情况下选择设计 SRT，例如短时期的高污泥负荷，粗砂和浮渣在消化池的积累，消化池停止运行等。

9.2.2.3 有机物负荷

负荷标准一般基于持续投加情况下，为避免短时间的过高负荷，通常设计持续高峰有机负荷为 $1.9～2.5\text{kg VS}/(\text{m}^3 \cdot \text{d})$，有机负荷的上限一般由有毒物质积累速率、氨或甲烷形成的冲击负荷来决定，$3.2\text{ kgVS}/(\text{m}^3 \cdot \text{d})$ 是常用的上限。

过低的有机负荷会造成建设和运行费用较高。建设费用高是由较大的池容积造成，运行费高是由于产气量不足以供给维持消化池温度所必需的能量。

9.2.2.4 污泥产率

在高峰负荷下保持最低 SRT 对运行成功的消化池来说有一定的风险。为识别临界高峰负荷，必须考虑到高峰月和高峰周的最大污泥产量，季节的变化也得考虑在内。还必须估计到短期的污泥产量增加对 SRT 的影响，可从短期产率增加引起 SRT 安全系数变化方面考虑。

高峰污泥负荷的计算要包括进厂污水中 BOD 和 TSS 变化，并以此为基础计算污泥量，估算还必须预见高峰负荷时期浓缩不理想的情况而造成污泥量增加。

9.2.2.5 有机物去除率计算

有机物去除率可按 $40\%～60\%$ 或者根据有机物量和停留时间的关系式计算。对于一般负荷的消化系统，可用式（9-2-7）计算：

$$V_\text{d} = 30 + t/2 \tag{9-2-7}$$

式中 V_d——有机物去除率，$\%$；

   t——消化时间，d。

对于高负荷消化系统：

$$V_\text{d} = 13.7\ln(\theta_\text{d}^\text{m}) + 18.94 \tag{9-2-8}$$

式中 V_d——有机物去除率，$\%$；

   θ_d^m——污泥停留时间，d；

进入两相消化系统二级消化池的污泥量，可按式（9-2-9）计算；

$$污泥量 = TS - (A \times TS \times V_\text{d}) \tag{9-2-9}$$

式中 TS——进入消化池总污泥量，kg/d；

   A——有机物比例，$\%$；

   V_d——初沉消化池去除的有机物，$\%$。

系统的有机物去除率如表 9-2-4 所示。

有机物去除率估计值

表 9-2-4

	消化时间（d）	有机物去除率（%）		消化时间（d）	有机物去除率（%）
高负荷 （中温范围）	30	66.5	低负荷	40	50.0
	20	66.0		30	45.0
	15	56.0		20	40.0

式（9-2-9）可用于污泥进入两相消化池时确定两相消化池的尺寸，确定污泥浓缩的百分比和最终处置要求的储存周期，然而在很多情况下二级消化池容积设计与一级消化池相同。

9.2.2.6　气体产量和质量

气体产量可以采用 $0.8\sim1.1\text{m}^3/\text{kg}\cdot V_s$ 计算，在足够 SRT 和搅拌良好的情况下，油脂含量越高，产气量越高，这是因为油脂成分代谢缓慢，气体产量计算如式（9-2-10）所示：

$$G_v = (G_{sgp})V_s \tag{9-2-10}$$

式中　G_v——气体产生的总体积，m^3；

　　　V_s——有机物降解量，kg；

　　　G_{sgp}——给定气体产率，$0.8\sim1.1\text{m}^3/\text{kg}\cdot V_s$。

甲烷产量可根据有机物的去除量计算，如式（9-2-11）所示：

$$G_m = M_{sgp}\Delta OR - 1.42\Delta X \tag{9-2-11}$$

式中　G_m——甲烷产量，m^3/d；

　　　M_{sgp}——给定单位质量有机物甲烷产率，按 BOD 或 COD 去除率计，m^3/kg；

　　　ΔOR——每日有机物去除率，kg/d；

　　　ΔX——产生的生物量。

由于消化气体中约有 2/3 是甲烷，消化池气体总量如式（9-2-12）所示：

$$G_T = Gm/0.67 \tag{9-2-12}$$

式中　G_T——总气体产量，m^3/d；

　　　Gm——甲烷产量，m^3/d。

不同消化池的甲烷成分在 45%～75% 变化，CO_2 在 25%～45% 变化，若存在硫化氢，必须调查工业污染源或盐水渗入等。污泥气热值是 $24\text{MJ}/\text{m}^3$，而甲烷热值大约是 $38\text{MJ}/\text{m}^3$。

9.2.3　工艺要求

9.2.3.1　搅拌要求

厌氧消化池可以采用气体搅拌、机械搅拌和水泵混合系统，不同的搅拌方式有着不同的优缺点。搅拌方式选择的主要依据是成本、维护要求、构筑物类型、进料的粗砂和浮渣含量等。确定消化池搅拌系统规模，设计参数包括单位能耗、速率梯度、单元气体流量和消化池翻动时间等。

单位能耗是单位消化池容积的动力功率，建议值从 $5.2\sim40\text{W}/\text{m}^3$ 变化，经过试验，40W/m^3 对完全混合反应器是足够的。

坎伯和史泰因发表了以速度梯度为指标衡量混合程度，如式（9-2-13）、式（9-2-14）和式（9-2-15）所示：

$$G = (W/\mu)^{1/2} \tag{9-2-13}$$

式中　G——速度梯度，s^{-1}；

　　　W——单位体积液体消耗的功率，W/m^3；

　　　μ——绝对黏度，$\text{Pa}\cdot\text{s}$（水，35℃时为 $720\text{Pa}\cdot\text{s}$）。

$$W = E/V \tag{9-2-14}$$

467

式中　E——能量；

　　　V——池容积，m^3。

$$E = 2.40P_1 \cdot Q \cdot \ln P_2/P_1 \tag{9-2-15}$$

式中　Q——气体流量，m^3/s；

　　　P_1——液体表面绝对压力，Pa；

　　　P_2——气体注入深度绝对压力，Pa。

这些公式可以计算必要的能量需求、压缩机气体流量和注气系统的动力。黏度是温度、污泥浓度、有机物浓度的函数。温度升高，黏度下降；污泥浓度增加，黏度增加；VS 增加 3% 以上，黏度才会增加。速度梯度平方根的恰当的值是 $50\sim80s^{-1}$。

单位气体流量和速度梯度平方根之间的关系可用式（9-2-16）所示：

$$Q/V = G^2 \cdot \mu/P_1 \cdot \ln(P_2/P_1) \tag{9-2-16}$$

式中　Q——气体流量，m^3/s；

　　　V——池容积，m^3；

　　　G——速度梯度的平方根，s^{-1}；

　　　μ——绝对黏度；

　　　P_1——液体表面绝对压力，Pa；

　　　P_2——气体注入深度绝对压力，Pa。

对免提升系统气体流量/池容积的建议值是 $76\sim83mL/m^3$，吸管式系统的建议值是 $80\sim120mL/m^3$。

翻动时间是消化池容积除以气管内气体流速，一般仅用于通气管气体和机械泵送循环系统；典型的消化池翻动周期为 $20\sim30min$。

评价搅拌系统性能的方法有多种，包括污泥浓度断面分析、温度特点分析和痕量分析等。

污泥浓度断面分析，是从消化池内部中央深度（一般 $1\sim1.5m$）取样分析 TS 浓度。当消化池整个深度内测得的浓度和消化池平均浓度的差别不超过 5%～10% 时，可以认为搅拌效果良好。浮渣层和底部污泥层可以容许较大的偏差。污泥浓度断面分析方法的缺点，对初沉污泥或初沉污泥和剩余污泥混合的消化系统来说，即使不搅拌也不会产生很大的层叠作用，所以，搅拌不充分不能仅仅由污泥浓度断面分析来表达。

温度特点分析，描述温度特征的方法有着和污泥浓度断面分析方法类似之处。温度从消化池内不同深度处测得。如果任何点的温度都不偏离平均值或者与其相差在 $0.5\sim1.0$℃ 之内，可以认为搅拌充分。这种方法的缺点是在搅拌不足的情况下，通过足够的热扩散也能保持相对均匀的温度特征，尤其是在消化池 SRT 较长时。

痕量分析，是评价搅拌效果的最为可靠的方法。这种方法通过注入消化池，分析其仍保存在池内的痕量物浓度，连续进料法可用但有困难，这是由于在测试过程历时较长的情况下会消耗大量的痕量物质。消化污泥样品收集后分析痕量物含量，完全混合的理想消化池，滞留在消化池的痕量物质浓度可按式（9-2-17）计算：

$$C_t = C_0^{(-t/HRT)} \tag{9-2-17}$$

式中　C_t——t 时刻痕量物浓度，mg/L；

　　　C_0——t 为 0 时刻理论初始痕量物浓度，（注入的痕量物总量/消化池总容积）mg/L；

　　　t——自加注痕量物之后的延续时间，1h；

　　HRT——消化池水力停留时间（V_0），h。

这种方法评估搅拌效果较为准确，然而，由于这种方法要求仔细监测消化池进料和排放速率，要求大量分析消化池内痕量物浓度，它比其他任何讨论过的方法都复杂。

9.2.3.2 浮渣、砂粒和泡沫的控制

浮渣、砂粒和泡沫这些物质会降低消化池有效容积，破坏搅拌和加热，影响气体的产生和收集，扰动消化池运行，带来运行管理上的问题，造成消化过程达不到效果。

浮渣积累可以通过厌氧消化处理前的物理阶段去除，如旋转式格栅，而从分析进水的含油量可以得到浮渣形成的趋势。在进厂之前的管道和预处理系统中可去除粗砂，通过充分搅拌和加热维持完全混合，可以避免在消化池内形成粗砂层和浮渣层。有效的搅拌可以使其悬浮在池中，但过度搅拌又会形成泡沫。形成泡沫和浮渣可以通过安装在顶部的喷嘴控制，喷洒对消泡除渣尤其有效，这是通过降低黏度和增加搅拌效果来达到。市场上有消泡和除渣用的药剂，然而这些化学物质会增加上清液的 COD 浓度，而且消化池内喷洒设备的维护也很困难。

去除消化池内的粗砂可通过提高底板坡度，并多设几处排放口解决，消化池位于地面以上时，在贴近地面的池壁开设人孔，有助于在清洗消化池时清除砂粒，切线式搅拌系统会在消化池中部积砂。

9.2.3.3 浓缩

浓缩对厌氧消化过程是有益的，可减小厌氧反应池体积和尺寸。因为生物污泥一般在二沉池内的浓缩性能并不好，消化前浓缩会使消化池尺寸更经济，然而超过 5% 的含固率会造成搅拌的困难。

9.2.3.4 加热系统

控制温度在设计值能使消化速率达到最高，池体积最小。为维持消化池温度恒定在最优点，须对投配污泥进行加热升温以弥补消化池的热量损失。式（9-2-18）给出了对投配污泥加热升温所需要的热量：

$$Q_1 = W_f \cdot C_p \cdot (T_2 - T_1) \tag{9-2-18}$$

式中 Q_1——热量需求，kJ/d；

W_f——投配量，kg/d；

C_p——水的热值，4.2kJ/(kg·℃)；

T_1——进入消化池污泥温度，℃（℉）；

T_2——离开消化池产物温度，℃（℉）。

弥补消化池热损失所要求的加热量可以按式（9-2-19）计算：

$$Q_2 = U \cdot A \cdot (T_2 - T_1) \tag{9-2-19}$$

式中 Q_2——弥补消化池热损失要求的加热速率，kg cal/h；

U——换热系数，kg cal/(m²·h℃)；

A——损失热量的消化池表面积，℃；

T_2——消化池内污泥温度，℃；

T_1——环境温度，℃。

消化池底板、墙、暴露于空气的墙和顶盖等各表面的热损失应分别计算，然后累加得到消化池总热量损失，计算时必须确定消化池内和周围环境温度。

不同结构材质换热效率 表 9-2-5

材 质	(kg·cal·m/(m²·h℃))①	(Btu·in/h/ft²/℉)②
混凝土，不绝热	0.25~0.35	2.0~3.0
钢，不绝热	0.65~0.75	5.2~6.0
矿物棉，绝热	0.032~0.036	0.26~0.29
砖	0.35~0.75	3.0~6.0

材　　质	(kg·cal·m/(m²·h℃))①	(Btu·in/h/ft²/℉)②
材料间夹气孔隙	0.02	0.17
干土	1.2	10
湿土	3.7	30

①除以厚度（以 m 计），得 kg·cal/(m²·h℃)；

②除以厚度（以 in 计），得 Btu·in/h/ft²/℉；

数据来源：污水处理厂设计手册，美国环保局。

消化池不同部位换热系数 表 9-2-6

池 部 位	典型换热系数①	
	kg·cal/(m²·h℃)	Btu/h/ft²/℉
固定式钢盖，6mm（0.25in）	100~200	20~25
固定式混凝土盖，280mm（9in）	1.0~1.5	0.20~0.30
混凝土墙，370mm（12in）		
暴露在空气中	0.7~1.2	0.15~0.25
加 25mm（1in）空气间隙和 100mm（4in）砖	0.3~0.5	0.07~0.10
混凝土底板，370mm（12in）		
暴露于干土，3m（10ft）	0.3	0.06
暴露于湿土，3m（10ft）	0.5	0.11

①小的数值代表着高的绝热能力。

　　表 9-2-5 和表 9-2-6 可用于计算消化池各部分的热损失。表 9-2-5 是不同结构材质的换热系数；表 9-2-6 是不同部位的换热系数。

　　当壁或顶由两种以上材质组成时，有效换热系数可由式（9-2-20）计算：

$$1/U_e = 1/U_1 + 1/U_2 + \cdots \tag{9-2-20}$$

式中　U_e——有效换热系数；

　　U_1，U_2——各独立材质的有效换热系数。

　　计算热损失时，一般假定消化池内温度相同，环境温度是消化池附近空气和与之接触的土的温度。

　　计算热量需求时，应考虑到可能的操作条件变化。换热系统的加热能力须考虑到最低温度下可能的最大污泥投配率。一般情况下，计算是根据最低温度周的最大产泥量进行。加热系统配备足够的切换设施可在平均需热量和最小需热量之间调整。换热要求还需包括换热器的热效率，它的变化范围一般是 60%~90%。

　　至于环境温度，需考虑风对消化池换热的影响。风使消化池的热损失加大，需通过增大换热系数计算。表 9-2-6 列出了增加的换热系数，风速超过 30km/h 时，每增加 1km/h，其换热系数增加 1%。

9.2.3.5　药剂影响

　　碱度、pH、硫化物和重金属浓度的变化需投药进行调节，投加的药剂有碳酸氢钠、氯化铁、硫酸铁、石灰和明矾等。尽管加药泵和其他加药设备在开始阶段可以不安装，但须预留接口。

9.2.3.6　消化对污泥脱水的影响

　　厌氧消化减少了脱水污泥量，但消化后的产物比未经消化难于脱水，主要原因是消化降低了絮凝性能，增加了非絮凝分散颗粒物的浓度。

　　厌氧消化后污泥的脱水产生高浓度的上清液，其中含有大量的 TKN、BOD 和 TSS 等。厌

氧消化能将污泥中 $50\%\sim60\%$ 的颗粒 TKN 转化成氨，这些氨的多数存在于脱水过程产生的上清液中。上清液中的硫化氢会导致下游生物处理单元的运行故障。

9.2.4　消化池设备和池型设计

消化池设备的选择，对消化工艺构筑物而言，很大程度受物理空间和可使用土地的影响。针对不同的空间要求，可采用的消化池结构和外形有所不同，圆柱形水池，特别是美国传统使用的较大直径高度比的单元构筑物，占地面积较大；蛋形消化池在土地面积有限或地价较高时是比较经济的选择。

9.2.4.1　消化池顶罩

消化池顶罩用以收集气体，减少臭气，保持内部恒温，维持厌氧条件，还可支撑搅拌设备，深入水池内部。传统有固定罩和浮动罩两种顶盖。

固定罩式消化池如图 9-2-2 所示，顶罩由钢筋混凝土或钢制成扁平状或穹顶状，钢筋混凝土顶罩一般内衬 PVC 或钢板便于储存气体，固定罩的问题是引入空气会形成爆炸性气体，或在池内形成正压或负压。

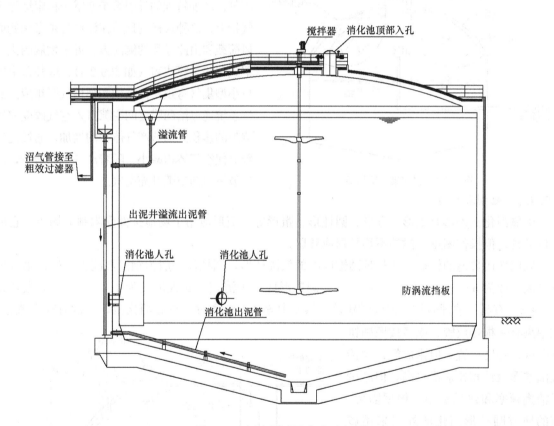

图 9-2-2　固定罩式消化池示意图

浮动罩可以分成两类：停留于液体表面和停留于壁边缘浮于气体之上的套式浮动罩，如图9-2-3 所示，在液相表面占用较大的面积便于气体收集，浮力作用于罩子外边缘使之成为一个浮筒。下降式浮动罩通过增加罩和液相表面的接触从而减少液相上方的占用空间，附加的重物用于增加顶罩的浮力抵消气压或平衡罩子上安装设备造成的荷载。浮动罩普遍使用在一级消化池，它使进料和排放操作分开，将浮渣压入液相，使之控制方便。浮动罩的缺点是泡沫严重时会产生倾斜。

集气罩式顶盖能增加气体储存空间。气体储存空间允许产气量和污水厂使用负荷的变化，集气

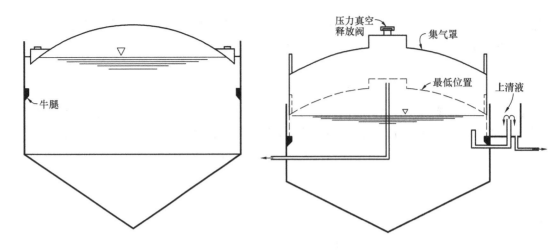

图 9-2-3　套式浮动罩消化池

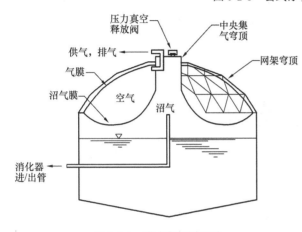

图 9-2-4　膜式集气罩顶盖

罩式顶盖是经改进的浮动罩，它浮于气相而不是液相。改进措施有增加边缘有利于储存沼气；增加特别的导引系统使罩子稳定地浮于气相上。这种式样的顶盖在设计时须考虑侧面风荷载和由此导致的侧向力。近来发展的集气罩式顶盖是膜式盖（如图 9-2-4）。这种盖由中央小型集气穹顶支撑结构和弹性气膜组成。鼓气系统通过给两膜之间空隙打入空气改变储气空隙的体积。随着产气体积的增加，通过空气释放使空气体积减小。随着产气量的减少，通过鼓风机向空隙补充空气。

9.2.4.2　池型和构造

厌氧消化池外形有矩形、方形、圆柱形、蛋形等。矩形池用于场地条件受限制的场所，它的造价最省，但操作困难，搅拌不均易形成死区。

以前使用普遍的构造形式是带圆锥底板的低圆柱形，圆柱池一般为钢筋混凝土结构，垂直边壁高度一般为 6~14m，直径为 8~40m。圆锥形底便于清扫，底板坡度为 1:3~1:6，底坡大于 1:3，有利于清理砂粒，但较难建设。然而中等坡度池底对于平底消化池，又没有较大改进。

在中央有一根排放管，或者按照圆饼状分区，每区设置一根排放管，同传统圆锥形设计相比造价要高，但减少了清掏频率和建设费用。根据需要，有的地方圆柱形消化池外层采用砖砌，中间有空气夹层，内填土、聚苯乙烯塑料、玻璃纤维和绝热板材料等。

目前较多使用的构造形式是蛋形消化池，如图 9-2-5 所示。上部的陡坡和底板的锥体有利于减少浮渣和砂粒造成的问题，减少消化池清掏的工作量。蛋形消化池同传统圆柱形池相

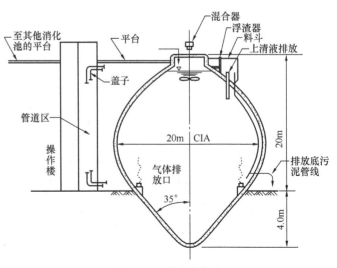

图 9-2-5　蛋形消化池

比搅拌要求要少，蛋形消化池底大部分搅拌能量用于维持砂粒悬浮和控制浮渣形成。

蛋形消化池搅拌系统有3种基本形式：气体搅拌、机械搅拌和外循环泵搅拌。大多数蛋形消化池在池底的锥形部分备有气体和水力冲洗装置，便于冲洗积存在底部的砂粒。尽管气体搅拌和机械搅拌极少可能同时使用，但一个消化池内可能有多种搅拌系统，并且在任何一天都能操作。蛋形消化池由钢筋混凝土制成，外表面用氧化铝作绝热层，起到保护或绝热的作用。

9.2.4.3 水泵和管路系统

选择污泥输送泵的一个重要因素是泵的结构材质。泵内部的材质必须耐磨、耐腐蚀、耐穿孔，常采用镍铬叶轮和泵壳。泵外部须防腐蚀，另一个选泵考虑的因素是使用方便和泵内积累垃圾的清除。

管路系统的设计必须在进料、循环、排放污泥等方面有较大的灵活性。管路系统须考虑进料、污泥排放和上清液排放等多个接口。由于污泥的特点会产生在管路中淤积，设计须考虑清洗或冲洗，并尽可能使用经处理的尾水，阀门和阀门的位置也须慎重考虑，阀门设置必须易于操作。

对于两相消化系统管路的布置还必须满足以下操作要求：能通过重力流将一级的生物污泥输送到第二级，一个消化池的污泥可送至另一消化池，上清液有多个排放口，循环系统有多个进出口，备用泵具有配套的管路系统。

9.2.4.4 搅拌设备

消化池搅拌系统可分为3类：气体搅拌、机械搅拌和外循环泵搅拌，气体搅拌系统又可分为定向气体搅拌系统和不定向气体搅拌系统两类。

普遍采用的定向气体搅拌系统由一系列注入消化池的大口径管道组成，能使生物污泥上升混合到达液相表面。排气管的数量依消化池大小而定，一般消化池直径18m以上，排气管需超过一根。经压缩的气体从顶部的释放口或沿底部侧壁进入排气管，单管排气系统可以用支架固定在池底部，由压缩机供气。排气管一般是用钢板制作，其典型直径为0.5～1.0m，外圈可装加热套，可在搅拌的同时加热，如图9-2-6所示。

机械搅拌系统使用旋转螺旋桨搅拌。搅拌机是安装在排气筒内的低速涡轮或高速桨叶，排气

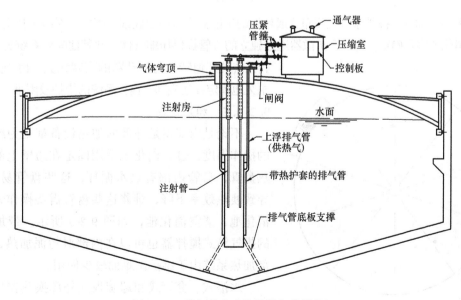

图 9-2-6 带加热夹套的单排气管搅拌机

筒可以安装在消化池内部或者外部，机械搅拌和水泵搅拌的流动方向是从池顶到池底，机械搅拌系统的缺点是对液位敏感，搅拌浆易被垃圾缠绕。

水泵搅拌系统，安装在池外的水泵从顶部中央吸取生物污泥，经水泵加压后通过喷嘴以切线方向在池底注入消化池，液相表面安装破碎浮渣用的喷嘴，高流量低水压输送污泥的水泵有轴流泵、混流泵和离心螺旋泵等。

多点喷射气体循环系统是一种不定向气体搅拌系统，它由分布在消化池内的多根喷射管组成，气体可通过所有的管路连续排放或经旋转阀门调节顺序地从一根管切换至另一根管，旋转阀门的操作一般按预先设定的定时器自动控制，喷气管大约位于消化池中心 2/3 处。为保证中心部位的混合，在离中心几米处增设一根喷枪。此外，系统要求有压缩机和控制设备。图 9-2-7 是多点顺序喷气系统的剖面图，气体管直径为 50mm，设计方案须尽可能地使他们集中，喷枪的淹没深度是决定气体流量的重要因素，图 9-2-8 是喷枪系统的平面位置图，13~15m 直径的消化池需备有 6 支喷枪系统。

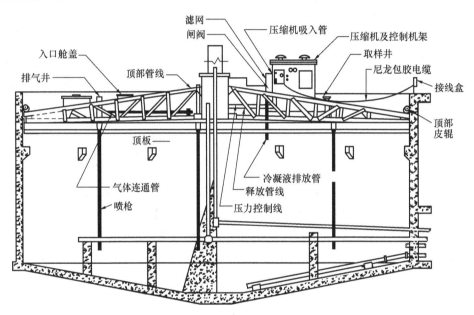

图 9-2-7　多点顺序喷气系统剖面图

另一种不定向气体搅拌系统是将布置成环形的扩散器安装在池底部，固定在混凝土柱上，扩散器的个数依消化池容积确定。每一个扩散器通过独立的气管提供压缩气体。同其他喷射系统相比，该搅拌系统的几何特性与浮动罩的高度无关。由于这些设备永久地固定在池底部，搅拌系统的维护较困难。

9.2.4.5　加热设备

不论是内部还是外部的加热设备都是为维持恒定的操作温度，过去消化池采用固定在边壁上的内部加热盘管，盘管内部有热水循环，这些盘管易于受损，导致换热效率下降，维修这些盘管需要操作人员关闭消化池，清空消化池，如图 9-2-9 所示。带加热夹套的排气筒式搅拌器也可以在内部对污泥加热，然而内部加热系统由于维护困难而较少使用。

水浴式、套管式和螺旋板式外部换热器也用于厌氧消化。水浴式换热器的操作是用泵将生物污泥循环

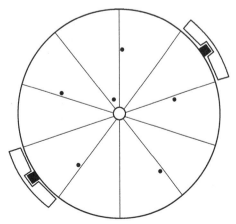

图 9-2-8　喷枪系统平面位置图

至水浴加热换热器，通过泵送热水进出水浴池可以提高换热效率，如图 9-2-10 所示，外部换热器使用循环泵，使物料在进入消化池之前被加热，但这种加热并不充分。

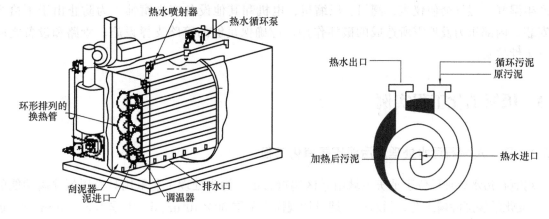

图 9-2-9 水浴式换热器的示意图　　　　图 9-2-10 螺旋板式换热器的示意图

套管式换热器和螺旋板式换热器是相似的。套管式换热器由两根同心管组成，一条为生物污泥，另一条为热水，两层流体逆向流动。螺旋板式换热器是由两根长条形板相互包裹形成两个同轴通道，螺旋板式换热器的流程也是逆向的，内层板的设计须让其最大可能地易于清洗和防止堵塞。为防止结块，水温须保持在 68℃ 以下。

外部换热器的换热效率为 0.9～1.6kJ/(㎡·℃)，内部盘管式换热效率为 85～450kJ/(㎡·℃)，根据生物污泥中污泥含量不同而变。

常用的热源是锅炉循环水加热，锅炉的专用能源一般都是消化池沼气，设计方案也须考虑到天然气、煤、油等辅助燃料。

9.2.4.6 加药系统

消化池加药系统，理想的做法是与整个污水厂加药系统的设备一起布置，便于设备的优化组合，因为消化池加药系统不需要每天使用。

配备加药系统有两种主要原因：控制 pH/碱度和抑制毒性物质，碳酸氢钠、碳酸钠、石灰是常用的药剂。氯化铁、硫酸铁和铝盐可用于抑制毒性物质的沉淀，控制消化气中的硫化氢含量。

9.2.4.7 气体收集和储存

污泥厌氧消化产生的污泥气既可以综合利用，也可以燃烧避免产生气味。由于污泥气通过污泥产生，因此气体在消化池液面上方即可得到收集。污泥气可以由管道输送至污泥气利用设备进行发电或加热，也可以由储气装置储存以备后用，还可以直接进入焚烧炉燃烧。

污泥气的收集和输送系统必须维持正压条件，防止由于不小心混入周围的空气而引起爆炸。当空气和污泥气的混合气体含有 5%～20% 的甲烷时，就会有爆炸的可能。污泥气的储存、运输和阀门的布置应满足一定要求，如当消化污泥的体积改变时，污泥气应被抽回到消化池中，而不是被其他气体所代替等。

大多数消化系统是在小于 3.5kPa 的压力下运行，压力应以 mmH_2O 表示，由于操作压力较低，沿程损失、泄压阀的设计和控制设备等都应受到重视。

由消化池出来的集气总管直径一般不小于 65mm，污泥气进口处应高出消化池上部污泥浮渣层最高液面至少 1.2m，避免污泥颗粒和泡沫进入集气管，这段距离还可以适当放大。对于较大的污泥气收集系统，集气管的直径应为 200mm 或更大，消化池应按总产气量确定集气管的大小，当采用气体搅拌时，总气量为设计最高月产气量与循环气量之和。

集气管的坡度应为 20mm/m，输送浓缩气体的管道坡度不得小于 10mm/m，消化池管路中气体的最大流速为 3.4～3.5m/s，保持低的流速是为了使管路压力损失适当，防止存水弯处产生湿气，湿气会使仪表、阀门、压缩机、电机和其他设备产生腐蚀。为防止由于不恰当的安装、内部压力及地震所造成的破坏作用，应确保足够的管路支撑设施，管路和设备之间应有柔性接头。

9.3　厌氧消化工程实例

9.3.1　重庆鸡冠石污水处理厂污泥厌氧消化工程

鸡冠石污水处理厂位于重庆主城南岸区鸡冠石镇。污水处理工艺采用具有脱氮除磷功能的 AAO 加化学深度除磷工艺，污水厂一期设计规模为旱季 $60\times10^4\,m^3/d$，雨季 $135\times10^4\,m^3/d$，远期规模为旱季 $80\times10^4\,m^3/d$，雨季 $165\times10^4\,m^3/d$。污水厂产生的污泥为初沉污泥、剩余污泥和化学深度除磷的化学污泥，污泥量如表 9-3-1 和表 9-3-2 所示。

旱 季 污 泥 量　　　　　　　　　　　　　　　　表 9-3-1

	近期（$60\times10^4\,m^3/d$）	远期（$80\times10^4\,m^3/d$）
初沉污泥量（含水率97%）	75000kg DS/d	100000kg DS/d
剩余污泥量（含水率99.3%）	40500kg DS/d	54000kg DS/d
化学污泥量（含水率99.3%）	2100kg DS/d	2800kg DS/d
小　　计	117600kg DS/d	156800kg DS/d

雨 季 污 泥 量　　　　　　　　　　　　　　　　表 9-3-2

	近期（$135\times10^4\,m^3/d$）	远期（$165\times10^4\,m^3/d$）
初沉污泥量（含水率97%）	82500kg DS/d	110000kg DS/d
剩余污泥量（含水率99.3%）	40500kg DS/d	54000kg DS/d
化学污泥量（含水率99.3%）	2100kg DS/d	2800kg DS/d
小　　计	125100kg DS/d	166800kg DS/d

图 9-3-1 为鸡冠石污水处理厂的污泥处理工艺流程，其中污泥稳定化工艺采用污泥厌氧消化工艺。

9.3.1.1　初沉污泥浓缩（按雨季污泥量设计）

初沉污泥采用重力式污泥浓缩池浓缩，3 座，远期增加 1 座。浓缩池主要技术参数如下：

浓缩池数量	3 座；
单座污泥量	27500kg DS/d；
污泥体积	917m³/d；
池直径	ϕ25m；
污泥负荷	56kg DS/(m²·d)；
周边驱动浓缩机	3 台，功率 0.75kW。

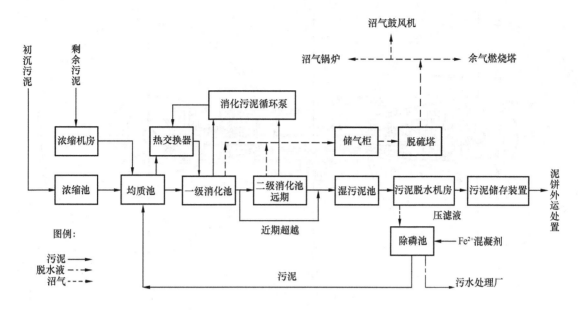

图 9-3-1　污泥处理工艺流程图

9.3.1.2　剩余污泥浓缩

二沉池剩余污泥浓缩采用螺压浓缩机，设污泥浓缩机房一座，平面尺寸为 36.48m×21.48m。螺压浓缩机近期选用 4 台（3 用 1 备），远期增加 1 台，并设有絮凝剂制备和投加系统 2 套。

浓缩机主要技术参数如下：

剩余污泥量	40500kg DS/d；
剩余污泥体积	6086m³/d；
螺压浓缩机数量	4 台；
单台螺压浓缩机流量	2029m³/d（84.5m³/h）；
螺压浓缩机能力	100m³/h；
设备功率	4.4kW；
加药量	0.0015kgPAM/kg DS。

9.3.1.3　污泥均质池

两种不同浓缩方式的污泥进入消化池前需混合，起到均质的作用，均质池按雨季污泥量设计，近期共 2 座，远期不增加。每座直径为 15m，有效水深为 3m。池内设有水下搅拌机 2 台。

污泥均质池主要技术参数如下：

数量	2 座；
单座污泥量	62550kg DS/d；
污泥体积	1251m³/d；
池直径	φ15m；
停留时间	12.0h；
水下搅拌机（带导流圈）	2 台；
设备功率	7.5kW。

9.3.1.4　污泥消化池

污泥进行厌氧中温消化，使污泥中的有机物消化，减少污泥体积，改变污泥性质，破坏和控制致病微生物，同时可获得污泥气，用于带动鼓风机或提供污泥消化过程中所需的热量。污泥消化近期设置 4 座一级蛋形消化池，远期增加 2 座二级消化池，消化池采用机械搅拌。

污泥消化池工艺设计如图 9-3-2 所示，主要技术参数如下：

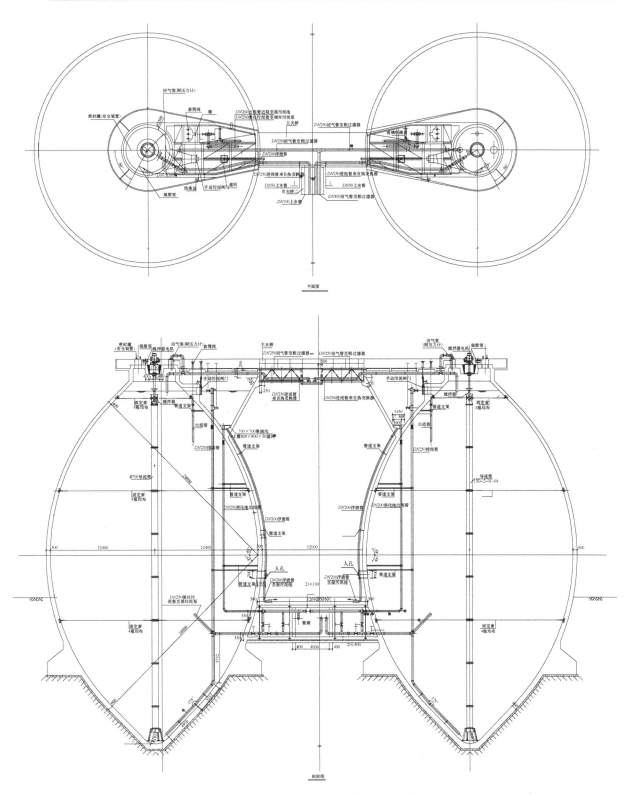

图 9-3-2 厌氧消化池的工艺设计图

污泥消化池

污泥量	117600kg DS/d（旱季），125100kg DS/d（雨季）；
污泥含水率	95％；
污泥体积	2352m³/d（旱季），2502m³/d（雨季）；
有机物含量	50％；
有机物量	58800kgVSS/d（旱季）；

污泥消化温度	33～35℃；
污泥消化时间	20d（旱季）；18d（雨季）；
污泥投配率	5％（旱季）；5.6％（雨季）；
消化池总容积	47222m³；
挥发性有机负荷	1.25kgVSS/(m³·d)（旱季）；
挥发性有机物 VSS 降解率	50％；
总降解率	25％；
消化后污泥量	88200kg DS/d（旱季）；
污泥消化后含水率	96％；
污泥体积	2205m³/d；
污泥气产率	0.884m³ 气/kg VSS；
污泥气产率	11.04m³ 气/m³ 泥；
污泥气量	26000m³/d。
污泥机械搅拌机	
数量	4 套；
设备功率	24.2kW。
消化池超压保护安全释放系统	
数量	4 套；
参数	池内污泥气临界压力±0.004MPa。

9.3.1.5 消化池操作楼

为了保证污泥消化系统安全可靠运行，在 4 座消化池之间建 1 座消化池操作楼，平面尺寸为 33.02m×16.00m。操作楼内设 2 层工作层，地下层布置消化池进泥泵、污泥循环泵；地面层为污泥加热系统。操作楼内共设 4 套进泥和污泥加热系统，和 4 座一级消化池相对应。各种设备按雨季污泥量配置，操作楼和消化池用天桥和管廊连接，内设各种污泥和污泥气管道。消化池操作楼主要技术参数如下：

消化池进泥泵	
类型	偏心螺杆泵，手动无级调速；
数量	5 台（4 用 1 库备）；
工作方式	连续进泥；
性能	$Q=27m³/h$，$H=45m$；
设备功率	11kW。
循环污泥泵	
类型	偏心螺杆泵，手动无级调速；
数量	5 台（4 用 1 库备）；
工作方式	连续；
性能	$Q=54m³/h$，$H=15m$；
设备功率	15kW。
热交换器	
类型	套管式；
数量	4 组；
参数	外管直径 $\phi250$；
	内管直径 $\phi200$；

	单根管长 7m;
新鲜污泥投配温度	12℃（冬季）;
消化温度	33℃;
热水进水温度	75℃;
热水出水温度	65℃;
控制方式	根据热交换器进出口温度调节热水温度，由 PLC 进行控制。
热水循环泵	
类型	变频离心泵;
数量	5 台（4 用 1 备）;
工作方式	连续;
性能	$Q=66.14m^3/h$，$H=11m$;
设备功率	5.5kW。
沼气粗过滤器	
数量	2 套。

9.3.1.6 湿污泥池

消化后的污泥均匀混合、调理、储存，并尽可能释放消化池中产生的污泥气，有利于污泥脱水。湿污泥池主要技术参数如下：

消化后污泥量	88200kg DS/d;
污泥含水率	96%;
污泥体积	2205m³/d;
数量	1 座（8 格）;
单格尺寸	10m×10m;
平面尺寸	31.2m×20.9m;
水深	3.5m;
停留时间	21.5h。

9.3.1.7 污泥气净化、储存

污泥气净化、储存系统主要技术参数如下：

沼气脱硫装置

降低污泥气中硫化氢含量，减少硫化氢对后续处理设备的腐蚀，工艺设计如图 9-3-3 所示。

设备类型	干式脱硫塔及脱硫再生系统;
数量	2 套;
性能	$Q=600m^3/h$。

储气柜

调节产气量的不平衡，使沼气带动鼓风机和沼气锅炉加热系统能正常连续运行。

设备类型	柔膜密封干式储气柜;
数量	2 座;
单柜容量	3400m³;
工作压力	0.004MPa;
停留时间	6h;
监测设备	气柜压力及柜顶位置监测系统;
数量	2 套。

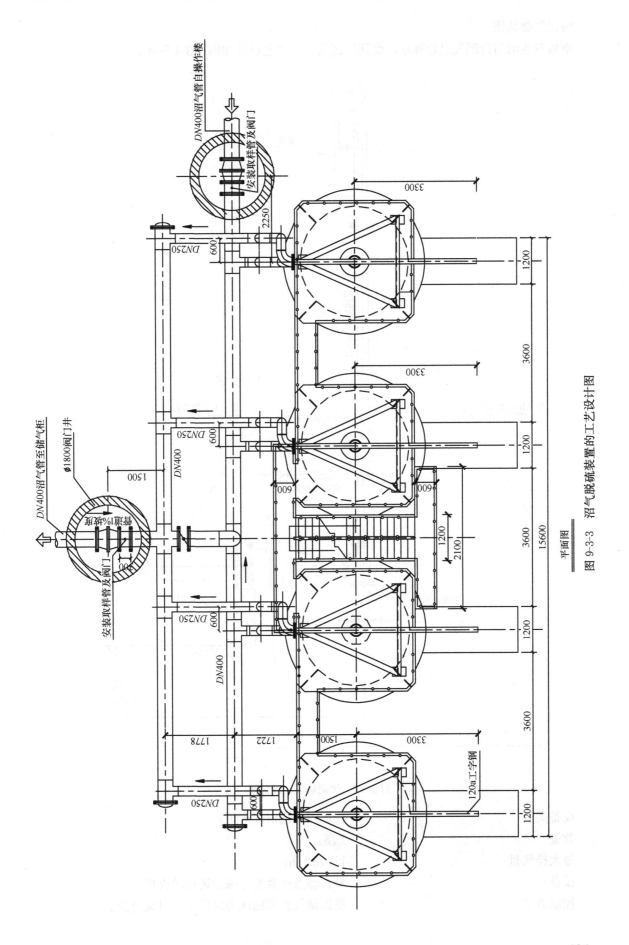

平面图

图 9-3-3 沼气脱硫装置的工艺设计图

污泥气燃烧塔

事故发生时将污泥气燃烧释放，保证厂区安全，工艺设计如图 9-3-4 所示。

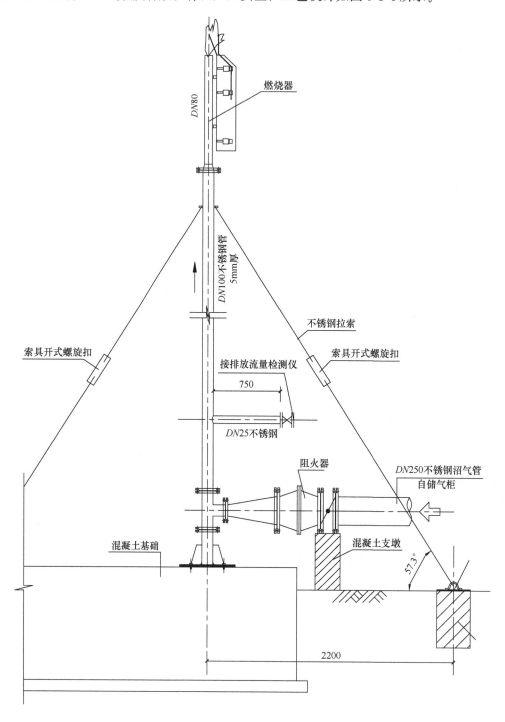

DN80

燃烧器

DN100不锈钢管
5mm厚

不锈钢拉索

索具开式螺旋扣

索具开式螺旋扣

接排放流量检测仪

750

DN25不锈钢

阻火器

DN250不锈钢沼气管
自储气柜

混凝土基础

混凝土支墩

57.3°

2200

图 9-3-4　燃烧塔工艺设计图

设备类型	柱形内燃式沼气火炬；
数量	2 座；
最大排气量	1200m³/h；
设备	带自动点火及安全保护装置的火炬；
控制方式	根据储气柜顶的压力表信号，自动点火。

9.3.1.8　沼气鼓风机房

为节约运行费，将污泥消化产生的污泥气，通过沼气发动机带动鼓风机，近期设置 4 台沼气驱动鼓风机，远期增加 1 台，单台鼓风机空气量为 486m³/min。污水厂运行初期，5 台电动鼓风机全部运行，待运行正常产生污泥气后，便尽可能使用沼气鼓风机，以节省运行成本。

该建筑物内还设有两套沼气锅炉，作为消化污泥加热用。消化污泥加热所需热水充分利用沼气发动机冷却出水，经计算，仅在冬天需使用沼气锅炉补充热源。

沼气鼓风机房主要技术参数如下：

数量	1 座；
尺寸	55.79m×17.01m；
设备类型	沼气带动离心鼓风机；
设备数量	4 台；
性能	单台流量 486m³/min，风压 0.07MPa；
设备输出功率	650kW；
设备类型	沼气锅炉；
设备数量	2 套；
热功率	800kW。

9.3.2　青岛麦岛污水处理厂污泥厌氧消化工程

青岛麦岛污水处理厂位于青岛市崂山区大麦岛村，污水处理厂预处理工程设计规模为 10×10⁴m³/d，污水仅经过预处理后直接深海排放，预处理工程占地 1.71hm²，于 1999 年 12 月 31 日建成投产。扩建工程用地在一期工程南侧和东侧。污水处理采用物化＋BIOSTYR 滤池处理工艺，污水厂规模扩建至 14×10⁴m³/d。污水厂产生的污泥为二级污水厂的初沉污泥、剩余污泥和化学除磷的化学污泥，总泥量约为 53473kg SS/d，各构筑物污泥产量如表 9-3-3 所示。

各构筑物污泥产量和性质　　　　　　　　　　　　　　　　　表 9-3-3

参　　数		12℃	26℃
初沉污泥	总泥量（kgSS/d）	43407	46862
	其中化学污泥量（kgSS/d）	10109	12802
	污泥浓度（g/L）	50	50
	挥发性有机物（%）	60.4	57.5
生物污泥	总泥量（kgSS/d）	8666	5149
	其中化学污泥量（kgSS/d）	270	270
	污泥浓度（g/L）	25	25
	挥发性有机物（%）	83.2	76.2
油脂	总泥量（kgSS/d）	1400	1400
	挥发性有机物（%）	92.5	92.5
去消化池污泥	总泥量（kgSS/d）	53473	53411
	污泥浓度（g/L）	44	47
污泥流量	m³/d	1216	1145

污泥处理工艺流程如图 9-3-5 所示。

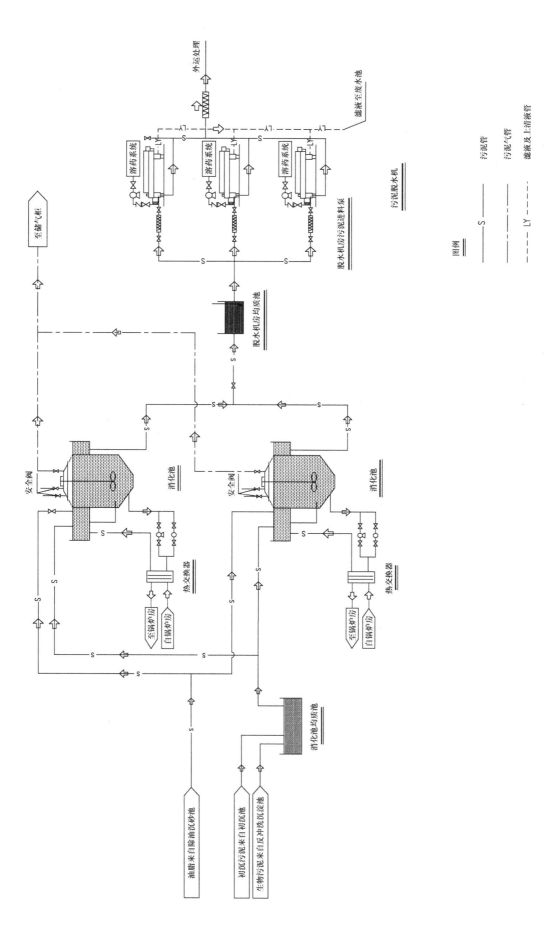

图 9-3-5　污泥处理工艺流程图

9.3.2.1　消化池

来自细格栅及除油沉砂池的油脂和来自操作楼的均质污泥、循环污泥一并进入消化池进泥井，混合后进入消化池的底部。每座消化池设 1 套搅拌器对污泥搅拌，采用导流筒导流。池顶设螺旋桨提升或下压，使池内污泥在筒内上升或下降，形成循环，达到污泥混合。搅拌器电机为户外防爆型，能正反向转动。池顶部设污泥气密封罐、污泥气室、观察窗等装置。在消化池底部和顶部设有出泥管至出泥井，分别由液压套筒阀控制消化池出泥，出泥井有 2 格，1 格装有出泥管接至污泥脱水间的均质池，另 1 格装有上清液排放管至污泥脱水间的废水池。消化池产生的污泥气通过池顶污泥气管汇集后沿消化池进泥井下行接入储气柜。厌氧消化池设计如图 9-3-6 所示，消化池及附属设备主要技术参数如下：

消化池进泥量	53473kgSS/d；
污泥中可挥发成分	60%～65%；
污泥浓度	40～47g/L；
消化后污泥量	36451～38238kgSS/d；
污泥中可挥发成分	45%～49%；
污泥浓度	30～34g/L；
可挥发成分去除率	47%～49%；
数量	2 座；
直径	29.3m；
有效体积	12700m³；
最小停留时间	20d；
平均绝热系数	0.77（−5℃）W/(m²·°K)；
消化池内保持温度	35±2℃；
消化池进口污泥温度	12℃；
污泥再加热需热量	1355kW；
池体散热量	190kW；
热交换器热水进口温度	70℃；
热交换器热水出口温度	65℃；
热交换器污泥进口温度	35℃；
热交换器污泥出口温度	37.5℃；
热交换器数量	2 套；
热交换器交换表面积	67.9m²；
循环污泥量	700m³/h；
循环热水量	260m³/h。

9.3.2.2　污泥加热系统

为了保证消化池内温度恒定在 35℃，需要向消化池补充一定的热量加热进入消化池的污泥和补偿消化池的热量损失，这就需要对消化池的污泥再加热，在操作楼内设置 2 套热交换器，热交换器中污泥与污水逆向传热，热水由 2 台热水循环泵提升至热交换器。循环污泥来自消化池底部，通过 4 台污泥循环泵（2 用 2 备）提升至热交换器，经过水泥热交换后进入消化池进泥井。

污泥加热设备	
套管式热交换器	2 套；
热交换器交换面积	67.9m²；
热水循环泵	2 台；

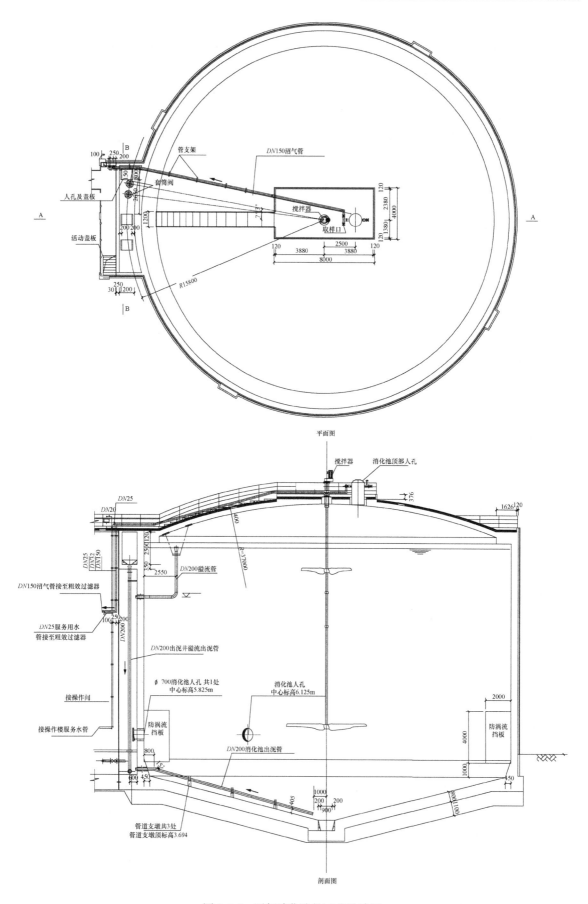

图 9-3-6　厌氧消化池的工艺设计图

热水循环泵参数	$Q=130\text{m}^3/\text{h}$，$H=12\text{m}$，$N=11\text{kW}$；
污泥循环泵	4 台；
污泥循环泵参数	$Q=350\text{m}^3/\text{h}$，$H=30\text{m}$，$N=30\text{kW}$。
污泥加热均质池	
数量	1 座；
平面尺寸	$12\text{m}\times6.58\text{m}$；
潜水搅拌器	1 套；
搅拌器参数	$D=580\text{mm}$，$N=5.5\text{kW}$；
污泥提升泵	3 台；
提升泵参数	$Q=30\text{m}^3/\text{h}$，$H=25\text{m}$，$N=8.5\text{kW}$。

9.3.2.3 储气柜

本工程储气柜为 1 座，对污泥气进行调节，使污泥气发电系统能正常连续运行。储气柜为双膜结构，体积为 2500m³，停留时间为 3.3h。污泥气优先用于污泥气发电机发电，过剩的污泥气将通过燃烧器烧掉。储气柜工艺设计如图 9-3-7 所示，主要技术参数如下：

储气柜数量	1 座；
储气柜体积	2500m³；
冬天污泥气产量	18095Nm³/d；
夏天污泥气产量	16980Nm³/d；
污泥气发电机消耗量	15744Nm³/d；
储存时间	3.3h；
冬天污泥气燃烧量	2351Nm³/d；
夏天污泥气燃烧量	1236Nm³/d；
污泥气净产热值	5520kCal/Nm³。

9.3.2.4 发电机房/锅炉房

污泥消化过程中产生的污泥气优先用于发电，并提供热能用于污泥加热，污泥气锅炉备用。本工程发电机房/锅炉房为 1 座，发动机房包括 2 套发电机组，每套污泥气发电机备有 1 套热回收装置，包括冷却水和尾气设施。发电机组的主要燃料是污泥消化产生的污泥气，发电机房（2台运行）将为热交换器的进口端提供 2032kW 的热功率，能够满足消化池污泥加热所需的最大需热量，多余热能由发动机组自带的冷却器去除。发电机房/锅炉房工艺设计如图 9-3-8 所示。

由于本工程在初沉池和反冲洗沉淀池中加入 $FeCl_3$ 作为混凝剂，可以有效减少消化产生的污泥气中 H_2S 的含量，污泥气可以不用脱硫。发电机房/锅炉房主要技术参数如下：

污泥再加热需热量	1355kW；
池体散热量	190kW；
总需热量	1545kW；
污泥气发电机数量	2 台；
总污泥气消耗量	15744Nm³/d；
总最大能量输入（污泥气）	4211kW；
总最大电力输出	1672kW；
总最大热量输出	2032kW；
夹套水回收热量	560kW；
内冷却器回收热量	226kW；

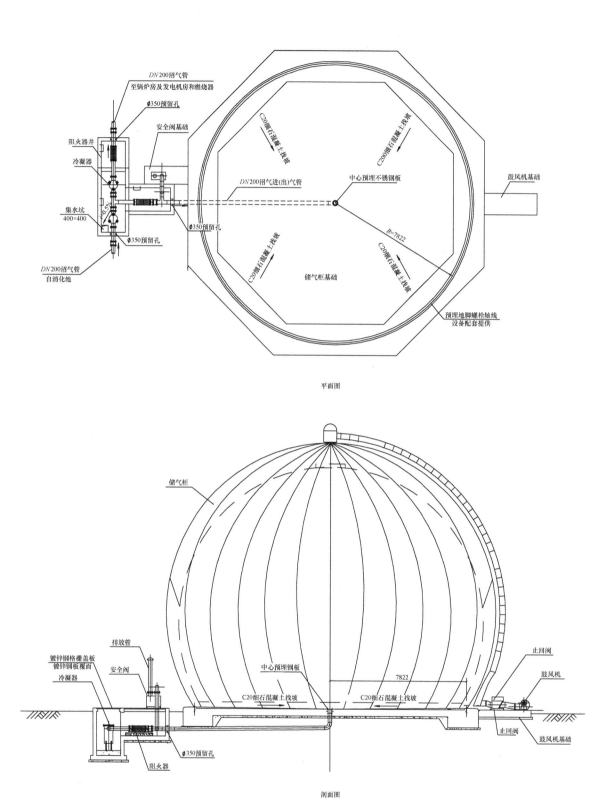

平面图

剖面图

图 9-3-7　储气柜的工艺管线图

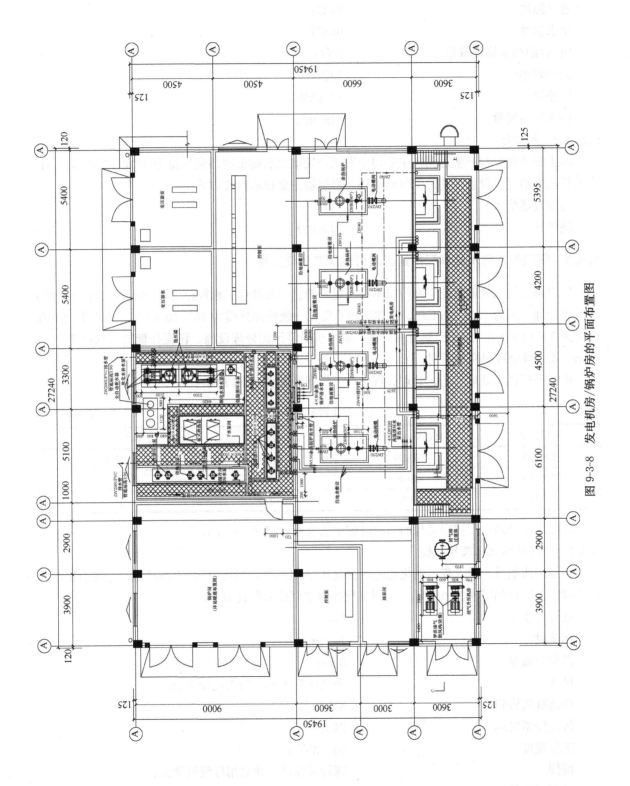

图 9-3-8　发电机房/锅炉房的平面布置图

润滑油回收热量	188kW；
尾气回收热量	1058kW；
流量	$2\times43.7m^3/h$；
进口温度	70℃；
出水温度	90℃；
沼气/油热水锅炉数量	2台；
锅炉效率	89%；
供热量	1736kW；
污泥气需要量	$6490m^3$。

9.3.2.5 燃烧塔

本工程消化过程产生污泥气主要用于发电，发电之后剩余的污泥气量为$1236\sim2181Nm^3/d$，为消耗过剩沼气，设置1座污泥气燃烧塔。燃烧塔主要技术参数如下：

| 污泥气燃烧塔 | 1座； |
| 耗气量 | $700m^3/h$。 |

9.3.3 厦门第二污水处理厂扩建工程污泥厌氧消化工程

厦门第二污水处理厂位于厦门市本岛西堤外侧。一级处理工程规模为$21\times10^4m^3/d$，已建污水一级处理规模为$10\times10^4m^3/d$，在建的污水生化一级处理规模为$10\times10^4m^3/d$，污水生化处理能力为$7\times10^4m^3/d$。该厂已建有储泥池、脱水机房等污泥处理设施，污泥处理能力和已建$10\times10^4m^3/d$一级处理规模相匹配。

根据该厂污水处理工艺，处理过程中产生污泥量如表9-3-4所示。

产生污泥量表　　　　　　　　　　　　　　　　　表 9-3-4

污泥类型	干污泥量（kg DS/d）	湿污泥量（m³/d）	含水率（%）
初沉污泥	30000	1200	97.5
剩余污泥	28000	930	97
小计	58000	2130	97.3

厦门污水处理二厂扩建工程的污泥处理工艺流程如图9-3-9所示。

9.3.3.1 污泥消化池及操作楼

污泥经浓缩后，进入蛋形消化池的污泥含水率为95%，污泥量为$1160m^3/d$，污泥消化池及操作按工艺设计如图9-3-10所示。污泥消化池的主要技术参数如下：

进泥含水率	95%；
污泥量	$1160m^3/d$；
消化池数量	3座；
尺寸	垂直净高40m，最大直径22m；
单池有效容积	$8120m^3$；
污泥停留时间	21d；
工作温度	$33\sim35℃$；
搅拌	螺旋桨搅拌，并采用导流筒导流；
进泥泵台数	6台；
进泥泵参数	流量为$16m^3/h$，扬程为40m，单泵功率为7.5kW；
循环污泥泵台数	6台；

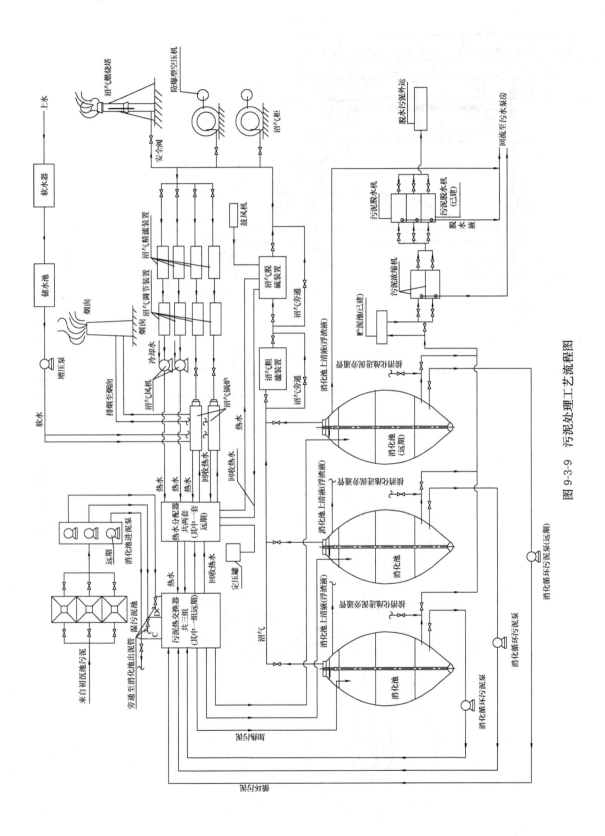

图 9-3-9 污泥处理工艺流程图

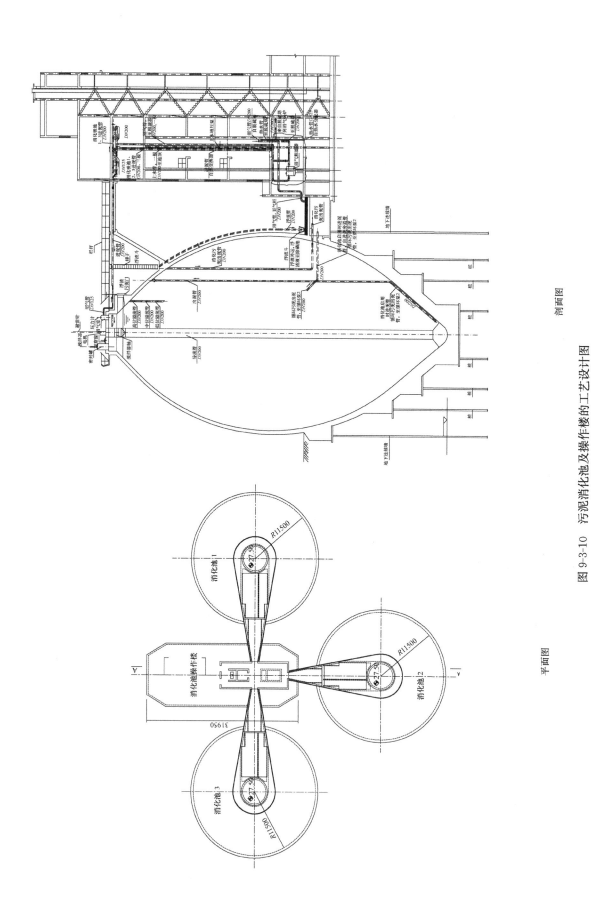

图 9-3-10 污泥消化池及操作楼的工艺设计图

循环污泥泵参数	流量为 80m³/h，扬程为 20m，单泵功率为 15kW；
套管式热交换器	3 组，单根管长为 6m；
热水循环泵台数	4 台（3 用 1 备）；
热水循环泵参数	流量为 25m³/h，扬程为 15m，单泵功率为 3.0kW。

9.3.3.2　沼气鼓风机及沼气锅炉房

为节约经常运行费，将污泥消化产生的污泥气，通过沼气发动机带动鼓风机。主要技术参数如下：

鼓风机数量	3 台；
鼓风机参数	单台鼓风机空气量为 13400m³/min，风压为 850mbar；
热水型沼气锅炉	3 台；
沼气锅炉参数	产热量为 640kW。

9.3.3.3　脱硫塔

采用干法脱硫，反应剂为 $Fe(OH)_3$，在脱硫器内发生 $Fe(OH)_3$ 和沼气中 H_2S 的脱硫反应，反应物 Fe_2S_3 在鼓风供氧条件下进行再生。脱硫器 1 座 2 室，分别为脱硫室和再生室。在脱硫室 Fe_2S_3 外取再生期间，粗滤后的沼气直接旁通入气柜。脱硫后沼气供沼气锅炉和沼气鼓风机使用。脱硫塔主要技术参数如下：

数量	1 套；
脱硫能力	850m³ 沼气/h。

9.3.3.4　沼气柜

沼气柜外壁为钢筋混凝土结构，内置全封闭自撑式薄膜气囊。沼气柜主要技术参数如下：

数量	2 座；
总容积	4000m³；
储气时间	7.5h；
尺寸	柜体直径 D 为 14.6m，气囊直径 D 为 13.6m。

9.3.3.5　燃烧塔

为消耗过剩沼气，设置一座可调范围为 $60\% \sim 90\%$ 的沼气燃烧塔。沼气燃烧塔主要技术参数如下：

数量	1 座；
耗气量	600m³/h。

第 10 章 污泥脱水

10.1 污泥脱水理论

10.1.1 污泥脱水机理

以前，人们通常是从污泥中水分的存在方式的角度来理解污泥脱水的机理。污泥中所含水分的存在形式有 3 种：1）游离水：存在于污泥颗粒间隙中的水，又称为间隙水，约占污泥水分的 70％左右，这部分水一般借助外力可以与泥粒分离。2）毛细水：存在于污泥颗粒间的毛细管中，约占污泥中水分的 20％左右，也有可能用物理方法分离出来。3）内部水：黏附于污泥颗粒表面的附着水和存在于其内部的内部水，约占污泥中水分的 10％左右，只有干化才能分离，但也不完全。

目前，国外有些学者试图从污泥絮体结构变化来解释污泥脱水性能的变化，并做了大量的工作。另外，絮体的粒径、密度、分形尺寸、污泥的 ζ 电势都能反应污泥絮体之间的相互作用，对脱水性也有影响。

污泥比阻和毛细吸水时间是广泛应用的衡量污泥脱水性能的指标，然而这两个指标只是反映污泥的过滤性，只能间接反映污泥的离心性，因此有时还需考虑脱水泥饼的含固率。

为了直接反应污泥的离心性，可以用离心后上层清液的体积和离心后上层清液的浊度两个指标来衡量污泥脱水性能，但这两个指标没有标准的测试方法。

10.1.1.1 比阻（SRF）和压缩系数 s

比阻用来衡量污泥脱水的难易程度，它反映了水分通过污泥颗粒所形成的泥饼层时，所受阻力的大小。比阻与过滤压力和过滤面积的平方成正比，与滤液的动力黏滞度和滤饼的干固体重量成反比，并决定于污泥的性质。不同的污泥种类，其比阻差别较大，一般来说，比阻小于 1×10^{11} m/kg 的污泥易于脱水，大于 1×10^{13} m/kg 的污泥难于脱水。

污泥的可压缩性能可用压缩系数衡量。将压力和比阻试验值绘制在双对数坐标上，压力为横坐标，比阻为纵坐标，其直线的斜率即为污泥的压缩系数。污泥的压缩系数可用来评价污泥压滤脱水性能，压缩系数大的污泥宜采用真空过滤（负压过滤）或离心脱水的方法脱水，而压缩系数小的污泥宜采用板框或带式压滤机脱水。

10.1.1.2 毛细吸水时间（CST）

其值等于污泥与滤纸接触时，在毛细管作用下水分在滤纸上渗透 1cm 长度的时间，以秒计。在一定范围内污泥的毛细吸水时间（CST）与其比阻存在对应关系。毛细吸水时间测定设备简单，操作方便简捷，特别适用于调理剂的选择和剂量的测定。

10.1.1.3 离心后上层清液的体积

将不同种类的污泥在一定转速下离心脱水，然后判断离心后上层清液的体积。这个指标也比较适用于调理剂选择和剂量的测定。

加入不同体积助凝剂溶液后，结果不致被稀释作用所影响，试验结果用上清液比率和上清液体积指标表示。

$$r_{\text{SUP}} = \frac{V_{\text{SL}} - (V_{\text{SUP}} - V_{\text{SOL}})}{V_{\text{SL}}}$$ (10-1-1)

式中　r_{SUP}——上清液比率；

　　　V_{SL}——污泥体积；

　　　V_{SUP}——离心后上清液体积；

　　　V_{SOL}——所使用的助凝剂的体积。

10.1.1.4　离心后上层清液的浊度

这个指标的测试方法与离心后上清液体积百分比类似，但增加了浊度参数使得结论更合理。

10.1.2　污泥脱水效率影响因素

污泥脱水效率的影响因素很多，也较复杂，一般包括水分存在形式、污泥粒径、污泥 ζ 电势、pH、污泥来源、胞外聚合物质等。

10.1.2.1　水分存在方式

根据污泥中所含水分和污泥结合的情况，污泥中所含的水分可分为游离水、毛细水、内部水3 类。其中毛细水和内部水与固体颗粒之间的结合力较强，需借助干化或焚烧等热处理才能去除。因此，毛细水和内部水的总量可视为机械脱水的上限，即这些存在方式的水分越多，污泥越难脱水。

10.1.2.2　污泥粒径

粒径可以说是衡量污泥脱水效果最重要的因素，通常考虑的是粒径的级配分布。具体而言，细小污泥颗粒所占的比例越大，污泥的平均粒径越小，脱水性能就越差；污泥颗粒越小，其比表面积就越大，水合程度就越高，污泥颗粒本身带有负电荷，互相之间排斥，再加上由于水合作用而在颗粒表面附着一层或几层水，进一步阻碍颗粒之间的结合，最终形成一个稳定的胶状絮体分散系统。

污泥颗粒形状不规则，因此较难确定它的粒径。测量方法不同，测得的粒径分布也会有差异，有机颗粒筛分时易分解，很难测定其原始粒径大小，无机颗粒相对稳定，其粒径容易测定。有3 种方法用来测量污泥的粒径分布。如何分析细小颗粒对脱水的影响，若采用离心脱水，可以如式（10-1-2）所示。

$$u = (\rho_s - \rho_w) a d^2 / 18\mu$$ (10-1-2)

式中　u——离心速度；

　　　ρ_s——污泥颗粒的密度；

　　　a——离心加速度；

　　　ρ_w——水的密度；

　　　d——污泥粒径；

　　　μ——液体的黏滞度。

对于滤布过滤，因细小颗粒能阻塞泥饼和过滤介质，从而使过滤比阻增大。

10.1.2.3　污泥 ζ 电势

ζ 电势越高，对脱水越不利。

10.1.2.4　pH

酸性条件下，污泥的表面性质会发生变化，污泥的脱水性能也会发生变化。有研究表明，pH 越低，离心脱水的效率越高。对于过滤脱水，当 pH 值为 2.5 时，能得到较高含固率的泥饼。

10.1.2.5　污泥来源

污泥的来源可以间接反映污泥的结构和性质。不同来源的污泥，由于其成分组成不同，脱水性能不一样。初沉污泥主要由无机颗粒物组成，剩余污泥则由多种微生物形成的菌胶团、与其吸附的有机物和无机物组成，特别是活性污泥的有机颗粒包含平均粒径小于 0.1μ 的胶体颗粒、$1.0\sim100\mu$ 之间的超胶体颗粒和由胶体颗粒聚集的大颗粒，所以比阻最大，脱水更困难。污水污泥的比阻和压缩系数如表 10-1-1 所示。

污水污泥的比阻和压缩系数 表 10-1-1

污泥种类	比阻（10^9m/kg）	压缩系数	备　　注
初沉污泥	4.7	0.54	
消化污泥	13～14	0.64～0.74	
活性污泥	29	0.81	均属生活污水污泥
调理后的初沉污泥	0.031	1.00	
调理后的消化污泥	0.1	1.2	

不同泥龄的污泥沉降性能不同，存在一定的规律性。当污泥用于离心脱水时，污泥的可脱水性主要由可沉降性决定，因此在泥龄和脱水性之间存在着一定的规律性。由于污水处理出水标准的不断提高，除磷和脱氮已是污水处理的主要目标，进行生物脱氮时，需要比仅去除碳类有机物更长的污泥泥龄，意味着污泥容积负荷降低，污泥中有机成分进一步减少，矿化度升高，污泥的脱水性能得以改善。进行生物除磷时，污水预酸化对生物除磷有利，但对浓缩和脱水不利，为了满足污水处理厂出水中总磷的指标要求，往往采用化学除磷措施，含有化学药剂污泥的沉淀、浓缩和脱水性能都会有很大的变化，通常含有化学除磷药剂对污泥脱水是不利的。

工业废水中往往含有过量的阳离子，为调节 pH 值而加入苛性钠导致大量钠离子存在，大量的一价阳离子会使活性污泥脱水性能恶化，而二价阳离子的增加会使污泥的脱水性能改善。通过对 7 处工业废水处理设施的调查研究发现，当一价离子浓度超过二价离子浓度的两倍时，污泥的脱水性能恶化。

污泥经过好氧消化脱水性能通常会急剧恶化。这是由于：1）好氧消化使污泥的生物细胞数量增加，这些生物细胞对水的吸附作用非常强，大量的水分以毛细水和内部水的形态存在于细胞内和细胞间，而这些水分很难脱水；2）因为好氧消化过程中，细菌处于内源呼吸阶段，会有一些絮体解体，而这些细小的污泥絮体在好氧稳定阶段很难降解，因此好氧消化减少了污泥的平均粒径。由于上述因素的存在使好氧消化污泥脱水性很差，通常是采用干化床来处理。

污泥厌氧消化对脱水性也有影响。在对污泥厌氧消化前后的粒径分布进行研究后表明，厌氧消化能使细小污泥颗粒减少，减少污泥的比表面积，改变和水的结合程度，从而使污泥的脱水性能得到改善。另外，污泥的停留时间、碱度、搅拌方式都对污泥的脱水性能产生直接或间接的影响。实验表明，当停留时间达到某个特定值时，污泥的脱水性能最佳，超过这个值，脱水性能不会有什么变化甚至下降。当稳定时间不足时，污水的脱水效果甚至要比稳定前更差，这是因为污泥的水解酸化增加了细小污泥颗粒的数量。由于消化污泥的碱度一般超过 2000mg/L，在进行化学调节时如果采用无机盐混凝剂，所加的混凝剂需先中和碱度，才能起到混凝作用，因此只有加入过量的混凝剂才能达到同样的脱水效果。淘洗法曾用来降低污泥的碱度，节省混凝剂用量，但需增设淘洗池和搅拌设备，目前由于高效混凝剂的开发，淘洗法已逐渐被淘汰。

10.1.2.6　剩余活性污泥中的胞外聚合物质（ECP）

剩余污泥脱水困难的原因之一是因为胞外聚合物质（ECP）的存在，ECP 的成分主要是多糖、蛋白质和 DNA。ECP 性质使大量的水吸附在污泥絮体中，一旦 ECP 的含量降低，活性污泥的脱水性能就能得到提高。厌氧消化对活性污泥脱水性能的改善，主要是因为 ECP 物质可以被污泥中的酶降解，使污泥的结构得到改变，水分的存在方式向有利于脱水方面变化。

10.2　污泥脱水工艺分类

污泥经浓缩、消化后，其含水率仍在 95％以上，呈流动状，体积很大。浓缩污泥经消化后，如果排放上清液，其含水率与消化前基本相当或略有降低；如不排放上清液，则含水率会升高。总之，污泥经浓缩、消化后，仍为液态，难以处置消纳，因此需要进行污泥脱水。

污泥脱水分为自然干化脱水和机械脱水两大类。自然干化是将污泥摊置在由级配砂石铺垫的干化场上，通过蒸发、渗透和清液溢流等方式实现脱水，这种脱水方式适于村镇小型污水处理厂的污泥处理，维护管理工作量很大，且产生大范围的恶臭，蚊蝇孳生，卫生环境较差；污泥的机械脱水与自然干化相比，具有脱水效果好、效率高、占地少和恶臭环境影响小等优点，但运行维护费用相对较高。

国内外大中型污水处理厂一般都选用机械脱水。污泥在机械脱水前，一般应进行预处理，也称为污泥的调理或调质。因为城镇污水处理系统产生的污泥，尤其是活性污泥的脱水性能一般都较差，直接脱水需要大量的脱水设备，因而不经济。污泥调质就是通过对污泥进行预处理，改善其脱水性能，提高脱水设备的生产能力，获得较好的技术经济效果。污泥调质方法有物理调质和化学调质两大类。物理调质有淘洗法、冷冻法和热调质等方法；化学调质指在污泥中投加化学药剂，改善其脱水性能。以上调质方法在实际中都有采用，以化学调质为主，原因在于化学调质流程简单，操作不复杂，且调质效果稳定。

目前，国际上流行的污泥机械脱水方式有：带式压滤机、离心脱水机、板框压滤机和螺旋压榨式脱水机，4 种脱水机械的性能比较如表 10-2-1 所示，能耗比较如表 10-2-2 所示。

四种脱水机械性能比较　　　　　　　　　　　　　　　　　表 10-2-1

序号	比较项目	带式压滤机	离心脱水机	板框压滤机	螺旋压榨脱水机
1	脱水设备部分配置	进泥泵、带式压滤机、滤带清洗系统、卸料系统、控制系统	进泥螺杆泵、离心脱水机、卸料系统、控制系统	进泥泵、板框压滤机、冲洗水泵、空压系统、卸料系统、控制系统	进泥泵、螺旋压榨脱水机、冲洗水泵、空压系统、卸料系统、控制系统
2	进泥含固率要求	3％～5％	2％～3％	1.5％～3％	0.8％～5％
3	脱水污泥含固浓度	20％	25％	30％	25％
4	运行状态	可连续运行	可连续运行	间歇式运行	可连续运行
5	操作环境	开放式	封闭式	开放式	封闭式
6	脱水设备占地	大	紧凑	大	紧凑
7	冲洗水量	大	少	大	很少
8	实际设备运行需更换的磨损件	滤布	基本无	滤布	基本无
9	噪声	小	较大	较大	基本无
10	机械脱水设备部分设备费用	低	较贵	贵	较贵

四种脱水机的能耗比较　　　　　　　　　　　　　　　　　表 10-2-2

序号	脱水机类型	能耗（kWh/t 干固体）	序号	脱水机类型	能耗（kWh/t 干固体）
1	带式压滤机	5～20	3	离心脱水机	30～60
2	板框压滤机	15～40	4	螺旋压榨脱水机	3～15

具体选用何种类型的脱水机械，应根据污泥的性质和现场条件综合考虑技术、经济、环境和管理等因素，全面分析判断后作出合理的选择，国际上也是 4 种脱水形式共存，各有各自的使用范围。

10.3 污泥脱水设计和计算

10.3.1 带式压滤脱水工艺设计

带式压滤脱水机的工作原理为：把压力施加在滤布上，用滤布的压力和张力使污泥脱水。其优点是动力消耗少，可以连续生产；缺点是必须正确选择高分子絮凝剂调理污泥，而且得到脱水泥饼的含水率较高。

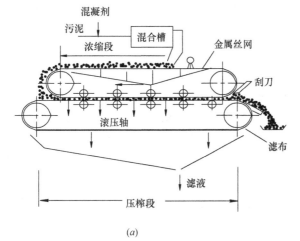

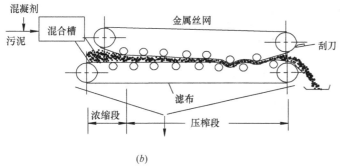

带式压滤机由滚压轴和滤布带组成。污泥先经过压缩段（主要依靠重力过滤），使污泥失去流动性，以免在压榨段跑泥，浓缩段停留时间为 10～20s，然后进入压榨段，压榨时间为 1～5min。滚压的方式有两种，一种是滚压轴上下相对，压榨时间几乎是瞬时的，但压力大，如图 10-3-1(*a*) 所示；另一种是滚压轴上下错开，如图 10-3-1(*b*) 所示，依靠滚压轴施于滤布的张力压榨污泥，压榨的压力受张力的限制，压力较小，压榨时间较长，但在滚压过程中对污泥有一种剪切力的作用，可促进泥饼的脱水。

图 10-3-1 带式压滤机示意图

带式压滤机的脱水性能如表 10-3-1 所示。

带式压滤机的脱水性能 表 10-3-1

污 泥 种 类		进泥含水率（%）	混凝剂用量比污泥干重（%）	泥饼产率（干污泥）（kg/(m·h)	泥饼含水率（%）
生污泥	初沉污泥	90～95	0.09～0.2	250～400	65～75
	初沉污泥＋活性污泥	92～96	0.15～0.5	150～300	70～80
消化污泥	初沉污泥	91～96	0.1～0.3	250～500	65～75
	初沉污泥＋活性污泥	93～97	0.2～0.5	120～350	70～80

带式压滤机的设计主要包括生产能力、加药调理系统、储存设施、进泥泵、水冲洗、进泥管、切割机、平面布置和污泥、运输等。必须考虑进泥的特性，以及脱水后泥饼的处置与回用要求。

10.3.1.1 生产能力

生产能力是确定带式压滤机脱水设施尺寸大小首先要考虑的参数。通常认为由于进泥浓度不同，生产能力受水力负荷和污泥负荷限制。对大多数市政污水处理而言，污泥负荷是限制因素。

带式压滤机的流量限制因素由沉淀池或浓缩池及相关泵的回收容量等因素造成。尽管速率很高，但仍能达到满意的处理效果，一般单位滤带宽带的进泥速率为 $10.8 \sim 14.4 \mathrm{m}^3/(\mathrm{m} \cdot \mathrm{h})$。

10.3.1.2 加药调理系统

典型的加药调理系统由药品计量泵、储药罐、混合设备、混合池和控制设备等组成。对于小型设备，可以直接将药剂投加滚筒内，不需要混合调节池和进料泵。在上流式进水管和混合装置中，应设多个旋塞或线轴，药剂类型、注射点、溶解时间和混合力的大小都是影响脱水耗费成本的变量。

计量泵应可调节，驱动装置应提供可变输出功率，通过控速或定位器进行人工或自动调整，对于大型设备，药剂储存装置的大小应考虑批量投加。

混合设备可据所选固态或液态高分子聚合物、黏度和污泥特性而定。高分子聚合物在加入之前稀释到 $0.25\% \sim 0.5\%$（重量比）。另外，在连接混合池出水口处能够进一步稀释混凝剂溶液（重量比可降到 0.1%），并且把高分子聚合物分散到污泥中。

10.3.1.3 储存设施

需要考虑的因素包括污泥类型、污泥浓度范围、产生污泥工艺单元等。污泥浓度波动较小时，带式压滤机运行较好，如不保持污泥浓度的恒定，就有可能出现问题。从有混合作用的储存容器或浓缩池底部吸取污泥，并伴有连续的打碎装置，有利于保持污泥浓度的恒定。

10.3.1.4 进泥泵

进泥泵是常开且流量可调的泵，通常采用螺杆泵，把污泥泵入带式压滤机。离心泵有可能破坏形成的絮状物，并且如果采用变口混合器，很难保持恒定的进泥速率，因此一般不使用离心泵。对于多台带式压滤机，应将管道和阀门相互连接保证进泥可靠，进泥控制一般和带式压滤机的主控制台相互结合。

10.3.1.5 冲洗水

为充分清洗滤布，需设 1 套清水冲洗装置，尤其是对二沉池活性污泥和浮渣进行脱水时，这些污泥和浮渣会很快阻塞滤布，必须进行冲洗。冲洗水量占进泥量的 $50\% \sim 100\%$，压力通常为 $700\mathrm{kPa}$，有时需要用调压泵。滤布冲洗水可以是自来水、二沉池出水，过滤后的水也可循环使用，但采用清洁的水效果较好。

10.3.1.6 进泥管

与其他污泥处理一样，进泥管的材料可以多种多样，压力、流速和堵塞问题都应考虑。与其他污泥处理方法相同的是，管壁应平滑，可以采用玻璃软管或钢管，为避免污泥沉积和阻塞，流速应保持在 $1\mathrm{m/s}$ 以上，在管道弯头和"T"形接头处应保持清洁与平滑，必要时应带有冲洗口。

10.3.1.7 切割机

切割机是污泥泵和管道系统的一个组成部分，可减小进入压滤机的污泥尺寸，并阻止较长或锯齿状的污泥进入，使价格昂贵的滤布免遭损坏。即使在污水处理厂安装有其他切割机，在压滤机进泥泵的吸入口处仍应安装切割机，虽然切割机自身维护要求较高，但它们能延长滤布寿命。

10.3.1.8 平面布置

设计中应考虑的因素如下：

（1）不应将仪表板安装在压滤机框架上，因为冲洗时可能会溅水，控制面板应靠近压滤机，最好放在能观察到重力挤出区的地方。

（2）为防止周围地面溅湿，压滤机四周边缘应设置凸起的水槽以防溅水。

（3）为便于清洁，应在压滤机四周设大的斜坡和排水沟，另外一边需要大量的水龙带和龙带钩。

（4）压滤机应架高，以便能对所有轴承加以润滑。

（5）压滤机之间应有足够大的空间，以便拆卸单个滚轴。

（6）应提供操作平台或走道板，以便观察，走道板的结构大小应满足从中取出滚轴和轴承。

（7）上部设置起吊装置、起重机或便携式提升装置，起重量应能提升压滤机的最大的滚轴。

（8）有可能产生地震的地方，压滤机、溶药罐、储药池和管道系统都应有防震措施。

10.3.1.9 污泥运输

在选择从带式压滤机排泥处输送泥饼的设备时，应考虑压滤机的特殊结构、安装布置和起吊装置，泥饼运输系统一般包括带式传送机、螺旋输送机和污泥泵。

10.3.2 离心脱水工艺设计

离心脱水机的工作原理是利用污泥颗粒和水之间的密度差，在相同的离心力作用下产生离心加速度不同，从而使污泥颗粒与水之间的分离，实现脱水的目的。离心脱水的优点是结构紧凑，附属设备少，臭味少，能长期自动连续运行；缺点是有噪声，脱水后污泥含水率较高，污泥中若含有砂砾，则易磨损设备。

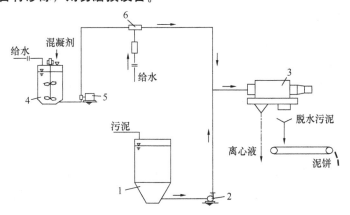

图 10-3-2 离心脱水工艺流程
1—污泥浓缩池；2—污泥泵；3—离心脱水机；4—混凝剂搅拌槽；
5—计量泵；6—稀释器

离心机的主要技术参数为分离因素 α（颗粒所受离心力与重力之比），分离因素越大，分离效果越好。按分离因数的大小，可分为低速离心机（$\alpha = 1000 \sim 1500$）、中速离心机（$\alpha = 1500 \sim 3000$）和高速离心机（$\alpha > 3000$）。

离心脱水机种类很多，适用于城镇污水污泥脱水的一般是卧式螺旋卸料离心脱水机。离心脱水工艺流程如图 10-3-2 所示。

离心脱水，一般应对污泥采用高分子混凝剂进行调理。当污泥有机物含量高时，一般选用离子度低的阳离子有机高分子混凝剂；当污泥中无机物含量高时，一般选用离子度高的有机高分子混凝剂。混凝剂的投加量和污泥性质有关，应根据试验确定。

离心脱水的性能如表 10-3-2 所示。

<table>
<tr><td colspan="4">离心脱水机的性能　　　　　　　　　　　　　　　　表 10-3-2</td></tr>
<tr><td rowspan="2">污 泥 种 类</td><td rowspan="2">泥饼含水率
（％）</td><td colspan="2">固体回收率（％）</td></tr>
<tr><td>未化学调理</td><td>经化学调理</td></tr>
<tr><td colspan="4">生 污 泥</td></tr>
<tr><td>初沉污泥</td><td>65～75</td><td>75～90</td><td>＞90</td></tr>
<tr><td>初沉污泥和腐殖污泥混合</td><td>75～80</td><td>60～80</td><td>＞90</td></tr>
<tr><td>初沉污泥和活性污泥混合</td><td>80～88</td><td>55～65</td><td>＞90</td></tr>
</table>

污 泥 种 类	泥饼含水率（％）	固体回收率（％）	
		未化学调理	经化学调理
生 污 泥			
腐殖污泥	80～90	60～80	＞90
活性污泥	85～95	60～80	＞90
纯氧曝气活性污泥	80～90	60～80	＞90
消 化 污 泥			
初沉污泥	65～75	75～90	＞90
初沉污泥和腐殖污泥混合	75～82	60～75	＞90
初沉污泥和活性污泥混合	80～85	50～65	＞90

离心脱水机的设计应考虑进料速率、泥饼输送、污泥水输送、控制系统、臭气控制、占地情况等内容。

10.3.2.1 进料速率

水力负荷和污泥负荷都是表征进料速率的参数，是重要的控制参数。离心机的水力负荷影响澄清能力，而污泥负荷则影响传送能力。增加水力负荷，离心液的澄清度降低，化学药剂的消耗量增加；污泥负荷改变时，则应相应改变差速度。一般情况下，泥饼含固率越大，对应差速度越小。

10.3.2.2 泥饼输送

泥饼从离心机中送出通常采用带式传送机、螺旋输送机和污泥泵输送的方式。传送机可以运送大量的泥饼，但管理复杂琐碎，且需占用较大的空间。

10.3.2.3 污泥水输送

输送污泥水的管道尺寸必须准确，并且有一定倾斜防止污泥水倒流，应避免使用 90°弯管。若管径不够大，离心液可能会倒流回离心机中，对于厌氧消化污泥，可能会在污泥水管路中形成鸟粪石，因此，设计中应考虑投加氯化铁的措施，氯化铁能和磷结合，可以避免鸟粪石的生成。

由于高分子聚合物会产生泡沫，有时就需要泡沫消除池，通常可将污水厂出水通过喷射消除泡沫。

10.3.2.4 控制系统

电气控制设备和联锁装置是整个系统的重要一环，在进泥控制开始工作之前，离心机驱动电机应能全速运转，如果离心机出现错误，控制系统就停止离心机，同时关闭进泥泵。

驱动电机中应包括热保护装置，并且与启动装置联在一起，如果电机变得太热或超负荷，就应马上关掉离心机。离心机上应设有超载转矩装置，并应于主驱动开关控制和进泥系统开关控制互为联锁，反向驱动系统也应联锁，若使用特殊的反向驱动，应从离心机生产商那里得到有关建议。通常当离心机负荷增大时，反向驱动速度就应增加，离心机关掉之前，电机荷载达到高值时，进泥应该停止，并使机器能够自清。

若离心机包括油循环系统，这个系统也应与主驱动电机联锁，防止油量小或油压低所造成的电机损坏。其他一些控制包括主轴承温度、振动以及转轴速度等的探测和记录，确保化学调节和泥饼处理系统的联锁也应引起重视。

10.3.2.5 臭气控制

离心脱水机是密封的，因此与其他脱水系统相比气味较小，设计时应考虑离心机设备正确的通风形式，尤其是使用传送机时，因为传送机是气味的主要来源。

10.3.2.6 占地情况

对一台 $760\sim2600L/min$ 的离心脱水机，摆放空间、通行空间和离心机本身所需要的空间，大约 $40m^2$，这比同容量的其他类型机械脱水设备所需空间要小。另外，还需为以下方面预留占地。

（1）高分子聚合物调制、投料设备和管道。

（2）冲洗水泵。

（3）油润滑系统的水冷泵。

（4）污泥切割泵、进泥泵和相应的管道。

（5）起重机和吊起设备。

（6）脱水污泥的传送和控制，磨碎进泥的要求，控制离心机物质平衡的电子手段，通风道和气味控制系统，以及泥管的清洗等。

（7）有些设备的上部和端部应留有维修空间。

10.3.3 板框压滤脱水工艺设计

板框压滤机的工作原理为：板与框相间排列而成，在滤板的两侧覆有滤布，用压紧装置把板与框压紧，从而在板与框之间构成压滤室。污泥进入压滤室后，在压力作用下，滤液通过滤布排出滤机，使污泥完成脱水。板框压滤机的优点是构造较简单、过滤推动力大、脱水效果好，一般用于城镇污水厂混合污泥时泥饼含水率可达 65% 以下；缺点是操作不能连续运行，脱水泥饼产率低。板框压滤机

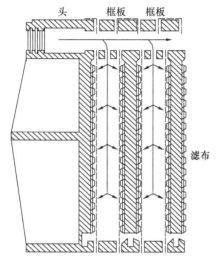

图 10-3-3　板框压滤机的工作原理

的工作原理如图 10-3-3 所示。

污泥压入板框压滤机一般有两种方式：一种是用高压污泥泵直接压入；另一种是用压缩空气，通过污泥罐将污泥压入压滤机。

板框压滤机又可分为人工板框压滤机和自动板框压滤机两种。人工板框压滤机，需将板框一块一块的人工卸下，剥离泥饼并清洗滤布后，再逐块装上，劳动强度大，效率低；自动板框压滤机，上述过程都是自动的，效率较高，劳动强度低。自动板框压滤机有垂直式与水平式两种，如图 10-3-4 所示。

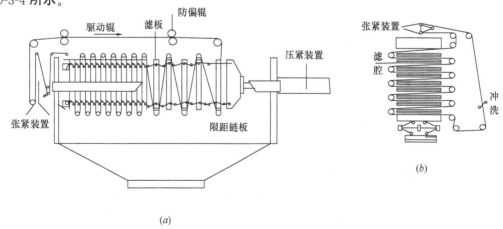

图 10-3-4　自动板框压滤机示意图

（a）水平式；（b）垂直式

压滤脱水的设计，主要根据处理污泥量、脱水泥饼含固率、压滤机工作程序、压滤压力等计算过滤泥饼产率、所需压滤机面积和台数。板框压滤机的工作性能如表 10-3-3 所示。

板框压滤机的工作性能   表 10-3-3

污泥种类	入流污泥含固率（%）	压滤时间（h）	调理剂用量（以干固体计）（g/kg）		包含调理剂的泥饼含固率（%）	不含调理剂的泥饼含固率（%）
			$FeCl_3$	CaO		
初沉污泥	5~10	2.0	50	100	45	39
初沉污泥＋少于 50% 的活性污泥	3~6	2.5	50	100	45	39
初沉污泥＋多于 50% 的活性污泥	1~4	2.5	60	120	45	38
活性污泥	1~5	2.5	75	150	45	37

设计应考虑的主要因素有备用能力、平面布置、防腐处理、污泥调理系统、预膜系统、进料系统、冲洗系统、泥饼处理等内容。

10.3.3.1　备用能力

一个重要且常被忽视的问题是备用能力，尽管很多设施对污泥调节、进料、压滤提供了充足的备用，但许多场合确实在当泥饼输送出现故障时未考虑备用。

10.3.3.2　平面布置

压滤机房的平面布置不仅取决于压滤机本身，还取决于压滤机周围供泥饼外运、板框移动、日常维护所需的空间。一般情况下压滤机两端至少需要 1~2m 的清扫空间，压滤机之间需要 2~2.5m 的空间，高度应满足桥式吊车吊运板框的需要，有些系统会在压滤机一边装有滑轨，可以使滤布的移动和更换更加容易。对于多单元系统，滤布的移动和更换是主要维护工作量，应给予更多的考虑。

尽管大型板框压滤机的使用寿命超过 20 年，仍应该考虑压滤机在建筑物内的安装和移动。而且在脱水机房设计时，还应考虑增加设备的可能性，还应考虑固定端、移动端、板框支撑杆等配件拆卸检修时所需空间。应配备能提升最重配件所需的桥式吊车以供检修使用，桥式吊车还用来移动替换板框。

压滤机一侧需有一个平台，供泥饼排除和检修用，如果压滤机不会提升至压滤机所在平台以上高度，那么压滤机平台是一个很好的选择，该平台应具有足够尺寸供滤布和配件的储存。

还应为外运泥饼所需的运输工作考虑足够的空间，高度至少应为 4m，还应满足卡车进出所需的空间。

10.3.3.3　防腐处理

由于压滤机需要经常冲洗，压滤机周围应采用防腐材料，大部分情况采用陶瓷地面和墙面防腐及便于冲洗。然而更易腐蚀的是污泥和化学药剂储存设备，因而这些设备和管道系统应采取防腐措施。

污泥调理化学剂所需设备极易腐蚀，石灰水易在管道内形成 $CaCO_3$ 污垢，应采用快速接头的软管输送石灰水，且输送管道应尽量缩短。

由于 $FeCl_3$ 调理污泥时，pH 值为 3~5，具有腐蚀性，因而和这些物质相接触的设备和管道应考虑防腐。PVC 管材可较好地满足要求，还应特别注意调理池进口，这些地方往往没有保护而易受腐蚀。调理池本身由于石灰水产生的 $CaCO_3$ 会形成一层保护膜而不需要另外的防腐处理。

冲洗用乙酸同 $FeCl_3$ 一样具有腐蚀性，石灰水虽不具腐蚀性，对管道和设备也有很大的破坏性。

10.3.3.4 污泥调理系统

大部分压滤机采用石灰或 $FeCl_3$ 进行调理，所需装置包括石灰熟化器、石灰输送泵、$FeCl_3$ 调理池等。当采用高分子聚合物时，污泥调理系统相对简单，因为高分子聚合物的添加是连续的，添加高分子聚合物应和进泥相匹配，因此需要相应的计量控制仪表。

10.3.3.5 预膜系统

预膜系统可促进泥饼脱落，防止滤布堵塞。常用的预膜方法有两种：干法和湿法预膜，干法预膜适用于连续运行的大型系统，预膜材料可以是飞灰、炉灰、硅藻土、石灰、煤、炭灰等，在每个压滤周期前，将上述物质薄薄地附在滤布表面，所需上述物质量为 $0.2\sim0.5kg/m^2$，通常设计时取 $0.4kg/m^2$，预膜泵按预膜时间 $3\sim5min$ 之间设计。

10.3.3.6 进料系统

进料系统应能在不同的流量和运动下将调理后污泥送入压滤机。进料方法有两种，第一种较为典型，通过设计使进料系统在 $5\sim15min$ 内将系统压力提高至 $70\sim140kPa$，完成初始进料过程，并且使泥饼形成的不均匀性降到最小，这可以通过单独的快速泵完成，或者是使用两台泵往一个压滤机中进料。

初始进料阶段完成后，泥饼形成，压滤阻力增加，这就要求进料需要更高的压力。在此阶段，进料系统需要在持续升高的压力下保持一个相对稳定的进料速率，直至达到系统最大设计压力。当系统压力达到设计值，进料速率下降并维持稳定的系统压力。

第二种方法尽管慢一些，但可以达到同样的效果。进料泵开始以低流速运行，通常小于进料泵能力的一半，当压力达到操作压力一半时，进料泵满负荷运行，此时由系统压力控制，类似第一种方法。这种方法使用粗滤布，以防止第一种方法在初始高流量时产生的滤布堵塞问题。

10.3.3.7 冲洗系统

过滤介质冲洗决定压滤机工作状况的好坏，冲洗去除下列物质：正常滤饼排放时的残留物、进入板框间未经脱水的原始污泥、滤布中残留的固体物质及乳状物和滤布背面排水沟表面积累的污泥。

这些物质的去除对于防止滤布堵塞、保持滤布和滤液间的压力平衡有重要意义，如果有负压产生，则应用的工作压力对压滤过程的影响会相应下降。

板框压滤机的冲洗方法有两种：水洗和酸洗。通常两种冲洗设备均安装，水洗常用来冲洗滤布中的固体残余物；酸洗间歇性地用来冲洗水洗无法去除的物质。

最常用的水洗方法为便携式冲洗设备，该设备由储水箱、高压冲洗泵和冲洗管组成。高压水流压力为 13.8×10^3kPa，除了劳动强度较大外，该种方法也可以用来冲洗较大的板框。

压滤机制造商还开发了一种自动水洗设备。该系统由板框移动总量及位于上部的冲洗装置组成，可对整个滤布表面进行冲洗。高压水泵将水加压，尽管该设施价格较贵，却可以对滤布进行完全、高效、经常的冲洗，且劳动强度不大。酸洗系统可对滤布进行现场冲洗，在板框挤在一起时，盐酸稀溶液泵入板框间进行冲洗，酸洗可以在板框间循环或积于板框间，对滤布进行冲洗。该系统由下列部分组成：酸洗储池、酸泵、稀释设施、稀酸洗储存池、冲洗泵、阀门和管道等。

10.3.3.8 泥饼处理

该系统一般取决于污泥最终处置方法。当用卡车外运时，最简单的方法是将泥饼直接卸入卡车。

当采用焚烧处置时，一种方法为在压滤机底部留有空间，储存泥饼将其计量后输送至焚烧炉，另一种方法是在压滤机和焚烧炉之间设置泥饼储存设施。

10.3.3.9 取暖和通风

取暖很大程度上取决于压滤机现场条件，脱水机房应有防止冰冻措施，有人活动的空间应有就地加热装置，当采用橡胶衬的钢滤板时，压滤机和板框存放场必须保持在 4℃ 以上，防止由于热力收缩对板框的橡胶膜造成危害。

压滤机房的通风对操作者的舒适、减少气味、防止臭气有重要意义。气味主要来自污泥调理池，特别是当污泥调理采用石灰和 $FeCl_3$，当调理池及压滤机的 pH 上升时，会产生相当数量的 NH_3。当泥饼排出系统是开放系统时，会产生臭气。在调理池和压滤机周围应封闭且有通风设施。

新型压滤机配有可拆卸的罩子用来收集臭气，同时排水沟应封闭且有排气系统。

10.3.3.10 安全问题

压滤机首要的安全问题在于，当操作者在板框间协助排泥时，应防止板框不适当地移动。大多数压滤机中常用的安全设施为电子光带，该光带由一组垂直安装的光电（或红外线）电池监测压滤机的一侧，在压滤机运行时，如果操作者干扰了光线，系统会停止运行，另外，压滤机一侧还有手动装置供操作者手动对压滤机进行控制。压滤机系统其他部分如进料泵、料池、高压管道及阀门、药剂池等机械及电子部件时应注意安全问题。

10.3.4 螺旋压榨式脱水工艺设计

10.3.4.1 螺旋压榨式脱水机基本结构

螺旋压榨式脱水机是一种固液分离设备，由简屏外套和螺旋轴组成，螺旋转动时完成污泥的过滤、脱水，具有低转速、低能耗的特点。其结构示意如图 10-3-5 所示。

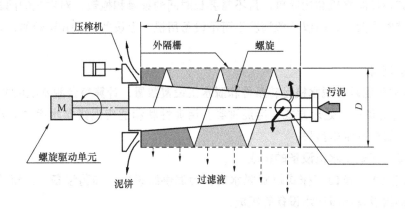

图 10-3-5 螺旋压榨式脱水机结构示意图

（1）简屏外套

简屏外套由简屏（耐高压金属）和外壳（用于支撑简屏）组成。简屏的圆孔尺寸从入口到出口由小变大。

（2）螺旋轴和螺旋叶片

螺旋叶片附在螺旋轴周围，其直径大小从入口到出口逐渐增大，叶片推动污泥，使污泥在简屏和螺旋间压榨过滤。

（3）压榨机

压榨机是一个可移动的挤压板，由气缸控制，通过控制空气压力可根据泥饼情况自动调节压榨机出泥的空间，运行平稳。

(4) 清洗装置

清洗装置为一排含喷嘴的冲洗管，用于冲洗筒屏外套，由于筒屏外套可旋转，因此只需少量冲洗喷嘴即可，无负荷情况下可完全冲洗。

(5) 螺旋驱动装置

螺旋驱动装置使用一个变速分级电机，通过手动杆，螺旋旋转速度可在 $0.5\sim2r/min$ 间切换。

10.3.4.2 螺旋压榨式脱水机的特点

(1) 通过螺杆的旋转操作可调节泥饼含水量和处理量。

(2) 动力小，节省能源。

(3) 结构简单，重量轻。

(4) 旋转速度低，噪声小，振动少。

(5) 过滤面由金属制成，不易堵塞，而且通过清洗容易恢复。

(6) 由于密封结构，臭气容易控制。

(7) 清洗用水量小。

10.3.4.3 螺旋压榨式脱水机的设计顺序

压榨式螺旋压力机的脱水设备顺序设计如下。

(1) 确定设计参数

水处理方式、规划污泥量、污泥种类、脱水机运转条件、污泥性状（污泥浓度、VTS、粗纤维）、脱水泥饼含水率。

(2) 脱水机数量

脱水机的设置数量，考虑污水量的变化，处理厂分阶段建设，检查和维修以及发生故障的需要，一般设置 2 台以上。另外考虑零件的互换性和处理的容易性，最好是同型号设备。

由于压榨式螺旋脱水机结构简单，且不需要长时间的维修和检查，对发生的问题，可以通过调整设备的运转时间解决，所以一般情况下可不设备用机，但设备需 24h 运转时，需考虑设置备用机。

(3) 脱水机型号

1) 根据规划污泥量，脱水机运转条件和脱水机设置数量，计算每台脱水机的处理量。

2) 根据设计对象的水处理方式、污泥种类、污泥性状和适应泥饼含水率的脱水性能表，选定具有所需处理量的脱水机型号。

10.3.4.4 螺旋压榨式脱水机设备的构成

压榨式螺旋脱水设备由压榨式螺旋脱水机、污泥供给设备、加药设备、泥饼输送及储存设备、压榨空气供给设备和清洗水设备等组成。

(1) 螺旋压榨式脱水机的操作因素

压榨式螺旋脱水机的运转操作按螺旋回转数、污泥压入压力、压滤机压力和加药量等因素实施。

(2) 螺旋压榨式脱水机的性能

1) 污泥调质方式

压榨式螺旋脱水机一般采用高分子凝聚剂调理污泥的脱水性能。

2) 工作能力

压榨式螺旋脱水机的工作能力以每外屏径的每小时处理固体物量（kg DS/h）和泥饼含水率（%）表示。

3) 泥饼含水率

压榨式螺旋脱水机可以通过操作螺旋回转数调整泥饼含水率。

4）加药量

压榨式螺旋脱水机的加药量与离心脱水机和带式压力脱水机基本相同。

（3）螺旋压榨式脱水机的辅助设备

1）污泥供给泵

（a）一般采用螺杆泵。

（b）每台脱水机设置 1 台泵。

（c）泵扬程由压入压力决定。

2）药品供给泵

（a）一般采用螺杆泵。

（b）每台脱水机设置 1 台泵。

（c）泵扬程由压入压力决定。

3）清洗水泵

（a）清洗方式有标准型和高压清洗型两种。

（b）清洗水的水质应该满足要求。

（c）清洗水压，标准型为 0.29MPa，高压清洗式型为 1.96MPa。高压清洗通过升压泵进行，因此，清洗泵的扬程，无论标准型和高压清洗型均选定清洗水压为 30m。

（d）清洗频率，白天运转时，脱水机的运转结束时进行清洗 1 次，24h 运转时，每 6～8h 进行 1 次清洗。

（e）实际清洗时间，标准型为 5～10min，高压清洗型为 10～30min。计算脱水时间，应该从运转时间扣除实际清洗时间。

4）空气压缩机

（a）空气压缩机供给压榨式螺旋脱水机的压滤机用压缩空气。

（b）压榨式螺旋脱水机的压缩空气使用压力为 0.29MPa，所需空气量由屏筒直径所需空气量决定。

5）加药设备

（a）加药设备根据加药量作为基础确定。

（b）高分子絮凝剂的溶解浓度为 0.2%。

（4）螺旋压榨式脱水机的运转操作

压榨螺旋脱水机的自动运转控制是以下述系统的配合作为标准。

（a）压入压力固定控制。

（b）加药比率控制。

（c）絮凝不良查出控制。

压榨螺旋脱水机的絮凝不良按照泥饼出口的压滤机位置异常检查，并具有使脱水运转停止的自动运转控制功能。

10.4 污泥脱水工程实例

10.4.1 萧山污水处理厂扩建工程污泥带式压滤脱水

10.4.1.1 储泥池和均质池

经过生物处理产生的剩余污泥和初沉污泥混合后，干污泥总量为 25.04t/d，在厌氧条件下，微生物吸收的磷酸盐会迅速析出，为避免产生这一现象，排出的剩余污泥，首先进入设置在污泥脱水机房内的污泥浓缩机进行机械浓缩，浓缩后的剩余污泥和初沉池分别进入储泥池，然后进入均质池进行均质，经过短暂的停留后通过泵提升输送至带式污泥脱水机进行污泥脱水。在储泥池和均质池内均设有潜水搅拌器，防止污泥沉积。初沉储泥池、二沉池储泥池和均质池的平面尺寸均为 8.0m×8.0m，初沉污泥和剩余污泥应分别储存，防止磷的加速释放。

10.4.1.2 污泥浓缩和脱水机房

污泥浓缩机房和污泥脱水机房合建，设计采用 3 套螺压式污泥浓缩机（2 用 1 备），4 套污泥带式脱水机（3 用 1 备），每套带宽为 2.0m，采用气动纠偏，加压冲洗。脱水后污泥含固率为 20%，污泥总体积为 125m³/d。高分子混凝剂加注量为污泥干重的 2‰～3‰，脱水后污泥由皮带输送机运至污泥堆棚。污泥脱水机房与污泥堆棚合建，脱水机房平面尺寸为 36.0m×27.0m，共 1 座，脱水机房土建一次建成，设备分期安装。第二阶段采用污泥消化，消化污泥减量后仍需增加 1 套，（共 5 套，4 用 1 备），如图 10-4-1 和图 10-4-2 所示。

10.4.1.3 污泥堆棚

按第二阶段 24×10⁴m³/d 规模设计，平面尺寸为 30.0m×24.0m，污泥堆棚与脱水机房合建。近期第一阶段可储存污泥 8.6d，第二阶段为 6.2d，堆高 1.5m，如图 10-4-1 和 10-4-2 所示。

10.4.2 绍兴污水处理三期工程污泥离心脱水

绍兴污水处理厂一期和二期工程的污泥处理均集中设置在厂区的西北部，因此续建工程的污泥处理考虑与一期、二期污泥处理构筑物贴邻布置，便于集中管理，污泥处理规模为 92.8t DS/d。

10.4.2.1 污泥浓缩池

从预处理沉淀池、二沉池排出的剩余污泥分别输送至污泥浓缩池进行浓缩，浓缩池内径为 24m，共 3 座，池边水深为 4m，污泥停留时间为 18.0h。每池配置 1 台直径为 24m 的中心传动浓缩机，浓缩机工作桥为钢筋混凝土结构，横跨于全池，水下刮臂设置浓缩板，以提高污泥浓缩效率，池底设 1:8 底坡，浓缩后污泥经污泥浓缩机挤压至池底中心集泥井后，由静水压力通过排泥管排至池边的排泥井，经 800mm×400mm 调节堰门控制流入储泥池。

10.4.2.2 储泥池

经过浓缩的污泥自流进入储泥池，污泥量共计为 92800kgDS/d，工程设储泥池 1 座，直径为 24m，有效水深为 3.0m，停留时间为 10.5h，储泥池内设置潜水搅拌器 2 台，单台电机功率为 11kW。

10.4.2.3 污泥脱水机房

续建工程的脱水机房考虑和一期工程的脱水机房贴邻布置，由于本工程污泥量较大，采用离心脱水机进行污泥脱水，脱水后的污泥通过污泥输送机输送至厂内的污泥填埋场填埋。脱水机房的平面尺寸为 24m×15m，内设离心脱水机 5 台（4 用 1 备，$Q=25\sim50m^3/h$，$N=53.5kW$），进泥螺杆泵 5 套（4 用 1 备，$Q=25\sim50m^3/h$，$H=20m$，$N=15kW$），污泥切割机 5 台（4 用 1 备，$N=3kW$），絮凝剂制备系统 2 套（1 用 1 备，制备能力为 6～10kg/h，$N=5kW$），加药泵 5 套（4 用 1 备，$Q=0.5\sim2m^3/h$，$H=40m$，$N=1.5kW$），水平皮带输送机 1 套（$L=20m$，输送能力为 30m³/h，$N=3kW$），污泥输送泵 2 套（$Q=7.5\sim10m^3/h$，$H=30m$，$N=45kW$），冲洗水泵 2 套（1 用 1 备，$Q=15m^3/h$，$H=30m$，$N=37kW$），如图 10-4-3 和图 10-4-4 所示。

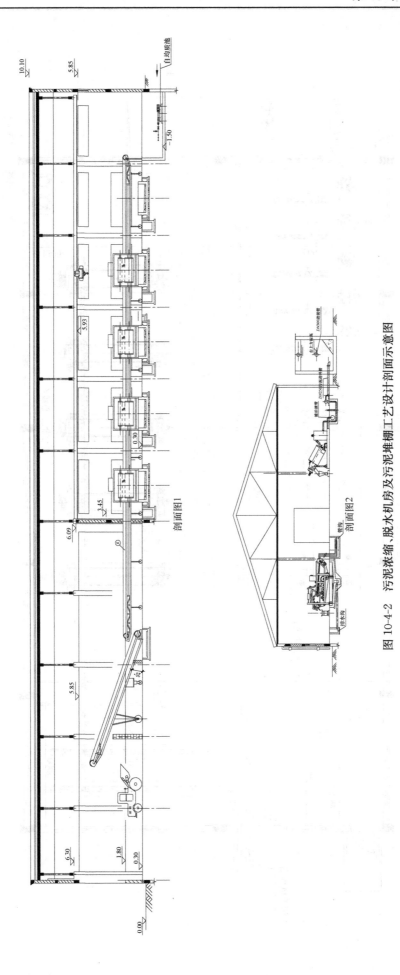

图 10-4-2 污泥浓缩、脱水机房及污泥堆棚工艺设计剖面示意图

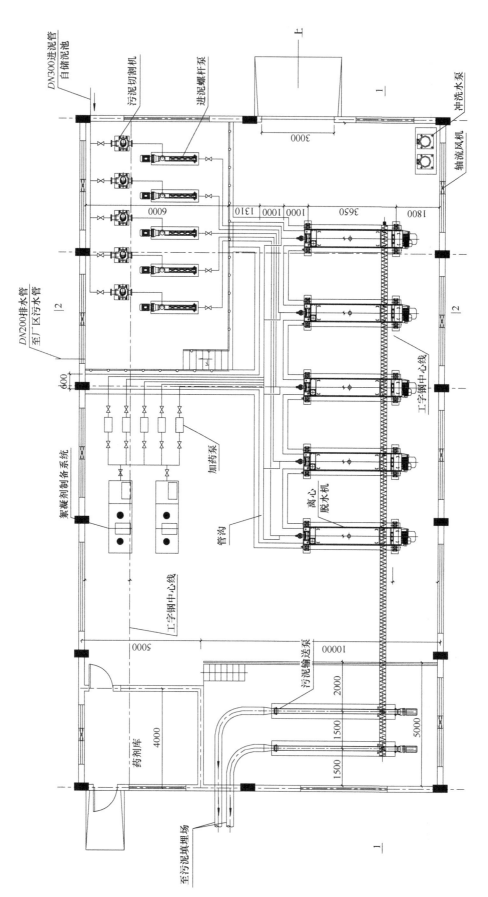

图 10-4-3 污泥脱水机房工艺设计平面图

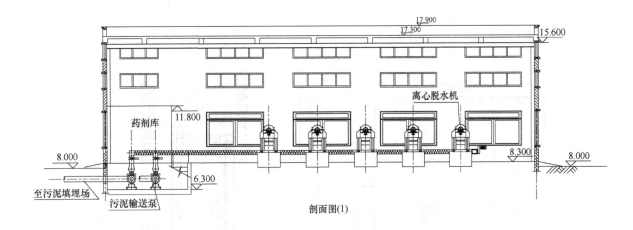

剖面图(1)

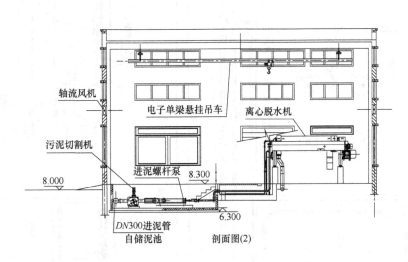

剖面图(2)

图 10-4-4 污泥脱水机房的工艺设计剖面图

10.4.3 上海石洞口污水处理厂污泥板框压滤脱水

10.4.3.1 污泥调蓄池

一体化反应池的排泥时间和浓缩机的工作时间有差异，因此，设置污泥调蓄池。采用钢筋混凝土结构，共 1 座 4 格，考虑污泥产生的臭气对环境的影响，池顶加盖以防臭气外溢。污泥调蓄时，可能有沉淀分离作用，因此，设置部分撇水器，撇除的上清液流入除磷池。

污泥调蓄池如图 10-4-5 所示，技术参数如下：

调蓄时间	8h
数量	1 座，共 4 格
每格平面尺寸	14m×14m，
有效池深	3.4m

10.4.3.2 污泥浓缩脱水机房

污泥浓缩脱水采用机械方法，减小占地面积，提高效率。浓缩前污泥含水率为 99.2%，浓缩后污泥含水率为 97%，然后进入脱水机房脱水。

污泥浓缩机，浓缩来自污泥调蓄池的污泥，共 6 台（5 用 1 备），单台处理规模为 60～100m³/h，电机功率为 3.0kW，每天工作 16h，也可调整工作时间；污泥板框脱水机，共 4 台，3 用 1 备，单台处理规模为 105m³/h。

污泥浓缩和脱水机房如图 10-4-6 和图 10-4-7 所示，主要技术参数如下：

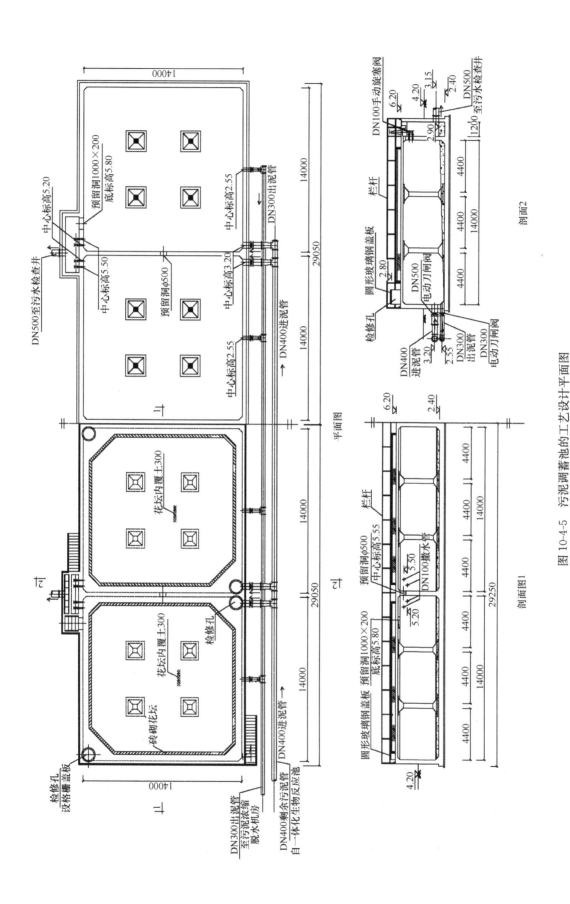

图 10-4-5　污泥调蓄池的工艺设计平面图

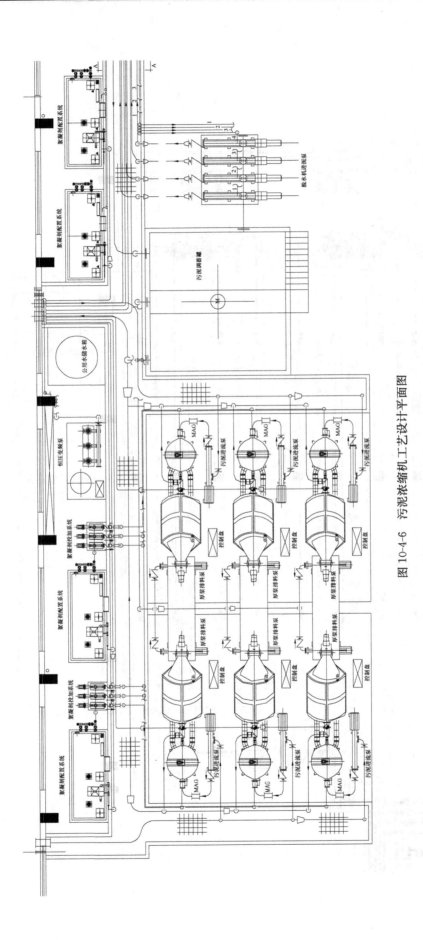

图 10-4-6 污泥浓缩机工艺设计平面图

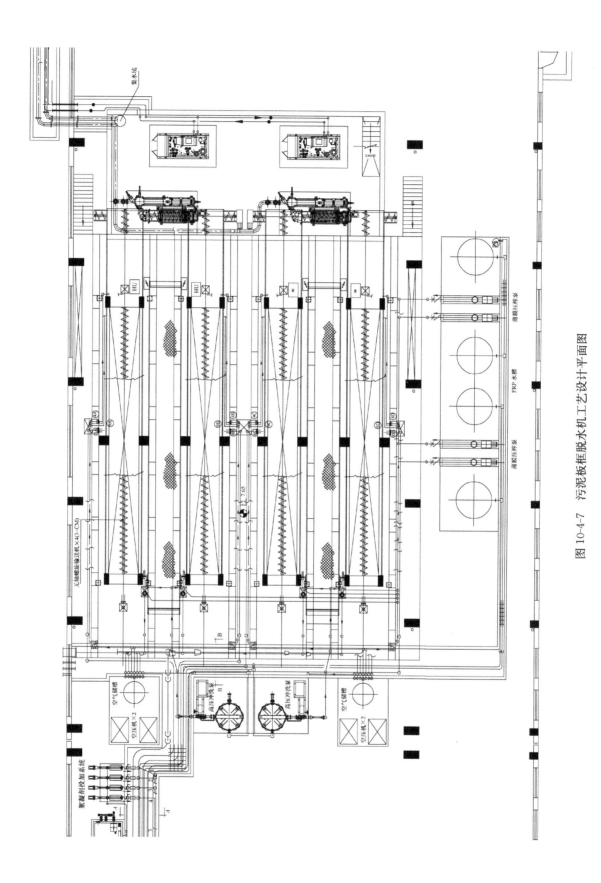

图 10-4-7　污泥板框脱水机工艺设计平面图

浓缩前污泥含水率	99.2%
浓缩后污泥含水率	97%
脱水后污泥含水率	75%
离心浓缩机	
数量	6台（5用1备）
单机处理能力	60～100m³/h
污泥板框压滤机	
数量	4台（3用1备）
单机处理能力	105m³/h

10.4.3.3 污泥料仓

污泥料仓应为成套组合装置，配备钢结构架（含检修平台、走道和栏杆）、活塞式推泥滑架装置、螺旋出料机及液压启闭装置和就地控制箱等部分。污泥料仓采用圆柱形平底结构、重力卸料的高架料斗形式。料仓的顶部加盖密封，走道板须防滑，设有一个与污泥输送泵出料口连接的接口，斗底由活塞式推泥滑架装置将污泥纳入螺旋出料机将污泥输出。液压系统控制料仓的推泥滑架活塞往返运行。料仓内具有显示、监控污泥的堆积高度和超高时报警措施。整个料仓支承于钢结构支架上，保证自卸式装载卡车能在料仓下装载污泥和无阻通行。安装示意图如图 10-4-8 所示。主要技术参数如下：

料仓有效容积：	200m³
出料口离地坪高度：	5m
储存污泥含水率：	75%

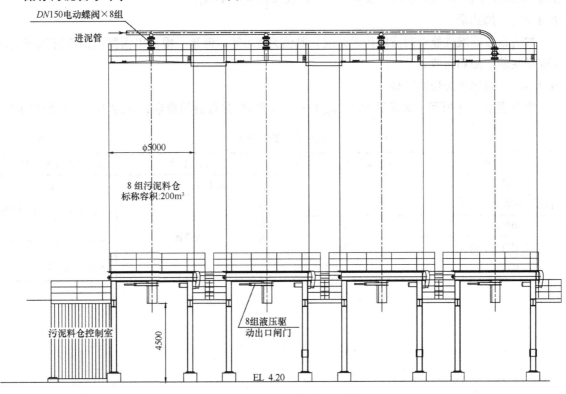

图 10-4-8 污泥料仓安装示意图

10.4.4 上海星火开发区污水处理厂污泥螺旋压榨脱水机

污泥螺旋压榨脱水机在日本应用较多，已有很多工程实例，如图 10-4-9 所示，但是目前在国内还只有生产性试验。上海星火开发区污水处理厂拟建污泥螺旋压榨脱水机，这里列举了其设计参数。

日本某污水厂（外筒直径 ϕ900mm）　　　日本某污水厂（外筒直径 ϕ400mm）

图 10-4-9　污泥螺旋压榨脱水机在日本的工程实例

10.4.4.1　设计参数

初沉污泥和剩余污泥的混合污泥经重力浓缩后，污泥浓度为 2‰～3‰，干固体总量为 6430kg DS/d，湿泥体积为 6430kg DS/d×1/2.5‰×0.001＝257.2m³/d，脱水机运行时间为 12h/d，每周运行 7d，单机每小时的污泥处理量为 535.8kg DS/h。

拟设脱水机 1 台，单台脱水机处理的固体物量为 535.8kg DS/(h×1 台)＝535.8kg DS/(h·台)，脱水泥饼含水率将在 78％以下，固体回收率在 95％以上。

10.4.4.2　加药量

加药量在标准性能中对应此污泥浓度，其值为 1.0％，但是，根据中国国内的实际运行情况和现场实验，加药量取 0.5％。

10.4.4.3　脱水机型号的选择

根据表 10-4-1 所示，为满足 535.8kg DS/(h·台)的处理量的要求，选定 ϕ900mm 型螺压机。

机种选定的标准值　　　　　　　　　　　　　　表 10-4-1

污泥种类	混合生污泥（重力浓缩）	污泥种类	混合污泥（重力浓缩）	
污泥浓度（TS）（％）	2.5	固体回收率（％）	95 以上	
挥发性总固体（VTS）（％）	77～75		ϕ800mm	435kg DS/h
粗纤维（％）	10	处理量	ϕ900mm	561kg DS/h
脱水泥饼含水率（％）	78		ϕ1000mm	711kg DS/h
加药量（％）	1.0 以下			

第11章 污泥输送和储存

11.1 污泥输送计算

11.1.1 污泥输送水力特性

污泥含固、液两相，属于假塑性或塑性流体，不属于理想黏滞性流体，剪应力和流速不成比例关系，不能作为牛顿流体进行计算。

污泥在管道内的流动存在 3 种状态：

(1) 标准流动状态：整个流动断面内浓度均匀；

(2) 悬浮流动状态：整个流动断面内浓度分层，但不沉淀；

(3) 极限流动状态：管道内产生沉淀，只有上清液在流动，开始形成沉淀时的流速称为"极限流速"。

理想黏滞性流体（牛顿流体）、假塑性流体、塑性流体和膨胀流体的流动特性差异，可用剪应力和流速梯度之间的关系图表达，如图 11-1-1 所示：

流体流动时，速度梯度和剪应力存在下式关系：

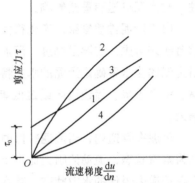

图 11-1-1　各种流体的流动特性曲线
1—理想黏滞性流体（牛顿流体）；
2—假塑性流体；3—塑性流体；
4—膨胀流体

$$\tau = \tau_0 + \frac{\mu_{pl}}{g} \frac{du}{dn} \qquad (11\text{-}1\text{-}1)$$

式中　τ——剪应力，kg/m^2；

τ_0——屈服剪应力，kg/m^2。剪应力大于屈服剪应力后，才开始形成速度梯度并流动，其值与污泥温度、性质和浓度有关；

μ_{pl}——塑性黏度，$kg/(m \cdot s)$，其值与污泥温度、性质和浓度有关；

g——重力加速度，$9.81m/s^2$；

$\frac{du}{dn}$——速度梯度，L/s。

对于理想黏滞性流体（牛顿流体），以水为代表，$\tau_0 = 0$，$\mu_{pl} = \mu$（动力黏滞度，20℃时，$\mu = 0.001kg/(m \cdot s)$)，则速度梯度和剪应力关系式应为 $\tau = \frac{\mu}{g} \frac{du}{dn}$，剪应力和速度梯度的关系是通过原点的直线，即两者成正比关系。

各种污泥的 τ_0、μ_{pl} 值如表 11-1-1 所示。

<table>
<tr><td colspan="5" align="center">各种污泥的 τ_0、μ_{pl} 值表　　　　　　　　　　表 11-1-1</td></tr>
<tr><th>污泥种类</th><th>温度（℃）</th><th>浓度（%）</th><th>τ_0（kg/m^2）</th><th>μ_{pl}（$kg/(m \cdot s)$）</th></tr>
<tr><td>水</td><td>20</td><td>0</td><td>0</td><td>0.001</td></tr>
<tr><td>初沉污泥</td><td>12</td><td>6~7</td><td>4.386</td><td>0.028</td></tr>
<tr><td>消化污泥</td><td>17</td><td>10</td><td>1.530</td><td>0.092</td></tr>
</table>

污泥种类	温度（℃）	浓度（%）	τ_0（kg/m²）	μ_{pl}（kg/(m·s)）
消化污泥	17	12	2.244	0.098
消化污泥	17	14	2.958	0.101
消化污泥	17	16	4.386	0.116
消化污泥	17	18	6.222	0.118
活性污泥	20	0.4	0.0102	0.006

浓度较低的污泥属于假塑性流体，剪应力和速度梯度的关系呈抛物线形状。在流速低、速度梯度小，即层流状态下，随着速度梯度的增加，剪应力增加很快；当流速继续增加，进入紊流状态后，随着速度梯度的增加，剪应力的增加缓慢。浓度高的污泥属于塑性流体，由于浓度高、黏滞度 μ_{pl} 大，剪应力 $\tau > \tau_0$（屈服剪应力）后，才能产生速度梯度而流动。污泥流动的这种水力特性，对污泥输送有重要影响。

由于污泥性质复杂，变化很大，使污泥的水力特性不同，影响污泥水力特性的因素很多，但综合起来考虑，主要是黏度。污泥的黏度很难测定，而测定污泥含水率则比较方便，因此一般可用污泥的含水率确定污泥的水力特性。一般情况下，污泥黏度会因污泥浓度增高、挥发物含量增高、温度下降、流速过高或过低等因素而增高。由此污泥管道的水头损失也会增大，水力坡降增大。

污泥在管道内，当流速较低时，是层流状态，污泥黏度大，流动阻力比水大；当流速加大，则为紊流状态，流动的阻力比水小。污泥含水率越低，这种状况越明显。紊流状态开始时，是污泥在管道内最佳的水力状态，其水头损失最小。

当污泥的含水率为 99%～99.5% 时，污泥在管道内的水力特性和污水的水力特性相似。

消化污泥和初沉污泥相比具有较大的流动性，颗粒细碎均匀，因此黏度较小。在流速较低时，其水头损失比初沉污泥小；流速较高时，水头损失增大。由于一般都采用最大水头损失，这些差异在设计时可以忽略不计。

污泥流动的阻力，在层流条件下，由于 τ_0 值的存在，阻力很大，因此污泥输送管道的设计常采用较大流速，使污泥处于紊流状态。污泥压力管道的最小设计流速为 1.0～2.0m/s。

11.1.2 污泥输送水力计算

11.1.2.1 重力输送管道

重力输送污泥管道的设计坡度一般采用 0.01～0.02。

11.1.2.2 压力输送管道

压力输送污泥管道，根据污泥含水率和管径的不同，一般采用表 11-1-2 中所列的最小设计流速。

压力输送管道最小设计流速

表 11-1-2

污泥含水率（%）	最小设计流速（m/s）		污泥含水率（%）	最小设计流速（m/s）	
	管径 150～200mm	管径 300～400mm		管径 150～200mm	管径 300～400mm
90	1.5	1.6	95	1.0	1.1
91	1.4	1.5	96	0.9	1.0
92	1.3	1.4	97	0.8	0.9
93	1.2	1.3	98	0.7	0.8
94	1.1	1.2			

11.1.2.3 压力输送管道的沿程水头损失

污泥紊流流动沿程水头损失按紊流公式计算，如下式所示：

$$h_f = 6.82 \left(\frac{L}{D^{1.17}} \right) \left(\frac{v}{C_H} \right)^{1.85} \tag{11-1-2}$$

或

$$\left. \begin{array}{l} v = 0.85 C_H R^{0.63} i^{0.54} \\ h_f = iL \end{array} \right\} \tag{11-1-3}$$

式中　h_f——输送管沿程水头损失，m；

　　　　L——输送管长度，m；

　　　　D——输送管管径，m；

　　　　v——输送管内污泥流速，m/s；

　　　　C_H——紊流系数，其值决定于污泥浓度，适用于各种类型的污泥，根据污泥浓度，可查表
　　　　　　　11-1-3 得；

　　　　R——水力半径，m；

　　　　i——水力坡度。

污泥浓度与 C_H 值表　　　　　　　　　　　　　　　表 11-1-3

污泥浓度（%）	C_H 值	污泥浓度（%）	C_H 值
0.0	100	6.0	45
2.0	81	8.5	32
4.0	61	10.1	25

　　由于污泥长距离管道输送时，特别是生污泥和浓缩污泥，可能含有油脂，且固体浓度较高，使用时间较长后，管壁被油脂黏附以及管底积沉，水头损失会逐渐增大。为安全考虑，用紊流公式计算出的水头损失值，应乘以水头损失系数 K，K 值与污泥类型和污泥浓度有关，一般可查图 11-1-2，并根据计算水头损失值，计算污泥泵扬程，从而选择污泥泵。

　　由图 11-1-2 可知，污泥浓度在 $1\% \sim 6\%$ 之间时，消化污泥的 K 值变化不大，约为 $1.0 \sim 1.5$；当污泥浓度提高后，生污泥和浓缩污泥的 K 值提高较大，约为 $1.0 \sim 4.0$ 之间。根据乘以 K 值后的水头损失选泵，则运行更为可靠。

　　采用图 11-1-2 计算时，应注意：

　　（1）一般流速不小于 0.8m/s，太小的流速导致摩阻损失比更大；

　　（2）一般流速不大于 2.4m/s，流速太高不仅摩阻损失太大，而且容易磨损管道内壁；

　　（3）没有考虑触变行为，吸水管的摩阻损失可能会更高，要注意如果停止输送 1d 以上，重新启动则可能要求有更高的压力；

　　4）管道不能被油脂或其他物质阻塞。

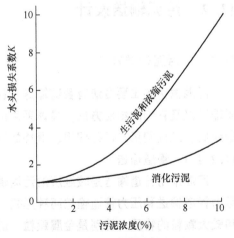

图 11-1-2　不同污泥类型、
污泥浓度 K 值图

11.1.2.4 压力输泥管的局部水头损失

　　长距离污泥输送管道的水头损失，主要是沿程水头损失。局部水头损失所占的比重较小，但要注意局部损失的控制。污水处理厂内的输泥管道，由于输送距离短，局部水头损失必须计算。

局部水头损失值按式 11-1-4 计算。

$$h_i = \zeta \frac{v^2}{2g} \tag{11-1-4}$$

式中 h_i——局部阻力水头损失，m；

   ζ——局部阻力系数，如表 11-1-4 所示；

   v——管内污泥流速，m/s；

   g——重力加速度，9.81m/s²。

表 11-1-4

污泥管道输送各种管件局部阻力系数 ζ 值

		水	含水率98%污泥	含水率96%污泥
承插接头		0.4	0.27	0.43
三　通		0.8	0.60	0.73
90°接头		$1.46\left(\frac{r}{R}=0.9\right)$	$0.85\left(\frac{r}{R}=0.7\right)$	$1.14\left(\frac{r}{R}=0.8\right)$
四　通		—	2.50	—
阀门	$h/d=0.9$	0.03		0.04
	0.8	0.05		0.12
	0.7	0.20		0.32
	0.6	0.70		0.90
	0.5	2.03	—	2.57
	0.4	5.27		6.30
	0.3	11.42		13.00
	0.2	28.70		29.70

由于污水厂内污泥输送应考虑水头损失，因此在设计污水处理厂污泥输送管道时应尽量避免管道的转折和相互连接，减少局部水头损失。

11.2 污泥输送设计

11.2.1 污泥输送方法

污泥输送的主要方法有管道输送（包括压力管道和重力管道）、输送机输送、车辆输送、驳船输送以及它们的组合方法。具体采用何种方法决定于污泥的数量与性质、污泥处理的方案、输送距离、工程费用与运行费用、最终处置方法和污泥利用的方式等因素。

11.2.1.1 管道输送

污泥采用管道输送是较经济的污泥输送方法，而且安全卫生，对环境影响较小。管道输送有重力管道输送和压力管道输送两种形式。为防止管道和水泵的堵塞，减少磨损，防止块状、条状和较大颗粒的物质（特别是金属颗粒）进入污泥，在污泥泵前应设置管式破碎机。

污泥管道输送是污水处理厂内或长距离输送的常用方法。污泥进行长距离输送时，应符合下列 5 个条件：

(1) 污泥输送的目的地相当稳定，因铺设长距离管道，投资较大，线路不能随时改变；

(2) 污泥的流动性能较好，含水率较高；

(3) 污泥所含油脂成分较少，不会黏附于管壁而缩小管径，增加阻力；

(4) 污泥的腐蚀性低，不会对管材造成腐蚀或磨损；

（5）污泥的流量较大，一般应超过 $30m^3/h$。

污泥重力管道输送时，距离不宜太长，管道坡度常用 $0.01\sim0.02$，管径不小于 $200mm$，中途应设置清通口，在转弯处对转弯半径应严格控制，并设置清扫口，以便在堵塞时用机械清通或高压水（污水处理厂出水）冲洗。管道输送时，需要进行水力计算。

与其他污泥输送方法比较，管道输送卫生条件好，没有气味和污泥外溢，操作方便并利于实现自动化控制，运行管理费用较低。主要缺点是一次性投资较大，一旦建成后，输送的地点固定，不够灵活。

11.2.1.2　输送机输送

输送机输送一般应用于输送距离较短的场合，包括皮带输送机输送和螺旋输送机输送。

11.2.1.3　车辆输送

车辆输送不受运输目的地限制，不受污泥性质和含水率的影响，也不需要经过中间转运，可以随着季节变化和地点变化，把污泥直接运到进行利用或处理处置的地方，如灌溉、填埋或集中处理等。所以车辆输送虽然运费较高，但方便灵活，特别对于中、小型污水处理厂可以考虑使用。

车辆输送时，应采取严格的防止气味外溢和污泥外漏的措施，避免造成环境污染，故最好使用液槽车。如果运输脱水泥饼，则可采用翻斗车，便于装卸。

11.2.1.4　驳船输送

驳船输送适用于不同含水率的污泥。含水率较高、流动性能较好的污泥可以采用污泥泵装船或卸船，或从污泥管道直接装船并用污泥泵卸船。脱水泥饼可采用抓斗或皮带输送机装船或卸船。

可以将数座中、小型污水处理厂的污泥用卡车或管道输送到污泥中转站，然后根据季节变化和地点变化，用驳船把污泥输送到利用或处理处置的地方，所以驳船输送相当灵活，运行费用也较低。

上述各种污泥输送的方法，可以根据不同的条件和需要，互相组合使用，如管道和驳船，卡车和驳船，管道和卡车等组合方式，成为经济而且灵活方便的输送系统。

11.2.2　污泥输送设备

11.2.2.1　污泥输送泵

输送污泥用的污泥泵，在构造上必须满足不易堵塞与磨损、不易受腐蚀等基本条件。已经有效地用于污泥输送的设备有隔膜泵、螺杆泵、螺旋泵、混流泵和柱塞泵等。它们的构造，如图 11-2-1 所示。此外，还有离心泵、软管泵等。

（1）隔膜泵

如图 11-2-1(a) 所示，隔膜泵没有叶片，因此不存在叶轮的磨损和堵塞。工作原理是用活塞推、吸隔膜（橡胶制成）和两个活门，将污泥抽吸和压送。隔膜泵的缺点是流量脉动不稳定，故仅适用于泵送小流量的污泥。隔膜泵的能力和压头都较低，最大可利用的隔膜泵输送流量为 $14L/s$，压力为 $15m$。

（2）螺杆泵

如图 11-2-1(b) 所示，螺杆泵由螺栓状的转子（用硬质铬钢制成）和螺栓状的定子（泵的壳体，用硬橡胶制成）组成。转子和定子的螺纹互相吻合，在转子转动时，可形成空腔 V_2（吸泥）或吻合 V_1（压送），达到抽吸和输送的目的。

转子转速为 $100r/m$ 时，输泥量为 $1\sim44L/s$，工作压力可达 $0.3MPa$。该泵抽吸高度在 $8.5m$ 启动时不用灌水，但在运转时要严格防止空转，以免烧坏定子。

这种泵在国外已有多种规格，且已普遍应用于输送不同种类的污泥，甚至固体浓度高达

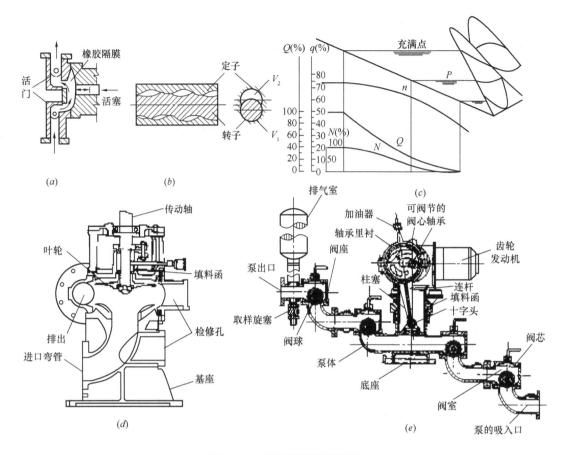

图 11-2-1　污泥泵构造示意图

(a) 隔膜泵；(b) 螺杆泵；(c) 螺旋泵；(d) 混流泵；(e) 多级柱塞泵

20%的污泥，具有不堵塞、耐磨损、输送距离长、压力高等优点。

对初沉污泥，在泵前应设置磨碎机，否则提升含杂粒的初沉污泥，泵的维修费用可能较高。

（3）螺旋泵

如图 11-2-1(c) 所示，螺旋泵由泵壳、泵轴和螺旋叶片组成，为敞开式泵。其螺旋叶片根据阿基米得螺旋线设计而成，不易堵塞和磨损，但只提升而无加压功能。安装角最佳为 30°～40°，转速一般为 30～110r/min。泵的特点是流量大、扬程低、效率稳定、不堵塞，常用于生物反应池的回流活性污泥。

（4）混流泵

如图 11-2-1(d) 所示，混流泵的叶轮不设叶片，而是依靠叶轮的转动抽升污泥。

（5）多级柱塞泵

如图 11-2-1(e) 所示，多级柱塞泵有单缸、双缸和多缸等形式，抽升能力为 2～55m³/h，工作压力为 4～10MPa。这种泵在国外已有多种规格，并普遍应用于输送脱水污泥，甚至固体浓度高达 80%的半干化污泥，具有不堵塞、输送距离长等优点。

（6）离心泵

输送污泥用的离心泵有 PN、PNL、NML、PL 型等，如果固体浓度较低，如活性污泥等，也可用污水泵输送，如 PW、PWL 型等。

（7）软管泵

软管泵已经在有限的范围内用于提升污泥。这种泵是专门设计的能回弹的软管交替压缩和放松，软管在泵壳内壁和转子上的压缩块之间施压，在软管上加润滑剂以减少磨损，提升的污泥只和软管的内部接触，泵的能力范围为 36～1250L/min，作为容积式泵，不管是高压排放，还是低压排放，泵的输出量和速率成正比。软管泵的主要缺点是脉冲流，软管磨损和更换软管的费用比较高。

11.2.2.2 脱水污泥的输送设备

污泥经脱水设备脱水后，需要通过各种输送设备送达下一步处理工序，由于其含固率达 20% 以上，所以需要特定的设备输送污泥。通常使用的设备有螺旋输送机、链式刮板输送机和污泥泵等。

(1) 螺旋输送机

螺旋输送机的结构比较简单，一般由螺旋片、中轴、齿轮箱、电机组成。螺旋输送机按有无中轴分为有轴螺旋输送机和无轴螺旋输送机。无轴螺旋输送机对螺旋片变形的要求较高，通常不能大于 1mm，虽然其单位时间有更高的输送量，但对于维护的要求也较高。

对于无轴螺旋输送机来说，其制造工艺对设备的运行是否正常起决定作用。无轴螺旋叶片应该为单条钢片连续轧制而成，这样才可以保证其流畅曲面和完美的阿基米得曲线，保证物流顺着螺旋叶片流动时的顺畅和最小阻力；轧制所保证金属纤维的连续和金属晶粒或晶间组织的良性改变是叶片高强度和高韧性的最大保证，通常不应采用铸造和焊接而成的无轴螺旋叶片。

螺旋输送机比较典型的应用是：从脱水机接料输送到指定位置；提升污泥到指定位置；从存储料仓中卸出污泥和把污泥输送到泵送设备中。

(2) 链式刮板输送机

链式刮板输送机，如图 11-2-2 所示，可用来连续输送脱水污泥。

输送槽横截面呈矩形，可以水平或倾斜安装。脱水污泥从链条尾部从动台送入，输送链传动刮板将脱水污泥提升到顶部卸掉。根据脱水污泥和具体物料要求的不同，输送链和刮板形状以及链式刮板机的总体设计可相应调整。输送链的连续运行是由一个带链轮的滚轴完成。脱水污泥被卸掉之后，输送链空载沿着回程轨道又回到链条尾部从动台。在链条尾部从动台处，通过一个滚筒将输送链又往运输方向进行转向，这样就完成一个循环。

链式刮板输送机由于链条从动引导刮板输送机运行，所以在实际运行中如果链条受损将对整个系统造成停机影响。脱水泥饼由于重量和黏滞性原因会导致链条经常夹塞，而一旦链条停止，则会影响整个输送系统的正常运行。链式刮板输送机在污水处理厂的应用实例如图 11-2-3 所示。

(3) 污泥泵

从 20 世纪 70 年代开始，市政污泥处理中开始采用污泥泵，由于污泥泵送系统的全封闭无臭、空间利用率高、安全性好等优点，越来越多的污水处理厂利用污泥泵输送污泥。

脱水污泥输送的沿程和局部水头损失很高，一般来说，管道流速和阀门等管件对污泥输送阻力影响显著，特别是当脱水污泥的含固率超过 30% 时。在任何情况下，应避免

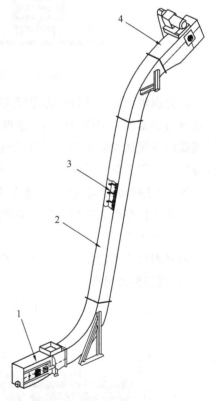

图 11-2-2 链式刮板输送机简图
1—从动台；2—输送槽；3—输送链；
4—主动台

污泥管中设置尺寸小于管径的阀门。污泥管径应足够大，以使泥饼的输送流速不超过 0.15m/s，输送流速最佳为 0.08m/s，特别是当脱水污泥的含固率超过 30% 时，污泥管的设计应便于冲洗和清理。

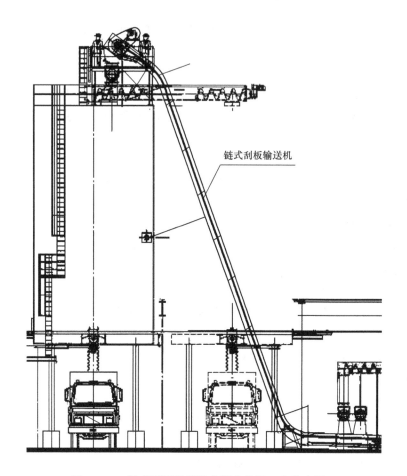

图 11-2-3　链式刮板输送机在污水处理厂中的应用

边界层喷射方法可降低污泥管道摩擦损失。该方法是指用装置将液体作为润滑剂平均分配到污泥管道的四周，提供液体的"边界层"。液体润滑剂可以是水、聚合物和油。有研究显示，通过玻璃衬管泵送含固率 25％ 的脱水污泥约有 67.8kPa/m 的压降，如果采用边界层喷射方法加入少量的水，仅占总污泥量的 0.5％，可使单位压降减少 22.5kPa/m。

污泥含固率通常是选用污泥泵的关键，通常双缸液压活塞泵泵送的污泥含固率范围为 10％～80％，而螺杆泵泵送的污泥含固率范围为 10％～20％。

（4）螺杆泵

螺杆泵结构原理如图 11-2-4 所示，螺杆泵实物布置图如图 11-2-5 所示。

1）螺杆泵的优点

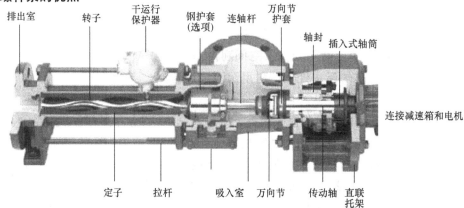

图 11-2-4　螺杆泵结构图

a) 输送污泥的种类和黏度范围较广;

b) 因泵内的回转部件惯心力较低,故可使用较高的转速;

c) 吸入性能较好,具有自吸能力;

d) 流量均匀连续,振动小,噪声低。

2) 螺杆泵的缺点

a) 螺杆的加工和装配要求较高;

b) 泵的性能对输送物料的黏度变化比较敏感。

含固率大于 20% 的脱水污泥容易在敞开式螺杆泵的料斗中产生架桥现象,会导致出现空运

图 11-2-5　螺杆泵实物布置图

行状况,引起定子和转子的损坏。对此,可以在定子里安装温度传感器,高温度读数显示泵空运行状态。为了解决污泥架桥问题,一些制造商已使用浆板式桥接断开器,但是,该设施要求加强日常维护。

定子和转子的磨损取决于转速、脱水污泥含砂量和运行时间,由于脱水污泥的含固量较高,预期的使用寿命明显降低。

螺杆泵已用于泵送脱水污泥,并取得较好的运行效果,设计时应注意不宜应用于输送含固率很高的脱水污泥。

(5) 柱塞泵

柱塞泵实物布置如图 11-2-6 所示。

图 11-2-6　柱塞泵实物布置图

柱塞泵的主要优点是能泵送含固率较高的脱水泥饼,为防止污泥的架桥现象多使用柱塞泵。

柱塞泵允许短时处于空运行状态。因此如果出现架桥现象,操作运行有时间提前作出反应,以免出现运行问题。

在美国和加拿大的污水处理厂中,柱塞泵的运行经验日益增加。

市政污泥处理厂采用柱塞泵已有超过 20 年的历史,柱塞泵主要用于泵送含固率高于 20% 的脱水污泥。

柱塞泵在污水厂中运行应有一个完整系统,该系统包括 6 部分主要设备有接料料斗(含料位计)、液压驱动双螺旋进料机、液压提升阀式柱塞泵、液压驱动装置、系统控制箱、流量计量系统。

1) 接料料斗

接料料斗起缓冲和计量控制作用,通常配有超声波料位计。

超声波料位计根据污泥在料斗中的多少控制泵的开关,无论是污泥过满或污泥输运完,都可保护系统的安全。

在持续操作条件下,污泥量占料斗容量 10% 到 20% 时,自动关闭污泥泵;占 20% 到 60% 时,自动开启泵;占 70% 到 80% 时,自动报警;占 75% 到 100% 时,自动关闭物料输入系统;占 40% 时,自动加快泵的泵送速度;占 70% 到 80% 时,将泵速提至最大。

2) 液压驱动双螺旋进料机

起破碎污泥和将不流动的污泥推入柱塞泵泵送腔内,通常采用双螺旋进料,单根螺旋的直径

为 250mm、350mm、500mm，螺旋进料机的进料口和接料料斗通过法兰密闭连接。

3）液压提升阀式柱塞泵

由出料口、提升阀组、输送缸、柱塞、水箱、液压缸、液压块组成。通常输送缸上下放置（立式）；提升阀组含 2 个进料提升阀、2 个出料提升阀。当污泥进入泵体时，负责进料的提升阀打开，负责出料的提升阀关闭，柱塞向后运行，污泥进入泵送缸；当柱塞向前运行时，负责进料的提升阀关闭，负责出料的提升阀并不立即打开，而当柱塞将物料缸内的污泥压实后才打开，污泥随即推入管道；液压缸负责推拉柱塞，液压缸上的液压阀负责发出液压换向信号；水箱负责冷却液压杆并起维护功能。液压块位于泵体上部，负责油路换向。柱塞泵的运行为全液压控制。

4）液压驱动装置

液压驱动装置包含油箱、电机、主油泵、辅助油泵等部件，功率从 30kW 到 500kW，起同时驱动柱塞泵和双螺旋进料机的作用。

5）系统控制箱

系统控制箱控制用于系统控制和诊断，控制箱带 PLC，可以和污水厂总控室联系，检查泵的操作数据能监督和跟踪泵的机械性能和液压元件性能。

6）流量计量系统

污泥流量计量系统应能精确测量泵出输送缸的物料体积数和流动率，包括测量出物料缸内未被污泥充满的体积。传感器把信息传给 PLC，从而监控、判断、报告工作效率，流量计量系统对污泥的后续处理计量有意义。

（6）高压活塞泥饼泵

1）使用范围

脱水污泥的输送，如果输送管道弯曲，输送距离较长时，采用液压驱动的高压活塞泥饼泵比较适合。用活塞泵输送泥饼进入干化设备或焚烧炉，可以精确控制泥饼的输送量。

图 11-2-7　高压活塞泥饼泵外形图

2）高压活塞泥饼泵结构

高压活塞泥饼泵设备如图 11-2-7 所示。

高压活塞泥饼泵由外壳、驱动缸和输送缸 3 部分组成，后部为驱动油缸，前部为液压阀门以及进料和出料的法兰连接，中部是输送活塞。

根据输送功率不同，一个活塞泥饼泵组可以由 1～4 个输送活塞组成。油缸活塞可以立式组合，也可以卧式组合。每个输送缸有 2 个感应式连接开关，控制输送活塞和进、出料盘阀。进、出料盘阀由一个单独的液压系统驱动，不论泥饼输送压力有多高，都能保证盘阀平稳驱动，从而保证运行的安全可靠。这个单独的液压系统使活塞泥饼泵运行平稳，泥饼物流连贯无脉冲。活塞泵采用换向阀控制输送活塞的运动，根据活塞泵的不同，换向阀既有安装在活塞泥饼泵的底座，也有直接安装在液压包上。盘阀根据具体使用要求的不同，可由 1 个、2 个或 4 个换向阀控制。将它们安装在液压包上，还是安装在泵上，取决于安装空间的大小。

双缸立式高压活塞泥饼泵构造如图 11-2-8 所示，双缸卧式高压活塞泥饼泵构造如图 11-2-9 所示。

每个泵组共用一个水斗，并带有光电水位指示计，水斗中的水和活塞杆腔中的水相连，液压缸的法兰处采用液压密封预压圈，在活塞泥饼泵的运行过程中，这个密封腔加有大约 10bar 的液

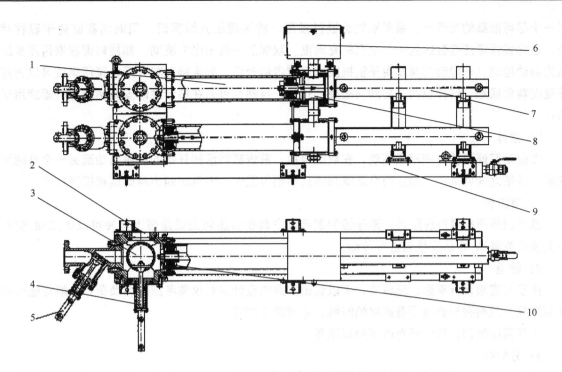

图 11-2-8 双缸立式高压活塞泥饼泵构造示意图

1—输送缸；2—法兰（接预压螺旋）；3—泵头；4—进料阀；5—斜座阀（出料阀）；
6—水斗；7—主驱动油缸；8—连接管；9—底座；10—输送活塞

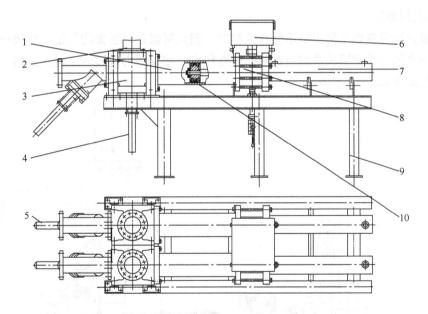

图 11-2-9 双缸卧式高压活塞泥饼泵构造示意图

1—输送缸；2—法兰（接预压螺旋）；3—泵头；4—进料阀；5—斜座阀（出料阀）；
6—水斗；7—主驱动油缸；8—连接管；9—底座；10—输送活塞

压，这样就保证了不会有水从水斗渗到液压循环里，水斗中水的功能是监测输送活塞密封的磨损，如果活塞密封受磨损，则会有泥饼进入活塞杆腔，在腔内和水混合。所以当水里污泥含量增加，就表明必须更换活塞密封了。

3）高压活塞泥饼泵系统的组成

a）预压螺旋

因为脱水污泥不易流动，所以仅靠活塞缸的吸入冲程无法吸入足够的污泥将泵充满。为了达

527

到一个尽可能高的充满度，采用双螺旋进行预压，将污泥压入活塞缸，同时活塞缸处于吸程状态，这样就保证活塞缸达到一个很高的充满度。双螺旋一般由电力驱动，螺旋转速根据污泥预压压力自动控制。一般活塞泵站用于机械脱水后或者料仓后，如果接在料仓后，预压螺旋可以直接设置在料仓底部，这样也同时起卸料螺旋的作用，当然也可以在料仓底部安装标准卸料螺旋用于卸料。

b）泵体

主驱动缸通过柱塞端液压驱动，在双缸泵中，前进缸将活塞杆端的泥饼推动至另一个缸的活塞腔，并使之向回运动。当这两个活塞都达到顶端位置时，进料阀和出料阀就被控制打开。

c）液压包

液压包采用标准液压配件，液压控制器可以安装在液压包上或是泵上，油可以通过油/空气热交换器或者油/水热交换器进行冷却。

d）管道

由于活塞泵运行平稳，无脉冲，所以管道支撑的设计安装仅需考虑静力负荷，一般管道连接采用焊接，只有在与其他设备连接的时候，才需法兰连接。

活塞高压泥饼泵系统还有以下附属设备：

a）分配站

通过分配站，可将污泥分配到不同的料仓或不同地方，一个分配站可以有多个入口和出口，出口装有液压驱动的斜座阀，如需同时分配给几个不同用户，阀门可以按先后顺序相继工作。

b）大颗粒过滤器

很多污泥处理设备要求污泥中不能有大颗粒，因此可以在泵后面的管道中安装一个大颗粒过滤器，通过一个压力差测试仪监测过滤器的阻塞程度，如果压力超过一个设定的值，就会报警显示。大颗粒过滤器如图 11-2-10 所示。

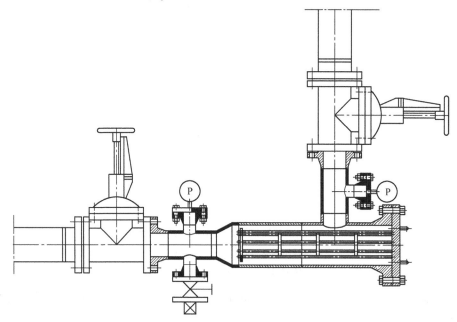

图 11-2-10　大颗粒过滤器

c）润滑剂配注

如果脱水污泥输送距离远，污泥含水率低，通过注入润滑剂，使得在管壁和污泥之间产生一层润滑薄膜，可以大大降低压力损失。

11.2.3　污泥输送检测

在污泥输送过程中，一般需检测压力、温度、流量和浓度。

检测压力和温度的仪表一般选用通用的热工仪表，安装压力计时应加设隔离液装置，避免污泥直接接触仪表。污泥温度是影响其黏度的因素之一，检测温度可指导污泥管道水头损失等运转情况。

控制污泥输送的两项重要因素是流量和浓度。

11.2.3.1　污泥流量检测

流量的检测和控制对污水处理厂的正常运转特别重要。常用的流量测量仪表有 4 种：

（1）电磁流量计

电磁流量计不增加水头损失，不易堵塞，安装时应特别注意排除对磁力线干扰的因素，仪表必须在压力流状态下工作，通过的污泥若产生气泡，将影响测量精度。

（2）超声波流量计

超声波流量计不增加管道水头损失，不易堵塞，必须在压力流状态下工作，仪表结构简单，造价较低。

（3）文丘里流量计

文丘里流量计结构简单，管理方便，造价低，但水头损失较大，应有冲洗测压管的装置。

（4）容积式柱塞泵

利用容积式柱塞泵进行计量，不设专门仪表，简单方便，但精度较低。

11.2.3.2　污泥浓度测量

污泥浓度的检测对污泥输送的水力状态有重要的指导意义。常用的仪表有 3 种：

（1）放射性同位素浓度仪

这种仪表应用较广，可以控制污泥泵的正常运行程序，与流量计联合运行时，可以确定固体的输送量。

（2）超声波浓度计

这种仪表设备简单，造价较低，适用于管径小于 100mm，污泥含水率为 $95\% \sim 99\%$ 的污泥检测。

（3）MLSS 浓度计

这种仪表利用光电效应测量污泥浓度，适用于池内使用，需定期进行清洗。

11.2.4　污泥输送设计

11.2.4.1　管材采用铸铁管，也可选用塑料管，最小管径一般选用 150mm。

11.2.4.2　污泥管道的埋深，当为间歇输送污泥时，管顶应埋在冰冻线以下；当为连续抽送时，管底可设在冰冻线以上。

11.2.4.3　污泥压力管道的坡度和坡向，当为压力管道时，如有条件，管道的坡度一般宜向污泥泵站方向倾斜。污泥管道停止运行时，需用清水冲洗管道。为放空管内积水，管道坡度宜为 $0.001 \sim 0.002$，有条件时还可适当加大。当管道纵向坡度出现高低折点时，在管子凸部必须设排气阀，在凹部必须设排空管，排向污水管道或检修井的储泥池。在平面和纵向布置中，应尽量减少急剧的转折。

11.2.4.4　污泥管道应尽量设置在污水管管线附近，以便排除冲洗水和放空污泥，污泥压力管线可根据需要按双线敷设。

11.2.4.5　检查井一般沿污泥管线，每 $100 \sim 200m$ 或适当地点设置，主要是作为观察、检修和清洗管道之用。

11.2.4.6 沿污泥管线每1000m左右或适当地点,须设检修井,作为管道检修。

11.2.4.7 污泥管的倒虹吸应保证经常可以进行检查和排气,必要时应能冲洗、放空和检修,倒虹吸一般应设置双线,互为备用。

11.2.5 污泥管道输送系统

传统的污泥输送设备如运输槽车等属敞开式输送方式,易产生二次污染。另外,污泥处理过程中所需的一些工艺环节如混合、布料、分流给料和流量控制等较难采用车辆输送,因此可采用管道输送系统。

11.2.5.1 脱水污泥的远距离管道输送工艺

根据污泥的性质,脱水污泥后续处理方式包括焚烧、填埋和堆肥等,图11-2-11~图11-2-14分别为采用管道输送污泥工艺流程的示意图。

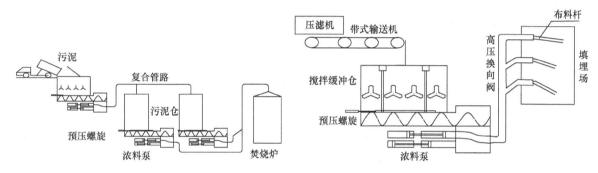

图 11-2-11　污泥焚烧管道输送工艺流程示意图　　　图 11-2-12　污泥填埋管道输送工艺流程示意图

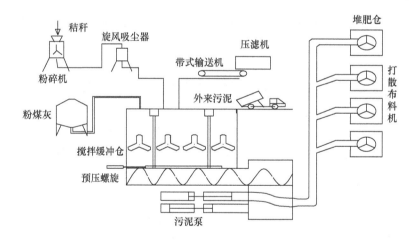

图 11-2-13　污泥堆肥管道输送工艺流程图

上述管道输送系统具有以下特点:

1) 输送过程全封闭、无污染,完全消除了敞开输送方式污染环境的问题。

2) 输送浓度高,输送距离远,输送系统的出口压力为0~24MPa,输送流量为0~60m³/h,输送距离为0~3000m。

3) 全自动控制,无级调控输送量,具有远程调控、实时监控、通信等功能。

4) 系统结构紧凑,占地面积小,布置灵活。

5) 物料分配、分流自动可调。通过管道分配器、分流器和多功能给料器解决污泥的分配、分流问题,能将污泥按工艺需要送至各卸料点。用于堆肥发酵工程的打散布料器具有布料均匀、打散效率高的特点；用于填埋工程的布料杆可以将污泥均匀送至填埋场各个点。

11.2.5.2　脱水污泥的远距离管道输送设备

（1）污泥缓冲仓

污泥缓冲仓为方形碳钢结构，由仓体、布料滑架、液压站、液压缸等部件组成，矩形大口径出料口位于底部。其特点为：

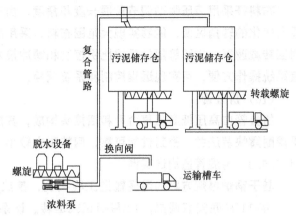

图 11-2-14　污泥储存、转载装车工艺流程示意图

1）实现污泥洁净储存，现场无异味、无污染，占地面积小，布置灵活。

2）具有破拱功能，移动滑架可防止污泥架桥、起拱、板结等现象的发生。

3）具有防爆功能，仓顶设置甲烷浓度检测器，自动报警，智能通风。

4）具有料位检测功能，仓顶设有料位检测仪，可自动检测、报警并实时显示料位。

5）具有就地控制功能，卸料过程可现场操作，并有事故报警和系统紧急停止的功能。

（2）闸板阀

闸板阀用于设备检修时切断污泥缓冲仓和预压螺旋的通道，便于系统的维护，闸板阀为矩形结构，采用液压传动，聚氨酯密封材料，闸板刚度高、耐压高、密封可靠、操作方便、运动灵活。

（3）预压螺旋

预压螺旋为污泥泵的辅助喂料设备，采用变频调速双轴变螺距齿形结构，可以根据设定给料压力自动调整输送量，实现浓料泵正压入料，输送量无级可调并与浓料泵形成闭环控制。

（4）污泥输送泵

由于污泥的高含固率特点，其黏度大、流动性差，为满足输送要求，可采用污泥输送泵。该泵主要由执行部分、液压动力部分和控制部分、润滑部分、冷却部分等组成，是一种新型摆阀式双缸高压柱塞泵。具有如下优点：出口压力大、输送距离远；吸、排料无阻碍，便于高浓度污泥吸入；采用闭式液压系统，压力冲击小、管路压力损失小；无级调节泵送输出量、出料压力稳定；关键运动件表面经过特殊强化处理，使用寿命较长。

（5）高压低摩阻复合管

高压低摩阻复合管特点为：摩擦系数较低、使用寿命较长，耐磨损、耐腐蚀、耐冲击，采用高压密封减震法兰和专用管路固定附件可有效吸收震动，且密封可靠。

（6）高压浓料换向阀

由于污泥是一种非牛顿流体，黏度大、流动性差，内摩擦阻力极高，常规方法无法进行流向切换，为此所需的高压浓料换向阀采用滑阀结构，由液压驱动，性能可靠，动作准确。其一端为出料口，另两端分别与正常系统和备用系统管路相连，保证了两路管道切换自如。

（7）多功能给料器

多功能给料器是一种给料切换装置，采用滑阀结构，以液压为动力。给料器的入料口和输送管相连，两出料端分别和污泥缓冲仓相连，其工位由接近开关限定相应位置。

（8）泵房综合液压站

除污泥输送泵外，管道输送系统中其他所有需液压驱动的设备如搅拌缓冲仓滑架、闸板阀、高压浓料换向阀和多功能给料器等均由综合液压站驱动，通过调节溢流阀可以改变系统工作压力，调节节流阀可以改变系统输出油量，从而调节各液压缸的运动速度。

（9）布料杆

布料杆采用液压驱动调节臂展长度和角度,由于采用旋转折叠式臂架,每节臂的相对旋转都具有优化的转角区域,能够实现大范围布料,采用高强度合金钢材料焊接的臂架轻巧坚实,通过对回转减速器、支腿等部件采用比例控制和缓冲技术优化设计,确保臂架回转动作平稳可靠,整套系统操作方便,可实现远程控制和系统调控。

(10)折叠管

折叠管由高压低摩阻复合管和活接头构成,其内衬复合材料输送阻力小、耐腐蚀,连接法兰采用耐震快装法兰,密封性能可靠,回转阻力较小,动作灵活。

11.2.5.3 污泥管道输送实例

基于锅炉燃烧方案的污泥输送工程实例,某热电股份有限公司使用的污泥管道输送系统在2004年11月底安装调试,12月初正式运转。该系统是通过汽车将污泥从污水处理厂运输至电厂,然后用输送机械将污泥输送到搅拌缓冲仓,再由管道输送系统将污泥送至锅炉的炉顶入料口进入锅炉燃烧,输送参数如下:污泥的含固率为20%,水平输送距离为250m,垂直输送高度为34m,最大输送量为20m³/h。

该系统包括一套污泥泵和一套输送管道系统,主要设备如下:

(1)搅拌缓冲仓:容积20m³,搅拌功率23.5kW;

(2)预压螺旋:输送量20m³/h,电机功率4kW;

(3)污泥输送泵:输送量20m³/h,液压动力油缸压力31.5MPa,泵出口压力18MPa,电机功率132kW;

(4)输送管道:高压低摩阻复合管路,输送距离250m,管道直径ϕ100mm;

(5)另外还有分流阀、多功能给料器、综合液压站、控制系统等配套设备。

输送系统如图11-2-15所示,工程现场图如图11-2-16所示。

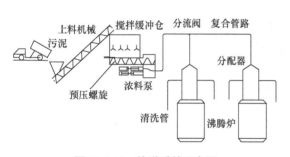

图11-2-15 输送系统示意图

图11-2-16 污泥输送管道工程现场图

除该工程外,在常州某热电厂、南京某热电厂等污泥处理工程中也有污泥管道输送系统的应用,如图11-2-17~图11-2-21所示。

图11-2-17 常州某热电厂污泥管道输送系统

图11-2-18 南京某热电厂污泥管道输送系统(一)

图 11-2-19　南京某热电厂污泥管道输送系统（二）

图 11-2-20　南京某热电厂污泥管道输送系统（三）

11.2.6　污泥泵输送工程实例

11.2.6.1　国外污泥泵应用实例

1991 年 7 月美国水污染控制协会《水环境和技术》杂志介绍了螺杆泵和双缸液压柱塞泵在美国加利福尼亚东岸污水处理厂的应用情况。随着美国政府对市政污泥填埋的限制要求越来越高，东岸污水处理厂必须将每天产生的脱水污泥泥饼的含固率由 16％提高到 20％，因此，东岸污水处理厂增加了一台离心脱水机，并把它同一种当时新颖的污泥泵连接起来，这种污泥泵就是

图 11-2-21　南京某热电厂污泥管道输送系统（四）

液压驱动柱塞泵。该厂的离心机和螺杆泵可以满足 15％～20％含固率的要求，采用离心机和柱塞系统组合后，降低了约 75％的维护成本，除了更换活塞头以外，这种新的污泥泵没有停机记录。另外，根据检测表明，经过两年的操作，该设备运行良好。

东岸污水处理厂研究调查了加利福尼亚的几座污水处理厂，以评估污泥脱水和输送设备。这项研究让东岸污水处理厂决心选用不同的泵送设计对污水处理厂的处理能力进行升级。东岸污水处理厂因为过去使用螺杆泵而对螺杆泵的操作性能进行过研究。为了满足螺杆泵的可靠性要求，通常要求操作人员生产含水率较高的脱水污泥，然而含水率高的污泥明显增加了污泥运输的成本。

柱塞泵和螺杆泵要求同样大小的占地面积，形状都是长条形的。柱塞泵另外需要有设置液压驱动的位置，但是其位置要求并没有限制，因为液压包和柱塞泵之间仅需要用液压管进行连接。这两种泵的管道走向布置均较灵活，因为泵和相关的管道不与大气直接接触，均解决了臭气和溢出问题，整套系统包括料斗、泵、管道是全封闭的，极大地减少污泥脱水机房内的臭气，因此，泵送系统对除臭的要求较低。

11.2.6.2　国内污泥泵应用实例

（1）上海市石洞口污水处理厂

在上海市石洞口污水处理厂，经板框脱水机脱水后，脱水污泥通过无轴螺旋输送机输送至液压式污泥输送泵，污泥输送泵共 2 台，污泥输送量为 10m³/h，液压动力包为 300bar，通过高压管道输送至高架的污泥料仓。污泥料仓共 8 座，每座有效容积为 200m³，每座污泥料仓配置有 1 台料仓液压动力单元、1 台液压式料仓滑架、1 台出泥螺旋输送机、1 套液压式滑动闸门、1 套超声波物位计等。每座污泥料仓下均可由污泥装载车装载污泥外运，其中 2 座污泥料仓下还设液压式污泥输送泵，共 2 台，污泥输送量为 10m³/h，液压动力包为 280bar，并通过长度约 170m 的高压污泥管道输送至污泥干化焚烧车间。鉴于距污泥干化焚烧车间管道较长，该 2 台液压式污泥输送泵还设置管道润滑系统。以上 4 台液压式污泥输送泵均设置冷却循环系统。

污泥输送至污泥干化焚烧车间的污泥仓后，采用螺杆泵将污泥输送至干化炉。泵送系统如图 11-2-22～图 11-2-24 所示。

图 11-2-22 石洞口污水处理厂脱水污泥液压式污泥输送泵输送（一）

图 11-2-23 石洞口污水处理厂脱水污泥液压式污泥输送泵输送（二）

（2）北京高碑店、广州猎德和浙江绍兴等污水处理厂

据《污泥处理处置技术研究进展》，在北京高碑店污水处理厂，从 1990 年到 2005 年已经应用有 80 多台单螺杆泵，其中在污泥处理阶段及脱水污泥的输送阶段均有单螺杆泵的应用；在广州猎德污水处理厂一期、二期工程中使用了单螺杆泵，尤其是在二期脱水污泥输送系统上，输送含固率达 40％ 几乎没有任何流动性的脱水污泥，水平输送距离 298m，高差 5m，在国内是使用螺杆泵输送距离最远的项目之一，在该项目的脱水污泥输送泵配套有周边注射系统、防空转保护器和过压保护器，从而保证了长距离的输送，也解决了高含固率污泥的输送问题；在浙江绍兴污水处理厂，该厂从建厂初期一直都使用单螺杆泵，而且使用效果不错，在二期的脱水污泥输送系统

图 11-2-24 石洞口污水处理厂污泥干化焚烧车间干化机进泥螺杆泵输送

上，又配备了 6 套脱水污泥输送泵，以输送含固率 20％～35％ 的脱水污泥，至今安全平稳运行。

11.3 污泥储存设计

11.3.1 污泥储存方式

由于污水处理厂的污水量和水质随时间和季节变化很大，因此产生的污泥量也随之变化。但污泥的某些处理单元，如污泥消化、污泥脱水前的预处理（包括化学调节、热处理、冷冻处理等）、污泥机械脱水、污泥利用等要求污泥量均匀稳定以保证处理效果，故存在着污泥量和处理量之间的不平衡，同时污泥外运，受气候条件的影响和外运处置场地的限制，也需要有污泥储存装置进行调蓄。

最简单的储存方式是在脱水机旁边设置一污泥堆棚，临时堆放污泥，但对周边环境的影响较大。污水处理厂的某些构筑物，具有储存污泥的功能，如沉淀池的污泥斗、重力浓缩池、消化池等，但都只能短期储存，不能作不平衡之间的调蓄。专用的污泥储存装置的容积设计，必须通过污泥产量不平衡的统计确定。

11.3.1.1　污泥泵房储泥池

污泥泵房一般需要设置储泥池，储泥池的容积根据投入量、排出量和维护管理上需要的储存时间确定，其最小容积应为污泥泵连续工作 15min 的抽泥量，储泥池中应采取一定的搅拌措施以防污泥沉淀，同时为了储泥池的清扫和附属机械的检修，有时需将储泥池放空，池数至少设 2 座。

11.3.1.2　脱水污泥储存料仓

污泥储存料仓在污水处理厂的设计中主要承担 3 种角色。

（1）卸料料仓：料仓用于脱水污泥装车外运。

（2）中间料仓：料仓被集成到处理流程之中，平衡物料进出，并对最终的污泥排放计量。

（3）接料料仓：料仓用来接收从其他工厂送来的污泥。

储存料仓滑架结构如图 11-3-1 所示，储存料仓实物布置如图 11-3-2 所示。

传统污泥储存料仓是尖底料仓，其中污泥在仓内的架桥现象是较难解决的问题。20 世纪 90 年代以来，产生了新的料仓设计，即平底并带有滑架或推架的料仓。滑架或推架仓底技术解决了物料在仓体内的架桥问题，而且通过改变料仓结构，变斜底为平底，增大了料仓的储存体积。同时配合仓底卸料螺旋输送机的使用，提高了卸料效率。这种新型料仓的关键技术在于仓底滑动钢架的液压驱动和板框倾角，不同的设计对于卸料的效率和使用寿命会有较大影响。

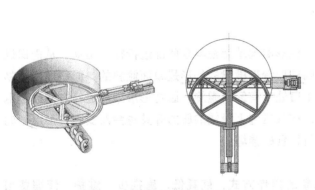

图 11-3-1　储存料仓滑架结构图

图 11-3-2　储存料仓实物布置图

11.3.2　污泥储存设备

11.3.2.1　圆柱形料仓滑架卸料设备

（1）结构形式

1977 年发明了圆柱形料仓滑架，如图 11-3-3 所示，专门用于圆柱形料仓中卸料不易流动的物料，例如脱水后的污泥等。

30 多年来，该圆形滑架成功地用于各种不同物料的料仓。用于储存污泥用的料仓直径由 $\phi2.5m$ 到 $\phi12m$，料仓容积从 $5m^3$ 到 $2500m^3$。

一个料仓卸料设备一般有如下部件组成：液压包、液压油缸驱动的滑架单元、卸料螺旋和液压驱动的闸板阀。滑架通过液压管与液压缸相连，穿过料仓壁，壁上装有一个可以调节的填料套，这样就保证了驱动连接件的密封，不会有物料向外渗漏。这样的布置，所有需要维护的部件都安装在料仓外面，便于维护管理。根据卸料功率的不同，圆柱形料仓滑架的行程周期为 $2\sim3min$。由于圆柱形滑架运行缓慢，所以磨损非常小。根据所需推力及应用的不同，对于直径 $\phi6m$ 以上的料仓，滑架装有 2 个相对应的液压缸，用于分担所需的推力。另有一种分体滑架，一般用于大约 $500m^3$ 以上的大型料仓，即使滑架的一半出现故障，另一半也会继续运行，将料仓卸空，设备可靠性增加了 1 倍，安装中的圆柱形料仓滑架如图 11-3-4 所示。

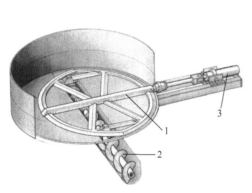
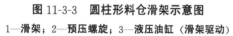

图 11-3-3　圆柱形料仓滑架示意图
1—滑架；2—预压螺旋；3—液压油缸（滑架驱动）

图 11-3-4　安装中的圆柱形料仓滑架

圆柱形滑架可以建在钢板制成的料仓内，也可以建在混凝土或者塑料制成的料仓内。

（2）运行操作

1）闸板阀通过滑架液压包驱动打开；

2）卸料螺旋开始旋转；

3）滑架开始运行。

通过单向或者双向作用的液压缸驱动，圆柱形滑架单元在料仓底部进行往返运动，从而保证物料在卸料口均匀输出，并起到破拱作用。圆柱形滑架横梁的外形是单面倾斜的，倾斜面刮起物料；竖直断面推动物料至料仓底的出口，在出口处装有卸料螺旋。圆柱形滑架的运行方向通过电感应到位开关切换，如果到位开关没有按动，在液压包上设置的压力开关也会改变圆柱形滑架的运行方向。这样，可以避免引起圆柱形滑架与料仓的损坏。

（3）主要特点

全封闭的系统，无臭气外溢，高效、简单的操作方式，能耗低，磨损少，维护、修理费用少，输出物料配量精确，平底料仓制造方便经济。

11.3.2.2　矩形料仓滑架卸料设备

矩形料仓滑架，如图 11-3-5 所示，专门用于矩形料仓中卸料不易流动的物料。用于储存污泥用的料仓长度有 $2.5\sim16m$，宽度有 $2.5\sim13m$，料仓容积从 $10\sim800m^3$，矩形滑架料仓的设计灵活，因为矩形滑架可以多组并排在一起，后期拓宽随时可以实现。

一个料仓里安装的矩形滑架组数根据承载确定，每个滑架单元的宽度一般在 $1.5\sim3m$ 之间。矩形料仓滑架有多种设计形式。例如，将物料从驱动油缸端输送到料仓另一端的卸料口的设计；

在料仓底板中部有一个或多个卸料口，物料通过滑架从两端向中间推送的设计；卸料口是在料仓的液压油缸端的设计等。

11.3.3 污泥储存工程实例

上海市石洞口污水处理厂，设置 8 座脱水污泥储存料仓，每座有效容积为 200m³，该工程如图 11-3-6 所示。每座污泥料仓配置有 1 台料仓液压动力单元、1 台液压式料仓滑架、1 台出泥螺旋输送机、1 套液压式滑动闸门、1 套超声波物位计等。每座污泥料仓下均可由污泥装载车装载污泥外运，其中 2 座污泥料仓下还设液压式污泥输送泵，共 2 台，并通过高压污泥管路输送至污泥干化焚烧车间。脱水污泥料仓剖面图如图 11-3-7 所示，脱水污泥料仓顶层平面图如图 11-3-8 所示。

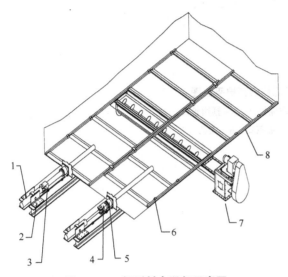

图 11-3-5 矩形料仓滑架示意图

1—液压油缸；2—油缸固定角铁；3—到位开关；4—叉头；
5—填料套；6—压头；7—卸料螺旋；8—滑架外框

图 11-3-6 石洞口污水处理厂脱水污泥料仓

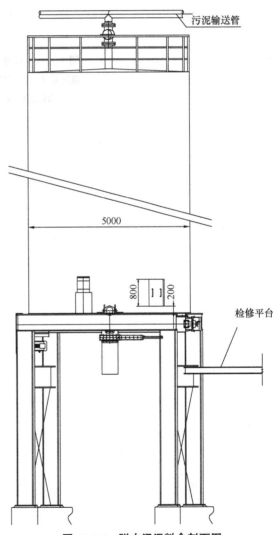

图 11-3-7 脱水污泥料仓剖面图

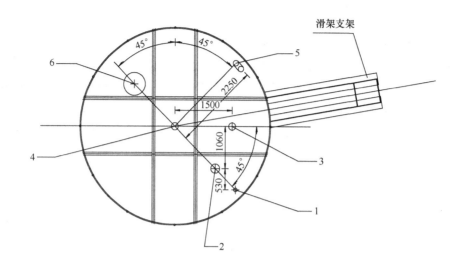

图 11-3-8 脱水污泥料仓顶层平面图

1—溢流装置；2—超声波泥位计；3—预留管口；

4—污泥进料口；5—溢气口；6—人孔

第12章 配电和自控设计

12.1 供配电设计

污水处理厂由污水的收集、输送、处理到排放，其动力一般为电力，因此，污水厂供配电系统设计的可靠性，显得尤其重要。

根据我国供电部门的一般规定，污水处理厂变电所为用户站，其变配电设计应满足我国有关规范和当地电力部门对用户站的要求，同时，还应该充分考虑污水处理工艺的自身特点，使供配电系统能够满足"安全、可靠、灵活、经济"的设计原则，避免不必要的浪费。

12.1.1 负荷等级和供电要求

供配电系统，应为下级负荷提供合适的电能，满足整个工艺系统运行的需求，同时满足其安全、可靠的要求，因此，负荷等级是供配电系统设计的基础。

我国将负荷根据可靠性要求划分为三个等级，国家标准《供配电系统设计规范》GB 50052—95 第2.0.1条规定电力负荷应根据对供电可靠性的要求及中断供电在政治、经济上所造成损失或影响的程度进行分级，并应符合下列规定。

12.1.1.1 符合下列情况之一时，应为一级负荷。

(1) 中断供电将造成人身伤亡时。

(2) 中断供电将在政治、经济上造成重大损失时。例如：重大设备损坏、重大产品报废、用重要原料生产的产品大量报废，国民经济中重点企业的连续生产过程被打乱需要长时间才能恢复等。

(3) 中断供电将影响有重大政治、经济意义的用电单位的正常工作。例如：重要交通枢纽、重要通信枢纽、重要宾馆、大型体育场馆、经常用于国际活动的大量人员集中的公共场所等用电单位中的重要电力负荷。

在一级负荷中，当中断供电将发生中毒、爆炸和火灾等情况的负荷，以及特别重要场所的不允许中断供电的负荷，应视为特别重要的负荷。

12.1.1.2 符合下列情况之一时，应为二级负荷。

(1) 中断供电将在政治、经济上造成较大损失时。例如：主要设备损坏、大量产品报废、连续生产过程被打乱需较长时间才能恢复、重点企业大量减产等。

(2) 中断供电将影响重要用电单位的正常工作。例如：交通枢纽、通信枢纽等用电单位中的重要电力负荷，以及中断供电将造成大型影剧院、大型商场等较多人员集中的重要公共场所秩序混乱。

12.1.1.3 不属于一级和二级负荷者应为三级负荷。

国家标准《室外排水设计规范》GB 50014—2006 第5.1.9条规定"排水泵站供电应按二级负荷设计，特别重要的泵站，应按一级负荷设计。当不能满足上述要求时，应设置备用动力设施。"；第6.1.19条规定"污水厂的供电系统，应按二级负荷设计，重要的污水厂宜按一级负荷设计。当不能满足上述要求时，应设置备用动力设施"。因此，污水厂的用电负荷一般按二级负荷设计，大型污水厂，且管网缺乏调配能力，全厂失电污水外溢可能造成重大影响的污水厂，宜按一级负荷设计。当污水厂为一级负荷时，应由两个电源供电。当一个电源发生故障时，另一个电源不应同时受到损坏。当为二级负荷时，宜由两回线路供电。在负荷较小或地区供电条件困难时，也可由一回 6kV 及以上专用的架空线路或电缆供电。当采用架空线时，可为一回架空线供电；当采用电缆线路时，应采用两根电缆组成的线路供电，其每根电缆应能承受 100% 的二级负荷。

污水厂一、二级负荷一般按 60%～70% 最大计算负荷计算。

12.1.2 电压等级选择

污水厂的供电电压等级应根据用电容量、用电设备特性、供电距离、供电线路的回路数、当地公共电网现状及其发展规划等因素，经技术经济比较后确定。我国现行采用的供电电压等级为 110kV、35kV、10kV、380/220V，各级电压线路的送电能力如表 12-1-1 所示。

各级电压线路的送电能力　　　　　　　　　　　表 12-1-1

标称电压（kV）	线路种类	送电容量（MW）	供电距离（km）
10	架空线	0.2～2	20～6
	电缆	5	6 以下
35	架空线	2～8	50～20
	电缆	15	20 以下

注：表中数字的计算依据：

1. 架空线及 6～10kV 电缆截面最大 240mm²，35kV 电缆截面最大 240mm²，电压损失 ≤5%。

2. 导线的实际工作温度：架空线 55℃，6～10kV 电缆 90℃，35kV 电缆 80℃。

3. 导线间的几何均距：6～10kV 为 1.25m，35kV 为 3m，功率因数均为 0.85。

通常各地电力部门根据用户负荷容量确定供电电压等级，如上海地区，供电电压等级按表 12-1-2 划分。

用户的供电电压　　　　　　　　　　　表 12-1-2

供电电压（kV）	用户受电设备总容量（kVA）	供电电压（kV）	用户受电设备总容量（kVA）
10	250～6300（含 6300）	110 及以上	40000 及以上
35	6300 以上至 40000		

随着我国经济的发展，各地区污水处理系统向统一规划，全面覆盖和集中分散相结合处理的方向发展，采用低压供电的小型污水厂已越来越少，本书不再论述。不同的地区，对供电的电压等级和负荷的大小有不同的规定，因此，设计时应向当地电力部门进行征询并得到认可。

污水厂的主要用电设备为污水泵、鼓风机、污泥泵和各类机械设备等，当其电动机功率小于 200kW 时，宜采用低压电动机；当电动机功率大于 400kW 时，宜采用高压电动机；介于二者之间时，应进行技术经济比较后确定电压等级。其他的一般设备，通常为低压负荷。

高压电动机的电压等级，一般为 10kV 或 6kV。随着 10kV 电动机越来越多的使用和其造价的降低，在外部电源采用 10kV 供电时，应优先考虑采用 10kV 高压电动机的直配电方案，但 10kV 高压电动机价格较 6kV 高，因此，需进行充分的技术经济比较。另外，我国一些地区的供电部门尚未接受 10kV 高压电动机的直配方案，因此，在设计前期就需与有关部门做好沟通工作；在外部电源采用 35kV 供电时，应根据技术经济比较确定高压电动机的电压等级；采用变频调速时，如果技术经济合理，可考虑采用其他电压等级的电动机。

污水处理系统中采用潜水泵时，由于目前潜水泵的制造工艺等因素，缺乏高压电动机的质量稳定的产品，一般采用 380V 电压等级，当采用 380V 电压等级不合理时，推荐采用 660V 电压等级。

12.1.3　变配电系统

12.1.3.1　变配电所设置

污水厂设置一个中心级的变配电所（或总降压站），接受外电网的电源，并以合适的电压将电源送至各用电点，中心级的变配电所应该设置在全厂的负荷中心，但同时要考虑电源进线的方便和出线电缆的通道。污水厂的主要负荷一般集中在进水泵房、鼓风机房、污泥泵房、脱水机房、紫外线消毒和出水泵房内，对于采用高压电动机的污水厂，中心级的变配电所宜附设在泵房（水泵采用高压电动机）或鼓风机房（鼓风机采用高压电动机）旁，减少配电环节，大型的变配电所或总降压站也可独立设置于泵房、鼓风机房近旁，没有高压电动机的污水厂，中心级的变配电所设置在负荷中心，一般也附设在主要泵房、鼓风机房旁或附近。

除了中心级的变配电所（或总降压站），污水厂应根据需要设置高压配电间和变电所，如污水厂内有几个采用高压电动机的泵房且距离相隔较远时，中心变电所直接馈电的泵房以外的其他泵房内可以设置二级配电设施及其配电间，减少供电电缆，方便控制和保护。

污水厂占地较大或低压用电负荷较大时，应根据负荷分布划分低压供电的区域，每个区域内设置变电所，为该区域内低压用电负荷提供交流 380/220V 电源，变电所应该设置在各个区域的负荷中心，污水厂的低压负荷一般集中在采用低压电动机的进水泵站、回流污泥泵房、剩余污泥泵房、出水泵房、曝气生物滤池冲洗泵房、污泥脱水机房、鼓风机房等建筑物内，变电所可以附设在这些建筑物旁。

12.1.3.2　典型的主接线

污水厂工程变、配电所主接线应综合电源电压等级、电源可靠性、污水厂负荷等级和当地电力部门的规定等多种因素进行设计，常用主接线有线路变压器组、双电源单母线（分段或不分段）和双电源内桥、全桥等多种接线方式。污水厂工程中，一般不采用双母线接线。

(1) 35kV、110kV 变电所

35kV、110kV 变电所，可采用线路变压器组、内桥、外桥、全桥接线和 H 形接线，各接线形式如图 12-1-1～图 12-1-5 所示。

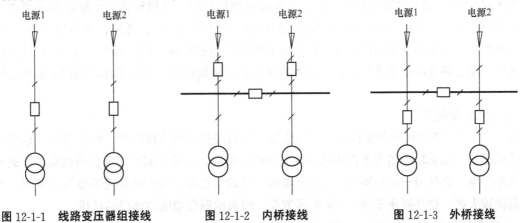

图 12-1-1　线路变压器组接线　　图 12-1-2　内桥接线　　图 12-1-3　外桥接线

线路变压器组为一路电源进线带一个变压器的接线方式，其特点是结构简单、设备少、继电保护设置容易，但无论线路故障还是变压器故障，都将使 1 台变压器退出运行，不够灵活。

内桥接线是在两路电源的进线断路器内侧增加 1 个分段断路器（桥开关）及相应的隔离开关，其特点是当一路电源失电时，经过断路器的切换，仍然可以通过 2 台主变压器对污水厂供电，因此较线路变压器组接线灵活，内桥接线对两路电源的投入和退出比较方便，2 台变压器投

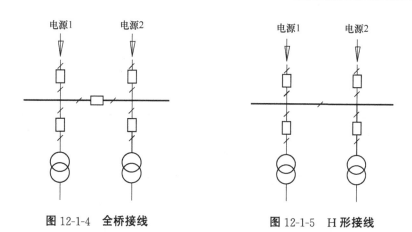

图 12-1-4　全桥接线　　　　　　图 12-1-5　H 形接线

入和退出则需通过倒闸操作来完成，稍微麻烦一点，另外，内桥接线处于单路电源运行工况时，未通过桥开关的变压器故障，将会使 2 台变压器均退出运行，出现全厂暂时断电的情况，需通过倒闸操作后恢复 1 台变压器供电，但因为内桥接线的分段断路器在进线断路器内侧，与外线接口少，是电力部门比较容易接受的方案。

外桥接线是在两路电源的进线断路器外侧增加一个分段断路器（桥开关）及相应的隔离开关，该接线同样可以在一路电源失电时，经过断路器的切换，仍然通过 2 台主变压器对污水厂供电，外桥接线对 2 台变压器的投入和退出比较方便，两路电源投入和退出则需通过倒闸操作来完成，稍微麻烦一点，但因为分段断路器在进线断路器外侧，增加了上级变电所出线断路器跳闸的几率，电力部门通常不接受该方案。

全桥接线即单母线分段接线，采用 5 个断路器，兼有内桥和外桥接线的优点，无论电源还是变压器均可灵活切换，也避免内桥接线单路电源运行时，可能出现的全厂断电的状况，但全桥接线设备相对较多，投资相对较大；

H 形接线是在全桥接线的基础上，在桥臂上省略断路器，仅采用隔离开关，该方案除了在两路电源供电模式切换成一路电源供电或一路电源供电恢复到两路电源供电时需要进行倒闸操作外，具有全桥接线其他所有的特点，并可减少 1 台断路器。

考虑到 110kV 电源可靠性较高，断路器等设备价格较高，占地较大，一般推荐采用线路变压器组的接线形式。目前 35kV 系统通常采用开关柜的形式，内桥、外桥、全桥接线和 H 形接线的开关柜数量一般都是相同的，仅断路器及其保护装置的配置不同，因此，35kV 系统宜根据负荷性质、电源条件和投资情况，合理选用接线形式。重要污水厂一般推荐采用内桥或全桥接线形式。

（2）10kV 变电所

污水厂 10kV 变电所一般采用两路电源进线，单母线分段的接线形式，特殊情况，也可以不设分段断路器。负荷较小的污水厂或地区供电条件困难时，也可由满足二级负荷供电条件的一回专用线路供电。在我国一些取消 35kV 配电电压等级的区域或 35kV 供电网络薄弱的区域，当污水厂负荷较大时，也有采用三路 10kV 电源方案，但需得到当地电力部门的认可。

10kV 各接线形式如图 12-1-6～图 12-1-9 所示。

当污水厂为 10kV 供电而水泵采用 10kV 高压直配电动机时，可简化系统，减少开关设备，增加供、配电系统的可靠性，同时可避免因增加一级电压转换引起的损耗，但应考虑电动机起动对电网电压波动的影响，一般建议限制在 5% 以内。同时应考虑采取必要的技术措施防止雷电通过外线对电动机过电压的侵害。

10kV 进线采用 10kV 及 6kV 电动机的典型接线形式如图 12-1-10、图 12-1-11 所示。

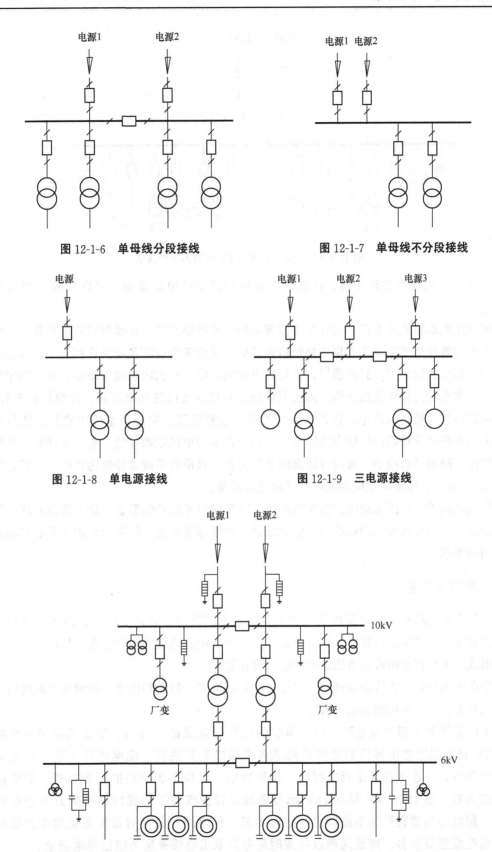

图 12-1-6　单母线分段接线　　　　　　图 12-1-7　单母线不分段接线

图 12-1-8　单电源接线　　　　　　图 12-1-9　三电源接线

图 12-1-10　10kV 进线 6kV 电动机典型接线

12.1.3.3　无功功率补偿

　　污水厂功率因数应按达到 0.9 以上设计，一般采用高、低压侧装设并联电容器的方式进行无功功率补偿，补偿装置尽量靠近用电点，380V 配电系统因负荷较分散且分级补偿设备造

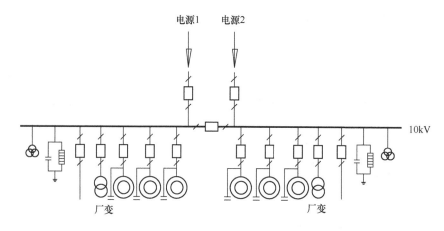

图 12-1-11　10kV 进线 10kV 电动机典型接线

价不高，一般采用集中自动补偿，补偿装置集中设置在配电母排侧，并联电容器组采用三角形接法。

采用高压电动机的污水厂，应在该电压等级侧装设补偿装置，补偿形式可采用集中补偿、集中自动补偿和单机就地补偿等。集中补偿价格较低，但由于没有随负荷变化而自动调节功能，对于负荷变化较大的污水厂，只能通过人工投切来控制补偿，不仅增加操作难度，而且功率因数变化较大，经常出现欠补偿或过补偿。高压无功自动补偿通过检测功率因数，分级投切电容器组，使功率因数保持在较高的水平，但高压投切设备的投资较高。由于污水厂内的高压负荷是电动机，其无功容量由电动机的投切台数确定，因此适合采用单机就地补偿，每台电动机单独配置补偿电容器组，随电动机投切，可确保较高的功率因数。采用单机就地补偿污水厂，一般功率因数可达到 0.95 以上。高压补偿电容器组宜采用星形接法。

高压供电而没有高压电动机的变配电系统，高压侧可不设补偿装置，功率因数可通过提高低压侧的功率因数和采用低无功的高效节能变压器，使电源进线处（计量处）的功率因数满足当地供电部门的要求。

12.1.4　变电所布置

污水厂变配电所一般采用室内布置方式，附设于工艺用房旁，一层布置为主，通常由高配间、变压器室、低配间、控制室、电容器室、启动器或调速装置室和辅助室（如值班、工具、厕所等）组成，大型变电所或总降压站也可以二层布置。

变配电所的布置，流程应合理，减少电能损耗和电缆、母排的数量，附设式变配电所，控制室尽可能与工艺需要的控制室统一考虑。

污水厂应优先采用可靠性高、维护量少的成套配电设备，110kV 推荐采用组合型配电开关，35kV 及其以下电压等级的配电设备推荐采用成套开关柜，配电柜的布置，应该考虑场地和土建条件，一般尽量采用柜前操作、柜后检修、电缆下进下出的布置形式，配电柜采用单排布置为宜，当 10(6)kV 和 0.4kV 配电柜数量较多或为了扩建时增柜的方便也可采用双排布置，配电柜两侧宜预留空位满足扩建时需求。配电间一般柜后设置电缆沟作为进出电缆通道，当电缆数量很多，电缆沟难以布置时可考虑采用电缆夹层为进出电缆通道。

配电间内各种通道的最小宽度应满足设备操作检修要求和有关规范的要求，并留有配电柜扩建的可能。35kV、10(6)kV 配电间内各种通道的最小宽度（净距）应满足表 12-1-3 的要求。

0.4kV 配电间内各种通道的最小宽度（净距）应满足表 12-1-4 的要求。

35kV、10(6)kV 配电间内各种通道的最小宽度(mm)　　　　表 12-1-3

开关柜布置方式	柜后维护通道	柜前操作通道	
		固定式	手车式
单排布置	800	1500	单车长度＋1200
双排面对面布置	800～1000	2000	双车长度＋900

注：1. 当采用 35kV 手车式开关柜时，柜后通道不宜小于 1.0m。

　　2. 当采用 GIS 柜时，其通道宽度不宜小于 1.5m。

　　3. 遇建筑物墙柱局部突出时，突出处允许缩小 200mm。

0.4kV 配电间内各种通道的最小宽度(mm)　　　　表 12-1-4

开关柜布置方式	柜后维护通道	柜前操作通道	
		固定式	抽屉式
单排布置	1000	1500	1800
双排面对面布置	1000	2000	2300

注：遇建筑物墙柱局部突出时，突出处允许缩小 200mm。

变配电间长度 7～60m 时应设置两个出口，出口宜布置在配电间两端，长度大于 60m 时应增加一个出口。配电柜长度大于 6m 时柜后应有两个出口，低压配电柜大于 15m 时，应增加出口。

变配电间的门、窗应符合防火要求，应设置防止小动物侵入的措施。变配电间门应外开，相邻变配电间门应双向开启。

油浸变压器或大容量干式变压器应独立设置变压器室。中、小容量 10(6)/0.4kV 干式变压器可以和低配柜相邻布置。油浸变压器其外廓和变压器室四壁的最小净距应符合表 12-1-5 要求。

油浸变压器外廓和变压器室四壁的最小净距（mm）　　　　表 12-1-5

变压器容量（kVA）	1000 及以下	1250 及以上
变压器与后壁、侧壁之间	600	800
变压器与门之间	800	1000

独立设置于变压器室的干式变压器和变压器室四壁的最小净距也可按照上表执行，全封闭型的干式变压器可不受上述距离限制。

非封闭干式变压器应装设高度不低于 1.7mm 固定遮拦，遮拦网孔不应大于 40mm×40mm。变压器的外廓和遮拦的净距不宜小于 0.6m。变压器室的裸露母排也应装设固定遮拦，其和母排的距离应满足安全净距的要求。油浸变压器考虑吊芯检修时，变压器室的室内高度可按吊芯所需的最小高度再加 700mm，宽度可按变压器两侧各加 800mm。

变压器室通风面积应根据变压器容量确定，优先采用自然通风，当自然通风面积不满足时可考虑机械通风。变压器室门尽可能避免西向。变压器容量 1000kVA 及以下时一般采用低式或高式布置，高式时地坪抬高 0.9m；变压器容量 1250kVA 及以上时宜采用高式布置，地坪抬高 1.2m。

10(6)/0.4kV 干式变压器和低压配电柜并排布置时，变压器宜设置罩壳，其通风应满足变压器的散热要求。

变压器室门、通风百叶窗应符合防火、防水、防小动物和防雨水浸入要求。门应外开，门宽大于 1.5m 时宜开设巡视小门。总油量超过 100kg 油浸式变压器应设置储油设施或挡油设施。储油设施容量按 100％油量考虑。挡油设施容量按 20％油量考虑，并应有事故油安全排放措施。

12.1.5　电气节能

我国的污水厂，大部分采用水泵提升和鼓风机曝气工艺，因而需要消耗大量的电能，节能在我国越来越得到重视，污水厂的节能，重点在工艺的合理性和工艺设备的选择上，但电气设计也可以在以下方面开展工作：

（1）配合工艺专业，选择合适水泵的电动机，避免"大马拉小车"引起的额外损耗；

（2）配合工艺专业，选择高效节能的调速装置，使水泵可在满足水量、扬程的前提下，消耗最少的电能，以及根据需要进行曝气，减少电能的浪费；

（3）合理设计电气系统，减少电压等级以减少电压转换产生的能耗，如10kV供电的污水厂高压电动机尽可能采用10kV电压等级，低压配电中心应深入用电负荷中心，避免大电流长距离输电；

（4）应选择低损耗的变压器，变压器的容量选择，应考虑使变压器大部分时间运行在高效区；

（5）条件许可的情况下，水泵等负荷宜采用功率因数就地补偿方式，使系统保持较高的功率因数，减少系统无功损耗；

（6）主要的电缆，宜按照经济电流密度选择截面。

12.1.6　典型工程设计

某污水厂在原一级强化处理的基础上升级改造并扩建，扩建后污水厂日处理水量达 30 万 m^3。包括一级强化处理、二级处理和污泥厌氧消化处理等工艺，一级强化处理工艺采用高效沉淀池工艺，其用电负荷如表 12-1-6 所示：

厂区用电负荷表 表 12-1-6

编　号	用　电　点	近期计算容量（kW）
1	细格栅	71.41
2	组合式高效沉淀池	59.42
3	细格栅（B）	71.41
4	汇水井	1.8
5	组合式高效沉淀池（B）	59.42
6	$FeCl_3$ 加药间	10.73
7	提升泵房	852
8	曝气生物滤池及鼓风机房（A）	1848.9
9	曝气生物滤池及鼓风机房（B）	1859.9
10	3# 变电所	10
11	气浮池	178.27
12	气浮池聚合物及控制室	10.21
13	甲醇加药间	7.67
14	紫外线消毒装置	227.4
15	污泥均质池	29.6
16	污泥浓缩机房	51.43
17	湿污泥池	1.6
18	污泥厌氧消化池及操作楼	173.71
19	沼气鼓风机及锅炉房	46.71
20	综合楼	120

编　号	用　电　点	近期计算容量（kW）
21	门卫	18
22	机修车间、仓库及车库	23
23	再生水回用装置	266
24	4# 变电所	14
25	高配间	10
26	除臭装置	15.2
27	再生水回用提升泵房	101
28	辅助楼及仓库	70
29	脱水机房	462.26
30	原有细格栅房、曝气沉砂池等	37.8
31	原有出水泵房	720
32	原有集控楼	31.5
合　计		7460.35

　　该厂为中型污水处理厂，厂内供电负荷等级为二级，原厂和排洪泵站合建，由于改制后成为两家管理单位，因此，经与当地电力部门协商，污水处理厂单独申请电源，根据该厂的负荷性质和容量，当地电力部门提供两路 10kV 电源，两路电源同时运行，互为备用，当一路电源因故停运时，另一路电源能承担全部电气设备的用电。

　　该污水处理厂工艺布置比较紧凑，主要负荷集中在两座曝气生物滤池及鼓风机房，每座接近 2000kW，另外，相对负荷较大的构、建筑物还有再生水回用装置、脱水机房、生物滤池提升泵房等，经过对投资、损耗等多方面技术、经济的比较，厂内设置 4 座变电所，每座变电所内设置配电变压器 2 台，2 台变压器同时运行，互为备用，根据污水厂的性质要求，变压器选择以 1 台变压器故障时，满足大于 60%～70% 的计算负荷为原则。各变电所情况如表 12-1-7 所示：

变 电 所 汇 总 表　　　　　　　　　　　　　　　　表 12-1-7

变电所名称	计算容量（kVA）	变压器容量（kVA）	负载率	事故时供电保证率	供 电 范 围
1# 变电所	2095	2×1600	65%	76%	紫外线消毒、曝气生物滤池 A
2# 变电所	1930	2×1600	60%	83%	曝气生物滤池 B
3# 变电所	1609	2×1250	64%	78%	厂前区、污泥消化设施、加药间、提升泵房、气浮池、污泥浓缩、均质池等污水厂西部
4# 变电所	1916	2×1250	77%	65%	高效沉淀池、细格栅、再生水回用、排水泵房、除臭装置、原有设施等污水厂东部
全厂总计	7550				

　　注：各变电所计算负荷考虑了同期系数并计入了变压器损耗。

　　该厂无高压电动机等高压负荷，且厂区用地紧张，管线复杂，因此高压配电间设置在厂区东部，以方便电源接入，由于工程建设需要，4# 变电所与高压配电间未同步实施，因此，高压配电间未与 4# 变电所合建。变电所及高配间位置如图 12-1-12 所示。

　　10kV 系统采用单母线分段接线，系统接线如图 12-1-13 所示。

　　高压配电间采用单层布置，并根据当地电力部门要求，预留环网开关柜室（开闭所），布置图如图 12-1-14、图 12-1-15 所示。

　　全厂各变电所以附设式为主，10kV 高压侧设置负荷开关柜作检修时的安全隔离，低压侧采用单母线分段接线，1# 变电所的系统图 12-1-16 所示。

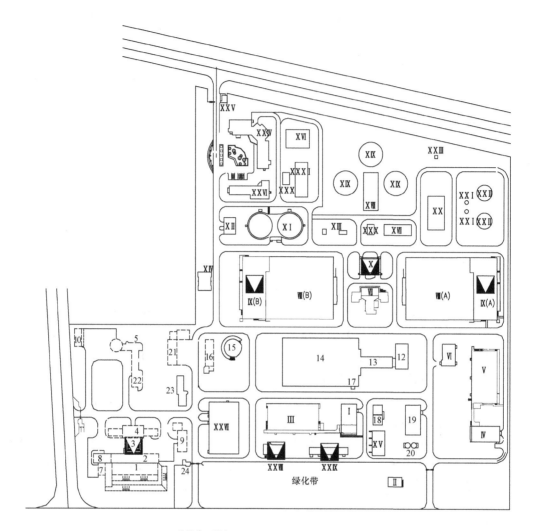

构筑物一览表

原有构筑物名称				新建构筑物名称			
编号	构筑物名称	编号	构筑物名称	编号	构筑物名称	编号	构筑物名称
1	集水池	17	污泥泵房	I	细格栅房	XVII	湿污泥池
2	排洪泵房	18	贮泥池	II	组合式高效沉淀池	XVIII	操作楼
3	变配电所	19	脱水机房	III	汇水井	XIX	蛋形消化池
4	高位井	20	污泥堆棚	IV	细格栅房(B)	XX	沼气鼓风机及锅炉房
5	出水箱涵	21	车库	V	组合式高效沉淀池(B)	XXI	脱硫塔
6	出水箱涵	22	综合楼	VI	FeCl₃加药间	XXII	沼气柜
7	格栅井	23	集控楼	VII	生物滤池提升泵房	XXIII	燃烧塔
8	污水泵房	24	门卫	VIII	生物滤池	XXIV	综合楼
9	机修车间及仓库			IX	鼓风机房及1号(2号)变电所	XXV	门卫
10	车库			X	3#变电所	XXVI	机修车间仓库及车库
11	门卫			XI	气浮池	XXVII	中水回用处理设施
12	细格栅房			XII	气浮池聚合物及控制室	XXVIII	4#变电所
13	曝气沉砂池			XIII	甲醇加药间	XXIX	高配间
14	初沉池			XIV	紫外线消毒池	XXX	除臭装置
15	排海泵房			XV	污泥均质池	XXXI	储泥池
16	加氯间			XVI	污泥浓缩机房		

图例

◻ 建构筑物

▭ 道路

⋈ 大门

◣◢ 变电所或高配间

图 12-1-12 厂区总平面示意图

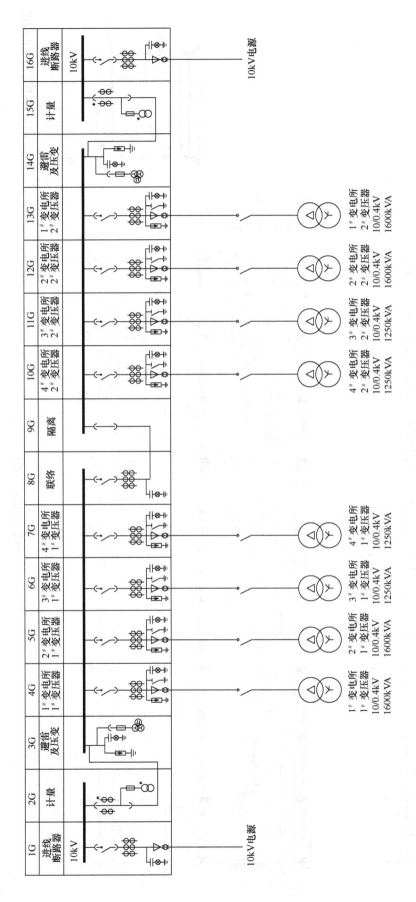

图 12-1-13　10kV 系统接线图

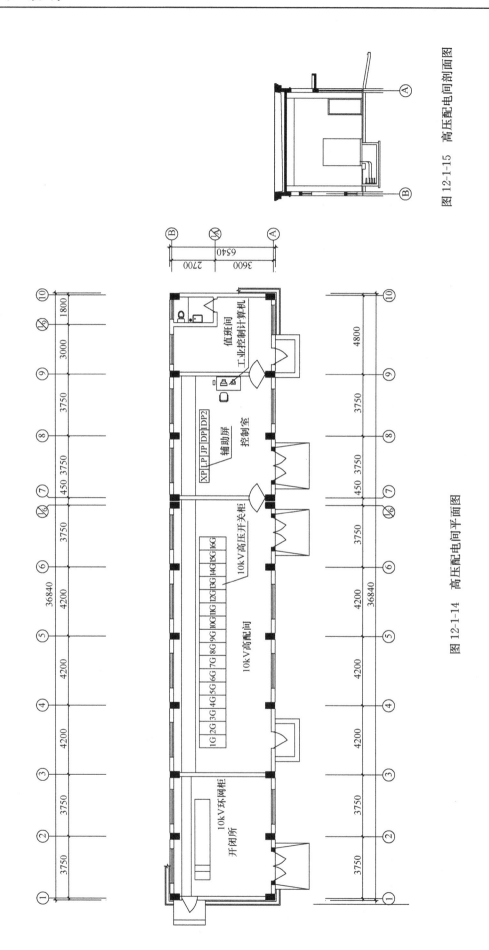

图 12-1-15 高压配电间剖面图

图 12-1-14 高压配电间平面图

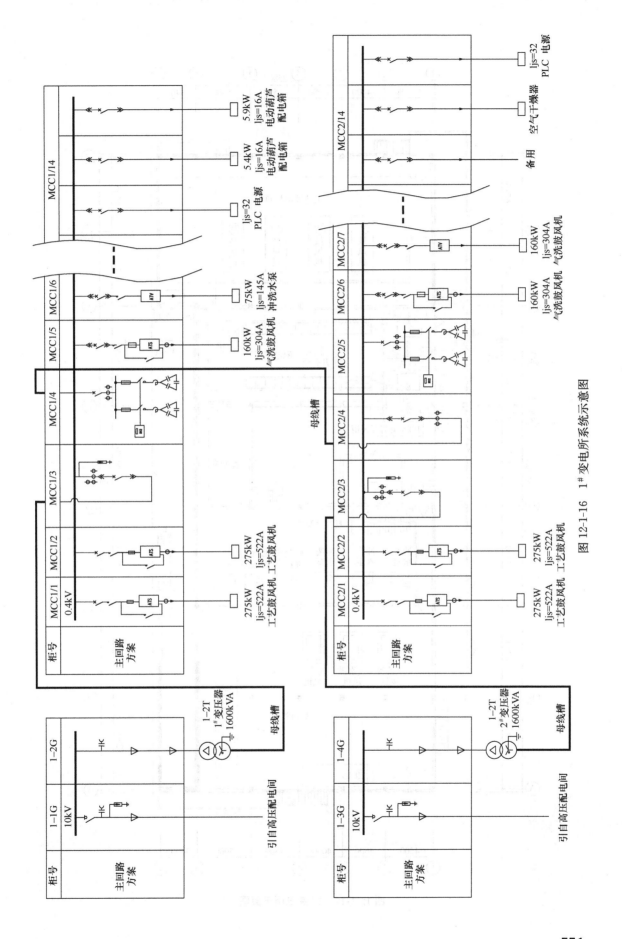

图 12-1-16　1# 变电所系统示意图

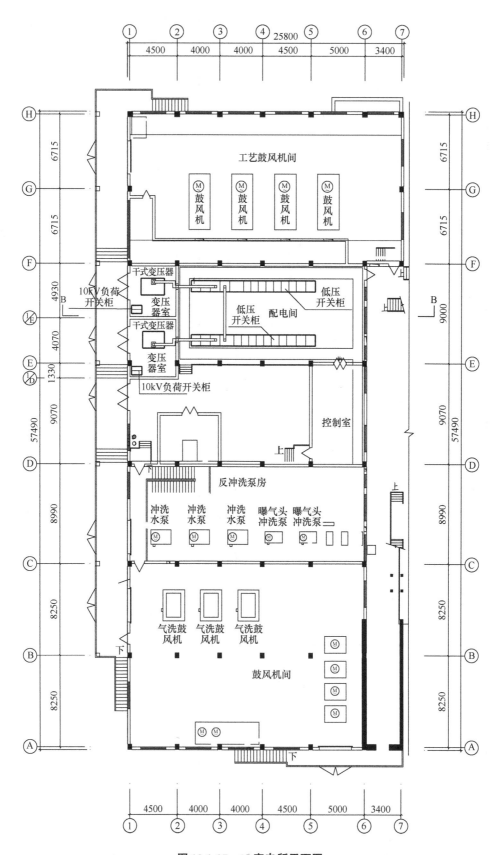

图 12-1-17 1#变电所平面图

　　污水厂的一些主要构筑物，一般体量比较大，变电所应该尽可能与这些构筑物结合以便深入负荷中心，减少输电的损耗，同时也方便管理，减少占地，节省投资。该厂 1# 、2# 变电所结合曝气生物滤池，利用管廊上部空间，在曝气生物滤池的鼓风机房和冲洗泵房之间布置，由于该变电所的主要负荷是鼓风机和冲洗泵，因此大电流大截面的电缆大大减少，也减少了相应的电压损耗、能源损耗，其中 1# 变电所布置如图 12-1-17、图 12-1-18 所示。

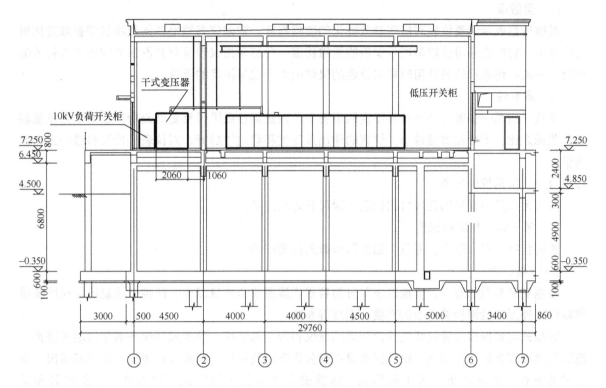

图 12-1-18　1# 变电所剖面图

12.2　自控设计

12.2.1　仪表配置设计

12.2.1.1　过程检测仪表设置目的

　　过程检测仪表在污水厂内用于在线连续检测和显示各工艺流程的工艺、水质等参数，是污水厂运行管理的重要组成部分。仪表检测也是自动化系统运行的基础，控制装置根据现场检测信号，通过对设备的自动调节和控制，从而实现水泵流量、鼓风曝气量、药剂投加量等工艺流程的自动化，达到控制水量、控制风量、保证出水水质、减少工作人员和节能节材的目的。

12.2.1.2　基本性能指标

　　过程在线检测仪表的基本技术指标有精确度、响应时间、灵敏度、重复性等。

　　（1）精确度

　　精确度是指在正常使用条件下，仪表测量值和实际值之间的差值，即误差。一般以差值和实际值的百分比表示，误差越小，精确度越高。

　　污水厂处理污水过程的热工量仪表的一般精确度为不大于 $\pm 1\%$，物性和成分量仪表根据测量原理的不同，一般精确度为 $\pm 2\% \sim \pm 5\%$。

　　（2）响应时间

响应时间是指仪表指示时间和检测时间之间的差值，反映仪表能否快速反应参数变化的性能。

污水厂常用热工量仪表的响应时间一般要求为毫秒级，物性和成分量仪表的响应时间根据被测变量的测量原理、数据变化频度和控制需求等条件提出要求，除特殊仪表外，一般响应时间控制在 3～10min 范围内。

（3）灵敏度

灵敏度是表示测量仪表对被测参数变化的敏感程度，常以仪表输出变化量和被测参数变化量之比表示。有时也采用分辨率表示仪表的灵敏程度，分辨率指仪表感受并发生动作的输入量的最小值。一般在污水厂仪表选用时要求仪表的灵敏度大于控制精度的要求。

（4）重复性

重复性指同一仪表在外界条件不变的情况下，对被测参数进行反复测量所产生的最大差值和测量范围之比，重复性数值越小，仪表的输出重复性和稳定性越好，对仪表的校验和维护工作量越少。

12.2.1.3　常用仪表分类

目前污水厂中常用的在线检测仪表一般可分为两大类：

（1）第一类：热工量仪表

主要包括流量、压力、液位、温度等参数的检测仪表。

1）流量仪表

根据被测参数的要求，流量仪表可分为容积式流量仪和质量流量仪两种。质量流量仪除测量容积流量外还能检测相关介质的密度、浓度等参数。

容积式流量仪根据管道特性分为明渠流量仪和管道流量仪。明渠流量仪一般采用堰式流量仪或文丘里槽流量仪；管道流量仪根据测量原理分为电磁流量仪、超声波流量仪、涡街流量仪、差压式流量仪、热式流量仪等不同形式，根据安装方式分为管段式、插入式、外夹式等多种形式。

2）压力仪表

常用压力仪表有机械式压力表和电动式压力（差压）变送器。机械式压力表主要有弹簧管式、波纹管式、膜片式 3 种；电动式压力（差压）变送器主要有电容式、扩散硅式等。

3）液位仪表

常用液位仪表根据仪表结构、测量原理可分为超声波式、浮筒（球）式、差压式、投入式、静电电容式等多种形式。

4）温度仪表

温度仪表由测温元件和温度变送器组成。温度元件根据金属丝自身电阻随温度改变的特性分为铜热电阻 Cu50 和铂热电阻 Pt100。温度变送器和不同特性的温度元件配合将电阻变化转换为 4～20mA 标准信号。

（2）第二类：物性和成分量仪表

主要包括 pH/ORP（氧化还原电位）、电导率、DO（溶解氧）、MLSS/SS（固体悬浮物浓度/污泥浓度）、COD（化学需氧量）、NH_4-N（氨氮）、NO_3-N（硝酸盐氮）、TP（总磷）、H_2S（硫化氢）、CH_4（沼气）等。

pH/ORP（氧化还原电位）测量仪采用电化学电位分析法测量原理；

DO（溶解氧）测量仪通常采用荧光法、覆膜式电流法、固态电极法等测量原理；

MLSS/SS（固体悬浮物浓度/污泥浓度）采用散射光或反射光测量原理；

COD（化学需氧量）测量仪采用重铬酸钾法或 UV 测量原理；

NH_4-N（氨氮）、NO_3-N（硝酸盐氮）测量仪采用离子选择电极法或比色法等测量原理；

TP（总磷）测量仪采用比色法测量原理；

H_2S（硫化氢）测量仪采用电化学测量原理；

CH_4 测量仪采用催化燃烧或红外光学法测量原理。

检测仪表直接关系到污水处理系统自动化的效果，相同或类似的仪表，由于制造工艺、生产管理等不同，在精度、稳定性等方面也可能存在着较大的差别。因此在工程设计过程中，必须从仪表的性能、质量、价格、维护工作量、备件情况、售后服务、工程应用情况等进行多方案比较。

12.2.1.4　污水厂典型检测仪表配置

污水厂工艺处理流程一般由预处理、生物处理、污泥处理等部分组成，检测仪表根据工艺流程和检测控制的需求，一般配置如表 12-2-1 所示。

污水厂典型检测仪表配置表　　　　　　　　表 12-2-1

构 筑 物	检 测 项 目	备 注
进水泵房和预处理部分		
粗格栅	格栅液位差	
	硫化氢浓度	
进水泵房	液位	
	硫化氢浓度测量、报警	
	水泵泵后压力	
	水泵电机、泵轴温度	
	水泵泵前压力、单泵流量	
	水泵和电机震动	中大型水泵诊断选用
细格栅	格栅液位差	
	硫化氢浓度测量、报警	
	进水水质：pH、温度、电导、NH_4-N、COD、TP 等	
沉砂池	进水流量	
一级处理和生物处理部分		
初沉池	污泥界面	
	初沉污泥流量	
生物反应池	水质：溶解氧、氨氮、ORP、MLSS、NO_3-N、COD 等	
	内回流、外回流流量	
	曝气管气体流量	
二沉池	污泥界面	
回流及剩余污泥泵房	液位	
	回流污泥流量	
	剩余污泥流量	
鼓风机房	空气流量	
	空气压力	
	空气温度	
紫外线消毒池/加氯接触池	出厂水流量	
	出水水质：pH、温度、SS、NH_4-N、COD、TP 等	
	余氯（二氧化氯）	仅加氯接触池有

构 筑 物	检 测 项 目	备　注
污泥处理部分		
储泥池	液位	
污泥脱水（浓缩）机房	进泥流量	
	加药流量	
	污泥浓度	
	硫化氢浓度	
消化池	泥位	
	温度	
	压力	
操作楼（热交换器）	进出水温度、进出泥温度	
	进出泥流量	
	硫化氢浓度测量、报警	
	沼气浓度测量、报警	
沼气柜	高度	
	沼气浓度测量、报警	

12.2.1.5　检测仪表基本要求

（1）输出信号

常规仪表的模拟量输出应是 $4\sim20\text{mA DC}$ 信号，负载能力不小于 600Ω。

当污水厂监控系统有现场总线通信要求时，可根据实际的系统需要确定总线形式。

（2）仪表的防护等级

仪表的外壳防护等级应满足所在环境的要求。室外一般应不低于 IP65；安装在井内有积水可能的应选用不小于 IP67 的防护等级；室内一般不低于 IP54。用于药剂投加等系统的检测仪表要求能耐腐蚀，有防爆要求的场所，需根据需要选用隔爆等对应防护措施。

（3）仪表电源

四线制的仪表电源多为 220V AC、50Hz，两线制的仪表电源为 24V DC，仪表的工作电源应独立可靠，一般由控制柜专线配出。

（4）显示设备

现场设置的监测仪表宜选用配套现场显示的设备，并根据安装场所和检修的方便程度选用一体型或分体型。

12.2.2　自动控制系统设计

12.2.2.1　自控系统设置目的

近年来国家对环境污染的治理日益重视，大力发展环保产业，特别在水环境治理方面，投入大量的人力物力，建设了大量的污水厂。为了科学管理污水厂日常运行，对设备进行可靠控制，有效节约能源和减少药耗，一个完善的监控系统必不可少。

目前绝大部分新建污水厂都设有监控系统，从而改善了操作人员的工作环境，提高污水厂的管理水平，并产生经济效益和社会效益。

12.2.2.2　自控系统设计原则和基本性能指标

污水厂工艺流程和对应的设备、装置等受控对象存在以下特点：

（1）开关量多、模拟量少。

（2）以泵机类逻辑顺序控制和鼓风量、加药量闭环回路控制居多；闭环回路控制具有较大迟后特性。

（3）污水厂存在较严重的腐蚀性液体和气体，防腐要求较高。

（4）单体建（构）筑物较分散，控制装置设置和通信应与其相适应。

污水厂的自控系统的设计原则：

（1）实用性：选择性价比高，实用性强的自动控制系统和设备。

（2）先进性：系统设计要有一定的超前意识，硬件的选择要符合技术发展趋势，选择主流产品。

（3）可扩展性：针对污水厂工程一次规划、分期实施的特点，自动控制系统设计需充分考虑可扩展性，满足污水厂工程规模分期扩建时对自动控制系统的需求。

（4）经济性：在满足技术和功能的前提下，系统应简单实用并具有良好的性能价格比。

（5）易用性：系统操作简便、直观，利于各个层次的工作人员使用。

（6）可靠性：根据污水厂的重要程度，控制系统故障对生产所造成的影响程度，采取必要的保全和备用措施，必要时对控制系统关键设备进行冗余设计。

（7）可管理性：控制系统的硬件和软件的选用应重视可管理性和可维护性。

（8）开放性：应采用符合国际标准和国家标准的方案，保证系统具有开放性特点。

自控系统的基本性能主要包括：可靠性指标、可用性指标、可维性指标、安全性指标、数据的准确率、综合精度、传输时间和系统可扩展能力指标等。

其中几个主要指标不宜低于表 12-2-2 的基本要求：

自控系统主要指标基本要求表　　　　　　　　　　表 12-2-2

分　类	指 标 项 目	基 本 要 求	备　注
系统指标	系统平均无故障间隔时间 MTBF	＞20000h	
	可用率 A	≥99.8%	
	系统综合误差 σ	≤1.0%	
	数据正确率 I	＞99%	
	服务器 CPU 最大负荷	≤50%	
	计算机 CPU 最大负荷	≤50%	
通信指标	数据通信负载容量平均负荷 a	≤2%	
	峰值负荷 A	≤10%	
人机接口指标	主机的联机启动时间 t	≤2min	
	报警响应时间 t	≤3s	
	查询相应时间 t	≤5s	
	实时数据更新时间 t	≤3s	
	控制指令的响应时间 t	≤3s	
	计算机画面的切换时间 t	≤0.5s	

12.2.2.3　自控系统的分类

污水厂监控系统是一个起步较晚、但发展较快的自动化技术领域。从系统结构的角度，可分为集中式控制系统、集散式控制系统（DCS）和现场总线式控制系统（FCS）。

根据监控设备运行的控制器类型，可分为早期的仪表回路控制系统、计算机控制系统、PLC 控制系统、现场总线控制器系统、混合型控制系统等几种基本形式。其中计算机控制系统包括单板机、单片机、工控机、软 PLC 等各种设备类型；混合式控制系统是结合计算机、PLC、现场总线等不同技术的控制器共同实现受控设备的监控。

目前，集散控制系统（DCS）是现阶段在污水厂生产过程自动化应用最成功和最广泛的控制系统，主要由计算机、PLC 和通信系统构成。

现场总线式控制系统（FCS）是在DCS的基础上发展而来，并随着技术的完善和现场设备智能化规模的扩大逐步得到应用，将成为污水厂自动控制系统技术发展的主要方向之一。

12.2.2.4 常用自控系统设计

（1）系统结构

常用污水厂自控系统结构通常按集散控制系统（DCS）构架组成，典型的DCS结构如图12-2-1所示。

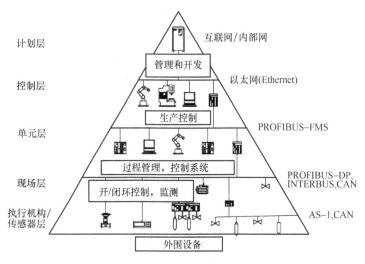

图 12-2-1　典型 DCS 结构图

（2）系统规模

污水厂的自控系统结构根据处理规模的大小，处理工艺的复杂程度，管理需求的不同，可分

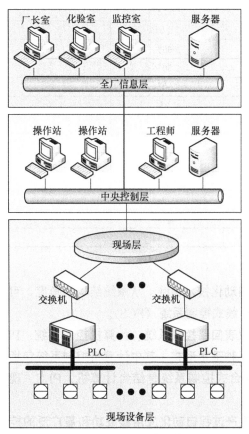

图 12-2-2　系统结构示意图

为大中型控制系统和小型控制系统两大类。两者之间结构基本相似，一般都参照DCS基本结构，只是在控制站点数量、控制范围、功能和软硬件配置上有差别。

大中型系统一般适用于处理规模在 $4 \times 10^4 \mathrm{m}^3/\mathrm{d}$ 以上，由4层子系统和3级通信网络组成。4层通常为：全厂信息层、中央控制层、现场控制层、现场设备层，系统结构示意如图12-2-2所示。

小型系统一般适用于处理规模在 $4 \times 10^4 \mathrm{m}^3/\mathrm{d}$ 以下，其控制结构基本同大中型系统，一般由于考虑投资、管理等原因，常将全厂信息层和中央控制层合并或设备配置相对简化。

污水厂控制一般分为3级，即中央控制级、就地（车间）控制级和基本（机旁）控制级，3级控制选择可通过设于设备现场控制箱或MCC上手动/自动转换开关实现，上、下控制级之间，下级控制的优先权高于上级。

（3）系统设置

1）全厂信息层

全厂信息层一般由分布在污水厂各部门的管理计算机、数据服务器和管理局域网组成，通常设置在污水厂综合楼或中央控制室的设备机房内,污水厂所需的主要功能服务器的配置结构如图 12-2-3 所示。

小型系统中,数据服务器在满足最大数据负荷的范围内,适当减少数量,将几种功能合并设置。

管理局域网一般布置在污水厂的办公楼内,一般采用商用局域网就能够满足要求。局域网络的拓扑结构常用树型或星型,这两种网络拓扑结构如图 12-2-4 所示。

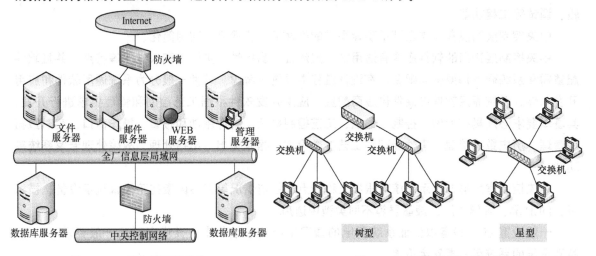

图 12-2-3 服务器配置结构　　　　　图 12-2-4 常见网络拓扑结构

软件上应能实现污水厂实时控制系统的远程客户监视功能,具有完善的运行、财务、物流、工程、人事行政管理等信息的储存、计算、分析、归类功能,以及厂内公文处理、信息流转、对外信息发布等功能。

2) 中央控制层

主要由工程师站、操作站等直接用于污水厂实时运行控制的设备以及通信设备、大屏幕显示设备等监控操作装置及中央控制层专用控制局域网组成。一般考虑设置在污水厂综合管理楼中央控制室内,中央控制室内根据设备布置和管理需要,设置设备机房、中心控制室和相关辅助用房,面积根据系统规模确定,并需满足相关建筑消防、电磁屏蔽、环境控制、设备人体工程等多方面的国家规范要求。

中央控制层的配置形式根据系统规模、网络形式等因素,常采用网段隔离方案和透明网络方案,两种方式如图 12-2-5、图 12-2-6 所示:

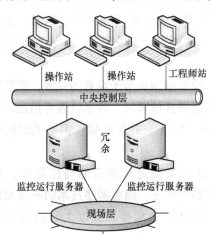

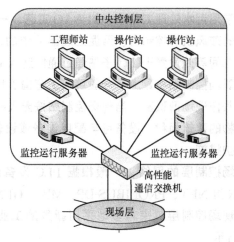

图 12-2-5 网段隔离方案　　　　　图 12-2-6 透明网络方案

运行数据服务器作为污水厂控制的核心，实时采集全厂监控数据和工况，并进行储存、处理和生成各种表格，以供管理局域网和其他网上授权的计算机进行调用、查询、检索和打印。服务器中保存了污水厂自动控制系统公用的数据和应用程序。

操作员站为操作人员提供动态的工艺监控图形和友好的人机界面，以实现工艺过程控制、调节等功能，操作员站通常配置 2 台以上，互为备用。

工程师站除能实现操作员站功能外，还具有对 PLC 和计算机应用软件，管理软件等进行编辑、调试等工程功能。

中央控制层的设备配置在满足功能需求的条件下，应尽可能实用简化。

中央控制层选用的软件应具有通用性、灵活性、易用性、扩展性和人性化等特点，并且软件配置需和系统硬件构架密切配合，在设计过程中要统一考虑。软件一般分为系统通用软件和应用开发软件，系统通用软件由硬件供应商配置，应用开发软件根据工艺控制和管理要求进行开发，其基本要求必须具有管理、控制、通信、工艺控制显示、事件驱动和报警、操作窗口、实时数据库管理、历史数据管理、事件处理、工艺参数设定、报表输出、出错处理、故障处理专家系统等功能。

中央控制室大屏幕显示系统可根据工程特点和投资情况等诸多因素在正投幕显示设备、模拟屏、DLP 屏、等离子屏、液晶屏等不同类型中选用。

一般设置 UPS 设备以保证系统断电的情况下维持系统供电，其供电时间一般要求 $2\sim8h$，特别重要的系统可考虑冗余设置。

3）现场控制层

现场控制层由分散在各主要构筑物内的现场控制主站、子站、专用通信网络组成。

目前，PLC 是污水厂最常用的现场控制设备，具有高可靠性、强抗干扰性、易维护性、高经济性等优点，非常适合污水处理的要求。

污水厂 PLC 站点设置应根据污水厂的工艺流程要求、厂平面内工艺和配电系统布局进行布置。优先考虑以相对独立完整的工艺环节作为 1 个控制主站的范围，比如预处理部分、污泥处理部分等，零星设备或系统并入临近现场控制站，或在设备相对集中的场所设置现场控制站。

根据现场控制层网络拓扑结构上的上下层或前后层的关联性、作用、控制点数，现场控制站可分别采用主站和子站形式，一般以起主要协调作用的环节作为主站，其他附属辅助环节作为子站。当主站和子站性能要求上存在较大差异时，可采用不同档次的产品和子站采用远程 I/O 等形式。

在常用污水处理工艺中，如 AAO 工艺，一般在预处理部分中的进水泵房控制室、生物处理部分中的鼓风机房控制室、污泥处理部分中的污泥脱水机房控制室设置主站，在加氯间、加药间、配电间等处设置子站，子站通过通信连入上级主站。

在现场控制站布置上，一般可在工艺构筑物内单独设置控制室用于设备的安装，需要时，控制室可兼作现场值班室。当现场控制站按无人值守的管理模式设置时，可不设置专用控制室以减少构筑物的建筑面积。设备可与配电设备或设备控制柜（MCC）并列布置，但需采取抗电磁屏蔽等防护措施。

现场控制层的网络，一般根据 PLC 设备的品牌选择来确定其对应的网络形式，其中有 CONTROLNET、PROFIBUS-DP、MB+/GENIUS 等各种网络。随着网络技术的不断发展，污水厂的现场控制层越来越多地采用新型的工业以太网技术，自愈型工业以太环网示意图如图 12-2-7 所示。

为保证在系统断电的情况下维持的正常运行，现场控制站需设置 UPS 设备，其供电时间一般要求不小于 2h，具体容量根据实际需要确定。

现场控制站根据维护人员需要，配置现场人机接口用于正常巡检和维护。无人值守模式时，可选择触摸屏等内置人机接口；有人值守时，也可采用外置接口（操作计算机）。

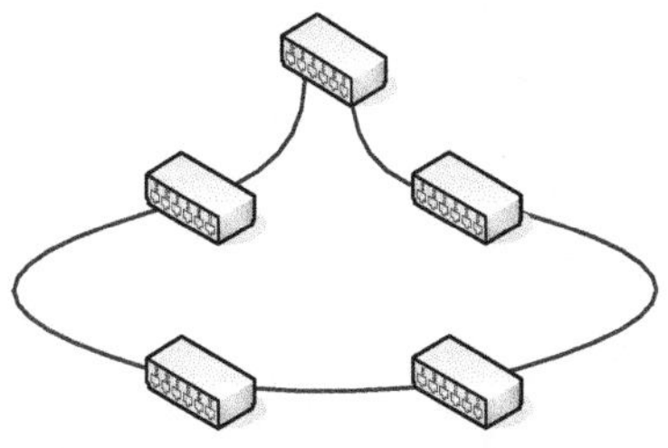

图 12-2-7　自愈型工业以太环网

4）现场设备层

现场设备层由现场运行设备、检测仪表、高低压电气柜上智能单元、专用工艺设备附带的智能控制器和现场总线网络等组成，现场总线连接有有线和无线两种方式，必要时需进行相关的协议转换。

目前，电气系统的电量参数检测、保护单元及变频器、软启动器等电气设备一般带有现场总线的通信接口。因此在设计中可应用现场总线传送信息，但应注意通信速率和通信协议对系统响应时间的影响，特别是在应用一些较早开发的总线协议时，比如 MODBUS-RTU 协议，如果总线内接有受控设备的情况下，需计算通信时间和控制同一条总线下的通信节点的数量，避免过大的时延、信息阻塞等故障产生。

12.2.3　自控工程设计

某污水厂分二期建设，近期处理规模为 $10 \times 10^4 \mathrm{m}^3 / \mathrm{d}$，远期规模为 $20 \times 10^4 \mathrm{m}^3 / \mathrm{d}$，生物处理工艺采用多点进水倒置 AAO 工艺。

整个厂区分成预处理区、污水处理区、污泥处理区、厂前区等功能区，并预留污泥消化、污泥处置和再生水用地。厂区总平面图如图 12-2-8 所示。

该厂为中型污水厂，水质检测和过程控制要求较高，因此根据工艺要求在全厂各工艺段设置和工艺流程相适应的在线监测和分析仪表，主要有液位仪表、流量仪表、水质分析仪表、压力仪表等检测仪表。仪表配置如图 12-2-9 所示。

根据工艺流程和总平面布置情况，采用集中管理、分散控制的模式，设置以 PLC 控制为基础的集散型控制系统，自动化水平为正常运行时现场无人值守，中心控制室集中管理。控制系统拓扑图如图 12-2-10 所示。

整个控制系统分为 4 层：全厂管理信息系统（MIS）、中央控制室计算机监控系统、PLC 现场控制站、设备监控层。

1）全厂管理信息系统

位于综合楼，共设置 5 套管理计算机，分设于厂长室、总工室、副厂长室、生产科、化验室等处，设置 1 套 WEB 服务器，用于外部网络通信，3 台打印机，分设于厂长室、总工室、化验室等处。

2）中央控制室计算机监控系统

中央控制室和 35kV 变电站合建，设于 35kV 变电站控制室二楼，中央控制室采用防静电铝合金活动地板，高度 200mm，地板下敷设各类强弱电线缆，分别敷设在有盖的金属电缆托盘内。吊平顶采用消声多孔顶棚，避免声、光反射，照明以白色节能灯为主，设置独立空调，冬季保持 18℃，夏天保持 28℃，以保证设备的最佳工作环境。中央控制室布置如图 12-2-11 所示。中央控制室计算机监控系统由 2 台操作员站、1 台运行数据服务器、打印机、1 台以太网交换机、1 套前投影仪、视频工作站等组成。

3）PLC 现场控制站

根据污水厂工艺构筑物的平面布置、电气 MCC 的设置地点和设备监控的需要，在进水泵房控制室、鼓风机房控制室、污泥脱水机房控制室 3 处分别设置现场 PLC 主站。另外在 AAO 反应

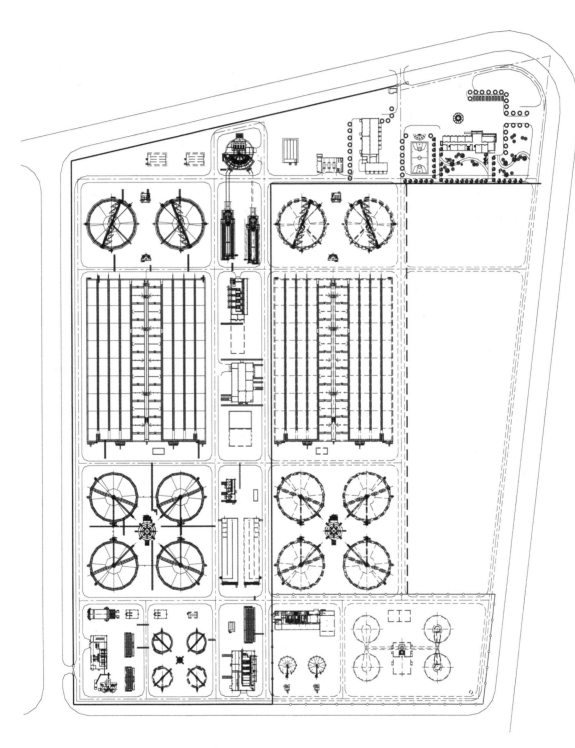

图 12-2-8 污水厂总平面布置

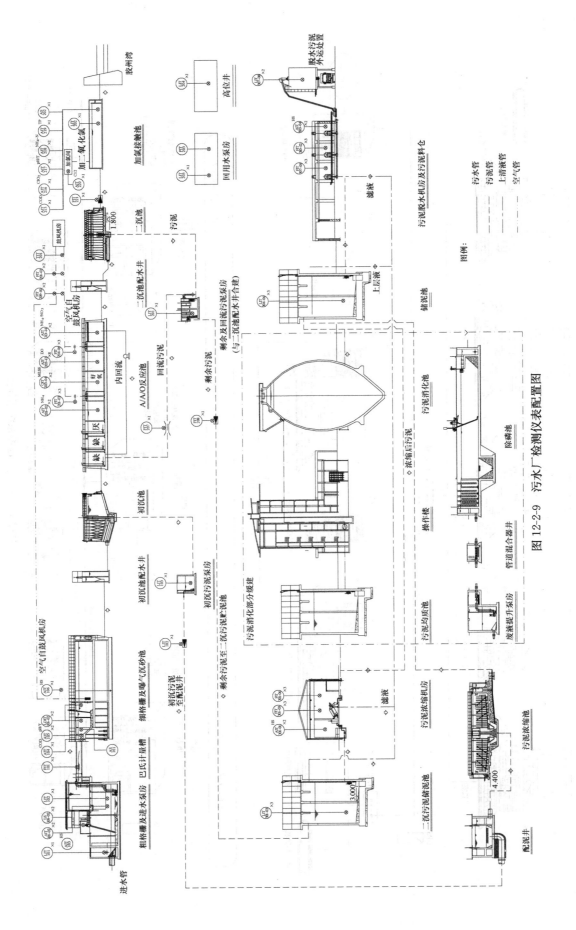

图 12-2-9 污水厂检测仪表配置图

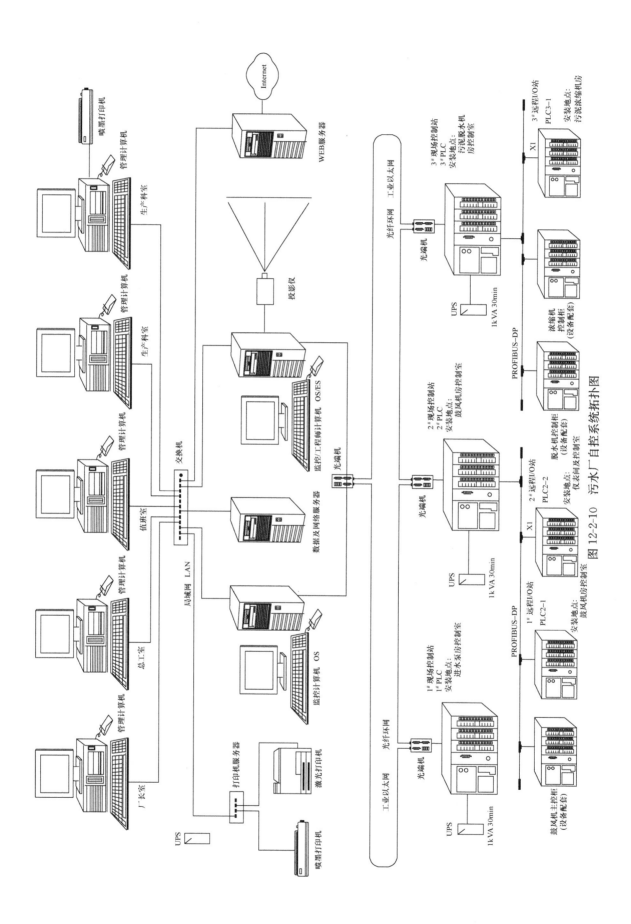

图 12-2-10 污水厂自控系统拓扑图

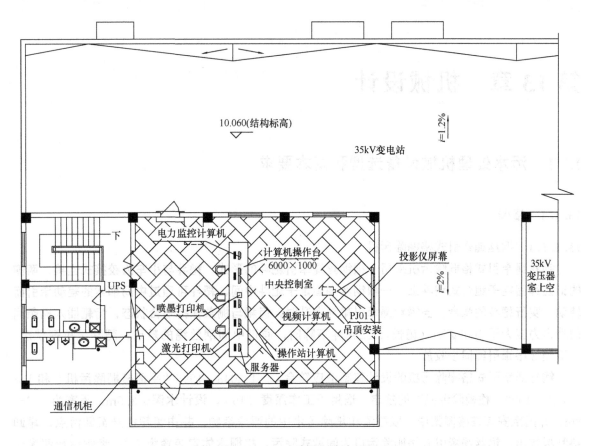

图 12-2-11　中央控制室布置图

池 MCC 间、加药间、污泥浓缩机房 I/O 点数相对集中的工艺区域设 3 套远程 I/O，采集附近构筑物信号，并将数据送有关现场控制主站。

　　PLC 主站由 PLC 设备、控制柜、触摸屏人机界面、控制附件（包括端子，中间继电器，防雷器，电源等）、不间断电源等组成。

　　PLC 控制层网络采用工业以太网，配合工业级交换机形成 100Mbps 光纤以太网环，主站与子站之间采用无线电台或现场总线方式进行通信。

　　4）设备监控层

　　成套设备如鼓风机、污泥脱水机、污泥浓缩机、加氯系统、加药系统利用厂商提供的专用控制设备，并要求通过 PROFIBUS DP 总线与就近现场站通信。其余机械类设备如水泵、搅拌机等，信号输出采用常规 I/O 形式。

第13章 机械设计

13.1 污水处理机械设备选型和基本要求

13.1.1 格栅

13.1.1.1 钢丝绳牵引式格栅除污机

钢丝绳牵引式格栅除污机采用 3 根钢丝绳牵引耙斗的形式,耙斗与小车为铰接式连接,两侧的钢丝绳固定于组合式耙斗上,一根钢丝绳固定于耙斗中间,耙斗可通过中间钢索的差动牵引而转动,实行耙斗的张合。当钢丝绳牵引耙斗上升时,齿耙与栅条保持啮合状态,齿耙插入栅条间的啮合力应大于 100kg/m(耙长),当耙斗下降时,通过中间钢丝绳的差动,耙斗呈拉开状态,升降须 3 根牵引绳同步收放。

钢丝绳牵引式格栅除污机的设计和制造应符合 CJ/T 3048—1995 "平面格栅除污机" 和 JB/T9046—1999 "格栅除污机" 的规定,适用于工作深度<15m,设计水深≤3.5m,渠宽为 1.2~3m,并固定安装在格栅渠中,以截流和耙除污水中的漂浮杂物,并由齿耙提升至卸污点,靠卸料刮板推出。钢丝绳牵引式格栅除污机为间歇式除污,格栅本体安装角为 75°,齿耙运行速度≤7.5m/min。

钢丝绳牵引式格栅除污机如图 13-1-1 所示。

13.1.1.2 悬挂移动式格栅除污机

悬挂移动式格栅除污机为成套装置,应配置平面格栅本体、高架导轨与支承架、悬挂式电动小车与卷扬装置、液压式开合耙装置(含液压包)、行程限位装置、栅渣接料筒、就地控制箱以及移动电缆、基础螺栓等安全、有效、可靠运行必需的附件。

移动车的滚轮沿导轨移动,导轨需由门架支撑,其挠度不大于跨度的 1/1000。

移动车与抓爪提升装置以及液压合爪执行机构应组合为一体,随移动车运行,移动滚轮直接安装在齿轮箱的输出轴上,所有的电力及控制信号均由安装在导轨上的电缆提供。

抓爪单元包括有抓爪本身、液压装置以及钢丝绳提升装置,抓爪为开合式,下降时,抓爪为张开状态,将格栅上的污物纳入抓爪内,上升时,抓爪靠液压推杆合拢,并沿小车移到指定位置开爪卸料,抓爪的升降速度<18m/min,小车移动速度<20m/min。

悬挂移动式格栅除污机如图 13-1-2 所示。

13.1.1.3 台车移动式格栅除污机

台式移动式格栅除污机为成套装置,应配置平面格栅本体、电动驱动式台车、钢结构平台、机架、3 根钢丝绳牵引格栅除污装置、整机护罩、行程限位装置、控制箱室以及控制系统、台车导轨、移动电缆、基础螺栓等安全、有效、可靠运行必需的附件。

栅渣压榨机及栅渣筒可安装在台车上,随机移动。

钢丝绳格栅除污机装置的结构与上述固定式钢丝绳格栅除污机相同,随移动车的滚轮沿导轨移动。导轨安装在格栅井的平台上,导轨的长度需延伸至栅渣杂物排放区。

台车移动式格栅除污机的工作深度<15m,设计水深≤3.5m,格栅安装角度为 75°,台车移动速度≤18m/min,除污耙升降速度≤7m/min。

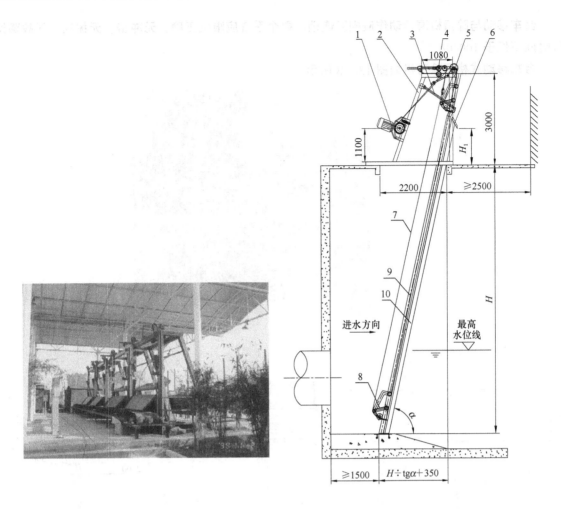

图 13-1-1 钢丝绳牵引式格栅除污机外观和结构示意图

1—升降电机；2—上机架；3—卸污装置；4—翻耙电机；5—耙斗；

6—出料口；7—主轴及绳筒；8—托渣挡板；9—导轨；10—栅条

图 13-1-2 悬挂移动式格栅除污机示意图

台车移动与除污机清污动作应相互连锁，整个系统应限位正确、无冲击、无振动，无故障运行时间不低于 10000h。

台车移动式格栅除污机如图 13-1-3 所示。

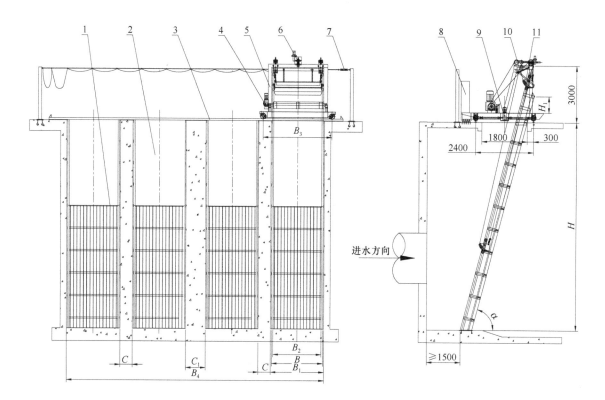

图 13-1-3　台车移动式格栅除污机结构示意图

1—水下格栅组；2—托渣板；3—路轨；4—升降机构；5—移动台车；6—翻耙机构；

7—移动电缆；8—就地控制箱；9—行走机构；10—卸污装置；11—耙斗

13.1.1.4 链式格栅除污机

链式格栅除污机为成套装置，应配置整机封闭式护罩（包括检修门、臭气排出管和观察窗）、栅渣卸料的接口、就地控制箱以及配电电缆、基础螺栓等安全、有效、可靠运行所必需的附件。

链式格栅除污机应是一种多耙板式链条牵引的连续回转循环式除污机，适用于渠宽为 800～3000mm，工作深度＜10m，设计水深≤3m 的格栅除污，安装角为 75°，齿耙运行速度≤3m/min。

设备无故障工作时间不应少于 10000h，整机的工作寿命不应少于 15 年。

平面格栅由平行的扁钢条组成，栅条断面至少为 $8mm \times 80mm$，格栅本体长度应高出最高水位 $200 \sim 500mm$。栅条需由横梁支撑，并固定在渠道的两侧或两边的框架上，在格栅前后水位差 $1m$ 的条件下，不得造成格栅的变形和弯曲。

拦污挡板厚度不小于 $6mm$，与格栅本体的上部相衔接，一直延伸至卸料口，使耙上的栅污物脱离拦污挡板后，由刮扫器将其推出。

清污耙介于两侧的牵引链之间，随牵引链循环运行，耙板与耙板的间距不大于 $3m$，由下而上进行除污，并通过上下链轮的导向，实行清污耙齿与栅条的脱开和啮合。清污时，须在最大工作荷载条件下与整个工作的长度范围内，耙齿插入格栅栅条的深度 $\geq 35mm$，且在结构上具有足够的强度和刚性。

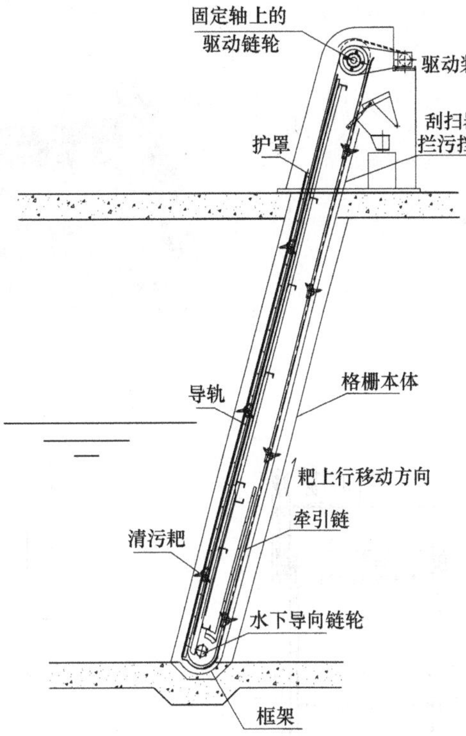

当清污耙将栅渣升至卸料位置时，一个由枢轴铰接在钢机架上的不锈钢刮板和橡胶刮板组成的刮扫器将栅渣从耙内推出，落入输送机排出。刮扫器须设有阻尼机构，避免刮扫器复位时产生撞击。

链式格栅除污机如图 13-1-4 所示。

图 13-1-4　链式格栅除污机安装示意图

13.1.1.5　背降式链式格栅除污机

背降式链式格栅除污机为成套装置，应配置机架护罩（含检修门和观察窗）、臭气排出管、栅渣卸料槽接口、两侧渠壁密封板、就地控制箱以及用电电缆、基础螺栓等安全、有效、可靠运行所必需的附件。

背降式链式格栅除污机的适用条件与链式格栅除污机基本相同。

设备无故障工作时间不应少于 $10000h$，整机的工作寿命不应少于 15 年。

背降式链式除污机采用栅后下降式，在牵引链上按等距排列多块耙板，沿格栅本体的背面下降，经导向链轮转向栅前，作上向清污运行，并依次作循环的传动形式，耙板在格栅底部转向时，应配合辅助格栅的开合，防止进水的短路流入。

除污机上部（平台以上部分）应设置外形美观的全封闭护罩，护罩板厚度 $\geq 4.5mm$。护罩上须开设检修门，检修门的尺寸应便于机内设备的检修，检修门开启时必须与传动系统实行联锁。

背降式链式格栅除污机如图 13-1-5 所示。

13.1.1.6　高链式格栅除污机

高链式格栅除污机应为成套装置，应配置机架护罩（包括检修门、观察窗、臭气排出管）、就地控制箱以及用电电缆、基础螺栓等安全、有效、可靠运行所必需的附件。

高链式格栅除污机采用前置式、长臂式、单块除污耙、牵引链传动的形式，牵引链的最低位置应高于设计水位 $200mm$ 以上。

高链式格栅除污机适用于渠宽为 $1200 \sim 2800mm$，工作深度 $<7m$，设计水深 $\leq 2m$ 的格栅除污，安装角为 $75°$，耙齿移动速度 $\leq 5m/min$。

高链式格栅除污机上部（平台以上部分）应设置外形美观的全封闭护罩，护罩板厚度

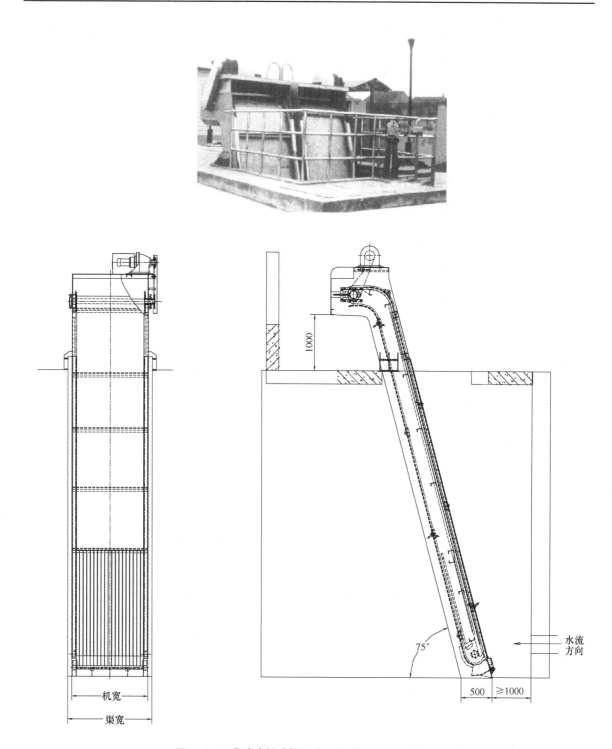

图 13-1-5　背降式链式格栅除污机外观和安装示意图

≥4.5mm。护罩上须开设检修门，检修门的尺寸应便于机内设备的检修，检修门开启时必须与链传动系统实行联锁。

平面格栅由平行的扁钢条组成，栅条断面至少为 8mm×80mm，长度应高出最高水位 200～500mm。栅条需由横梁支撑，并固定在渠道的两侧，在格栅前后水位差 1m 的条件下，不得造成格栅的变形和弯曲。

拦污挡板厚度不小于 6mm，与格栅本体的上部相衔接，一直延伸至卸料口，使耙上的栅污物脱离拦污挡板后，由刮扫器将其推出。

长臂耙的长臂与两侧的牵引链连接，随机架两侧的牵引链作循环同步运行，长臂尾端的滚轮沿导轨作上下导向运行，实行清污耙齿与栅条的脱开和啮合。清污时，须在最大工作荷载条件下，整个工作的长度范围内，耙齿插入格栅栅条的深度≥35mm，且在结构上具有足够的强度和刚性。

当清污耙将栅渣升至卸料位置时，一个由枢轴铰接在钢机架上的不锈钢刮板和橡胶刮板组成的刮扫器将栅渣从耙内推出，落入输送机排出。刮扫器须设有阻尼机构，避免刮扫器复位时产生撞击。

高链式格栅除污机如图 13-1-6 所示。

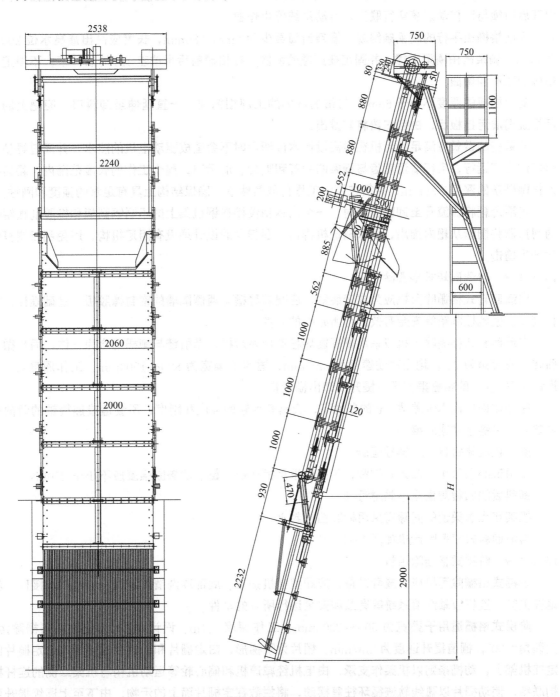

图 13-1-6 高链式格栅除污机安装示意图

13.1.1.7 爬式格栅除污机

爬式格栅除污机应为成套装置，应配置整机封闭式护罩、栅渣卸料的接口、臭气排出管、就地控制箱以及随耙升降的移动电缆、基础螺栓等有效和安全运行所必需的附件。

爬式格栅除污机应采用前置式、长臂式、单个齿耙、销齿传动的形式,驱动齿轮回转运行的最低位置应高于设计水位 200mm 以上。

爬式格栅除污机适用于渠宽为 1200~3000mm、工作深度<10m、设计水深≤2m 的格栅除污,格栅安装角度为 75°,耙齿移动速度≤4m/min。

爬式格栅除污机上部(平台以上部分)应设置外形美观的全封闭护罩(设有检修门和观察窗),护罩板厚度≥4.5mm。护罩上须开设检修门,检修门的尺寸应便于机内设备的检修,检修门开启时须与链传动系统实行联锁,传动系统停止作业。

平面格栅由平行的扁钢条组成,栅条断面至少为 8mm×80mm,长度应高出最高水位 200~500mm。栅条需由横梁支撑,并固定在渠道的两侧,在格栅前后水位差 1m 的条件下,不得造成格栅的变形和弯曲。

清污挡板的厚度不小于 6mm,与格栅本体的上部相衔接,一直延伸至卸料口,使耙上的栅污物脱离清污挡板后,由刮扫器将其推出。

长臂耙的臂长应满足除污机在最高设计水位清污时不会造成驱动电机的浸水,并通过导轨和销齿作上下运行,实行清污耙齿与栅条的脱开和啮合。清污时,整个工作的长度范围内,耙齿插入格栅栅条的深度≥35mm,并须在最大工作荷载条件下,确保结构上具有足够的强度和刚性。

当清污耙将栅渣升至卸料位置时,一个由枢轴铰接在钢机架上的不锈钢刮板和橡胶刮板组成的刮扫器将栅渣从耙内推出,落入输送机排出,刮扫器的设计须设有阻尼机构,避免刮扫器复位时产生撞击。

13.1.1.8 自清回转式格栅除污机

自清回转式格栅除污机应为成套装置,应配置导槽与两侧隔墙的密封橡胶板、基础螺栓、卸料接口、就地控制箱等安全有效运行所必需的附件。

自清回转式格栅除污机应采用耙栅循环移动形除污机,牵引链与耙栅组合为一体,同步循环回转,安装角为 75°,耙栅移动速度为 2m/min,适用于渠宽为 800~1500mm、工作深度<8m、设计水深≤2m 的格栅渠截污、提升和卸出栅渣物。

在耙栅内外侧水位差达 1m 的条件下,应具有足够的强度和刚度,不会造成连接轴的弯曲或影响耙栅平稳移动或脱链。

除污机应能每日 24h 连续运转。

牵引链必须采用机械方式拉紧,牵引链采用板式链,链节的破断强度应不小于 250kN。

卸料后的回程耙栅应不黏附污物。

机架和土建渠道的间隙需采用橡胶挡板封水。

自清回转式格栅除污机如图 13-1-7 所示。

13.1.1.9 阶梯式格栅除污机

阶梯式格栅除污机应为成套装置,应配置整机护罩、底部冲洗清砂装置、栅渣卸料接口、就地开关箱、连杆铰轴润滑系统等有效和安全运行所需的附件。

阶梯式格栅适用于渠宽为 500~2000mm、工作深度<4m、设计水深≤3m 的细格栅除污,安装角≤50°,栅渣提升速度为 2m/min。栅片为阶梯形,由定栅片和动栅片间隔组成,定栅片固定在机架上,动栅条则以机架作支承,由电机经减速机和偏心轮等运动机构与机架二侧的连杆机构联结,使动栅片以弧线轨迹循环往复摆动,将拦截在定栅片面上的污物,由下至上逐级提升到排渣口卸料。

阶梯式格栅除污机在结构上应有足够的强度和刚度。栅片厚度应≥2mm,不锈钢框架的板厚≥4.5mm。在格栅前后水位差达 1m 的情况下,栅片不发生变形和弯曲,保证格栅除污机有效

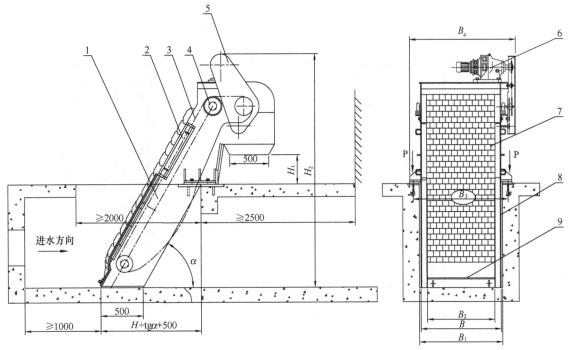

13-1-7　自清回转式格栅除污机外观及安装示意图

1—机架；2—检修孔盖板；3—牵引缝；4—导向装置；5—电机护罩；6—驱动装置；7—耙齿；8—两侧挡板；9—底部挡板

运行。水下的连杆机构应免维护，无污物缠绕。

　　动栅片应从定栅片的背部插入，限位应正确可靠，确保栅渣的收集和提升为最佳状态。定栅片和动栅片间的过水通道，应有足够的过水面积以满足流量的要求。

　　减速器为两端出轴的形式设于机架上部，轴承应有良好的润滑，其工作寿命不低于 100000h。

　　阶梯式格栅除污机应设有安全可靠的防护罩加以密封，护罩上须开设检修门，检修门的尺寸应便于机内设备的检修，检修门开启时必须与传动系统实行联锁。

　　驱动装置应平稳可靠，无异常噪声。除设有过力矩保护装置外，还应设有电气过载保护系统。

　　格栅除污机应能每天 24h 连续运行，工作时的噪声应小于 75dB（A）。

阶梯式格栅除污机如图 13-1-8 所示。

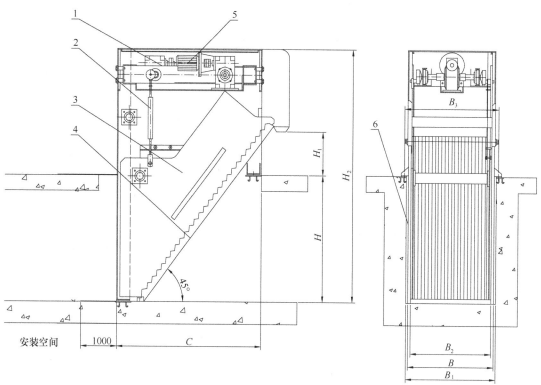

图 13-1-8　阶梯式格栅除污机外观及安装示意图
1—传动机构；2—连杆；3—机架；4—动/定栅片；5—驱动装置；6—两侧挡板

13.1.1.10　动力臂式格栅除污机

动力臂式格栅除污机应为成套装置，应配置安全护罩、电动或液压推杆系统、栅渣卸料接口、就地控制箱等有效和安全运行所必需的附件。

动力臂式格栅除污机采用清污耙沿可摆动的导轨作升降的形式，齿耙下降时，由电动（或液压）推杆将两侧导轨绕机架顶部的铰轴展开，使齿耙与格栅脱开，齿耙上升时，由电动（或液压）推杆将导轨复位，使清污耙耙齿与格栅啮合，作自下而上进行清污，并沿格栅本体及延伸挡板至出料口排出，齿耙升降时，链索均应保持张紧的状态。

动力臂式格栅除污机的设计和制造应符合 CJ/T 3048—1995 "平面格栅除污机" 标准的

规定。

动力臂式格栅适用于安装角为 75°，渠道宽度为 1200～3000mm、工作深度＜6m、设计水深 ≤3.5m 的格栅渠除污。格栅长度需高出最高水位 200～500mm，再由清污挡板延伸至排渣口，在格栅内外侧水位差达 1m 的条件下应具有足够的强度和刚度。

链索的破断强度应大于最大起吊力的 6 倍。

电动（或液压）推杆的推力应满足耙齿与格栅的啮合力不低于 100kg/m（耙长）。

电动（或液压）推杆的位置必须置于最高液位以上，并适合于污水环境工作，必要时，采用可伸缩护罩防尘。推杆应具备自锁和限位、过载保护以及与链索升降装置的联动功能。

链索升降装置应设置耐候耐蚀的过载保护和传感装置，过载时（遇障碍物或齿耙无法插入）应联动液压推杆开合导轨，重复运行排除障碍。

耙齿下降时，如链索张紧失效，升降机构应具备停止下降，并作返回的功能。

机架应具备足够的强度和刚度以及抗风载的能力。

除污机应能每日 24h 连续运转。

动力臂式格栅除污机如图 13-1-9 所示。

13.1.1.11 弧形格栅除污机

弧形格栅除污机应为成套装置，应配置机架护罩、就地控制箱、用电电缆、基础螺栓等安全和有效运行所必需的附件。

弧形格栅除污机应采用旋臂式或曲柄机构摆臂的传动形式，整机的设计和制造应符合 CJ/T 3065—1997 "弧形格栅除污机" 规定。

弧形格栅除污机适用于回转半径为 500～2000mm、渠宽为 1000～1800mm、工作深度＜2m、设计水深≤1.5m、耙齿移动速度＜5m/min 的格栅除污。

弧形格栅除污机上部（平台以上部分）应设置外形美观的金属护栅，隔离栅上须开设检修门，检修门的尺寸应便于机内设备的检修，检修门开启时必须与传动系统实行联锁。

全部轴承，曲柄机构的工作面需有充分的润滑和防护，润滑方式原则上采用手动油脂枪集中注脂，由分配阀引至各润滑点。

弧形格栅由弧形的扁钢条组成，栅条断面至少为 8mm×80mm，格栅本体应高出平台 500mm。栅条需由横梁支撑，并固定在渠道的两侧或两边的框架上，在格栅前后水位差 1m 的条件下，不得造成格栅的变形和弯曲。栅条及横梁支撑采用不锈钢制造。耙上的栅污物脱离格栅后，由刮扫器将其推出。

除污耙介于两侧的臂之间，随中心轴转动或曲柄摇杆机构摆动，由下而上进行除污，并实行清污耙齿与栅条的脱开和啮合循环运行。清污时，须在最大工作荷载条件下，整个工作格栅长度的范围内，耙齿插入栅条的深度≥35mm，且在结构上具有足够的强度和刚性。

当清污耙将栅渣升至卸料位置时，一个由枢轴铰接在钢机架上的不锈钢刮板和橡胶刮板组成的刮扫器将栅渣从耙内推出，落入输送机输出。刮扫器须设有阻尼机构，避免刮扫器复位时产生撞击。

弧形格栅除污机外观如图 13-1-10 所示。

13.1.1.12 鼓栅式除污、螺旋输送、压榨一体机（俗称鼓栅式一体机）

鼓栅式一体机应为成套装置，应配置防鼓栅短流的挡板、栅渣卸料联接管、喷淋装置、就地控制箱等安全、有效及可靠运行所需要的附件。

鼓栅式一体机应为圆筒状环形格栅，螺旋输送、压榨装置安装在鼓栅中部，整机作倾斜 35° 安装。污水流入鼓状格框筐后，并沿渠道出流，污物截留于鼓栅的内部，通过旋转式齿耙流入螺旋槽，实行向上输送、压榨排出等流水线操作，从进水到栅渣输出全封闭运行。

驱动装置应设置在鼓栅一体机的顶部，由齿轮减速电机及链传动机构驱动刮渣耙和螺旋传输

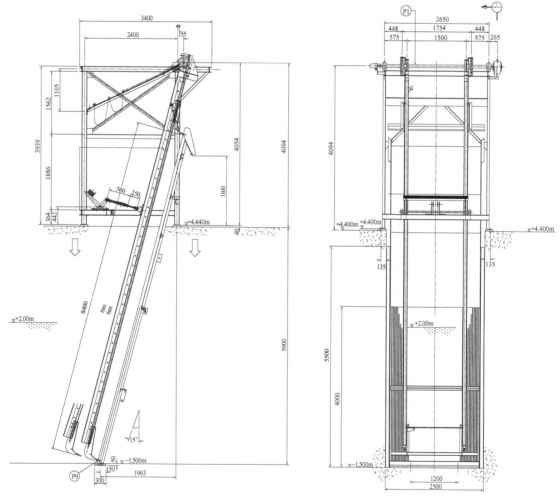

图 13-1-9　动力臂式格栅除污机安装示意图

器平稳地定速旋转。减速机应设过力矩保护机构。

　　鼓栅式一体机的水下转动轴承部分应采用自动油脂注入装置，以确保机械长期免维护运转。

　　鼓栅式一体机的整体结构应具有足够的强度和刚度，应能耐水流和栅渣的冲击，在鼓栅内外最大水位差的条件下，不会造成栅条和转动部件的弯曲或影响截污、输送、压榨的功能。

鼓栅栅条为圆环形栅条，等间距排列，其断面应呈楔状，迎水面栅缝 6mm。鼓栅内的旋转耙应随中心轴转动，耙齿与栅条须有效地啮合，耙上的栅渣应靠重力落入螺旋槽内，黏附在耙上的栅渣应由清渣梳齿定时自动梳除。

栅渣输送和压榨的螺旋片直径应≥250mm，螺旋片的厚度应不小于 6mm，螺旋槽采用封闭式螺旋管，管壁厚度应大于 4.5mm。

鼓栅式除污、螺旋输送、压榨一体机如图 13-1-11 所示。

图 13-1-10　弧形格栅除污机外观图

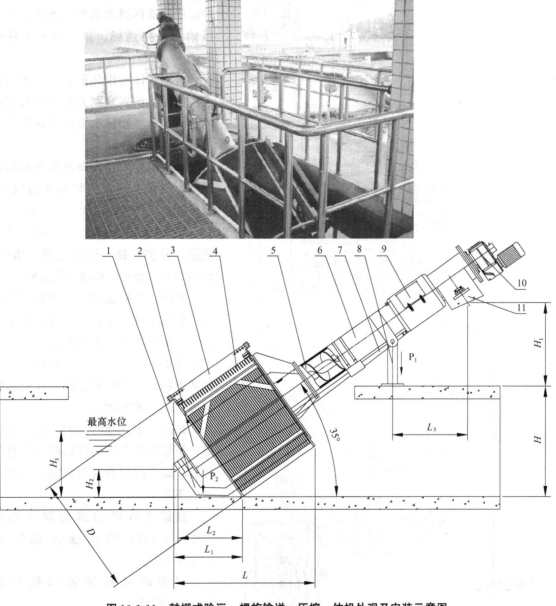

图 13-1-11　鼓栅式除污、螺旋输送、压榨一体机外观及安装示意图

1—刮耙；2—集料斗；3—筛栅体；4—清渣板；5—传输压榨螺杆；6—传输压榨筒；
7—回流管；8—支腿；9—清洗筒；10—驱动装置；11—卸渣门

13.1.1.13 双齿辊式栅渣粉碎机

双齿辊式栅渣粉碎机应为成套设备，应配置单侧转鼓（或双侧转鼓）式格栅、双齿辊式栅渣粉碎机装置（含驱动装置、钢结构架），基础螺栓、电气控制箱及安全可靠运行所必需的一切附件。

双齿辊式栅渣粉碎机用于污水泵站，采用立式传动以及转鼓形格栅与双齿辊对滚式粉碎机相组合的形式（即格栅截污、输集和栅渣粉碎一体机）。

转鼓形格栅与粉碎机由同一台齿轮（或摆线针轮）减速电机驱动，也可采用各自的减速电机分别驱动的形式。在旋转时，应能有效地将截留的所有固体物诱导入双齿辊内粉碎，被粉碎的栅渣随过水流出，使转鼓的栅隙始终保持通畅，并不得产生任何短流。

鼓栅本体可由环形钢圈作上下叠合靠栅距间的转动刮刀清集污物或采用旋转式垂直栅条形成圆筒进行集污的形式。

转鼓的轴向和径向载荷应由轴承承载，轴承处应采用机械密封保护，机械密封工作寿命应大于20000h。

每台粉碎机应包括：框架、机架底座、外壳、轴、驱动装置、格栅、切割刀片、垫片、轴承和密封圈。

粉碎机应能连续24h运行，采用立式双轴设计，由合金钢或不锈钢制成，并带有浇铸的变流部件，用以引导杂物进入切割室并保护轴衬，以切割和撕裂进入旋转辊刀的湿或干物质变成≤8mm的碎片。

切割刀片和垫片的轴孔呈六角形，与轴的配合应确保切割刀片有效旋转，减少间隙的滑移磨损并增加垫片的压紧。

连续工作时刀具切割压力应≥2.5kN/kW，瞬间最大值应达8.50N/kW。

双齿辊式栅渣粉碎机如图13-1-12。所示

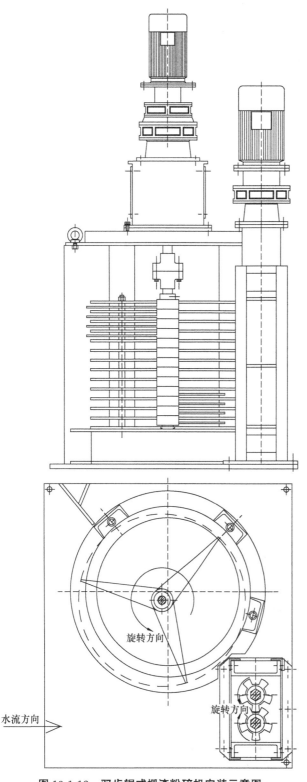

图 13-1-12 双齿辊式栅渣粉碎机安装示意图

13.1.1.14 螺旋压榨机

螺旋压榨机应为成套装置，应配

置进料斗、出渣管、支架、出液管接口、基础螺栓、就地控制箱等安全和有效运行所必需的附件。

螺旋压榨机应适用于城镇生活污水格栅栅渣的压榨，压榨机的进、出料接口应与相应设备相配合。

螺旋压榨机主要由驱动装置、进料斗、压榨管、有轴螺旋、过滤筒、集水槽、出渣管、清洗水管、排出水管等组成。驱动装置带动螺旋轴旋转，对进入螺旋的栅渣进行输送和挤压并将栅渣沿 $45°$ 倾角向上的出渣管实行推出过程，完成压榨、脱水，并将压榨脱水后的栅渣落入垃圾小车（或垃圾筒）内，压榨后的栅渣含水率应为 65%。

压榨机进料口和出料口与相关设备的连接应具有优良的密封性能，以确保栅渣、水、臭味不会从机壳中漏出。

压榨机的螺旋转速 $\leqslant 10r/min$，螺旋直径 $\phi 250 \sim \phi 500mm$，应针对不同的栅渣工况防止阻塞。

压榨机驱动装置应采用轴装式齿轮减速电机与螺旋轴直连的形式。

螺旋轴与叶片应具有足够的强度和刚度，叶片厚度不小于 $8mm$，螺旋的端板厚度不小于 $20mm$。

压榨机的出料口应设置导料槽。

螺旋压榨机如图 13-1-13 所示。

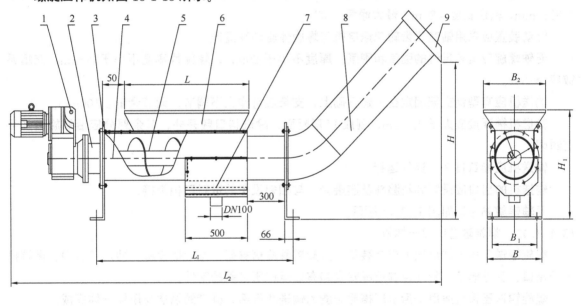

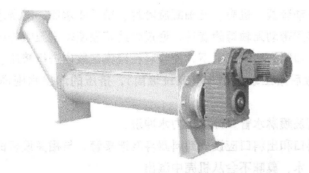

图 13-1-13　螺旋压榨机外观及安装示意图
1—驱动装置；2—轴承座；3—支架；4—T 型壳体；5—压紧螺旋；6—接料斗；7—集水槽；8—压榨筒；9—出料口

13.1.1.15　螺旋输送机

螺旋输送机应为成套装置，应配置螺旋槽支架、螺旋槽盖板、冲洗管接口、尾端排水管接口、基础螺栓、就地控制箱以及相邻联接设备的进出料接口等安全和有效运行所必需的附件。

螺旋输送机的设计和制造应符合 JB/T 7679—1995 "螺旋输送机"的规定。

螺旋输送机应适用于栅渣的输送，叶片直径不小于 300mm，螺旋转速≤12r/min，倾角为 ≤30°。

驱动装置应采用轴装式齿轮减速电机与螺旋体驱动轴直连。

螺旋片应具有足够的强度和刚度，厚度不小于 6mm。

螺旋输送机应采用型钢支架固定在混凝土的土建基础上，支架应可作上下调节，调节余量应 ≥100mm。

输送机槽厚度应大于 4.5mm，制成 U 形断面，除进料口敞开外，其余部分应沿螺旋槽加平盖封闭。

输送机应能每日 24h 连续运行。

输送机的出口应设置卸料漏斗及连接管，与相邻设备的进料口相衔接。

13.1.1.16 无轴螺旋输送机

无轴螺旋输送机应为成套装置，应配置螺旋槽支架、螺旋槽盖板、冲洗管接口、尾端排水管接口、基础螺栓、就地控制箱等安全和有效运行所必需的附件。

无轴螺旋输送机应适用于细格栅栅渣或脱水污泥的输送，叶片直径≥300mm，螺旋转速 ≤32r/min，输送长度≤20m，最大倾角≤30°。

驱动装置应采用轴装式齿轮减速电机与螺旋体驱动轴直连。

无轴螺旋应具有足够的强度和刚度，厚度不小于 20mm，螺旋片宽度不小于 80mm，充填系数应≥35%。

输送机应有型钢支架固定在土建基础上，支架应可作上下调节，调节余量≥100mm。

输送机槽厚度应大于 4.5mm，制成 U 形断面，除进料口敞开外，其余部分应沿螺旋槽加平盖封闭。

输送机应能每日 24h 连续运行。

输送机的出口应设置卸料漏斗及连接管，与相邻设备的进料口相衔接。

无轴螺旋输送机如图 13-1-14 所示。

13.1.1.17 螺旋输送压榨一体机

螺旋输送压榨一体机应为成套装置，应配置螺旋槽支架、螺旋槽盖板、冲洗管接口、尾端排水管接口、基础螺栓、就地控制箱等安全和有效运行所必需的附件。

螺旋输送压榨机适用于污水厂格栅栅渣的输送和压榨，栅渣的输送与压榨一体完成。

螺旋输送压榨机应由驱动装置、机壳、无轴螺旋叶片、挤压滤水筒、清洗水管、回水管及重力式出料板等组成。驱动装置带动无轴螺旋旋转，通过螺旋将栅渣输送至螺旋的端部，靠聚集的物料在槽内自行推送，在出口阻力板的压重下，使物料在聚集区段内进行挤压、脱水，经压榨脱水后的栅渣强制推开阻力板后落至垃圾小车（或垃圾筒），挤压的渗出水则通过回水管流入格栅井。

挤压滤水筒内须设置清洗喷淋水管，外接压力水冲洗。

螺旋输送压榨机的进料口和出料口应设置卸料漏斗及连接管，与相关设备的连接应具有优良的密封性能，以确保栅渣、水、臭味不会从机壳中漏出。

输送压榨机长度≤10m，螺旋旋转速度≤10r/min，螺旋直径≥φ300，螺旋倾角应≤15°。

驱动装置应采用轴装式齿轮减速电机与螺旋体驱动轴直连。

无轴螺旋应具有足够的强度和刚度，厚度不小于 20mm，螺旋宽度不小于 80mm。

输送压榨机应有型钢支撑固定在混凝土的土建基础上，支架应可作上下调节，调节余量

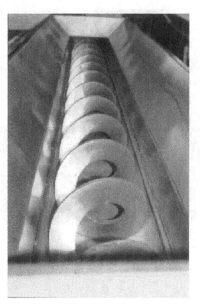

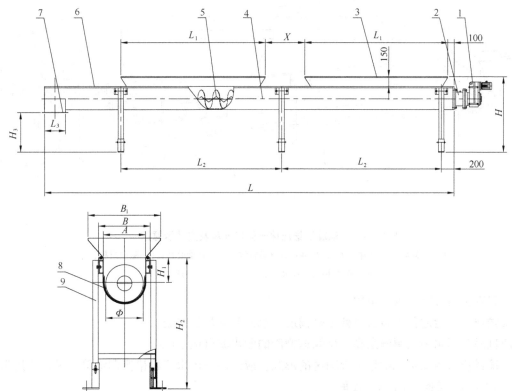

图 13-1-14　无轴螺旋输送机安装示意图及螺旋体外观

1—驱动装置；2—轴承座；3—进料口；4—U 形壳体；5—螺旋叶片；6—盖板；7—出料口；8—耐磨衬垫；9—支架（可调）

≥100mm。

输送压榨机槽厚度应大于 4.5mm，制成 U 形断面，除进料口敞开外，其余部分应沿螺旋槽加平盖封闭。

螺旋输送压榨机应能每日 24h 连续运行。

螺旋输送压榨一体机如图 13-1-15 所示。

13.1.1.18　带式输送机

带式输送机为成套装置，应配置自动调心（纠偏）托辊、导料槽、防雨罩、卸料头罩、卸料

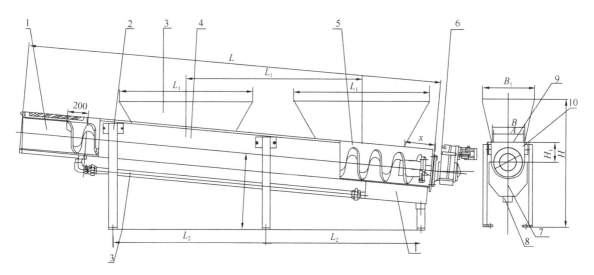

图 13-1-15　螺旋输送压榨一体机外观及安装示意图

1—压实体；2—支架；3—接料斗；4—输送壳体；5—螺旋叶片；6—驱动机构；

7—排水斗；8—排水管；9—盖板；10—衬板

斗等有效和安全运行所必需的附件。

带式输送机应能适合于多台并列粗格栅清污机同时卸料的输送。

栅渣性质为污水中的漂浮杂物，所输送栅渣的含水率可达 90%。

带式输送机采用固定式槽型托辊输送的形式，应适用于污水厂粗格栅栅渣等输送，适用带宽为 400～600mm、带速≤1m/s，倾角≤20°。

带式输送机的设计和制造应符合 GB/T 10595—1998 "带式输送机" 和 GB 14784—1993 "带式输送机安全规范" 的规定。

带式输送机应包括安装在相配支架上的电机驱动滚筒、改向张紧轮、槽型托辊、回程平托辊、导向（自动调心）托辊、输送带、清扫器、导料侧板、护罩（除清污机卸料槽段以外，其余应沿长度方向加罩）、螺旋张紧器、出口集料槽等部件。

输送带应采用尼龙帆布芯，覆盖胶厚度＞3mm，磨耗减量＜0.8cm³/1.61km，且不得采用搭扣连接方式。

带式输送机应能每日 24h 连续运行。

带式输送机的出口应设置方形集料漏斗，并与接续设备的进料口相衔接。

带式输送机如图 13-1-16 所示。

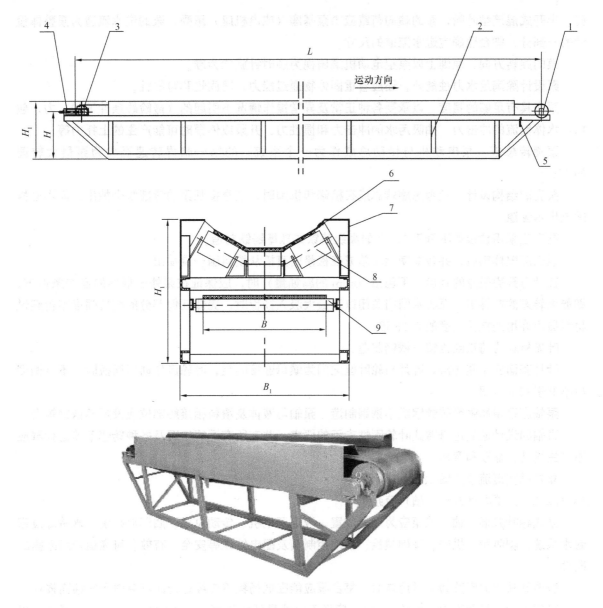

图 13-1-16　带式输送机外观及安装示意图

1—电动滚筒；2—机架；3—改向滚筒；4—张紧装置；5—清扫器；6—输送带；

7—防护罩；8—槽形托辊；9—下托辊

13.1.2　进水泵房

13.1.2.1　立式蜗壳混流泵

立式蜗壳混流泵应为成套装置，应配置立式电机、传动总成、油润滑系统、水冷却及密封水系统、机座、基础螺栓、就地控制箱及配电结线等安全、有效和可靠运行所必需的附件。

立式蜗壳混流泵的设计和制造应符合 JB/T 6667.1—2004～JB/T 6667.2—2004 "蜗壳式混流泵形式与基本参数、技术条件"、GB/T 13008—1991 "混流泵、轴流泵技术条件" 等标准的规定。

停泵时泵旋转总成（包括电动机）的倒转转速，应能满足不低于泵额定转速的 130%，且不会产生泵组系统的任何破坏。

泵正常运转时，在 10～1000Hz 频率范围测出的振动烈度应符合 JB/T 8097—1999 "泵的振动测量和评价" 标准规定的 B 级以上。在距泵体外壳 1m 处，噪声不超过 85dB（A）。

立式混流泵应为电动机驱动，适用于抽吸原生污水和合流污水，采用底吸、水平出流、单蜗

583

壳、半开式混流型叶轮，泵的轴向荷载应由泵基座（或电机座）承受，泵的进水流道为泵整体设计的一部分，需合理确定进水流道的尺寸。

泵的旋转方向，原则上以泵组电动机端俯视为顺时针旋向为准。

泵设计除满足水力性能外，还应着重固体物通过能力，坚固性和可靠性。

泵应具有足够的强度，以承受各种正常及异常操作情况下引起的（最险峻条件下的）力，包括：水体倒流的冲击力、抽吸污水的冲击力和惯性力、开泵或停泵时可能产生的上托力等。

泵旋转总成（泵电动机与传动总成作为一个系统）的第一临界转速至少为泵最大转速的 150%。

泵壳的结构设计，应考虑旋转总成在检修和拆卸时，能直接从泵的背部整个抽出，而不必拆除进出水管道。

泵壳应采用含镍量不低于 1.5% 的高级铸铁或球墨铸铁制造。

泵壳应整体铸造，并应能使旋转总成在检修时直接从填料函一端抽出。

在计算泵壳壁厚的强度（不包括 10mm 的腐蚀量）时，应保证在泵处于最坏的操作条件下，即最大转速的条件下，泵出水闸门关闭以及最大吸入扬程时，壳体任何部分的抗拉强度不得超过材料最小许用的抗拉强度的 0.25 倍。

叶轮材料为铸铁或铬镍不锈钢制造。

叶片表面应平整光滑，叶片与轮叶座之间为螺母连接固定，叶轮应作动平衡检验，不平衡度应不低于 G 6.3 级。

泵轴应采用高强度碳素钢或不锈钢制造，泵轴与液体及填料相接触部位应设置不锈钢轴套。

泵轴的设计应满足悬臂式叶轮刚性支承的要求，并在所有运行工况及各种转速下传递荷载应不产生抖动，振动和弯曲。

立式蜗壳混流泵如图 13-1-17 所示。

13.1.2.2 立式导叶式混（轴）流泵

立式导叶式混（轴）流泵应为成套装置，应配置电机、传动总成、油润滑系统、水冷却及密封水系统、喇叭管、机座、基础螺栓、就地控制箱及配电结线等安全、有效和可靠运行所必需的附件。

当泵站从重力流改为泵送运转时，每台泵应能在低扬程下连续运行而不会由于气蚀而损坏。

在规定的运行范围内，泵的 NPSHr 应低于泵站最低水位运行条件时的 NPSHr1m 以上，以避免造成泵的气蚀。

泵连同电动机和传动机组应能以不低于 130% 泵的最大运行速度倒转运转。

泵正常运转时在 10~1000Hz 频率范围测出的振动烈度应符合 JB/T 8097—1999 "泵的振动测量和评价" 标准规定的 B 级以上，距泵体表面 1m 处，噪声不超过 85dB（A）。

立式导叶式混（轴）流泵为电动机驱动，采用抽芯式结构，适用于抽吸原生污水，采用喇叭口进水，90°弯管出水，开式叶轮，泵叶片为半调节式或固定式，泵轴向荷载应由泵基座或电机座承受。

泵的设计和制造应符合 JB/T 6666.1—2004~JB/T 6666.2—2004 "导叶式混流泵形式与基本参数、技术条件" 和 JB/T 6883—1993 "大、中型立式轴流泵形式与基本参数"、GB/T 13008—1991 "轴流泵技术条件" 等标准的规定。

泵的旋转方向，原则上以泵组电动机端俯视为顺时针旋向为准。

泵设计除满足泵的水力性能外，还应着重于固体物通过能力、坚固性和可靠性。

泵应具有足够的强度，以承受各种正常及异常操作情况下引起的和最险峻条件下的力，包括：抽吸原生污水或停泵时拍门关闭所引起的惯性力及固体物卡阻在泵导叶与叶片之间的冲击力等。

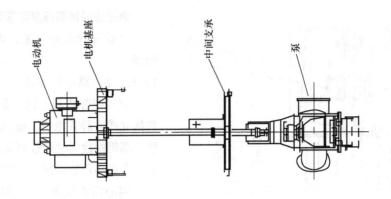

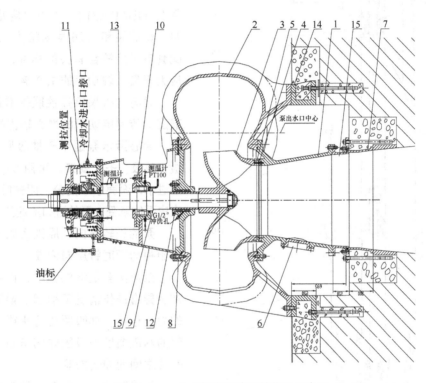

图 13-1-17　立式蜗壳混流泵结构及示意图

1—进口管；2—泵体；3—叶轮；4—进口管密封环；5—叶轮密封环；6—进口管手孔盖；7—底座；8—填料函架；
9—轴承支架；10—中间轴承部件；11—推力轴承部件；12—填料压盖；13—泵轴；14—泵层底座；15—套管

泵旋转总成（泵电动机与传动总成作为一个系统）的设计其第一临界转速至少为泵最大转速的 150%。

泵壳应采用含镍量不低于 1.5% 的高级铸铁或球墨铸铁制造。

泵壳可作适当剖分，便于可抽出部分的检修和装拆。

在计算泵壳壁厚的强度（不包括 10mm 的腐蚀量）时，应保证在泵处于最坏的操作条件下，即最大转速的条件下，泵拍门关闭以及最大吸入扬程时，壳体任何部分的抗拉强度不得超过材料最小许用的抗拉强度的 0.25 倍。

泵进水管为悬吊式结构，泵壳固定部分及可抽出部分均悬挂于泵盖并支承于泵座或电机座上。泵座或电机座底部应全部机械加工，以便安装时用垫铁或垫片来调整水平度和垂直度。

叶轮采用开式叶轮，叶片为半调节结构，叶片材料为铸铁或铬镍不锈钢制造。

叶片表面应平整光滑，叶片与轮叶座之间为螺母连接固定，叶片的角度可通过拆卸螺母改变定位销位置来进行调整。泵的旋转总成应作动平衡检验，不平衡度不低于 G 6.3 级。

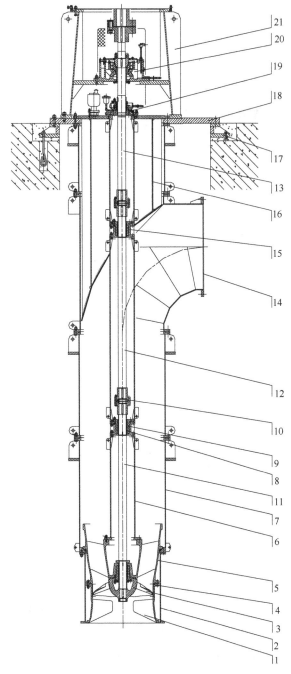

图 13-1-18　立式导叶式混（轴）流泵安装示意图

1—进水口；2—支座；3—叶轮；4—耐磨环；5—导叶体；6—护套管；7—接管；8—轴套；9—导轴承；10—中间联轴器部件；11—泵轴；12—连接轴；13—传动轴；14—出水套管；15—轴承支架；16—泵盖；17—底座；18—底板；19—填料函部件；20—推力轴承部件；21—电机座

泵轴应采用高强度碳素钢或不锈钢制造。

立式导叶式混（轴）流泵如图13-1-18所示。

13.1.2.3　离心污水泵

立式或卧式离心污水泵应为成套装置，包括立式或卧式电机、联轴节、防护罩、机座、基础螺栓、就地控制箱及配电结线等安全、有效和可靠运行所必需的附件。

离心污水泵的设计和制造应符合 JB/T 6535—1992 "离心式及污水泵技术条件"、GB/T 3216—1989 "离心泵、混流泵、轴流泵和漩涡泵试验方法"的规定，配套电机应符合有关的标准，电动机功率应大于最大轴功率的 1.2 倍。

泵与电机采用弹性联轴节联结，联轴节应能传递电动机的最大输出扭矩。

离心污水泵适用于抽吸原生污水，单级、单吸、干式安装，采用 90°弯管由泵底部进水，泵壳水平剖分，闭式叶轮，泵荷载应由泵体承受，泵的进口流速为 1~3m/s。

泵的旋转方向，原则上以泵组电动机端俯视为顺时针旋向为准。

泵应具有足够的强度，以承受各种正常及异常操作情况下引起的最险峻条件下的力，包括：抽吸原生污水或停泵时所引起的水流惯性力及固体物卡阻在泵导叶与叶片之间的冲击力等。

泵旋转总成（泵电动机与传动总成作为一个系统）的设计其第一临界转速至少为泵最大转速的 115%。

泵轴与电机连接后，安装在同一基座，直接固定在土建基础上。

泵体的壁厚，除满足强度要求外，还需至少增加 10mm，以补偿污水的腐蚀和磨损。

泵连同电动机和传动机组应能以不低于 130%泵的最大运行速度倒转运转。

泵正常运转时在 10~1000Hz 频率范围测出的振动烈度应应符合 JB/T 8097—1999 "泵的振动测量和评价"标准规定的 B 级以上。距泵体表面 1m 处，噪声不超过 85dB（A）。

叶片表面应平整光滑，叶片平衡精度等级不低于 G 6.3 级。

泵轴的密封采用压盖式填料函密封，填料函应设置青铜液封环，上部不少于 3 圈填料，下部不少于 1 圈填料。采用以螺栓结合的剖分式青铜压盖，并套入填料函内，在填料压紧之前，压盖至少套入相当于 1 圈填料的深度。填料函应设计成可提供一个有足够深度并可接管的集水槽以便排水，另应接入清水管，接上水源，供冷却润滑之用。

离心污水泵如图 13-1-19 所示。

13.1.2.4 潜水轴（混）流泵

潜水轴（混）流泵应为成套装置，应配置就地控制箱、出水井管（包括泵的定位和支承附件）、出水管三通、井管盖、提升链、水下电缆、接线盒、电缆固定夹、防气蚀锥（如果有）等有效和安全运行所必需的附件。

泵的设计和制造应符合 CJ/T 3060—1996"潜水轴流泵"和 JB/T 10179—2000"混流式、轴流式潜水泵"的规定。

潜水电机直接与轴（混）流泵叶轮同轴相连，水力部件由水泵壳体、导叶、叶轮和耐磨环组成。水泵壳体的出水口应为轴向出水。为了确保流量稳定，且管内无涡旋和无底部旋涡，水力部件应没有锐利的棱角。同时承包商应提供进水流道的尺寸，确保进出水流态的均匀以及防止涡流产生及水分流现象的井底倒锥设施。

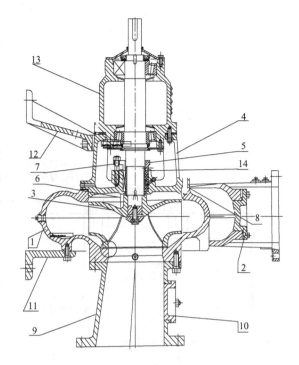

图 13-1-19　离心污水泵结构示意图
1—泵体；2—泵体手孔盖；3—叶轮；4—填料函架；5—密封压盖；6—叶轮密封环；7—泵体密封环；8—清水口；9—进口锥管；10—进口锥管手孔盖；11—泵体支撑架；12—填料函架支撑架；13—轴承架部件；14—填料密封

叶轮至少需要 3 片后掠叶片，使泵不易堵塞，并且有非常好的过流特性，确保叶轮在输送污水时不会产生堵塞。

机械密封应采用 2 个上下双重独立的高质量密封系统，并具有良好的耐磨和耐腐蚀性等特性，可以顺时针或逆时针转动，而不会带来不良后果，使用寿命不低于 25000h，机械密封材料采用碳化硅或硅化钨。

泵和电机轴应是连续无间断的轴，不能采用耦连形式。

潜水轴（混）流泵如图 13-1-20 所示。

13.1.2.5 离心式潜水排污泵

离心式潜水排污泵应为成套装置，应配置就地控制箱、安装用耦合导向杆、90°出水弯座、提升链、水下电缆、电缆固定夹、传感器及变送器、基础螺栓等有效和安全运行所必需的附件。

泵的设计和制造应符合 JB/T 8857—2000"离心式潜污泵"和 CJ/T 3038—1995"潜水排污泵"的规定，泵的试验规程应以 GB/T 3216—1989"离心泵、混流泵、轴流泵和漩涡泵试验方法"为准。

每台泵应能泵送原生污水或含水率为 96% 以上的污泥。

潜水电机须设有全封闭式内壳自循环水或油冷却系统，应能在潜水电机露出液面的条件下连续运行、间歇运行和长期停止状态后恢复运行。

潜水排污泵应采用立式耦合式安装，潜水电机直接与泵叶轮同轴相连，水力部件由水泵壳体、叶轮和耐磨环组成。泵的出水口应为径向出水口，出水口中心线应与电机中心线在同一平面内。为了确保流量稳定且没有过多涡旋，水力部件没有锐利的棱角。泵出水配管法兰应按 ISO 标准，公称压力 1MPa 为准。

泵的进口口径应根据泵出水量和吸入口流速等合理确定，吸入口流速不宜过高，须综合考虑

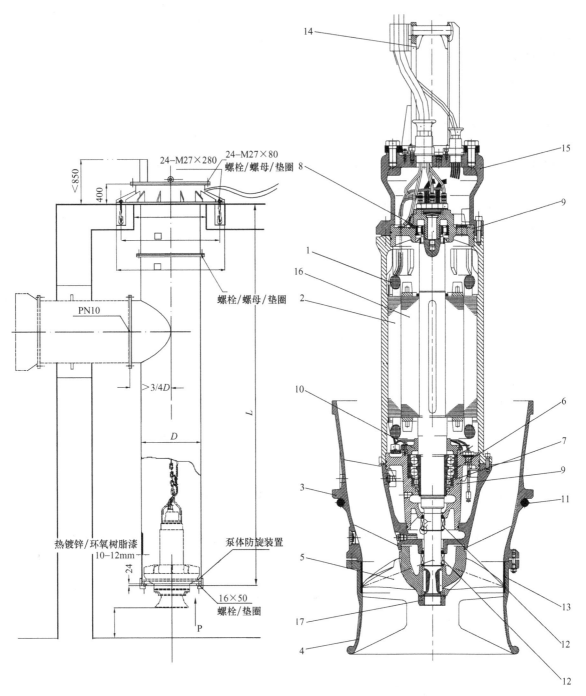

图 13-1-20　潜水轴（混）流泵结构示意图及总体安装示意图
1—温度传感器；2—定子；3—导叶体；4—进水室；5—叶轮；6—角接触球轴承；7—深沟球轴承；
8—滚子轴承；9—轴承室；10—轴承盖；11—O型圈；12—机械密封；13—泵体密封环；14—起吊支架；
15—泵底座；16—转子；17—叶轮螺母

　　泵转速和吸入扬程等因素，原则上不超过 1～3m/s。

　　叶轮应为离心式单流道，确保叶轮在输送污水时不会产生堵塞。

　　泵叶轮应进行动平衡检验，不平衡度应不低于 G6.3 级。振动烈度应符合 JB/T 8097—1999 "泵的振动测量和评价"标准规定的 B 级以上。

　　机械密封应采用 2 个上下双重独立的高质量密封系统，并具有良好的耐磨和耐腐蚀的特性，可以顺时针或逆时针转动，而不会带来不良后果，使用寿命≥25000h。机械密封材料采用碳化钨或碳化硅。

　　离心式潜水排污泵如图 13-1-21 所示。

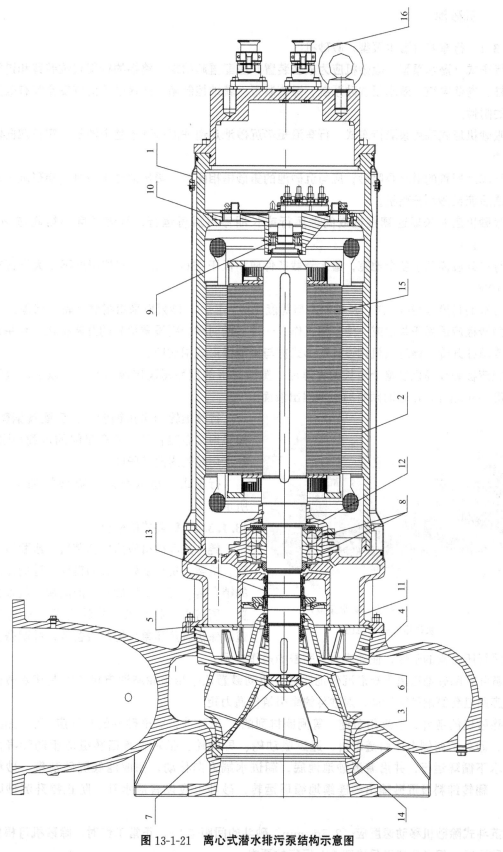

图 13-1-21　离心式潜水排污泵结构示意图

1—冷却套管；2—电机；3—泵体；4—出水盖；5—冷却腔盖；6—叶轮；7—叶轮螺母；8—流体轴承；
9—滚子轴承；10—轴承支座；11—轴承室；12—轴承盖；13—机械密封；14—泵体密封环；15—转子；
16—起吊螺栓

13.1.3 沉砂池

13.1.3.1 行车式（潜水泵型）吸砂机

行车式（潜水泵型）吸砂机应为成套装置，应配置起始端、终端的行程限位装置和过行程止动挡柱、卷筒电缆、潜水泵洗砂系统、撇渣装置、就地控制箱、外接端子盒等安全和有效运行所必需的附件。

吸砂机形式采用泵吸行车式，行车沿矩形沉砂池走道往返行驶于整个池长，实行双向吸砂单向撇渣。

行车上配置的潜水泵吸砂管应与沉砂池的集砂槽相配合，吸出的砂水应排入矩形沉砂池池侧的水槽后流至砂水分离机。

吸砂机应能长期连续往返或间歇运行或长期停用后再运行，行驶速度不得超过 20mm/s（1.2m/min）。

行车架应横跨于整个池宽，最大承载条件应不低于 2500N/m²，车架挠度不得大于行车跨度的 1/1000。

行车的跨度≤12m，主、从动轮距与跨度比应≥1：8，砂泵应采用耐磨叶轮，扬程＞5m。

撇渣板应适用于单池或一池多槽工作，一池多槽时需分别设置单独的升降机构，可采用同步升降或单独升降。撇渣板机构设计的形式需与集渣槽形式相对应。

撇渣板必须随机沿整个池长撇集浮渣。撇渣时板的顶面需高出液面 80mm 以上，浸没水下的深度＞300mm，回程时须将撇渣板提出液面。

图 13-1-22　行车式（潜水泵型）
吸砂机安装示意图

行驶滚轮如采用钢轮时，应配置钢轨导向，如采用实心胶轮时，应有足够的承载和耐磨性，并采用胶轮靠池壁导向。

行车式（潜水泵型）吸砂机如图 13-1-22 所示。

13.1.3.2 链斗式除砂机

链斗式刮砂机应为成套装置，应配置驱动装置、机架、主动链轮、导向链轮、池周循环运行的销合链、链节式刮砂斗、耐磨块、链条拉紧装置、所有支（托）架、旋转支承（滑动轴承）、过载保护装置和单元控制设备等，并配备有效和安全运行所必需的附件，使能成为一完整的操作单元。

链斗式除砂池适用于矩形沉砂池除砂，驱动装置应采用齿轮减速电机并安装在除砂机支架上，应通过套筒滚子链传动，对砂斗的牵引链传递力矩。

除砂机的链斗，应采用多道、等间距排列的 V 形砂斗，V 形砂斗的长度应≤2000mm。运行时，砂斗的两侧由牵引链牵引，通过驱动轮、导向轮、张紧轮等回转链轮驱动和导向，出没于水下循环运行，并沿着沉砂池池底，朝进水端方向移动，完成池底沉砂刮集、砂粒提出水面、翻转卸料及沉砂输出等连续地循环运转，砂斗上应设有泄水孔，防止提升沉砂时带出污水。

链斗式除砂机移动速度应≤2.5m/min，砂斗的间距≤2m，正常工作时，除砂机可根据需要作间歇运行，但必须能满足连续 24h 运行的要求。

链斗式除砂机如图 13-1-23 所示。

13.1.3.3 链板式刮砂机

链板式刮砂机应为成套装置，应配置池边传动的驱动装置、机架、主动链轮、导向链轮、牵引链、刮砂板、耐磨块、链条拉紧装置、所有支（托）架、旋转支承（滑动轴承）、过载保护装置和单元控制设备等，并配备有效和安全运行所必需的附件，使能成为一完整的操作单元。

链板式刮砂机适用于矩形沉砂池的刮砂，沉砂经池底水

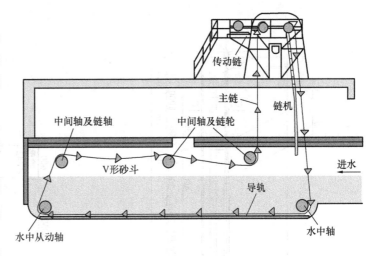

图 13-1-23　链斗式除砂机结构示意图

平段刮集至池端后沿 30°斜坡砂槽刮集至集泥斗，并靠重力从排砂管下落。

链板式刮泥机刮板的长度应≤1200mm，链板移动速度≤2.5m/min，刮板与刮板的间距应≤2m，板长≤600mm 时采用单根牵引链循环，板长>600mm 时，采用双列链牵引。

驱动装置采用摆线减速电机（或齿轮减速电机），并安装于沉砂池出砂端平台的钢结构架上，通过套筒滚子链对牵引链的驱动轴系传递动力。

驱动装置至牵引链的链传动应采用金属链条，最大工作荷载对链条破断强度的安全系数≥4。

链节形式为板式链的形式，在设计工况下保证链节的连续工作寿命大于 10 年。

牵引链拉紧后，两支承点间的弧垂度应小于 1/50 支承点距离，链节破断强度至少应大于链条张紧力的 6 倍。

刮板应具有足够的强度和刚度，刮板挠度应不大于 1/1000 的支撑点距离。

刮砂板的上、下侧需安装耐磨滑块，刮砂时下侧耐磨滑块与设在池底的导轨接触，当牵引链回程时，上侧耐磨滑块与托架导轨接触。

图 13-1-24　链板式刮砂机安装图

牵引链驱动轴系采用优质碳钢或不锈钢制造，应具有足够的抗弯、抗扭强度，两侧牵引链应保持同步移动。

链板式刮砂机如图 13-1-24 所示。

13.1.3.4 水平式水力旋流沉砂池专用泵及管道系统

水力旋流泵及管道系统应包括潜水泵、泵座、耦合装置、固定式手动提升装置、水下电缆、就地控制箱、穿孔管（沿池底长度向敷设）及水力扩散喷嘴等安全和有效运行所必需的附件。

穿孔管管径、喷嘴孔径与间距应根据水力计算确定，应保证各喷嘴的流量与射流强度满足沉砂池水体回旋流速为≥0.25m/s 的要求。

潜水混流泵应适用于长期连续或间歇运行或长期停用后再运行，具有耐磨防堵的性能，流量扬程曲线应具较平缓的特性变化。

水平式水力旋流沉砂池专用的泵及管道系统如图 13-1-25 所示。

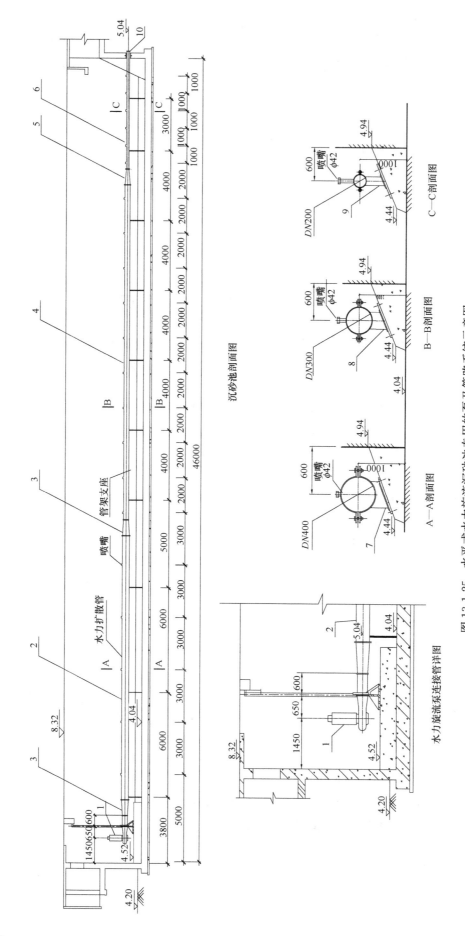

图 13-1-25 水平式水力旋流沉砂池专用的泵及管路系统示意图

1—水力旋流泵；2—双法直管；3—双法渐扩管；4—双法直管；5—双法直管；6—双法渐扩管；7—管架支座；8—管架支座；9—管架支座

13.1.3.5　旋流沉砂池及除砂设备

旋流沉砂池的除砂方式常用以下两种模式：

（1）第一种模式的配套设备为

1）立式桨叶搅动式分离机；

2）空气提升泵系统（含罗茨鼓风机）；

3）砂水分离机。

（2）第二种模式的配套设备为

1）立式桨叶式搅动分离机；

2）砂泵输送系统；

3）砂水分离机。

此外，应配置上述各设备联结的管道阀类、管配件、电缆和就地控制箱、基础螺栓等安全和有效运行所必需的附件。

沉砂池池形采用圆形水平旋流的模式，进水从池的切向入流，回旋一定角度后出水。其间，在机械桨叶搅动的工况下应完成砂粒在沉降过程中与有机物分离，沉降的砂粒沿池底向心排入中心砂斗，并通过空气提升泵将砂水输入砂水分离机内，最后由螺旋将沉砂输出的连续过程。同时，必须考虑沉砂万一在砂斗及排砂管路内板结后的清通设施，诸如高压水冲洗系统、空气搅拌系统或刮刀等。

旋流沉砂池及除砂设备如图 13-1-26 所示。

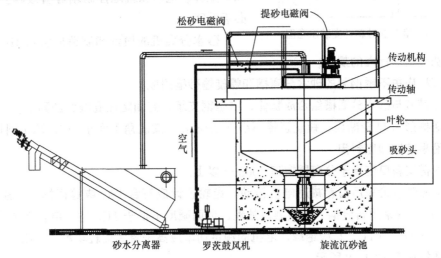

图 13-1-26　旋流沉砂池及除砂设备外观及安装示意图

13.1.3.6 高架储砂料斗

砂斗为成套装置，应配置钢结构支架、电动开合门页等安全、有效运行所必需的附件。

储砂斗应适用于污水处理厂沉砂池排出的砂粒储存，并应考虑15％储砂容积余量。

沉砂由输送机直接输入，采用砂斗两侧的电动推杆同步开合门页靠重力排放，砂粒排放时，斗内不得存在砂粒的架桥现象。

砂斗安装在钢结构支架上，自卸式运输车进入砂斗底部，装运砂粒。

砂斗应采用6mm以上不锈钢钢板进行加工，系方形或圆形并带有锥角，锥角的设计应保证砂粒不挂料并能自由落向斗底，砂斗外壁允许焊置环向或垂直肋加强。

砂斗底部可采用对合式平口合页，并靠电动推杆开合门页。

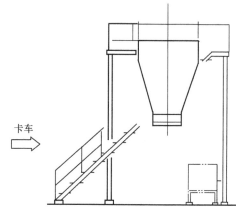

图13-1-27 高架储砂料斗安装示意图

对合式门页应能支承砂斗内全部湿砂粒，并能在荷载条件下自锁或平滑地开启，关闭时应密封或另设接水盘，将渗出水排出。

必要时，砂斗上应装有物位检测和称重计量设备，可测定砂位或重量，以及可装电动振动器。

高架储砂料斗如图13-1-27所示。

13.1.3.7 砂水分离机

砂水分离器设备为成套装置，应配置管道阀类和管配件、电缆和就地控制箱等有效和安全运行所必需的附件。

砂水分离机的设计和制造应符合JB/T10461—2004"螺旋洗砂机"标准的规定。

砂水分离机应由不锈钢制的砂水分离槽和螺旋输砂槽组成。

螺旋输砂槽应与砂水分离槽结合成整体，由型钢支承，并固定在混凝土基础上。

螺旋输送槽形为U形断面，螺旋直径不小于250mm，安装角不大于25°，除进料口敞开外，其余部分应沿螺旋槽加盖封闭。

螺旋输送槽出料口应高于分离器槽顶300mm以上。

螺旋体的驱动装置采用齿轮减速电机传动，齿轮设计应符合ISO或等同标准，服务系数不小于2.0，齿轮材料采用合金钢，渗碳磨齿处理，齿面硬度不低于HR_c58，电机防护等级IP65，电压为三相、380V、50Hz，F级绝缘，电机的额定功率应高于最大实耗功率10％以上。

砂水分离机如图13-1-28所示。

13.1.4 沉淀池

13.1.4.1 悬挂式中心传动刮泥机

悬挂式中心传动刮泥机适用于中心进水、周边出水的池径$\phi6\sim\phi16m$的圆形沉淀池刮泥。

整机应配置驱动系统（摆线或齿轮减速电机及中心支座）、工作桥、传动立轴、出水堰板、栅渣挡板、浮渣去除系统、刮泥臂架、刮泥板、进水管、导流筒、就地控制箱以及安全和有效运行所需的附件。

悬挂式中心传动刮泥机的设计和制造应参照CJ/T 3042—1995污水处理用辐流沉淀池周边传动刮泥机的规定。

工作桥为全桥式，固定安装于池壁走道，作为驱动装置的支座以及与池周平台的通道。桥架宽度不小于1000mm，应适用于工作人员的维修和管理，挠度应小于桥跨度的1/800。

进水管经导流筒均匀布水，导流筒的断面和筒的流速应保证污泥的有效沉降和等速向池周出

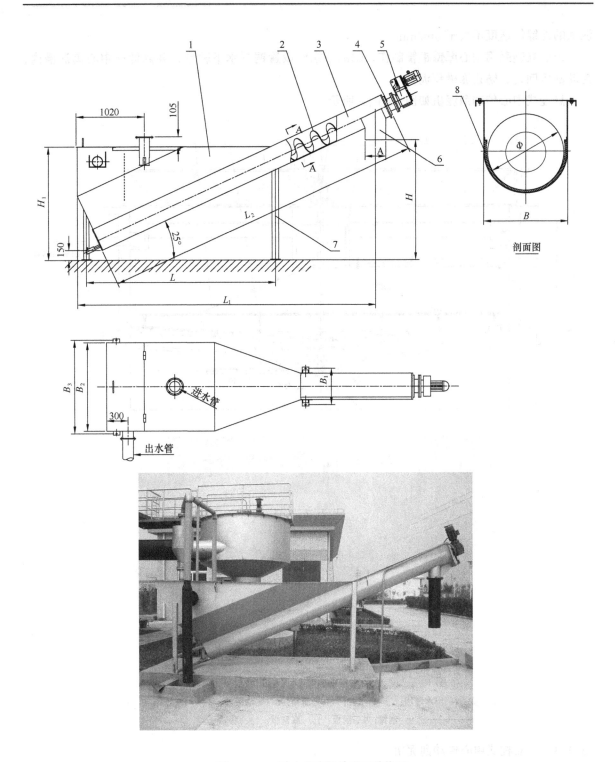

图 13-1-28　砂水分离机外观及结构图

1—分离槽；2—螺旋叶片；3—U 形槽；4—轴承座；5—驱动装置；6—排砂口；7—支架；8—耐磨衬垫

水槽辐流。

不锈钢撇渣板应有效地将浮渣撇入排渣斗排出，在排出的同时，应利用沉淀池出水进行冲洗，浮渣排出后应采用不锈钢网制作的滤水网篮盛渣，盛器容积不小于 $0.1m^3$，直径不小于 300mm，应适用于人工在地面操作，分离水流入污水管道。

刮泥臂应采用对称双臂式结构，应具有足够的抗扭强度和刚度，以承受刮泥的载荷。刮泥板采用对数螺旋线轨迹，应保证经池底的沉泥由池周向中心泥斗刮集，不得有任何的积泥死区，刮泥板的外缘线速度不大于 3m/min。

中心立轴采用空心厚壁钢管制作，轴的下端应设置铜制水下轴承，并悬伸于中心集泥槽内，带动刮板回转，防止泥槽积泥。

悬挂式中心传动刮泥机如图 13-1-29 所示。

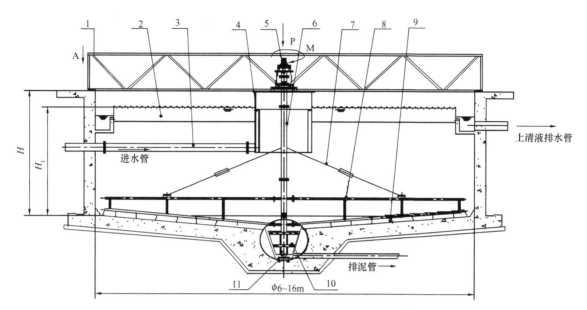

图 13-1-29　悬挂式中心传动刮泥机外观及安装示意图

1—工作桥；2—出水堰板；3—进水管；4—导流筒；5—驱动装置；6—中间立轴；7—拉杆；

8—刮臂；9—刮板；10—底刮板；11—底轴承

13.1.4.2　立柱式中心传动刮泥机

立柱式中心传动刮泥机适用于中心进水、周边出水的辐流式沉淀池，池径一般为 $\phi16$ ～ $\phi60m$。

整机应配置驱动装置（电机、减速机及过载保护系统）、工作桥、中心进水柱管、出水堰板、拦渣挡板、浮渣去除装置、刮泥臂、刮泥板、就地控制箱以及安全和有效运行所需的附件。

刮泥机采用立柱式中心传动双臂刮泥的形式，驱动装置安装在中心支柱上，并通过内啮合齿轮等减速装置带动刮泥臂架、刮泥板、撇浮渣板等转动，将沉淀污泥由池周向中心泥斗刮集，通过池内水压排至池外。刮泥板的外缘线速度初沉池≤3m/min，二沉池应≤2m/min。

工作桥为半桥式钢桁架结构，走道宽度不小于 1000mm，作为中心立柱与池周平台的通道，应适用于工作人员的维修和管理，工作桥挠度应小于桥跨度的1/800。

刮泥机应设撇除浮渣的刮板，将浮渣撇入悬挂在工作桥下的可转动式集渣斗（管）排出，在排出的同时，利用沉淀水进行冲洗。在浮渣排出口应配置不锈钢网（孔）板制作的滤水盛器，盛器容积不小于0.1m³，直径不小于300mm，适用于人工操作，分离水流入污水管道。

在刮泥机旋转过程中，刮泥板应保证经整个池底的沉泥连续刮集，不得有任何的积泥死区，以实现沉淀池池底均匀排泥效果。

立柱式中心传动挂泥机的设计和制造应参照CJ/T 3042—1995污水处理用辐流沉淀池周边传动刮泥机的规定。

立柱式中心传动刮泥机如图13-1-30所示。

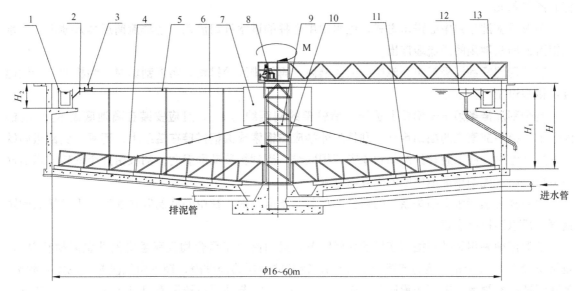

图13-1-30 立柱式中心传动刮泥机安装图

1—出水堰板；2—浮渣挡板；3—刮渣耙；4—刮臂；5—撇渣板；6—拉索；7—导流筒；8—驱动装置；
9—中心立柱；10—中心转动竖架；11—刮板；12—排渣斗；13—工作桥

13.1.4.3 周边传动刮泥机

周边传动刮泥机适用于中心进水、周边出水的辐流式沉淀池，池径为ϕ16～ϕ60m。

整机应配置驱动装置（包括电机、减速机及过载保护系统）、工作桥、端梁滚轮、中心旋转支承、中心进水柱管、出水堰板、拦渣挡板、浮渣去除装置、刮泥臂、刮泥板、中心集电装置、就地控制箱以及安全和有效运行所需的附件。

刮泥机采用周边传动、单（双）刮臂、橡胶滚轮式刮泥机，驱动装置套装在中心支柱上，并通过周边驱动装置带动桥架、刮泥臂、刮泥板、撇浮渣板等转动，将污泥沿池底刮至中心集泥斗后，通过池内水压排至池外。

周边传动挂泥机的设计和制造应符合 CJ/T 3042—1995 污水处理用辐流沉淀池周边传动刮泥机的规定。

工作桥为半桥式或全桥式安装，应具有足够的强度和刚度，桥宽应适用于工作人员的维修和管理需要，工作桥挠度应小于桥跨度的 1/800。

刮泥机应设池面浮渣撇除装置，将浮渣撇入排渣斗排出，在排出的同时，利用二沉池出水进行冲洗，浮渣排出口应配置不锈钢网制作的滤水盛器，盛器容积不小于 0.1m³，直径不小于 300mm，适用于人工在地面操作，分离水流入污水管道。

刮泥臂应采用可动式，与桥架为铰轴连接，刮泥板为对数螺旋线状的形式，可分段衔接，重叠量不小于 150mm，刮板的外缘线速度，初沉池应≤3m/min，二沉池应≤2m/min。

中心支座用以支承中心集电环和工作桥等荷载，集电装置应采用组合形式，技术要求应符合 JB/T 2839—2005 "电机用刷握及集电环" 的规定。

周边传动刮泥机如图 13-1-31 所示。

13.1.4.4 池边传动式链板式刮泥机

池边传动式链板式刮泥机适用于池径≤30m 圆形沉淀池的刮泥，整套装置应配置池边传动的驱动装置、主动链轮、链节式泥刮板、导向链轮、池周循环运行的销合链、链条拉紧装置、所有支架、中心柱、中心旋转支承（滑动轴承）、撇渣装置、浮渣挡板、排渣斗、进水稳流筒、出水堰板、过载保护装置和单元控制设备等，并配备有效和安全运行所必需的附件，使能成为一完整的操作单元。

圆形沉淀池采用中心进水方式，进水由中心柱的进水孔口流入，经导流筒后导入池内，污水以辐流方向从池周的溢流堰流出。

沉淀污泥靠刮泥板汇集至池中心的泥槽内，再经排泥管排除，污泥刮集时，刮板的外缘线速度不得超过 1.2m/min。

整个刮泥链条须置于惰轮上运转，惰轮架的间距约为 4m，且应安装在离池底高 600mm 的池壁上，链条靠直立的插销传动，刮板的外端应由钢索或圆钢搭接在链条上，而另一侧刮板内端与设置在池中心柱上旋转的滑动轴承支架相联结，当刮板移动刮泥时，刮板由几个滚轮支承沿池底运行，将污泥刮集至池中间的泥斗内排除。

中心柱必须能承受相关结构的重量、荷载而不得变形，在中心柱的底端须有一平口接头的短钢管，用以连接进水管。

刮泥链须采用圆锥形插销连接的弧面链节，且由高分子聚合物及高强度的非金属材料制造，重量不少于 4.0kg/m，链的节距为 178mm，链节的材质为聚缩醛，销轴由聚酰胺（尼龙）制造，为降低链条磨损率，轴套的承压面积应≥1700mm²，链节的凹口承压面积应≥1840mm²，链节的破断强度应不小于 34.3kN（3500kgf），且工作强度为 19.6kN（2000kgf）。

弧面链节将牵引链条的拉力作用在链节的圆锥插销上，作销齿式传动，且由圆锥插销大端的承压面所承受，链节底侧为圆弧形，且与外缘光滑的惰轮半径（此为无齿形）相吻合，惰轮轮缘直径应≥350mm，中间应有一个大的接触面，以降低表面压力及减少磨损。

应设有防脱链装置，防止链条跳离刮板及刮板行走时走偏和转动。

刮泥板采用聚酯加以玻璃纤维强化的非金属材料制造，玻璃纤维含量至少为 60%～70%，以确保足够的强度，并以多块直刮板铰接组成对数螺旋线状刮板，刮泥板底部应设有多个滚轮沿池底运行，滚轮的材质系为聚酰胺（尼龙），轮子直径不小于 200mm，刮板的外缘线速度≤3m/min，轮轴轴承面积不小于 1200mm²。

全桥式

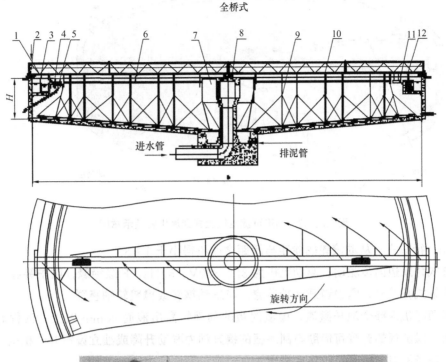

进水管　　排泥管

旋转方向

图 13-1-31　周边传动刮泥机外观及安装示意图

1—工作桥；2—端梁驱动装置；3—出水堰板；4—排渣斗；5—刮渣耙；6—撇渣板；7—导流筒；
8—支座及集电装置；9—刮泥系统；10—桁架；11—浮渣挡板；12—水槽清洗刷

圆形沉淀池链板式刮泥机如图 13-1-32 所示。

13.1.4.5　行车提板式刮泥（砂）机

行车提板式刮泥（砂）机除主机外，应配置出水槽、出水堰板、端头限位装置、行程控制开关、移动电缆、就地控制箱等必需的安全、有效及可靠操作的附件。

行车式提板式挂泥机的设计和制造应符合 JB/T 7257—1994 "行车式提板刮砂机" 和 CJ/T 3044—1995 "污水处理用沉砂池行车式刮砂机" 的规定。

行车式刮泥（砂）机采用钢轨或橡胶轮导向，使行车滚轮往返行驶于矩形沉淀池整个走道池长，并配合刮板的升降，实行单向刮泥和撇渣。

行车式刮泥（砂）机应能长期连续往返或间歇运行或长期停用后再运行，行驶速度不得超过 20mm/s（1.2m/min）。

行车式刮泥（砂）机适用池宽应≤20m，行车架应横跨于整个池宽，最大承载条件应不低于 2500N/m²，车架最大挠度不得大于行车跨度的 1/800，在桥架下铰接可动臂式刮泥板，刮板高

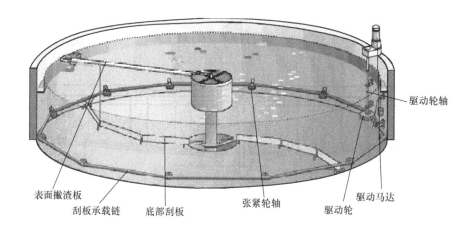

图 13-1-32 圆形沉淀池链板式刮泥机安装示意图

度≤500mm，行车主、从动滚轮的轮距与跨距之比不得小于 1∶8。

驱动方式为双边同步驱动，驱动电机为 3P、380V、50Hz，F 级绝缘，防护等级为 IP65，减速器采用套轴式减速机，需设过载保护装置，与主动钢轮或橡胶轮轴直联。

撇渣板须随机沿整个池长撇渣，撇渣时板的顶面需高出液面 80mm 以上，回程时须将撇渣板提出液面，撇渣板的升降可借助与刮泥板的提升动力联动升降或独立设置升降机构，集渣槽的形式须满足浮渣的有效撇除及收集后排出。

行驶滚轮与导向滚轮应采用具有足够的承载和耐磨能力的实心轮，也可采用钢轮和钢轨导向的形式。

行车提板式刮泥（砂）机如图 13-1-33 所示。

13.1.4.6　矩形沉淀池链板式刮泥机

链板式刮泥机为成套装置，应配置摆线和齿轮减速电机、套筒滚子链组、牵引链轮组、刮泥板、导向链轮、链条拉紧装置、所有支架、过载保护装置和单元控制设备等，并配置有效和安全运行所必需的附件，使能成为一完整的操作单元。

链板式刮泥机应适用于池宽≤8m 平流式沉淀池的单向连续刮泥，回程刮板撇除浮渣，刮板的移动速度初沉池≤0.6m/min，二沉池≤0.4m/min。

链板式刮泥机布置应根据基本尺寸要求，满足池底污泥刮入池前端的集泥斗内，水面浮渣撇向池后端的集渣管。

位于水下部分的机件均应采用非金属材料制造。

驱动装置采用电机直联的摆线减速机的形式，整套驱动装置位于沉淀池池端平台上，通过链传动对水下的牵引链的驱动轴系传递动力。

驱动装置至牵引链的链传动应采用非金属工程塑料链条，传动链的工作荷载对破断强度的安全系数≥4。

链节形式为板式链，整体注塑成形，销轴孔和加肋侧板必须精密制造，保证精度要求，板式链的滚筒表面应具有足够的硬度，节距的延伸量不大于 0.5%，在设计工况下保证链节的连续工作寿命大于 10 年。

牵引链拉紧后，两支承点间的弧垂度应小于 1/50 支承点距离，牵引链链节破断强度至少应大于链条张紧力的 6 倍。

刮泥板应由加强型玻璃钢或更好材料制成，其中玻璃纤维占 55% 以上，刮板应具有足够的强度和刚度，且允许挠度不大于 1/1000。

刮泥板间隔应布置均匀，最大间距不大于 3m。

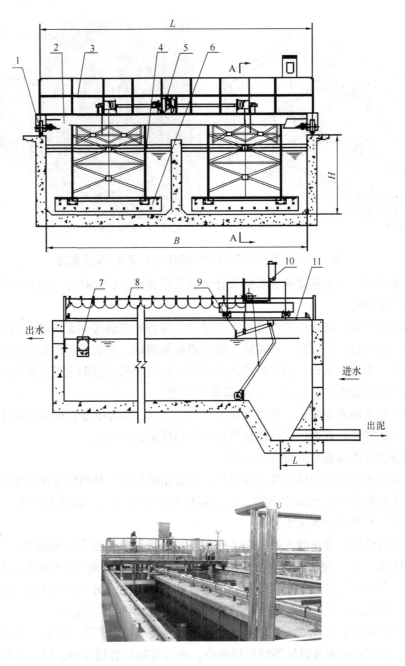

图 13-1-33 行车提板式刮泥（砂）机外观及安装示意图

1—驱动装置；2—主梁；3—栏杆；4—刮泥架；5—卷扬机构；6—刮泥系统；
7—浮渣收集系统；8—移动电缆；9—撇渣机构；10—就地控制箱；11—路轨

刮泥板的上、下侧均需安装耐磨靴，刮泥时下侧耐磨靴与设在池底的导轨接触，回程时上侧耐磨靴与托架导轨接触。耐磨靴应采用铸造尼龙或更好材料制造。耐磨靴的工作寿命应保证在设计工况条件下连续运行 5 年以上。

矩形沉淀池链板式刮泥机如图 13-1-34 所示。

13.1.4.7 立柱式（垂架式）中心传动吸泥机

立柱式（垂架式）中心传动吸泥机适用于中心进水、周边出水、池径为 $\phi20 \sim \phi60m$ 的辐流式沉淀池。整机应配置驱动装置（包括电机、减速机及过载保护系统）、工作桥、中心进水管柱、中心排泥管、出水堰板、拦渣挡板、浮渣去除装置、吸泥管及集泥板、吸泥管臂架、集泥槽、排泥量调节阀、就地控制箱以及安全和有效运行所需的附件。

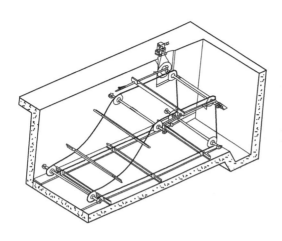

图 13-1-34　矩形沉淀池链板式刮泥机外观及安装示意图

立柱式（垂架式）中心传动吸泥机的设计和制造应参照 JB/T 8696—1998 "辐流式二沉池周边传动吸泥机"的规定。

吸泥机驱动装置安装在中心进水立柱上，通过多级齿轮减速传动至内啮合齿轮回转支承，并带动旋转框架、吸泥臂、吸泥管、集泥槽、撇浮渣板等转动，将沉淀污泥由刮泥板导入排列在双臂上的吸泥管后，靠池内水压，将管内的污泥沿中心旋转垂架垂直向上汇入集泥槽后由排泥管排出。集泥板的外缘线速度≤2.2m/min，吸泥管内流速≤1.0m/s。

工作桥为半桥式固定安装，走道宽度不小于 1000mm，作为中心立柱与池周平台的通道，应适用于工作人员的维修和管理，工作桥挠度应小于桥跨度的 1/800。

吸泥机的浮渣撇除装置形式有以下两种：

形式一为撇浮渣板将浮渣撇入集渣斗排出，在排出的同时，利用沉淀池出水进行冲洗，浮渣排出口应配置不锈钢网制作的滤水盛器，盛器容积不小于 0.1m³，直径不小于 300mm，适用于人工在地面操作，分离水流入污水管道。

形式二为撇浮渣板将浮渣撇入悬挂在工作桥下集渣管，集渣管采用电动作 90°的转动操作和限位，防护等级为 IP65。集渣管管径≥250mm，沿管长开设中心角为 60°的槽，在保证受扭和受压强度下，整个管长可形成若干个堰口。开槽圆管的一端封闭，另一端与集渣斗连接，管的挠度不大于 1/1000 的管支承长度，撇入的浮渣随水流流入集渣斗后排出池外。

吸泥管系统的设计应以 100％回流污泥量和管内流速 1m/s 确定，吸泥管管径≥200mm，吸泥管的间距应≤2500mm 和考虑足够的自吸水头。在吸泥机旋转过程中，应保证经整个池底的沉泥连续刮集和吸除，不得有任何的积泥死区，以实现沉淀池池底均匀排泥效果。

中心进水柱管必须具有足够的强度和刚度，除作进水外，以支承驱动系统、污泥吸泥系统和工作桥等荷载。

立柱式（垂架式）中心传动吸泥机如图 13-1-35 所示。

13.1.4.8　周边传动刮吸泥机

周边传动刮吸泥机适用于中心进水、周边出水的池径 ϕ16～ϕ60m 辐流式二沉池沉淀池排泥。整机应配置驱动装置（包括电机、减速机及过载保护系统）、工作桥、中心进水管柱、中心排泥管、出水堰板、拦渣挡板、浮渣去除装置、吸泥管及集泥板、吸泥管臂架、集泥槽、排泥量调节阀、就地控制箱以及安全和有效运行所需的附件。

周边传动刮吸泥机的设计和制造应参照 JB/T 8696—1998 "辐流式二沉池周边传动吸泥机"和 HG/T 21548—2002 "辐流式二次沉淀池"的规定。

吸泥机采用周边传动、双臂排列立管吸泥的形式，驱动装置直接与桥架端梁上的驱动滚轮轴

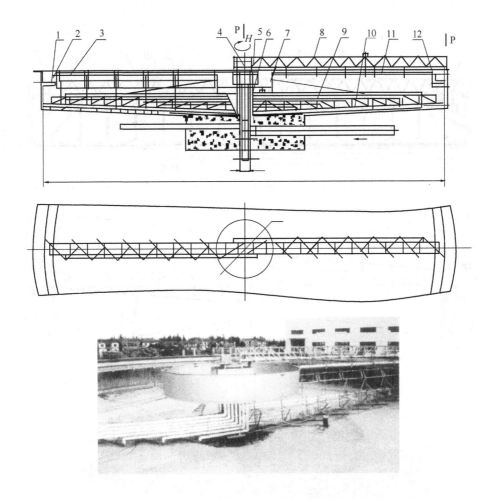

图 13-1-35 立柱式（垂架式）中心传动吸泥机安装图

1—出水堰板；2—浮渣挡板；3—撇渣板；4—驱动装置；5—中心传动竖架；6—中心主柱；7—导流
筒；8—工作桥；9—刮臂；10—吸泥系统；11—旋转撇渣装置；12—排渣斗

联接，滚轮在≤2.2m/min 的运行速度下，带动桥架、吸泥管架、吸泥管、集泥槽、撇浮渣板等转动，将沉淀污泥由集泥板导入吸泥管口或直接由长扁吸口吸入，然后靠池内水位与集泥槽之间的压差，由吸泥管汇入集泥槽，且流经排泥管排出。

工作桥为全桥式双边驱动，走道宽度不小于 1000mm，以中心立柱作为支承点，工作桥挠度应小于桥跨度的 1/800。

吸泥机应设池面浮渣撇除装置，将浮渣由集渣管流入集泥槽或撇入集渣斗排出，在排出的同时，利用沉淀池出水进行冲洗。在排渣口应配置不锈钢网浮渣滤水盛器，盛器容积不小于 0.1m³，直径不小于 300mm，适用于人工在地面操作，分离水流入污水管道。

吸泥管系统的设计应以 100% 回流污泥量和管内流速 1m/s 确定，吸泥管直径≥200mm，吸泥管间距≤2500mm，必须考虑足够的自吸水头。在吸泥机旋转过程中，保证经整个池底的沉泥连续刮集和吸除，不得有任何的积泥死区，以实现沉淀池池底均匀排泥效果。

中心进水柱管必须具有足够的强度和刚度，以支承驱动系统、污泥收集系统和工作桥等荷载。

周边传动刮吸泥机如图 13-1-36 所示。

13.1.4.9 立柱式中心传动单（双）管吸泥机

立柱式中心传动单（双）管吸泥机适用于周边进水、周边出水型二次沉淀池的排泥。

整机应配置驱动装置（包括摆线减速电机、齿轮减速箱及过载保护系统）、工作桥、中心立柱、出水堰板、浮渣挡板、浮渣去除装置、中心旋转框架、吸泥管臂架、变断面穿孔式吸泥管、

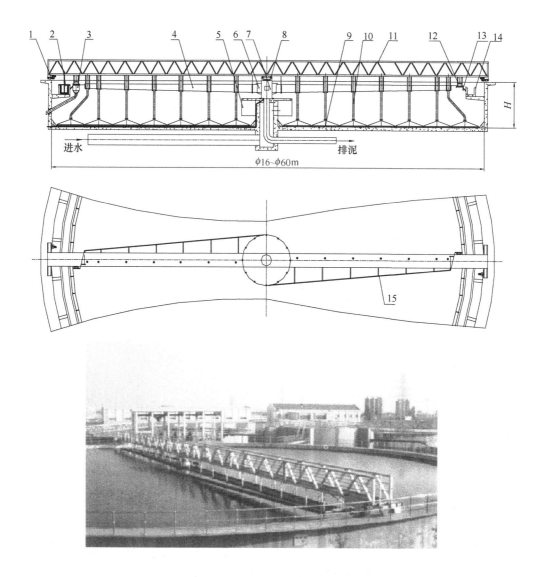

图 13-1-36　周边传动刮吸泥机外观及安装示意图

1—端梁驱动装置；2—水槽清洗刷；3—排渣斗；4—集泥槽；5—导流筒；6—中心泥缸；7—中心支座；8—
集电装置；9—吸口及集泥板；10—吸泥管；11—工作桥；12—刮渣耙；13—浮渣挡板；14—出水堰板；

15—撇渣板

中心集泥罩、排泥管等以及排泥套筒阀、挡水裙板、折流板、配水孔管、排渣堰以及就地控制箱安全和有效运行所需的附件。

　　吸泥机的驱动装置安装在中心进水立柱上，通过多级齿轮减速传动至内啮合齿轮回转支承，并带动旋转框架、臂架、单（双）臂吸泥管、集泥罩、撇浮渣板等转动，靠池内水压将沉淀污泥经水平式单臂（和双臂）变径穿孔吸泥管汇入中心集泥罩后由排泥管排出。集泥板的外缘线速度与吸泥管内流速由承包商确定。浮渣刮板将浮渣刮到排渣斗中，由排渣斗排出，进水槽浮渣亦由进水槽撇渣器刮至浮渣井排出。

　　工作桥为半桥式固定安装，走道宽度不小于 1000mm，作为中心立柱与池周平台的通道，应适用于工作人员的维修和管理，工作桥挠度应小于桥跨度的 1/800。

　　周边进水槽的布水管应依照系统要求提供，布水管长度小于该进水槽底面厚度，周边配水系统设计应保证二沉池的水力平衡，并须满足运行中水量变化的条件。

进水槽环绕周边均匀地布水，水槽的断面是渐变的，使水流在布水槽中以等速流动，防止固形物底沉积，并须撇除浮渣。

进水槽的布水孔口应设在槽的底部，孔口的大小、间距合理，控制水头损失并能保证水流沿整个池周均匀配水，并避免水流进入二沉池时的"射流"作用和旋流。

水流经过布水管进入池后，被设置在进水槽下方的折流板折流，消除水流进入水池的"射流"作用和旋流。水流在池壁与进水区挡水裙板之间进行完全、快速的扩散，挡水裙板建立了一个清水区。

水流在挡水裙板下以低速均匀流进入水池，然后流向外方、流向上方并以平缓的环流返回到周边出水槽，整个池容积被利用起来，消除了可以形成短流的涡动，固体在悬浮状态中均匀降落。

吸泥管应与池底平行，采用变截面长方形钢管，并有一系列吸泥孔，以保证其沿池底边转一周，即可将池底污泥吸除。吸泥管应连续将污泥排除，以实现二沉池池底均匀排泥效果。吸泥管应采用合理的水力设计，以保证二沉池中心最远点的吸泥率最大、有最佳排泥效果。

中心进水柱管必须具有足够的强度和刚度，除进水外，以支承驱动系统、污泥吸泥系统和工作桥等荷载。

立柱式中心传动单（双）管吸泥机如图 13-1-37 所示。

13.1.5 活性污泥处理

13.1.5.1 高速单级离心式鼓风机

高速单级离心鼓风机为系统性成套装置，应配置：

(1) 主机，由电动机、联轴器、增速齿轮箱、轴承润滑和冷却系统、油箱机座（含防振垫）、压缩机（含进风导叶系统、出风扩压器、涡流式叶轮）、机侧控制箱等组成；

(2) 进风口空气过滤器；

(3) 进风口消声器；

(4) 与土建风道接口的柔性接头；

(5) 电动放空阀；

(6) 放空阀消声器；

(7) 出风变径管；

(8) 蝶型止回阀；

(9) 出风电动蝶阀；

(10) 整机隔声罩（含罩内散热排风机和排风管系统）；

(11) 就地控制柜；

(12) 基座防震垫及紧固件；

(13) 配套管道等安全、可靠和有效运行所需的附件。

多台鼓风机应能够并联运行，在并联运行条件下，每台鼓风机应能满足不同流量的调节需要并使每台鼓风机出口压力与喘振压力间的安全余度保持相同，任何单台鼓风机的起动和停车不会影响其他鼓风机的气量变化。鼓风机的设计应考虑气流同步性以便 2 台或多台鼓风机能并联运行，还应安装监测气动喘振的防喘装置，出口压力应平稳，不得有压力脉冲现象。

整机（包括电动机）运转时，在隔声罩外 1m 处噪声应低于 80dB（A）。

鼓风机振动烈度（在机座上）应不大于 0.71mm/s。

每天 24h 连续运转。

高速单级离心鼓风机的设计和制造应符合 JB/T 4113—2002 气体工业用整体齿轮增速组装型

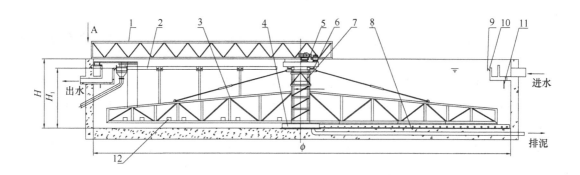

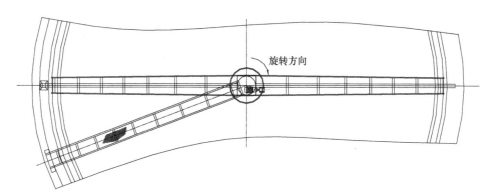

图 13-1-37　立柱式中心传动单（双）管吸泥机外观及安装示意图

1—工作桥；2—撇渣板；3—刮臂；4—中心集泥缸；5—驱动装置；6—中心立柱；7—中心转动竖架；
8—吸泥管；9—浮渣挡板；10—出水堰板；11—挡水裙板；12—配重块

离心式空气压缩机与 JB/T 3165 离心式鼓风机热力性能试验的规定。

　　鼓风机整套机器（含鼓风机本身、电动机及联轴器）的总绝对效率，按温度 20℃、1 个大气压、湿度 65% 的条件下应不低于 80%。

　　关阀压力应高于工况点风量的出口风压。

　　鼓风机进口应装有可调式导叶机构，多片导叶装于铸铁机壳的枢轴上，应使用长久润滑或易润滑的套筒轴承，入口导叶的剖面型线应根据空气动力学设计并径向排列在入口周围，在气流增速管中应安装多片不对称的可调导叶以尽可能降低气流的尾迹影响，每个进口导叶机构应配有 4～20mA DC 信号控制的电动调节器，并装有可调限位开关，在压缩机控制箱上显示其开闭状态，同时也可将信号传送至就地控制柜上显示。

须提供可调出口扩压器控制风量及在整个调节范围内取得较高的扩压效率,在叶轮的外围应径向安装可调片叶片,每个出口导叶机构应配有 $4\sim20$mA DC 信号控制的电动调节器,并装有两个可调限位开关,在鼓风机机侧控制箱上显示其开闭状态,同时也可将信号传送至就地控制柜上显示。

进口可调导叶和出口扩压器组合使用应能使鼓风机的调节范围从 100% 到 45%,偏离设计工况(低温或低压)运行时达到最高效率,鼓风机应配有鼓风机制造厂的标准控制系统,进口导叶和出口扩压器的调节器可通过鼓风机控制柜上的开/关按钮,自动/手动选择器和指示灯进行操作,在自动运行状态下,调节器将根据来自位于鼓风机就地控制柜上程序控制器的 $4\sim20$mA DC 信号按比例调节导叶位置,通过程序控制器调节进口导叶和出口扩压器可以使鼓风机在实际运行条件下满足系统流量要求的同时达到最高效率,在手动状态下可以通过手动控制导叶。

鼓风机齿轮轴应由调质处理的锻钢或热轧钢加工制造,转子的任何轴向临界转速应离开正常转速范围至少 15%,任何扭转共振转速应至少高于或低于正常工作转速的 10%。

高速单级离心式鼓风机如图 13-1-38 所示。

13.1.5.2 低速多级离心鼓风机

低速多级离心鼓风机应成套配置就地控制箱、入口消声器及过滤器、出入口伸缩节、出口蝶阀、出口止回阀、旁路放空阀、放空消声器、检测仪表等安全、有效及可靠运行所必需的附件。

图 13-1-38　高速单级离心式鼓风机

离心式鼓风机的旋转方向,从电动机端看转子顺时针转动。运转时,鼓风机机体以及鼓风机两端轴承处的任何位置上所测得的振幅 $\leqslant0.057$mm。

鼓风机的额定转速不超过 2950r/min,轴系的第一临界转速应与额定转速有足够的偏离。

鼓风机转子两端支撑轴承采用滚动轴承结构,轴承的润滑采用油脂润滑。

鼓风机设计工况点的总绝对效率(按 1 大气压、温度 20℃、湿度 65% 的条件为标准)应不低于 80%。

鼓风机的噪声(包括电动机)不应高于 85dB(A)。

关阀压力应高于工况风量点的出口压力。

低速多级离心鼓风机的设计和制造应符合 JB/T 7258—1994 一般用途离心鼓风机和 JB/T 3165 离心鼓风机热力性能试验的规定。

鼓风机应采用离心式多级叶轮串联逐级增压的形式。

机壳为剖分式,铸铁制造。

转子部分应平衡检验,动平衡精度为 G2.5 级。

主轴采用锻钢或优质圆钢制造,结构形式为阶梯轴,主轴须经热处理,其机械及力学性能应满足设计要求。

叶轮为闭式,采用铸铝合金材料,并与主轴联接。

转子应带平衡盘,平衡盘上设有非接触密封,防止气体泄漏。

转子与定子之间有迷宫密封、密封环等,密封件与转子之间都必须有合适的间隙,迷宫密封可更换。

电动机应采用风冷式卧式三相鼠笼异步感应电机,IP54,绝缘等级 F 级。

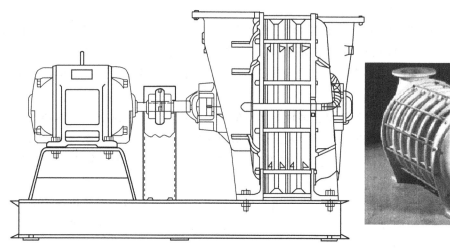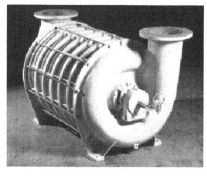

图 13-1-39　低速多级离心鼓风机外观及结构示意图

电机的额定功率在鼓风机的工况特性及使用温度范围内连续运转，应保证不会产生过载。

电机噪声（单独）应≤80dB（A）。

电机效率≥95％。

消声器应采用在钢制简体内装入玻璃纤维等吸声材料的形式，消声器的损失应低于150mmH₂O，消声效果性能和试验应符合 JB/T 4364—1999 风机配套消声器规定的要求。

低速多级离心鼓风机如图 13-1-39 所示。

13.1.5.3　罗茨鼓风机

每台罗茨鼓风机应成套配置就地控制箱、消声器、过滤器、机座、风阀、检测仪表等安全、有效及可靠运行所必需的附件。

鼓风机与电动机通过三角皮带轮连接或直接用联轴器连接，并置于共同的底座上，每天24h连续运转。进出风管的进出气口方向均为水平位置，其配管法兰应按 ISO 标准 PN10 为准。

罗茨鼓风机的旋转方向，从电动机端看转子顺时针转动。运转时，鼓风机机体以及鼓风机两端轴承处的任何位置上所测得的振幅应符合标准的规定值。

鼓风机轴系的第一临界转速应与额定转速有足够的偏离。

图 13-1-40　罗茨鼓风机外观示意图

鼓风机叶轮应采用三叶式，设计和制造应符合 JB/T 8941—1999 罗茨鼓风机技术条件的规定。

机壳铸有散热肋。

转子部分应平衡检验，动平衡精度为 G2.5 级。

电动机应采用风冷式卧式三相鼠笼异步感应电动机，IP54，绝缘等级 F 级。

电机的额定功率在鼓风机的工况特性及使用温度范围内连续运转，保证不会产生过载。电机噪声（单独）应≤80dB（A），电机效率≥95％。

消声器应采用在钢制简体内装入玻璃纤维等吸声材料的形式，消声器的损失应低于150mmH₂O，消声效果应符合 GB/T 13276—1991 容积式鼓风机进气滤清消声器的规定。

罗茨鼓风机如图 13-1-40 所示。

13.1.5.4 磁浮式离心鼓风机

磁浮式离心鼓风机为立式磁浮电机直联驱动、离心式叶轮的形式，配置完整的主动式径向和轴向磁性轴承，由顶端吸气和侧向排气。

整套装置包括入口过滤消声器、出风端消声器、隔声罩、变频器、磁性轴承控制器、锥形管、进出口端挠性接头、止回阀、旁通阀、消声器、计测仪表单元及触摸式控制器、管件、阀类和电缆等配件，以及为安全和有效运行所必需的附件。

风量可达 170m³/min，风压为 35～120kPa，通过变频调速使鼓风机排气量可由 50%～100% 范围内进行调节。

鼓风机的外壳由铸造铝合金或更佳材质铸造及精密加工而成，进出风口均以柔性接头与管道连接。

鼓风机叶轮应为开式辐射肋型设计，并有适度之径向后弯，叶轮应采用高级铝合金或更佳材质制造，并经表面处理，直接固定于变频电机的输出轴上，且应容易拆卸及组合。叶轮的设计须有足够的强度和刚度，应保证在最大转速运转的受力条件下具有 1.2 倍以上的安全余量。

电机轴承采用主动式磁性径向轴承，由磁极从上下左右四个方向吸引转子及 1 组磁性轴向轴承悬浮叶轮。运转时，叶轮及转子不与轴承接触，也无须润滑，使鼓风机在运转时不产生震动及金属磨损，磁性轴承控制器须可靠和有效地控制各轴承的中心位置，无故障使用寿命不低于 50000h，整机使用寿命不低于 15 年。

入口过滤消声器的处理风量应满足 120% 以上的设计容量，过滤器的滤材应使用易于清洁及可换置清洗的材料制成，鼓风机本体应置于隔声罩内，在罩外 1m 距离的噪声应小于 80dB（A）。

磁浮式离心鼓风机如图 13-1-41 所示。

13.1.5.5 气浮轴承离心式鼓风机

气浮轴承式离心鼓风机也称为气浮式离心鼓风机，除气浮式鼓风机本体外应配置入口消声过滤器、出口扩压管、气动放空阀、对夹式蝶型止回阀、出口消声器、空压机组、柔性补偿器、就地控制盘等配套设备及联接管路、控制仪表等所有安全和有效运行所需的附件组装成系统单元。

图 13-1-41　磁浮式离心鼓风机外观及结构示意图

1—叶片；2—位置传感器；3—径向磁性轴承；4—止推（轴向）磁性轴承；5—高速电机；6—冷却风扇

应在任何运行工况条件下，不发生喘振现象及超过配置电机的额定功率，出口压力应平稳，不得有压力脉冲现象。

鼓风机主机（包括变频器单元）应置于钢制隔声箱内，采用风冷却系统，防止高速电动机和变频器在任何情况下过热，并直接安装在土建基础上。入口消声过滤器为钢制外壳，内设消声材料，过滤元件应根据 ISO 7744 标准达到 90％以上的过滤精度，过滤器尺寸应满足在最大流量时表面速度不大于 5m/s，过滤器压降小于 30mmH$_2$O。整机运行时，振动烈度不应大于 0.45mm/s，离隔声罩外 1m 处及出风管的噪声应低于 80dB（A）。

气浮式鼓风机适用于每天 24h 连续运转，风量范围为 35～160m^3/min，最大出口风压达 1bar。

整机的总效率（在设计工况点的风量、风压，按温度 20℃、1 个大气压、湿度 65％的条件下）应不低于 80％。

机壳采用铝合金整体铸造，吸入侧呈水平向，吐出侧为垂直向。

涡轮与电动机轴为直联的方式，电机轴承应采用气浮轴承，转动时，产生气膜在气浮状态下运转，不产生金属磨损。

气浮轴承离心式鼓风机如图 13-1-42 所示。

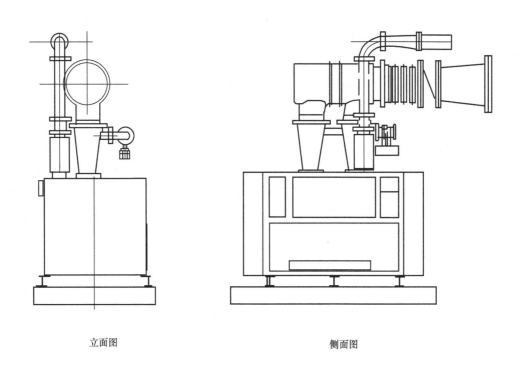

立面图　　　　　　　　　　　　　　　侧面图

图 13-1-42　气浮轴承离心式鼓风机安装示意图

13.1.5.6　转刷曝气机

转刷曝气机为水平推流形式，由驱动装置、联轴器、调心轴承座、防溅挡板及转刷本体等部件组成。除主机外，应配置导流板、护罩、就地控制箱、基础螺栓等安全、有效及可靠运行所需的附件。必要时，还需设置 1 台起吊转刷专用的门式移动式台车供检修时使用。

通常选用的转刷直径为 1000mm，最大长度为 9000mm，叶片浸没深度为 300mm，每米长度的充氧能力应大于 8kgO$_2$/h，动力效率为 1.8～2.5kgO$_2$/kWh，在氧化沟设计水深的 90％或池底以上 100mm 的流速应大于 0.30m/s。

根据池内的充氧量需求，可选配单速和双速驱动装置，或变频调速满足不同的工况要求。

转刷曝气机的设计和制造应符合 CJ/T 3071—1998 转刷曝气机和 JB/T 8700—1998 氧化沟水平轴刷曝气机技术条件的规定。

驱动装置应采用立式电机直联锥齿圆柱齿轮两级减速箱的形式，箱体应具有充分润滑和油位显示，结构应尽量紧凑，加油应方便，具有较长的使用寿命，适合于潮湿环境，防止污水进入轴承，满足 24h 连续运行。

转刷体是由一系列刷片、转轴和紧固件组成，刷片应沿圆周等距排列，每排刷片至少由 12 片组成，并须满足充氧要求和足够的搅拌能力，相邻两排刷片应交错一定角度，刷片应具有足够的强度和刚度以满足工作要求。转刷体的两端分别支承于驱动装置和尾端调心轴承座上，转刷体的挠度应不大于 1/2000 转刷体长度。

在转刷的下游应设置横跨水渠的不锈钢导流板，板的安装角度应能以确保池底流速符合规定的要求。

通常，转刷上部的工作桥采用钢筋混凝土结构，并在转刷的安装孔口上铺设走道板或护罩，以阻挡旋转时所产生的飞溅水珠。

转刷曝气机如图 13-1-43 所示。

13.1.5.7 转碟曝气机

转碟曝气机为水平推流形式，转碟为圆盘状，以等距排列固定在水平横轴上，整机由驱动装

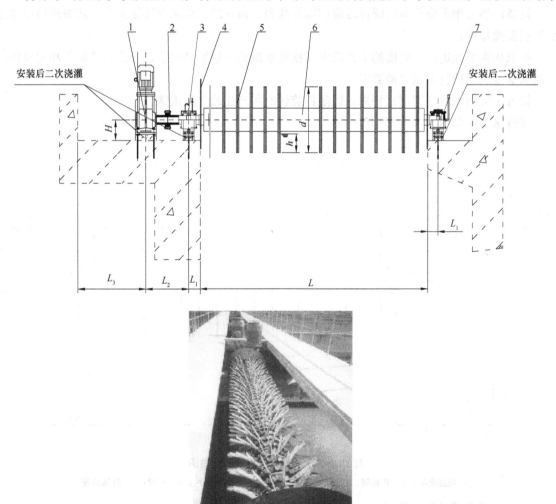

图 13-1-43 转刷曝气机外观及安装示意图

1—减速机；2—联轴器；3—前轴承座；4—挡水板；5—刷片；6—主轴；7—后轴承座

置、联轴器、调心轴承座、防溅挡板及转碟本体等部件组成。除主机外，应配置曝气用碟片、水平转轴、两端轴承支承座、联轴器、齿轮减速电机以及成套配置的导流板、防溅护罩、变频调速装置、就地控制箱、基础螺栓、安装结构件等安全、有效及可靠运行所需的附件。

盘片直径以 ϕ1400mm 为准，最大长度为 9m，每米轴长最多安装盘片数应≤5 盘。盘片的转速为 43~55r/min，最大浸没深度为 500mm，单碟充氧能力≤1.1kgO$_2$/h，动力效率为 1.8~2.5 kgO$_2$/kWh。

在氧化沟设计水深的 90％或池底以上 100mm 的流速应大于 0.30m/s。

驱动装置应采用立式电机直联锥齿圆柱齿轮两级减速的形式，箱体上应具有充分润滑和油位显示，结构应尽量紧凑、加油应方便，具有较长的使用寿命，适合于潮湿环境，防止污水进入轴承，满足 24h 连续运行。

转碟轴与驱动装置之间应安装高强度橡胶联轴器，在转碟运转时应能较好地吸收动力传递中所产生的振动。

转碟体由多列碟片、水平转轴和紧固件组成，碟片采用高强度轻质玻璃钢或工程塑料热压或注塑成形，碟片比重≤1.4g/cm^3，应具有高强度、耐水、耐酸碱及抗老化的特性。每个碟片均由两个半圆对合组装，并用不锈钢紧固件与转轴固定。使用寿命应≥10 年。转轴采用优质碳钢的无缝钢管制作，两端轴分别支承于调心轴承座上，转碟体的挠度应≤1/2000 转蝶体长度。

轴端的调心轴承应具有转碟体温差伸缩的能力，轴承的润滑采用油脂润滑，注油脂口应通过配管引至操作平台。

在氧化沟的渠道内，转碟的下游应设置横跨水渠的不锈钢导流板，导流板的位置和安装角度应能确保池底流速符合规定的要求。

转碟上部应设置半圆周式护罩，以阻挡旋转时所产生的飞溅水珠。

转碟曝气机如图 13-1-44 所示。

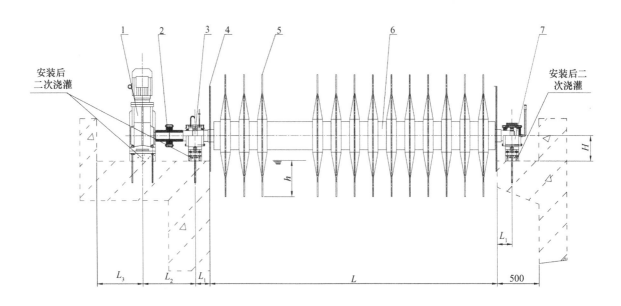

图 13-1-44　转碟曝气机安装示意图
1—减速电机；2—联轴器；3—前轴承座；4—挡水板；5—盘片；6—主轴；7—后轴承座

13.1.5.8　圆盘式微孔曝气器

微孔曝气器应为圆盘式，大多采用微孔橡胶膜的形式，膜片上的微孔沿放射状排列，孔径的大小以排出的气泡直径为 1~3mm 为原则，在整个面积服务范围内必须保证充氧的要求和池内布气的均匀性。

整套装置除微孔曝气器外，应配置沿池底敷设的输气支管、沿池壁垂直安装的输气竖管、管道基座、管配件、可移动式酸洗装置和配管等安全和有效运行所必需的附件。

微孔曝气器的氧利用率与水深有关，通常 5m 水深时，氧的利用率可达 23%，阻力损失 ≤3500Pa。

微孔曝气器的设计和制造应符合 CJ/T 3015.4—1996 污水处理用可张中、微孔曝气器的规定。

微孔曝气器应满足在长期连续使用或停用后再投入使用时，均不会产生微孔的堵塞和混合液的回流。

微孔曝气器本体、输气竖管和输气支管应适用于工作温度 90℃，也可采用酸雾冲洗装置对曝气器进行清洗，但所使用的酸料应对曝气系统材料不产生腐蚀破坏，经酸洗的曝气器应保持原有的曝气能力。

微孔曝气器本体应整体安装，并应利用支架的调节保持同一水平面。

圆盘式微孔曝气器如图 13-1-45 所示。

13.1.5.9 管式微孔曝气器

微孔曝气管应为圆管式，通常为对称排列，内径为 65mm，管长为 1m，膜片厚度不小于 2mm，膜片上的微孔沿整个管径排列，孔缝长度不大于 5.5mm，曝气器排出的气泡直径为 1～3mm，在整个服务范围内必须保证充氧的要求和池内布气的均匀性。

整套装置除管式微孔曝气管本体外，应配置池壁竖管、沿池底敷设的输气支管、管基座及管配件和配管等安全和有效运行所必需的附件及专用工具。

曝气管装置须适用于曝气池污水生物处理的需要，应能有效地将来自鼓风机的有压空气，均匀地扩散于水体中，并能保持长期和稳定的充氧效果，以及停止供气时有效的闭合。

微孔曝气管的氧利用率与孔缝大小有关，在缝长 5.5mm 时，氧的利用率可达 17%，阻力损失≤3000Pa。

微孔曝气管应满足在长期连续使用或停用后再投入使用，均不应产生微缝的堵塞和混合液的回流。

微孔曝气管的设计和制造可参照 CJ/T 3015.4—1996 污水处理可张中、微孔曝气器的规定。

微孔曝气管本体、输气竖管及输气支管应适用于极限工作温度 90℃。

膜管的使用寿命应不低于开合 180000 次。

微孔曝气管本体应整体安装，并应利用支架的调节，保持同一水平面。

管式微孔曝气器如图 13-1-46 所示。

13.1.5.10 卷帘式空气过滤器

卷帘式空气过滤器应采用立柜式以及滤材自下而上的电动卷绕形式，可 2 台并列安装。

整套装置应配置过滤用卷帘膜、就地控制箱等安全和有效运行所需的附件，安装于鼓风机房的专用进风廊道口。

当纤维层由于储集灰尘而阻力增大时，自动控制设备启动电机，自动卷绕更换洁净滤材，过滤器保持在正常阻力状态，从而保证鼓风系统的正常工作。

过滤器配用化纤滤材厚度为 20～25mm，当过滤速度为 2.2～2.5m/s 时，滤材初阻力为 6～8 mmH$_2$O，过滤效率对＞1μm 尘粒为 70%；对＞5μm 尘粒为 80%；对＞8μm 尘粒为 96%。

空气过滤器控制箱应具有差压显示和故障报警等功能，并备有与中心控制室传示状态信号的接口。

卷帘式空气过滤器如图 13-1-47 所示。

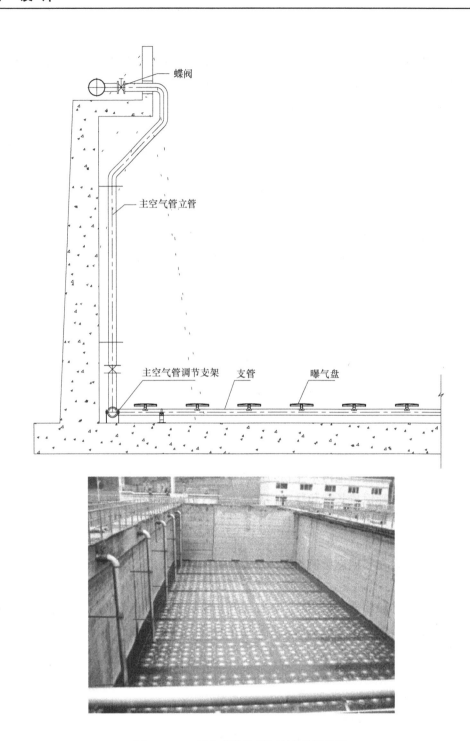

图 13-1-45　圆盘式微孔曝气器安装示意图

13.1.5.11　潜水搅拌机

　　潜水搅拌机为水平式桨叶搅拌机，按功能要求可分为混合搅拌型和推流型两种。分别安装于污水生化反应池的缺氧区或厌氧区。整套装置须配置就地控制箱、导轨系统、提升链、潜水电缆、故障传感器及变送器、导流罩、起吊架和手摇升降装置、基础螺栓等有效和安全运行所必需的附件。

　　混合搅拌型潜水搅拌机的叶轮转速较高、直径较小，单位容积功率应≥8W/m³，推流型潜水搅拌机的叶轮直径较大，转速较低，叶轮外缘线速度≤5.5m/s，单位容积功率应≥3W/m³，选用时，还需考虑池形和污水浓度等因素，以确保池底流速及搅拌与推流的效果。

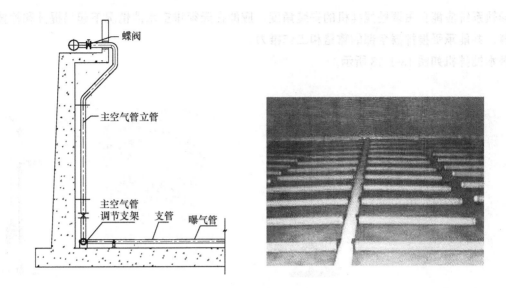

图 13-1-46 管式微孔曝气器安装示意图

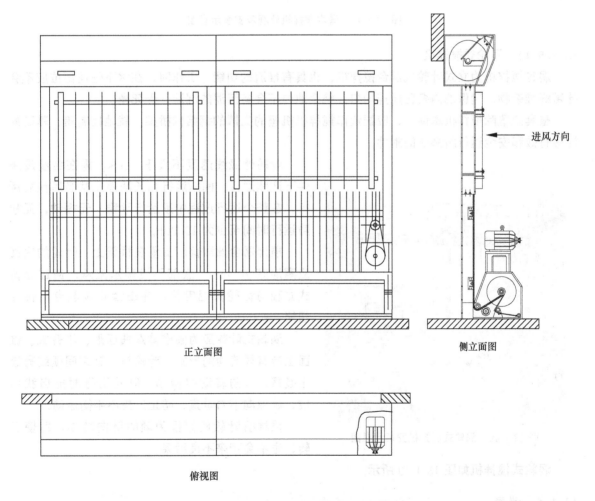

正立面图

侧立面图

俯视图

图 13-1-47 卷帘式空气过滤器安装示意图

潜水搅拌器在整个运行过程中须保持无振动平稳运行，无故障运行时间至少为 10000h。

潜水搅拌机的设计和制造应符合 CJ/T 109—2000 潜水搅拌机规定，应能满足每日 24h 连续运行。

导轨系统应能自由调整搅拌机的安装角度，应能在无须排空水池情况下起吊提升和检修拆卸搅拌器，并能承受搅拌器全部的重量和工作推力。

潜水搅拌机如图 13-1-48 所示。

推流叶轮   搅拌叶轮

图 13-1-48　潜水搅拌机外观及安装示意图

13.1.5.12　涡轮式搅拌机

涡轮搅拌机为立式叶轮式混合搅拌机，也具有推流的功能，工作时，在水下任何部位应不会挂带纤维杂物，确保池内各区搅拌均匀，整个池内不会有污泥的沉淀，无死角。

整套装置除搅拌机本体外，应配置作搅拌机机座的支撑的钢结构桥架、就地控制箱、基础螺栓等有效和安全运行所必需的附件。

图 13-1-49　涡轮式搅拌机安装示意图

涡轮式搅拌机如图 13-1-49 所示。

叶轮外缘线速度不大于 5m/s，需在全浸没条件下连续运行、间歇运行和长期停止状态后恢复运行，在整个运行过程中须运行平稳、无振动，无故障运行时间至少为 10000h。

搅拌器全部载荷应支承在桥架上，叶轮的底面应离池底 200mm，底部不设轴承支承，通过悬臂式立轴与齿轮减速电机，并由齿轮减速电机传递扭矩。

涡轮式叶轮应为圆锥体双曲面形、半开式、锥面上带有导流肋的形式，叶轮与立轴之间须装有锁定装置，以防转动时松动。叶轮运行时能自我纠位，确保向下力垂直，防止产生不平衡运动。

搅拌机叶轮应俯视为顺时针向转动，即使反转，也不会带来不良后果。

13.1.6　消毒

13.1.6.1　真空自动加氯装置

真空自动加氯装置用于二次沉淀池出水或再生水处理系统的消毒处理，整套装置可分为 4 个组成部分，以形成一个配套完整的全真空自动复合环控制加氯系统。

1）氯源部分

每个加氯用进气管应连接 2 个 1t 级液氯瓶，液氯在自然条件蒸发下提供足够的氯气，另以 2 个氯瓶作待机备用氯源，通过进气管上压力可调开关及电动球阀自动切换作用，计量秤作在线计量，确保不停供气。

液氯通过蒸发后再减压，经过真空调节器以低于大气压力方式传送至投加点。投加量的调节应通过自动复合环控制。氯气源部分为压力段，应全部采用无缝钢管和配套耐腐蚀阀门，液氯管线应配有膨胀室、防爆片、压力开关等安全设备。真空调节器后是真空段，除加氯管外，自动气源切换器、蒸发器及真空调节器等均可安装于加氯间内。

2）加氯机

加氯机的结构强度应承受水射器所产生最大之负压，不考虑采用真空保护吸入式空气安全阀。

加氯机外壳为立柜式防腐蚀 FRP 材料制造。

计量范围为最高与最低之比≥10：1。

加氯机精度：±4％。

控制器为微处理器控制，可自动及手动操作。自动控制时可选自动流量比例复合环控制，输入外来信号为水量和余氯（4～20mA），进行复合环控制时，如水量或余氯信号故障，则应自动切换成流量比例余氯反馈操作。

3）加氯点部分

加氯点位置和数量应按工艺设计确定，通常采用水射器装置将氯气引入加氯池内，水射器的工作水压≤0.25MPa，加氯量为 10mg/L。

4）其他部分

余氯分析仪；

余氯分析取样泵；

多点式漏监测报警器；

称量秤；

管线和管配件；

真空自动加氯装置如图 13-1-50 所示。

13.1.6.2　氯吸收装置

氯气吸收装置应配置吸收塔、填料、碱液槽、碱液泵、离心风机、就地控制柜、漏氯气报警装置等，并配套连接管道及管配件、阀类等有效和安全运行所必需的附件。

氯气吸收装置应将氯库和加氯间的泄氯采用风机引入氯吸收装置，将氯气和苛性钠溶液接触，并完成中和反应，使排出尾气达到国家规定的标准。

氯吸收装置的氯吸收能力、风机风量和碱液量应满足下列要求：

1）中和反应塔的气流速度应使氯气与苛性钠溶液充分接触。

2）中和后，向塔外排放的氯气浓度应低于 10ppm，并保证厂界浓度符合国家有关规定。

中和塔采用硬聚氯乙烯制作，以立式圆筒形为准，塔上设视镜、填料灌装口，填料采用聚乙烯、聚丙烯类树脂等耐腐蚀的材料制作。

碱液槽采用玻璃钢制造，板厚应≥6mm，玻璃纤维含量应＞25％，抗拉强度应≥600kg/cm²，弯曲强度应≥1300kg/cm²，弯弹性模量应＞600kg/mm²，且应保证碱液槽具有足够的强度。有关氯吸收装置的制造和安装应符合国家化工气体腐蚀和安全规定。槽上设人孔、碱液进液管、溢流管、液位计、冲洗水进水管、排污管、搅拌机和爬梯，碱液槽及上述金属附件均用不锈钢制作。

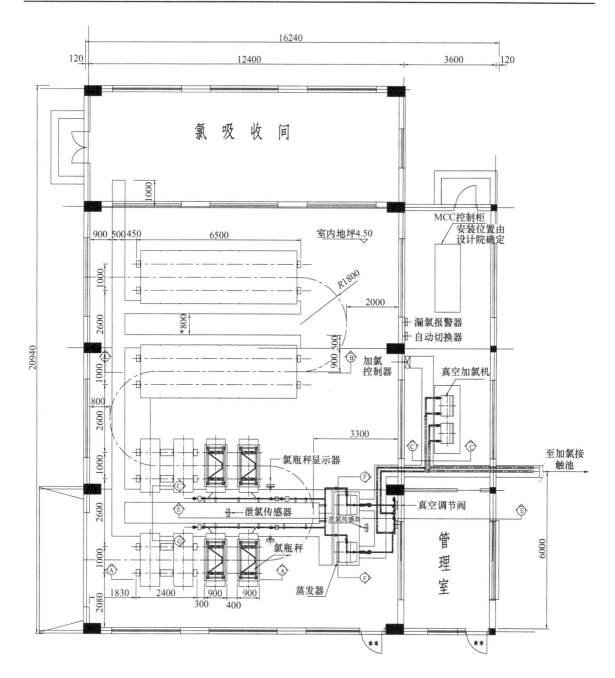

图 13-1-50 真空自动加氯装置平面布置图

碱液泵应为卧式单吸离心泵，泵体与电机直联，用硬聚氯乙烯制作，在苛性钠浓度为 15～20wt％时，不应阻塞，泵叶和主轴必须具有足够的抗扭、抗压强度，出液管上应设过滤器、压力表、截止阀与止回阀。进液管上设闸阀。

氯吸收装置如图 13-1-51 所示。

13.1.6.3 二氧化氯加氯设备

二氧化氯加氯设备，应为系统成套装置，整个系统应配置二氧化氯发生器（制备 ClO_2）、盐酸原料罐、氯酸钠原料罐、化料器、耐腐蚀输盐酸用磁力泵及全套自动测控系统、电气控制设备和自动加注系统的连接管道、水射器和管阀配件等设备，并须配置安全和有效运行所需的附件。

通常二氧化氯有效氯投加量为 10mg/L，加氯点设在加氯接触池，整个系统须确保无泄漏。

二氧化氯发生器应以氯酸钠和盐酸为原料，采用负压工艺，并以最佳原料浓度的配制和用料量比例，制备的二氧化氯含量≥70％。

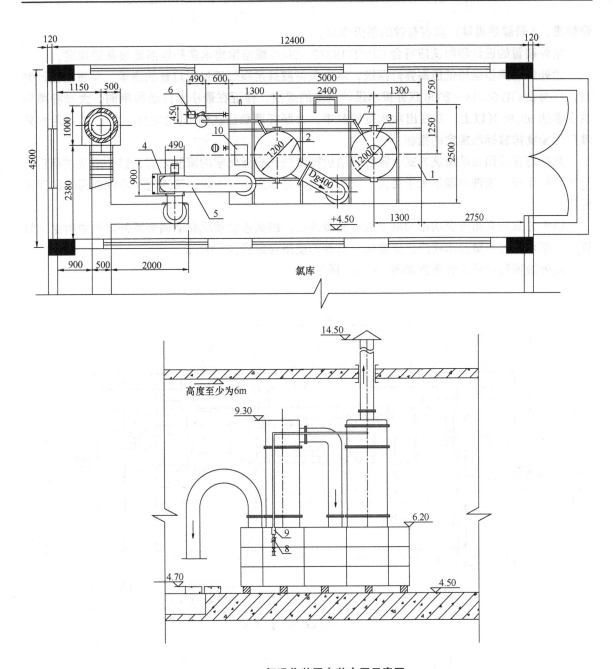

13-1-51 氯吸收装置安装布置示意图

1—碱液槽；2—一级中和塔（PVC）；3—二级中和塔（PVC）；4—塑料风机；5—风道管；

6—磁力驱动器；7—碱液管道（PVC）；8—隔膜压力表；9—碱液过滤罐；10—人孔

反应系统须采用耐高温、耐腐蚀的材料制造，反应器采用多级反应，$NaClO_3$ 转换率不低于 85%。

二氧化氯计量泵应采用国际知名品牌的产品，注入量范围可调，最高与最低量程为 4:1，精度小于 1%。

13.1.6.4 紫外线消毒装置

紫外线消毒装置应为成套装置，除紫外线装置本体外，应配置自动清洗设备、自动检测系统、自动控制系统、液位计、可调堰、配电中心及电缆接线等有效和安全运行所必需的附件。

紫外装置应采用模块式结构，适用于明渠内安装，紫外灯管大多以水平顺流布置，并对污水厂二级处理出水中的大肠杆菌（*Esherichia* 菌、沙门氏菌、葡萄状球菌、脊椎灰质炎病毒、柯萨奇病毒、3 号腺病毒等）具有有效的杀灭作用。

紫外装置的设计和制造应符合 GB/T 19837—2005 城市给排水紫外线消毒设备的规定。

紫外灯的类型采用低压高强灯系统，水力负荷应满足高峰流量时灯管的要求，装置的设计剂量，应符合 GB 50014—2006 室外排水设计规范的规定，保证在最小紫外透射率时，大肠杆菌的减少率达 99.99% 以上，并在出水水质检测中，大肠杆菌数应达到 GB 18918—2002 城镇污水处理厂污染物排放标准规定的指标。

紫外灯管采用自动清洗方式，实行自动机械清洗或机械化学的清洗方式，整个清洗过程应与系统同时运行，清洗周期不大于每天 1 次，清洗头寿命应大于 5 年，清洗时，不间断污水的消毒程序。

供电方式应采用可变功率的电子式镇流器供电，根据水质状况自动调节紫外灯的放射量，灯管的强度可根据水量和水质成正比变化，灯管的使用寿命应≥12000h。

紫外线消毒装置安装布置如图 13-1-52 所示。

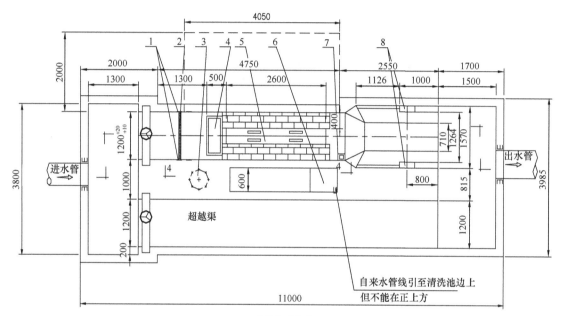

紫外线消毒水渠平面图

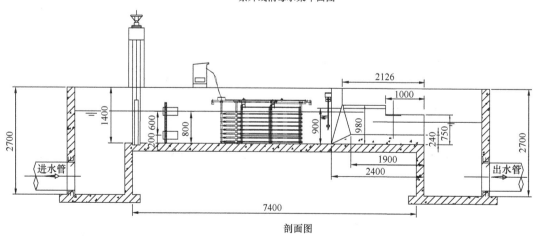

剖面图

图 13-1-52　紫外线消毒装置安装布置图

1—预埋钢板；2—导流板；3—起吊装置；4—跨水渠接线箱；5—紫外线消毒模块；

6—化学清洗池；7—水位传感器；8—预埋钢板

13.2 污泥处理设备选型和基本要求

13.2.1 污泥浓缩池

13.2.1.1 重力式污泥浓缩池悬挂式中心传动刮泥机

悬挂式中心传动浓缩刮泥机适用于中心进水、周边出水的重力式污泥浓缩池刮泥，适用池径为 $\phi4\sim\phi16m$，设计和制造应符合 CJ/T 3014—1993 重力式污泥浓缩池悬挂式中心传动刮泥机及 GB/T 10605—1989 中心传动式浓缩机的规定。

整机应配置驱动系统（电机、减速机、中心支座、中心立轴）、工作桥、出水堰板、刮泥臂、刮泥板、集泥槽刮刀、浓缩栅、进水管、导流筒、就地控制箱以及安全和有效运行所需的附件。

工作桥为全桥式，支承于池壁，整机荷载以悬挂的方式作用于工作桥的跨中，桥架走道宽度不小于 1000mm，兼作工作人员的维修和管理的通道，工作桥挠度应小于桥跨度的 1/800。

中心立轴采用空心厚壁钢管制作，轴的下端宜设置铜制或工程塑料制水下轴承，并悬伸于中心集泥槽内，带动刮板回转，防止泥槽积泥。

刮泥臂为双臂式，对称于立轴两侧，应具有足够的抗扭强度和刚度，以承受刮泥的载荷。在刮泥臂上须设有均匀排列间距≤300mm 的竖向栅条，有利于提高污泥浓缩效果。

刮泥板的排列和集泥轨迹应保证经池底的沉泥由池周向中心泥斗刮集，不得有任何的积泥死区。刮板外缘线速度为 0.016～0.033m/s，池底斜度为 1：10。

重力式污泥浓缩池悬挂式中心传动刮泥机如图 13-2-1 所示

13.2.1.2 重力式污泥浓缩池周边传动刮泥机

周边传动浓缩刮泥机适用于中心进水、周边出水的重力式污泥浓缩池刮泥，适用直径 $\phi16\sim\phi30m$，设计和制造应符合 CJ/T 3043—1995 重力式污泥浓缩池周边传动刮泥机的规定。

整机应配置双边驱动装置（轴装式减速电机及过载保护系统）、工作桥、端梁滚轮（钢轮或实心轮）、中心旋转支承、中心进水柱管、导流筒、出水堰板、刮泥臂、刮泥板、集泥槽刮刀、浓缩栅、中心集电装置、就地控制箱以及安全和有效运行所需的附件。

工作桥为全桥式、以中心回转支承为支点，由双边驱动带动滚轮沿池周平台回转，桥架走道宽度不小于 1000mm，兼作工作人员的维修和管理的通道，工作桥挠度应小于桥跨度的 1/800。

刮泥臂为双臂对称设置，应具有足够的抗扭强度和刚度，以承受刮泥的载荷。在刮泥臂上须设有均匀排列的竖向栅条，有利于提高污泥浓缩效果。

刮泥板的排列和集泥轨迹应保证经池底的沉泥由池周向中心泥槽刮集，不得有任何的积泥死区。刮板外缘线速度为 0.016～0.033m/s，池底斜度为 1：10。

重力式污泥浓缩池周边传动刮泥机如图 13-2-2 所示。

13.2.1.3 螺压式污泥浓缩机及其辅助设备

螺压浓缩机应采用变螺旋提升和压缩的形式，螺旋升角不大于 30°。

螺压浓缩机应为整套装置，应配置所有工艺管道、流量计、阀门、浓缩污泥排出口接管；所有药剂系统的管道、阀门；所有污泥投加系统的管道、阀门；全部电气控制设备以及紧固件等安全、有效及可靠运行所需的附件，以流水线的运行方式，形成污泥浓缩系统，整机应低速运行，不得有冲击、振动和不正常声响，焊接件各部焊缝应平整光滑，不应有任何焊接缺陷。

螺压浓缩机采用变频调速，并应有限制和调节污泥层厚度的功能，确保浓缩污泥量和泥饼含

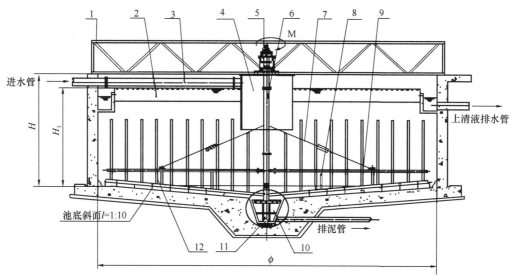

图 13-2-1　重力式污泥浓缩池悬挂式中心传动刮泥机外观及安装示意图

1—工作桥；2—出水堰板；3—进水管；4—导流筒；5—传动机构；6—中间立轴；7—拉杆；

8—刮臂；9—刮板；10—集泥槽刮板；11—底轴承；12—浓缩栅条

水率≤95%。

螺压浓缩机的过滤筛筐（包括传输螺旋装置）应具有强度高、表面光滑，螺旋转速<12r/min，最大处理量可达100m³/h，固体回收率应≥80%，使用寿命均应大于7000h。

螺压浓缩机驱动装置采用套轴式齿轮减速电机，滚动轴承的温度不得高于70℃，温升不应超过40℃；滑动轴承的温度不得高于60℃，温升不应超过30℃，应具有过载和过热保护功能。

螺压浓缩机应配置有单独、完整的过滤筛筐冲洗系统，包括输水管及阀门等，过滤筛筐冲洗装置应具有良好的封闭性，便于维护和清理，不允许冲洗水飞溅至机壳外。

螺压浓缩机与进泥泵、加药装置、加药泵、絮凝剂投加装置等辅助装置应配置完善的自动过载保护装置和紧急停机开关，并具有报警、故障报警、故障显示功能。

螺压式污泥浓缩机及其辅助设备如图13-2-3所示。

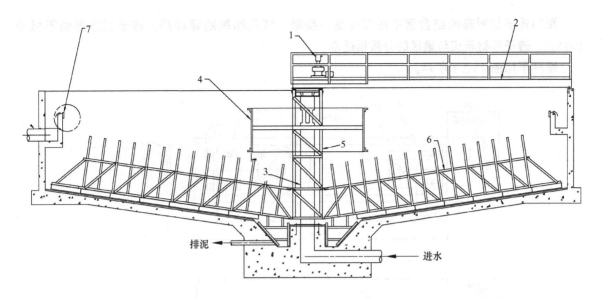

图 13-2-2　重力式污泥浓缩池周边传动刮泥机安装示意图

1—驱动装置；2—工作桥；3—中心进出水管；4—导流筒；5—旋转竖架；6—刮臂与浓缩栅条；7—出水堰板

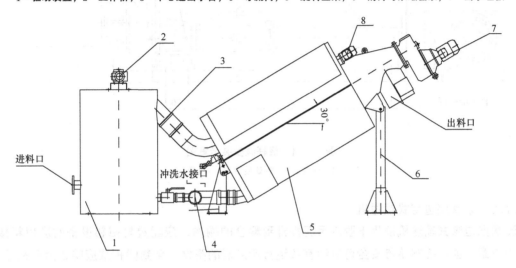

图 13-2-3　螺压式污泥浓缩机及其辅助设备安装示意图

1—絮凝反应器；2—搅拌器；3—进料管；4—出水管；5—简体；6—支架；7—主电机；8—冲洗电机

13.2.2　污泥输送

13.2.2.1　螺杆泵

螺杆泵为容积泵的一种，采用单级、卧式、机械密封、变频调节的形式，应设有防干运行的保护装置。

螺杆泵的设计、制造应符合 JB/T 8644—1997 单螺杆泵的规定，螺杆泵常用流量 $<100m^3/h$，压力 $\leqslant 0.4MPa$，除泵本体外，应配置驱动电机、联轴器、底座、进出料接口、调速装置、就地控制箱、检测仪表等安全、有效、可靠运行的附件，应能实行 24h 连续运行或间歇运行，无故障累积运行时间大于 20000h。

泵轴与减速电机应通过弹性联轴器来连接，并安装在同一底盘上，轴封应采用机械密封，泵轴承的温升应不超过环境温度 35℃，其极限温度不应超过 80℃，泵在额定工况下工作时，全振幅不得大于 0.055mm（$55\mu m$），距离泵 1m 处噪声应小于 75dB（A）。

泵的转子与衬套的结合面不应有接缝、接痕、气孔和裂缝等缺陷，转子工作寿命不低于40000h，转子等材料应与输送的介质相适应。

螺杆泵如图 13-2-4 所示。

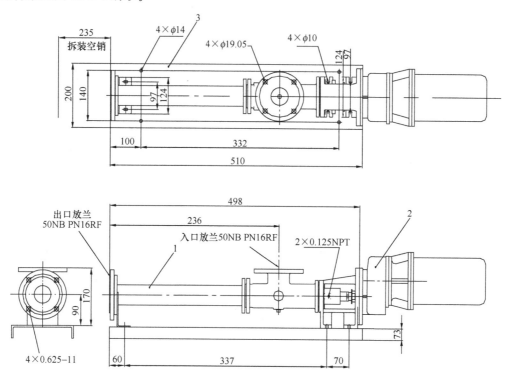

图 13-2-4　螺杆泵安装示意图
1—泵体；2—驱动装置；3—机座

13.2.2.2　波状挡边带式输送机

波状挡边带式输送机适用于脱水污泥提升到料仓的输送，应配置与相邻设备的进出料接口、全封闭护罩、就地控制箱等安全可靠和有效运行所必需的附件。全封闭护罩应防止污泥在运输过程中的臭气泄漏，并在合适的位置设有检修窗。

挡边输送机分为下段水平输送、中段垂直输送和上段水平输送，布置成 S 形，实行连续输送。

挡边输送机的设计和制造应符合 JB/T 8908—1999 波状挡边带式输送机和 JB/T 7330—1994 电动滚筒的规定，应能每天 24h 连续运行，无故障工作时间应不小于 3000h。

挡边输送机应采用固定式胶带大倾角压轮输送的形式，适用带宽≤650mm，升角≥75°，提升高度≤15m，输送速度≤1.5m/s。其基本部件由电动驱动滚筒、头架、改向滚筒、托辊、机架、支腿、尾架、拉紧装置、空段清扫器等通用部件以及压带轮、输送带、拍打清扫器、防雨护罩、机架等专用部件组成。运行时，水平和提升输送一气贯成，胶带作连续循环运行。

输送带采用波状挡边带的形式，在结构上应以基带、挡边和隔板黏合成一体，应具有足够的横向刚度。输送带的挡边为正弦波形，基带与隔板的断面形式为 C 形或 TC 形。

压带轮的结构由复式轮缘、转轴和轴承组成，轴承的使用寿命应大于 10 万 h。

胶带材料采用丁腈橡胶，以高强度聚酯帆布做骨架，与挡边、隔板黏合并须经二次硫化，黏合强度应大于 6.2N/mm。

挡边输送机应设置过载和输送带跑偏的保护和报警装置。

13.2.2.3 刮板输送机

刮板输送机适用于脱水污泥（含水率≤75％）由下而上连续输送，实行 S 形轨迹的输送模式运行，输送速度≤12m/min（0.2m/s）。

刮板输送机应为成套装置，应配置与相邻设备的接口和电控装置有效和安全运行所必需的附件，以实行污泥输送的流水线操作。

刮板输送机应能每天 24h 连续循环运行，正常运转年作业率不低于 6000h，结构设计应保证在整个输泥过程中，不产生污泥的黏结和不浮链运行，应适应于腐蚀性较强的脱水污泥有效输送，输送效率≥70％。

刮板输送机的设计和制造应符合 GB/T 10596—1989 埋刮板输送机技术条件和 JB/T 6132—1992 埋刮板输送机安全规范的规定。

刮板输送机下部水平段机座应与土建基础固定，75°提升段按需要设置支架，上部水平段（或略带向上倾角）支撑于料仓的顶部，应保证运行时的稳定。

刮板输送机的牵引链采用模锻式 V 形链节，链条节距≥160mm，链最大工作荷载对链破断强度的安全系数≥8。

输送槽采用封闭式结构，刮板间距应按输送物料确定，槽体应作输送和回程分隔，转角处应设置检修孔盖。

输送槽槽宽≥400mm，槽壁板厚≥4.5mm，且应满足污泥输送时的侧压强度的要求，保证输送槽不变形，不泄漏污泥。

刮板输送机如图 13-2-5 所示。

图 13-2-5　刮板输送机外观示意图

13.2.3 污泥厌氧消化

13.2.3.1 污泥消化池立式混合搅拌机

立式混合搅拌机应适用于消化池污泥的混合搅拌和传热，整套设备除装配完整的电动混合搅拌机外，应配置导流筒、筒体支座、拉索、旋流扩散盘、电极与基础螺栓等安装件，以及就地控制箱、接线盒、控制箱混合搅拌机的所有电力、控制电缆等有效和安全运行所必需的附件。

（1）工艺要求

池内污水经导流筒的循环次数≥6 次/d，单位容积功率≤3.5W/m³，池内工作压力为 0.05bar，防爆等级为 T3，环境温度为 −15～45℃，消化污泥温度≤35℃。

（2）驱动装置及旋转总成

驱动装置安装在消化池混凝土封头外的中心位置，整套装置主要由立式电机、齿轮减速器、弹性联轴器、联体式机座、传动立轴、密封座、润滑油（脂）泵及温度监测元件等组成。

1）电机

电机的配置功率应保证在任何工况条件运行下都不会过载，并具有过电流、过载和过热保护功能，电机定子绕组的平均温升不超过 80℃，电机启动电流应满足额定电流的 6 倍，功率因素应＞90％，整机噪声小于 75dB(A)。

2）联体式机座

机座的设计应是电机座、轴承座与密封座等组合成整体的机座，应能承受整个驱动装置总重量及承受因突然振动引起的直接或间接的偏心荷载而产生的轴向或径向力。机座的基面应有较好的平面度，以确保立轴的垂直度，并应提供足够的空间便于与土建基础的接触面间保持密闭接触及安装固定。

3）联轴器

联轴器介于电机轴与传动立轴间，应采用弹性联轴器连接。

4）传动立轴、轴承与轴封

不锈钢立轴的直径与悬臂长度之比应≤1/40，立轴直径与机座的上、下轴承支承间距之比应≤1/5，运转时立轴轴端的最大径向跳动量应≤0.5mm。在立轴贯穿土建封头处，应有可靠的密封措施，与池内沼气隔绝，严禁有任何泄漏。密封件应适用于顺时针或逆时针转动，且不会带来不良后果，密封件应能抵抗热冲击，并具有良好紧急运行的特点，使用寿命不低于25000h。

轴承应采用高质量滚动轴承，轴承额定工作寿命（L10）应大于100000h，电机和轴承座的温度应由传感器监测，故障前应发出报警信号。

（3）叶轮

不锈钢叶轮采用螺旋叶轮，应牢固安装在立轴的端部，应适用于正向或逆向运转，正向旋转时，混合液应在导流筒内作自下而上流动，在上端喇叭口出流后，经旋流盘扩散，扩散的液流应足以波及和更新整个池面，并有效地消除池面的泡沫和浮渣；逆向旋转时，混合液应在导流筒内作自上而下流动，并能利用出流的冲力，阻止池底积泥。

（4）导流筒

导流筒的直径应与螺旋叶轮相适应，导流筒内壁与叶轮直径之间的间隙应≤8mm，筒壁厚度≥20mm，筒的内壁应平整光洁，叶轮中心与导流筒中心的同轴度允许差应≤1mm。

导流筒采用材料为球墨铸铁，垂直安装，可由多节筒段作法兰连接，连接应有可靠的定位和对中基准，总垂直度≤0.5/1000。

导流筒下部采用三支腿式型钢支架与池底固定牢固，筒体与支架间应可作轴向的调节。

在整个直立的导流筒高度内，应至少设置三道可调节的十字向拉索与混凝土池壁锚件固定，钢索材料采用不锈钢，直径不小于8mm。

污泥消化池立式混合搅拌机如图13-2-6所示。

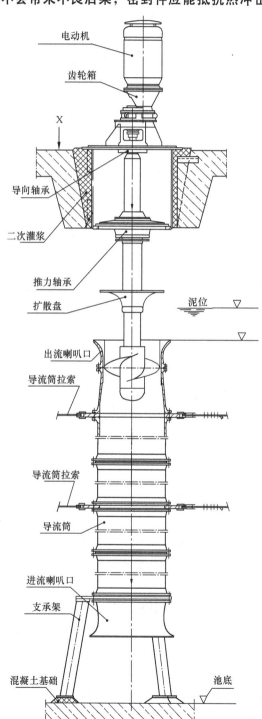

图 13-2-6　污泥消化池立式混合搅拌机安装示意图

13.2.3.2　连续式沼气用干式脱硫塔

连续式脱硫塔用于沼气脱硫系统，采用

干式脱硫，整套装置应配置起吊设备及配套相连接的管道、阀类与管配件、检测与控制仪表等安全和有效运行所必需的附件。

（1）**工艺要求**：沼气脱硫后硫化氢浓度≤10ppm，防爆等级为 T3，防火等级为 1 级，环境温度为−15～45℃，应具耐生物腐蚀，pH 为 3～11。

（2）**性能和结构**

脱硫塔为圆筒形，上端为碟形封头，下端为倒锥底结构，由三点式管形支腿支承于土建的基座上，设计和制造应符合 JB/T 4735—1997 钢制焊接常压容器的规定，应采用不锈钢，氩弧焊焊接，焊缝作超声波检验。

筒体应由人孔和填料的投入口和取出口、进气口接管法兰、出气口接管法兰，并带有分离水分的装置、带水封的排水管接口、带阀门的进出气采样管接口等组成。运行时，气体由下部的锥斗进入，从筒体的顶部引出，新的脱硫剂从上部投料口投入，储于筒体的直段和锥斗段内，作用完的脱硫剂从筒底的出料口排出，锥斗的角度设计应防止脱硫剂排出时在锥斗内"架桥"。

脱硫剂应采用脱硫效率高、阻力损失小的氢氧化铁颗粒制品，脱硫后硫化氢浓度应≤10ppm。

应配套提供转臂式吊杆和手拉葫芦，供脱硫剂更换作业时使用。

为防止筒内气体的逸出，应在投料口和出料口设置隔断装置并防止脱硫剂夹入隔断装置的密封座上，造成气体的泄漏。

筒体的直段应确保处理的气体在空段容积内的停留时间≥2min，在填充的脱硫剂内停留时间≥2min。

脱硫剂品质应采用优质等级，吸附能力应具有每使用 1000kg 脱硫剂，足以去除 100kg 硫化氢。

沼气流经脱硫塔的压力损失应 ≤ 5mbar（50mmH₂O）。

为确保系统的安全使用，在脱硫管应设旁通管及相应的阀门和管配件，与原置的进气、出气管系统相切换。

连续式沼气用干式脱硫塔如图 13-2-7 所示。

13.2.3.3　间歇式沼气用干式脱硫塔

间歇式脱硫塔用于沼气脱硫系统，采用干式间歇脱硫，整套装置包括起吊设备及配套相连接的管道、阀类与管配件、检测与控制仪表等安全和有效运行所必需的附件。

（1）**工艺要求**

沼气脱硫后硫化氢浓度 ≤ 10ppm，防爆等级 T3，防火等级为 1 级，环境温度在−15℃～45℃，应耐生物腐蚀，pH 为 3～11。

（2）**性能和结构**

脱硫塔为圆筒形，上端为碟形封头，下端为倒锥底结构，由三点式管形支腿支承于土建的基座上，设计和制造应符合 JB/T 4735—1997 钢制焊接常压容器的规定，应采用不锈钢，氩弧焊焊接，焊缝作超声波检验。

脱硫塔采用分批进行脱硫处理的方式，使用 2 塔平列运行原则，但单塔的容量应满足消化气总量的脱硫。

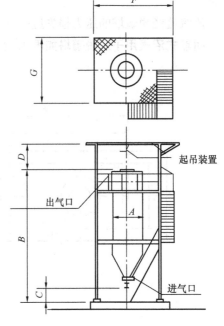

图 13-2-7　连续式沼气用干式脱硫塔安装示意图

简体应由人孔和脱硫剂的投入口和取出口、进气口接管法兰、出气口接管法兰，并带有分离水分的装置、带水封的排水管接口、带阀门的进出气采样管接口等组成。本体的上部和下部为气室，中间为脱硫剂填料室，支承脱硫剂的孔板应具有足够的承载能力，确定孔板的通孔直径时，应防止脱硫剂有任何的下落。

运行时，气体由下部的锥斗进入，从简体的顶部引出。新的脱硫剂从上部投料口或简壁的人孔处投入，储于简体的中间段内，作用完的脱硫剂从简壁的人孔扒出。

脱硫剂充填部的容积应能对沼气的总产量连续进行为期 90d 时间的脱硫，应采用脱硫效率高、阻力损失小的氢氧化铁颗粒制品，处理后其硫化氢去除率应使消化气中硫化氢含量 100～200ppm 降低到≤10ppm，硫化氢含量低于 100ppm 时，应具有大于 90％的去除率。

应配套提供转臂式吊杆和手拉葫芦，供脱硫剂更换作业时使用。

为防止简内气体的逸出，应在投料口和出料口设置隔断装置，并防止脱硫剂夹入隔断装置的密封座上，造成气体的泄漏。

简体的直段应确保处理的气体在空段容积内的停留时间≥2min，并在填充的脱硫剂内停留时间≥2min。

本体上部应设置洒水栓，下部应设置水封式排水管，水封的水深应大于 1.5 倍气体压力。

脱硫剂品质应采用优质等级，吸附能力应具有每使用 1000kg 脱硫剂，足以去除 100kg 硫化氢。

沼气流经脱硫塔的压力损失应≤5mbar（50mmH$_2$O）。

间歇式沼气用干式脱硫塔如图 13-2-8 所示。

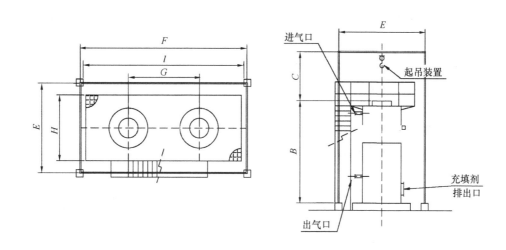

图 13-2-8　间歇式沼气用干式脱硫塔安装示意图

13.2.3.4　喷淋脱硫塔（沼气脱硫用）

沼气脱硫系统所提供的喷淋脱硫塔应为成套装置，应配置相连接的管道、阀类与管配件、检测与控制仪表等安全和有效运行所必需的附件。

（1）工艺要求

沼气脱硫后硫化氢浓度≤10ppm，防爆等级 T3，防火等级 1 级，环境温度－15～45℃，应耐生物腐蚀，pH 值为 3～11。

（2）性能和结构

喷淋脱硫塔为圆筒形结构，上端和下端均为碟形封头，由三支腿管式支承和固定于土建的基座上，设计和制造应符合 JB/T 4735—1997 钢制焊接常压容器的规定，应采用不锈钢，氩弧焊焊接，焊缝作超声波检验。

筒器内应设置喷淋水装置、2 段式填料层、人孔和填料的投入口和取出口、进气管法兰接口、出气管法兰接口，并带有气水分离装置、水封式喷淋水排水管接口、操作平台等。

进气应自下而上、喷淋水由上而下逆向对流，脱硫后硫化氢去除率应≥60%，气体流经塔内的阻力损失应≤50mmH₂O。

喷淋水装置的管道和喷嘴由塔的顶部引入，并在易观察的进水管段上设置电磁流量计，喷淋的水量应≥800L/m³（沼气），喷嘴的布置应达到最佳的脱硫效果。水喷淋后，应汇集至塔底的集水槽内，经 U 形溢流管出流，出流管直径须满足排水通畅，而且不得造成塔内的涌水，U 形管的水封高度应≥塔内气压的 1.5 倍。

沿筒体外周应设置检修操作平台、走道、栏杆和铁梯等钢结构件，板材厚度≥6mm，设计和制造应符合 GB 50335—2000 钢结构设计规范的规定。

填料应采用陶瓷环或合成树脂类等气水接触面大、脱硫效率高、阻力损失小的材料。填料层的孔板为不锈钢圆板上钻孔，孔径的大小和布置应满足气流的均匀分配。

为确保系统的安全使用，在脱硫管应设旁通管及相应的阀门和管配件，与原置的进气、出气管系统相切换。

喷淋脱硫塔（沼气脱硫用）如图 13-2-9 所示。

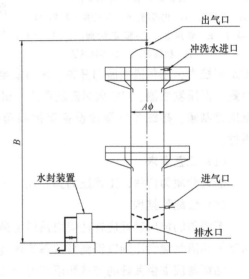

图 13-2-9 喷淋脱硫塔（沼气脱硫用）安装示意图

13.2.3.5 沼气用干式储气柜及其辅助设备

沼气干式储气柜及其辅助设备应为系统性成套装置，整套设备除沼气储气柜外，应配置阻燃器、自动冷凝水排放器、鼓风机、止回阀、安全阀、沼气量指示计、配管系统、沼气泄漏探测装置、报警装置和紧固件等全套辅助设备以及就地控制箱、接线盒、控制箱至鼓风机等所有的电力、控制电缆等有效和安全运行所必需的附件。

（1）工艺参数

消化池沼气组成中，沼气比重为 0.85～1.25kg/m³，应能承受风载 1500N/m²（迎风断面积），雪荷载≥1500N/m²，储气柜额定工作压力为 20mbar（200mmH₂O），环境温度－15～60℃，防爆等级 T3。

（2）性能和结构

储存柜应采用双层膜干式沼气储气柜的形式，外形为 3/4 球体状，由外层膜、内层膜和底膜组成。柜底为平整的底面，脱硫后的沼气经配管由储气柜的底部引入，并设有带水封装置的安全阀保护。

应将外层膜、内层膜及底膜一并用环形钢条锚固在土建基座上，使内层膜与底膜之间形成一个容量可变的气密空间，用作储存沼气，通过设置在柜外的离心式鼓风机经空气软管从柜顶向外层膜与内层膜之间注入空气，并靠恒定的气压，既使储存柜的外膜保持球状，又随内层膜与底膜空间内沼气量的体积变化，自动调节沼气进、出量的需求。

外层膜材质须适用于污泥消化的工作环境，应由聚酯类工程塑料或更好的材质制造，膜厚应＞0.9mm，膜的两面皆涂覆抗紫外及抗各种微生物腐蚀涂层，应具耐磨性，拼接时所有切口均采用熔接缝合。

外层膜上应设置高透明有机玻璃制观察窗，球冠部应安装超声波沼气容量计和沼气采样口。

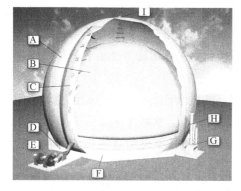

图 13-2-10 沼气用干式储气柜及
其辅助设备结构示意图

A—外层膜；B—内层膜；C—空气供气系统；D—单项阀；E—鼓风机；F—锚定钢阀；G—安全阀；H—检视窗；I—超声波探头

内膜须适用于硫化氢含量 0.5% 的沼气，应由聚酯类工程或更好的材质制造，膜厚应 > 0.6mm，膜的双面内衬聚氯乙烯，并涂覆抗紫外及抗各种微生物腐蚀涂层，耐磨性强，拼接时所有切口均采用熔接缝合。

底膜材质须适用于硫化氢含量 0.5% 的沼气，应由聚酯类工程或更好的材质制造，膜厚应 > 0.6mm，双面皆内衬须具有抵抗紫外线及各种微生物能力的聚氯乙烯，耐磨性强，接口由缝纫及熔接技术缝合并额外覆盖纤维带。

沼气用干式储气柜及其辅助设备如图 13-2-10 所示。

13.2.3.6 余气燃烧装置

燃烧器应为成套装置，应配置立式筒形燃烧塔、固定用拉索、沼气进气压力开关、压力安全阀、电动蝶阀、火焰阻燃器、燃烧器本体、自动点火装置、高压发生器、UV 火焰遥测探头、机架、火种气管、输气管道、气量检测仪等，并需配置就地控制箱、接线盒以及由设备至控制箱的所有电力、控制电缆等有效和安全运行所必需的附件。

(1) 工艺要求

燃烧介质为沼气，工作压力为 0.05bar，防爆等级 T3，环境温度为 −15～45℃。

(2) 性能和结构

燃烧器的挡风装置应在任何自然环境条件下能正常运作和有效防止火焰吹熄，并应保证最佳的空气和沼气混合比例以得到高效率的燃烧，燃烧室最低温度为 90℃，甲烷含量 > 60%。

燃烧器应提供良好的空气和沼气混合装置控制燃烧空气，使温度的提高较为容易，使燃烧室内的燃烧气体均匀，同时确保完全燃烧。

沼气燃烧后高空排放气体污染物应按我国有关标准，包括有效消除及防止臭气对周边居民的影响。

燃烧器的点火系统是采用高压火花，包括自动点火器、导向燃烧器、主燃烧器和火焰探测 UV 传感器。

当有沼气进入系统时，外部信号会促使电磁阀开启，将比例合适的空气和沼气送至燃烧塔头，点火器会自动点火直至点火成功，此时，火焰探头会送出火炬运行的信号并停止点火。

在气体进口处设有低压自动切断阀，当进气压力低于设定值时自动将进气管切断，系统将不容许进行点火。

如火焰探头检测到火焰熄灭，即送出信号要求再次点火。系统内置计数器记录点火失败的次数，如计数器到达预设次数而仍然不能成功点火，控制器会送出点火失败信号，此时，须进行人工手动复位，系统才能回复自动模式。

沼气管道通往燃烧塔前须设有阻火器，以防发生回火。

余气燃烧装置如图 13-2-11 所示。

13.2.4 污泥脱水

13.2.4.1 带式压滤机及其辅助设备

带式压滤机适用于污泥脱水，整个系统除带式压滤机主机外，应配置以下设备：

空压机和污泥混合反应系统；

污泥进泥泵（可调节流量）；

冲洗水泵（包括相应的过滤器及喷嘴）；

絮凝剂自动配制及投加系统（包括定量投药装置、计量泵、溶药罐、投药罐、溶药搅拌器、阀门、仪表、管道、管道附件及全套投药系统的控制装置）。

带式污泥脱水机应采用全封闭三段式带式压滤机的形式。在整个脱水系统中应实行进泥、加药、混合、反应，并在层流条件下进行脱水以及泥饼的输出等流水线操作。

脱水系统的设计应符合 CECS75：95 带式压滤机污水污泥脱水设计规范的规定，带式压滤机的设计和制造应符合 JB/T 8102—1999 带式压榨过滤机和 CJ/T 80—1999 污泥脱水用带式压滤机的规定。

带式污泥压滤机主机应运行平稳，不得有冲击、振动和不正常声响，应有滤布自动纠偏与限制和调节泥层厚度的功能。

图 13-2-11　余气燃烧装置安装示意图

污泥和药液混合搅拌器的电机、减速机和搅拌浆运转平稳，无异常现象。

压滤机的速度应能平稳调速，其系统指示应与机械实际速度相一致。

滤布结合方式采用无极连接，接口光滑，接口处拉伸强度≥滤布拉伸强度的 80%，行走速度≥1～6m/min，无级调速，滤布强度＞600N/cm，目孔≤450μm，材料为聚酯或更好的材料，使用寿命应大于 10000h。

压滤机应由齿轮减速电机驱动，输出转速应可调，所有运动部件的运转应平稳，噪声不大于 80dB（A），轴承寿命应大于 100000h。

应配置完整的滤布冲洗系统，包括安装在压滤机上的冲洗装置、输水管及阀门等。

冲洗装置由喷淋管及喷雾嘴组成，喷射范围应覆盖整个滤布宽度，每个喷嘴应可更换。

冲洗装置应具有良好的封闭性，便于维护和清理，不允许冲洗水溅湿泥饼。

冲洗水泵结构形式及性能应能满足清洗滤布的需要，但冲洗水量不少于 6m³/(h·m)（带宽），水压不低于 0.4MPa。

压滤机应有完善的自动控制和保护功能，一旦出现污泥量不足、污泥混凝效果差、滤带跟踪失败，冲洗水压过低、压缩空气压力过低、外部信号指令等均为停机和报警。

自动投加絮凝剂系统应完全满足污泥脱水工艺的要求。

絮凝剂调制母液浓度 0.5%～1%，絮凝剂使用浓度 0.1%，絮凝剂类型应采用高分子粉末状或液态絮凝剂。

加药泵应采用螺杆泵，运行条件应满足 pH3～12，常温，介质黏度＜5500CPS，流量调节和干运行保护，介质浓度为 0.1%～0.6% 的高分子絮凝剂。

带式压滤机如图 13-2-12 所示。

13.2.4.2　带式污泥浓缩、脱水一体机及其辅助设备

带式污泥浓缩、脱水机一体机适用于沉淀污泥的浓缩、脱水一体完成的污泥处理工艺。整个系统除带式污泥浓缩、脱水一体机外，应配置以下设备及有效和安全运行所必需的附件：

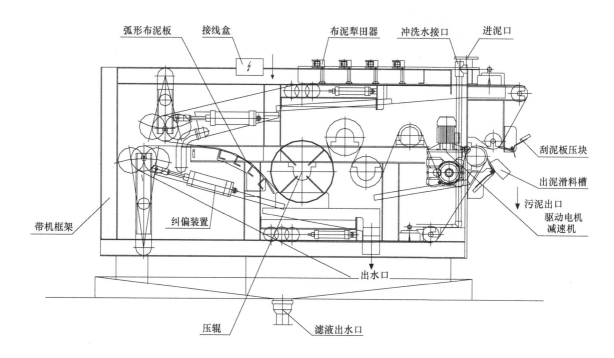

图 13-2-12　带式压滤机安装示意图

空压机和污泥混合反应系统；

污泥进泥泵（可调节流量）；

冲洗水泵（包括相应的过滤器及喷嘴）；

絮凝剂自动配制及投加系统（包括定量投药装置、计量泵、溶药罐、投药罐、溶药搅拌器、阀门、仪表、管路、管路附件及全套投药系统的控制装置）。

带式污泥浓缩、脱水一体机应是带式污泥浓缩机和带式污泥脱水机连接组合的形式，在联结上可采用上下叠合和前后连接的方式，既可组合于一体安装，也可分开为单机安装。污泥浓缩机应采用滤带式重力过滤并带有爪形刮板的形式，脱水机应采用全封闭三段式带式压滤机的形式。在整个浓缩、脱水系统中应实行进泥、加药、混合、反应，并在层流条件下进行浓缩和脱水以及泥饼的输出等流水线操作。

浓缩机和脱水机应有滤布自动纠偏以及限制和调节泥层厚度的功能，运行速度应能平稳调速，其系统指示应和机械实际速度相一致，不得有冲击、振动和不正常声响。

滤布结合方式采用无极连接，接口应平整光滑，接口处拉伸强度应≥滤布拉伸强度的80%。行走速度≥1m/min，滤布强度＞600N/cm，浓缩机目孔≤600μm，脱水机目孔≤450μm，材料为聚酯或更好的材料，使用寿命应大于10000h。

浓缩机和脱水机应分别由齿轮减速电机驱动，输出转速应可调，所有运动部件的运转应平稳，噪声不大于80dB（A），轴承寿命应大于100000h。

浓缩机和脱水机应备用各自单独的、完整的滤布冲洗系统，包括安装在浓缩机和脱水机上的冲洗装置、输水管及阀门等。

冲洗装置由喷淋管及喷雾嘴组成，喷射范围应覆盖整个滤布宽度，每个喷嘴应可更换。

冲洗装置应具有良好的封闭性，便于维护和清理，不允许冲洗水溅湿泥饼。

冲洗水泵结构形式及性能应能满足清洗滤布的需要，但冲洗水量不少于 $6m^3/(h \cdot m)$（带宽），水压不低于 0.4MPa。

浓缩机和脱水机应有完善的自动控制和保护功能，一旦出现污泥量不足、污泥混凝效果差、滤带跟踪失败、冲洗水压过低、压缩空气压力过低、外部信号指令等均为停机和报警。

自动投加絮凝剂系统采用三槽式，应完全满足污泥浓缩、脱水工艺的要求。污泥和药液混合搅拌器的电机、减速机及搅拌浆运转平稳，无异常现象。

絮凝剂调制母液浓度 $0.5\% \sim 1\%$，絮凝剂使用浓度 0.1%，絮凝剂类型应采用高分子粉末状或液态絮凝剂。

加药泵应采用螺杆泵，运行条件应满足 pH3～12，常温，介质黏度＜5500CPS，流量调节和干运行保护，介质浓度为 $0.1\% \sim 0.6\%$ 的高分子絮凝剂。

图 13-2-13　带式污泥浓缩、脱水一体机及其辅助设备安装示意图

带式污泥浓缩、脱水一体机及其辅助设备如图 13-2-13 所示。

13.2.4.3　转筒浓缩与带式压滤脱水一体机及其辅助设备

转筒浓缩与带压一体机适用于沉淀污泥浓缩、脱水一体完成的污泥处理工艺。整个系统除转筒浓缩带式压滤一体机外，应配置以下设备及有效和安全运行所必需的附件。

空压机、污泥混合反应器；

冲洗水泵（包括滤液过滤器及喷嘴和配管等）；

污泥进泥泵（可调节流量）；

自动配制投加絮凝剂系统（包括絮凝剂药罐、定量投药装置、计量泵、溶药罐、投药罐、溶药搅拌器、管道阀门及投加絮凝剂系统的控制箱）。

转筒浓缩与带压一体机的污泥浓缩段应采用转筒鼓筛式重力过滤的形式，脱水段应采用三段式带式压滤机（重力、楔形挤压、S 型压辊剪切）的形式。在整个浓缩、脱水联合系统中应实行进泥、加药、混合、反应，并在层流条件下进行浓缩和脱水以及泥饼输出的流水线操作。

污泥带压一体机应将浓缩和脱水两种功能组合在一个组合装置中进行污泥处理，整机应采用浓缩段和脱水段作空间叠合的方式，将双重功能结合在一起，整机应运行平稳，不得有冲击、振动。

污泥和药液混合搅拌器的电机、减速机及搅拌浆应运转平稳，无振动。

浓缩段转筒应具有较大的圆筒直径和有效的预脱水功能，转筒的转速应不依赖于脱水段滤带的速度，应能单独可调和平稳调速。

滤布结合方式采用无极连接，浓缩段转筒滤布应具有良好的过滤性能和适宜的目孔，脱水段滤布应具良好的过滤和耐压耐剪切力性能，滤布强度＞600N/cm，目孔≤600μm，材料为聚酯或更好的材料，使用寿命应大于 10000h。

浓缩转筒段和带式压滤脱水段分别由电机减速机驱动，输出转速应可调，所有运动部件的运转应平稳，噪声不大于 80dB（A），轴承寿命应大于 100000h。

每台一体机的浓缩段和脱水段均应备有完整的滤布冲洗系统，其中包括安装在浓缩段和脱水段上的冲洗装置、输水管及阀门等。

冲洗装置由喷淋管及喷雾嘴组成，喷射范围应覆盖整个圆筒和滤布宽度，每个喷嘴应可更换。

冲洗装置应具有良好的封闭性，便于维护和清理，不允许冲洗水溅湿泥饼。

冲洗水泵结构形式及性能应能满足清洗滤布的需要，但冲洗水量不少于 $5m^3/(h \cdot m)$（带宽），水压不低于 0.4MPa。

冲洗水应采用浓缩段转筒的重力过滤水作为浓缩段与带压脱水段滤布的冲洗水源。

浓缩段和脱水段应有完善的自动控制和保护功能。一旦出现污泥量不足、污泥混凝效果差、滤带跟踪失败、冲洗水压过低、压缩空气压力过低、外部信号指令等均为停机和报警。

空压机应满足气动式滤布导向系统和滤布张紧系统的需要。

自动投加絮凝剂系统应完全满足污泥浓缩、脱水工艺的要求。

13.2.4.4 离心式污泥脱水机及其辅助设备

离心式污泥脱水机应为成套装置，除离心脱水机主机外，须包括污泥切割机、污泥进料泵、絮凝剂配制装置、加药泵、螺旋输送机等，应配置相连接的管道、阀类和管配件、流量计及就地控制箱、供电和控制电缆等有效和安全运行所必需的附件。

脱水污泥为经污泥重力浓缩池浓缩的初沉二沉混合污泥（或初沉池污泥），絮凝剂投加量应≤5kg/(t·DS)，固形物(SS)回收率应大于 95%。

离心机应能每天 24h 连续运行，性能可靠，运行和维修费用较低，大修周期 3 年以上，整机寿命大于 20 年。

离心脱水机的设计和制造应符合 JB/T 502—2004 螺旋卸料沉降离心机、JB/T 8051—1996 离心机转鼓强度计算规范、JB 8525—1997 离心机安全要求和 GB/T 10895—1989 离心机振动测试的规定。

离心脱水机采用逆流卧式螺旋卸料沉降离心机，机体由圆锥圆柱形转筒和内螺旋构成，机内对污泥脱水提供足够的澄清分离空间，使污泥在离心机转筒内逗留足够的时间，确保活性污泥的有效脱水，机体的密封性能必须可靠，旋转部件需设置防护罩。

离心脱水机的主要指标如下：

单级最大处理量	≤50m³/h
螺旋差速	1~20r/min（变频自动可调）
长径比	≥4∶1
分离因素	≥2200
振动烈度	≤7.1mm/s

内螺旋应由行星齿轮装置-电动机-变频器所组成的独立驱动系统。差速无级可调，当进料含固率变化时，转差可自动增减并保持排出固体的干度保持恒定。

内螺旋独立驱动系统应具备以下 3 个特性：

(1) 停机时，可将转筒电机先行停机，螺旋将剩余在转筒内的残余污泥全部推出离心机外后，再停止螺旋运行，以此使离心机在停机开机时十分平稳，消除由于残余污泥停留在离心机转筒内所造成的在开机停机时的不平衡震动。

(2) 离心机在必要时，如由于断电等因素引起堵塞现象，在转筒停止状态下，可单独驱动螺旋并可将堵在转筒内的污泥推出离心机外，无须拆机清除污泥。

(3) 螺旋驱动电机将所供的能量直接作用于螺旋推料，无制动能量，达到节能运行目的。

采用独立推料驱动，当离心机停机时，螺旋继续保持卸料扭矩，将残余污泥全部推出离心机后才停止运行，以达到节省清洗水的目的。

污泥进料泵为容积式单螺杆泵，适用于污泥的输送，变频调速。

絮凝剂搅拌（罐）装置由粉剂储料罐、计量衡器、三槽式药液调配罐（不锈钢）、三叶式不锈钢推进叶轮搅拌器、加药泵、污泥混合器、支架（碳钢）和控制盘等组成。

污泥切割机为立式管道式叶轮切割机，壳体采用铸铁制造，切割叶轮的材料为耐磨合金钢。

离心式污泥脱水机如图 13-2-14 所示。

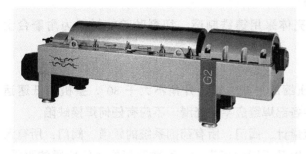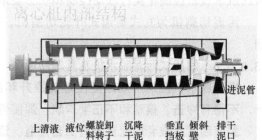

图 13-2-14　离心式污泥脱水机外观及结构示意图

13.2.4.5　离心式污泥浓缩、脱水一体机及其辅助装置

离心式污泥浓缩、脱水一体机应为成套装置，应配置离心浓缩脱水机主机、污泥切割机、污泥进料泵、絮凝剂配制装置、加药泵、螺旋式污泥输送机，并须配置包括相连接的管道、阀类和管配件、流量计及就地控制箱、供电和控制电缆等有效和安全运行所必需的附件。

浓缩脱水污泥为常规活性污泥法处理的初沉二沉混合污泥或二次沉淀池剩余污泥。

正常的运行状态下，固体回收率≥95％，离心机应能每天 24h 连续运行，性能须可靠，运行和维修费用低，大修周期 3 年以上，整机寿命大于 20 年。

离心浓缩脱水一体机的设计和制造应符合 JB/T 502—2004 螺旋卸料沉降离心机、JB/T 8051—1996 离心机转鼓强度计算规范、JB 8525—1997 离心机安全要求和 GB/T 10895—1989 "离心机振动测试" 的规定。

离心浓缩、脱水一体机形式应采用逆流卧式螺旋卸料沉降离心机，机体由圆锥圆柱形转筒和内螺旋构成，机内必须对低浓度污泥的浓缩脱水提供足够的澄清分离空间，使污泥在离心机转筒内可停留较长时间，并需具有较大的推料力矩，确保活性污泥的浓缩、脱水一体完成，机体的密封性能必须可靠，旋转部件需设置防护罩。

直径/长度比：　　　　　≤1∶4

螺旋差速：　　　　　1～10r/min（变频自动可调）

转筒应由电动机通过变频系统驱动，启动平缓，运转过程中无级可调，内螺旋应由行星齿轮装置-电动机-变频器所组成的独立驱动系统，差速无级可调，当进料含固率变化时，转差可自动增减并保持排出固体的干度。

螺旋独立驱动系统必须具备以下 3 点特性：

（1）停机时，可将转筒电机先行停机，螺旋将剩余在转筒内的残余污泥全部推出离心机外后，再停止螺旋运行，以此使离心机在停机开机时十分平稳，消除由于残余污泥停留在离心机转筒内所造成的在开机停机时的不平衡震动。

（2）离心机在必要时，如由于断电等因素引起堵塞现象，在转筒停止状态下，可单独驱动螺旋并可将堵在转筒内的污泥推出离心机外，无须拆机清除污泥。

（3）螺旋驱动电机将所供的能量直接作用于螺旋推料，无制动能量，达到节能运行目的。

采用独立推料驱动，当离心机停机时，螺旋继续保持着卸料扭矩，将残余污泥全部推出离心机后才停止运行，以达到节省清洗水的目的。

污泥进料泵：为容积式单螺杆泵，适用于污泥的输送，变频调速。

絮凝剂搅拌（罐）装置：由粉剂储料罐、计量衡器、三罐式药液调配罐（不锈钢）、三叶式不锈钢推进叶轮搅拌器、加药泵、污泥混合器、支架（碳钢）和控制盘等组成。

加药泵为容积式单螺杆泵，可手动无级调速，定量加注。

絮凝剂搅拌（罐）装置应单独设置控制柜，进行手动按钮控制，连续全自动溶液制备，并与污泥脱水设备控制柜实行联动控制和状态显示。

污泥切割机为立式管道式叶轮切割机，壳体采用铸铁制造，切割叶轮的材料为耐磨合金钢。

13.2.4.6 螺压式污泥脱水机及其辅助设备

螺压脱水机应采用双段变径螺旋提升和压缩的形式，螺旋升角不大于30°，整机应低速运行，不得有冲击、振动和不正常声响。焊接件各部焊缝应平整光滑，不应有任何焊接缺陷。

整套装置应成套地配置所有工艺管道、流量计、阀门；所有药剂系统的管道、阀门；所有污泥投加系统的管道、阀门；全部电气控制设备以及紧固件等安全、有效及可靠运行所需的附件。以流水线运作的方式，形成污泥脱水系统。

螺压脱水机采用变频调速，并应有限制和调节污泥层厚度的功能，确保脱水污泥产量和泥饼含水率≤80%。

螺压脱水机的过滤筛筐（包括螺旋装置）应具有强度高、表面光滑，筛孔直径应≤0.2mm，螺旋转速为2～6r/min，最大处理量可达20m³/h，固体回收率应≥80%，使用寿命应大于7000h。

螺压脱水机驱动装置采用套轴式齿轮减速电机，滚动轴承的温度不得高于70℃，温升不应超过40℃，滑动轴承的温度不得高于60℃，温升不应超过30℃，应具有过载和过热保护功能。

螺压脱水机应配备有单独、完整的过滤筛筐冲洗系统，包括输水管及阀门等，过滤筛筐冲洗装置应具有良好的封闭性，便于维护和清理，不允许冲洗水溅至机壳外。

螺压脱水机及进泥泵、加药装置、加药泵、絮凝剂投加装置等组合装置应配备完善的自动过载保护装置和紧急停机开关，并具有报警、故障报警、故障显示功能。

螺压式污泥脱水机及辅助设备如图13-2-15所示。

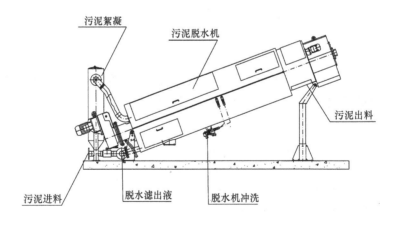

图13-2-15　螺压式污泥脱水机及辅助设备安装示意图

13.2.4.7 全自动膜式厢式压滤机及其辅助装置

厢式压滤机应为成套装置，整个系统除厢式压滤机以及下列配套设备外，应配置安装支架、所有管道与相连接的阀类、就地控制箱与配电接线等安全和有效运行所必需的附件。

厢式压滤机应采用隔膜式压榨、自动开合、刮刀卸料的形式，安装于钢结构支架上，为全机械式、液压驱动、悬梁结构。压滤机固定端头通过活塞杆与液压缸连接，压滤机滤板采用凹凸滤板。钢支架应有足够的高度和空间，使脱水后的污泥能直接卸至下方的双螺旋运输机系统。

厢式压滤机的设计和制造应符合JB/T 4333—2005厢式压滤机和板框压滤机的规定，用于污泥脱水的滤板有方形和长方形两种，过滤面积可达 1000m²，滤室深度≤30mm，泥饼含水率≤70%。

压滤机应具有 15bar 以上的操作压力，污泥从中央进料，滤液为暗流排放，并每隔 10 块滤板配置 1 个聚丙烯制的滤液采样龙头。

液压闭合系统的液压缸闭合力≥35MPa，并应带有保压功能。

滤板应使用高强度钢制造，经清洗喷砂后，再衬上高强度硬橡胶钢的抗拉强度最少为 430N/mm²。衬胶的滤板须能承受最不利工况的压力差，且不得发生断裂或变形，或者聚丙烯工程塑料压制滤板。膜片采用合成橡胶制造，更换膜片时应不用拆卸滤板，在滤室空载时，膜片充气后可填满整个滤室而不会损坏或与滤板分离，机架材料为铸钢制造。

滤板的过滤表面应排列成一系列之凸台，当膜片紧压时以提供滤布最大的支承面及最大过滤空间，让滤液自由流动。

滤布材料采用高分子涤纶（PET）或丙纶（PP）等制造，工作面应处理，悬挂于悬梁下侧，保证滤布完全对位及移动流畅。

压滤机设有一套电动液压滤板开合系统，液压动力单元包括必需的配件、卸压阀、压力表、控制阀及储油缸，所有控制阀由电力操作同时须清楚表示开关的操作。

压滤机的污泥由自动开框机构协助排出，开框机构设于板框悬吊臂的双梁上，沿水平方向同步移动分离板框，排出泥饼并使板框保持距离。

提供整套单纤维滤布，包括一套进料端板滤布、一套活动端板滤布及套筒式双层滤布。滤布中央有缝合管，以自锁式胶条系紧。

提供自动高压滤布清洗系统，清洗装置为线性移动。

压滤机须设有故障停机功能，当故障解除后压滤机才恢复运转。

压滤机两边须设有电子安全光线护幕，当操作人员接触危险的活动部分时，可即时停机，以保障操作人员的安全。

使用压缩空气实行滤布中心孔的反吹，应有效地清除中心孔上的湿泥。

应在压滤机下方，设置自动卸料门页，按需自动开合，满足滤液收集和泥饼排出的要求。

高压进泥泵和隔膜反压泵采用液压驱动往复式隔膜柱塞泵。

絮凝剂制备装置应采用 3 槽式，在结构和功能上应具备从干粉的进料到稀释液投加的全自动一体化在线控制的集成装置。

每台泵配有液压絮凝剂投加单元，其投药行程配合主泵活塞行程，即絮凝剂只会在进泥泵的吸入行程时才会注入主泵的吸入阀室，以确保最佳混合效果。

絮凝剂投加系统流量可调，可按污泥的情况调整投加量。

压滤机加药量应采用螺杆泵，应与压滤机单独配置，并设有干运转保护装置，由双频驱动器驱动，双速范围为泵速的 0%～100%。

高压滤布清洗泵与自动滤布清洗器同步操作。滤布清洗泵采用往复式水泵，扬程压力为 10MPa，一用一备，同时应有一台玻璃纤维（GRP）储水缸，方便供水至滤布清洗泵。

清洗系统清洗水压力≥8MPa，以保证喷头沿板框匀速上下移动。喷头由不锈钢制造，喷头的排列设计成可同时清洗滤板的两边，并有护罩以防止清洗水外溅。

空气压缩机采用往复式（含气冷系统），自动操作，最小压力为 12bar。

辅助供气系统用于气动阀门的供气，其中包括：空气罐为立式圆筒形，容量最少 1m³，最小工作压力为 10bar，空气罐应包括安全阀等附件及连接压滤系统所需的仪表。

辅助供气用的压缩空气由空气挤压系统的空气储气罐提供，通过降压阀把压力由 17bar 降至 10bar，气动阀门的供气须经清洁和干燥。

图 13-2-16　全自动膜式厢式压滤机及
其辅助装置外观图

全自动膜式厢式压滤机及其辅助装置
如图 13-2-16 所示。

13.2.5　污泥焚烧

13.2.5.1　流化床污泥焚烧炉

流化床焚烧炉应为成套装置，除炉本体外，应配置相连接的泥饼进料机、辅助燃料装置、喷水降温管道接口、阀类和管配件、检测与控制仪表等安全和有效运行所必需的附件。

（1）工艺要求

烟气排放控制标准为 GB 18485—2001，焚烧炉运行温度为 850～900℃，无故障运行时间≥8000h/a，污泥在炉内燃烧的停留时间≥6s，燃烧室容积负荷率为 1050～2510MJ/(m³·h)。

（2）结构与性能

1）焚烧炉可采用立式循环流化床焚烧炉的形式，应能适应每天 24h 的长期连续运转的工作条件，应适应于进泥含水率等工况所产生的变化，流化速度应控制在 3.6～6.0m/s，应将烟气中夹带大量细颗粒飞离炉膛后进行回收，并送入炉膛下部形成物料的循环。

2）焚烧炉的流动物质应选用耐高温、耐磨损性好的天然石英砂，以化学成分 1～4 级、粒度 10～48 号（JIS5901）为准。流动层在静止状态时，流动用的一定粒度范围的石英砂和石灰石床料堆积高度应达 1～1.5m。

3）焚烧炉的结构应满足污泥在炉内保持≥850 度的高温及空气比约 1:3 的状态下进行干燥、焚烧。

4）流化床应采用二级送风的方式，一次风空气应经布风板从流动层下部输入，使炉内的石英砂等流动物质活跃和飞扬，与污泥产生搅拌和混合，流动层的结构设计应防止流动层产生温度不匀的流动，污泥在炉内燃烧时，不得发生黏结。

5）流动层的底部应设置空气分散器，并应防止流动物质进入分散器内。

6）燃烧过程中产生的炉渣经排渣阀由炉底排出，随烟气出流的细灰由尾端的除尘装置捕集。

7）炉的外壳为立式，采用 6mm 以上的钢板制造，炉墙应采用重型结构，内侧应选用耐高温、耐磨损和耐久性强的铝质材料，外侧应为保温砖，不得因热膨胀造成衬砌的脱落，应充分考虑减少热的损失，提高炉的总热效率。

8）焚烧炉应配置泥饼进料机和辅助燃料装置，炉内应设置压力检测计和温度检测计等安全设施，防止炉内压力异常升高而产生事故，炉的下部设计应能使流动物质容易排出，在炉的燃烧室及辅助燃烧室的自动点火油枪均应以轻柴油作为燃料。

13.2.5.2　半干法喷淋脱硫塔

烟气净化系统所提供的半干法喷淋脱硫塔应为成套装置，应配置相连接的石灰浆液等管道接口、阀类和管配件、检测与控制仪表等安全和有效运行所必需的附件。

（1）工艺要求

采用喷淋脱硫和布袋除尘两级串接、连续运行的脱硫系统，烟气排放控制标准为 GB 18485—2001，生活垃圾焚烧污染物控制标准，防爆等级为 T3。

（2）性能和结构

喷淋脱硫塔为圆筒形结构，上端为碟形封头，下端为平底，支承和固定于土建的基座上，本体制造应符合 JB/T 4735—1997 钢制焊接常压容器的规定，应采用不锈钢制造，氩弧焊焊接，焊缝作超声波检验。

塔内顶部应设置高速旋转式离心雾化石灰浆液喷淋装置，喷出雾滴的直径应≤100μm，喷雾应覆盖整个筒体的端面，烟气进气管以切线向进入塔内，自上而下作螺旋运动，保证中和反应充分，同时，靠烟气的热量传递给浆液，使中和反应后产物的水分蒸发烘干和排出。

沿筒体外周应设置检修操作平台、走道、栏杆和铁梯等钢结构件，板材厚度≥6mm，设计和制造应符合 GB 50335—2000 钢结构设计规范的规定。

为确保系统的安全使用，脱硫管道应设旁通管及相应的阀门和管配件，与原有的进气、出气管道系统相切换。

13.2.5.3 布袋除尘器

布袋除尘器应为成套装置，应配置相连接的管道、阀类和管配件、尘灰出料的螺旋输送及检测与控制仪表等安全和有效运行所必需的附件。

（1）工艺要求

除尘器应适用于串接半干法喷淋脱硫塔后连续运行的烟气净化系统，除尘效率达到 99.9%，烟气温度为 140℃，过滤面积为 1 级，pH 值为 3～11，薄膜式布袋形式，滤袋最高使用温度为 240℃，脉冲高压空气喷吹的清灰方式，除尘器阻力≤1500Pa，漏风率≤5%。

（2）性能和结构

1）除尘器应能有效地去除烟气中固体微粒，特别是亚微米粒子的有效捕集，经除尘器净化后，烟气中有害物质的排放指标，应符合 GB 18485—2001 生活垃圾焚烧污染物排放控制的规定。

2）除尘器设备须满足燃烧后的烟气温度、湿度及粉尘理化性能等的要求。

3）过滤材料应具备耐酸、耐碱、防水解及耐高温的特性，持续温度应≥240℃，即使酸性气体浓度较高时，对滤料不得有任何影响。

4）布袋尺寸、数量、清灰的脉冲间隔和脉冲宽度应按实际需要可调，保证含尘烟气的处理量及整个系统始终保持高效和稳定。

5）为确保系统的安全使用，除尘器应设有旁通接口，必要时可使烟气切至旁通烟道流通。

6）除尘器的壳体和灰斗必须保温，器壁温度不得低于 100℃

7）灰斗应配置螺旋输灰机和星形卸灰阀。

8）喷淋脱硫塔为矩形筒体锥底结构，由支腿支承和固定于土建的基座上，本体的制造应符合 JB/T 4735—1997 钢制焊接常压容器的规定，工作压力为 0.05bar，氩弧焊，焊缝应作超声波检验，焊缝强度不小于 370MPa，沿筒体外周应设置检修操作平台、走道、栏杆和铁梯等钢结构件，板材厚度≥6mm，设计和制造应符合 GB 50335—2000 钢结构设计规范的规定。

13.3 污水厂除臭设计

13.3.1 设计原则

13.3.1.1 一般要求

污水厂除臭的形式包括活性炭吸附法、药液洗净法、生物除臭法、土壤除臭法、离子氧化法、天然植物液喷洒法或采用上述方式相组合的方法，还有其他有效除臭的方式。

除臭装置应包括臭气收集系统、除臭设备本体、配套管道、配套辅助设备、支承钢结构、抽风机械、就地控制柜等。

除臭工艺必须满足：

(1) 处理效率高，在任何季节、任何气候条件下都能满足除臭要求。

(2) 污水厂各构筑物的原臭气浓度较大，一般为 1000～10000（无量纲），除臭后气体为无组织排放，厂界臭气浓度≤20（无量纲），其污染物排放指标应达 GB 14554—93 恶臭污染物排放规定的 2 级。

(3) 设备的运行和控制应自动，无须人工操作。

(4) 运行稳定，抗冲击负荷能力强。

(5) 处理设备排放的废水、废液等应无二次污染。

(6) 无论何种除臭设备，必须维护管理方便，其所有运行设备的功率均必须尽可能小，运行费用低。

13.3.1.2 设计指标

(1) 药液洗净法

根据原臭成分合理选用酸性、中性、碱性等药液种类，臭气成分与药液主要成分之间应不产生可逆反应，应具备防止废液排放引起二次污染的措施。

药液塔体应采用耐腐蚀耐湿的材料制作，塔内气体流速≤1.3m/s，气液接触时间≥1.5s，气液比<3，运行时压力损失≤0.5kPa（50mmH_2O），补给水量≤0.01L/Nm^3。

(2) 臭氧除臭法

臭氧发生方式应采用无声放电方法，臭氧发生量的调节范围应为额定量的 20%～100%。

臭氧化器放电能力应≥60gO_3/kWh。

残留臭氧≤0.01ppm。

接触分解剂至少具备连续使用 6 个月的储备容量。

(3) 活性炭吸附法

采用立式上向过滤塔的形式。

塔内平均流速≤0.3m/s。

吸附剂和臭气接触时间≥1.2s。

吸附剂应根据原臭成分合理选用碱性、酸性、中性等活性炭，粒径为 4～8mm，使用期>1 年，具有不易粉末化的高强度品质，塔内吸附剂每层填充高度≤360mm，过滤层累计压力损失≤1.5kPa（150mmH_2O），活性炭填料比重为：木质类 350～500g/L，煤炭类 450～950g/L。

(4) 土壤除臭法

土壤养殖生物除臭菌种，利用微生物对吸附的臭气成分进行分解，土壤最小厚度≥400mm，除臭风量（横断面）过流速度为 5mm/s，臭气与土壤接触时间≥80s，压力损失≤1.5kPa（150mmH_2O），结合并保证绿化植物的生长。

每 20m^2 范围内配置 1 座旋转式喷水器保湿。

1m^3/min 风量的覆土表面积控制在 4m^2 以下。

土壤和配管应有利于气体的扩散和排水。

支承床的砂层厚度为 50～100mm。

支承床的砾石厚度为 400～500mm。

土坡斜角（与水平的夹角）不宜大于 45°～65°。

(5) 天然植物提取液除臭法

天然植物提取液对臭气具有催化氧化还原反应、酸碱反应的能力。

除臭液应无毒无害，有效期应不低于 1 年。

雾化工作时间为 1～20s，并可调节。

喷洒间隔时间为 1～10min，并可调节。

每一喷嘴的有效服务面积应≥25m²。

处理每 m³ 臭气的喷洒量应≤4mL。

室内喷洒时应同时在室内进行换气处理，换气量不小于每小时 7 次的风量。

（6）填充式生物除臭法

塔体应采用防腐材料制作，总高度≤5m。

臭气流经生物塔平均流速≤0.3m/s，容积负荷≤400L/h。

臭气与填料的接触时间≥15s。

运行时压力损失≤1400Pa（140mmH₂O）。

填料寿命≥5 年，填料可采用树皮、炭粒、黑壳、多孔性球体等，粒度≤10mm。

防止废液排放造成二次污染。

使用温度控制在 10～40℃。

喷洒水不得含有氧化物等杀菌药剂，需使用无灭菌过滤水，1m³ 生物煤洒水量≤0.3m³，喷水间隔时间≤1h。

（7）活性氧（离子法）净化法

活性氧臭气净化设备应采用高频高压静电脉冲放电方式。

活性氧发射管有效工作时间应大于 30000h。

光催化采用复合波长紫外线，波长范围为 100～400nm。

处理每 m³ 臭气的功率应≤4W。

井内集气时，应避免脉冲放电与污水中易爆易燃气体的接触，并应有装置的防爆保护。

13.3.2 除臭装置选用

13.3.2.1 填充式生物除臭装置

除臭装置应为成套装置，应配置臭气的收集和输送、除臭、加湿、净化气高空排放等功能完善的设备以及配套管道、烟囱、就地控制箱、钢制结构等安全和有效运行所需的全部附件。

除臭工艺可采用以填充式生物载体吸附法的处理工艺，使臭气通过生物填料进行吸滤，消除致臭成分，净化后大气排放。

其流程为臭气收集→生物除臭→吸风→净化排出。

除臭装置的设计应符合下列要求：

（1）臭气经生物除臭塔的平均流速不大于 0.3m/s。

（2）吸附剂和臭气的接触时间＜15s。

（3）填料颗粒平均直径≤20mm。

（4）气体通过填料的压力损失应≤1500Pa（150mmH₂O）。

（5）必要时，对难以降解的硫醇和氨类物质可配套活性炭装置去除。

吸风机的总效率应不低于 90%，额定风量以 20℃、湿度为 65% 为准，风压在最大抽气量的条件下，应具有高于系统压力损失 10% 的余量。

填充式生物除臭装置如图 13-3-1 所示。

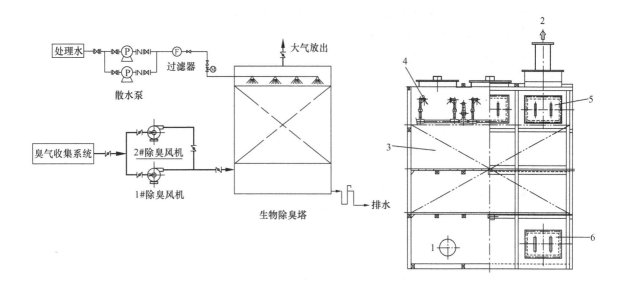

图 13-3-1　填充式生物除臭系统和装置示意图

1—臭气入口；2—臭气出口；3—生物填料；4—散水喷嘴；5—上部检查口；6—下部检查口

13.3.2.2　土壤生物滤体除臭装置

土壤生物滤体（床）除臭装置应为成套装置，应配置臭气的收集和引出、土壤生物滤体（床）除臭、加湿等功能完善的设备以及配套管道、就地控制箱、钢制结构、不锈钢支架、不锈钢紧固螺栓、地脚螺栓等安全和有效运行所需的全部附件。

土壤生物滤体除臭系统包括臭气收集系统、土壤脱臭床、空气总管、布气管、输风机、增湿系统、草皮种苗、排水管以及一个系统完整功能合理的土壤生物滤体的全部仪表设备等。

生物滤体介质应具有通气性透水性好及培育除臭微生物的土壤。

气体通过介质的流速（断面流速）≤5mm/s，与介质接触时间大于 80s。

土壤厚度＞400mm 时，气体过滤速度＜5mm/s，土壤床内的压力损失≤1.50kPa（150mmH$_2$O）。

滤体介质材料：

土壤脱臭床应选用项目所在的地点或附近的土壤，并调整其矿物质成分、透气性、粒子体积和 pH 等因素，将土壤调配成活化的土壤混合体。土壤床厚度＞400mm，支承砂砾床厚度由经验确定，要保证气体能均匀的流通，土壤床土建荷载＜2.5t/m^2。

如经试验分析后需要选用不同介质混合滤料，各组分的数量和配量应符合系统要求。

所采用的除臭介质应对人无害，且不会造成二次污染。

加湿系统：

生物土壤滤体系统应包括水喷雾的加湿系统。加湿系统应能持续运行和均匀布洒。每 20m^2 范围至少设置 1 个自旋弹跳式喷水设备。

土壤生物滤体除臭装置如图 13-3-2 所示。

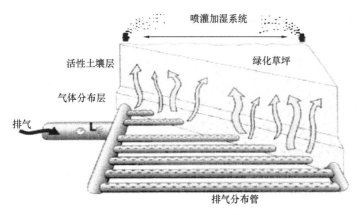

图 13-3-2　土壤生物滤体除臭装置布置图

13.3.2.3 水洗与生物滤床组合式除臭装置

生物除臭装置应为成套装置，应配置臭气的收集和输送、除臭、加湿、净化气排放等功能完善的设备以及配套管道、排气筒、就地控制箱、钢结构件等安全和有效运行所需的全部附件。

除臭工艺可采用水洗与生物滤床组合式除臭装置的处理工艺，使臭气通过水洗，当温度很低或一旦出现恶臭物质发生超常排放的紧急情况，可切换启动化学洗涤系统，生物填料进行吸滤，消除致臭成分，净化后大气排放。

流程为臭气收集→洗涤＋生物除臭→吸风→净化排出。

（1）净水（可转换成化学吸收）洗涤塔

1）臭气经水洗（药洗）塔的平均流速不大于 1.0（1.3）m/s。

2）与臭气的接触时间＞1.5s。

3）应采用与药液接触面大的填料。

4）气体通过填料的压力损失应≤1500Pa（150mmH$_2$O）。

5）须防止药液排放引起二次污染。

（2）生物除臭塔

1）臭气经生物除臭塔的平均流速不大于 0.3m/s。

2）吸附剂和臭气的接触时间＜15s。

3）填料颗粒平均直径≤20mm。

4）气体通过填料的压力损失应≤1500Pa（150mmH$_2$O）。

5）填料的使用寿命不低于 3 年。

6）塔本体为固定式矩形体全封闭结构，材料为钢制，板厚＞4.5mm，内壁衬胶＞3mm，或衬 FRP2 层以上，或采用 FRP 制，板厚＞6mm，且保证塔体足够的强度和刚度。

7）塔本体必须有管道接口、填料、填料收纳架、检修门、加湿装置等完善的附件。

水洗与生物滤床组合式除臭装置如图 13-3-3 所示。

13.3.2.4 天然植物提取液除臭装置

除臭装置应为系统性成套装置，应配置相配套管线、喷头、就地控制箱、安装支架等安全有效运行所需的全部附件，并保证除臭液的长期供应。

植物提取液应具有相关机构的安全证明，以及国家环保、环境检测、卫生检验部门测定的无毒检测证明。

除臭系统可采用天然植物提取液除臭的处理工艺，使脱水机房臭气通过天然植物提取液的喷雾接触反应，包括催化氧化、酸碱、氧化还原等反应进行处理，消除致臭成分。

应针对预处理区、污水生化处理区、污泥处理区等臭源空间范围，布置适量的植物液喷雾点，进行定时可调的喷雾除臭，并保证除臭的最终反应产物不会形成二次污染。

除臭系统的运转方式应以间隙运行为原则，每天开停机时间和运行间隔时间应可任意设定，运行时间控制精度为 1s。

天然植物提取液除臭装置如图 13-3-4 所示。

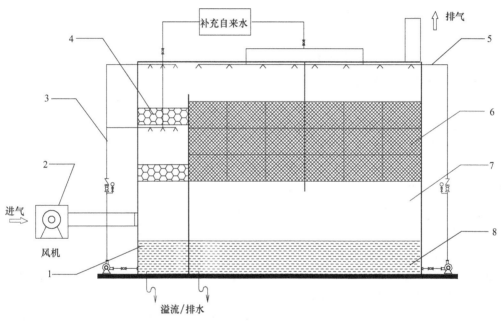

图 13-3-3 水洗与生物滤床组合式除臭装置外观及结构示意图

1—水洗涤循环水池；2—抽风机；3—水洗涤循环喷淋系统；4—水洗涤过滤填料床；5—生物过滤
循环喷淋系统；6—生物过滤填料床；7—生物过滤床布气层；8—生物过滤床循环水池

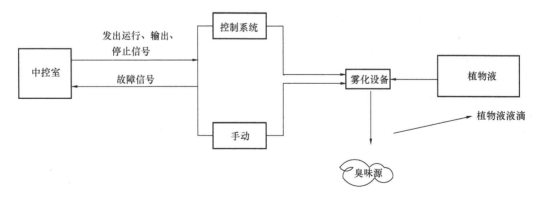

图 13-3-4 天然植物提取液除臭装置喷雾系统示意图

第 14 章 污水厂总体布置

14.1 厂址选择

14.1.1 厂址选择原则

《室外排水设计规范》GB 50014—2006，规定了污水厂厂址选择的主要因素。

污水厂厂址的选择必须在城镇总体规划和排水工程专业规划的指导下进行，以保证总体的社会效益、环境效益和经济效益。

1. 污水厂在城镇水体的位置应选在城镇水体下游的某一区段，污水厂处理后出水排入该河段，对该水体上、下游水源的影响最小；污水厂位置由于某些因素，不能设在城镇水体的下游时，出水口也应设在城镇水体的下游。

2. 污水厂处理后的尾水是宝贵的资源，可以再生回用，因此污水厂的厂址要考虑便于出水回用；同时，排放口的安全性和尾水排放的安全性因素也相当重要，因此，应便于安全排放。

3. 根据污泥处理和处置的需要，也应考虑方便处理处置。

4. 污水厂在城镇的方位，应选在对周围居民点的环境质量影响最小的方位，一般位于夏季主导风向的下风侧。

5. 厂址的良好工程地质条件，包括土质、地基承载力和地下水位等因素，可为工程的设计、施工、管理和节省造价提供有利条件。

6. 根据我国耕地少、人口多的实际情况，选厂址时应尽量少拆迁、少占农田，使污水厂工程易于上马。同时根据环境评价要求，应与附近居民点有一定的卫生防护距离，并进行绿化。

7. 厂址的区域面积不仅应考虑规划期的需要，尚应考虑满足不可预见将来扩建的可能。

8. 厂址的防洪和排水问题必须重视，一般不应在淹水区建污水厂，当必须在可能受洪水威胁的地区建厂时，应采取防洪措施。另外，有良好的排水条件，可节省建造费用，规定防洪标准不应低于城镇防洪标准。

9. 为缩短污水厂建造周期和有利于污水厂的日常管理，应有方便的交通、运输和水利条件。

14.1.2 厂址选择实例

根据《室外排水设计规范》的规定，在城市总体规划、区域分区规划和排水专业规划的指导下，进行方案比较，选择合适的污水厂厂址。以重庆主城区排水系统为例，就污水处理厂的集中和分散布置进行方案比较。

重庆主城区排水系统工程的首要目标是保护主城区两江生活饮用水源水质，保护三峡工程建成后库区水环境，其方案同时应符合重庆实际情况、科学合理、投资省、效益好、可操作性强。在重庆市有关部门领导下，由重庆建筑大学、上海市政工程设计研究总院与中外有关设计研究单位共同进行了重庆主城排水系统工程方案研究，研究历时一年多。由于重庆主城地形的特殊性和城镇布局的分散性，形成了给水厂取水口与污水排放口交错布置的格局，城镇污水厂集中和分散布置处理将是主城排水工程方案优化研究中的重要问题。

污水集中处理，污水厂座数少，规模大，有一定的规模效应，污水厂投资和运行费用可以降低,便于集中管理和提高管理水平,但是,由于污水截流干管长度增加,下游管道断面尺寸增大,埋深增加,可能增设污水中途提升泵站,又会导致总体投资和运行费增加。

污水分散处理,不需设置跨区域截流干管,管网投资和输水费用较低,但污水厂座数多,污水厂的投资和运行费会增高,污水厂用地增加,能耗增加。

污水集中和分散处理必须根据当地的自然地理条件,对水环境保护和水资源综合利用的要求,土地使用的可能性和排水工程对给水厂、各种其他管线设施的影响等因素,经技术经济综合比较后确定。因此,城镇污水的集中处理和分散处理都有一个适度的问题。

根据重庆主城区特有的自然条件,将主城区划分为 21 个排水系统,每一排水系统设置一座污水厂或污水汇流点。若按每一排水系统设置一座污水厂,就有 21 座污水厂,该方案作为污水分散处理方案。以此方案为基础,研究 21 个排水系统根据流域特点逐步合并处理的可行性,在整个研究过程中,共提出 20 多个方案,经过反复比较,最终筛选归纳出 4 个典型方案。即:

方案一,设 21 座污水厂,属分散处理方案;

方案二,设 10 座污水厂,属相对集中处理方案;

方案三,设 7 座污水厂,属相对集中处理方案;

方案四,设 3 座污水厂,属集中处理方案。

14.1.2.1 方案介绍

(1) 方案一:21 厂方案

嘉陵江北岸设唐家沱等 4 座污水厂;

嘉陵江南岸设杨公桥等 7 座污水厂;

长江北岸设桃花溪等 7 座污水厂;

长江南岸设鸡冠石等 3 座污水厂;

每座处理厂处理规模介于 $(3.0 \sim 17.0) \times 10^4 \mathrm{m}^3/\mathrm{d}$,如表 14-1-1 所示。

方案一:21 厂方案规模和占地一览表　　　　　　　　　　　表 14-1-1

序 号	位 置	厂 号	污水厂名称	规模($\times 10^4 \mathrm{m}^3/\mathrm{d}$)		占 地 (hm²)
				旱 流	合 流	
1	嘉陵江北岸	1	唐家沱	7.0		7.0
2		2	唐家桥	12.0		8.4
3		3	A	17.0		12.0
4		4	B	12.0		8.4
5	嘉陵江南岸	1	杨公桥	14.0		10.0
6		2	A	3.0		3.6
7		3	B	3.0		3.6
8		4	C	5.0		5.0
9		5	D	3.0	12.0	3.6
10		6	E	5.5	22.0	5.5
11		7	F	4.5	18.0	4.95
12	长江北岸	1	桃花溪	12.0		8.4
13		2	A	7.0		7.0
14		3	B	5.0		5.0
15		4	C	5.0		5.0
16		5	D	5.0		5.0
17		6	E	10.0	40.0	8.0
18		7	F	10.0		8.0

续表

序 号	位 置	厂 号	污水厂名称	规模（×10⁴m³/d）		占 地 (hm²)
				旱 流	合 流	
19	长江南岸	1	鸡冠石	7.0		7.0
20		2	A	8.0		6.4
21		3	B	4.0		4.0
			合 计	155.0	92.0	136.25

（2）方案二：10 厂方案

嘉陵江、长江北岸设唐家桥、唐家沱等 3 座污水厂；

嘉陵江南岸设杨公桥 1 座污水厂；

长江北岸设桃花溪等 3 座污水厂。

长江南岸设鸡冠石等 3 座污水厂。

每座污水厂处理规模介于（7.0～46）×10⁴m³/d，如表 14-1-2 所示，截流干管总长 61.13km，断面 1.0m×1.5m～3.0m×3.0m。

方案二：10 厂方案规模和占地一览表　　　　　　　表 14-1-2

序 号	位 置	厂 号	污水厂名称	规模（×10⁴m³/d）		占 地 (hm²)
				旱 流	合 流	
1	嘉陵江、长江北岸	1	唐家沱	19.0		15.2
2		2	唐家桥	12.0		8.4
3		3	A	17.0		12.0
4	嘉陵江南岸	1	杨公桥	17.0		13.6
5	长江北岸	1	桃花溪	12.0		8.4
6		2	A	9.0		8.0
7		3	B	7.0		7.0
8	长江南岸	1	鸡冠石	46.0	92.0	32.2
9		2	A	8.0		7.2
10		3	B	8.0		8.0
			合 计	155.0	92.0	120.0

（3）方案三：7 厂方案

嘉陵江、长江北岸设唐家桥、唐家沱 2 座污水厂。

嘉陵江南岸设井口 1 座污水厂。

长江北岸设中梁山、茄子溪 2 座污水厂。

长江南岸设鸡冠石等 2 座污水厂。

每座污水处理厂处理规模（3.0～80.0）×10⁴m³/d，如表 14-1-3 所示，截流干管总长 81.59km，断面 1.5m×1.5m～3.0m×3.5m。

方案三：7 厂方案规模和占地一览表　　　　　　　表 14-1-3

序 号	位 置	厂 号	污水厂名称	规模（×10⁴m³/d）		占 地 (hm²)
				旱 流	合 流	
1	嘉陵江长江北岸	1	唐家桥	5.0		5.0
2		2	唐家沱	40.0		30.1

续表

序 号	位 置	厂 号	污水厂名称	规模（×10⁴m³/d）		占 地（hm²）
				旱 流	合 流	
3	嘉陵江南岸	1	井口	3.0		3.6
4	长江北岸	1	中梁山	7.0		7.0
5		2	茄子溪	10.0		8.0
6	长江南岸	1	李家沱	10.0		8.0
7		2	鸡冠石	80.0	92.0	56.0
			合 计	155.0	92.0	118.4

（4）方案四：3 厂方案

嘉陵江长江北岸设唐家桥、唐家沱 2 座污水厂。

长江南岸设鸡冠石 1 座污水厂。

处理规模（5.0～110.0）×10⁴m³/d，如表 14-1-4 所示，截流干管总长 103.68km，断面 1.0m ×1.5m～3.5m×3.5m。

方案四：3 厂方案规模和占地一览表　　表 14-1-4

序 号	位 置	厂 号	污水厂名称	规模（×10⁴m³/d）		占 地（hm²）
				旱 流	合 流	
1	嘉陵江、长江北岸	1	唐家桥	5.0		5.0
2		2	唐家沱	40.0		30.1
3	长江南岸	1	鸡冠石	110.0	92.0	66.6
			合 计	155.0	92.0	101.7

综合 4 个方案的污水厂数量、污水厂占地、干管数量等工程量如表 14-1-5 所示。

重庆主城排水系统方案工程量表　　表 14-1-5

比 较 项 目		方案一	方案二	方案三	方案四
污水厂数量（座）		21 座	10 座	7 座	3 座
污水厂占地（hm²）		136.25	120.00	118.40	101.70
跨流域污水主干管	尺寸（m×m）		1.0×1.5～3.0×3.0	1.5×1.5～3.0×3.5	1.0×1.5～3.5×3.5
	长度（km）		61.13	81.59	103.68
过江管	数量（处）		1 处	1 处	1 处
	尺寸（mm）	无	2×DN2800	2×DN3000	2×DN3000
	长度（km）		1.0	1.0	1.0
隧 道	数量（处）		2	2	2
	尺寸（m×m）	无	2.0×2.5～3.0×3.0	2.0×2.5～3.0×3.5	1.5×2.0～2.0×2.5～3.5×3.5
	长度（km）		4.8	4.8	8.8
尾水排放（处）		21	10	7	3

14.1.2.2　方案比较

为科学地进行重庆主城排水工程方案比较，获得一个科学合理、投资省、效益好、可操作性强的方案，建立了以工程规模、经济评价、环境效益、实施条件、土地资源、移民安置和科学管理等 7 个方面为一级指标，下分 14 个二级指标的评价体系，方案比较说明如下：

（1）工程规模

方案一按流域设置污水厂，无跨流域的污水截流输送管渠，但污水厂布局分散，数量多，规模小，单位处理水量占地指标大，总占地面积最多。方案四在城市下游设置污水厂，布局集中，污水厂数量少、规模大、占地指标小，但需设置长距离跨流域污水截流输送管渠。

方案二、方案三相对集中处理，其污水厂的数量、规模、占地指标和截流输送管渠的长度都介于方案一和方案四之间。

（2）经济评价

1）投资分析

污水厂的单位建设费用随着规模的扩大而降低，体现了规模效益，但是，对于重庆的城镇特点，随着规模扩大，相应的污水截流管渠的长度也将增加，管渠埋深增大，还可能设置污水中途提升泵站，投资也将增加。当由于规模效益节省污水厂的建设投资，不能弥补因污水管渠泵站而增加的投资时，从经济角度上看，规模扩大也是不合理的。因此，污水集中处理也应集中适度。

由表 14-1-5 可知：方案一过度分散，规模效益差；方案四过度集中，管线太长；方案二仍是集中不够；方案三规模比较适当。

按投资从小到大排序为：方案三（7 厂）、方案一（21 厂）、方案四（3 厂）、方案二（10 厂）。

2）运行费用

年运行费包括污水厂、污水截流输送管渠和污水中途提升泵站的运行费用。污水厂规模大，其运行费用降低，但污水管线长，设置污水中途提升泵站时，其运行费又增加。因此，方案四综合年运行费大于方案三，方案一因污水厂规模小，年运行费用超过其他三个方案。

按年运行费从小到大排序为：方案三（7 厂）、方案四（3 厂）、方案二（10 厂）、方案一（21 厂）。

3）机会成本

土地因位置和原规划用途不同，其商业价值也不同，由于污水厂、截流管渠占用土地，卫生防护也需要相当的土地，周边地块的价值将大为降低，其差值即为机会成本，表现为土地资源价值的损失，因而机会成本越小越好。

按机会成本从低到高的排序为：方案四（3 厂）、方案三（7 厂）、方案二（10 厂）、方案一（21 厂）。

（3）环境效益

1）改善城市环境质量

城市污水管道系统和污水厂是现代化城市基础设施的重要组成部分，它的建设将改变重庆主城两岸沿江污水排放口遍布，污水无序排放的现状，城市污水经处理后达标排放，极大地改善重庆主城环境质量。重庆是一座山城、江城，登高远眺、两江巡游是丰富的旅游资源，如果污水厂布局不合理，在改善城市环境质量的同时，影响城市景观并将影响旅游业的发展。

方案四的污水厂除保留已建的唐家桥外，均布局在城市下游，对城市环境质量改善效益好，对城市景观的影响最小；方案一的污水厂在主城区分布范围广，数量多，特别是城市中心的半岛区沿江有 7 座污水厂之多，对城市景观影响最大；方案二半岛中心区污水厂数量虽然大大减少，但仍在几个重要地区，对城市景观仍有一定影响；方案三将方案二中重要地区的污水厂取消，其污水均截流至下游处理，该方案的污水厂均在城市的偏远郊区。

按以改善城市环境质量程度的大小依次排序为：方案四（21 厂）、方案三（10 厂）、方案二（7 厂）、方案一（3 厂）。

2）改善水环境质量

城市污水经处理后达标排放，大大削减了进入长江和嘉陵江的污染物负荷，但污水厂达标排放的尾水仍比水域环境质量标准高出若干倍,进入水体后仍需要一定的稀释扩散过程,因而存在一定的污染扩散带,对水环境质量仍有一定的影响。特别是三峡成库后的影响。据环境影响评价报告,山峡成库后,某些排放口的污染物扩散带可能长达100m至几千米,并且还可能存在某些事故排放的风险。

按以改善水环境质量的大小依次排序为:方案四(21厂)、方案三(10厂)、方案二(7厂)、方案一(3厂)。

3)水厂取水口风险比较

尽管污水经处理达标排放,极大地削减了污染物的数量,但据上所述,对水体水质仍有一定的影响,而且,事故排放对污水厂下游的水厂取水仍有一定风险。方案一没有改变污水排放口与水厂取水口交错布置的格局,方案二污水排放口与取水口交错布局状况有了很大改变,但对若干水厂还存在风险。而方案三和方案四基本上改变了主城区污水排放口与取水口交错布置的格局,仅存在雨季溢流对个别水厂取水口的风险,因此,较方案一而言,方案四、方案三、方案二降低取水口风险分别为:73%、45%、23%。

按对水厂取水风险从小到大依次排序为:方案四(3厂)、方案三(7厂)、方案二(10厂)、方案一(21厂)。

(4)实施条件

1)施工的难易程度

方案二、方案三、方案四均有较长的污水截流管渠,在复杂地形下,可能有管桥、倒虹管、污水隧道等管渠形式,其施工难度相对较大,而且污水厂规模较大,污水厂占地较大,地形复杂时,施工也有一定难度。

按施工的易难程度排序为:方案一(21厂)、方案二(10厂)、方案三(7厂)、方案四(3厂)。

2)分期实施的可行性

方案一污水厂数量多、规模小,便于一个厂一个厂地建设,易于分期实施;在资金严重不足时比较有利实施,方案二、方案三、方案四必须把污水截流管线与污水厂的建设统筹考虑,按先管道后处理厂的顺序实施,分期实施涉及的影响面广,因而实施相对困难一些。若投资筹措问题不大时,这种困难是可克服的。

按分期实施的易难程度排序为:方案一(21厂)、方案二(10厂)、方案三(7厂)、方案四(3厂)。

(5)土地资源

排水系统对周边环境影响包括污水厂用地、污水管渠用地和卫生防护带等,方案一由于污水厂数量多、规模小,其污水厂总占地面积最多,考虑卫生防护带更是影响面积最大,方案四由于规模效应,污水厂总占地面积最小,但管线占用面积最大,综合用地仍是最小的。

按各方案用地从小到大排序为:方案四(3厂)、方案三(7厂)、方案二(10厂)、方案一(21厂)。

(6)移民安置

根据移民动迁安置研究报告,方案三污水厂和主截流管道影响居民14255人;搬迁单位6家,涉及230人;部分影响单位35家,影响3736人,估算综合补偿费用约5.2亿元,据此,推算出方案一、方案二、方案三、方案四的影响居民人数和综合补偿费用。

按影响人数和赔偿费用从小到多排序为:方案四(3厂)、方案三(7厂)、方案二(10厂)、方案一(21厂)。

(7)科学管理

方案四因污水厂规模大、管理人员少、管理效益高,但管渠长度最长、管理最复杂。方案一与方案四正好相反；方案二、方案三基本相当。

综合以上分析比较如表 14-1-6 所示。

对以上各方案采用加权评分法和多级模糊数学综合方法，四个方案总排序为：方案三（7厂）、方案四（3厂）、方案二（10厂）、方案一（21厂）。

故推荐方案为：方案三。排水系统设置如图 14-1-1 所示。

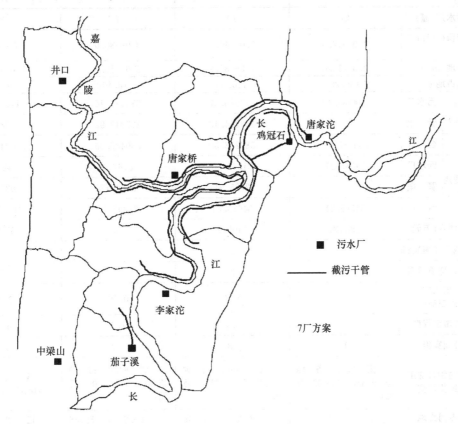

图 14-1-1 重庆主城区排水系统工程方案三

14.1.2.3 比较结论

（1）分散处理方案：即 21 厂方案。按照 21 个流域分别设置 21 个污水处理厂进行分散处理。

（2）相对集中处理方案：包括 10 厂和 7 厂方案，即对 21 厂汇水区的污水沿江进行区域性截流，在此基础上设置 10 座或 7 座污水厂。

（3）集中处理方案：即 3 厂方案，除保留已建的一座污水厂外，将其余 20 个汇水区的污水全部截流至下游，新建两个大型污水厂进行集中处理。

经过技术经济比较，认为相对集中处理方案，即 10 厂或 7 厂方案比较适合重庆的特点，而在这两种方案中，7 厂方案与其他方案相比，又有以下优点：

（1）建设投资费用低：7 厂方案建设投资较 21 厂方案和 3 厂方案分别低 20103 万元和 59122万元。

（2）建成后运行费用低：7 厂方案建成后年运行费用约为 31297 万元，而 21 厂方案由于过于分散和规模效益等原因，其运行费用为 34565 万元/年，3 厂方案虽有规模效益，但由于输水管距离过长，其运行费用为 31459 万元/年。

（3）节约间接投资：7 厂方案由于将污水大部分截流至城区取水口下游，与 21 厂方案相比，可节约取水口上移而造成的间接投资约 49950 万元；7 厂方案与 21 厂方案相比，还可节省因设置绿化隔离带所造成的间接投资约 91766 万元。

重庆主城排水工程方案综合比较表　　　　　　　　　　表 14-1-6

比较项目 \ 方案		方案一：21 厂方案	方案二：10 厂方案	方案三：7 厂方案	方案四：3 厂方案
工程规模	跨流域截流管长（km）	0	61.13	81.59	103.68
	管渠断面（m×m）	0	1.0×1.5～3.0×3.0	1.5×1.5～3.0×3.5	1.0×1.5～3.5×3.5
	污水厂（座）	21	10	7	3
	规模（$10^4 m^3$/d）	3.0～17.0	7.0～46.0	3.0～80.0	5.0～110.0
	占地 hm^2/T	3.6～12.0	7.0～32.9	3.6～56.7	5.0～66.6
	总占地 hm^2	136.25	120.00	118.40	101.70
经济评价	投资（万元） 污水厂	544785.12	423928.87	313445.44	277031.23
	管渠	0	159284.43	217042.92	293784.00
	合计	544785.12	583213.30	530488.36	570815.23
	运行费用（万元/a） 污水厂	34565.21	31347.90	28167.45	26425.66
	管渠	0	2725.91	3129.72	5033.46
	合计	34565.21	34073.81	31297.17	31459.12
	机会成本（万元）	188508	140952	74483	65186
环境效益	改善城市环境质量	1	2	3	5
	改善水环境质量	1	2	3	5
	公用水厂取水口风险	1	0.77	0.55	0.27
实施条件	施工难易程度	1	1.1	1.3	1.5
	分期实施	1	0.85	0.7	0.4
土地资源	卫生防护带征用及绿化投资	宽 50m，占地 109.99hm^2，109493（万元）	宽 50m，占地 67.35hm^2，52721（万元）	宽 50m，占地 42.40hm^2，17790（万元）	宽 50m，占地 21.80hm^2，12436（万元）
	总占用土地（hm^2）	246.24	188.05＋47.49＝235.54	160.8＋59.86＝220.66	123.62＋77.42＝201.04
移民安置	拆迁移民数量（人）	25868	20256	14255	11342
	补偿费用（万元）	13079.0（未含绿化带）	111582（未含绿化带）	64037（未含绿化带）	68343（未含绿化带）
管理方面	调控管理难易程度	复杂	较复杂	一般	简单
	管理人员数量	2145	1772	1457	1307

（4）减少主城区污染源：污水处理厂一方面是城市污染处理，另一方面又是城市的二次污染源。7 厂方案与 21 厂方案相比，减少城区污染源 14 个，有效地保护了主城区范围 150 万人的饮水安全，并减少污染源周边直接受影响人群约 31000 人和减少城区受影响区域约 167.25hm^2。

（5）节约城区用地：7 厂方案与 21 厂方案和 10 厂方案比较，可分别减少征地 81hm^2 和 48.57hm^2，这些土地大都位于城区中心地段，具有较高商业开发价值，据估算，仅此一项可节省土地机会成本 7.28 亿元至 12.15 亿元。

（6）动迁人口相对较小：7 厂方案中的主要污水处理厂设置在郊外，管道沿两江自然走势铺设，动迁人口较少，比 21 厂方案减少动迁人口 13952 人（4228 户），减少动迁房屋面积 11.58 万 m^2，节约动迁费用约 67467 万元。

（7）有利保护景观和整体环境，符合城市长远发展利益：7 厂方案由于采用区域性相对集中处理系统，根据重庆特殊的地形、地貌特征，在城市中心地段沿两江走势实行集中截流，而在上游地段实行分散处理，避免了超长距离输水过程，同时将 2 个主要污水处理厂置于下游远郊，不但保护了城区珍贵的土地资源，同时也避免了在城区设置污水处理厂对城市景观和周边环境造成的影响，有利于城市建设合理布局和长远发展。

14.2　总图布置

14.2.1　总图布置原则

《室外排水设计规范》GB 50014—2006 规定了污水厂总图布置的一些原则。

（1）关于污水厂工程项目建设用地和近期规模的规定。

污水厂工程项目建设用地必须贯彻"十分珍惜、合理利用土地和切实保护耕地"的基本国策。考虑到城镇污水量的增加趋势较快，污水厂的建造周期较长，污水厂厂区面积应按项目总规模确定。同时，应根据现状水量和排水收集系统的建设周期合理确定近期规模。尽可能近期少拆迁、少占农田，做出合理的分期建设、分期征地的安排。规定既保证了污水厂在远期扩建的可能性，又利于工程建设在短期内见效，近期工程投入运行一年内水量应达到近期设计规模的 60%，以确保建成后污水设施充分发挥投资效益和运行效益。

（2）关于污水厂总体布置的规定。

根据污水厂的处理级别（一级处理或二级处理）、处理工艺（活性污泥法或生物膜法）和污泥处理流程（浓缩、消化、脱水、干化、焚烧以及污泥气利用等），各种构筑物的形状、大小及其组合，结合厂址地形、气候和地质条件等，可有各种总体布置形式，必须综合确定。

因此，污水厂的总体布置应根据厂内各建筑物和构筑物的功能和流程要求，结合厂址地形、气候和地质条件，优化运行成本，便于施工、维护和管理等因素，经技术经济比较确定。

（3）污水厂建筑美学方面的规定。

污水厂建设在满足经济实用的前提下，应适当考虑美观。除在厂区进行必要的绿化、美化外，应根据污水厂内建筑物和构筑物的特点，使各建筑物之间、建筑物和构筑物之间、污水厂和周围环境之间均达到建筑美学的和谐一致。

（4）关于生产管理建筑物和生活设施布置原则的规定。

城镇污水包括生活污水和一部分工业废水，往往散发臭味和对人体健康有害的气体。另外，在生物处理构筑物附近的空气中，细菌芽孢数量也较多。所以，处理构筑物附近的空气质量相对较差。为此，生产管理建筑物和生活设施应与处理构筑物保持一定距离，并尽可能集中布置，便于用绿化等措施隔离开来，保证管理人员有良好的工作环境，避免影响正常工作。办公室、化验室和食堂等的位置，应处于夏季主导风向的上风侧，朝向东南。

（5）关于处理构筑物布置的规定。

污水和污泥处理构筑物各有不同的处理功能和操作、维护、管理要求，分别集中布置有利于管理。合理的布置可保证施工安装、操作运行、管理维护安全方便，并减少占地面积。

（6）关于厂区消防和消化池等构筑物的防灾防爆要求。

厂区消防的设计和消化池、储气罐、污泥气压缩机房、污泥气发电机房、污泥气燃烧装置、污泥气管道、污泥干化装置、污泥焚烧装置及其他危险品仓库等的位置和设计，应符合国家现行有关防火规范的要求。

（7）关于堆场和停车场的规定。

污水厂内可根据需要，在适当地点设置堆放材料、备件、燃料和废渣等物料及停车的场地。堆放场地，尤其是堆放废渣（如泥饼和煤渣）的场地，宜设置在较隐蔽处，不宜设在主干道两侧。

(8) 关于厂区通道的规定。

污水厂厂区的通道应根据通向构筑物和建筑物的功能要求,如运输、检查、维护和管理的需要设置。通道包括双车道、单车道、人行道、扶梯和人行天桥等。根据管理部门意见,扶梯不宜太陡,尤其是通行频繁的扶梯,宜利于搬重物上下扶梯。

1) 主要车行道的宽度:单车道为 3.5~4.0m,双车道为 6.0~7.0m,并应有回车道。

2) 车行道的转弯半径宜为 6.0~10.0m。

3) 人行道的宽度宜为 1.5~2.0m。

4) 通向高架构筑物的扶梯倾角宜采用 30°,不宜大于 45°。

5) 天桥宽度不宜小于 1.0m。

6) 车道、通道的布置应符合国家现行有关防火规范的要求,并应符合当地有关部门的规定。

(9) 污水厂的围墙,根据安全要求,污水厂周围应设围墙,高度不宜太低,一般不低于 2.0m。

(10) 污水厂的大门尺寸应能允许运输最大设备和部件的车辆进出,并应设运输废渣的侧门。

14.2.2 总图布置实例一:上海石洞口城市污水处理厂

14.2.2.1 方案论述

上海石洞口城市污水处理厂一期工程规模 $40\times10^4\,\mathrm{m^3/d}$,在征地拆迁时,考虑到污水处理厂对周围环境影响和原有村队的建制,按最终规模一次征地,其征地面积达 66.17hm² (其中陆域面积 52.29hm²,滩涂面积 13.88hm²),工程用地面积 61.43hm² (陆域面积 47.55hm²,滩涂面积 13.88hm²),其范围根据自然河道 (杨盛河、随塘河) 和市政道路 (煤水路) 划分为 4 部分。

(1) 煤水路以西,随塘河和杨盛河组成的三角形地块,面积为 19.81hm²,称为 1 号地块。

(2) 煤水路以东,石洞口煤气厂围墙南侧,煤电路以西,杨盛河两岸的征地范围,面积16.40hm²,称为 2 号地块。

(3) 规划长江岸线以南,随塘河以北,罗泾港区和石洞口电厂之间的滩涂地块,面积13.88hm²,称为 3 号地块。

(4) 规划煤水路以西,杨盛河以南约 200m 的地块,面积约 11.34hm²,称为 4 号地块。

位置划分如图 14-2-1 所示,各分块面积汇总如表 14-2-1 所示。

用 地 面 积 汇 总 表

表 14-2-1

地块名	面积 (hm²)	地块名	面积 (hm²)
1 号	19.81	道 路	2.37
2 号	16.40	河 道	0.80
3 号	13.88	河边青坎	1.57
4 号	11.34	合 计	66.17
小 计	61.43		

在现有的征地范围内,以污水处理厂的功能分区进行平面布置,将污水处理厂划分为污水处理区 (一期工程和二期工程)、污泥处理区、污水排放和污水回用处理区、厂前区等若干区域,根据不同的组合,进行总图布置。

将厂区的功能划分与地块的不同组合,选择 4 个方案进行布置。

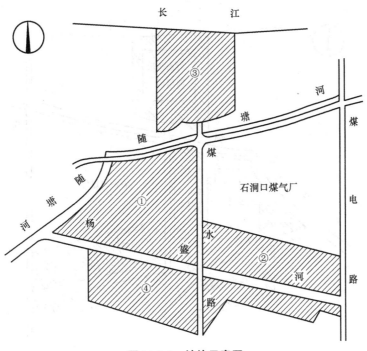

图 14-2-1　地块示意图

（1）总平面布置方案一

将污水处理区分成两块，分别布置在 1 号地块的东侧和 4 号地块，污泥处理区按最终规模布置在 1 号地块的西侧，厂前区布置在 2 号地块，污水排放回用区布置在 3 号地块。一期污水处理构筑物布置于 1 号地块东侧，且污水处理的预处理构筑物布置在 1 号地块北侧，近随塘河一侧。如图 14-2-2 所示。

（2）总平面布置方案二

污水厂总体布置同方案一，主要考虑西干线的利用和污水厂总体配水均匀之间的权衡，在近期污水构筑物的布置方面，将污水处理的预处理构筑物布置在 1 号地块的南侧，近杨盛河侧。如图 14-2-3 所示。

（3）总平面布置方案三

将污水处理区分成 2 块，分别布置于 1 号地块和 4 号地块西侧，污泥处理构筑物按最终规模布置在 3 号地块西侧，厂前区布置于 4 号地块东侧，污水排放区布置在 3 号地块东侧，而将污水回用区独立布置于 2 号地块。如图 14-2-4 所示。

（4）总平面布置方案四

本方案布置主要是考虑污泥处理处置方案的不同，其余区域布置完全与方案一

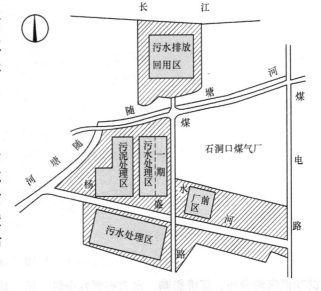

图 14-2-2　总平面布置方案一

相同，只是本方案布置中污泥处理处置方案为干化、焚烧联合处理方案，而总平面布置方案一则为消化、干化处理方案，因此本方案不列入后续的方案比较。

14.2.2.2　方案比较

根据以上方案论述，对前 3 个方案进行方案比较，3 个方案的布置各有特色，下面从各方案

655

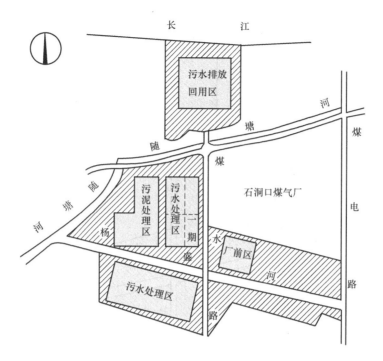

图 14-2-3　总平面布置方案二

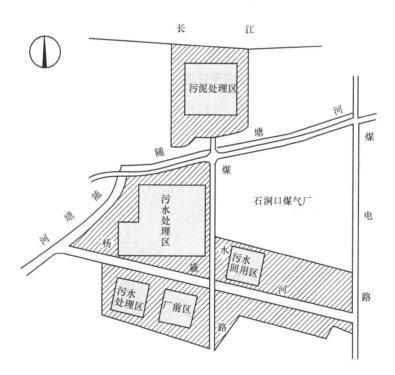

图 14-2-4　总平面布置方案三

的功能区域分布、环境影响、水力布置合理性、进厂总管的工程量大小及其相对的优缺点等多方面进行比较，其中由于总体处理方案和征地范围已经确定，三个方案总的用地范围完全相同，且近期用地面积基本接近，因此在用地指标方面不再另作比较。

方案比较如表 14-2-2 所示。

14.2.2.3　方案比较论述和结论

从以上比较，可以看出，三个方案各有优缺点，污水处理厂的平面布置主要考虑 3 个合理性，即环境合理、工艺合理和经济合理，考虑到周边的特殊情况，特别是西侧的罗泾港区和东侧的煤气厂危险品码头，方案三尚需进一步协调。而厂前区的环境可以通过厂前区大面积绿化得以改善，因此，方案一较方案三从环境合理性考虑更为适合，对于方案一和方案二，主要是近远期水头损失相差与进水总管工程量之间的权衡，以 800 多米的双孔箱涵换取 0.20m 的水头损失，经技术经济比较，不尽合理，而 0.20m 的水头损失可以通过远期水泵扬程的适当调整或配水渠道尺寸的调整，得到解决，通过上面论述，方案一相对比较合理，因此，本工程推荐方案一作为污水厂平面布置的推荐方案。

污水厂总平面布置方案比较表 表 14-2-2

项　目	方　案　一	方　案　二	方　案　三
功能区分布及环境影响	1. 污泥区布置于杨盛河与随塘河围成的三角区域，区域相对独立，且通过河道的隔离，臭气等污染物对周边影响较小 2. 厂前区布置于 2 号地块，待污水厂建成后，位于煤气厂、污水厂及电厂的三角区域内，虽处在污水厂的上风向，但总体环境相对较差 3. 回用水区布置于滩涂用地内，流程比较合理	同方案一	1. 污泥区布置于滩涂用地内，对周围环境影响较大，对长江区域及两侧码头均有影响。特别是两侧的危险品码头和煤码头 2. 厂前区布置于 4 号地块的东侧，由于煤水路及杨盛河的分隔，相对独立，环境条件较好 3. 回用水区布置于 2 号地块，从加氯池出水敷设管路至回用水处理距离较长，约 500m，因此需作二级加压，即处理前和处理后均需加压，流程相对不合理
水力布置合理性	预处理布置在 1 号地块北侧，配水区近，远期一体化反应池距离相差约为 500m，中间穿越杨盛河，总水头损失相差约 0.40m	预处理布置在 1 号地块南侧，配水至近、远期距离基本相同，总水头损失相差约 0.20m（即为穿越杨盛河的倒虹损失）	同方案一
进水总管工程量	原西干线可完全利用，只需建 3m×2.5m 双孔箱涵约 70m，由原西干线接至进水泵房即可	由于近期处理构筑物与西干线冲突，因此施工期间需建临时排放箱涵约 120m（双孔 3m×2.5m，箱涵），同时工程需建进水箱涵约 710m（3m×2.5m 双孔箱涵），增加工程投资近 800 万元	同方案一
优点	1. 污泥区相对独立，对周边环境影响小 2. 进水总管工程量小 3. 回用水区布置合理	1. 污泥区相对独立，对周边环境影响小 2. 近远期水头损失相差较小 3. 回用水区布置处理流程合理	1. 厂前区环境条件较好 2. 进水总管工程量较小
缺点	1. 近、远期水头损失有区别，进水泵扬程需调整 2. 厂前区环境相对较差	1. 进水总管工程量较大，又要采取临时措施，不致西干线停止运行 2. 厂前区环境相对较差	1. 污泥区对周边影响较大，特别是危险品控制距离较难保证 2. 近远期水头损失大，配水不均匀

14.2.3　总图布置实例二：广州某污水处理厂二期工程

14.2.3.1　总平面布置原则

（1）按照不同功能，分区布置功能明确。

（2）为减小占地，提高土地有效利用率，采用集约化和组团式的布置形式。

（3）充分考虑一期工程与二期工程之间的有机结合和衔接，便于污水处理厂的正常运行管理。

（4）力求流程简捷、顺畅，进水点与系统总管接顺，出水点靠近排放口。

（5）鼓风机房、变配电间均应在主要负荷中心，既节省投资和能耗，又便于管理。变配电间还应尽量靠近进线处。

（6）根据常年夏季主导风向，对发生恶臭的处理构筑物进行加罩除臭处理。

（7）总平面布置应满足规划控制和消防安全要求。

（8）按照污水处理厂要求，进行绿化小品布置，保证绿化覆盖率。

（9）总平面布置充分考虑水流、人流、物流、信息流，应保证交通顺畅，便于管理和维护。

14.2.3.2 总平面方案比选

某污水处理厂位于新塘环保工业园南碱大道以西，纬十路以北；该处交通和供电便利，靠近河涌，地域开阔，总占地面积约 13.657hm²（约 204.85 亩）。其中一期工程位于北侧，占地面积 8.53hm²，实际用地面积 6.03hm²；二期工程可用地面积仅 5.13hm²，构筑物布置须非常紧凑。综合考虑多方面因素，布置了如下 4 种平面方案，分别如图 14-2-5、图 14-2-6、图 14-2-7 和图 14-2-8 所示，图中各构筑物如表 14-2-3 所示。

方案一：如图 14-2-5 所示。

方案二：如图 14-2-6 所示。

方案三：如图 14-2-7 所示。

方案四：如图 14-2-8 所示。

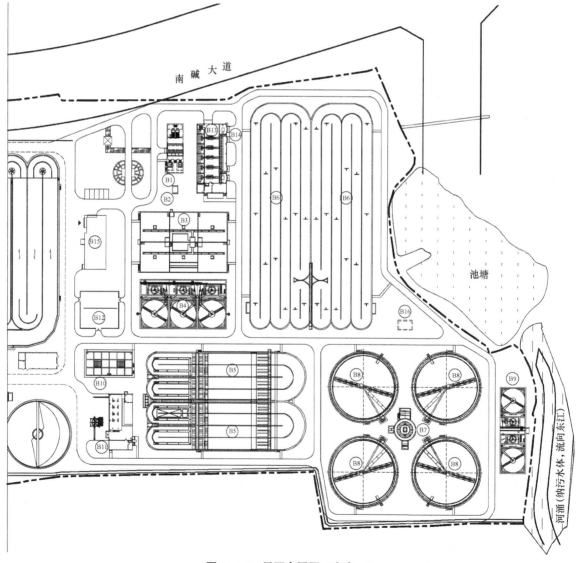

图 14-2-5　平面布置图（方案一）

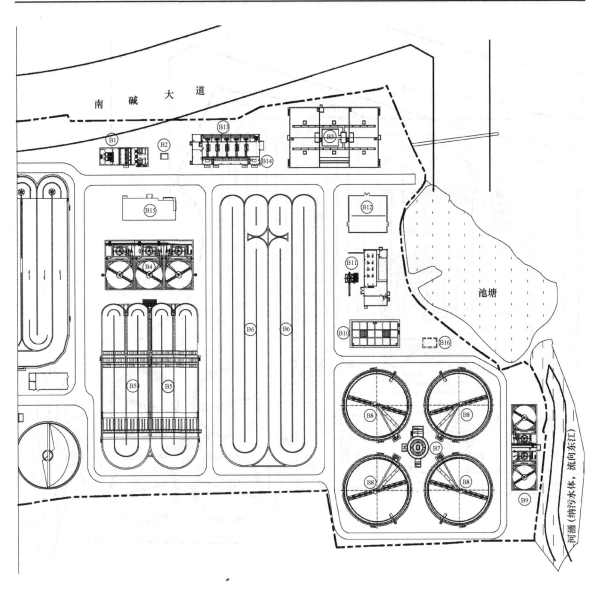

图 14-2-6　平面布置图（方案二）

某污水处理厂二期新建构、建筑物一览表　　　　　　　　　　　表 14-2-3

编　号	名　称	单　位	数　量
B1	进水泵房及滤网格栅	座	1
B2	流量计井	座	1
B3	调节池	座	1
B4	高效沉淀池	座	1
B5	水解酸化及中间沉淀池	座	1
B6	曝气氧化沟	座	1
B7	二沉池配水井及污泥泵房	座	1
B8	二沉池	座	4
B9	深度处理沉淀池	座	1
B10	储泥池	座	1
B11	污泥浓缩脱水机房及料仓	座	1
B12	硫酸亚铁投加间	座	1
B13	鼓风机房	座	1
B14	变配电间	座	1
B15	综合楼	座	1
B16	回用水提升泵房	座	1

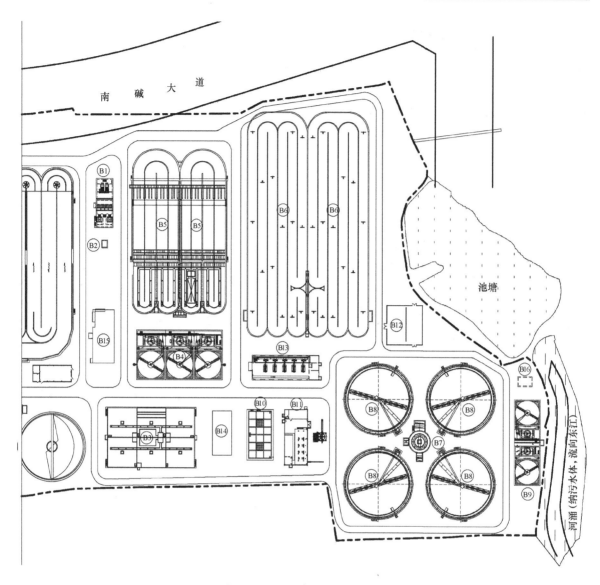

图 14-2-7 平面布置图（方案三）

经过比较，推荐采用方案一作为某污水处理厂二期工程的平面布置方案，对比其他方案具有以下优点：

（1）整个流程简捷顺畅

由于某污水处理厂进水浓度高，可生化性差，而出水标准较高，故污水处理单元相对较多，污水从进水到出水共须流经9座构筑物。采用方案一水流最为简捷顺畅。

（2）各处理单元功能分区明确

二期工程各功能分区明确，厂前生产管理区及生产区中的预处理区、污水处理区、污泥处理区均独立成区，功能分明。

（3）厂前区布置合理

方案一有较大的厂前区用地，且厂前区位于一、二期工程之间，便于整个污水厂的运行管理及维护，而东侧精心修饰的绿化小品，是整个布置紧凑污水处理厂中的"亮点"。

14.2.3.3 总平面布置方案

（1）厂区平面布置设计

污水厂二期工程根据功能分为4个区域：东北部为厂前生产管理区，中部为预处理区，南部为污水处理区，西北部为污泥处理区。

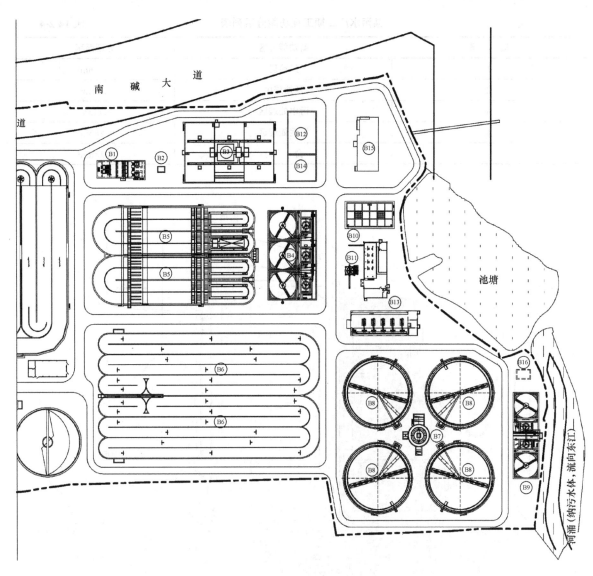

图 14-2-8 平面布置图（方案四）

1）厂前生产管理区

厂前生产管理区面积约为 0.55hm²。一期没有建立现场化验室，根据要求，二期厂前区布置综合楼，把化验室、配电室、中心控制室和现场办公室集中布置，并考虑一期的中控室搬迁入内，总建筑面积约 568m²。

2）预处理区

预处理区面积约 1.70hm²，由东至西依次布置格栅及进水泵房、滤网格栅及水力旋流沉砂池、调节池、高效沉淀池、水解池及中间沉淀池。格栅及进水泵房加盖除臭、沉砂池、调节池和水解酸化池采用全封闭加盖除臭。

3）污水处理区

污水处理区主要构筑物有：曝气氧化沟、二沉池配水井及污泥泵房、二沉池、出水井和加氯间，区域面积约 2.60hm²，位于整个厂区的最南部，紧靠南侧排放水体，便于尾水的排放。

4）污泥处理区

污泥处理区面积约 0.28hm²，主要布置储泥池、污泥浓缩脱水机房及污泥料仓。储泥池采用全封闭加盖除臭。

5）污水厂功能分区及具体分布如表 14-2-4 和图 14-2-9 所示。

某污水厂二期工程功能分区列表 表 14-2-4

区　　号	新功能分区	分区面积
1	厂前区	0.55hm²
2	预处理区	1.7hm²
3	污水处理区	2.6hm²
4	污泥处理区	0.28hm²
合　　计		5.13hm²

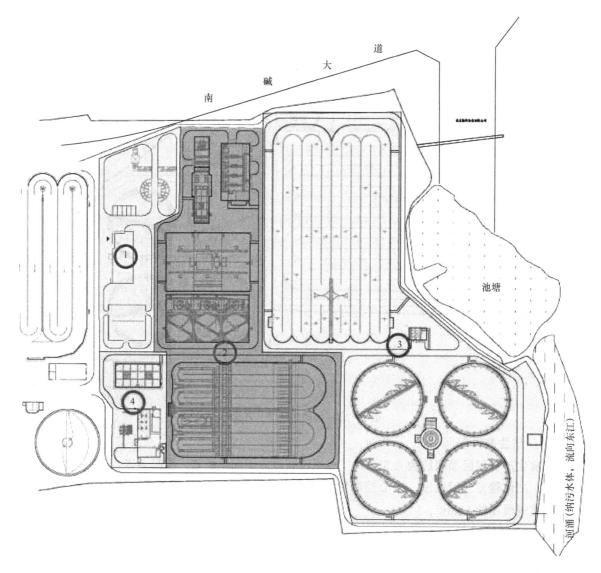

图 14-2-9　某污水厂二期工程功能分区示意图

（2）厂区人流通道和物流通道设计

污水处理厂的工程设计中，在考虑工艺流程（水流）同时，还应考虑人流、车流和物流，人流包括巡视通道和参观通道等的组织设计，车流包括参观车流、检修车流、消防车流等的组织设计；物流包括材料运输和污泥外运等的组织设计。

1）巡视通道（人流之一）

污水处理厂内工艺运行和设备运行经联动调试正常后，设备正常运行信号传至中央控制室，但操作人员仍需每天巡视，检查设备的运转情况，因此在设计中考虑巡视通道的顺畅，水池楼梯布置的合理。

2）参观通道（人流之二）

工程建成后，将成为城市环境保护的教育基地，参观学习的人流一定很多，在设计时考虑"以人为本，以安全为本"，设置宽敞的参观通道，既能了解整个处理过程，又能远离危险地段，并设置醒目标志，提醒注意。

3）污泥和材料的运输（物流之一）

污水处理厂的污泥经处理后仍将外运，为避免污泥影响环境，保持厂内清洁，在西北角一期厂区西南角的大门可作为污泥外运及材料的运输出入口。

（3）厂区道路布置

污水处理厂厂区路网按功能区划分和构、建筑物使用要求，联络成环，满足消防和运输要求。

厂区道路分为主要道路和便道两种类型，厂内主干道路幅宽采用 6.0m，次干道路幅宽 4.0m，道路和构筑物之间便道采用 2.0m。

主要道路的行车速度，采用 15km/h，厂内道路交叉口路面内边缘转变半径不小于 6m。

（4）预留远期污泥处置中心

整个厂区西北角（一期工程内）有一块三角形空地，面积约 0.85hm²，考虑作为远期污泥处置用地，处置工艺为干化焚烧。

14.3　高程设计

14.3.1　高程设计原则

污水厂污水处理高程布置，主要是确定各处理构筑物的标高，确定处理构筑物之间连接管渠的尺寸和标高。通过计算确定各构筑物的水面标高，从而使污水沿处理流程在处理构筑物之间通畅流动，保证污水处理厂的正常运行，污水厂应该一次提升，然后借重力流经各处理构筑物。

为了降低运行费用和便于维护管理，污水在处理构筑物之间的流动，应以重力流设计，由于污泥的黏滞性，污泥的输送一般以压力为主，保证运行的安全可靠。在设计中，必须精确地计算水头损失，一般水头损失包括：

（1）处理构筑物的水头损失。污水流经处理构筑物的水头损失，主要产生在进口和出口，以及所需要的跌水，而流经处理构筑物本体的水头损失较小，一般各处理构筑物的水头损失如表 14-3-1 所示。

污水流经各处理构筑物的水头损失表　　　　　　　　表 14-3-1

构筑物名称	水头损失 （cm）	构筑物名称	水头损失 （cm）
格栅	10～25	沉淀池	30～50
沉砂池	10～25	生物反应池	50～80

（2）处理构筑物间的水头损失。包括沿程和局部水头损失，可以根据水力坡度、管长和进出口的特点进行水力计算。

（3）水处理设备的水头损失。如巴氏计量槽，电磁流量计等设备的水头损失。

污水厂高程设计时，应注意考虑下列事项：

（1）选择距离最长，水头损失最大的流程进行水力计算，并适当留有余地，以保证在任何情况下，处理系统都能够运行正常。

（2）一般应以近期最大流量（或水泵的设计流量）计算水头损失。管渠和设备考虑远期流量时，应以远期最大流量作为设计流量，并适当考虑安全水头。

（3）水力计算应以接纳处理后尾水的水体最高水位作为起点，进行高程设计。

（4）应考虑到因维修等原因某组处理构筑物停止运行，而污水需经其他构筑物处理或超越的情况。

14.3.2 高程设计实例

14.3.2.1 高程设计实例一：上海石洞口城市污水处理厂

（1）场地地面标高

污水处理厂位于长江边，周围已形成工业区格局，经调查，原污水总管出口泵站的设计地面标高为 4.20m，原地面高程为 3.91～4.28m，为和周围地坪标高一致，经综合比较研究，确定污水处理厂场地地面标高为 4.20m。

（2）处理构筑物高程

1）为了节约能量，污水厂高程设计时，考虑污水经一次提升后借重力流经各处理构筑物。

2）本工程尾水排向长江，处理厂高程应按照长江潮位确定，若长江潮位频率选择过高，例如千年一遇或百年一遇潮位，则经常电费过大；若长江潮位频率选择过低，高潮位时则需设出水泵站提升后排出，污水要经二次提升，为此选择合适频率潮位是重要的。

3）经过比较，本工程选择多年平均高潮位 3.25m 作为设计潮位（平均潮位 2.30m），当高于此潮位值时，污水需经出水泵站提升后排出，低于此值可自流出长江，经调查统计计算，一年大约 250d（68.5%）的时间可自流出长江。潮位统计值如表 14-3-2 所示，潮位典型值如表 14-3-3 所示，石洞口排放点不同重现期设计高潮位如表 14-3-4 所示。

4）出水泵站的提升，由于扬程较低，采用潜水轴流泵提升。

石洞口潮位统计值 表 14-3-2

潮 位 名 称	特 征 值 （m）	潮 位 名 称	特 征 值 （m）
百年一遇设计高潮位	5.85	多年平均低潮位	1.10
千年一遇校核高潮位	6.42	大汛平均低潮位	0.75
多年平均高潮位	3.25	平均潮位	2.30
大汛平均高潮位	4.06	历史最低潮位	0.01

潮位典型值和频率统计 表 14-3-3

名 称	特征值 （m）	出现天数 （每年）	频率 （%）
多年平均高潮位	3.25	250d	68.5
大汛平均高潮位	4.06	56d	15.3
高潮位	4.17	36d	10
高潮位	4.50	6d	2
多年平均低潮位	1.10	215d	58.9
大汛平均低潮位	0.75	132d	36.2
低潮位	0.45	36d	10
低潮位	0.19	6d	2

石洞口排放点不同重现期设计潮位值

表 14-3-4

不同重现期	设计高潮位（m）	设计低潮位（m）	不同重现期	设计高潮位（m）	设计低潮位（m）
千年一遇	6.42	−0.71	25 年一遇	5.52	−0.13
500 年一遇	6.26	−0.60	20 年一遇	5.46	−0.09
200 年一遇	6.03	−0.46	10 年一遇	5.31	0.03
100 年一遇	5.85	−0.34	4 年一遇	5.06	
50 年一遇	5.69	−0.23	2 年一遇		0.32

5）污水处理方案为一体化活性污泥法，将曝气池、沉淀池合建在一起，以减小水头损失，另外，构筑物之间采用渠道连接，减少水头损失，全厂水头损失控制在 2.5m 左右，而一般污水厂要达到 3.0～4.0m。

14.3.2.2　高程设计实例二：杭州七格污水处理厂

（1）高程布置原则

1）污水经一次提升后借重力流经各处理构筑物，并尽量减少提升高度节约能源。

2）污水厂设计地面标高尽可能考虑土方平衡，并便于和周围道路连接。

3）污水处理工艺的高程布置按钱塘江平均高潮位 4.46m 设计。

4）出口泵房水泵设计扬程按钱塘江 20 年一遇洪水位 7.765m 控制，按 100 年一遇水位 8.27m 校核。

（2）厂区设计地面标高

污水厂原地面标高约为 5.72～6.42m，污水厂北侧下沙开发区迎宾路标高约为 6.77～6.80m，下沙开发区南部区块的设计道路标高约为 5.7～6.0m，根据土方平衡及与道路连接，污水处理厂设计地面标高为 6.50m。

（3）污水处理厂出水水位标高

七格污水处理厂出水通过入江管排入钱塘江，处理构筑物高程应按照钱塘江水位确定，若选择水位过高，则经常电费过大，若选择水位过低，则需经出口泵房提升后排放，污水要经二次提升，为此选择合适的水位是十分重要的。

钱塘江水位标高如下：平均高潮位为 4.46m，百年一遇洪水位为 8.27m，20 年一遇洪水位为 7.75m，10 年一遇洪水位为 7.43m，设计规模时排江管最大水头损失为 3.00m。

经过比较，工程设计以钱塘江平均高潮位作为污水处理厂出水的设计水位标高，当钱塘江水位高于此水位时，污水需经出口泵房提升后排出，低于此水位可自流排出。按 20 年一遇洪水位选择出口泵房的水泵扬程，并以 100 年一遇洪水位校核。

（4）水处理构筑物高程

根据钱塘江平均潮位和排江管水头损失，确定二沉池的水位标高为 8.50m，依次推算厂内各处理构筑物的水位标高，经计算污水厂构筑物的水头损失为 2.30m。

因加氯接触池为季节性使用构筑物，加氯与高潮位并不一定相遇，为节省经常电费，不将加氯接触池的水头损失计入全厂的水头损失之中，在使用加氯接触池时，可降低出口泵房的启动水位。

第15章 污水厂科学运行控制方法

15.1 臭气控制方法

15.1.1 臭气控制重要性

臭气的危害，主要是对人产生心理上的影响，令人讨厌的臭气能使人食欲不振、头昏脑胀、恶心、呕吐和精神上受到干扰。情况严重时，臭气还可使人和公众的自尊心受到破坏，影响人们的交往，对污水处理设施投资失去信心，降低社会经济地位，阻碍发展，导致市场衰退，土地失去原有价值，税收下降，产值和销售额下降。因此，研究臭气的产生、组成以及如何去除、控制是非常重要的，也具有很好的实用价值。

15.1.2 臭源分析

污水收集、输送和处理过程中不可避免的会产生臭气问题，臭气与污水的成分以及输送和处理工程中的溶解氧状态有关。臭气的成分非常复杂，除了常见的硫化氢、氨气外，还有氯气、硫醇、硫酚和各类酮类和酚类有机化合物，这些物质对人的嗅觉细胞产生刺激，使人感到厌恶和不愉快，其中有些物质还有毒，剂量高时可以致死。

污水厂排放的恶臭气体通常流量大、湿度高、悬浮物多且具有腐蚀性。恶臭气体的主要排放点（臭气源）如表 15-1-1 所示，排放气体含有恶臭化合物种类多、浓度各异、随时间的波动性大。

污水处理中的臭气源 表 15-1-1

位　置	臭气源/原因	臭气浓度
污水收集系统		
排气阀	污水中产生的臭气的积聚	高
清洗口	污水中产生的臭气的积聚	高
检查孔	污水中产生的臭气的积聚	高
工业废水接入	致臭污染物排入污水管道系统	视情况而定
污水泵站	集水井中污水、沉淀物和浮渣的腐化	高
污水处理系统		
进水部分	由于紊流作用在水流渠道和配水设施中释放臭气	高
格栅	栅渣的腐烂	高
预曝气	污水中臭气释放	高
沉砂池	沉砂中的有机成分腐烂	高
调节池	池表面浮渣堆积造成腐烂	高
粪便纳入和处理	化粪池粪便的输送	高
污泥回流	污泥处理的上清液、滤出液回流	高
初沉池	出水堰紊流释放臭气，浮渣、浮泥的腐烂	高/中
生物膜工艺	由于高负荷、填料堵塞导致生物膜缺氧腐化	中/高
曝气池	混合液，回流污泥腐化，含臭的回流液，高有机负荷，混合效果差，DO不足，污泥沉积	低/中
二沉池	浮泥，停留时间过长	低/中

666

位　置	臭气源/原因	臭气浓度
污泥处理系统		
污泥浓缩池	浮泥，堰和槽的浮渣和污泥腐化，温度高，水流紊动	高/中
好氧消化池	反应器内不完全混合，运行不正常	低/中
厌氧消化池	硫化氢气体，污泥中硫酸盐含量高	中/高
储泥池	混合不足，形成浮泥层	中/高
机械脱水	泥饼易腐烂物质，化学药剂，氨气释放	中/高
污泥外运	污泥在储存和运输过程中释放	高
堆肥	堆肥污泥，充氧和通风不足，厌氧状态	高
加碱稳定	稳定污泥，与石灰反应产生氨气	中
焚烧	排气燃烧温度低，不足以氧化所有有机物	低
干化床	干化污泥的不完全稳定产生大量易腐烂物质	中/高

　　除臭主要是针对臭气产生源。根据污水处理过程，臭气产生源主要分为污水收集系统、污水处理系统和污泥处理系统。污水收集系统中臭气主要来源于污水中含氮、硫有机物在厌氧条件下的生物降解，工业废水接入所含物质或其与污水中其他物质反应产生的致臭物。污水处理系统中的臭气源主要分布在进水部分、预处理、一级处理、污泥处理处置上清液等回流液中，曝气池的搅拌和充氧也会产生部分臭气。污泥处理系统中的臭气来源主要分布在污泥浓缩、厌氧消化、污泥脱水和污泥堆放、外运过程，由于对不稳定污泥进行压缩、剪切作用，产生蛋白质类生物高聚物，其分解产生大量臭气。

　　在除臭实践中，需要根据各臭气源对环境影响的重要性，臭气收集和处理的经济可行性确定是否需要处理和采用的处理方法。

　　表 15-1-2 是天津市纪庄子污水处理厂恶臭污染物监测结果。

天津市纪庄子污水处理厂恶臭污染物监测结果　　　　　表 15-1-2

臭气源	硫化氢/(mg/m³)	氨/(mg/m³)	甲硫醇/(mg/m³)	臭气浓度
普通曝气池	0.222	0.479	0.084	570
储泥池	30.95	0.312	0.347	6500
脱水机房	52.72	0.475	0.495	20000
初沉池	0.45	4.7		
下风向 50m 处	0.30	4.1		
下风向 100m 处	0.07	3.5		
下风向 150m 处	0.05	2.6		

　　表 15-1-3 是上海市一些污水处理厂恶臭污染物监测结果。

上海市一些污水处理厂恶臭污染物监测结果　　　　　表 15-1-3

采样点	NH₃ (mg/m³)	H₂S (mg/m³)	VOCs[①] (ppm)	臭气浓度	气象条件
	NH_3 (mg/m³)	H_2S (mg/m³)	VOCs[①] (ppm)	臭气浓度	气象条件
1# 污水厂[②]					
脱水机房	0.71	2.84	0.06	710	
格栅井	0.54	0.05	0.00	46	
储泥池	5.48	1.61	3.08	104	晴，气温 14℃
初沉池	0.30	0.08	0.00		
曝气池	0.24	0.03	0.00		

续表

采样点	NH₃ (mg/m³)	H₂S (mg/m³)	VOCs[①] (ppm)	臭气浓度	气象条件
2# 污水厂					
脱水机房	0.60	0.03	0.00		晴，气温 14℃
浓缩池	3.46	0.80	0.00	237	
曝气池	1.19	0.01	0.00		
3# 污水厂					
沉砂池	1.56	28.24	5.22	935	晴，气温 21℃
格栅井	4.75	7.48	0.40		
污泥填埋场	1.59	0.20	0.00	137	
脱水机房	4.28	0.06	0.00	46	
4# 污水厂					
脱水机房	1.59	2.39	0.05	410	晴，气温 21℃
浓缩池	0.28	0.11	0.00		
格栅井	0.66	0.03		312	
曝气沉砂池	0.45	0.84		237	
5# 污水厂					
格栅井	4.07	0.07	0.00	137	阴转多云，气温 14℃
沉砂池	26.09	0.29	0.00		
初沉池	0.88	0.28	0.00		
曝气池	3.48	0.34	0.00		
储泥池	1.65	0.03	0.00	410	
6# 污水厂					
曝气沉砂池	5.81	0.01	0.37	180	阴转多云，气温 14℃
细格栅	12.53	6.19	0.38		
脱水机房	5.55	4.07	1.38	1231	
曝气池	1.90	0.03	0.26		
7# 污水厂					
格栅井	0.24	0.07	2.53	137	晴，气温 16℃
曝气沉砂池	0.40	0.11	0.15		
初沉池	1.20	0.12	0.14		
曝气池	1.79	0.02	0.33		
浓缩池	0.09	6.95	0.38	137	
储泥池	1.19	0.04	0.00	180	
8# 污水厂					
格栅井	4.41	0.36	2.00	237	晴，气温 19℃
曝气沉砂池	4.20	0.45	0.64		
初沉池	1.99	0.05	0.11		
曝气池	12.25	0.02	1.63		
脱水机房	3.87	10.09	0.79	1231	
浓缩池	1.28	47.18	19.08	3693	
污泥堆棚	3.50	2.96	0.20	711	

① 该值是采用 MultiRAE Plus PGM-50 复合式气体检测仪连续监测 15min 的平均值；

② 本表所列数据仅供设计研究时参考，故此隐去了具体厂名。

　　经分析比较，污水处理厂臭气的主要成分是硫化氢、氨和甲硫醇，均系我国《恶臭污染物排放标准》所涉及的污染物，其实际测定值超出了标准中的浓度限值，需要进行臭气控制。臭气浓度随扩散距离的增大而衰减，100m 外其影响明显减弱，距恶臭 300m 基本无影响。不同的污水处理工艺产生的臭气浓度有所不同，长泥龄污水处理工艺（如氧化沟）所产生的臭气浓度低于短泥龄处理工艺（如普通生物曝气池）。

　　鉴于硫元素的广泛存在和污水厂的工艺特点，恶臭污染物质主要成分为硫系化合物，对于污水厂不同环节的硫系恶臭气体组成和含量，对污水处理厂进行详细调查，其结果为：

　　硫化氢(H_2S)：0.017～446.9μgs/L；

　　甲硫醇(MT)：0.008～8.7μgs/L；

　　甲硫醚(DMS)：0.0038～26.4μgs/L；

　　二硫化碳(CS_2)：0.006～5.7μgs/L。

　　除了硫系化合物以外，根据污水成分不同还会产生其他恶臭气体，表 15-1-4 是污水厂不同环节的恶臭物质的分布情况。

污水厂不同环节的恶臭物质分布情况　　　　　　表 15-1-4

名　　称	格栅	沉砂池	初沉池	曝气池	二沉池	脱水机房	浓缩池	厂界(50m)	厂界(大门)
丙硫醇						■			
二丙二硫	■	■	■			■	■		
庚硫醇		■							
甲丙二硫						■			
乙醛				■					
丁醛		■							
戊醛	■	■	■	■	■		■		■
己醛	■	■	■	■	■	■		■	■
庚醛		■	■						
辛醛		■	■	■	■	■			■
壬醛		■	■			■		■	
癸醛				■					
氯乙醛	■								■
丙酮	■		■	■					
苯	■	■	■	■		■		■	■
甲苯	■	■	■	■		■			
苯乙烯						■			
乙酸丁酯						■			
乙酸庚酯									■
2-乙基丁醇							■		
2-乙基己醇	■	■	■		■	■		■	
二氯甲烷				■					
三氯乙烯		■							
溴代戊烷						■			■
5-甲基溴代戊烷						■			
总量（%）	4.6	8.9	9.5	12.2	5.8	40.5	3.8	12.5	2.2

　　注：■—表示此处有该种恶臭物质的检出。

通过上述分析可知，甲硫醚（DMS）是污水处理过程中普遍存在的 VOCs 物质，甲硫醚（DMS）的产生机制可能有：（1）H_2S 的甲基化，（2）含硫氨基酸的微生物分解，（3）生物化学处理前的生物和化学降解。

15.1.3 臭气排放标准和监测

15.1.3.1 臭气排放标准

美国的清洁空气法修正案（1990 年）对 6 种关键的污染物质（臭氧、CO、NO_2、SO_2、悬浮颗粒物和铅）和 ROGs（能够导致臭氧和颗粒物形成的物质）的排放进行限制，同时还确定 189 种化合物为危险性空气污染物（HAPs）并确定 HAPs 的 174 个主要来源，其中包括 POTWs（Publicly Owned Treatment Works）。USEPA（美国环保局）为污水处理厂的运行颁布了最大可用控制技术标准（MACT，Maximum Achievable Control Technology），标准要求在考虑费用、能耗和非空气质量原因引起的健康环境问题的基础上最大限度地削减污染物排放，适用于存在任何一种 HAPs 排放量大于 9t/a 或总 HAPs 排放量大于 22.7t/a 的污水处理厂。只要满足下述条件中任何两个的 POTWs 都须安装挥发物控制装置：（1）旱季平均流量＞19000m³/d；（2）年平均进水 HAPs 浓度＞5ppm；（3）工业废水流量＞30%。

我国对恶臭物质的排放于 1993 年制订了国家标准《恶臭污染物排放标准》GB 14554—93，由国家环保总局颁布。表 15-1-5 所示是恶臭污染物厂界标准值，指无组织排放源的限值，表 15-1-6 所示是当排气筒高度为 15m 时的恶臭污染物排放标准值，排放标准值随排气筒高度的增加而增加。

恶臭污染物厂界标准值　　　　　　　　　表 15-1-5

序号	控制项目	单位	一级	二级		三级	
				新扩改建	现有	新扩改建	现有
1	氨	mg/m³	1.0	1.5	2.0	4.0	5.0
2	三甲胺	mg/m³	0.05	0.08	0.15	0.45	0.80
3	硫化氢	mg/m³	0.03	0.06	0.10	0.32	0.60
4	甲硫醇	mg/m³	0.004	0.007	0.010	0.020	0.035
5	甲硫醚	mg/m³	0.03	0.07	0.15	0.55	1.10
6	二甲二硫	mg/m³	0.03	0.06	0.13	0.42	0.71
7	二硫化碳	mg/m³	2.0	3.0	5.0	8.0	10
8	苯乙烯	mg/m³	3.0	5.0	7.0	14	19
9	臭气浓度	无量纲	10	20	30	60	70

恶臭污染物排放标准值（排气筒高度为 15m）　　　　表 15-1-6

序号	控制项目	排放量（kg/h）	序号	控制项目	排放量（kg/h）
1	硫化氢	0.33	5	氨	4.9
2	甲硫醇	0.04	6	三甲胺	0.54
3	甲硫醚	0.33	7	臭气浓度	2000（标准值，无量纲）
4	二甲二硫醚	0.43			

我国《城镇污水处理厂污染物排放标准》GB 18918 中也规定大气污染物排放标准，根据城镇污水处理厂所在地区的大气环境质量要求和大气污染物治理技术和设施条件，将标准分为三级。位于 GB3095 一类区的所有（包括现有和新建、改建、扩建）城镇污水处理厂，执行一级标

准；位于 GB3095 二类区和三类区的城镇污水处理厂，分别执行二级标准和三级标准；同时，新建（包括改、扩建）城镇污水处理厂周围应建设绿化带，并设有一定的防护距离，防护距离的大小由环境影响评价确定。

城镇污水处理厂废气的排放标准值按表 15-1-7 的规定执行。

厂界（防护带边缘）废气排放最高允许浓度（单位：mg/m^3）　　表 15-1-7

序　号	控制项目	一级标准	二级标准	三级标准
1	氨	1.0	1.5	4.0
2	硫化氢	0.03	0.06	0.32
3	臭气浓度（无量纲）	10	20	60
4	甲烷（厂区最高体积浓度，%）	0.5	1	1

目前，国际上采用的臭气浓度测定技术标准基本上以欧洲的标准 EN17325 为基础，该标准包括臭气源的分类、取样点布置、测定方法、取样和测定的时间间隔、每个取样点的取样样本数量、取样的方法、采用的装置和材料、取样包的要求、记录的表格形式和内容、臭气的表示单位等，同时分别对点源和面源的臭气浓度测定作了说明。

从国内的两个标准来看，在恶臭气体的标准上基本一致，只是《恶臭污染物排放标准》规定的污染物项目比较多，标准规定硫化氢、臭气浓度监测点通常设于城镇污水处理厂厂界或防护带边缘的浓度最高点，从实际的检测操作看，很少有监测单位具有上述标准中列出的所有污染物排放浓度的测定能力，同时没有一个明确的、可操作的确定是否达标的具体标准和可行的执法办事程序，包括超标所采取的措施。

另外，标准规定的排放值为污水厂厂界边缘位置的数值，是一个综合概念，和每个单体污水处理构筑物产生的臭气浓度之间存在一定的联系，但受到气候条件、污水厂平面布置、测定时间等多种因素的影响，需要采用专门的扩散模型才能确定。在实际操作中，往往针对需要处理的产生臭气的某个构筑物和构筑物群检测其附近的臭气浓度，而且对于污水泵站和污水处理厂的臭气污染物主要集中在氨、硫化氢，因此在除臭设计时，基本以硫化氢、氨等少数气体作为检测指标，这和国外的情况类似，国外对臭气的处理标准一般没有统一的国家、地区级别的数值要求，大多针对具体情况确定需要处理的程度和处理尾气的污染物浓度值。

15.1.3.2　臭气的监测

（1）标准规定

《恶臭污染物排放标准》GB 14554 中对各恶臭污染物的测定方法做了如下规定：

GB/T 14675 空气质量　恶臭的测定　三点比较式臭袋法；

GB/T 14676 空气质量　三甲胺的测定　气相色谱法；

GB/T 14677 空气质量　甲苯、二甲苯、苯乙烯的测定　气相色谱法；

GB/T 14678 空气质量　硫化氢、甲硫醇、甲硫醚、二甲二硫的测定　气相色谱法；

GB/T 14679 空气质量　氨的测定　次氯酸钠-水杨酸分光光度法；

GB/T 14680 空气质量　二硫化碳的测定　二乙胺分光光度法。

（2）采样方法

采集臭气样品是测定恶臭污染物的第一步，它直接关系到测定结果的可靠性。

根据被测物质在空气中的状态和浓度，所用分析方法的灵敏度，可选用不同的采样方法，主要分为直接采样和浓缩采样两类。

当恶臭组分浓度较高，或者所用的分析方法灵敏时，直接采样就可满足分析要求，例如氢火焰离子化检测器监测苯，用这类采样方法测得的结果是瞬时或短时间内的平均浓度，可以较快地得到分析结果。直接采样法主要分为：

1）注射器取样；

2）塑料袋取样；

3）固定容器法。

恶臭污染物质浓度一般较低（ppm～ppb 数量级），标准要求也很严，就目前测试仪器水平来说，直接取样远远不能满足分析要求，需要采取相应的方法对样品进行浓缩。浓缩采样法主要有：

1）溶液吸收法；

2）填充小柱采样法；

3）低温冷凝浓缩法；

4）滤料采样法。

浓缩采样涉及的仪器主要由收集器、流量计和采样动力 3 个部分组成。常用的收集器有：液体吸收管（瓶）、填充小柱采样管、滤纸滤膜采样夹。采样动力有：手抽气筒、玻璃注射器、水抽气瓶、双连球、气体采样器、电动抽气泵、真空泵、薄膜泵、电磁泵，大气自动采样器等。

每种恶臭污染物质的标准测试方法中都规定了相应的采样方法。

（3）测定方法

由于臭气的浓度受到各种因素的影响，包括臭气的组成和各自的浓度，臭气组分间的相互作用，取样的位置和方法不同，世界上各国以及一个国家的不同地区都没有一个统一的除臭标准，甚至对臭气浓度的定性和定量指标都不同。通常，臭气浓度的测定采用嗅觉测定仪或以臭气中的代表性气体的浓度表示。

采用嗅觉测定臭气浓度需要通过专业培训的嗅觉员（常常是一组人），凭借其专业知识和经验来确定，和人对气味的感觉有关，其数值和臭气的化学组分无关。用嗅觉方法测定气味，嗅觉员（常常是一组人）去直接闻用没有气味的空气稀释过的气味，然后将气味浓度降低到最低可检测临界气味浓度所需的稀释倍数，记录下来。最低可检测临界气味浓度的稀释倍数就是可检测的气体浓度。也就是说，如果某单位体积的空气样品，将其气味降低到最低可检测临界气味浓度需加 4 倍体积的稀释空气时，该气体的浓度将为最低可检测临界浓度的 5 倍。如采用三点比较式臭袋法进行测定，即将有臭味的气体，用没有臭味的空气进行稀释，稀释到判别不出臭味时的稀释倍数，就是该气体的臭气浓度。例如某一臭气浓度为 1000，就是将该臭气用 1000 倍无臭空气进行稀释后，使之判别不出臭味。

应该指出，虽然标准中对整个测定的过程和程序作了详细的规定，但是嗅阈值随着年龄、性别和健康状况以及对致臭物质敏感程度的不同而不同，用嗅觉测定最低临界浓度会产生许多误差，主要是适应性、交叉适应性、协同作用、主观性和样品变质等，其精确的程度总是不如分析仪器。

分析仪器则相反，其测定不受人类感官对气味的感知影响，其通过对臭气中化学成分的分析得出其浓度值。但是，由于臭气中的化学组分很复杂，各组分之间互相影响，而且其浓度均较低，有时候某些组分的浓度还没有达到分析仪器的测定极限值，想要完全测定臭气中的所有组分很难，通常采用测定臭气中的一个主要组分作为臭气浓度的指示值。实际最常用的是硫化氢浓度，因为污水处理的臭气中硫化氢的含量最大，而且硫化氢的检测极限可以低至十亿分之一级，检测迅速方便，可以用手持仪器现场测定。

另外，臭气浓度还可采用气相色谱分析和传感器型的电子鼻测定。

采用气相色谱分析需要进行专门的采样样品输送、保存，并需要对样品预处理，需要相应的臭气成分色谱柱和对照的参考臭气标准。电子鼻测定同样需要选择相应的传感器、数据分析处理系统等，这些方法都要求有各种臭气的浓度样本数据。

对比以上各种测定方法，嗅觉测定法对测定人员的要求相当高，而气相色谱分析和电子鼻系统对设备及基础数据的要求较高，相比而言，测定其中某个组分（如硫化氢）相对比较简单、快速，费用低，因而在实践中应用较广。

15.1.4　臭气扩散

采用空气污染监测手段，一般只可能知道污染物在空气中分布的现状和历史变化情况，但很难知道不同类型的污染源和新增加的污染源在空气污染中所产生的影响。空气污染的扩散计算模式不仅能提供这方面的信息，而且还可以预测未来的空气质量，它可以比监测网更迅速更经济更全面地提供污染物分布的近似情况。

臭气扩散的基本问题是研究湍流与烟流传播和恶臭物质浓度衰减关系问题，目前在空气污染控制中广泛应用的理论有 3 种：梯度输送理论、湍流统计理论和相似理论。

15.1.4.1　梯度输送理论

梯度输送理论是菲克用理论类比建立起来的理论，认为分子扩散规律和傅里叶提出的固体热传导规律类似，这个理论的中心思想是在单位时间内物质经过单位面积输送的通量和浓度梯度成正比。

15.1.4.2　湍流统计理论

湍流统计理论是泰勒首先用统计学的方法研究湍流扩散问题，该理论的中心是简述扩散粒子关于时间和空间的概率分布，以便求出扩散粒子浓度的空间分布和随时间的变化。高斯在大量实测资料分析基础上，应用湍流统计理论得到了正态分布假设下的扩散模式，即通常所说的高斯模式。高斯模式是目前应用较广的模式。

该模型适用于下述条件：

（1）下垫面开阔平坦，性质均匀。

（2）平均流场平直稳定，平均风速和风向没有显著的时间变化。

（3）扩散物质处于同一类温度层的气层之中，计算扩散范围宜不超过 10km。

（4）在风传播方向上的扩散作用相对于传播流而言可以忽略，如风速为零，则取"静风的定义为 $\bar{u}=0.5\text{m/s}$"，或采用其他的准静风模式。

（5）扩散物质完全和周围空气同步运动，没有损失和转化，地面对扩散物质起全反射作用。

计算从点源释放的气体和小颗粒（直径小于 $20\mu m$）浓度的基本高斯扩散方程为：

$$\chi(X,Y,Z;H) = \frac{Q}{2\pi\sigma_y\sigma_z u}\exp\left[-\frac{1}{2}\left(\frac{y}{\sigma_y}\right)^2\right]\left\{\exp\left[-\frac{1}{2}\left(\frac{Z-H}{\sigma_z}\right)^2\right]+\exp\left[-\frac{1}{2}\left(\frac{Z+H}{\sigma_z}\right)^2\right]\right\}$$

$$(15\text{-}1\text{-}1)$$

式中　$\chi(X,Y,Z;H)$——在 H 高处排放的烟羽，(X,Y,Z) 点的浓度，g/m^3；

H——烟囱的物理高度加上烟羽上升高度，m；

Q——源排放速率，g/s；

$\sigma_y\sigma_z$——烟羽截面浓度分布的水平及垂直标准偏离，是 X 的函数，m；

u——排放源高度处的风速，m/s；

Z——接受器高度，m。

当只关心地面污染物浓度时，高斯方程可进行简化，地面源（$H=0$）在地面水平线上（$Z=0$）的扩散方程可为：

$$\chi(X,Y,0;0) = \frac{Q}{\pi \sigma_y \sigma_z u} \exp\left[-\frac{1}{2}\left(\frac{y}{\sigma_y}\right)^2\right] \tag{15-1-2}$$

污水厂构筑物贴近地面，可以通过假定得到面源的扩散模式，假定如下：

1）面源污染物排放量集中在该单元的形心上；

2）面源单元形心的上风向距离 x_0 处有一虚拟点源，它在面源单元中心线处产生的烟流宽度 $(2y_0 = 4.3\sigma_{y0})$ 等于面源单元宽度 W；

3）面源单元在下风向造成的浓度可由虚拟点在下风向造成的同样的浓度所代替。

由假定 2）可得 $\sigma_{y_0} = W/4.3$，由求出的 σ_{y_0} 和大气稳定度级别，应用 G-P 曲线图可查出 x_0，由 $(x+x_0)$ 查出 σ_z 代入点源扩散的高斯模式式（15-1-2），可求出面源下风向的地面浓度为：

$$\chi(X,Y,0;0) = \frac{Q}{\pi \sigma_y \sigma_z u} \exp\left[-\frac{1}{2}\left(\frac{y}{\sigma_y}\right)^2\right] \tag{15-1-3}$$

扩散模型中的参数确定：

1）大气稳定度

大气稳定度是影响恶臭污染物在大气中扩散极其重要的因素，它是对大气扩散能力的定性划分，其分类方法多达十多种，在我国现有法规中推荐 P-T 分类法。首先根据某时某地的太阳高度角和云量确定太阳辐射的等级数，然后再根据太阳的辐射等级和地面 10m 处的风速确定大气稳定度等级。根据该法，将大气稳定度分为 A～F6 个级别：A 为极不稳定；B 为不稳定；C 为弱不稳定；D 为中性；E 为弱稳定；F 为稳定。

2）扩散系数

确定大气稳定度后，可以根据查表确定扩散系数 σ。

3）风速

恶臭污染一般都发生在下风向，在进行评价时，需要首先评价区域的全年各风向出现的频率，即风向玫瑰图。

在运用扩散模型对恶臭污染进行模拟时，不同高度的风速是必需的，各地气象部门提供的风速通常是离地面 10m 处的平均风速。近地层不同高度处的风速可通过下式计算：

$$\overline{u} = \overline{u}_1 \left(\frac{z}{z_1}\right)^m \tag{15-1-4}$$

式中　$\overline{u}_1$——高度 z_1 处的平均风速，m/s；

　　　m——稳定度参数，实测或参考《制定地方大气污染物排放标准的技术方法》GB/T 13201—91 选取；

　　　$\overline{u}$——高度 z 处的平均风速，m/s；

　　　z——待计算风速的高度，m；

　　　z_1——已知风速的高度，m。

a）地形地物的影响

恶臭扩散区域往往不是广阔平坦的，地表存在复杂多样的地形地物均会对扩散模型造成影响。当恶臭烟流越过山脊，在迎风面上会发生下沉作用而导致该区域遭受恶臭污染，地形的热力作用会改变近地面气温和风的分布规律而形成局部风；在海陆交界处形成海陆风；在山谷会出现山谷风。地面建筑物会改变地表粗糙度，使风速减小，烟囱排放的臭气在经过较高的建筑物时会产生旋涡等，这些均需要根据具体情况对模型进行修正。

b）其他因素的影响

影响区域恶臭污染评价的其他因素主要有：逆温、叠加性、下降气流、含水量、降水等。逆温形成时，大气处于稳定状态，恶臭污染物难于扩散，会相应增加恶臭污染的浓度；叠加性，根据韦伯-费希纳定律，达到刺激量的物质浓度和感觉程度呈对数关系，因而扩散稀释倍数的对数和臭气的浓度相对应，多个排放源的臭气浓度扩散之间不能采用加法原理叠加；下降气流，排放气体的上升高度是烟囱吐出速度的运动量上升高度和由排出气体温度与外界气温差造成的浮力上升高度之和，相应的有抬升高度计算公式，但臭气和其他气体的排放不同，一般温度和外界环境温度相近，排放量不大，浮力也不大，因此，烟囱上升高度不高，易产生下降气流现象，从而地上浓度较高；含水量，恶臭排放其中的含水量较高，易于凝缩成水滴造成气体沉降，易溶性污染物质还会随水滴运动、气化，因此在污染源附近易引起危害；降水发生时，污染物会随降水沉降至地面，短期内缓解污染程度，但一些较难溶的有机类恶臭气体又会挥发出来，扩散较难，恶臭污染事件的发生概率更大。因此恶臭污染的评价比较复杂，需要结合具体情况具体分析。

国外早在 20 世纪 60 年代便着手研究恶臭污染扩散，出现了一些用于恶臭污染扩散的计算机数学模型，如奥地利恶臭动态扩散模式等。计算机模型需要一系列的输入参数如恶臭源的扩散速率、源的类型（点源、面源、体源）、气象条件、地形和受影响的位置，可以预测出臭气浓度在距臭源的不同距离不同时段的平均值，利用相应的计算机软件绘出恶臭等浓度线，再使用合理的恶臭评估标准，可以用来预测恶臭影响区域。

为了解决恶臭的投诉问题，监测厂界和居民区周边的恶臭浓度通常是解决问题的第一步，应该根据全年的气候资料结合恶臭的扩散速率用空气扩散模型确定恶臭的影响区域。而对于新建和扩建的企业，恶臭的影响区域应该根据全年的气候资料结合恶臭的扩散速率用空气扩散模型预测评估。

但通过数学模型对臭气进行准确预测是不可能的，只是满足要求的估计而已。这是因为：两种气体在不同的时间从同一排放源排放，在同样的气象条件下，流场中的监测点会得到完全不同的结果，这种差异是由于大气中湍流和扩散的随机性。释放到大气中的气体分子或者小颗粒，在湍流漩涡的作用下，相互分离。湍流气体的运动是随机的，目前还没有一种技术能够预测某一空气小包的瞬时速度或最终位置。前面讨论的扩散公式，都假定沿平均风向即 x 方向的湍流扩散速率大大小于平均风速的平流输送速率，因此可以忽略不计。当风速特别小时，这个假定就不成立了。此时不能再用前面讨论过的烟流模式，而必须采用将瞬时烟团模式（Puff model）进行积分的方法。

15.1.4.3　相似理论

相似理论是在量纲分析基础上发展起来的理论，应用较少。

15.1.5　臭气收集

除臭系统一般包括恶臭气体的收集、输送和净化 3 部分。臭气的收集通常是指对设备或构筑物敞口部分散发的恶臭气流的控制和收集，通过有效的收集系统，可以做到尽可能使输送和净化的气体流量最少、效率最高。收集系统主要包括集气罩、管道系统和动力设备 3 部分。

15.1.5.1　集气罩的分类

（1）集气罩的分类

污染物收集装置按气流流动的方式分为两类：吸气式集气装置和吹吸式集气装置，吹吸式集气装置又称吹吸罩。吸气式集气装置按其形状可分集气罩和集气管，对密闭设备（如脱水机）污染物在设备内部发生，会通过设备的孔和缝隙外逸到车间内，如果设备内部允许微负压时，可采用集气管捕集污染物；对于密闭设备内部不允许微负压或污染物发生在污染源的表面上时，则可用集气罩进行捕集。

集气罩的种类繁多，应用广泛，按集气罩与污染源的相对位置和围挡情况，集气罩可分密闭集气罩、半密闭集气罩和外部集气罩。这 3 类集气罩还可以分为多种形式，如图 15-1-1 所示。

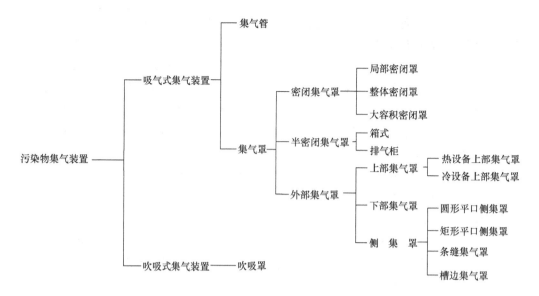

图 15-1-1　气体污染物集气装置分类

（2）密闭集气罩

密闭集气罩是用罩子把污染源局部或整体密闭起来，使污染物的扩散限制在一个很小的密闭空间内，同时从罩内排出一定量的气体，使罩内保持一定的负压，罩外的空气经罩上的缝隙流入罩内，以达到防止污染物外逸的目的。密闭罩的特点是：与其他类型集气罩相比，所需排气量最小，控制效果最好，且不受横向气流的干扰。因此，在操作工艺允许时，应优先采用。按照密闭罩的结构特点，可分为局部密闭罩、整体密闭罩和大容积密闭罩。

1）局部密闭罩

局部密闭罩的特点是容积较小，工艺设备大部分露在局部密闭罩的外部，只在设备的产气点设置局部密闭罩，因此，设备检修和操作方便。一般适用于污染气流速度较小，且连续散发的地点，如皮带传送设备、脱水污泥输送出口等。

2）整体密闭罩

整体密闭罩是将污染源全部或大部分密闭起来，只把设备需要经常观察和维护的部分留在罩外。特点是罩子容积大，密闭罩本身成为独立整体，容易做到严密。适用于有振动且气流较大的设备及全面散发污染物的污染源，如脱水机房、格栅井等。

3）大容积密闭罩

大容积密闭罩是将污染设备或地点全部密闭起来的密闭罩，也称为密闭室。特点是罩内容积大，可以缓冲污染气流，减小局部正压，设备检修可在罩内进行。适用于多点、阵发性、污染气流速度大的设备或地点。

（3）其他集气罩

除密闭集气罩外，还有半密闭集气罩、外部集气罩（包括侧集罩、槽边集气罩、吹吸式集气罩等形式），在污水厂臭气收集中采用的较少。

15.1.5.2　集气罩的设计

设计合理的集气罩可以以较小的排气量有效地控制污染物的扩散，设计时应注意以下几点：

（1）集气罩应尽可能将污染源包围起来，使污染物的扩散限制在最小的范围内，防止或减少横向气流的干扰，以便在获得足够吸气速度的情况下，减少排气量。

（2）集气罩的吸气方向应尽可能和污染气流运动方向一致，充分利用污染气流的动能。

（3）在保证控制污染的条件下，尽量减少集气罩的开口面积或开口处加法兰边防止泄漏，使其排气量最小。

（4）侧集罩或伞形罩应设在污染物散发的轴心线上。罩口面积与集气管断面积之比最大为 16：1，罩长度宜为集气管直径的 3 倍，以保证罩口均匀吸风。如达不到均匀吸风时，可设多个吸气口，或在集气罩内设分割板挡板等。

（5）不允许集气罩的吸气流先经过人的呼吸区，再进入罩内，气流流程内不应有障碍物。

（6）集气罩的结构不应妨碍工人操作和设备检修。

集气罩的设计程序一般是：首先确定集气罩的结构尺寸和安装位置，再确定排气量，最后计算压力损失。

集气罩尺寸一般按经验确定。设计时可参考有关手册，也可按照以下条件确定：排气罩的罩口尺寸不应小于罩子所在位置的污染物扩散的断面面积，若设集气罩连接直管的尺寸为 D（圆管为直径，矩形管为短边），污染源的尺寸为 E（圆形为直径，矩形为短边），集气罩距污染源的垂直距离为 H，集气罩口的尺寸为 W，则应满足 $D：E>0.2$，$1.0<W：E<2.0$，$H：E<0.7$，如影响操作时尺寸可适当增大。

15.1.6 管道系统设计

管道系统的设计是除臭工程设计中重要的组成部分，合理确定除臭风量，设计、安装和使用管道系统，不仅能充分发挥除臭装置的效能，而且直接关系到设计和运行的经济合理性。

15.1.6.1 管道设计的原则

（1）管道设计的原则：

1）布置管道时，应对收集系统所有管道统一考虑、统一布置。对于收集管道的布置，应力求简单、紧凑，安装、操作和检修要方便，并使管道短、占地和空间少、投资省。在可能的条件下做到整齐、美观。

2）当集气罩较多时，可以全部集中在一个收集系统，称为集中式收集系统，也可以分为几个收集系统，称为分散式收集系统，同一个污染源的一个或几个排气点设计成一个收集系统，称为单一收集系统。

3）管道敷设分明装和暗设，应尽可能明装。

4）管道应尽可能集中成列、平行敷设，并应尽可能沿墙或柱子敷设。

5）管道与梁、柱、墙、设备及管道之间应有一定的距离，以满足施工、运行、检修和热胀冷缩的要求，一般的要求为：（A）保温管道外表面距墙的距离不小于 $100\sim200mm$，大管道取大值；（B）不保温管道距墙的距离应根据焊接要求考虑，管道外壁距墙的距离一般不小于 $150\sim200mm$；（C）管道距梁、柱、设备的距离可比距墙的距离减少 $50mm$，但该处不应有焊接接头；（D）两根管道平行布置时，保温管道外表面的间距不小于 $100\sim200mm$，不保温管道不小于 $150\sim200mm$；（E）当管道受热伸长或冷缩后，上述间距均不宜小于 $25mm$。

6）管道应尽可能避免遮挡室内采光和妨碍门窗的启闭；应避免通过电动机、配电盘、仪表盘的上空；应不妨碍设备、管件、阀门和人孔的操作和检修；应不妨碍吊车的工作。

7）管道通过人行横道时，与地面净距不应小于 $2m$；通过公路时，与地面净距不得小于 $4.5m$；通过铁路时，与铁轨面净距不得小于 $6m$。

8）水平管道应有一定的坡度，以便放气、放水、疏水和防止积尘，一般坡度为 $0.002\sim0.005$。

9）管道和阀门的重量不宜支撑在设备上，应设支、吊架，保温管道的支架上应设管托。

10）以焊接为主要连接方式的管道，应设置足够数量的法兰连接处；以螺纹连接为主的管道，应设置足够数量的活接头，特别是阀门附近，以便于安装、拆卸和检修。

11）管道的焊缝位置一般应布置在施工方便和受力较小的地方。焊缝不得位于支架处，焊缝与支架的距离不应小于管径，至少不得小于 $200mm$，两焊口的距离不应小于 $200mm$，穿过墙壁和楼板的一段管道内不得有焊缝。

(2) 管径的设计

要使管道系统设计经济合理，必须选择适当的流速，使投资和运行费的总和为最小，并防止磨损、噪声以及粉尘沉降和堵塞。在已知流量和预先选取流速时，管道内径可按下式计算：

$$d = 18.8\sqrt{\frac{V}{v}}(mm) \tag{15-1-5}$$

式中 d——风管管径，mm；

V——体积流量，m^3/h；

v——管内平均流速，m/s。

管径的设计主要在于选取合适的流速，使其技术经济合理。

15.1.6.2 除臭风量的确定

污水厂的除臭风量参考国内外的资料，按照不同的构（建）筑物进行确定，参数如下：

(1) 沉砂池

1) 水面积(m^2)×2～$3m^3/(m^2 \cdot h)$，即每$1m^2$水面积，每小时需气2～$3m^2$，下同。

2) 空间容积×5～7 次/h，即单位空间容积每小时需换气5～7 次，下同。

3) 进水部分（单位水面积）×$10m^3/(m^2 \cdot h)$。

4) 水面积(m^2)×局部加盖后的孔口面积比($0.012～0.017m^2/m^2$)×孔口风速(0.4m/s)。

5) 沉砂池机械

(A) 每台机械2～$4m^3/min$，即每台机械每分钟需气2～$4m^3$，下同。

(B) 砂斗开口容积×风速 (0.15m/s)。

(C) 输砂机、除砂机、砂斗等室内机械，空间容积×6 次/h。

(D) 输送带$10m^3/(min \cdot m)$即每1m 输送带每分钟需气$10m^3$，下同。

(E) 砂斗间：11～14 次/h。

(F) 清洗机：$3m^3/min$。

(2) 初次沉淀池

1) 水面积(m^2)×3～$12m^3/(m^2 \cdot h)$。

2) 沉淀池加盖空间容积3.5 次/h。

(3) 曝气池

1) 曝气风量×1.1＋空间容积×1 次/h。

2) 曝气风量×1.1。

3) 曝气风量＋水面积×局部加盖后的孔口面积比($0.002m^2/m^2$)×孔口风速(0.2m/s)。

(4) 污泥浓缩池

1) 水面积×局部加盖后的孔口面积比($0.003m^2/m^2$)×孔口风速(0.4m/s)。

2) 空间容积5～20 次/h。

3) 局部容积3～6 次/h。

4) 单位水面积2～$3m^3/(m^2 \cdot h)$。

5) （加压气浮）空间容积×5 次/h。

(5) 储泥池

1) 容积×3～6 次/h。

2) 污泥泵流量×1～1.5。

3) 空间容积×7 次/h。

4) 水面积$3m^3/(m^2 \cdot h)$。

（6）脱水机房

1）空间容积×3.5～6 次/h。

2）机械×10 次/h。

3）空间容积×3～10 次/h。

（7）污泥堆棚

1）污泥输送机

（A）传送机宽度(m)×10m³/min。

（B）传送带罩内 7 次/h。

（C）传送带室内 3 次/h。

2）污泥处理楼

空间容积 5 次/h。

15.1.7　控制技术

臭气的控制技术包括采用改进工艺运行措施减少臭气产生，采用投加化学药剂掩盖或缓冲措施和对臭气进行处理。

臭气的处理技术难度较大，具体表现为：（A）恶臭物质不仅成分复杂，而且嗅阈值极低，对恶臭治理的技术要求高；（B）许多污水收集和处理构筑物为已建构筑物，无法在设计阶段就开始预防抑制恶臭的产生；（C）污水构筑物和周围居民的防护距离较小，空气自然扩散稀释可能性小；（D）恶臭处理设备不但要处理效果好，而且要求运行简单可靠，同时，投资和运行费用均不能太高。针对这种特点，臭气控制技术也表现出多样性和特有的技术要求，目前主要可分为非生物处理技术和生物处理技术两大类。

15.1.7.1　改进工艺运行措施

在设计中进行工艺改进，从而减少臭气产生量是除臭技术中最经济有效的方法。

通过执行严格的排放标准，对工业废水进行预处理并设调节池等方法可以控制致臭废水排入污水收集系统。

污水管道设计时，保证在低流量下管内流速仍不致引起固体物质沉降和累积，尽量减少倒虹管和压力管的使用，尽量减少污水在管道内的停留时间。在收集系统和长距离压力管中投加过氧化氢、纯氧或空气维持好氧条件，使水中的溶解氧浓度在 0.5mg/L 以上。应用较多并且较为成熟的是注入空气法，它主要是基于抑制硫化氢产生的目的而发展起来的，在靠泵输送污水的铸铁管的进出口和自流式钢筋混凝土管内，硫化氢的产生会腐蚀管壁，一般需事先调查注入空气对硫化氢产生的抑制效果和所需的空气注入量，某项研究发现在注入空气前压送管末端出口处产生的硫化氢浓度在 500ppm 以上，注入空气时管内呈气液两相流动，可将硫化氢浓度抑制在 30ppm 以下，并未发现该过程促使臭气成分（氨以及甲硫醇等）的散发。

进行消毒或调节 pH 值控制厌氧生物生长；投加化学药剂（硝酸钙）氧化或沉淀致臭物质；污水系统设计中减少紊流状态以免臭气释放；选择地点进行排气处理。

污水泵站设计时，可以通过减少进入集水井的跌水高度，避免渠道内的紊流，采用变速泵等措施减小集水井的体积，防止集水井底坡沉积，及时清除油脂类物质等措施减少臭气的产生。

污水处理厂设计时，进水段应避免栅渣和沉砂的堆积，定期清洗格栅，采用封闭式栅渣粉碎机、封闭式计量设备、淹没式出水方式等。

初沉池应减少出水的跌水高度，排泥采用完全密闭接口，排泥浓度维持在 2% 左右，避免污泥长时间停留。

曝气池，高负荷系统和机械曝气系统的臭气产生比低负荷系统和微孔曝气系统多，通过降低生物处理的污泥负荷，保证足够的充氧和混合；尽量采用微孔曝气和水下搅拌器，将出水和排泥口置于水面下可以减少臭气释放；低污泥负荷可以减少污泥的产生，减少后续污泥处理臭气生成量。

储泥池和重力浓缩池，尽可能减少污泥的停留时间，防止污泥和上清液排放中发生跌水，采用低速搅拌装置。

机械浓缩和脱水，尽可能减少污泥浓缩和脱水前的停留时间，对臭气进行收集和处理，防止污泥和上清液排放中发生跌水。

污泥厌氧消化，保证污泥气燃烧装置正常运行，减少消化污泥排入二级消化池的跌落高度，视需要适当投加铁盐可以减少臭气。

泵站和污水厂运行中，通过增加污泥和浮渣的排放次数、增加沉砂和栅渣的处置频率、定期清除易发臭的沉积物等方法可以减少臭气。

15.1.7.2 投加化学剂掩盖或缓冲措施

在污水中投加化学药剂，通过化学氧化、化学沉淀和调节 pH 值可以除臭。常用的氧化剂有氧气、空气、氯气、次氯酸钠、高锰酸钾、过氧化氢和臭氧等。由于氧化硫化氢和其他臭气的化学过程非常复杂，所需化学药剂的投加量只能通过小试或中试获得。臭气物质也可通过沉淀去除，如硫化氢可与三氯化铁或硫酸铁反应生成硫化铁沉淀而得到去除。同样，化学品的投加量也要通过试验获得。增加污水中的 pH 值也可达到控制硫化氢释放的效果，pH 值的增加导致细菌活性的降低，同时改变平衡使硫离子以 HS^- 形式存在。上述化学品的投加会产生附属产物，需考虑处置。

掩盖就是在污水或臭气中投加含有各类芳香物质的油剂化学品进行掩盖。通常需足够的遮掩剂来掩盖臭气，但是并不改变或中和臭气性质。中和采用的化学剂则和臭气结合，混合后的气体没有原来各自的气味，产生低臭味的气体。虽然掩盖和中和可以用来解决短期的臭气问题，对于长期的臭气问题还应确定臭气源然后实施改进措施。

美国有的州规定，掩盖技术只能作为临时应急措施备用，而不可作为永久处理设施。在一些污水厂中，建造诱导大气紊流的设施可以减少臭气问题。

在储泥池周围建造高的围墙屏障，由围墙屏障诱导产生的紊流可以稀释储泥池产生的臭气；树木也可通过诱导紊流和混合稀释臭气，还可以通过呼吸作用来纯净空气。

使用缓冲区有助于缓解对建成区的臭气影响。美国规定典型的缓冲区距离如表 15-1-8 所示。采用缓冲区时，需对臭气进行研究并确定臭气的类型、强度、气象条件、扩散特性和周围的用地性质。缓冲区的外围通常种植快速生长的树木以帮助进一步减少臭气影响。

美国污水厂缓冲距离规定表　　　　　　　　　　表 15-1-8

处理单元名称	缓冲距离（m）	处理单元名称		缓冲距离（m）
沉淀池	125	真空过滤器		150
滤池	125	湿式氧化		450
曝气池	150	出水排放床		250
曝气塘	300	二级出水滤池	敞开式	150
污泥消化池（好氧或厌氧）	150		封闭式	75
污泥处理单元	300	深度处理	敞开式	100
敞开式干化床	150		封闭式	75
加盖式干化床	125	脱氮		100
储泥池	300	深度处理塘		150
污泥浓缩池	300	土地处置		150

15.1.7.3　非生物臭气处理技术

(1) 掩盖法

掩盖法是通过在臭气中投加某些药剂掩盖臭气的感官气味或进行气味调和，改变恶臭的不愉快感觉。掩盖法因每个人的嗅觉感觉程度不同而效果不尽相同，而且基本不会改变臭气中的成分，甚至会麻痹现场人员对于有毒气体的警惕性，危害工人的身体健康，因此仅在价格便宜而且有毒污染物含量低时才可考虑。

近年来，以天然植物提取液进行除臭，其基本原理是将一些特殊天然植物提取液雾化，雾化后的分子均匀地分散在空气中，吸附空气中的异味分子，与异味分子发生分解、聚合、取代、置换和加成等化学反应，促使异味分子改变原有的分子结构，使之失去臭味，达到除臭的目的。

(2) 热处理技术

热处理技术是在相对较高的温度下对臭气进行快速氧化燃烧，在条件适宜时，污染物可被氧化为二氧化碳和水。

1) 燃烧

直接燃烧一般将燃料气和臭气充分混合，在 $600\sim1000℃$ 下实现完全燃烧，使最终产物为二氧化碳和水，使用本法时要保证完全燃烧，部分氧化可能会增加臭味。进行直接燃烧必须具备 3 个条件：

(A) 恶臭物质和高温燃烧气在瞬间内进行充分的混合。

(B) 保持臭气所必需的燃烧温度（$700\sim800℃$）。

(C) 保证臭气全部分解所需的停留时间（$0.3\sim0.5s$）。

直接燃烧适于处理气量不大、浓度高、温度高的恶臭气体，其处理效果比较理想，同时燃烧时产生的大量热还可通过热交换器进行废热的有效利用，但是它的不足是消耗一定的燃料。

当气体流量较大并且可燃化合物浓度高时，燃烧是一项成本较低的技术。操作温度范围为 $760\sim1370℃$，有时需要提供天然气以补充足够的热值。由大气提供氧气，当在紧急情况和不经常排放的情况下该技术相对有效。目前国外在一些 POTWs 中采用燃烧技术用于间歇控制厌氧消化气体排放。但燃烧会产生二次污染物如氧化氮（NO_x）和氧化硫（SO_x）。

2) 热氧化

热氧化技术是在控制浓烟中臭气最常采用的技术之一。废气、辅助燃料（常为天然气）和空气在反应室内混合。通常在废气的自燃温度（$425\sim815℃$）以上运行，以热交换器回收部分热量，在污染物浓度较低时因为需要补充天然气，所以操作费用非常高，该技术更适宜于处理高浓度低流量的废气，对尾气中含有的 NO_x、SO_x 和酸性气体需进一步处理，设备通常体积庞大，在 POTWs 中的应用很少。但 VOCs 化合物可得以完全去除，而所有其他技术臭气化合物及 VOCs 仅仅是从一种相态转化为另外一种相态而已。热氧化技术产生的温室气体（CO_2）最多，主要来自于大量燃料的燃烧。由于需要高温，因此处理成本很高，设备和催化剂成本同样很高。

3) 催化氧化

催化氧化常使用贵金属为催化剂，强化浓度较低的可燃性气体的氧化，可处理浓度低于爆炸极限下限 25% 的气体，操作温度为 $370\sim480℃$，设备占地少，在必要时也可补充天然气辅助燃料，但 POTWs 排放的废气浓度通常很低，因此受运行成本的限制应用很少。

(3) 化学氧化法

干氧化法，臭氧是一种强氧化剂，可将有关的恶臭物质氧化成无臭或低臭物质。但臭氧是相对不稳定气体，很容易分解成氧气，在湿度大的场合尤甚，因此臭氧往往现场制备。在条件适宜时，臭氧和 H_2S 的反应速度极快，只需 $1s$，但须和待处理气体迅速混合均匀才可。但也有研究人员认为，H_2S 的氧化并不完全是由臭氧造成，很多情况下，臭氧只是起着掩盖剂的作用。在美国有很多臭氧除臭装置已被废弃，原因是臭氧发生装置的性能不稳定，臭氧的净化效率不高，对有机恶臭成分更显得效率不高，很难跟踪控制臭氧的投加剂量。

湿氧化法，采用过氧化氢、漂白粉氧化剂、高锰酸钾氧化剂来破坏臭气分子。

（4）光催化氧化和等离子体技术

紫外光催化氧化法消除臭气是利用紫外光和活性氧破坏臭气物质，为达到最好的处理效果，实际应用时需要根据待处理物质的类型选择合适的波长，并且保证气体在紫外氧化区停留足够的时间，该技术费用较高而且技术尚不成熟。

等离子体由电子、离子、自由基和中性粒子组成，是导电流体，整体保持电中性，该法利用等离子体中的大量活性粒子使气体中的污染物反应转化。获得等离子体的方法很多，目前应用主要有电子束辐射和放电两类。等离子体稳态放电可以在极低气压时产生非平衡等离子体，在高气压时，电子与离子和中性分子碰撞频繁，各粒子的能量趋于一致，形成平衡等离子体。由于该技术主要是将恶臭成分转化为无臭成分实现脱臭，而恶臭气体一般成分非常复杂，因此在这种转化中是否会产生 ROGs 和 HAPs 等二次污染物还有待评估。

（5）液体吸收

液体吸收是通过将污染物从气相转移到液相进行空气净化的过程，这一过程也可称为洗涤，洗涤可在填料床或文丘里接触器内进行，处理效率可以达到 95%～98%，常用于处理流量大、中低浓度的臭气。洗涤后的废液可返回污水厂进一步处理，该技术投资成本低，但操作运行成本较高，对处理水溶性好的化合物非常有效，对疏水性化合物的洗涤尚需进行一定改进，美国EPA 推荐的主要臭气控制技术是碱液洗涤，采用颗粒活性炭填料去除 HAPs，因此化学药剂洗涤的应用较多，在设计操作合理的情况下，取得了较好的脱臭效果，但对设备和运行管理的要求较高，如洗涤液喷头需定期维护。

根据吸收原理的不同，可将吸收法分为物理吸收和化学吸收两种。物理吸收中常用的溶剂有甲醇、丙烯碳酸酯、聚乙二醇二甲醚、N—甲基吡咯烷酮等，物理吸收剂要求吸收容量高、热稳定性好、腐蚀性小和价格合理；化学吸收中常用的吸收液一般为弱碱水溶液，由于化学溶剂一般吸收容量大、安全程度高，因此应用较多。表 15-1-9 所示是处理各种不同的恶臭成分常用的吸收剂。

处理不同恶臭气体常用的吸收剂　　　　　　表 15-1-9

气　体	吸　收　液	气　体	吸　收　液
NH_3	水或稀硫酸	甲硫醇	氢氧化钠或次氯酸钠混合液
胺类	水或乙醚水溶液	酚	水或碱液
H_2S	氢氧化钠或次氯酸钠混合液	丙烯醛	氢氧化钠或次氯酸钠混合液

根据洗涤液的种类，洗涤法可分成如下几种：

1）碱液洗涤

当臭气中的污染物成分主要为硫化氢时，该法十分有效，硫化氢溶入液相发生如下反应：

$$H_2S + H_2O \longrightarrow HS^- + H_3O^+ \qquad pK\hat{a} = 7.04(25℃) \qquad (15\text{-}1\text{-}6)$$

$$HS^- + H_2O \longrightarrow S^{2-} + HO^+ \qquad pK\hat{a} = 11.96(25℃) \qquad (15\text{-}1\text{-}7)$$

由 $pK\hat{a}$ 值可看出，当 pH＝8～11 时，大部分反应为式(15-1-6)，当 pH 继续升高到 11 以上时，则式(15-1-7)占优势，本法同样可用于硫醇的去除，当 pH 大于 11 时，甲硫醇将发生如下反应：

$$CH_3SH + H_2O \longrightarrow CH_3S^- + H_3O^+ \qquad pKa=9.70(25℃) \tag{15-1-8}$$

但当气体中的二氧化碳浓度较高时，会发生如下副反应导致处理成本增高：

$$H_2CO_3 \longrightarrow HCO_3^- + H^+ \tag{15-1-9}$$

$$HCO_3^- \longrightarrow CO_3^{2-} + H^+ \qquad pKa=10.25(25℃) \tag{15-1-10}$$

有研究指出，碱液洗涤法去除气体中的硫化氢时，由于空气中二氧化碳存在的关系，真正用于去除硫化氢的碱液约只有 44%，本法还有一个缺点，当 pH 值大于 10 时，会在洗涤液中形成碳酸钙和碳酸镁沉淀物造成洗涤塔滤料和喷嘴的堵塞。

2）氧化洗涤

氧化洗涤液主要为次氯酸盐，随着水中 pH 值的不同，会形成次氯酸盐（ClO，pH＞6）、次氯酸（HClO，pH=2～6）、氯（Cl_2，pH＜2）等形式，以 pH=9～10 为例，硫化氢会发生以下反应：

$$H_2S + NaClO \longrightarrow NaCl + H_2O + S \tag{15-1-11}$$

$$H_2S + 4NaClO \longrightarrow 4NaCl + H_2SO_4 \tag{15-1-12}$$

本法洗涤液的 pH 值需控制在 9 以下，基本上没有上述因二氧化碳溶入液相中而导致的沉淀问题，由于次氯酸具有很强的氧化性，可同时去除其他一些有机污染物。

3）催化洗涤

一般空气中的硫化氢溶入水中后，会被水中的溶解氧氧化，但若没有催化剂存在时，上述反应速率极慢。本法主要是在催化剂（如 Fe^{3+}）存在的情况下，利用氧气将硫化氢氧化，如研究中使用洗涤液，铁离子以类似于 EDTA 有机螯合物的形态存在，加速将硫化氢氧化成硫，反应如下：

$$H_2S + 2[Fe^{3+}] \longrightarrow S + 2[Fe^{2+}] + 2H^+ \tag{15-1-13}$$

$$2[Fe^{2+}] + 0.5O_2 + 2H^+ \longrightarrow 2[Fe^{3+}] + H_2O \tag{15-1-14}$$

药剂可使用 $Fe_2(SO_4)_3$，当硫化氢浓度在 20～190ppm，水中最适 pH 值为 8.5～9.0，铁离子浓度 200～250ppm 时，去除率可达 96%，成本远低于其他两种洗涤法。

（6）吸附法

吸附是将化合物从一相转移到另一相表面或界面的过程。吸附法包括物理吸附（活性炭、沸石分子筛、活性白土、海泡石、磺化煤等）和化学吸附（浸渍酸、碱等，离子树脂交换法）等。吸附技术已被广泛应用于臭气处理领域，对处理 POTWs 的臭气和 HAPs 均相当有效，但在工程中需要针对相应的处理目标分别设计。吸附技术气体停留时间短，反应器单元体积较小，因此是一项非常可靠的气体处理技术。

就吸附剂的选用来看，活性炭较常用，但要受到吸附容量的限制。根据研究，活性炭对于硫化氢的吸附容量约为 $10kg/m^3$，硫化氢被吸附在活性炭表面以后，会发生化学氧化，且活性炭此时也具有催化功能，从而加强对硫化氢的吸附能力。根据研究，所用的颗粒活性炭对氨气的吸附能力为 0.6mg NH_3/g 干填料，颗粒活性炭填料对 NH_3 的吸附过程符合下述公式：

$$t = \left(\frac{N_0}{C_0 V}\right)X - \frac{1}{KC_0}\ln\left(\frac{C_0}{C_e} - 1\right) \tag{15-1-15}$$

式中　C_0——进口 NH_3 浓度，mg/L；

　　　C_e——排出 NH_3 浓度，mg/L；

V——水力负荷，cm/h；

t——运行时间，h；

X——床层深度，cm；

N_0——吸附能力，mg/L；

K——吸附速率常数，L/（mg·h）。

活性炭较受青睐的原因是它具有疏水性表面、高度发达的空隙结构、很大的比表面积和比孔容积，在有水蒸气存在的除臭场合受到的影响比其他吸附剂少，而且化学性质稳定。通常活性炭吸附特别适用于去除沸点大于 40℃ 的恶臭组分，而仅用物理吸附时吸附能力微小，而且缺乏对亲水性物质的吸附能力，经过表面处理或添载后的活性炭吸附效果可大大提高，例如浸渍碱（NaOH）可提高 H_2S 和甲硫醇的吸附能力；浸渍磷酸可提高氨和三甲胺的净化性能和吸附效果。

湿度较高的场合会对活性炭的吸附效率产生不利影响，而废弃的颗粒活性炭再生和处置成本均很高。当臭气浓度较高时，由于在短时间内就会让活性炭达到饱和状态，不可能一次次地取出来再生，所以必然选择活性炭直接在处理体系内进行再生的方法，如使用水蒸气或高温惰性气体进行再生，以及使用压力回转法的溶剂回收装置。

15.1.7.4 生物法臭气处理技术

（1）生物除臭原理

国外学者从 20 世纪 50 年代便致力于用生物氧化的方法处理恶臭物质的研究，最早应用是美国的 R. D. Pomeoy，他在 1957 年申请了利用土壤处理硫化氢的专利。自 20 世纪 80 年代以来，各国都十分重视生物除臭技术和原理研究，并且该研究也成为大气污染控制领域的一个热点课题。

生物除臭是利用固相和固液相反应器中微生物的生命活动降解气流中所携带的恶臭成分，将其转化为臭气浓度比较低或无臭的简单无机物，如二氧化碳、水和无机盐等。生物除臭系统和自然过程较为相似，通常在常温常压下进行，运行时仅需消耗使恶臭物质和微生物相接触的动力费和少量的调整营养环境的药剂费，属于资源节约和环境友好型净化技术，该技术具有总体能耗低、运行维护费用少、较少出现二次污染和跨介质污染转移等特点。

就恶臭物质的降解过程而言，气体中的恶臭物质不能直接被微生物所利用，必须先溶解于水才能被微生物吸附和吸收，再通过其代谢活动被降解。因此，生物除臭必须在有水的条件下进行。臭气首先和水或其他液体接触，气态的恶臭物质溶解于液相之中，再被微生物所降解。一般说来，生物法处理臭气包括气体溶解和生物降解两个过程，生物除臭效率和气体的溶解度密切相关。就生物膜法来说填料上长满了生物膜，膜内栖息着大量的微生物，微生物在其生命活动中可以将臭气中的有机成分转化为简单的无机物，同时也使自身细胞繁衍。生物化学反应的过程不是简单的相界转移，而是将污染物摧毁，转化为无害的物质，其环境效益显而易见。

但是生物膜降解气相中有机污染物的过程十分复杂，其原理也在探索之中。1986 年荷兰专家提出了生物膜的双膜理论。根据该理论，生物膜净化硫化氢、甲苯等恶臭气体的过程是伴有生化反应的吸收过程。一般认为生物膜法除臭可以概括为 3 个步骤：1）臭气首先同水接触并溶于水，即由气膜扩散进入液膜；2）溶解于液膜中的恶臭成分在浓度差的推动下进一步扩散至生物膜，进而被微生物吸附并吸收；3）进入微生物体内的恶臭成分在其自身的代谢过程中被作为能源和营养物质分解，经生物化学反应最终转化为无害的化合物，如 CO_2 和 H_2O。

生物除臭利用微生物的代谢活动降解恶臭物质，使之氧化为最终产物。恶臭气体成分不同，微生物种类不同，分解代谢的产物均不一样，对常见的恶臭成分的生物降解转化过程分析如下：

当恶臭气体为氨时，氨先溶于水，然后在有氧条件下，经亚硝酸细菌和硝酸细菌的硝化作用转化为硝酸盐，在兼性厌氧的条件下，硝酸盐还原细菌将硝酸盐还原为氮气。

当恶臭气体为 H_2S 时，自养型硫氧化菌会在一定条件下将 H_2S 氧化成硫酸根；当恶臭气体为有机硫如甲硫醇时，则首先需要异养型微生物将有机硫转化成 H_2S，然后 H_2S 再由自养型微生物氧化成硫酸根，其反应式为：

$$H_2S + O_2 + 自养型硫化细菌 + CO_2 \longrightarrow 合成细胞物质 + SO_4^{2-} + H_2O \tag{15-1-16}$$

$$CH_3SH \longrightarrow CH_4 + H_2S \longrightarrow CO_2 + H_2O + SO_4^{2-} \tag{15-1-17}$$

以甲硫醇为例，其分解转化为硫化氢的反应式为：

$$2CH_3SH + 3O_2 \longrightarrow 2CO_2 + 2H_2S + 2H_2O \tag{15-1-18}$$

当恶臭物质为胺类时，在有氧的条件下首先氧化成有机酸，此时臭味已经降低很多，只要提供一定的环境条件，有机酸还可以进一步氧化分解成二氧化碳和水。

（2）除臭微生物分析

除臭微生物的研究比较活跃，主要是为了提高臭气生物处理效率，除了常规微生物以外，目前已有新开发的优势菌种被应用于生物脱臭器中并取得了较好的效果。

在生物除臭研究中，应用最多的是自养型硫杆菌属细菌，大多数为专性好氧菌，适于在中性和弱酸性环境中生长，但适应范围较宽。如表 15-1-10 所示是赵敬淑等人对从泥炭中分离出的硫氧化菌的降解特性总结。

从泥炭中分离出的硫氧化菌及其降解特性　　　　　　　　　　表 15-1-10

脱臭细菌	来　源	恶臭物质				活性 pH
		H_2S	MM①	DMS①	DMDS①	
T. thiooxicans PT81	污水处理厂泥炭生物过滤器	▲②	×②	×②	×②	酸性
Fungus MF11	适应 MM 的泥炭	▲	▲	▲	N.D	
Fungus SF1	适应 DMS 的泥炭	▲	▲	▲	N.D	
T. intermedius 031	适应 H_2S 的泥炭	▲	N.D	N.D	N.D	弱酸性
Thiobacillus sp. HA43	适应 H_2S 的泥炭	▲	▽	×	×	
T. thioparus DW44	适应 DMDS 的泥炭	▲	▲	▲	▲	
X. anthomonas sp. DY44	适应 DMDS 的泥炭	▲	▽	×	×	
Hyphomicrobium sp. 155	DMS 培养	▲	▲	▲	▲	中性
P. acidovorans DNR-11	DMS 培养	▽	×	×	×	
Arthrobacter sp. OGR-M1	DMS 培养	N.D	N.D	▲	N.D	

① MM（甲硫醇，CH_3SH）；DMS（二甲基硫，CH_3SCH_3）；DMDS（二甲基二硫，CH_3SSCH_3）；

② ▲—可降解；▽—降解效率低；×—不降解；N.D—未研究。

（3）**生物除臭的措施**

生物除臭工艺目前主要有土壤除臭法和填充塔形生物除臭法，土壤除臭法是利用土壤中的微生物分解臭气成分达到脱臭目的；填充塔形生物除臭法是臭气在活性高的微生物中通过透气好的载体填充塔达到除臭目的。

1）土壤处理法

土壤处理法是利用土壤中的有机质和矿物质将臭气吸附、浓缩到土壤中，然后利用土壤中的微生物将其降解的方法。在自然界中土壤是微生物生活最适宜的环境，它具有微生物生长繁殖所必需的一切营养物质和各种条件，故土壤有"微生物天然培养基"之称。据统计，在肥沃土壤中，6英寸厚的表土层，每英亩含细菌和真菌超过2t。

臭气经收集后由风机送入扩散层，通过布气管使气体均匀分布，气体再经过土壤降解层与土壤中的有机质和矿物质充分接触达到吸附的目的，再由相应的微生物种群逐步降解吸附在土壤上的有机物。扩散层由粗、细砾石和黄砂组成，可以使臭气均匀分布，其厚度一般在40～50cm，土壤降解层由砂土混合组成，一般混合比例为：黏土1.2%，富含有机质沃土15.3%，细砂土53.9%，粗砂29.6%，其厚度一般为50～100cm，而且土壤应保持适宜条件以维持微生物正常工作，一般来说，温度为5～30℃，相对湿度为50%～70%，pH值为7～8左右。土壤中加入某些改良剂可以改进土质、提高去除率。有资料表明在土壤中混入3%的鸡粪和2%珍珠岩石，透气性能不变，甲硫醇的去除率可提高34%，二甲基硫去除率可提高80%，二甲基二硫的去除率可提高70%。土壤使用一定时间后一般都会呈酸性，可加入石灰进行调理，土壤处理法具有设备简单、运行费用低、维护操作方便的优点。

表15-1-11列出了一些土壤处理法的设计参数和处理臭气的效率。

土壤床的应用和运行   表15-1-11

地 点	场 合	土壤床面积（m²）	填料	停留时间（min）	去除率
Burwood 海滩	污水厂的滴滤池	540	树皮，土壤，泥炭，肥料	2	99%
多伦多	污水厂进水部分	50	树皮，土壤，泥炭，肥料	4.5	99%
Griffith	提升干管	64	肥土，土壤	大约7	98.7%～99.9%
Quakers 山脉	污水厂进水部分	50	米壳，泥炭，污泥，肥料	无数据	无数据
Manukau 新西兰	污水厂滴滤池	3500（近期扩建）	铁渣，土壤	1.5	无数据
悉尼工业废水厂	废水处理的进水部分	45	肥料	8.5	无数据

表15-1-11的分析表明，土壤处理法运行时，采用的填料已经是混合填料，实际上是生物滤池的一种类型，一般来讲，土壤除臭法需要的停留时间相对于生物滤池要长，其对占地的要求比较大，土壤除臭法可能导致短路现象，运行时阻力相对较大。

2）生物除臭法

生物除臭反应器的形式可以分为3大类，如表15-1-12所示，第一类是生物滤池，填料采用树叶、树皮、木屑、土壤、泥炭等，臭气一般需要预湿化，占地面积大；第二类是生物滴滤池，填料则为各种多孔、比表面积大的惰性物质，由于富集的微生物量多，占地面积小；第三类是生物洗涤器，恶臭物质吸收到液相后再由微生物转化。3类典型的生物除臭装置如图15-1-1所示。

3 类典型的气态污染物生物除臭装置优缺点比较   表 15-1-12

生物滤池	生物滴滤池	生物洗涤器
优点		
操作简便	操作简便	操作控制弹性强
投资少	投资少	传质好
运行费用低	运行费用低	适合于高浓度污染气体的净化
对水溶性低的污染物有一定去除效果	适合于中等浓度污染气体的净化	操作稳定性好
适合于去除恶臭类污染物	可控制 pH	便于进行过程模拟
	能投加营养物质	便于投加营养物质
缺点		
污染气体的体积负荷低	有限的工艺控制手段	投资费用高
只适合于低浓度气体的处理	可能会形成气流短流	运行费用高
工艺过程无法控制	滤床会由于过剩生物质较难去除而堵	过剩生物质量可能较大
滤料中易形成气体短流	塞失效	需处置废水
滤床有一定的寿命期限		吸附设备可能会堵塞
过剩生物质无法去除		只适合处理可溶性气体

在实际应用中，以堆肥和木片为介质的生物滤池为主，通常采用的过滤气速从 $50\sim200m/h$ 不等，介质高度为 $1\sim1.5m$，气体停留时间为 $20\sim90s$，H_2S 的去除率为 $90\%\sim99\%$，NH_3 去除率为 $84\%\sim99.4\%$，臭气浓度去除率为 $72\%\sim93\%$，系统的压降从 400Pa 会逐渐增加到 2000Pa 以上。

生物除臭技术的应用情况而言，尤其适用于处理气量较大的场合。在气量较大的场合，其投资费用通常要低于现有其他类型的处理设施，而运行费用低则是最突出的优点。在欧洲和日本，生物滤池技术是最为常用的恶臭控制技术，大约有 500 座生物滤池在欧洲运行，美国约为 50 座，在德国用来处理污水处理厂恶臭的装置中，生物滤池占到 50%。

3）生物滤池

生物滤池是固体滤料床，微生物在滤料表面附着生长形成生物膜，气体流经生物滤池，污染物质转移到生物膜内部进而被微生物降解。在适当的条件下，VOCs 等污染物质被完全氧化形成二氧化碳、水、微生物和无机盐等。生物滤池以木片、泥炭、堆肥或无机介质做滤料，污染物和氧气均传递到滤料表面的生物膜上，然后被微生物代谢降解。首先要进行接种，天然材料像泥炭、堆肥含有能够降解 VOCs 的微生物，也可以用污水处理厂的活性污泥接种，微生物生长所需要的水分来自于对进气进行预湿处理，也可对生物滤池浇灌。传统生物滤池是敞口或封闭结构，床体内不存在连续的液相，依靠载体材料本身的持水性供水，水分的维持是依靠对进气的预湿和定期的浇灌水。不提供给微生物赖以生长的营养物质，防止微生物的过度繁殖。在需要时可以补加碳酸钙控制系统的 pH 值平衡。当污染物浓度较低气体流量较大时传统生物滤池具有经济上的优势。

传统生物滤池原理简单，操作方便，但是由于其以木片、泥炭、堆肥滤料作为介质，也有许多缺点，如①污染物去除率低、体积大，对难生物降解物质的处理能力差；②pH 值控制不便；③滤料出现酸化和腐烂，导致滤料寿命短；④随时间增加，滤料分解，导致滤料塌落、压实，出现短流，滤料堵塞，压降增加等。限制生物滤池应用的还有：滤料内的水分难以控制，水分高容易导致内部出现厌氧，水分低则滤料出现干燥，缺少运行控制的预测工具，由于滤料的分解和压缩导致必须定期更换滤料，滤料必须选择具有一定的吸附性能、（酸碱）缓冲能力、低压降、良好的孔结构、不随时间的压实，并具有良好的生物学特性。

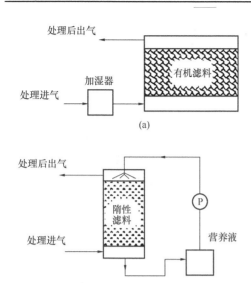

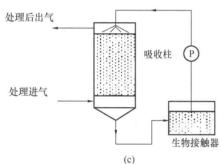

图 15-1-2　3 类典型的生物除臭装置示意图

(a) 生物滤池；(b) 生物滴滤池；(c) 生物洗涤器

4）生物洗涤器

生物洗涤法（也称生物吸收法）是生物法除臭的又一途径。生物洗涤器有鼓泡式和喷淋式两种。喷淋式洗涤器和生物滤池的结构相仿，区别在于生物洗涤器中的微生物主要存在于液相中，而生物滤池中的微生物主要存在于滤料介质的表面。鼓泡式的生物除臭装置则由吸收和污水处理两个互连的反应器构成。臭气首先进入吸收单元，将气体通过鼓泡的方式和富含微生物的生物悬浊液相逆流接触，臭气中的污染物质由气相转移到液相而得到净化，净化后的废气从吸收器顶部排除。后续为生物降解单元，即将两个成熟的过程结合，惰性介质吸附单元，污染物质转移至液面；基于活性污泥原理的生物反应器，污染物质被多种微生物氧化。实际中也可将两个反应器合并成一个整体运行。在这类装置中采用活性炭作为滤料时能有效增加污染物从气相的去除速率，这种形式适合于负荷较高、污染物水溶性较大的臭气，过程的控制也更为方便。生物洗涤器主要适用于处理可溶性气体，通常需要较长的驯化期。

5）生物滴滤池

生物滤池最重要的改进是生物滴滤池。生物滴滤池使用无机非孔固体滤料，如塑料或陶瓷等，微生物在其表面固定生长。液体以污染气体流向的顺向或逆向通过柱体循环，流动液相的存在可为微生物提供营养物质和 pH 值控制，这是维持滴滤池处于最佳运行条件的关键。

典型的生物滴滤池除臭系统由 8 个部分组成：

（A）臭气管道收集系统；

（B）滤池空气分配系统；

（C）风机，通常位于生物滤池前面，但风机放在生物滤池后面有利于防止臭气泄漏；

（D）单层或多层滤料；

（E）喷洒系统，保证滤料表面维持适当的水分；

（F）营养投加系统和 pH 值调节系统；

（G）滤料水收集系统，通常部分回流到进水进行喷洒，但需要适当排除部分水，以防止盐分和有毒物质的积累；

（H）空气加湿装置、加热系统。

就污染物浓度、物理性质和污染物的处理成本而言，生物滤池和滴滤池是臭气处理中最可行的技术，生物滴滤池可控制滤池运行，可克服传统生物滤池的一些缺点，具有滤料寿命长、可控制 pH 值、能投加营养物质等一系列优点，这种生物处理技术已证明经济有效，近年来正在逐渐推广和应用。

作为生物滴滤池的滤料对生物滴滤池和生物滤池的运行操作起决定性作用，滤料的选择成为滤池设计中无可争辩的决定因素。滤料类型决定生物滤池尺寸、制造和操作成本，比较理想的生物滤池滤料，应具有以下特性：

（A）具有均匀的粒径和合适的大小。

（B）具有较高的空隙率。

（C）具有较大的比表面积和提供生物生长的环境。

（D）具有一定的持水能力。

（E）具有吸附性能。

（F）惰性材料，不随时间腐烂，遇水不膨胀和缩水。

（G）具有一定的机械性能，滤层厚度 $1\sim1.5m$。

（H）能提供丰富的营养物质供细胞生长。

（I）具有 pH 缓冲能力。

空隙率是决定气体流动性能的主要因素。空隙率大则气体阻力小可有效降低能耗，为微生物的生长提供足够的空间；空隙率小则容易引起堵塞，增加能耗。土壤最先被用作载体，由于空隙率低、易于短路和堵塞限制了其有效运行；另一种被广泛使用的载体是堆肥，尽管它具有良好的持水性、丰富的土著微生物、适宜的有机物含量，但是长期运行后会老化、分解、变质，随后由于空隙率降低出现短路、堵塞，降低其长期有效性，而且为了防止堆肥的压实，堆肥床体的高度也受到很大的限制，通常小于 1.5m，而人工合成的滤料具有较高的孔隙率，滤料粒径可根据需要控制，可克服传统生物滤池滤料存在的问题。

水分是维持生物膜活性的主要因素。堆肥滤料生物滤池，当含水率降低至一定水平时，会导致去除能力的下降，最高的生物滤池处理效率需要最佳的含水率，土壤和堆肥的持水能力过高使得在水分含量高时导致结块，人工合成材料的持水能力过低，可通过不断从外部供给水分达到目的。

滤料主要是为微生物提供附着生长的媒介，因此滤料必须适合微生物的附着和生长，土壤和堆肥长期以来受到青睐的一个重要原因就是它们本身含有较为丰富的土著细菌，不需要另外接种微生物；目前的合成滤料一般需要接种来自于活性污泥、油田土壤或其他地点的菌种，当条件控制适宜时，细菌将会附着在滤料表面以生物活性膜的形式生长，为了快速获得最大的生物滤池处理能力，一般需要对生物膜进行驯化。

滤料内部 pH 值会随着微生物降解转化的过程而变化，这又进而影响底物利用速率。硝化作用会产生酸导致 pH 值下降；反硝化作用会消耗酸导致 pH 值上升。二氧化碳的产生和利用也会导致化学平衡的移动。同时，生长速率和底物利用速率也依赖 pH 值。一些生物滤池需要提供足够的缓冲能力，通过控制 pH 值水平可获得最大的微生物生长速率，模拟表明较强的缓冲强度可减小 pH 值改变。合成滤料本身基本不具备 pH 值缓冲能力，可通过工程手段控制。相对于传统生物滤池而言，生物滴滤池在控制 pH 值和营养底物方面具有一定的优势，它可以采用在循环液中加入缓冲剂和营养物质的形式达到 pH 值的控制。

在生物滤池和滴滤池中，其他因素如机械性能、滤料的重量、比表面积和价格等也往往决定该材料是否会被采用。滤料的机械性能和重量决定了滤池的建造规模和能够支撑的高度，受污染气体和生物膜间的界面面积直接影响污染物的通量，进而影响生物滴滤池的去除能力，生物滴滤池所处理的气体流量一般较高，因此填料成本直接影响到技术的经济性。

15.1.8　臭气生物法处理工程实例

15.1.8.1　臭气治理规模、对象和标准

（1）处理规模

处理规模 $Q=25000m^3/h$

（2）处理对象

处理对象：生物处理的曝气池

VOC：250ppm

臭气浓度：100 以上

（3）处理标准

执行《恶臭污染物排放标准》GB 14554—93 中的二级标准，除臭效率≥90％。

15.1.8.2　臭气处理工艺和技术参数

（1）处理工艺

加罩收集→水洗加湿→生物滤池→低空排放

（2）废气处理负荷：80～130m³/(m²·h)；

（3）水洗区设计停留时间：3～6s

（4）生物区设计停留时间：15～40s

15.1.8.3　主要构筑物和设备

（1）加盖面积：2064m²

（2）除臭装置：

1）洗涤塔：玻璃钢，ϕ3.0m×6.0m

2）生物滤池：钢筋混凝土结构，22.6m×12.75m×5.4m，分 6 格

（3）主要设备

不锈钢高压离心风机 1 台，Q＝30000m³/h，P＝3500Pa，N＝55kW，户外型，附隔振基座和隔音箱。

15.1.8.4　主要经济指标

（1）加盖费用 274.16 万元

（2）收集系统费用

1）风管：215.61 万元。

2）风机：13.62 万元。

（3）除臭装置本体费用

土建和管配件设备合计：272.75 万元。

（4）除臭运行费用

单位处理成本：0.0074 元/m³。

15.2　浮沫控制方法

15.2.1　浮沫控制意义

在活性污泥法污水处理厂的运行管理中，有时曝气池会产生泡沫，整个曝气池表面会被泡沫覆盖，曝气池中的大量固体进入漂浮泡沫浮渣层，使得泡沫黏性增加，这种携带着大量活性污泥的黏稠、稳定的巧克力色的泡沫层就是生物浮沫。

大量生物浮沫覆盖曝气池表面，会降低曝气池的充氧效率，特别是机械曝气时影响更大，会降低污泥的沉淀性能，泡沫严重时溢出曝气池，泡沫随风飘逸影响环境并散发出气味，同时浓厚的泡沫使出水水质恶化，给运行和管理带来很多麻烦。

生物浮沫和污泥膨胀一样是普遍存在的问题，为有效地防止和控制浮沫，世界各国的研究者一直在从事这一课题的研究。1932 年法国研究者首先发现了活性污泥中的丝状菌膨胀问题；1969 年，美国的密尔沃基污水处理厂发现了生物泡沫问题；1975 年，系统总结了一套丝

状微生物分类和鉴别方法，为控制污泥膨胀提供了基础；1977 年，提出了缺氧选择器和厌氧选择器的概念；1980 年，提出了 MST 理论（代谢选择），并结合 20 世纪 80 年代的实践成果，系统地提出了好氧选择器、缺氧选择器和厌氧选择器的理论和设计方法。在丹麦、瑞典、荷兰、德国、法国、意大利、英国、南非和澳大利亚等国家几千座处理厂进行的调查表明：生物脱氮除磷活性污泥系统更容易产生丝状菌污泥膨胀。常见的丝状菌为：M. *Parvicella* 和 *Nocadiaspp*。其中，M. *Parvicella* 是导致污泥膨胀的最主要种类。*Nocadiaspp* 是导致生物泡沫的主要种类。M. *Parvicella* 也常导致泡沫，其产生的泡沫比 *Nocadia* 产生的泡沫更加黏稠，常称之为生物浮沫。M. *Parvicella* 产生的污泥膨胀和浮沫出现在较冷的季节，有时能从秋末持续到初春。对该种丝状菌初步进行的培养研究发现，厌氧、缺氧、好氧交替循环的环境，尤其适合该种丝状菌的大量繁殖。因此，为脱氮除磷设置的工艺状态，恰恰为 M. *Parvicella* 的大量繁殖创造了条件。随着污水处理标准的更新和提高，污水厂运行过程中出现的生物浮沫频率会提高，在我国北方尤其特出。图 15-2-1 是发生在氧化沟上的生物浮沫实例。

图 15-2-1　发生在氧化沟上的生物浮沫

15.2.2　生物浮沫成因

生物浮沫的产生是一个复杂的物理化学和生物过程，它是一个由气、水、微生物细胞形成的稳定三相系统，主要的形成原因是处理系统中丝状细菌的大量增殖，这些丝状细菌大都含有脂类物质，如微丝菌属的 *Microthrix parvicella* 可利用长链脂肪酸作为其碳源和能源，多余的长链脂肪酸储存在体内，这种由油脂组成的大液珠可以达到细胞干重的 35%，使得这类微生物呈疏水性，比重比水轻，易漂浮在水面。而且丝状细菌大都呈丝状或枝状，易形成网，能捕获微粒和气泡浮到水面。被丝网包围的气泡，增加了表面张力，使气泡不易破碎，变得稳定。同时曝气池气泡的气浮作用常常是浮沫形成的主要动力。体形小、质量轻和具有疏水性的物质容易气浮，当水中存在油、脂类物质和含脂微生物时则更容易产生表面浮沫现象。一旦浮沫形成，浮沫层的生物停留时间就独立于曝气池内的污泥停留时间，使形成生物泡沫的微生物大量繁殖，成为稳定持久的浮沫。

工艺流程、水质和环境条件等都会对生物浮沫的形成产生影响。这些因素有的单独存在时诱导丝状细菌生长，有的只是诱发因素。不同的工艺条件存在的丝状细菌类型不同，诱发其生长的原因也各不一样。这些因素有的与发生污泥膨胀时相同，有的不同，发生污泥膨胀常常伴随着生物浮沫，但是发生生物浮沫不一定会发生污泥膨胀，污泥膨胀往往会有一个滞后期。影响生物浮沫大量产生的因子主要有污泥负荷、pH 值、溶解氧、温度、曝气方式、反应器结构形式等。

（1）污泥负荷

研究表明，高负荷条件下，诺卡氏菌（*Nocardia*）和放线菌会大量增殖，产生浮沫，高负荷（＞0.2kgBOD$_5$/（kgMLVSS·d））条件下产生生物浮沫的污水处理厂的比例是低负荷

（<0.1kgBOD₅/（kgMLVSS·d））条件下的两倍多。不同的负荷下，生物浮沫中的丝状细菌的类群不同，而 *M. parvicella* 在低温时则无论负荷高低，在丝状细菌种群中经常处于优势地位。

（2）脂肪酸含量

底物中长链脂肪酸含量和生物浮沫的发生密切相关，脂肪酸是泡沫微生物 *N. amarae* 的唯一碳源，*M. parvicella* 喜欢长链脂肪酸如油酸作为碳源，污水中的油、脂和表面活性剂的存在，有利于这些丝状细菌的生长。

（3）pH 值

不同的丝状细菌对 pH 值的要求不一样，*Nocardia* 菌的生长对 pH 值极敏感，最适宜的 pH 值为 7.8，*M. parvicella* 最适宜 pH 值为 7.7~8.0。据报道，当 pH 值从 7.0 下降到 5.0~5.6 时，能有效地减少浮沫的形成。这主要是因为低的 pH 值超过了产生浮沫的微生物群落对 pH 的极限。因此当 pH 值为 5.0 时，就能有效控制其生长。

（4）溶解氧（DO）

生物浮沫中的 *Nocardia* 菌是严格好氧的微生物，在缺氧或厌氧条件下，都不能利用基质和生长，但并不会死亡。而 *M. parvicella* 和其他丝状菌有所不同，它可以利用硝酸根作为其最终电子受体，在厌氧或兼氧条件下，其生长速率高于菌胶团细菌，从而在活性污泥中处于优势。因此即使在脱氮除磷系统中的缺氧段或厌氧段，仍可以顺利地生长。甚至有人认为，富含 *M. parvicella* 活性污泥的反硝化速率相比那些菌胶团细菌要高。

（5）温度

与生物泡沫形成有关的菌类都有各自适宜的生长温度和最佳温度，如 *Nocardia amarae* 为 23~37℃；而 *Nocardia pinensis* 生长范围相对较窄；*M. parvicella* 的适应范围很广，为 8~35℃，适合的生长环境是低温（≤12~15℃）。当环境或水温有利于它们生长时，就可能产生浮沫现象。不仅如此，温度的变化还会使活性污泥系统中的微生物群落发生改变，导致生物浮沫产生，这可以从许多生物浮沫的产生具有季节性看出。如许多污水处理厂在冬季和春季，生物浮沫容易产生，而且 SVI 值也随之上升；而在夏季和秋季，情况便会好转，SVI 值便会下降。究其原因，主要是因为生物浮沫中的 *M. parvicella* 可以利用长链脂肪酸作为其碳源和能源。在低温下，因为油脂的溶解度下降，这些基质会聚集在曝气池表面，给憎水性微生物 *M. parvicella* 等提供了有利的生长条件。此外，如果在油脂充足的情况下，较高的温度不仅会影响油脂的提供状况，而且也会使其他菌种在竞争中占有优势，使活性污泥絮体中微生物的种群发生变化。因此低温能为 *M. parvicella* 和其他微生物竞争基质方面提供有利的条件。

（6）曝气方式

据观察，不同曝气方式产生的气泡不同，微气泡或小气泡比大气泡更有利于产生生物浮沫，并且浮沫层易集中于曝气强度低的区域。表面曝气方式容易使污泥的沉降性能变差，污泥易膨胀产生浮沫。

（7）反应器结构形式

最近几年，反应器的形式对于生物浮沫的影响日益受到关注。试验表明，推流好氧反应器中的 *M. parvicella* 含量最少，污泥沉降性能最好，完全好氧完全混合系统次之，完全混合硝化反硝化系统最差，该系统中 *M. parvicella* 占优势。通过连续流和序批式试验显示，控制 *M. parvicella* 生长的最佳设计模式是连续推流式系统，这或许是因为以下两点使菌胶团形成微生物处于生长优势。

1）利用菌胶团形成时的高吸附性能去除较难生化的 COD。

2) 防止了胶体物质水解后的溶解性产物的扩散。一些新型工艺如 CASS，UNITANK 和 MSBR 等出现生物浮沫的频率在增加。

以上对影响丝状细菌大量生长的理化因子分别进行了研究，研究结果和这些因子有一定的相关性。但是在实际的污水生物处理系统中，根据试验得到的影响因子对实际系统的控制往往效果不明显，环境条件更加复杂是一个重要原因，和实验室试验相比较，实际处理系统是多因子的综合表现，其中就有被忽略的其他影响因子，这些因子可能是物化的，也可能是生物的，可能是单一的，也可能是复合的。

15.2.3　生物浮沫控制技术

生物浮沫发生后具有持续、稳定和较难控制的特点。污水处理厂的地域不同，水质情况不同，工艺环境条件不同，导致产生生物浮沫的丝状细菌的类群也不一样，因此采取的控制措施也不一样。

（1）MCRT（细胞平均停留时间）控制技术

根据组成浮沫微生物性质和合成浮沫机理，可采用调节 MCRT 技术控制生物浮沫，由于产生浮沫的微生物普遍生长速率较低，如 $Nocardia$ 菌的 $\mu_{max} = 2.3/d$，$Y_{obs} = 0.23gVSS/gCOD$，生长周期长（$Nocardia\,amarae$ 为 4～7d，$M.\,parvicella$ 为 6～10d，$Nocardia\,pinesis$ 菌为 10～21d）。减少 MCRT 是一种控制生物浮沫的有效方法。在 $Nocardia$ 菌控制方面，由于菌群在完全混合活性污泥中是一个弱竞争者，且反硝化很慢，故在适当的 MCRT 值时，用好氧选择器可有效控制 $Nocardia$ 菌生物浮沫的形成。现在较为普遍采用的脱氮系统对污泥停留时间有一定的要求，因此更容易产生浮沫现象，虽然缩短 MCRT 能将系统中大部分生长缓慢的丝状细菌排出系统之外，减少生物浮沫的量，但同时也将世代时间较长的硝化细菌和反硝化细菌排除，影响生物处理系统的硝化和脱氮效果。

（2）生物浮沫选择性浮选和去除

该法将含有 $Nocardia$ 菌等微生物的浮沫溢流至系统外，去除其中的起沫微生物。亚特兰大 WPCP 污水处理厂的研究表明，采取增加曝气量，控制 MCRT，以从混合液中除去起沫微生物，允许载有 $Nocardia$ 菌的浮沫从曝气池中溢流到相邻水池去除等措施，得到很好的浮沫去除效果。在南非，通过选择性浮选，生物浮沫可在一天内从活性污泥中去除，泡沫去除后，生物相中的丝状细菌明显减少，而去除的浮沫中几乎都是丝状细菌，且＞95％的浮沫微生物能在最初的约 4h 去除；去除速度不取决于 $Nocardia$ 菌浮沫微生物种类，但依赖于初始浮沫中的微生物浓度。

（3）选择器技术

生物浮沫控制技术还可与控制污泥膨胀等活性污泥异常运行情况相结合，综合调节活性污泥运行工艺。在生物反应池的前端设置厌氧和好氧选择器，可以抑制和淘汰某些丝状细菌的生长，从而降低污泥膨胀和生物浮沫的发生。用于从 MLSS 中生产和去除表层浮沫的分类选择器发现，分类选择器可使 $Nocardia$ 菌的数量降低，向选择器中添加可降解的非离子表面活性剂可进一步降低混合液中的 $Nocardia$ 菌水平。如美国凤凰城污水处理厂在相当低的 MLSS 和较短的 SRT 情况下运行，一直存在着连续的膨胀污泥，采用 DO 为 0～0.3mg/L 的缺氧选择器，当总氮去除为 75％时，曝气的缺氧选择器可以使污泥膨胀得到全部控制，No-$cardia$ 菌浮沫可以初步控制。

（4）提高曝气池的有机负荷率

一般说来，增加进水的负荷或提高曝气池中有机物的负荷，可以使菌胶团细菌竞争超过丝状细菌，优先生长，有效控制浮沫的形成。但若增加对起沫丝状菌能优先利用的底物负荷，如烷烃，或者间接的表面活性剂，或者可供 *M. parvicella* 优先利用的底物，如脂肪和油，反而会导致浮沫形成微生物的增殖。

（5）避免中间厌氧区

放线菌（*Actinomycetes*）等不同细菌属在富氧环境中能够结合聚磷盐和聚－β－羟丁酸，而在厌氧环境中短期存活，其结果是中间厌氧区可能有利于放线菌的增长而不利于需要绝对好氧条件的细菌生存。这种情况容易在氧化沟工艺中出现，这也是氧化沟工艺容易发生生物浮沫的原因之一。

（6）投加化学药剂

1）投加氯和氧化剂

在活性污泥中加氯控制生物浮沫产生是比较常见的方法，美国和澳大利亚将其作为一种最常见和最有效的方法。表面加氯在美国 23 座污水处理厂已获得良好的效果，当浓度达到 $1000\sim2000\mathrm{mgCl_2/L}$ 时可以在 $8\sim24\mathrm{h}$ 内消除由诺卡氏菌产生的浮沫，而且在浮沫表面加入 $2\sim3\mathrm{kg/h}$ 的氯并不会降低处理能力。但也有认为表面浮沫层加氯没有回流污泥中加氯有效，因为其不仅破坏了浮沫而且也杀死了聚集其中的诺卡氏菌。持反对意见的人认为如果在回流污泥中加氯不仅增加药剂投加量，而且还会降低活性污泥的能力，降低处理效果。也有试验发现在低剂量的情况下，加氯量的增长会使浮沫发生的可能性增大。由 *M. parvicella* 引起的生物浮沫应用加氯法则有待研究，因 *M. parvicella* 可以耐受 $100\mathrm{gCl_2/kgMLSS}$，而在此剂量下，混合液中其他微生物早已经被杀灭。

投加低浓度 H_2O_2 可控制污水处理厂生物浮沫的产生。数据表明，投加低浓度 H_2O_2 能氧化部分生物残渣和消除生物代谢过程产生的毒素，并能改善菌胶团菌生活的微环境，促进菌胶团菌的生长。在浮沫发生的敏感期，预先投加低浓度的 H_2O_2 能较好地防止浮沫产生。此外，在曝气池中投加臭氧约 $2\sim6\mathrm{mg/L}$，也可抑制 *Nocardia* 菌不正常增殖产生的浮沫，且污泥沉降性能好转。

虽然投加氧化剂效果较快，但是，投加化学药剂毕竟会增加污水处理厂的运行费用，而且使用化学药剂后，对出水水质产生影响，对剩余污泥的处理也可能带来问题。

2）投加混凝剂

投加阳离子聚丙烯酰胺的方法证明是有效控制生物浮沫的方法之一。美国洛杉矶市一家 11 万 $\mathrm{m^3/d}$ 的污水处理厂，投加了 $0.5\mathrm{mg/L}$ 的阳离子型聚丙烯酰胺，成功消除曝气池里的浮沫。投加铁盐、铝盐等混凝剂可以通过其凝聚作用提高污泥的压密性，改善污泥的沉降性，减少生物浮沫。但是投加混凝剂有一个缺点，就是仅能短期除去曝气池表面的丝状细菌，一般 $2\sim3$ 周以后又会出现，不具有长效性，仅能作为一种紧急处理的手段，无法在污水处理厂长时间应用。

3）投加消毒剂季铵盐

季铵盐是一种用于消除丝状细菌的化学消毒剂，可以杀灭许多种水生细菌。在生产性试验中，剂量为 $150\mathrm{g/kgMLSS}$ 时可几乎全部杀灭 *M. parvicella*。在实际工程中，连续 5d 加入 AFP20g/kgMLSS 后，SVI 值从 $340\mathrm{mL/g}$ 降至 $130\mathrm{mL/g}$。镜检发现，活性污泥絮体周围的 *M. parvicella* 大部分已被破坏，而且投加 AFP 后，该年冬季没有发生生物浮沫现象，这说明其有一定的时效性。

（7）其他方法

还有很多其他方法，如辐射、喷水、改变原有反应器形式、回流厌氧消化池上清液、投加特种微生物等，这些措施在不同程度上都可以缓解生物浮沫的问题，有的方法效率也比较高，但是停用会出现反复或影响出水水质等问题，很难做到标本兼治。

15.2.4 生物浮沫预警技术

生物浮沫是大多数采用活性污泥工艺的污水处理厂中存在的共同问题，引起生物浮沫的主要原因是活性污泥中的丝状细菌异常增殖，影响生物浮沫产生的环境因子复杂，因此对于不同原因造成的生物浮沫控制措施也不一样，效果也不同，如泥龄的调节，虽然可以将系统中大部分生长缓慢的丝状细菌排出系统之外，但同时也将硝化细菌和反硝化细菌排除，影响了系统的硝化和脱氮效果；投加化学药剂，可以减轻一些严重的浮沫症状，但也会有副作用；其他方法也各有利弊。为此，根据生物浮沫产生的机理，结合实际工程的具体情况，考虑控制措施的经济性、技术性和可行性，是成功控制生物浮沫的关键。从寻找生物浮沫产生的早期征兆入手，从复杂的影响因子中找到和浮沫征兆产生相关的主要因子，根据早期征兆特征和表现进行预警，并采取相应的预防和调控措施，建立生物浮沫预警的指标体系和专家系统，对于污水处理厂有效地防范生物浮沫和污泥膨胀的发生，方便运行管理和降低运行费用具有现实意义。

（1）预警级别

为便于实际操作，选择 3 个在生产实际中易于测定和观察的有代表性参数指标，分别是污泥体积指数 SVI，丝状细菌主观分级指标和曝气池泡沫覆盖度，来确立预警系统的等级。预警系统级别分为三级，SVI 为 $150 \sim 200 \text{mL/gMLSS}$，丝状细菌数量为 4 级时，曝气池泡沫覆盖度（肉眼观察）为 30% 为一级警报，该级别为污泥膨胀和浮沫的发生初期；当 SVI 为 $200 \sim 300 \text{mL/gMLSS}$，或丝状细菌数量为 5 级时，或浮沫覆盖度为 30%~50% 为二级警报，该级别为污泥膨胀和浮沫的发展期，要采取相应的措施进行控制；当 SVI 为大于 300mL/gMLSS，丝状细菌数量为 5 级或以上时，浮沫覆盖度为 60% 以上为三级警报或严重警报，如表 15-2-1 所示。

预警分级及对策措施　　　　　　　　　　　　　　　　表 15-2-1

警报级别	现象和指标	对策和措施	备　注
一级	SVI 为 $150 \sim 200 \text{mL/(g·MLSS)}$，浮沫覆盖度为 30%，丝状细菌数量为 4 级	可适当缩短泥龄，提高溶解氧和负荷	为污泥膨胀和浮沫的发生初期
二级	SVI 为 $200 \sim 300 \text{mL/(g·MLSS)}$，浮沫覆盖度为 30%~50%，丝状细菌数量为 5 级	缩短泥龄，适当投加混凝剂和杀菌剂氯	污泥膨胀和浮沫的发展期
三级	SVI 为大于 300mL/(g·MLSS)，浮沫覆盖度为 60%，丝状细菌数量为 5 级或以上	拉网排浮沫，缩短泥龄，投加足量的氯	污泥膨胀和浮沫的高峰期

根据警报的不同级别，分别采取不同的控制对等和措施，当为一级警报时，需要引起注意，可采取控制进水中的含油物质，适当缩短泥龄的方法进行控制；为二级警报时，可采取改变工艺措施，如缩短泥龄和增加曝气，改变负荷的方法进行控制，也可适当投加絮凝剂或杀菌剂；当为三级警报时，除工艺调整外，还应根据实际情况采取投加氯杀菌，投加絮凝剂，拉网拦截等综合措施。

（2）预警控制和应急措施

1）调整工艺运行参数，抑制丝状细菌的产生和污泥膨胀

丝状菌的研究证明，该菌嗜好低温，低温条件下丝状细菌繁殖能力强，世代时间短于常规运行条件下的污泥龄，这也是冬季低温时活性污泥中丝状菌数量陡增和污泥膨胀的主要原

因。因此在活性污泥膨胀易发的低温时期，可考虑增加排泥量，采用低污泥龄条件运行，因为降低氧化沟污泥龄至适当的时间，可使丝状细菌无法在氧化沟中完成世代繁殖，并最终被排出系统之外。

2）增加供氧

在低溶解氧的条件下，丝状细菌比菌胶团细菌更有竞争能力，主要原因是长丝体使其比表面积大，有优先竞争到氧的优势。提高溶解氧在初期能够降低活性污泥的黏度，降低 SV_{30} 指数，较长时间维持溶解氧在 $2\sim4mg/L$ 的条件下，可有效抑制活性污泥中丝状细菌的生长，降低污泥指数 SVI，抑制污泥膨胀。

3）投加化学药剂抑制污泥膨胀和杀灭丝状细菌

在曝气池中污泥膨胀和浮沫现象较为严重时，可考虑投加次氯酸钠杀灭丝状细菌，次氯酸钠应连续投加 $4\sim5d$，一方面保持系统中足够的余氯量，另一方面保证次氯酸钠同丝状细菌有足够的作用时间。投加时注意投加量的控制，不可一次性投加，以免短时间内曝气池中局部浓度过高，伤害反应池中菌胶团细菌，应根据每天实际的处理水量，准备相应的药剂，在进水口和污水均匀混合，缓慢投加。

投加量按混合液中有效氯含量 $12mg/L$ 计算，次氯酸钠可使用含有效氯 10% 的工业产品。

4）投加絮凝剂聚丙烯酰胺 PAM

絮凝剂的使用一方面可促使活性污泥尽快沉淀，有利于出水，另一方面，絮凝剂减少活性污泥菌胶团外游离的丝状细菌数量，从而可减少表面生物浮沫的生成。

5）人工隔网清污

曝气池转弯处设置隔网，对漂浮在曝气池表面的浮沫进行网捕和拦截，定时人工清理隔网上的积聚杂物和浮沫残体。

15.3 节能运行控制方法

污水厂的主要能耗为电力，由于运行费用问题，许多污水处理厂不能正常运转，使国家投巨资建设的污水处理厂没有充分发挥效益，因此在能保障污水处理量和尾水达标排放的前提下，对污水处理厂运行进行优化管理，节约能源费用，降低处理成本是保障污水处理厂正常运行的重要手段。

15.3.1 污水处理厂能耗分析

活性污泥工艺是污水处理的主要工艺，全球近 6 万座城镇污水处理厂中，有 3 万多座采用活性污泥工艺，而其余多为规模很小的稳定塘系统。我国已建的污水厂中，采用活性污泥法工艺的比例也相当高，尤其是日处理 $5\times10^4m^3$ 以上的污水厂。图 15-3-1 为典型的活性污泥法的处理工

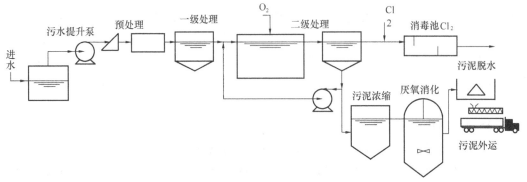

图 15-3-1　活性污泥法工艺流程图

艺流程。从管网收集的污水，通过提升泵提升进入污水厂，污水厂经过格栅、沉砂池等预处理后进入一级处理，然后经生物反应池、二沉池等二级处理设施，最后经加氯消毒后排放到自然水体，二沉池产生的污泥一部分经过泵回流到生物反应池，剩余污泥和初沉污泥经过污泥浓缩池浓缩后，再消化脱水，由运输工具运往垃圾处理场。

有关资料显示，一座 $11.4 \times 10^4 \mathrm{m}^3/\mathrm{d}$ 规模的活性污泥工艺的污水厂其各部分的能耗比例如图 15-3-2 所示。

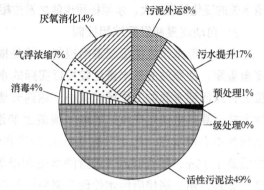

图 15-3-2　能耗比例图

从图中可知，节能的主要潜力在污水提升部分和生物处理阶段。因此面对能源价格的上涨和运行费用的缩减，节约能耗的重点主要集中在污水处理厂的活性污泥系统和污水提升部分。

15.3.2　节能措施

15.3.2.1　污水(泥)泵

水泵的节能应首先从设计入手，进行节能设计，对于已投产的污水厂，水泵节能的关键在于控制方式，只有实行最优控制，才能达到节能目的。

(1) 合理控制水泵的扬程

从水泵的有效功率 $N = \gamma Q H$ 可以看出，γ、Q 一定时，N 和 H 成正比，因此控制水泵的扬程，节能效果显著，据资料介绍，有些污水厂总水位差 4.5m，而天津某污水厂则为 6m，日本的一些污水厂总水位差仅 2.0m 左右，可见还有很大的节约空间。降低水泵扬程可采取以下措施：

1) 构筑物总体布置尽量紧凑，尽量减少弯头和阀门，连接管道尽量短，从而最大限度减少水头损失。

2) 减小跌水的落差，例如将非淹没式的堰改成淹没式的堰，水流的落差可以减小 25cm。

3) 尽量利用自然地势，实现污水自流或者利用自然落差补偿部分污水管道水头损失。

4) 采用阻力系数系数小的管材，减少污水的沿程水头损失，有可能的话，可以采取渠道配水，减小水头损失。

(2) 合理确定水泵的型号和台数

选用流量和扬程尽量达到设计要求的水泵，尽量减少水泵台数，选用高效率的污水泵，要求水泵的运行工况经常保持在高效区运行，既节省动力又不易损坏机件；具有良好的抗气蚀性能，既能减小泵房的开挖深度，又不使水泵发生汽蚀，运行平稳、寿命长；需要流量调节时，避免阀门调节，节省能耗，可采用调速泵或多台定速泵组合调节满足流量的需要。当采用调速水泵时，应该选用大机组和台数少的调速水泵。

(3) 采用合理的流量控制

污水量往往随着季节、天气、用水时间而变化，设计要求采用最大流量作为选泵依据，实际上水泵全速运转的时间不超过 10%，相当部分时间水泵处于低效运转，由水泵的轴功率 $N = Nu/n$ (n 为运行效率) 可见，水泵处于高效运转状态下可以节省电能，因此应选择合适的调控方式，合理确定泵流量，保持泵的高效运转。目前主要的水泵调控方式有：

1) 对位控制

对位控制就是在吸水池水位发生变化时，根据事先确定的水位等级，控制对应水泵机组的自动开停，以适应泵站来水量的变化。这种控制方式简单易行，使用方便，应用广泛。但是，这种方式吸水池水位的变化幅度较大，水泵扬程也随之发生相应的变化，因此，节能效果不好，而且水泵启动频繁。

2）自动流量和级配编组控制

多台定速水泵流量级配编组控制，就是根据泵站的实际水量，将泵站中的几台水泵组成几种流量级配，使泵站的出水量比较接近实际的水量，可以保证吸水池中水位较长时间地稳定在高水位上，从而使水泵的工作扬程减小，达到节能的目的。北京高碑店污水处理厂采用的就是这种控制方式，具体做法是在泵站的进水渠道上加设一座堰高 2m 的溢流井，把溢流堰顶以下 300mm 处作为中心控制点，其上下各 300mm 处的水位值作为上下限控制点，溢流井的设置使吸水池水位提高 1.15m，而且溢流井设置的水位和溢流量监测仪表还为泵站的最优化控制提供必要的数据。实践证明，高碑店污水处理厂采用这种控制方式节能效果显著，每天可节约用电量 900kWh（流量按 50 万 m^3/d 计）。

3）转速台数控制

国外大型污水厂普遍采用转速加台数控制方法，定速泵按平均流量选择，定速运转以满足基本流量的要求，调速泵变速运转以适应流量的变化，流量出现较大波动时以增减运转台数作为补充。但是由于泵的特性曲线高效段范围不是很大，这就决定了对于调速泵也不可能将流量调到任意小，而仍能保持高效。

此外还可以通过调节出水闸开启度、切削水泵叶轮等方式实现流量控制。

15.3.2.2 曝气系统

曝气系统是活性污泥法的中心环节，也是污水处理过程中能耗最大的工序。曝气系统的节能主要有以下几方面：

（1）选择高效的曝气设备

仅从降低能耗的角度考虑，表面曝气的性能要优于穿孔管曝气，微孔扩散器效率高于中气泡、大气泡扩散器，也优于表面曝气机。表面曝气机械不需要修建鼓风机房，不需设置大量布气管道和曝气器，直接能耗和间接能耗低，但是和微孔扩散器相比，其氧的利用率低，因此在设计中，应综合考虑采用。几种主要空气扩散器的性能比较如表 15-3-1 所示。

几种空气扩散器的性能比较 表 15-3-1

形 式	大、中气泡型						小气泡型	
性 能	固定单螺旋	固定双螺旋	固定三螺旋	水下叶轮曝气机	盆式曝气器	金山Ⅰ型	射流曝气器	微孔曝气器
氧利用率（%）	7.4～11.1	9.5～11.0	8.7	—	6.5～6.8	8.0	16.0	16～22
动力效率（kgO_2/kWh）	2.2～2.48	1.5～2.5	2.2～2.6	1.1～1.4	1.8～2.9	—	1.6～2.2	2.0～4.7
服务面积（$m^2/$个）	5.0～6.0	5.0～8.0	3.0～8.0	—	4.0～5.0	1.0	1.5	—

（2）合理布置曝气器

活性污泥法的曝气器应按微生物反应规律布置，使供气量在曝气池的各段内和微生物反应需氧相适应。如传统活性污泥法就应布置成渐减曝气的形式，否则就会出现前段供氧不足，后段供氧过剩的现象，既不节能，也影响处理效果。

传统的曝气池，曝气管是单边布置形成旋流，过去认为这种方式有利于保持真正推流，可以减小风量，但经过多年实践和研究发现，这种方式不如全面曝气效果好。全面曝气可使整个池内均匀产生小旋涡，形成局部混合，同时可将小气泡吸至 1/3 到 2/3 深处，提高充氧动力效率，如表 15-3-2 所示，微孔曝气器应布满整个曝气池底部，德国的一项研究结果表明，在所有曝气系统中，布满曝气池底部的微孔曝气器系统的传氧动力效率最高可达 $3kgO_2/kWh$。

不同充氧方式的效率　　　　　　　　　　　　　　　　表 15-3-2

曝气方式	单边曝气	全面曝气 (间距 6.1m)	中心曝气	全面曝气 (间距 3.05m)
充氧动力效率 (kgO_2/kWh)	1.05	1.57	1.33	1.82

（3）合理设计池形

曝气池的池形会影响曝气设备的充氧效率，每种曝气池池形的影响又有所不同，例如在 3～7m 的池深范围内，深度对小气泡的总充氧效率几乎没有影响，而当池深从 3m 增加到 7m，大气泡扩散装置的充氧效率提高了 20%～30%。

表面机械曝气在高动力密度下，可能出现因为相邻曝气器间的相互干扰，产生波浪而降低充氧效率，可以在各个曝气器之间设立隔板而解决上述问题。

（4）自动调节供氧量

随着污水厂水质和水量的变化，需要经常调节曝气设备的供气量，供气量的调节方式有控制多组曝气池或多组曝气单元的运转，使用可调节的曝气系统，采用计算机实时控制的曝气系统，分期建设、分期使用曝气池等。

（5）精确控制曝气量

从工艺处理流程整体分析，污水处理过程控制由于进水流量、进水水质在时间上的不固定性，加上生化反应过程还受到季节、温度和气温的影响，污水处理系统具有参数维数高和高度非线性的特点，而且污水处理工艺中系统平衡难以在短时间内达到，输入量有随机特性，建立污水处理系统的精确数学模型较为困难。因此，精确控制曝气量对污水处理行业来说是一项复杂的研究和实践课题。为了达到按生物处理过程需要供气、减少生物反应池中 DO 值的波动波幅、使生物处理过程处于最佳状态，使污水处理既达到既定的排放标准，又能节约曝气能耗，就有必要研究精确控制技术的模型。

国内大多数污水厂的曝气系统采用了两类简单的控制回路自动或人工控制曝气。一是采用溶解氧检测仪和电动调节阀作为简单的控制回路，当生物反应池内的 DO 值大于某一个设定值时，关闭电动蝶阀；当 DO 值小于某一个设定值时则打开电动蝶阀。二是采用 PID 进行定值调节，根据池中溶氧仪的 DO 反馈信号和 DO 设定值进行比较，将偏差通过 PID 运算后传给阀门的行程控制器调节阀门的开度，进而控制池内的 DO 值。

传统控制方法的缺点在于：1）由于时间延迟，即从开始曝气到池内 DO 变化需要一段时间，造成溶解氧的控制波动很大；2）传统工艺能耗高，为了保证安全运行，系统的 DO 设定值只能保持在较高的数值上，保持过大的余度而造成浪费；3）过大的波动会使得池内的生物环境不稳定，干扰生物系统的工作。

曝气流量精确控制系统以解决上述问题为目标，在基本的控制原理和思路上进行了创新。系统以曝气流量信号作为控制信号，溶解氧、进水 COD、BOD 和氨氮信号作为辅助控制信号，经过生物处理过程模型和历史数据综合处理，得出系统需要的曝气量；系统同时根据实际的曝气输送管道分布等负载大小，经曝气流量配气模块处理，提供给鼓风机组控制系统，使鼓风机组处于所要求的工况状态来提供空气供给量，系统可根据实际负荷状况自行调整设定值的大小；曝气流量控制回路为基本就地控制回路，由电动流量调节阀、热值气体流量计和模型给定的瞬时设定流量组成回路，可快速、准确地根据实际的负荷波动调节空气供给量，使生物池的每一部分都能达到高效，从而减少生物反应池中 DO 值波动，达到精确曝气的控制目标。

曝气流量精确控制过程包括两个主要部分：

1）生物处理模型的建立

生物处理模型的建立，即通过对某一特定污水处理厂的历史运行数据（如：进水、BOD，COD，SS、TP、TN、NH_3-N 等）或在线运行数据进行汇总统计和分析处理，确定该污水厂生物处理过程的一些特征参数和补偿参数，再通过仿真检验这些特征参数的有效性。通过这个过程，基本可以获得该污水厂的水平衡、泥平衡、气平衡过程的稳态值及其扰动特征，同时需要考虑一些额外的环境影响因素，如：温度、pH 值、固体悬浮物、MLSS 组分等。

2）在线实时控制过程

通过建模过程中获得的特征参数和补偿参数，经模型计算当前需要的曝气量，按该气量进行精确控制，在控制中需要 3 种类型的数据：①补偿参数，经过对历史数据统计分析后获得的特征参数，由各种扰动带来的补偿参数和在线数据，比如冬天和夏天温度不同造成氧消耗特征明显不同，池底沉淀物浓度变化也会对氧消耗带来很大影响；②前置数据对一些可能会造成扰动的输入进行提前测量，如水量变化、pH 值等水质变化，当系统获得这些在线数据后会提前进行抑制操作，而不是等到 DO 值发生变化后再进行调节；③目标数据是 DO 值，系统对 DO 值进行跟踪以确定控制结果，需要指出的是，系统并非严格依赖 DO 值进行控制，即使在溶氧仪不准确或损坏的情况下，按照模型中的历史数据和前置参数，仍然可以确保曝气池安全运行。

15.4 智能控制系统

15.4.1 智能控制系统理论

传统控制理论遇到的最大困难是不确定性。第一类是系统模型的不确定性；第二类是环境本身的不确定性。随着科学技术的不断进步和工业生产的不断发展，人们发现，许多现代军事和工业领域所涉及的控制过程和对象都难于建立精确的数学模型，甚至根本无法建立数学模型，基于上述问题，人们已经开始注意到开辟控制理论的新途径，避开数学模型，直接用机器模仿工程技术人员的操作经验，实现对复杂过程的有效控制，实际上，这正是孕育新一代智能控制理论的诞生。

智能控制的应用主要有模糊控制、神经控制和专家控制 3 大类，下面将分别介绍这 3 种技术在国内外污水处理领域的应用和发展情况。

（1）模糊控制（Fuzzy Control）

模糊控制能将操作者和专家的控制经验和知识表示成语言变量描述的控制规则，然后用这些规则去控制系统。因此，模糊控制特别适用于数学模型未知的、复杂的非线性系统的控制。

推流式曝气池的曝气控制较为复杂，经对推流式曝气池进行间歇曝气研究，开发了两种模糊逻辑控制器（FLC），其中低级 FLC 用于 DO 的控制，高级 FLC 用于脱氮的控制。高级 FLC 控制步骤基于一定溶解氧浓度的基础上，而用于 DO 控制的 FLC 系统可被认为是为脱氮 FLC 系统（高级 FLC）服务的，所以称之为低级 FLC。这里的低级和高级实际上代表控制中的不同目标和层次，不是指技术水平的高低。研究采用 Simulink SIMBA 模型进行控制器的设计、优化和比较，低级 FLC 以控制区 DO 浓度为输入变量，可以将 DO 浓度保持在设定水平，由于 FLC 对阶跃的响应时间短，且超调量比比例积分（PI）控制小得多，因此曝气量比 PI 控制明显减少。高级 FLC 以出水中氨氮的测量值与期望值之差和其随时间的变化量为输入变量，以间歇曝气时间和循环步长的比为输出变量，控制出水中氨氮的浓度。通过改变间歇曝气时间比可将出水氨氮控制在要求的水平上，但其影响仅在一定的流量范围内有效，DO 设在 0.6mg/L 比 1.0mg/L 时的出水水质好，可能是由于低 DO 曝气条件下发生同步硝化反硝化的结果，曝气循环步长增加，引起水中无机氮的增加，并且高级 PLC 控制和传统的继电器控制、定比例控制的仿真结果比较表明，前者的能耗可以减少 10%～23%，出水水质也略好于后者。

在高负荷生物脱氮工艺处理粪便污水系统中采用基于模糊理论的直接氨氮控制系统，利用一种新型自动分析仪和 UF 采样器监测反应器，并用模糊理论控制脱氮反应器的运行。模糊控制系统从由实际工艺过程中得到的多变量（NH_4-N、DO、ORP 和 pH 值）中推出一个适合的条件，系统响应迅速，具有较高的脱氮效率，并且稳定，容易维护。

国外有许多研究成果，如采用模糊控制对曝气过程的节能进行研究，开发出一种基于模糊逻辑的曝气控制系统，并在中试规模的 BARDENPHO 工艺中的曝气池进行试验，和普通的控制器相比可节省能量 40%；如将模糊控制应用于一种动态活性污泥工艺，根据出流速率的变化通过控制污泥回流率来预测和控制出水中的 SS 浓度；如基于模糊逻辑的前置反硝化污水处理厂的控制策略，该控制策略可以根据进水条件和出水水质确定曝气区溶解氧的设定值和硝化的容积比例，不仅可以提高出水水质，同时可以降低曝气的能量消耗。

国内同样也有许多研究成果，如生物电极脱氮工艺在线模糊控制，设计了结构简单、可靠、稳定、可行性好，对进水硝态氮负荷变化的适应性强，有利于避免过量投加有机物，节省运行费用的在线模糊控制器。如 SBR 法的在线模糊控制系统，总结了 SBR 法在去除有机物、脱氮除磷过程中的 DO、ORP 和 pH 值变化规律，并在此基础上建立了 SBR 法去除有机物和脱氮的模糊控制器。如模糊控制在三沟式氧化沟中的应用，主要对转刷电机进行间歇式和组合控制，改变三沟中的充氧量，另外还建立了模糊控制专家系统。如仿人智能模糊控制在污水处理中的应用，指出该系统具有较强的鲁棒性和自适应性等优点，但总控制表要经过严格的实验检验并反复修改才会有满意的控制效果。

（2）神经控制（Neural Control）

基于人工神经网络的控制（ANN-based Control）是由大量人工神经无广泛联结而成的网络，它具有很强的自适应性和学习能力、非线性映射能力和容错能力。神经网络控制（Neural Network Control）是通过模拟人脑的某些结构机理和利用人的知识和经验对系统进行控制。神经网络是由大量人工神经元广泛联结而成的网络，能够充分逼近任意复杂的非线性关系，学习和适应不确定系统的动态稳定性，具有很强的容错性及鲁棒性，采用信息的分布式并行处理，可以进行快速大量的计算。

神经网络因具备上述特点，近年来越来越受到国内外污水处理专家的重视，并在污水处理自动控制系统中开展人工神经网络控制研究，取得了许多具有推广应用价值的成果。

国外研究者将人工神经网络和实时控制联合起来对连续流 SBR 系统进行控制以提高性能。控制系统联合 ORP 和 pH 的在线监测和 BP 神经网络模型，对连续流 SBR 系统脱氮过程中每一阶段的水力停留时间进行控制以提高脱氮效率。实时控制单元用于判断 ORP 和 pH 的突跃点，BP 神经网络因能有效地表述复杂系统输入和输出变量间的关系，故用于预测处理系统不稳定状态下 ORP 和 pH 的控制点，该控制系统由于引入人工神经网络技术对实时控制参数进行校正，使实时控制系统的稳定性大大增强，并将脱氮过程较好地维持在短程硝化反硝化水平。又有研究者针对厌氧硝化过程提出了一种混合模型，该模型基于物料平衡方程，其中生物生长速率通过神经网络表述，为了保证训练数据的生物意义，提出一种对神经网络的规范方法，并将这种方法应用于固定床生物反应器的试验数据。还有研究了活性污泥过程的动态模拟，用神经网络改善预测并开发了程序以提高现有活性污泥的精度。

国内研究者根据人工神经网络理论和方法，针对活性污泥间歇曝气系统的特点，提出了活性污泥间歇曝气系统的 BP 人工神经网络水质模型，通过对模型预测结果和实测值的比较表明，具有精度高，适应性强，使用方便的特点。针对污水生物处理系统的复杂性、不确定性和难以建立精确数学模型的特点，提出了一种用 BP 神经网络来完成规则推理的模糊控制器。研究了基于 BP 人工神经元网络的臭氧生物活性炭系统建模，并考察了神经网络对水处理系统建模的适应性，探讨了臭氧生物活性炭系统中各影响因素之间的关系。

（3）专家控制（Expert Control）

专家控制是智能控制的一个重要分支，又称专家智能控制。所谓专家控制，是把专家系统的理论和技术同控制理论、方法与技术相结合，在未知环境下仿效专家的智能实现系统的控制。

20 世纪 90 年代国外就有学者开始研究采用专家系统智能控制技术实现污水处理的自动控制，并取得了有效成果。

国外研究者设计了一个智能化系统运行和管理多级厌氧系统，这个厌氧系统由各自的控制器控制，而这些控制器又通过宽带网和远处的中央管理器相连。每一个厌氧单元控制系统都有一个混合结构，这个结构包括数据采集、信号预处理、运行参数计算程序和基于规则的专家系统，中央管理器采集、分析、解释和存储由各生物反应器控制系统传来的数据，并采用图形界面的形式使操作者能清楚地了解这些信息。

也有采用在线综合控制系统对水质、水量变化较大的食品废水进行控制。控制目标是使出水 COD 浓度低于标准 50%，并且尽量减少曝气量。此控制系统由两层组成，即管理层和过程控制层。管理层中应用基于规则的专家系统为过程控制层提供最优控制点，为避免鼓风机超负荷运行，还设计了基于规则的负荷分配系统，此控制系统已经成功地运行了 2 年，与未实行控制之前相比，出水 COD 浓度降低大约 50%，节能约 50%。国内清华大学国家环境模拟与污染控制实验室研究了污水处理的专家系统，在此基础上推出了污水处理专家系统软件，包括：污水处理模拟预报软件、污水处理专家系统、PLC 及上位机中的模糊控制软件。

有研究者就工业水处理中 pH 值的智能控制，采用专家控制技术控制药剂的投加，有效地解决了 pH 值控制中存在的严重非线性和时滞性问题；开发的用于诊断污水厂日常运行故障的专家系统，系统采用了正反向混合推理机制，并采用故障树的形式向用户公开，便于用户的使用和对系统的维护，此专家系统的主要功能有故障诊断功能和故障检索功能，并对污水处理厂运行中经常出现的问题，采用故障列表的形式进行检索，对具体的故障给出原因和解决策略的详细分析，以及活性污泥法的培训功能，充分利用计算机多媒体的优势运用文字、图形等多种方式向用户介绍活性污泥法的有关知识，对污水处理厂的职工进行培训，该专家系统在北京某污水处理厂的运用中已取得了实际效果。

上海市政工程设计研究总院（集团）有限公司从事污水处理厂的运行诊断控制已有十多年的历史、经验和技术积淀。开发完成涵盖面广泛、功能全面、技术先进的专家系统，作为污水处理厂运行诊断控制专家系统核心组成部分的诊断恢复系统已经实现了成功的工程应用，并且在污水处理厂运行，有效地控制污水处理厂污泥膨胀和浮沫问题方面，取得了良好的环境效益、经济效益和社会效益。图 15-4-1 为上海市政工程设计研究总院（集团）有限公司开发完成的诊断恢复系统程序界面。

污水厂运行诊断控制专家系统其他组成部分的研究也已经取得了不同程度的进展，预警控制系统作为本系统的技术难点也已经基本开发完成，正在进行中试规模的参数校正工作。

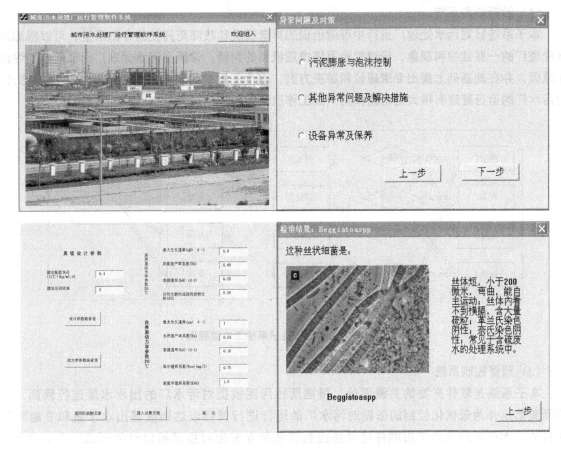

图 15-4-1 污水处理厂诊断恢复专家系统程序界面图

15.4.2 控制系统构成

专家系统分为 4 个子系统：诊断恢复系统、控制预警系统、评估维护系统和解释教育系统，其系统如图 15-4-2 所示。

这 4 个子系统既相互独立又互为整体，各子系统和用户操作系统界面的关系如图 15-4-3 所示。

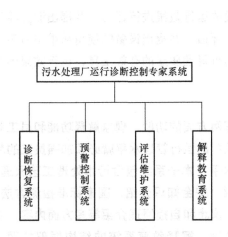

图 15-4-2 污水处理厂诊断恢复
专家系统组成部分

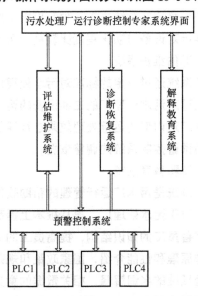

图 15-4-3 污水处理厂诊断恢复
专家系统组分关系图

（1）诊断恢复系统

本子系统针对污水处理厂运行中可能出现的异常情况和故障而开发的专家系统，可以根据污水处理厂的一些数据和现象，经过软件系统推理机制的判断，诊断出污水处理厂出现问题的性质和原因，并在此基础上提出专家建议和解决方案。这个子系统是整个软件项目的核心组成部分，对污水厂的运行管理有很大的帮助作用，其工作流程如图 15-4-4 所示。

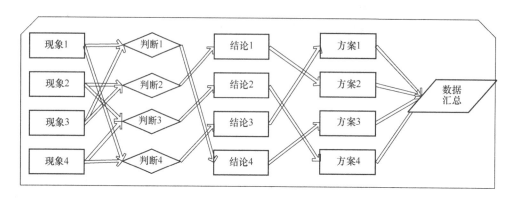

图 15-4-4　诊断恢复子系统工作流程图

（2）预警控制系统

本子系统是软件开发的关键部分。根据活性污泥模型对污水厂的出水水质进行预测，并将预测结果作为最优化控制的依据对污水厂的运行进行调整以达到改善出水水质和节能降耗的目的。本子系统采用了模糊神经网络控制技术和专家控制技术相结合的形式，充分发挥 3 种智能控制技术的优点，使得本子系统表现出相当优越的控制效能，其输入界面如图 15-4-5 所示。

预警控制系统为用户提供了两种不同的运行使用模式，一种模式是用户通过一定的输入界面，把污水厂运行过程中的各种参数输入到系统中，系统提出一系列的调整和调控的动作，污水厂运行人员根据软件的提示对污水厂的运行采取相应的调控，这种模式主要适用于设备自动化程度不高的污水处理厂；另一种运行模式是通过一定的程序接口，污水处理厂的在线仪表将各种数据输入到预警控制系统中去，预警控制系统通过 PLC 直接对污水厂的设备进行控制，这种运行模式主要针对设备自动化程度比较高的污水处理厂。

（3）评估维护系统

本子系统通过一定的标准对污水处理厂某一阶段的运行效果进行评估，并提出调整建议。本子系统还可对污水处理厂的主要设备的运行状况进行评估，并提出设备的使用和维护方案。本系统是污水厂对内部的运行处理效果进行评估，提升运行管理质量的有效工具，运行效果评估的结果可作为预警控制系统的调整依据。

（4）解释教育系统

本子系统是污水厂运行管理的帮助软件。主要有两方面的功能，现象解释功能和员工教育提高功能。对于污水处理厂，要从根本上提高污水处理厂的运行管理水平就必须加强员工的教育和培养，完善员工的知识结构，提高员工的专业技术水平。本子系统包含污水处理工艺原理介绍、设备工作原理和性能介绍，国家政策和规范标准介绍，安全知识介绍，国家标准检测方法介绍，污水处理领域的名词解释，相关数据的意义，污水厂仪表和自控原理介绍等多方面内容。本子系统还可供污水处理厂自己补充素材，充实系统的内容，解释教育系统的结构框架如图 15-4-6 所示。

污水厂名称　　上海曲阳污水处理厂

水　量（m3/d）　60000　　　　KZ　　1.3

进　水　水　质		出　水　水　质		污水性质参数	
CODcr（mg/1）	400	CODcr（mg/L）	60	可降解有机物CODcr（mg/L）	
BOD5（mg/L）	200	BOD5（mg/L）	20	易生物降解有机物CODcr（mg/L）	
SS（mg/1）	150	SS（mg/L）	20	可缓慢降解有机物CODcr（mg/L）	
TN（mg/1）	45	TN（mg/L）	20	可挥发性悬浮颗粒VSS（mg/L）	
NH3-N（mg/1）	25	NH3-N（mg/L）	8	惰性颗粒态有机物（mg/L）	
TP（mg/1）	7	TP（mg/L）	1	不可利用有机氮	
SVF（mg/L）	60				

运行实际温度℃　　25

进入构筑物参数页面　　　　污水性质缺省值　　　　退出

污水处理系统运行参数输入界面

厌氧阶段运行参数

污泥浓度 mg/L

ORP值 mV

污泥回流比

二沉池运行参数

排泥量 kg/d

泥面 m

溶解氧浓度 mg/L

缺氧阶段运行参数

污泥浓度 mg/L

PH

溶解氧浓度 mg/1

反硝化回流比

污泥回流比

好氧阶段运行参数

污泥浓度 mg/L

OUR mgO2/(gMLSS.h)

溶解氧浓度 mg/L

SVI mL/g

污泥回流比

返回　　　　调整建议　　　　水质预测　　　　故障诊断

图 15-4-5　预警控制系统参数输入界面

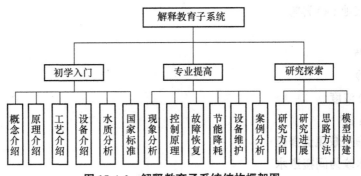

图 15-4-6　解释教育子系统结构框架图

15.4.3 专家系统功能

污水厂运行诊断控制专家系统几乎涵盖了污水处理厂从工艺到设备，从运行到管理的所有方面，为污水处理厂的稳定高效运行提供了保障，污水厂运行诊断控制专家系统的功能包含以下的内容。

（1）工艺

1）流程和平面布置资料查询

2）运行参数和控制

（A）日处理量

日处理量的曲线图自动生成，给出平均、最大和最小流量值。

（B）进出水水质（COD、BOD、NH_3-N、pH、TN、TP 等）

进出水水质曲线图自动生成，给出平均、最大和最小值，根据污染物的沿程降解情况对运行模式进行调整，直至达到最优状态。

（C）气候条件

（D）供气量和 DO

不同位置 DO 曲线图自动生成，给出平均、最大和最小值，根据工艺和环境特点得出最佳供气模式

（E）泥量和泥龄

泥龄的自动计算

（F）污泥浓度

不同位置不同日期污泥浓度曲线图自动生成

（G）水温

3）预警系统

4）异常问题诊断

（A）生物浮沫和污泥膨胀

（B）生物镜检指标

（C）污泥性状指标

（D）泡沫覆盖度和污泥解体

（E）污泥腐化

（F）进水水质异常

（G）出水水质异常

（H）COD 的超标、NH_3-N 的超标、SS 的超标

（I）出水飘泥

（J）生化反应池 DO 异常

5）解决对策

（A）提高负荷

（B）缩短泥龄

（C）提高 DO 浓度

（D）提高 pH 值

（E）进水段增加缺氧选择器

（F）连续进水改为间接进水

（G）投加药剂

（H）投加絮凝剂

（I）投加氯

（J）增加工程设施

（2）设备

1）机械设备

（A）进水泵

（B）格栅

（C）压榨机

（D）输送机

（E）沉砂池

（F）砂水分离机

（G）砂泵

（H）初次沉淀池

（I）刮泥机

（J）污泥泵

（K）生化反应池

（L）搅拌机

（M）污泥回流泵

（N）曝气机

（O）堰门

（P）二次沉淀池

（Q）吸泥机

（R）污泥回流泵

（S）消毒池

（T）鼓风机房

（U）脱水机房

2）设备维护管理

3）电气设备

（A）变配电间操作运行

（B）电控柜（箱）操作运行

4）仪表设备

（A）进水流量

（B）出水流量

（C）DO 仪读数

（D）pH 仪读数

（E）ORP 仪读数

（F）MLSS 仪读数

（G）风量、风压

（H）排泥量

（I）水温

5）自动化控制设备

（A）自动化控制设备

（B）自动化过程控制

（C）诊断软件和监控系统

监控系统的控制软件是基于监控系统硬件进行二次开发的软件，其特点是开发软件由硬件供货商提供，应用软件针对特定污水厂的特定工艺、特定设备，针对特定污水厂的友好操作界面，这是控制软件的特殊性。但控制软件必须根据诊断、监控软件要求进行二次开发，在控制软件中有与诊断软件相适应的各种可选择的控制预案，每个预案与诊断软件有对应的接口信号，这样第三方的控制软件就成了诊断、运行软件的一个执行软件，监控系统成为诊断、监控软件的执行机构。

（3）管理

1）报表自动生成系统

（A）日常报表生成和输出

（B）历史数据统计，提出合理化建议

2）历史纪录

（A）设计资料和竣工资料

（B）机械设备资料

（C）历年的运行资料和设备资料

3）岗位责任制度

4）常用工具

（A）水质分析标准方法

（B）微生物分类方法和图库

（C）城镇污水厂排放标准

（D）《城市污水处理厂运行、维护及其安全技术规程》

（E）《城市污水处理厂污水污泥排放标准》

（F）《城市污水处理工程项目建设标准（修订)》

通过污水厂专家系统的软件构架可知，软件涵盖了多个学科，是真正的污水厂运行百科全书，专家系统对用户进行了非常人性化的考虑，使污水厂运行管理过程中许多繁杂的事情通过程序来系统处理，实现真正的办公自动化，减少污水厂职工的工作强度，提高污水厂的运行效率和管理水平。

此外，污水厂运行诊断控制专家系统是一个开放式的内容可不断扩充和功能可不断完善的系统。

15.4.4 污水厂的"二次设计"

污水厂的"二次设计"是相对污水厂的硬件设施设计而言的，它主要是从软件方面提高污水处理厂的运行效率和处理能力，以达到保证出水水质，降低污水处理能耗的目的。鉴于现行的许多污水处理厂的运行状况和水平同发达国家仍有不小的差距，在我国推广以污水厂运行诊断控制专家系统为核心的污水处理厂"二次设计"很有必要。进行污水处理厂"二次设计"有以下几个原因。

（1）污水的性质发生改变

现在许多污水厂在设计时没有足够的水质样本可供参考，凭经验较多，因此，实际进水和设计水质相比有较大的变化，污水的水质发生改变，污水厂的运行控制模式也应该调整。

（2）污水处理理念在更新

污水处理的新工艺层出不穷，人们对污水处理机理的理解更加深入，因此新的运行控制模式可以有效保证出水水质，降低污水处理厂的能耗和物耗。

（3）国家标准日益严格

随着社会经济的发展，人们对环境质量的要求越来越高，必然对污水处理厂的运行提出了更高的要求，在硬件设施不可能有太大改进和变化的情况下，利用软件提高污水厂的效能是许多污水厂的必然的选择。

污水厂"二次设计"的步骤和思路如图 15-4-7 所示。

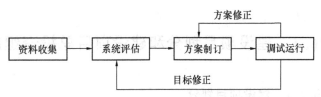

图 15-4-7　污水处理厂"二次设计"流程图

资料收集，污水处理厂历年的进出水水质数据、运行记录、设计图纸和文本、设备说明书等是进行"二次设计"的前提和基础，对这些基础数据进行归纳整理后输入到数据库中以便于查询和统计。

系统评估，根据污水处理的基础数据，利用统计学的原理对污水处理厂的运行现状进行系统评估，找出污水处理厂的薄弱环节，同时制定"二次设计"的目标体系。

方案制订，根据系统评估阶段制定的目标体系，为污水处理厂量身定做一套运行诊断控制专家系统。

调试运行，以运行诊断控制专家系统主导污水处理厂的运行，通过污水处理厂的运行效果，对专家系统进行改进，并对系统评估阶段制定的目标体系进行修正。

第 16 章　技术经济设计

16.1　建设项目划分和建设项目总投资组成

16.1.1　建设项目划分

为便于工程造价的计价，需对建设项目进行分类。根据国内的现行规定，建设项目一般划分为以下几类。

（1）工程建设项目

指具有项目建议书和总体设计、经济上实行独立核算、管理上具有独立组织形式的工程建设项目，在排水工程建设中通常是指城镇和工业区的排水工程建设项目。一个工程建设项目中，可以有几个单项工程。

（2）单项工程

指具有独立的设计文件，建成后能够独立发挥生产能力或工程效益的工程项目。排水的单项工程或称系统工程项目，它是工程建设项目的组成部分。

排水工程中的系统工程有管网工程（污水管网和雨水管网）、截流输送干管工程和污水处理厂、污水排放工程等。

（3）单位工程

指具有单独设计，可以独立组织施工的工程。一个单位工程，按照其构成，可以分为土建工程、设备及其安装工程、配管工程等分部工程。

在排水单项工程项目中，单位工程可划分为管网工程中的排水管道、排水泵房等；污水处理厂工程中的污水泵房、沉砂池、初沉池、曝气池、二沉池、加药间等。

每一个单位工程由许多单元结构或更小的分部工程组成。

（4）分部工程

指按工程部位、设备种类和型号、使用材料和工种等的不同所作出的分类，主要用于计算工程量和套用预算定额时的分类分部。

排水工程中的土建工程，其分部工程项目和一般建筑工程类同，如：土石方工程、桩基础工程、砖石工程、混凝土及钢筋混凝土工程、木结构工程、金属结构工程、混凝土及钢结构安装和运输工程、楼地面工程、屋面工程、耐酸防腐工程、装饰工程、构筑物工程等。

（5）分项工程

指通过较为简单的施工过程就可以生产并可用适当计量单位进行计算的建筑工程或安装工程称为分项工程。如每 m^3 砖基础工程、每 m^3 钢筋混凝土（不同强度等级）工程、每 10 或 100m 某种管径和不同接口形式的铸铁管铺设等。构成分项工程的定额人工、材料、施工机械台班的消耗，即是概预算定额。分项工程单价是概预算最基本的计价单位。

16.1.2　建设项目总投资组成

（1）建设项目总投资

指拟建项目从筹建到竣工验收和试车投产的全部建设费用，应包括建设投资、固定资产投资

方向调节税、建设期利息和铺底流动资金。建设投资由工程费用、工程建设其他费用和预备费用
3 部分组成。建设项目总投资的组成，如图 16-1-1 所示。

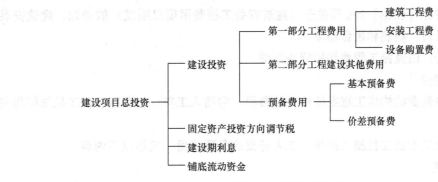

图 16-1-1　建设项目总投资的组成

（2）建设项目总投资按其费用项目性质分为静态投资、动态投资和铺底流动资金 3 部分。

静态投资指建设项目的建筑工程费用、安装工程费用、设备购置费用（含工器具）、工程建
设其他费用、基本预备费和固定资产投资方向调节税。动态投资指建设项目从估（概）算编制期
到工程竣工期间由于物价、汇率、税率、劳动工资、贷款利率等发生变化所需增加的投资额，主
要包括建设期利息、汇率变动和建设期价差预备费。

（3）第一部分工程费用：

指直接构成固定资产的工程项目，按各个系统工程的单位工程进行编制。

工程费用由建筑工程费、安装工程费和设备购置费 3 部分组成。

建筑工程费包括：各种房屋和构筑物的建筑工程；各种室外管道铺设工程；总图竖向布置和
大型土石方工程等。

安装工程费包括：各种机电设备、专用设备、仪器仪表等设备的安装和配线；工艺、供热、
供水、排水等各种管道、配件、闸门和供电外线安装工程。

设备购置费包括：需安装和不需安装的全部设备购置费；工器具和生产家具购置费；备品备
件购置费。

（4）第二部分工程建设其他费用

指工程费用以外的、在建设项目的建设投资中必须支出的固定资产其他费用、无形资产费用
和其他资产费用。其他费用计列的项目和内容，应结合工程项目的实际情况，予以确定，一般计
列的项目有：建设用地费、建设管理费、建设项目前期工作咨询费、研究试验费、勘察设计费、
环境影响咨询服务费、劳动安全卫生评审费、生产准备费和开办费、工程保险费、市政公用设施
费、联合试运转费、专利和专有技术使用费、招标代理服务费、施工图审查费、引进技术和进口
设备项目的其他费用等。

（5）预备费用包括基本预备费和价差预备费 2 部分：

1）基本预备费

指在投资计算中难以预料的工程和费用，其用途如下。

（A）在进行初步设计、技术设计、施工图设计和施工过程中，在批准的建设投资范围内所
增加的工程和费用。

（B）由于一般自然灾害所造成的损失和预防自然灾害所采取的措施费用。

（C）在上级主管部门组织竣工验收时，验收委员会为鉴定工程质量，必须开挖和修复隐蔽
工程的费用。

2）价差预备费

指项目建设期间由于价格可能发生上涨而预留的费用。

16.1.3 建筑安装工程费组成

根据建设部建标［2003］206号关于《建筑安装工程费用项目组成》的通知，建筑安装工程费由直接费、间接费、利润和税金组成。

16.1.3.1 直接费：由直接工程费和措施费组成

（1）直接工程费

指施工过程中耗费的构成工程实体的各项费用，包括人工费、材料费、施工机械使用费。

1）人工费

指直接从事建筑安装工程施工的生产工人开支的各项费用，包括以下内容。

（A）基本工资

指发放给生产工人的基本工资。

（B）工资性补贴

指按规定标准发放的物价补贴，煤、燃气补贴，交通补贴，住房补贴，流动施工津贴等。

（C）生产工人辅助工资

指生产工人年有效施工天数以外非作业天数的工资，包括职工学习、培训期间的工资，调动工作、探亲、休假期间的工资，因气候影响的停工工资，女工哺乳时间的工资，病假在6个月以内的工资及产、婚、丧假期的工资。

（D）职工福利费

指按规定标准计提的职工福利费。

（E）生产工人劳动保护费

指按规定标准发放的劳动保护用品的购置费和修理费，徒工服装补贴，防暑降温费，在有碍身体健康环境中施工的保健费用等。

2）材料费

指施工过程中耗费的构成工程实体的原材料、辅助材料、构配件、零件、半成品的费用。包括以下内容。

（A）材料基价（或供应价格）。

（B）材料运杂费

指材料自来源地运至工地仓库或指定堆放地点所发生的全部费用。

（C）运输损耗费

指材料在运输装卸过程中不可避免的损耗。

（D）采购和保管费

指为组织采购、供应和保管材料过程中所需要的各项费用。包括采购费、仓储费、工地保管费、仓储损耗。

（E）检验试验费

指对建筑材料、构件和建筑安装物进行一般鉴定、检查所发生的费用，包括自设试验室进行试验所耗用的材料和化学药品等费用。不包括新结构、新材料的试验费和建设单位对具有出厂合格证明的材料进行检验，对构件做破坏性试验和其他特殊要求检验试验的费用。

3）施工机械使用费

指施工机械作业所发生的机械使用费以及机械安拆费和场外运费。施工机械台班单价应由下列7项费用组成。

（A）折旧费

指施工机械在规定的使用年限内，陆续收回其原值和购置资金的时间价值。

（B）大修理费

指施工机械按规定的大修理间隔台班进行必要的大修理，以恢复其正常功能所需的费用。

（C）经常修理费

指施工机械除大修理以外的各级保养和临时故障排除所需的费用。包括为保障机械正常运转所需替换设备与随机配备工具附具的摊销和维护费用，机械运转中日常保养所需润滑与擦拭的材料费用及机械停滞期间的维护和保养费用等。

（D）安拆费和场外运费

安拆费指施工机械在现场进行安装和拆卸所需的人工、材料、机械和试运转费用以及机械辅助设施的折旧、搭设、拆除等费用；场外运费指施工机械整体或分体自停放地点运至施工现场或由一施工地点运至另一施工地点的运输、装卸、辅助材料和架线等费用。

（E）人工费

指机上司机（司炉）和其他操作人员的工作日人工费和上述人员在施工机械规定的年工作台班以外的人工费。

（F）燃料动力费

指施工机械在运转作业中所消耗的固体燃料（煤、木柴）、液体燃料（汽油、柴油）和水、电等。

（G）养路费和车船使用税

指施工机械按照国家规定和有关部门规定应缴纳的养路费、车船使用税、保险费和年检费等。

（2）措施费

指为完成工程项目施工，发生于该工程施工前和施工过程中非工程实体项目的费用。包括以下内容。

1）环境保护费

指施工现场为达到环保部门要求所需要的各项费用。

2）文明施工费

指施工现场文明施工所需要的各项费用。

3）安全施工费

指施工现场安全施工所需要的各项费用。

4）临时设施费

指施工企业为进行建筑工程施工所必须搭设的生活和生产用的临时建筑物、构筑物和其他临时设施费用等。临时设施包括：临时宿舍、文化福利及公用事业房屋与构筑物，仓库、办公室、加工厂及规定范围内道路、水、电、管线等临时设施和小型临时设施。临时设施费用包括：临时设施的搭设、维修、拆除和摊销费。

5）夜间施工费

指因夜间施工所发生的夜班补助费、夜间施工降效、夜间施工照明设备摊销和照明用电等费用。

6）二次搬运费

指因施工场地狭小等特殊情况而发生的二次搬运费用。

7）大型机械设备进出场和安拆费

指机械整体或分体自停放地运至施工现场或由一个施工地点运至另一个施工地点，所发生的机械进出场运输和转移费用及机械在施工现场进行安装、拆卸所需的人工费、材料费、机械费、试运转费和安装所需的辅助设施的费用。

8）混凝土、钢筋混凝土模板和支架费

指混凝土施工过程中需要的各种钢模板、木模板、支架等的支、拆、运输费用和模板、支架的摊销（或租赁）费用。

9）脚手架费

指施工需要的各种脚手架搭、拆、运输费用和脚手架的摊销（或租赁）费用。

10）已完工程和设备保护费

指竣工验收前，对已完工程和设备进行保护所需费用。

11）施工排水、降水费

指为确保工程在正常条件下施工，采取各种排水、降水措施所发生的各种费用。

16.1.3.2　间接费：由规费、企业管理费组成

（1）规费

指政府和有关管理部门规定必须缴纳的费用（简称规费）。包括以下内容。

1）工程排污费：

指施工现场按规定缴纳的工程排污费。

2）工程定额测定费：指按规定支付工程造价（定额）管理部门的定额测定费。

3）社会保险费

（A）养老保险费

指企业按规定标准为职工缴纳的基本养老保险费。

（B）失业保险费

指企业按照国家规定标准为职工缴纳的失业保险费。

（C）医疗保险费

指企业按照规定标准为职工缴纳的基本医疗保险费。

4）住房公积金

指企业按规定标准为职工缴纳的住房公积金。

5）危险作业意外伤害保险

指按照建筑法规定，企业为从事危险作业的建筑安装施工人员支付的意外伤害保险费。

（2）企业管理费

指建筑安装企业组织施工生产和经营管理所需费用。包括以下内容。

1）管理人员工资

指管理人员的基本工资、工资性补贴、职工福利费、劳动保护费等。

2）办公费

指企业管理办公用的文具、纸张、账表、印刷、邮电、书报、会议、水电、烧水和集体取暖（包括现场临时宿舍取暖）用煤等费用。

3）差旅交通费

指职工因公出差、调动工作的差旅费、住勤补助费、市内交通费和误餐补助费、职工探亲路费、劳动力招募费、职工离退休、退职一次性路费、工伤人员就医路费、工地转移费以及管理部门使用的交通工具的油料、燃料、养路费和牌照费。

4）固定资产使用费

指管理和试验部门及附属生产单位使用的属于固定资产的房屋、设备仪器等的折旧、大修、维修和租赁费。

5）工具用具使用费

指管理使用的不属于固定资产的生产工具、器具、家具、交通工具和检验、试验、测绘、消防用具等的购置、维修和摊销费。

6）劳动保险费

指由企业支付离退休职工的易地安家补助费、职工退职金、6个月以上的病假人员工资、职工死亡丧葬补助费、抚恤费、按规定支付给离休干部的各项经费。

　　7）工会经费

指企业按职工工资总额计提的工会经费。

　　8）职工教育经费

指企业为职工学习先进技术和提高文化水平，按职工工资总额计提的费用。

　　9）财产保险费

指施工管理用财产、车辆保险。

　　10）财务费

指企业为筹集资金而发生的各种费用。

　　11）税金

指企业按规定缴纳的房产税、车船使用税、土地使用税、印花税等。

　　12）其他

包括技术转让费、技术开发费、业务招待费、绿化费、广告费、公证费、法律顾问费、审计费、咨询费等。

16.1.3.3　利润

指施工企业完成所承包工程获得的盈利。

16.1.3.4　税金

指国家税法规定的应计入建筑安装工程造价内的营业税、城市维护建设税和教育费附加等。

建筑安装工程费的组成，如图 16-1-2 所示。

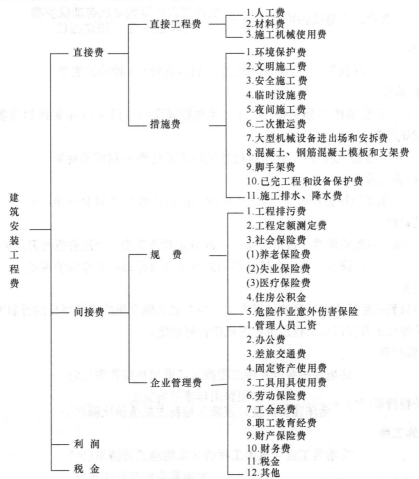

图 16-1-2　建筑安装工程费用项目组成表

715

16.1.4 建筑安装工程费用参考计算方法

16.1.4.1 直接费

(1) 直接工程费

$$直接工程费＝人工费＋材料费＋施工机械使用费$$

1) 人工费

$$人工费＝\Sigma(工日消耗量×日工资单价)$$

$$日工资单价(G)＝\Sigma_1^5 G$$

(A) 基本工资

$$基本工资(G_1)＝\frac{生产工人平均月工资}{年平均每月法定工作日}$$

(B) 工资性补贴

$$工资性补贴(G_2)＝\frac{\Sigma\ 年发放标准}{全年日历日－法定假日}＋\frac{\Sigma\ 月发放标准}{年平均每月法定工作日}＋每工作日发放标准$$

(C) 生产工人辅助工资

$$生产工人辅助工资(G_3)＝\frac{全年无效工作日×(G_1＋G_2)}{全年日历日－法定假日}$$

(D) 职工福利费

$$职工福利费(G_4)＝(G_1＋G_2＋G_3)×福利费计提比例(\%)$$

(E) 生产工人劳动保护费

$$生产工人劳动保护费(G_5)＝\frac{生产工人年平均支出劳动保护费}{全年日历日－法定假日}$$

2) 材料费

$$材料费＝\Sigma(材料消耗量×材料基价)＋检验试验费$$

(A) 材料基价

$$材料基价＝[(供应价格＋运杂费)×(1＋运输损耗率(\%))]×(1＋采购保管费率(\%))$$

(B) 检验试验费

$$检验试验费＝\Sigma(单位材料量检验试验费×材料消耗量)$$

3) 施工机械使用费

$$施工机械使用费＝\Sigma(施工机械台班消耗量×机械台班单价)$$

机械台班单价

$$台班单价＝台班折旧费＋台班大修费＋台班经常修理费＋台班安拆费及场外运费$$
$$＋台班人工费＋台班燃料动力费＋台班养路费及车船使用税$$

(2) 措施费

本规则中只列通用措施费项目的计算方法，各专业工程专用措施费项目的计算方法由各地区或国务院有关专业主管部门的工程造价管理机构自行制定。

1) 环境保护费

$$环境保护费＝直接工程费×环境保护费费率(\%)$$

$$环境保护费费率(\%)＝\frac{本项费用年度平均支出}{全年建安产值×直接工程费占总造价比例(\%)}$$

2) 文明施工费

$$文明施工费＝直接工程费×文明施工费费率(\%)$$

$$文明施工费费率(\%)＝\frac{本项费用年度平均支出}{全年建安产值×直接工程费占总造价比例(\%)}$$

3）安全施工费

$$安全施工费＝直接工程费×安全施工费费率(\%)$$

$$安全施工费费率(\%)＝\frac{本项费用年度平均支出}{全年建安产值×直接工程费占总造价比例(\%)}$$

4）临时设施费

临时设施费有以下 3 部分组成。

（A）周转使用临建（如活动房屋）。

（B）一次性使用临建（如简易建筑）。

（C）其他临时设施（如临时管线）。

$$临时设施费＝(周转使用临建费＋一次性使用临建费)$$
$$×(1＋其他临时设施所占比例(\%))$$

其中：

（A）周转使用临建费

$$周转使用临建费＝\sum\left[\frac{临建面积×每\ m^2\ 造价}{使用年限×365×利用率(\%)}×工期(d)\right]＋一次性拆除费$$

（B）一次性使用临建费

$$一次性使用临建费＝\sum 临建面积×每\ m^2\ 造价×[1－残值率(\%)]＋一次性拆除费$$

（C）其他临时设施在临时设施费中所占比例，可由各地区造价管理部门依据典型施工企业的成本资料经分析后综合测定。

5）夜间施工费

$$夜间施工费＝\left(1－\frac{合同工期}{定额工期}\right)×\frac{直接工程费中的人工费合计}{平均日工资单价}×每工日夜间施工费开支$$

6）二次搬运费

$$二次搬运费＝直接工程费×二次搬运费费率(\%)$$

$$二次搬运费费率(\%)＝\frac{年平均二次搬运费开支额}{全年建安产值×直接工程费占总造价的比例(\%)}$$

7）大型机械设备进出场和安拆费

$$大型机械设备进出场和安拆费＝\frac{一次进出场和安拆费×年平均安拆次数}{年工作台班}$$

8）混凝土、钢筋混凝土模板和支架费

（A）模板和支架费＝模板摊销量×模板价格＋支、拆、运输费

$$摊销量＝一次使用量×(1＋施工损耗)×[1＋(周转次数－1)$$
$$×补损率/周转次数－(1－补损率)50\%/周转次数]$$

（B）租赁费＝模板使用量×使用日期×租赁价格＋支、拆、运输费

9）脚手架费

（A）脚手架费＝脚手架摊销量×脚手架价格＋搭、拆、运输费

$$脚手架摊销量＝\frac{单位一次使用量×(1－残值率)}{耐用期÷一次使用期}$$

（B）租赁费＝脚手架每日租金×搭设周期＋搭、拆、运输费

10）已完工程和设备保护费

$$已完工程和设备保护费＝成品保护所需机械费＋材料费＋人工费$$

11）施工排水、降水费

排水降水费＝$\sum$ 排水降水机械台班费×排水降水周期＋排水降水使用材料费、人工费

16.1.4.2 间接费

间接费的计算方法按取费基数的不同分为以下 3 种。

(1) 以直接费为计算基础

$$间接费＝直接费合计×间接费费率(\%)$$

(2) 以人工费和机械费合计为计算基础

$$间接费＝人工费和机械费合计×间接费费率(\%)$$

$$间接费费率(\%)＝规费费率(\%)＋企业管理费费率(\%)$$

(3) 以人工费为计算基础

$$间接费＝人工费合计×间接费费率(\%)$$

1) 规费费率

根据本地区典型工程发承包价的分析资料综合取定规费计算中所需数据。

(A) 每万元发承包价中人工费含量和机械费含量。

(B) 人工费占直接费的比例。

(C) 每万元发承包价中所含规费缴纳标准的各项基数。

规费费率的计算公式

(A) 以直接费为计算基础

$$规费费率(\%)＝\frac{\Sigma 规费缴纳标准×每万元发承包价计算基数}{每万元发承包价中的人工费含量}×人工费占直接费的比例(\%)$$

(B) 以人工费和机械费合计为计算基础

$$规费费率(\%)＝\frac{\Sigma 规费缴纳标准×每万元发承包价计算基数}{每万元发承包价中的人工费含量和机械费含量}×100\%$$

(C) 以人工费为计算基础

$$规费费率(\%)＝\frac{\Sigma 规费缴纳标准×每万元发承包价计算基数}{每万元发承包价中的人工费含量}×100\%$$

2) 企业管理费费率

企业管理费费率计算公式

(A) 以直接费为计算基础

$$企业管理费费率(\%)＝\frac{生产工人年平均管理费}{年有效施工天数×人工单价}×人工费占直接费比例(\%)$$

(B) 以人工费和机械费合计为计算基础

$$企业管理费费率(\%)＝\frac{生产工人年平均管理费}{年有效施工天数×(人工单价＋每一工日机械使用费)}×100\%$$

(C) 以人工费为计算基础

$$企业管理费费率(\%)＝\frac{生产工人年平均管理费}{年有效施工天数×人工单价}×100\%$$

16.1.4.3 利润

利润计算公式见 16.1.5 建筑安装工程计价程序。

16.1.4.4 税金

税金计算公式

$$税金＝(税前造价＋利润)×税率(\%)$$

税率

(1) 纳税地点在市区的企业

$$税率(\%)＝\frac{1}{1－3\%－(3\%×7\%)－(3\%×3\%)}－1＝3.41\%$$

（2）纳税地点在县城、镇的企业

$$税率（\%）=\frac{1}{1-3\%-（3\%×5\%）-（3\%×3\%）}-1=3.35\%$$

（3）纳税地点不在市区、县城、镇的企业

16.1.5　建筑安装工程计价程序

根据建设部第 107 号部令《建筑工程施工发包与承包计价管理办法》的规定，发包和承包价的计算方法分为工料单价法和综合单价法，程序如下。

16.1.5.1　工料单价法计价程序

工料单价法是以分部分项工程量乘以单价后的合计为直接工程费，直接工程费以人工、材料、机械的消耗量及其相应价格确定。直接工程费汇总后另加间接费、利润、税金生成工程发承包价，其计算程序分为 3 种，如表 16-1-1、表 16-1-2 和表 16-1-3 所示。

工料单价法计价程序（以直接费为计算基础）　　　　　　表 16-1-1

序　号	费用项目	计算方法	备　注
（1）	直接工程费	按预算表	
（2）	措施费	按规定标准计算	
（3）	小计	（1）＋（2）	
（4）	间接费	（3）×相应费率	
（5）	利润	（（3）＋（4））×相应利润率	
（6）	合计	（3）＋（4）＋（5）	
（7）	含税造价	（6）×（1+相应税率）	

工料单价法计价程序（以人工费和机械费为计算基础）　　　　表 16-1-2

序　号	费用项目	计算方法	备　注
（1）	直接工程费	按预算表	
（2）	其中人工费和机械费	按预算表	
（3）	措施费	按规定标准计算	
（4）	其中人工费和机械费	按规定标准计算	
（5）	小计	（1）＋（3）	
（6）	人工费和机械费小计	（2）＋（4）	
（7）	间接费	（6）×相应费率	
（8）	利润	（6）×相应利润率	
（9）	合计	（5）＋（7）＋（8）	
（10）	含税造价	（9）×（1+相应税率）	

工料单价法计价程序（以人工费为计算基础）　　　　　　表 16-1-3

序　号	费用项目	计算方法	备　注
（1）	直接工程费	按预算表	
（2）	直接工程费中人工费	按预算表	
（3）	措施费	按规定标准计算	
（4）	措施费中人工费	按规定标准计算	
（5）	小计	（1）＋（3）	
（6）	人工费小计	（2）＋（4）	
（7）	间接费	（6）×相应费率	
（8）	利润	（6）×相应利润率	
（9）	合计	（5）＋（7）＋（8）	
（10）	含税造价	（9）×（1+相应税率）	

16.1.5.2 综合单价法计价程序

综合单价法是各分项工程单价为全费用单价，全费用单价经综合计算后生成，其内容包括直接工程费、间接费、利润和税金（措施费也可按此方法生成全费用价格）。

各分项工程量乘以综合单价的合价汇总后，生成工程发承包价。

由于各分部分项工程中的人工、材料、机械含量的比例不同，各分项工程可根据其材料费占人工费、材料费、机械费合计的比例（以字母"C"代表该项比值）在以下 3 种计算程序中选择 1 种计算其综合单价。

(1) 当 $C > C_0$（C_0 为本地区原费用定额测算所选典型工程材料费占人工费、材料费和机械费合计的比例）时，可采用以人工费、材料费、机械费合计为基数计算该分项的间接费和利润，计算程序如表 16-1-4 所示。

综合单价法计价程序（以直接费为计算基础）　　　　　　表 16-1-4

序　号	费用项目	计算方法	备　注
(1)	分项直接工程费	人工费＋材料费＋机械费	
(2)	间接费	(1)×相应费率	
(3)	利润	((1)＋(2))×相应利润率	
(4)	合计	(1) ＋ (2) ＋ (3)	
(5)	含税造价	(4) × (1＋相应税率)	

(2) 当 $C < C_0$ 值的下限时，可采用以人工费和机械费合计为基数计算该分项的间接费和利润，计算程序如表 16-1-5 所示。

综合单价法计价程序（以人工费和机械费为计算基础）　　　　表 16-1-5

序　号	费用项目	计算方法	备　注
(1)	分项直接工程费	人工费＋材料费＋机械费	
(2)	其中人工费和机械费	人工费＋机械费	
(3)	间接费	(2)×相应费率	
(4)	利润	(2)×相应利润率	
(5)	合计	(1) ＋ (3) ＋ (4)	
(6)	含税造价	(5) × (1＋相应税率)	

(3) 如该分项的直接费仅为人工费，无材料费和机械费时，可采用以人工费为基数计算该分项的间接费和利润，计算程序如表 16-1-6 所示。

综合单价法计价程序（以人工费为计算基础）　　　　　　表 16-1-6

序　号	费用项目	计算方法	备　注
(1)	分项直接工程费	人工费＋材料费＋机械费	
(2)	直接工程费中人工费	人工费	
(3)	间接费	(2)×相应费率	
(4)	利润	(2)×相应利润率	
(5)	合计	(1) ＋ (3) ＋ (4)	
(6)	含税造价	(5) × (1＋相应税率)	

16.2 建设工程造价确定

根据工程项目的设计阶段不同，建设工程造价分为投资估算、概算和预算。

16.2.1　可行性研究投资估算编制

16.2.1.1　投资估算编制的基本要求

（1）排水工程建设项目投资估算的编制，应符合建设部发布的《市政工程投资估算编制办法》（以下简称《编制办法》）的要求进行编制。

（2）市政工程项目投资估算的编制中，必须严格执行国家的方针、政策和有关法规制度，在调查研究的基础上，如实反映工程项目建设规模、标准、工期、建设条件和所需投资，合理确定和严格控制工程造价。

（3）可行性研究报告的编制单位应对投资估算全面负责。当由几个单位共同编制可行性研究报告时，主管部门应指定主体编制单位负责统一制定估算编制原则，并汇编总估算，其他单位负责编制各自所承担部分的工程估算。

（4）估算编制人员应深入现场，搜集工程所在地有关的基础资料包括人工工资、材料主要价格、运输和施工条件、各项费用标准等，并全面了解建设项目的资金筹措、实施计划、水电供应、配套工程、征地拆迁补偿等情况。对于引进技术和设备、中外合作经营的建设项目，估算编制人员应参加对外洽商交流，要求外商提供能满足编制投资估算的有关资料，以提高投资估算的质量。

（5）预可行性研究的投资估算，可按照《编制办法》要求的编制深度，在满足投资决策需要的前提下适当简化。

（6）利用国际金融机构、外国政府和政府金融机构贷款的工程建设项目，其可行性研究投资估算的编制，除按照《编制办法》规定的内容和深度满足国内评估和审批的要求外，并应根据贷款方的评估要求，补充必要的编制内容。

16.2.1.2　投资估算文件的组成

（1）根据《编制办法》规定，投资估算文件的组成应包括以下内容。

1）估算编制说明。

2）建设项目总投资估算和使用外汇额度。

3）主要技术经济指标和投资估算分析。

4）钢材、水泥、木料和商品混凝土等总需用量。

5）主要引进设备的内容、数量和费用。

6）资金筹措、资金总额组成和年度用款安排。

（2）估算编制说明，应包括以下内容。

1）工程概况，应包括建设规模和建设范围，并明确建设项目总投资估算中所包括和不包括的工程项目和费用，如有几个单位共同编制时，则应说明分工编制的情况。

2）编制依据，应包括以下内容。

（A）国家和主管部门发布的有关法律、法规、规章、规程等。

（B）部门或地区发布的投资估算指标和建筑、安装工程定额或指标。

（C）工程所在地区建设行政主管部门发布的人工、设备、材料价格、造价指数等。

（D）国外初步询价资料和所采用的外汇汇率。

（E）工程建设其他费用内容和费率标准。

3）征地拆迁、供电供水、考察咨询等项费用的计算。

4）其他有关问题的说明，如估算编制中存在的问题及其他需要说明的问题。

（3）建设项目总投资估算和使用外汇额度

总投资估算应按照"可行性研究报告总估算表"（如表 16-2-1 所示）和"可行性研究报告工程建设其他费用计算表"（如表 16-2-2 所示）编制。工程建设项目分有远期和近期时，应分别按子项编制远、近期的工程投资总估算。此外，还要按要求编制使用外汇额度表。

可行性研究报告总估算表

表 16-2-1

建设项目名称：

第 页 共 页

序号	工程或费用名称	估算金额（万元）					技术经济指标			备 注
		建筑工程	安装工程	设备及工器具购置	其他费用	合 计	单 位	数 量	单位价值（元）	
1	2	3	4	5	6	7	8	9	10	11

编制：　　　　　　　　　　　校核：　　　　　　　　　　　审核：

可行性研究报告工程建设其他费用计算表

表 16-2-2

建设项目名称：

第 页 共 页

序 号	费用名称	说明及计算式	金额（元）	备 注

（4）主要技术经济指标应包括投资、用地和主要材料用量。

各项技术经济指标单位按单位生产能力（设计规模）计算。当设计规模有远、近期不同的考虑时，或者土建与安装的规模不同时，应分别计算后再行综合。

各项技术经济指标计算方法按建设部建质〔2004〕16 号文颁发的《市政公用工程设计文件编制深度规定》中"工程项目技术经济指标计算办法"的要求计算。

（5）投资估算应作以下分析。

1）工程投资比例分析。

（A）各项系统工程费用占第一部分工程费用即单项工程费用总计的比例。

（B）工程费用、工程建设其他费用、预备费用各占建设投资的比例。

（C）建筑工程费、安装工程费、设备购置费、其他费用各占建设项目总投资的比例。

2）影响投资的主要因素分析。

（6）资金筹措、资金总额组成和年度用款安排，应包括以下内容。

1）资金筹措方式。

2）建设项目所需要资金总额的组成。

3）借入资金的借贷条件，包括借贷利率、偿还期、宽限期、贷款币种和汇率、借贷款的其他费用（管理费、代理费、承诺费等）、贷款偿付方式。

4）年度用款安排。

16.2.1.3　投资估算的编制方法

（1）工程费用的估算

1）建筑工程费估算的编制

建筑工程费估算可根据单项工程的性质采用以下方法进行编制。

（A）主要构筑物或单项工程

主要构筑物或单项工程的建筑工程费估算的编制可采用以下方法。

套用估算指标或类似工程造价指标进行编制：按照可行性研究报告所确定的主要构筑物或单项工程的设计规模、工艺参数、建设标准和主要尺寸套用相适应的构筑物估算指标或类似工程的造价指标和经济分析资料。建设部发布的《市政工程投资估算指标》是编制估算的主要依据之一。

应用估算指标或类似工程造价指标编制估算时，应结合工程的具体条件，考虑时间、地点、材料价格等可变因素，作以下方面调整。

● 将其人工和材料价格以及费用水平调整为工程所在地编制估算年份的市场价格和现行的费率标准。

● 当设计构筑物或单项工程的规模（能力或建筑体积或有效容积）和套用指标的规模有较大差异时，应根据规模经济效应（即工程建设费用单位造价指标和工程规模的负相关关系）调整造价指标。

● 根据工程建设的特点和水文地质条件，调整地基处理和施工措施费用。

● 设计构筑物或单项工程和所套用指标项目的主要结构特征或结构断面尺寸有较大差别时，应调整相应的工程量及其费用。

套用概算定额或综合预算定额进行编制：当设计的构筑物或单项工程项目缺乏合适的估算指标或同类工程造价指标可套用时，则应根据设计计算主要工程数量套用概算定额或综合预算定额。次要工程项目的费用可根据已往的统计分析资料按主要工程项目费用的百分比估列，但次要工程项目费用一般不应超过主要工程项目费用的 20%。

（B）室外管道铺设

室外管道铺设工程估算的编制，应首先采用当地的管道铺设概（估）算指标或综合定额，当地无此类定额或指标时，则可采用《市政工程投资估算指标》内相应的管道铺设指标，但应根据工程所在地的水文地质和施工机具设备条件，对沟槽支撑、排水、管道基础等费用项目作必要的调整，并考虑增列临时便道、建成区的路面修复、土方暂存等项费用。

（C）辅助性构筑物或非主要的单项工程

辅助性构筑物或非主要的单项工程（指对整个工程造价影响较小的单项工程），可参照估算指标或类似工程单位建筑体积或有效容积的造价指标进行编制。

（D）辅助生产项目和生活设施的房屋建筑

辅助生产项目和生活设施的房屋建筑工程，可根据工程所在地同类型或相近建设标准工程的面积或体积指标进行编制。

2）安装工程费估算的编制

安装工程费估算可根据各单项工程的不同情况采用以下方法进行编制：

（A）套用估算指标或类似工程技术经济指标进行估算：

单项构筑物的管配件安装工程可根据构筑物的设计规模和工艺形式套用相应的估算指标或类似工程技术经济指标，调整人工和材料价格以及费率标准。

构筑物的管配件费用主要与设计规模（生产能力）和工艺形式有关，因此当设计规模和套用估算指标子目录类似工程项目的规模有差异时，应首先采用相同工艺形式的单位生产能力造价指标进行估算。

（B）按概算定额或综合定额进行估算：

当单项构筑物或建筑物的安装工程缺乏适应的估算指标或类似工程技术经济指标可套用时，可采用计算主要工程量，按概算定额或综合预算定额进行编制。

工艺设备和机械设备的安装可按每吨设备或每台设备估算；工艺管道按不同材质分别以每长度或重量估算；管件按不同材质以每吨估算。

（C）按主要设备和主要材料费用的百分比进行估算：

工艺设备、机械设备、工艺管道、变配电设备、动力配电和自控仪表的安装费用也可按不同工程性质以主要设备和主要材料费用的百分比进行估算。安装费用占主要设备和主要材料费的百分比可根据有关指标或同类工程的测算资料取定。

3）设备购置费的计算：

《市政工程投资估算指标》内单项构筑物的"设备工器具购置费指标"，往往与设计项目实际选用的设备类型、规格和台数有很大差别，因此一般不能直接套用指标，应按设计方案所确定的主要设备内容逐项计算。

设备购置费的估算可由以下费用项目组成。

（A）主要设备费用

主要设备费用按主要设备项目，采用制造厂现行出厂价格（含设备包装费）逐项计算。非标准设备按国家或有关部门颁发的相应定额或制造厂的报价计算，也可按类似设备现行价格及有关资料估算。

（B）备品备件购置费

备品备件购置费可按主要设备价值的1%估算。设备原价内如已包含备品备件时，则不应再重复计列。

（C）次要设备费用

次要设备费用可按占主要设备总价的百分比计算，其百分比例可参照主管部门颁发的综合定额、扩大指标或类似工程造价分析资料取定，一般应掌握在10%以内。

（D）成套设备服务费

设备由设备成套公司承包供应时，可计列此项费用，按设备总价（包括主要设备、次要设备和备品备件费用）的1%估算。

（E）设备运杂费

根据工程所在的地区，按《编制办法》规定的运杂费费率（如表16-2-3所示）估算，以设备价格为计算基础，列入设备购置费内。

设备运杂费费率 表 16-2-3

序 号	工 程 所 在 地 区	费率（％）
1	辽宁、吉林、河北、北京、天津、山西、上海、江苏、浙江、山东、安徽	6～7
2	河南、陕西、湖北、湖南、江西、黑龙江、海南、广东、四川、重庆、福建	7～8
3	内蒙古、甘肃、宁夏、广西、海南	8～10
4	贵州、云南、青海、新疆	10～11

注：边远地区和厂址距离铁路或水运码头超过50km时，可适当提高运杂费费率。

4）工器具及生产家具购置费的计算

根据《编制办法》规定，工器具及生产家具购置费可按第一部分工程费用内设备购置费总值的1%～2%估算。

（2）工程建设其他费用的估算

工程建设其他费用的估算如表16-2-4所示。

现行规定下工程建设其他费用计算表　　　　　表 16-2-4

序号	费用名称及内容	计算方法及指标	依 据
1	建设用地费		中华人民共和国耕地占用税暂行条例（国发［1987］27号）、中华人民共和国城镇土地使用税暂行条例、中华人民共和国城镇国有土地使用权出让和转让暂行条例、国家物价局财政部［1992］价费字597号、国土资源部令第21号通知、［1990］国土［籍］字第93号
	（1）土地征用及迁移补偿费	根据批准的建设用地和临时用地面积，按工程所在地人民政府颁发的费用标准并结合实际情况计算	
	（2）租地费用	建设期间支付的租地费用计入土地使用费；生产经营期支付的租地费用计入运营成本	
	（3）管线搬迁及补偿费	根据不同种类市政管线分别按实际搬迁及补偿费用计算	
2	建设管理费		
	（1）建设单位管理费	在工程可行性研究阶段，可按工程总投资（不包括建设单位管理费本身）分档计算　单位：（万元） **工程总投资 / 费率(%) / 工程总投资 / 建设单位管理费** 1000以下 / 1.5 / 1000 / 1000×1.5%＝15 1001～5000 / 1.2 / 5000 / 15+(5000-1000)×1.2%＝63 5001～10000 / 1.0 / 10000 / 63+(10000-5000)×1%＝113 10001～50000 / 0.8 / 50000 / 113+(50000-10000)×0.8%＝433 50001～100000 / 0.5 / 100000 / 433+(100000-50000)×0.5%＝683 100001～200000 / 0.2 / 200000 / 683+(200000-100000)×0.2%＝883 200000以上 / 0.1 / 280000 / 883+(280000-200000)×0.1%＝963 注：依据财政部财建［2002］394号文件，若为改造或扩建项目建设单位管理费标准适当降低，	
	（2）工程质量监督费	按城市规模、工程性质的不同计费	按国家或主管部门发布的现行工程质量监督费有关规定估列
	（3）工程建设监理费	按工程费用＋联合试运转费用之和的投资额计算　单位：（万元） **工程费+联合试运转费 / 施工监理费 / 备注** 500 / 16.5 1000 / 30.1 3000 / 78.1 5000 / 120.8 8000 / 181.0 10000 / 218.6 20000 / 393.4 40000 / 708.2 60000 / 991.4 80000 / 1255.8 100000 / 1507.0 200000 / 2712.5 400000 / 4882.6 600000 / 6835.6 800000 / 8658.4 1000000 / 10390.1 ①工程专业、复杂程度调整系数等见有关文件规定　②其他阶段相关服务费一般按相关服务工作所需工日计算	国家发改委、建设部发改价格［2007］670号

序号	费用名称及内容	计算方法及指标	依据
3	建设项目前期工作咨询费	按建设项目估算投资额分档收费标准　单位：（万元） 表见下 注：1. 建设项目估算投资额是指项目建议书或可行性报告的估算投资额 2. 建设项目的具体收费标准，根据估算投资额在相对应的区间内用插入法计算 3. 根据行业特点和各行业内部不同类别工程的复杂程度，计算咨询费时可分别乘以行业调整系数和工程复杂程度调整系数（详见国家计委计价格〔1999〕1283 号文件附表二）	国家计委计价格〔1999〕1283 号
4	研究试验费	说明：不包括 1. 应由科技 3 项费用（新产品试制费、中间试验费和重要科学研究补助费）开支的项目 2. 应由建筑安装费中列支的施工企业对建筑材料、构件和建筑物进行一般鉴定、检查所发生的费用及技术革新的研究试验费	按实际需要计算
5	勘察设计费		
	（1）工程勘察费	按第一部分工程费用的 0.8%～1.1% 计取	
	（2）工程设计费	按工程费用＋联合试运转费用之和的投资额计算　单位：（万元） 表见下	具体项目应按国家计委、建设部计价格〔2002〕10 号的有关规定计算

序号 3 的收费标准表：

按建设项目估算投资额分档收费标准　单位：（万元）

项　目	3000～10000	10000～50000	50000～100000	100000～500000	500000以上
编制项目建议书	6～14	14～37	37～55	55～100	100～125
编制可行性研究报告	12～28	28～75	75～110	110～200	200～250
评估项目建议书	4～8	8～12	12～15	15～17	17～20
评估可行性研究报告	5～10	10～15	15～20	20～25	25～35

序号 5（2）工程设计费表：

按工程费用＋联合试运转费用之和的投资额计算　单位：（万元）

工程费＋联合试运转费	设计费	备　注
200	9.0	①计算额处于两个数值区间的采用直线内插法确定
500	20.9	②施工图预算按设计费的10%计算
1000	38.8	③竣工图按设计费的8%计算
3000	103.8	④工程专业、复杂程度调整系数等见有关文件规定
5000	163.9	
8000	249.6	
10000	304.8	
20000	566.8	
40000	1054.0	
60000	1515.2	
80000	1960.1	
100000	2393.4	
200000	4450.8	

续表

序号	费用名称及内容	计算方法及指标	依据
6	环境影响咨询服务费	按建设项目投资额计算　　　　　　　　　　　　　　单位：（万元） | 项 目	3000 以下	3000～20000	20000～100000	100000～500000
---	---	---	---	---
编制环境影响报告表	1～2	2～4	4～7	7 以上
环境影响报告书（含大纲）	5～6	6～15	15～35	35～75
评估环境影响报告表	0.5～0.8	0.8～1.5	1.5～2	2 以上
环境影响报告书（含大纲）	0.8～1.5	1.5～3	3～7	7～9	 依据：国家计委、国家环保总局计价格〔2002〕125 号	
7	劳动安全卫生评审费	按第一部分工程费用的 0.1%～0.5%计算	
8	场地准备费及临时设施费	按第一部分工程费用的 0.5%～2.0%计算	
9	工程保险费	按第一部分工程费用的 0.3%～0.6%计算 注：不含已列入建安工程施工企业的保险费	国家有关规定
10	特殊设备安全监督检验费	按受检设备现场安装费的比例估算	
11	生产准备费及开办费		
	（1）生产准备费	按培训人员每人 1000～2000 元计算	根据规划的培训人数、提前进厂工人数、培训方法、时间和相关行业职工培训费用标准计算
	（2）办公和生活家具购置费	保证新建、改建、扩建项目初期正常生产、使用和管理所必须购置办公和生活家具、用具的费用。改、扩建项目所需的办公和生活用具购置费，应低于新建项目的费用 按设计定员每人 1000～2000 元计算	根据设计标准计算
12	联合试运转费	（1）给排水工程项目：按第一部分工程费用内设备购置费总值的 1%计算 （2）燃气工程项目：按第一部分工程费用燃气安装工程及设备购置费总值的 1.5%计算 （3）供热工程项目：按第一部分工程费用供热安装工程及设备购置费总值的 1%计算 （4）隧道、地铁等工程项目：按工程预计试运转的天数计算编列	
13	专利及专有技术使用费	（1）按专利使用许可协议和专有技术使用合同的规定计列 （2）技术的界定应以省、部级鉴定批准为依据 （3）投资中只计需在建设期支付的专利及专有技术使用费。协议或合同规定在生产期分年支付的使用费应在成本中核算	

续表

序号	费用名称及内容	计算方法及指标				依　据

14	招标代理服务费	按工程费用差额率累进计费　　　　单位：（%） 	项　目	货物招标	服务招标	工程招标	 |---|---|---|---|
100 万元以下	1.50	1.50	1.00
100～500 万元	1.10	0.80	0.70
500～1000 万元	0.80	0.45	0.55
1000～5000 万元	0.50	0.25	0.35
5000～10000 万元	0.25	0.10	0.20
10000～100000 万元	0.05	0.05	0.05
100000 万元	0.01	0.01	0.01		国家计委计价格［2002］1980 号

15	施工图审查费		按国家或主管部门发布的现行施工图审查费有关规定估列
16	市政公用设施费		项目所在地有关部门发布的规定
17	引进技术和引进设备其他费用		
	（1）引进项目图纸资料翻译复制费、备品备件测绘费	根据引进项目的具体情况计列或按引进设备（材料）离岸价的比例估列；引进项目发生备品备件测绘费时按具体情况估列	
	（2）出国人员费用	依据合同或协议规定的出国人次、期限以及相应的费用标准计算 生活费按照财政部、外交部规定的现行标准计算，旅费按中国民航公布的票价计算	
	（3）来华人员费用	依据引进合同或协议有关条款及来华技术人员派遣计划进行计算。来华人员接待费可按每人次费用指标计算。引进合同价款中已包括的费用内容不得重复计算	外国专家局、财政部关于《外国经济专家接待工作的若干规定》
	（4）银行担保费	一般按承担保险金额的 5‰ 计取	

1）工程建设其他费用系指工程费用以外的建设项目必须支出的费用。其他费用应计列的项目和内容应结合工程项目的实际予以确定。

2）工程建设其他费用的取费标准可按以下次序取定：

（A）国家发展改革委员会、建设部制定颁发的有关其他费用的取费标准。

（B）建设项目主管部、委制定颁发的有关其他费用的取费标准。

（C）工程所在地的省、自治区、直辖市人民政府或主管部门制定的有关费用定额。

（D）当主管部、委和工程所在地人民政府或主管部门均无明确规定时，则可参照其他部、委或邻近省市规定的取费标准计算。

3）建设用地费

指按照《中华人民共和国土地管理法》等规定，建设项目征用土地或租用土地应支付的费用和管线搬迁及补偿费。包括以下内容。

（A）土地征用及迁移补偿费：

经营性建设项目通过出让方式购置的土地使用权（或建设项目通过划拨方式取得无限期的土地使用权）而支付的土地补偿费、安置补偿费、地上附着物和青苗补偿费、余物迁建补偿费、土地登记管理费等；行政事业单位的建设项目通过出让方式取得土地使用权而支付的出让金；建设单位在建设过程中发生的土地复垦费用和土地损失补偿费用；建设期间临时占地补偿费。

（B）征用耕地按规定一次性缴纳的耕地占用税

征用城镇土地在建设期间按规定每年缴纳的城镇土地使用税；征用城市郊区菜地按规定缴纳的新菜地开发建设基金。

（C）建设单位租用建设项目土地使用权而支付的租地费用。

（D）管线搬迁及补偿费

指建设项目实施过程中发生的供水、排水、燃气、供热、通信、电力和电缆等市政管线的搬迁及补偿费用。

计算方法：

（A）根据应征建设用地面积、临时用地面积，按建设项目所在省、市、自治区人民政府制定颁发的土地征用补偿费、安置补助费标准和耕地占用税、城镇土地使用税标准计算。

（B）建设用地上的建（构）筑物如需迁建，其迁建补偿费应按迁建补偿协议计列或按新建同类工程造价计算。建设场地平整中的余物拆除清理费在"场地准备及临时设施费"中计算。

（C）建设项目采用"长租短付"方式租用土地使用权，在建设期间支付的租地费用计入建设用地费；在生产经营期间支付的土地使用费应计入营运成本中核算。

（D）根据不同种类市政管线分别按实际搬迁和补偿费用计算。

4）建设管理费

指建设单位从项目筹建开始直至办理竣工决算为止发生的项目建设管理费用。包括以下内容。

（A）建设单位管理费

指建设单位从项目开工之日起至办理竣工财务决算之日止发生的管理性的开支。包括：不在原单位发工资的工作人员工资、基本养老保险费、基本医疗保险费、失业保险费、办公费、差旅交通费、劳动保护费、工具用具使用费、固定资产使用费、零星购置费、招募生产工人费、技术图书资料费、印花税、业务招待费、施工现场津贴、竣工验收费和其他管理性开支。

计算方法：以工程总投资为基数，按照工程项目的不同规模分别确定的建设单位管理费率计算。对于改、扩建项目的取费标准，原则上应低于新建项目，如工程项目新建和改、扩建不易划分时，应根据工程实际按难易程度确定费率标准。

（B）工程建设监理费

指委托工程监理单位对工程实施监理工作所需的费用。包括：施工监理和勘察、设计、保修等阶段的监理。

计算方法：按国家发展改革委和建设行政主管部门发布的现行工程建设监理费有关规定估列。

● 以所监理工程概算为基数，按照监理工程的不同规模分别确定监理费率计算。

● 按照参与监理工作的工日计算。

如建设管理采用工程总承包方式，其总包管理费由建设单位和总包单位根据总包工作范围在合同中商定，从建设管理费中支出。

（C）工程质量监督费

指依据国家强制性标准、规范、规程和设计文件，对建设工程的地基基础、主体结构和其他涉及结构安全的关键部位进行现场监督抽查。

计算方法：按国家或主管部门发布的现行工程质量监督费有关规定估列。

5）建设项目前期工作咨询费

指建设项目前期工作的咨询收费。

包括：建设项目专题研究、编制和评估项目建议书、编制和评估可行性研究报告，以及其他和建设项目前期工作有关的咨询服务收费。

计算方法：

（A）建设项目估算投资额是指项目建议书或可行性报告的估算投资额。

（B）建设项目的具体收费标准，根据估算投资额在相对应的区间内用插入法计算。

（C）根据行业特点和各行业内部不同类别工程的复杂程度，计算咨询费用时可分别乘以行业调整系数和工程复杂程度调整系数。

6）研究试验费

指为本建设项目提供或验证设计数据、资料进行必要的研究试验，按照设计规定在建设过程中必须进行试验所需的费用，以及支付科技成果、先进技术的一次性技术转让费，但不包括：

（A）应由科技3项费用（即新产品试制费、中间试验费和重要科学研究补助费）开支的项目。

（B）应由建筑安装费中列支的施工企业对建筑材料、构件和建筑物进行一般鉴定、检查所发生的费用和技术革新的研究试验费。

计算方法：按照设计提出的研究试验项目内容，编制估算。

7）勘察设计费：指建设单位委托勘察设计单位为建设项目进行勘察、设计等所需费用，由工程勘察费和工程设计费两部分组成。

（A）工程勘察费

包括：测绘、勘探、取样、试验、测试、检测、监测等勘察作业，以及编制工程勘察文件和岩土工程设计文件等收取的费用。

计算方法：可按第一部分工程费用的 $0.8\%\sim1.1\%$ 计列。

（B）工程设计费

包括：编制初步设计文件、施工图设计文件、非标准设备设计文件、施工图预算文件、竣工图文件等服务所收取的费用。

计算方法：

● 以第一部分工程费用和联合试运转费用之和的投资额为基础，按照工程项目的不同规模分别确定的设计费率计算。

● 施工图预算编制按设计费的 10% 计算。

● 竣工图编制按设计费的 8% 计算。

8）环境影响咨询服务费

指按照《中华人民共和国环境保护法》和《中华人民共和国环境影响评价法》对建设项目的环境影响进行全面评价所需的费用。

包括：编制环境影响报告表、环境影响报告书（含大纲）和评估环境影响报告表、环境影响报告书（含大纲）。

计算方法：以工程项目投资为基数，按照工程项目的不同规模分别确定的环境影响咨询服务费率计算。

9）劳动安全卫生评审费

指按劳动部《建设项目（工程）劳动安全卫生监察规定》和《建设项目（工程）劳动安全卫

生评价管理办法》的规定，为预测和分析建设项目存在的职业危险、危害因素的种类和危险危害程度，并提出先进、科学、合理可行的劳动安全卫生技术和管理对策的所需费用。

包括：编制建设项目劳动安全卫生预评价大纲和劳动安全卫生评价报告，以及为编制上述文件所进行的工程分析和环境现状调查等所需费用。

计算方法：按国家或主管部门发布的现行劳动安全卫生预评价委托合同计列，或按照建设项目所在省（市、自治区）劳动行政部门规定的标准计算，也可按第一部分工程费用的 0.1%～0.5% 计列。

10）场地准备及临时设施费

包括场地准备费和临时设施费。

（A）场地准备费是指建设项目为达到工程开工条件所发生的场地平整和建设场地余留的有碍于施工建设的设施进行拆除清理的费用。

（B）临时设施费是指为满足施工建设需要而供到场地界区的、未列入工程费用的临时水、电、路、通信、气等其他工程费用和建设单位的现场临时建（构）筑物的搭设、维修、拆除、摊销或建设期间租赁费用，以及施工期间专用公路养护费、维修费。

（C）场地准备及临时设施应尽量和永久性工程统一考虑。建设场地的大型土石方工程应计入工程费用中的总图运输费用中。

计算方法：

● 新建项目的场地准备和临时设施费应根据实际工程量估算，或按工程费用的比例计算，一般可按第一部分工程费用的 0.5%～2.0% 计列。

● 改扩建项目一般只计拆除清理费。

● 发生拆除清理费时可按新建同类工程造价或主材费、设备费的比例计算。凡可回收材料的拆除采用以料抵工方式，不再计算拆除清理费。

● 此费用不包括已列入建筑安装工程费用中的施工单位临时设施费用。

11）工程保险费

指建设项目在建设期间根据需要对建筑工程、安装工程及机器设备和人身安全进行投保而发生的保险费用。

包括：建筑安装工程一切险、人身意外伤害险和引进设备财产保险等费用。

计算方法：

（A）不同的建设项目可根据工程特点选择投保险种，根据投保合同计列保险费用。编制投资估算时可按工程费用的比例估算。

（B）不包括已列入施工企业管理费中的施工管理用财产、车辆保险费。

（C）按国家有关规定计列，也可按下式估列：

工程保险费＝第一部分工程费用×（0.3%～0.6%），不含已列入建安工程施工企业的保险费。

12）特殊设备安全监督检验费

指在施工现场组装的锅炉及压力容器、压力管道、消防设备、燃气设备、电梯等特殊设备和设施，由安全监察部门按照有关安全监察条例和实施细则以及设计技术要求进行安全检验，应由建设项目支付的、向安全监察部门缴纳的费用。

计算方法：按照建设项目所在省（市、自治区）安全监察部门的规定标准计算。无具体规定的，在编制投资估算时可按受检设备现场安装费的比例估算。

13）生产准备费及开办费

指建设项目为保证正常生产（或营业、使用）而发生的人员培训费、提前进厂费以及投产使用初期必备的生产办公生活家具用具及工器具等购置费用。包括：

(A) 生产准备费

包括生产职工培训和提前进厂费，是指：

● 新建企业或新增生产能力的扩建企业在交工验收前自行培训或委托其他单位培训技术人员、工人和管理人员所支出的费用。

● 生产单位为参加施工、设备安装、调试等以及熟悉工艺流程、机器性能等需要提前进厂人员所支出的费用。

费用内容包括：培训人员和提前进厂人员的工资、工资性补贴、职工福利费、差旅交通费、劳动保护费、学习资料费等。

计算方法：根据培训人数（按设计定员的 60%）按 6 个月培训期计算。为了简化计算，培训费按每人每月平均工资、工资性补贴等标准计算。

提前进厂费，按提前进厂人数每人每月平均工资、工资性补贴标准计算，若工程不发生提前进厂费的不得计算此项费用。

(B) 办公和生活家具购置费

指为保证新建、改建、扩建项目初期正常生产、使用和管理所必须购置的办公和生活家具、用具的费用。改、扩建项目所需的办公和生活用具购置费，应低于新建项目的费用。

购置范围包括：办公室、会议室、资料档案室、阅览室、食堂、浴室和单身宿舍等的家具用具。应本着勤俭节约的精神，严格控制购置范围。

计算方法：为简化计算，可按照设计定员人数，每人按 1000～2000 元计算。

14）联合试运转费

指新建项目或新增加生产能力的工程，在竣工验收前，按照设计文件所规定的工程质量标准和技术要求，进行整个生产线或装置的负荷联合试运转或局部联动试车所发生的费用。当试运转有收入时，则计列收入与支出相抵后的亏损部分，不包括应由设备安装费用开支的试车调试费用，以及在试运转中暴露出来的因施工原因或设备缺陷等发生的处理费用。不发生试运转费的工程或者试运转收入和支出相抵消的工程，不列此费用项目。

试运转费用中包括：试运转所需的原料、燃料、油料和动力的消耗费用，机械使用费，低值易耗品及其他物品的费用和施工单位参加联合试运转人员的工资和专家指导费等。

试运转收入包括试运转产品销售和其他收入。

计算方法：

(A) 排水工程项目：按第一部分工程费用内设备购置费总额的 1% 计算；

(B) 试运行期按照以下规定确定：引进国外设备项目按建设合同中规定的试运行期执行；国内一般性建设项目试运行期原则上按批准的设计文件所规定的期限执行。个别行业的建设项目试运行期需要超过规定试运行期的，应报项目设计文件审批机关批准。试运行期一经确定，各建设单位应严格按规定执行，不得擅自缩短或延长。

15）专利及专有技术使用费

指建设项目使用国内外专利和专有技术支付的费用。包括：

(A) 国外技术及技术资料费、引进有效专利、专有技术使用费和技术保密费。

(B) 国内有效专利和专有技术使用费。

(C) 商标权、商誉和特许经营权费等。

计算方法：

(A) 按专利使用许可协议和专有技术使用合同的规定计列。

(B) 专有技术的界定应以省、部级鉴定批准为依据。

（C）项目投资中只计需在建设期支付的专利及专有技术使用费。协议或合同规定在生产期分年支付的使用费应在生产成本中核算。

（D）一次性支付的商标权、商誉及特许经营权费按协议或合同规定计列。协议或合同规定在生产期支付的商标权或特许经营权费应在生产成本中核算。

（E）为项目配套的专用设施投资，包括专用铁路线、专用公路、专用通信设施、变送电站、地下管道、专用码头等，如由项目建设单位负责投资但产权不归属本单位的，应作为无形资产处理。

16）招标代理服务费

指招标代理机构接受招标人委托，从事招标业务所需的费用。

包括：编制招标文件（包括编制资格预审文件和标底），审查投标人资格，组织投标人踏勘现场并答疑，组织开标、评标、定标以及提供招标前期咨询、协调合同的签订等业务。

计算方法：按国家或主管部门发布的现行招标代理服务费标准计算。

17）施工图审查费

指施工图审查机构，受建设单位委托，根据国家法律、法规、技术标准和规范、对施工图进行审查所需的费用。

包括：对施工图进行结构安全和强制性标准、规范执行情况进行独立审查。

计算方法：按国家或主管部门发布的现行施工图审查费有关规定估列。

18）市政公用设施费

指使用市政公用设施的建设项目，按照项目所在地省一级人民政府有关规定建设或缴纳的市政公用设施建设配套费用，可能发生的公用供水、供气、供热设施建设的贴补费用、供电多回路高可靠性供电费用和绿化工程补偿费用。

计算方法：

（A）按工程所在地人民政府规定标准计列；

（B）不发生或按规定免征项目不计取。

19）引进技术和进口设备其他费用

其费用的内容和编制方法见 16.2.1.4 "引进技术和进口设备项目投资估算编制办法"。

（3）预备费的计算

预备费包括基本预备费和价差预备费 2 部分。

1）基本预备费计算

应以第一部分 "工程费用" 总值和第二部分 "工程建设其他费用" 总值之和为基数，乘以基本预备费率。

基本预备费率在可行性研究阶段可取为 8%～10%，在初步设计阶段可取为 5%～8%，其取值应按工程繁简程度在上述幅度内确定。

2）价差预备费计算

以编制项目可行性研究报告的年份为基期，估算到项目建成年份为止的设备、材料等价格上涨系数，以第一部分工程费用总值为基数，按建设期分年度用款计划进行价差预备费估算。

价差预备费计算公式为：

$$P_f = \sum_{t=1}^{n} I_t \left[(1+f)^{t-1} - 1 \right] \tag{16-2-1}$$

式中　P_f——计算期价差预备费；

　　　I_t——计算期第 t 年的建筑安装工程费用和设备及工器具的购置费用；

　　　f——物价上涨系数；

n——计算期年数，以编制可行性研究报告的年份为基数，计算至项目建成的年份；

t——计算期第 t 年（以编制可行性研究报告的年份为计算期第一年）。

设备、材料物价上涨系数，1999 年 9 月 22 日计投资 [1999] 1340 号规定，自即日起，投资价格指数按零计算。

(4) 税费、建设期利息及铺底流动资金

1) 固定资产投资方向调节税应根据《中华人民共和国固定资产投资方向调节税暂行条例》及其实施细则、补充规定等文件计算。

2) 建设期利息应根据资金来源、建设期年限和借款利率分别计算。

对国内借款，无论实际按年、季、月计息，均可简化为按年计息，即将名义年利率按计息时间折算成有效年利率。计算公式为：

$$有效年利率 = \left(1 + \frac{名义年利率}{m}\right)^m - 1 \qquad (16\text{-}2\text{-}2)$$

式中 m——每年计息次数。

为了简化计算，通常假定借款均在每年的年中支用，借款当年按半年计息，其余各年份按全年计息，计算公式如下：

采用单利方式计息时：

$$各年应计利息 = (年初借款本金累计 + 本年借款额 /2) \times 名义年利率 \qquad (16\text{-}2\text{-}3)$$

采用复利方式计息时：

$$各年应计利息 = (年初借款本息累计 + 本年借款额 /2) \times 有效年利率 \qquad (16\text{-}2\text{-}4)$$

对有多种借款资金来源，每笔借款的年利率各不相同的项目，既可分别计算每笔借款的利息，也可先计算出各笔借款加权平均的年利率，并以此加权平均利率计算全部借款的利息。

建设期其他融资费用是指某些债务融资中发生的手续费、承诺费、管理费、信贷保险费等融资费用，一般情况下应将其单独计算并计入建设期利息；在项目前期研究的初期阶段，也可作粗略估算并计入工程建设其他费用；对于不涉及国外贷款的项目，在可行性研究阶段，也可作粗略估算并计入工程建设其他费用。

3) 铺底流动资金

即自有流动资金，按流动资金总额的 30% 作为铺底流动资金列入总投资计划。

流动资金指为维持生产所占用的全部周转资金。流动资金总额可参照类似的生产企业的扩大指标进行估算。

(A) 按产值（或销售收入）资金率估算，计算公式为：

$$流动资金额 = 年产值（或年销售收入额） \times 产值（或销售收入）资金率 \qquad (16\text{-}2\text{-}5)$$

产值（或销售收入）资金率可由同类企业百元产值（或销售收入）的流动资金占用额确定。

(B) 按年经营成本和定额流动资金周转天数估算，计算公式为：

$$流动资金额 = (年经营成本 /360) \times 定额流动资金周转天数 \qquad (16\text{-}2\text{-}6)$$

16.2.1.4 引进技术和进口设备项目投资估算编制办法

(1) 引进技术和进口设备项目投资估算的编制

一般应以和外商签订的合同或报价的价款为依据。引进技术和进口设备项目外币部分根据合同或报价所规定的币种和金额，按合同签订日期国家外汇管理局公布的牌价（卖出价）计算，若有多项独立合同时，以主合同签订日期公布的牌价（卖出价）为准；若无合同，则按估算编制日期国家外汇管理局公布的牌价（卖出价）计算。国内配套工程费用按国内同类工程项目考虑。

(2) 引进技术和进口设备的项目费用分国外和国内 2 部分

1) 国外部分

（A）硬件费

指设备、备品备件、材料、专用工具、化学品等，以外币折合成人民币，列入第一部分工程费用。

（B）软件费

指国外设计、技术资料、专利、技术秘密和技术服务等费用，以外币折合成人民币列入第二部分工程建设其他费用。

（C）从属费用

指国外运费、运输保险费，以外币折合成人民币，随货价相应列入第一部分工程费用。

（D）其他费用

指外国工程技术人员来华工资和生活费、出国人员费用，以外币折合成人民币列入第二部分工程建设其他费用。

2) 国内部分

（A）从属费用

指进口关税、增值税、银行财务费、外贸手续费、引进设备材料国内检验费、工程保险费、海关监管手续费，为便于核调，单独列项，随货价和性质对应列入总估算中第一部分工程费用的设备购置费、安装工程费和其他费用栏。

（B）国内运杂费

指引进设备和材料从到达港口岸、交货铁路车站到建设现场仓库或堆场的运杂费和保管等费用，列入第一部分工程费用的设备购置费、安装工程费。

（C）国内安装费

指引进的设备、材料由国内进行施工而发生的费用，列入第一部分工程费用的安装工程费。

（D）其他费用

包括外国工程技术人员来华费用、出国人员费、银行担保费、图纸资料翻译复制费、调剂外汇额度差价费等，列入总估算第二部分其他费用。

（3）列入第一部分工程费用中引进设备、材料价格和从属费用的编制办法

1) 设备、材料价格

指引进的设备、材料和软件的到岸价（CIF），即离岸价（FOB）、国外运输费和运输保险费之和，按人民币计。

2) 国外运输费

软件不计算国外运输费，硬件海运费可按海运费费率 6% 估算，陆运费按中国对外贸易运输总公司执行的《国际铁路货物联运办法》等有关规定计算。

3) 运输保险费

软件不计算运输保险费，硬件估算公式为：

$$运输保险费 = 离岸价(FOB) \times 运保费定额(1.062) \times 保险费费率 \qquad (16\text{-}2\text{-}7)$$

其中保险费费率按国家有关规定计算。

4) 外贸手续费

按货价的 1.5% 估算。

5) 银行财务费

按货价的 0.5% 估算。

6) 关税

按到岸价乘以关税税率计算，关税税率按《海关税则规定》执行。

7）增值税

计算公式为：

$$增值税 ＝（到岸价＋关税）×增值税税率 \qquad (16-2-8)$$

增值税税率按《中华人民共和国增值税条例》和《海关税则规定》执行。

上述各计算公式中所列税率、费率，在编制投资估算时应按国家有关部门公布的最新税率、费率调整。

单独引进软件时，不计算关税，只计增值税。

（4）国内运杂费费率根据交通运输条件的不同，以硬件费（设备原价）为基数，分地区按表16-2-5所列百分比计算：

引进设备及材料的国内运杂费率 表 16-2-5

序 号	工 程 所 在 地 区	费率（%）
1	上海、天津、青岛、秦皇岛、温州、烟台、大连、连云港、南通、宁波、广州、湛江、北海、厦门	1.5
2	北京、河北、吉林、辽宁、山东、江苏、浙江、广东、海南、福建	2.0
3	山西、广西、陕西、江西、河南、湖南、湖北、安徽、黑龙江	2.5
4	四川、重庆、云南、贵州、宁夏、内蒙古、甘肃	3.0
5	青海、新疆、西藏	4.0

（5）引进项目国内安装费的估算

可按引进项目硬件费的3.5%～5.0%估算，引进项目所发生的全部安装费（包括各种取费在内，如汇率上调，估算指标可适当下调）。引进项目大件、超大件的设备比较多、安装要求较高时，安装费估算指标可取上限。

（6）列入第二部分工程建设其他费用中引进项目其他费用的编制办法

1）来华人员费用

主要包括来华工程技术人员的现场办公费用、往返现场交通费用、接待费用等。

依据引进合同或协议有关条款及来华技术人员派遣计划进行计算。来华人员接待费可按每人次费用指标计算。引进合同价款中已包括的费用内容不得重复计算。

2）出国人员费用

包括设计联络、出国考察、联合设计、设备材料采购、设备材料检验和培训等所发生的旅费、生活费等。

依据合同或协议规定的出国人次、期限以及相应的费用标准计算。生活费按照财政部、外交部规定的现行标准计算，旅费按航空公司公布的票价计算。

3）引进设备材料国内检验费（含商检费）根据《中华人民共和国进出口商品检验条例》规定检验的项目所发生的费用，计算公式为：

$$设备材料检验费 ＝ 设备材料到岸价×（0.5\% \sim 1\%） \qquad (16-2-9)$$

4）引进项目图纸资料翻译复制费、备品备件测绘费

根据引进项目的具体情况计列或按引进设备（材料）离岸价的比例估列；引进项目发生备品备件测绘费时按具体情况估列。

5）引进项目建设保险费

在工程建成投产前，建设单位向保险公司投保建筑工程险、安装工程险、财产险和机器损坏

险等应缴付的保险费，其费率按国家有关规定进行计算。

凡需赔偿外汇的保险业务，需计算保险费的外币金额，并按人民币外汇牌价（卖出价）折成人民币。

6）银行担保费

指引进项目中由国内外金融机构出面提供担保风险和责任所发生的费用，一般按承担保险金额的 5‰ 计取。

（7）世界银行贷款项目价差预备费的计算

可按国外惯用的年中计算的假定，即项目费用发生在每年年中、假定年物价上涨率的一半计算每年的价差预备费，计算公式为：

$$P_f = \sum_{t=1}^{n} BC_t \left[(1+f)^{n-1} + \frac{f}{2} - 1 \right]$$ (16-2-10)

式中　P_f、f、n 的含义同式（16-2-1）；

BC_t 为第 t 年的建设费用，包括总估算的第一部分和第二部分费用以及基本预备费之和。

各年的物价上涨系数不同时，应逐年分别计算。

16.2.2　设计概算编制

16.2.2.1　设计概算作用、基本要求和编制依据

（1）工程建设设计概算（以下简称概算）是初步设计文件的重要组成部分。初步设计、技术简单项目的设计方案均应有概算；采用三阶段设计的技术设计阶段还应编制修正概算。

（2）概算文件必须完整地反映工程初步设计的内容，严格执行国家有关的方针、政策和制度，实事求是地根据工程所在地建设条件（包括自然条件、施工条件等可能影响造价的各种因素），正确地按有关的依据性资料进行编制。

（3）初步设计总概算经主管部门批准，即为该项目工程造价的最高限额，是编制固定资产投资计划、签订建设项目总包合同、贷款合同、实行建设项目投资包干的依据，也是控制施工图预算和考核设计经济合理性的依据。

（4）概算的编制依据

1）批准的建设项目可行性研究报告和主管部门的有关规定。

2）初步设计项目一览表。

3）能满足编制设计概算的各专业经过校审的设计图、文字说明和设备清单。

4）工程所在地区的现行市政工程、建筑工程和其他专业工程的建筑安装概、预算定额、人工工资、建筑材料预算价格、材料差价调整系数、单位估价表、间接费用和有关费用的规定等文件。

5）现行有关的设备原价和运杂费率。

6）现行的有关其他工程费用定额和指标。

7）建设场地的工程地质资料。

8）工程所在场地的土地征购、租用、青苗、拆迁等赔偿价格和费用以及建设场地的三通一平费用资料。

9）工程施工条件。

10）类似工程的概、预算和技术经济指标资料。

16.2.2.2　概算文件组成

根据建设部建质 [2004] 第 16 号文发布的《市政公用工程设计文件编制深度规定》对"概预算文件组成及深度"的规定，概算文件的组成应包括以下内容。

（1）概算编制说明

应说明以下内容。

1）工程概况及其建设规模和建设范围

明确总概算书所包括的和不包括的工程项目和费用。如有其他单位参加协作设计或提供有关费用的概算，则应说明分工编制的情况。

2）资金来源、借贷条件和年度用款计划。

3）编制依据，如可行性研究报告、有关文件和设计图纸，采用的定额、价格和取费标准等。

4）采用的编制方法和计算原则。

5）外汇总额度、外汇折算汇率、进口设备报价、关税和增值税及从属费用的计算。

6）工程投资和费用构成的分析。

7）有关问题的说明，对于有关概算文件编制中存在的问题和材料市场价格的取定、超运费、建设进度和用款计划等均应加以必要的说明。

（2）建设项目总概算书由各综合概算和工程建设其他费用概算组成，应包括建设项目从筹建到竣工验收所需的全部建设费用。工程建设项目总投资的组成参见 16.1.2 节，总概算书最后并应按费用项目性质划分为静态投资、动态投资和铺底流动资金 3 部分。

（3）综合概算书是单项工程建设费用的综合性文件，由各专业的单位工程概算书组成。工程内容简单的项目可以将由几个单项工程组成的枢纽工程汇编成一份综合概算书，也可将综合概算书的内容直接编入总概算书，而不另单独编制综合概算书。

（4）单位工程概算书。

（5）主要材料用量一般应计算钢材（不分材质、规格）、水泥（不分品种标号）、木材（按定额消耗量）3 种主要材料和其他特种材料的数量，管道工程还应计算管材（钢管、铸铁管、球墨铸铁管、钢筋混凝土管等）的数量。

（6）技术经济指标应按各枢纽工程分别计算投资、用地和主要材料用量等各项指标，计算方法按建设部建质〔2004〕第 16 号文发布的《市政公用工程设计文件编制深度规定》中"工程技术经济指标计算规定"的要求计算。

16.2.2.3 概算编制方法

（1）建筑安装工程

1）主要工程项目应按照国家或省、市、自治区等主管部门规定的概算定额、单位估价表和取费标准等文件，根据初步设计图纸和说明书，按照工程所在地的自然条件和施工条件，计算工程数量套用相应的概算定额或单位估价表进行编制。如没有规定的概算定额，也可按规定的综合预算定额或预算定额和单位估价表编制概算，并增加预算定额和概算定额的水平幅度差。

概算定额的项目划分和包括的工程内容较预算定额有所扩大，按概算定额计算工程量时，应与概算定额每个项目所包括的工程内容和计算规则相适应，避免内容的重复或漏算。

按预算定额编制概算时，次要项目费用可按主要项目总价的百分比计列。

2）附属或小型房屋建筑工程项目可按概算指标或参照类似工程预算的单位造价指标和单位材料消耗指标进行编制，但应根据该单项工程的设计标准和结构特征以及工程所在地的实际情况（人工、材料价格，取费标准）进行必要的调整。对于和主体工程配套的其他专业工程，条件不成熟时也可采用估算列入总概算。

（2）设备及其安装工程可根据工程的具体情况和实际条件，套用定额或参照工程概预算测定的安装工程费用指标进行编制。

（3）工程建设其他费用和预备费的计算：工程建设其他费用和预备费的计算内容和方法与投

资估算的编制相仿，参见 16.2.1.3 节。初步设计概算的基本预备费率按 5%～8%计算。

16.2.2.4　施工图预算编制

（1）施工图预算作用、编制依据和内容

1）施工图预算作用

（A）施工图预算经审定后，是确定工程预算造价，签订建筑安装工程合同，实行建设单位和施工单位投资包干和办理工程结算的依据。

（B）实行招标的工程，预算是编制工程标底的基础。

（C）施工图预算也是施工单位编制计划、加强内部经济核算、控制工程成本的依据。

2）施工图预算编制依据

（A）经批准的初步设计概算书，编制的施工图预算，应与已批准的初步设计概算或修正概算核对，以保证施工图总预算控制在经批准的总概算之内。如某些单位工程施工图预算超过概算时，即应分析原因，如是由于设计造成，则应对设计作必要的修改；当无法控制在总概算内时，应报原审批单位批准。

（B）各专业设计的施工图和文字说明、工程地质资料。

（C）工程所在地区现行的预算定额或综合预算定额。

（D）工程所在地区现行的材料、构配件预算价格、各项费用标准和地区单位估价表。

（E）现行的设备原价和运杂费率。

（F）现行的有关其他工程费用定额或指标。

（G）工程所在地区的自然条件和施工条件等可能影响造价的因素。

（H）经批准的施工组织设计、施工方案和技术措施。

（I）合同要约中的有关条款。

3）施工图预算内容

施工图预算文件内容概算文件相同。预算文件应包括封面、扉页、编制说明、总预算书、综合预算书、单位工程预算书、主要材料表和需要补充的单位估价表。

（2）施工图预算编制方法

1）建筑安装工程

编制建筑安装工程预算应根据工程所在地现行的预算定额、综合预算定额、地区单位估价表及规定的各项费用标准和计费顺序；按各专业设计的施工图、工程地质资料、工程所在地的自然条件和施工条件，计算工程数量，编制预算。

2）设备费用

编制设备费用预算应按设备原价加运杂费计算，非标设备按非标设备估价办法或设备加工订货价格计算。

3）其他费用

编制工程建设其他费用和预备费的计算与估、概算相同。施工图预算的基本预备费率按 3%～5%计算。

16.2.3　排水工程投资估算指标

排水工程投资估算指标系根据住房和城乡建设部 2007 年颁布的《市政工程投资估算指标》（HGZ47-104—2007）第四册排水工程进行缩编，并对其中排水厂站和构筑物估算指标中个别疏漏之处进行修订。

排水工程投资估算指标是市政工程投资估算指标组成内容之一，是编制排水工程建设项目建议书和项目可行性研究报告投资估算的主要依据，也可作为技术方案比较的参考依据。本章指标适用于城镇排水新建、改建和扩建工程，不适用于技术改造工程。

16.2.3.1 排水管道工程估算指标

（1）编制说明

1）指标内容

本指标分为综合指标、分项指标和参考指标3个部分。参考指标是反映新工艺、新材料的排水管道工程的分项投资指标。鉴于篇幅有限，这里仅列出综合指标。

排水工程的综合指标分为2种：

（A）污水管道工程综合指标。

（B）雨水管道工程综合指标。

其内容包括：土方工程、沟槽支撑及拆除、管道铺设、砖砌方沟、砌筑检查井、沟槽排水，指标中未考虑防冻、防淤、地基加固、穿越铁路等工程措施，如有这些工程措施时应结合具体情况进行调整。

2）编制指标的基础数据

雨水管道综合指标的设计参数：径流系数为0.6，重现期为一年。

3）指标的材料预算价格

本指标排水管道工程材料预算价格的取定，如表16-2-6所示。

排水管道工程材料预算价格（北京地区2004年价格） 表16-2-6

序 号	材料名称	规格型号	单 位	预算价格（元）
1	钢筋	$\phi 10$ 以内	t	3450.00
2	钢筋	$\phi 10$ 以内	t	3550.00
3	水泥	（综合）	t	350.00
4	标准砖		千块	290.00
5	碎石、块石		m³	57.80
6	中砂		m³	43.26
7	预应力混凝土管	DN500	m	232.00
8	预应力混凝土管	DN600	m	278.00
9	预应力混凝土管	DN700	m	313.00
10	预应力混凝土管	DN800	m	383.00
11	预应力混凝土管	DN900	m	442.00
12	预应力混凝土管	DN1000	m	545.00
13	预应力混凝土管	DN1200	m	733.00
14	预应力混凝土管	DN1400	m	988.00
15	预应力混凝土管	DN1600	m	1326.00
16	预应力混凝土管	DN1600	m	1861.00
17	铸铁井座井盖		套	202.00
18	锯材		m³	1156.00
19	砂砾		m³	54.45
20	钢材		t	3500.00
21	混凝土管	$\phi 300$	m	18.12
22	混凝土管	$\phi 400$	m	35.32

序 号	材料名称	规格型号	单 位	预算价格（元）
23	钢筋混凝土管	ϕ600	m	123.39
24	钢筋混凝土管	ϕ800	m	183.47
25	钢筋混凝土管	ϕ1000	m	279.80
26	钢筋混凝土管	ϕ1200	m	462.26
27	钢筋混凝土管	ϕ1400	m	611.59
28	钢筋混凝土管	ϕ1600	m	754.75
29	钢筋混凝土管	ϕ1800	m	804.68
30	钢筋混凝土管	ϕ2000	m	992.65
31	钢筋混凝土管	ϕ2200	m	1246.90
32	钢筋混凝土管	ϕ2400	m	1733.76
33	窨井盖座		套	300.00
34	UPVC 加筋管	ϕ300	m	130.66
35	UPVC 加筋管	ϕ400	m	220.40
36	增强聚丙烯管	ϕ600	m	346.40
37	增强聚丙烯管	ϕ800	m	721.60
38	增强聚丙烯管	ϕ1000	m	1061.63
39	钢筋混凝土承插管	ϕ600	m	273.42
40	钢筋混凝土承插管	ϕ800	m	378.27
41	钢筋混凝土承插管	ϕ1000	m	528.59
42	钢筋混凝土承插管	ϕ1200	m	712.29
43	钢筋混凝土企口管	ϕ1350	m	952.12
44	钢筋混凝土企口管	ϕ1500	m	1063.51
45	钢筋混凝土企口管	ϕ1650	m	1230.19
46	钢筋混凝土企口管	ϕ1800	m	1528.02
47	钢筋混凝土企口管	ϕ2000	m	1719.37
48	钢筋混凝土企口管	ϕ2200	m	2056.96
49	钢筋混凝土企口管	ϕ2400	m	2315.22
50	钢筋混凝土承口式管	ϕ2700	m	2913.45
51	钢筋混凝土承口式管	ϕ3000	m	3469.25

4) 工程量计算方法

（A）雨水管道工程综合指标的计算单位为 hm^2/km，雨水口连接管不作为计算长度，若雨水泄水面积与本指标不同时，可采用内插法计算。

（B）污水管道工程综合指标的计算单位为 $m^3/(d \cdot km)$，若污水设计日平均流量和本指标不同时，可采用内插法计算。

（2）排水管道工程综合指标，如表 16-2-7 所示。

排水管道工程综合指标 表 16-2-7

指标编号			4Z-001	4Z-002	4Z-003	4Z-004	4Z-005	4Z-006	4Z-007
			雨水管道，泄水面积（hm²）			污水管道，平均日流量（m³/d）			
项　目		单位	50	100	200	10000	20000	50000	100000
			指标单位：hm²/km			指标单位：100m³/(d·km)			
指标基价		元	27145	24697	15091	12460	9351	5704	4498
一、建筑安装工程费		元	21856	19885	12151	10032	7529	4593	3621
二、设备购置费		元	—	—	—	—	—	—	—
三、工程建设其他费用		元	3278	2983	1823	1505	1129	689	543
四、基本预备费		元	2011	1829	1118	923	693	423	333
建筑安装工程费									
直接费	人工费	人工　工日	127	95	54	60	43	24	18
		措施费分摊　元	82	74	45	37	28	17	14
		人工费小计　元	4017	3012	1711	1893	1366	757	576
	材料费	水泥（综合）　t	2.53	2.35	1.60	0.4796	0.3597	0.3488	0.2180
		钢材　t	0.19	0.19	0.09	0.1624	0.1439	0.0752	0.0660
		锯材　m³	0.51	0.29	0.17	0.2910	0.1581	0.0709	0.0360
		中砂　m³	10.24	13.47	6.64	7.1940	7.7826	4.7742	4.4472
		碎石　m³	10.90	9.69	7.32	1.5369	1.2208	1.4280	0.5668
		道渣　m³	0.27	0.17	0.12	0.0981	0.0654	0.0327	0.0218
		混凝土管 φ300　m	4.72	—	—	9.3413	1.7004	0.2289	—
		混凝土管 φ400　m	3.08	—	—	0.6104	0.3597	0.0545	—
		钢筋混凝土管 φ600　m	3.72	0.66	0.18	0.9592	1.7767	0.4142	0.2071
		钢筋混凝土管 φ800　m	2.33	1.83	0.41	—	1.6023	0.3706	0.2289
		钢筋混凝土管 φ1000　m	3.90	2.56	0.88	—	—	0.0109	0.1090
		钢筋混凝土管 φ1200　m	2.67	1.67	1.64	—	—	1.1009	0.3815
		钢筋混凝土管 φ1400　m	0.64	1.57	0.83	—	—	—	—
		钢筋混凝土管 φ1600　m	0.73	0.99	0.59	—	—	—	—
		钢筋混凝土管 φ1800　m	—	0.66	—	—	—	—	—
		钢筋混凝土管 φ2000　m	—	0.58	—	—	—	—	—
		钢筋混凝土管 φ2200　m	—	0.38	—	—	—	—	—
		窨井盖座　套	0.60	0.23	0.15	0.2998	0.1493	0.0600	0.0600
		其他材料费　元	1815	1754	1124	792	566	354	302
		措施费分摊　元	889	809	494	407	306	186	147
		材料费小计　元	10414	10133	6622	3918	2949	1994	1527
	机械费	机械费　元	3535	3202	1656	2436	1875	1025	874
		措施费分摊　元	51	46	28	23	18	11	8
		机械费小计	3586	3248	1685	2460	1892	1035	883
	直接费小计　元		18018	16393	10017	8270	6207	3786	2986
综合费用		元	3838	3492	2134	1762	1322	806	636
合　计		元	21856	19885	12151	10032	7529	4593	3621

16.2.3.2 排水厂站和构筑物估算指标

(1) 编制说明

1) 指标内容

本指标为排水厂站综合指标，按系统工程划分为污水处理厂和排水泵站。

(A) 污水处理厂按处理要求和工艺流程分为一级处理、二级处理（一）、二级处理（二）。

一级处理工艺流程为：提升泵房、沉砂、沉淀和污泥浓缩脱水处理等。

二级处理（一），其工艺流程为提升泵房、沉砂、初次沉淀、曝气、二次沉淀和污泥浓缩脱水处理等。

二级处理（二），其工艺流程为提升泵房、沉砂、初次沉淀、曝气、二次沉淀、消毒和污泥浓缩、消化、脱水和沼气利用等。

(B) 排水泵站按泵站性质分为污水泵站和雨水泵站。

(C) 污水处理厂综合指标按设计日平均水量分为：$20 \times 10^4 m^3/d$ 以上；$(10 \sim 20) \times 10^4 m^3/d$（包括 $20 \times 10^4 m^3/d$，下同）；$(5 \sim 10) \times 10^4 m^3/d$；$(2 \sim 5) \times 10^4 m^3/d$；$(1 \sim 2) \times 10^4 m^3/d$ 5 类。排水泵站综合指标，雨水泵站按设计最大流量分为：20000L/s 以上；$(10000 \sim 20000)$L/s；$(5000 \sim 10000)$L/s；$(1000 \sim 5000)$L/s 4 类；污水泵站按设计最大流量分为：2000L/s 以上；$(1000 \sim 2000)$L/s；$(600 \sim 1000)$L/s；$(300 \sim 600)$L/s；$(100 \sim 300)$L/s 5 类。

(D) 综合指标中增列了设备指标、用地指标，供使用时参考。

设备指标是按主要设备的功率计算（不包括备用设备），如各种水泵、空气压缩机、鼓风机、搅拌设备和吸刮泥设备等，（不包括次要设备和室内外照明等功率）。

用地指标是按生产必须的土地面积计算，如污水处理厂用地、各种建筑物和构筑物用地，未包括预留远期发展用地。

(E) 综合指标未考虑湿陷性黄土区、地震设防、永久性冻土和地质情况十分复杂等地区的特殊要求，厂站设备均按国产设备考虑，未考虑进口设备。

2) 系统工程包含内容

(A) 污水处理厂

污水处理厂综合指标包括厂内全部构筑物和建筑物，但不包括设于污水厂内的家属宿舍。

(B) 排水泵站

排水泵站综合指标包括泵房、进出水井、变配电间、管理建筑和总图布置。

3) 工程量计算方法

污水处理厂综合指标以设计日平均水量（m^3/d）计算，污、雨水泵站综合指标以设计最大流量（L/s）计算，分项指标以座计算。

4) 指标的选用和调整

(A) 在所划分的设计规模范围内，水量规模和造价指标成反比例，造价指标可根据设计水量按插入法取定。

(B) 综合指标上限适用于处理比较困难、地质条件较差、工艺标准和结构标准较高、自控程度较高等情况。

(C) 二级处理综合指标也可适用于采用氧化沟、AB 法、AO 法等处理工艺的污水处理厂。

(D) 污水处理厂工程遇下列情况时，指标应作调整：北方严寒地区，处理构筑物需加盖和保温设施；水泵、机械、电气、自控设备采用进口设备；湿陷性黄土地区和软土地基的特殊处理；污水处理有脱氮除磷或其他特殊处理要求的工程；设有沼气发电装置的工程等。

(E) 污水排放的工程费用应另计列。

(F) 简易临时性泵房，指标应适当降低。

743

（G）雨污水合流泵房可参考雨水泵站指标。

（H）同一枢纽工程中有不同生产能力和不同处理要求（如污水厂一部分水量经一级处理，另一部分水量经二级处理）时，应按相应指标分别计算。

（I）"指标总造价"内尚未包括土地使用费（含拆迁补偿费）、施工机构迁移费、价差预备费、建设期贷款利息和固定资产投资方向调节税，应另行计列。

（J）确定工程总投资时还应计列铺底流动资金，按流动资金需要量的30%计算。

（2）排水厂站工程综合指标

1）污水处理厂综合指标如表16-2-8所示。

污水处理厂综合指标 表 16-2-8

指 标 编 号			4Z-008	4Z-009	4Z-010	4Z-011	4Z-012
			一级污水处理综合指标				
项 目		单位	水量（1～2）×10⁴m³/d	水量（2～5）×10⁴m³/d	水量（5～10）×10⁴m³/d	水量（10～20）×10⁴m³/d	水量20×10⁴m³/d 以上
指标基价		元	1221.76～1381.74	1066.51～1221.76	916.12～1066.51	810.82～916.12	718.94～810.82
一、建筑安装工程费		元	655.05～741.86	573.10～655.05	495.07～573.10	438.64～495.07	393.01～438.64
二、设备购置费		元	328.65～370.65	285.60～328.65	242.55～285.60	214.20～242.55	185.85～214.20
三、工程建设其他费用		元	147.56～166.88	128.81～147.56	110.64～128.81	97.93～110.64	86.83～97.93
四、基本预备费		元	90.50～102.35	79.00～90.50	67.86～79.00	60.06～67.86	53.25～60.06
建筑安装工程费							
人工费	人工	工日	1.97～2.22	1.67～1.97	1.38～1.67	1.18～1.38	0.98～1.18
	措施费分摊	元	2.45～2.77	2.14～2.45	1.85～2.14	1.64～1.85	1.47～1.64
	人工费小计	元	63.56～71.54	54.11～63.56	44.58～54.11	38.28～44.58	32.02～38.28
直接费	材料费 水泥（综合）	kg	136.50～168.00	120.75～136.50	110.25～120.75	99.75～110.25	94.50～99.75
	钢材	kg	21.00～26.25	18.90～21.00	16.80～18.90	14.70～16.80	12.60～14.70
	锯材	m³	0.03～0.03	0.02～0.03	0.02～0.02	0.02～0.02	0.01～0.02
	中砂	m³	0.44～0.55	0.37～0.44	0.32～0.37	0.29～0.32	0.26～0.29
	碎石	m³	0.76～0.89	0.63～0.76	0.53～0.63	0.47～0.53	0.42～0.47
	铸铁管	kg	6.30～7.35	5.25～6.30	4.20～5.25	3.15～4.20	2.10～3.15
	钢管及钢配件	kg	3.15～4.20	3.15～3.15	2.10～3.15	2.10～2.10	1.05～2.10
	钢筋混凝土管	kg	11.55～12.60	10.50～11.55	8.40～10.50	7.35～8.40	5.25～7.35
	闸阀	kg	4.20～5.25	3.15～4.20	3.15～3.15	2.10～3.15	1.05～2.10
	其他材料费	元	63.00～72.45	57.75～63.00	55.65～57.75	49.35～55.65	49.35～53.55
	措施费分摊	元	26.59～30.12	23.27～26.59	20.10～23.27	17.81～20.10	15.96～17.81
	材料费小计	元	422.44～475.32	371.87～422.44	323.55～371.87	288.71～323.55	263.76～288.71
机械费	机械费	元	52.50～63.00	45.15～52.50	38.85～45.15	33.60～38.85	27.30～33.60
	措施费分摊	元	1.53～1.73	1.34～1.53	1.16～1.34	1.02～1.16	0.92～1.02
	机械费小计		54.03～64.73	46.49～54.03	40.01～46.49	34.62～40.01	28.22～34.62
直接费小计		元	540.03～611.59	472.47～540.03	408.14～472.47	361.61～408.14	323.99～361.61
综合费用		元	115.03～130.27	100.64～115.03	86.93～100.64	77.02～86.93	69.01～77.02
合 计		元	655.05～741.86	573.10～655.05	495.07～573.10	438.64～495.07	393.01～438.64

指 标 编 号			4Z-013	4Z-014	4Z-015	4Z-016	4Z-017
			二级污水处理综合指标（一）				
项 目		单位	水量（1～2）×10⁴m³/d	水量（2～5）×10⁴m³/d	水量（5～10）×10⁴m³/d	水量（10～20）×10⁴m³/d	水量20×10⁴m³/d 以上
指标基价		元	1958.49～2224.07	1602.89～1958.49	1389.44～1602.89	1231.17～1389.44	1076.59～1231.17
一、建筑安装工程费		元	1077.09～1219.52	876.87～1077.09	761.71～876.87	677.33～761.71	595.92～677.33
二、设备购置费		元	499.80～571.20	413.70～499.80	357.00～413.70	313.95～357.00	270.90～313.95
三、工程建设其他费用		元	236.53～268.61	193.59～236.53	167.81～193.59	148.69～167.81	130.02～148.69
四、基本预备费		元	145.07～164.75	118.73～145.07	102.92～118.73	91.20～102.92	79.75～91.20

建筑安装工程费

			单位	4Z-013	4Z-014	4Z-015	4Z-016	4Z-017
直接费	人工费	人工	工日	2.46～2.95	2.22～2.46	1.97～2.22	1.48～1.97	1.23～1.48
		措施费分摊	元	4.02～4.55	3.27～4.02	2.84～3.27	2.53～2.84	2.22～2.53
		人工费小计	元	80.46～96.22	72.05～80.46	63.95～72.05	48.41～63.95	40.44～48.41
	材料费	水泥（综合）	kg	189.00～252.00	168.00～189.00	147.00～168.00	120.75～147.00	99.75～120.75
		钢材	kg	29.40～33.60	25.20～29.40	23.10～25.20	19.95～23.10	16.80～19.95
		锯材	m³	0.03～0.03	0.02～0.03	0.02～0.02	0.02～0.02	0.01～0.02
		中砂	m³	0.40～0.50	0.35～0.40	0.30～0.35	0.26～0.30	0.23～0.26
		碎石	m³	0.65～0.84	0.57～0.65	0.50～0.57	0.42～0.50	0.37～0.42
		铸铁管	kg	11.55～13.65	9.98～11.55	8.93～9.98	8.40～8.93	6.83～8.40
		钢管及钢配件	kg	8.40～10.50	6.30～8.40	4.20～6.30	3.15～4.20	2.10～3.15
		钢筋混凝土管	kg	21.00～26.25	18.90～21.00	15.75～18.90	14.70～15.75	10.50～14.70
		闸阀	kg	4.73～5.25	4.20～4.73	3.68～4.20	3.15～3.68	2.10～3.15
		其他材料费	元	159.60～172.20	119.70～159.60	111.30～119.70	99.75～111.30	94.50～99.75
		措施费分摊	元	43.73～49.51	35.60～43.73	30.92～35.60	27.50～30.92	24.19～27.50
		材料费小计	元	708.38～801.31	575.30～708.38	498.17～575.30	448.55～498.17	392.74～448.55
	机械费	机械费	元	96.60～105.00	73.50～96.60	64.05～73.50	59.85～64.05	56.70～59.85
		措施费分摊	元	2.51～2.85	2.05～2.51	1.78～2.05	1.58～1.78	1.39～1.58
		机械费小计	元	99.11～107.85	75.55～99.11	65.83～75.55	61.43～65.83	58.09～61.43
	直接费小计		元	887.95～1005.37	722.89～887.95	627.95～722.89	558.39～627.95	491.28～558.39
综合费用			元	189.13～214.14	153.98～189.13	133.75～153.98	118.94～133.75	104.64～118.94
合 计			元	1077.09～1219.52	876.87～1077.09	761.71～876.87	677.33～761.71	595.92～677.33

指 标 编 号			4Z-018	4Z-019	4Z-020	4Z-021	4Z-022
			二级污水处理综合指标（二）				
项 目		单位	水量（1～2）×10⁴m³/d	水量（2～5）×10⁴m³/d	水量（5～10）×10⁴m³/d	水量（10～20）×10⁴m³/d	水量20×10⁴m³/d以上
指标基价		元	2503.75～2934.14	2075.21～2503.75	1826.40～2075.21	1691.07～1826.40	1489.39～1691.07
一、建筑安装工程费		元	1359.65～1591.73	1129.06～1359.65	1000.13～1129.06	933.17～1000.13	828.54～933.17
二、设备购置费		元	656.25～770.70	541.80～656.25	470.40～541.80	428.40～470.40	370.65～428.40
三、工程建设其他费用		元	302.39～354.36	250.63～302.39	220.58～250.63	204.24～220.58	179.88～204.24
四、基本预备费		元	185.46～217.34	153.72～185.46	135.29～153.72	125.26～135.29	110.33～125.26
建筑安装工程费							
直接费	人工费	人工 工日	3.69～4.43	2.95～3.69	2.46～2.95	1.97～2.46	1.48～1.97
		措施费分摊 元	5.08～5.94	4.21～5.08	3.73～4.21	3.48～3.73	3.09～3.48
		人工费小计 元	119.63～143.49	95.88～119.63	80.17～95.88	64.59～80.17	48.98～64.59
	材料费	水泥（综合） kg	273.00～325.50	210.00～273.00	178.50～210.00	147.00～178.50	115.50～147.00
		钢材 kg	54.60～65.10	44.10～54.60	37.80～44.10	29.40～37.80	25.20～29.40
		锯材 m³	0.03～0.03	0.03～0.03	0.03～0.03	0.02～0.03	0.02～0.02
		中砂 m³	0.55～0.65	0.44～0.55	0.37～0.44	0.30～0.37	0.25～0.30
		碎石 m³	0.90～1.05	0.71～0.90	0.61～0.71	0.49～0.61	0.37～0.49
		铸铁管 kg	13.23～14.91	12.08～13.23	10.50～12.08	9.45～10.50	7.35～9.45
		钢管及钢配件 kg	9.45～11.55	7.35～9.45	5.25～7.35	4.20～5.25	3.15～4.20
		钢筋混凝土管 kg	13.65～14.70	12.60～13.65	11.55～12.60	10.50～11.55	9.45～10.50
		闸阀 kg	7.35～9.45	6.30～7.35	5.25～6.30	4.20～5.25	3.15～4.20
		其他材料费 元	164.85～190.05	139.65～164.85	130.20～139.65	130.20～142.80	139.65～142.80
		措施费分摊 元	55.20～64.62	45.84～55.20	40.60～45.84	37.88～40.60	33.64～37.88
		材料费小计 元	893.10～1044.27	743.04～893.10	653.80～743.04	616.43～653.80	549.19～616.43
	机械费	机械费 元	105.00～120.75	89.25～105.00	88.20～89.25	86.10～88.20	82.95～86.10
		措施费分摊 元	3.17～3.71	2.63～3.17	2.33～2.63	2.18～2.33	1.93～2.18
		机械费小计	108.17～124.46	91.88～108.17	90.53～91.88	88.28～90.53	84.88～88.28
	直接费小计	元	1190.90～1312.23	930.80～1120.90	824.51～930.80	769.31～824.51	683.05～769.31
综合费用		元	238.75～279.50	198.26～238.75	175.62～198.26	163.86～175.62	145.49～163.86
合 计		元	1359.65～1591.73	1129.06～1359.65	1000.13～1129.06	933.17～1000.13	828.54～933.17

2) 雨、污水泵房综合指标如表 16-2-9 所示。

雨、污水泵房综合指标 表 16-2-9

指 标 编 号		4Z-023	4Z-024	4Z-025	4Z-026
		雨水泵站综合指标			
项 目	单位	流量（1000～5000）L/s	流量（5000～10000）L/s	流量（10000～20000）L/s	流量20000L/s以上
指标基价	元	3300.28～4092.83	2627.64～3300.28	2059.35～2627.64	1632.10～2059.35
一、建筑安装工程费	元	1700.68～2115.15	1350.20～1700.68	1052.24～1350.20	835.29～1052.24
二、设备购置费	元	956.55～1180.20	765.45～956.55	605.85～765.45	478.80～605.85
三、工程建设其他费用	元	398.58～494.30	317.35～398.58	248.71～317.35	197.11～248.71
四、基本预备费	元	244.47～303.17	194.64～244.47	152.54～194.64	120.90～152.54

建筑安装工程费

直接费	人工费	人工	工日	2.56～3.10	2.07～2.56	1.77～2.07	1.48～1.77
		措施费分摊	元	6.35～7.90	5.04～6.35	3.93～5.04	3.12～3.93
		人工费小计	元	85.83～104.18	69.20～85.83	58.95～69.20	49.00～58.95
	材料费	水泥（综合）	kg	252.00～294.00	199.50～252.00	168.00～199.50	136.50～168.00
		钢材	kg	60.90～73.50	50.40～60.90	42.00～50.40	33.60～42.00
		锯材	m³	0.08～0.11	0.07～0.08	0.06～0.07	0.04～0.06
		中砂	m³	0.63～0.74	0.53～0.63	0.42～0.53	0.36～0.42
		碎石	m³	1.05～1.26	0.86～1.05	0.71～0.86	0.61～0.71
		铸铁管	kg	13.65～16.80	10.50～13.65	8.40～10.50	6.30～8.40
		钢管及钢配件	kg	9.45～10.50	7.35～9.45	5.25～7.35	4.20～5.25
		钢筋混凝土管	kg	21.00～25.20	16.80～21.00	14.70～16.80	10.50～14.70
		闸阀	kg	9.45～11.55	7.35～9.45	5.25～7.35	4.20～5.25
		其他材料费	元	228.90～296.10	174.30～228.90	126.00～174.30	102.90～126.00
		措施费分摊	元	69.04～85.87	54.82～69.04	42.72～54.82	33.91～42.72
		材料费小计	元	1170.49～1452.97	931.57～1170.49	726.27～931.57	572.56～726.27
	机械费	机械费	元	141.75～181.65	109.20～141.75	79.80～109.20	65.10～79.80
		措施费分摊	元	3.97～4.94	3.15～3.97	2.46～3.15	1.95～2.46
		机械费小计	元	145.72～186.59	112.35～145.72	82.26～112.35	67.05～82.26
	直接费小计		元	1402.05～1743.74	1113.11～1402.05	867.47～1113.11	688.61～867.47
综合费用			元	298.64～371.42	237.09～298.64	184.77～237.09	146.67～184.77
合 计			元	1700.68～2115.15	1350.20～1700.68	1052.24～1350.20	835.29～1052.24

指 标 编 号			4Z-027	4Z-028	4Z-029	4Z-030	4Z-031
			污水泵站综合指标				
项 目		单位	流量（100～300）L/s	流量（300～600）L/s	流量（600～1000）L/s	流量（1000～2000）L/s	流量20000L/s以上
指标基价		元	17624.32～22357.13	12720.30～17624.32	10223.35～12720.30	7919.51～10223.35	5519.71～7919.51
一、建筑安装工程费		元	9406.47～11941.36	6733.74～9406.47	5424.71～6733.74	4208.17～5424.71	2913.31～4208.17
二、设备购置费		元	4783.80～6059.55	3508.05～4783.80	2806.65～3508.05	2168.25～2806.65	1530.90～2168.25
三、工程建设其他费用		元	2128.54～2700.14	1536.27～2128.54	1234.70～1536.27	956.46～1234.70	6666.63～956.46
四、基本预备费		元	1305.50～1656.08	942.24～1305.50	757.29～946.24	586.63～757.29	408.87～586.63
建筑安装工程费							
直接费	人工费	人工	工日	8.37～9.85	6.89～8.37	5.42～6.89	4.43～5.42	3.45～4.43
		措施费分摊	元	35.12～44.58	25.14～35.12	20.25～25.14	15.71～20.25	10.88～15.71
		人工费小计	元	294.89～350.13	239.02～294.89	188.36～239.02	153.26～188.36	117.87～153.26
	材料费	水泥（综合）	kg	997.50～1260.00	861.00～997.50	682.50～861.00	535.50～682.50	378.00～535.50
		钢材	kg	273.00～346.50	210.00～273.00	157.50～210.00	120.75～157.50	94.50～120.75
		锯材	m³	0.28～0.37	0.23～0.28	0.18～0.23	0.14～0.18	0.09～0.14
		中砂	m³	2.31～2.94	1.89～2.31	1.47～1.89	1.05～1.47	0.79～1.05
		碎石	m³	3.57～4.52	2.94～3.57	2.42～2.94	1.89～2.42	1.37～1.89
		铸铁管	kg	48.30～57.75	39.90～48.30	33.60～39.90	26.25～33.60	15.75～26.25
		钢管及钢配件	kg	34.65～42.00	27.30～34.65	21.00～27.30	15.75～21.00	12.60～15.75
		钢筋混凝土管	kg	52.50～63.00	44.10～52.50	35.70～44.10	29.40～35.70	25.20～29.40
		闸阀	kg	10.50～12.60	9.45～10.50	8.40～9.45	7.35～8.40	4.20～7.35
		其他材料费	元	1864.95～2360.40	1227.45～1846.95	1010.10～1227.45	774.90～1010.10	515.55～774.90
		措施费分摊	元	381.88～484.79	273.38～381.88	220.23～273.38	170.84～220.23	118.27～170.84
		材料费小计	元	6378.43～8114.09	4583.63～6378.43	3686.28～4583.63	2856.74～3686.28	1975.72～2856.74
	机械费	机械费	元	1059.45～1352.40	712.95～1059.45	584.85～712.95	449.40～584.85	301.35～449.40
		措施费分摊	元	21.95～27.86	15.71～21.95	12.66～15.71	9.82～12.66	6.80～9.82
		机械费小计		1081.40～1380.26	728.66～1081.40	597.51～728.66	459.22～597.51	308.15～459.22
	直接费小计		元	7754.72～9844.49	5551.31～7754.72	4472.15～5551.31	3469.22～4472.15	2401.74～3469.22
综合费用		元	1651.75～2096.88	1182.43～1651.75	952.57～1182.43	738.94～952.57	511.57～738.94
合 计		元	9406.47～11941.36	6733.74～9406.47	5424.71～6733.74	4208.17～5424.71	2913.31～4208.17

16.3　建设项目经济评价

16.3.1　经济评价概要

16.3.1.1　经济评价含义、依据和基本原则

（1）经济评价的含义

建设项目经济评价是可行性研究的重要组成部分，是项目或方案决策科学化的重要手段。任何一个项目成立与否不仅要看它技术上是否先进可靠，同时还要看它经济上是否有效益；不仅要看单项工程效益，更重要的是要看它对整个国民经济的效益。经济评价的目的是根据国民经济发展战略和行业、地区发展规划的要求，在做好产品（服务）需求预测和厂址、工艺技术选择等工程技术研究的基础上，对拟建项目投入产出的各种经济因素进行调查、研究、预测、计算和论证，运用定量分析与定性分析、动态分析与静态分析、宏观效益分析与微观效益分析相结合的方法，对拟建项目作出全面经济评价，比选推荐最佳方案，为项目的科学决策提供依据。

建设项目经济评价包括财务分析、经济费用效益分析和不确定性分析 3 部分，其评价内容，应根据项目性质、项目目标、项目投资者、项目财务主体和项目对经济与社会的影响程度等选择。

财务分析应以财务生存能力分析为重点，在国家现行财税制度和价格体系条件下，计算项目的财务效益和费用，分析项目的生存能力、偿债能力和潜在的盈利能力，评价项目在财务上的可行性。在财务分析结论能够满足投资决策要求的情况下，可以根据政府主管部门或投资方的要求，确定是否需要进行经济费用效益分析。在财务生存能力较弱情况下，应通过经济费用效益分析项目的经济合理性，并通过政府适当补贴或优惠政策维持项目运营。

经济费用效益分析是从资源合理配置的角度，分析项目投资的经济效益和对社会福利所作出的贡献，评价项目的经济合理性。经济费用效益分析是项目投资决策（包括不同角度的分析和评价）的主要内容之一，要求从资源耗费和项目对社会福利所作贡献的角度，评价投资项目的资源配置效率。

项目经济评价所采用的数据大部分来自预测和估算，具有一定程度的不确定性。为分析不确定性因素变化对评价指标的影响，估计项目可能承担的风险，需要进行不确定性分析和经济风险分析，不确定性分析包括盈亏平衡分析和敏感性分析。

（2）经济评价的主要依据

1）国家发展改革委和住房和城乡建设部发布的《建设项目经济评价方法与参数》（第三版）。

2）水利部水科教［1994］第 103 号文颁发试行的《水利建设项目经济评价规范》（SL72－94）。

3）住房和城乡建设部发布的《市政公用设施建设项目经济评价方法与参数》（建标［2008］162 号，中国计划出版社，2008 年）。

（3）经济评价的基本原则

1）必须符合国家经济发展的产业政策、投资方针、政策，以及有关的法规。

2）项目的经济评价必须在国民经济和社会发展的中长期计划、行业规划、地区规划指导下进行。

3）项目经济评价必须注意宏观经济分析和微观经济分析相结合，采用最佳建设方案。

4）经济评价应遵守费用和效益的计算具有可比基础的原则。

5）项目经济评价应使用国家规定的经济参数。

6）项目的经济评价必须具备应有的基础条件，保证基础资料来源的可靠性和时间的同期性。

7）必须保证项目经济评价的客观性、科学性和公正性。

16.3.1.2　经济评价深度规定、计算期和价格的采用

（1）经济评价深度规定

1）经济评价的内容、深度和侧重点根据项目决策工作不同阶段的要求有所不同。项目建议书阶段的经济评价，重点是围绕项目立项建设的必要性和可行性，分析论证项目的经济条件和经济状况，采用的基础数据、评价指标和经济参数可适当简化；可行性研究报告阶段则必需按照《建设项目经济评价方法与参数》的要求，对项目建设的必要性和可行性作出全面、详细、完整的经济评价。

2）各个投资主体、各种投资渠道和各样筹资方式兴办的中型和限额以上建设项目，原则上应按建设项目经济评价方法和相应的评价参数进行财务分析和经济费用效益分析和不确定性分析。

3）项目经济评价应遵循效益和费用计算口径对应的原则。财务分析只计算项目本身的直接效益和直接费用，即项目的内部效果；经济费用效益分析还应计算项目的间接效益和间接费用，即项目的外部效果。

（2）经济评价的计算期和年序

1）项目计算期

项目计算期包括项目的建设期和运营期。建设期应参照项目建设的合理工期或建设进度计划合理确定；运营期应根据各专业项目特点参照项目的合理经济寿命期确定。除建设期应根据项目实际需要确定外，排水工程的运营期一般按 20 年计算。

2）计算期的年序

财务现金流量表（或经济费用效益流量表，下同）的年序为 1，2，…n，建设开始年作为计算期的第一年，年序为 1。为了和复利系数表的年序相对应，在折现计算中，采用了年末习惯法，即年序 1 发生的现金流量（或效益费用流量，下同），$n(1+i)^{-1}$ 折现。年序 2 发生的现金流量按 $(1+i)^{-2}$ 折现，余类推。通常，在项目建设期以前发生的费用占总费用的比例不大，为简化计算，这部分费用可列入年序 1。这样计算的净现值或内部收益率，比列在建设期以前计算的略大一些，但一般不会影响评价的结论。有些项目，如老厂改、扩建项目，需要计算改、扩建后效益，且原有固定资产净值占改、扩建后总投资的比例较大，需要单独列出时，可在建设期以前另加一栏"建设起点"，将建设期以前发生的现金流出填入该栏，计算净现值时不予折现。

（3）经济评价价格采用

1）财务分析应采用以市场价格体系为基础的预测价格。影响市场价格变动的因素很多，也很复杂，但归纳起来，不外乎 2 类：一是由于供需量的变化、价格政策的变化、劳动生产率变化等可能引起商品间比价的改变，产生相对价格变化；二是由于通货膨胀或通货紧缩而引起商品价格总水平的变化，产生绝对价格变动。

在市场经济条件下，货物的价格因地而异，因时而变，要准确预测货物在项目计算期中的价格是很困难的。在不影响评价结论的前提下，可采取简化办法：对建设期的投入物，由于需要预测的年限较短，可既考虑相对价格变化，又考虑价格总水平变动；又由于建设期投入物品种繁多，分别预测难度大，还可能增加不确定性，因此，在实践中一般以价差预备费的形式综合计算。对运营期的投入物和产出物价格，由于运营期比较长，在前期研究阶段对将来的物价上涨水平较难预测，预测结果的可靠性也难以保证，因此一般只预测到经营期初价格。运营期各年采用同一的不变价格。

考虑到项目可能有多种投入或产出，在不影响评价结论的前提下，只需对在生产成本中影响特别大的货物和主要产出物的价格进行预测。一般情况下，根据市场预测的结果和销售策略确定主要产出物价格。在对未来市场价格的信息有充分可靠判断的情况下，本着客观、谨慎的原则，也可以采用相对变动的价格，甚至考虑通货膨胀因素。在这种情况下，财务分析采用的财务基准收益率也应考虑通货膨胀因素。

2）经济费用效益分析中，采用以影子价格体系为基础的预测价格，影子价格体系不考虑通货膨胀因素的影响。

16.3.1.3 社会经济资料主要内容和搜集整理

社会经济资料是经济评价的基础，应结合工程的特点，有目的地进行搜集。搜集范围应包括工程所在地区和工程修建后可能受到有利和不利影响的地区。

(1) 项目所在地社会经济资料

1）当地的国民经济状况和发展计划；

2）年度国内生产总值，人均总产值，人均国民收入，国家预算内的财政收入，企业职工月平均工资等；

3）城市规模和基础设施状况的分布。

(2) 资金筹措和使用计划

1）资金来源、分年度使用计划和贷款的情况；

2）资金筹措计划和分年度使用计划；

3）贷款的来源、贷款总额度、年度使用计划、汇率、年利率、有关手续费、贷款的宽限期、偿还期和还款的有关要求；

4）确定项目的建设期、生产经营期和投产计划。

(3) 建设项目经济资料

1）概、估算编制的依据和主要定额指标；

2）设计标准、处理水量和用水情况等；

3）各种管道、建筑材料和排水专业设备的价格，包括国家制定的现行价格、国际市场价格和国内市场价格等；

4）年运行和有关支出费用资料，包括：有关部门对动力费、维修费、管理费等年运行费的规定以及类似工程实际支付的年运行费和盈亏情况；

5）有关的财会制度，企业目前缴纳的税务税种、折旧费率等规定；

6）有关部门关于经济分析和财务分析的规定和参考资料。

(4) 工程效益资料

1）工程修建后受影响地区的有关工业产品和农业作物的产量和产值、土地价值、单位用地面积实现的产值和利税等；

2）其他为计算城镇排水项目效益所需的经济、财务指标资料。

(5) 对搜集的资料，应按照经济计算的要求，系统地进行整理和分析。对有疑问的资料，应进行核实或进一步补充调查。重要的经济指标，应对其可能的误差作出估计。

(6) 引用历史社会经济资料时，应注意不同时期的经济发展、人民生活水平提高和人口自然增长等因素，其有关的经济数据，还应考虑价格变化，尽可能地按某一年份的不变价格进行换算，使其具有可比的统一基础。

16.3.2 资产种类和内容

16.3.2.1 固定资金与固定资产、无形资产和其他资产

项目资产按其使用性质和表现形式分为流动资产、固定资产、无形资产和其他资产。项目评价中总投资形成的资产可做如下划分。

1）形成固定资产，构成固定资产原值的费用

（A）工程费用，即建筑工程费、安装工程费和设备及工器具购置费；

（B）工程建设其他费用；

（C）预备费，包括基本预备费和价差预备费；

（D）建设期利息。

2）形成无形资产，构成无形资产原值的费用

包括技术转让费、技术使用费、商标权和商誉等。

3）形成其他资产，构成其他资产原值的费用

包括生产准备费、开办费和样品样机购置费等。

（1）固定资产、无形资产和其他资产的含义、内容和特点

1）固定资产

指使用期限超过 1 年，单位价值在规定标准以上，并且在使用过程中保持原有物质形态的资产，包括房屋及建筑物、机器设备、运输设备、工具器具等。《工业企业财务制度》进一步规定：不属于生产经营主要设备的物品，单位价值在 2000 元以上，并且使用期限超过 2 年的，也应当作为固定资产。

作为企业主要劳动资料的固定资产，具有两个主要特点：一是使用期较长，一般在一年以上；二是能够多次参加生产过程，不改变其实物形态。

2）无形资产

指企业能长期使用但是没有实物形态的资产，包括专利权、商标权、土地使用权、非专利技术、商誉等。它们通常代表企业所拥有的一种法定权或优先权，或者是企业所具有的高于一般水平的盈利能力。

无形资产主要具有 4 个特点。一是非物质实体，但具有价值，其价值体现为一种权利或获得超额利润的权利；二是可在较长时期内为企业提供经济效益；三是所提供的未来经济效益存在有很大的不确定性，有可能随着新技术、新工艺、新产品的出现而失去其价值；四是有些无形资产的存在及其价值不能和特定企业或企业的有形资产分离。因此，在财务处理上，购入或者按法律程序取得的无形资产的支出，一般都予以资本金化，在其受益期内分期摊销。

3）其他资产

也称递延资产，《企业会计制度》所称的其他资产是指除固定资产、无形资产和流动资产之外的其他资产，如长期待摊费用。项目评价中可将生产准备费、开办费和农业开荒费等直接形成其他资产。项目评价中其他资产的摊销可以按现行会计制度规定"先在长期待摊费用中归集，待企业开始生产经营起一次计入当期的损益。"；也可以采用平均年限法，不计残值，但摊销年限应注意符合税法的要求。

如上所述，筹建期间长期借款的利息支出应是：与购建固定资产或者无形资产有关的利息支出，进入购建资产的价值；不计入固定资产和无形资产购建成本的利息支出，计入开办费。同时，投资中的预备费用也应按比例分别进入固定资产和无形资产价值。在项目财务分析中，为了简化计算，可将预备费用和建设期利息全部计入固定资产原值。

（2）流动资金与流动资产

项目流动资金是流动资产的货币表现。流动资产是指可以在 1 年内或者超过 1 年的一个营业周期内变现或者运用的资产，包括货币资金、应收账款、存货等。

1）货币资金

指企业在生产经营活动中停留于货币形态的那一部分资金。它是企业流动资金的重要组成部

分。为了保证企业能正常进行生产，必须要有一定数额的货币资金。

货币资金包括现金和各种存款。现金是指库存现金，其流动性最大，是立即可以投入流通的交换媒介，可以随时用于购买所需的物资或支付有关费用，也可随时存入银行。各种存款是指企业存入银行的各种款项，它可以用于企业各项经济往来的结算、补充库存现金等。根据现金管理制度和结算制度的规定，企业的货币资金除在规定限额以内可以保存少量现金以外，都必须存入银行。

2）应收账款

指企业对外销售商品产品、提供劳务等形成的尚未收回的被购货单位、接受劳务单位所占有的本企业资金。企业只有在实现销售并取得货币资金，才能补偿企业生产经营中的各种耗费，确保企业资金的循环周转，因此企业应控制应收账款的限额和收回的时间，采取有效措施，及时组织催收，避免企业资金被其他单位占用。

3）存货

指企业为销售或耗用而储存的各种资产。由于它们经常处于不断销售和重置、或耗用和重置中，具有鲜明的流动性，所以，存货是流动资产的重要组成部分，而且是流动资产中所占比例最大的项目。按存货在生产经营过程中所处的阶段不同，可包括以下 3 个方面的有形资产：

（A）企业在正常生产经营过程中处于待销售过程中的资产，如库存产成品等；

（B）为了出售而处于生产加工过程中的资产，如在线产品等；

（C）为产品生产耗用储存的各种资产，如原材料等。

流动资金经常和净流动资金一词作为同义词使用，亦称营运资金。净流动资金是企业在生产经营周转过程中可供企业周转使用的资金，是建设项目总投资（即初期总投资）的重要组成部分，为项目投产筹资所用，在数量上，它等于全部流动资产减去全部流动负债后的差额，如图 16-3-1 所示。

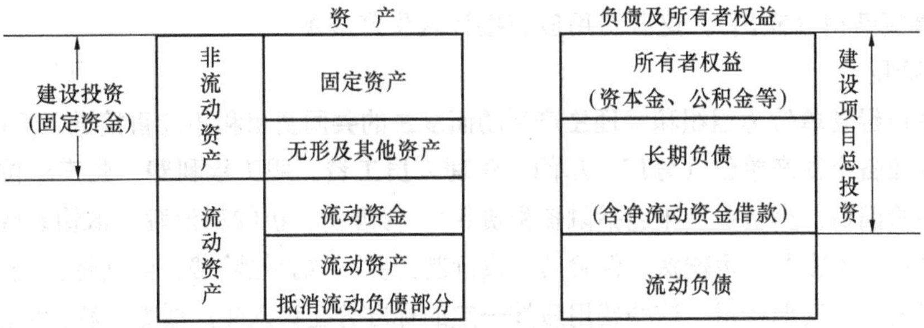

图 16-3-1　资产与负债及所有者权益

由图可见，净流动资金为流动资产抵消流动负债后的余额，即

净流动资金＝流动资产－流动负债

净流动资金＝建设项目总投资－建设投资

流动负债＝应付账款

由图还可看出，企业负债包括流动负债和长期负债。流动负债是指可以在 1 年内或者超过 1 年的一个营业周期内偿还的债务，包括短期借款、应付和预收货款等；长期负债是指偿还期限在 1 年或者超过 1 年的一个营业周期以上的债务，包括长期借款、应付长期债券、应付引进设备款等。

16.3.3　成本费用

16.3.3.1　产品成本费用构成

1992 年 12 月财政部颁布的新财务制度，规定成本核算由原来的完全成本法改为制造成本法。

（1）制造成本法和完全成本法的区别

所谓制造成本法就是在计算产品成本时，只分配与生产经营最直接和关系密切的费用，而将与生产经营没有直接关系和关系不密切的费用计入当期损益。

完全成本法是将企业在生产经营过程中发生的所有费用都分摊到产品成本中去，形成产品的完全成本。企业在生产经营过程中发生的所有费用，一般包括直接材料、直接工资、其他直接支出、制造费用、管理费用、财务费用和营业费用。按照完全成本法，就要将这些费用全部计入产品成本。但按照制造成本法，就只将直接材料、直接工资、其他直接支出和制造费用计入产品成本，管理费用、财务费用和营业费用则直接计入当期损益。

（2）工业企业产品成本费用的构成

按制造成本法，工业企业产品成本费用的构成，如图16-3-2所示。

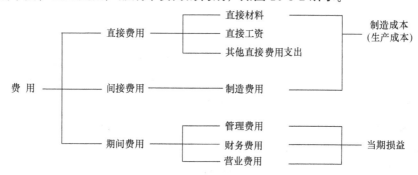

图 16-3-2 工业企业产品成本费用的构成

从最基本的意义上讲，费用由直接费用、间接费用和期间费用3部分组成：

1）直接费用

指为生产商品和提供劳务等发生的各项费用，包括直接材料、直接工资和直接耗费的燃料、动力等其他直接费用（支出），这些费用应直接计入生产成本。

2）间接费用

指内部生产经营单位为组织和管理生产活动而发生的共同费用和不能直接进入产品成本的各项费用，包括企业各个生产单位（分厂、车间）管理人员工资、职工福利费、生产单位房屋建筑物、机器设备等的折旧费、租赁费（不包括融资租赁费）、修理费、机物料消耗、低值易耗品、取暖费、水电费、办公费、差旅费、运输费、保险费、设计制图费、试验检验费、劳动保护费、季节性修理期间的停工损失以及其他费用。这些费用应按一定的标准分配计入生产成本，称为制造费用。

3）期间费用

指企业行政管理部门等发生的管理费用、财务费用和营业费用：

（A）管理费用

指企业行政管理部门为管理和组织经营活动发生的各项费用，包括公司经费（如总部管理人员工资、职工福利费、差旅费、办公费、折旧费、修理费、物料消耗、低值易耗品摊销等）、工会经费、职工教育经费、劳动保险费（支付给离退休职工的退休金、价格补贴、医药费等）、待业保险费、董事会费、咨询费、审计费、诉讼费、排污费、绿化费、税金（如房产税、车船使用税、土地使用税、印花税等）、土地使用费（海域使用费）、土地使用补偿费、技术转让费（非专利技术）、技术开发费、无形资产摊销、开办费摊销、业务招待费以及其他管理费用。

（B）财务费用

指企业为筹集资金而发生的各项费用，包括生产经营期间发生的利息净支出、汇兑净损失、调剂外汇手续费、金融机构手续费以及筹资发生的其他财务费用等。

（C）营业费用

指企业在销售产品、自制半成品和提供劳务等过程中发生的各项费用以及专设销售机构的各项经费，包括应由企业负担的运输费、装卸费、包装费、保险费和销售服务费用、销售部门经费。

（3）产品成本费用分类

产品成本费用在项目财务计算和评价中的作用主要是：用于利润和利润分配表中的利润计算；计算流动资金需要量，用于财务分析；经过价格调整后（用影子价格代替现行价格），用于经济费用效益分析；用于不确定性分析等。

为适应以上各种不同的需要，产品成本费用具有多种不同的分类和含义。介绍几种国内项目财务分析中产品成本费用划分方法

1）总成本费用

指项目在一定时期内（一般为 1 年）为生产产品或提供服务所发生的全部费用。总成本费用可按下列方法估算。

（A）生产成本加期间费用估算法

$$总成本费用 = 生产成本 + 期间费用 \tag{16-3-1}$$

式中：生产成本＝直接材料费＋直接燃料和动力费＋直接工资＋其他直接支出＋制造费用

$$期间费用＝管理费用＋财务费用＋营业费用$$

（B）生产要素估算法

$$总成本费用 ＝外购原材料、燃料和动力费 ＋ 工资和福利费 ＋ 折旧费 ＋ 摊销费$$
$$＋ 修理费 ＋ 财务费用（利息支出）＋ 其他费用 \tag{16-3-2}$$

式中：其他费用是指在制造费用、管理费用、财务费用和营业费用中扣除了工资和福利费、折旧费、摊销费、修理费、利息支出后的其余部分。

在计算总成本费用时，要注意原材料、燃料、动力等消耗只计算外购部分，不计算自产自用部分，以免重复。

2）经营成本

指项目经济评价中的一个专用术语，它在编制项目计算期内的现金流量表和方案比较中很重要。现金流量计算和成本核算（会计方法）不同，按照现金流量的含义，只计算现金收支，不计算非现金收支。固定资产折旧费、无形资产和其他资产摊销费只是项目系统内部的现金转移，而非现金支出。因此，经营成本中不包括折旧费和摊销费。另外按国家新的财务制度规定，项目生产经营期内发生的借款利息计入产品总成本费用的财务费用中。由于项目投资现金流量表设定的前提条件是不分投资资金来源（自有资金还是借款），以全部投资作为计算基础，因此，经营成本中不包括借款利息。简言之，经营成本计算公式为：

$$经营成本 ＝ 外购原材料、燃料和动力费 ＋ 工资和福利费 ＋ 修理费 ＋ 其他费用 \tag{16-3-3}$$

式中：其他费用是指从制造费用、管理费用和营业费用中扣除了折旧费、摊销费、修理费、工资和福利费以后的其余部分。

3）可变成本和固定成本

根据成本费用和产量的关系可以将总成本费用分为固定成本和可变成本。

固定成本是指不随产品产量变化的各项成本费用，通常包括折旧费、摊销费、修理费、工资和福利费（计件工资除外）和其他费用等。通常把运营期发生的全部利息也作为固定成本。

可变成本是指随产品产量增减而成正比例变化的各项费用，主要包括外购原材料、燃料和动力费及计件工资等。

有些成本费用属于半固定或半可变成本，如工资、营业费用和流动资金利息等也都可能既有可变因素，又有固定因素。必要时可进一步分解为固定成本和可变成本，使成本费用最终划分为固定成本和可变成本。项目评价中可根据行业特点进行简化处理。

成本费用估算两种方法可根据行业规定或结合项目特点选用。成本费用估算原则上应符合国家现行《企业会计制度》规定的成本和费用核算方法，同时应符合有关税法中准予在所得税前列支科目的规定。当两者有矛盾时，一般应按从税的原则处理。

可变成本和固定成本在财务分析中的主要作用是：在现金流量表中用于计算投产期各年的经营成本，用于不确定性分析。

（4）固定资产折旧

1）折旧的目的和意义

固定资产在使用过程中要经受 2 种磨损，即有形磨损和无形磨损。有形磨损是由于生产因素或自然因素（外界因素和意外灾害等）引起的；无形磨损亦称经济磨损，是非使用和非自然因素引起的固定资产价值的损失，比如技术进步会使生产同种设备的成本降低从而使原设备价值降价，或者由于科学技术进步出现新技术、新设备从而引起原来低效率的、技术落后的旧设备贬值或报废等。

固定资产的价值损失，通常是通过提取折旧的方法补偿。即在项目使用寿命期内，将固定资产价值以折旧的形式列入产品成本中，逐年摊还。按照财务制度规定，企业计提折旧不得冲减资本金，而且不再建立折旧基金，取消专户存储，允许统筹使用。

2）经济寿命和折旧寿命

固定资产的经济寿命和折旧寿命，都要考虑上述 2 种磨损，但其含义并不完全相同。

经济寿命是指资产（或设备）在经济上最合理的使用年限，也就是资产的总年成本最小或总年净收益最大时的使用年限。一般设备使用达到经济寿命或虽未用到经济寿命，但已出现新型设备，使得继续使用该设备已不经济时，即应更新。

折旧寿命亦称"会计寿命"，是按照国家财政部门规定的资产使用年限逐年进行折旧，一直到账面价值（固定资产净值）减至固定资产残值时所经历的全部时间。从理论上讲，折旧寿命应等于或接近经济寿命为宜。

3）提取折旧的固定资产范围

应提取折旧的固定资产有：房屋和建筑物，在用的机器设备、仪器仪表、运输车辆、工具器具，季节性停用和修理停用的设备，以经营租赁方式租出的固定资产，以融资租赁方式租入的固定资产。

不计提折旧的固定资产有：房屋和建筑物以外的未使用、不需用的固定资产，以经营租赁方式租入的固定资产，已提足折旧继续使用的固定资产，国家规定的不提折旧的其他固定资产（如土地等）。

计算折旧的要素是固定资产原值、使用期限（或预计产量）和固定资产净残值。

4）折旧方法的种类和计算

按折旧对象的不同划分，折旧方法可分为个别折旧法、分类折旧法和综合折旧法。个别折旧法是以每一项固定资产为对象计算折旧；分类折旧法则以每一类固定资产为对象计算折旧；综合折旧法则以全部固定资产为对象计算折旧。

另外，按固定资产在项目生产经营期内前后期折旧费用的变化性质划分，折旧方法又可分为年限平均法、工作量法和快速折旧法（余额递减法、双倍余额递减法、年数总和法、年金法等），考虑到余额递减法过于复杂，财务制度在保留原有折旧方法（年限平均法和工作量法）的同时，明确了企业可以实行双倍余额递减法和年数总和法。

（A）年限平均法（直线法）

固定资产折旧一般采用年限平均法，其计算公式为：

$$年折旧率 = \frac{1 - 预计净残值率}{折旧年限} \qquad (16\text{-}3\text{-}4)$$

$$年折旧额 = 固定资产原值 \times 年折旧率 \qquad (16\text{-}3\text{-}5)$$

年限平均法的优点是逐年均摊，计算简便。因此国际上一般也多用这种折旧计算方法。

(B) 工作量法

又称作业量法，是以固定资产的使用状况为依据计算折旧的方法。某些大型设备可采用工作量法。

按照工作小时和年计算折旧的计算公式为：

$$每工作小时折旧额 = \frac{原值 \times (1 - 预计净残值率)}{总工作小时} \qquad (16\text{-}3\text{-}6)$$

$$年折旧额 = 每工作小时折旧额 \times 年工作小时 \qquad (16\text{-}3\text{-}7)$$

以上各式中的净残值率按照固定资产原值的 $3\% \sim 5\%$ 确定，净残值率低于 3% 或者高于 5% 的，由企业自主确定，并报主管财政机关备案。

(C) 快速折旧法

快速折旧法又称递减费用法，即固定资产每期计提的折旧数额，在使用初期计提的多，而在后期计提的少，从而相对加快折旧速度的一种方法。快速折旧方法很多，财务制度规定，在国民经济中具有重要地位、技术进步快的电子生产企业、船舶工业企业、生产"母机"的机械企业、飞机制造企业、汽车制造企业、化工生产企业和医药生产企业以及其他经财政部批准的特殊行业企业，其机器设备可以采用双倍余额递减法和年数总和法。

● 双倍余额递减法

该法是以年限平均法折旧率两倍的折旧率计算每年折旧额的方法，其计算公式为：

$$年折旧率 = \frac{2}{折旧年限} \times 100\% \qquad (16\text{-}3\text{-}8)$$

$$年折旧额 = 固定资产净值 \times 年折旧率 \qquad (16\text{-}3\text{-}9)$$

● 年数总和法

采用年数总和法是根据固定资产原值减去预计净残值后的余额，按照逐年递减的分数（即年折旧率，亦称折旧递减系数）计算折旧的方法。每年的折旧率为一变化的分数，分子为每年开始时可以使用的年限，分母为固定资产折旧年限逐年相加的总和（即折旧年限的阶乘），其计算公式为：

$$年折旧率 = \frac{折旧年限 - 已使用年数}{折旧年限 \times (折旧年限 + 1) \div 2} \times 100\% \qquad (16\text{-}3\text{-}10)$$

$$年折旧额 = (固定资产原值 - 预计净残值) \times 年折旧率 \qquad (16\text{-}3\text{-}11)$$

(5) 无形资产和其他资产的摊销

无形资产按规定期限分期摊销；没有规定期限的，按不少于 10 年分期摊销。其他资产中的开办费按照不短于 5 年的期限分期摊销。

16.3.3.2 用于计算成本费用参数

(1) 固定资产折旧年限和折旧率

1)《细则》确定排水工程项目经济评价中，固定资产折旧采用综合折旧法计算。当项目融资方有特定要求时，也可采用分类折旧计算方法，分类折旧年限如表 16-3-1 所示。

排水项目固定资折旧年限 表 16-3-1

分类名称	年限（年）	分类名称	年限（年）
机械设备	15	电力设备	15
动力设备	15	雨污水收集管道	30
运输设备	12	生产用房	30
自动化、半自动化控制设备	10	受腐蚀性生产用房	20
通用测试仪器仪表	10	非生产用房	40
水泵、电动机	15	水池等生产构筑物	30

2）固定资产净残值（残值－清理费用）：按固定资产净值的 3%～5%计算。

3）固定资产综合折旧率：根据国家规定的固定资产分类折旧年限和排水工程土建、安装和设备购置三者的投资构成比例，结合目前污水处理厂的实际经营资料，分析测定的平均综合折旧率，如表 16-3-2 所示。

排水工程固定资产综合折旧率　　　　　　　　表 16-3-2

工　程　类　别	排　水　工　程	
设备情况	基本国产	适量进口
综合折旧率（%）	4.6	5.2

注：适量进口指重要设备由国外进口，一般设备采用国内产品。

（2）年修理费率

修理费包括大修理费用和日常维护费用，排水项目固定资产修理费率取 2%～3%。计算公式为：

$$修理费 = 固定资产原值 \times 修理费率 \tag{16-3-12}$$

根据近几年排水行业的分析统计资料和全国各业大修折旧率的综合平均数据，测算的年修费率，如表 16-3-3 所示。但工业废水由于对设备和构筑物的腐蚀较严重，应按废水性质和维修要求分别提取。

年修理费率　　　　　　　　表 16-3-3

工　程　类　别	排　水　工　程	
设备情况	基本国产	适量进口
年修理费率（%）	2.4	2.2

（3）无形资产和其他资产的摊销期限

为简化计算，无形资产和其他资产从投产之年起，平均按照 12.5 年的期限分期摊销，即年摊销率为 8%。

（4）平均利润率

测算排水收费标准时，平均利润率一般按 5%～7%估算。

（5）定额流动资金周转天数

根据近年来行业统计分析资料，定额流动资金周转天数取定为 90d。

（6）自有流动资金率

除在建设资金筹措时已作明确规定的项目外，一般按 30%估算。

16.3.3.3　污水处理成本的计算

（1）污水处理成本计算

污水处理成本的计算，通常还包括污泥处理部分。构成成本计算的费用项目有以下几项：

1）处理后污水的排放费 E_1

处理后污水排入水体如需支付排放费用时，按有关部门的规定计算，计算公式为：

$$E_1 = 365Qe \tag{16-3-13}$$

式中　Q——平均日污水量（m^3/d）；

e——处理后污水排放费率（元/m^3）。

2）能源消耗费 E_2

包括电费、水费等在污水处理过程中所消耗的能源费。工业废水处理中除电费、水费外，有时还包括蒸汽、煤等能源消耗，如耗量不大，可略而不计，耗量大应进行计算。污水处理厂的电费计算公式为：

$$E_2 = \frac{8760Nd}{k} \tag{16-3-14}$$

式中 N——污水处理厂内的水泵、空压机、鼓风机和其他机电设备的功率总和（不包括备用设备）（kW）；

k——污水总变化系数；

d——电费单价［元／（kWh）］。

运行期间的动力费用主要是电费。根据电力部门的规定，一般实行一部电价制，也可实行二部电价制，依项目所在地的具体规定取用。一部电价仅指电度电价，二部电价则包括电度电价和基本电价，计算公式为：

$$\text{电度电价} = \text{运行期间耗电量}(\text{kWh/a}) \times \text{电费单价}(\text{元}/\text{kWh}) \tag{16-3-15}$$

$$\text{基本电价} = \text{装机容量}(\text{kVA}) \times \text{基本电价收费标准}(\text{元}/\text{kVA} \cdot \text{a}) \tag{16-3-16}$$

3）药剂费 E_3

计算公式为

$$E_3 = \frac{365Q}{10^6}(a_1b_1 + a_2b_2 + a_3b_3 + \cdots) \tag{16-3-17}$$

式中 a_1、a_2、a_3——各种药剂（包括混凝剂、助凝剂、消毒剂等）的平均投加量（mg/L）；

b_1、b_2、b_3——各种药剂的相应单价（元/t）。

4）工资福利费 E_4

计算公式为：

$$E_4 = \text{职工每人每年的平均工资和福利费} \times \text{职工定员} \tag{16-3-18}$$

5）固定资产折旧费 E_5 和修理费 E_6

计算公式为：

$$E_5 = \text{固定资产原值} \times \text{折旧率} \tag{16-3-19}$$

$$E_6 = \text{固定资产原值} \times \text{修理费率} \tag{16-3-20}$$

6）无形资产和其他资产摊销费 E_7

计算公式为：

$$E_7 = \text{无形资产和其他资产值} \times \text{年摊销率} \tag{16-3-21}$$

7）管理费用、销售费用和其他费用 E_8

包括管理和销售部门的办公费、取暖费、租赁费、保险费、研究试验费、会议费、成本中列支的税金（如房产税、车船使用税等），以及其他不属于以上项目的支出等。

管理费用、销售费用和其他费用可按以上各项总和的一定比率计算。根据排水工程设施的统计分析资料，其比率一般可取 $8\% \sim 15\%$，计算公式为：

$$E_8 = (E_1 + E_2 + E_3 + E_4 + E_5 + E_6 + E_7) \times (8\% \sim 15\%) \tag{16-3-22}$$

8）财务费用 E_9

按照会计制度，企业为筹集所需资金而发生的费用称为财务费用，包括利息支出（减利息收入）、汇兑损失（减汇兑收益）和相关的手续费等。大多数项目的财务分析中，通常只考虑利息支出。利息支出的估算包括长期借款利息、流动资金借款利息和短期借款利息 3 部分。

（A）长期借款利息是指对建设期间借款余额（含未支付的建设期利息）应在生产期支付的利息，项目评价中可以选择等额还本付息方式或者等额还本利息照付方式计算长期借款利息。

● 等额还本付息方式，计算公式为：

$$A = I_c \times \frac{i(1+i)^n}{(1+i)^n - 1} \tag{16-3-23}$$

式中 A——每年还本付息额（等额年金）；

         I_c——还款年年初的借款余额（含未支付的建设期利息）；

         i——年利率；

         n——预定的还款期；

$\dfrac{i(1+i)^n}{(1+i)^n-1}$——资金回收系数，可以自行计算或查复利系数表。

     其中：每年支付利息＝年初本金累计×年利率

每年偿还本金＝A－每年支付利息

年初本金累计＝I_c－本年以前各年偿还的本金累计。

  ● 等额还本利息照付方式

设 A_t 为第 t 年的还本付息额，计算公式为：

$$A_t = \frac{I_c}{n} + I_c \times \left(1 - \frac{t-1}{n}\right) \times i \tag{16-3-24}$$

     其中：每年支付利息＝年初本金累计×年利率

即：   第 t 年支付的利息 $= I_c \times \left(1 - \dfrac{t-1}{n}\right) \times i$ (16-3-25)

每年偿还本金 $= \dfrac{I_c}{n}$ (16-3-26)

     (B) 流动资金借款利息。项目评价中估算的流动资金借款从本质上说应归类为长期借款，但目前企业往往有可能与银行达成共识，按期末偿还、期初再借的方式处理，并按一年期利率计息。流动资金借款利息计算公式为：

年流动资金借款利息 ＝ 当年流动资金借款额×流动资金借款年利率   (16-3-27)

财务分析中对流动资金的借款可以在计算期最后一年偿还，也可在还完长期借款后安排。

     (C) 短期借款利息。项目评价中的短期借款利息系指生产运营期间为了资金的临时需要而发生的短期借款，短期借款的数额应在财务计划现金流量表中得到反映，其利息应计入总成本费用表的利息支出中。短期借款利息的计算同流动资金借款利息，短期借款的偿还按照随借随还的原则处理，即当年借款尽可能于下年偿还。

     9) 年经营成本 E_c

     计算公式为：

$$E_c = E_1 + E_2 + E_3 + E_4 + E_6 + E_8 \tag{16-3-28}$$

     10) 年总成本 YC

     年总成本为上述（1）～（9）项费用之总和，计算公式为：

$$YC = \sum_{j=1}^{9} E_j = E_c + E_5 + E_7 + E_9 \tag{16-3-29}$$

     其中可变成本 YC_a 表示为：

$$YC_a = E_1 + E_2 + E_3 + E_8 \tag{16-3-30}$$

     固定成本 YC_b 表示为：

$$YC_b = E_4 + E_5 + E_6 + E_7 + E_9 \tag{16-3-31}$$

     11) 单位处理成本 AC

     计算公式为：

$$AC = \frac{YC}{\Sigma Q} \tag{16-3-32}$$

     其中单位处理可变成本 AC_a 以式（16-42）表示为

$$AC_a = \frac{YC_a}{\Sigma Q} \tag{16-3-33}$$

式中 ΣQ——全年制水量。

（2）成本费用计算的几点说明

1）污水、污泥综合利用的收入，如不作为产品，且价值不大时，可在污水处理成本中减去，如作为产品，且价值较大时，应作为产品销售，减去处理成本后作为其他收入。

2）对于不同企业，其管理水平不同，管理费用、销售费用和其他费用可根据企业具体情况而定，特别是改扩建项目可适当降低其比率。

3）排水收费标准的测算，排水收费标准的测算基本和水价的测算相同，但因过去的排水管理机构大多为事业单位，由事业单位转变为企业后，近期的利润率不可能达到供水行业的水平。

16.3.4 财务分析

16.3.4.1 财务分析含义、作用和步骤

（1）财务分析的含义

财务分析应在项目财务效益和费用估算的基础上进行，通过编制财务报表，计算财务指标，分析项目的盈利能力、偿债能力和财务生存能力，判断项目财务可接受与否，明确项目对财务主体和投资者的价值贡献，为项目决策提供依据。

（2）财务分析的作用

1）衡量项目投产后的财务盈利能力。

2）确定拟建项目所需的投资金额，解决项目资金的可能来源，安排恰当的用款计划和选择适宜的筹资方案。

3）权衡国家或地方，对于公用事业等非盈利项目或微利项目的财政补贴或实行减免税等经济优惠措施，或者其他弥补亏损的措施。

（3）财务分析的步骤

1）在需求分析和工程技术研究的基础上，收集整理财务分析的基础数据资料。

2）进行项目的筹资分析和资金运用分析。

3）编制基本财务报表。

4）通过基本财务报表计算各项评价指标和财务比率，进行各项财务分析。

5）进行不确定性分析。

16.3.4.2 财务分析报表基础数据、种类和编制

（1）财务分析报表的基础数据

1）拟建项目的基本情况

包括建设条件、投资环境、需求预测、生产规模和主要技术决定。

2）营业（产品销售）收入

营业收入的 2 个基本因素是污水处理水量和排污费收费标准。对于收费标准要进行有根据的分析和预测。

3）投资费用和资金筹措资料数据

（A）建设投资数额、构成和分年度使用计划。投资数额分别按资金来源、资产性质（固定资产、无形资产和其他资产）的构成情况。

（B）流动资金数额、按资金来源的构成和分年度使用计划。

（C）资金筹措方案和贷款条件：包括贷款利率和偿还条件（偿还方式和偿还时间）。

4）职工人数、估算工资和福利费

5）产品成本费用

包括各种主要投入物的单耗、单价，各种费用的测算，总成本费用和单位生产成本的构成。

6）项目实施进度

项目建设时间和投产、达到设计能力的进度。

7）财会、金融、税务和其他有关规定。

（2）财务分析报表的种类

按《建设项目经济评价方法与参数》的规定及《细则》的要求，财务分析报表有：

1）项目投资现金流量表，如表 16-3-4 所示，用于计算项目投资财务内部收益率和净现值等财务分析指标。

项目投资现金流量表（单位：万元）　　　　　　　　　表 16-3-4

序号	年　份　　　　　项　目	建设期		投产期		达到设计能力生产期				合计
		1	2	3	4	5	6	……	n	
	生产负荷（%）									
1	现金流入									
1.1	营业收入									
1.2	补贴收入									
1.3	回收固定资产余值									
1.4	回收流动资金									
2	现金流出									
2.1	建设投资									
2.2	流动资金									
2.3	经营成本									
2.4	营业税金及附加									
2.5	维持运营投资									
3	所得税前净现金流量（1－2）									
4	累计所得税前净现金流量									
5	调整所得税									
6	所得税后净现金流量（3－5）									
7	累计所得税后净现金流量									

计算指标：项目投资财务内部收益率（%）（所得税前）

　　　　　项目投资财务内部收益率（%）（所得税后）

　　　　　项目投资财务净现值（所得税前）（$i_c =$ %）

　　　　　项目投资财务净现值（所得税后）（$i_c =$ %）

　　　　　项目投资回收期（年）（所得税前）

　　　　　项目投资回收期（年）（所得税后）

注：1. 本表适用于新设法人项目与既有法人项目的增量和"有项目"的现金流量分析。

　　2. 调整所得税为以息税前利润为基数计算的所得税，区别于"利润和利润分配表"、"项目资本金现金流量表"和"财务计划现金流量表"中的所得税。

2）项目资本金现金流量表，如表 16-3-5 所示，用于计算项目资本金财务内部收益率。

项目资本金现金流量表（单位：万元）　　　　　　表 16-3-5

序号	年　份 项　目	建设期		投产期		达到设计能力生产期				合计
		1	2	3	4	5	6	……	n	
	生产负荷（%）									
1	现金流入									
1.1	营业收入									
1.2	补贴收入									
1.3	回收固定资产余值									
1.4	回收流动资金									
2	现金流出									
2.1	项目资本金									
2.2	借款本金偿还									
2.3	借款利息支付									
2.4	经营成本									
2.5	营业税金及附加									
2.6	所得税									
2.7	维持运营投资									
3	净现金流量（1-2）									

计算指标：资本金财务内部收益率（%）

注：1. 项目资本金包括用于建设投资、建设期利息和流动资金的资金。
　　2. 对外商投资项目，现金流出中应增加职工奖励及福利基金科目。
　　3. 本表适用于新设法人项目与既有法人项目"有项目"的现金流量分析。

3）投资各方现金流量表，如表 16-3-6 所示，用于计算投资各方财务内部收益率。

投资各方现金流量表（单位：万元）　　　　　　表 16-3-6

序号	年　份 项　目	建设期		投产期		达到设计能力生产期				合计
		1	2	3	4	5	6	……	n	
	生产负荷（%）									
1	现金流入									
1.1	实分利润									
1.2	资产处置收益分配									
1.3	租赁费收入									
1.4	技术转让或使用收入									
1.5	其他现金流入									
2	现金流出									
2.1	实缴资本									
2.2	租赁资产支出									
2.3	其他资金流出									
3	净现金流量（1-2）									

计算指标：投资各方财务内部收益率（%）

注：本表可按不同投资各方分别编制。
　　1. 投资各方现金流量表既适用于内资企业也适用于外商投资企业；既适用于合资企业也适用于合作企业。
　　2. 投资各方现金流量表中现金流入是指出资方因该项目的实施将实际获得的各种收入；现金流出是指出资方因该项目的实施将实际投入的各种支出。表中科目应根据项目具体情况调整。
　　　1）实分利润是指投资者由项目获取的利润。
　　　2）资产处置收益分配是指对有明确的合营期限或合资期限的项目，在期满时对资产余值按股比或约定比例的分配。
　　　3）租赁费收入是指出资方将自己的资产租赁给项目使用所获得的收入，此时应将资产价值作为现金流出，列为租赁资产支出科目。
　　　4）技术转让或使用收入是指出资方将专利或专有技术转让或允许该项目使用所获得的收入。

4）利润和利润分配表，如表16-3-7所示，反映项目计算期内各年营业收入、总成本费用、利润总额，以及所得税后利润的分配等情况，用于计算总投资收益率、项目资本金净利润率等指标。

5）财务计划现金流量表，如表16-3-8所示，反映项目计算期各年的投资、融资和经营活动的现金流入和流出，用于计算累计盈余资金，分析项目的财务可持续性。

6）资产负债表，如表16-3-9所示，用于综合反映项目计算期内各年年末资产、负债和所有者权益的增减变化及对应关系，计算资产负债率。

7）借款还本付息计划表，如表16-3-10所示，反映项目计算期内各年借款本金偿还和利息支付情况，用于计算偿债备付率和利息备付率指标。

利润和利润分配表（单位：万元）　　　　　　　表 16-3-7

序号	年 份 项 目	投产期		达到设计能力生产期				合计
		3	4	5	6	……	n	
	生产负荷（%）							
1	营业收入							
2	营业税金及附加							
3	总成本费用							
4	补贴收入							
5	利润总额（1－2－3＋4）							
6	弥补以前年度亏损							
7	应纳税所得额（5－6）							
8	所得税							
9	净利润（5－8）							
10	期初未分配利润							
11	可供分配利润（9＋10）							
12	提取法定盈余公积金							
13	可供投资者分配的利润（11－12）							
14	应付优先股股利							
15	提取任意盈余公积金							
16	应付普通股股利（13－14－15）							
17	各投资方利润分配							
	其中：××方							
	××方							
18	未分配利润（13－14－15－17）							
19	息税前利润（利润总额＋利息支出）							
20	息税折旧摊销前利润（息税前利润＋折旧＋摊销）							

注：1. 对于外商出资项目由第11项减去储备基金、职工奖励与福利基金和企业发展基金（外商独资项目可不列企业发展基金）后，得出可供投资者分配的利润。

　　2. 法定盈余公积金按净利润计提。

财务计划现金流量表（单位：万元）　　　　　表 16-3-8

序号	年 份 / 项 目	建设期		投产期		达到设计能力生产期				合计
		1	2	3	4	5	6	……	n	
	生产负荷（%）									
1	经营活动净现金流量（1.1－1.2）									
1.1	现金流入									
1.1.1	营业收入									
1.1.2	增值税销项税额									
1.1.3	补贴收入									
1.1.4	其他流入									
1.2	现金流出									
1.2.1	经营成本									
1.2.2	增值税进项税额									
1.2.3	营业税金及附加									
1.2.4	增值税									
1.2.5	所得税									
1.2.6	其他流出									
2	投资活动净现金流量（2.1－2.2）									
2.1	现金流入									
2.2	现金流出									
2.2.1	建设投资									
2.2.2	维持运营投资									
2.2.3	流动资金									
2.2.4	其他流出									
3	筹资活动净现金流量（3.1－3.2）									
3.1	现金流入									
3.1.1	项目资本金投入									
3.1.2	建设投资借款									
3.1.3	流动资金借款									
3.1.4	债券									
3.1.5	短期借款									
3.1.6	其他流入									
3.2	现金流出									
3.2.1	各种利息支出									
3.2.2	偿还债务本金									
3.2.3	应付利润（股利分配）									
3.2.4	其他流出									
4	净现金流量（1+2+3）									
5	累计盈余资金									

注：1. 对于新设法人项目，本表投资活动的现金流入为零。
　　2. 对于既有法人项目，可适当增加科目。
　　3. 必要时，现金流出中可增加应付优先股股利科目。
　　4. 对外商投资项目应将职工奖励与福利基金作为经营活动现金流出。

资产负债表（单位：万元）　　　　　　　　　表 16-3-9

序号	年 份 项 目	建设期		投产期		达到设计能力生产期			
		1	2	3	4	5	6	……	n
1	资产								
1.1	流动资产总额								
1.1.1	货币资金								
1.1.2	应收账款								
1.1.3	预付账款								
1.1.4	存货								
1.1.5	其他								
1.2	在建工程								
1.3	固定资产净值								
1.4	无形及其他资产净值								
2	负债及所有者权益（2.4＋2.5）								
2.1	流动负债总额								
2.1.1	短期借款								
2.1.2	应付账款								
2.1.3	预收账款								
2.1.4	其他								
2.2	建设投资借款								
2.3	流动资金借款								
2.4	负债小计（2.1＋2.2＋2.3）								
2.5	所有者权益								
2.5.1	资本金								
2.5.2	资本公积金								
2.5.3	累计盈余公积金								
2.5.4	累计未分配利润								
计算指标：资产负债率（%）									

注：1. 对外商投资项目，第 2.5.3 项改为累计储备基金和企业发展基金。

　　2. 对既有法人项目，一般只针对法人编制，可按需要增加科目，此时表中资本金是指企业全部实收资本，包括原有和新增的实收资本。必要时，也可针对"有项目"范围编制。此时表中资本金仅指"有项目"范围的对应数值。

　　3. 货币资金包括现金和累计盈余资金。

借款还本付息计算表（单位：万元）　　　　　　表 16-3-10

序号	年 份 项 目	利率（%）	建设期		投产期		达到设计能力生产期			
			1	2	3	4	5	6	……	n
1	借款1									
1.1	期初借款余额									
1.2	当期还本付息									
	其中：还本									
	付息									
1.3	期末借款余额									
2	借款2									
2.1	期初借款余额									
2.2	当期还本付息									

序号	年 份 项 目	利率 (%)	建设期 1	建设期 2	投产期 3	投产期 4	达到设计能力生产期 5	达到设计能力生产期 6	……	n
	其中：还本									
	付息									
2.3	期末借款余额									
3	债券									
3.1	期初债务余额									
3.2	当期还本付息									
	其中：还本									
	付息									
3.3	期末借款余额									
4	借款和债券合计									
4.1	期初余额									
4.2	当期还本付息									
	其中：还本									
	付息									
4.3	期末余额									
计算指标	利息备付率									
计算指标	偿债备付率									

注：1. 本表与财务分析辅助表"建设期利息估算表"可合二为一。

2. 本表直接适用于新设法人项目，如有多种借款或债券，必要时应分别列出。

3. 对于既有法人项目，在按有项目范围进行计算时，可根据需要增加项目范围内原有借款的还本付息计算；在计算企业层次的还本付息时，可根据需要增加项目范围外借款的还本付息计算；当简化直接进行项目层次新增借款还本付息计算时，可直接按新增数据进行计算。

4. 本表可另加流动资金借款的还本付息计算。

（3）财务分析报表的编制

1）生产负荷（%）

生产负荷是指处理水量占设计生产能力的百分比。在计算期内达到设计能力之后各年的处理水量可设定为相等。

2）营业收入

营业收入主要是指排污费的收入，排污费收费标准通过成本计算和价格趋势的分析、预测确定。

3）流动资金

将流动资金分为自有流动资金和流动资金借款。国内项目在生产期内流动资金借款每年付息。项目计算期末回收全部流动资金。

流动资金一般应在投产前开始筹措。为简化计算，可考虑流动资金从项目投产第一年开始按生产负荷进行安排，并按全年计算利息。

4）弥补以前年度亏损

企业亏损分为政策性亏损和经营性亏损，二者要严格区分。政策性亏损经财政部核定实行定额补贴或亏损包干办法，并结合价格体制改革逐步取消政策性亏损补贴。经营性亏损原则上由企业自行解决。财务制度对企业经营性亏损弥补作了明确规定。项目发生的年度亏损，可以用下一年度的税前利润等弥补。下一年度利润不足弥补的可以在5年内延续弥补，即在弥补有效期间，虽有实现利润，但也不交所得税，只是在弥补亏损以后尚有余额时，才将余额部分计算缴纳所得税。当 5 年内不足弥补时，可用税后利润等弥补。

5）企业所得税后利润一般的分配顺序是：

（A）弥补以前年度亏损。

（B）提取法定盈余公积金。

（C）提取公益金。

（D）向投资者分配利润。按照投资比例分配。

按以上顺序分配利润时，尚需注意以下各点：

（A）企业以前年度亏损未弥补完，不得提取盈余公积金、公益金。

（B）在提取盈余公积金、公益金以前，不得向投资者分配利润。

（C）企业必须按照当年税后利润（减弥补亏损）的 10% 提取法定盈余公积金，当法定盈余公积金已达到注册资本 50% 时，可不再提取。

（D）企业在向投资者分配利润前经董事会决定，可以提取公益金。

6）盈余公积金

（A）盈余公积金是指按国家规定从利润中提取的公积金。公积金可用于弥补亏损、扩大企业生产经营或者转增资本金，但转增资本金后，企业法定资本金一般不得低于注册资本的 25%。

（B）公益金主要用于企业的职工住宅等集体福利设施支出，当提取公益金时，其数值可列入本项。

7）应收账款、存货、现金和应付账款

计算公式为：

$$应收账款 = 年经营成本 \div 周转次数 \tag{16-3-34}$$

$$周转次数 = 360 \div 最低周转天数 \tag{16-3-35}$$

最低周转天数按实际情况并考虑保险系数分项确定的计算公式为：

$$存货 = 外购原材料、燃料年费用 \div 周转次数 \tag{16-3-36}$$

$$现金 = （年工资和福利费 + 年管理费用、营业费用和其他费用） \div 周转次数 \tag{16-3-37}$$

$$应付账款 = 年外购原材料、燃料和动力费用 \div 周转次数 \tag{16-3-38}$$

财务分析报表编制中应收账款、应付账款、存货和现金的最低周转天数和周转次数，在缺乏原有排水系统营运的财务资料时，可按《细则》建议的数据估算，如表 16-3-11 所示。

应收账款、应付账款，存货、现金最低周转天数和周转次数　　　　表 16-3-11

栏　　目	最低周转天数 (d)	周转次数 (次)
应收账款和应付账款	60	6
存　　货	120	3
现　　金	45	8

16.3.4.3　财务分析指标

建设项目财务分析指标是为评价项目财务经济效果而设定的。

财务分析一般包括财务盈利能力分析、财务偿债能力分析和财务生存能力分析。财务盈利能力分析主要指标是项目投资财务内部收益率、项目投资财务净现值和项目资本金财务内部收益率，其他指标可根据项目的特点和实际需要，也可计算投资回收期、总投资收益率、项目资本金净利润率等。财务偿债能力分析主要是考察项目计算期内各年的财务状况和偿债能力，通常要计算利息备付率、偿债备付率和资产负债率等指标。

(1) 财务内部收益率 (FIRR)

财务内部收益率是反映项目盈利能力常用的动态评价指标。财务内部收益率本身就是一个折现率，它是指项目在整个计算期内各年净现金流量累计等于零时的折现率。用公式求解 FIRR，即为项目的财务内部收益率，计算公式为：

$$FNPV = \sum_{i=1}^{n} (CI - CO)_t \, (1 + FIRR)^{-t} = 0 \tag{16-3-39}$$

式中　　　CI——现金流入量；

CO——现金流出量；

$(CI - CO)_t$——第 t 年的净现金流量；

n——计算期。

财务内部收益率可通过财务现金流量表现值计算，用试差法求得。一般来说，试算用的两个相邻的高、低折现率之差，最好不超过 2%，最大不要超过 5%。

线性插值计算公式为：

$$FIRR = i_1 + (i_2 - i_1) \frac{|NPV_1|}{|NPV_1| + |NPV_2|} \tag{16-3-40}$$

式中　　　i_1——试算的低折现率；

i_2——试算的高折现率；

$|NPV_1|$——低折现率的现值（正值）的绝对值；

$|NPV_2|$——高折现率的现值（负值）的绝对值。

在财务分析中将求出的财务内部收益率（FIRR）和行业的基准收益率或设定的折现率（i_c）比较，当 $FIRR \geqslant i_c$ 时，即认为其盈利能力已满足最低要求，在财务上是可以考虑接受的。

(2) 投资回收期

1) 静态投资回收期 (P_t)

静态投资回收期是指以项目的净收益抵偿全部投资（固定资产投资、投资方向调节税和流动资金）所需要的时间。它是考察项目在财务上的投资回收能力的主要静态指标。投资回收期（以年表示）一般从建设开始年算起，如果从投产年算起时，应予注明，计算公式为

$$\sum_{t=1}^{P_t} (CI - CO)_t = 0 \tag{16-3-41}$$

投资回收期可根据项目投资现金流量表计算。项目投资现金流量表中累计净现金流量由负值变为零的时点，即为项目的投资回收期，投资回收期的详细计算公式为：

$$投资回收期(P_t) = [累计净现金流量开始出现正值年份数] - 1$$
$$+ \left[\frac{上年累计净现金流量的绝对值}{当年净现金流量} \right] \tag{16-3-42}$$

投资回收期短，表明项目投资回收快，抗风险能力强。

2) 动态投资回收期 (P_t')

动态投资回收期是按现值法计算的投资回收期，计算公式为：

$$\sum_{t=1}^{P_t'} (CI - CO)_t \, (1 + i_c)^{-t} = 0 \tag{16-3-43}$$

动态投资回收期可直接从项目投资现金流量表计算，计算公式为：

$$动态投资回收期(P_t') = [累计财务净现值出现正值年份数] - 1$$
$$+ \left[\frac{上年累计财务净现值的绝对值}{当年财务净现值} \right] \tag{16-3-44}$$

与静态投资回收期相比，动态投资回收期的优点是考虑了现金收支的时间因素，能真正反映资金的回收时间。缺点是要进行现值计算，比较麻烦。在投资回收期不长或折现率不大的情况下，两种投资回收期的差别可能不大，不致影响项目评价或方案比选的结论。但在静态投资回收期较长的情况下，两种投资回收期的差别有可能比较明显。

（3）财务净现值（FNPV）

财务净现值是指按行业的基准收益率或设定的折现率，将项目计算期内各年净现金流量折现到建设期初的现值之和。它是考察项目在计算期内盈利能力的动态评价指标，计算公式为：

$$FNPV = \sum_{t=1}^{n} (CI - CO)_t \, (1 + i_c)^{-t} \qquad (16\text{-}3\text{-}45)$$

财务净现值可通过项目投资现金流量表中净现金流量的现值求得。其结果不外乎是净现金值大于、等于或小于零三种情况。财务净现值大于零，表明项目的盈利能力超过了基准收益率或设定的收益率盈利水平；财务净现值小于零，表明项目盈利能力达不到基准收益率或设定的收益率盈利水平；财务净现值等于零，表明项目盈利能力水平正好等于基准收益率或设定的收益率盈利水平。一般来说，$FNPV \geqslant 0$ 的项目是可以考虑接受的。

（4）总投资收益率（ROI）

总投资收益率表示总投资的盈利水平，系指项目达到设计生产能力后的正常生产年份的年息税前利润或运营期内年平均息税前利润（EBIT）和项目总投资（TI）的比率，计算公式为：

$$总投资收益率 = \frac{年息税前利润额或年平均息税前利润总额}{项目总投资} \times 100\% \qquad (16\text{-}3\text{-}46)$$

总投资收益率高于同行业的收益率参考值，表明用总投资收益率表示的盈利能力满足要求。

（5）项目资本金净利润率（ROE）

项目资本金净利润率表示项目资本金的盈利水平，系指项目达到设计生产能力后正常年份的年净利润或运营期内年平均净利润和项目资本金的比率，计算公式为：

$$项目资本金净利润率 = \frac{年净利润总额或年平均净利润总额}{项目资本金} \times 100\% \qquad (16\text{-}3\text{-}47)$$

项目资本金净利润率高于同行业的净利润率参考值，表明用项目资本金净利润率表示的盈利能力满足要求。

（6）利息备付率（ICR）

利息备付率是指在借款偿还期内的息税前利润和应付利息的比值，它从付息资金来源的充裕性角度反映项目偿付债务利息的保障程度，计算公式为：

$$利息备付率 = \frac{年息税前利润总额或年平均息税前利润总额}{应付利息} \times 100\% \qquad (16\text{-}3\text{-}48)$$

利息备付率应分年计算。利息备付率高，表明利息偿付的保障程度高。

利息备付率应当大于1，并结合债权人的要求确定。

（7）偿债备付率（DSCR）

偿债备付率是指在借款偿还期内，用于计算还本付息的资金和应还本付息金额的比值，它表示可用于计算还本付息的资金偿还借款本息的保障程度，计算公式为：

$$偿债备付率 = \frac{息税前利润加折旧和摊销 - 企业所得税}{应还本付息金额} \times 100\% \qquad (16\text{-}3\text{-}49)$$

其中应还本付息金额包括还本金额和计入总成本费用的全部利息。融资租赁费用可视同借款偿还。运营期内的短期借款本息也应纳入计算。

如果项目在运行期内有维持运营的投资，可用于还本付息的资金应扣除维持运营的投资。

偿债备付率应分年计算，偿债备付率高，表明可用于还本付息的资金保障程度高。

偿债备付率应大于 1，并结合债权人的要求确定。

（8）资产负债率（LOAR）

资产负债率是指各期末负债总额和资产总额的比率，计算公式为

$$资产负债比率 = \frac{期末负债总额}{期末资产总额} \times 100\% \qquad (16\text{-}3\text{-}50)$$

适度的资产负债率，表明企业经营安全、稳健，具有较强的筹资能力，也表明企业和债权人的风险较小。对该指标的分析，应结合国家宏观经济状况、行业发展趋势、企业所处竞争环境等具体条件判定。项目财务分析中，在长期债务还清后，可不再计算资产负债率。

16.3.4.4　财务分析判别基准

（1）基准收益率在市政项目财务分析中的作用

在一般经营性项目的财务分析中，基准收益率是判别项目在财务上可接受的依据。由于市政项目的公益性和价格（收费）确定机制的特殊性，基准收益率不再具有判别项目在财务上可接受的功能，通常作为测算项目预期财务价格，反映价格水平的基本参数。对于不同的现金流和盈利性指标，应使用不同的基准收益率。

基准收益率在计算净现金流量时仍然起折现率的作用。在基准收益率确定以后，根据财务计划现金流量表中短期借款不长期出现，可以判断项目在财务上是可以接受的。

（2）确定基准收益率的依据

1）对应融资前税前项目财务内部收益率的基准收益率的选取依据顺序为：首先应为资金机会成本；其次可参考本行业内风险水平相当的项目财务内部收益率或投资者期望收益率进行确定；再次是参考行业基准收益率。

应当在本行业内选取规模和风险都有代表性的项目，计算这些项目财务内部收益率的加权平均值，作为行业基准收益率。在实际工作中参考行业基准收益率时，需要考虑项目类型、风险水平、地域条件等相关因素，进行适当调整后，作为项目的融资前税前基准收益率。

2）对应融资前税后的指标，基准收益率是可能的投资资金来源的所得税后加权平均资金成本。

3）对应项目资本金财务内部收益率的基准收益率应为权益投资者最低可接受收益率。

4）对应投资各方财务内部收益率的基准收益率应为投资各方最低可接受收益率。

在实际工作中，一般以融资前税前或融资前税后基准收益率为主测算项目的产出价格。此基准收益率为测算政府投资项目产出价格的上限。有需要时，也可根据项目的具体情况和投资方的要求，选用其他基准收益率测算产出价格。

（3）其他应注意的问题

1）在设定基准收益率时，价格总水平变动因素应和指标计算时对价格总水平变动因素的处理相一致。在项目投资财务现金流量表的编制中，运营期一般不考虑价格总水平变动因素，在基准收益率的设定中通常要剔除价格总水平变动因素的影响。

2）财务分析中，一般将内部收益率的判别基准（i_c）和计算净现值的折现率采用同一数值，可使 $FIRR \geqslant i_c$ 对项目效益的判断和采用 i_c 计算的 $FNPV \geqslant 0$ 对项目效益的判断结果一致。

3）项目的投资目标、投资者的偏好（期望收益）、项目隶属行业的投资风险对确定基准收益率或折现率有重要影响作用。折现率的取值应谨慎，依据不充分时或可变因素较多时，可取几个不同数值的折现率，计算多个净现值，给决策者提供全面的信息。

（4）判断非折现现金流财务分析指标

应按不同指标设定相应的基准值（可采用企业或行业的对比值），当非折现财务分析指标分别满足其相应的判别基准时，认为从该指标看项目的盈利能力能够满足要求。若得出的判断结论

相反，应通过分析找出原因，得出合理结论。

16.3.5 经济费用效益分析

16.3.5.1 经济费用效益分析的作用和原则

（1）经济费用效益分析的作用

经济费用效益分析是从资源合理配置的角度，分析项目投资的经济效益和对社会福利所作出的贡献，评价项目的经济合理性。经济费用效益分析是项目投资决策（包括不同角度的分析和评价）的主要内容之一，要求从资源耗费和项目对社会福利所作贡献的角度，评价投资项目的资源配置效率。其主要目的包括：

（A）全面识别整个社会为项目付出的代价，以及项目为提高社会福利所作出的贡献，评价项目投资的经济合理性；

（B）分析项目的经济费用效益流量和财务现金流量存在的差别，造成这些差别的原因，提出相关的政策调整建议；

（C）对于市场化运作的基础设施等项目，通过经济分析论证项目的经济价值，为制定财务方案提供依据；

（D）分析各利益相关者为项目付出的代价和获得的收益，通过对受损者和受益者的经济分析，为社会评价提供依据。

经济费用效益分析和财务分析两者在分析目的、观点、数据和结果等方面都有所区别，其主要区别如表 16-3-12 所示。

经济费用效益分析和财务分析的区别 表 16-3-12

		经济费用效益分析	财 务 分 析
目 的		提高对全社会的投资经济效果	评价经济上最优方案的财务生存能力
出发点		国 家	经营项目的企业
价格		计算价格（或影子价格）	市场价格
一般的通货膨胀		不考虑	考 虑
间接费用和效益		计 入	不 计
费用数据	税收和补贴	不考虑	考 虑
	沉没费用①	不 计	计 入
	折 旧	不考虑	考 虑
	贷款和归还	不考虑	考 虑
结果		经济净现值或内部收益率	净利润（或利润净现值）或财务内部收益率

① 沉没费用（sunk cost）是指工程项目内已发生或承担的费用，由于决定注销而不能回收。

在现行财务和税务制度下，财务分析往往不能说明项目对整个国民经济的贡献。首先，由于企业和国家是两个不同的评价角度，一个项目对于企业和对于国家的费用和效益的范围不完全一致；另一方面，由于种种原因，项目的投入物和产出物的财务价格失真，不能正确反映其对国民经济的真实价值。因此，项目的经济费用效益分析在项目决策中有着重要的作用。

（2）项目经济费用和效益的划分原则

确定项目经济合理性的基本途径是将项目的费用和效益进行比较。进行经济费用效益分析首先要对项目的费用和效益进行识别和划分，并应符合统一的效益和费用划分原则。

项目的效益是指项目对国民经济所做的贡献，分为直接效益和间接效益。直接效益是指由项目产出物产生并在项目范围内计算的经济效益。一般表现为增加该产出物数量满足国内需求的效益；替代其他相同或类似企业的产出物，使被替代企业减产以减少国家有用资源耗费（或损失）

的效益；增加出口（或减少进口）所增收（或节支）的国家外汇等。间接效益是指由项目引起而在直接效益中未得到反映的那部分效益。

项目的费用是指国民经济为项目所付出的代价，分为直接费用和间接费用。直接费用是指项目使用投入物所产生并在项目范围内计算的经济费用。一般表现为其他部门为供应本项目投入物而扩大生产规模所耗用的资源费用；减少对其他项目（或最终消费）投入物的供应而放弃的效益；增加进口（或减少出口）所耗用（或减收）的外汇等。间接费用是指由项目引起而在项目的直接费用中未得到反映的那部分费用。

项目的间接费用和间接效益又统称为外部效果。对显著的外部效果能定量的要做定量分析，计入项目的效益和费用；不能定量的，应作定性描述。要防止外部效果重复计算或漏算。

国家对项目的补贴，项目向国家交纳的税金，由于并不发生实际资源的增加和耗用，而是国民经济内部的"转移支付"，因此不计为项目的效益和费用。

（3）影子价格的使用原则

为了正确计算项目对国民经济所作的净贡献，在进行经济费用效益分析时，原则上都应该使用影子价格。为了简化计算，在不影响评价结论的前提下，可只对其价值在效益或费用中占比重较大，或者国内价格明显不合理的产出物或投入物使用影子价格。运用影子价格时，项目投入物和产出物分为外贸货物、非外贸货物、特殊投入物 3 种类型。当缺乏充分的依据判别货物类型时，应持稳妥原则，在可供选用的价格时选取最不利于项目通过的价格。对项目的主要投入物和产出物的影子价格应力求作出详尽的有根据的预测。

（4）城市排水建设项目经济费用效益分析的着重点

城市排水项目的公共服务性是其区别于其他建设项目（加工业、商业等）的显著特点之一，其投资效果主要表现在项目的外部，因此，在评价城市排水项目的投资效益时，应用项目实施后对国民经济和社会或地区发展所作的贡献来衡量。

费用效益分析是从宏观经济的角度全面衡量和正确评价建设排水项目投资效果的有效方法，对确定建设项目的经济合理性具有重要意义。城市排水建设项目的经济费用效益分析应着重于项目的费用效益分析。

16.3.5.2　经济效益计算

（1）排水项目经济效益计算的基本原则

1）工程项目除计算设计年的效益指标外，有时还应计算多年平均效益指标。

2）计算效益时，应反映和考虑以下特点，采用相应的计算方法：

（A）反映水文现象的随机性。如资料允许，应尽可能采用长系列或其他某一代表期进行计算；

（B）考虑因国民经济的发展，项目效益相应发生的变化。如排水工程在工业生产中的间接效益，将随国民经济的发展而不断增长，一般应根据该地区的经济发展情况，按预测的平均经济增长率，估算其经济计算期的效益；

（C）考虑工程效益的转移和可能的负效益。如由于修建新的工程使原有效益受到影响而又不能采取措施加以补救时，应在该项工程效益中扣除这部分损失，计算其净增的效益；

（D）要和包括的工程项目相适应。如排水工程中泵站部分和处理厂规模不同时，应分别计算其相应的效益。对经济计算期内各年的效益，还要考虑相应的配套水平和效益的增长过程。

3）一项工程如果同时具有排水、防洪、排涝等两种以上综合功能时，除应分别计算分项效益外，还应计算其总效益。各分项的效益如有一部分是重复的，要注意不得以分项效益简单相加作为总效益，要剔除其重复计算部分。

4）在项目评价中，只有同时符合以下两个条件的效益才能称作间接效益（外部效益）。

（A）项目将对与其并无直接关联的其他项目或消费者产生效益。

（B）这种效益在财务分析报表（如现金流量表）中并没有得到反映，或者说没有将其价值量化。

通过扩大项目的"边界"范围和价格调整使"外部效果"在项目内部得到体现。已经内部化的效益，不能再作为外部效益。

5）经济效益的鉴定和计量可以采用前后对比法（项目兴建前和兴建后的效益进行对比）或有无对比法（有该项目和无该项目的效益进行对比）。前后对比法适用于客观条件无变化的项目；客观条件有变化的项目应采用有无对比法。

为防止外部效果计算的扩大化，需注意以下两点：

（A）随着时间的推移，如果不实施该项目，其"前后联"（或称上、下游）企业或消费者的生产或消费情况也会由于其他情况而发生变化，要按照有无对比的原则计算"前后联"企业和消费者的增量效果作为拟建项目外部效果的依据。

（B）应注意其他拟建项目是否也有类似的效果。如果有，就不应把总效果全部归功于某个拟建项目，否则会引起外部效果的重复计算。

（2）城市排水工程经济效益的计算

城市排水工程的经济效益，如以排污费的收费计算，难以真实地反映其全部效益。因此，应按工程实施后，促进地区经济发展、减免国民经济损失、改善人民生活条件、提高社会劳动生产率等，而实现的国民经济净增效益计算，主要内容包括：

1）减轻水质污染对工业产品质量的影响，促进地区工业经济的发展。河道水质的严重污染，不仅影响工业产品的质量，而且威胁到某些工厂的生存，制约了工业经济的进一步发展。污水经综合治理后，可提高相关产品的质量，并可改变投资环境，促进工业项目的建设和工业产值的增长。污水治理工程在这方面的效益，可按举办最优等效替代工程所需的年折算费用计算，或用因水体严重污染使工业生产遭受的损失计算。

2）农业灌溉用水水体的污染，对农作物的产量和质量均造成不良的影响。通过污水治理，改善了耕植条件，提高了蔬菜、粮食等农作物产量。

3）由于污水治理可减免水质污染对水产养殖业所造成的经济损失。

4）由于环境条件的改善而使地价的增值。计算此项效益时应只限于实施本项目后所产生的增量效益。

5）减少疾病，增进健康，提高城市卫生水平。因而提高社会劳动生产率，降低医疗费用。

6）对于旅游城市，洁净的河道可改善城市环境，增添自然风光，提高旅游收入。

7）工业废水处理过程中开展综合利用所产生的国民经济净增值。

16.3.5.3　影子价格的确定和应用

（1）经济费用效益分析的价格体系和计量单位

建设项目的费用效益分析，采用以国内市场价格为基础的价格体系，按国内市场价格通过不同的转换系数调整为国际市场价格，以人民币元为单位，计算项目的费用、效益。一方面修正国内价格和国际市场的价差，同时也修正国内市场各种货物之间不合理的比价。

（2）影子价格的类型

运用影子价格时，项目投入物和产出物按其类型，分为外贸货物、非外贸货物、特殊投入物、资金、外汇等。

1）外贸货物是指其生产、使用将直接或间接影响国家进、出口的货物。

2）非外贸货物是指生产、使用将不影响进口、出口的货物。

3）特殊投入物一般指劳务的投入和土地的投入。

4）资金机会成本和资金时间价值的估量——社会折现率。

5）外汇的影子价格——影子汇率。

（3）货物类型划分的原则

区分外贸货物和非外贸货物应看其主要影响国家进出口水平还是影响国内的供求关系。如属前者，应划分为外贸货物，如属后者，则应划分为非外贸货物。评价时还应考察项目计算期内外贸政策变化的可能性和国内外市场的变化趋势。

根据排水工程的特点，外贸货物和非外贸货物的划分可采用以下原则：

1）直接进口的投入物（机械设备、仪表、管材等），应视为外贸货物。

2）国内生产不足，以前进口过，现在也较大量的进口，由于拟建项目的使用，导致进口量增加。例如钢材、木材等间接影响进出口的项目投入物，也按外贸货物处理。

3）国内生产的货物，原来确有出口机会，由于拟建项目的使用丧失了出口机会的项目投入物，也可按外贸货物处理。

4）砂、石等地方性建筑材料为天然非外贸货物。

5）排水工程所提供的排水产品或服务，一般视为非外贸货物。

（4）外贸货物的影子价格以实际将要发生的口岸价格为基础确定，具体定价方法如下：

1）直接进口的（国外产品）：到岸价格加国内运输费用和贸易费用。货物的到岸价是通过影子汇率将以外币计算的到岸价换算为以人民币计算的到岸价。

2）间接进口的（国内产品、如钢材、木材等，以前进口过现在也大量进口）：为简化计算，也可按直接进口考虑。假定一个进口口岸，估计项目投入物的进口到岸价以及口岸到项目地点的运费和贸易费用。

3）减少出口的（国内产品，以前出口过现在也能出口）：离岸价格减去供应厂到港口的运输费用和贸易费用，加上供应到拟建项目的运输费用和贸易费用。供应厂难以确定时，可简化为按离岸价计算。

4）口岸价格的选取可根据《海关统计》，对历年的口岸价格进行归纳和预测，或根据国际上一些组织机构编辑的出版物，分析一些重要货物的国际市场价格趋势。

（5）非外贸货物影子价格的确定原则

1）项目投入物中的非外贸货物，其影子价格从市场价格和协议价格中选取，然后加上贸易费用和运输费用。

选取的主要依据是供求状况。供不应求，取上述价格中高者；供求基本平衡，取上述价格中中间偏上者；无法判断供求关系者，取中间值。

2）排水建设项目的产出物或服务，从理论上说，应由消费者支付意愿的原则确定，但消费者意愿的预测难度很大，为此，项目的效益可采用项目实施后给国民经济和社会带来的经济效益来衡量，并用相应的影子价格计算。

（6）土地费用的计算原则

1）土地是项目的特殊投入物。在经济费用效益分析中，土地影子费用包括拟建项目占用土地而使国民经济为此放弃的效益——即土地机会成本，以及国民经济为项目占用土地而新增加的资源消耗（如拆迁费用、剩余农业劳动力安置费等），计算公式为：

$$土地影子费用 = 土地机会成本 + 新增资源消耗费用 \tag{16-3-51}$$

2）土地机会成本按照拟建项目占用土地而使国民经济为此放弃的该土地"最好可行替代用途"的净效益测算，原则上应根据具体项目情况，由项目评价人员自行测算。

3）计算土地机会成本时，项目评价人员应根据项目占用土地的种类，分析项目计算期内技术、环境、政策、适宜性等多方面的约束条件，选择该土地最可行的替代用途 2～3 种（包括现行用途）进行比较，以其中效益最大者为计算基础。

土地机会成本计算公式为：

$$OC = \sum_{t=1}^{n} NB_0 (1+g)^{t+\tau} (1+i)^{-t}$$

$$= -\left[NB_0 (1+g)^{\tau+1} \left[\frac{1-(1+g)^n (1+i)^{-n}}{i-g} \right] \right], i \neq g \qquad (16\text{-}3\text{-}52)$$

$$nNB_0 (1+t)^{\tau}, i = g$$

式中　OC——土地机会成本；

n——项目占用土地的期限，一般为项目计算期；

t——年序数；

NB_0——基年（即土地在可行替代用途中的净效益测算年）土地的"最好可行替代用途"的单位面积年净效益；

τ——基年距项目开工年年数；

g——土地最好可行替代用途的年平均净效益增长率；

i——社会折现率。

4）按经济费用效益分析费用和效益划分原则，项目实际征地费用可以分为两类：一是新增资源消耗费用，如土地补偿费、剩余劳动力安置费、养老保险费等；二是转移支付，如粮食开发基金、耕地占用税等。在经济费用效益分析中前者须换算成以影子价格计算，后者则不作为费用。项目评价人员应根据项目征地情况，从实际征地费用中具体区分出新增资源消耗费用。

（7）影子工资

它体现国家和社会为建设项目使用劳动力而付出的代价。影子工资由劳动力的边际产出和劳动力就业或转移而引起的社会资源消耗两部分构成（劳动力的边际产出指一个建设项目占用的劳动力，在其他使用机会下可能创造的最大效益）。在经济费用效益分析中，影子工资作为费用计入经营费用。

影子工资可通过财务分析时所用的工资和提取的职工福利基金之和乘以影子工资换算系数求得。影子工资换算系数由国家统一测定发布。

根据我国劳动力的状况、结构和就业水平，一般建设项目的影子工资换算系数为 1。项目评价中可根据项目所在地区劳动力的充裕程度和所用劳动力的技术熟练程度，适当提高或降低影子工资换算系数。对于就业压力大的地区占用大量非熟练劳动力的项目，影子工资换算系数可小于1；对于占用大量短缺的专业技术人员的项目，影子工资换算系数可大于1。

（8）影子汇率

它代表外汇的影子价格，是项目经济费用效益分析的重要通用参数。它体现从国家角度对外汇真实价值的估量，在项目经济费用效益分析中，用以进行外汇和人民币之间的换算，影子汇率根据我国一定时期内的外汇供需状况、进出口结构变化、换汇成本等由国家统一测定发布。

（9）社会折现率

是项目经济费用效益分析的重要通用参数，在项目经济费用效益分析中作为计算经济净现值的折现率，并作为衡量经济内部收益率的基准值，它是项目经济可行性和方案比选的主要依据。社会折现率表示从国家角度对资金机会成本和资金时间价值的估量。采用适当的社会折现率进行建设项目经济费用效益分析，有助于合理使用建设资金，引导投资方向，调控投资规模，促进资金在短期和长期项目之间的合理配置。社会折现率根据国家投资收益水平、资金机会成本、资金供需情况等因素确定，它体现了国家的经济发展目标和宏观调控意图。社会折现率由国家制定发布，项目评价时必须遵照执行。

(10) 贸易费用率

1) 项目经济费用效益分析中的贸易费用是指物资系统，外贸公司和各级商业批发站等部门花费在货物流通过程中以影子价格计算的费用，它包括货物的经手、储存、再包装、短距离运输、装卸、保险、检验等所有流通环节上的费用支出，也包括流通过程中的损耗和按照社会折现率计算的资金回收费用，但不包括长途运输费用。贸易费用率是反映这些部门费用相对于货物影子价格的一个综合比率，用以计算贸易费用。

贸易费用的高低取决于物资流通的效率、生产资料价格总水平、人民币和外汇的比价等因素。

2) 按由贸易费用率计算货物的贸易费用时，计算公式为：

$$进口货物的贸易费用 = 到岸价 \times 影子汇率 \times 贸易费用率 \qquad (16\text{-}3\text{-}53)$$

$$出口货物的贸易费用 = (离岸价 \times 影子汇率 - 国内长途运费)$$
$$\div (1 + 贸易费用率) \times 贸易费用率 \qquad (16\text{-}3\text{-}54)$$

$$非外贸货物的贸易费用 = 出厂影子价格 \times 贸易费用率 \qquad (16\text{-}3\text{-}55)$$

3) 不经商贸部门流转而由生产厂家直供的货物，不计算贸易费用。

16.3.5.4 经济费用和效益数值的调整

(1) 经济费用效益分析可以在财务分析基础上进行，也可以直接进行。在财务分析基础上进行经济费用效益分析时，首先剔除在财务分析中已计算为效益或费用的转移支付，增加财务分析中未反映的间接效益和间接费用，然后用影子价格、影子工资、影子汇率和土地影子费用等代替财务价格和费用，对营业收入（或收益）、建设投资、流动资金、经营费用等进行调整，并以此为基础计算项目的经济费用效益分析指标。

直接进行经济费用效益分析的项目，首先应识别和计算项目的直接效益、间接效益、直接费用和间接费用，然后以货物影子价格、影子工资、影子汇率和土地影子费用等计算项目建设投资、流动资金、经营费用、销售收入（或效益），并在此基础上计算项目的经济费用效益分析指标。

(2) 在财务分析基础上进行经济费用效益分析时费用调整的步骤

1) 建设投资的调整

(A) 剔除转移支付，剔除属于国民经济内部转移支付的部分，如引进设备材料关税和增值税。

(B) 调整引进设备价值，包括调整汇率和国内运输费用、贸易费用。

(C) 安装费用的调整，安装费用所占投资比例相对较小，一般可不考虑调整，如果使用进口的安装材料，则考虑采用影子汇率所引起的数值调整。

(D) 调整建筑费用，一般只调整三材（钢材、木材、水泥）费用。按三材耗用数量，分别采用实际财务价格和影子价格计算建筑费用调整额。如果统一颁发的参数中有建筑费用换算系数，则可直接采用换算系数进行调整。

(E) 土地费用按项目占用土地的机会成本和新增资源消耗两方面计算。

(F) 剔除价差预备费。

(G) 其他调整，如其他工程费用中的外币，采用影子汇率而引起的数值变化。

完成上述调整之后，将调整后的各项数值列入经济费用效益分析投资调整计算表（辅助报表），如表 16-3-13 所示。

经济费用效益分析投资调整计算表（单位：万元、万美元）　　表 16-3-13

序号	项　目	财务分析				经济费用效益分析				经济费用效益分析比财务分析增减（±）
		合计	其中			合计	其中			
			外币	折合人民币	人民币		外币	折合人民币	人民币	
1	建设投资									
1.1	建筑工程费									
1.2	设备购置费									
1.2.1	进口设备									
1.2.2	国内设备									
1.3	安装工程费									
1.3.1	进口材料									
1.3.2	国内部分材料和费用									
1.4	其他费用									
	其中：（1）土地费用									
	（2）价差预备费									
2	流动资金									
3	合计									

注：若投资费用是通过直接估算得到的，本表应略去财务分析的相关栏目。

2）流动资金的调整

流动资金的调整即将流动资产和流动负债中不反映实际资源耗费的有关现金、应收、应付、预收、预付款，从流动资金中剔除。

（A）如果在财务分析中流动资金是用扩大指标估算的，则经济费用效益分析中的流动资金可按调整后的营业收入或经营成本乘以相应的资金率进行调整。

（B）如果在财务分析中流动资金是按分项详细估算的，则经济费用效益分析中也应采用影子价格分项详细估算流动资金。

3）经营成本的调整

（A）确定主要原材料和燃料、动力的影子价格，用影子价格重新计算该项成本。

（B）根据调整后的建设投资计算出调整后的固定资产原值，注意国内借款的建设期利息不应计入固定资产原值。然后按和财务分析相同的方式和比率重新计算年修理费用。

（C）确定工资换算系数，计算影子工资，为简化流动资金的调整成本的调整计算，可采用辅助报表，如表 16-3-14 所示的调整计算方法。表中的财务年经营成本合计（表中第 7 项）可取自财务分析中的经营成本，用该项数额减去第 1、2、3、4、5 项，即可得不予调整部分的数额，即表中的第 6 项。

经济费用效益分析经营费用调整计算表（单位：元、万元）　　表 16-3-14

序　号	项　　目	单　位	年耗量	财务分析		经济费用效益分析	
				单价	年经营成本	单价（或调整系数）	年经营费用
1	外购原材料						
	……						
	……						
	……						
2	外购燃料和动力						
2.1	煤						
2.2	电						
	……						

序　号	项　　目	单　位	年耗量	财务分析		经济费用效益分析	
				单价	年经营成本	单价 （或调整系数）	年经营费用
	……						
	……						
3	外购药剂						
	……						
	……						
	……						
4	工资及福利费						
5	修理费						
6	其他费用						
7	合计						

注：若经营费用是通过直接估算得到的，本表应略去财务分析的相关栏目。

4）外汇借款还本付息数额的确定，在经济费用效益分析中，外汇借款还本付息数额，应用影子汇率代替官方汇率重新计算该项数额。

16.3.5.5　经济费用效益分析报表和评价指标

（1）经济费用效益分析报表主要指项目投资经济费用效益流量表，如表 16-3-15 所示。

项目投资经济费用效益流量表（单位：万元）　　　　表 16-3-15

序号	年　份 项　目	建设期		投产期		达到设计能力生产期				合　计
		1	2	3	4	5	6	……	n	
	生产负荷（%）									
1	效益流量									
1.1	项目直接效益									
1.2	资产余值回收									
1.3	项目间接效益									
2	费用流量									
2.1	建设投资									
2.2	维持运营投资									
2.3	流动资金									
2.4	经营费用									
2.5	项目间接费用									
3	净效益流量（1-2）									

计算效益流量：	经济内部收益率（%）
	经济净现值（$i_s=$　%）

（2）经济费用效益分析以经济内部收益率为主要评价指标。根据项目特点和实际需要，也可计算经济净现值、经济效益费用比等指标。此外，还可对难以量化的外部效果进行定性分析。

（3）经济内部收益率（EIRR）

经济内部收益率是反映项目对国民经济净贡献的相对指标，它是项目在计算期内各年经济净效益流量的现值累计等于零时的折现率，计算公式为：

$$\sum_{t=1}^{n}(B-C)_t(1+EIRR)^{-t}=0 \qquad (16\text{-}3\text{-}56)$$

式中 B——经济效益流入量；

C——经济费用流出量；

$(B-C)_t$——第 t 年的经济净效益流量；

n——计算期。

经济内部收益率大于或等于社会折现率，表明项目资源配置的经济效益达到了可以被接受的水平。

(4) 经济净现值（ENPV）

经济净现值是反映项目对国民经济净贡献的绝对指标。它是指社会折现率将项目计算期内各年的净效益流量折算到建设期初的现值之和，计算公式为：

$$ENPV = \sum_{i=1}^{n} (B-C)_t (1+i_s)^{-t} \qquad (16\text{-}3\text{-}57)$$

式中 i_s——社会折现率。

经济净现值大于或等于零表示国家为拟建项目付出代价后，可以得到符合社会折现率的社会盈余，或除得到符合社会折现率的社会盈余外，还可以得到以现值计算的超额社会盈余，这时就认为项目是可以考虑接受的。

(5) 经济效益费用比（R_{BC}）

经济效益费用比是反映项目对国民经济贡献的相对指标，它是用社会折现率将项目计算期内各年的效益和费用分别折算到建设起点（建设期初），效益现值之和与费用现值之和的比率即为经济效益费用比，计算公式为：

$$R_{BC} = \frac{\sum_{t=i}^{n} B_t (1+i_s)^{-t}}{\sum_{t=i}^{n} C_t (1+i_s)^{-t}} \qquad (16\text{-}3\text{-}58)$$

一般情况下，经济效益费用比大于或等于 1 的项目，表明项目资源配置的经济效益达到了可以被接受的水平。

16.3.6 不确定性分析

由于项目分析所关心的问题是关于未来的问题，属于预测性质，分析中所采用的数据大部分来自预测或估计，它们在一定程度上均受未来可变因素，即不确定因素的影响，例如销售量、价格、资金、设备、材料、能源供应情况、配套项目建设进度等，都存在不确定性因素。产生不确定性较为普遍的原因是：通货膨胀、技术改革、生产能力错估以及市场变化等因素。为分析这些不确定因素变化可能造成对工程项目的影响，就有必要进行不确定性分析，以预测项目实施可能承担的风险及确定项目在财务、经济上的可靠性。

不确定性分析包括敏感性分析、盈亏平衡分析和概率分析。盈亏平衡分析只适用于财务分析，敏感性分析和概率分析可同时用于财务分析和经济费用效益分析。

排水建设项目经济评价一般要求进行敏感性分析，并根据项目特点和实际需要，进行盈亏平衡分析。

16.3.6.1 盈亏平衡分析

盈亏平衡分析是通过盈亏平衡点（BEP），即项目的盈利和亏损的转折点，在该点处，营业收入等于生产成本，项目刚好盈亏平衡，分析拟建项目对市场需求变化的适应能力。盈亏平衡点越低，表明项目盈利的可能性越大，抗风险能力越强。

(1) 盈亏平衡点的计算公式

盈亏平衡点可根据正常生产年份的处理水量、可变成本、固定成本、排污费收费标准和营业税金等数据计算，用生产能力利用率或产量等表示，计算公式为：

$$BEP（生产能力利用率）= \frac{年固定总成本}{年营业收入 - 年可变总成本 - 年营业税金及附加} \times 100\%$$

(16-3-59)

$$BEP（产量）= \frac{年固定总成本}{单位水量价格 - 单位水量可变成本 - 单位水量营业税金及附加}$$

(16-3-60)

$$BEP（产量）= 设计生产能力 \times BEP（生产能力利用率）$$ (16-3-61)

（2）盈亏平衡图的绘制

盈亏平衡分析也可通过绘制盈亏平衡图求得。以年处理水量作横坐标，成本和收入金额为纵坐标，将销售总成本方程式和税后销售总收入方程式作图，两线交点对应的坐标值，即表示相应的盈亏平衡点，如图 16-3-3 所示。

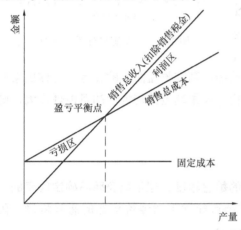

图 16-3-3　盈亏平衡分析图

16.3.6.2　敏感性分析

（1）敏感性分析的目的意义

敏感性分析是通过分析、预测项目主要因素发生变化时对经济评价指标的影响，从中找出敏感因素，并确定其影响程度。在项目计算期内可能发生变化的因素有产品产量（生产负荷）、产品价格、产品成本主要原材料和动力价格、建设投资、建设工期和汇率等。敏感性分析通常是分析这些因素单独变化或多因素变化对内部收益率的影响。必要时也可分析对静态投资回收期和借款偿还期的影响。项目对某种因素的敏感程度可以表示为该因素按一定比例变化时引起评价指标变动的幅度（列表表示），也可以表示为评价指标达到临界点（如财务内部收益率等于财务基准收益率或经济内部收益率等于社会折现率）时允许某个因素变化的最大幅度，即极限变化。

敏感性分析各主要参数和指标的浮动幅度，应根据各项工程的具体情况确定，也可参照以下数据选定：

1）建设投资：±10%～±20%

2）排污费收费单价：±10%～±20%

3）年经营成本：±10%～±20%

（2）敏感性分析的方法和表述形式

敏感性分析的方法，一般是求出变量的转换值或称临界值。所谓变量的转换值，就是使项目的净现值变为零（或是使内部收益率等于基准收益率）的那个数值。转换值也就是容许某个因素变化的最大幅度，即极限变化，超过此极限，即认为项目不可行。

敏感度系数（S_{AF}）是指项目效益指标变化的百分率和不确定性因素变化的百分率之比。敏感度系数高，表示项目效益对该不确定因素敏感程度高，计算公式为：

$$S_{AF} = \frac{\Delta A/A}{\Delta F/F}$$

(16-3-62)

式中　$\Delta F/F$——不确定性因素 F 的变化率；

　　　$\Delta A/A$——不确定性因素 F 发生 ΔF 变化时，评价指标 A 的相应变化率。

S_{AF} 为正值时，表示项目效益指标和不确定性因素向同一方向变化；S_{AF} 为负值时，表示项目效益指标和不确定性因素向相反方向变化。

敏感性分析的表达形式较多，一般都是用项目内某个因素发生变化时，造成对该项目内部收益率的影响表述，下面举例说明几种常见的表述形式：

1）针对某个因素的变化，用内部收益率法进行敏感性分析，并说明其影响。

2）用列表形式表述某个因素发生变化时对内部收益率所造成的影响。

3）用列表形式表述同时有两个因素发生变化时，对内部收益率所造成的影响。这种形式陈述了较多的细节，但仍未能有效地表达对项目的风险或有利的变化动向的判断。

4）图示法，为求出某个因素达到转换值时的最大幅度，需绘制敏感性分析图，如图 16-3-4 所示。绘制时以全部投资内部收益率为纵坐标，以几种不确定因素的变化率为横坐标。根据敏感性分析表所示数据绘出各种因素变化时的内部收益率曲线。图中某因素的内部收益率曲线和基准收益曲线的交点，为该因素的转换值，亦即极限变化。超过该转换值时，项目就不可行。如果超过该转换值的可能性很大，则表明该项目承担的风险很大。

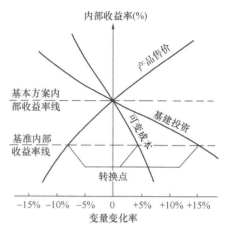

图 16-3-4　敏感性分析示意图

16.3.6.3　概率分析

（1）概率分析的目的意义

敏感性分析只能指出项目评价指标对各不确定因素的敏感程度，但不能表明不确定因素的变化，对评价指标发生这种影响的可能性大小，以及在这种可能性下对评价指标的影响程度。因此，根据项目特点和实际需要，有条件时还应进行概率分析。

概率分析是使用概率研究预测不确定因素和风险因素，是对项目经济评价指标影响的定量分析方法。一般是计算项目净现值的期望值和净现值大于或等于零时的累计概率；也可以通过模拟法测算项目评价指标的概率分布，为决策提供依据。

（2）期望值和最频值

概率分析中计算项目的净现值是指其期望值而不是最频值，两者不应混淆。

期望值或称均值，是根据所有可能性的相应的相对几率或概率，对变数进行加权计算求得，它考虑了项目变数可能变化的整个范围。

设 X_1，X_2，$X_3 \cdots X_n$ 表示离散型随机变数所有可能取到的值，而 P_1，P_2，$P_3 \cdots P_n$ 表示随机变数取这些值的对应的概率如表 16-3-16 所示：

随机变数值和对应概率表　　　　　　　　　　　　　　　　　　　表 16-3-16

ξ	X_1	X_2	X_3	$\cdots\cdots$	X_n
P	P_1	P_2	P_3	$\cdots\cdots$	P_n

则随机变数 ξ 的期望值的计算公式为：

$$\xi = \sum_{k}^{k=n} X_k P_k \tag{16-3-63}$$

最频值或称众数，是所有取用的变数中出现几率最大的数值，或者说是最可能的数值。

例如：某项目的收益如按下列的概率分布如表 16-3-17 所示：

某项目概率分布表			表 16-3-17
收　益	10	15	20
概　率	100％	60％	30％

则期望值 $M=10\times0.1+15\times0.6+20\times0.3=16$

最可能值（或最频值）为 15。

当一个变量是某些其他变量的线性组合时，它的期望值也是其他变量期望值的线性组合，但是最可能值却不然。例如，考虑变量—效益，效益=收益—成本，其中收益如上所述，而成本如表 16-3-18 所示。

某项目成本分析表			表 16-3-18
成　本	8	13	16
概　率	30％	40％	30％

成本的期望值为 $8\times0.30+13\times0.40+16\times0.30=12.4$

成本的最可能值为 13。

变量效益将具有下列的分布情况如表 16-3-19 所示。

某项目变量效益分布表							表 16-3-19
收　益	−6	−3	−1	2	4	7	12
概　率	3	4	18	27	9	30	9

计算得效益的期望值为 3.6，因而等于收益和成本期望值之差。然而，最可能值为 7，并不等于收益和成本的最可能值之差。

（3）概率分析的方法和原则

1）概率分析所得出的净现值的分布是基于对年度效益和成本的概率分布所作的判断，而这些判断又是基于对各种决定成本和效益的基本要素的分布所作的判断。

2）概率分析通常是从敏感性测试开始着手，首先将那些可能单独或联合影响整个结果的变量和其他要素分离开来。如果某一变量的偏离范围很小，例如小于其期望值的 10％，我们就可以将它视为固定的，有些变量凭直觉便可断定它们是无关紧要的。

3）在确定个别变量概率分布的同时，还必须注意确定各变量之间的协方差。在实践中这是一个很重要的问题，因为它可能导致风险判断的错误。例如，在一个排水工程研究中，当两个重要的变量——处理水量和经营成本，作为独立变量处理时，估计项目失败的风险大约为 15％，当分析中将它们按正向相关变量处理时，估计项目失败的风险为 40％，而逆向相关性也是可能的，例如，如果项目经营的利润和产量成正比，和价格成反比，而产量和价格为逆向相关（生产下减部分将为较高的价格所补偿），假如忽略了这种相关性，将会过高估计失败的风险。

4）综合各种概率分布最简单的程序是采用模拟法（即枚举法），就是从概率分布中随机地抽取一组一组的数值，得出净现值或报酬率的大量抽样，这种抽样应多到足以得出一个可以接受的、接近准确分布的净现值概率分布，以避免在综合最初确定的各项概率过程中的任何倾向。

5）在表述概率分析结果的时候，应当指明成本和效益各组成部分的基本概率分布，以及分析结果的基本假设和必要的限制。应当避免虚假的精确性，数字概率的使用只是分析人员对项目的不确定性作出判断的一种表示方式。

6) 在下述情况下，可不必进行概率分析：

（A）该项目具有很高的净现值或收益率，所以期望值很可能大大高于截止率的水平，而且对于相互排斥的备选方案来说，即使采用保守的项目净现值，该项目仍然明显地比较优越。

（B）如果其中一个或两个变动已具有决定意义，那么简单的敏感性测试就已能为风险的判断提供良好的依据。

（C）在某一项目中，已显然需要作出更改以减少风险或者防止其他危害。

简单的概率分析可以计算项目净现值的期望值和净现值大于或等于零时的累计概率，方案比选时可只计算净现值的期望值，计算中应根据具体问题的特点选择适当的计算方法。

16.3.7 方案比较方法

方案比较是寻求合理的经济和技术方案的必要手段，也是项目经济评价的重要组成部分。在项目可行性研究过程中，各项主要经济和技术决策包括工程规模、总体方案、管道走向、工艺流程、主要设备选择、原材料和燃料供应方式、厂区和厂址选择、厂区布置和资金筹措等，均应根据实际情况提出各种可能的方案进行比较，并对比较出的几个方案进行经济计算分析，结合其他因素详细论证比较，作出抉择。

在方案比较中，还应考虑外部收益和外部费用。

16.3.7.1 项目排队和方案比较的原则及注意事项

（1）项目排队和方案比较的原则，应通过经济费用效益分析确定。对产出物基本相同，投入物构成基本一致的方案进行比较时，为了简化计算，在不致和经济费用效益分析结果发生矛盾的条件下，也可通过财务分析确定。

（2）方案比较应符合效益和费用计算口径对应一致的原则。

（3）方案比较应注意各个方案间的可比性。

（4）项目排队和方案比较应注意在某些情况下，使用不同评价指标，导致相反结论的可能性。

（5）方案比较可按各个方案所含的全部因素（相同因素和不同因素），计算各方案的全部经济效益，进行全面的比较；也可仅就不同因素（不计算相同因素）计算相对经济效益，进行局部的对比，但应注意保持各个方案的可比性。

16.3.7.2 方案比较的评价方法

（1）按照不同方案所含的全部因素（包括效益和费用两个方面）进行方案比较。可视不同情况和具体条件分别选用差额内部收益率法、净现值法和年值法。

1）差额投资内部收益率法：差额投资内部收益率是 2 个方案各年净现金流量差额的现值之和等于零时的折现率，计算公式为：

财务分析时：

$$\sum_{t=1}^{n} \left[(CI - CO)_2 - (CI - CO)_1 \right]_t (1 + \Delta FIRR)^{-t} = 0 \qquad (16\text{-}3\text{-}64)$$

式中　$(CI - CO)_2$——投资大的方案年净现金流量；

　　　$(CI - CO)_1$——投资小的方案年净现金流量；

　　　$\Delta FIRR$——差额投资财务内部收益率。

经济费用效益分析时：

$$\sum_{t=1}^{n} \left[(B - C)_2 - (B - C)_1 \right]_t (1 + \Delta EIRR)^{-t} = 0 \qquad (16\text{-}3\text{-}65)$$

式中　$(B - C)_2$——投资大的方案年净效益流量；

$(B-C)_1$——投资小的方案年净效益流量；

$\Delta EIRR$——差额投资经济内部收益率。

进行方案比较时，可按上述公式计算差额投资内部收益率，并和财务基准收益率（i_c，财务分析时）或社会折现率（i_s，经济费用效益分析时）进行对比，当 $\Delta FIRR \geqslant i_c$ 或 $\Delta EIRR \geqslant i_s$ 时，以投资大的方案为优；反之，投资小的方案为优。

多个方案进行比较时，要先按投资大小由小到大排序，再依次就相邻方案两两比较，从中选出最优方案。

2）净现值法

将分别计算的各比较方案的净现值进行比较，以净现值较大的方案为优。

3）年值法

将分别计算的各比较方案净现金流量的等额年值（AW）进行比较，以等额年值 $\geqslant 0$ 且 AW 最大的方案为优，年值法的计算公式为：

$$AW = \Big[\sum_{t=1}^{n} (S - I - C' + S_v + W)_t (P/F, i, t) \Big](A/P, i, n) \qquad (16\text{-}3\text{-}66)$$

或

$$AW = NPV(A/P, i, n)$$

式中　　S——年销售收入；

　　　　I——年全部投资（包括固定资产投资和流动资金）；

　　　　C'——年经营费用；

　　　　S_v——计算期末回收的固定资产余值；

　　　　W——计算期末回收的流动资金；

　$(P/F, i, t)$——现值系数；

　$(A/P, i, n)$——资金回收系数；

　　　　i——社会折现率或财务基准收益率（或设定的折现率）；

　　NPV——净现值。

用上述 3 种方法进行方案比较时，须注意其使用条件，在不受资金约束的情况下，一般可采用差额投资内部收益率法、净现值法或年值法。

（2）效益相同或效益基本相同但难以具体估算的方案进行比较时，为简化计算，可采用最小费用法，包括费用现值比较法和年费用比较法。

1）费用现值比较法（简称现值比较法）

计算各比较方案的费用现值（PC）并进行对比，以费用现值较低的方案为优，计算公式为：

$$PC = \sum_{t=1}^{n} (I + C' - S_v - W)_t (P/F, i, t) \qquad (16\text{-}3\text{-}67)$$

2）年费用比较法

计算各比较方案的等额年费用（AC）并进行对比，以年费用较低的方案为优，计算公式为：

$$AC = \Big[\sum_{t=1}^{n} (I + C' - S_v - W)_t (P/F, i, t) \Big](A/P, i, n) \qquad (16\text{-}3\text{-}68)$$

或

$$AC = PC(A/P, i, n)$$

（3）对产品产量（服务）不同、产品价格（服务收费标准）又难以确定的比较方案，当其产品为单一产品或能折合为单一产品时，可采用最低价格（最低收费标准）法，分别计算各比较方案净现值等于零时的产品价格并进行比较，以产品价格较低的方案为优，最低价格（$P_{\min}$）的计算公式为：

$$P_{\min} = \frac{\sum_{t=1}^{n} (I + C' - S_v - W)_t (P/F, i, t)}{\sum_{t=1}^{n} Q_t (P/F, i, t)} \qquad (16\text{-}3\text{-}69)$$

式中　Q_t——第 t 年的产品（或服务）量。

（4）各比较方案的计算期相同时，可直接选用以上方法进行方案比较。计算期不同的方案进行比较时，宜采用年值法和年费用比较法。如果要采用净现值法、差额投资内部收益率法、费用现值法和最低价格法，则需先对各比较方案的计算期和公式适当处理（以诸方案计算期的最小公倍数或诸方案中最短的计算期作为比较方案的计算期）后再进行比较，计算公式为：

$$PC_1 = \sum_{t=1}^{n} (I_1 + C_1' - S_{v1} - W_1)_t (P/F, i, t) \qquad (16\text{-}3\text{-}70)$$

$$PC_2 = \left[\sum_{t=1}^{n} (I_2 + C_2' - S_{v2} - W_2)_t (P/F, i, t) \right] (A/P, i, n_2)(P/A, i, n_1) \qquad (16\text{-}3\text{-}71)$$

式中　I_1、I_2——分别为第一、二方案的年投资费用；

　　　C_1'、C_2'——分别为第一、二方案的年总经营成本；

　　　S_{v1}、S_{v2}——分别为第一、二方案计算期末回收的固定资产余值；

　　　W_1、W_2——分别为第一、二方案计算期末回收的流动资金；

　　　n_1、n_2——分别为第一、二方案计算期（$n_2 > n_1$）；

$(P/A, i, n_1)$——年金现值系数；

$(P/A, i, n_2)$——资金回收系数。

（5）当两个方案产量相同或基本相同时，可采用静态的简便比较方法，包括静态差额投资收益率（Ra）法和静态差额投资回收期（Pa）法，其计算公式为：

$$Ra = \frac{C_1' - C_2'}{I_2 - I_1} \times 100\% \qquad (16\text{-}3\text{-}72)$$

$$Pa = \frac{I_2 - I_1}{C_1' - C_2'} \qquad (16\text{-}3\text{-}73)$$

式中　C_1'、C_2'——两个比较方案的年总经营成本；

　　　I_1、I_2——两个比较方案的全部投资。

当两个方案产量不同时，C_1' 和 C_2' 分别为两个比较方案的单位产品经营成本；I_1 和 I_2 分别为两个比较方案的单位产品投资。

静态差额投资收益率大于基准收益率（i_c）或投资回收期短于基准回收期（P_c）时，投资大的方案较为优越。

16.3.7.3　设计方案的技术经济比较

（1）设计方案比较的原则

为了全面正确地反映方案比较的相对经济性，必须使各方案具有共同的比较基础，应包括以下 4 个方面：

（A）满足项目要求和目标上的可比性。

（B）消耗费用上的可比性。

（C）计算指标上的可比性。

（D）时间上的可比性。

几种方案的比较，首先必须达到同样的目的，满足相同的需要，否则就不能互相替代、互相比较。污水处理厂不同方案的比较，必须使各方案在处理水量、进水水质、出水水质等主要要求上是同一标准。若有不同，在技术经济比较中要作相应的调整。

就消耗费用和计算指标而言，各个方案采用的计算原则和方法应该统一；所采用的一系列货币指标和实物指标，其含义和范围应该相同、可比；计算投资费用所采用的定额、价格和费率标准也应一致。

各个方案的消耗费用，应从综合观点和系统观点出发，考虑其全部消耗，既包括方案本身方面的消耗费用，同时包括和方案密切相关的其他方面的消耗费用。当然，计算有关方面的消耗费用是有限度的，主要是计及密切相关的方面，对于间接的影响不能无限地扩展下去。

时间的可比对不同方案的经济比较具有重要意义。各种方案由于技术、经济等条件的限制，在投入人力、物力、财力和发挥效益的时间方面往往有所差别。工程项目建设工期的长短、投资的时间、达到设计能力的时间、服务年限等的不同，方案的经济效果也就不同。所以，方案比较时，必须考察其实现过程中的时间因素。

（2）方案比较的评价标准和指标

排水工程是城市的公用事业，涉及面广。因此，方案比较的评价标准应是多方面的，包括政治、社会、技术、经济和环境生态等各个方面。

工程设计首先应从国民经济整体效益出发，符合党和国家的建设方针，符合城市和工业区的总体建设规划；第二在技术上应满足工程目标，安全可靠，管理方便，运转成本低，环境效益好；第三应充分利用当地的地形、地质等自然条件，合理使用水资源和水体的自净能力，节约用地，节省劳动力和工程造价。

方案比较的技术经济指标，应能全面反映方案的特征，以便从不同角度进行分析比较，使评价趋于完善。技术经济指标可分两大类：技术指标和经济指标。技术指标不仅是工程设计和生产运行管理的重要技术条件，也是经济指标的计算基础。因此，选择技术指标和参数时，应同时考虑技术先进和经济合理的原则。

经济指标包括主要指标（即综合指标）和辅助指标两个部分。综合指标一般是综合反映投资效果的指标，如工程建设投资指标和年经营费用指标。投资指标以货币形式概括工程建设期间的全部劳动消耗，具有综合性和可比性；年经营费用指标表明工程投产后长期的生产成本和运行费用，综合地反映工程的技术水平、工艺完善程度和投资收益情况。这些指标对方案的评价和选择具有决定意义。辅助指标是从不同角度补充说明投资的经济效果，从而更充分更全面地论证主要指标。辅助指标包括劳动力消耗、占用土地、主要材料消耗、主要动力设备和建设期限等，可根据工程的具体条件选择采用。

此外，为了分析、考察各方案的财务状况和给国民经济带来的效益，还应计算比较有关的经济评价指标。一般方案比较采用的经济评价指标有净现值、净现值率、内部收益率、年成本、投资回收期等。

（3）方案比较的步骤

1）明确比较对象和范围

按照预期的目标，确定比较的具体对象和范围。比较对象可以是一个系统，也可以是一个局部系统或一个枢纽工程，在必要的情况下，也可以是一项关键性的单项构筑物。

2）确定比较准则

根据预期目标和比较对象提出比较的评价准则，这是一项十分重要的工作，因为方案的选择在很大程度上取决于此。比较准则不宜提得过多，以免使决策者无所适从。

3）建立各种可能的技术方案

制订方案，既不应把实际可能的方案遗漏，也不应把实际上不存在或不可能实现的方案作为陪衬，而使方案比较流于形式。

4）计算各方案的技术经济指标

根据工程项目的特点和要求，计算各方案的有关技术经济指标，作为进一步分析比较和综合评价的基础。

5）分析方案在技术经济方面的优缺点

必须全面、客观地分析各方案的优缺点、利弊关系和影响因素，避免主观片面地强调某些优点和缺点，对优缺点的分析应实事求是、细致具体。

6）进行财务上的比较和论证

对各方案进行财务上的比较是方案比较中极其重要的一步。

7）通过对各方案的综合评价，提出推荐方案

在上述优缺点分析、技术经济指标计算、财务分析等工作的基础上，结合方案比较评价标准，进行综合评定和决策，以确定最佳方案。

（4）方案比较的综合评价方法

方案比较的综合评价旨在对每个方案进行全面审查，判别方案综合效果的优缺点，并在多方案中选择综合效果最佳的方案。如前所述，综合评价一般应包括政治、安全、社会、技术、经济、环境生态、自然资源等各个方面。对于不同方案可根据具体情况和要求确定评价的主要方面。

在排水工程方案比较中，需考虑的主要非量化社会效益的分析内容，一般包括以下各项：

1）节约和合理利用国家资源，包括土地、水资源等。

2）节约能源。

3）节约水泥、钢材和木材。

4）节约劳动力并提供劳动就业的机会。

5）原有设备的利用程度。

6）管理运行的方便程度和安全程度。

7）保证水源水质的卫生防护条件。

8）对提高人民健康水平的影响。

9）对环境保护和生态平衡的影响。

10）对发展地区经济和部门经济的影响。

11）对远景发展的影响。

12）技术上的成熟可靠程度和对提高技术水平的影响。

13）对水利、航运、防洪等方面的影响。

14）对便于建设和缩短建设期限的影响。

15）公众可接受的程度。

16）遭受损失的风险。

17）适应变化的灵活性。

非量化社会效益的比较项目，应根据工程特点和具体条件确定，一般不宜过多，否则使人无所适从。

目前，国内外进行方案比较综合评价的方法日益增多，这里仅就近年来在工程设计实践中采用的一些方法摘要介绍。

1）主观判断法

主观判断法（即优缺点比较法）是常用的一种比选方法，即对各候选方案对照事前选定的比选准则（或因素），作出概要评价，分别论述其优缺点，然后根据主观判断，排除一些缺点较多的方案，提出第一或第二推荐方案。此法评议者有较大的选择自由度，容易符合一般概念，但科学性较差，往往由于各评议者所处地位和着眼点的不同，容易强调各自侧重的方面，甚至各执己

见而难以集中统一。

2) 多目标权重评分法

多目标权重评分法是多目标决策方法之一。多目标决策方法的实质就是对每个评价标准用评分或百分比所得到的数值，进行相加、相乘、相除，或用最小二乘法以求得综合的单目标数值，然后根据这个数值的大小作为评价依据。其具体的工作程序如下：

（A）首先确定论证目标，然后把目标分解为若干比选准则。

（B）对各项准则按其重要程度进行级差量化（加权）处理：级差量化处理的方法较多，一般按判别准则的相对重要性分为 5 等，加权数按 2^{n+1} 或 $1\sim n$ 的次序列出，如表 16-3-20 所示。

按重要程度的权数分等　　　　　　　　　　　　　　　　表 16-3-20

重要程度		最重要	很重要	重要	应考虑	意义不大
加权数	2^{n-1}	16	8	4	2	1
	$1\sim n$	5	4	3	2	1

NormanN. Barish 和 SeymourKaplan 两人介绍的确定重要性值的另一方法是：

a. 按每项比选准则的相对重要程度由大而小依次排列，初步评价各项准则的相对重要性值。对最重要的准则定其重要性值为 100，然后按其他目标和最重要目标的相对关系，估计其下降的重要性值。

b. 将第一位的最重要的准则，与列在一起的其他各项准则加在一起进行比较。考虑它是否比所有其他准则加在一起更为重要、或同等重要、或较不重要。

c. 如果确认第一位准则的重要性比其他各项准则加在一起更为重要（或同等重要），则要看其重要性值是否比其他各项准则的重要性值之和更大些（或相等），如果不是这样，则应调整第一位准则的重要性值，使之超过（或等于）其他准则的重要性值之和。

d. 如果认为第一位准则的重要性低于其他各项准则加在一起的重要性，则同样检验其重要性值是否符合这一情况，否则就应降低第一位准则的重要性值，以使其小于其他准则重要性值之和。

e. 在第一位准则考虑确定以后，则对次重要准则进行同样的处理，即对次最重要准则（即其重要性居第二位的准则）与其以下各项准则的重要性值加在一起进行比较，是更为重要或同等重要或较不重要。然后重复 c、d 步骤，调整次最重要准则的重要性值。

f. 重复以上步骤，直至倒数第三位准则和倒数第一、二位重要性值最低的准则比较调整完为止。

在完成上述步骤后，还应对所有的比较进行再检查，以保证后来的调整不推翻原有的关系。必要时部分的步骤可以重复。

g. 将最后调整好的重要性值加总、分别去除每项目标的重要性值，再乘以 100，即得每一项准则的最终重要性值。各项准则的最终重要性值之和应为 100。

（C）对各个方案逐项剖析，评价每一方案是否有效地满足这些准则。每个方案对各自的准则有其效果值，为提高评价效果值的精确性和可靠性，可以首先认真建立若干基准点，以便为判断每一准则的效果值提供逻辑的和统一的基础。效果值可按百分制或 5 分制评分。表 16-3-21 为一般采用的评分法之一。

按符合准则程度评分　　　　　　　　　　　　　　　　表 16-3-21

完善程度	完美	很好	可以通过	勉强	很差	不相干
评分	5	4	3	2	1	0

（D）加权计分，得分最高为推荐方案。权重评分法的优点是全部比选都采用定量计算，可在一定程度上避免主观判断法的主观臆断性。但是，比选准则权重的确定和各方案分数的评定，是能否得出正确选择的关键性步骤。目前，有的是采取召开专家会议集体分析研讨、各自评分的方式；也有是采取背靠背征询意见、多次反馈的特尔斐法。请专家评分的方法，缺点是工作比较复杂，比较结果也有可能不符合常规概念，方案一经评定后决策者很难有回旋余地。因此，国外也有不少人反对采用多目标评分法。

3）**序数评价法**

序数评价法的创意者 J. C. Holmes 认为，用算术运算研究"不可计量"的评价准则是不恰当的。譬如，排水工程的出水水质评价准则，无可争辩地要比其他准则重要，但要说这一准则比其他准则重要 2 倍、3 倍或许多倍，这就误把比喻当作了真实，是对客观现象滥用了数字。因此 J. C. Holmes 不赞成对具体准则进行数字的描述，而主张采用 "比……重要"、"次要于……"、"与之同等重要"的表达方式，通过序列矩阵进行方案的评价和比较。序数所采用的字码只是表示所要的选择顺序，并不代表计算。

序数评价法的具体步骤是：

（A）列出该工程项目所需考虑的所有评价准则，然后确定各项评价准则的重要性等级，也就是把各项评价准则按重要性从最大到最小的顺序依次排列，当两档评价准则之间在重要性方面发现明显差异时，可在两档之间划一道线，该线以上准则的重要性就比下面的准则高一等级。评价准则的分类是评价工作中最费力的工作，通常通过反馈法调整，可能需要重新排列多次，以使分歧观点逐步取得一致，直至最后认可。

（B）对方案的具体评定。即对需要进行评价和比较的方案按照每项准则进行评估，确定比较方案中哪个方案最优、次优、同为第二或第三等等。评估是通过相互间的相对比较确定，并没有用以衡量的绝对尺度。

评价准则按其重要性的依次排列和候选方案对照准则的顺序，排列组成一个表示相对关系的矩阵，从矩阵中得出各候选方案相对位置的得数，决标方案应是在最重要准则中居首位最多的方案，如果两个或两个以上的竞争方案在最重要的准则上居第一位的数目相同，也就是"第一相等"，那么就取决于次重要准则上的得数或第二位置上的得数。J. C. Holmes 特别强调，在序数法中任何数量的低位置，不能超过或相等于一个高位置。这就好像在奥林匹克运动会中，任何数量的银牌不能高于或等于一块金牌。只有当重要性较高等级的准则不能作出决定时，较低等级的准则才能对决定起影响。

（C）费用比较。序数法创意者是把准则比较和经济比较隔离起来进行的。准则比较主要着眼于需要获得的目的或目标；而经济比较则是表明达到这种目的所需花费的经济代价。假设某项工程有四个设计方案，采用序数法的比较结果依次是 A、B、C、D，而经济比较的结果和上述结果恰恰相反，最经济方案依次是 D、C、B、A。D 方案是最经济的，但从其他各方面情况看来，却是令人最不满意的，显然不可能很好地达到预期的要求，坚持用最经济的方案就可能是对财力、人力和时间上的浪费；如果选用 A 方案，那么 A 方案与 D 方案的费用差，就代表了由较好的方案所达到目的的价值。考虑到国内的经济制度和已往进行方案比较的习惯做法，以及城市公用设施项目的特点，准则比较和经济比较不宜完全隔离开来。因为评价准则中通常亦包含有经济方面的因素，诸如占用土地、节能、钢材和木材使用量等评价准则，都具有费用的含意。所以，目的或目标上的考虑和经济上的考虑还是以结合起来统一评价为好。

序数评价法结合了主观判断和科学比选的优点。它只要求将各方案对照比较准则排出优劣次序，而不要求硬将不能定量的东西予以定量。这样既可使工作得到简化，又能避免在定量化过程中所产生的偏见，比较结果较能符合常规概念，在目前亦是一种比较合理的综合比较方法。

4）费用效益法

费用效益法是近于主观判断法的一种比较方法，工作程序和序数评价法相仿，其具体工作步骤是：

（A）明确工程项目的预期目标或目的，写成概要说明。

（B）把上述目标或目的转写成工程的、经济的、社会的和环境的细则。

（C）建立评价准则和效益衡量尺度。

（D）在可行的技术和制度范围内，建立可以达到目标的各种工程方案。

（E）进行各方案的费用计算和效益分析，并对各方案的优点缺点和存在问题说明。

（F）建立各个方案和效益衡量尺度相对照的矩阵。

（G）按照效益衡量尺度的序列分析对比各方案的优缺点。

（H）为在分析研究中获得必要的反馈，选择不定性因素进行敏感性分析。

（I）最后作出评价形成文件。

5）层次分析法

层次分析法（analytic hierarchy process），又称多层次权重分析决策方法。它是基于系统科学的层次性原理，首先把问题层次化，根据问题的性质和要达到的目标，将复杂的问题分解为不同的组成因素，并按照因素的相互关联影响和隶属关系，将因素按不同层次聚集组合，形成一个多层次的分析结构模型，最后把系统分析归结成最低层（供决策的方案、措施等）相对于最高层（总目标）的相对重要性权值的确定或相对优劣次序的排序问题。工作程序和多目标权重评分法相仿。

以上介绍的 5 种综合评价方法各有特点，亦有不足，可结合工程具体情况选择采用。应当指出，介绍的这些方法并不意味着就是最好的方法。近年来，许多新评价方法的出现正是说明人们对现行日常所用的评价方法的不甚满意，而希望建立一套更能被人们接受的方法。同时，方法毕竟只是一种手段，正确的决策还在于翔实、可靠的数据资料，科学、细致的分析研究；全面、客观的论证评价。只有这些方面的有机结合，才能选出符合实际的最佳方案。

参 考 文 献

[1] 高廷耀，顾国维，周琪．水污染控制工程（下册，第三版）．北京：高等教育出版社，2007．

[2] 张自杰，林荣枕，金儒霖．排水工程（下册，第四版）．北京：中国建筑工业出版社，2000．

[3] 上海市建设和交通委员会．室外排水设计规范（GB 50014－2006）．北京：中国计划出版社，2006．

[4] 中华人民共和国建设部．城市排水工程规划规范（GB 50318－2000）．北京：中国建筑工业出版社，2001．

[5] 北京市市政工程设计研究总院．给水排水设计手册（第5册　城镇排水　第二版）．北京：中国建筑工业出版社，2004．

[6] 刘自放，龙北生，李长友．给水排水自动控制与仪表．北京：中国建筑工业出版社，2001．

[7] 李树平，刘遂庆．城市排水管渠系统．北京：中国建筑工业出版社，2009．

[8] 中国市政工程西北设计研究院．给水排水设计手册（第11册　常用设备　第二版）．北京：中国建筑工业出版社，2002．

[9] 韩洪军，杜茂安．水处理工程设计计算．北京：中国建筑工业出版社，2006．

[10] 上海市政工程设计研究院．给水排水设计手册（第9册　专用机械　第二版）．北京：中国建筑工业出版社，2006．

[11] 上海市政工程设计研究院．给水排水设计手册（第10册　技术经济　第二版）．北京：中国建筑工业出版社，2000．

[12] 中国市政工程华北设计研究院．给水排水设计手册（第12册　器材与装置　第二版）．北京：中国建筑工业出版社，2001．

[13] 冯敏．现代水处理技术．北京：化学工业出版社，2006．

[14] 何圣兵．污水处理项目建设程序与工程设计．北京：中国建筑工业出版社，2008．

[15] 中国市政工程中南设计研究院．给水排水设计手册（第8册　电气与自控　第二版）．北京：中国建筑工业出版社，2002．

[16] 吕宏德．水处理工程技术．北京：中国建筑工业出版社，2008．

[17] 张大群．给水排水常用设备手册．北京：机械工业出版社，2009．

[18] 崔福义，彭永臻，南军．给排水工程仪表与控制（第二版）．北京：中国建筑工业出版社，2006．

[19] 张光明．水处理高级氧化技术．黑龙江：哈尔滨工业大学出版社，2007．

[20] 杭世珺．北京市城市污水再生利用工程设计指南．北京：中国建筑工业出版社，2006．

[21] 张朝升．给水排水设备基础．北京：高等教育出版社，2004．

[22] 尹士君，李亚峰．水处理构筑物设计与计算．北京：化学工业出版社，2004．

[23] 化学工业出版社组织编写．水处理工程典型设计实例（第二版）．北京：化学工业出版社，2005．

[24] 刘钟莹．工程估价（第1次修订）．南京：东南大学出版社，2004

[25] 上海市政工程设计研究总院．市政工程投资估算编制办法．北京：中国计划出版社，2007．

[26] 王芳．看图学市政工程预算．北京：中国电力出版社，2008．

[27] 中国建设工程造价管理协会标准．建设项目投资估算编审规程（CECA/GC 1－2007）．北京：中国计划出版社，2007．

[28] 刘俊良，石兴刚．给水排水工程技术经济实例分析与应用．北京：化学工业出版社，2007．

[29] 中华人民共和国建设部．市政工程投资估算指标（第四册　排水工程 HGZ47－104－2007）．北京：中国计划出版社，2008．

[30] 美国环保局（EPA）．污水再生利用指南．北京：化学工业出版社，2008．

[31] 上海市政工程设计研究总院．污水处理厂改扩建设计．北京：中国建筑工业出版社，2008．

[32] 赵庆祥．环境科学与工程．北京：科学出版社，2007．

[33] 谢冰，徐亚同．废水生物处理原理和方法．北京：中国轻工业出版社，2007．

[34] 金兆丰，余志荣．污水处理组合工艺及工程实例．北京：化学工业出版社，2003．

[35] 张辰. 污泥处理处置技术与工程实例. 北京：化学工业出版社，2006.

[36] 张辰. 污泥处理处置技术研究进展. 北京：化学工业出版社，2005.

[37] 徐左正. 上海石洞口城市污水处理厂建设纪实. 上海：上海科学技术出版社，2004.

[38] 邓荣森. 氧化沟污水处理理论与技术. 北京：化学工业出版社，2006.

[39] 徐亚同，史家樑，张明. 污染控制微生物工程. 北京：化学工业出版社，2001.

[40] Water Environment Federation (1998). Design of Municipal Wastewater Treatment Plants (4th edition), WEF Manual of Practice No. 8, ASCE Manual and Report on Engineering Practice No. 76. Water Environment Federation：Alexandria，Virginia.

[41] Water Environment Federation (2005). Upgrading and Retrofitting Water and Wastewater Treatment Plants, Manual of Practice No. 28. McGraw-Hill：New York.

[42] Diagger, G. T.；Buttz, J. A. (1998). Upgrading Wastewater Treatment Plants；Technomic；London.

[43] Metcalf & Eddy, AECOM(2006). Water Reuse：Issues，Technologies，and Applications. McGraw-Hill：New York.

[44] 日本下水道协会. 下水道施设计画. 设计指针和解说(2001 版).

[45] 郝晓地. 可持续污水-废物处理技术. 北京：中国建筑工业出版社，2006.

[46] 郑兴灿等. 城市污水处理技术决策与典型案例. 北京：中国建筑工业出版社，2007

[47] 张锡辉，刘勇弟译. 废水生物处理. 北京：化学工业出版社，2002.

[48] 王绍文，秦华. 城市污泥资源利用与污水土地处理技术. 北京：中国建筑工业出版社，2007.

[49] 柏景方. 污水处理技术. 黑龙江：哈尔滨工业大学出版社，2006.

[50] 陶俊杰等. 城市污水处理技术及工程实例(第二版). 北京：化学工业出版社，2005.

[51] 曾一鸣. 膜生物反应器技术. 北京：国防工业出版社，2007.

[52] 黄维菊，魏星. 污水处理工程设计. 北京：国防工业出版社，2008.

[53] 谷晋川，蒋文举，雍毅. 城市污水厂污泥处理与资源化. 北京：化学工业出版社，2008.

[54] 李亚峰，佟玉衡，陈立杰. 实用废水处理技术. 北京：化学工业出版社，2009.

[55] 王洪臣等. 5F-A2/O脱氮除磷工艺的实践与探索. 北京：中国建筑工业出版社，2009.

[56] 王晓莲，彭永臻等. A2/O法污水生物脱氮除磷处理技术与应用. 北京：科学出版社，2009.

[57] 郑俊，吴浩汀. 曝气生物滤池工艺的理论与工程应用. 北京：化学工业出版社，2005.

[58] P. M. J. Janssen. 生物除磷设计与运行手册. 北京：中国建筑工业出版社，2005.

[59] 唐受印，戴友芝，汪大翚. 废水处理工程(第二版). 北京：化学工业出版社，2004.

[60] 吕炳南，董春娟. 污水好氧处理新工艺. 黑龙江：哈尔滨工业大学出版社，2007.

[61] 李亚新. 活性污泥理论与技术. 北京：中国建筑工业出版社，2007.

[62] 马溪平等. 厌氧微生物学与污水处理. 北京：化学工业出版社，2005.

[63] 马勇等. 城市污水处理系统运行及过程控制. 北京：科学出版社，2007.

[64] 中华人民共和国建设部. 城市污水处理厂工程质量验收规范(GB 50334－2002). 北京：中国计划出版社，2003.

[65] 郑平，徐向前，胡宝兰. 新型生物脱氮理论与技术. 北京：科学出版社，2004.

[66] 施汉昌，柯细勇，刘辉. 污水处理在线监测仪器原理与应用. 北京：化学工业出版社，2008.

[67] 王绍文等. 高浓度有机废水处理技术与工程应用. 北京：冶金工业出版社，2003.

[68] 沈耀良等. 废水生物处理新技术-理论与应用(第二版). 北京：中国环境科学出版社，2006.

[69] 徐亚同，谢冰. 废水生物处理的运行与管理. 北京：中国轻工业出版社，2009.

[70] 谭万春. UASB工艺及工程实例. 北京：化学工业出版社，2009.

[71] 孙锦宜. 含氮废水处理技术与应用. 北京：化学工业出版社，2003.

[72] 周雹. 活性污泥工艺简明原理及设计计算. 北京：中国建筑工业出版社，2005.

[73] 张自杰. 废水处理理论与设计. 北京：中国建筑工业出版社，2003.

[74] Metcalf & Eddy, Inc. 废水工程：处理与回用(第四版). 北京：清华大学出版社，2003.

[75] 王立立，刘焕彬，胡勇有，周勤. 曝气生物滤池处理低浓度生活污水的研究[J]. 工业水处理，2003，

(03).

[76] 蓝梅，周雪飞，顾国维. ASM1 模型参数的多因素灵敏度分析[J]. 中国给水排水，2006，(23).

[77] 闫骏，王淑莹，高守有，程英睿. 低溶氧下低 C/N 值生活污水的同步硝化反硝化[J]. 中国给水排水，2007，(03).

[78] 李红瑛，陈卫，孙敏. A/O-MBR 处理低浓度生活污水的试验研究[J]. 中国给水排水，2007，(03).

[79] 周健，林明波，龙腾锐，姜文超，王国冬. 一体化间歇曝气多级生物膜反应器处理低温、低浓污水[J]. 中国给水排水，2007，(07).

[80] 李平，张永利，吕先林，温青. UASB 处理低浓度城市污水的生产性研究[J]. 中国给水排水，2007，(11).

[81] 邱兆富，周琪，杨殿海，李风亭. A～2/O 工艺城市污水处理厂的启动与调试[J]. 给水排水，2005，(09).

[82] 郭琇，周康群，周遗品，孙彦富. 城市污水处理厂快速生物启动的生产性研究[J]. 哈尔滨商业大学学报(自然科学版)，2006，(03).

[83] 郭进，朱文亭. 天津蓟县经济开发区污水处理厂设计与调试运行[J]. 给水排水，2006，(12).

[84] 侯红娟，王洪洋，周琪. 低碳高氮磷城市污水脱氮工艺研究[J]. 水处理技术，2006，(11).

[85] 方茜，张朝升，张可方，荣宏伟. 序批式生物膜法处理低碳城市污水高效除磷的试验[J]. 水处理技术，2006，(12).

[86] 谢燕华，董仁杰，王永霖. 小城镇生活污水厌氧净化沼气工程处理技术——四川省阆中市调查[A]. 中国化学会第七届水处理化学大会暨学术研讨会会议论文集[C]. 2004.

[87] 徐东升，段龙傲. 采用水解—接触稳定—立体生态土地处理污水的研究[A]. 中国环境保护优秀论文集(2005)(上册)[C]. 2005.

[88] 王振栋. 城市污水脱氮除磷技术的研究进展[A]. 中国环境保护优秀论文集(2005)(上册)[C]. 2005.

[89] 何宏胜，冯生华，倪梦贤. 城市污水处理厂设计与运行的几点经验及建议[A]. 全国水环境污染治理设施运营管理技术交流研讨会论文集[C]. 2006.

[90] 曾祥英，李尔. 低浓度城市污水兼性生化工艺参数的优化[A]《湖北省建设领域节能减排》论坛资料汇编[C]. 2008.

[91] 刘向荣，简德武. 洛阳市涧西污水处理厂设计[J]. 中国给水排水，2003，(02).

[92] 胡维杰. 上海市石洞口城市污水处理厂设计[J]. 中国给水排水，2003，(07).

[93] 王艳秋，王义，王金鑫. 带式浓缩脱水机的常见问题及解决措施[J]. 中国给水排水，2005，(05).

[94] 李承强，张竑. 深圳龙华污水处理厂的工程设计与调试[J]. 中国给水排水，2008，(24).

[95] 黄宁俊，王社平，王小林，李建洋，刘丹松，郑宁，杜锐，王建军. 西安市第四污水处理厂工艺设计介绍[J]. 给水排水，2007，(11).

[96] 宋凤敏，刘筠. 汉中城市污水处理厂工程设计[J]. 水处理技术，2007，(06).

[97] 李亚选，负英伟，仝致琦，刘亚超. 中山市三乡镇污水处理厂工程设计[J]. 给水排水，2007，(12).

[98] 王郑，薛红琴，曹世玮. 徐州市丰县污水处理厂工艺设计[J]. 净水技术，2007，(02).

[99] 孙俊峰. 河南省博爱县污水处理厂设计介绍[J]. 山西建筑，2007，(12).

[100] 张绍修，张建强，范燕. 成都市高新西区污水处理工程设计[J]. 西南给排水，2007，(02).

[101] 任红娟. 我国城市污水处理的主要工艺及发展趋势[J]. 中国建设教育，2006，(04).

[102] 路江涛，周少奇，曾焕斌，林岩，多鲁昆江，覃丽. Orbal 氧化沟处理城市污水的效果分析[J]. 中国给水排水，2007，(14).

[103] 侯继燕，龙腾锐，贾韬. 我国污水处理厂技术工艺应用发展现状及未来趋势探讨[J]. 西南给排水，2007，(02).

[104] 张艳. 城市污水处理厂的工艺选择[J]. 山西科技，2007，(03).

[105] 王彬，张亚勤，俞士静. 上海市松江西部污水处理厂设计[J]. 中国市政工程，2007，(02).

[106] 黄慎勇，赵忠富，刘波，任梨，王雪原. 深圳盐田污水处理厂的设计及运行[J]. 西南给排水，2007，(03).

[107] 赵宇新. 某污水处理厂概念设计[J]. 工程设计与研究，2006，(01).

[108] 叶文渊，应建江，朱建锐. 城市污水处理厂 SBR 工艺设计及脱氮效能[J]. 西南给排水，2007，(02).

[109] 梅向阳，普红平. 新疆昌吉市某开发区污水处理厂工程[J]. 西南给排水，2007，(01).

[110] 刘琳，胡大卫，邱晓红，赵乐军. 重庆巫山污水处理厂工程设计[J]. 给水排水，2007，(11).

[111] 宁伟，韩巍，冯永梅. 中小城市污水处理厂设计中应注意的几个问题[J]. 中国环境管理干部学院学报，2007，(02).

[112] 马昌，王立军，侯铁. 污水处理厂中沉淀池的设计[J]. 西南给排水，2006，(04).

[113] 周黎，王鹏，时倩. 城镇污水处理厂工艺设计研究[J]. 中国资源综合利用，2005，(10).

[114] 羊寿生，张辰. 城市污水处理厂设计中热点问题剖析[J]. 给水排水，1999，(09).

[115] 周黎. 生活污水处理厂的工艺设计[J]. 贵州环保科技，2005，(04).

[116] 曾文耀. 谈中小城市污水处理厂设计[J]. 建设科技，2006，(20).

[117] 许维河，赵俊，陈兴杰，杨建军. 污水处理厂设计时工艺及构筑物的选择[J]. 中国皮革，2007，(21).

[118] 姚治. 小型污水处理厂的设计[J]. 广州建筑，2003，(05).

[119] 吴硕. 大中型污水处理厂的设计[J]. 山西建筑，2006，(20).

[120] 屈计宁，贾磊，陈洪斌. 污水消毒技术评述[J]. 北方环境，2005，(02).

[121] 汤利华. 城市污水处理厂的设计水质探讨[J]. 安徽建筑工业学院学报(自然科学版)，2005，(01).

[122] 丁文川，郝以琼，汤子华. 重庆市城市污水厂污泥的处理与处置[J]. 重庆环境科学，2000，(02).

[123] 周国维. A~2/O 倒置前后生物脱氮效果研究[J]. 广西城镇建设，2008，(07).

[124] 于皓，程丽娜. 化学混凝/倒置 A~2/O 工艺处理猪场废水试验研究[J]. 环境科学与管理，2008，(09).

[125] 彭勃，李绍秀. 城市污水同步生物脱氮除磷工艺特点及选择[J]. 工程建设与设计，2008，(04).

[126] 黄理辉，张波，毕学军，马鲁铭. 倒置 A~2/O 工艺的生产性试验研究[J]. 中国给水排水，2004，(06).

[127] 傅钢，董滨，周增炎，高廷耀. 倒置 AAO 工艺的设计特点与运行参数[J]. 中国给水排水，2004，(09).

[128] 罗宁，罗固源，吉芳英，许晓毅. SBR 的反硝化吸磷脱氮现象研究[J]. 重庆环境科学，2003，(09).

[129] 董滨，周增炎，高廷耀. 投料倒置 A/A/O 脱氮除磷工艺中试[J]. 中国给水排水，2004，(11).

[130] 何国富，周增炎，高廷耀. 悬浮填料活性污泥法的脱氮效果及影响因素[J]. 中国给水排水，2003，(06).

[131] 付国楷，周琪，杨殿海，邱兆富，徐晓宇. 倒置 A~2/O 工艺的短程生物脱氮中试[J]. 中国给水排水，2006，(17).

[132] 苏强，宫艳丽，康兴生. 山东昌邑城西污水处理厂工程介绍[J]. 中国给水排水，2008，(16).

[133] 刘琳，胡大卫，邱晓红，赵乐军. 重庆巫山污水处理厂工程设计[J]. 给水排水，2007，(11).

[134] 王郑，薛红琴，曹世玮. 徐州市丰县污水处理厂工艺设计[J]. 净水技术，2007，(02).

[135] 谢仁杰，王昭，张秀华. 泰兴市污水处理厂工程设计与运行管理总结[J]. 给水排水，2008，(01).

[136] 常淑卿，王涛，宁仁义. 谈蓬莱市污水处理厂的设计与运行[J]. 山东水利，2008，(02).

[137] 王彬，张亚勤，俞士静. 上海市松江西部污水处理厂设计[J]. 中国市政工程，2007，(04).

[138] 吴静，姜洁，周红明，毕蕾. 我国城市污水厂污泥厌氧消化系统的运行现状[J]. 中国给水排水，2008，(22).

[139] 常江，崔利军，杨云龙. 城市污水厂 CAST 工艺的调试运行[J]. 科技情报开发与经济，2007，(34).

[140] 孙俊峰. 河南省博爱县污水处理厂设计介绍[J]. 山西建筑，2007，(12).

[141] 尹军，霍玉丰，焦畅，王建辉，李林，赵可. 生物脱氮技术研究进展[J]. 吉林建筑工程学院学报，2006，(03).

[142] 魏新庆，王秀朵，季民，谭云飞，王小玲. 污水处理厂设计中细节技术的处理措施[J]. 中国给水排水，2008，(16).

[143] 张威. 浅析城市污水处理厂设计中的常见问题[J]. 黑龙江科技信息，2008，(09).

[144] 杨玉梅. 重庆鸡冠石污水处理厂的设计特点及运行管理改进[J]. 中国给水排水，2008，(16).

[145] 常淑卿，王涛，宁仁义. 谈蓬莱市污水处理厂的设计与运行[J]. 山东水利，2008，(02).

[146] 宋铁红，陈丽君，刘海臣，刘长志. 大连市凌水河污水处理厂设计总结[J]. 工业水处理，2007，(04).

[147] 赵忠富，黄慎勇，任梨，孟锦根. 盐田污水处理厂的设计及运行[J]. 给水排水，2007，(09).

[148] 林英姿，陈丽君，刘海臣，刘志生. CAST 工艺污水处理厂设计总结[J]. 环境工程，2008，(06).

[149] 郜宏漪. 城镇污水处理厂设计建设中的误区[J]. 中国勘察设计，2006，(01).

[150] 王彬，张亚勤，俞士静. 上海市松江西部污水处理厂设计[J]. 中国市政工程，2007，(02).

[151] 马文臣，许建民，李向东. 伊利金川污水处理厂的设计与运行[J]. 油气田环境保护，2006，(01).

[152] 王彬，何颖，彭弘. 临港新城污水处理厂设计[J]. 上海建设科技，2007，(03).

[153] 宁伟，韩巍，冯永梅. 中小城市污水处理厂设计中应注意的几个问题[J]. 中国环境管理干部学院学报，2007，(02).

[154] 高欣，马鹏飞. 工业废水对城市污水处理厂设计及运行的影响[J]. 环境科学与管理，2006，(03).

[155] 周克钊，周籹. 城市污水处理厂设计进水水质确定和出水水质评价[J]. 给水排水，2006，(09).

[156] 羊寿生. 城镇污水处理厂设计要点[J]. 给水排水，2006，(12).

[157] 郭进，朱文亭. 天津蓟县经济开发区污水处理厂设计与调试运行[J]. 给水排水，2006，(12).

[158] 吕拥军，陈水才，刘平波. 四座小型污水处理厂设计中的工艺选择[J]. 环境工程，2006，(06).

[159] 胡龙，励建全，刘鑫华，徐鸿德. 上海吴淞污水处理厂污水处理工艺改造设计[J]. 中国市政工程，2006，(06).

[160] 杨少华，黄继国，黄国鑫，贾国元，白皓，李森，王立军. 长春双阳污水处理厂设计总结[J]. 环境工程，2007，(02).

[161] 黄柱梁，温志良，刘惠成，陈航. 雁田污水处理厂的设计与运行[J]. 内蒙古水利，2007，(01).

[162] 魏忠庆. 泰宁县污水处理厂工程处理工艺设计特点[J]. 中国市政工程，2008，(01).

[163] 张亚勤，熊建英，沈振中. 唐山市西郊污水处理二厂污水再生回用工程设计[J]. 给水排水，2008，(02).

[164] 杨红，王辉，姜义圆. 营口市污水处理厂二级处理系统改造设计[J]. 给水排水，2006，(05).

[165] 杨奎. 大型污水处理厂污泥处理的改进设计[J]. 中国给水排水，2006，(04).

[166] 石裕财，徐庆华. 青山湖污水处理厂改扩建工程设计实践与研究[J]. 工业安全与环保，2008，(05).

[167] 纪峰. 佳木斯东区污水处理厂工艺设计[J]. 黑龙江科技信息，2008，(16).

[168] 龚璐. 沈阳市开发区污水处理厂生化池的设计及运行管理[J]. 科技信息（科学教研），2008，(17).

[169] 向伟芳. 污水处理厂节能设计的途径[J]. 企业技术开发，2008，(07).

[170] 张学兵，陈雯，阳佳中，李亮. 深圳市布吉污水处理厂工程建设及设计特点[J]. 给水排水，2008，(08).

[171] 汪传新，王广华，隋军，彭勃. 佛山镇安污水处理厂二期扩建工程设计与运行[J]. 给水排水，2008，(06).

[172] 范举红，李昌湖，徐子松，朱国宏，董建刚. 桐乡市城市污水处理厂 A～2/O 工艺设计与运行[J]. 水处理技术，2008，(07).

[173] 郑辉. 遂宁污水处理厂自控系统设计[J]. 电工技术，2008，(08).

[174] 程寒飞，万士银，甘露. 马鞍山市第二污水处理厂工程设计与运行[J]. 给水排水，2008，(10).

[175] 杨玉梅. 山区污水处理厂平面及竖向设计优化[J]. 净水技术，2008，(04).

[176] 阮景章. 城市污水处理厂尾水紫外线消毒的设计及应用[J]. 铁道劳动安全卫生与环保，2008，(05).

[177] 王霞，赵峰. 基于 GPRS 技术的污水处理厂监控系统设计与实现[J]. 泰州职业技术学院学报，2008，(05).

[178] 李承强，张竑. 深圳龙华污水处理厂的工程设计与调试[J]. 中国给水排水，2008，(24).

[179] 欧阳云生，贺玉龙，倪明亮. 邛崃市污水处理厂 A～2/O 微曝氧化沟系统的设计[J]. 中国给水排水，2008，(22).

[180] 樊杰，张碧波，陶涛，游桂林. 安庆市城东污水处理厂改良型 A～2/O 工艺的设计与运行[J]. 给水排水，2008，(12).

[181] 张万里，刘学红，沈晓铃. 湖州市埭溪镇污水处理厂的工程设计[J]. 污染防治技术，2008，(06).

[182] 胡邦，耿震，杨勇．扬中市第二污水处理厂一期工程工艺设计[J]．污染防治技术，2008，(06).

[183] 阎怀国，季民，高凌鹏，刘绪宗，黄克毅．郑州市五龙口污水处理厂工程设计[J]．环境工程，2008，(S1).

[184] 王锡清，谭云飞，高陆令，李春光．郑州市王新庄污水处理厂改造工程设计[J]．给水排水，2007，(10).

[185] 黄绪达，王琳．青岛市麦岛污水处理厂扩建工程设计[J]．给水排水，2007，(09).

[186] 翟俊，何强，肖海文．凉山州泸沽湖镇污水处理厂工程设计[J]．中国给水排水，2006，(02).

[187] 匡武．城市污水处理厂自控系统的设计与应用[J]．中国科技信息，2006，(07).

[188] 赵忠富，付忠志，王雪原，邹利安，刘波．深圳罗芳污水处理厂二期工程设计及运行[J]．给水排水，2006，(05).

[189] 刘琳．天津市咸阳路污水厂的污泥脱水与干化处理设计[J]．中国给水排水，2007，(14).

[190] 杜炯，张欣．上海市白龙港城市污水处理厂工程设计技术[J]．上海建设科技，2007，(05).

[191] 赵庆建，赵立军，马放，闫文华．鄂尔多斯市污水处理厂工程设计[J]．工业水处理，2006，(06).

[192] 黄宁俊，王社平，王小林，李建洋，刘丹松，郑宁，杜锐，王建军．西安市第四污水处理厂工艺设计介绍[J]．给水排水，2007，(11).

[193] 刘琳，胡大卫，邱晓红，赵乐军．重庆巫山污水处理厂工程设计[J]．给水排水，2007，(11).

[194] 宋英豪，崔志峰，谢恩亮，冯颉，王凯军．污水处理厂自控系统的设计[J]．工业控制计算机，2006，(09).

[195] 胡晓峰，胡睿．南昌某氧化沟法城市污水处理厂的初步设计[J]．江西科学，2007，(06).

[196] 李亚选，贠英伟，仝致琦，刘亚超．中山市三乡镇污水处理厂工程设计[J]．给水排水，2007，(12).

[197] 郭淑琴，胡大卫，王宏．天津市咸阳路污水处理厂工艺设计及特点分析[J]．给水排水，2006，(10).

[198] 郝轶鹏．UCT工艺在污水处理厂工程中的设计[J]．科技促进发展，2008，(07).

[199] 马林伟．成都市沙河污水处理厂建设特点及工艺设计[J]．给水排水，2006，(12).

[200] 李霞，李国金，郭淑琴，罗亭．污水处理厂污泥消化系统设计及运行[J]．中国市政工程，2007，(06).

[201] 徐维发．深圳市滨河污水处理厂三期工程除臭系统设计[J]．中国给水排水，2007，(18).

[202] 谢仁杰，王昭，张秀华．泰兴市污水处理厂工程设计与运行管理总结[J]．给水排水，2008，(01).

[203] 蒋岚岚，梁汀，沈晓铃．无锡市城北污水处理厂扩建工程设计[J]．中国给水排水，2007，(04).

[204] 黄绪达，王琳，王洪辉．麦岛污水处理厂BIOSTYR高效生物滤池设计[J]．中国给水排水，2008，(04).

[205] 陈璐，陈凡阵，王文，孙伟，马千里，尹立峰，马喆．城市污水处理厂除砂系统设计选型的探讨[J]．工业用水与废水，2008，(01).

[206] 张辰，张欣，杜炯．上海市白龙港污水处理厂改造工程设计[J]．给水排水，2008，(04).

[207] 李霞，李国金，郭淑琴，颜炳．郑州王新庄污水处理厂污泥消化系统设计与运行[J]．给水排水，2007，(07).

[208] 司马勤，李双陆，张传贵．平州污水处理厂上流式曝气生物滤池工艺设计[J]．中国市政工程，2007，(04).